Jörn Krimmling (Hrsg.) **Atlas Gebäudetechnik**

Atlas Gebäudetechnik

Grundlagen, Konstruktionen, Details

3., überarbeitete und erweiterte Auflage

mit 709 Abbildungen und 177 Tabellen

Herausgeber

Professor Dr.-Ing. Jörn Krimmling
Professor für Technisches Gebäudemanagement

Autoren

Prof. Dr.-Ing. Jens Bolsius
Professor für Bauphysik und Bauklimatik

Prof. Dr.-Ing. Thomas Hartmann
Professor für Kälte- und Klimatechnik

Prof. Dr.-Ing. Jörn Krimmling

Prof. Dr.-Ing. Mario Reichel
Professor für Gebäudeklimatechnik und Integrale Planung

Prof. Dr.-Ing. Ralf-Dieter Rogler
Professor für Schaltanlagentechnik

Prof. Dr.-Ing. Sven Zeisberg
Professor für Telekommunikationstechnik

Bibliografische Information der Deutschen Nationalbibliothek
Die Deutsche Nationalbibliothek verzeichnet diese Publikation in der Deutschen Nationalbibliografie; detaillierte bibliografische Daten sind im Internet über http://dnb.de abrufbar.

3., überarbeitete und erweiterte Auflage 2021

Wir freuen uns, Ihre Meinung über dieses Fachbuch zu erfahren. Bitte teilen Sie uns Ihre Anregungen, Hinweise oder Fragen per E-Mail: fachmedien.architektur@rudolf-mueller.de oder Telefax: 0221 5497-6114 mit.

Lektorat: Dr. Doris Kliem, Urbach
Umschlaggestaltung: WMTP Wendt-Media Text-Processing GmbH, Birkenau
Umschlagbild: black_mts – stock.adobe.com
Satz: WMTP Wendt-Media Text-Processing GmbH, Birkenau
Druck und Bindearbeiten: Westermann Druck Zwickau GmbH, Zwickau
Printed in Germany

ISBN 978-3-481-04078-9 (Buch-Ausgabe)
ISBN 978-3-481-04079-6 (E-Book-Ausgabe als PDF)
ISBN 978-3-481-04333-9 (Buch + E-Book)

Vorwort zur dritten Auflage

Der „Atlas Gebäudetechnik“ gibt einen praxisorientierten Überblick über die verschiedenen technischen Systeme im Gebäude. Er richtet sich hauptsächlich an Architekten, Bauingenieure, Facility Manager und Energieberater, die in das Gebiet der Gebäudetechnik einsteigen und sich schnell einen Überblick über bestimmte Techniksysteme verschaffen wollen. Demzufolge haben sich alle Autoren um eine einfache und verständliche, aber auch systematische Darstellung bemüht.

Gegenüber der Vorauflage wurden alle Inhalte auf den neuesten Stand gebracht. Alle Hinweise auf geltende Normen, Richtlinien und Verordnungen wurden aktualisiert, sodass das Buch als Arbeitshilfe im praktischen Planungsprozess verwendet werden kann. Insbesondere auf das Thema der energieeffizienten Gebäude wurde an vielen Stellen weiterführend eingegangen. Damit liegt eine Wissensbasis vor, mit deren Hilfe die Herausforderungen bei der Entwicklung eines klimaneutralen Gebäudebestandes bewältigt werden können.

Neben der umfangreichen Darstellung der einzelnen Technikbereiche mit vielen Grafiken und Bildern werden in den ersten Kapiteln auch methodische Instrumente dargestellt, mit deren Hilfe optimale Gestaltungsvarianten der Gebäudetechnik herausgearbeitet werden können. Dazu zählen die energetische Bilanzierung, die Wirtschaftlichkeitsbewertung einschließlich der Betrachtung von Lebenszykluskosten und nicht zuletzt die Ansätze des nachhaltigen Bauens. Darüber hinaus enthält das Buch eine Vielzahl von praktischen Beispielen und Einsatzhinweisen.

Dresden, im Oktober 2021 — Die Autoren

Inhalt

1 Planungsgrundlagen

In einer zunehmend technisierten Welt ist es durchaus legitim, nach dem Nutzen der Technik allgemein und speziell nach dem der Gebäudetechnik zu fragen. Hinter dieser Frage verbirgt sich oft der Wunsch nach einer natürlichen Lebensumgebung – und letztlich vielleicht auch nach einfachen Gebäuden mit möglichst wenig Technik. Auf die Frage, ob zur Nutzung von Gebäuden wirklich Gebäudetechnik benötigt wird, könnte zunächst die Antwort erfolgen, dass dies streng genommen nicht der Fall ist. Ein Gebäude (z. B. ein Wohnhaus) kann auch ohne jede Gebäudetechnik genutzt werden – allerdings mit der Einschränkung einer sehr schlechten Nutzungsqualität: Im Winter wird es kalt sein und am Abend sehr dunkel. Gebäudetechnik wird also benötigt, um ein bestimmtes Niveau der Nutzungsqualität je nach Zweck des Gebäudes sicherzustellen. Die Nutzungsqualität als übergreifende Kategorie kann dabei auch als Komfort und Behaglichkeit für den Nutzer aufgefasst werden: Die Menschen im Gebäude sollen sich wohlfühlen und für die Tätigkeiten, die sie im Gebäude durchführen, angemessene Bedingungen vorfinden. Komfort und Behaglichkeit betreffen demzufolge innenarchitektonische Aspekte wie die Raumgestaltung oder die Materialwahl, aber auch die thermische Behaglichkeit, die Luftqualität oder die visuelle Behaglichkeit. Für weitere Funktionen des Gebäudes wird ein bestimmtes Niveau erwartet (z. B. die Ausstattung mit Sanitärräumen oder das Vorhandensein ausreichender Aufzüge).

Ganz ohne Gebäudetechnik wird es nicht gehen, allerdings sollten Umfang und Ausmaß der Technikausstattung verantwortungsvoll abgewogen werden. Schließlich verursacht ein hoher technischer Ausstattungsgrad z. B. mit Klimaanlagen oder Aufzügen auch signifikante Kosten während der Nutzung des Gebäudes.

Durch technische Anlagen, und zwar durch den Teilbereich der Gebäudeenergietechnik, wird wesentlich die Energieeffizienz des Gebäudes beeinflusst. Dabei geht es einerseits um die möglichst verlustfreie und nutzungsgerechte Bereitstellung von Nutzenergie und andererseits um die möglichst umfangreiche Nutzung erneuerbarer Energien.

Letztlich sind es 4 Aspekte, die für die Bedeutung der Gebäudetechnik sprechen:

- Durch die Gebäudetechnik wird ein bestimmtes Niveau der Nutzungsqualität ermöglicht.
- Durch die Art und Struktur der gebäudetechnischen Systeme werden die Nutzungskosten des Gebäudes (z. B. Energiekosten, Instandhaltungskosten) wesentlich beeinflusst.

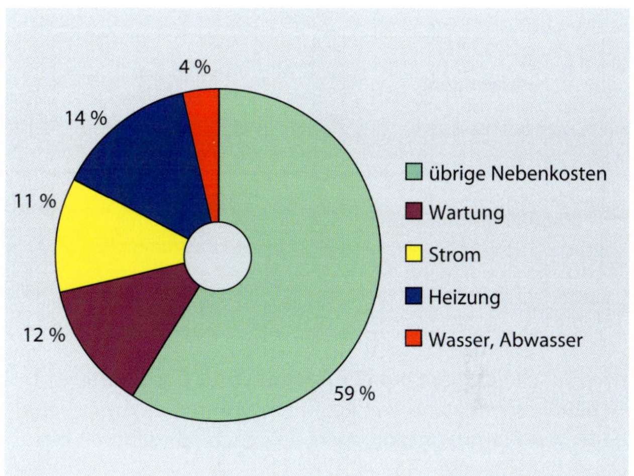

Abb. 1.1: Nebenkosten von unklimatisierten Bürogebäuden (Datenquelle: Büronebenkosten in Deutschland weiter rückläufig, 2019)

- Art, Struktur und Zustand der technischen Systeme eines Gebäudes bestimmen wesentlich dessen Wert.
- Art und Struktur der Gebäudeenergietechnik beeinflussen die Energieeffizienz des Gebäudes.

In modernen Facility Management-Strategien wird die Gebäudetechnik als strategisches Bauteil betrachtet, das maßgeblich die Nutzungsqualität und die Lebenszykluskosten beeinflusst. Werden die Nebenkosten von Gebäuden als wesentlicher Bestandteil der Lebenszykluskosten betrachtet (vgl. Abb. 1.1 und Tabelle 4.4), so lassen sich diese in 2 Kategorien unterteilen:

- Kostenanteile, die durch die Haustechnikgestaltung signifikant beeinflusst werden können:
  - Instandhaltungskosten
  - Stromkosten
  - Heizungskosten
  - Wasser-, Abwasserkosten
- Kostenanteile, die relativ unabhängig von der Technikgestaltung sind:
  - öffentliche Abgaben
  - Versicherung
  - Reinigungskosten
  - Bewachungskosten
  - Verwaltungskosten
  - Hausmeisterkosten
  - sonstige Kosten

Fast 40 % der Nebenkosten sind durch die Gestaltung der Haustechnik bzw. die energetische Gebäudegestaltung (vgl. Abb. 1.1) beeinflussbar.

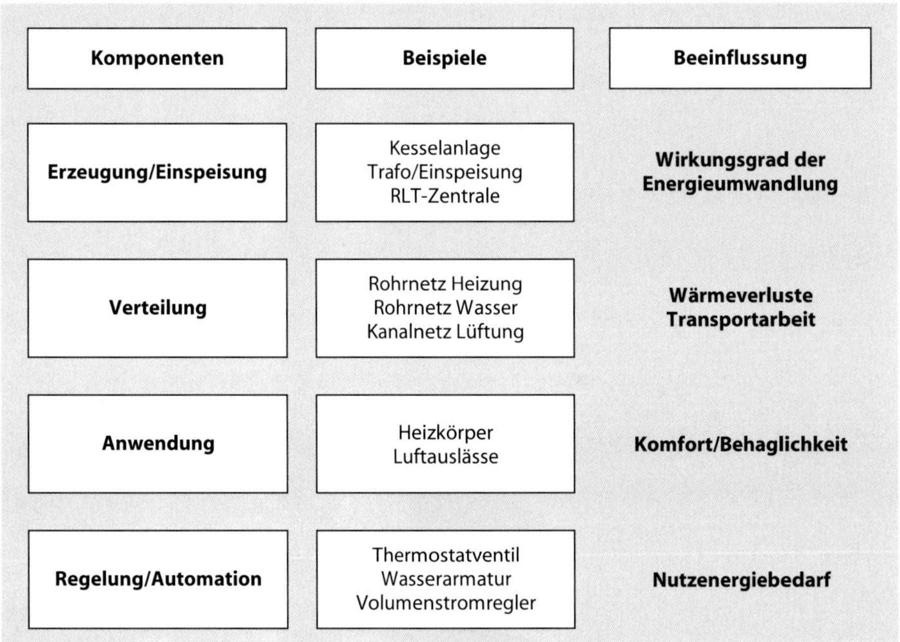

Abb. 1.2: Struktur gebäudetechnischer Systeme

Die Entscheidungen bei der Auswahl und Gestaltung von Gebäudetechnik sind von großer Tragweite, da die Lebensdauer der Hauptkomponenten sich nach Jahrzehnten bemisst (vgl. Tabelle 1.1).

Tabelle 1.1: Lebensdauer von Gebäudekomponenten nach VDI 2067-1:2012-09

Komponente	zu erwartende Lebensdauer in Jahren (ca.)
Plattenheizkörper	30
Thermostatventile	10
Umwälzpumpen	10
Rohrleitungen	30 bis 40
Spezialheizkessel für Öl-, Gasfeuerung	20
Gasbrennwertkessel	20
Schornstein	50

1.1 Aufbau und Struktur der Gebäudetechnik

Die technischen Anlagen in Gebäuden umfassen nach DIN 276 die in Tabelle 1.2 angeführten gewerkespezifischen Kategorien.

Die meisten gebäudetechnischen Systeme dienen der Bereitstellung und Verteilung von Energie und Medien (Wasser, Luft, technische und medizinische Gase) und lassen sich mithilfe einer Struktur mit den folgenden 4 Hauptelementen beschreiben (vgl. Abb. 1.2):

- Erzeugung/Einspeisung
- Verteilung
- Anwendung
- Regelung/Automation

Mithilfe einer solchen Struktur kann überlegt werden, durch welche Anlagenbereiche die Energiekosten und durch welche Anlagenbereiche funktionelle Aspekte beeinflusst werden. Die Art des Wärmeerzeugers kann beispielsweise direkt den Energieverbrauch beeinflussen (keinesfalls aber die Behaglichkeit im Raum); mit der Auswahl der Bauart des Heizkörpers bzw. der Heizflächen hingegen wird über die Behaglichkeit im Raum entschieden.

Tabelle 1.2: Kategorien der technischen Gebäudeausrüstung nach DIN 276:2018-12

Kostengruppe	Bezeichnung	Kapitel (vorliegendes Buch)
KG 410	Abwasser-, Wasser-, Gasanlagen	vgl. Kapitel 8, 9, 10
KG 420	Wärmeversorgungsanlagen	vgl. Kapitel 6
KG 430	Raumlufttechnische Anlagen	vgl. Kapitel 7
KG 440	Elektrische Anlagen	vgl. Kapitel 11 und Kapitel 12
KG 450	Kommunikations-, sicherheits- und informationstechnische Anlagen	vgl. Kapitel 12
KG 460	Förderanlagen	vgl. Kapitel 14
KG 470	Nutzungsspezifische und verfahrenstechnische Anlagen	Diese Anlagen sind nur in bestimmten Gebäuden vorhanden und werden hier im Buch nicht weiter besprochen. Dazu gehören z. B. Küchentechnik, Medizintechnik, Labortechnik usw.
KG 480	Gebäude- und Anlagenautomation	vgl. Kapitel 14

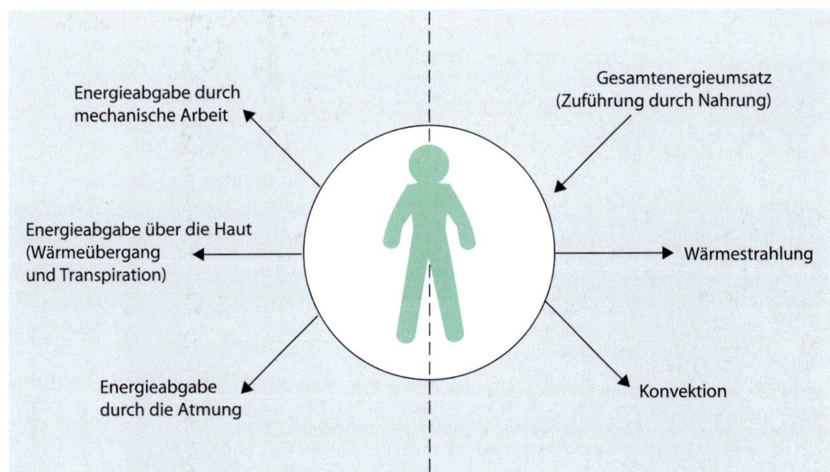

Abb. 1.3: Energiebilanz Mensch

1.2 Komfort und Behaglichkeit

Das Komfort- und Behaglichkeitsniveau im Raum wird wesentlich durch 3 Teilbereiche bestimmt:

- die thermische Behaglichkeit, mit deren Hilfe das Temperaturempfinden des Menschen beschrieben wird,
- die Luftqualität, die beschreibt, ob ausreichend Sauerstoff vorhanden ist und ob die Raumluft frei von Verunreinigungen durch Schad- oder Geruchsstoffe ist,
- die visuelle Behaglichkeit, mit deren Hilfe die Qualität der Raumbeleuchtung beschrieben wird.

Die thermische Behaglichkeit und die Luftqualität werden durch die Heizungs-, Klima- und Raumlufttechnik beeinflusst. Dabei spielen Art und Anordnung von Raumheizeinrichtungen eine Rolle, die Frage nach der Be- und Entlüftung entweder über die Fenster oder über eine Lüftungs- und Klimaanlage muss hier beantwortet werden und letztlich auch die Frage, ob und auf welchem Weg der Raum möglicherweise gekühlt werden soll.

Für die visuelle Behaglichkeit spielt zunächst der Anteil an Tageslicht eine große Rolle. Im Allgemeinen wird aber auch eine Beleuchtungsanlage erforderlich sein, bei deren Gestaltung Fragen zur Art und Anordnung der Leuchten und zur Qualität des durch die Leuchten abgestrahlten Lichtes entstehen.

Die 3 Behaglichkeitsbereiche beeinflussen sich gegenseitig, d. h., für das thermische Behaglichkeitsempfinden spielt z. B. die Lichtqualität durchaus auch eine Rolle. Menschen beurteilen die Aufenthaltsqualität bei optimalem thermischen Komfort schlechter, wenn sie permanent durch die Beleuchtungsanlage geblendet werden. Die folgenden Kapitel 1.2.1 bis 1.2.3 zeigen, dass die 3 Behaglichkeitskategorien jeweils für sich gesehen heute schon sehr anschaulich und quantitativ bewertet werden können. Hinsichtlich der gegenseitigen Beeinflussung und deren praktischer Auswirkung besteht allerdings noch Forschungsbedarf.

Neben den 3 genannten Behaglichkeitsbereichen spielt auch die akustische Behaglichkeit eine wichtige Rolle. Dem Thema des vorliegenden Buches entsprechend wird diesem Aspekt jedoch vorwiegend im Hinblick auf den Schallschutz im Zusammenhang mit den technischen Anlagen des Gebäudes Rechnung getragen (vgl. Kapitel 3.5).

1.2.1 Thermisches Raumklima

Das thermische Raumklima beeinflusst wesentlich das Temperaturempfinden des Menschen. Dieses Temperaturempfinden wird als thermische Behaglichkeit bezeichnet. Aussagen zur thermischen Behaglichkeit werden mithilfe einer Energiebilanz um den menschlichen Körper in Abhängigkeit des Raumklimas getroffen (vgl. Fanger, 1994, S. 136; vgl. auch Abb. 1.3):

$$\dot{Q}_{Str} + \dot{Q}_{Konv} = \dot{Q}_{M} - \dot{W}_{mech} - \dot{Q}_{Diff} - \dot{Q}_{Sen} - \dot{Q}_{A\text{-}lat} - \dot{Q}_{A\text{-}sen} \quad \text{(Formel 1.1)}$$

mit

$\dot{Q}_{Str}$	Wärmestrom durch Strahlung in W
$\dot{Q}_{Konv}$	Wärmestrom durch Konvektion in W
$\dot{Q}_{M}$	Gesamtenergieumsatz des Menschen (Zuführung durch Nahrung) in W
$\dot{W}_{mech}$	mechanische Arbeit in W
$\dot{Q}_{Diff}$	latente Wärmeabgabe durch Wasserdampfdiffusion durch die Haut in W
$\dot{Q}_{Sen}$	latente Wärmeabgabe durch sensible Transpiration über die Hautoberfläche in W
$\dot{Q}_{A\text{-}lat}$	latente Wärmeabgabe durch Atmung in W
$\dot{Q}_{A\text{-}sen}$	sensible Wärmeabgabe durch Atmung in W

Der Mensch fühlt sich behaglich, wenn die Formel 1.1 erfüllt ist, also die Wärmeabgabe sich im Gleichgewicht mit dem Saldo der vom Körper produzierten Wärme befindet (Körpernormaltemperatur vorausgesetzt). Damit kann der Zustand der Behaglichkeit im Wesentlichen durch die folgenden Klimaparameter definiert werden:

- Lufttemperatur
- mittlere Strahlungstemperatur der Umgebung
- Luftgeschwindigkeit
- Luftfeuchte

Die Istwerte im Raum stellen sich im Ergebnis der Fahrweise der Anlagen sowie abhängig vom Einfluss etwaiger Störgrößen (z. B. Öffnen der Fenster, Ein- und Ausschalten von Bürotechnik u. Ä.) ein. Da einerseits das konkrete Empfinden einer bestimmten Person aber noch von vielen weiteren Faktoren abhängt und nicht erschöpfend über eine einzige Bilanzgleichung beschrieben werden kann und andererseits aber für die Planung von Gebäuden verbindliche Aussagen über das voraussichtliche Behaglichkeits-

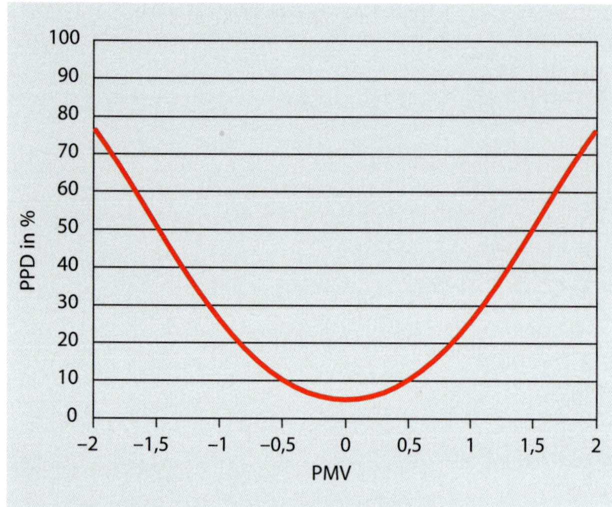

Abb. 1.4: PPD-Maßstab als Funktion des PMV

empfinden der Menschen benötigt werden, kann das Problem nur mithilfe eines statistischen Maßstabs gelöst werden.

Ein solcher Maßstab liegt mit dem PMV (Predicted Mean Votum – vorausgesagtes mittleres Votum) vor, der den Durchschnittswert der Klimabeurteilung durch eine große Personengruppe anhand einer siebenstufigen Beurteilungsskala vorhersagt. Der PMV kann für eine bestimmte Raumklimasituation in Abhängigkeit von den verschiedenen Raumklimaparametern bestimmt werden (vgl. die ausführliche Formel mit allen Randbedingungen in DIN EN ISO 7730, S. 6–7):

$$PMV = f(\dot{Q}_M, \dot{W}_{mech}, l_{cl}, f_{cl}, t_R, t_{str}, v_{rel}, p_D, \alpha_{konv}, t_{cl}) \quad \text{(Formel 1.2)}$$

mit

- $\dot{Q}_M$ Gesamtenergieumsatz des Menschen bei einem bestimmten Aktivitätsgrad
- $\dot{W}_{mech}$ geleistete mechanische Arbeit
- l_{cl} Wärmedurchgangswiderstand der Bekleidung
- f_{cl} Bekleidungsflächenfaktor
- t_R Raumlufttemperatur
- t_{str} mittlere Strahlungstemperatur
- v_{rel} relative Luftgeschwindigkeit
- p_D Wasserdampfpartialdruck im Raum
- α_{konv} konvektiver Wärmeübergangskoeffizient
- t_{cl} Oberflächentemperatur der Bekleidung

Die Formel 1.2 muss iterativ gelöst werden, in der DIN EN ISO 7730 wird dazu ein Computeralgorithmus angegeben. Außerdem sind im Anhang E der Norm Ergebnisse der Berechnung für Standardkonstellationen angegeben. Aus dem PMV kann mithilfe folgender Formel der Prozentsatz Unzufriedener, bezeichnet als PPD (Predicted Percentage of Dissatisfied – vorausgesagter Prozentsatz Unzufriedener), berechnet werden (vgl. auch Abb. 1.4):

$$PPD = 100 - 95 \cdot e^{(-0{,}03353 \cdot PMV^4 - 0{,}2179 \cdot PMV^2)} \quad \text{(Formel 1.3)}$$

Beispiel: Behaglichkeit in einem Büroraum

Für einen Büroraum sind die entsprechenden Berechnungsparameter vorgegeben. Es ist einzuschätzen, ob für den Raum das Level A, B oder C der Norm (vgl. Tabelle 4.9) erreicht werden kann. Weiterhin ist zu überlegen, welche Auswirkungen eine Erhöhung der operativen Raumtemperatur von 20 auf 22 °C hat. Tabelle 1.3 zeigt die Berechnungsergebnisse.

Tabelle 1.3: Berechnungsergebnisse für einen Büroraum

Berechnungsgröße	**Wert**	**Einheit**	**Erläuterung nach DIN EN ISO 7730**
Energieumsatz	69,6	W/m²	sitzende Tätigkeit
Wärmedurchgangswiderstand der Kleidung	0,155	m² · K/W	bekleidet mit: Slip, Hemd, Hosen, Jacke, Socken, Schuhe
operative Temperatur	20	°C	
relative Feuchte	50	%	
Geschwindigkeit	0,2	m/s	
PMV	–0,54		
PPD	**11,1**[1]	**%**	
Optimierung			
operative Temperatur	22	°C	
PMV	–0,07		
PPD	**5,1**[2]	**%**	

[1] entspricht Niveau C nach Tabelle 4.9
[2] entspricht Niveau A nach Tabelle 4.9

Die im Beispiel verwendete operative Temperatur ist ein integraler Mittelwert zwischen der Lufttemperatur und der Temperatur der umgebenden Strahlungsflächen (Wände).

Juristische Festlegungen zu den Raumtemperaturen finden sich in den Technischen Regeln für Arbeitsstätten (ASR; vgl. ASR A3.5 „Raumtemperatur" [2010]):

- Raumtemperatur ist eine zusammenfassende Temperaturgröße aus der örtlichen Lufttemperatur und den Strahlungstemperaturen der einzelnen Umgebungsflächen.
- Lufttemperatur ist die Temperatur der den Menschen umgebenden Luft ohne Einwirkung von Wärmestrahlung. Sie wird bei sitzender Tätigkeit in einer Höhe von 0,6 m und bei stehender Tätigkeit in einer Höhe von 1,1 m über dem Fußboden an den Arbeitsplätzen mit einem wärmestrahlungsgeschützten Thermometer in Grad Celsius (°C) mit einer Messgenauigkeit von ± 0,5 °C gemessen.
- Die Lufttemperatur in Arbeitsräumen soll bei leichter sitzender Tätigkeit mindestens +20 °C betragen, bei leichter stehender Tätigkeit mindestens +19 °C.
- Die Lufttemperatur in Arbeitsräumen soll +26 °C nicht überschreiten.
- Bei Außenlufttemperaturen über +26 °C müssen – unter der Maßgabe, dass geeignete Sonnenschutzvorrichtungen

vorhanden sind – weitere Maßnahmen ergriffen werden, wie z. B. die nächtliche Lüftung der Räume, Arbeitszeitverlagerungen oder Lockerungen der Bekleidungsregeln.

In der DIN EN ISO 7730 werden weitere Einflussparameter auf die Behaglichkeit als lokale thermische Behaglichkeit angeführt:

- Zugluft
- vertikaler Temperaturunterschied
- warme und kalte Fußböden
- Asymmetrie der Strahlungstemperatur (z. B. zu warme Decken oder kalte Wände bzw. Fensterflächen)

1.2.2 Luftqualität

Der Mensch benötigt für die in seinem Körper ablaufenden Stoffwechselprozesse eine ausreichende Menge Sauerstoff, den er der Atemluft entnimmt. Davon ausgehend sind an die Luft in einem Raum folgende Ansprüche zu stellen:

- Der zum Atmen notwendige Sauerstoff muss enthalten sein.
- Die Luft darf keine gesundheitsschädigenden Inhaltsstoffe aufweisen.
- Die Luft soll frisch und angenehm, ohne Geruchsbeeinträchtigung sein.

Nach Fanger kann man in Analogie zum thermischen Raumklima auch eine Behaglichkeitsgleichung für die Luftqualität aufstellen (vgl. Fanger, 1994, S. 159 ff.):

$$C_R = C_{AU} + 10 \cdot \frac{\sum_j G_j}{\dot{V}_{AU}} \qquad \text{(Formel 1.4)}$$

mit

C_R empfundene Raumluftqualität in dezipol
C_{AU} empfundene Außenluftqualität in dezipol
G_j Summe der Verunreinigungslasten im Raum und im Lüftungssystem in olf
$\dot{V}_{AU}$ Außenluftstrom in l/s

Ein Olf (olf) ist definitionsgemäß die Verunreinigungslast durch eine Standardperson, d. h. durch einen gesunden Erwachsenen, der bei behaglicher Raumtemperatur (siehe oben) und einem Hygienestandard von 0,7 Bädern pro Tag sitzend beschäftigt ist. Die Einheit für die empfundene Luftqualität Dezipol (dezipol) ist definiert mit:

$$1 \text{ dezipol} = \frac{1 \text{ olf}}{10 \cdot \text{l/s}} \qquad \text{(Formel 1.5)}$$

Beide Einheiten entsprechen den Einheiten für Licht und Schall (vgl. Tabelle 1.4).

Tabelle 1.4: Analoge Einheiten für Licht, Schall und Luftqualität

	Licht	**Schall**	**Luftqualität**
Quellenleistung	Lumen (lm)	Watt (W)	Olf (olf)
Pegel	Lux (lx)	Dezibel (dB)	Dezipol (dezipol)

Mit folgender Formel lässt sich ausgehend von Formel 1.4 der Anteil Unzufriedener (PD) vorgeben und damit der Luftvolumenstrom errechnen:

$$C_R = 112 \cdot (\ln(\text{PD}) - 5{,}98)^{-4} \text{ in dezipol} \qquad \text{(Formel 1.6)}$$

Letztlich können analog zu Tabelle 4.9 auch für die Luftqualität verschiedene Qualitätsniveaus definiert werden (vgl. Tabelle 1.5).

Tabelle 1.5: Richtwerte für die Raumluftqualität

Qualitätsniveau	**Anteil Unzufriedener (PD)** (%)	**empfohlene Luftqualität C_R nach Formel 1.6** (dezipol)
A	10	0,6
B	20	1,4
C	30	2,5

Beispiel: Luftqualität in einem Büroraum

Für einen Büroraum soll untersucht werden, welchen Einfluss unterschiedliche Qualitätsanforderungen auf die Außenluftrate haben. Es soll das Niveau A mit dem Niveau C nach Tabelle 1.5 verglichen werden. Es zeigt sich, dass für die Anforderung A ein um 4,7-fach erhöhter Außenluftvolumenstrom realisiert werden muss, wie folgende Berechnungsergebnisse zeigen:

Level der Nutzungsqualität: A

PD	10,00 % (vgl. Tabelle 1.5)
C_{AU}	0,10 dezipol
C_R (nach Formel 1.6)	0,61 dezipol
Belegungsdichte	0,07 Personen/m²
$G_{Personen}$	0,07 olf/m²
$G_{Einrichtung}$	0,10 olf/m²
erforderliche Außenluftrate $\dot{V}_{AU}$ (nach Formel 1.4)	**3,32 l/(s · m²)**

verändertes Level der Nutzungsqualität: C

PD	30,00 %
C_R (nach Formel 1.6)	2,53 dezipol
erforderliche Außenluftrate $\dot{V}_{AU}$ (nach Formel 1.4)	**0,70 l/(s · m²)**

1.2.3 Visuelles Raumklima

Anforderungen an ein behagliches visuelles Raumklima werden in der DIN EN 12464-1 formuliert. Dort werden folgende Merkmale zur Beurteilung des visuellen Raumklimas aufgelistet:

- Leuchtdichteverteilung
- Beleuchtungsstärke
- Blendung
- Lichtrichtung
- Lichtfarbe und Farbwiedergabe
- Flimmern
- Tageslichtanteil

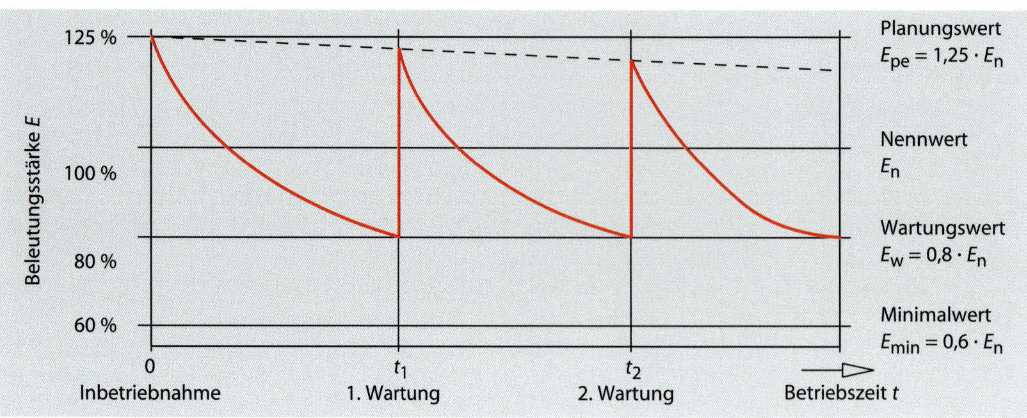

Abb. 1.5: Verlauf der Beleuchtungsstärke einer Beleuchtungsanlage in Abhängigkeit von der Betriebszeit

Leuchtdichteverteilung

$$L = \frac{I}{A} \qquad \text{(Formel 1.7)}$$

$$I = \frac{\Phi}{\omega} \qquad \text{(Formel 1.8)}$$

mit

- L Leuchtdichte in cd/m² (cd: Candela)
- I Lichtstärke in cd
- A Fläche in m²
- Φ Lichtstrom einer Lichtquelle in lm
- ω Raumwinkel

Durch die Leuchtdichteverteilung werden sowohl die Sehleistung als auch der Sehkomfort beeinflusst. Gefordert wird eine ausgewogene Leuchtdichteverteilung. Zu vermeiden sind:

- zu hohe Leuchtdichten (verursachen Blendung),
- zu hohe Leuchtdichteunterschiede (führen zu Ermüdung),
- zu niedrige Leuchtdichten bzw. zu niedrige Leuchtdichteunterschiede.

Die Leuchtdichte der Oberflächen im Raum wird von deren Reflexionsgrad beeinflusst.

$$r = \frac{\Phi_{ref}}{\Phi_{ein}} \qquad \text{(Formel 1.9)}$$

mit

- r Reflexionsgrad
- Φ_{ein} auf eine Fläche treffender Lichtstrom in lm
- Φ_{ref} von der Fläche reflektierter Lichtstrom in lm

Die DIN EN 12464-1 empfiehlt Reflexionsgrade für verschiedene Raumkomponenten (vgl. Tabelle 1.6).

Tabelle 1.6: Empfohlene Reflexionsgrade nach DIN EN 12464-1:2011-08

Raumkomponente	empfohlener Rexflexionsgrad
Decke	0,7 bis 0,9
Wände	0,5 bis 0,8
Boden	0,2 bis 0,4

Beleuchtungsstärke

Die Beleuchtungsstärke E ist der auf einer Fläche auftreffende Lichtstrom:

$$E = \frac{\Phi}{A} \qquad \text{(Formel 1.10)}$$

mit

- E Beleuchtungsstärke in lx (lx = lm/m²)
- A für die Sehaufgabe maßgebliche Fläche in m²

Für die Auslegung von Beleuchtungssystemen wird der sog. Wartungswert E_w benötigt. Dabei handelt es sich um einen Wert, unter den die mittlere Beleuchtungsstärke nicht sinken darf (vgl. Abb. 1.5). Dabei wird unterstellt, dass sich die Lichtausbeute einer Lampe während ihres Lebenszyklus u. a. durch Verschmutzung verringert. In der DIN EN 12464-1 sind in Abschnitt 5 die Anforderungen an den Wartungswert der Beleuchtungsstärke E_w für verschiedenste Raumtypen aufgelistet. Tabelle 1.7 zeigt einen Ausschnitt für Bürogebäude.

Tabelle 1.7: Geforderte Werte für den Wartungswert E_w der Beleuchtungsstärke in Bürogebäuden nach DIN EN 12464-1:2011-08 (vgl. auch Abb. 1.5)

Raumart bzw. Tätigkeit, welche im Raum durchgeführt wird	geforderte Beleuchtungsstärke (lx)
Ablegen, Kopieren, Verkehrszonen	300
Schreiben, Schreibmaschineschreiben, Lesen, Datenverarbeitung	500
technisches Zeichnen	750
CAD-Arbeitsplätze	500
Konferenz- und Besprechungsräume	500
Empfangstheke	300
Archive	200

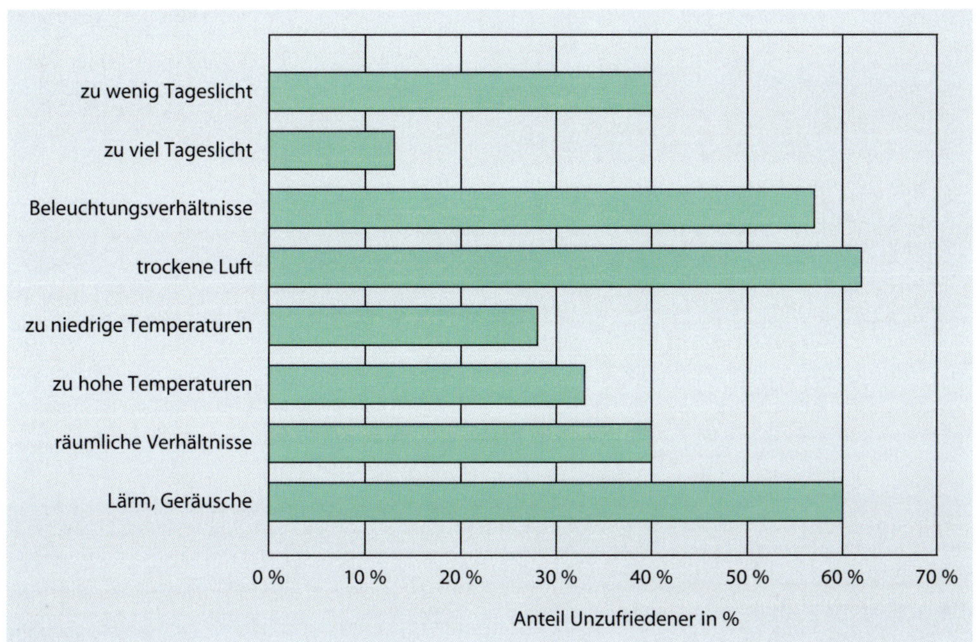

Abb. 1.6: Ursachen von ständiger Beeinträchtigung bei der Büroarbeit (Quelle: Bauverlag, Wiesbaden/Berlin, 1994)

Blendung

Blendung wird durch helle Flächen im Gesichtsfeld hervorgerufen. Sie wird erfahren als:

- psychologische Blendung (die helle Fläche „nervt"),
- physiologische Blendung (die Sehaufgabe kann nur mit Einschränkungen durchgeführt werden).

Die Blendung kann verringert werden durch:

- Abschirmung von Lampen,
- Verdunkelung von Fenstern.

Weiterhin sind Reflexions- und Schleierblendungen mit folgenden Maßnahmen zu vermeiden:

- geeignete Anordnung von Leuchten und Arbeitsplätzen
- Verwendung möglichst matter Oberflächen
- Leuchtdichtebegrenzung von Leuchten
- Vergrößerung der leuchtenden Fläche von Leuchten
- Gestaltung heller Decken und Wände

Lichtrichtung

Die Lichtrichtung ist für die Wirkung von Objekten und Oberflächenstrukturen im Raum wichtig. In der DIN EN 12464-1 wird der Begriff Modelling verwendet. Darunter wird ein ausgewogenes Verhältnis von diffusem und gerichtetem Licht verstanden. Gefordert wird, dass

- das Licht eine erkennbare Vorzugsrichtung hat, damit ausreichend Schatten entsteht, der die Körperlichkeit von Raumelementen hervorhebt,
- die Beleuchtung nicht zu stark gerichtet ist, damit sich nicht zu harte Schatten bilden.

Lichtfarbe und Farbwiedergabe

Die Farbqualität von Lampen wird durch 2 Eigenschaften gekennzeichnet:

- Lichtfarbe der Lampe
- Farbwiedergabevermögen der Lampe

Die Lichtfarbe ist ein Ausdruck für die wahrgenommene Farbe des abgestrahlten Lichtes. Sie wird durch die ähnlichste Farbtemperatur beschrieben (vgl. Tabelle 1.8).

Tabelle 1.8: Lichtfarben von Lampen nach DIN EN 12464-1:2011-08

Lichtfarbe	ähnlichste Farbtemperatur
Warmweiß	< 3.300 K
Neutralweiß	3.300 bis 5.300 K
Tageslichtweiß	> 5.300 K

Bei der Farbwiedergabe kommt es vor allem darauf an, dass die Farben der Umgebung, der Objekte und der menschlichen Haut möglichst natürlich und wirklichkeitsgetreu wiedergegeben werden. Das Farbwiedergabevermögen wird mithilfe des Farbwiedergabe-Index R_a beschrieben. Dabei handelt es sich um eine Skala von 0 bis 100, bei welcher der Wert 100 das bestmögliche Farbwiedergabevermögen bezeichnet.

Flimmern

Beleuchtungssysteme sollen so ausgelegt werden, dass Flimmern und stroboskopische Effekte vermieden werden, da durch sie Kopfscherzen und andere Beschwerden hervorgerufen werden können.

Tageslichtanteil

Eine Raumbeleuchtung mit hohen Behaglichkeitswerten zeichnet sich durch einen hohen Tageslichtanteil aus. Der Mensch benötigt Tageslicht zur Orientierung in Zeit und Raum sowie für die Befriedigung psychologischer und physiologischer Prozessanforderungen des Körpers. Abb. 1.6 verdeutlicht Beeinträchtigungen an Büroarbeitsplätzen. Es zeigt sich, dass die Beleuchtung bzw. der Tageslichtanteil wichtige Faktoren bei Büroarbeitsplätzen darstellen.

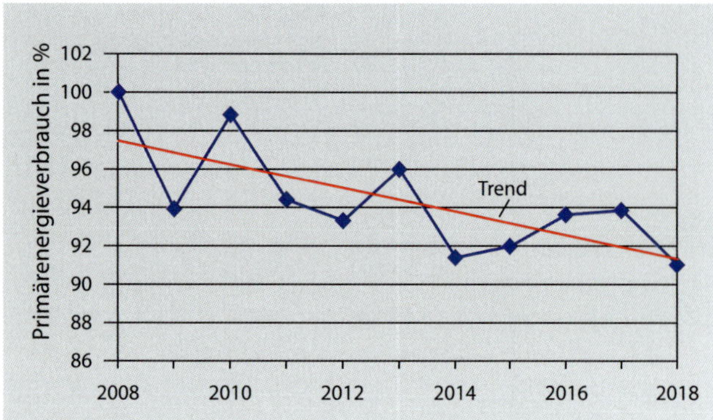

Abb. 1.7: Primärenergieverbrauch in Deutschland, bezogen auf 2008 (Datenquelle: Auswertungstabellen zur Energiebilanz Deutschland, 2020)

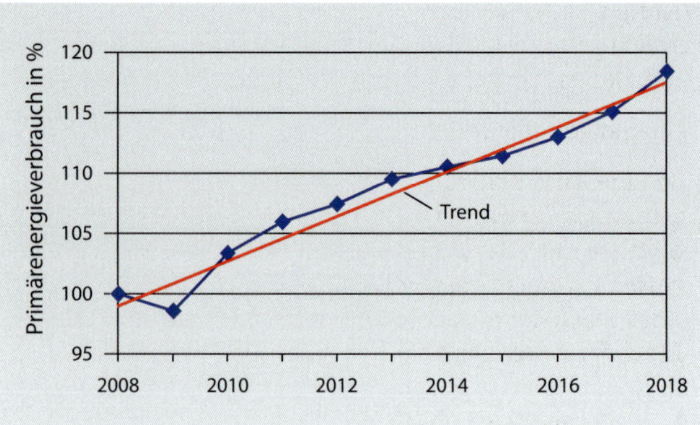

Abb. 1.8: Primärenergieverbrauch in der Welt, bezogen auf 2008 (Datenquelle: BP Statistical Review of World Energy, 2019)

1.3 Energetische Gebäudegestaltung

Das Thema Energieverbrauch von Gebäuden ist von großer gesellschaftlicher Brisanz. Das lässt sich zurückführen auf die kollektiv empfundene Bedrohung durch den Klimawandel. Außerdem steigen beständig die Energiepreise.

Abb. 1.7 zeigt, dass es in Deutschland zwischen 2008 und 2018 gelungen ist, den Primärenergieverbrauch leicht abzusenken. Aus Sicht der langfristigen Klimaschutzziele ist diese Reduzierung aber noch nicht ausreichend. Vor allem der Gebäudebestand müsste intensiver energetisch modernisiert werden.

Der sinkenden Tendenz in Deutschland steht ein nach wie vor wachsender Primärenergieverbrauch in der Welt gegenüber (vgl. Abb. 1.8). Der Anteil Deutschlands am weltweiten Primärenergieverbrauch liegt in einer Größenordnung von knapp 3 %. Demzufolge müssen die deutschen Klimaschutzanstrengungen viel mehr darauf ausgerichtet werden, den weltweiten Anstieg zu bremsen.

Gebäude verursachen einen signifikanten Anteil am gesamten Energieverbrauch, wie Abb. 1.9 und 1.10 zeigen, und es muss deshalb das Ziel sein, möglichst energieeffiziente Gebäude zu errichten bzw. durch Modernisierung zu realisieren.

Grundsätzlich kann über die folgenden Bau- und Techniksysteme Einfluss auf den Energieverbrauch von Gebäuden genommen werden:

- energieoptimierte Baukörper- und Fassadengestaltung, bei der vor allem auch der sommerliche Wärmeschutz und die Tageslichtnutzung beachtet werden müssen
- energieeffiziente Energiebereitstellungs- und Umwandlungstechnologien (Wärmeerzeuger, Kälteerzeuger, Wärmerückgewinnung)
- nutzungsgerechte Verteilsysteme
- energieeffiziente Anwendungstechnologien
- Einsatz von Gebäudeautomationstechnik (z. B. Einzelraumregelungssysteme für den Einsatz in Schulen, Hotels und ähnlichen Gebäuden)

Auf die Haustechnik übertragen sind im Planungsprozess die folgenden Schwerpunkte zu berücksichtigen:

- Einsatz von Brennwertkesseln anstelle von Niedertemperaturkesseln
- Einsatz von solarthermischen Anlagen
- Einsatz von Wärmepumpen, wobei bei klimatisierten Gebäuden die Kältebereitstellung über die Erdsonden erfolgen kann
- Verwendung von Biomassebrennstoffen bei Kesselanlagen (Holz, Pellets, Rapsöl) und Blockheizkraftwerken (BHKW; Rapsöl, Biogas, Deponiegas)
- Einsatz alternativer Kälteerzeugungstechnologien (z. B. Sorptionskältemaschinen, vgl. Kapitel 7)
- Anwendung der adiabaten Klimatisierung, bei der die Luft ohne zusätzliche Kälteerzeugung durch das Einspritzen von Wasser gekühlt wird (vgl. Kapitel 7 und Schramek, 2005, S. 1457)
- Wärmerückgewinnung und Umluftbetrieb bei raumlufttechnischen Geräten (RLT-Geräte)
- Anwendung natürlicher Prozesse für die Raumklimatisierung, insbesondere:
  - passive Bauteilkühlung mithilfe von Speichermassen des Gebäudes, auch in Verbindung mit natürlicher Nachtauskühlung, indem Gebäude so gestaltet werden, dass ein natürlicher Luftstrom durch Schachtwirkung die Tageswärme abführt
  - freie Kühlung, d. h., es wird das Kältepotenzial der Außenumgebung genutzt
  - Vorwärmung bzw. -kühlung der Luft in Erdwärmeübertragern (vgl. Abb. 1.11) oder Schotterspeichern (vgl. Kapitel 7.9.3)

Wichtig ist eine ausgewogene Berücksichtigung von Behaglichkeitsaspekten einerseits und von dem Bestreben nach einem niedrigen Energieverbrauch andererseits. Angesichts der dargestellten Energieverbrauchssituation kann es nicht sinnvoll sein, immer mehr Gebäude mit maschinellen Lüftungs- und Klimasystemen auszurüsten. Bei Betrachtung der Energieumwandlungskette in Abb. 1.12, so wird deutlich, dass ein möglichst geringer Primärenergieverbrauch auf 2 Wegen erreicht werden kann:

- über eine Verringerung der Umwandlungsverluste, wobei bei der Gebäudegestaltung nur die Verluste bei der Umwandlung von Endenergie in Nutzenergie beeinflusst werden können,
- über eine Verringerung der notwendigen Nutzenergie, indem am Gebäude entsprechende Maßnahmen durchgeführt werden (Dämmung, Sonnenschutz).

Wichtig ist aber auch ein Einwirken auf die Nutzer hinsichtlich geforderter Komfortansprüche bzw. deren energieeffizienten Verhaltens.

Demzufolge sollte immer gefragt werden,

- ob eine Klimatisierung wirklich erforderlich ist, und wenn dies der Fall ist,
- ob diese mithilfe oben beschriebener natürlicher Prozesse umgesetzt werden kann, was in vielen Fällen zu Abstrichen am erreichbaren Komfortniveau bzw. am Level der Nutzungsqualität führt.

1.4 Nachhaltige Gebäude

Eine anspruchsvolle energetische Gebäudegestaltung zielt hauptsächlich auf eine möglichst hohe ökologische Bauqualität für das Gebäude ab. Werden zusätzlich auch ökonomische und soziokulturelle Qualitäten berücksichtigt, so wird vom Konzept der sog. nachhaltigen Gebäude gesprochen. Entscheidend ist hierbei die Ausgewogenheit. Ein Gebäude ist nicht per se als nachhaltig anzusehen, wenn es eine sehr hohe ökologische Qualität besitzt, dafür aber sehr teuer und unwirtschaftlich ist. Dieser Gestaltungsansatz hat mittlerweile eine hohe praktische Bedeutung erlangt, da die Nachfrage nach nachhaltigen Gebäuden am Immobilienmarkt auch im Bereich institutioneller Investoren steigt. Außerdem ist die öffentliche Hand zunehmend bestrebt, das Nachhaltigkeitskonzept umzusetzen.

Der Begriff der Nachhaltigkeit geht auf Hans Carl von Carlowitz (1648 bis 1714) zurück. Von Carlowitz, ein hoher kursächsischer Bergbaubeamter und damit verantwortlich für die Forstwirtschaft, veröffentlichte 1713 die Schrift „Sylvicultura Oeconomica oder Haußwirthliche Nachricht und Naturmäßige Anweisung zur Wilden Baum-Zucht", in der er u. a. folgenden Satz schrieb:

„Wird derhalben die größte Kunst, Wissenschaft, Fleiß, und Einrichtung hiesiger Lande darinnen beruhen, wie eine sothane Conservation und Anbau des Holzes anzustellen, daß es eine continuirliche beständige und nachhaltende Nutzung gebe, weiln es eine unentbehrliche Sache ist, ohne welche das Land in seinem Esse nicht bleiben mag."
(Carlowitz, 2009, S. 69)

Der Begriff der Nachhaltigkeit wird also seit mehr als 300 Jahren in seiner heutigen Bedeutung verwendet. Von nachhaltigem Bauen wird dagegen in Europa seit ca. 30 Jahren (erste Anwendung des BREEAM-Zertifikates im Jahre 1990) und in Deutschland seit ca. 20 Jahren (erste Veröffentlichung des Leitfadens Nachhaltiges Bauen im Jahre 2001) gesprochen.

Auch wenn das Konzept vom nachhaltigen Bauen noch sehr jung ist, haben nachhaltige Gebäude – sog. Green Buildings – bereits eine viel größere allgemeine Popularität erreicht als speziell energieeffiziente Gebäude, die eher im Mittelpunkt der Fachdiskussionen von Architekten und Ingenieuren stehen. In der Immobilienwirtschaft sind nachhaltige Gebäude ein ausgesprochenes Topthema, was vor allem mit der wachsenden Nachfrage nach solchen Gebäuden am Markt zu erklären ist.

Nach heutigem Verständnis ist ein Produkt, ein Prozess oder eben ein Gebäude nachhaltig, wenn einem dreifa-

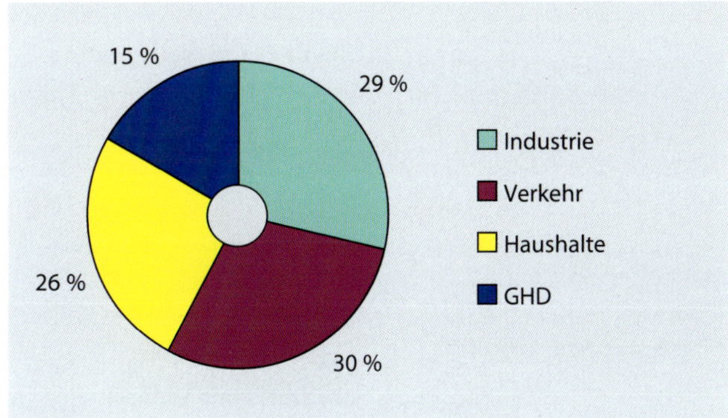

Abb. 1.9: Struktur des Endenergieverbrauchs in Deutschland (Datenquelle: Energie in Zahlen, 2019)

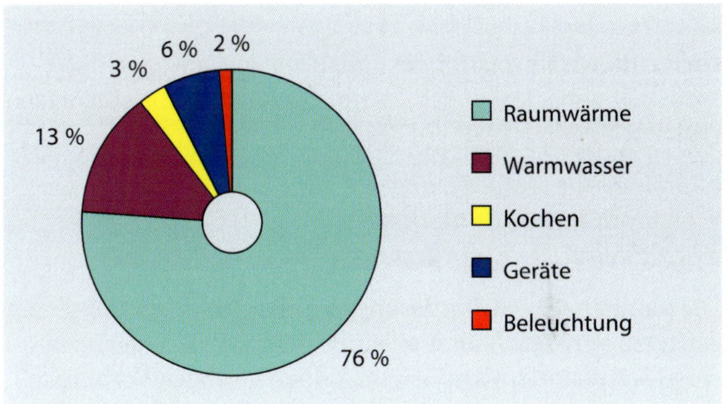

Abb. 1.10: Struktur des Energieverbrauches von Haushalten (Werte nach VDEW und Arbeitsgemeinschaft Energiebilanzen [www.bauzentrale.com])

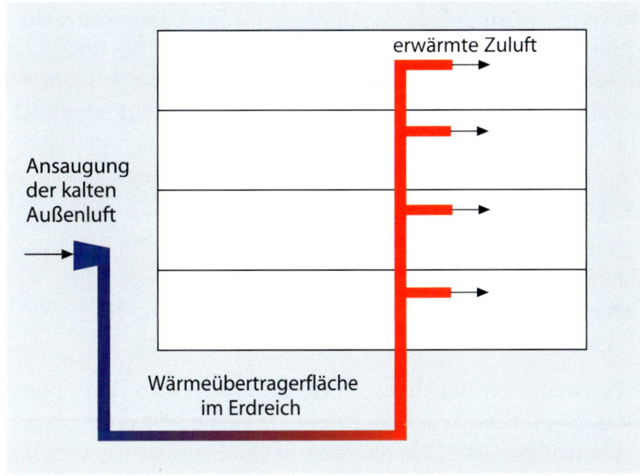

Abb. 1.11: Prinzip des Erdwärmeübertragers (Quelle: Krimmling, 2007)

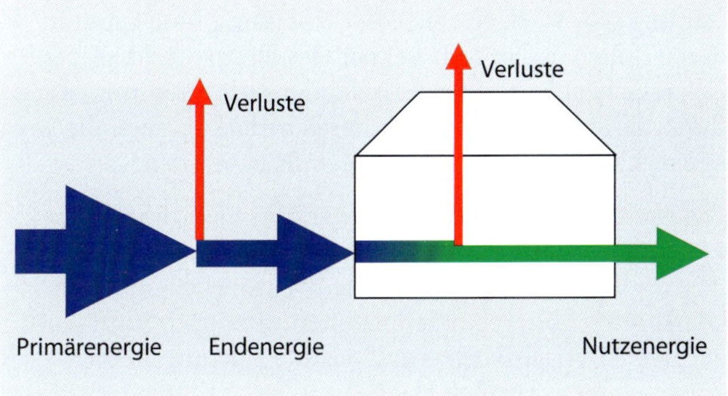

Abb. 1.12: Energieumwandlungskette bei Gebäuden

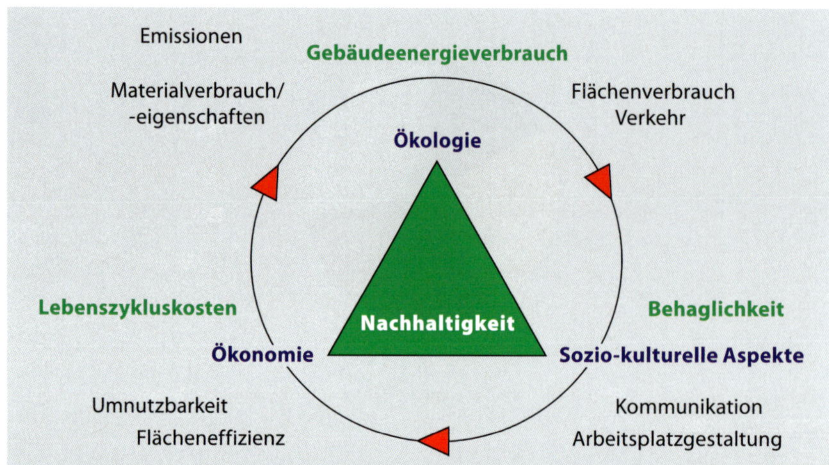

Abb. 1.13: Die 3 Hauptaspekte der Nachhaltigkeit bei Gebäuden

chen Anforderungskomplex möglichst ausgewogen entsprochen wird. Dabei geht es um die folgenden Kategorien (vgl. auch Abb. 1.13):

- ökologische Anforderungen
- ökonomische Anforderungen
- soziokulturelle Anforderungen

Die ökologischen Anforderungen zielen auf einen möglichst geringen Verbrauch an fossilen Primärenergieträgern, geringe Schadstoffemissionen und einen geringen Verbrauch an sonstigen Ressourcen ab. Bei Gebäuden spielt dabei vor allem der Energieverbrauch in der Nutzungsphase eine Rolle, aber auch jener für die Herstellung von Baumaterialien.

Bei den ökonomischen Anforderungen geht es um Fragen der Wirtschaftlichkeit. Bei Gebäuden kann dabei das Kriterium der Lebenszykluskosten (vgl. Kapitel 4.4) als Bewertungsmaßstab verwendet werden. Dieser Ansatz ist nicht prinzipiell neu, er findet sich auch in den finanzmathematischen Verfahren für die Investitionsbewertung (vgl. Kapitel 5.4); seine Integration in einen ganzheitlichen Bewertungsansatz führt aber auf eine neue Qualität.

Die soziokulturellen Anforderungen umfassen Themen wie die thermische Behaglichkeit, die Luftqualität oder die Schadstoffbelastung – aber z. B. auch Fragen der Barrierefreiheit oder des Fahrradkomforts im Gebäude.

Das Thema der nachhaltigen Gebäude hat einen sehr engen Bezug zum Facility Management, da sich beide Themengebiete stringent am Lebenszyklus des Gebäudes orientieren. Pointiert ausgedrückt heißt das: Nachhaltige Gebäude und das Facility Management sind ohne den Lebenszyklusansatz nicht denkbar. In beiden Fällen wird die Gebäudegestaltung sehr stark aus Sicht der Nutzungsphase geprägt. Einen hohen Stellenwert bei der Gestaltung nachhaltiger Gebäude besitzt die energetische Gebäudegestaltung, da durch sie sowohl der Primärenergiebedarf als auch die Lebenszykluskosten signifikant beeinflusst werden.

Die Nachfrage am Immobilienmarkt nach nachhaltigen Gebäuden wächst ständig, da diese Gebäude für Eigentümer und/oder Nutzer praktische Vorteile wie höhere Verkaufspreise, höhere Mieteinnahmen, aber auch signifikant geringere Betriebskosten und bessere Nutzungsbedingungen bieten. Für den Handel mit nachhaltigen Gebäuden werden entsprechende Bewertungssysteme benötigt, anhand derer Käufer bzw. Verkäufer die erwarteten Eigenschaften zweifelsfrei und objektiv beurteilen können. Weltweit wurden dafür mittlerweile eine Reihe sog. Zertifizierungssysteme entwickelt. Die Entwicklung und Verbreitung der Zertifizierungssysteme wird durch den World Green Building Council koordiniert und begleitet. Ungeachtet der vorhandenen Vielzahl lassen sich 3 Zertifizierungssysteme aufgrund ihrer internationalen bzw. nationalen Bedeutung herausstellen:

- LEED, entwickelt in den USA
- BREEAM, entwickelt in Großbritannien
- DGNB bzw. BNB, entwickelt in Deutschland

Das LEED-System (Leadership in Energy and Environmental Design; eingeführt 1998) ist gegenwärtig das bekannteste System und hat vor allem für den internationalen Handel Bedeutung.

Das BREEAM-System (Building Research Establishment Environmental Assessment Method; eingeführt 1990) ist das mittlerweile älteste System, nach dem bisher auch die meisten Gebäude zertifiziert worden sind. Es besitzt vor allem Bedeutung für Handelsimmobilien, insbesondere wenn diese für internationale Transaktionen interessant sind.

In Deutschland wurde 2008 von der Deutschen Gesellschaft für Nachhaltiges Bauen (DGNB) ein eigenes Zertifizierungssystem auf den Markt gebracht. Mittlerweile gibt es dieses Zertifizierungssystem in 2 Ausprägungen:

- DGNB-System
- BNB-System

Beide Systeme sind derzeit inhaltlich noch weitgehend identisch, was sich in der Zukunft aufgrund der unterschiedlichen Trägerinstitutionen sicher ändern wird: Das DGNB-System wird von der DGNB geführt und steht nur Mitgliedern bzw. speziell ausgebildeten Auditoren zur Verfügung sowie den Bauherren, die ihr Gebäude nach dem System zertifizieren lassen wollen. Das BNB-System dagegen ist frei verfügbar und wird vom Bundesministerium für Verkehr, Bau und Stadtentwicklung (BMVBS) administriert (siehe auch www.nachhaltigesbauen.de). Die Anwendung des BNB-Systems zur Bewertung konkreter nachhaltiger Gebäude wird in Kapitel 5.6 dargestellt.

1.5 Haustechnikplanung

1.5.1 Leistungsbild

In der Honorarordnung für Architekten und Ingenieure (HOAI) thematisieren die §§ 51 bis 54 die technische Ausrüstung. Das Leistungsbild „Technische Ausrüstung" wird in § 53 HOAI behandelt und die entsprechenden Leistungen werden in Anlage 14 der HOAI nach Leistungsphasen gegliedert detailliert beschrieben (vgl. Tabelle 1.9).

Tabelle 1.9: Leistungsphasen bei der Planung der technischer Ausrüstung

Phase nach HOAI	Erläuterung
Grundlagen-ermittlung	In dieser Phase ist mit dem Auftraggeber bzw. mit dem Architekten das Zielsystem abzustimmen. Dazu gehören beispielsweise die Klärung von Kostenbudgets und von Behaglichkeitsanforderungen.
Vorplanung	Für die Lösung der haustechnischen Versorgungsaufgaben in den einzelnen Gewerken sind verschiedene technische Varianten möglich. In der Vorplanung werden diese Varianten zunächst planerisch untersetzt und dann umfassend bewertet. Ein Schwerpunkt ist die wirtschaftliche Bewertung. Werkzeuge sind die Verfahren der Investitionsbewertung bzw. die Nutzwertanalyse. Im Ergebnis ist ein Entscheidungsvorschlag herauszuarbeiten.
Entwurfsplanung	Die in der Vorplanung als optimal bewertete Variante wird in dieser Phase weiter planerisch durchgearbeitet. Dazu gehört beispielsweise auch die Durchführung von Lastberechnungen (Heizlast, Kühllast).
Genehmigungs-planung	Es sind die Vorlagen für die nach öffentlich-rechtlichen Vorschriften erforderlichen Genehmigungen oder Zustimmungen einzuholen. Außerdem sind beispielsweise Abstimmungen mit den entsprechenden Ver- und Entsorgungsunternehmen zu führen.
Ausführungsplan	Anfertigung von Ausführungsplänen: Dazu gehören Grundrisszeichnungen, Schnitte und vor allem technologische Schemata, in denen die genaue Funktionsweise der einzelnen Anlagen verdeutlicht wird. Auf der Basis der Ausführungspläne erstellt der Anlagenerrichter später seine detaillierten Werkspläne, nach denen letztlich gebaut wird.
Vorbereitung der Vergabe	Aufstellen von detaillierten VOB-gerechten Leistungsverzeichnissen oder Beschreibung der Bau- und Montageleistungen in Form einer Funktionalausschreibung
Mitwirkung bei der Vergabe	Anfertigen von Preisspiegeln, Ableiten von Vergabevorschlägen; Prüfen der Leistungsfähigkeit von Bietern; Vorbereitung und Teilnahme an Vergabeverhandlungen
Objektüber-wachung	Überwachung des Objekts auf Übereinstimmung mit der Baugenehmigung oder Zustimmung, den Ausführungsplänen, den Leistungsbeschreibungen oder Leistungsverzeichnissen sowie mit den allgemein anerkannten Regeln der Technik und den einschlägigen Vorschriften (weitere Leistungen siehe Originaltext in Anlage 14 der HOAI)
Objektbetreuung und Dokumen-tation	Diese Phase erstreckt sich im Allgemeinen über den Zeitraum der Gewährleistung der Errichterfirmen. Die Beseitigung von Mängeln ist zu überwachen und zu koordinieren.

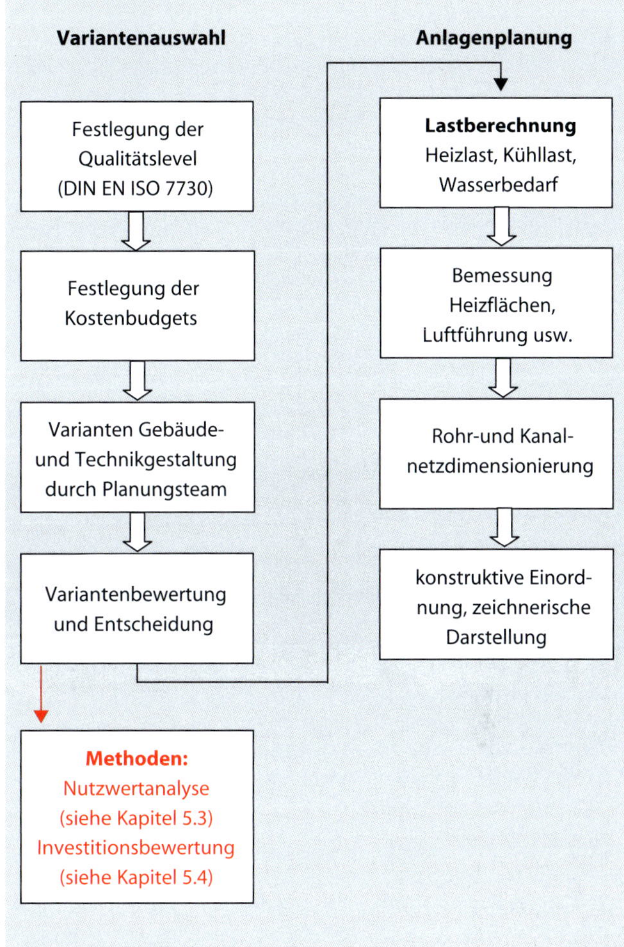

Abb. 1.14: Ablauf der Haustechnikplanung

Abb. 1.14 gibt einen Überblick über den Ablauf der Haustechnikplanung.

1.5.2 Integrale Planung

Insbesondere das Konzept des nachhaltigen Bauens und der Lebenszyklusansatz als Grundlage moderner Facility Management-Strategien erfordern einen integralen Planungsansatz. Die Neugestaltung des Planungs- und Bauprozesses betrifft im Wesentlichen 2 Ebenen:

- die frühzeitige und umfassende Einbeziehung aller den Lebenszyklus gestaltenden Akteure,
- die ergebnisorientierte Transformation von Daten und Informationen zwischen den einzelnen Phasen des Lebenszyklus im Sinne einer Facility Management-gerechten Informationsstrategie.

Serielle Planungsprozesse (vgl. Abb. 1.15) sind dadurch gekennzeichnet, dass die verschiedenen Fachspezialisten erst in einem relativ späten Stadium der Planung in den Prozess einbezogen werden. Dies führt beispielsweise dazu, dass das haustechnische Konzept erst dann aufgestellt wird, wenn die Architekturplanung in vielen Punkten schon festgelegt ist, was wiederum zur Folge hat, dass etwa Belange der energetischen Gebäudegestaltung (vgl. Kapitel 1.3) nur unzureichend im Entwurf berücksichtigt werden können. Sinnvoller ist ein integraler, d. h. teamorientierter Ansatz (vgl. Abb. 1.16).

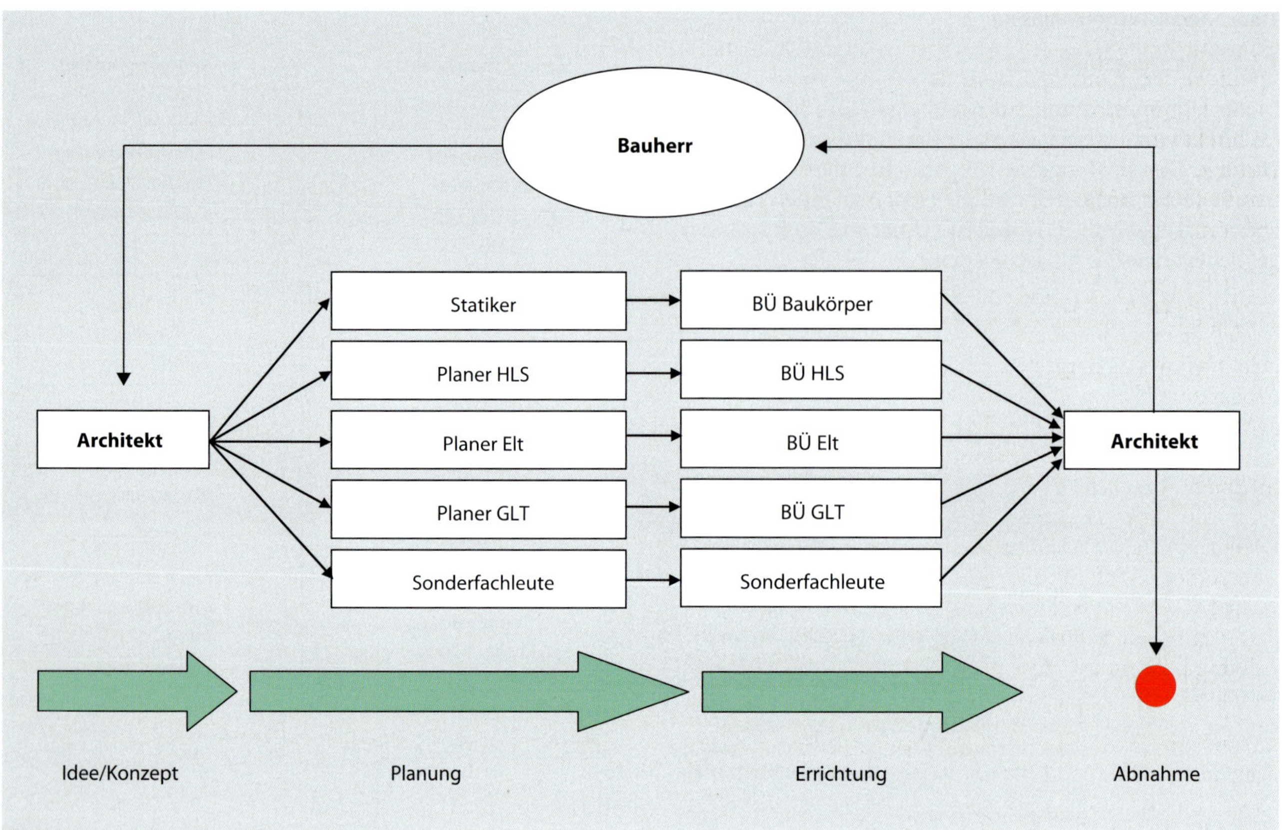

Abb. 1.15: Serieller Planungsprozess (HLS: Heizung, Lüftung, Sanitär; Elt: Elektrotechnik; GLT: Gebäudeleittechnik; BÜ: Bauüberwachung)

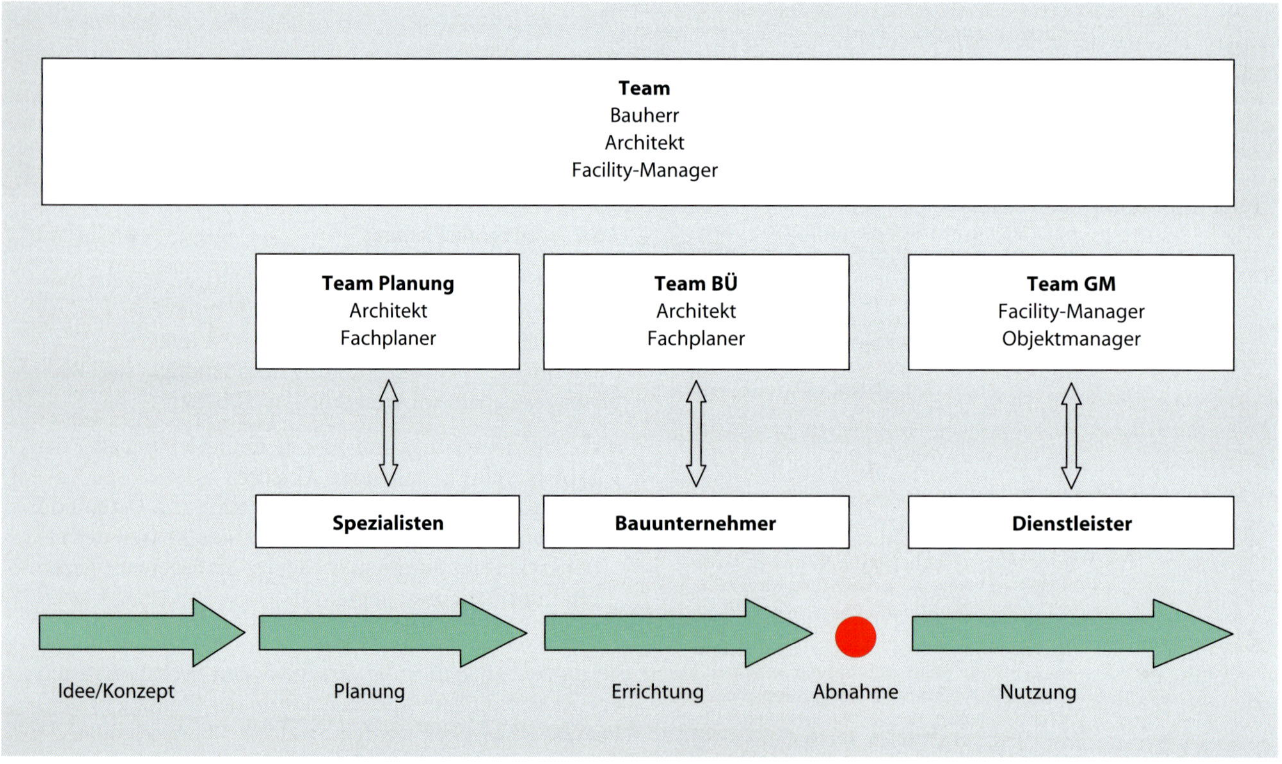

Abb. 1.16: Integraler Planungsprozess (BÜ: Bauüberwachung; GM: Gebäudemanagement)

Insbesondere der Architekt und die Fachplaner müssen frühzeitig gemeinsam festlegen, welche technischen Anlagen in welcher Komplexität im Gebäude benötigt werden. Die Abstimmung erscheint hier als ein Prozess, bei dem der Architekt ein erstes Konzept mit den erforderlichen Anforderungen aus der Nutzung vorgibt und der Technikplaner darauf aufbauend ein optimales Technikkonzept entwickelt. Dies muss mehrfach wiederholt werden.

Für die konkrete Formulierung der Nutzungsanforderungen werden gemäß dem oben beschriebenen Prozessmodell erforderliche Funktionen und die dazugehörigen Qualitätsniveaus dargestellt. Auf diesem Weg kommt der Aspekt zum Tragen, dass den Nutzer weniger das Vorhandensein einer bestimmten technischen Anlage interessiert, sondern vielmehr nur bestimmte Funktionen und die entsprechende Qualität. Beispielsweise benötigt der Nutzer eines Raumes ein bestimmtes Raumklima, nicht aber zwangsläufig eine Klimaanlage. Es obliegt dem Planungsteam, eine Lösung für diese Klimaanforderung zu entwickeln und es ist beispielsweise denkbar, das geforderte Raumklima auf natürlichem Weg durch passive Bauteilkühlung kombiniert mit einer Nachtdurchströmung zu erreichen.

Im nächsten Schritt des Planungsprozesses kann es dann sinnvoll sein, das Architekturkonzept zu überarbeiten, woraus sich dann möglicherweise modifizierte Vorgaben für die Technik ergeben. Im Endeffekt entsteht aber auf diese Weise ein optimiertes Gebäude, das weitestgehend die Zielvorgaben des künftigen Nutzers bedient. Der Vorteil einer solchen Herangehensweise kommt besonders bei der nachhaltigen und energetischen Gebäudegestaltung zum Tragen (vgl. Kapitel 1.3), betrifft aber auch viele Gestaltungsdetails wie z. B.:

- Lage und Größe der Technikzentralen,
- Lage der Verteilungsnetze (z. B. in Fußbodensystemen oder in abgehängten Decken),
- Größe und Form von Versorgungsschächten,
- Anordnung von Raumheizflächen.

1.6 Energiegesetzgebung

Das Gebäudeenergiegesetz (GEG) gibt Regeln für die energetische Gestaltung von Gebäuden vor. Im Wesentlichen geht es darum, den nichterneuerbaren Primärenergiebedarf von Gebäuden durch baukonstruktive und anlagentechnische Gestaltungsansätze zu begrenzen. Außerdem soll bei Neubauten ein technologiespezifischer Anteil des Wärme- und Kältebedarfs durch erneuerbare Energie gedeckt werden.

1.6.1 Begrenzung des nichterneuerbaren Primärenergiebedarfs

Die jeweiligen Grenzwerte werden nicht fest vorgegeben, sondern müssen mithilfe des sog. Referenzgebäudeverfahrens für jeden Einzelfall berechnet werden. Das Referenzgebäude ist ein Gebäude gleicher Geometrie, Nutzfläche und Nutzung mit festgelegten Vorgaben für die bauliche Gestaltung und gebäudetechnische Ausstattung. Für Wohngebäude bzw. Nichtwohngebäude ist die Verfahrensweise im Einzelnen unterschiedlich.

Wohngebäude

Bei Wohngebäuden sind der jährliche, nichterneuerbare Primärenergiebedarf und die auf die wärmeabgebende Umfassungsfläche bezogenen Transmissionswärmeverluste durch die Berechnungsergebnisse des Referenzgebäudes begrenzt. Es müssen die folgenden Prozesse in die Bilanzierung einbezogen werden:

- Heizung
- Warmwasserbereitung
- Lüftung
- Kühlung

Nichtwohngebäude

Bei Nichtwohngebäuden wird der Grenzwert für den nichterneuerbaren Primärenergiebedarf ebenfalls über das Referenzgebäude bestimmt. Außerdem ist das Gebäude so auszuführen, dass festgelegte Grenzwerte für die Wärmedurchgangskoeffizienten (*U*-Werte) nicht überschritten werden. Es müssen folgende Prozesse in die Bilanzierung einbezogen werden:

- Heizung
- Warmwasserbereitung
- Lüftung
- Kühlung
- Beleuchtung (für die eingebauten Beleuchtungssysteme)

Prinzipieller Berechnungsgang für den Primärenergiebedarf

Die Berechnung des Primärenergiebedarfs erfolgt entgegengesetzt der Reihenfolge der Energieumwandlungskette (vgl. Abb. 1.12) wie folgt:

- Nutzenergiebedarf
- Endenergiebedarf
- Primärenergiebedarf

Außerdem wird für jedes Versorgungssystem der genannten Prozesse der erforderliche Hilfsenergieaufwand bilanziert. Für die Berechnung der Nutz- und Endenergien werden verfahrens- und projektspezifische Berechnungsansätze verwendet, die in der Normenreihe DIN V 18599 (für Wohngebäude und Nichtwohngebäude) dokumentiert sind. Aus den berechneten Endenergien wird mithilfe der Primärenergiefaktoren dann abschließend der nichterneuerbare Primärenergiebedarf des Gebäudes berechnet:

$$Q_{P,Geb} = \sum_i (Q_{E,i} \cdot f_{P,i}) + \sum_j (Q_{HE,j} \cdot f_{P,elt}) \qquad \text{(Formel 1.11)}$$

mit

$Q_{P,Geb}$ Primärenergiebedarf des Gebäudes in kWh
$Q_{E,i}$ Endenergiebedarf des Endenergieträgers *i* in kWh
$Q_{HE,j}$ Hilfsenergiebedarf für das Teilsystem *j* in kWh
$f_{P,i}$ Primärenergiefaktor für den nichterneuerbaren Anteil des Endenergieträgers *i*
$f_{P,elt}$ Primärenergiefaktor für den nichterneuerbaren Anteil der Elektroenergie

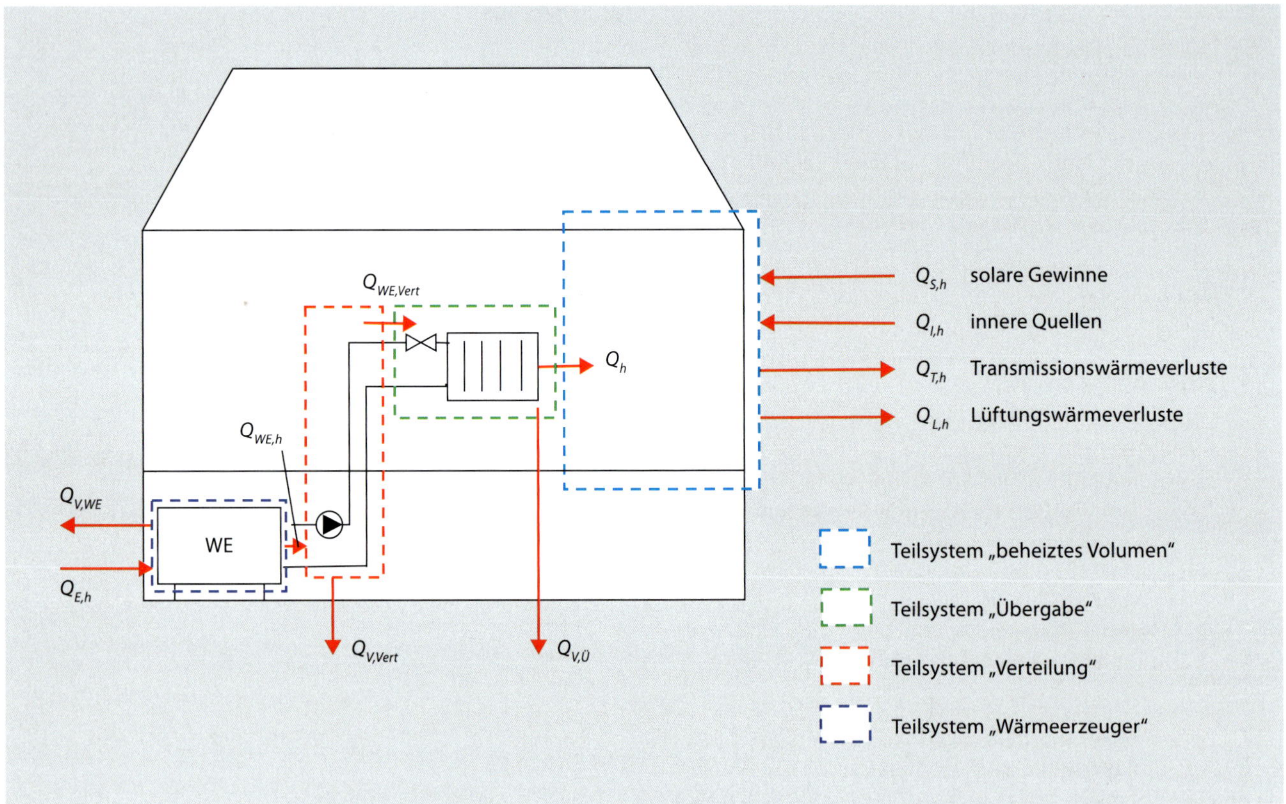

Abb. 1.17: Energiesystem Gebäude für den Prozess des Heizens ($Q_{V,WE}$: Verlust Wärmeerzeuger, $Q_{E,h}$: Endenergie zum Heizen, $Q_{WE,h}$: Nutzwärmeabgabe des Wärmeerzeugers, WE: Wärmeerzeuger, $Q_{WE,Vert}$: Nutzwärmeabgabe der Verteilung, $Q_{V,Vert}$: Verlust Verteilung, Q_h: Heizwärmebedarf, $Q_{V,Ü}$: Verlust Übergabe)

Prinzipieller Berechnungsgang für den Nutz- und Endenergiebedarf

Zur Bestimmung des Nutz- und Endenergiebedarfs wird das Gebäude als Energiesystem aufgefasst, das aus 4 energetischen Teilsystemen besteht. Dies ist exemplarisch und sinngemäß für den Prozess des Heizens in der Abb. 1.17 dargestellt. Folgende Teilsysteme werden betrachtet:

- Wärmeerzeuger
- Verteilung
- Übergabe
- beheiztes Volumen

Für jedes der 4 Teilsysteme wird eine Energiebilanz aufgestellt, d. h., es werden die jeweils ein- und austretenden Energien erfasst. Man beginnt beim Teilsystem „beheiztes Volumen" und arbeitet sich entgegen der Richtung des Energieflusses durch alle 4 Teilsysteme hindurch.

$$Q_h = Q_{T,h} + Q_{L,h} - Q_{S,h} - Q_{I,h} \qquad \text{(Formel 1.12)}$$

mit

Q_h	Heizwärmebedarf in kWh/a
$Q_{T,h}$	Transmissionswärmeverluste in kWh/a
$Q_{L,h}$	Lüftungswärmeverluste in kWh/a
$Q_{S,h}$	solare Gewinne in kWh/a
$Q_{I,h}$	Gewinne aus inneren Quellen in kWh/a

$$Q_{WE,Vert} = Q_h + Q_{V,Ü} \qquad \text{(Formel 1.13)}$$

mit

$Q_{WE,Vert}$	Nutzwärmeabgabe der Verteilung in kWh/a
Q_h	Heizwärmebedarf in kWh/a
$Q_{V,Ü}$	Verlust Übergabe in kWh/a

$$Q_{WE,h} = Q_{WE,Vert} + Q_{V,Vert} \qquad \text{(Formel 1.14)}$$

mit

$Q_{WE,h}$	Nutzwärmeabgabe des Wärmeerzeugers in kWh/a
$Q_{WE,Vert}$	Nutzwärmeabgabe der Verteilung in kWh/a
$Q_{V,Vert}$	Verlust Verteilung in kWh/a

$$Q_{E,h} = Q_{WE,h} + Q_{V,WE} \qquad \text{(Formel 1.15)}$$

mit

$Q_{E,h}$	Endenergie zum Heizen in kWh/a
$Q_{WE,h}$	Nutzwärmeabgabe des Wärmeerzeugers in kWh/a
$Q_{V,WE}$	Verlust Wärmeerzeuger in kWh/a

Somit erhält man schließlich die Endenergie für das Heizen und kann dann, wie oben beschrieben, die erforderliche nichterneuerbare Primärenergie bestimmen. Die konkrete Umsetzung der gezeigten Berechnung muss für den öffentlich-rechtlichen Nachweis nach der Normenreihe DIN V 18599 umgesetzt werden.

Beispiel

Für ein Bürogebäude ist der nichterneuerbare Primärenergiebedarf für den Prozess des Heizens zu berechnen (vgl. Tabelle 1.10).

Tabelle 1.10: Beispielhafte Berechnung des nichterneuerbaren Primärenergiebedarfs für den Prozess des Heizens eines Bürogebäudes

Energiebedarf/ -verlust	Formelzeichen	Werte	verwendete Formel
vorgegebene Werte:			
Transmissionswärmeverluste	$Q_{T,h}$	56.097,60 kWh/a	
Lüftungswärmeverluste	$Q_{L,h}$	159.815,44 kWh/a	
solare Gewinne	$Q_{S,h}$	12.168,00 kWh/a	
innere Quellen	$Q_{I,h}$	99.366,80 kWh/a	
Verlust Übergabe	$Q_{V,Ü}$	2.087,56 kWh/a	
Verlust Verteilung	$Q_{V,Vert}$	12.610,00 kWh/a	
Verlust Wärmeerzeuger	$Q_{V,WE}$	1.181,70 kWh/a	
Primärenergiefaktor Erdgas	$f_{P,Erdgas}$	1,1	
Energiebilanzen für die 4 Teilsysteme:			
Heizwärmebedarf	Q_h	104.378,24 kWh/a	Formel 1.12
Nutzwärmeabgabe der Verteilung	$Q_{WE,Vert}$	106.465,81 kWh/a	Formel 1.13
Nutzwärmeabgabe des Wärmeerzeugers	$Q_{WE,h}$	119.075,81 kWh/a	Formel 1.14
Endenergie zum Heizen	$Q_{E,h}$	120.257,51 kWh/a	Formel 1.15
Berechnungsergebnis:			
nichterneuerbare Primärenergie zum Heizen	$Q_{P,h}$	132.283,26 kWh/a	Formel 1.11

Die Berechnung erfolgt mithilfe der Formeln 1.11 bis 1.15. Im vorliegenden Fall werden für das Heizen des Gebäudes 132.283,26 kWh/a nichterneuerbare Primärenergie benötigt.

1.6.2 Nutzungspflicht für erneuerbare Energien

Das GEG regelt auch die Pflicht zur Nutzung erneuerbarer Energien für die Wärme- und Kälteversorgung von neu zu errichtenden Gebäuden bzw. von Gebäuden der öffentlichen Hand, die grundlegend renoviert werden sollen.

Der Wärme- und Kältebedarf (entspricht dem Nutzenergiebedarf des Gebäudes) zuzüglich des Energieaufwands für die Übergabe, Verteilung und Speicherung muss je nach verwendeter Energieart durch einen bestimmten Mindestanteil erneuerbarer Energien gedeckt werden (vgl. Tabelle 1.11). Alternativ kann die Energieeffizienz des Gebäudes durch Ersatzmaßnahmen gesteigert werden (vgl. Tabelle 1.12).

Tabelle 1.11: Deckungsanteile erneuerbarer Energien nach GEG

erneuerbare Energie	Mindestdeckungsanteil (%)
solare Strahlungsenergie	15
Strom aus erneuerbaren Energien	15
gasförmige Biomasse – KWK	30
gasförmige Biomasse – Brennwertkessel	50
flüssige Biomasse	50
feste Biomasse	50
Geothermie und Umweltwärme	50

KWK Kraft-Wärme-Kopplung

Tabelle 1.12: Ersatzmaßnahmen nach GEG

Ersatzmaßnahme	einzuhaltende Bedingungen
Abwärme	• Mindestens 50 % des Wärme- und Kältebedarfs sind aus Abwärme bereitzustellen. • Bei Abwärmenutzung aus RLT-Anlagen muss der Rückgewinngrad mindestens 70 % betragen und die • Leistungszahl mindestens 10 sein. • Bei anderen Abwärmenutzungen ist mindestens der Stand der Technik einzuhalten.
KWK	• Mindestens 50 % des Wärme- und Kältebedarfs sind aus KWK-Anlagen bereitzustellen. • Die KWK-Anlage muss hocheffizient sein.
Maßnahmen zur Einsparung von Energie	• Der Höchstwert des Jahresprimärenergiebedarfs und der spezifische Transmissionswärmeverlust müssen um 15 % unterschritten werden. • Bei der Neuerrichtung öffentlicher Gebäude muss der spezifische Transmissionswärmeverlust um 30 % unterschritten werden. • Bei der grundlegenden Renovierung öffentlicher Gebäude muss der 1,4-fache spezifische Transmissionswärmeverlust um 20 % unterschritten werden.
Fernwärme oder Fernkälte	Wärme oder Kälte im Netz muss • wesentlich aus erneuerbaren Energien erzeugt worden sein oder • zu mindestens 50 % aus Abwärmequellen stammen oder • zu mindestens 50 % mithilfe von KWK-Anlagen gewonnen worden sein oder • zu mindestens 50 % aus einer Kombination der 3 vorgenannten Möglichkeiten gewonnen worden sein.

KWK Kraft-Wärme-Kopplung
RLT raumlufttechnische Anlage

Für die Kälteerzeugung aus erneuerbaren Energien gelten die folgenden Bedingungen:

- Kälte wird aus dem Erdboden, aus dem Grundwasser bzw. aus Oberflächenwasser oder durch thermische Kälteerzeugung gewonnen.
- Kälte wird zur Raumkühlung verwendet.
- Der Endenergiebedarf für Erzeugung, Rückkühlung und Verteilung wurde durch die Verwendung der jeweils besten verfügbaren Technik gesenkt.

Bei der thermischen Kälteerzeugung aus erneuerbaren Energien, also z. B. bei einer solarbetriebenen Absorptionskältemaschine, ist hinsichtlich der Nutzungspflicht die gewonnene Kälte und nicht die verwendete Wärme zu bilanzieren.

Für Gebäude der öffentlichen Hand gilt die Besonderheit, dass deren Wärme- und Kältebedarf auch bei grundlegenden Renovierungen zu mindestens 15 % aus erneuerbaren Energiequellen gedeckt werden müssen. Als grundlegende Renovierung im Sinne des Gesetzes zählen

- der Austausch des Heizkessels oder die Umstellung auf einen anderen fossilen Energieträger und
- die Erneuerung von mehr als 20 % der Oberfläche der Gebäudehülle.

1.6.3 Weitere Regelungen des Gebäudeenergiegesetzes

Neben den genannten Hauptregelungsinhalten gibt es im GEG weitere Vorgaben (Aufzählung ist nicht vollständig):

- zur energetischen Qualität von Heizungs- und Klimaanlagen,
- zur energetischen Inspektion von Klimaanlagen,
- zu Energieausweisen und
- zur finanziellen Förderung bei der Nutzung erneuerbarer Energien.

Ein Hauptaugenmerk wird auch auf den tatsächlichen Vollzug der im Gesetz gemachten Vorgaben gelegt. Dies war in der Vergangenheit in der Praxis ein Schwachpunkt.

1.7 Normen- und Literaturverzeichnis

Normen

DIN 276:2018-12 Kosten im Bauwesen

DIN V 18599 Energetische Bewertung von Gebäuden (Normenreihe)

DIN EN ISO 7730:2006-05 Ergonomie der thermischen Umgebung – Analytische Bestimmung und Interpretation der thermischen Behaglichkeit durch Berechnung des PMV- und des PPD-Indexes und Kriterien der lokalen thermischen Behaglichkeit (ISO 7730:2005)

DIN EN 12464-1:2011-08 Licht und Beleuchtung – Beleuchtung von Arbeitsstätten – Teil 1: Arbeitsstätten in Innenräumen

Literatur und Richtlinien

Albers, K.-J.: Taschenbuch für Heizung und Klimatechnik. 77. Aufl. München: Deutscher Industrieverlag (DIV), 2015

Auswertungstabellen zur Energiebilanz Deutschland. Daten für die Jahre von 1990 bis 2019. Stand: September 2020 [online]. Berlin: AG Energiebilanzen e. V. (AGEB), 2020. Internet: https://www.ag-energiebilanzen.de/10-0-Auswertungstabellen.html [Zugriff: 23.07.2021]

BP Statistical Review of World Energy. 68th ed. Stand: 2019 [online]. London, UK: BP Statistical Review of World Energy, 2019. Internet: https://www.bp.com/content/dam/bp/business-sites/en/global/corporate/pdfs/energy-economics/statistical-review/bp-stats-review-2019-full-report.pdf [Zugriff: 23.07.2021]

Büronebenkosten in Deutschland weiter rückläufig. Berlin erstmals teuerste Stadt bei Bürogesamtkosten. Stand: Oktober 2019 [online]. Chicago, USA: Jones Lang LaSalle Inc., 2019. Internet: https://www.jll.de/de/presse/bueroneben kosten-in-deutschland-weiter-ruecklaeufig [Zugriff: 09.08.2021]

Carlowitz, H. C. von: Sylvicultura Oeconomica. Haußwirthliche Nachricht und Naturmäßige Anweisung zur Wilden Baum-Zucht. Reprint der 2. Auflage von 1732. Remagen-Oberwinter: Verlag Kessel, 2009

Energie in Zahlen. Arbeit und Leistungen der AG Energiebilanzen. Hrsg.: AG Energiebilanzen e. V. (AGEB). Berlin, 2019

Fanger, P. O.: Mensch und Raumklima. In: Rietschel, H.; Esdorn, H. (Hrsg.): Raumklimatechnik. Band 1 Grundlagen. 16. Aufl. Berlin/Heidelberg: Springer Verlag, 1994

Gottschalk, O. u. a.: Verwaltungsbauten. Wiesbaden/Berlin: Bauverlag, 1994

Krimmling, J.: Energieeffiziente Gebäude. 3. Aufl. Stuttgart: Fraunhofer IRB Verlag, 2010

Leitfaden Nachhaltiges Bauen. Hrsg: Bundesamt für Bauwesen und Raumordnung. Bonn/Berlin, 2001

VDI 2067 Blatt 1:2012-09 Wirtschaftlichkeit gebäudetechnischer Anlagen – Grundlagen und Kostenberechnung. Düsseldorf: Verein Deutscher Ingenieure, 2012

2 Gebäudearten und Haustechnik

2.1 Systemübersicht

Gebäude können nach Nutzungsarten klassifiziert werden. Neufert verwendet in seiner Bauentwurfslehre folgende Hauptkategorien (vgl. Neufert, 2009):

- Wohnen
- Beherbergung
- Bildung/Forschung
- Kultur/Spielstätten
- Verwaltung/Büro
- Handel
- Industrie/Gewerbe
- Sakralbau
- Gesundheit
- Sport/Freizeit

Für öffentliche Gebäude wird häufig der Bauwerkszuordnungskatalog verwendet, der folgende Hauptgruppen enthält (vgl. ifBOR BZK:2007-10):

- Parlaments-, Gerichts- und Verwaltungsgebäude
- Gebäude für wissenschaftliche Lehre und Forschung
- Gebäude des Gesundheitswesens
- Schulen
- Sportbauten
- Wohnbauten, Gemeinschaftsstätten
- Gebäude für Produktion, Werkstätten und Lagergebäude
- Bauwerke für technische Zwecke
- Gebäude anderer Art

Die Gebäudetechnik kann nach einer zunächst groben Struktur gewerkeweise folgendermaßen systematisiert werden (vgl. auch Kapitel 1.1):

- Heizung
- Lüftung/Klimatisierung
- Wasser/Abwasser
- Beleuchtung
- Elektrotechnik (Starkstrom)
- Informations-, Kommunikations- und Automatisationstechnik
- Transporttechnik

Bei der Kombination der Gebäudestruktur (Neufert, 2009) mit der Technikstruktur ergibt sich ein Überblick über die gebäudetechnischen Grundkonzepte, die heute üblicherweise in der Praxis realisiert werden. Dabei konzentriert sich die folgende Darstellung auf neu zu errichtende Gebäude bzw. die grundlegende Sanierung vorhandener Gebäude. Im Bestand ist noch eine Reihe mittlerweile veralteter Systeme vorzufinden, auf die – sofern erforderlich – bei der Darstellung der einzelnen Techniksysteme eingegangen wird.

In vielen Fällen ist der Aufbau der technischen Gebäudeausrüstung nicht unmittelbar von der Nutzungsart des Gebäudes geprägt, d. h., in unterschiedlichen Gebäudetypen können vergleichsweise ähnliche technische Anlagen vorgefunden werden. So haben etwa die meisten Gebäude einen Wärmeerzeuger (Kessel, Wärmepumpe oder Blockheizkraftwerk), der die für die Heizungsanlage benötigte Wärme erzeugt. Es gibt keinen speziellen Wärmeerzeuger für Wohngebäude oder Sporthallen. Ebenso gibt es keine speziellen Klimaanlagen für Kaufhäuser, Krankenhäuser oder Büro- bzw. Verwaltungsgebäude. In der grundlegenden Funktionsweise und im Aufbau sind sich viele Anlagen sehr ähnlich, unabhängig davon, in welchem Gebäude sie verwendet werden. Prägende Unterschiede sind an der Schnittstelle zum Raum oder zum Nutzer auszumachen.

Beispiel 1: Heizkörper

In einer Schule werden andere Heizkörper Verwendung finden als im Geschosswohnungsbau, wobei dies eher mit der Robustheit der Heizkörper oder deren Reinigungsmöglichkeiten zu erklären ist und weniger mit deren grundlegender Funktion – der Wärmeübergabe an den Raum.

Beispiel 2: Klimaanlage

Ein funktionelles Schema (auch Verfahrensschema, technologisches Schema oder hydraulisches Schema, vgl. Kapitel 3.8) einer Klimaanlage in einem Krankenhaus kann sehr viel Ähnlichkeit mit dem einer vergleichbaren Anlage in einem Bürogebäude haben. Allerdings unterscheiden sich die Auslegungsparameter, die Betriebsweise oder auch die Luftführung im Raum sehr deutlich.

Ähnlich verhält es sich bei der Unterscheidung von Neubau und Sanierung: Wenn der Haustechniker eine bestimmte Anlage für ein Gebäude dimensioniert, ist es für ihn meistens unerheblich, ob diese für einen Neubau oder eine Sanierung gedacht ist. Lediglich die baukonstruktive Einordnung der Anlage in den Baukörper kann verschieden sein. Für die Funktionsweise einer Heizungsanlage ist es aber nicht von Bedeutung, ob sie in ein neues oder in ein vorhandenes Gebäude eingebaut werden soll. Der Planer wird in beiden Fällen die gleichen grundlegenden Auslegungs- und Dimensionierungsschritte durchführen. Allerdings kann es sein, das die Heizlast des Neubaus geringer als die eines vergleichbaren vorhandenen Gebäudes ist. Es werden also für den Neubau ein kleinerer Wärmeerzeuger und vielleicht kleinere Heizflächen vorzusehen sein als für das zu sanierende Gebäude.

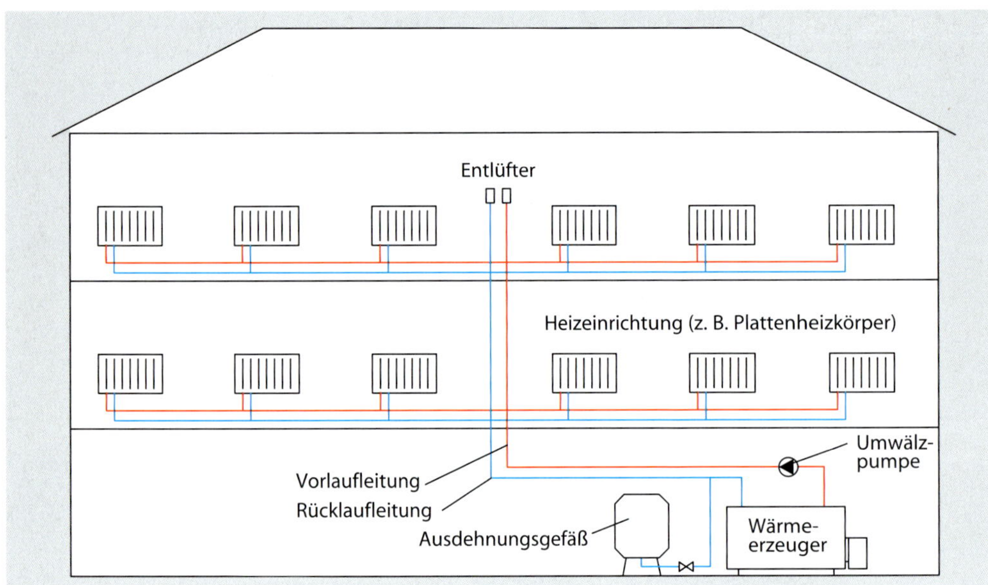

Abb. 2.1: Funktionsschema einer Zentralheizung für ein Wohngebäude

2.2 Wohngebäude

Bei Wohngebäuden ist die Heizungsanlage die dominierende gebäudetechnische Anlage, da die benötigte Heizenergie in aller Regel den größten Anteil am Gesamtenergieverbrauch ausmacht.

Für die meisten technischen Anlagen in Wohngebäuden ist es unerheblich, wie groß das Gebäude ist bzw. wie viele Wohnungen es hat. Allerdings kann eine Unterscheidung in Ein- und Zweifamilienhäuser einerseits sowie Geschosswohnbauten andererseits sinnvoll sein, da bestimmte Systeme (z. B. Heizkamine oder Wohnungslüftungsanlagen) aus Komfortgründen sehr häufig in Ein- und Zweifamilienhäusern anzutreffen sind. Dagegen sind andere Ausrüstungen beispielsweise für die Heizkostenerfassung nur in Mehrfamilienhäusern sinnvoll bzw. vorgeschrieben.

Heizung

Neu zu errichtende Wohngebäude werden überwiegend mit geschlossenen Pumpenwarmwasserheizungen ausgerüstet (vgl. Abb. 2.1 und Kapitel 6.3). In Ein- und Zweifamilienhäusern finden sich gelegentlich zentrale Luftheizungen sowie eine Kombination der Zentralheizung mit Einzelfeuerstätten (vgl. Kapitel 6.8.1), hauptsächlich um den Erlebniswert der Wohnung zu steigern.

Im Geschosswohnungsbau dominiert die Zentralheizung mit einer Heizzentrale pro Gebäude, angeordnet im Keller- oder Dachgeschoss. Etagenheizungen (Zentralheizung pro Wohnung) werden zunehmend seltener geplant. Dies folgt dem Trend, dass Mieter sich nicht mehr um technische Belange der Heizung (z. B. Einstellung der Heizkurve oder der Absenkzeiten) sowie deren Instandhaltung selbst kümmern wollen.

Als Wärmeerzeuger werden im Bestand überwiegend Kesselanlagen verwendet, teilweise auch Wärmepumpen. Da das GEG bei der Wärme- und Kälteerzeugung in Gebäuden eine Nutzungspflicht für erneuerbare Energien vorschreibt, werden beim Neubau künftig folgende Systeme vermehrt zum Einsatz kommen:

- Erdgasbrennwertkessel kombiniert mit einer thermischen Solaranlage
- Biomassekessel, insbesondere Holzpelletkessel
- Wärmepumpe als alleiniger Wärmeerzeuger oder bei größeren Gebäuden kombiniert mit einem Spitzenlastkessel

Alternativ kann von den Kompensationsmöglichkeiten des GEG Gebrauch gemacht werden. Danach muss das Gebäude stärker gedämmt werden oder es muss Wärme aus Kraft-Wärme-Kopplungsanlagen (KWK-Anlagen) verwendet werden bzw. aus Nah- und Fernwärmesystemen, die ebenfalls aus KWK-Anlagen gespeist werden (vgl. Tabelle 1.12).

Für neu zu errichtende Ein- und Zweifamilienhäuser empfiehlt sich die Installation von Wärmepumpen, insbesondere in Verbindung mit Wohnungslüftungssystemen (vgl. Abb. 2.2).

Als Raumheizeinrichtungen werden in Wohngebäuden hauptsächlich Plattenheizkörper und im Sanitärbereich Röhrenradiatoren eingesetzt. Während in hochwertigen Wohnungen Designheizkörper mit unterschiedlichen Formen und Farben zum Einsatz kommen, dominiert im Geschosswohnungsbau der Standard-Plattenheizkörper mit der Farbe Weiß. Im Ein- und Zweifamilienhausbereich werden außerdem häufig Fußbodenheizungen realisiert. Dies ist einerseits sehr behaglich und andererseits bei Brennwertkesseln und Wärmepumpen energetisch günstig, da die Anlagen mit niedrigen Systemtemperaturen als sog. Niedertemperaturheizungen betrieben werden können. Wandheizungen erfüllen den gleichen Zweck, sind allerdings aufgrund der verminderten Möbelstellfläche oft unpraktisch.

Lüftung und Klimatisierung

Lüftungs- und Klimaanlagen werden in Wohngebäuden bisher eher selten eingesetzt. In Ein- und Zweifamilienhäusern und insbesondere bei Niedrigenergie- und Passivhäusern werden meistens zentrale Wohnungslüftungsanlagen eingebaut, sinnvollerweise mit Wärmerückgewinnung (vgl.

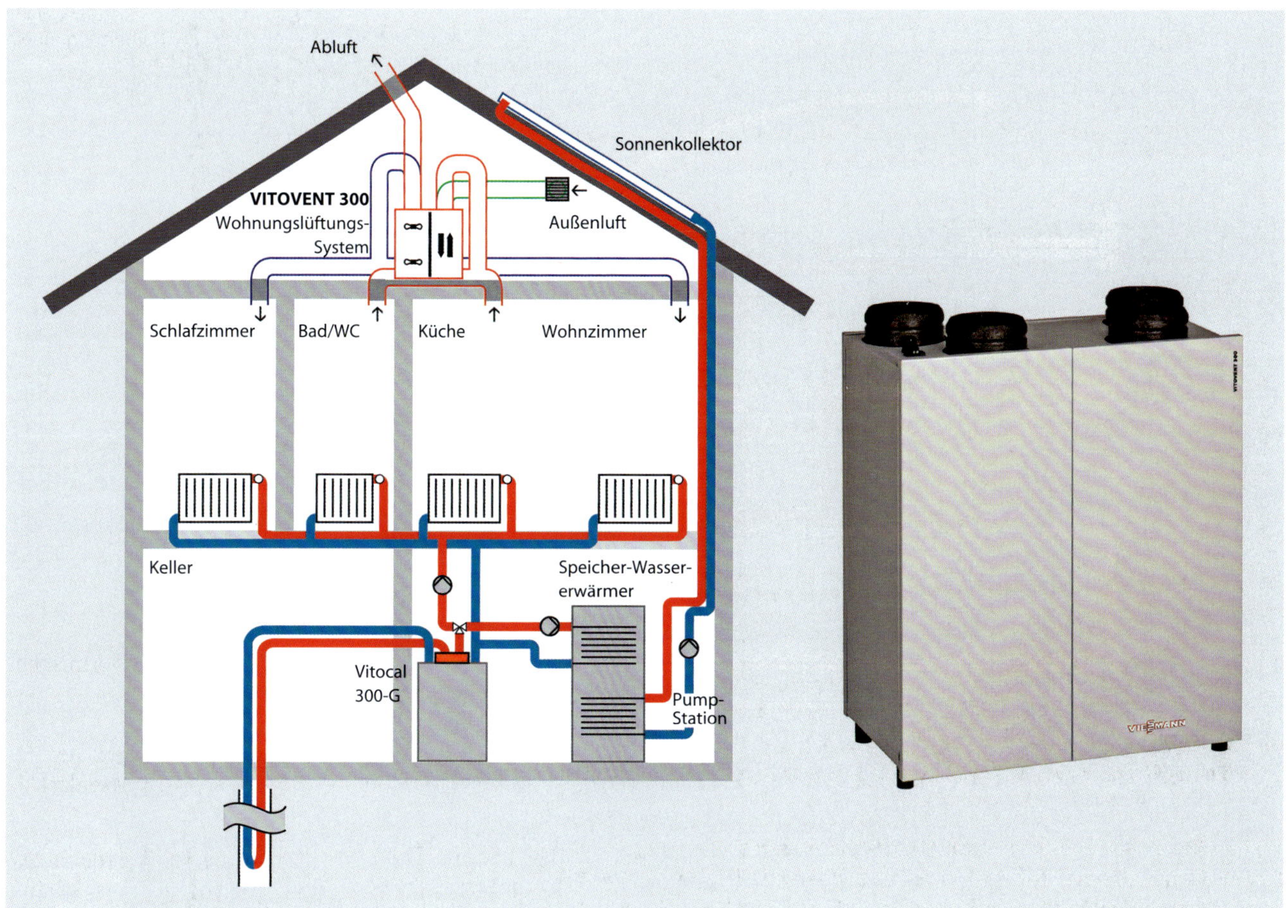

Abb. 2.2: Energieeffizientes Wärmeversorgungssystem für Ein- und Zweifamilienhäuser mit Wärmepumpe und Wohnungslüftungssystem mit Wärmerückgewinnung (Vitovent 300; Quelle: Fa. Viessmann)

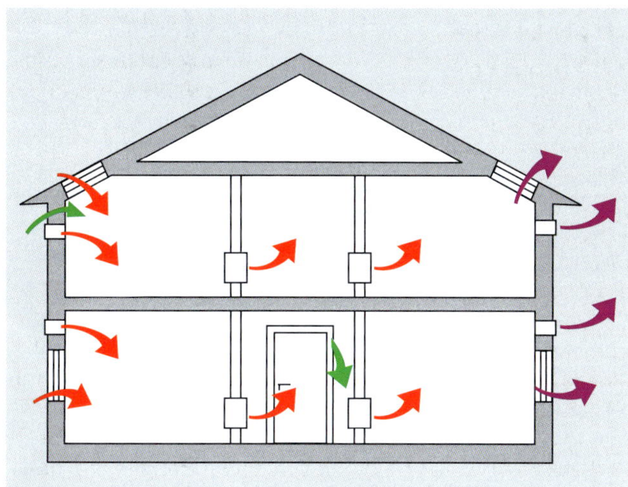

Abb. 2.3: Grundprinzip der Querlüftung als freie Lüftung über Fenster und spezielle Außenluftdurchlässe (Quelle: profine GmbH, Troisdorf)

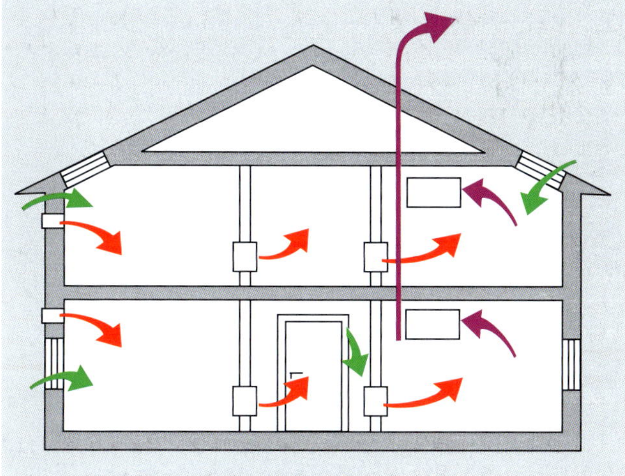

Abb. 2.4: Grundprinzip einer Abluftanlage als ventilatorgestützte Lüftung, d. h. Absaugung der Luft mithilfe eines Ventilators und Nachströmung über Lüftungselemente in den Fenstern (Quelle: profine GmbH, Troisdorf)

Kapitel 7.5.4). Die grundlegenden Systeme der Wohnungslüftung werden in DIN 1946-6 beschrieben. Dabei wird zunächst wie folgt unterschieden:

- freie Lüftung über Gebäudeundichtheiten oder Abluftschächte
- ventilatorgestützte Lüftung (Zuluft-, Abluft- oder Zuluft-/Abluftsysteme)

Während der Lüftungswärmebedarf bei der freien Lüftung (vgl. Abb. 2.3) wesentlich vom Nutzerverhalten abhängt, kann dieser bei der ventilatorgestützten Lüftung (vgl. Abb. 2.4) günstig durch entsprechende energiesparende Technik beeinflusst werden. Speziell bei Zuluft-/Abluftsystemen führt der Einsatz eines Wärmerückgewinnungssystems zu erheblichen Energieeinsparungen

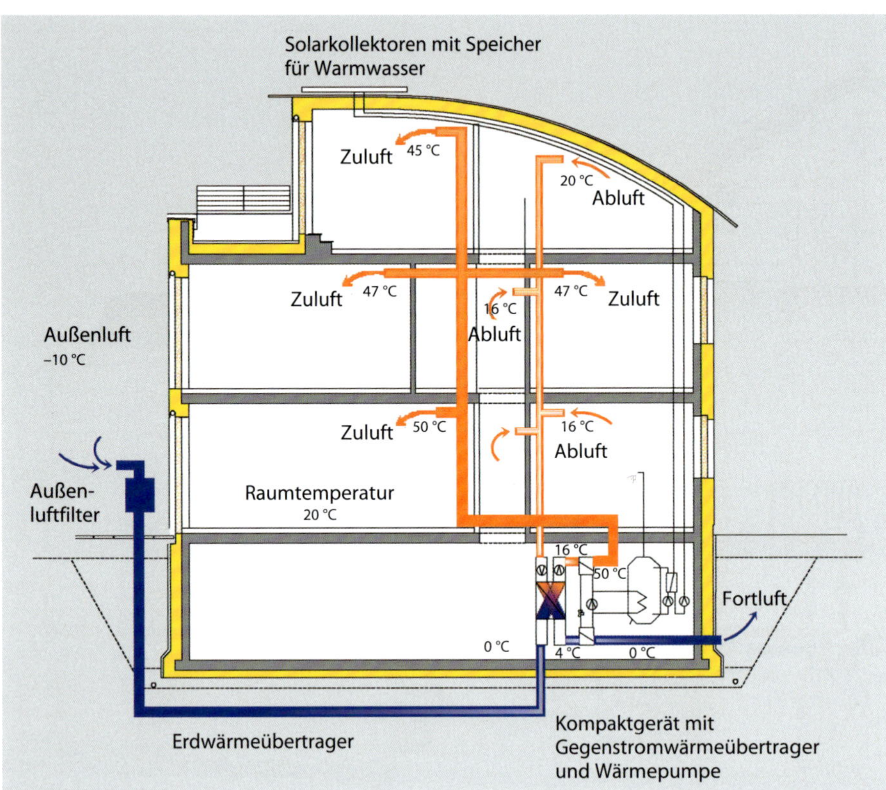

Abb. 2.5: Zuluft-/Abluftsystem mit der Möglichkeit der Wärmerückgewinnung im Lüftungsgerät mit Wärmeübertrager und Wärmepumpe am Beispiel der Lüftungsanlage für ein Passivhaus (Quelle: Sommer, 2011, Abb. 3.5)

(vgl. Abb. 2.5). Außerdem kann durch den Einsatz ventilatorgestützter Lüftungssysteme oder spezieller Außenluftdurchlässe der für den Feuchteschutz erforderliche Mindestluftwechsel unabhängig vom Einfluss des Wohnungsnutzers sichergestellt werden.

Zunehmend werden aber auch Klimageräte für Wohngebäude am Markt angeboten. Dabei handelt es sich häufig um sog. dezentrale Splitgeräte (vgl. Kapitel 7.8.1), mit denen einzelne Räume im Umluftprinzip gekühlt bzw. entfeuchtet werden können. Es sollte allerdings beachtet werden, dass durch die Klimatisierung der Energieverbrauch des Gebäudes deutlich ansteigt. Alternativ können Wohngebäude mithilfe von reversiblen Luft-/Wasser-Wärmepumpen gekühlt werden. Bei diesen Geräten kann von der Heiz- auf die Kühlfunktion umgeschaltet werden, wobei intern die Funktionen von Verdampfer und Kondensator vertauscht werden (vgl. Krimmling, 2009).

Wasser, Abwasser und Sanitärtechnik

Die Trinkwasserversorgung von Wohngebäuden erfolgt fast ausschließlich aus öffentlichen Versorgungssystemen. In den meisten Kommunen besteht ein Anschlusszwang an das örtliche Wassernetz. Im Gebäude werden häufig Kunststoff- oder Kupferrohre verlegt. Verzinkte Stahlrohre kommen nicht mehr zum Einsatz, da sie für den Warmwasserbereich nicht geeignet sind. Das Wasser im Gebäude wird durch den Druck im Versorgungsnetz gefördert, sodass nur in den seltensten Fällen Druckerhöhungsanlagen verwendet werden müssen.

Wohngebäude verfügen im Normalfall über eine zentrale Warmwasserbereitung. Dabei wird in der Heizzentrale des Gebäudes das Trinkwasser erwärmt und über ein separates Warmwassernetz im Gebäude verteilt. Als Warmwasserbereiter kommen häufig Speichersysteme zum Einsatz. Wird das Trinkwasser mit über die Solaranlage erwärmt, so werden bivalente Speicher mit 2 Heizflächen verwendet (vgl. Kapitel 6.9). In fernwärmeversorgten Wohngebäuden werden oft sog. Speicherladesysteme verwendet (vgl. Kapitel 8.6.1). Dabei handelt es sich um Anlagen, bei denen das Speicherprinzip mit dem Durchflussprinzip gekoppelt wird. Der Vorteil besteht darin, dass der Speicher vergleichsweise kleiner dimensioniert werden kann, da aufgrund der im Netz vorzuhaltenden Mindesttemperaturen ohnehin ganzjährig eine ausreichende Heizleistung für den Warmwasserbereiter anliegt. Zur Verhinderung von Legionellen und zur Absicherung des heute üblichen Komforts werden Temperaturhaltesysteme benötigt. Deren Aufgabe besteht darin, die Wärmeverluste im Warmwassernetz auszugleichen und dort immer eine ausreichend hohe Temperatur zu halten. Am häufigsten werden Zirkulationssysteme eingesetzt, teilweise auch elektrische Begleitheizungen.

Das häusliche Abwasser wird im Regelfall ebenfalls über das öffentliche Abwassernetz entsorgt. Im ländlichen Bereich kommen zum Teil auch dezentrale Kleinkläranlagen zum Einsatz (vgl. Kapitel 9.7). Die Abwasserleitungen sind meistens aus Kunststoff, größere Fallleitungen werden als SML-Rohre (Gussrohre) ausgeführt.

Armaturen und Sanitärobjekte werden vor allem unter ästhetischen und innenarchitektonischen Gesichtspunkten ausgewählt. Der Markt bietet hier eine große Vielfalt an Designkonzepten in unterschiedlichen Preisklassen.

Beleuchtung

Die Leuchten innerhalb der Wohnung werden in der Regel von den Mietern oder Eigentümern der Wohnung selbst ausgewählt. Der Elektroplaner plant die Stromversorgung der Beleuchtungsanlage im Zusammenhang mit den übrigen elektrischen Anlagen. Dabei werden Beleuchtungs-

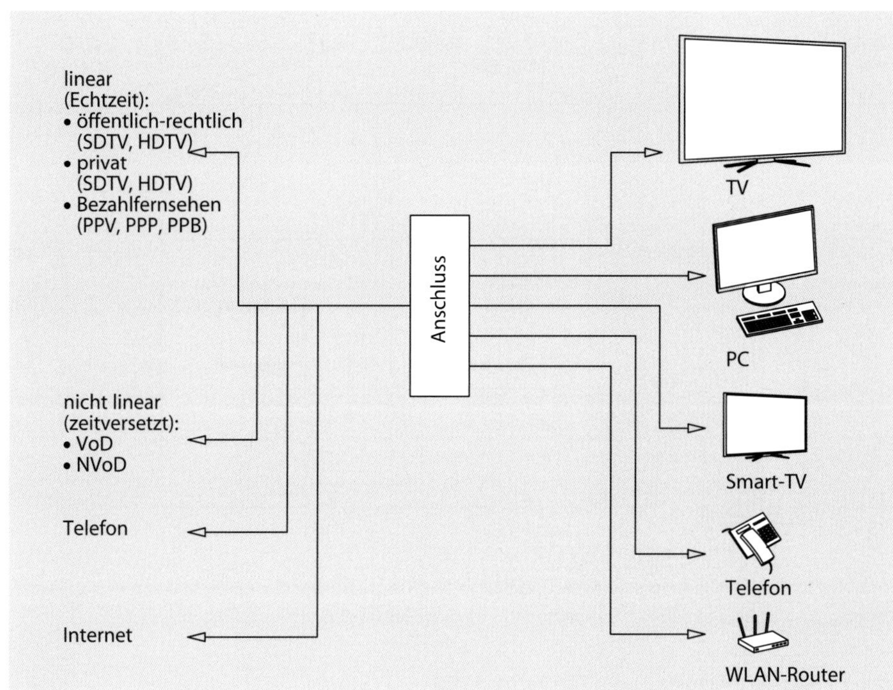

Abb. 2.6: Schnittstelle Kommunikationssteckdose

stromkreise und sonstige Stromkreise in der Regel separat ausgeführt. Üblich ist außerdem eine raumweise Installation der Beleuchtungsstromkreise, damit bei auslösender Sicherung nur die Beleuchtung des betreffenden Raumes bzw. die von wenigen Räumen gleichzeitig außer Betrieb geht.

In Treppenhäusern und Fluren, im Außenbereich sowie in Kellern und allgemeinen Nebenräumen werden Decken- oder Wandanbauleuchten sowie Notbeleuchtungseinrichtungen im Rahmen der Gebäudeplanung vorgesehen. Die Beleuchtungsanlagen der Allgemeinbereiche werden so installiert, dass deren Elektroenergieverbrauch separat erfasst und in der Betriebskostenabrechnung berücksichtigt werden kann.

Elektroinstallation

Die Starkstromversorgung von Wohngebäuden wird im Spannungsbereich 400/230 V zunächst in unterschiedlichen Strukturen zwischen dem Hauptverteiler der Hauseinführung und den Unterverteilern in den Wohnungen ausgeführt. Einfamilienhäuser und in seltenen Fällen einzelne Wohnungen in Mehrfamilienhäusern werden mit Drehstromsystemen 400 V ausgerüstet. Die einzelnen Wohnungen in Mehrfamilienhäusern werden im Regelfall nur mit Wechselstrominstallationen 230 V ausgeführt. Innerhalb der Wohnung gibt es verschiedene Stromkreise, wobei zwischen Steckdosen- und Beleuchtungskreisen unterschieden wird. Eigene Stromkreise werden außerdem für Hauptverbraucher wie Elektroherd oder Waschmaschine vorgesehen.

In Wohngebäuden sind verschiedene Schwachstromsysteme anzutreffen:

- Hauskommunikationsanlagen wie Klingel, Türsprechanlage oder Torsteuerung
- Fernmelde- und Kommunikationsanlagen für Telefonie und Internetanbindung
- Fernseh- und Rundfunkversorgung entweder über Satellitenanlagen oder über eine Breitbandkabeleinspeisung
- Gefahrmeldeanlagen wie Einbruchmeldeanlage oder Brandmeldeanlage
- Gebäudeautomationsanlagen für die Haustechnik

Kommunikationsinfrastruktur für Wohngebäude

Für Wohngebäude ist neben der standardmäßigen Nutzung von Fernsehen, Internet und Telefon auch zunehmend die Gebäudeautomatisierung kennzeichnend. Die dafür benötigte Infrastruktur muss sowohl dem Bewohner als auch dem Verwalter bzw. Bewirtschafter von Wohnanlagen die Nutzung der Angebotsvielfalt in diesem Bereich ermöglichen.

Nutzerzentrierte Fernmelde- und Kommunikationsanlagen und die Fernseh- und Rundfunkversorgung sowie die Kommunikation zur Gebäudeautomatisierung einschließlich potenzieller Energieerzeugungsanlagensteuerung sind in 2 Gruppen einzuteilen. Dabei sind die nutzerfokussierten Datendienste wie Fernsehen, Internet und Telefon als eine Gruppe und die auf Gebäudetechnik fokussierten Telemetriedienste wie z. B. intelligente Zähler, Steuerung der Einspeisung von Solaranlagen, Fernzugriff auf Heiz-Kühl-Einrichtungen, Alarmanlagen, Beleuchtungsanlagen usw. jeweils in ihrer Gruppe im Zusammenhang zu betrachten. Bei der Fernsehversorgung werden z. B. folgende Angebote unterschieden (vgl. Freyer, 2012):

- lineares Fernsehen: unmittelbarer Fernsehempfang in Echtzeit; öffentlich-rechtliche und private Angebote (SDTV, HDTV, PPV, PPP, PPB)
- nicht lineares Fernsehen: zeitversetzter Fernsehempfang (Video-on-Demand [VoD] und Near-Video-on-Demand [NVoD])

Über entsprechend gestaltete Kommunikationssteckdosen können die verschiedenen Geräte versorgt werden (vgl. Abb. 2.6). Diese sind über Telefon-, Glasfaser- oder Koaxialleitungen mit der öffentlichen Medienversorgung ver-

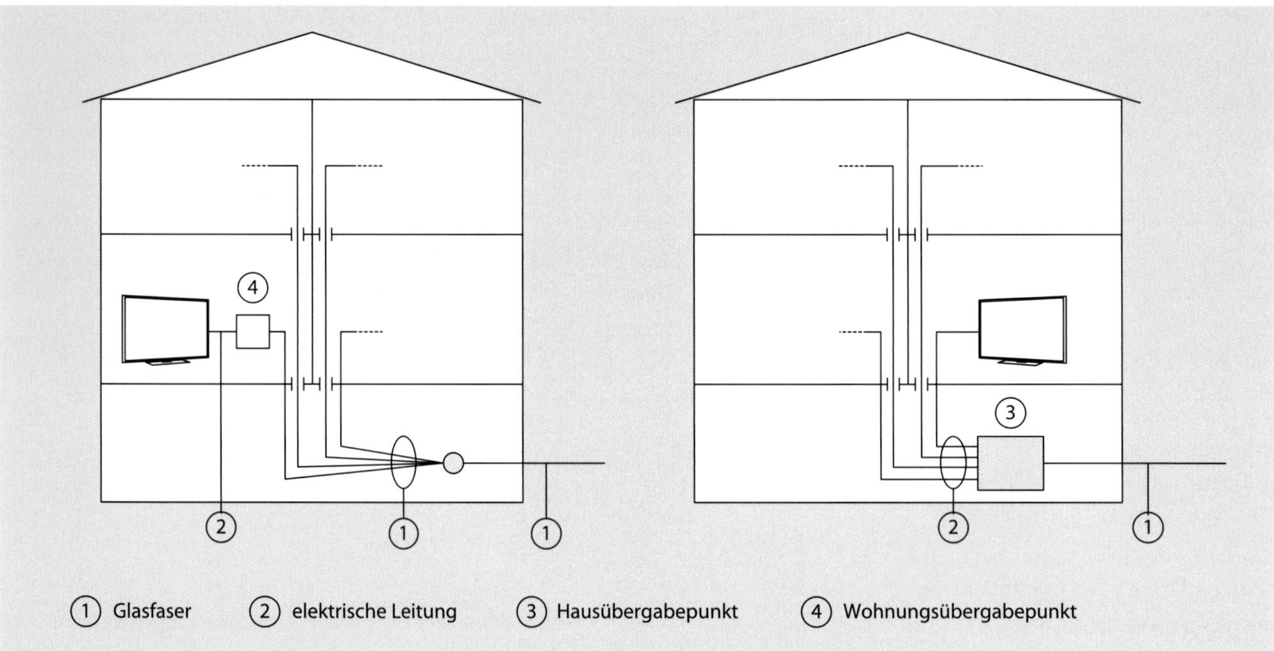

Abb. 2.7: Ausführungsformen für die Anbindung an das Glasfasernetz (links: FTTH; rechts: FTTB)

bunden. Dabei spielt die Art der Verkabelung nur eine untergeordnete Rolle und hängt von den Präferenzen des jeweiligen Versorgers ab.

Neue öffentliche Kommunikationsnetze werden fast ausschließlich in Glasfasertechnik gebaut. Dabei gibt es 2 Ausführungsformen (vgl. Abb. 2.7):

- FTTH (Fibre To The Home): Das Glasfasernetz wird bis in die einzelne Wohnung geführt.
- FTTB (Fibre To The Building): Das Glasfasernetz wird zu einem zentralen Übergabepunkt im Gebäude geführt.

Smart-Home-Konzepte

„Smart Home" ist ein derzeit vielfältig gebrauchter Begriff, bei dem es hauptsächlich um vernetzte Gebäudeautomatisationssysteme geht. In Wohngebäuden wird beispielsweise die klassische Heizungsregelung so erweitert, dass man für einzelne Räume ein Wochenprogramm vorgeben kann, nach dem die Temperatur in den Räumen geregelt wird. Damit kann beispielsweise die Temperaturabsenkung während längerer Abwesenheiten im Vorhinein vorgegeben werden. Manche Systeme können auch von außerhalb über ein Smartphone gesteuert werden, d. h., man kann die Soll-Temperaturen in Räumen verändern.

Wirklich „smarte" Systeme regeln und steuern die haustechnischen Anlagen in deren funktionalem Zusammenhang. Ein solches System erkennt beispielsweise, dass ein Fenster geöffnet wurde, und reduziert für diesen Zeitraum die Wärmezufuhr zum darunterliegenden Heizkörper. Außerdem übernimmt das System die Steuerung der Außenjalousien oder man kann bestimmte zeitabhängige Beleuchtungsszenarien vorgeben.

Bei der Realisierung der Smart-Home-Funktionen kann man zwischen professionellen Telemetriediensten und der Nutzung privater Zugangstechnik unterscheiden.

Für professionelle Dienste sind in der Regel Kommunikationskanäle mit geringen Bandbreiten, aber mit großer Zuverlässigkeit, notwendig. Diese Telemetriedienste werden daher zumeist über drahtgebundene Narrowband-Powerline-Communication (NB-PLC), über mobilfunkbasiertes Narrowband-Internet of Things (NB-IoT) oder alternativ über ein lizenzfreies Smart Utility Network (SUN) in Form von Low Power wide Area Network (LPWAN) wie z. B. LoRaWAN- oder SigFox-Funksysteme bereitgestellt.

Häufig wird die private Zugangstechnik für die Versorgung mit Internetdiensten verwendet, weil dabei eine deutlich geringere Zuverlässigkeit erforderlich ist. Außerdem ist die besonders hohe Kosteneffizienz ein wichtiges Argument für diese Art der Umsetzung.

Der Nutzen der Smart-Home-Systeme besteht in erster Linie in einer Erhöhung des Bedienkomforts. Bei sinnvoller Planung und Konzeption können sie auch zur Energieeinsparung beitragen. Die im Markt häufig kolportierten Einsparpotenziale bei Nutzung solcher Systeme sind in den meisten Fällen jedoch kritisch zu bewerten.

Transporttechnik

Laut Musterbauordnung (MBO) müssen in Gebäuden ab einer Höhe von 13 m Personenaufzüge vorgesehen werden. Ansonsten gibt es derzeit – abgesehen von individuell eingebauten Treppenlifts und vergleichbaren Anlagen – keine Transportanlagen in Wohngebäuden. Für zweckgebundene Gebäude (Seniorenwohnungen, Gebäude mit behindertengerechten Wohnungen) sind Aufzüge auch unterhalb der oben erwähnten Höhe üblich.

Energiekonzepte

Bei Energiekonzepten für Wohngebäude geht es vor allem um 2 Gestaltungsbereiche:

- die Bauphysik (U-Werte, Luftdichtheit, Lüftungsprinzip) und
- die Heizung und dabei vor allem die Art der Wärmebereitstellung (vgl. Kapitel 6.4).

Kennzeichnender Parameter für die Qualität der bauphysikalischen Gestaltung ist der Heizwärmebedarf. Er ergibt sich im Wesentlichen als der Saldo von Transmissionswärme- und Lüftungswärmeverlusten abzüglich der Wärmegewinne aus solarer Einstrahlung und internen Quellen. Der Bauherr kann sich dabei zwischen einer Variante, die die Mindestanforderung des GEG erfüllt, und einer Variante mit deutlich verstärkter Dämmung, beispielsweise entsprechend dem Passivhausstandard, entscheiden.

Ein weiterer Entscheidungsbereich betrifft das Lüftungsprinzip. Der Bauherr kann entscheiden zwischen

- Fensterlüftung und
- maschineller Lüftung mit Wärmerückgewinnung (vgl. Kapitel 7.1).

Beispiel[1)]

Für ein Einfamilienhaus in Quaderform mit geometrischen Daten nach Tabelle 2.1 soll als Erstes der Einfluss unterschiedlicher Dämmstandards auf den Transmissionswärmeverlust abgeschätzt werden (vgl. Tabelle 2.2 und Tabelle 2.3). Dabei ergibt sich der spezifische Transmissionswärmeverlust als das Produkt von Fläche, U-Wert und Korrekturfaktor:

$$H_{T,i} = A_i \cdot U_i \cdot F_{xi} \quad \text{(Formel 2.1)}$$

mit
$H_{T,i}$ Wärmeverlust in W/K
A_i Fläche in m²
U_i U-Wert in W/(m²·K)
F_{xi} Korrekturfaktor

$$H_T = \sum_i H_{T,i} \quad \text{(Formel 2.2)}$$

mit
H_T Summe des Wärmeverlusts über alle Außenbauteile in W/K
$H_{T,i}$ Wärmeverlust in W/K

Der Korrekturfaktor F_{xi} wurde entsprechend DIN 18599-2 gewählt. Er hat den Wert 1 für die Bauteile, die direkt an die Außenluft grenzen. Anderenfalls ist er kleiner als 1.

1) Die Berechnungen in diesem Beispiel beruhen auf Näherungsannahmen. Damit können beispielsweise in der Vor- und Entwurfsplanung anstehende Entscheidungen vorbereitet werden. Für gesetzliche Nachweise nach GEG sind die dort angeführten Verfahren anzuwenden.

Tabelle 2.1: Geometrische Daten des Einfamilienhauses

Parameter	Formelzeichen	Werte
Höhe	H	6 m
Länge	L	10 m
Breite	B	8 m
Anzahl Geschosse	N_G	2
Fensterflächenanteil	F_F	30 %
Bruttogrundfläche	BGF	160,0 m²
Energiebezugsfläche nach GEG	A_N	153,6 m²
GEG Gebäudeenergiegesetz		

Tabelle 2.2: Spezifischer Transmissionswärmeverlust im GEG-Standard

Bauteile	Fläche A_i (m²)	U-Wert U_i (W/[m²·K])	Korrekturfaktor F_{xi}	Wärmeverlust $H_{T,i}$ (W/K)
Außenwand	151,20	0,28	1,0	42,34
Außenfenster	64,80	1,30	1,0	84,24
Decke OG	80,00	0,20	0,8	12,80
Bodenplatte	80,00	0,35	0,6	16,80
Summe des Wärmeverlusts über alle Außenbauteile			H_T =	**156,18**
OG Obergeschoss				

Tabelle 2.3: Spezifischer Transmissionswärmeverlust im Passivhausstandard

Bauteile	Fläche A_i (m²)	U-Wert U_i (W/[m²·K])	Korrekturfaktor F_{xi}	Wärmeverlust $H_{T,i}$ (W/K)
Außenwand	151,20	0,15	1,0	22,68
Außenfenster	64,80	0,80	1,0	51,84
Decke OG	80,00	0,15	0,8	9,60
Bodenplatte	80,00	0,15	0,6	7,20
Summe des Wärmeverlusts über alle Außenbauteile			H_T =	**91,32**
OG Obergeschoss				

Im Weiteren soll die energetische Wirkung einer Lüftungsanlage mit Wärmerückgewinnung (WRG) auf den spezifischen Lüftungswärmeverlust abgeschätzt werden. Dieser ergibt sich näherungsweise aus folgender Formel; die Ergebnisse sind in Tabelle 2.4 zusammengefasst:

$$H_L = \rho_L \cdot c_{p,L} \cdot V_L \cdot n \qquad \text{(Formel 2.3)}$$

mit
H_L spezifischer Lüftungswärmeverlust in W/K
ρ_L Dichte der Luft in kg/m^3
$c_{p,L}$ spezifische Wärmekapazität in Wh/(kg·K)
V_L Lüftungsvolumen (hier geschätzt mit 80 % des Bruttovolumens) in m^3
n energetisch wirksamer Luftwechsel in 1/h

Tabelle 2.4: Spezifischer Lüftungswärmeverlust

Parameter	Formelzeichen	mit Lüftungsanlage (WRG)	mit Fensterlüftung
Dichte der Luft	ρ_L	1,20 kg/m^3	1,20 kg/m^3
spezifische Wärmekapazität	$c_{p,L}$	0,28 Wh/(kg·K)	0,28 Wh/(kg·K)
Wärmerückgewinngrad	η_{WRG}	70 %	–
Luftwechsel durch Lüftungsanlage	n_{Anl}	0,40/h	–
Infiltration	n_{Inf}	0,10/h	–
energetisch wirksamer Luftwechsel	n	0,22/h	0,50/h
spezifischer Lüftungswärmeverlust	H_L	28,16 W/K	64,00 W/K
Lüftungswärmeverluste	Q_L	2.027,52 kWh/a	4.608,00 kWh/a
WRG Wärmerückgewinnung			

Für den Fall der Lüftungsanlage mit WRG ergibt sich der energetisch wirksame Luftwechsel aus der folgenden Formel (vgl. dritte Zeile in Tabelle 2.4):

$$n = (1 - \eta_{WRG}) \cdot n_{Anl} + n_{Inf} \qquad \text{(Formel 2.4)}$$

mit
n energetisch wirksamer Luftwechsel in 1/h
η_{WRG} Wärmerückgewinngrad in %
n_{Anl} Luftwechsel durch Lüftungsanlage in 1/h
n_{Inf} Infiltration in 1/h

Die Ergebnisse (vgl. Tabelle 2.5 und Tabelle 2.6) können mit dem Heizperiodenverfahren zum Heizwärmebedarf im Sinne einer groben Näherung zusammengeführt werden (vgl. Formel 1.12 in Kapitel 1.6.1):

$$Q_h = 3.000 \, \frac{\text{kWd}}{\text{a}} \cdot 24 \, \frac{\text{h}}{\text{d}} \cdot (H_T + H_L) \cdot \frac{1}{1.000} - Q_S - Q_I \qquad \text{(Formel 2.5)}$$

mit
Q_h Heizwärmebedarf in kWh/a
H_T Summe des Wärmeverlusts über alle Außenbauteile in W/K
H_L spezifischer Lüftungswärmeverlust in W/K
Q_S solare Gewinne in kWh/a
Q_I Gewinne aus inneren Quellen in kWh/a

Die Werte für Q_S und Q_I wurden nach DIN 18599-2 abgeschätzt.

Tabelle 2.5: Heizwärmebedarf für verschiedene Dämmstandards (Lüftungsanlage mit WRG)

Parameter	Formelzeichen	Passivhausstandard	GEG-Standard
Transmissionswärmeverluste	Q_T	6.575,04 kWh/a	11.244,67 kWh/a
Lüftungswärmeverluste	Q_L	2.027,52 kWh/a	2.027,52 kWh/a
solare Gewinne	Q_S	3.628,24 kWh/a	3.628,24 kWh/a
Gewinne aus inneren Quellen	Q_I	3.379,20 kWh/a	3.379,20 kWh/a
Jahresheizwärmebedarf	Q_h	1.595,12 kWh/a	6.264,75 kWh/a
Jahresheizwärmebedarf pro Fläche	q_h	10,38 kWh/(m^2·a)	40,79 kWh/(m^2·a)
GEG Gebäudeenergiegesetz			

Tabelle 2.6: Heizwärmebedarf für verschiedene Lüftungsprinzipien (*U*-Werte nach GEG)

Parameter	Formelzeichen	mit Lüftungsanlage (WRG)	mit Fensterlüftung
Transmissionswärmeverluste	Q_T	11.244,67 kWh/a	11.244,67 kWh/a
Lüftungswärmeverluste	Q_L	2.027,52 kWh/a	4.608,00 kWh/a
solare Gewinne	Q_S	3.628,24 kWh/a	3.628,24 kWh/a
Gewinne aus inneren Quellen	Q_I	3.379,20 kWh/a	3.379,20 kWh/a
Jahresheizwärmebedarf	Q_h	6.264,75 kWh/a	8.845,23 kWh/a
Jahresheizwärmebedarf pro Fläche	q_h	40,79 kWh/(m^2·a)	57,59 kWh/(m^2·a)
WRG Wärmerückgewinnung			

Mit Kenntnis des Heizwärmebedarfs (zuzüglich des Wärmebedarfs für die Trinkwarmwasserbereitung) kann man einen geeigneten Wärmeerzeuger (vgl. Kapitel 6.4) auswählen. Beim Neubau ist die Nutzungspflicht von erneuerbaren Energien bei der Wärme- und Kältebereitstellung zu beachten. Aus diesem Grund eignen sich neben Holzpellet-Kesseln vor allem Wärmepumpen für neu zu errichtende Wohngebäude. Elektrische Wärmepumpen haben noch den Vorteil, dass sie zumindest teilweise durch den Strom einer Fotovoltaikanlage versorgt werden können.

Für die Auswahlentscheidung können 3 Kriterien maßgeblich sein:

- primärenergetische Qualität (Bedarf an nichterneuerbarer Primärenergie; damit wird demzufolge der Verbrauch an endlichen Ressourcen bewertet.)
- ökologische Qualität (Emission von CO_2; damit wird die globale Umweltwirkung bewertet.)
- Wirtschaftlichkeit (Maßzahl kann z. B. die Annuität nach Kapitel 5.4.3 sein.)

Für jedes Kriterium wird als Voraussetzung der Endenergiebedarf der jeweiligen Variante benötigt (vgl. die Formeln 1.13 bis 1.15 in Kapitel 1.6.1).

Beispiel

Für das Einfamilienhaus im vorigen Beispiel (Gebäude im GEG-Standard mit Lüftungsanlage mit WRG) ist für 2 verschiedene Wärmeerzeuger der Endenergiebedarf zu bestimmen (vgl. Tabelle 2.7):

- Erdgas-Brennwertkessel (vgl. Kapitel 6.4.2), kombiniert mit thermischer Solaranlage (vgl. Kapitel 6.9)
- elektrische Luft-Wärme-Pumpe (vgl. Kapitel 6.4.5)

Tabelle 2.7: Endenergiebedarfe für die Variante GEG-Standard mit Lüftungsanlage mit WRG

Parameter	Formelzeichen	elektrische Luft-Wärme-Pumpe	Erdgas-Brennwertkessel + Solaranlage
Jahresheizwärmebedarf	Q_h	6.264,75 kWh/a	6.264,75 kWh/a
Nutzenergiebedarf Trinkwarmwasser	Q_{tww}	1.920,00 kWh/a	1.920,00 kWh/a
Verluste der Nutzenübergabe	$Q_{V,Ü}$	168,96 kWh/a	168,96 kWh/a
Verluste der Verteilung	$Q_{V,Vert}$	2.227,20 kWh/a	2.227,20 kWh/a
Wärmebereitstellung der Solaranlage	Q_{solar}	0,00 kWh/a	1.586,48 kWh/a
Erzeugernutzwärmeabgabe	$Q_{WE,h}$	10.580,91 kWh/a	8.994,44 kWh/a
Jahresarbeitszahl/Jahresnutzungsgrad	β_a/η_a	3,00	0,95
Heizenergiebedarf	$Q_{E,h}$	2.088,25 kWh/a	9.310,77 kWh/a
Heizenergiebedarf, spezifisch	$q_{E,h}$	13,60 kWh/(m²·a)	60,62 kWh/(m²·a)
Endenergieträger zum Heizen		Elektroenergie	Erdgas

Zusätzlich wird noch Endenergie für die Lüftungsanlage benötigt. Diese ergibt sich als Produkt aus Volumenstrom, spezifischem Leistungswert und jährlicher Laufzeit in der Heizperiode entsprechend der Tabelle 2.8.

Tabelle 2.8: Endenergiebedarf zum Lüften

Parameter	Formelzeichen	Werte
Luftvolumenstrom		153,60 m³/h
spezifischer Leistungswert[1)]	p	0,70 W/(m³·h)
jährliche Laufzeit in der Heizperiode	$\Delta\tau_a$	4.464,00 h/a
Endenergiebedarf zum Lüften	$Q_{E,L}$	479,97 kWh/a
Endenergiebedarf zum Lüften, spezifisch	$q_{E,L}$	3,12 kWh/(m²·a)

1) DIN V 18599-6, Tabelle 19

Der Bedarf an nichterneuerbarer Primärenergie ergibt sich aus dem Produkt aus Endenergie und Primärenergiefaktor (vgl. Kapitel 5.5.2 bzw. GEG, Anlage 4). Die CO_2-Emission wird durch Multiplikation der Endenergie mit dem CO_2-Faktor (vgl. Kapitel 5.5.3) berechnet (vgl. Tabelle 2.9).

Tabelle 2.9: Energetische und ökologische Bewertung für die verschiedenen Wärmeerzeuger

Parameter	Formelzeichen	elektrische Luft-Wärme-Pumpe	Erdgas-Brennwertkessel + Solaranlage
Heizenergiebedarf	$Q_{E,h}$	2.088,25 kWh/a	9.310,77 kWh/a
Endenergiebedarf zum Lüften	$Q_{E,L}$	479,97 kWh/a	479,97 kWh/a
CO_2-Faktor Erdgas	$E_{CO2,EG}$	–	0,202 kg/kWh
CO_2-Faktor Elektroenergie	$E_{CO2,El}$	0,537 kg/kWh	–
CO_2-Emission	m_{CO2}	**1.379,13 kg/a**	**1.880,78 kg/a**
Primärenergiefaktor Erdgas	$f_{P,ne,EG}$	1,10	1,10
Primärenergiefaktor Elektroenergie	$f_{P,ne,El}$	1,80	1,80
nichterneuerbare Primärenergie	$Q_{P,ne,h}$	**4.622,80 kWh/a**	**11.105,79 kWh/a**

Die Wirtschaftlichkeitsbewertung kann mit dem im Kapitel 5.4.3 dargestellten Annuitätenverfahren erfolgen (vgl. Tabelle 2.10). Für die Instandhaltungskosten wurden die Ansätze aus der VDI 2067-1 verwendet.

Tabelle 2.10: Wirtschaftlichkeitsbewertung für die verschiedenen Wärmeerzeuger

Parameter	elektrische Luft-Wärme-Pumpe	Erdgas-Brennwertkessel + Solaranlage
Investition	20.000,00 €	17.000,00 €
Energiepreis Erdgas	–	0,07 €/kWh
Energiepreis Elektroenergie	0,24 €/kWh	–
kapitalgebundene Auszahlungen	1.223,13 €	1.039,66 €
verbrauchsgebundene Auszahlungen	501,18 €	651,75 €
betriebsgebundene Auszahlungen	500,00 €	405,00 €
Annuität	**–2.224,31 €**	**–2.096,42 €**

Im Beispiel hat die elektrische Luft-Wärme-Pumpe die jeweils bessere energetische und ökologische Qualität. Allerdings hat der Brennwertkessel in Kombination mit der thermischen Solaranlage die größere Annuität und ist demzufolge wirtschaftlicher. Allerdings ist der Unterschied zwischen beiden Varianten im Beispiel nur gering. Großen Einfluss haben u. a. die Endenergiepreise.

Ladeinfrastruktur für Elektrofahrzeuge

Der Ausbau der Elektromobilität ist ein wichtiger Aspekt beim Aus- und Umbau des Energiesystems in Deutschland. Zunächst kann man sich die Frage stellen, inwieweit Elektrofahrzeuge energetisch und ökologisch sinnvoller sind als Benzin- oder Dieselkraftfahrzeuge. Zur Beantwortung können ähnliche energetische Bilanzansätze wie bei Gebäuden verwendet werden. Dies soll an einem Beispiel verdeutlicht werden.

Beispiel

Für 2 Fahrzeugvarianten der Golfklasse sollen der Bedarf an nichterneuerbarer Primärenergie und die Emission von CO_2 pro 100 km Fahrstrecke abgeschätzt werden:

- Elektrofahrzeug (vgl. Tabelle 2.11)
- Dieselfahrzeug (vgl. Tabelle 2.12)

Es wird angenommen, dass das Elektrofahrzeug aus dem allgemeinen Stromversorgungsnetz geladen wird.

Tabelle 2.11: Primärenergiebedarf und CO_2-Emission des Elektrofahrzeugs

Parameter	Formelzeichen	Werte
Endenergiebedarf pro 100 km	$Q_{E,Mobil}$	17,300 kWh
Primärenergiefaktor Strommix Deutschland	$f_{P,ne,El}$	1,800
Bedarf nichterneuerbare Primärenergie pro 100 km	$\mathbf{Q_{PE,ne,Mobil}}$	**31,140 kWh**
CO_2-Faktor Elektroenergie	$E_{CO2,El}$	0,537 kg/kWh
CO_2-Emission pro 100 km	$\mathbf{m_{CO2}}$	**9,290 kg**

Abb. 2.8: Ladestation an einem Wohnhaus

Tabelle 2.12: Primärenergiebedarf und CO_2-Emission des Dieselfahrzeugs

Parameter	Formelzeichen	Werte
Bedarf pro 100 km	V_{Die}	4,800 l
Dichte von Diesel	ρ_{Die}	0,830 kg/m³
Heizwert von Diesel	$H_{u,Die}$	11,800 kWh/kg
	$H_{u,Die}$	9,794 kWh/l
Endenergiebedarf pro 100 km	$Q_{E,Mobil}$	47,011 kWh
Primärenergiefaktor Diesel	$f_{P,ne,Die}$	1,100
Bedarf nichterneuerbare Primärenergie pro 100 km	$\mathbf{Q_{PE,ne,Mobil}}$	**51,712 kWh**
CO_2-Faktor Diesel	$E_{CO2,Die}$	0,266 kg/kWh
CO_2-Emission pro 100 km	$\mathbf{m_{CO2}}$	**12,500 kg**

Das Elektrofahrzeug ist in energetischer und ökologischer Sicht dem Dieselfahrzeug überlegen. Dies würde sich noch verbessern, wenn ein Teil des Ladestroms aus der hauseigenen Fotovoltaikanlage käme. Außerdem kann man davon ausgehen, dass der Anteil an erneuerbaren Energien im Stromnetz weiter steigen wird, sodass sich die gezeigte Tendenz zusätzlich verstärken wird.

Bei Wohngebäuden stellt sich demzufolge die Frage, welche Ladeinfrastruktur installiert werden soll. Beim Laden eines Fahrzeugakkumulators unterscheidet man zwischen

- Laden mit Wechselstrom (AC-Laden) und
- Laden mit Gleichstrom (DC-Laden).

Das Laden mit Wechselstrom kann

- kabelgebunden oder
- kabellos (z. B. induktiv)

erfolgen. Die induktive Ladung beispielsweise über in den Boden eingelassene Spulen ist derzeit bei Wohngebäuden nicht üblich. Beim Laden mit Gleichstrom ist immer eine Kabelverbindung erforderlich.

Man unterscheidet des Weiteren 4 Ladebetriebsarten (Der Technische Leitfaden Ladeinfrastruktur Elektromobilität, 2020):

- Das Laden erfolgt über eine Haushaltssteckdose oder eine dreiphasige Industriesteckdose, ohne dass es eine Kommunikation zwischen Fahrzeug und Ladeinfrastruktur gibt.
- Das Laden erfolgt über eine Haushaltssteckdose oder eine dreiphasige Industriesteckdose. Jedoch gibt es eine Steuer- und Schutzeinrichtung.
- Das Laden erfolgt ebenfalls ein- oder dreiphasig, jedoch über eine fest installierte Ladestation, die die komplette Sicherheitsfunktionalität enthält (vgl. Abb. 2.8).
- Das Laden erfolgt mit Gleichstrom über eine fest installierte Ladestation.

Das einphasige Laden ist fast überall problemlos realisierbar. Die Ladeleistung wird jedoch in den Technischen Anschlussbedingungen der meisten Netzbetreiber auf maximal 4,6 kVA begrenzt. Die Ladeleistung wirkt sich direkt auf die Ladedauer aus, wie das nachfolgende Beispiel zeigt.

Beispiel

Für ein Einfamilienhaus sollen 2 Arten des Ladens analysiert werden (vgl. Tabelle 2.13):

- Ladung (einphasig) über eine Haushaltssteckdose (Schutzkontaktstecker)
- Ladung (dreiphasig) über eine Ladestation

Tabelle 2.13: Ladedauer eines 35 kWh-Akkumulators bei unterschiedlicher Ladeleistung

Parameter	Formelzeichen	einphasig (Haushaltssteckdose)	dreiphasig (Ladestation)
Spannung	U	230 V	400 V
Stromstärke	I	16 A	32 A
Ladeleistung	P	3,68 kW	22,17 kW
Akku-Kapazität	E	35 kWh	35 kWh
Ladedauer	**$\Delta\tau$**	**9,5 h**	**1,6 h**

Sollen mehrere Fahrzeuge über einen Hausanschluss geladen werden, so ist dessen Kapazität entscheidend. Möglicherweise muss der Hausanschluss verstärkt werden. Bei einer Leistung der Ladestation zwischen 3,7 und 12 kVA muss diese dem Netzbetreiber angezeigt werden. Beträgt die Leistung mehr als 12 kVA, ist eine Zustimmung des Netzbetreibers erforderlich. In größeren Gebäuden werden außerdem Lastmanagement- und Verbrauchsabrechnungssysteme vorgesehen (Der Technische Leitfaden Ladeinfrastruktur Elektromobilität, 2020).

2.3 Beherbergungsstätten und Hotels

Zu den Gebäuden für Beherbergungszwecke gehören Studentenwohnheime, Jugendherbergen und Seniorenheime. Diese haben eine ähnliche technische Ausstattung wie Wohngebäude. Die Hauptgruppe der Gebäude für Beherbergung sind Hotels. Deren technische Anlagen unterscheiden sich von denen der Wohngebäude vor allem bei Hotels der gehobenen Komfortklassen, die meistens klimatisiert werden. Außerdem ist in Hotels neben nutzungsspezifischen Anlagen zur Versorgung von Wellness- und Schwimmbadbereichen auch zusätzliche Sicherheitstechnik wie Feuerlöschanlagen und Brandmeldeanlagen zu finden.

Heizung

Die Heizung unterscheidet sich kaum von der in Wohngebäuden. Allerdings wird in Komforthotels die Wärmeversorgung der Räume nicht bzw. nicht ausschließlich über Heizkörper realisiert, sondern auch über die Lüftungs- und Klimaanlage.

Außerdem können Einzelraumregelungssysteme für die Heizung zum Einsatz kommen (vgl. Kapitel 6.7). Das hat den Vorteil, dass die Temperatur nicht genutzter Räume abgesenkt werden kann, was Heizenergie einspart. In Komforthotels werden komplexere Gebäudeleittechniksysteme eingesetzt, mit deren Hilfe alle technischen Systeme im Zusammenhang gesteuert werden können.

Als zusätzliche Wärmeerzeuger neben Kesselanlagen können in Hotels aufgrund der vergleichsweise größeren und vor allem ganzjährigen Wärmelast (höherer Warmwasserbedarf; außerdem Wärmebedarf für Küche und ggf. Wäscherei) Blockheizkraftwerke (BHKW) sinnvoll sein.

Lüftung und Klimatisierung

Hotels der Komfortklassen werden oftmals klimatisiert. Prägend für das Klimakonzept eines Hotels ist im Gegensatz zu dem eines Bürogebäudes die Teilauslastung des Hotelgebäudes. In der Regel sind nur ca. 60 % der Räume belegt. Die Klimaanlage muss also die unterschiedlichen Lastanforderungen der Räume effizient abdecken können. Es kommen vor allem 2 Systeme zum Einsatz:

- Anlagen mit Gebläsekonvektoren (auch als Fan-Coil-Anlagen bezeichnet)
- Induktionsklimaanlagen

Beide Systeme sind der Gruppe der Luft-Wasser-Systeme zuzuordnen, bei denen ein Teil der Erwärmung/Kühlung des Raumes über eine zentrale Lüftungsanlage realisiert wird, ein wesentlicher Teil aber durch Wassersysteme erfolgt.

Bei Anlagen mit Gebläsekonvektoren wird noch folgendermaßen unterschieden:

- Anlagen in Kombination mit einer zentralen Zu- und/oder Abluftanlage
- Anlagen in Kombination mit Fensterlüftung

Der Gebläsekonvektor wird teilweise unter dem Fenster, viel häufiger jedoch in der Zwischendecke über der Zim-

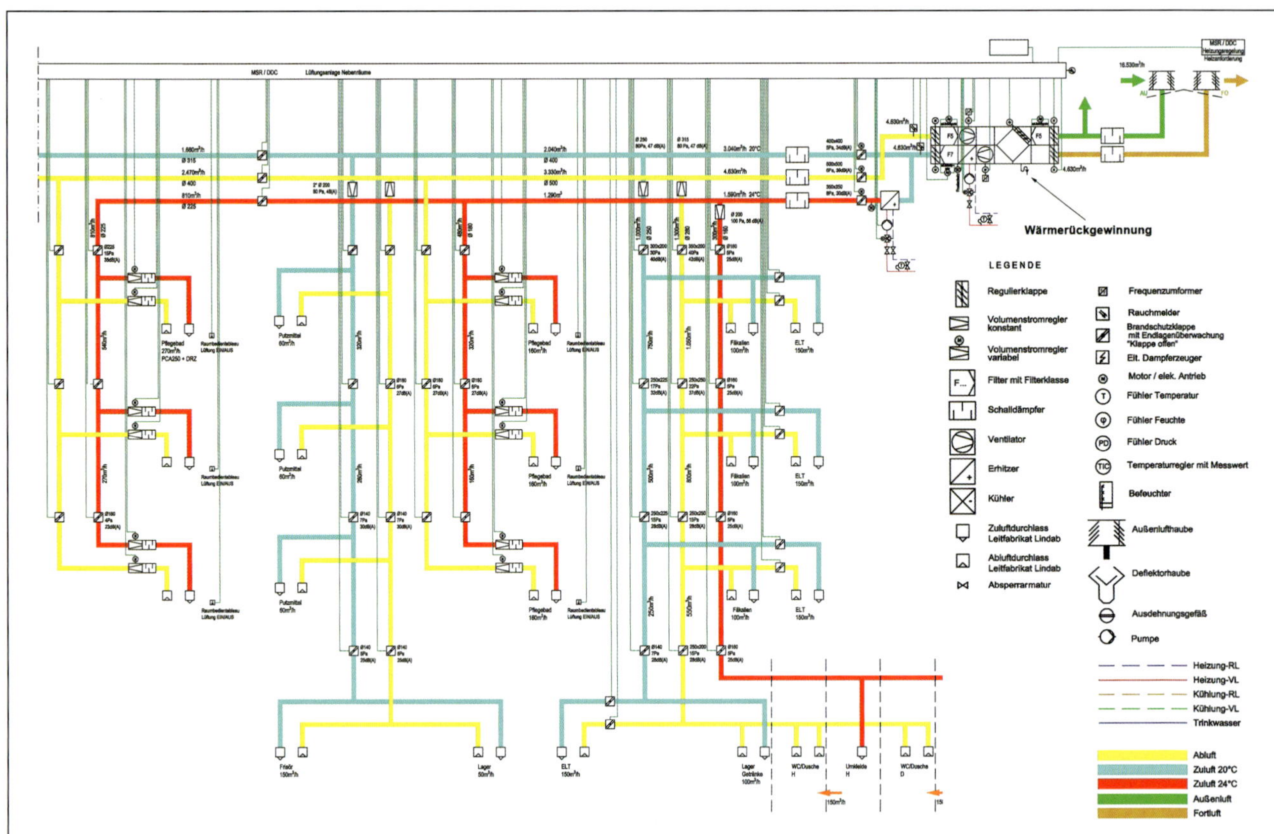

Abb. 2.9: Lüftungsanlage in einer Seniorenresidenz (Quelle: FWU Ingenieurbüro GmbH)

mertür angeordnet. Der Gebläsekonvektor ist an das Heizungs- und das Kaltwassernetz angeschlossen, sodass die Luft über die im Gerät integrierten Wärmeübertrager entweder geheizt oder gekühlt werden kann.

Bei Induktionsanlagen wird ein Teil der Luft in einer zentralen Anlage aufbereitet und dem Raum über das Induktionsgerät zugeführt, das entweder in der Zwischendecke oder unter dem Fenster angeordnet ist. So wird gleichzeitig Raumluft mit angesaugt und im Gerät entweder gekühlt oder erwärmt. Moderne Anlagen werden mit einer variablen Zu- und Abluftanlage betrieben, sodass sich die Energiekosten gegenüber herkömmlichen Systemen mit konstanten Luftmengen deutlich reduzieren.

Beide Anlagensysteme werden bedarfsorientiert geregelt. Häufig gibt es eine automatische Verbindung zum Buchungssystem, über die der Raum auf die benötigten Betriebsparameter hochgefahren wird, z. B. sobald der Gast eingecheckt hat.

Im Neubau werden in Hotels zunehmend auch Splitsysteme eingesetzt, die im sog. VRF-Prinzip aufgrund eines variablen Kältemittelmassestroms gleichzeitig heizen und kühlen können.

In Seniorenwohnheimen werden häufig zentrale Lüftungsanlagen eingebaut, um einen kontrollierten Luftaustausch gewährleisten zu können. Dabei sollte eine Wärmerückgewinnungsanlage vorgesehen werden.

Beispiel: Wärmerückgewinnungsanlage in Seniorenresidenz

In einer Seniorenresidenz mit 110 Betten liefert ein Pelletkessel 75 % der benötigten Jahreswärmemenge, der Rest wird durch einen Heizölkessel abgedeckt. Zusätzlich wurde eine Lüftungsanlage mit Wärmerückgewinnung (70 % der Wärme wird rückgewonnen) eingebaut (vgl. Abb. 2.9). Außerdem wurde das Kanalsystem für 2 Temperaturbereiche aufgesplittet. Über einen Zuluftkanal werden bestimmte Bereiche mit Luft einer Temperatur von 20 °C (roter Kanal in Abb. 2.9) und über einen zweiten Kanal andere Bereiche mit Zuluft von 24 °C (türkisfarbener Kanal in Abb. 2.9) versorgt. Die Abluft aus beiden Bereichen wird über einen gemeinsamen Kanal abgeführt (gelber Kanal in Abb. 2.9). Mithilfe dieser energieeffizienten Techniksysteme konnte der Primärenergiegrenzwert der Energieeinsparverordnung (EnEV) um etwa 60 % unterschritten werden.

Wasser, Abwasser und Sanitärtechnik

Die Sanitärtechnik in Hotelzimmern muss gemäß der VDI-Richtlinie 6000-4 aus hygienischer Sicht folgenden Anforderungen genügen:

- klare, einfache Formen
- keine Schmutzecken
- glatte, abriebfeste und leicht zu reinigende Oberflächen

Außerdem empfiehlt die Richtlinie zur optimalen Reinigung wandbündig in Nischen eingebaute Waschtische; Bade- und Duschwannen sollen an Wände anschließen und frontseitig geschlossen sein. Als besonders pflegeleicht werden bodenbündige Duschplätze benannt. Klosettbecken sind als Tiefspülklosetts wandhängend mit mindestens 50 mm Bodenfreiheit auszuführen, um eine optimale Fußbodenreinigung zu gewährleisten. Die Spüleinrichtung für Klosett und ggf. Urinal sind zur besseren Reinigung der Wände in Einbauausführung vorzusehen. Als besonders hygienisch werden berührungslose elektronische Urinalspülarmaturen empfohlen. Weiterhin sollen alle Zu- und Abflussleitungen verdeckt verlegt werden, zweckmäßigerweise mit Verwendung entsprechender Vorwandinstallationselemente. Erforderliche Heizflächen sollen glattflächig sein.

Im Hotelneubau werden auch komplett vorgefertigte Sanitärzellen verwendet (vgl. Abb. 2.10). Das hat folgende Vorteile:

- Verkürzung der Bauzeit aufgrund der Vorfertigung
- Verringerung des Koordinationsaufwandes
- geringere Lasten aufgrund der Leichtbauweise

Aufgrund des vergleichsweise hohen Warmwasserbedarfs werden auch in Hotels im Regelfall zentrale Warmwasserbereiter überwiegend im Speichersystem eingesetzt. Analog zu Wohngebäuden kommen hier ebenfalls fast immer Zirkulationssysteme zur Temperaturhaltung zum Einsatz. Für Bestandsgebäude ohne Temperaturhaltesysteme empfiehlt sich aufgrund der Legionellenproblematik generell eine sofortige Nachrüstung, um der bestehenden Betreiberverantwortung gerecht zu werden.

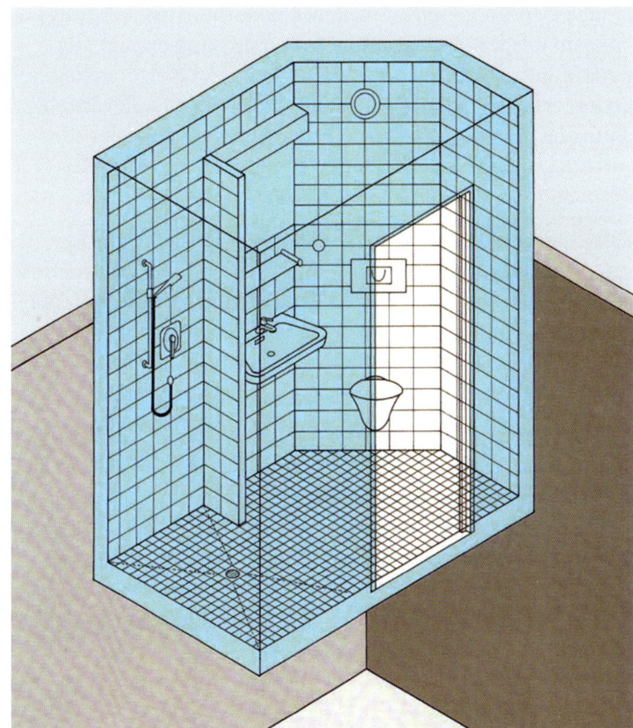

Abb. 2.10: Vorgefertigte Sanitärzelle für den Hotelneubau (Quelle: Kerapid)

Abb. 2.11: Beleuchtungssituation in einer Hotellobby (Quelle: EGU Berlin)

Beleuchtung

Für die Aufenthaltsräume ist zunächst eine intensive Tageslichtnutzung anzustreben. Dies ermöglicht dem Nutzer die tageszeitliche Orientierung sowie die visuelle Verbindung zum Außenraum. Außerdem trägt die Tageslichtnutzung zur Energieeinsparung bei. Darüber hinaus gehören zur Grundausstattung der Aufenthaltsräume fest installierte Decken- und Wandleuchten sowie Tisch- oder Stehleuchten, die einen individuell gestalteten und behaglichen Lichteindruck ermöglichen. Die Leuchtmittel sind mit möglichst warmer und für einen Raum jeweils gleicher Lichtfarbe auszuwählen.

Die Verkehrswege werden mit fest installierten Decken- oder Wandleuchten ausgeleuchtet. In Hotelhallen und Empfangsbereichen soll die Beleuchtung den repräsentativen Charakter dieser Bereiche unterstützen. Deshalb kommen z. B. Lichtdecken oder Kronleuchter in verschiedenen Kombinationen mit abgeschirmten Wandleuchten und/oder Stehleuchten zum Einsatz. Lichtführung und -strukturierung können die Rezeption besonders hervorheben, um dem Gast die Orientierung zu erleichtern (vgl. Abb. 2.11).

Die Beleuchtung von Gaststätten ist sehr vielfältig und folgt den Intentionen des Innenraumdesigns. Es bestehen folgende Grundanforderungen:

- ausreichende Beleuchtung der Verkehrswege
- dominante Beleuchtung der Speisetische

In Bars oder z. B. Weinstuben ist auch indirekte Beleuchtung beliebt.

Elektroinstallation

Hotels werden – abgesehen von eingegliederten separaten Verkaufsstellen – als eine komplette Verbrauchseinheit gesehen. Aufgrund der Größe dieser Verbrauchseinheit wird die elektrische Energie aus wirtschaftlichen Gründen in der Regel aus dem Mittelspannungsnetz bezogen. Dazu ist eine eigene Transformatorstation erforderlich.

Die Elektroinstallation erfolgt sternförmig etagenweise unter Separierung der Nebeneinrichtungen (z. B. Personalräume, Lager, Küche, Technik, Sporträume). Die einzelnen Hotelzimmer erhalten einen eigenen Unterverteiler, von dem aus die Endstromkreise des Zimmers gebildet werden. Besonderheiten sind z. B. die Möglichkeit der zentralen Abschaltung der Verteilereinheit bei Verlassen des Raumes oder die Ansteuerung der zimmereigenen Klimaanlage.

Hotels werden grundsätzlich mit Sicherheitsbeleuchtungsanlagen ausgestattet. Die Energieversorgung erfolgt aus einer Zentralbatterie. Meistens ist auch ein Netzersatzaggregat erforderlich, da Anlagen mit sicherheitsrelevanten Anforderungen wie z. B. die Feuerlöschanlagen oder die Aufzüge nicht durch die Batterieanlage versorgt werden können.

Hotels sind mit umfangreichen Anlagen der Informations- und Kommunikationstechnik sowie der Gebäudeautomation ausgestattet. Dazu gehören folgende Anlagen und Systeme:

- Such- und Signalanlagen
- Brandmeldeanlagen
- elektroakustische Anlagen
- Rauchabzugsanlagen
- Einbruchmeldeanlagen
- Videoüberwachungssysteme
- Türzugangssysteme
- Garagensysteme (Gaswarnanlage, Toranlage, Schrankenanlage usw.)
- Hotelmedienanlagen (TV, Video und Radio, Infosysteme, Internetanbindung)
- Konferenzsysteme
- Gebäudeautomation

Das installationstechnische Kernstück der Anlagen bilden die Daten- und Medienübertragungsnetze. Weiterhin sind für sicherheitsrelevante Anlagen wie die Gefahrenmeldeanlagen (Brandmeldeanlage, Einbruchmeldeanlage) eigene Netze vorzusehen, die ggf. redundant ausgeführt werden müssen.

Transporttechnik

In den meisten Hotels gehören Personenaufzüge zur Standardausrüstung. Außerdem gibt es für den Küchenbereich mitunter kleinere Lastenaufzüge. In großzügigen und ausgedehnten Hotelanlagen können auch Fahrtreppen vorgesehen werden.

2.4 Gebäude für Bildung und Forschung

2.4.1 Schulen

Schulen wurden bisher überwiegend mit vergleichsweise einfachen Anlagenkonzepten ausgestattet. Dazu gehören eine Heizungsanlage sowie die entsprechenden Sanitäranlagen. Zunehmend werden anstelle der bislang üblichen Fensterlüftung Lüftungsanlagen unterschiedlicher Komplexität vorgesehen, um in den Klassenräumen eine ausreichende Luftqualität gewährleisten zu können. Maßgeblich sind jedoch die Schulbaurichtlinien der Länder.

Heizung

Die Beheizung erfolgt mithilfe von zentralen Pumpenwarmwasserheizungen. Wie bei Wohngebäuden sind Kesselanlagen oder Wärmepumpen sinnvoll oder das Gebäude wird an ein Nah- oder Fernwärmesystem angeschlossen. BHKW sind in Schulen meistens keine sinnvolle Alternative, da aufgrund der Ferien und der oft nur sehr kleinen dezentralen Warmwasserbereitung keine durchgängige Wärmegrundlast vorhanden ist. Das Rohrnetz sollte zonenweise (Zone: Gruppe von Räumen, die zeitlich etwa gleich genutzt werden) strukturiert werden, um einen zonenweisen Absenkbetrieb beginnend in den Nachmittagsstunden zu ermöglichen. Möglicherweise ist in Schulen auch ein Einzelraumregelungssystem sinnvoll (vgl. Kapitel 6.7). Als Heizkörper sollten vor allem auf den Verkehrsflächen robuste Radiatoren zum Einsatz kommen, die stärkeren mechanischen Beanspruchungen standhalten können und überdies besser zu reinigen sind.

Abb. 2.12: Klassenraum mit erkennbaren Zuluftgittern im oberen Wandbereich (Quelle: EGU Berlin)

Lüftung und Klimatisierung von Klassen- bzw. Seminarräumen

Obwohl über das Lüftungsproblem von Schulklassenräumen sehr viel diskutiert wird, erfolgt die Be- und Entlüftung in den meisten Fällen über die Fenster. Gleichermaßen geschieht das in sehr vielen Seminarräumen von Hochschulen. Allerdings gelingt es auf diesem Weg kaum, die stark belegten Räume ausreichend zu lüften und die Raumluftqualität sicherzustellen, was durch eine Reihe von Messungen gezeigt werden konnte. Mit der Fensteröffnung kann zwar für die erforderliche Außenluftzufuhr gesorgt werden, aber bei kalten Außentemperaturen führt das zwangsläufig zu einer erheblichen Beeinträchtigung der thermischen Behaglichkeit bei den fensternahen Sitzreihen.

Deshalb erscheint es im Hinblick auf eine angemessene Luftqualität bei gleichzeitiger Aufrechterhaltung der thermischen Behaglichkeit sinnvoll, Klassen- und Seminarräume über mechanische Lüftungsanlagen mit kontrolliertem Luftwechsel zu belüften. Diese Strategie wird in der Praxis mitunter als problematisch angesehen, da sie zu höheren Investitionen und eventuell auch zu höheren Betriebskosten führt. Folgende technische Systeme für die Belüftung von Klassenräumen können beschrieben werden (vgl. Schramek, 2011, S. 1450 ff.):

- manuelle Fensterlüftung, bei der entweder nach einem Lüftungsplan oder ausgehend von einem durch einen Sensor angezeigten Grenzwert gelüftet werden soll
- automatische Fensterlüftung, bei der das Fenster initiiert durch einen Sensor über einen motorischen Antrieb geöffnet wird
- dezentrale (raumweise) Lüftungsgeräte, die im Brüstungs- oder Deckenbereich angeordnet oder in die Fassade integriert werden
- zentrale Lüftungssysteme bestehend aus Zu- und Abluftanlage mit Wärmerückgewinnung, die allerdings sehr aufwendig sind (vgl. Abb. 2.12)

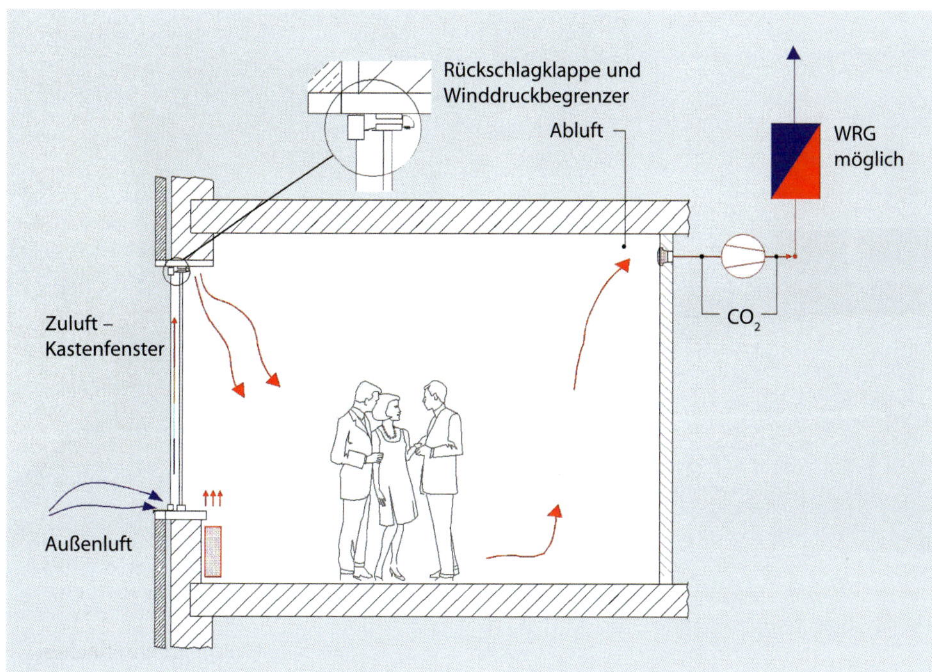

Abb. 2.13: Mechanische Lüftungsanlage für einen Klassenraum (WRG: Wärmerückgewinnung; Quelle: Hochschule Zittau/Görlitz)

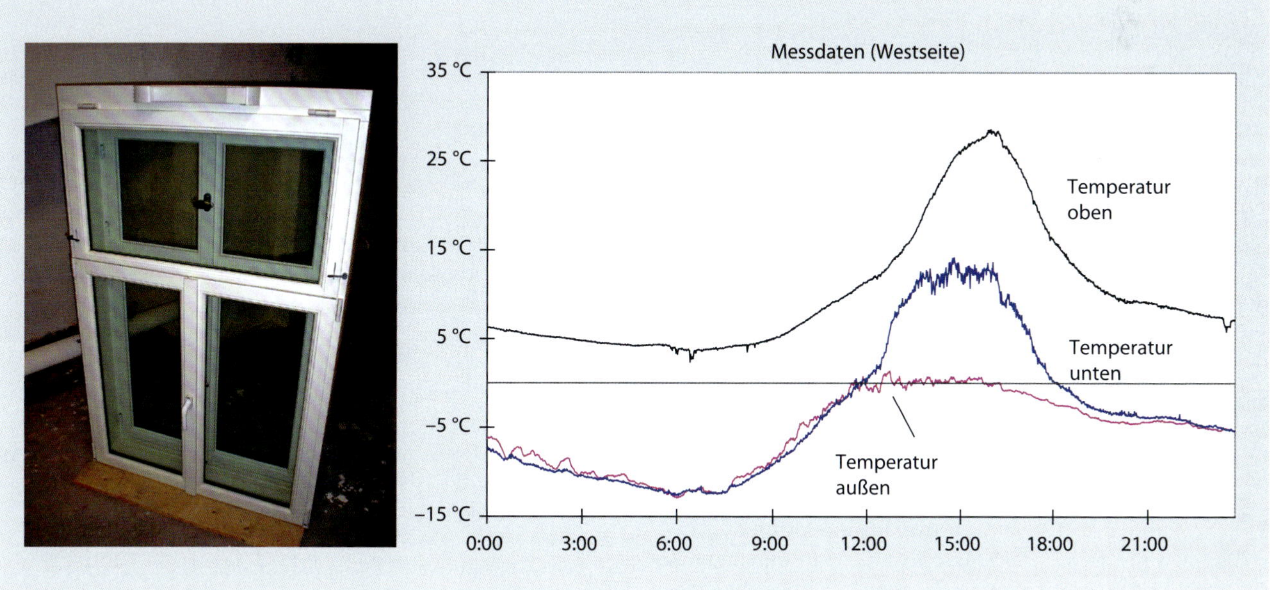

Abb. 2.14: Temperaturerhöhung im Zuluft-Kastenfenster (Quelle Abbildung und Messungen: Hochschule Zittau/Görlitz)

Anstelle der zentralen Lüftungssysteme mit Zu- und Abluftanlagen können beispielsweise auch bedarfsgesteuerte Abluftanlagen eingesetzt werden, bei denen die Zuluft über Kastenfenster angesaugt wird.

Beispiel: Lüftungssystem in Schule

Im Rahmen einer umfassenden energetischen Sanierung wurde eine Schule mit einem Lüftungssystem entsprechend Abb. 2.13 ausgestattet. Dabei wurden im Gebäude vorhandene Lüftungsschächte genutzt. Unterstützt durch einen Ventilator, der über einen CO_2-Sensor gesteuert wird, wird die verbrauchte Raumluft abgesaugt. Die Zuluft strömt über spezielle Öffnungen in Zuluft-Kastenfenstern nach und wird dabei erwärmt (vgl. Abb. 2.14).

Die Kühlung von Klassen- bzw. Seminarräumen ist meistens nicht erforderlich, da diese in den Sommermonaten nicht oder nur selten genutzt werden.

Wasser, Abwasser und Sanitärtechnik

Die Sanitärtechnik in Schulen muss einerseits robust und andererseits gut zu reinigen sein. Hier gelten ähnliche Anforderungen wie im Hotelbereich.

Es wird meistens nur eine dezentrale Warmwasserbereitung vorgesehen. Diese kann mithilfe elektrischer Durchlauferhitzer oder Kleinspeicher realisiert werden.

Hinweis: Aufgrund des geringen Warmwasserbedarfs sind thermische Solaranlagen in Schulen nicht sinnvoll.

Abb. 2.15: Beleuchtungsanlage einer Schulaula (Quelle: EGU Berlin)

Abb. 2.16: Beleuchtungsanlage in einem Schulflur (Quelle: EGU Berlin)

Beleuchtung

Es ist auf eine ausreichende Tageslichtbeleuchtung zu achten. Fenster nach Osten und Westen brauchen einen flexiblen Sonnenschutz, für Südfenster genügt eine Horizontalblende. Je nach Situation ist ein zusätzlicher Blendschutz notwendig. Außerdem sind Verdunkelungsmöglichkeiten durch Rollos oder Jalousien zu empfehlen.

Als Grundbeleuchtung werden Deckenanbauleuchten in Form von Leuchtbändern mit hohem Indirektanteil des Lichtstroms und geringer Querblendung verwendet. Die Leuchtbänder werden parallel zur Fensterfront angeordnet und sollten separat schaltbar sein. Zusätzlich ist eine separat schaltbare Wandtafelbeleuchtung vorzusehen, wobei deren Taster und alle anderen Taster in Türnähe anzubringen sind, damit sie beim Verlassen des Raumes betätigt werden können. In Fachunterrichtsräumen (Chemie, Physik) ist oft zusätzlich eine flexible Arbeitsplatzbeleuchtung notwendig.

Für die Lampen sollen neutralweiße bis warmweiße Lichtfarben gewählt werden. Besonders hohe Anforderungen an die Farbwiedergabe werden in Räumen zur Kunsterziehung und in Chemielaboratorien gestellt.

Werden die Leuchtbänder tageslichtabhängig gesteuert, führt das zu einer erheblichen Energieeinsparung. Hierzu werden Lichtsteuerelemente in den Leuchtbändern vorgesehen, die über ein zentrales Bussystem angesteuert werden. Im einfachsten Fall werden die Leuchtbänder je nach Tageslichteinfall reihenweise zu- und abgeschaltet. Es ist auch möglich, die Leistung der Beleuchtungsbänder stufenlos zu dimmen.

Die Beleuchtungsanlage in Aulen muss der oft größeren Deckenhöhe Rechnung tragen. In Abb. 2.15 ist eine Lösung mit von der Decke abgependelten Einzelleuchten zu sehen; zusätzlich erfolgt eine Ausleuchtung des Raumes mit Tageslicht über die Oberlichter, was zu einer sehr freundlichen und lockeren visuellen Atmosphäre beiträgt.

Abb. 2.16 zeigt eine Beleuchtungsanlage für den Flurbereich, die durch Deckeneinbauleuchten realisiert wurde.

Die Beleuchtung in den Fluren kann zeitabhängig zu- und abgeschaltet werden, was zu signifikanten Energieeinsparungen führen kann. Darüber hinaus kann die Beleuchtungsstärke auf den Fluren während der Unterrichtszeit automatisch verringert und in den Pausenzeiten wieder erhöht werden.

Elektroinstallation

Die Elektroinstallation erfolgt zentral und etagenweise. Zu beachten ist dabei vor allem der Brandschutz, insbesondere die Freihaltung der notwendigen Flure von Brandlasten. Eine Installation durch die Unterrichtsräume erscheint oft sinnvoll, um nicht aufwendige Brandschutzdecken oder Längsschottungen in Fluren bauen zu müssen. Steckdosen sind nach fachbezogener Raumnutzung vorzusehen, ggf. mit zentralen Abschaltmöglichkeiten gegen unberechtigte Benutzung.

Immer größere Bedeutung erlangen moderne Mediensysteme. Es werden z. B interaktive Projektionseinheiten bestehend aus Beamer, Computer mit entsprechender Software, Projektionswand und Peripheriegeräten verwendet. Für die Installation bedeutet das die Anordnung von abgestimmten Auslässen und Steckdosen an den Wänden und in Lehrertischnähe sowie die Verkabelung zu zentralen Medien-Datenschränken/Servereinheiten. Zunehmend häufiger werden Projektionstafeln mit integriertem Beamer verwendet, bei denen das Problem der aufwendigen Verkabelung der einzelnen Systemelemente entfällt. Zu beachten ist, dass bei gewollter zentraler Abschaltung die Nachlüftung der Beamer nicht unterbrochen werden darf.

2.4.2 Hörsaalgebäude

Heizung, Lüftung und Klimatisierung

Hörsäle sind die bedeutendsten Gebäude von Hochschulen, in denen überdies eine hohe Personenbelegungsdichte herrscht. Sie benötigen ein hochwertiges Raumklima und demzufolge eigentlich immer eine Klimaanlage mit mechanischer Be- und Entlüftung. In der Regel kommt eine klassische Nur-Luft-Anlage (vgl. Kapitel 7.5) zum Einsatz, über die der Hörsaal geheizt, gekühlt und ggf. auch be- und entfeuchtet wird. Außerdem wird so eine ausreichende Außenluftzufuhr gewährleistet, da hier vergleichbare Anforderungen wie in Klassen- und Seminarräumen bestehen. Bei Hörsälen mit Fenstern kann ein Teil der Heizwärme über Heizkörper, die unter den Fenstern anzuordnen sind, zugeführt werden (sog. statische Heizung oder Grundlastversorgung zur Aufheizung auf etwa 15 °C).

Die Luftführung im Raum kann nach dem Mischlüftungsprinzip in 3 Grundarten ausgeführt werden:

- Luftzufuhr im Deckenbereich und Absaugung im Fußbereich (vgl. Abb. 2.17, Teilabbildung a)
- Luftzufuhr im Sitzbereich und Absaugung im Deckenbereich (vgl. Abb. 2.17, Teilabbildung b)
- Luftführung waagerecht als sog. Strahllüftung von der Rückwand in Pultrichtung (vgl. Abb. 2.17, Teilabbildung c)

Denkbar ist auch die Kombination aus Deckenstrahlungsheizung und Quelllüftung. Über die Deckenstrahlungsheizung werden die Transmissionsverluste des Raumes zugeführt, sodass über die Quelllüftung nur der physiologische Luftwechsel realisiert werden muss. Im Sitzbereich wird die Luft mit sehr geringer Geschwindigkeit über sog. Quellluftauslässe eingebracht. Sie steigt dann durch die Wärmelasten der Personen nach oben und kann im oberen Bereich des Raumes abgesaugt werden (vgl. Abb. 2.18).

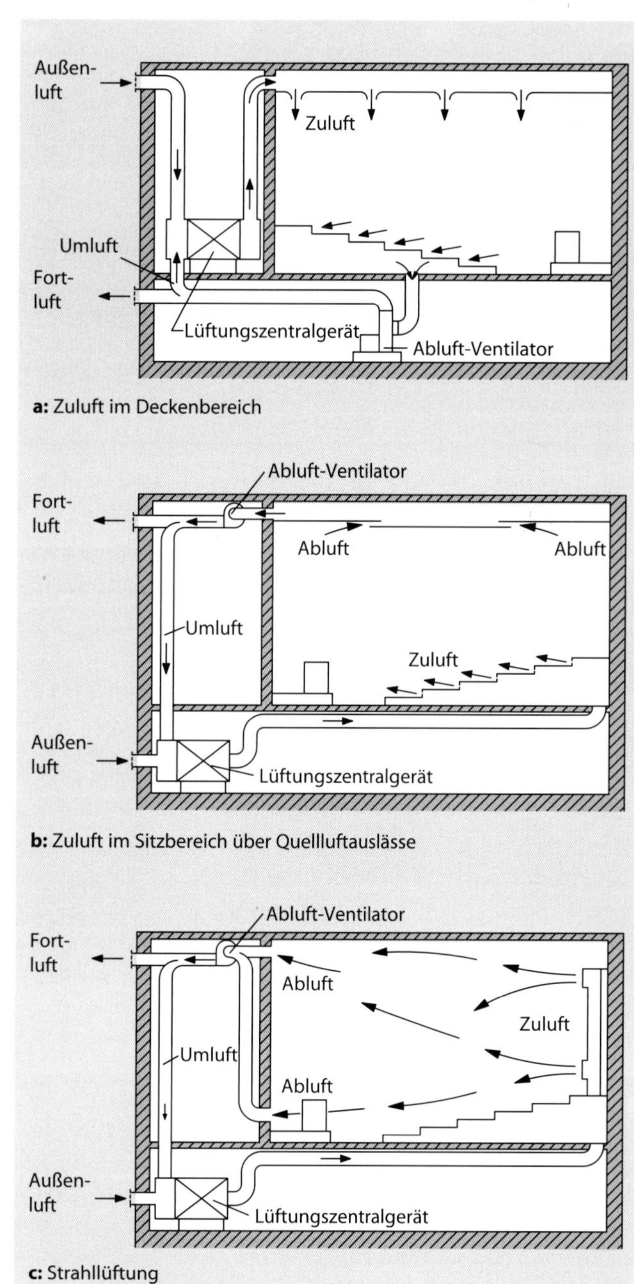

Abb. 2.17: Luftführung in Hörsälen

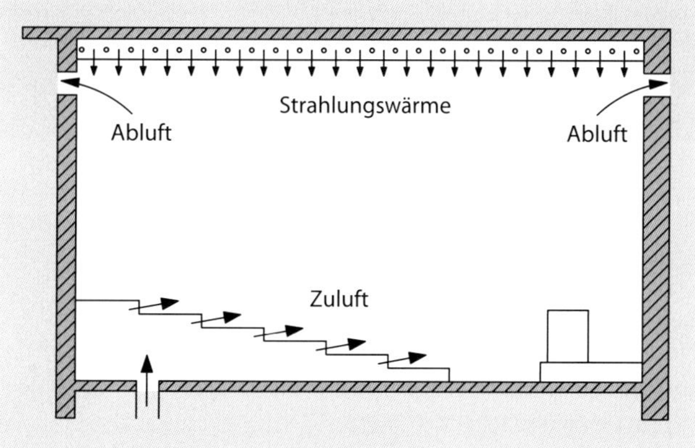

Abb. 2.18: Hörsaal mit Strahlungsheizung und Quelllüftung (nach FWU Ingenieurbüro GmbH, Dresden)

Beleuchtung

An die Beleuchtung von Hörsälen werden hohe Anforderungen gestellt. Es ergeben sich 3 Anforderungsbereiche (vgl. licht.wissen 02, 2012):

- Ein- und Ausgänge sowie Treppenbereiche des Hörsaals: Diese müssen gut und sicher ausgeleuchtet werden. Dafür werden Einbauleuchten im Boden und in den Wänden oder LED-Lichtbänder verwendet. Die Grundhelligkeit im Saal muss ein sicheres Auffinden der Sitzplätze gewährleisten.
- Präsentationszone und Saalbeleuchtung: Die Präsentationszone muss gleichmäßig und mit hoher Beleuchtungsstärke ausgeleuchtet werden, sodass die Präsentation auch von den hinteren Sitzen gut erkannt werden kann. Der Tafelbereich muss blendfrei ausgeleuchtet werden. Letztlich muss es im Saal ausreichend hell sein, damit mitgeschrieben werden kann.
- Lichtmanagement und Lichtszenarien: Die gesamte Beleuchtung des Hörsaals muss in hohem Maße variiert werden können. Dazu werden je nach Nutzung des Saals verschiedene geplante und erprobte Lichtszenarien geschaltet, was die Steuerung der Beleuchtung beherrschbar und komfortabel macht (vgl. auch Abb. 2.19 bis 2.21).

Die technische Unterstützung der Vorlesungspräsentation erfolgt einerseits klassisch mithilfe der Wandtafel, die dann entsprechend ausgeleuchtet werden muss, und andererseits mithilfe einer oder mehrerer Beameranlagen. Um die Aufmerksamkeit auf bestimmte Bereiche der Präsentation lenken zu können, werden verschiedene Lichtszenarien geschaltet. In Abb. 2.19 bis 2.21 sind beispielhaft solche Szenarien dargestellt.

Abb. 2.19: Beleuchtungsszenario in einem Hörsaal – komplette Beleuchtung an

Abb. 2.20: Beleuchtungsszenario in einem Hörsaal – Sparbeleuchtung, hervorgehoben Bühne rechts

Abb. 2.21: Beleuchtungsszenario in einem Hörsaal – Sparbeleuchtung, hervorgehoben Mitte (Tafel)

2.4.3 Laborgebäude

Laborgebäude sind in unterschiedlicher Komplexität in Hochschulen und Forschungseinrichtungen, aber auch in Industrieunternehmen zu finden. Spezifische gebäudetechnische Anforderungen ergeben sich

- im Bereich der Be- und Entlüftung durch das mögliche Auftreten schädlicher Emissionen, wodurch spezielle Absaugungen (Digestorien) erforderlich werden,
- hinsichtlich der Versorgung mit speziellen technischen Gasen wie z. B. Sauerstoff oder Stickstoff, wodurch zusätzliche Leitungsnetze und Versorgungsstationen notwendig werden,
- aufgrund der möglicherweise komplexen Ausstattung mit Sicherheitstechnik wie z. B. Meldeanlagen bzw. Feuerlöschsystemen.

Im Regelfall ist eine Zuluftanlage erforderlich (Ausnahme: nur kurzzeitig benutzte Labors z. B. in Schulen). Der Volumenstrom der Zuluftanlage wird geringer bemessen als der Volumenstrom der Absaugungen, um einen ausreichenden Unterdruck zu gewährleisten und somit eine Ausbreitung von Schadstoffen im Raum zu verhindern. Die Abluft der Abzüge muss ggf. gefiltert werden. Generell ist die Betriebssicherheitsverordnung (BetrSichV) zu beachten.

2.5 Kulturbauten und Spielstätten

2.5.1 Museen

Heizung, Lüftung und Klimatisierung

Grundsätzlich können in Museen alle Arten von Lüftungs- und Klimaanlagen zum Einsatz kommen. Deren Auswahl und Dimensionierung orientiert sich an den Temperatur- und Feuchteanforderungen des Ausstellungsgutes, wobei nicht nur die Absolutwerte im Rahmen bestimmter Grenzen zu halten sind (z. B. Temperatur zwischen Maximum und Minimum), sondern auch die Änderungsgeschwindigkeiten für Temperatur und Feuchte begrenzt sein können (z. B. Temperaturänderung < 1 K/h). Abzuführende Kühllasten ergeben sich überwiegend durch die erforderliche Beleuchtung, mitunter auch durch die Menschen im Raum, insbesondere bei hohem Besucherandrang. Große Besucherströme führen außerdem zu hohen Feuchtelasten, die ggf. über eine Klimaanlage mit Feuchteregulierung abgeführt werden müssen.

Außerdem gibt es in Museen erhöhte Anforderungen an die Filterung der Außen- und Zuluft, um die Verschmutzung der Exponate über Staubeintrag zu minimieren.

Besonders empfindliche Objekte (z. B. Schriften, Grafiken, Schmuck, textile Bilder) können in klimatisierten Vitrinen angeordnet werden.

Beleuchtung

Für die Beleuchtung der Ausstellungsräume von Museen lassen sich folgende Grundanforderungen formulieren:

- sehr gute Farbwiedergabe
- Blendungsfreiheit
- schonende Beleuchtung zur Vermeidung von fotochemischen Veränderungen und Austrocknung der Exponate
- Flexibilität der Beleuchtungsanlage bei wechselnden Ausstellungen
- ausreichende Schattigkeit bei plastischen Exponaten

Diese Grundanforderungen können u. a. mit folgenden Maßnahmen erreicht werden:

- Nutzung von Tageslicht, z. B. über Oberlichter
- Lampen mit hohem fotometrischem Strahlungsäquivalent

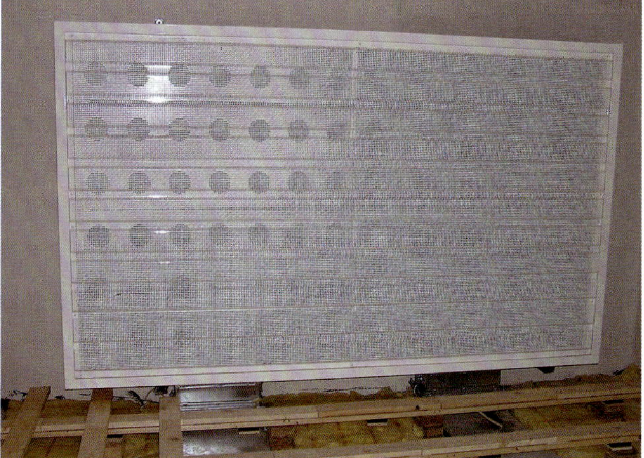

Abb. 2.22: Konzertsaal einer Musikschule mit Fußbodenheizung und Quelllüftung (links: fertiger Zustand; rechts Quellluftauslass im Wandbereich; Quelle: FWU Ingenieurbüro GmbH, Dresden)

- Lichtdecken mit diffuser Strahlung und geringer Leuchtdichte
- direkte Anstrahlung der Exponate mit flexiblen Deckenstrahlern (Halogen-Glühlampen, Leuchtstofflampen der De-luxe-Reihe oder LED) kombiniert mit einer sehr geringen Allgemeinbeleuchtung
- Beleuchtung plastischer Exponate möglichst senkrecht zur Blickrichtung

Bei lichtempfindlichen Exponaten muss die Beleuchtungsstärke gegenüber den üblichen Anforderungen für die jeweilige Sehaufgabe signifikant reduziert werden.

2.5.2 Theater, Kinos und Konzertsäle

Heizung, Lüftung und Klimatisierung

Zuschauerräume haben hinsichtlich der Lüftung/Klimatisierung ähnliche Anforderungen wie Hörsäle, oft sogar noch weiter gehende. Hier eignen sich ebenfalls Quelllüftungssysteme besonders gut, bei denen unmittelbar im Sitzbereich über speziell gestaltete Quellluftauslässe erwärmte oder gekühlte Luft mit sehr geringer Geschwindigkeit eingeblasen wird. Das heißt, die Luft quillt quasi in die Aufenthaltszone. Dadurch kann einerseits eine hohe Behaglichkeit erreicht werden und andererseits sind Quellluftsysteme energieeffizient, da sie mit deutlich verringerten Luftvolumenströmen arbeiten als beim Mischlüftungsprinzip. Abb. 2.22 zeigt den Konzertsaal einer Musikschule, bei dem das Quellluftprinzip mit einer Fußbodenheizung (vgl. Abb. 6.87) kombiniert wurde. Die Luft wird hier über Quellluftauslässe im Wandbereich eingebracht.

Beleuchtung

Beleuchtungsanlagen in Kinos, Konzertsälen und Theatern müssen für 3 Szenarien ausgelegt werden:

- Beleuchtung während der Vorstellung bzw. des Vortrages
- Beleuchtung während des Publikumswechsels
- Notbeleuchtung

Dabei wird die Allgemeinbeleuchtung in Kinos meist mit einfachen Deckenanbauleuchten mit hinreichender Blendungsbegrenzung ausgeführt. In Konzertsälen und Theatern wird wegen der vielfältigen Blickrichtungen einerseits und der Blendungsbegrenzung andererseits eine überwiegend indirekte Beleuchtung realisiert oder der Lichtstrom wird auf viele kleine Leuchten mit geringer Lichtstärke verteilt (sog. Kronleuchtereffekt). Die Innenarchitektur des Raumes muss hier auch während des Vortrages gut sichtbar bleiben. Die Farbwiedergabe der Lampen spielt in Kinos nur eine untergeordnete Rolle, in Konzertsälen und Theatern ist sie je nach farbiger Differenziertheit des Innenraumes jedoch sehr wichtig.

Elektroinstallation

Die Elektroinstallation umfasst die Verkabelung der allgemeinen und der Sicherheitsstromversorgung. Zusätzlich gibt es Effekt-, Bühnen- und Arbeitsbeleuchtung, die mit individueller Steuerung zu versehen sind. Außerdem gibt es aufwendige akustischen Anlagen, oft mit einem zugehörigen Leitstand.

Wasser, Abwasser und Sanitärtechnik

Die gesetzlichen Mindestforderungen hinsichtlich der Ausstattung mit Sanitärräumen in Kinos, Theatern und Konzertsälen regeln die Versammlungsstättenverordnungen der Länder. Allerdings werden dort nur sehr unkonkrete Vorgaben gemacht, sodass sich die Anwendung der VDI-Richtlinie 6000-3 empfiehlt. Der Ausstattungsbedarf wird hier in 3 Kategorien unterschieden (vgl. Tabelle 2.14):

- niedrige Gleichzeitigkeit (Räume für gesellige Veranstaltungen wie z. B. Bälle)
- mittlere Gleichzeitigkeit (Räume für Tagungen, Kinos)
- hohe Gleichzeitigkeit (Räume für Veranstaltungen mit wenigen Pausenzeiten wie Theatervorführungen, Konzerte, Hörfunk- und Fernsehveranstaltungen)

2.6 Büro- und Verwaltungsgebäude

Das Bürogebäude ist der häufigste Gebäudetyp bei Nichtwohngebäuden. Generell nimmt die Anzahl von Büroarbeitsplätzen im Verhältnis zu klassischen Industriearbeitsplätzen zu, wodurch die Nachfrage nach Bürogebäuden steigt. Darüber hinaus sind gerade bei den Gestaltungsprinzipien für Bürogebäude gravierende Veränderungen zu beobachten. Während bis in die Siebzigerjahre des vorigen Jahrhunderts das Standardzellenbüro und das Großraumbüro dominierten, entwickelte sich seit dieser Zeit eine Rei-

Tabelle 2.14: Bedarfszahlen für die Grundausstattung mit Sanitärräumen nach VDI 6000-3:2011-06

Besucherplatze	Damen		Herren			barrierefreie WC-Kabine
	WC	WB	UR	WC	WB	
			niedrige Gleichzeitigkeit			
25	2	1	1	1	1	
50	2	1	1	1	1	1
100	3	2	2	2	2	
300	4	2	2	2	2	
500	6	3	4	2	3	
700	7	3	4	3	3	2
1.000	9	4	6	3	4	
1.500	11	5	7	4	5	
2.000	14	7	9	5	7	4
3.000	16	8	10	6	8	
4.000	20	10	13	7	10	
5.000	25	12	16	9	12	6
6.000	30	15	20	10	15	
			mittlere Gleichzeitigkeit			
25	2	1	1	1	1	
50	3	2	2	1	2	1
100	4	2	2	2	2	
300	5	3	3	2	3	
500	8	4	5	3	4	
700	10	5	6	4	5	2
1.000	12	6	8	4	6	
1.500	15	7	10	5	7	
2.000	18	9	12	6	9	4
3.000	22	11	14	8	11	
4.000	27	13	18	9	13	
5.000	35	17	23	12	17	6
6.000	40	20	26	14	20	
			hohe Gleichzeitigkeit			
25	3	1	1	2	1	
50	4	2	2	2	2	1
100	6	3	4	2	3	
300	8	4	5	3	4	
500	11	5	7	4	5	
700	14	7	9	5	7	2
1.000	18	9	12	6	9	
1.500	22	11	15	7	11	
2.000	27	13	18	9	13	4
3.000	32	16	21	11	16	
4.000	40	20	26	14	20	
5.000	50	25	33	17	25	6
6.000	60	30	40	20	30	

WB Waschbecken
UR Urinalbecken
WB Klosettbecken

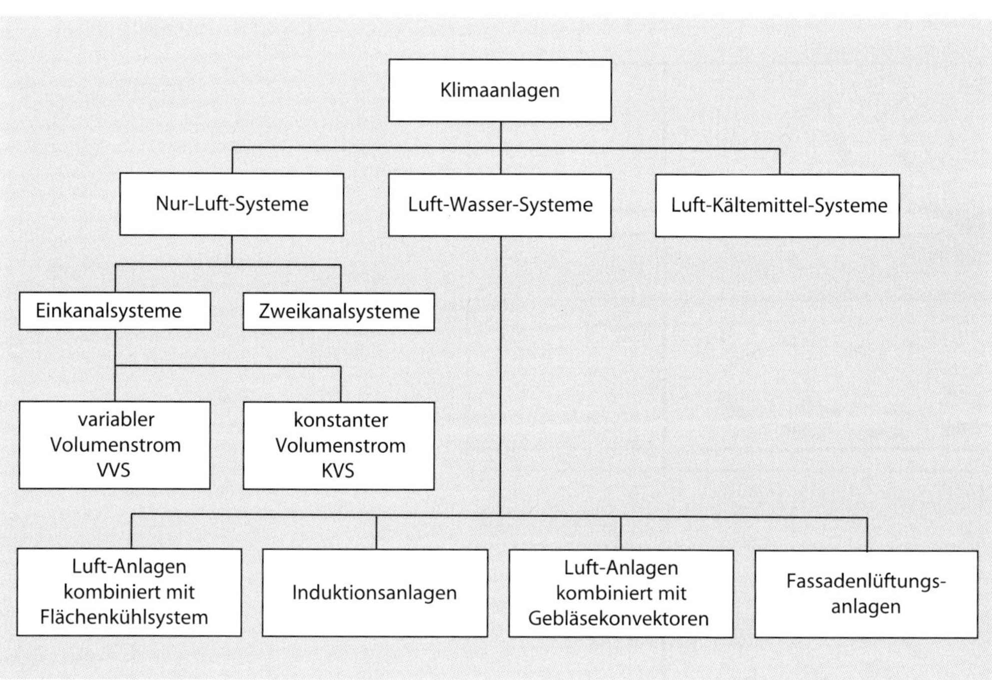

Abb. 2.23: Klimaanlagen nach dem Funktionsprinzip

he neuer Büroformen wie das Gruppenbüro, das Kombibüro oder der Business-Club. Aufgrund der Entwicklung der Informations- und Kommunikationstechnik steigt der technische Ausstattungsgrad von Bürogebäuden – und damit steigen auch die inneren thermischen Lasten. Außerdem wachsen die Anforderungen an die Qualität der Arbeitsplätze, was zu einem zunehmenden Bedarf an klimatisierten Büroflächen führt.

Oft ist der Energieverbrauch von Bürogebäuden deutlich höher als der anderer Gebäude, was durch die zunehmende Klimatisierung noch weiter verstärkt werden könnte. Auf der anderen Seite stehen neue Entwicklungstrends des nachhaltigen Bauens, die gerade am Beispiel von Bürogebäuden vorangetrieben werden (vgl. Kapitel 1.4).

Heizung

Generell werden für Bürogebäude geschlossene Pumpenwarmwasserheizungen vorgesehen. Als Wärmeerzeuger kommen wie bei Wohngebäuden Kesselanlagen, Wärmepumpen oder BHKW zum Einsatz. Selbst in innerstädtischen Lagen können Pelletkessel verwendet werden. Neben der Wärmeversorgung mit den genannten Wärmeerzeugern kommt für Bürogebäude sehr häufig auch ein Anschluss an das örtliche Fernwärmesystem infrage. Wird dieses Versorgungssystem mit erneuerbaren Energien oder mit KWK-Anlagen betrieben, ergeben sich Vorteile im Rahmen des Baugenehmigungsverfahrens bzw. hinsichtlich der Erfüllung der Anforderungen des GEG. So haben solche Systeme oft einen Primärenergiefaktor für die Wärmeversorgung, der deutlich unter 1 liegt bzw. auch 0 betragen kann (vgl. dazu ausführlich anhand von Beispielen Krimmling, 2012).

Der Aufbau des Heizungsnetzes in Bürogebäuden ähnelt dem von Wohngebäuden sehr, allerdings werden die Heizkreise nach anderen Gesichtspunkten aufgebaut. In Bürogebäuden sind Räume mit zeitlich ähnlicher Nutzung zu Heizkreisen zusammenzufassen, um einen effektiven Absenkbetrieb während der Nichtnutzungszeit realisieren zu können.

In klimatisierten Gebäuden gibt es zusätzliche Heizkreise, die die Lufterhitzer in den Klimageräten (vgl. Kapitel 7.5.1) versorgen. Als Raumheizeinrichtungen werden in Bürogebäuden mit einfachem Standard vorwiegend Plattenheizkörper eingesetzt. In klimatisierten Gebäuden können z. B. Gebläsekonvektoren (vgl. Kapitel 6.6.2) verwendet werden.

Generell ist die Heizung in klimatisierten Gebäuden aus energetischer Sicht nur von untergeordneter Bedeutung, da der Hauptenergieverbrauch von der Klimaanlage verursacht wird. In Gebäuden mit viel Büro- und Kommunikationstechnik ist der Wärmebedarf aufgrund der sog. inneren Lasten, die diese Technik verursacht, signifikant geringer als in anderen Gebäuden. Letztlich wird die gesamte Elektroenergie, die für die Technik und die Beleuchtung zugeführt wird, in Wärme umgewandelt und trägt so zur Beheizung des Raumes bei.

Lüftung und Klimatisierung

In Bürogebäuden können alle in Kapitel 7 dargestellten Klimatisierungssysteme zum Einsatz kommen. In der Praxis ist demzufolge eine große Vielfalt der klimatechnischen Ausstattung zu beobachten. Die Klimaanlagen für Bürogebäude können nach 2 Kriterien geordnet werden:

- Funktionsprinzip
- Anlagentopologie (zentral und dezentral)

Nach dem Funktionsprinzip werden 3 Gruppen unterschieden (vgl. Abb. 2.23):

- Nur-Luft-Anlagen
- Luft-Wasser-Anlagen
- Luft-Kältemittel-Anlagen

Maßgebend für die Kategorisierung nach dem Funktionsprinzip ist das jeweilige Medium, mit dessen Hilfe der Raum klimatisiert, d. h. geheizt oder gekühlt wird. Bei den Nur-Luft-Anlagen, die das klassische Prinzip verkörpern, wird dem Raum über ein entsprechendes Kanalsystem er-

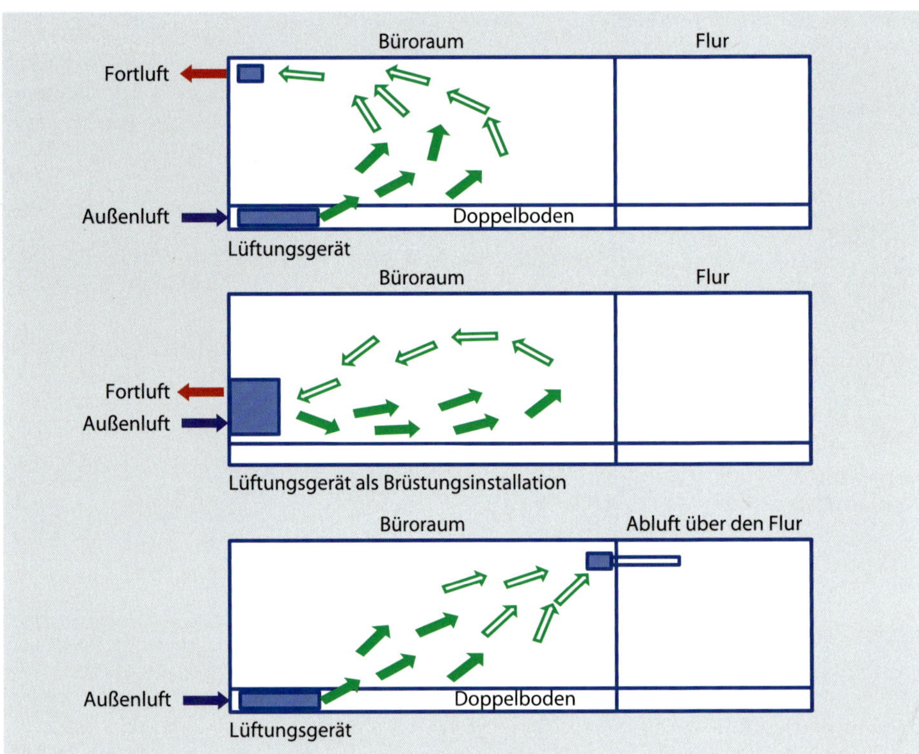

Abb. 2.24: Fassadenlüftungsanlagen

wärmte oder gekühlte Luft zugeführt. Da insbesondere der Kühlbetrieb große Luftvolumenströme erfordert, benötigen die Nur-Luft-Anlagen im Allgemeinen viel Energie, und zwar hauptsächlich für den Lufttransport. Gebaut werden heute überwiegend Einkanalanlagen, wobei sich die Zählung auf den Zuluftkanal bezieht. Eine Einkanalanlage hat demzufolge 2 Kanäle: einen Zuluftkanal und einen Abluftkanal. Ein Beispiel für eine Zweikanalanlage findet sich in Abb. 2.9. Dort gibt es 2 Zuluftkanäle mit jeweils unterschiedlichen Zulufttemperaturen.

Einkanalanlagen können noch in 2 Unterkategorien gegliedert werden:

- Anlagen mit konstantem Volumenstrom (herkömmliches Prinzip)
- Anlagen mit variablem Volumenstrom

Durch die raumweise variable Regelung des Volumenstroms wird je nach Last eine Reduzierung der Luftmenge erreicht, was unter Zuhilfenahme eines drehzahlgesteuerten Ventilators zur Energieeinsparung beim Lufttransport führt.

Eine drastische Reduzierung der umzuwälzenden Luftmengen kann erreicht werden, indem die Klimatisierung des Raums in die folgenden 2 Systeme aufgetrennt wird:

- Luftsystem (sog. Primärluft) zur Versorgung des Raums mit dem physiologisch notwendigen Luftwechsel
- separates Wassersystem zum Heizen und Kühlen

Häufig wird z. B. eine Primärluftanlage mit einem Flächenkühlsystem im Raum kombiniert. Flächenkühlsysteme weisen aufgrund der Strahlungseffekte hohe Behaglichkeitswerte auf. Folgende Systeme werden unterschieden:

- additive Systeme in Form von Kühlsegeln oder Kühldecken, die den Vorteil haben, dass sie auch nachträglich installiert werden können (vgl. Kapitel 7.7.2)
- integrierte Systeme in Form von aktivierten Decken oder Bauteilen (vgl. Kapitel 7.7.3)

Eine weitere Möglichkeit besteht in der Verwendung einer Induktionsklimaanlage (vgl. Kapitel 7.6.2), bei der entsprechend aufbereitete Primärluft aus dem Induktionsgerät in den Raum geblasen wird und dabei einen Teil der vorhandenen Raumluft mit über den Wärmeübertrager im Gerät zieht, wodurch diese Luft ebenfalls gekühlt oder geheizt werden kann. Die Induktionsanlage besteht aus 2 Teilsystemen:

- Luftkanalsystem mit vorgeschaltetem Klimagerät, über das die Primärluft entsprechend aufbereitet wird
- Wassersystem für die zusätzliche Versorgung mit Wärme oder Kälte; z. B. als Vierleitersystem ausgeführt, wobei 2 Leitungen als Vor- und Rücklauf des Heiznetzes dienen und 2 Leitungen als Vor- und Rücklauf des Kaltwassernetzes (alternativ auch Ausführung als Zweileitersystem)

Induktionsanlagen haben den Vorteil, dass sie gut raumweise geregelt werden können. Schließlich sind auch Anlagen mit Gebläsekonvektoren anwendbar. Induktionsanlagen und Anlagen mit Gebläsekonvektoren werden u. a. auch im Hotelbau verwendet (vgl. Kapitel 2.3).

Bei Fassadenlüftungsanlagen (vgl. Abb. 2.24) entfällt das zentrale Luftkanalnetz und die Luftaufbereitung erfolgt vor Ort durch ein in den Brüstungs- oder Deckenaufbau integriertes Gerät. Die Luft wird direkt von außen angesaugt und wieder nach draußen geleitet. Eine Wärme- und Kälterückgewinnung ist möglich, ebenso eine Entfeuchtung der Zuluft, eine Befeuchtung dagegen nicht. Bei der Konzeption ist zu berücksichtigen, dass die Luft im Fassadenaußenbereich aufgrund der Grenzschichtbildung etwas wärmer ist und dass es außerdem zu Überströmungen zwischen Zu- und Abluft kommen kann.

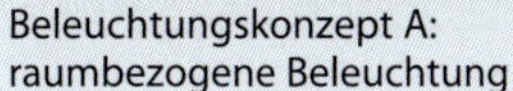

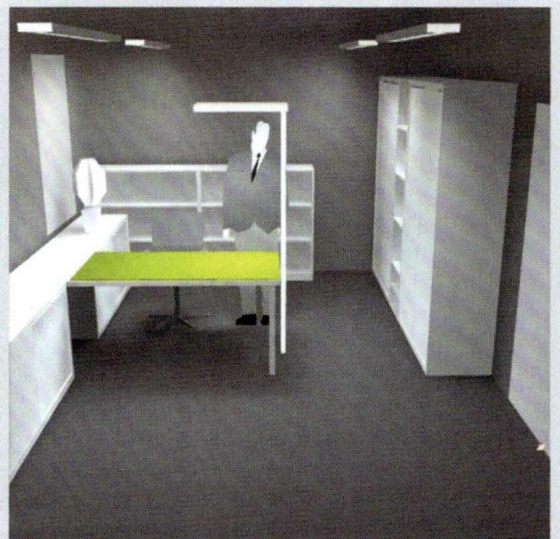

Abb. 2.25: Beleuchtungskonzepte für Büros (Quelle: Lichtberechnungssoftware, DIALUX, DIAL GmbH, Lüdenscheid)

Entsprechend Abb. 2.23 umfasst die dritte Gruppe möglicher Klimasysteme für Bürogebäude die Luft-Kältemittel-Anlagen. Nach der gewählten Systematik setzen sich diese aus den folgenden Einzelsystemen zusammen:

- separates Luftkanalsystem für die Aufbereitung der Primärluft
- Kältemittelleitungssystem, mit dessen Hilfe die Räume über im Raum angebrachte Heiz- bzw. Kühlflächen geheizt oder gekühlt werden können

Die Kältemittelsysteme gehen aus dem klassischen Splitgerät hervor (vgl. Kapitel 7.8.1), bei dem eine Kompressionskältemaschine in eine Außen- und eine Inneneinheit aufgesplittet wird. Beide sind über Kältemittelleitungen verbunden. Bei Multisplitanlagen wird eine Außeneinheit mit mehreren Inneneinheiten kombiniert. Allerdings kann nur eine geringe Anzahl von Inneneinheiten angeschlossen werden und der Verrohrungsaufwand ist groß, da jede Inneneinheit mit 2 separaten Rohrleitungen angeschlossen werden muss. Bei VRF-Anlagen werden die Innen- und Außeneinheiten mit einem Drei- oder Vierleiternetz kombiniert. Mit diesen Anlagen gelingt eine sog. Wärmeverschiebung im Gebäude, d. h., die Abwärme, die in zu kühlenden Räumen anfällt, kann in anderen Räumen zum Heizen verwendet werden. Der Vorteil der Kältemittelsysteme besteht in den sehr geringen Leitungsquerschnitten, was vor allem bei der Sanierung vorteilhaft sein kann.

Prinzipiell kann die Primärluftversorgung der Luft-Wasser-Systeme (außer bei der Induktionsanlage) und der Luft-Kältemittel-Systeme auch als ausschließlich natürliche Fensterlüftung ausgeführt werden. Das bringt zwar wirtschaftliche Vorteile aufgrund geringer Herstellungskosten, ist aber hinsichtlich der erreichbaren Behaglichkeit oft unbefriedigend. Außerdem kann keine Wärme- bzw. Kälterückgewinnung realisiert werden.

Die Klimatisierung von Bürogebäuden sollte generell nicht losgelöst vom Baukörperkonzept betrachtet werden. So beeinflussen die Speichermassen des Gebäudes dessen Kühlbedarf. In Bürogebäuden werden alle thermischen Lasten fast ausschließlich am Tag wirksam, da diese nur tagsüber genutzt werden. Die im Raum aufgrund der äußeren und inneren Lasten freigesetzte Wärme kann überwiegend von den Speichermassen aufgenommen werden, sofern diese frei liegen. Nachts können diese Wärmelasten über eine Nachtlüftung oder über das Kaltwasser einer Betonkernaktivierung wieder abgeführt werden. Allerdings dürfen keine Abhangdecken verwendet werden, da diese die Speichermassen thermisch abschirmen. Ein weiterer wesentlicher Aspekt für die Klimatisierung ist die Fassadengestaltung. Voll transparente Fassaden sollten vermieden bzw. müssen mit wirksamen Sonnenschutzeinrichtungen ausgestattet werden (vgl. für weitere Ansätze BINE Informationsdienst, 2000). Voraussetzung für ein abgestimmtes Klimakonzept ist ein integraler Planungsprozess, bei dem Architekten und Gebäudetechniker von Beginn an gemeinsam nach einer optimalen Lösung suchen.

Wasser, Abwasser und Sanitärtechnik

In diesem Systembereich weisen Bürogebäude meistens geringe Anforderungen auf, die im Wesentlichen von den abzudeckenden Sanitärfunktionen geprägt sind. Der notwendige Ausstattungsgrad mit Sanitärräumen regelt sich nach der jeweils aktuellen Fassung der Arbeitsstättenverordnung. Weitere Hinweise sind in der VDI-Richtlinie 6000-2 zu finden.

Beleuchtung

Die Beleuchtung von Bürogebäuden wird vor allem von der Arbeitsplatzgestaltung geprägt. Grundsätzlich ist ein hoher Tageslichtanteil anzustreben. Großraumbüros, die auch tagsüber ausschließlich auf Kunstlicht angewiesen sind, werden nach modernen arbeitspsychologischen Herangehensweisen weitestgehend vermieden.

Bei Büroräumen werden 3 verschiedene Beleuchtungskonzepte unterschieden (vgl. Abb. 2.25):

- A: raumbezogenes Beleuchtungskonzept (hohe Flexibilität der Arbeitsplatzanordnung durch gleichmäßige Ausleuchtung)

Abb. 2.26: Lichtdecke in einem Konferenzraum (Quelle: ECU, Berlin)

- B: auf den Arbeitsbereich bezogenes Beleuchtungskonzept (bereichsweise entsprechend den unterschiedlichen Sehanforderungen im Raum)
- C: teilflächenbezogenes Beleuchtungskonzept (wie B, verstärkte Beleuchtungsstärke im unmittelbaren Nutzbereich)

In Konferenzräumen ermöglichen großflächige Lichtdecken eine blendfreie Lichtsituation (vgl. Abb. 2.26). Es gibt keine Beeinträchtigungen der Sichtachse durch abgehängte Leuchten, was insbesondere für Vortrags-, Beamer- und Bildschirmtechnik wichtig ist. Der Einsatz von Lichtdecken ist vor allem sinnvoll in Räumen mit großer Tiefe, die nur eingeschränkt mit Tageslicht versorgt werden können. Vorteilhaft ist die scheinbare Vergrößerung der Raumdimension, insbesondere der Raumhöhe (Lichtkuppeleffekt). Mithilfe entsprechender Regeleinrichtungen kann das Licht der Decke gedimmt werden, was oft schon wegen der hohen Leuchtdichte und der damit verbundenen hohen Lichtstärke im Vollbetrieb erforderlich ist.

Elektroinstallation

Die Elektroinstallation im Büro ist geprägt durch

- die Beleuchtungsverkabelung und deren Steuerung,
- die Arbeitsplatz-Steckdosenverkabelung je nach Raumnutzungskonzept,
- die Verkabelung von Klimatechnik, Sonnenschutz usw.

Die Leitungszuführung der Beleuchtung hängt vom Beleuchtungskonzept und dem abgeleiteten architektonischen Grundkonzept für die Decken- und Wandgestaltung ab. Die Steuerung und Regelung der Beleuchtung fließt im Zusammenhang mit dem gewollten Komfort- und Automatisierungsgrad mit ein. In den meisten Fällen fällt die Entscheidung auf eine flexible bzw. angepasste Deckeninstallation (Leitungsführung in abgehängten Decken). Die Installation der Schaltleitungen und Bedieneinrichtungen erfolgt im Trockenbau.

Die Leitungen zu den Steckdosen sowie die Datenverbindungen werden vornehmlich im unteren Raumbereich angeordnet. Im Büro sind große Leitungsansammlungen zu verarbeiten, die Platz benötigen und immer wieder einer Änderung unterliegen. Grundsätzlich gibt es die folgenden Systeme:

- Brüstungskanäle unter den Fenstern
- Verlegung im Unterflurkanal oder in Doppel- bzw. Hohlraumböden
- Verlegung in der Wand (z. B. in in den Beton eingelegten Rohre) mit dazugehörigen Wandsteckdosen

Bei der Konzeption der Elektroinstallation muss einer zunehmend bedeutsameren Nutzungsflexibilität Rechnung getragen werden. Das wird mit der Verwendung einer größeren Anzahl von Unterverteilern erreicht.

2.7 Handelsbauten

Die Vielfalt bei Handelsbauten reicht vom einfachen Lebensmittelmarkt bis zum komplex ausgestatteten und hochfrequentierten Geschäftshaus oder auch dem Einkaufszentrum in attraktiver Stadtlage. Schwerpunkte im Technikkonzept sind die Klimatisierung, die Kältebereitstellung sowie die Beleuchtung. Dabei ist eine Optimierungsaufgabe zu lösen, die durch 2 Pole gekennzeichnet ist:

- verkaufsförderndes Innenraumklima (thermisch, lufthygienisch und visuell) entsprechend den Kundenerwartungen
- niedrige Gesamtkosten (Investition und laufende Kosten) als Grundlage für wettbewerbsfähige Verkaufspreise

Während diese Optimierungsaufgabe bisher überwiegend mit Blick auf die Herstellkosten behandelt wurde, rücken inzwischen zunehmend die Betriebskosten in den Fokus. Außerdem ist gerade für den Handel die Imagewirkung nachhaltiger bzw. energieeffizienter Gebäude ein nicht zu unterschätzender Marketingfaktor geworden.

2.7.1 Einkaufsmärkte

Heizung

Die Wärmebereitstellung kann über jeden beliebigen Wärmeerzeuger (Kessel, Wärmepumpe, BHKW) oder durch Fernwärme erfolgen.

Die Beheizung und auch die Kühlung des Verkaufsraumes erfolgt häufig über Multisplitgeräte, die die Zuluft an meh-

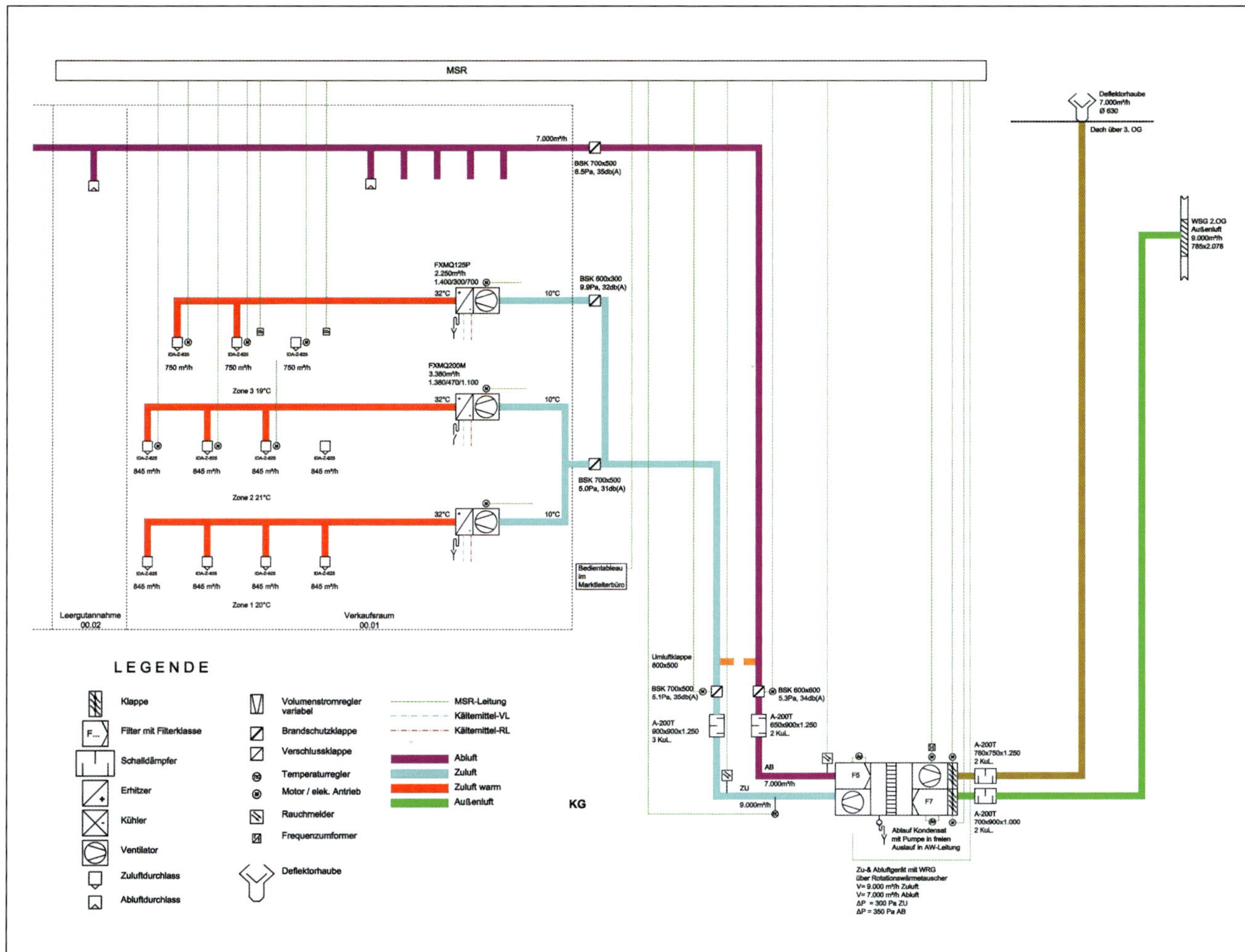

Abb. 2.27: Lüftungsanlage in einem Einkaufsmarkt (Quelle: FWU Ingenieurbüro GmbH)

reren Stellen des Marktes erwärmen oder kühlen. So können Bereiche mit unterschiedlichen Raumtemperaturen eingerichtet werden und es kann gut auf den sich ändernden Energiebedarf reagiert werden. Abb. 2.27 zeigt beispielhaft den Heizfall in einem Markt: Die 10 °C kalte Zuluft wird mithilfe der Erhitzer, die über Kältemittelleitungen mit der Außeneinheit verbunden sind, aufgeheizt und den 3 Zonen des Verkaufsraumes zugeleitet.

In Lebensmittelmärkten kann zum Heizen bzw. zur Warmwasserbereitung außerdem die Abwärme aus den Kühlaggregaten für die Warenkühlung verwendet werden.

Lüftung und Klimatisierung

Einkaufsmärkte müssen entsprechend den zu erwartenden Personenzahlen ausreichend gelüftet werden. Maschinelle Lüftungsanlagen sind nach der VDI-Richtlinie 2082 erforderlich, wenn

- die Raumtiefe bei einseitiger Lüftung mehr als das 2,5-Fache der Raumhöhe beträgt,
- die Raumtiefe bei Querlüftung mehr als das 5-Fache der Raumhöhe beträgt.

Da die meisten Einkaufsmärkte ohnehin nur wenige Fensterflächen aufweisen, müssen sie mit mechanischen Lüftungsanlagen ausgestattet werden. Diese werden meistens für den hygienischen Mindestluftwechsel ausgelegt und können ggf. per CO_2-Sensor bedarfsgesteuert werden. Die Lüftungsanlage kann in den Sommermonaten zur Nachtauskühlung verwendet werden.

Für Fleisch-, Käse- und Fischtheken bzw. andere Frischwarenbereiche werden zusätzliche Überdrucklüftungsanlagen im Umluftprinzip angewendet. Diese sind aus hygienischen Gründen erforderlich, da der Überdruck ein Einströmen möglicherweise kontaminierter Luft aus den anderen Marktbereichen verhindert. Für geruchsbelastete Bereiche (z. B. Fischverkauf) muss dann zusätzlich eine Abluftanlage vorgesehen werden.

Die Türen des Marktes können mit Türluftschleieranlagen (vgl. Kapitel 7.8.2) abgeschottet werden, um bei Türöffnungen einen unnötigen Kalt- oder Warmlufteinfall in den Markt zu verhindern (vgl. Abb. 2.28).

Beleuchtung

Für die Grundbeleuchtung in einfachen Einkaufsmärkten werden frei strahlende Leuchten verwendet, die wenig abgeblendet sind. In Märkten mit hochwertigerem Sortiment werden Leuchten mit stärkerer Blendungsbegrenzung eingesetzt. In den Leuchten werden hauptsächlich Langfeld-Leuchtstofflampen eingesetzt.

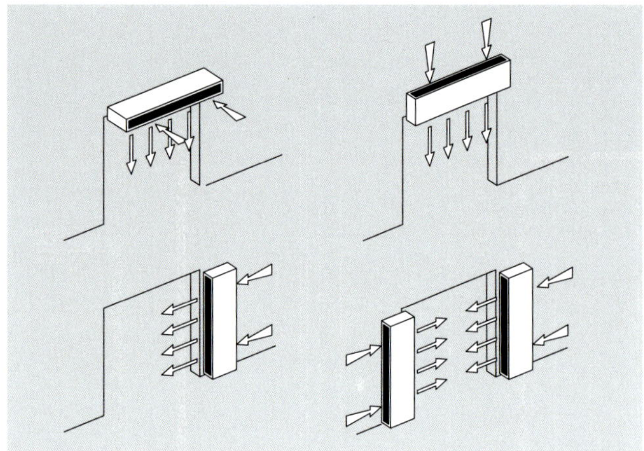

Abb. 2.28: Verschiedene Ausführungen von Türluftschleieranlagen

Abb. 2.29: Geschäftshaus in Passivhausbauweise

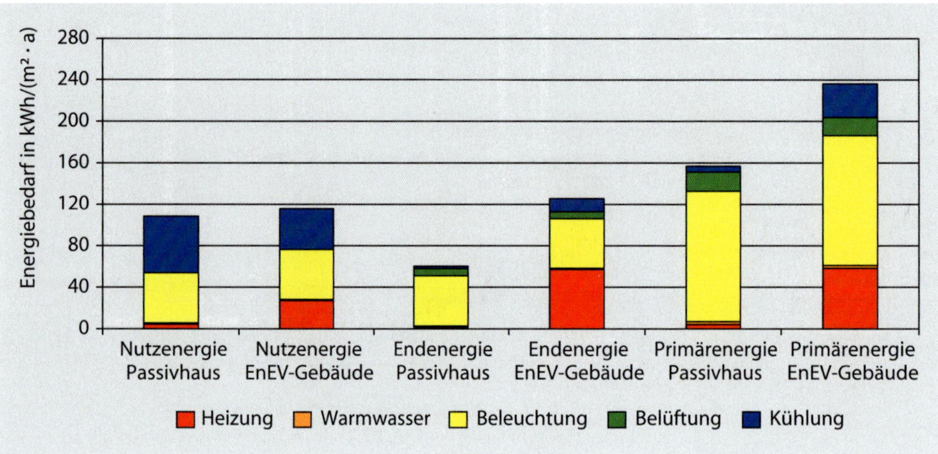

Abb. 2.30: Energetische Bewertung eines Passivhauses im Vergleich zu einem Gebäude mit EnEV-Standard

Die Effektbeleuchtung dient zur Hervorhebung von Schaufenster- und anderen Präsentationsbereichen im Markt. Hier wird gebündeltes und akzentuiertes Licht über Halogenstrahler oder Metalldampfleuchten vorgesehen.

Kassenbereiche werden zweckbestimmt in die Allgemeinbeleuchtung eingefügt, wobei neben der Blendungsbegrenzung für das Personal auf eine ausreichende Ausleuchtung für Geldwechselvorgänge zu achten ist.

Elektroinstallation

Jede Verkaufsstätte erhält einen separaten Zähler, über den der Verbrauch der Grundinstallation gemessen wird, ggf. gibt es weitere Unterzähler. Als Voraussetzung wird für jede Verkaufsstätte eine Unterverteilung vorgesehen. Erstreckt sich diese über mehrere Etagen oder größere Raumbereiche, so können auch mehrere Unterverteilungen sinnvoll sein. Die Kabel und Leitungen können in Abhängigkeit von der grundlegenden Architektur auch frei sichtbar verlegt werden. Alternativ werden sie im Zuge des Ladenbaus kaschiert.

2.7.2 Geschäftshäuser

In größeren Geschäftshäusern spielt die Heizung in der Regel nur eine untergeordnete Rolle. Aufgrund der oft sehr hohen Beleuchtungslasten dominiert die Lüftungs- und Klimaanlage. Die Anforderungen an die Beleuchtungsanlage entsprechen denen in Einkaufszentren (vgl. Kapitel 2.7.3).

Beispiel: Sportartikel-Geschäftshaus in Passivhausbauweise

Ein dreistöckiges Sportartikelgeschäft wurde in Passivhausbauweise konzipiert und gebaut (vgl. Abb. 2.29). Das Gebäude hat eine Bruttogrundfläche von ca. 2.000 m². Die Energieversorgung erfolgt durch eine elektrische Erdwärmepumpe mit 10 Sonden zu je 100 m Tiefe. Die Kälteerzeugung wird auch mithilfe dieser Erdsonden realisiert. In den Verkaufsräumen ist eine Betonkernaktivierung installiert, über die geheizt und gekühlt wird. Zusätzlich gibt es eine mechanische Lüftungsanlage mit Wärmerückgewinnung, mit der der hygienische Luftwechsel (Primärluft) realisiert wird. Ergänzt wird das Energiekonzept durch eine Fotovoltaikanlage. In den Verkaufsräumen sind Metall-Halogendampfleuchten mit sehr hohen Beleuchtungsstärken (ca. 990 lx) installiert, die hohe thermische Lasten verursachen. Im Objekt dominiert deshalb der Kühlbetrieb bis zu Außentemperaturen von ca. 0 °C. Dadurch unterscheidet sich das Objekt wesentlich von Passivhaus-Wohngebäuden, bei denen der Heizbetrieb die entscheidende Rolle spielt.

Abb. 2.30 zeigt den Energiebedarfsvergleich des Passivgeschäftshauses mit einem Gebäude im EnEV-Standard (beim Vergleich wurde der Standard der EnEV 2007 unterstellt). Es ist zu erkennen, dass das Passivgeschäftshaus einen um 25 % geringeren Primärenergiebedarf als das EnEV-Gebäude hat. Es konnte außerdem nachgewiesen werden, dass die Passivhausbauweise in diesem Fall wirtschaftlich sinnvoll war (vgl. Krimmling/Grötzschel, 2011).

Abb. 2.31: Effektbeleuchtung in einer Mall-Beleuchtung (Quelle: ECE, A10 Center, Berlin)

2.7.3 Einkaufszentren

Heizung, Lüftung und Klimatisierung

In Einkaufszentren (Shopping-Malls) werden überwiegend Nur-Luft-Anlagen installiert, die der Grundlastversorgung dienen (vgl. Bohne, 2011). Da aufgrund der Beleuchtungslasten auch in Einkaufszentren ganzjährig überwiegend gekühlt wird, erfolgt die Dimensionierung der Klimaanlage im Hinblick auf die Abfuhr der Wärmelasten. In der Planungsphase sind die späteren Mieter und deren Bedarf oft nicht bekannt, weswegen zumeist nur für die Grundversorgung geplant wird. Das führt dazu, dass die Mieter zusätzliche Umluftgeräte für die Kühlung in ihrem Mietbereich installieren. Letztlich ergeben sich durch diese bisher praktizierte Planungs- und Bauweise sehr hohe Energiebedarfe. Einsparpotenziale bestehen im Bereich der Energieerzeugung; hier kann z. B. Kraft-Wärme-Kopplung (KWK) genutzt werden oder es werden Wärmepumpen zum Heizen und vor allem zum Kühlen eingesetzt. Als Voraussetzung für einen effektiven Wärmepumpenbetrieb müssen die Versorgungsnetze für verschiedene Temperaturniveaus ausgelegt werden (Hochtemperaturnetz, Niedertemperaturnetz).

Weitere erhebliche Einsparpotenziale können im Bereich der Lüftung realisiert werden:

- Durch Reduzierung der Luftmengen: Dabei müssen als Voraussetzung die Beleuchtungslasten verringert werden. Beispiele zeigen, dass die Luftmengen in einer Größenordnung von 50 % gesenkt werden können.
- Durch den Übergang zu einer bedarfsgeführten Lüftungssteuerung mit VVS-Systemen (vgl. Kapitel 7.1): Als Führungsgrößen können die Raumtemperatur und die CO_2-Konzentration genutzt werden. Denkbar ist auch eine Fahrweise nach festem Zeitpunkt auf der Basis gemessener Besucherfrequentierungsprofile.

Beleuchtung

Da Anlagen mit hohen Beleuchtungsstärken und guter Farbwiedergabe für eine angemessene Warenpräsentation gefordert werden, verursacht in Verkaufsstätten neben der Klimatisierung eben auch die Beleuchtung einen hohen Elektroenergieverbrauch. Die Beleuchtungsanlage wird aus Marketinggründen oft auch tagsüber bei eigentlich ausreichend vorhandenem Tageslicht betrieben.

Die Beleuchtungsanlage wird in 2 Bereiche strukturiert:

- Allgemeinbereich (Verkehrsflächen sowie allgemeine Aufenthaltszonen für die Kunden)
- Verkaufsbereich

In den Allgemeinbereichen werden Hallen-Tiefstrahler verwendet, die entweder mit einer Indirektbeleuchtung oder mit einer Indirekt-/Direktbeleuchtung kombiniert werden.

Die Mall einer Einkaufspassage verbindet die Verkaufsflächen untereinander. Sie hat repräsentative Aufgaben und soll zum Verweilen einladen. Dementsprechend muss die Beleuchtung hier 2 Aufgaben erfüllen:

- Bereitstellung der benötigten Beleuchtungsstärke mit entsprechender Lichtqualität
- Erregung von Aufmerksamkeit durch entsprechende Effekt- und Werbebeleuchtungen (vgl. Abb. 2.31), die abhängig von den Ladenöffnungszeiten und zentralen Center-Vorgaben ein- und ausgeschaltet werden

Die Beleuchtung verursacht den größten Energiebedarf in Einkaufszentren. Durch den Übergang auf LED-Lampen und eine Verringerung der Beleuchtungsstärke kann dieser Energiebedarf bis auf 50 % reduziert werden. Das senkt gleichzeitig die inneren Wärmelasten deutlich.

Elektroinstallation

Zur Elektroinstallation gehören

- die Beleuchtung,
- Starkstromkreise,
- die sicherheitstechnischen Anlagen (Gefahrenmeldeanlagen, Sicherheitsbeleuchtung),
- Bussteuertechnik für die Gebäudeautomation,
- die Einspeisung der übrigen gebäudetechnischen Anlagen.

Die Installation wird getrennt zwischen den allgemeinen Bereichen und den einzelnen Mietbereichen ausgeführt, da jeder Mietbereich separat gegenüber dem Versorger abgerechnet wird. Bei der Anordnung der Installationen sind einerseits die erforderliche Flexibilität für häufig auftretende Umbauten und andererseits die Einhaltung des Brandschutzes zu beachten. Oft werden die Installationen in Zwischendeckenbereichen untergebracht, die einfach zugänglich sein müssen. Da häufig auch in den Fluren der Mall Verkaufsstände angeordnet werden sollen, muss auch dort eine flexible Elektroenergieversorgung möglich sein. Hier kommen Decken- und Fußbodenauslässe zur Anwendung.

2.8 Industrie- und Gewerbebauten

Die technische Ausstattung von Industrie- und Gewerbebauten wird in den meisten Fällen nicht durch den Energiebedarf des Gebäudes selbst, sondern durch die in diesem ablaufenden Produktionsprozesse geprägt. Obwohl Abwärmeströme mit hohem Energiegehalt zur Verfügung stehen, ist es technisch meistens sehr schwierig und kostspielig, diese für die Gebäudebeheizung zu nutzen.

Heizung

Gebäude mit vielen Maschinen haben aufgrund von deren Abwärme im Allgemeinen einen sehr geringen Heizwärmebedarf und benötigen demzufolge oft keine oder nur eine

Abb. 2.32: Gasstrahlungsheizung in einer 25 m hohen Industriehalle (rechts: Gas-Infrarot-Hellstrahler; Quelle: Fa. GEWEA)

Abb. 2.33: Gasstrahlungsheizung in einer niedrigen Industriehalle (rechts: Gas-Infrarot-Dunkelstrahler; Quelle: Fa. GEWEA)

punktuell wirksame Heizung. Die gesamte für Beleuchtung, Maschinenantriebe u. Ä. zugeführte Elektroenergie wird in Form von Wärme frei. Oftmals liegt ein Wärmeüberschuss vor, der im Sommer ggf. über die Lüftung abgeführt werden muss. Mitunter werden Gebäude auch mit Dampfheizungen versorgt, obwohl diese Versorgungsform sonst nicht mehr dem Stand der Technik entsprechen würde. Da in Industriebetrieben aber oft Dampf für technologische Zwecke erzeugt wird, ist dessen Nutzung für das Heizsystem dann eine vergleichsweise praktikable Lösung.

Die Wärmebereitstellung in Form von Dampf, Heißwasser oder Warmwasser erfolgt oft in separaten Heizwerken oder Heizkraftwerken (gleichzeitige Bereitstellung von Wärme und Strom).

Große Hallen werden sinnvollerweise mit Strahlungsheizungen ausgestattet. Dabei werden folgende Grundtypen unterschieden:

- Gasstrahlungsheizung:
  - Hellstrahler
  - Dunkelstrahler
- Heizwasser-Deckenstrahlungsheizung (vgl. Kapitel 6.8.2)

Hell- und Dunkelstrahler unterscheiden sich hinsichtlich der Strahlungstemperatur. Hellstrahler sind aufgrund der höheren Temperatur für hohe Hallen geeignet, Dunkelstrahler für entsprechend geringere Deckenhöhen (vgl. Abb. 2.32 und 2.33). Strahlungsheizungen sind insbesondere in großen Hallen eine energieeffiziente Alternative zur sonst üblichen Luftheizung, da aufgrund des Strahlungswärmeempfindens des Menschen mit niedrigeren Lufttemperaturen gearbeitet werden kann. Außerdem kann die Strahlungsheizung zonenweise konzipiert und so geregelt werden, dass immer nur die Aufenthaltsbereiche beaufschlagt werden. Dennoch werden viele Hallen auch mithilfe von Lufterhitzern (vgl. Kapitel 6.8.2) beheizt, was oft eine wirtschaftlich günstige Alternative darstellt.

Lüftung und Klimatisierung

Klimatisiert werden Industrie- und Gewerbebauten relativ selten, allerdings werden sie häufig mechanisch be- und entlüftet. Außerdem gibt es eine Reihe spezieller Lüftungsanlagen wie z. B. Maschinen- oder Arbeitsplatzabsaugungen.

Wasser, Abwasser, Sanitärtechnik und andere Medien

Wasser-/Abwassersysteme können in 2 Kategorien unterteilt sein:

- Prozesstechnik, d. h. die Nutzung von Brauchwasser für technologische Zwecke
- Sanitärtechnik, d. h. die Nutzung von Trinkwasser für die Beschäftigten (sanitäre Zwecke)

Daneben kommen in Industrie- und Gewerbebauten weitere Systeme wie Druckluftanlagen oder Versorgungsanlagen für technische Gase (z. B. Sauerstoff oder Stickstoff) zum Einsatz. Drucklufterzeuger können auch für die Wärmebereitstellung interessant sein, da die bei der Verdichtung entstehende Abwärme über Wärmeübertrager ausgekoppelt und in das jeweilige Heizsystem eingespeist werden kann.

Beleuchtung

In Industrie- und Gewerbebauten ist die Beleuchtung sehr stark abhängig von den unmittelbaren Aufgaben des Produktionsprozesses direkt an den verschiedenen Arbeitsplätzen. Produktionshallen werden mit einer Grundbeleuchtung versehen, wobei die Blendungsbegrenzung aufgrund der sehr hohen Anordnung zumeist einen geringen Stellenwert einnimmt. Die Beleuchtungsberechnung muss die Höhendifferenz gut berücksichtigen, was auch zur Anwendung von Abhängungen und speziellen Strahlungsleuchten führt. Punktuell werden Beleuchtungssysteme für Arbeitsbereiche oder auch Teilflächen eingesetzt.

Die Beleuchtung wird übergreifend an Hauptschaltstellen geschaltet, wobei eine Wächter- und Durchgangsbeleuchtung nicht zu vergessen ist.

Kommen rotierende Arbeitsmittel zum Einsatz, ist auf den Stroboskopeffekt von Leuchtmitteln zu achten, um Unfälle und gesundheitliche Schäden der Augen zu vermeiden. Als Stroboskopeffekt wird der scheinbar verlangsamte Ablauf von solchen periodischen Prozessen bezeichnet, die zu regelmäßig aufeinanderfolgenden Zeitintervallen beleuchtet werden. Aufgrund des Stroboskopeffekts werden z. B. sich bewegende Maschinenteile verändert wahrgenommen.

Elektroinstallation

Im Regelfall sind die Produktionsanlagen die elektrischen Hauptverbraucher. Dagegen spielen Gebäude meistens eine untergeordnete Rolle. Die Netzanschlüsse erfolgen oft auf Mittelspannungs- oder Hochspannungsebenen. Je nach territorialer Ausdehnung der Betriebe werden die Transformatorstationen auf dem Gelände angeordnet, um möglichst kurze Niederspannungsverbindungsstrecken zu erreichen.

Die Verkabelung erfolgt sehr häufig offen liegend, wobei zentrale Trassenbereiche zu den Hauptverteilerbereichen geführt werden.

Neben dem allgemeinen Versorgungsnetz sind sicherheitsrelevante Einrichtungen gemäß Baurecht der Länder zu beachten (Sicherheitsbeleuchtung, Brandmeldeanlage, Entrauchung usw.). Zusätzlich kann es erweiterte Anforderungen aus Sicht der Produktion geben. Durch eine redundante Versorgung können Produktionsausfälle mit hohen Folgekosten vermieden werden. Hierzu können die elektrischen und schwachstromtechnischen Netze einerseits redundant aufgebaut werden (Umschaltung bei Ausfällen), andererseits können Ersatzstromversorgungsanlagen bei einem Netzausfall den Weiterbetrieb übernehmen.

2.9 Sakralbauten

Kirchen sind oft Gebäude, die seit vielen Jahrhunderten weitestgehend ohne spezielle gebäudetechnische Systeme ihrem Zweck entsprechend genutzt werden. Ungeachtet dessen werden heute hin und wieder elektrische Sitzheizungen oder Strahlungsheizungen vorgesehen. Abb. 2.34 zeigt beispielhaft ein solches System. Aufgrund der kurzen Benutzungszeiten sind Elektroheizungen hier sinnvoll, da alle anderen Heizsysteme zu sehr hohen Investitionszahlungen führen würden. Dennoch gibt es z. B. auch Kirchen mit Warmluftheizungen.

Die Anforderungen der Elektrotechnik beschränken sich auf einfache Grundinstallationen. Es werden häufig abgehängte Leuchten mit überwiegend indirektem Licht und dazu einzelne Strahler zur Beleuchtung spezieller Objekte verwendet.

Abb. 2.34: Strahlungsheizung in einer Kirche (Quelle: Fa. GEWEA)

2.10 Krankenhäuser

Die technische Ausrüstung von Krankenhäusern kann je nach medizinischem Hauptzweck sehr unterschiedlich sein. So steht einer psychiatrischen Klinik mit eher geringen technischen Anforderungen die Universitätsklinik mit ausgedehnten OP- und Behandlungsbereichen gegenüber.

Heizung

Die Heizungsanlage eines Krankenhauses unterscheidet sich nicht wesentlich von den Anlagen in anderen Gebäudearten. Da die Objekte in der Regel relativ groß sind und oft aus mehreren Gebäuden bestehen, sind hier Anlagen mit vergleichsweise großer Leistung anzutreffen. Bei mehreren Gebäuden werden Nahwärmenetze verwendet, die aus einer Heizzentrale in einem der Gebäude oder einem separaten Heizhaus versorgt werden.

Aufgrund des durchgängigen Grundlastbedarfs von Krankenhäusern eignen diese sich oft sehr gut für die Anwendung von KWK-Anlagen.

Die Heizkreiseinteilung sollte sich strikt an den Raumnutzungsarten orientieren. Räume mit zeitlich gleicher Nutzung sollten zu Heizkreisen zusammengefasst werden, um einen effektiven Absenkbetrieb realisieren zu können. So hat die Verwaltung andere Nutzungszeiten als die Behandlungsbereiche oder die Patientenzimmer. Außerdem gibt es eine Reihe untergeordneter Räume (Lagerräume, Flure, Garagen u. a.), die mit niedrigeren Temperaturen versorgt werden können.

Die Heizflächen in den Räumen der Verwaltung können analog zu denen in Büro- und Verwaltungsgebäuden ausgewählt werden. Überwiegend kommen Standard-Plattenheizkörper zum Einsatz. In den medizinischen Bereichen sollte auf gute Reinigungseigenschaften geachtet werden.

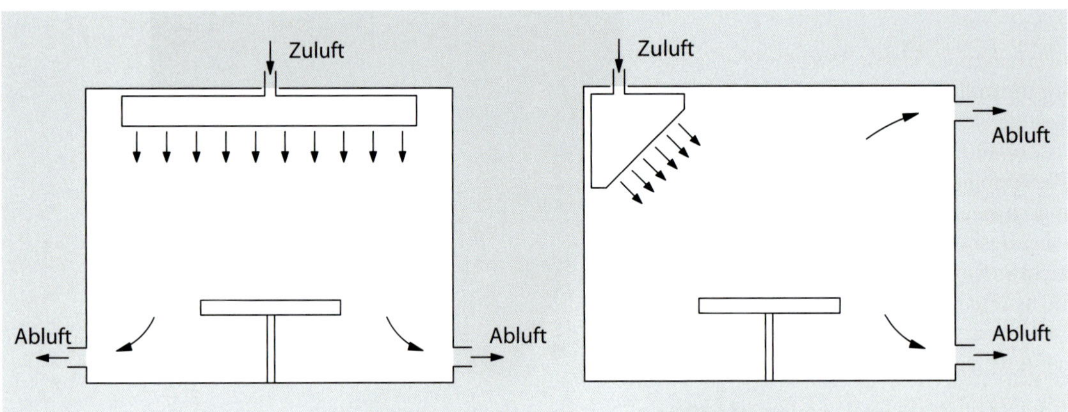

Abb. 2.35: Grundprinzip der Luftführung in OP-Sälen

Deshalb empfiehlt sich der Einsatz von Röhrenradiatoren bzw. Gliederheizkörpern (vgl. Kapitel 6.6.2).

Lüftung und Klimatisierung

Die lüftungs- und klimatechnische Ausstattung von Krankenhäusern ist nach den anzutreffenden Raumarten zu strukturieren. Hier sind folgende Raumklassen relevant:

- OP-Räume
- Patientenräume
- Behandlungs- und Therapiebereiche
- Verwaltungsbereich

Eine deutlich differenziertere Einteilung der Raumbereiche und deren lüftungstechnischer Anforderungen ist in der für Krankenhäuser grundlegenden DIN 1946-4 zu finden.

OP-Räume

In OP-Räumen sind komplexe Lüftungs- und Klimaanlagen in der Regel unentbehrlich. Neben der thermischen Behaglichkeit für das behandelnde Personal muss vor allem eine ausreichende Keimfreiheit gewährleistet werden. Außerdem muss die Ausbreitung von Keimen, Narkosemitteln und schädlichen Stoffen in andere Räume verhindert werden. Die Zuluft wird über sog. OP-Decken zugeführt. Diese sind so gestaltet und angeordnet, dass die Luft mit sehr geringer Geschwindigkeit und ohne Verwirbelungen in den unmittelbaren Operationsbereich gelangt. Dabei wird die Luft mehrfach gefiltert. Die Abluft wird im Bodenbereich abgesaugt (vgl. Abb. 2.35 links). Eine andere Lösung sind Schrägschirmdecken in Verbindung mit einer seitlichen Luftabsaugung, wobei eine Mischströmung anstelle der turbulenzarmen Verdrängungsströmung entsteht (vgl. Abb. 2.35 rechts). Darüber hinaus gibt es eine Vielzahl weiterer Gestaltungsmöglichkeiten der Lüftungsanlage, die den jeweiligen medizinischen Anforderungen entsprechend zur Anwendung kommen.

Patientenräume

Raumlufttechnische Anlagen sind für die Intensivstation sowie für Bettenräume mit infektionsgefährdenden bzw. infektionsgefährdeten Patienten erforderlich. Für die Intensivstation ist außerdem eine gleichmäßige Raumtemperatur zu gewährleisten. Die übrigen Patientenräume müssen nur bei erhöhten Komfortanforderungen mit Lüftungs- und Klimaanlagen ausgestattet werden.

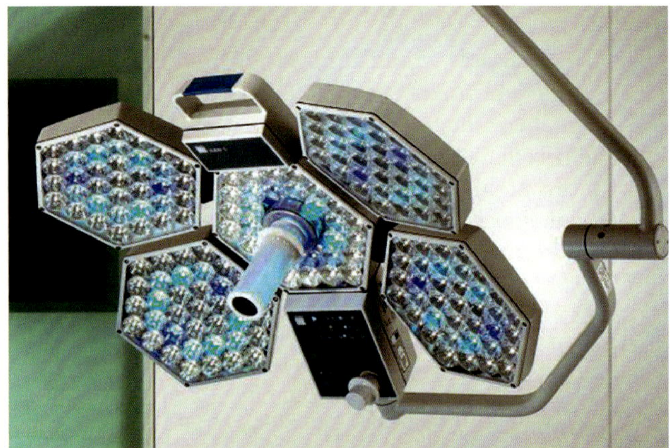

Abb. 2.36: OP-Leuchte (Quelle: Trumpf Medizin Systeme)

Behandlungs- und Therapiebereiche

Für die Räume im unmittelbaren Umfeld der OP-Säle gelten ähnlich hohe Anforderungen wie im OP-Bereich selbst, weshalb hier ebenfalls spezielle raumlufttechnische Anlagen erforderlich sind. Außerdem sind für Eingriffsräume, Untersuchungsräume bzw. Räume der Strahlentherapie und Röntgendiagnostik oft entsprechende Lüftungsanlagen erforderlich.

Verwaltungsbereich

Für diese Räume sind im Allgemeinen keine Lüftungs- und Klimaanlagen erforderlich.

Wasser, Abwasser und Sanitärtechnik

In jedem Patientenzimmer ist eine Nasszelle vorzusehen. Diese sollte eine Dusche, ein WC und ein Waschbecken enthalten. Ein Großteil des Wasserbedarfs entsteht in den Patientenzimmern.

Darüber hinaus gibt es im Krankenhaus umfangreiche sanitärtechnische Einrichtungen mit entsprechendem Wasserbedarf in den folgenden Bereichen (vgl. dazu ausführlich Feurich/Kühl, 2011):

- Patientenpflege
- OP- und Behandlungsbereich
- gynäkologische Abteilungen
- pathologische Institute
- Laboreinrichtungen
- physikalische Therapieeinrichtungen

Außerdem besteht Wasserbedarf im Wirtschaftsbereich für die Küche und ggf. für die Wäscherei.

Die Warmwasserbereitungsanlagen sind entsprechend dem hohen Bedarf vergleichsweise umfangreich. Besondere Aufmerksamkeit ist der Legionellenproblematik zu schenken, da einerseits Patienten aufgrund ihres Zustands eine besonders hohe Disposition zur Erkrankung haben und andererseits aufgrund des vielfältigen Umgangs mit warmem Wasser sehr viele Kontaminationsmöglichkeiten bestehen.

Beleuchtung

Die OP-Leuchten (vgl. Abb. 2.36) haben eine besonders hohe Lichtstärke bei gleichzeitig effektiver Blendungsbegrenzung. Sie werden autark mit unterbrechungsfreier Stromversorgung installiert. Trotz der eigenen Batterie sind OP-Leuchten zusätzlich mit Notstrom zu versorgen, um auch im Notfall einen längeren Betrieb gewährleisten zu können.

Patientenzimmer erhalten abgeblendete Einzelleuchten pro Bett für die individuelle Nutzung sowie eine zuschaltbare Allgemeinbeleuchtung, deren Beleuchtungsstärke auch für kleinere Untersuchungen ausreichend sein muss.

Elektroinstallation

Bei der Elektroinstallation in Krankenhäusern sind folgende Anforderungen zu beachten:

- Gewährleistung eines umfassenden Schutzes bei direktem und indirektem Berühren, was aufwendige Netzarten erforderlich macht (teilweise Netzart IT erforderlich, vgl. Kapitel 11.4.1)
- Gewährleistung einer sehr hohen Versorgungssicherheit insbesondere für die Behandlungs- und Pflegebereiche, wozu eine aufwendige Sicherheitsstromversorgung notwendig ist
- hohe Hygieneanforderungen

Grundsätzlich erfolgt eine Einteilung der Räume in die Anwendungsgruppen. Gebäude bzw. Gebäudeteile mit höherer Versorgungssicherheit sind über 2 unabhängige Netze einzuspeisen (AV-Netz und SV-Netz [AV: Allgemeinstromversorgung; SV: Sicherheitsstromversorgung]). Beide Netze stehen für eine Versorgung in den betreffenden Gebäuden permanent zur Verfügung. Die Umschaltung auf zentrale Notstromversorgung erfolgt an den Einspeisungen der Netze bei Ausfall der allgemeinen Stromversorgung. Weiterhin erfolgt unmittelbar am jeweiligen Gebäude eine Umschaltung auf die Einspeisung aus dem Sicherheitsstromversorgungsnetz, wenn die Leitung der allgemeinen Versorgung ausfällt. Im Zusammenhang damit müssen die Versorgungsleitungen auch getrennt voneinander verlegt werden, um die Wahrscheinlichkeit eines gleichzeitigen Ausfalls zu begrenzen. Auch die AV- und SV-Netze im Gebäude sind brandschutztechnisch getrennt voneinander zu verlegen.

Patientenversorgung

Grundsätzlich kommen Installationssysteme am Patientenbett und im Behandlungsbereich zur Anwendung, die Starkstrom, Informationstechnik und technische Gase vereinen (vgl. Abb. 2.37).

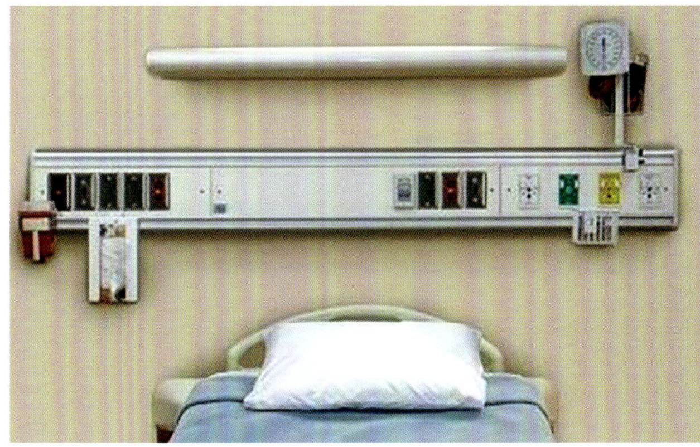

Abb. 2.37: Installationen im Bereich eines Patientenbettes (Quelle: Amico Corporation)

Informations-, Kommunikations- und Automatisationstechnik

Folgende Anlagen sind in Krankenhäusern zu finden:

- Brandmeldeanlagen
- Zugangskontrollanlagen
- akustische Warn- und Rufanlagen
- visuelle Leitsysteme

Außerdem sind aufgrund der komplexen gebäudetechnischen Ausstattung Gebäudeautomationsanlagen sehr sinnvoll. Diese Anlagen haben folgende Aufgaben:

- zentrale Steuerung der gebäudetechnischen Anlagen unter Beachtung ihres Zusammenwirkens
- Generierung, Erfassung, Darstellung und Weiterleitung von Betriebs- und Störmeldungen

Dabei gibt es die folgenden Ziele:

- optimale Fahrweise der technischen Anlagen, d. h. Realisierung eines möglichst geringen Energieverbrauchs
- Absicherung der Behaglichkeitskriterien im Raum
- Zurückdrängen von möglicherweise störenden Nutzereinflüssen
- Erhöhung der Verfügbarkeit durch schnelle Reaktion auf Störmeldungen

Die Gebäudeautomation ermöglicht komplexe Steuer- und Optimierungsfunktionen, die bei herkömmlicher Regelung nicht oder nur mit unverhältnismäßig hohem Aufwand realisiert werden können.

2.11 Gebäude für Sport und Freizeit

2.11.1 Sporthallen

Heizung

Die Beheizung erfolgt zum einen über statische Heizflächen (Heizkörper oder Flächenheizsysteme) und zum anderen über die Lüftungsanlage. Abb. 6.87 zeigt eine sog. Sportbodenheizung, bei der die Fußbodenheizung im Luftraum unterhalb der Fußbodenkonstruktion angeordnet wird.

Lüftung und Klimatisierung

Häufig werden Sporthallen mechanisch be- und entlüftet. Nach DIN 18032-1 eignet sich am besten eine sog. Umkehrlüftung (Strahllüftung), bei der die Luft in ca. 2,5 m Höhe mit einem weit reichenden Strahl eingebracht und auf der

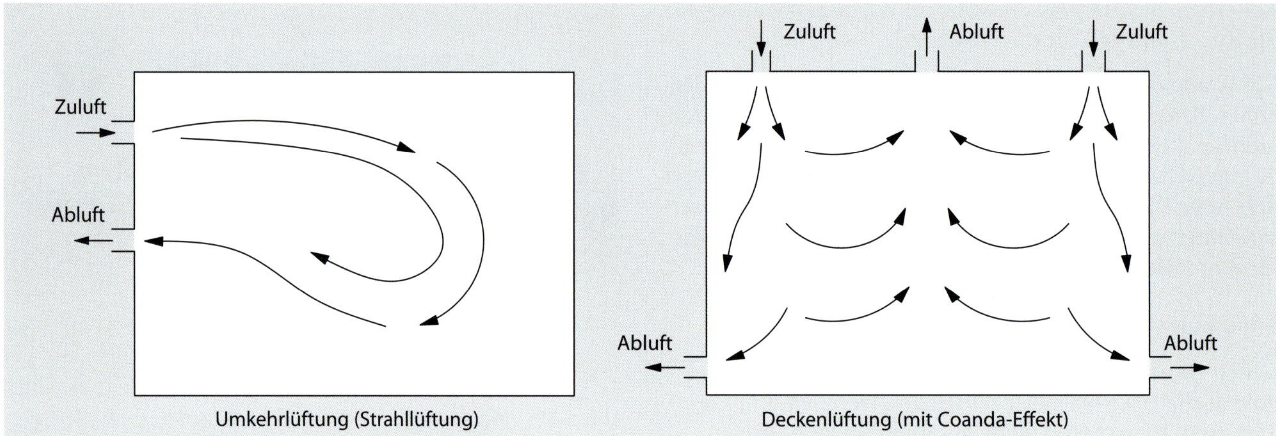

Abb. 2.38: Grundprinzipien bei der Sporthallenlüftung

Abb. 2.39: Heizung und Lüftung in einer denkmalgeschützten Sporthalle (Quelle: FWU Ingenieurbüro GmbH)

gleichen Seite im Bodenbereich wieder abgesaugt wird (vgl. Abb. 2.38 links). Sinnvoll ist auch eine Deckenlüftung mit dem sog. Coanda-Effekt (vgl. Abb. 2.38 rechts). Die Luft wird hier im seitlichen Deckenbereich eingebracht, wodurch sich der Strahl an der Wand anlegt. Die Abluftansaugung erfolgt dann teilweise im unteren Hallenbereich und teilweise im Deckenbereich.

Beispiel: Neugestaltung Heiz- und Lüftungssystem

Im Rahmen einer umfassenden energetischen Sanierung wurde das Heiz- und Lüftungssystem für eine Sporthalle neu gestaltet. Ursprünglich war die Halle mit Lüftungsanlagen ausgerüstet, die der Außenluftversorgung dienten und über die auch geheizt wurde. Dieses Luftheizungssystem war aufgrund der großen umzuwälzenden Luftmengen energetisch sehr ineffizient und sollte ausgetauscht werden. Im neuen Konzept wurden die Heizungs- und Lüftungsfunktion getrennt, wodurch die Luftmenge auf den hygienisch erforderlichen Luftwechsel beschränkt werden konnte. Die Luft wird nun über spezielle Auslässe im Fußboden laminar zugeführt und es bildet sich eine stabile bodennahe Frischluftschicht aus. Diese geht erst unter Einwirkung von Wärmequellen in eine vertikale Strömung über. Als Wärmequellen wirken hier Sportler und die aufgrund der verwendeten Deckenstrahlungsheizung etwas höhere Oberflächentemperatur des Fußbodens. Bei dieser als Quelllüftung bezeichneten Lüftungsart wird ausschließlich der Aufenthaltsbereich temperiert bzw. klimatisiert. Die Luft oberhalb des Aufenthaltsbereiches wird nicht konditioniert.

Der Transmissionswärmebedarf der Halle wird durch eine Strahlungsheizung gedeckt. So wird Folgendes erreicht:

- steiles vertikales Temperaturprofil mit wenig Übertemperatur an der Hallendecke
- höhere Empfindungstemperatur aufgrund der Strahlungswärme (1 bis 2 K über herkömmlichen Heizflächen mit Konvektionsanteil)

Eine besonders gute Wärmeverteilung wird mit grafitgebetteten Heizflächen erzielt (Deckenstrahlplatte in Abb. 2.39). Durch die leichte Übertemperatur der angestrahlten Bodenfläche wird außerdem die Luftverteilung vergleichmäßigt.

Abb. 2.40a und b: Beleuchtung Sporthalle (Quelle: Mila Hacke, Berlin)

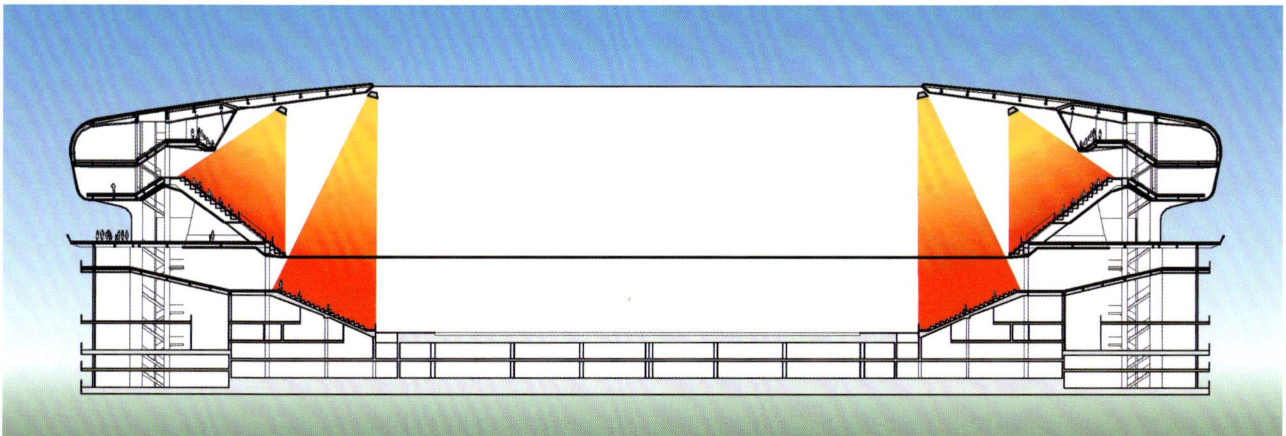

Abb. 2.41: Prinzip der Gas-Strahlungsheizung in einem Stadion (Quelle: Fa. Schwank, Köln)

Wasser, Abwasser und Sanitärtechnik

Bei Sporthallen müssen auch die Umkleide- und Sanitärräume haustechnisch versorgt werden. Die Umkleideräume werden mit Heizkörpern beheizt, wobei aus Gründen der besseren Reinigungsfähigkeit Röhren- oder Gliederheizkörper zu bevorzugen sind. Zum Duschen und Waschen werden entsprechende Warmwassermengen benötigt. Diese werden in der Regel mit Speichersystemen bereitgestellt, wobei diese jeweils für den Spitzenbedarf eines Nutzungszyklus ausgelegt werden.

Beleuchtung

Die Beleuchtung orientiert sich in Sporthallen an der Deckengestaltung. Grundsätzlich ist eine gleichmäßige Ausleuchtung erforderlich, weswegen zumeist eine Anordnung von Reflektor-Leuchtstofflampen oder Tiefstrahlern infrage kommt. Die Leuchten selbst sind ballwurfsicher (bruchsicher) zu gestalten und es ist auch darauf zu achten, dass Bälle nicht auf der Leuchte liegen bleiben können.

Die Sicherheitsbeleuchtung leuchtet im Evakuierungsfall sowohl die Tribünenbereiche als auch alle Fluchtwege aus.

Abb. 2.40a und b zeigt ballwurfsichere Leuchten, die blendfrei das Spielfeld ausleuchten. Im rechten Teil der Abbildung ist auch die installierte Deckenstrahlungsheizung gut zu erkennen.

Elektroinstallation

Die Elektroinstallation ist einfach gehalten und wird in der Halle selbst oft offen auf Kabeltrassen verlegt. Eine Trennung der Allgemeinstromversorgung (AV) und der Sicherheitsstromversorgung (SV) ist auch hier zu beachten. In den Dusch- und Umkleideräumen sind die Elektroinstallationen und die Beleuchtungsanlage mit einer erhöhten Schutzart hinsichtlich des Wasser- und Feuchteschutzes auszustatten.

2.11.2 Stadien

Im Zusammenhang mit Stadien sind folgende gebäudetechnische Schwerpunkte zu nennen:

- Umkleide- und Vorbereitungsräume
- gastronomische Einrichtungen
- öffentliche Sanitärräume
- Beheizung von Zuschauerbereichen

Heizung

Die Beheizung der Umkleide- und Vorbereitungsräume, der gastronomischen Einrichtungen sowie der Sanitärräume erfolgt standardgemäß über geschlossene Pumpenwarmwasserheizungen. In den Sanitärbereichen sollten gut zu reinigende Heizkörper eingesetzt werden.

Abb. 2.42a und b: Installationsbeispiel für eine Gas-Strahlungsheizung in einem Fußballstadion (Quelle: Fa. Schwank, Köln)

Zuschauertribünen können mithilfe von Gas-Strahlungsheizungen beheizt werden (auch als Infrarotheizungen bezeichnet; vgl. Abb. 2.41 und 2.42a und b). In einem Stadion bietet eine Gas-Strahlungsheizung folgende Vorteile:

- Zuschauerplätze mit hohem Komfortniveau
- homogenes, angenehmes thermisches Klima im Sitzbereich
- hohe Energieeffizienz aufgrund der Strahlungswärmeübertragung und der Möglichkeit, je nach Bedarf nur Teilflächen zu beaufschlagen (effektive Zonenregelung)
- einfache und platzsparende Installation

Wasser, Abwasser und Sanitärtechnik

Die Wasserversorgung und die Abwasserentsorgung der öffentlichen Sanitärbereiche stellen aufgrund der ausgeprägten Nutzung überwiegend nur zu Stoßzeiten (Halbzeitpause, Wettkampfende) eine große planerische Herausforderung dar. Die Nutzungsweise führt zu sehr hohen Spitzenvolumenströmen und in der Folge zu großen Strömungsquerschnitten. Die hydraulische Auslegung muss demzufolge sehr sorgfältig und detailliert erfolgen, um diesen Aspekt technisch beherrschen zu können.

Abb. 2.43: Stadienbeleuchtung (Quelle: EGU Berlin)

Beleuchtung

Traditionell wurde die Beleuchtung über 4 große Masten an den Ecken des Stadions realisiert. Damit wurde sowohl das Spielfeld als auch die Zuschauerbühne beleuchtet. Heute werden Stadien überwiegend ganz oder teilweise überdacht. Die Leuchten (Strahler mit hoher Leuchtkraft) werden an der inneren Konstruktion bis weit über das Spielfeld positioniert (vgl. Abb. 2.43). Die Ausleuchtung ist dadurch gleichmäßiger und die Schattenwürfe sind sehr viel geringer als in der Vergangenheit.

Außerdem werden heute Effektbeleuchtungen installiert, die vor allem von außen sichtbar sein sollen.

Elektroinstallation

Aufgrund der den Bedarf dominierenden Beleuchtung in einem Stadion ist hier vor allem der kurzzeitig sehr hohe Leistungsbedarf während der Sportveranstaltung kennzeichnend. In vielen anderen Gebäuden ist im Regelfall immer nur ein Teil der Beleuchtung in Betrieb, wodurch sich der Leistungsbedarf reduziert. Der hohe Leistungsbedarf im Stadion führt demzufolge zu einer sehr aufwendigen und vergleichsweise teuren Installation.

Die Einspeisung erfolgt aus dem Mittelspannungsnetz über eine oder mehrere Trafostationen. Außerdem sind umfangreiche Sicherheitsstromversorgungseinrichtungen erforderlich, da der Ausfall der Stadienbeleuchtung zu Panik führen kann. Die Notstromaggregate laufen während der Veranstaltungen permanent mit, um den hohen Leistungsbedarf der notstromberechtigten Verbraucher und eine unterbrechungsfreie Umschaltung abzusichern. Versorgt werden in diesem Fall alle Sicherheitseinrichtungen, aber auch die Fernsehübertragung und die Flutlichtanlage.

2.11.3 Schwimmhallen

Heizung, Lüftung und Klimatisierung

Schwimmhallen benötigen eine Lüftungsanlage, über die der Beckenbereich beheizt wird. Ein Teil der Wärme kann zusätzlich über statische Heizflächen zugeführt werden. Die

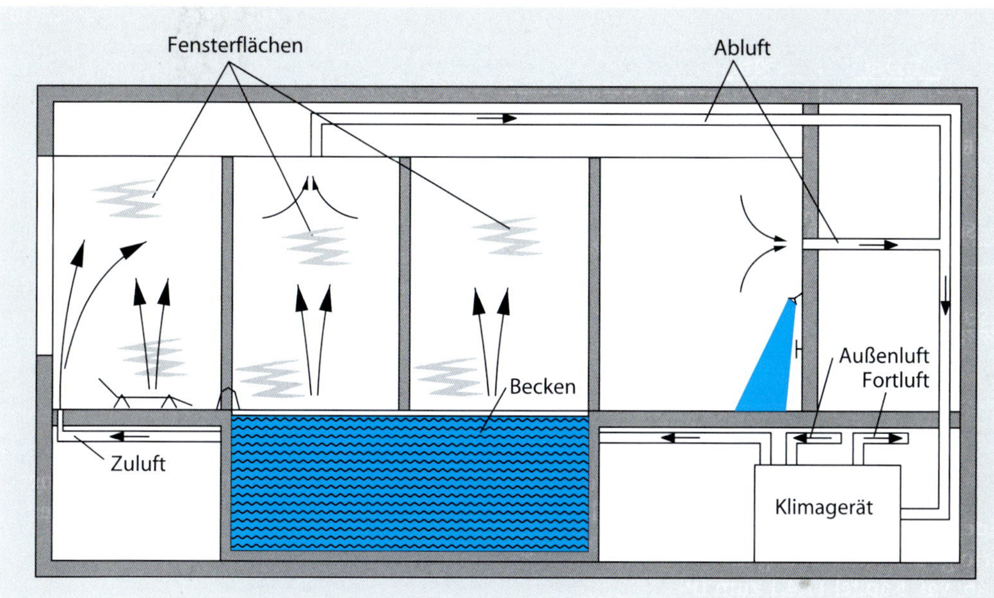

Abb. 2.44: Luftführung in Schwimmhallen

Lüftungsanlage muss die Feuchtelast infolge der Verdunstung über der Wasseroberfläche abführen (vgl. Abb. 2.44). Der Einsatz einer Wärmerückgewinnung ist zu empfehlen. Alle Anlagenteile der Lüftungsanlage müssen aufgrund der Korrosivität des chlorhaltigen Wassers besonders geschützt werden (Verwendung von Kunststoff oder Beschichtung von metallischen Flächen).

Für die Umkleidebereiche wird eine separate Lüftungsanlage vorgesehen.

Wasser, Abwasser und Sanitärtechnik

Die Wasserversorgung erfolgt im Regelfall aus dem öffentlichen Netz, ggf. über eine Eigenwasserversorgung.

Schwimmbäder sind mit einer umfangreichen Wasseraufbereitung ausgestattet. Außerdem gibt es relativ große Warmwasserbereitungsanlagen. Deren Auslegung muss unter Beachtung einer vergleichsweise hohen Dauerentnahme erfolgen. In Erlebnisbädern gibt es außerdem eine Reihe von Pumpenanlagen, mit deren Hilfe verschiedene Wasserspieleffekte erzeugt werden können.

Die Abwasserentsorgung erfolgt in das öffentliche Schmutzwassersystem. Möglicherweise muss das anfallende Schlammwasser gesondert aufbereitet werden. Außerdem kann es sein, dass große Spülwassermengen nur zeitversetzt in das Netz geleitet werden dürfen. Für diese wäre dann ein Zwischenbehälter vorzusehen.

Für die sanitärtechnische Ausstattung wird in der VDI-Richtlinie 2089-1 Folgendes empfohlen:

- Ausführung aller Ausstattungsgenstände in Chrom-Nickel-Stahl
- abrollsichere Toilettenpapierhalter
- Metallspiegel
- bauliche Ablagen
- sensorgesteuerte Armaturen
- fest stehende Duschköpfe

Abb. 2.45: Schwimmhalle mit seitlich angeordneten Strahlern (Quelle: EGU Berlin)

- Urinale mit zwangsweiser Spülung nach jeder Nutzung
- wandhängende Ausstattungsgegenstände (z. B. Sanitärobjekte)

Beleuchtung

Die Leuchten in den Räumen mit Schwimmbecken müssen folgenden Kriterien genügen:

- ausreichende Ausleuchtung mit angenehmer Lichtfarbe
- gute Revisionierbarkeit (möglichst nicht direkt über dem Schwimmbecken, vgl. Abb. 2.45)
- ausreichender Schutz gegen das Eindringen von Wasser
- chemische Beständigkeit (Chlordämpfe)
- Druckwasserfestigkeit bei Unterwasserleuchten

Die Schaltung der Beleuchtung erfolgt zentral, eventuell tageslichtgesteuert. Auch hier sind Sicherheitsleuchten vorzusehen, die ein Verlassen des Beckens bei Ausfall der Beleuchtung ermöglichen.

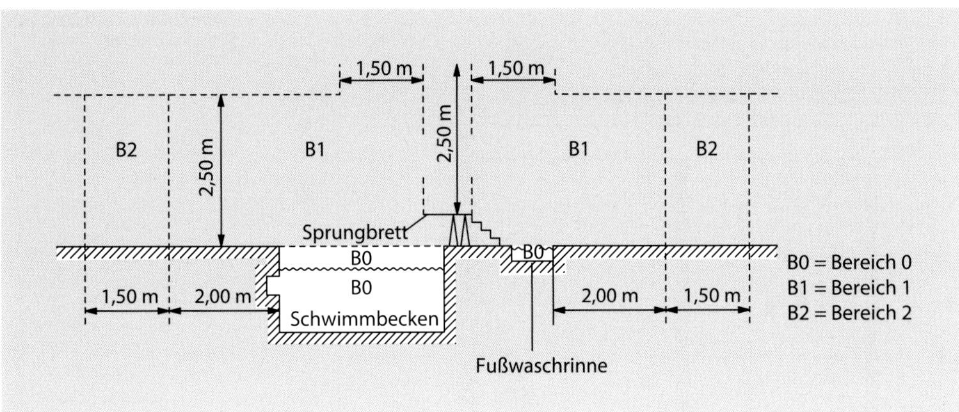

Abb. 2.46: Schutzbereiche für Schwimmbecken

Elektroinstallation

Die Installation in Hallenbädern wird von einer restriktiven Schutztechnik geprägt. Es erfolgt die Unterteilung in Schutzbereiche (vgl. Abb. 2.46; vgl. Kapitel 11.4.1 zum IP-Code):

- Bereich 0 – Pool: Hier sind nur zugelassene Unterwasserscheinwerfer IP 68 verwendbar.
- Bereich 1 – unmittelbare Umgebung um den Pool mit einer Entfernung von bis zu 2 m umlaufend und einer Höhe von 2,5 m: Die Höhe passt sich bei vorhandenen Türmen und Sprungbrettern nach oben an (seitliche Anpassung dabei 1,5 m). Hier sind nur Geräte mit IP X5, im Privatbereich mit IP X4 zugelassen.
- Bereich 2 – ab Grenze Bereich 1 bis weitere umlaufende 1,5 m (also 3,5 m vom Beckenrand), Höhe verbleibend bei 2,5 m: Hier können theoretisch Installationselemente mit Schutzart IP X2 verbaut werden. Praktisch müssen diese aber aus hygienischer und arbeitstechnischer Sicht strahlwassergereinigt werden, wodurch die notwendige Schutzart für den gesamten Bereich der Schwimmhalle wieder auf IP X5 steigen würde.

2.12 Normen- und Literaturverzeichnis

Normen

DIN 1946-4:2018-09 Raumlufttechnik – Teil 4: Raumlufttechnische Anlagen in Gebäuden und Räumen des Gesundheitswesens

DIN 1946-6:2019-12 Raumlufttechnik – Teil 6: Lüftung von Wohnungen – Allgemeine Anforderungen, Anforderungen an die Auslegung, Ausführung, Inbetriebnahme und Übergabe sowie Instandhaltung

DIN 18032-1:2014-11 Sporthallen – Hallen und Räume für Sport und Mehrzwecknutzung – Teil 1: Grundsätze für die Planung

DIN V 18599-2:2018-09 Energetische Bewertung von Gebäuden – Berechnung des Nutz-, End- und Primärenergiebedarfs für Heizung, Kühlung, Lüftung, Trinkwarmwasser und Beleuchtung – Teil 2: Nutzenergiebedarf für Heizen und Kühlen von Gebäudezonen

DIN V 18599-6:2018-09 Energetische Bewertung von Gebäuden – Berechnung des Nutz-, End- und Primärenergiebedarfs für Heizung, Kühlung, Lüftung, Trinkwarmwasser und Beleuchtung – Teil 6: Endenergiebedarf von Lüftungsanlagen, Luftheizungsanlagen und Kühlsystemen für den Wohnungsbau

Literatur

BINE Informationsdienst profiinfo II/00 – Energieeffiziente Bürogebäude. Eggenstein-Leopoldshafen: Fachinformationszentrum Karlsruhe, 2000

Bohne, D.: Anwendung verschiedener LowEx-Systeme in Handelsimmobilien. In: Krimmling, J.; Landgraf, B: Tagungsband 3. Energietechnisches Symposium. Innovative Lösungen beim Einsatz erneuerbarer Energien in Nichtwohngebäuden. Stuttgart: Steinbeis-Edition, 2011, S. 75 bis 90

Der Technische Leitfaden Ladeinfrastruktur Elektromobilität. Version 3 [online]. Berlin: Bundesverband der Energie und Wasserwirtschaft e. V. (BDEW), 2020. Internet: https://www.vde.com/resource/blob/988408/ca81c83d2549a5e89a4f63bbd29e80c6/technischer-leitfaden-ladeinfrastruktur-elektromobilitaet---version-3-1-data.pdf [Zugriff: 24.07.2021]

Feurich, H.; Kühl, L.: Sanitärtechnik. 10. Aufl. Düsseldorf: Krammer Verlag, 2011

Freyer, U.: Vielfalt nur mit modernen Kabelverbindungen. In: IVV Immobilien vermieten & verwalten 5/2012, S. 34 bis 35

ifBOR BZK:2007-10 Bauwerkszuordnungskatalog. Mainz: ifBOR – Institute for Building Operations Research, 2007

Krimmling, J.: Bestimmung von Primärenergiefaktoren. In: BWK Bd. 64 (2012) Nr. 6, S. 48 bis 51

Krimmling, J.: Erneuerbare Energien. Einsatzmöglichkeiten – Technologien – Wirtschaftlichkeit. 1. Aufl. Köln: Verlagsgesellschaft Rudolf Müller, 2009

Krimmling, J; Grötzschel, J: Passivhausbauweise bei Nichtwohngebäuden. Energetische und wirtschaftliche Bewertung auf der Basis eines Monitoringprojektes. In: HLH Bd. 62 (2011) Nr. 1, S. 48 bis 52

licht.wissen 02 – Besser lernen mit gutem Licht. Frankfurt a. M.: Fördergemeinschaft Gutes Licht, 2012

Neufert, E.: Bauentwurfslehre. Wiesbaden: Verlag Vieweg und Teubner, 2009

Schramek, E.-R.: Taschenbuch für Heizung und Klimatechnik. 75. Aufl. München: Oldenbourg Industrieverlag, 2011

Sommer, A.-W.: Passivhäuser. Planung – Konstruktion – Details – Beispiele. 2. Aufl. Köln: Verlagsgesellschaft Rudolf Müller, 2011

VDI 2067 Blatt 1:2012-09 Wirtschaftlichkeit gebäudetechnischer Anlagen – Grundlagen und Kostenberechnung. Düsseldorf: Verein Deutscher Ingenieure, 2012

VDI 2082:2010-07 Raumlufttechnik – Verkaufsstätten (VDI-Lüftungsregeln). Düsseldorf: Verein Deutscher Ingenieure, 2010

VDI 2089 Blatt 1:2010-01 Technische Gebäudeausrüstung von Schwimmbädern – Hallenbäder. Düsseldorf: Verein Deutscher Ingenieure, 2010

VDI 6000 Blatt 2:2007-11 Ausstattung von und mit Sanitärräumen – Arbeitsstätten und Arbeitsplätze. Düsseldorf: Verein Deutscher Ingenieure, 2007

VDI 6000 Blatt 3:2011-06 Ausstattung von und mit Sanitärräumen – Versammlungsstätten und Versammlungsräume. Düsseldorf: Verein Deutscher Ingenieure, 2011

VDI 6000 Blatt 4:2006-11 Ausstattung von und mit Sanitärräumen – Hotelzimmer. Düsseldorf: Verein Deutscher Ingenieure, 2006

3 Integration der Technik in den Baukörper

3.1 Kanal- und Leitungsnetze

Kanal- und Leitungsnetze sind das Bindeglied zwischen der Energie- und Medienbereitstellung sowie der Energie- und Medienanwendung im einzelnen Raum. Ihre Gestaltung hat Einfluss auf:

- die Flexibilitätseigenschaften des Gebäudes, vor allem im Hinblick auf die Änderung von Raumstrukturen,
- die verursachergerechte Abrechnung des Energie- und Medienverbrauchs, indem die Netze nach Möglichkeit so strukturiert werden, dass die Verbräuche zweifelsfrei zugeordnet werden können,
- den Energieverbrauch des Gebäudes, da elektrische Energie für die Umwälzung der Energieträger (Wasser oder Luft) verwendet wird und in Abhängigkeit des gewählten Dämmstandards Wärme- oder Kälteverluste (vgl. Kapitel 3.6) auftreten.

3.1.1 Netzstrukturen

Die Anordnung von Netzen im Gebäude (Rohrleitungen, Kabel, Lüftungskanäle) richtet sich nach:

- der Nutzungsart des Gebäudes (z. B. Wohngebäude, Bürogebäude),
- der Anzahl und Art von Nutzungseinheiten (z. B. Einfamilienhaus, Mehrfamilienhaus, Bürogebäude mit mehreren Mietbereichen),
- Flexibilitätsanforderungen (z. B. häufige Umgestaltung von Nutzungsbereichen bzw. generell zu erwartende Nutzungsänderungen),
- baukonstruktiven Gegebenheiten (z. B. Anordnung von Zwischendecken, tragende Bauteile, Fußbodenaufbau),
- brandschutztechnischen Aspekten (z. B. Brandabschnitte, Fluchtwege),
- anlagentechnischen Erfordernissen (z. B. Art der Klimaanlage),
- Lage der Technikzentralen,
- architektonischen Belangen (z. B. kaschierte oder sichtbare Verlegung).

Die Leitungs- und Kanalnetze verbinden entsprechend der allgemeinen Struktur haustechnischer Systeme (vgl. Abb. 1.2) die jeweilige Zentrale mit der Anwendungstechnik, die in der Fachsprache auch als Nutzenübergabe bezeichnet wird (vgl. Abb. 3.1).

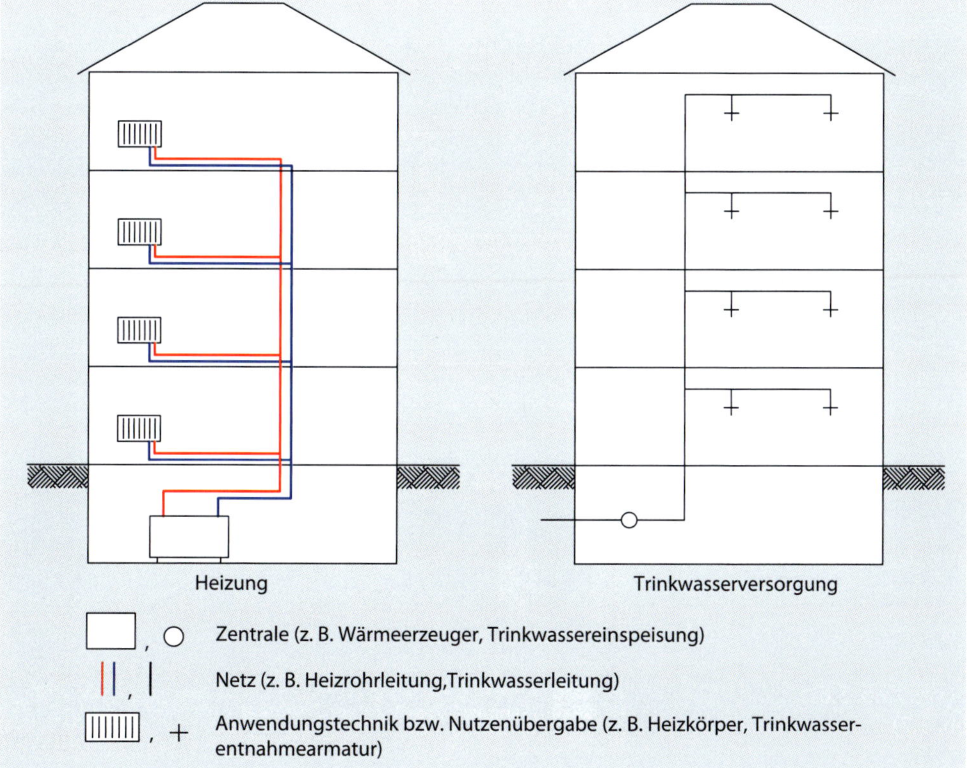

Abb. 3.1: Zentrale, Netze, Nutzenübergabe

Bei den Leitungs- und Kanalnetzen gibt es die folgenden Schwerpunkte:

- Heizungsrohrleitungen (allgemein als Zweirohrnetz mit Vor- und Rücklaufleitung)
- Kaltwasserleitungen für die Klimatisierung (ebenfalls als Zweileiternetz mit Vor- und Rücklaufleitung)
- Lüftungsleitungen (Kanäle oder Rohre)
- Trinkkaltwasserleitungen, Trinkwarmwasserleitungen und ggf. Zirkulationsleitungen
- Gasleitungen (Brenngas, technische Gase wie z. B. Stickstoff, Druckluft)
- Regenwasser- und Schmutzwasserleitungen
- Starkstromleitungen
- Schwachstromleitungen

Ungeachtet der gewerkespezifischen Eigenarten können allgemein die folgenden Netzstrukturen unterschieden werden (vgl. auch Abb. 3.2):

- Netze mit vertikal orientierter Struktur, bei der es im unteren (oder oberen) Bereich des Gebäudes eine horizontale Verteilleitung gibt und die Erschließung der Geschosse über eine Vielzahl von Steigsträngen erfolgt
- Netze mit horizontal orientierter Struktur, die durch wenige Steigstränge und horizontale Verteilleitungen in den Geschossen gekennzeichnet ist

Heizungsrohrnetze werden im Geschosswohnungsbau nach beiden Strukturen gebaut, wobei aus energetischer Sicht, z. B. beim Nachweis nach GEG (vgl. auch Kapitel 1.6), noch zwischen innen liegenden und außen liegenden Steigsträngen (vgl. Abb. 3.3) sowie Leitungsabschnitten innerhalb und außerhalb der thermischen Hülle unterschieden wird.

Wasser- und Abwasserleitungen werden überwiegend nach vertikaler Struktur gebaut. Im Geschosswohnungsbau werden die Bäder übereinander angeordnet und dann mit durchgehenden vertikalen Schächten verbunden. Das ermöglicht die verzugsfreie Verlegung von Abwasserrohren, was u. a. zu niedrigen Schallemissionswerten der Abwasserleitung führt.

Bei Nichtwohngebäuden – insbesondere bei Bürogebäuden – wird mit zentralen Erschließungskernen gearbeitet, weil diese die Flexibilitätseigenschaften der Gebäude positiv beeinflussen. Dabei werden alle Leitungssysteme gemeinsam in vertikalen Schächten geführt. Die Anwendungstechnik wird auf den Geschossebenen direkt um den Erschließungskern gruppiert (z. B. Sanitärräume, Lüftungszentrale, Stromverteilung) bzw. in separaten Trassen in den Geschossen verteilt (vgl. Abb. 3.4).

3.1.2 Bau- und Verlegetechnologien

Rohrleitungen

Rohrleitungen können nach verschiedenen Prinzipien verlegt werden:

- frei liegend vor der Wand oder abgehängt von der Decke (vgl. Abb. 3.5)
- unter Putz in Wandschlitzen (vgl. Abb. 3.6)
- im Fußbodenaufbau (vgl. Abb. 3.7)
- in Kanälen und Schächten
- in Sockelleisten (in der Regel Heizleitungen)

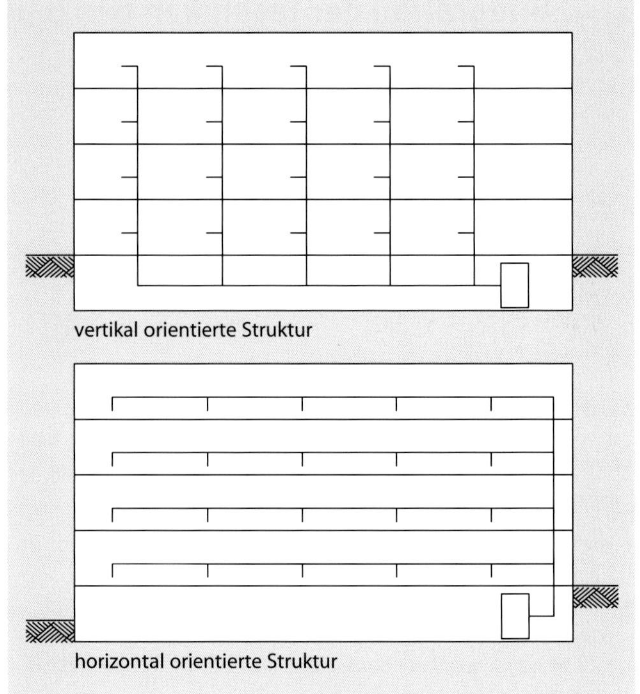

Abb. 3.2: Netzstrukturen in Gebäuden

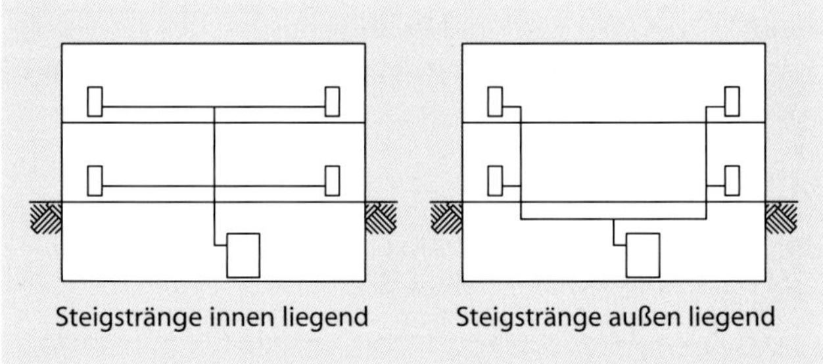

Abb. 3.3: Innen liegende und außen liegende Steigstränge

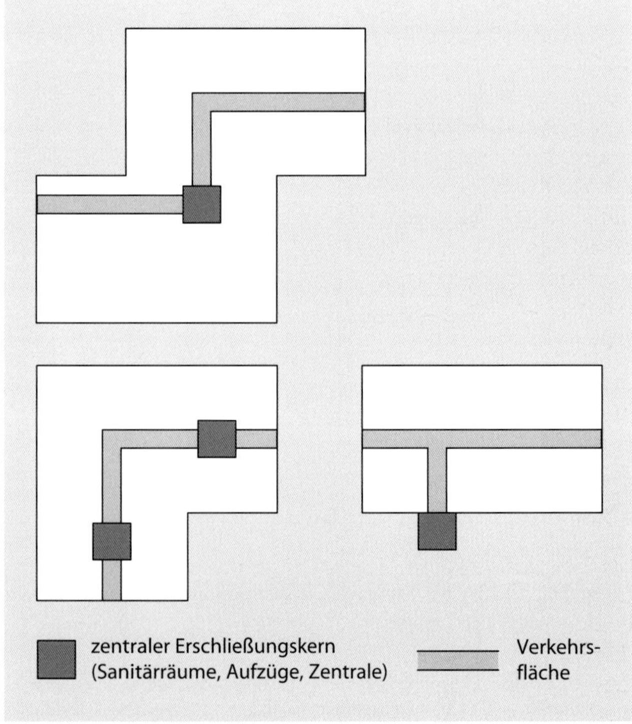

Abb. 3.4: Gebäude mit Erschließungskernen

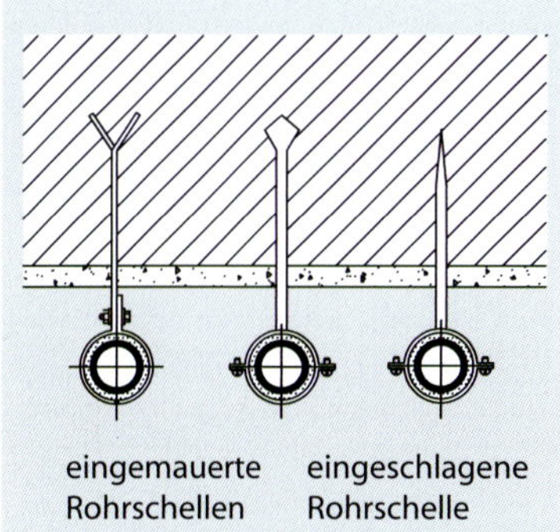

Abb. 3.5: Leitungsverlegung frei vor der Wand bzw. abgehängt von der Decke (Quelle: Pistohl, Handbuch der Gebäudetechnik, Band 1, 2007)

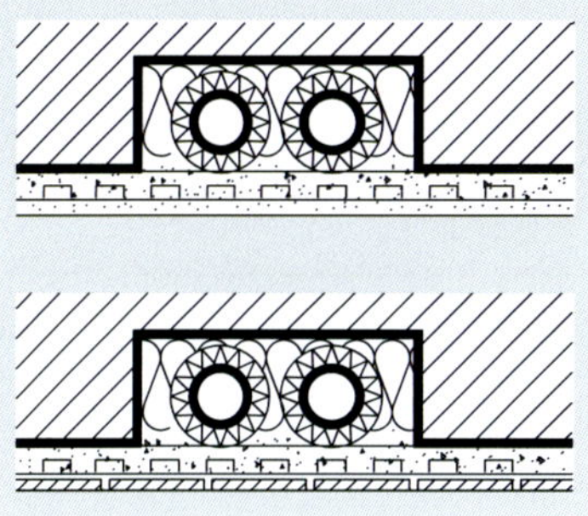

Abb. 3.6: Leitungsverlegung in Wandschlitzen (Quelle: Pistohl, Handbuch der Gebäudetechnik, Band 1, 2007)

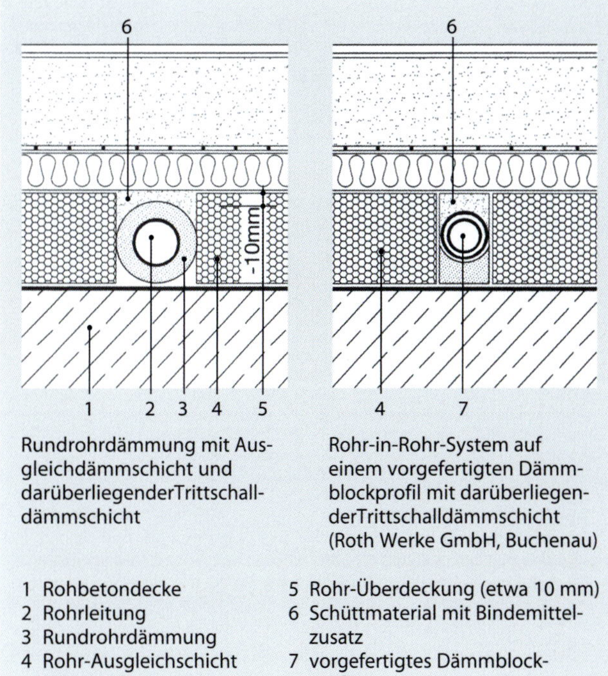

Abb. 3.7: Leitungsverlegung im Fußbodenaufbau (Quelle: Frick/Knöll [Hrsg.]: Baukonstruktionslehre 1, 2002)

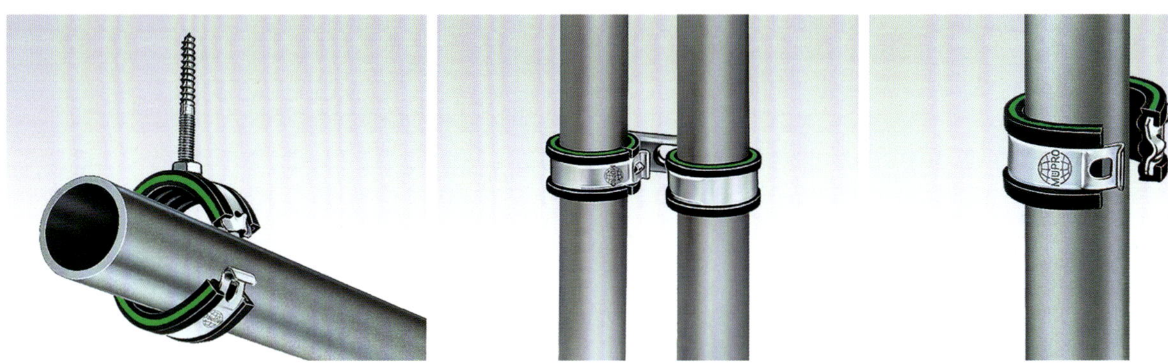

Abb. 3.8: Befestigung von Rohrleitungen mit Rohrschellen (Quelle: MÜPRO GmbH, Hofheim-Wallau)

In untergeordneten Gebäudeabschnitten oder bei entsprechendem Innenarchitekturkonzept werden die Rohre sichtbar vor der Wand oder an der Decke verlegt. Sie werden durch Rohrschellen fixiert, die mit Dübeln in der Wand oder Decke befestigt werden. In die Metallschelle wird eine Gummilage integriert, wodurch die Schallentkopplung zwischen Rohrleitungssystem und Baukörper erreicht wird (vgl. Abb. 3.8).

Bei Heizungs- und Warmwasserleitungen muss außerdem die temperaturbedingte Rohrdehnung kompensiert werden. Hier gibt es 2 Möglichkeiten:

- Kompensation über spezielle Verlegeanordnungen
- Kompensation mit speziellen Kompensatoren

Bei den speziellen Verlegeanordnungen wird die Rohrleitung durch Fest- und Loslager (Gleitlager) fixiert. In einem Festlager wird die Rohrleitung fest fixiert, beispielsweise durch eine Rohrschelle (vgl. Abb. 3.8). Ein Gleitlager bietet dem Rohr die Möglichkeit der Dehnung in eine Richtung; das kann konstruktiv durch einen Gleitschlitten realisiert werden, an dem die Rohrschelle befestigt ist (vgl. Abb. 3.9).

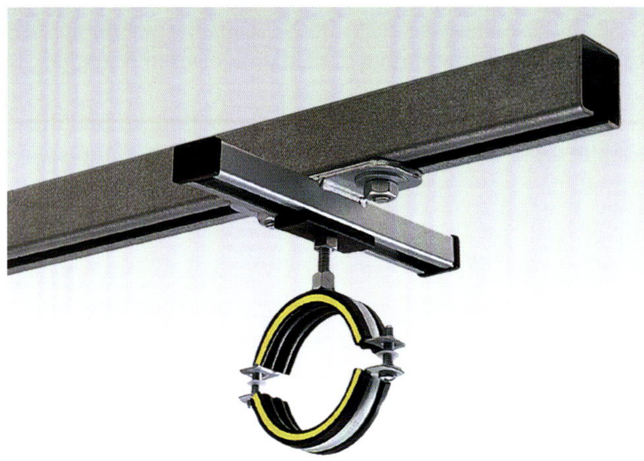

Abb. 3.9: Rohrschelle mit Gleitschlitten (Quelle: MÜPRO GmbH, Hofheim-Wallau)

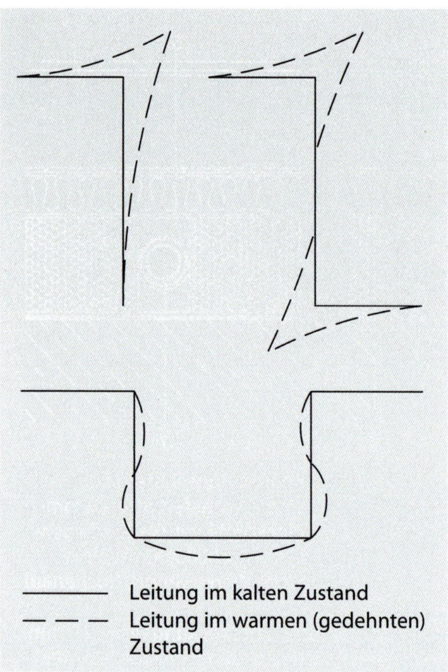

Abb. 3.10: Spezielle Verlegeanordnungen zum Dehnungsausgleich

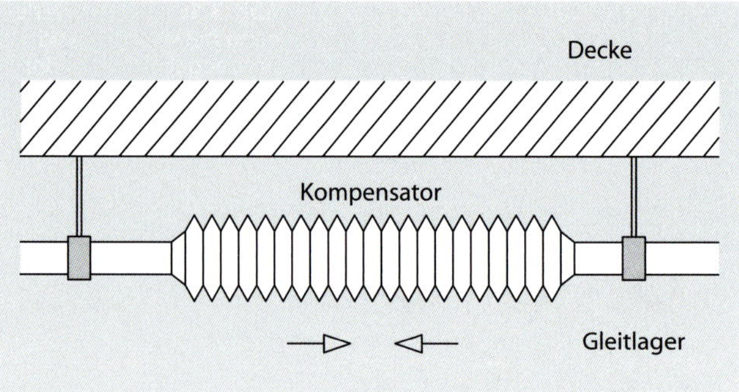

Abb. 3.11: Kompensator für Heizleitungen (Prinzipdarstellung)

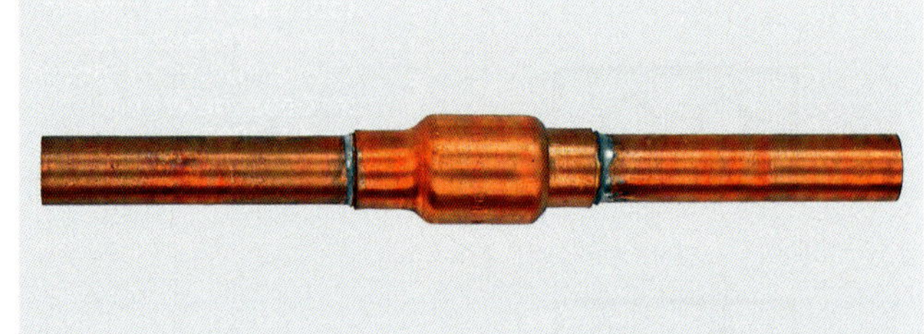

Abb. 3.12: Dehnungsausgleicher (Quelle: Meibes System-Technik GmbH, Gerichshain)

Die Dehnung wird von den sich verschiebenden Bögen aufgefangen (vgl. Abb. 3.10). Ist dies aus Platzgründen nicht möglich, werden spezielle Kompensatoren verwendet, um die Dehnung aufzunehmen. Abb. 3.11 zeigt das Funktionsprinzip und Abb. 3.12 einen Kompensator (Dehnungsausgleicher), bei dem der flexible Balg durch eine darüberliegende Muffe geschützt ist.

Zur Erschließung der Geschosse werden Leitungen in vertikalen Schächten verlegt (vgl. Abb. 3.13). Bei der Anordnung der Leitungen im Schacht ist darauf zu achten, dass

- Kaltwasserleitungen nicht unmittelbar neben warmen Leitungen (Heizung, Warmwasser, Zirkulation) angeordnet werden, um eine unerwünschte Erwärmung des Trinkwassers zu vermeiden,
- die Schachtmaße so gewählt werden, dass Abzweigungen in den Nutzungseinheiten realisiert werden können.

Horizontale Schächte sind beim Neubau eher selten, da sie zur statischen Schwächung der entsprechenden Bauteile beitragen würden. Sie werden häufig in nicht unterkellerten Gebäuden im Bereich der Bodenplatte als Bodenkanal verwendet (vgl. Abb. 3.14) bzw. sind im Gebäudebestand anzutreffen.

Möglich ist eine Verlegung in Systemböden, wobei 2 Arten zu unterscheiden sind:

- Bei Doppelböden entsteht durch die auf der Rohdecke aufgeständerten Fußbodenplatten ein Hohlraum, in dem Leitungen, Kabel und Kanäle verlegt werden können. Die Doppelböden bieten weitreichende Flexibilität, da die Installationen jederzeit zugänglich und veränderbar sind (vgl. Abb. 3.15).
- Hohlraumböden, bei denen Leitungen und Kabel in Hohlräumen verlegt werden und die nur an einigen Stellen im Raum über entsprechende Öffnungen zugänglich sind, stellen eine preisgünstige Alternative zu Doppelböden dar (vgl. Abb. 3.16).

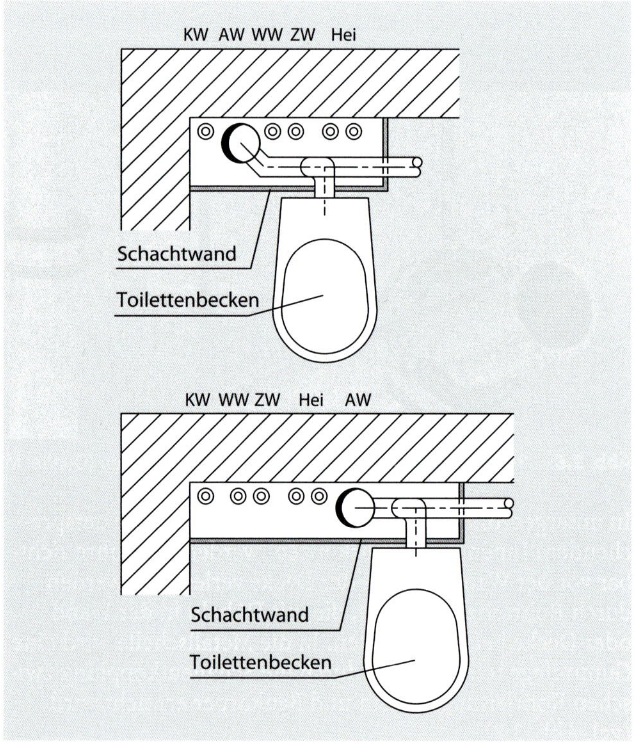

Abb. 3.13: Vertikaler Schacht im Geschosswohnungsbau

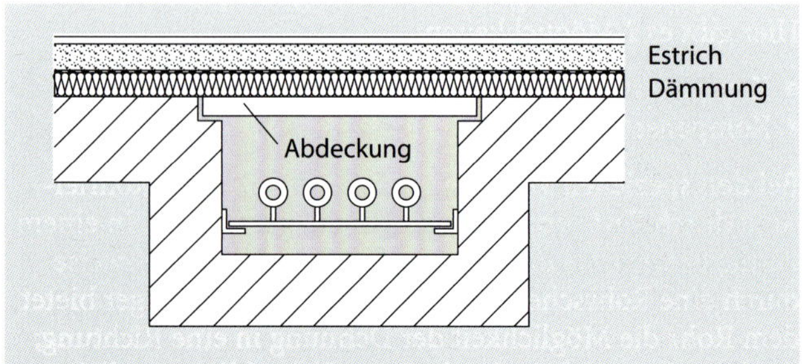

Abb. 3.14: Horizontaler Bodenkanal

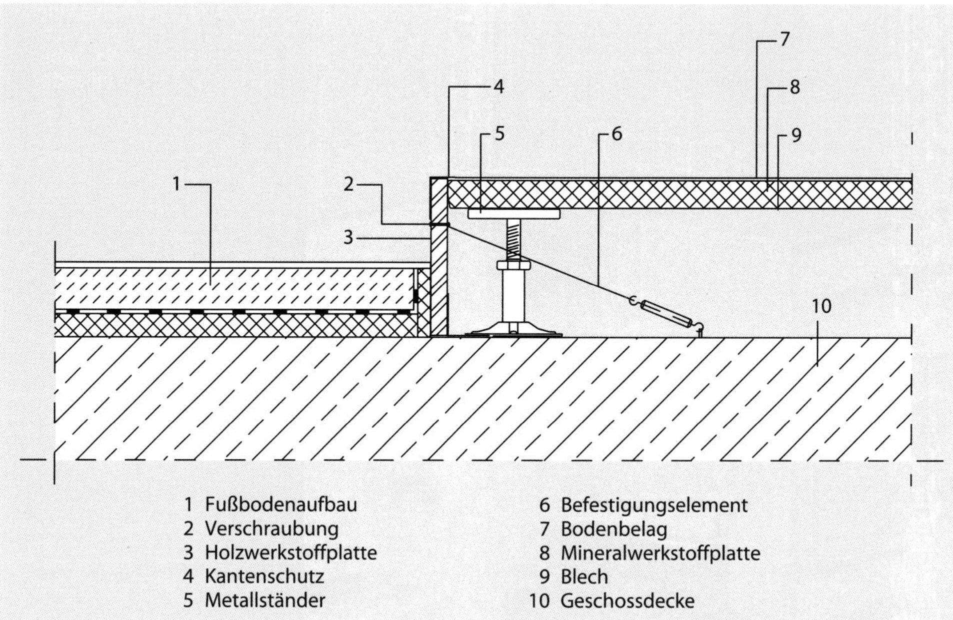

Abb. 3.15: Installationen in einem Doppelboden (Quelle: Beinhauer, 2011, S. 248, Blatt-Nr.: UI1.01, Hohlraumboden, Anschlüsse an aufgehende Bauteile)

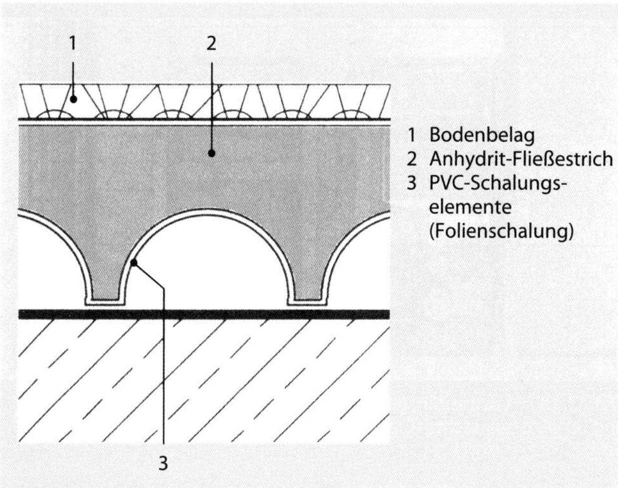

Abb. 3.16: Hohlraumboden (Quelle: Frick/Knöll [Hrsg.]: Baukonstruktionslehre 1, 2002)

Elektrokabel

Elektrokabel (Starkstrom- und Informationsleitungen) können autark oder gemeinsam mit anderen Netzen wie folgt verlegt werden:

- frei liegend auf Kabelpritschen, in Einzelschellen oder in Schutzrohren
- unter Putz, in Wandschlitzen oder in Trockenbauwänden
- im Fußbodenaufbau bzw. in Systemböden
- in Kanälen und Schächten
- im Erdreich in Schutzrohren unter der Bodenplatte oder im Außenbereich in Gebäudenähe

Die gemeinsame Verlegung mit den Leitungen der anderen Gewerke wird vor allem in vertikalen Schächten und in Systemböden sowie in Zwischendecken praktiziert. Details der autarken Verlegung werden ausführlich in Kapitel 11 dargestellt.

Lüftungsleitungen und -kanäle

- Verlegung von der Decke abgehängt entweder frei liegend oder kaschiert durch Abhangdecken bzw. brandschutztechnisch abgeschottet
- Verlegung als vertikale Schächte, ggf. brandschutztechnisch abgeschottet gegen die übrigen Leitungen
- Verlegung in Systemböden, wobei die Leitungen bzw. Kanäle in den Hohlräumen platziert werden oder der Hohlraum selbst als Lüftungskanal fungiert (sog. aufgeladener Doppel- oder Hohlraumboden)

3.1.3 Installationssysteme

Installationssysteme gewinnen im Zuge einer „Industrialisierung" des Bauens zunehmend an Bedeutung. Das Ziel besteht darin, dass bestimmte Teile der Installation durch eine industrielle Vorfertigung realisiert und auf der Baustelle nur zum fertigen System zusammengefügt werden. Dabei können 2 Hauptbereiche unterschieden werden:

- Vorwandinstallationssysteme
- Rohrinstallationssysteme, insbesondere im Bereich der Heizungs- und Wassernetze, bei denen vorgefertigte Teilmodule zur Anwendung kommen

Vorwandinstallationssysteme

Das Kernstück von Vorwandinstallationssystemen sind die einzelnen Installationselemente, an die später die Sanitärobjekte (Toilettenbecken, Waschbecken, Urinal) montiert werden (vgl. Abb. 3.17 und 3.18). Die Installationselemente werden in Ständerwände eingepasst. In den Hohlräumen der Ständerwände werden die benötigten Rohrleitungen platziert. Die Ständerwände werden beplankt und können anschließend gefliest werden.

Vorwandinstallationssysteme können folgendermaßen untergliedert werden:

Abb. 3.17: Montage einer Vorwandinstallation (Duofix Systemwand; Quelle: Geberit Vertriebs GmbH, Pfullendorf)

- Bei aus- oder vorgemauerten Vorwandinstallationen werden die einzelnen Installationselemente an einer vorhandenen Massivwand befestigt und anschließend ausgemauert. Die dadurch entstehende Wandfläche kann dann verputzt oder gefliest werden. Diese Technologie bietet keine Möglichkeit der Vorfertigung und wird daher vergleichsweise wenig verwendet.
- Installationselemente, angeordnet in einer Trockenbauwand vor einer Massivwand: Auch bei dieser Technologie entsteht der Hauptaufwand auf der Baustelle, allerdings im Trockenbau und nicht im klassischen Nassbau (vgl. Abb. 3.18).
- Teilweise vorgefertigte Installationswände werden in Teilen auf die Baustelle geliefert und können auch als selbsttragende Wände zur Raumabteilung verwendet werden (vgl. Abb. 3.17 und Abb. 3.20).
- Selbsttragende Installationsgestellkombinationen werden weitestgehend vorgefertigt und können vor Massiv- oder Ständerwänden aufgestellt werden.
- Komplett vorgefertigte raumhohe Installationsregister werden auf der Baustelle übereinander angeordnet. Die Installationsregister sind selbsttragend und können vor Wänden oder frei im Raum aufgestellt werden (vgl. Abb. 3.19).

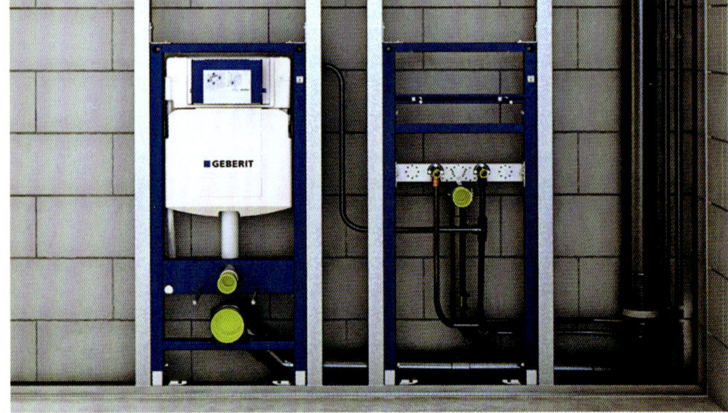

Abb. 3.18: Vorwandinstallationselemente (links für Toilettenbecken und Spülkasten, rechts für Waschbecken; Quelle: Geberit Vertriebs GmbH, Pfullendorf)

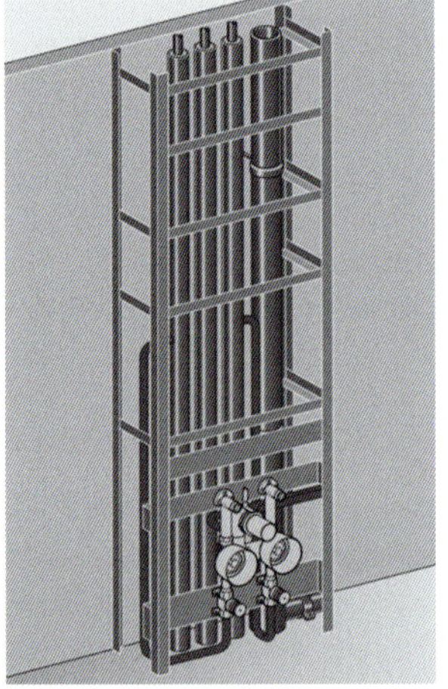

Abb. 3.19: Installationsregister (Quelle: VDI 6001:2004-07 Blatt 1 „Sanierung von sanitärtechnischen Anlagen – Trinkwasser")

Rohrinstallationssysteme

Rohrinstallationssysteme werden z. B. für den effizienten Anschluss von Heizkörpern an das Heizungsrohrnetz verwendet. Verschiedene Hersteller bieten vorgefertigte Anschlussblöcke an (vgl. Abb. 6.80 und 6.81).

Der Grad der industriellen Vorfertigung kann noch gesteigert werden, indem z. B. komplette Bäder vorgefertigt und auf der Baustelle in den Baukörper eingefügt werden. Dieses Prinzip wird heute schon vielfach im Hotelneubau angewendet (vgl. Abb. 2.10 und 3.21). Hierbei ist es besonders von Vorteil, wenn bereits bei der Grundrissplanung detailliert darauf geachtet wird, dass gleiche Bäder zum Einsatz kommen und diese auch direkt übereinander angeordnet werden.

3.1.4 Schlitz- und Durchbruchpläne

Die Schnittstellen zwischen dem Baukörper und den technischen Netzen werden in der Bauphase in Schlitz- und Durchbruchplänen dokumentiert. Diese werden von den Haustechnikern erstellt und von den Statikern geprüft. Au-

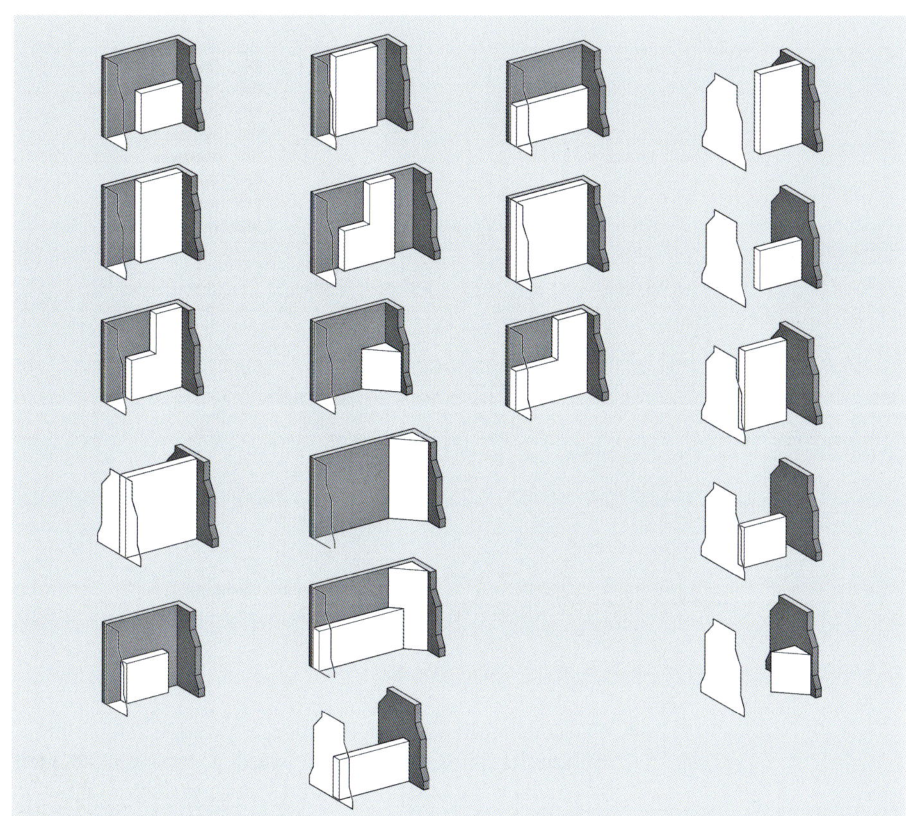

Abb. 3.20: Einsatzbereiche von Installationswänden (Quelle: Geberit Vertriebs GmbH, Pfullendorf)

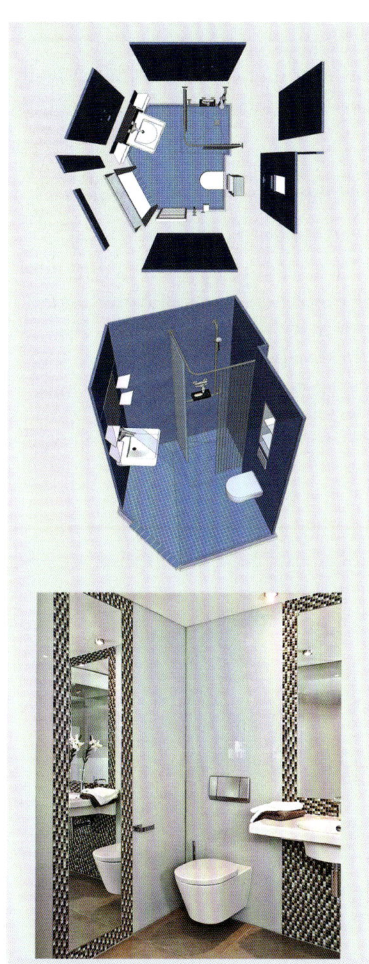

Abb. 3.21: Prinzip des vorgefertigten Bades (Quelle: KERAPID Krüger und Schütte KG, Hildesheim)

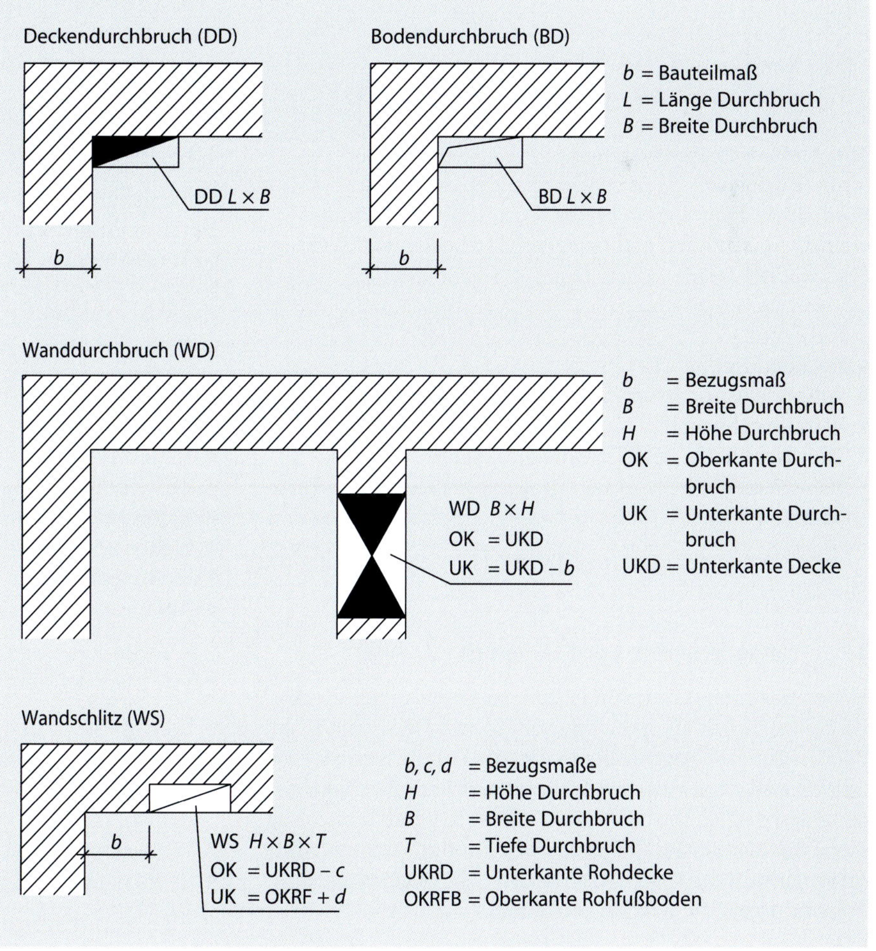

Abb. 3.22: Symbole für Durchbrüche und Schlitze in Grundrissplänen

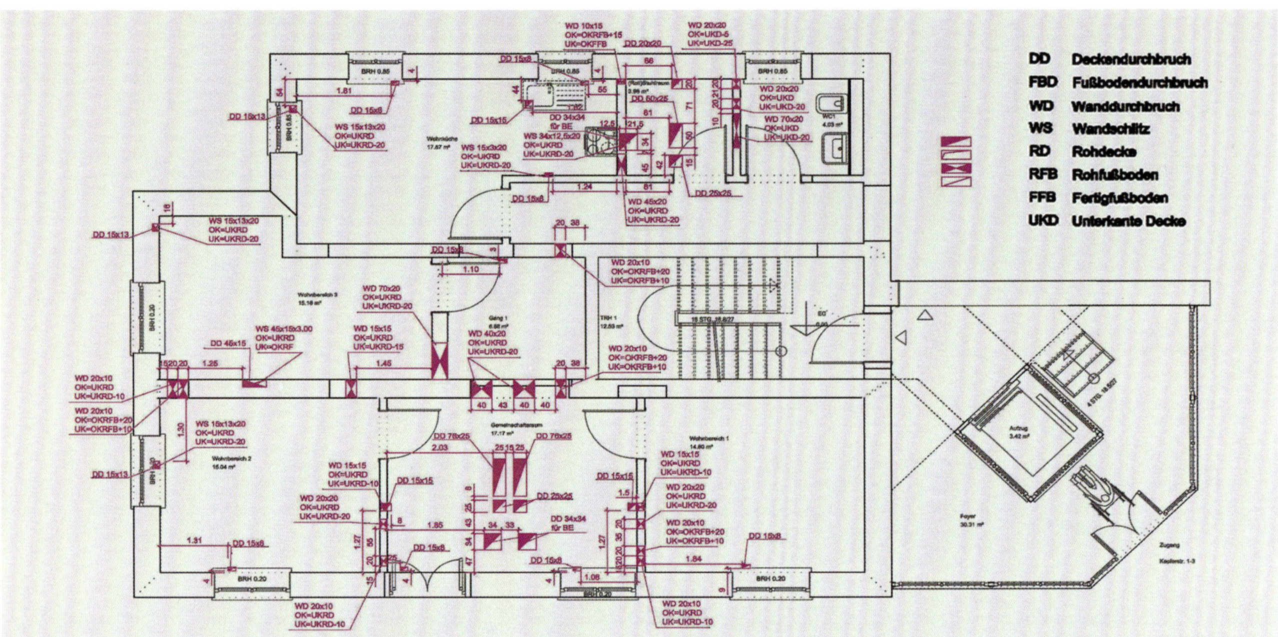

Abb. 3.23: Beispiel für einen Schlitz- und Durchbruchplan (Quelle: FWU Ingenieurbüro GmbH, Dresden)

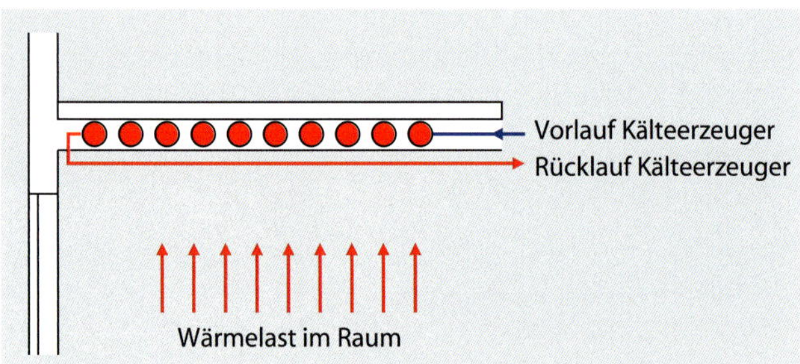

Abb. 3.24: Betonkernaktivierung

ßerdem sind Durchbrüche aus Sicht des Brandschutzes wichtig und müssen ggf. entsprechend ausgeführt werden (vgl. Kapitel 3.4).

Es wird folgendermaßen unterschieden (vgl. Abb. 3.22):

- Deckendurchbruch
- Fußbodendurchbruch
- Wanddurchbruch
- Wandschlitz (in der Elektrotechnik auch: Wandvertiefungen/-aussparungen für Dosen oder Verteiler)

Abb. 3.23 zeigt ein konkretes Beispiel für einen Schlitz- und Durchbruchplan.

3.2 Integrierte Heiz- und Kühlflächen

Neben der Integration von Leitungen und Kanälen in den Baukörper spielt auch die Integration von Heiz- und Kühlflächen eine wichtige Rolle. In diesem Zusammenhang wird oft von aktivierten Bauteilen oder einer Betonkernaktivierung gesprochen. Dabei werden direkt bei der Herstellung des Gebäudes wasserführende Rohre in die Baukonstruktion eingebaut, die später dann nicht mehr zugänglich sind. Folgende Systeme werden verwendet:

- Fußbodenheizungen, die sehr häufig in Wohngebäuden – insbesondere in Ein- und Zweifamilienhäusern – zum Einsatz kommen
- Wandflächenheizungen, die ebenfalls hauptsächlich in Einfamilienhäusern verwendet werden, aber den Nachteil haben, dass die entsprechenden Wandbereiche nicht mehr als Möbelstellfläche zur Verfügung stehen
- Kühldecken (aktivierte Decken), die zunehmend häufiger in Nichtwohngebäuden (Bürogebäuden) verwendet werden und die in Kombination mit anderen Klimasystemen zu sehr guten Behaglichkeitswerten führen (vgl. Abb. 3.24 und 7.67)

3.3 Technikzentralen und Hausanschlusseinrichtungen

Im Regelfall wird versucht, die zentrale Erzeuger- und Bereitstellungstechnik für Energie und Medien in einem bzw. mehreren zentralen Räumen des Gebäudes unterzubringen. Diese Räume werden als Technikzentralen bezeichnet. Ausgehend von den Technikgewerken lassen sich verschiedene Zentralen im Gebäude definieren (vgl. auch Tabelle 3.1):

- Heizzentrale
- Sanitärzentrale
- RLT-Zentrale
- Kältezentrale
- Elektrozentrale
- Löschzentrale
- Aufzugszentrale

Die Technikzentralen können an folgenden Orten im Gebäude platziert werden (vgl. Abb. 3.25):

- im Untergeschoss (sehr häufig zutreffend für alle Arten von Technikzentralen)
- im Dachgeschoss bzw. im obersten Geschoss oder auf dem Dach (häufig bei Lüftungszentralen, mitunter bei Heiz- oder Kältezentralen)
- in einzelnen oder allen Geschossen

Bei Telekommunikations- und IT-Netzen werden Lastschwerpunkte gebildet. Diese Zentralen werden in den Geschossen angeordnet. Außerdem können in den Geschossen Elektro-Unterverteilungen angeordnet werden.

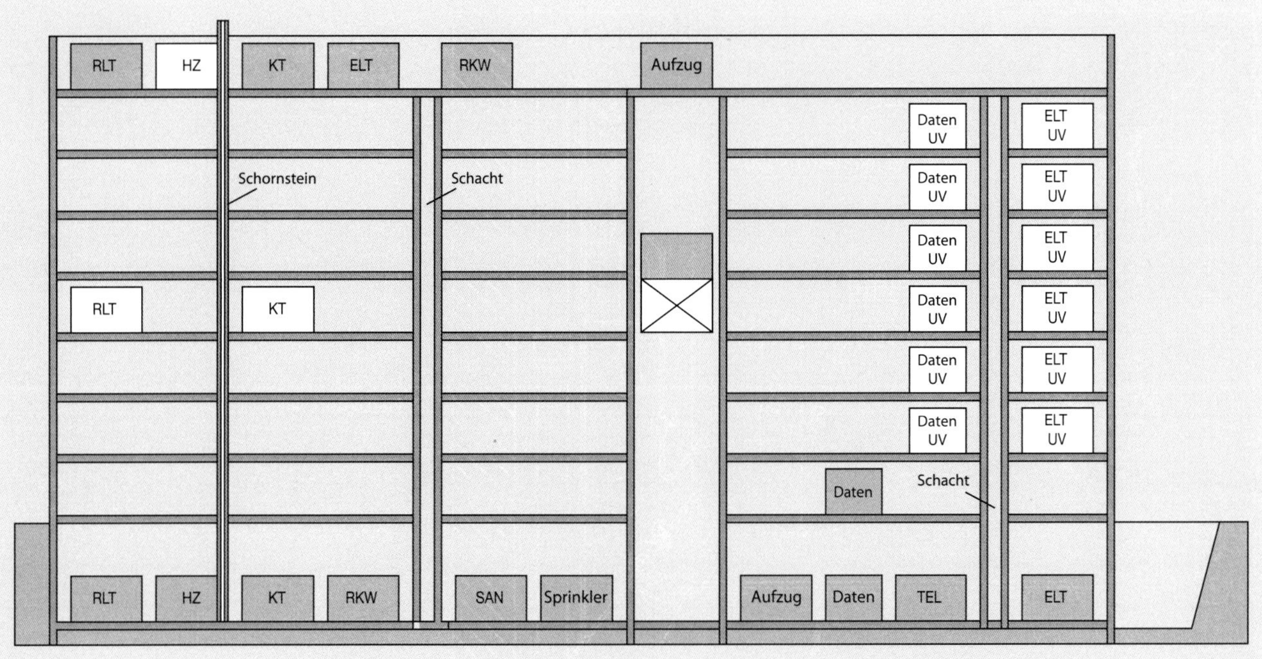

Abb. 3.25: Anordnung von Technikzentralen in Gebäuden (Quelle: VDI 2050:2013-11 Blatt 1, „Anforderungen an Technikzentralen – Technische Grundlagen für Planung und Ausführung"; RLT: Raumlufttechnik; HZ: Heizzentrale; KT: Kältetechnik; RKW: Rückkühlwerk; SAN: Sanitärtechnikzentrale; TEL: Telekommunikationstechnik; ELT: Elektrotechnik; UV: Unterverteilung; die Standardvarianten sind grau hinterlegt)

Tabelle 3.1: Technikzentralen und deren Anlagenkomponenten

Technikzentrale	zuzuordnende Anlagenkomponenten
Heizzentrale	Wärmeerzeuger Pufferspeicher Ausdehnungsanlage Pumpen Verteiler/Sammler Heizwasseraufbereitung Trinkwarmwasserbereiter
Sanitärzentrale	Trinkwasserbehandlung Druckerhöhungsanlagen Abwasserhebeanlagen
RLT-Zentrale	RLT-Geräte
Kältezentrale	Kälteerzeuger Kältespeicher Ausdehnungsanlage Pumpen Verteiler/Sammler Kaltwasseraufbereitung
Elektrozentrale	Transformatorstation Hauptverteilung Netzersatzanlage Zentralen der Gefahrmeldeanlagen Fernmeldeanlagen
Löschzentrale	Sprinklerpumpen Wasserbehälter Druckluftbehälter
Aufzugszentrale	Antriebs- und Steuerungstechnik für die Aufzüge

Von den Technikzentralen zu unterscheiden sind die Hausanschlusseinrichtungen. Es gibt 3 Möglichkeiten der Anordnung von Anschlusseinrichtungen im Gebäude:

- Hausanschlussnische
- Hausanschlusswand
- Hausanschlussraum (vgl. Abb. 3.26)

Es werden die folgenden Anschlusseinrichtungen definiert:

- Trinkwasserversorgung: Hauptabsperreinrichtung
- Entwässerung: die letzte Reinigungsöffnung vor dem Anschlusskanal
- Stromversorgung: der Hausanschlusskasten (Niederspannungshausanschlussverteilerkasten)
- Kommunikationsversorgung:
  - Breitbandkabel: Hausübergabepunkt
  - die Anschlusspunkte der allgemeinen Netze von Telekommunikationsanlagen
- Gasversorgung: die Hauptabsperreinrichtung
- Fernwärmeversorgung: die Übergabestelle

An Hausanschlussnische, Hausanschlusswand und Hausanschlussraum werden die folgenden allgemeinen Anforderungen gestellt:

- Die Ausführung muss mit den jeweiligen Ver- und Entsorgungsunternehmen abgestimmt werden.
- Die Wände, an denen Anschluss- und Betriebseinrichtungen angeordnet werden, müssen den zu erwartenden mechanischen Belastungen entsprechend ausgebildet sein und eine ebene Oberfläche aufweisen. Die Wanddicke muss mindestens 60 mm betragen.
- Hausanschlusskabel und Hausanschlusskasten müssen auf einer nicht brennbaren Unterlage montiert sein.
- Der jeweilige Raum muss frostfrei sein. Die Raumtemperatur darf 30 °C nicht überschreiten. Die Temperatur des Trinkwassers darf 25 °C nicht überschreiten.

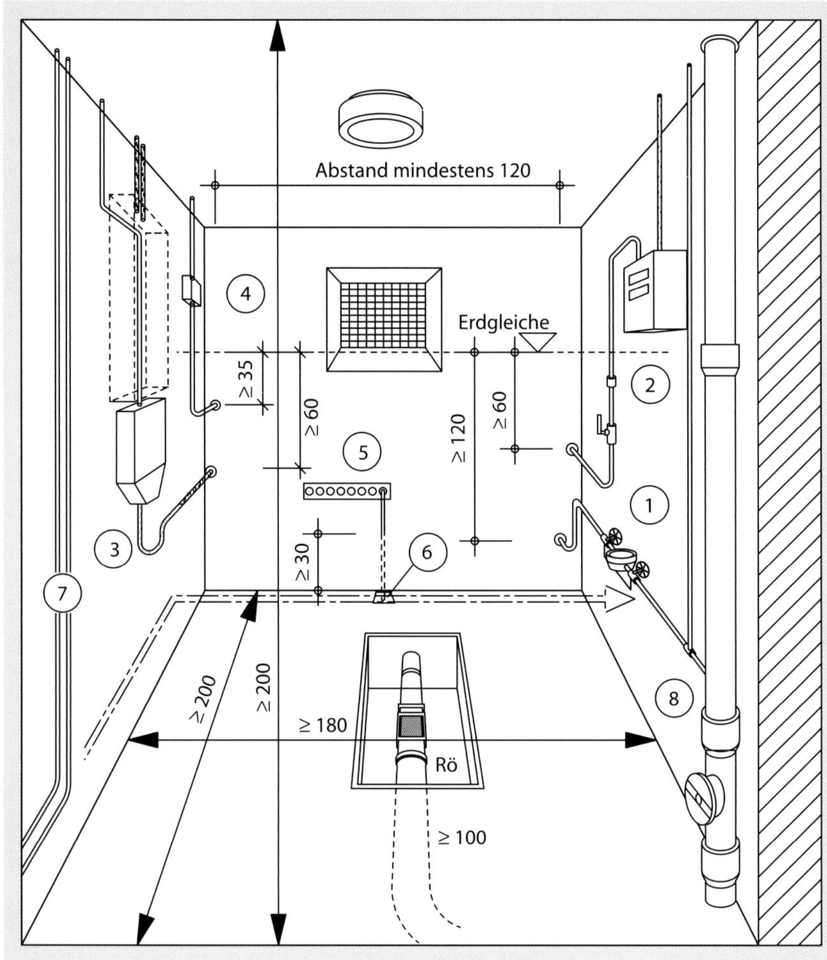

1 Wasserleitung mit Wasserzähleranlage und Erdungsbrücke
2 Gasleitung mit Hauptabsperreinrichtung und Gaszähleranlage
3 Starkstromkabel mit Hausanschlusskasten und ggf. Zähleranlage
4 Telefon und Breitbandkabel
5 Potenzialausgleichsschiene mit Anschlussfahne für den Fundamenterder (6) sowie für Wasser- (1), Gas- (2) und Heizleitungen (7), metallene Abwasserrohre (8), Blitzschutz-, Antennen-Fernmeldeanlagen, Schutzleiter (PE) und ggf. Potenzialausgleich im Bad
6 Fundamenterder
7 Heizleitungen
8 Abwasserrohre

Die Revisionsöffnung (Rö) für die Abwasserleitung kann auch in einem außen liegenden Schacht angeordnet sein.

Abb. 3.26: Hausanschlussraum (Angaben in cm)

- Eine ausreichende Be- und Entlüftung des jeweiligen Raumes muss gesichert sein.
- In dem jeweiligen Raum sind die Anschlussfahne des Fundamenterders und die Potenzialausgleichsschiene anzuordnen (vgl. Kapitel 11.4.2).
- Der jeweilige Raum muss ausreichend beleuchtet sein. Für den Hausanschlussraum gilt zusätzlich: Er muss mit einer schaltbaren, fest installierten Beleuchtung ausgestattet sein. Außerdem ist eine Schutzkontaktsteckdose vorzusehen.

Die Tabellen 3.2, 3.3, 3.4 und 3.5 geben Aufschluss über die Arten der Anordnung von Anschlusseinrichtungen und deren Mindestmaße.

Tabelle 3.2: Anordnung von Anschlusseinrichtungen im Gebäude

Arten des Hausanschlusses	Gebäude
Hausanschlussnische	nicht unterkellerte Einfamilienhäuser
Hausanschlusswand	Gebäude mit bis zu 5 Nutzungseinheiten
Hausanschlussraum	Gebäude mit mehr als 5 Nutzungseinheiten

Tabelle 3.3: Hausanschlussraum

Maße	Mindestmaß
Breite	1,50 m bei Belegung einer Wand 1,80 m bei Belegung gegenüberliegender Wände Vor Anschluss- und Betriebseinrichtungen soll eine Arbeitstiefe von mindestens 1,20 m vorhanden sein.
Länge	2,0 m
Höhe	2,0 m

Tabelle 3.4: Hausanschlussnische

Maße	Mindestmaß
Breite	875 mm (bei Fernwärme 1.010 mm)
Höhe	2.000 mm
Tiefe	250 mm

Tabelle 3.5: Hausanschlusswand

Maße	Mindestmaß
Raumhöhe	2,0 m
Durchgangshöhe	1,80 m (unter Rohrleitungen)

Der Hausanschlussraum liegt in der Regel im Kellergeschoss. Er soll an einer Außenwand angeordnet werden und über allgemein zugängliche Räume (Flur, Treppenraum, Kellergang) oder direkt von außen erreichbar sein. Er darf nicht als Durchgang zu anderen Räumen dienen. Der Zugang ist mit „Hausanschlussraum“ zu kennzeichnen.

Die Hausanschlussnische soll nicht mehr als 3 m von einer Außenwand entfernt sein und mit einer abschließbaren Tür versehen werden.

Der Raum mit der Hausanschlusswand muss über allgemein zugängliche Räume oder direkt von außen erreichbar sein. Die Hausanschlusswand soll in Verbindung mit einer Außenwand stehen, durch die Versorgungsleitungen nach innen geführt werden.

Die Übergabepunkte sind so anzuordnen, dass die jeweilige Hauseinführung der Spezifik der einzelnen Medien angepasst ist. Beim Trinkwasser ist vor dem Wasserzähler eine entsprechende Beruhigungsstrecke vorzusehen. Die Elektroverteiler sind möglichst an den senkrecht zur Außenwand verlaufenden Wänden anzuordnen, um eine geradlinige Kabelverlegung bei Vermeidung kleiner Biegeradien der Elektrokabel zu erreichen.

In Abstimmung mit den jeweiligen Versorgungsunternehmen können Anschlusseinrichtungen auch außerhalb des Gebäudes angeordnet werden. Dabei gibt es 2 konstruktive Möglichkeiten:

- Anordnung an der Gebäudeaußenwand
- Anordnung in Hausanschlusssäulen

3.4 Brandschutz

Die Gebäudetechnik hat in mehrfacher Hinsicht Auswirkungen auf das Brandschutzkonzept eines Gebäudes:

- Bestimmte Komponenten der Gebäudetechnik können einen Brand verursachen (z. B. elektrische Schaltanlagen durch einen zündfähigen Lichtbogen).
- Die Komponenten der Gebäudetechnik stellen aufgrund der verwendeten Materialien selbst eine mehr oder weniger große Brandlast dar.
- Über die Kabel-, Leitungs- und Kanalnetze können sich der Brand bzw. der dabei entstehende Rauch im Gebäude über Rauch- und Brandabschnitte hinaus verbreiten.
- Für Sicherheitszwecke erforderliche Leitungsanlagen müssen so ausgeführt bzw. geschützt werden, dass sie im Brandfall zumindest temporär funktionstüchtig bleiben und dadurch den Weiterbetrieb sicherheitsrelevanter Techniksysteme ermöglichen.
- Zur Gebäudetechnik zählen Systeme des anlagetechnischen Brandschutzes wie Feuerlöschanlagen, Sicherheitsbeleuchtung, Brandmeldeanlagen oder Entrauchungsanlagen.

Brandschutzrechtliche Vorschriften für die Verlegung von Leitungsanlagen:

- Muster-Richtlinie über brandschutztechnische Anforderungen an Leitungsanlagen (Muster-Leitungsanlagen-Richtlinie MLAR; betrifft alle Rohrleitungen und elektrische Leitungen)

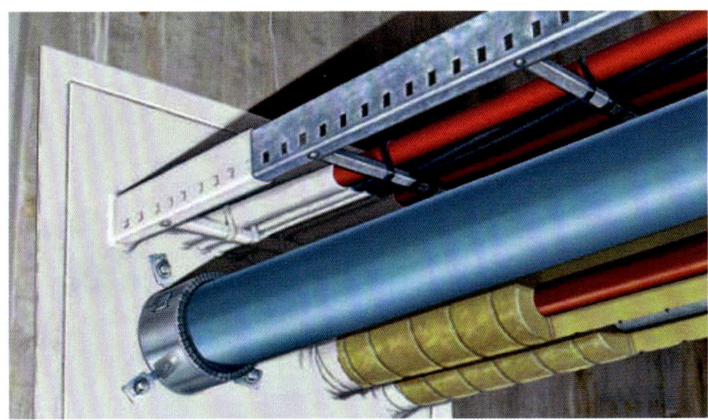

Abb. 3.27: Kombischott (Quelle: Fermacell GmbH, Duisburg)

- Musterrichtlinie über brandschutztechnische Anforderungen an Lüftungsanlagen (Muster-Lüftungsanlagen-Richtlinie M-LüAR; betrifft Lüftungs-, Klima- und Warmluftheizungsanlagen)
- Musterbauordnung (MBO)
- abgeleitete Richtlinien der Bundesländer

Muster-Leitungsanlagen-Richtlinie (MLAR)

Die gesetzlichen Regelungen der MLAR betreffen

- die Anforderungen an die Verlegung von Leitungsanlagen in Flucht- und Rettungswegen (notwendige Treppen und Flure),
- das Vermeiden von unzulässigen Brandlasten,
- die Durchdringung von Bauteilen mit Rohrleitungen, Kabeln, Kanälen (mit dem Ziel, dass die jeweilige Feuerwiderstandklasse des Bauteils erhalten bleibt),
- den Funktionserhalt von elektrischen Leitungsanlagen für sicherheitstechnische Anlagen und Einrichtungen.

Die Feuerwiderstandsklassen von Bauteilen eines Gebäudes werden entsprechend der Tabelle 11.25 systematisiert. Für die Durchdringung von Bauteilen durch Leitungsanlagen werden Brandschotten verwendet, die den Erhalt der Feuerwiderstandsklasse des Bauteils ermöglichen. Hierbei werden unterschieden:

- Rohrschotten, die für die Durchführung von einzelnen Rohrleitungen vorgesehen sind,
- Kabelschotten, die für die Durchführung von Kabeln vorgesehen sind (vgl. Abb. 11.90),
- Kombischotten, die für die kombinierte Durchführung von Rohrleitungen und Kabeln vorgesehen sind (vgl. Abb. 3.27).

Werden Rohrleitungen durch eine Wand geführt, darf die Feuerwiderstandsfähigkeit der Wand nicht beeinträchtigt werden. Das wird erreicht, wenn die Rohrdurchführung die gleiche Feuerwiderstandsklasse aufweist wie die Wand (z. B. Wand F90 und Rohrdurchführung R90). In Abb. 3.28 werden beispielhaft 3 Fälle der Rohrdurchführung dargestellt:

- nicht brennbares Rohr durch eine feuerhemmende Wand (F30), bei der das Rohr mit einer nicht brennbaren Rohrdämmschale umkleidet ist und der Restspalt mit Beton oder Mörtel verfüllt wird

- nicht brennbares Rohr durch eine feuerbeständige Wand (F90), bei der das Rohr im Bereich der Wand mit einer nicht brennbaren Rohrdämmung mit der Feuerwiderstandsfähigkeit R90 umhüllt und das Rohr außerhalb der Wand mit einer nicht brennbaren Rohrdämmschale umkleidet ist und der Restspalt mit Beton oder Mörtel verfüllt wird
- brennbares Rohr durch eine feuerbeständige Wand (F90), bei der das Rohr mit einer nicht brennbaren Rohrdämmung mit der Feuerwiderstandsfähigkeit R90 umhüllt ist, die auf beiden Seiten der Wand mindestens 500 mm hinausragt

Zu beachten sind aus brandschutztechnischer Sicht die unterschiedlichen Mindestmaße für die Dämmlänge (vgl. Abb. 3.29). Spezielle Brandschotten entsprechend Abb. 3.27 müssen eingesetzt werden, wenn mehrere Rohrleitungen bzw. elektrische Leitungen durch die Wand geführt werden sollen und die entsprechenden Mindestabstände nach MLAR nicht eingehalten werden können.

Bei sicherheitsrelevanten elektrischen Leitungen muss der sog. Funktionserhalt durch eine entsprechende Abschottung längs des Kabelweges gewährleistet werden. Darüber hinaus müssen elektrische Leitungen wie auch andere brennbare Leitungen wegen ihrer Brandlasten auf Flucht- und Rettungswegen abgeschottet werden (vgl. hierzu Kapitel 11.5).

Muster-Lüftungsanlagen-Richtlinie (M-LüAR)

Die M-LüAR regelt die brandschutztechnischen Mindestanforderungen an Lüftungs-, Klima- und Warmluftheizungsanlagen mit folgenden Schwerpunkten:

- Anforderungen an das Brandverhalten der verwendeten Baustoffe: In der Regel sind nicht brennbare Materialien zu verwenden; die Verwendung brennbarer Stoffe ist bei Einhaltung bestimmter Bedingungen zulässig.

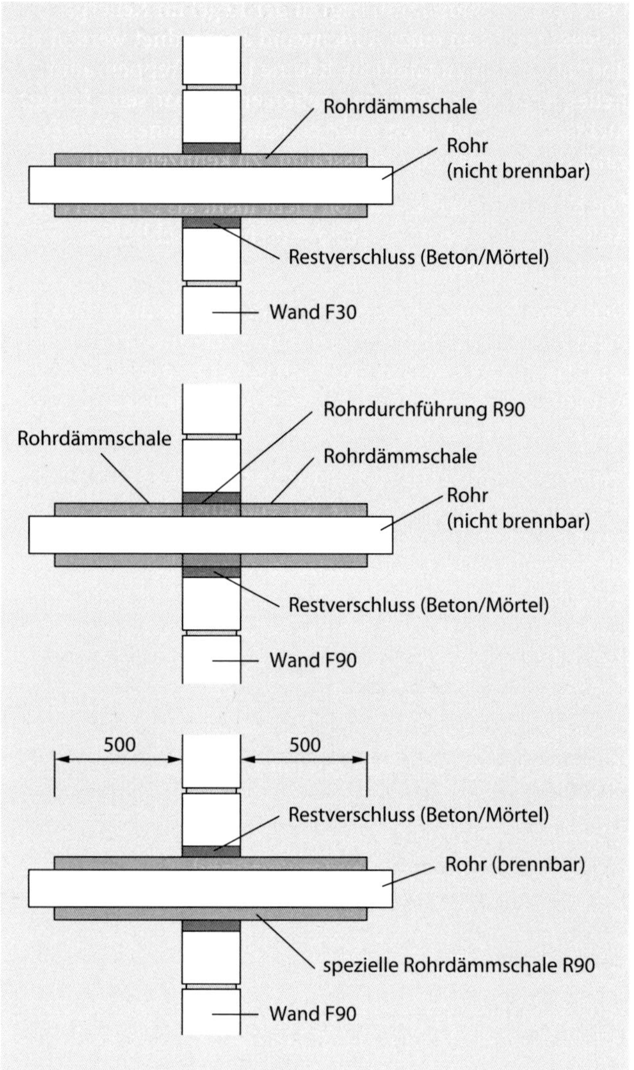

Abb. 3.28: Rohrdurchführungen bei verschiedenen Eigenschaftskombinationen von Rohr und Wand

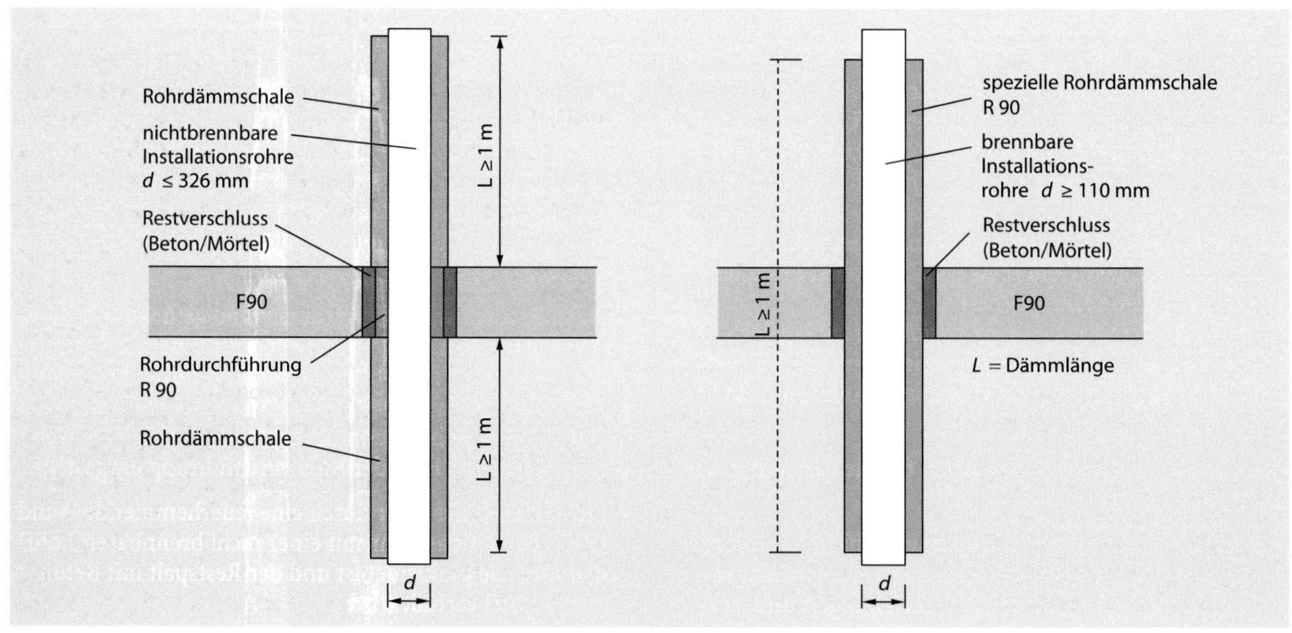

Abb. 3.29: Rohrdurchführung durch Decken von brennbaren und nicht brennbaren Rohren

Tabelle 3.6: Zulässige Schalldruckpegel aus haustechnischen Anlagen in schutzbedürftigen Räumen in Anlehnung an DIN 4109-1:2018-01, Tabelle 9

Geräuschquellen		**maximal zulässige A-bewertete Schalldruckpegel (dB[A])**	
		Wohn- und Schlafräume	**Unterrichts- und Arbeitsräume**
Sanitärtechnik, Wasser- bzw. Abwasserinstallationen		30[1)]	35[1)]
sonstige hausinterne, fest installierte technische Schallquellen der technischen Ausrüstung, Ver- und Entsorgung sowie Garagenanlagen		30	35
Gaststätten einschließlich Küchen, Verkaufsstätten, Betriebe u. Ä.	tagsüber 6 bis 22 Uhr	45	45
	nachts nach TA-Lärm[2)]	35	45

1) Einzelne kurzzeitige Geräuschspitzen, die beim Betätigen von Armaturen und Geräten entstehen (Öffnen, Schließen, Umstellen, Unterbrechen), sind zurzeit nicht zu berücksichtigen.
2) Sechste Allgemeine Verwaltungsvorschrift zum Bundes-Immissionsschutzgesetz (Technische Anleitung zum Schutz gegen Lärm)

- Anforderungen an die Feuerwiderstandsfähigkeit von Lüftungsleitungen und Absperrvorrichtungen von Lüftungsanlagen: Lüftungsleitungen müssen eine Feuerwiderstandsklasse aufweisen wie das von ihnen durchdrungene raumabschließende Bauteil. Brandschutzklappen müssen die gleiche Feuerwiderstandsklasse aufweisen wie das von der Lüftungsleitung durchdrungene Bauteil.
- Weitere Schwerpunkte sind Anforderungen an die Installation von Lüftungsanlagen, die Gestaltung von Lüftungszentralen sowie die Gestaltung von Abluftanlagen in Küchen.

Musterbauordnung (MBO)

„*Bauliche Anlagen sind so anzuordnen, zu errichten, zu ändern und instand zu halten, dass der Entstehung eines Brandes und der Ausbreitung von Feuer und Rauch (Brandausbreitung) vorgebeugt wird und bei einem Brand die Rettung von Menschen und Tieren sowie wirksame Löscharbeiten möglich sind.*“ (§ 14 MBO)

Neben dieser allgemeinen Forderung werden in der MBO auch die Anforderungen an das Brandverhalten von Baustoffen und Bauteilen sowie die Gestaltung von Rettungswegen geregelt. Außerdem werden die Anforderungen an die Aufstellung von Feuerstätten dargelegt (vgl. dazu Kapitel 6.10).

3.5 Schallschutz

Die gebäudetechnischen Installationen verursachen Schall durch:

- die Strömung von Luft oder Wasser in Rohren und Kanälen,
- den Verbrennungsprozess in Kesselanlagen,
- das Befüllen von Sanitärobjekten (Badewanne, Toilettenspülung),
- die Betätigung von Armaturen,
- elektrische Schaltvorgänge,
- Motoren.

Gebäudetechnische Installationen verbreiten Schall im Gebäude durch Körperschallübertragung und ggf. auch durch Luftschall, der sich über Lüftungsrohre oder Brüstungskanäle ausbreiten kann.

Generell müssen die Schallpegel auf zulässige Grenzwerte begrenzt werden, wobei das Hauptaugenmerk auf schutzbedürftigen Räumen liegt:

- Wohnräume
- Schlafräume einschließlich Übernachtungsräumen in Beherbergungsstätten und Bettenräumen in Krankenhäusern und Sanatorien
- Unterrichtsräume in Schulen, Hochschulen und ähnlichen Einrichtungen
- Büroräume (ausgenommen Großraumbüros), Praxisräume, Sitzungsräume und ähnliche Arbeitsräume

In diesen Räumen sind maximale Schalldruckpegel nach Tabelle 3.6 einzuhalten.

In der Richtlinie VDI 4100 werden ergänzend für Wohnräume 3 Schallschutzstufen definiert. Die Festlegungen der DIN 4109-1 definieren im öffentlich-rechtlichen Sinne einzuhaltende Schallpegel vor allem im Hinblick auf den Gesundheitsschutz, während die VDI 4100 weiter gehende Vorschläge für einen höheren Komfort macht.

Es können die folgenden Schutzmaßnahmen ergriffen werden:

- schallschutzoptimierte Grundrissplanung, indem möglichst keine schallemittierenden Installationen an den Trennwänden zu schutzbedürftigen Räumen angebracht werden bzw. die Installationen mit möglichst großer Distanz zu diesen Räumen angeordnet werden
- Verhinderung der Luftschallabstrahlung durch schallemittierende Installationen in Form von Abkapselung bzw. schallschutztechnischer Umhüllung (z. B. Schalldämmhaube über dem Brenner des Heizkessels oder Schallschutzumhüllung von Abwasserleitungen)

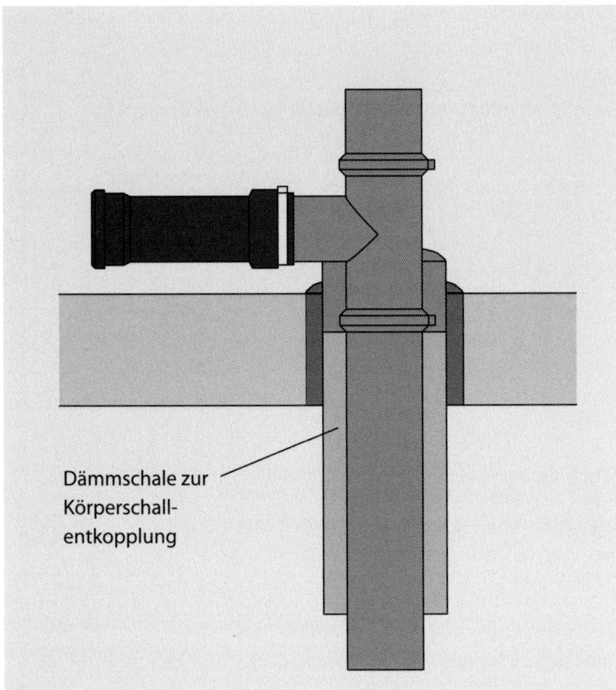

Abb. 3.30: Körperschallentkopplung mithilfe von Dämmstoffen

- Bekleidung von Wänden und Decken des Raumes, in dem der Schall entsteht, mit schallabsorbierendem Material
- Ausführung der umschließenden Bauteile des Raumes, in dem der Schall entsteht, in möglichst schwerer Bauart
- schalltechnische Entkopplung der schallemittierenden Installationen vom Baukörper, wodurch die Körperschallfortleitung verhindert wird (z. B. schallabsorbierende Unterlagen unter dem Kessel oder dem BHKW, Schallschutzmanschetten in Rohrleitungsschellen, schallentkoppelte Abhängung von Lüftungskanälen, Einbau von Kompensatoren bei Rohrleitungen; vgl. auch Abb. 3.30)
- Verwendung von Apparaten und Komponenten mit geringer Schallemission

3.6 Wärmeschutz

Der Wärmeschutz bei gebäudetechnischen Anlagen ist in folgenden Zusammenhängen erforderlich bzw. teilweise gesetzlich vorgeschrieben:

- Wärmeschutz zur Verhinderung von Wärmeverlusten bei Anlagen und Rohrleitungen der Heizung und Warmwasserbereitung außerhalb der thermischen Hülle des Gebäudes
- Wärmeschutz zur Verhinderung von Kälteverlusten bei Kälteverteilungsleitungen und Kaltwasserleitungen für die Klimaanlage
- Wärmeschutz zur Verhinderung von Tauwasserbildung an Kaltwasserleitungen
- Wärmeschutz zur Gewährleistung der Funktion von Abgasanlagen (z. B. Wahl einer Dämmung des Schornsteins im Auslegungsprozess anstelle einer Querschnittserweiterung)

Nach Energieeinsparverordnung (EnEV) sind Dämmmaßnahmen an Rohrleitungen entsprechend Tabelle 3.7 vorzusehen. Für Warmwasser- und Zirkulationsleitungen ist außerdem Tabelle 3.9 zu beachten.

Auch Kaltwasserleitungen müssen mit Dämmungen vor Tauwasserbildung und unzulässiger Erwärmung geschützt werden; Tabelle 3.8 enthält Richtwerte gemäß DIN 1988-200. Letztlich müssen auch kalte Entwässerungsleitungen (z. B. Regenwasserleitungen), die im Gebäude verlaufen, vor Tauwasserbildung geschützt werden.

3.7 Sicherheit im Gebäude

Das Thema Sicherheit in Gebäuden bzw. die Gebäudesicherheit umfasst die folgenden Aspekte:

- Schutz von Personen
- Schutz von Objekten
- Schutz des Gebäudes
- Schutz von Informationen

Die Bedrohung, d. h. die Einschränkung der Sicherheit, kann auf verschiedenen Wegen geschehen, z. B. durch:

- gezielte äußere Angriffe (Einbruch, Spionage, Terrorismus),
- zufällige äußere Einflüsse (Stromausfall, Naturereignis),
- Fehlverhalten bzw. Fehlbedienung von Anlagen,
- Versagen technischer Systeme.

Ein hohes Maß an Gebäudesicherheit wird über die architektonische und bauliche Gestaltung und den Einsatz spezieller technischer Systeme erreicht:

- Gefahrmeldeanlagen (Brandmeldeanlagen, Einbruchmeldeanlagen)
- Zugangssysteme
- Überwachungsanlagen (Videoüberwachung)
- Evakuierungssysteme (Fluchtwegeleitsysteme, akustische Systeme)
- Brandbekämpfungstechnik (Löschwasseranlagen, Sprinkleranlagen, Gaslöschanlagen)

Besondere Bedeutung – und das in zunehmendem Maße – besitzt die Gebäudeautomationstechnik. Über sie wird die Vernetzung der genannten Anlagen untereinander und mit den übrigen technischen Systemen im Gebäude erreicht.

Beispiel: Möglicher Brandfall

Bei Betrachtung eines möglichen Brandfalls ist folgender Ablauf denkbar: Durch die Brandmeldeanlage wird der Brand erkannt und die Sprinkleranlage ausgelöst. Parallel wird die Feuerwehr alarmiert und das Evakuierungssystem aktiviert, d. h., es werden die Fluchtwege visualisiert und die Personen im Gebäude akustisch gewarnt. Die Lüftungsanlage (sofern sie nicht der Entrauchung dient) geht außer Betrieb. Das Zugangssystem verhindert, dass Personen, sofern sie nicht zu den Rettungskräften gehören, das Gebäude betreten.

Ein hoher Sicherheitsstandard wird ähnlich wie bei einer optimalen energetischen Gestaltung eines Gebäudes durch einen integralen Planungsansatz erreicht (vgl. Kapitel 1.5.2).

Tabelle 3.7: Wärmedämmung von Leitungen nach GEG 2020, Anlage 8

Zeile	Art der Leitungen/Armaturen	Mindestdicke der Dämmschicht, bezogen auf eine Wärmeleitfähigkeit λ von 0,035 W/(m · K)
1	Innendurchmesser bis 22 mm	20 mm
2	Innendurchmesser über 22 bis 35 mm	30 mm
3	Innendurchmesser über 35 bis 100 mm	gleich Innendurchmesser
4	Innendurchmesser über 100 mm	100 mm
5	Leitungen und Armaturen nach den Zeilen 1 bis 4 in Wand- und Deckendurchbrüchen, im Kreuzungsbereich von Leitungen, an Leitungsverbindungsstellen. bei zentralen Leitungsneztverteilern	½ der Anforderungen der Zeilen 1 bis 4
6	Leitungen von Zentralheizungen nach den Zeilen 1 bis 4. die nach dem 31. Januar 2002 in Bauteilen zwischen beheizten Räumen verschiedener Nutzer verlegt werden	½ der Anforderungen der Zeilen 1 bis 4
7	Leitungen nach Zeile 6 im Fußbodenaufbau	6 mm
8	Kälteverteilungs- und Kaltwasserleitungen sowie Armaturen von Raumlufttechnik- und Klimakältesystemen	6 mm

Tabelle 3.8: Richtwerte für die Dämmdicke von Kaltwasserleitungen nach DIN 1988-200:2012-05, Tabelle 8

Einbausituation	Dicke der Dämmschicht bei λ = 0,040 W/(m · K)[1]
Rohrleitungen frei verlegt in nicht beheizten Räumen, Umgebungstemperatur ≤ 20 °C (nur Tauwasserschutz)	9 mm
Rohrleitungen verlegt in Rohrschächten, Bodenkanälen und abgehängten Decken, Umgebungstemperatur ≤ 25 °C	13 mm
Rohrleitungen verlegt, z. B. in Technikzentralen oder Medienkanälen und Schächten mit Wärmelasten und Umgebungstemperaturen ≥ 25 °C	Dämmung wie Warm Wasserleitungen gemäß DIN 1988-200, Tabelle 9, Einbausituationen 1 bis 5
Stockwerksleitungen und Einzelzuleitungen in Vorwandinstallationen	Rohr-in-Rohr oder 4 mm
Stockwerksleitungen und Einzelzuleitungen im Fußbodenaufbau (auch neben nicht zirkulierenden Trinkwasserleituigen warm)[2]	Rohr-in-Rohr oder 4 mm
Stockwerksleitungen und Einzelzuleitungen im Fußbodenaufbau neben warmgehenden zirkulierenden Rohrleitungen[2]	13 mm

[1] Für andere Wärmeleitfähigkeiten λ sind die Dämmschichtdcken entsprechend umzurechnen; Referenztemperatur für die angegebene Wärmeleitfähigkeit: 10 °C.
[2] In Verbindung mit Fußbodenheizungen sind die Rohrleitungen für Trinkwasser kalt so zu verlegen, dass die Anforderungen nach DIN 1988-200, Abschnitt 3.6, eingehalten werden.

Tabelle 3.9: Mindestdämmdicken für Warmwasserleitungen nach DIN 1988-200:2012-05, Tabelle 9

Einbausituation	Dicke der Dämmschicht bei λ = 0,035 W/(m · K)[1]
Innendurchmesser bis 22 mm	20 mm
Innendurchmesser größer 22 bis 35 mm	30 mm
Innendurchmesser größer 35 bis 100 mm	gleich Innendurchmesser
Innendurchmesser größer 100 mm	100 mm
Leitungen und Armaturen nach den Einbausituationen 1 bis 4 in Wand- und Deckendurchbrüchen, im Kreuzungsbereich von Leitungen, an Leitungsverbindungsstellen, bei zentralen Leitungsnetzverteilern	Hälfte der Anforderungen für Einbausituationen 1 bis 4
Trinkwasserleitungen warm, die weder in den Zirkulatonskreislauf einbezogen noch mit einem Temperaturhalteband ausgestattet sind, z. B. Stockwerks- oder Einzelzuleitungen mit einem Wasserinhalt ≤ 3 l	keine Dämmanforderungen gegen Wärmeabgabe[2]

[1] Für andere Wärmeleitfähigkeiten λ sind die Dämmschichtdicken entsprechend umzurechnen; Referenztemperatur für die angegebene Wärmeleitfähigkeit: 40 °C.
[2] Bei Unterputzverlegung ist eine Dämmung erforderlich (z. B. Rohr-in-Rohr oder 4 mm als mechanischer Schutz oder Korrosionsschutz).

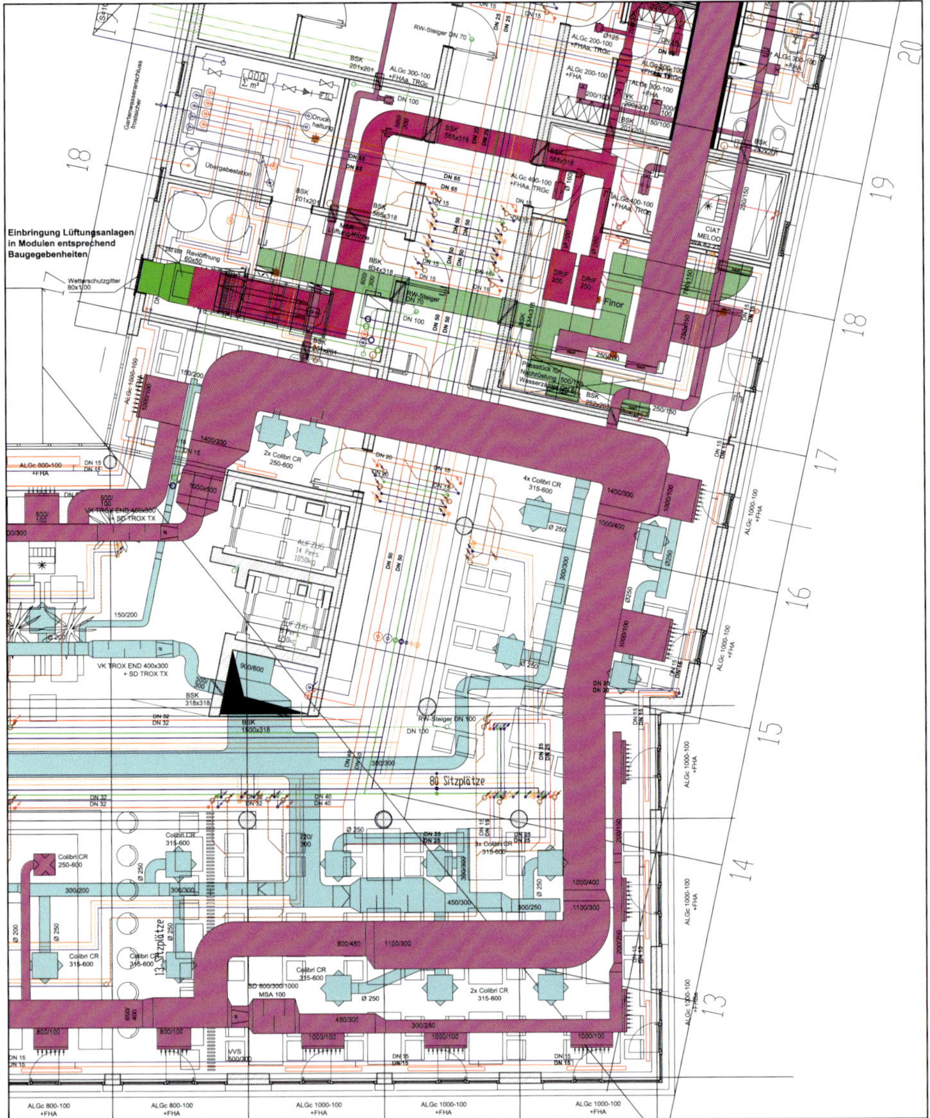

Abb. 3.31: Ausschnitt aus einer Grundrisszeichnung mit eingetragener Gebäudetechnik

3.8 Darstellung der technischen Gebäudeausrüstung

Die zeichnerische Darstellung der Anlagen der technischen Gebäudeausrüstung erfolgt zunächst in Form von Grundriss- und Schnittzeichnungen. Als Basis werden die entsprechenden Zeichnungen des Bauwerks, die vom Architekten erstellt wurden, genutzt. In diese Zeichnungen werden die technischen Anlagen in zwei Formen eingetragen:

- maßstabsgerechte Darstellung von Hauptkomponenten (Kessel, Lüftungsgerät, Heizkörper), Lüftungskanälen und teilweise von Rohrleitungen
- schematische und symbolhafte Darstellung von Rohrleitungs- bzw. Elektrotrassenverläufen, Armaturen, Schaltern, Lampen u. Ä.

Die Abb. 3.31 zeigt den Ausschnitt einer Grundrisszeichnung, in welche maßstabsgerecht die Lüftungskanäle und schematisch die Rohrleitungsverläufe eingezeichnet wurden.

Zusätzlich zu den Grundrissen werden in der Gebäudetechnik Zeichnungen verwendet, aus denen die Funktionsweise der jeweiligen Anlage hervorgeht. Meistens handelt es sich um folgende Darstellungen:

- Strangschemata, die in der Heizungstechnik, der Trinkwasserversorgung und der Abwasserentsorgung verwendet werden und die neben der Funktionsweise die vertikale Ausprägung der Anlage in maßstabsgerechter Form darstellen
- Funktionsschemata, die in allen Bereichen der Gebäudetechnik verwendet werden und die ausschließlich die Funktionsweise ohne Maßstabsbezug darstellen. In der Elektrotechnik werden diese Schemata als Übersichtsschaltpläne und Stromlaufpläne bezeichnet.

Die Abb. 3.32 zeigt das Strangschema für die Wasserversorgung eines Hotels. Aus dem Schema gehen neben der Funktionsweise der Anlage die Höhenverhältnisse im Objekt hervor. Für die Auslegung der Anlage ist es wichtig zu wissen, bis auf welche Höhe das Wasser im Gebäude gefördert werden muss. Für das Erdgeschoss werden die konkreten Sanitärobjekte und ihre Einbindung in das Rohrsystem dargestellt. Auf den Etagen wird symbolhaft die Versorgung der Nasszellen dargestellt, für die es noch ein separates Strangschema gibt. Aus der Zeichnung kann der Fachmann die Art der Rohrleitung (Kalt-, Warm- oder Zirkulationswasser) und die jeweilige Nennweite der Rohrleitungsstrecke able-

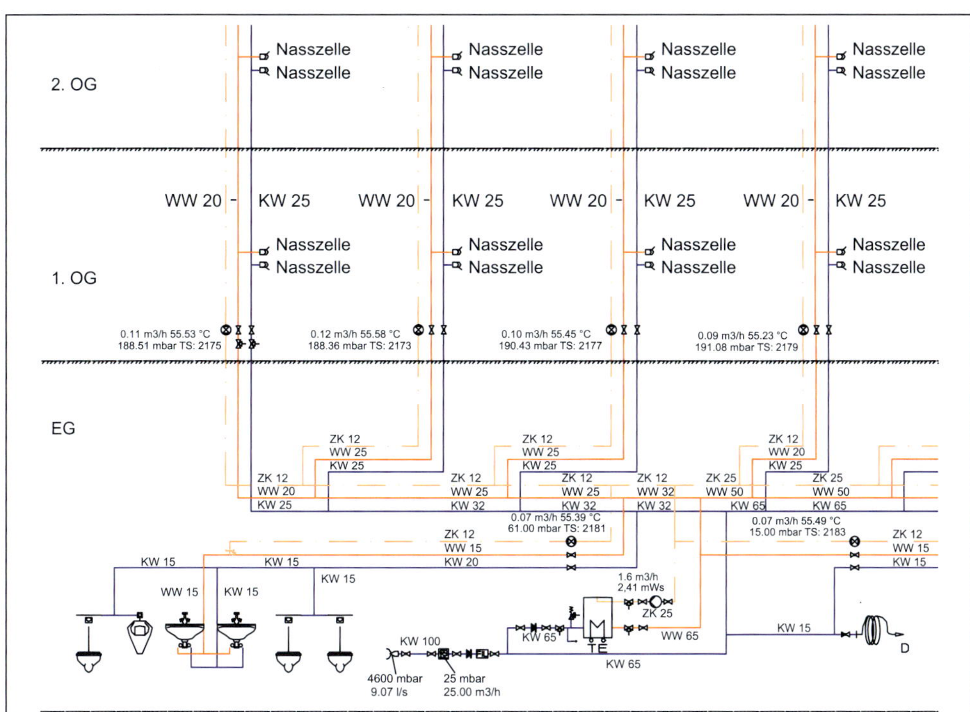

Abb. 3.32: Strangschema für die Wasserversorgung eines Hotelgebäudes

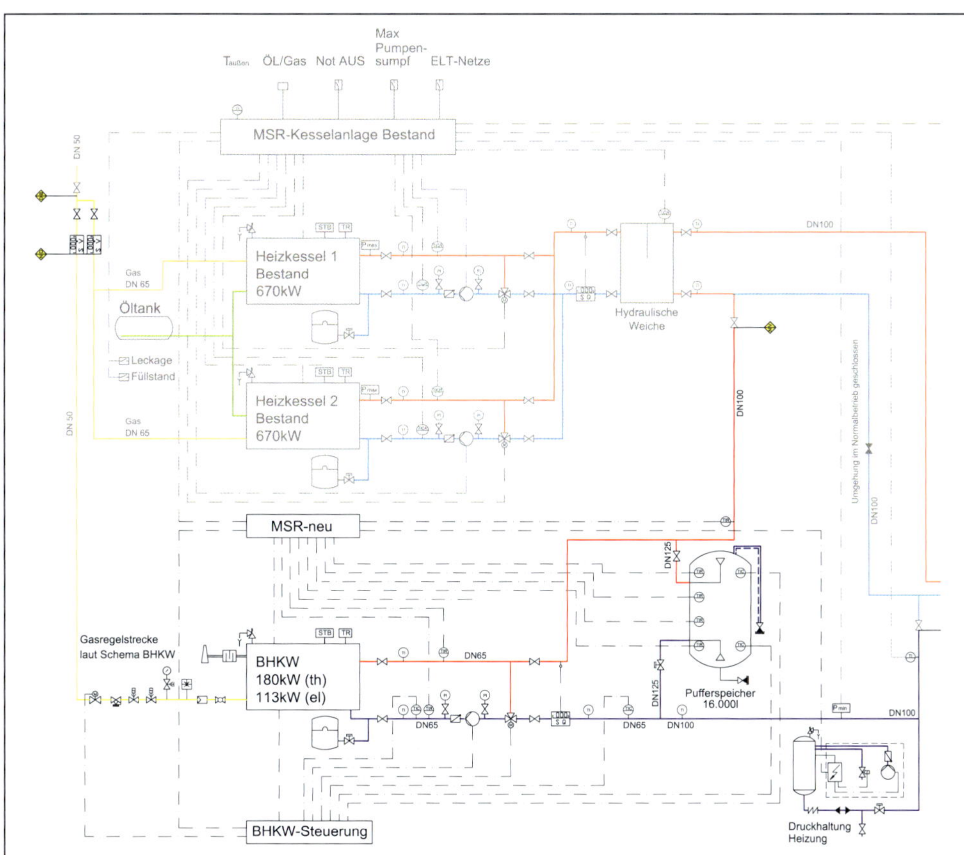

Abb. 3.33: Funktionsschema einer Heizzentrale

sen. Er erkennt außerdem, wie alle Teilsysteme zusammenwirken und wie dementsprechend die Anlage aus den entsprechenden Teilkomponenten zusammenzufügen ist.

In der Abb. 3.33 wird das Funktionsschema einer Heizzentrale, welche mit einem zusätzlichen Blockheizkraftwerk ausgerüstet werden soll, dargestellt. Sie besteht aus folgenden Hauptkomponenten:

- 2 Heizkesseln im Bestand
- 1 Heizöltank
- dem neu zu installierenden Blockheizkraftwerk (BHKW)
- 1 Pufferspeicher und
- diversen Armaturen, Rohrleitungen und MSR-Ausrüstungen

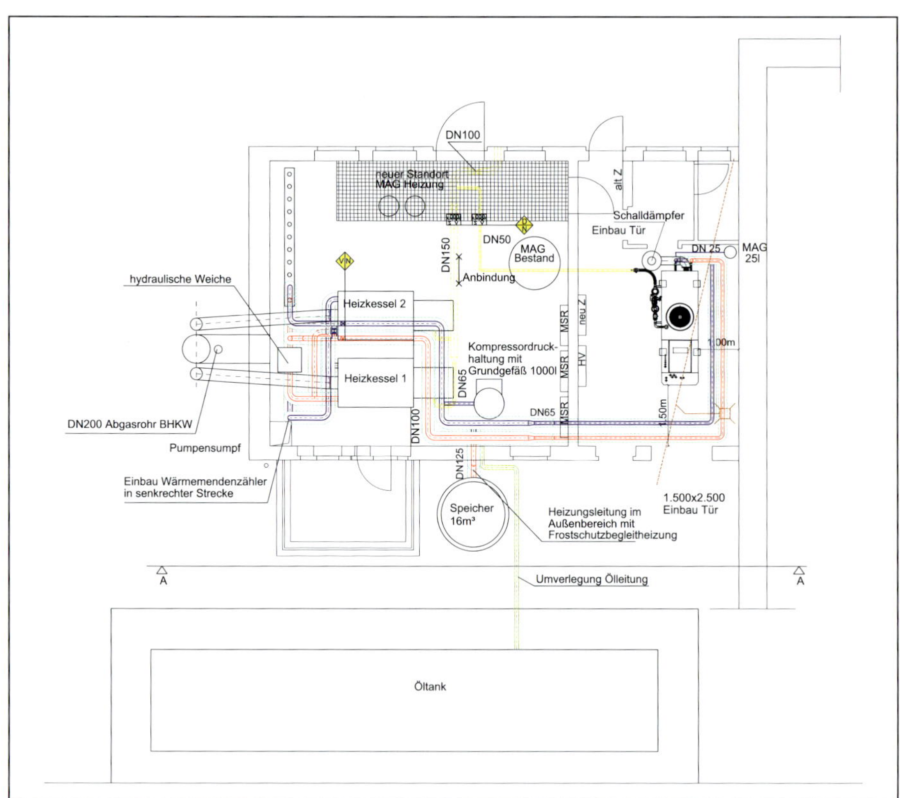

Abb. 3.34: Grundrissdarstellung einer Heizzentrale

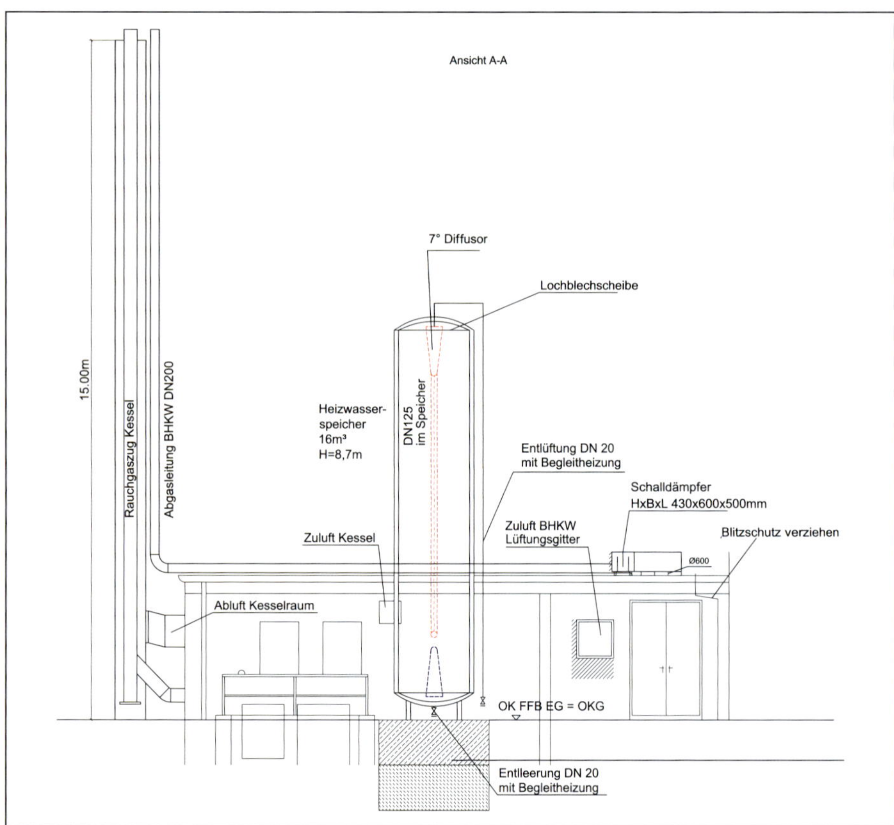

Abb. 3.35: Schnittzeichnung einer Heizzentrale

Um die Anlage tatsächlich bauen zu können, bedarf es neben dem Funktionsschema noch einer Grundriss- und einer Schnittdarstellung, damit die bautechnische Einordnung der Anlage in den Baukörper ersichtlich wird. Diese Darstellungen findet man in den Abb. 3.34 und 3.35. Betrachtet man die beiden Abbildungen, zeigt sich, dass ohne das Funktionsschema der Abb. 3.33 die genaue Gestaltung der Anlage nicht deutlich wird. Erst im Funktionsschema erkennt man, wie die Komponenten durch die Rohrleitungen verbunden werden sollen und wo die entsprechenden Armaturen und Mess-, Steuer- und Regeltechnik-(MSR)-Einrichtungen zu platzieren sind. Allerdings vermittelt die Abb. 3.33

Abb. 3.36: Ausschnitt aus einem Installationsplan für die Elektrotechnik

einen völlig unzureichenden Eindruck von den Größenverhältnissen der Anlagenkomponenten. Diese gehen nur aus den Grundriss- und Schnittzeichnungen hervor.

Die Abb. 3.36 zeigt den Ausschnitt aus einem Installationsplan der Elektrotechnik. Dargestellt sind u. a. die Elektrotrassen (grün schraffierte Rechtecke), die Leuchten, die Steckdosen, die Brandmelder und die Elemente der elektroakustischen Anlage (ELA). Das Ziel dieser Darstellungsart ist die genaue Kennzeichnung der Lage der einzelnen Installationskomponenten im Grundriss.

In einem Stromlaufplan (Abb. 3.37) wird die grundsätzliche Funktionsweise der elektrischen Anlage dargestellt. Man erkennt den Stromfluss beginnend vom Hausanschlusskasten (NH2) über die Energiemessung (sog. Wandlermessung, bezeichnet mit VNB) bis zur Hauptverteilung (HV-EG). In der Hauptverteilung wird das Netz auf die einzelnen Stromkreise aufgeteilt (in diesem Fall handelt es sich um 10 Stromkreise). Jeder Stromkreis ist durch einen Schutzschalter (1. Stromkreis von links) oder eine Sicherung abgesichert, wobei die verschiedenen Absicherungsarten ausführlich im Kapitel 11.4.1 erklärt werden. In der Abb. 3.37 wurde aus Gründen der Anschaulichkeit nur eine von drei Phasen dargestellt.

Die Steuer- und Regelungstechnik für die Haustechnik wird in Form spezifischer Funktionsschemata entsprechend der Abb. 3.38 dargestellt. Im konkreten Fall handelt es sich um ein raumlufttechnisches (RLT-)Gerät, bei welchem im unteren Strang der Darstellung die verschiedenen Luftbehandlungsfunktionen dargestellt sind. Die Außenluft (AUL) durchströmt eine Regelklappe, einen Filter (F7), den Wärmeübertrager der Wärmerückgewinnung und den Lufterhitzer. Gefördert wird sie durch den sich anschließenden Zuluftventilator. Danach wird sie auf zwei Raumgruppen aufgeteilt. Entlang des geschilderten Strömungsweges sind verschiedene Sensoren und Aktoren (Stellglieder) angeordnet, mit deren Hilfe die Regel- und Steuerfunktionen bewerkstelligt werden. So liefert die erste Klappe eine Information über ihre Stellung bzw. sie empfängt Informationen,

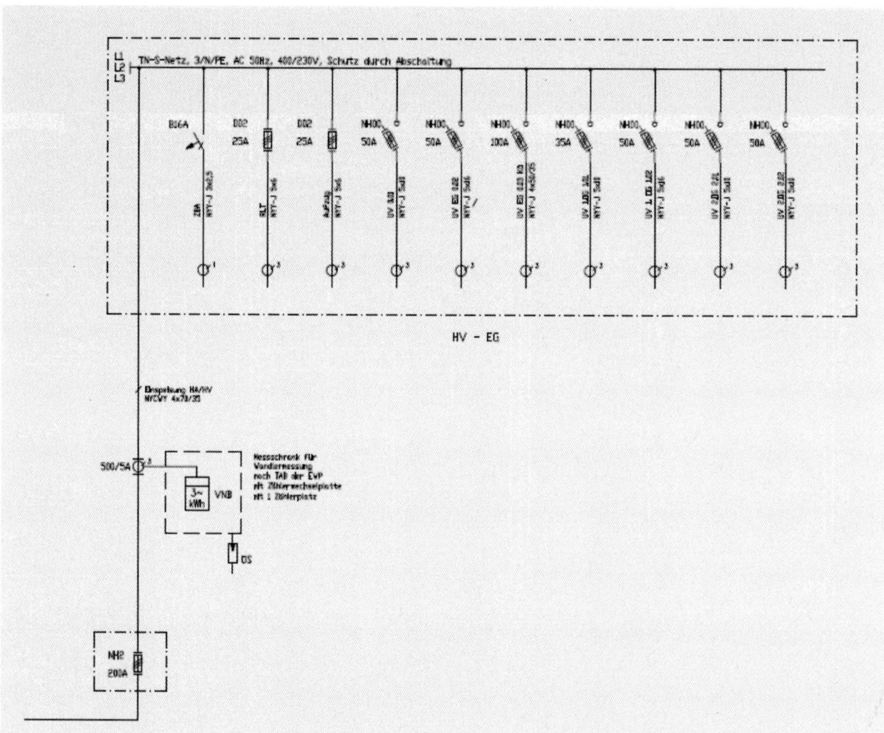

Abb. 3.37: Übersichtsplan einer Hauptstromverteilung

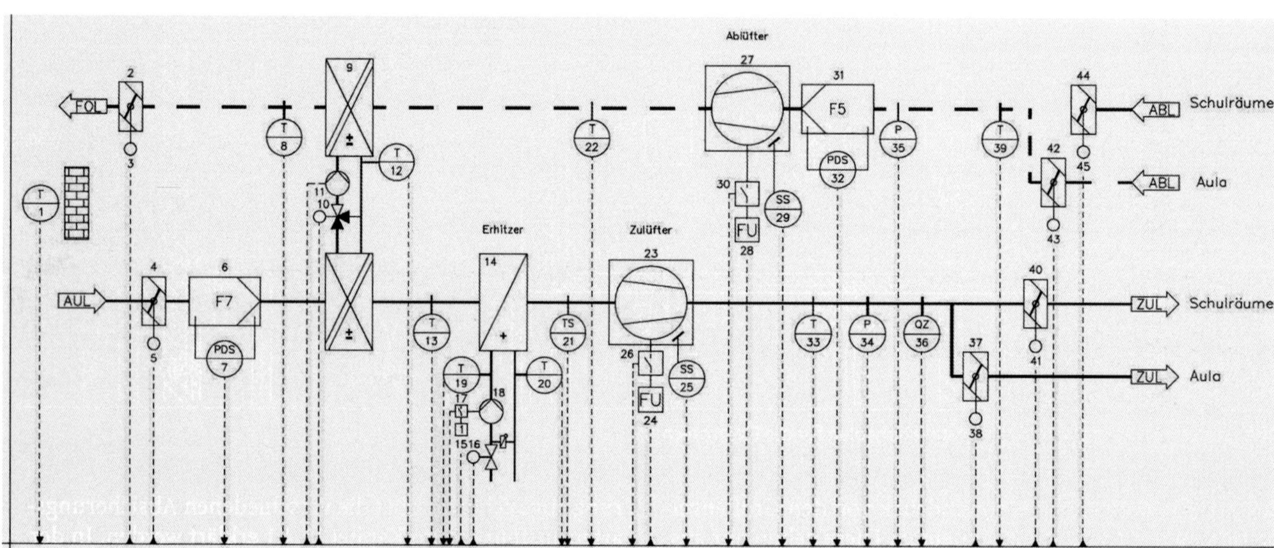

Abb. 3.38: Anlagenschema mit Steuer- und Regelungstechnik

nach denen ihre Stellung verändert wird. Über dem Filter wird der Differenzdruck gemessen (pressure difference switch [PDS]). Hinter dem Wärmeübertrager der Wärmerückgewinnung ist beispielsweise ein Temperaturfühler angeordnet (T13), mit dem die Temperatur der Luft gemessen wird. Je nach Erfordernis kann jetzt die Wärmezufuhr am Lufterhitzer eingestellt werden, wozu weitere Temperaturmessstellen vorgesehen sind. Die konkrete Funktionsweise wird ausführlich im Kapitel 7.5.1 erläutert.

In allen bisher angeführten Darstellungsformen der technischen Gebäudeausrüstung werden Symbole für Anlagenkomponenten verwendet. Die Darstellung mit Hilfe von Symbolen anstelle der detailgetreuen Darstellung der jeweiligen Komponente wird verwendet, um die Aussagekraft der Zeichnungen zu erhöhen. Beispielsweise würde man eine Absperrarmatur in der Abb. 3.31 mit Hilfe einer detailgetreuen Darstellung als solche nicht erkennen können. Erst durch die symbolhafte Darstellung wird deutlich, dass Absperrarmaturen vorzusehen sind, und ggf. auch, um welche Art von Absperrarmaturen es sich im konkreten Fall handeln soll. Funktionsschemata werden ausschließlich mit Hilfe von Symbolen erstellt.

Die nachfolgende Tabelle 3.10 enthält beispielhaft verschiedene Symbole, welche sehr häufig in der dargestellten oder ähnlichen Form in der Praxis verwendet werden. Leider kursieren in der Praxis vielfältige Variationen einzelner Symbole, so dass sich der Sinn eines Schemas oft nur aus dem funktionellen Zusammenhang erschließt.

Tabelle 3.10: Symbole für die technische Gebäudeausrüstung (Auswahl)

Symbol	Bezeichnung und Erläuterung
	Rohr, allgemein
	Schlauch bzw. flexibles Rohr
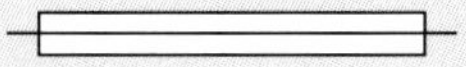	Rohr mit Mantelrohr oder mit Schutzrohr
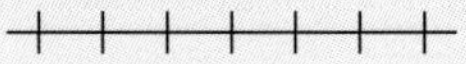	Rippenrohr
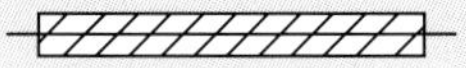	Rohr mit Dämmung
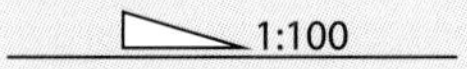 1:100	Rohr mit Gefälle
	Armatur, allgemeine (oft Absperrarmatur)
 DN 32/25	Reduzierung der Nennweite (hier von DN 32 auf DN 25
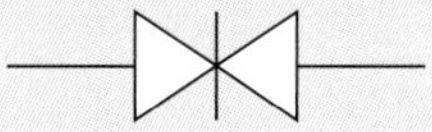	Absperrschieber
	Absperrventil
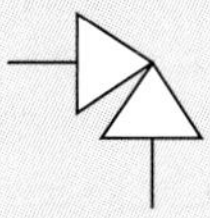	Absperrarmatur in Eckform
	Dreiwegearmatur, allgemein
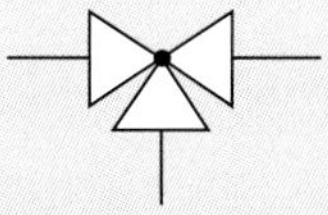	Dreiwegeventil
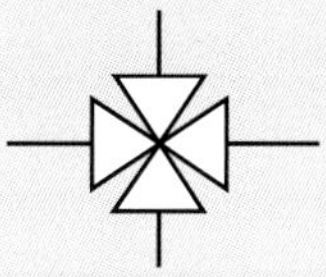	Vierwegearmatur, allgemein
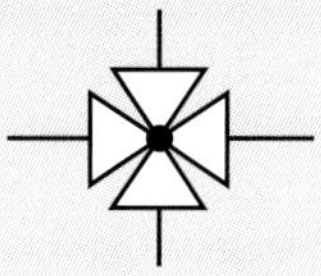	Vierwegeventil
	Armatur, handbetätigt

Symbol	Bezeichnung und Erläuterung
 M	Armatur mit Motorantrieb
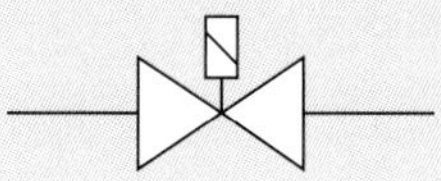	Armatur mit Elektromagnet
	Druckminderventil (Das größere Dreieck stellt die Seite mit dem niedrigeren Druck dar.)
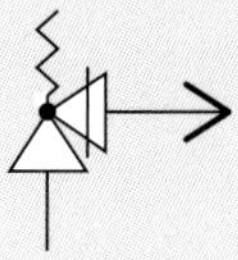	Sicherheitsventil
	Rückschlagventil
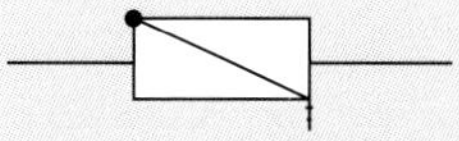	Rückschlagklappe
	Sprinklerdrüse
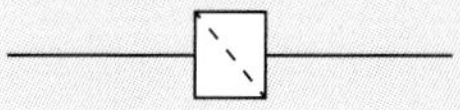	Schmutzfänger
	Schalldämpfer
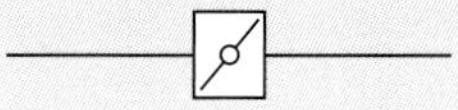	Drosselklappe
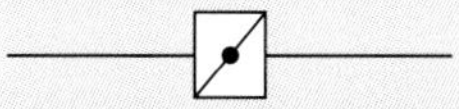	Rauchschutzklappe
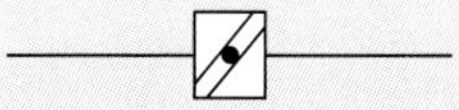	Brandschutzklappe
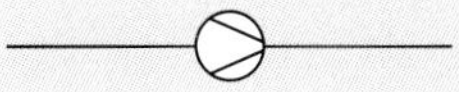	Ventilator
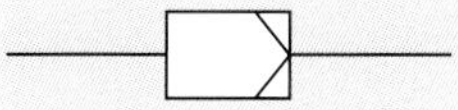	Luftfilter
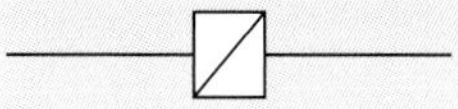	Luftwärmer (Lufterhitzer)
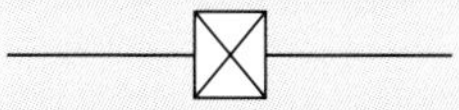	Luftkühler
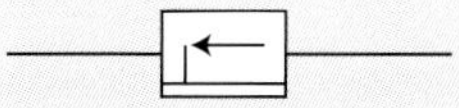	Luftbefeuchter
	Pumpe

3.9 Normen- und Literaturverzeichnis

Normen

DIN 1988-200:2012-05 Technische Regeln für Trinkwasser-Installationen – Teil 200: Installation Typ A (geschlossenes System) – Planung, Bauteile, Apparate, Werkstoffe; Technische Regel des DVGW

DIN 4109-1:2018-01 Schallschutz im Hochbau – Teil 1: Mindestanforderungen

Literatur

VDI 2050:2013-11 Blatt 1 Anforderungen an Technikzentralen – Technische Grundlagen für Planung und Ausführung

VDI 6001:2004-07 Blatt 1 Sanierung von sanitärtechnischen Anlagen – Trinkwasser

VDI 4100:2012-10 Schallschutz im Hochbau – Wohnungen – Beurteilung und Vorschläge für erhöhten Schallschutz. Düsseldorf: Verein Deutscher Ingenieure, 2012

4 Gebäudetechnik im Lebenszyklus

4.1 Das Lebenszykluskonzept

Der Lebenszyklus von Gebäuden umfasst die folgenden Hauptphasen (vgl. auch Abb. 4.1):

- Konzeption
- Planung
- Bau
- (Um-)Nutzung/Betrieb bzw. Gebäudemanagement
- Abriss/Entsorgung.

Über den gesamten Lebenszyklus eines Gebäudes sind zum einen die Kosten zu optimieren und zum anderen sind dem Nutzer optimale Behaglichkeits- und Komfortbedingungen bereitzustellen.

4.2 Baukosten

Die Frage nach den Kosten, die ein Gebäude verursacht, ist untrennbar mit der Geschichte des Bauens verbunden. Traditionell standen dabei die Baukosten im engeren Sinne im Fokus, d. h. die Errichtungskosten. Baukosten werden nach DIN 276 strukturiert (vgl. Tabelle 4.1).

Tabelle 4.1: Kostengruppen nach DIN 276:2018-12

Kostengruppe	Bezeichnung
100	Grundstück
200	Vorbereitende Maßnahmen
300	Bauwerk – Baukonstruktion
400	Bauwerk – technische Anlage
500	Außenanlagen und Freiflächen
600	Ausstattung und Kunstwerke
700	Baunebenkosten
800	Finanzierung

Die Kosten für neu zu errichtende Gebäude können mithilfe der Datenbank des Baukosteninformationszentrums (BKI-Baukostendatenbank) abgeschätzt werden. Dort werden Baukosten ausgeführter Objekte bauteil- bzw. gewerkeweise systematisiert (vgl. z. B. Tabelle 4.2).

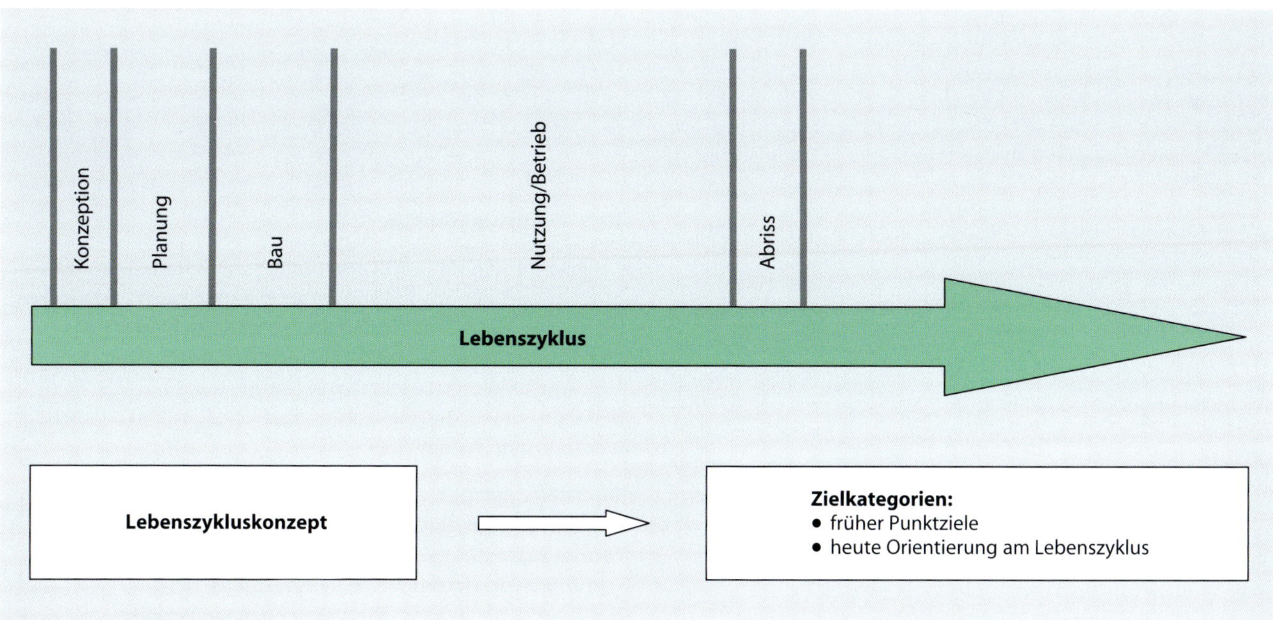

Abb. 4.1: Lebenszykluskonzept

Tabelle 4.2: Kostenkennwerte in € zzgl. MwSt. für Bürogebäude, einfacher Standard (Werte nach BKI, 2021)

KG	Kostengruppe (KG) der ersten Ebene	Einheit	von (€/Einheit)	Mittelwert (€/Einheit)	bis (€/Einheit)
100	Grundstück	m^2GF[1]	–	–	–
200	Vorbereitende Maßnahmen	m^2GF[1]	1,68	6,72	13,45
300	Bauwerk – Baukonstruktion	m^2BGF[2]	676,47	821,85	952,10
400	Bauwerk – technische Anlagen	m^2BGF[2]	131,09	193,28	264,71
500	Außenanlagen und Freiflächen	m^2AF[3]	9,24	52,94	72,27
600	Ausstattung und Kunstwerke	m^2BGF[2]	42,02	77,31	112,61
700	Baunebenkosten	m^2BGF[2]	240,34	268,07	295,80

[1] Grundfläche
[2] Brutto-Grundfläche
[3] Außenfläche

Tabelle 4.3: Kostenkennwerte in € zzgl. MwSt. für Bürogebäude, hoher Standard (Werte nach BKI, 2021)

KG	Kostengruppe (KG) der ersten Ebene	Einheit	von (€/Einheit)	Mittelwert (€/Einheit)	bis (€/Einheit)
100	Grundstück	m^2GF[1]	–	–	–
200	Vorbereitende Maßnahmen	m^2GF[1]	17,65	91,60	432,77
300	Bauwerk – Baukonstruktion	m^2BGF[2]	1.177,31	1.544,54	1.963,03
400	Bauwerk – technische Anlagen	m^2BGF[2]	402,52	554,62	814,29
500	Außenanlagen und Freiflächen	m^2AF[3]	89,92	277,31	957,98
600	Ausstattung und Kunstwerke	m^2BGF[2]	11,76	75,63	155,46
700	Baunebenkosten	m^2BGF[2]	363,87	405,04	446,22

[1] Grundfläche
[2] Brutto-Grundfläche
[3] Außenfläche

Der Vergleich der Tabelle 4.2 mit der Tabelle 4.3 zeigt, dass eine Erhöhung der Nutzungsqualität vor allem durch aufwendigere Gebäudetechnik erreicht werden kann.

Tabelle 4.4: Kostengruppen (KG) nach DIN 18960:2020-11

KG	erste Ebene	KG	zweite Ebene
100	Kapitalkosten	110	Fremdmittel
		120	Eigenmittel
200	Objektmanagementkosten	210	Eigenpersonalkosten
		220	Eigensachkosten
		230	Fremdleistungen
		290	Objektmanagementkosten, Sonstiges
300	Betriebskosten	310	Versorgung
		320	Entsorgung
		330	Reinigung und Pflege von Gebäuden
		340	Reinigung und Pflege von Außenanlagen
		350	Bedienung, Inspektion und Wartung
		360	Sicherheits- und Überwachungsdienste
		370	Abgaben und Beiträge
		390	Betriebskosten, Sonstiges
400	Instandsetzungskosten	410	Instandsetzung der Baukonstruktion
		420	Instandsetzung der technischen Anlagen
		430	Instandsetzung der Außenanlagen
		440	Instandsetzung der Ausstattung
		490	Instandsetzung, sonstiges

4.3 Nutzungskosten

Ungeachtet dessen, dass auch heute die Baukosten viele Entscheidungen im Planungs- und Bauprozess primär beeinflussen, setzt sich doch zunehmend die Erkenntnis durch, dass neben den Baukosten auch die Kosten der Nutzungsphase betrachtet werden müssen. Für die Strukturierung der Nutzungskosten kann DIN 18960 verwendet werden (vgl. Tabelle 4.4).

Alternativ können die Nutzungskosten nach der Richtlinie GEFMA 200 gegliedert werden. Die Nutzungskosten für neu zu planende Gebäude können beispielsweise mithilfe von Benchmarkkennziffern abgeschätzt werden. Die Tabelle 4.5 zeigt die auf die Mietfläche bezogenen Nebenkosten (nur ein Teil der Nutzungskosten nach DIN 18960) für unklimatisierte und klimatisierte Bürogebäude verschiedener Größenkategorien.

Tabelle 4.5: Nebenkosten von Bürogebäuden (Werte nach Jones Lang LaSalle, 2006)

Nebenkosten	**unklimatisierte Bürogebäude**		**klimatisierte Bürogebäude**	
	1.000 bis 4.999 m² (€/m²/Monat)	**5.000 bis 9.999 m² (€/m²/Monat)**	**1.000 bis 4.999 m² (€/m²/Monat)**	**5.000 bis 9.999 m² (€/m²/Monat)**
öffentliche Abgaben	0,53	0,57	0,55	0,56
Versicherung	0,17	0,15	0,16	0,19
Wartung	0,33	0,33	0,48	0,39
Strom	0,17	0,26	0,28	0,26
Heizung	0,43	0,46	0,48	0,47
Wasser, Abwasser	0,11	0,12	0,11	0,15
Reinigung	0,30	0,30	0,33	0,25
Bewachung	0,12	0,22	0,17	0,24
Verwaltung	0,38	0,31	0,34	0,31
Hausmeister	0,32	0,29	0,30	0,28
sonstige Nebenkosten	0,07	0,05	0,04	0,09
Summe	**2,93**	**3,06**	**3,24**	**3,19**

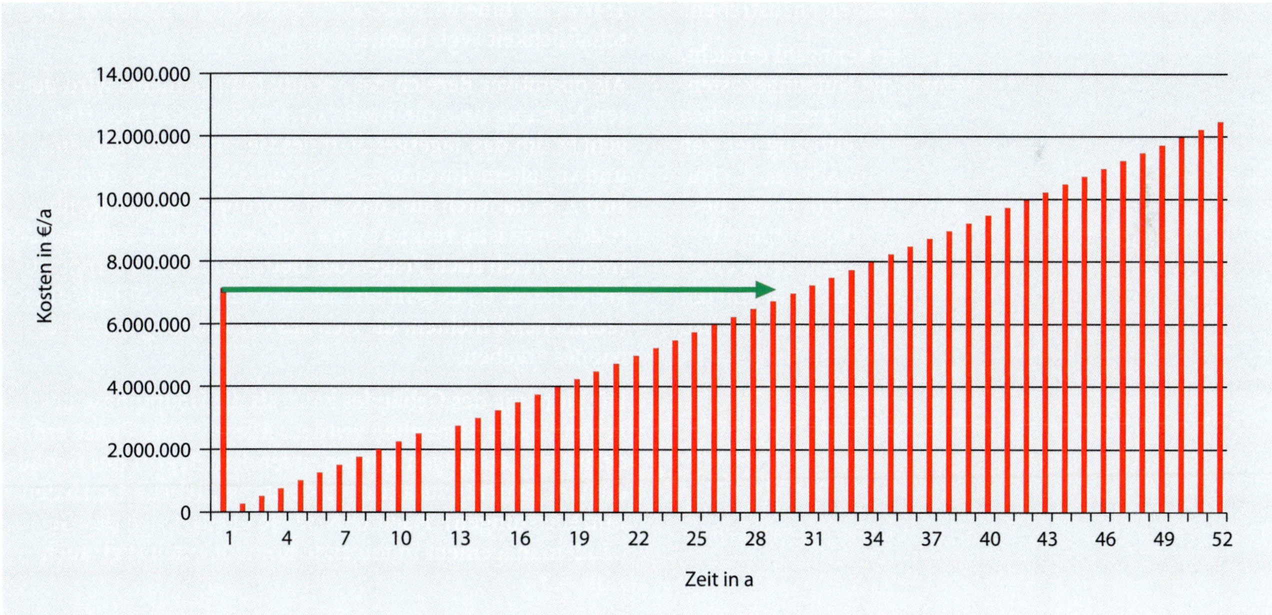

Abb. 4.2: Lebenszykluskosten und Baukosten am Beispiel eines Bürogebäudes

Beispiel: Nutzungskosten für ein Bürogebäude

Werden für ein Bürogebäude (einfacher Standard) mit einer Brutto-Grundfläche (BGF) von 6.000 m² die Errichtungskosten nach Tabelle 4.2 einerseits und die Nebenkosten nach Tabelle 4.5 andererseits verglichen, so wird deutlich, dass bei einer angenommenen Nutzungszeit von 50 Jahren die Nutzungskosten die Errichtungskosten deutlich übersteigen (vgl. die folgenden Berechnungen sowie Abb. 4.2). Das in Staudt (vgl. Staudt, 1999, S. 41) angesetzte Verhältnis, nach dem die Nutzungskosten nach 7 Jahren bereits das Doppelte der Errichtungskosten erreicht haben, erscheint in diesem Zusammenhang jedoch als zu hoch angesetzt, selbst wenn in Rechnung gestellt wird, dass sich die Nebenkosten von Bürogebäuden zwischen 1996 und 2002 durchschnittlich um ca. 30 % verringert haben (vgl. Jones Lang LaSalle, OSKAR 2002, S. 4).

Bürogebäude, einfacher Standard:

Brutto-Grundfläche (BGF)		6.000 m²
Netto-Grundfläche (NGF)		5.172 m²
Fläche des Baugrundstückes (FBG) bzw. Außenfläche (AUF)		3.100 m²
Kostenansatz nach Kostengruppen:		
KG 200	11,00 €/m² FBG	34.100,00 €
KG 300	755,00 €/m² BGF	4.530.000,00 €
KG 400	169,00 €/m² BGF	1.014.000,00 €
KG 500	56,00 €/m² AUF	173.600,00 €
KG 600	87,00 €/m² BGF	522.000,00 €
KG 700	143,00 €/m² BGF	858.000,00 €
Errichtungskosten		**7.131.700,00 €**
Nutzungskosten (Ansatz [Bezug NGF] 2,93 €/m²/Monat):		
Nebenkosten pro Jahr		181.862,07 €
Instandsetzung Baukonstruktion (1 % KG 300) pro Jahr		45.300,00 €
Instandsetzung technische Anlagen (2 % KG 400) pro Jahr		20.280,00 €
Instandsetzung Außenanlagen (1 % KG 500) pro Jahr		1.736,00 €
Baunutzungskosten pro Jahr		249.178,07 €
Nutzungskosten nach 50 Jahren		**12.458.903,45 €**

4.4 Lebenszykluskosten

Beim Entwurf eines Gebäudes ist nicht nur auf möglichst niedrige Baukosten zu achten, sondern es ist eine Optimierung des Verhältnisses von Baukosten und Nutzungskosten mit dem Ziel optimaler Lebenszykluskosten anzustreben.

Dies wird durch die Verwendung einer Kennzahl erreicht, in die sowohl die Baukosten als auch die Nutzungskosten eingehen. Die Schwierigkeit bei der Bildung einer solchen Kennzahl besteht im unterschiedlichen Zeitbezug der Zahlungen. Die Errichtungskosten fallen einmalig an, die Nutzungskosten dagegen jährlich wiederkehrend. In der Betriebswirtschaft gilt der Grundsatz, dass der Zeitpunkt einer Zahlung ihren Wert bestimmt. Demzufolge ist es nicht einfach möglich, die Nutzungskosten aufzuaddieren, wie es im vorstehenden Beispiel im Interesse der Anschaulichkeit getan wurde (vgl. Kapitel 4.3). Der Zeitbezug wird über das sog. Abzinsen berücksichtigt. Dabei werden alle jährlichen Zahlungen mit einem Abzinsungsfaktor multipliziert, wodurch nominell gleiche Zahlungen immer geringer werden, je weiter sie vom Zeitpunkt der Errichtung entfernt sind. Die abgezinste Zahlung wird als Barwert bezeichnet. Demzufolge sind die Lebenszykluskosten als Summe der Barwerte aller Kosten im Lebenszyklus zu verstehen.

Mithilfe dieser Summe der Barwerte kann eine einfache Entscheidungsregel aufgestellt werden: Es ist die Gebäudevariante zu wählen, die die geringste Summe der Barwerte, d. h. der Lebenszykluskosten, aufweist.

Die Verwendung eines solchen Ansatzes ist nicht neu, er entspricht dem Grundgedanken der bekannten Investitionsbewertungsverfahren, wie sie in Kapitel 5.4 dargestellt werden (vgl. dazu Krimmling, 2018). Außerdem werden die Lebenszykluskosten in Bewertungsverfahren für nachhaltige Gebäude verwendet (vgl. dazu Kapitel 5.6).

4.5 Facility Management

Facility Management ist eine ganzheitliche Methode, mit der Gebäude über den gesamten Lebenszyklus begleitet werden. Krimmling (vgl. Krimmling, 2017) analysiert die gängigen Facility Management-Definitionen (vgl. auch Nävy, 2000) und arbeitet deren wichtigste Aspekte zusammenfassend wie folgt heraus:

- wirtschaftliche Betriebsführung
- ganzheitlicher strategischer Rahmen
- Betrachtung, Analyse und Optimierung aller kostenrelevanten Vorgänge im Zusammenhang mit einem Gebäude
- Gesamtheit aller Leistungen zur optimalen Nutzung der betrieblichen Infrastruktur

Aus methodischer Sicht kann Facility Management in 2 Bereiche strukturiert werden:

- strategischer Bereich
- operativer Bereich

Im strategischen Bereich geht es um die Gestaltung des Gebäudes aus Sicht der Nutzung bzw. der Bewirtschaftung. Das betrifft z. B. die Frage, wie das Gebäude zu gestalten ist, um möglichst niedrige Energiekosten zu erreichen (vgl. Kapitel 1.3). Entsprechende Fragen können auch aus Sicht der Reinigung oder aus Sicht der Instandhaltung gestellt werden. Letztlich steht das in Kapitel 4.4 dargestellte Optimierungsproblem im Mittelpunkt, das mithilfe der Kennzahl Lebenszykluskosten gelöst werden kann. Die Entscheidungsaufgaben im strategischen Bereich haben eine große Tragweite. Eine wichtige Rolle spielt die Frage der Wirtschaftlichkeit (vgl. Kapitel 5.4).

Als operativer Bereich des Facility Managements wird dessen Nutzung bzw. die Bewirtschaftung bezeichnet. Hier geht es um das Tagesgeschäft des Gebäudemanagements und vor allem um eine gute Organisation. Diese zeichnet sich z. B. dadurch aus, dass auf Störungen im Anlagenbetrieb kurzfristig reagiert wird. Außerdem sind dem operativen Bereich auch Fragen der Betreiberverantwortung zugeordnet, d. h., es geht um die zuverlässige Erfüllung aller rechtlichen Pflichten, die sich aus der Nutzung eines Gebäudes ergeben.

Die Nutzung des Gebäudes kann als die Hauptphase des Lebenszyklus angesehen werden. Alle in dieser Phase erforderlichen Leistungen werden unter dem Begriff des Gebäudemanagements zusammengefasst (vgl. Tabelle 4.6 zu den Einzelleistungen). Nach DIN 32736 gliedert sich das Gebäudemanagement in folgende Komponenten (vgl. auch Abb. 4.3):

- technisches Gebäudemanagement (TGM)
- infrastrukturelles Gebäudemanagement (IGM)
- kaufmännisches Gebäudemanagement (KGM)
- Flächenmanagement

Das Flächenmanagement hat dabei eine Basisfunktion, da für die Durchführung der meisten Gebäudemanagementleistungen Informationen über die jeweilige Fläche (Raum) benötigt werden. Soll beispielsweise die Unterhaltsreinigung eines Raumes in einem Leistungsverzeichnis beschrieben werden, so werden u. a. die Fläche des Raumes sowie die Beschaffenheit des Fußbodens und anderer Nutzungskomponenten benötigt.

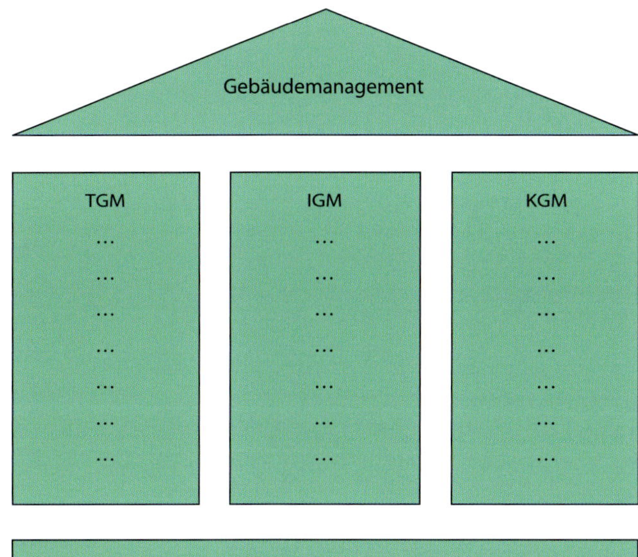

Abb. 4.3: Struktur des Gebäudemanagements nach DIN 32736:2000-08

Tabelle 4.6: Leistungen des Gebäudemanagements nach DIN 32736:2000-08

technisches Gebäude-management	**infrastrukturelles Gebäude-management**	**kaufmännisches Gebäude-management**
Betreiben	Verpflegungsdienste	Beschaffungs-management
Dokumentieren	DV-Dienstleistungen	Kostenplanung und -kontrolle
Energiemanage-ment	Gärtnerdienste	Objektbuchhaltung
Informations-management	Hausmeisterdienste	Vertragsmanage-ment
Modernisieren	interne Postdienste	
Sanieren	Kopier- und Drucke-reidienste	
Umbauen	Parkraumbetreiber-dienste	
Verfolgen der technischen Gewährleistung	Reinigungs- und Pflegedienste	
	Sicherheitsdienste	
	Umzugsdienste	
	Waren- und Logistik-dienste	
	Winterdienste	
	zentrale Telekom-munikationsdienste	
	Entsorgen	
	Versorgen	

Insbesondere das technische Gebäudemanagement hat einen starken Bezug zur Haustechnik. Die Funktion des Betreibens umfasst den Hauptteil der Leistungen, die beim Umgang mit der Haustechnik und deren Instandhaltung benötigt werden (vgl. Tabelle 4.7).

Tabelle 4.7: Erläuterungen zur Leistung „Betreiben" nach DIN 32736:2000-08

Betreiben nach DIN 32736	**Erläuterung**
Über-nehmen	Der Betreiber übernimmt die Anlage, indem er den Zustand der Dokumentation und der Anlage prüft. Ab dem Zeitpunkt der Übernahme ist er für die Einhaltung aller Vorschriften und Vorgaben verantwortlich.
Inbetrieb-nehmen	Der Betreiber schaltet die Anlage nach den Vorgaben des Errichters in Betrieb. Als Voraussetzung müssen Betriebsmittel aufgefüllt werden und alle vorgeschriebenen Tests und Prüfungen durchgeführt und dokumentiert sein.
Bedienen	Hierzu zählen alle Handlungen während des laufenden Betriebes, wie beispielsweise das Öffnen oder Schließen von Armaturen oder das Eingeben von Sollwerten an einem Regelgerät. Ein Großteil der Funktionen des Bedienens wird heute automatisch realisiert, sodass manuelle Bedienhandlungen nur in seltenen Fällen erforderlich sind.
Über-wachen, Messen, Steuern, Regeln, Leiten	In regelmäßigen Abständen sind alle Betriebsanzeigen zu inspizieren. Dabei sind die Anzeigewerte an Messgeräten mit vorgegebenen Sollwerten zu vergleichen. Sofern erforderlich sind Einstellungen an Regelgeräten oder Armaturen vorzunehmen. In Anlagen mit Gebäudeautomationssystemen (Gebäudeleittechnik) wird ein Großteil dieser Aufgaben ebenfalls automatisch realisiert.
Optimie-ren	In regelmäßigen Abständen sind die Anlagen und deren Betrieb im Hinblick auf mögliche Einsparpotenziale zu überprüfen. Hier gibt es Schnittstellen zur Funktion des Energiemanagements.
Instand-halten	Nach DIN 31051 gehören zur Instandhaltung folgende Leistungen (vgl. Abb. 4.4): • Wartung • Inspektion • Instandsetzung • Verbesserung
Beheben von Stö-rungen	Während des Betriebs sind auftretende Störungen entweder direkt durch den Betreiber zu beheben oder es ist deren Beseitigung durch einen internen oder externen Service- bzw. Reparaturdienst zu veranlassen. Für die Instandhaltungsplanung ist es wichtig, dass auftretende Störungen im Gebäudeinformationssystem dokumentiert und statistisch ausgewertet werden.
Außer-betrieb-nehmen	Für die Durchführung von planmäßigen Instandsetzungsarbeiten muss die Gesamtanlage (oder deren Komponenten) außer Betrieb genommen bzw. abgeschaltet werden.
Wieder-inbetrieb-nehmen	Hierbei handelt es sich um eine Inbetriebnahme nach Instandhaltungs-, Umbau- oder Modernisierungsarbeiten.
Aus-mustern	Nicht mehr benötigte Anlagenteile sind auszubauen, fachgerecht zu entsorgen und aus der Anlagendokumentation auszutragen.
Wieder-holungs-prüfungen	Gesetzlich vorgeschriebene oder vom Hersteller vorgegebene Prüfungen sind durchzuführen oder es ist deren Durchführung durch Sachverständige zu veranlassen.
Erfassen von Ver-brauchs-werten	Als Grundlage für das Energiemanagement bzw. das Energiecontrolling sind die Verbrauchswerte an Mess- und Zähleinrichtungen (Stromzähler, Wärmemengenmesser usw.) regelmäßig aufzunehmen und an das Auswertungssystem zu übergeben. In vielen Fällen ist heutzutage auch dieser Prozess automatisiert, indem fernauslesbare Zähler verwendet werden.
Einhalten von Be-triebsvor-schriften	Der Betreiber übernimmt die komplette Verantwortung für einen störungsfreien Betrieb der Anlage. Dabei sind insbesondere Gefahren für Leib und Leben von Menschen zu vermeiden (vgl. dazu ausführlich die Richtlinie GEFMA 190).

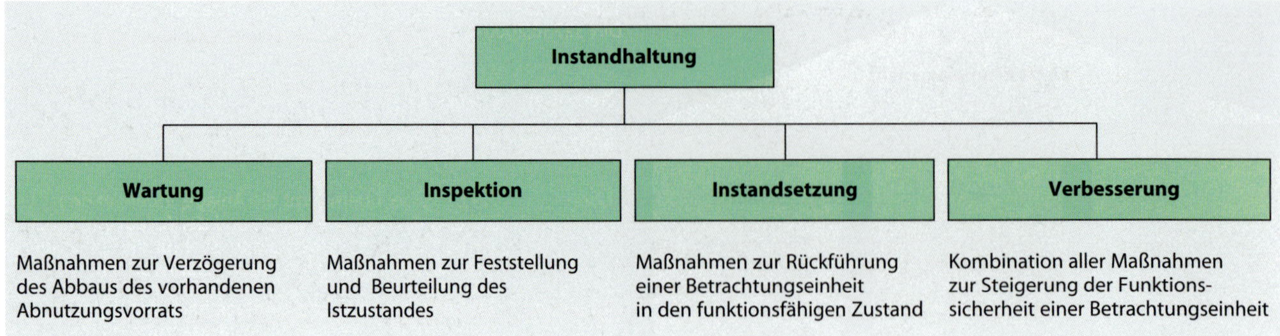

Abb. 4.4: Instandhaltung nach DIN 31051:2019-06

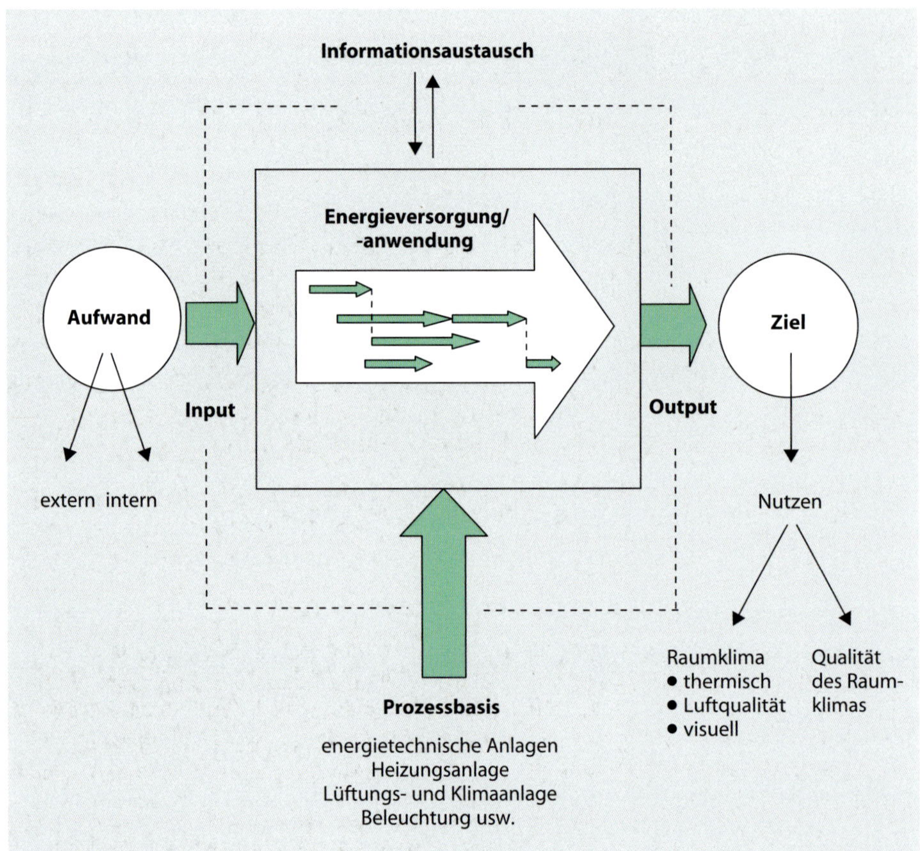

Abb. 4.5: Prozessmodell für den Prozess Energieversorgung (nach Krimmling, 2010)

Die Organisation des Gebäudemanagements erfolgt über die Definition von Prozessen. Diese Prozessorientierung ist eine wesentliche Voraussetzung für ein erfolgreiches Gebäudemanagement, da in einem Prozess alle Leistungen zusammengefasst werden, die für das Erreichen eines bestimmten Ziels erforderlich sind. Über die Prozessorientierung wird eine hohe Servicequalität erreicht. Der Ansatz der Prozessorientierung im Gebäudemanagement kann mithilfe eines allgemeinen Prozessmodells verdeutlicht werden (vgl. Krimmling, 2017). Ein solches Prozessmodell wird in Abb. 4.5 beispielhaft für den Prozess Energieversorgung aufgestellt.

Wichtig sind dabei die 4 Hauptkomponenten:

- Ziel des Prozesses, d. h. die Bereitstellung eines bestimmten Nutzens: Der jeweilige Nutzen ist als die Bereitstellung einer Funktion bei einem definierten Qualitätslevel zu verstehen. Ein Beispiel für die Funktion kann im Gebäudebereich die Bereitstellung eines bestimmten Raumklimas sein.
- Aufwand: Hierunter fallen alle erforderlichen Lieferungen (Energie, Hilfsstoffe) sowie notwendige Dienstleistungen (Wartung, Bedienung, interner Arbeitsaufwand) für den Prozess.
- Prozessbasis: Hierzu zählen die Anlagentechnik sowie die Komponenten des Gebäudes, durch die energietechnische Prozesse beeinflusst werden.
- Informationsaustausch: Hierunter ist derjenige Austausch zu verstehen, über den alle für die Prozessdurchführung notwendigen Informationen bereitgestellt sowie die durch den Prozess erzeugten Informationen an übergeordnete Strukturen und/oder andere Prozesse übergeben werden.

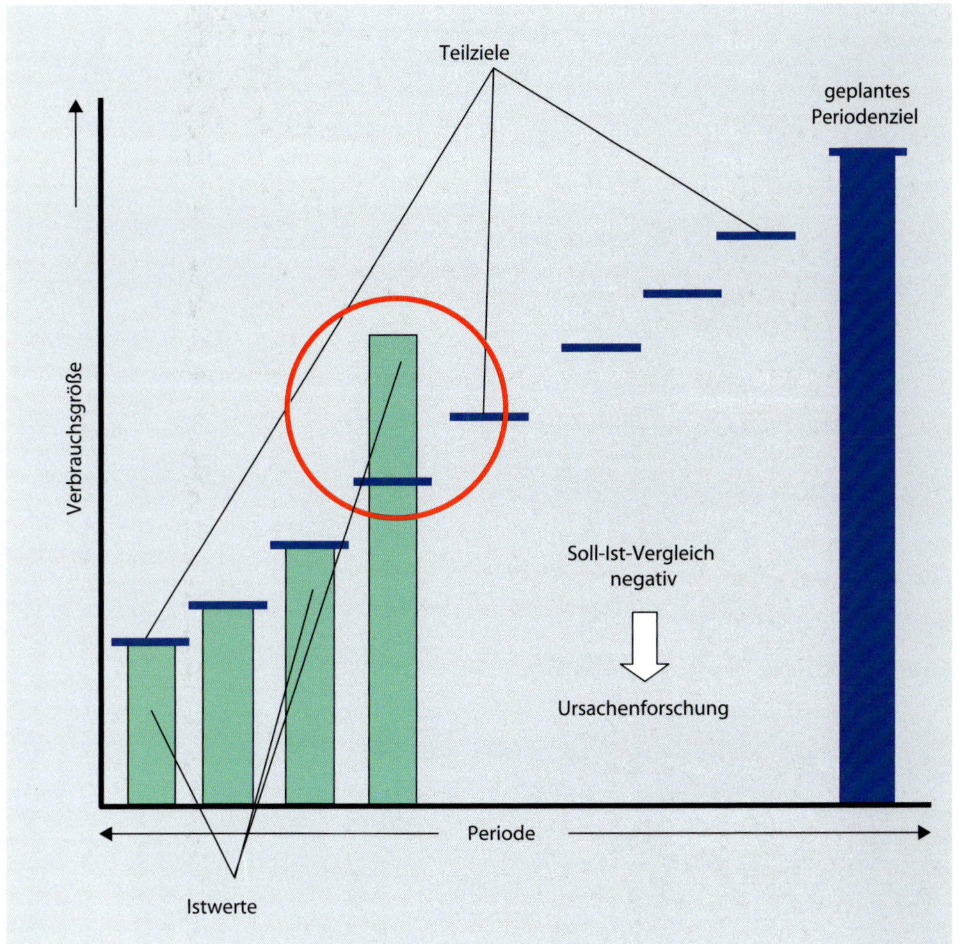

Abb. 4.6: Grundprinzip des operativen Controllings (Quelle: Krimmling, 2017)

Aus dem Prozessmodell nach Abb. 4.5 lässt sich das Ziel für das Energiemanagement dahin gehend ableiten, dass alle internen und externen Aufwendungen für die Durchführung des Prozesses Energieversorgung bei definierter Nutzungsqualität zu minimieren sind. Um dieses Ziel erreichen zu können, müssen sowohl die Prozessbasis, d. h. die Haustechnik, als auch die Prozessdurchführung selbst optimiert werden. Dazu gehört beispielsweise ein entsprechendes Energiecontrolling, das Verbrauchswerte permanent überwacht. Dies geschieht mit der Methode des operativen Controllings nach Abb. 4.6.

4.6 Nutzungsqualität im Facility Management

Aus Sicht des Facility Managements spielen nicht nur die Nutzungskosten, sondern auch die Nutzungsqualität (Komfort und Behaglichkeit) eine entscheidende Rolle. Kostenziele sind im Facility Management generell nur sinnvoll, wenn sie auf ein bestimmtes Level der Nutzungsqualität bezogen werden. Die Festschreibung einer bestimmten Nutzungsqualität ist unumgänglich, da ansonsten eine Kostenreduzierung mit einer Absenkung der maßgeblichen Qualitätsparameter einfach erreicht werden kann, was aber nicht im Sinne des Nutzers ist. Es muss deshalb die Nutzungsqualität definiert werden.

Allgemein wird die Nutzungsqualität mit bestimmten Raumparametern beschrieben. Die thermische Behaglichkeit als ein wesentlicher Teilaspekt des Raumklimas hängt von der Temperatur, Luftfeuchte und Luftgeschwindigkeit im Raum ab (vgl. dazu ausführlich Kapitel 1.2). Zu jedem Parameter kann ein Sollwert vorgeben werden. Die Qualität des thermischen Raumklimas lässt sich quantitativ beschreiben mit:

- dem Maß der Abweichung zwischen Istwert und Sollwert sowie
- dem zeitlichen Verlauf dieses Maßes der Abweichungen innerhalb der Nutzungszeit des Raumes, auch als zeitliche Verfügbarkeit eines bestimmten Zustandes bezeichnet.

Die Abweichungen vom Sollzustand können

- durch eine nicht ausreichende Leistungsfähigkeit des Raumklimasystems,
- durch anlagenbedingte Abweichungen der Regelungseinrichtungen,
- durch zu späten Beginn des Heiz- oder Kühlbetriebes nach Absenkperioden, aber auch
- durch Störungen und Mängel im Bereich der Anlagentechnik infolge von nicht qualitätsgerechter Durchführung von Instandhaltungsmaßnahmen

verursacht werden und beschreiben somit umfassend die Prozessqualität. Die genauen Werte der zugelassenen Abweichungen können bestimmt werden nach DIN EN ISO

7730, in der jeweils 3 Qualitätslevel für verschiedenste Raumtypen (Büroraum, Konferenzraum, Klassenraum usw.) angegeben werden. In Tabelle 4.8 steht A für das höchste und C für das niedrigste Qualitätslevel. Bei Letzterem sind die zugelassenen Abweichungen von der Solltemperatur größer als bei Level A. Tabelle 4.9 veranschaulicht die Definition der Qualitätslevel nach DIN EN ISO 7730.

Tabelle 4.8: Auslegungskriterien für Büroräume nach DIN EN ISO 7730:2006-05

Qualitäts-level	operative Temperatur (°C)		mittlere Luftgeschwindigkeit (m/s)	
	Sommer	Winter	Sommer	Winter
A	24,5 ± 1,0	22,0 ± 1,0	0,18	0,15
B	24,5 ± 1,5	22,0 ± 1,5	0,22	0,18
C	24,5 ± 2,5	22,0 ± 2,5	0,25	0,21

Tabelle 4.9: Definition der Qualitätslevel nach DIN EN ISO 7730:2006-05

Qualitäts-level	vorausgesagter Prozentsatz Unzufriedener (PPD)
A	< 6 %
B	< 10 %
C	< 15 %

Sowohl bei der Planung der entsprechenden gebäudetechnischen Anlagen als auch bei der Vereinbarung von Betriebsführungsverträgen bzw. entsprechend bei internen Maßregeln sind die Qualitätsparameter vorzugeben. Im einfachsten Fall wären das eine bestimmte Raumtemperatur innerhalb einer bestimmten Nutzungszeit sowie ein Betrag zugelassener Abweichungen, z. B. ± 2 K, und entsprechend zugelassener Über- oder Unterschreitungshäufigkeiten.

4.7 Computer Aided Facility Management (CAFM)

Für das effektive Gebäudemanagement komplexer Gebäude wird ein Gebäudeinformationssystem benötigt. Dabei handelt es sich um eine spezielle Datenbank, in der alle für die Durchführung der Gebäudemanagementprozesse notwendigen Informationen gesammelt und strukturiert werden. Das in Abb. 4.5 dargestellte Prozessmodell verdeutlicht, dass

- für die Durchführung jedes Prozesses bestimmte Informationen benötigt werden,
- durch jeden Prozess neue Informationen erzeugt werden, die wiederum entweder von diesem Prozess oder von anderen Prozessen benötigt werden.

Solche Gebäudeinformationssysteme werden heute in einer Vielzahl als sog. CAFM-Systeme (CAFM: Computer Aided Facility Management) am Markt angeboten. Prozesse mit direktem Bezug zur Haustechnik, die für die Unterstützung durch CAFM geeignet sind, sind die Instandhaltung und das Energiecontrolling. Mit dem CAFM-System kann beispielsweise die Instandhaltungsplanung unterstützt werden, indem ein Anlagenverzeichnis mit allen benötigten Parametern gepflegt wird. Jeder Anlage können dann Instandhaltungsaufträge zugeordnet werden. Das System kann die Terminverwaltung übernehmen, sodass z. B. Wartungs- und Inspektionsaufträge an externe Firmen rechtzeitig ausgelöst werden. Außerdem können die für diese Leistungen anfallenden Kosten den einzelnen Instandhaltungsleistungen einerseits und den Anlagen andererseits zugeordnet werden. Für das Energiecontrolling ist die Verwaltung von Zähl- und Messstellen wichtig. Die Zähl- und Messstellen können einzelnen Räumen bzw. Nutzern zugeordnet werden, sodass eine verursachergerechte Abrechnung des Energieverbrauchs möglich ist. Im System können außerdem Sollwerte hinterlegt werden, sodass der permanente Soll-Ist-Vergleich als Kernfunktion des Energiecontrollings zeitnah durchgeführt werden kann.

Ein CAFM-System besteht aus 3 Hauptkomponenten:

- Datenbanksystem (DBS)
- Grafikkomponente (Computer Aided Design [CAD])
- Daten

Auf das CAFM-System können über ein entsprechendes Computernetzwerk mehrere Bearbeiter zugreifen (vgl. Abb. 4.7). Hierdurch ergibt sich ein weiterer Vorteil, da von allen Beteiligten benötigte Daten zentral im CAFM-System verwaltet und Datenredundanzen somit vermieden werden.

Der Hauptaufwand bei der Einführung eines CAFM-Systems ergibt sich nicht etwa mit den Anschaffungskosten für die Hard- und Software, sondern für die Erhebung der erforderlichen Stammdaten des Gebäudes. Aus diesem Grund liegt es nahe, schon während der Planungsphase zu überlegen, inwieweit Daten aus dem Planungsprozess direkt in das System übernommen werden können.

Das betrifft in erster Linie die Zeichnungsdaten, die heutzutage als CAD-Dateien vorliegen. Allerdings ergeben sich aus Sicht des Gebäudemanagements spezielle Anforderungen an die Zeichnungsgestaltung:

- Es muss eine an die Struktur des CAFM-Systems angepasste sog. Layerstruktur realisiert werden. Layer können als übereinandergelegte Folien beschrieben werden, die zusammen die jeweilige Zeichnung bilden (vgl. Abb. 4.8). Durch die Layerstruktur können Zeichnungsteile ein- und ausgeblendet werden, was die Navigation besonders in komplexen Zeichnungsdateien erleichtert. Damit steht eine wichtige Ordnungsfunktion zur Verfügung, mit deren Hilfe zielgerichtet Informationen in Zeichnungen gefunden werden können.
- Die Layerstruktur sollte außerdem mit dem Gebäude- und Anlagenkennzeichnungssystem korrespondieren.
- Alle Zeichnungselemente, auf die später in der Datenbank Bezug genommen werden soll, müssen als Blöcke

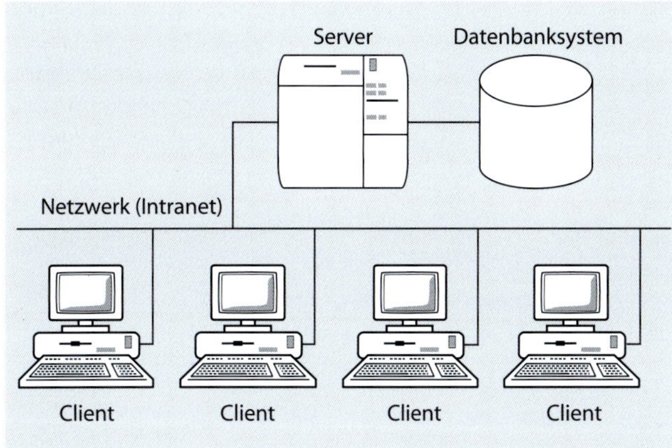

Abb. 4.7: Anwendung eines CAFM-Systems in einem Computernetzwerk

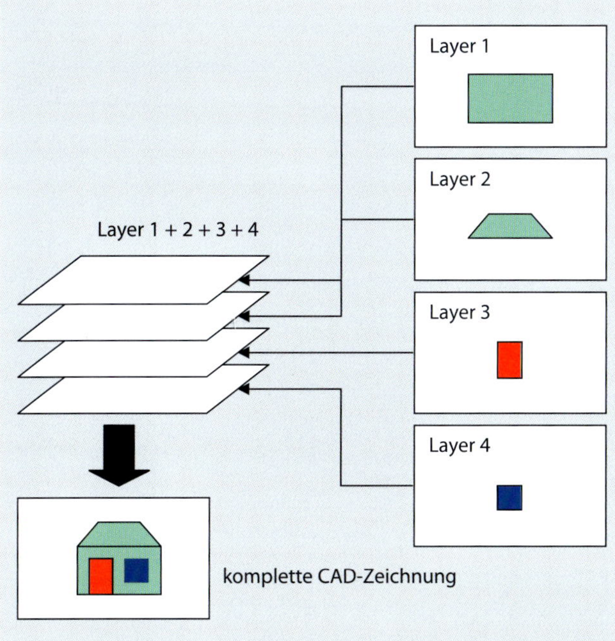

Abb. 4.8: Aufbau einer CAD-Zeichnung aus mehreren Layern

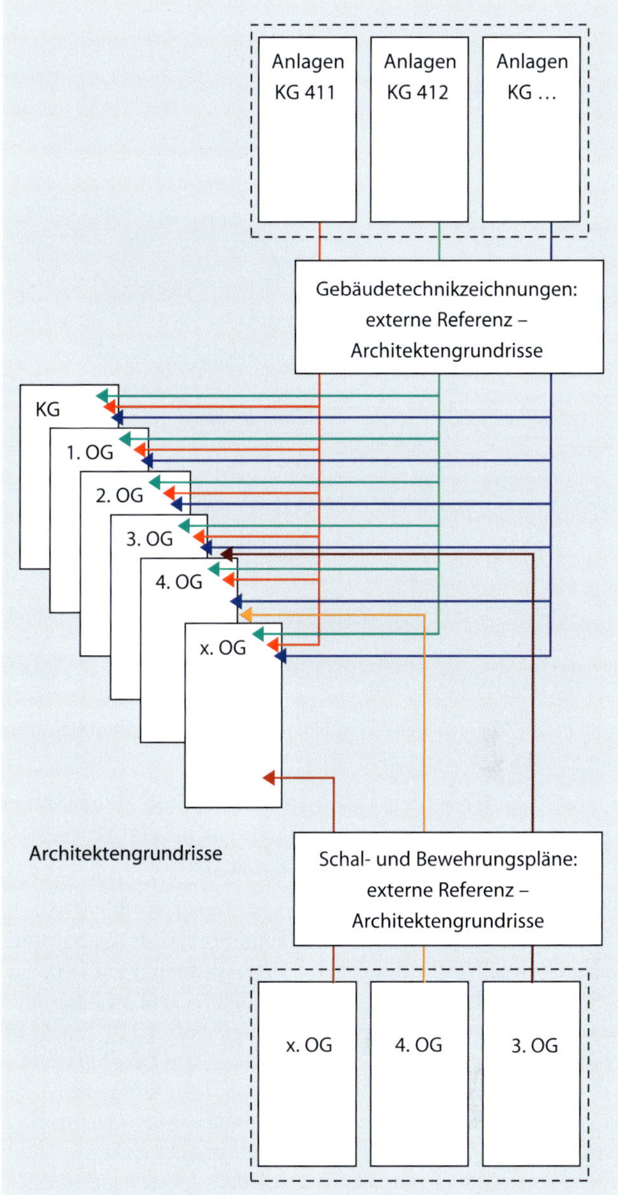

Abb. 4.9: Verwendung externer Referenzen in der CAD-Gebäudeplanung (Quelle: Krimmling, 2017)

(Symbole) definiert sein, damit die entsprechende Verknüpfung realisiert werden kann.

Durch die Verwendung von externen Referenzen können Zeichnungen so miteinander verknüpft werden, dass in der Referenzzeichnung vorgenommene Änderungen automatisch in die Zeichnung übernommen werden, die sich auf die Referenz bezieht. Mithilfe dieser Funktion wird ermöglicht, dass Planungsteams stets auf der Basis eines aktuellen Plansatzes arbeiten. Dabei werden die Architektenpläne von den Fachplanern als externe Referenz verwendet (vgl. Abb. 4.9).

Weiterhin ist aber auch zu überlegen, inwieweit Raumbücher aus dem Planungsprozess in das Gebäudemanagement übernommen werden können. Dazu muss die Struktur des Raumbuches von vornherein so angelegt sein, dass sie sich in die Struktur des CAFM-Systems überführen lässt.

Integrale Planungsprozesse sind vor allem durch die frühzeitige Kooperation der Planungsbeteiligten gekennzeichnet. Der Arbeitsprozess hat iterativen Charakter: Der Architekt gibt einen Entwurf vor, auf dessen Basis der Tragwerksplaner und der Technikplaner ihre Systeme entwerfen. Diese Ergebnisse müssen wiederum in den Architekturentwurf eingearbeitet werden. Für die Informationsebene des Prozesses ist es sehr wichtig, dass keinerlei Informationen verloren gehen und alle Planungsbeteiligten immer mit den aktuellen Plänen bzw. Dateien arbeiten. Dadurch verändern sich herkömmliche Planungsprozesse. Während bisher Architekt und Fachplaner weitgehend losgelöst voneinander an eigenen Plänen (bzw. den entsprechenden Computerdateien) gearbeitet haben und viele Konflikte erst in der Bauphase oder in der Nutzungsphase zutage getreten sind, arbeiten jetzt alle Planungsbeteiligten an einem Objekt, das auf einem zentralen Server platziert ist und zu dem jeder über Kommunikationsnetze entspre-

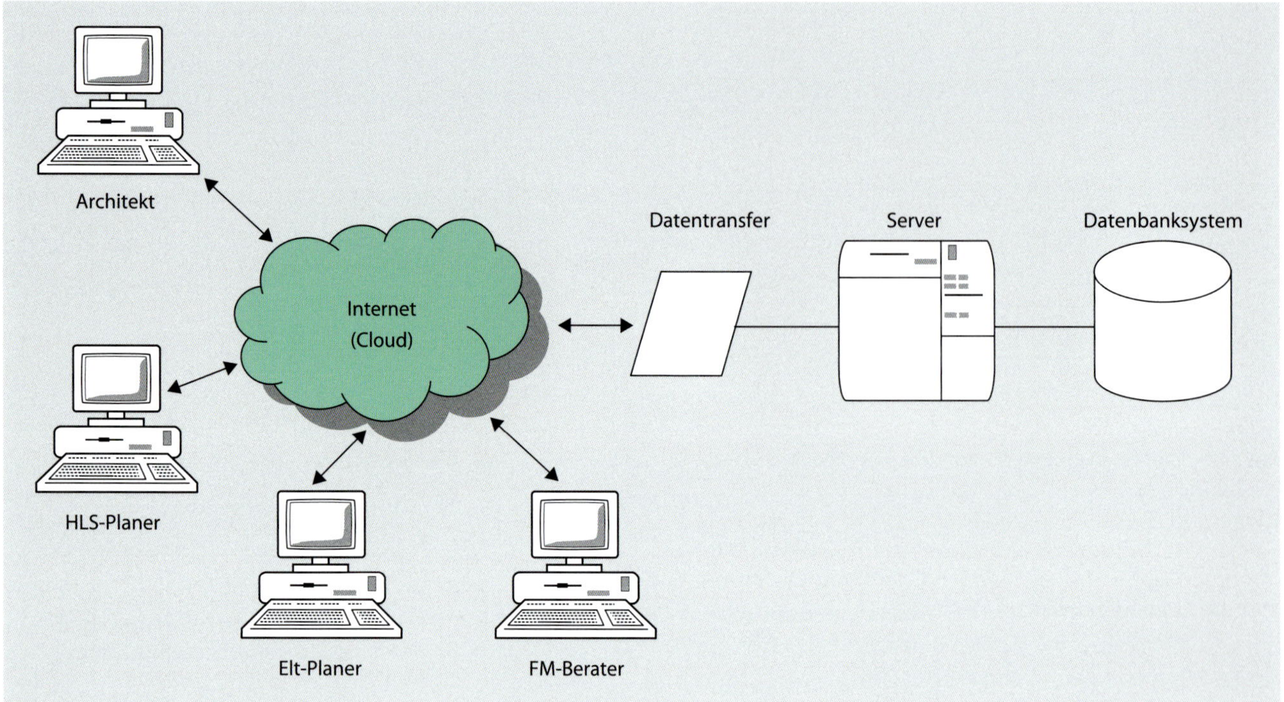

Abb. 4.10: Zusammenarbeit des Planungsteams (HLS: Heizung, Lüftung, Sanitär; Elt: Elektrotechnik; FM: Facility Management)

chend Zugriff hat (vgl. Abb. 4.10). Der Betrieb eines solchen zentralen Servers wird heute in vielfältiger Art und Weise als sog. Cloud-Computing praktiziert.

Diese Strategie ermöglicht konsequent weitergedacht ein umfassendes Informationsmanagement über den gesamten Lebenszyklus des Gebäudes, bei dem Informationen aus dem Planungs- und Bauprozess in die Phase des Gebäudemanagements transferiert werden (vgl. Abb. 4.11). Zur Verwaltung der im Planungsprozess gemeinsam bearbeiteten Dokumente sollte ein Dokumentenmanagementsystem verwendet werden. Dabei handelt es sich um ein Datenbanksystem, in dem die Planungsdokumente einschließlich aller Metainformationen erfasst werden. Unter Metainformationen sind im Gegensatz zu den eigentlichen Informationen, die ein Dokument (Zeichnung, Datei) enthält, all jene Informationen zu verstehen, die die Bearbeitungshistorie betreffen, also z. B. Informationen darüber, wer wann auf das Dokument zugegriffen, es bearbeitet, es kopiert hat usw. Dokumentenmanagementsysteme können sozusagen als Arbeitsebene für das Projektmanagement eines Bauvorhabens verstanden werden.

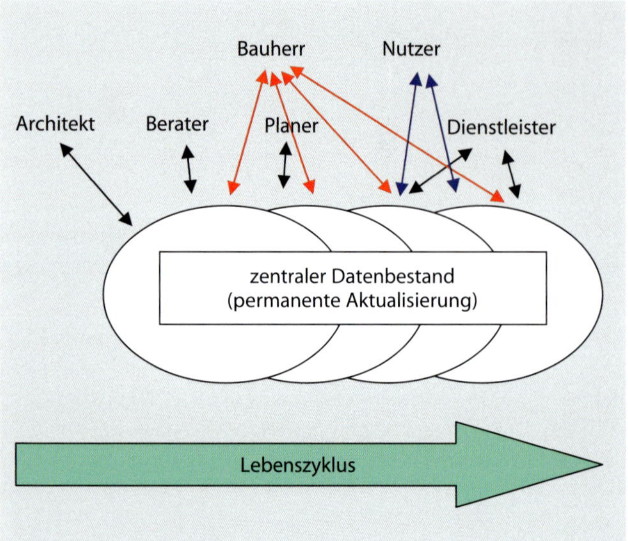

Abb. 4.11: IT-Strukturen über den Lebenszyklus des Gebäudes (Quelle: Krimmling, 2017, S. 170)

4.8 Building Information Modeling (BIM)

Es handelt sich um eine Methode, bei der das im vorherigen Abschnitt skizzierte, lebenszyklusübergreifende Informationsmanagement umgesetzt und konsequent weiterentwickelt wird.

Kern der Methode ist ein digitales Modell des Gebäudes. Dabei wird das Gebäude im Modell aus einzelnen Objekten zusammengesetzt. Objekte können z. B. sein:

- ein Außenwandbauteil,
- ein Fenster,
- ein Rohrabschnitt der Heizungsanlage,
- ein Absperrventil,
- usw.

Für jedes dieser Objekte gibt es eine dreidimensionale Zeichnung sowie eine Reihe weiterer Informationen wie z. B.

- Schichtaufbau,
- Materialität der Schichten,
- g- und U-Wert des Fensters,
- Material des Absperrventils,
- Betriebsparameter (z. B. zugelassene Drücke und Temperaturen bei Haustechnikkomponenten),
- usw.

Objektinformationen können aber auch die Kosten oder der CO_2-Aufwand zur Herstellung der Komponente sein.

Die zeichnerische Darstellung des Gesamtgebäudes ergibt sich aus der Zusammensetzung der Zeichnungsdateien der Objekte, d. h. der Einzelkomponenten. Dabei handelt es sich um eine dreidimensionale, objektorientierte CAD-Zeichnung. Wesentlich ist die Objektorientierung; die dreidimensionale Zeichnung wird also nicht aus einzelnen Linienzügen generiert.

Durch die Kombination der Objekte zur Gebäudezeichnung werden auch die verbundenen Informationen miteinander verknüpft. Das bringt den großen Vorteil, dass eine Reihe für den Planungs- und Bauprozess sehr wichtiger Informationen frühzeitig und permanent aktuell zur Verfügung steht. Beispielsweise können Bauteilanschlüsse, Rohr- und Kanalführungen viel besser und vor allem jederzeit koordiniert werden. Kollisionsprüfungen bei der Konzeption von Kanal- und Leitungsnetzen können bereits in sehr frühen Planungsstadien durchgeführt und während des Prozesses ständig aktualisiert werden.

Zu jedem Zeitpunkt im Planungs- und Bauprozess können die Herstellkosten durch eine einfache Datenbankabfrage ermittelt werden. Dafür müssen jedoch die Objektinformationen von entsprechender Genauigkeit und Aktualität sein, was zunächst nicht für alle Objekte gegeben sein wird. Mit der weiteren Durchsetzung dieser Methode in der Praxis scheinen die jetzt noch bestehenden Probleme jedoch lösbar.

Mit BIM können außerdem in jedem Planungsschritt Ökobilanzen erstellt bzw. die Gebäudeeigenschaften für die Nachhaltigkeitsbewertung zumindest teilweise abgefragt werden. Auch dafür kann man für die Zukunft einen durchgängigen Workflow prognostizieren, bei dem die komplette Bewertung aus dem BIM-Modell generierbar sein wird.

Die Umsetzung von BIM erfordert spezielle Software, die jedoch umfangreich am Markt verfügbar ist. Außerdem wird an der Standardisierung gearbeitet. Zu nennen ist die IFC-Schnittstelle[1], über die der Datenaustausch zwischen verschiedenen Modellen (des Architekten, des Statikers, des Haustechnikers usw.) realisiert wird.

4.9 Normen- und Literaturverzeichnis

Normen

DIN 276:2018-12 Kosten im Bauwesen

DIN EN ISO 7730:2006-05 Ergonomie der thermischen Umgebung – Analytische Bestimmung und Interpretation der thermischen Behaglichkeit durch Berechnung des PMV- und des PPD-Indexes und Kriterien der lokalen thermischen Behaglichkeit (ISO 7730:2005)

DIN 18960:2020-11 Nutzungskosten im Hochbau

DIN 31051:2019-06 Grundlagen der Instandhaltung

DIN 32736:2000-08 Gebäudemanagement – Begriffe und Leistungen

Literatur

BKI-Baukosten 2021. Teil 1: Statistische Kostenkennwerte für Gebäude. Hrsg.: Baukosteninformationszentrum Deutscher Architektenkammern (BKI). Köln: Verlagsgesellschaft Rudolf Müller, 2021

GEFMA 190:2004-01 Betreiberverantwortung im Facility Management. Bonn: German Facility Management Association – Deutscher Verband für Facility Management e. V., 2004

GEFMA 200:2004-07 Kosten im Facility Management – Kostengliederungsstruktur zu GEFMA 100. Bonn: German Facility Management Association – Deutscher Verband für Facility Management e. V., 2004 (Entwurf)

Jones Lang LaSalle GmbH (Hrsg.): Office Service Charge Analyse Report – OSCAR 2002. Düsseldorf/Hamburg: 2002

Jones Lang LaSalle GmbH (Hrsg.): Office Service Charge Analyse Report – OSCAR 2006. Düsseldorf/Hamburg: 2006

Krimmling, J.: Energieeffiziente Gebäude. 3. Aufl. Stuttgart: Fraunhofer IRB Verlag, 2010

Krimmling, J.: Facility Management – Strukturen und methodische Instrumente. 5. Aufl. Stuttgart: Fraunhofer IRB Verlag, 2017

Krimmling, J.: Wirtschaftlichkeitsbewertung verstehen und anwenden. Wiesbaden: Springer Vieweg Verlag, 2018

Staudt, E. u. a.: Facility Management. Der Kampf um Marktanteile beginnt. Frankfurt a. M.: Frankfurter Allgemeine Zeitung, Verl.-Bereich Buch, 1999

[1] IFC Industry Foundation Classes

5 Bewertung von Technikvarianten

5.1 Bewertungskriterien

Mithilfe der technischen Gebäudeausrüstung sind verschiedene Ver- oder Entsorgungsaufgaben im Gebäude zu erfüllen. In der Regel gibt es für jede dieser Aufgaben verschiedene technische Lösungen, zwischen denen man sich entscheiden muss (vgl. Tabelle 5.1).

Tabelle 5.1: Auswahl von Beispielen für verschiedene technische Lösungen jeweils einer Ver- oder Entsorgungsaufgabe

Ver- oder Entsorgungsaufgabe	mögliche technische Lösungen (Varianten)
Wärmeerzeugung	Niedertemperatur- oder Brennwertkessel Erdgas, Heizöl, Biomasse, Pflanzenöl, Biogas Blockheizkraftwerk (BHKW) Wärmepumpe Solarkollektor
maschinelles Lüften mit RLT-Anlagen	mit oder ohne Wärmerückgewinnung sorptionsgestützte Klimatisierung oder Klimatisierung mit klassischer Kälteerzeugung
Wärmeübergabe an den Raum	Plattenheizkörper Fußbodenheizung Wandheizung Konvektoren
Kälteerzeugung	Kompressionskältemaschine Ab-/Adsorptionskältemaschine Nutzung Grundwasserkälte
Regenwasserableitung	Freigefällesystem Druckrohrentwässerung

Die Entscheidung kann beispielsweise auf der Grundlage der folgenden Kriterien getroffen werden:

- Wirtschaftlichkeit
- Komfort und Behaglichkeit
- primärenergetische Eigenschaften
- ökologische Auswirkungen

Da die zu treffenden Entscheidungen von großer Trag- und Reichweite sind, kommt der Methode der Entscheidungsfindung signifikante Bedeutung zu.

5.2 Entscheidungskonstellationen

Grundsätzlich können Entscheidungen in 2 Typen unterschieden werden (vgl. auch Abb. 5.1):

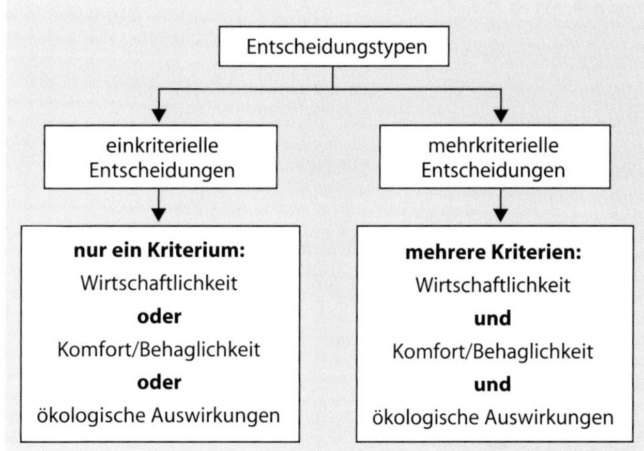

Abb. 5.1: Entscheidungstypen bei der Auswahl der technischen Gebäudeausrüstung

- einkriteriell (Entscheidung hängt nur von einem Kriterium ab)
- mehrkriteriell (Entscheidung hängt von mehreren Kriterien ab)

Außerdem gibt es im Zusammenhang mit der Gebäudetechnik Entscheidungen, die sich hinsichtlich der Art des Entscheidungskriteriums unterscheiden:

- monetäre Kriterien als Ausdruck für die Wirtschaftlichkeit einer bestimmten Lösung (Investitionskosten, Kapitalwert, jährliche Gesamtkosten u. a.)
- nicht monetäre Kriterien wie z. B. CO_2-Emission, Nutzerakzeptanz, Behaglichkeit

Die Schwierigkeit bei der Anwendung nicht monetärer Kriterien besteht vor allem in der Festlegung objektiver Skalen, nach denen die Alternativen im Hinblick auf die Erfüllung des Kriteriums bewertet werden sollen.

5.3 Nutzwertanalyse

Mehrkriterielle Entscheidungen sind schwierig zu handhaben, da sich möglicherweise eine Pattsituation wie in der Tabelle 5.2 dargestellt ergeben kann.

Tabelle 5.2: Beispiel einer mehrkriteriellen Entscheidung

Alternative 1	Alternative 2
Kosten hoch	Kosten gering
CO_2-Emission niedrig	CO_2-Emission hoch

Das Verfahren, mit dessen Hilfe eine rationale Entscheidung trotzdem gelingen kann, ist die Nutzwertanalyse. Bechmann entwickelte ein Schema für die einfache Nutzwertanalyse (vgl. Bechmann, 1978, S. 24), das hier als Arbeitsgrundlage verwendet werden soll. In Tabelle 5.3 werden die Rechengrößen der Nutzwertanalyse erläutert.

Tabelle 5.3: Rechengrößen der Nutzwertanalyse

Rechengrößen	Erläuterungen
$K_1, K_2 \dots K_n$	die *n* Kriterien, bezüglich derer bewertet werden soll
$A_1, A_2 \dots A_m$	die *m* verschiedenen Alternativen, die bewertet werden sollen
$g_1, g_2 \dots g_n$	Gewichte der Kriterien (Wichtungsfaktoren)
k_{ij} $i = 1, 2 \dots n$ $j = 1, 2 \dots m$	Zielertrag des *i*-ten Kriteriums bezüglich der *j*-ten Alternative
e_{ij} $i = 1, 2 \dots n$ $j = 1, 2 \dots m$	Zielerfüllungsgrad des *i*-ten Kriteriums bezüglich der *j*-ten Alternative
N_{ij} $i = 1, 2 \dots n$ $j = 1, 2 \dots m$ $N_{ij} = g_i \cdot e_{ij}$	Teilnutzwert des *i*-ten Kriteriums bezüglich der *j*-ten Alternative
N_j $j = 1, 2 \dots m$ mit $N_j = N_{1j} + N_{2j} + \dots + N_{nj} = \sum_{i=1}^{n} N_{ij}$	Nutzwert der *j*-ten Alternative

Der Rechengang lässt sich zunächst formal an einem Beispiel mit 2 Alternativen darstellen, wobei das Schema direkt in ein Tabellenkalkulationsprogramm übertragen werden kann. Dabei muss dem jeweiligen Zielertrag eine verbale Einschätzung zugeordnet werden, woraus sich mithilfe einer vorher festgelegten Skala (beispielsweise von 5 bis 1 oder von 10 bis 1) der Zielerfüllungsgrad ergibt. Das Produkt aus Gewicht und Zielerfüllungsgrad ergibt dann den Teilnutzwert. Die Summe der Teilnutzwerte einer Alternative ergibt deren Nutzwert (vgl. Tabelle 5.4).

Beispiel: Auswahl Energieerzeugung (Nutzwert)

Ein Industrieunternehmen, das Komponenten für Solaranlagen herstellt, muss sich beim neu zu errichtenden Bürogebäude für eine von mehreren Alternativen der Energieerzeugung entscheiden. Gemeinsam mit dem Planungsteam wurden folgende 2 Kriterien für die Bewertung möglicher Alternativen herausgearbeitet:

- Wirtschaftlichkeit (wird hier anhand der jährlichen Gesamtkosten bewertet)
- ökologische Auswirkungen (werden anhand des jeweiligen Primärenergieverbrauches bewertet)

Die Frage der ökologischen Auswirkungen der zu realisierenden Anlage ist von wichtiger Bedeutung für das Image des Unternehmens gegenüber den Kunden, aber auch gegenüber den eigenen Mitarbeitern. Deshalb sollen beide Kriterien mit gleicher Wertigkeit in die Entscheidung einfließen ($g_1 = g_2 = 0{,}5$ und $g_1 + g_2 = 1{,}0$).

Für die Skalierung werden die folgenden Werte festgelegt (vgl. Tabelle 5.5). Zwischen dem maximalen Skalenwert von 5 und dem minimalen Skalenwert von 0 ist linear zu interpolieren.

Tabelle 5.5: Festlegung der Skalen für Kriterienerfüllung

Kriterien	Bedeutung	Verbalskala für den Zielertrag k_{ij}	Zahlenwertskala für den Zielerfüllungsgrad e_{ij}
K_1	Wirtschaftlichkeit: jährliche Gesamtkosten (GK)	Bestwert	5
		Bestwert um mehr als 30 % überschritten	0
K_2	ökologische Auswirkungen: Primärenergiebedarf (PE)	Bestwert	5
		Bestwert um mehr als 30 % überschritten	0

Tabelle 5.4: Berechnung des Nutzwertes für eine Entscheidungssituation mit 2 Alternativen

Kriterium	Gewicht	Alternative A_1			Alternative A_2		
		Zielertrag k_{ij}	Zielerfüllungsgrad e_{ij}	Teilnutzwert N_{ij}	Zielertrag k_{ij}	Zielerfüllungsgrad e_{ij}	Teilnutzwert N_{ij}
K_1	g_1	k_{11}	e_{11}	$N_{11} = g_1 \cdot e_{11}$	k_{12}	e_{12}	$N_{12} = g_1 \cdot e_{12}$
K_2	g_2	k_{21}	e_{21}	$N_{21} = g_2 \cdot e_{21}$	k_{22}	e_{22}	$N_{22} = g_2 \cdot e_{22}$
Summe Gewichte	$g_1 + g_2 = 1$		**Nutzwert von A_1:**	$N_1 = N_{11} + N_{21}$		**Nutzwert von A_2:**	$N_2 = N_{12} + N_{22}$

Bei den vom Planungsteam vorgelegten Alternativen handelt es sich bei A_1 um eine Versorgungslösung, die zwar sehr wirtschaftlich ist, aber deutlich mehr Primärenergie verbraucht als andere Alternativen. Bei A_2 sind zwar die Gesamtkosten (GK) deutlich höher als bei A_1, dafür ist aber der Primärenergieverbrauch (PE) nahezu optimal. Tabelle 5.6 zeigt die festgestellten Werte.

Tabelle 5.6 Bewertung der Varianten hinsichtlich K_1 und K_2

	K_1	K_2
A_1	GK: Bestwert	PE: 33 % über Bestwert
A_2	GK: Bestwert um 17 % überschritten	PE: 5 % über Bestwert

Damit ergibt sich unter Anwendung des Rechenschemas aus Tabelle 5.4 das Ergebnis gemäß Tabelle 5.7).

Die Alternative A_2 hat demnach den größten Nutzwert und wäre zu bevorzugen.

Die Anwendung der Nutzwertanalyse ist nicht unumstritten. Für die Nutzwertanalyse spricht:

- In die Entscheidungsfindung können mehrere Kriterien einbezogen werden.
- Die Kriterien können unterschiedlich gewichtet werden.
- Die Anwendung des Verfahrens macht den Entscheidungsprozess transparenter.

Nachteilig sind folgende Aspekte:

- Durch die Festlegung der Gewichte kann die Reihenfolge der Alternativen fast beliebig verändert werden.
- Die Festlegung der Skalen ist schwierig und bietet Raum für subjektive Einflüsse.
- Eine unsensible bzw. pauschale Anwendung des Verfahrens kann zu Fehlentscheidungen führen.

Die Nutzwertanalyse eignet sich vor allem dort, wo aus einer großen Anzahl von Alternativen eine kleinere Menge ausgewählt werden soll, die dann weiterzuverfolgen ist. Insbesondere wenn ein solcher Auswahlprozess innerhalb eines größeren Gremiums durchzuführen ist, eignet sich die Nutzwertanalyse als Instrument zur Objektivierung von Entscheidungsprozessen. Es kann verhindert werden, dass bestimmte Alternativen aus „politischen" Gründen zerredet werden. Allerdings setzt das voraus, dass sich das Gremium vor dem eigentlichen Entscheidungsprozess auf die Verfahrensweise einigt, d. h. auf die Kriterien, deren Gewichtung sowie die Festlegung der Skalen.

5.4 Wirtschaftliche Bewertung

5.4.1 Verfahren und Modellbildung

Bei der Wirtschaftlichkeitsbewertung von verschiedenen Gebäudetechnikvarianten (vgl. z. B. Tabelle 5.1) handelt es sich um ein Investitionsbewertungsproblem (vgl. ausführlich zu den Investitionsbewertungsverfahren: Krimmling, 2018). Dabei gibt es 2 Konstellationen:

- projektindividuelle Entscheidung (Ist eine bestimmte Lösung sinnvoll?)
- Auswahlentscheidung (bei mehreren zur Auswahl stehenden Alternativen)

Es stehen verschiedene Verfahren zur Verfügung, die jeweils ein Entscheidungskalkül liefern, d. h. eine bestimmte Rechengröße, deren Wert die Grundlage für die Anwendung einer Entscheidungsregel ist (vgl. Abb. 5.2). Die Verfahren liefern Aussagen auf der Grundlage einer Modellwelt, die im Allgemeinen mit den Prämissen des vollkommenen Kapitalmarkts beschrieben werden (vgl. Bitz, 2002, S. 7). Im Mittelpunkt aller Verfahren steht die sog. Zahlungsreihe der Investitionsalternative (vgl. Tabelle 5.8). Die Zahlungsreihe läuft von $t = 0$ bis T, wobei $t = 0$ das Jahr der Erstinvestition ist. Für jedes Jahr t können Einnahmen E_t und Ausgaben A_t bilanziert werden. Der Saldo $Z_t = f(t)$ ist die Zahlungsreihe der Investition.

Tabelle 5.8: Zahlungsreihe einer beliebigen Investition (in beliebigen Geldeinheiten)

t	E_t	A_t	$Z_t = E_t - A_t$
0	0	100	−100
1	10	5	5
2	13	5	8
…	…	…	…
T	15	6	9

Tabelle 5.7: Berechnung der Nutzwerte für die Alternativen A_1 und A_2 (GK = Gesamtkosten; PE = Primärenergieverbrauch)

Kriterium	Gewicht	Alternative A_1			Alternative A_2		
		k_{ij}	e_{ij}	N_{ij}	k_{ij}	e_{ij}	N_{ij}
K_1	0,50	GK: Bestwert	5,00	2,50	GK: Bestwert um 17 % überschritten	2,17	1,09
K_2	0,50	PE: 33 % über Bestwert	0,00	0,00	PE: 5 % über Bestwert	4,17	2,09
			Nutzwert von A_1:	**2,50**		**Nutzwert von A_2:**	**3,18**

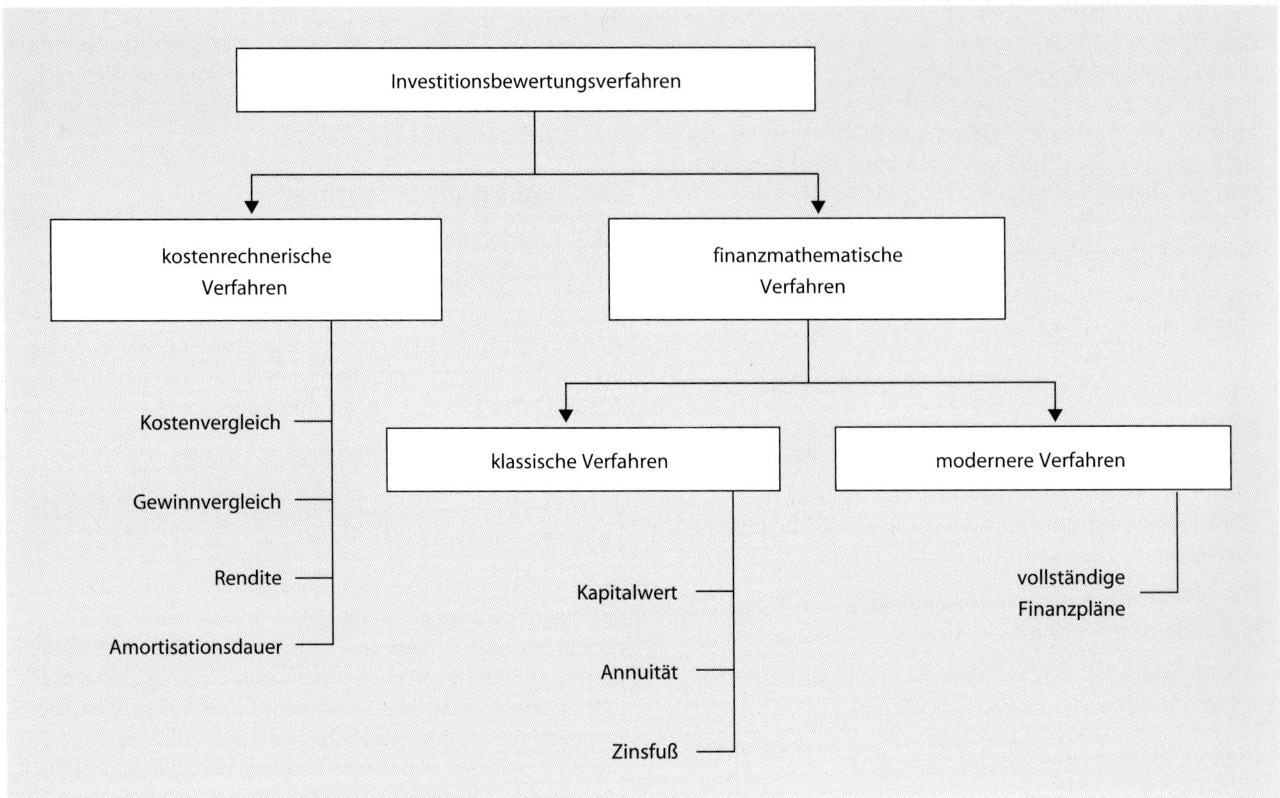

Abb. 5.2: Übersicht Investitionsbewertungsverfahren

Bei den einfachen kostenrechnerischen Verfahren wird aus der Zahlungsreihe eine mehr oder weniger repräsentative Periode herausgegriffen und darauf aufbauend eine Kennzahl berechnet. Die Kapitalverzinsung wird nur näherungsweise berücksichtigt. Demzufolge eignen sich diese Verfahren nur für Investitionsprojekte mit kurzen Laufzeiten, bei denen dieser Mangel von untergeordneter Bedeutung ist (vgl. zur Anwendung der Verfahren z. B. Däumler, 2003, S. 159).

Die finanzmathematischen Verfahren betrachten die ganze Laufzeit von $t = 0$ bis $t = T$. Außerdem wird die Kapitalverzinsung wesentlich genauer als bei den einfachen kostenrechnerischen Verfahren abgebildet. In vielen hier relevanten Fällen genügt die Anwendung eines der klassischen Verfahren. Die moderneren Verfahren werden bei großen Investitionen (vollständige Finanzpläne, vgl. z. B. Krimmling, 2018) bzw. bei Investitionsprogrammen angewendet.

5.4.2 Kapitalwertverfahren

Das Kapitalwertverfahren bildet die Grundlage für alle übrigen klassischen Verfahren. Es ist aufgrund seiner Universalität (Alternativen mit unterschiedlicher Laufzeit, keine Anforderungen an die Struktur der Ein- und Auszahlungen) auf alle hier infrage kommenden Investitionsprobleme ohne Einschränkungen anwendbar.

Beim Kapitalwertverfahren werden alle Ein- und Auszahlungen auf den Zeitpunkt $t = 0$ abgezinst. Das führt auf folgende allgemeine Berechnungsformel 5.1:

$$K = -A_0 + \sum_{t=1}^{T} Z_t \cdot \frac{1}{(1+i)^t} = -A_0 + \sum_{t=1}^{T} Z_t \cdot b_t = -A_0 + \sum_{t=1}^{T} B_t \qquad \text{(Formel 5.1)}$$

mit

- K Kapitalwert der Zahlungsreihe (Investitionsalternative oder -variante) in €
- A_0 Investitionskosten in €
- Z_t Saldo der jährlichen Ein- und Auszahlungen in €/a $Z_t = E_t - A_t$
- t Laufvariable für $t = 0$ bis T
- T Laufzeit der Investitionsalternative in a
- i Kalkulationszins in %
- b_t Abzinsungsfaktor für das Jahr t
- B_t Barwert für das Jahr *t in* €

Entscheidungsregel Kapitalwertverfahren:

- Das Projekt ist sinnvoll, wenn $K > 0$ (projektindividuell).
- Die Alternative mit dem größten Kapitalwert K ist am sinnvollsten (Auswahlentscheidung).

Beispiel: Bewertung Dämmmaßnahmen (Kapitalwert)

Bei einem Einfamilienhaus ist zu entscheiden, ob die Anbringung einer Dämmschicht an den Decken zum Keller- bzw. Dachgeschoss wirtschaftlich sinnvoll ist. Für den Erdgaspreis wurde ein aktueller Wert aus dem Internet entnommen. Tabelle 5.9 hält die Berechnungsergebnisse fest.

Tabelle 5.9: Berechnungsergebnisse für den Kapitalwert einer Dämmmaßnahme

Heizenergiebedarf ohne zusätzliche Dämmung	13.500,55 kWh/a
Heizenergiebedarf mit zusätzlicher Dämmung	10.865,17 kWh/a
Einsparung	2.635,38 kWh/a
Energiepreis	0,085 €/kWh
Kosteneinsparung pro Jahr	224,11 €/a
Investition	1.826,00 €
Kalkulationszins	5 %

t	E_t	A_t	Z_t	b_t	B_t	K_t
0		1.826,00	-1.826,00	1,000	-1.826,00	-1.826,00
1	224,11	0	224,11	0,952	213,43	-1.612,57
2	224,11	0	224,11	0,907	203,27	-1.409,30
3	224,11	0	224,11	0,864	193,59	-1.215,71
4	224,11	0	224,11	0,823	184,37	-1.031,33
5	224,11	0	224,11	0,784	175,59	-855,74
6	224,11	0	224,11	0,746	167,23	-688,51
7	224,11	0	224,11	0,711	159,27	-529,24
8	224,11	0	224,11	0,677	151,68	-377,56
9	224,11	0	224,11	0,645	144,46	-233,10
10	224,11	0	224,11	0,614	137,58	-95,52
11	224,11	0	224,11	0,585	131,03	35,51
12	224,11	0	224,11	0,557	124,79	160,30
13	224,11	0	224,11	0,530	118,85	279,15
14	224,11	0	224,11	0,505	113,19	392,34
15	224,11	0	224,11	0,481	107,80	500,14
16	224,11	0	224,11	0,458	102,67	602,80
17	224,11	0	224,11	0,436	97,78	700,58
18	224,11	0	224,11	0,416	93,12	793,70
19	224,11	0	224,11	0,396	88,69	882,39
20	224,11	0	224,11	0,377	84,46	966,85

Der Kapitalwert beträgt 966,85 €.

Aus einer grafischen Darstellung kann entsprechend Abb. 5.3 die Amortisationsdauer der Maßnahme abgelesen werden. Die Investition in die Dämmung würde sich im vorliegenden Fall nach ca. 10 Jahren amortisieren.

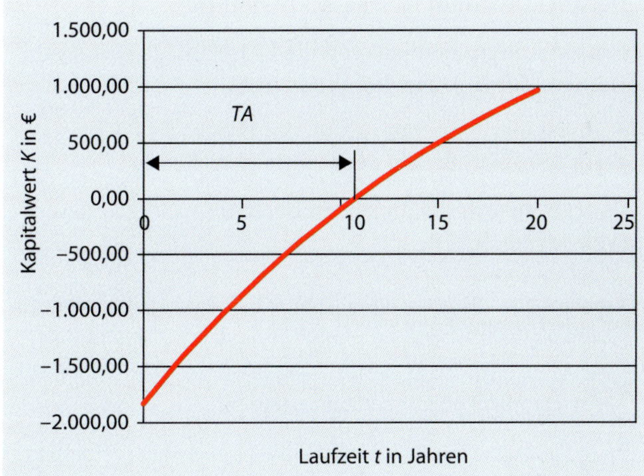

Abb. 5.3: Kapitalwertverlauf über der Laufzeit und Amortisationsdauer *TA*

5.4.3 Annuitätenverfahren

Das Annuitätenverfahren kann direkt aus dem Kapitalwertverfahren abgeleitet werden. Zu jeder Zahlungsreihe mit entsprechendem Kapitalwert kann eine sog. äquivalente Annuität berechnet werden, indem der Kapitalwert auf T gleiche Jahreszahlungen aufgeteilt wird. Hier soll das Annuitätenverfahren nach der Richtlinie VDI 2067-1 dargestellt werden.

$$AN = AN_E - (AN_K + AN_V + AN_B + AN_S) \quad \text{(Formel 5.2)}$$

mit

AN Annuität in €/a
AN_E Einzahlungen in €/a
AN_K kapitalgebundene Auszahlungen in €/a
AN_V verbrauchsgebundene Auszahlungen in €/a
AN_B betriebsgebundene Auszahlungen in €/a
AN_S sonstige Auszahlungen in €/a

Während AN_E, AN_V, AN_B und AN_S jeweils projektspezifisch bestimmt werden müssen, gilt für AN_K Folgendes in dem Sonderfall, dass zu vergleichende Alternativen jeweils die gleiche Laufzeit haben und demzufolge in der Betrachtungszeit keine Ersatzbeschaffungen bzw. Restwerte anfallen:

$$AN_K = A_0 \cdot a \quad \text{(Formel 5.3)}$$

$$a = \frac{(1+i)^T \cdot i}{(1+i)^T - 1} \quad \text{(Formel 5.4)}$$

mit

AN_K kapitelgebundene Auszahlungen in €/a
A_0 Investitionskosten in €
a Annuitätsfaktor in 1/a
i Kalkulationszins in %
T Laufzeit der Alternative in a

Entscheidungsregel Annuitätenverfahren:

- Das Projekt ist sinnvoll, wenn $AN > 0$ (projektindividuell).
- Die Alternative mit dem größten AN (der größten Annuität) ist am sinnvollsten (Auswahlentscheidung).

Beispiel: Auswahl Heizkessel (Annuität)

Für ein Einfamilienhaus soll die Kesselanlage ausgewählt werden. Zur Entscheidung stehen an:

- ein Niedertemperaturkessel mit Erdgas (NT-Kessel),
- ein Brennwertkessel mit Erdgas (BW-Kessel).

Es ergeben sich die folgenden Berechnungsergebnisse (vgl. Tabelle 5.10):

Tabelle 5.10: Berechnungsergebnisse für den Vergleich zwischen NT-Kessel und BW-Kessel

Wirtschaftlichkeit (Annuitätenverfahren)	
Laufzeit T	20 a
Kalkulationszins i	5 %
Annuitätsfaktor a	0,0802
Instandsetzung NT-Kessel	2,0 % von A_0
Wartung NT-Kessel	1,5 % von A_0
Instandsetzung BW-Kessel	1,5 % von A_0
Wartung BW-Kessel	1,0 % von A_0

Größe	Einheit	Variante 1 NT-Kessel	Variante 2 BW-Kessel
Nutzenergie	kWh/a	16.000,00	16.000,00
Jahresnutzungsgrad		0,92	0,97
Investition (Anlage)	€	4.600,00	5.300,00
Erdgaspreis	€/kWh	0,08	0,08
Erdgasverbrauch	kWh/a	17.391,30	16.494,85
kapitalgebundene Auszahlungen	€/a	368,92	425,06
verbrauchsgebundene Auszahlungen	€/a	1.391,30	1.319,59
betriebsgebundene Auszahlungen	€/a	161,00	132,50
sonstige Auszahlungen	€/a	0,00	0,00
Annuität	€/a	-1.921,22	-1.877,15

Es zeigt sich, dass der BW-Kessel tendenziell günstiger ist. Zwar fällt der Unterschied hier äußerst gering aus, bei steigenden Erdgaskosten werden sich die Vorteile aber vergrößern. Bei größeren Gebäuden sind Brennwertkessel aufgrund der Degression der Investitionskosten tendenziell eher wirtschaftlich.

5.4.4 Zinsfußverfahren

Der interne Zinsfuß einer Investition ist als Rendite auf das eingesetzte Kapital zu verstehen. Er wird ebenfalls aus dem Kapitalwert abgeleitet. Der interne Zinsfuß ergibt sich aus der Formel 5.1 für den Kalkulationszins i, bei dem der Kapitalwert null wird.

Entscheidungsregel Zinsfußverfahren:

- Das Projekt ist sinnvoll, wenn der gesuchte interne Zinsfuß $i_I > i$ (projektindividuell).
- Die Anwendung des internen Zinsfußes auf Auswahlentscheidungen ist nicht sinnvoll.

Beispiel: Bewertung Dämmmaßnahmen (Zinsfuß)

Mithilfe des internen Zinsfußes soll die Dämmmaßnahme (vgl. Beispiel gemäß Tabelle 5.9) bewertet werden. Über die Funktion Zielwertsuche eines Tabellenkalkulationsprogrammes wird der interne Zinsfuß zu 10,65 % bestimmt (vgl. Tabelle 5.11).

Tabelle 5.11 Kapitalwerttabelle zur Bestimmung des internen Zinsfußes

Heizenergiebedarf ohne zusätzliche Dämmung	13.500,55 kWh/a
Heizenergiebedarf mit zusätzlicher Dämmung	10.865,17 kWh/a
Einsparung	2.635,38 kWh/a
Energiepreis	0,085 €/kWh
Kosteneinsparung pro Jahr	224,11 €/a
Investition	1.826,00 €
interner Zinsfuss	10,65 %

t	E_t	A_t	Z_t	b_t	B_t	K_t
0		1.826,00	-1.826,00	1,000	-1.826,00	-1.826,00
1	224,11	0	224,11	0,904	202,53	-1.623,47
2	224,11	0	224,11	0,817	183,03	-1.440,43
3	224,11	0	224,11	0,738	165,41	-1.275,02
4	224,11	0	224,11	0,667	149,49	-1.125,53
5	224,11	0	224,11	0,603	135,10	-990,43
6	224,11	0	224,11	0,545	122,09	-868,34
7	224,11	0	224,11	0,492	110,34	-758,00
8	224,11	0	224,11	0,445	99,72	-658,28
9	224,11	0	224,11	0,402	90,12	-568,16
10	224,11	0	224,11	0,363	81,44	-486,72
11	224,11	0	224,11	0,328	73,60	-413,11
12	224,11	0	224,11	0,297	66,52	-346,60
13	224,11	0	224,11	0,268	60,11	-286,48
14	224,11	0	224,11	0,242	54,33	-232,15
15	224,11	0	224,11	0,219	49,10	-183,06
16	224,11	0	224,11	0,198	44,37	-138,69
17	224,11	0	224,11	0,179	40,10	-98,59
18	224,11	0	224,11	0,162	36,24	-62,35
19	224,11	0	224,11	0,146	32,75	-29,60
20	224,11	0	224,11	0,132	29,60	**0,00**

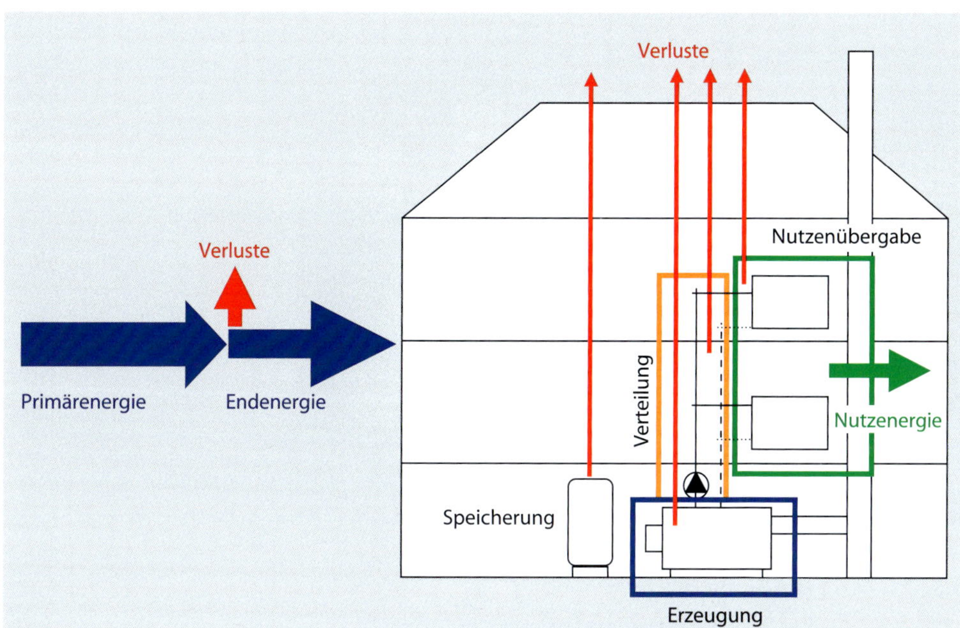

Abb. 5.4: Energieumwandlungskette bei der Heizung

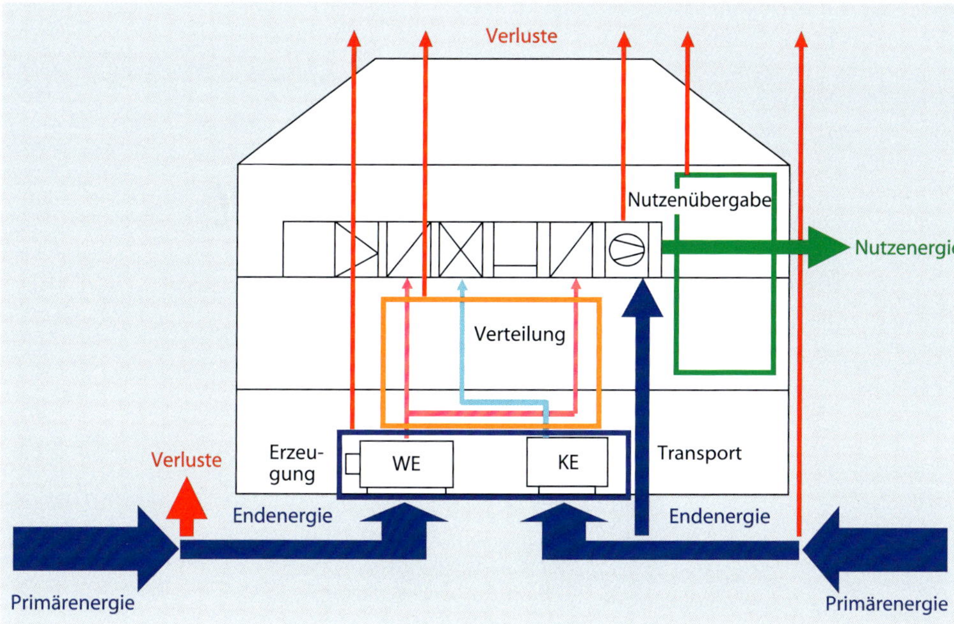

Abb. 5.5: Energieumwandlung bei der Klimatisierung (Nur-Luft-Anlage als Beispiel dargestellt; WE: Wärmeerzeugung; KE: Kälteerzeugung)

5.5 Energetische und ökologische Bewertung

Durch den Energieverbrauch und die entsprechenden Umwandlungsprozesse entstehen energetische und ökologische Auswirkungen in 3 Kategorien:

- Verbrauch an fossilen Primärenergieträgern
- Emission klimaschädlicher Treibhausgase, insbesondere CO_2 (dabei handelt es sich um eine globale Umwelteinwirkung)
- Emission von Luftschadstoffen, insbesondere durch Verbrennungsprozesse (Dabei handelt es sich um eine lokale Umwelteinwirkung, die außerdem für den Menschen gesundheitliche Beeinträchtigungen nach sich ziehen kann.)

5.5.1 Energieumwandlungskette

Der Verbrauch an fossilen Primärenergieträgern wird mithilfe von Aufwandszahlen auf der Basis der Normengruppe DIN V 18599-1 bis 10 bewertet. Grundlage ist die Energieumwandlungskette (vgl. Abb. 1.12):

- Primärenergie
- Endenergie
- Nutzenergie

Dabei werden im Gebäude folgende Teilsysteme betrachtet:

- Erzeugung
- Speicherung
- Verteilung
- Nutzenübergabe

In Abb. 5.4 und 5.5 werden die Zusammenhänge von Energieumwandlungskette und den Teilsystemen im Gebäude

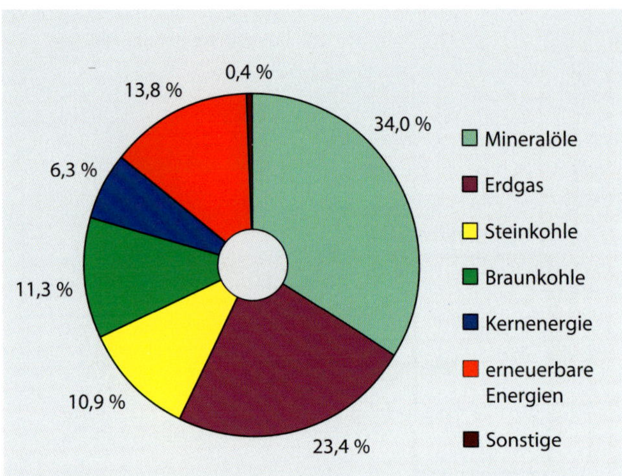

Abb. 5.6: Primärenergieverbrauchsanteil von Energieträgern in Deutschland im Jahr 2018 (Datenquelle: Energiedaten: Gesamtausgabe, 2019, S. 11)

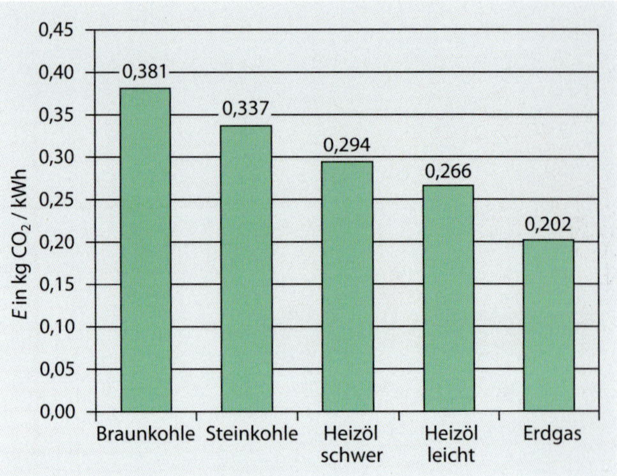

Abb. 5.7: CO_2-Emissionsfaktoren *E* für verschiedene Energieträger (Datenquelle: Merkblatt zu den CO_2-Faktoren, 2019, S. 3)

beispielhaft illustriert, Abb. 5.6 zeigt den Anteil der einzelnen Energieträger am Primärenergieverbrauch in Deutschland.

Je nach bauphysikalischer Gestaltung des Gebäudes (Dämmung, Fenster, Solargewinne) wird eine bestimmte Menge an Nutzenergie benötigt. Diese kann für den Heizfall beispielsweise mit dem Heizperioden- oder dem Monatsperiodenbilanzverfahren abgeschätzt werden. Um diese Nutzenergiemenge zu erzeugen, muss an der Gebäudegrenze eine entsprechende Menge Endenergie bereitstehen, die in der Regel durch das Energieversorgungsunternehmen oder den Brennstoffhandel geliefert wird.

5.5.2 Primärenergiefaktoren

Endenergie entsteht durch Umwandlung aus Primärenergie, außerdem muss die Energie gefördert, transportiert und verteilt werden. Bei allen diesen Prozessen wird wiederum Energie verbraucht, was mit der primärenergetischen Aufwandzahl energieartspezifisch berücksichtigt wird (vgl. Tabelle 5.12 und Tabelle 5.13):

$$Q_P = \sum (f_{P,i} \cdot Q_{E,i}) \qquad \text{(Formel 5.5)}$$

mit

Q_P Primärenergie in kWh/a

$f_{P,i}$ primärenergetische Aufwandszahl (Primärenergiefaktor) für die Endenergieart *i*

$Q_{E,i}$ Endenergieart *i* in kWh/a

Beispiel: Primärenergiebedarfsbestimmung für einen Gewerbebetrieb

Ein Gewerbebetrieb benötigt Erdgas und Elektroenergie für sein Betriebsgebäude. Es ist der Primärenergiebedarf zu bestimmen. Die primärenergetischen Aufwandszahlen für die folgende Berechnung wurden der Tabelle 5.12 entnommen.

Erdgas (Endenergie)	109.375,0 kWh/a
Elektroenergie (Endenergie)	41.467,0 kWh/a
$f_{P,Erdgas}$	1,1
$f_{P,Elektroenergie}$	1,8
Primärenergie	**194.953,1 kWh/a**

Bei Wirtschaftlichkeitsbewertung ist immer der Endenergiebedarf zu verwenden und nicht der Primärenergiebedarf.

Tabelle 5.12: Primärenergiefaktoren nach DIN V 18599-1:2018-09 nur nicht regenerativer Anteil berücksichtigt

Energieträger		**Primärenergiefaktoren**
fossile Brennstoffe	Heizöl EL	1,1
	Erdgas H	1,1
	Flüssiggas	1,1
	Steinkohle	1,1
	Braunkohle	1,2
biogene Brennstoffe	Biogas	0,4
	Bioöl	0,4
	Holz	0,2
Nah-/Fernwärme aus KWK[1]	fossiler Brennstoff	0,7
	erneuerbarer Brennstoff	0,0
Nah-/Fernwärme aus Heizwerken	fossiler Brennstoff	1,3
Strom	Strommix	1,8

[1] KWK = Kraft-Wärme-Kopplung

5.5.3 Emissionsfaktoren

Die Emission von Treibhausgasen und Luftschadstoffen können über Emissionsfaktoren abgeschätzt werden. Beispiele für Emissionsfaktoren enthalten die Abb. 5.7 und die Tabelle 5.13; die Abb. 5.8 zeigt die CO_2-Emissionsfaktoren nach Energieträgern in Deutschland.

$$E = \frac{m_s}{Q_F} \qquad \text{(Formel 5.6)}$$

mit

E Emissionsfaktor in kg/kWh (oder g/kWh)

m_s emittierte Masse eines Stoffes in kg (oder g)

Q_F Feuerungswärme bezogen auf den Heizwert in kWh

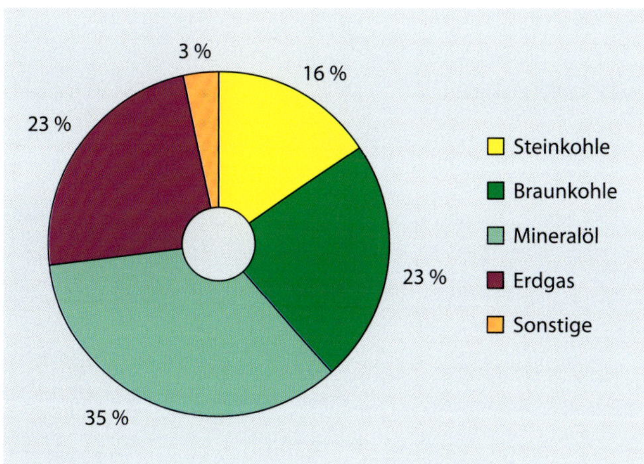

Abb. 5.8: CO_2-Emissionsstruktur nach Energieträgern in Deutschland im Jahr 2018 (Datenquelle: Zahlen und Fakten: Energiedaten, 2021, Tabelle 11)

Tabelle 5.13: Primärenergetische Aufwandszahlen und Emissionsfaktoren für CO_2 (nach Großklos, 2020)

Energieart	Energieträger	kumulierter Energieaufwand nur nicht regenerativer Anteil (kWh_{Prim}/kWh_{End})	Emissionsfaktor *E* Endenergie (g/kWh)
Brennstoffe	Heizöl EL	1,15	310
	Erdgas H	1,10	231
	Flüssiggas	1,08	295
	Steinkohle	1,06	438
	Braunkohle	1,19	446
	Holzhackschnitzel	0,03	15
	Brennholz	0,01	13
	Holzpellets	0,06	17
Strom	Strommix	1,71	505
Fernwärme Mix	Deutschland	0,80	243
Nahwärme Mix	Deutschland	0,98	221
Strom I	PV-Strom (amorph)	0,14	43
	PV-Strom (monokristallin)	0,20	60
	PV-Strom (multikristallin)	0,13	40

EL extra leichtflüssig
H hoch
PV Fotovoltaik

5.6 Bewertung der Nachhaltigkeit

Aufgrund der signifikanten Nachfrage am Immobilienmarkt nach nachhaltigen Gebäuden werden zuverlässige Instrumente benötigt, um die Nachhaltigkeit des jeweiligen Gebäudes plausibel und vergleichbar bewerten zu können. Von diesem Bedarf ausgehend wurden weltweit verschiedene Bewertungssysteme entwickelt, die versuchen, die Eigenschaft Nachhaltigkeit anhand einer Kennzahl zu beschreiben. Je nach Wert der Kennzahl ist das Gebäude mehr oder weniger nachhaltig. Da die Nachhaltigkeit verschiedene Eigenschaften des Gebäudes umfasst (vgl. Kapitel 1.4), handelt es sich methodisch gesehen um eine Nutzwertanalyse, wie sie in Kapitel 5.3 beschrieben wird. Im Prinzip handelt es sich hier um eine mehrkriterielle Entscheidung (vgl. Kapitel 5.1), da sich die Gesamteigenschaft Nachhaltigkeit (entspricht dem Nutzwert) aus vielen Teileigenschaften (entsprechen den Kriterien) zusammensetzt. Für die Aggregation der Teileigenschaften zur Gesamteigenschaft werden die ersteren unter Einbeziehung von Gewichtungsfaktoren auf einer neutralen Punkteskala abgebildet, die von 0 bis 100 reicht. Die Summe der Punkte repräsentiert den Gesamterfüllungsgrad. Die meisten Systeme vergeben ein mehrstufiges Prädikat (z. B. Gold, Silber, Bronze). Im Folgenden soll das deutsche BNB-System stellvertretend für ähnliche Bewertungsansätze vorgestellt werden.

Das Bewertungssystem Nachhaltiges Bauen für Bundesgebäude (abgekürzt: BNB-System) wurde vom Bundesministerium für Verkehr, Bau und Stadtentwicklung (BMVBS) gemeinsam mit der Deutschen Gesellschaft für Nachhaltigkeit (DGNB) entwickelt (siehe auch www.bnb-nachhaltigesbauen.de). Die Nachhaltigkeit eines Gebäudes wird einheitlich entsprechend den Anforderungskomplexen in Tabelle 5.14 bewertet. Dabei wird die Standortqualität zwar mitbetrachtet, sie geht aber nicht explizit in das Zertifizierungsergebnis ein.

Tabelle 5.14: Grundstruktur des BNB-Bewertungssystems

Anforderungskomplex	Gewichtung im System (%)
ökologische Qualität	22,5
ökonomische Qualität	22,5
soziokulturelle und funktionale Qualität	22,5
technische Qualität	22,5
Prozessqualität	10,0
Standortmerkmale	–

Das BNB-System gibt es in mehreren Anwendungsvarianten, weitere werden derzeit entwickelt. Das Kernsystem wurde für den häufig vorkommenden Fall der Bürogebäude entwickelt, alle anderen Systemvarianten sind daraus abgeleitet. Im Folgenden wird ausschließlich auf das Bewertungssystem für den Bürogebäudeneubau eingegangen.

Die Bewertung erfolgt auf der Basis von 46 Steckbriefen (Version von 2011), die den 6 Anforderungskomplexen zugeordnet sind (vgl. Tabelle 5.15). Die Steckbriefe beschreiben für jedes Einzelkriterium die genaue Bewertungsvorschrift.

Tabelle 5.15: Steckbriefübersicht für das BNB-System für Bürogebäude (nach BNB_BN-2011_1, 2011; www.bnb-nachhaltigesbauen.de)

Anforderungskomplex	Nachhaltigkeitskriterium (Nummerierung gemäß BNB-System)	Gewichtung Einzelkriterium (%)
ökologische Qualität	**1.1 Wirkung auf die globale Umwelt**	
	1.1.1 Treibhauspotenzial (GWP)	3,375
	1.1.2 Ozonschichtabbaupotenzial (ODP)	1,125
	1.1.3 Ozonbildungspotenzial (POCP)	1,125
	1.1.4 Versauerungspotenzial (AP)	1,125
	1.1.5 Überdüngungspotenzial (EP)	1,125
	1.1.6 Risiken für die lokale Umwelt	3,375
	1.1.7 Nachhaltige Materialgewinnung/Holz	1,125
	1.2 Ressourceninanspruchnahme	
	1.2.1 Primärenergiebedarf nicht erneuerbar (PE_{ne})	3,375
	1.2.2 Gesamtprimärenergiebedarf (PE_{ges}) und Anteil erneuerbare Primärenergie (PE_e)	2,250
	1.2.3 Trinkwasserverbrauch und Abwasseraufkommen	2,250
	1.2.4 Flächeninanspruchnahme	2,250
ökonomische Qualität	**2.1 Lebenszykluskosten**	
	2.1.1 Gebäudebezogene Kosten im Lebenszyklus	13,500
	2.2 Wertentwicklung	
	2.2.1 Drittverwendungsfähigkeit	9,000
soziokulturelle und funktionale Qualität	**3.1 Gesundheit, Behaglichkeit und Nutzerzufriedenheit**	
	3.1.1 Thermischer Komfort im Winter	1,607
	3.1.2 Thermischer Komfort im Sommer	2,411
	3.1.3 Innenraumhygiene	2,411
	3.1.4 Akustischer Komfort	0,804
	3.1.5 Visueller Komfort	2,411
	3.1.6 Einflussnahme des Nutzers	1,607
	3.1.7 Aufenthaltsmerkmale im Außenraum	0,804
	3.1.8 Sicherheit und Störfallrisiken	0,804
	3.2 Funktionalität	
	3.2.1 Barrierefreiheit	1,607
	3.2.2 Flächeneffizienz	0,804
	3.2.3 Umnutzungsfähigkeit	1,607
	3.2.4 Zugänglichkeit	1,607
	3.2.5 Fahrradkomfort	0,804
	3.3 Sicherung der Gestaltungsqualität	
	3.3.1 Planungswettbewerb	2,411
	3.3.2 Kunst am Bau	0,804

Fortsetzung Tabelle 5.15: Steckbriefübersicht für das BNB-System für Bürogebäude (nach BNB_BN-2011_1, 2011; www.bnb-nachhaltigesbauen.de)

Anforderungskomplex	Nachhaltigkeitskriterium (Nummerierung gemäß BNB-System)	Gewichtung Einzelkriterium (%)
technische Qualität	**4.1 Qualität der technischen Ausführung**	
	4.1.1 Schallschutz	5,625
	4.1.2 Wärme- und Tauwasserschutz	5,625
	4.1.3 Reinigungs- und Instandhaltungsfähigkeit	5,625
	4.1.4 Rückbau, Trennung und Verwertung	5,625
Prozessqualität	**5.1 Qualität der Planung**	
	5.1.1 Projektvorbereitung	1,429
	5.1.2 Integrale Planung	1,429
	5.1.3 Optimierung und Komplexität der Planung	1,429
	5.1.4 Ausschreibung und Vergabe	0,952
	5.1.5 Voraussetzungen für eine optimale Bewirtschaftung	0,952
	5.2 Qualität der Bauausführung	
	5.2.1 Baustelle/Bauprozess	0,952
	5.2.2 Qualitätssicherung der Bauausführung	1,429
	5.2.3 Systematische Inbetriebnahme	1,429
Standortmerkmale	**6.1 Standortmerkmale**	
	6.1.1 Risiken am Mikrostandort	–
	6.1.2 Verhältnisse am Mikrostandort	–
	6.1.3 Quartiersmerkmale	–
	6.1.4 Verkehrsanbindung	–
	6.1.5 Nähe zu nutzungsrelevanten Einrichtungen	–
	6.1.6 Anliegende Medien/Erschließung	–

Im Ergebnis werden pro Steckbrief maximal 100 Punkte vergeben. In Abhängigkeit der erreichten Punktzahl bzw. des Mindesterfüllungsgrades wird das Zertifikat in Gold, Silber oder Bronze vergeben (vgl. Tabelle 5.16).

Tabelle 5.16: Grundstruktur des BNB-Bewertungssystems

Zertifikat	Mindesterfüllungsgrad (%)
Gold	80
Silber	65
Bronze	50

Abb. 5.9 zeigt beispielhaft ein detailliertes Bewertungsergebnis über alle Steckbriefe für ein konkretes Gebäude. In Abb. 5.10 wird die Bewertung für die Hauptanforderungskomplexe zusammengefasst.

Die Anwendung des Systems setzt eine entsprechende Planung etwa in der Stufe der Entwurfsplanung voraus. Zwingend erforderlich ist das Prinzip der integralen Planung (vgl. Kapitel 1.5.2), weil die Anforderungen der einzelnen Steckbriefe miteinander verknüpft sind. So führt z. B. eine Erhöhung der ökologischen Qualität möglicherweise zu erhöhten Lebenszykluskosten. Logischerweise ist die Forderung nach integraler Planung selbst ein einzelnes Bewertungskriterium.

Die Lebenszykluskostenanalyse gilt als eines der Kernstücke des BNB-Zertifizierungssystems. Bei deren Berechnung ist

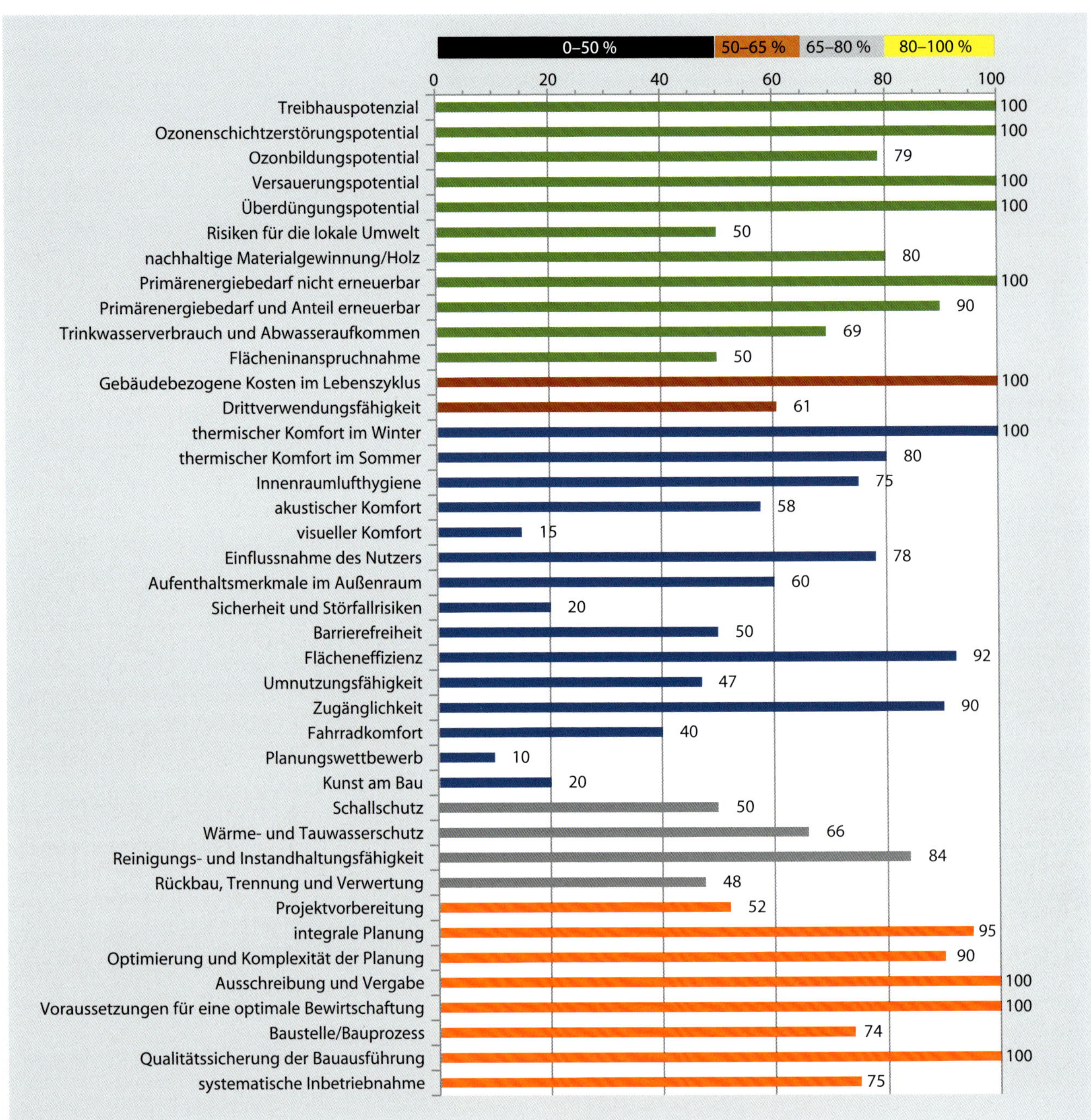

Abb. 5.9: Ergebnisse der Einzelkriterien für ein konkretes Gebäude

die Barwertmethode anzuwenden. Diese basiert auf der gleichen finanzmathematischen Grundoperation des Abzinsens wie die Kapitalwertmethode (vgl. Kapitel 5.4.2). Allerdings werden hier nur Kosten betrachtet:

$$B = \sum_{t=0}^{T} \frac{A_t}{(1+i)^t} \qquad \text{(Formel 5.7)}$$

mit

B Summe der Barwerte aller Kosten in €

A_t Kosten in der Periode t in €

t Laufvariable für $t = 0$ bis T

T Laufzeit (Lebenszyklus) in a

Entsprechend dem BNB-Steckbrief 2.1.1 (Gebäudebezogene Kosten im Lebenszyklus) sind ausgewählte Herstellkosten und ausgewählte Nutzungskosten zu berücksichtigen:

- Herstellkosten: ausgewählte Untergruppen der Kostengruppen (KG) 300, 400 und 500 gemäß DIN 276
- Nutzungskosten: ausgewählte Untergruppen nach DIN 18960:
  - KG 311 Wasserversorgung
  - KG 312 bis 316 Energie
  - KG 321 Abwasser
  - KG 331 Unterhaltsreinigung
  - KG 332 Glasreinigung
  - KG 333 Fassadenreinigung
  - KG 352 Inspektion/Wartung der Baukonstruktion
  - KG 353 Inspektion/Wartung der TGA
  - KG 410 Instandsetzung der Baukonstruktion
  - KG 420 Instandsetzung der TGA

Die Abb. 5.11 zeigt die prozentuale Zusammensetzung der Barwerte für das Beispiel eines Bürogebäudes (vgl. auch

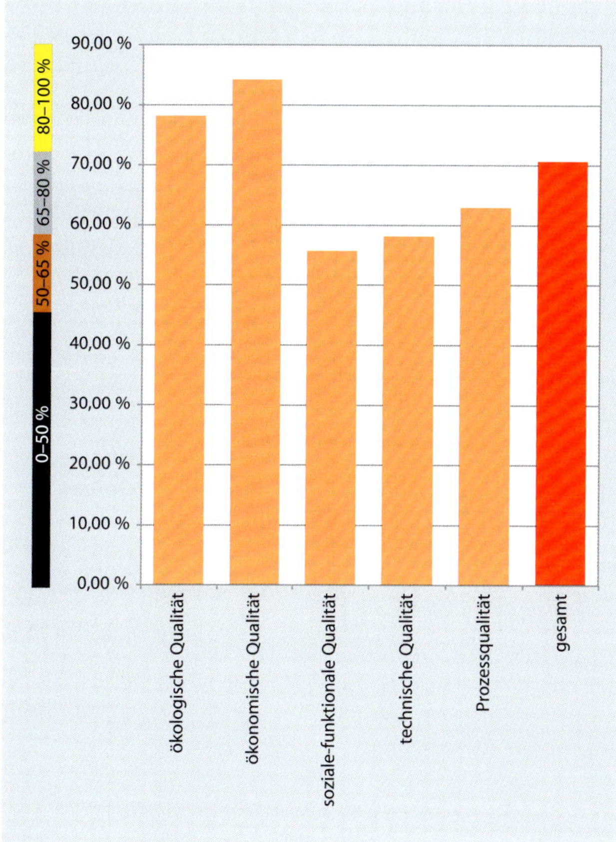

Abb. 5.10: Zusammenfassung der Hauptanforderungskomplexe und Gesamtergebnis für ein konkretes Gebäude

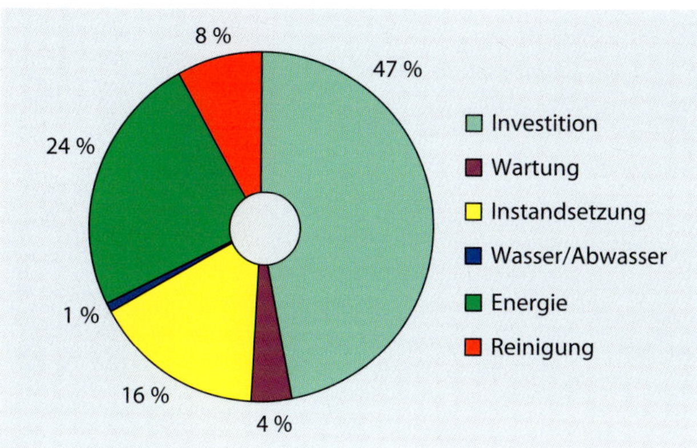

Abb. 5.11: Zusammensetzung der Lebenszykluskosten für ein konkretes Gebäude

Abb. 5.9 und 5.10). Es wird deutlich, dass die Herstellkosten mit 47 % Anteil ein gewichtiger Bestandteil der Lebenszykluskosten sind, obwohl dies allgemein anders erwartet wird. Aufgrund der Abzinsung im Rahmen der Barwertmethode haben die Errichtungskosten ein größeres Gewicht als die weiter hinten im Lebenszyklus anfallenden Nutzungskosten.

5.7 Normen- und Literaturverzeichnis

Normen

DIN 276:2018-12 Kosten im Bauwesen

DIN V 18599-1:2018-09 Energetische Bewertung von Gebäuden – Berechnung des Nutz-, End- und Primärenergiebedarfs für Heizung, Kühlung, Lüftung, Trinkwarmwasser und Beleuchtung – Teil 1: Allgemeine Bilanzierungsverfahren, Begriffe, Zonierung und Bewertung der Energieträger

DIN V 18599-2:2018-09 Energetische Bewertung von Gebäuden – Berechnung des Nutz-, End- und Primärenergiebedarfs für Heizung, Kühlung, Lüftung, Trinkwarmwasser und Beleuchtung – Teil 2: Nutzenergiebedarf für Heizen und Kühlen von Gebäudezonen

DIN V 18599-3:2018-09 Energetische Bewertung von Gebäuden – Berechnung des Nutz-, End- und Primärenergiebedarfs für Heizung, Kühlung, Lüftung, Trinkwarmwasser und Beleuchtung – Teil 3: Nutzenergiebedarf für die energetische Luftaufbereitung

DIN V 18599-4:2018-09 Energetische Bewertung von Gebäuden – Berechnung des Nutz-, End- und Primärenergiebedarfs für Heizung, Kühlung, Lüftung, Trinkwarmwasser und Beleuchtung – Teil 4: Nutz- und Endenergiebedarf für Beleuchtung

DIN V 18599-5:2018-09 Energetische Bewertung von Gebäuden – Berechnung des Nutz-, End- und Primärenergiebedarfs für Heizung, Kühlung, Lüftung, Trinkwarmwasser und Beleuchtung – Teil 5: Endenergiebedarf von Heizsystemen

DIN V 18599-6:2018-09 Energetische Bewertung von Gebäuden – Berechnung des Nutz-, End- und Primärenergiebedarfs für Heizung, Kühlung, Lüftung, Trinkwarmwasser und Beleuchtung – Teil 6: Endenergiebedarf von Lüftungsanlagen, Luftheizungsanlagen und Kühlsystemen für den Wohnungsbau

DIN V 18599-7:2018-09 Energetische Bewertung von Gebäuden – Berechnung des Nutz-, End- und Primärenergiebedarfs für Heizung, Kühlung, Lüftung, Trinkwarmwasser und Beleuchtung – Teil 7: Endenergiebedarf von Raumlufttechnik- und Klimakältesystemen für den Nichtwohnungsbau

DIN V 18599-8:2018-09 Energetische Bewertung von Gebäuden – Berechnung des Nutz-, End- und Primärenergiebedarfs für Heizung, Kühlung, Lüftung, Trinkwarmwasser und Beleuchtung – Teil 8: Nutz- und Endenergiebedarf von Warmwasserbereitungssystemen

DIN V 18599-9:2018-09 Energetische Bewertung von Gebäuden – Berechnung des Nutz-, End- und Primärenergiebedarfs für Heizung, Kühlung, Lüftung, Trinkwarmwasser und Beleuchtung – Teil 9: End- und Primärenergiebedarf von stromproduzierenden Anlagen

DIN V 18599-10:2018-09 Energetische Bewertung von Gebäuden – Berechnung des Nutz-, End- und Primärenergiebedarfs für Heizung, Kühlung, Lüftung, Trinkwarmwasser und Beleuchtung – Teil 10: Nutzungsrandbedingungen, Klimadaten

DIN 18960:2008-02 Nutzungskosten im Hochbau

Literatur

Bechmann, A.: Nutzwertanalyse, Bewertungstheorie und Planung. Bern/Stuttgart: Haupt Verlag AG, 1978

Bitz, M. u. a.: Investition. Multimediale Einführung in finanzmathematische Entscheidungskonzepte. Wiesbaden: Gabler Verlag, 2002

BNB_BN-2011_1. Bewertungssystem Nachhaltiges Bauen (BNB) – Büro- und Verwaltungsgebäude. Berlin: Bundesministerium des Innern, für Bau und Heimat, 2011 [online]. Internet: https://www.bnb-nachhaltigesbauen.de/bewertungssystem/buerogebaeude/steckbriefe-bnb-bn-2011-1/ [Zugriff: 07.08.2021]

Däumler, K.-D.: Grundlagen der Investitions- und Wirtschaftlichkeitsrechnung. Berlin/Herne: Verlag Neue Wirtschafts-Briefe GmbH & Co. KG, 2003

Energiedaten: Gesamtausgabe. Stand: Oktober 2019 [online]. Berlin: Bundesministerium für Wirtschaft und Energie, 2019. Internet: https://www.bmwi.de/Redaktion/DE/Downloads/Energiedaten/energiedaten-gesamt-pdf-grafiken.pdf?__blob=publicationFile&v=40 [Zugriff: 07.08.2021]

Fahl, U.; Blasl, M.; Thöne, E.: Energiewirtschaftliche Gesamtsituation. In: BWK Bd. 64 (2012), Nr. 4, S. 38 bis 51

Großklos, M.: Kumulierter Energieaufwand und CO_2-Emissionsfaktoren verschiedener Energieträger und -versorgungen [online]. Darmstadt: Institut Wohnen und Umwelt GmbH, 2020. Internet: https://www.iwu.de/fileadmin/user_upload/dateien/energie/werkzeuge/kea.pdf [Zugriff: 07.08.2021]

Krimmling, J.: Energieeffiziente Gebäude. 3. Aufl. Stuttgart: Fraunhofer IRB Verlag, 2010

Krimmling, J.: Facility Management – Strukturen und methodische Instrumente. 5. Aufl. Stuttgart: Fraunhofer IRB Verlag, 2017

Krimmling, J.: Wirtschaftlichkeitsbewertung verstehen und anwenden. Wiesbaden: Springer Vieweg Verlag, 2018

Merkblatt zu den CO_2-Faktoren. Energieeffizienz in der Wirtschaft – Zuschuss und Kredit. Stand: Januar 2019 [online]. Eschborn: Bundesamt für Wirtschaft und Ausfuhrkontrolle, 2019. Internet: http://www.mediagnose.de/wp-content/uploads/2020/02/eew_merkblatt_co2.pdf [Zugriff: 07.08.2021]

Schramek, E.-R.: Taschenbuch für Heizung und Klimatechnik. 72. Aufl. München: Oldenbourg Industrieverlag, 2005

VDI 2067 Blatt 1:2012-09 Wirtschaftlichkeit gebäudetechnischer Anlagen – Grundlagen und Kostenberechnung. Düsseldorf: Verein Deutscher Ingenieure, 2012

Zahlen und Fakten: Energiedaten. Nationale und internationale Entwicklung. Stand: März 2021 [online]. Berlin: Bundesministerium für Wirtschaft und Energie, 2021. Internet: https://www.bmwi.de/Redaktion/DE/Artikel/Energie/energiedaten-gesamtausgabe.html [Zugriff: 07.08.2021]

6 Heizungstechnik

6.1 Systemübersicht

Die Heizsysteme von Gebäuden lassen sich nach verschiedenen Gesichtspunkten klassifizieren, z. B. nach Art des Wärmeträgers im Verteilsystem, mit dessen Hilfe die Wärme im Gebäude verteilt wird (vgl. Abb. 6.1):

- Heizwassersysteme:
  - Warmwasser (bis 100 °C)
  - Heißwasser (über 100 °C)
- Dampfheizsysteme
- Luftheizsysteme

Weitverbreitet sind Heizwassersysteme, bei denen die Wärme mithilfe von in Rohrleitungen zirkulierendem Heizwasser verteilt wird. Am häufigsten werden Warmwassersysteme eingesetzt, wobei der Trend zu immer niedrigeren Systemtemperaturen geht. Das liegt daran, dass sich die Effizienz von Wärmeerzeugern verbessert und außerdem die Wärmeverluste des Heizrohrnetzes direkt von der Medientemperatur abhängen, d. h., die Verluste sind umso größer, je höher die Temperatur des Heizwassers in den Rohren ist. Allerdings wird durch die Systemtemperaturen auch die Größe der Heizflächen im Raum festgelegt.

Heißwassersysteme mit Systemtemperaturen über 100 °C werden fast ausschließlich für Strahlplattenheizungen (vgl. Kapitel 6.6.2) für die Beheizung von Industriehallen eingesetzt und kommen in Wohngebäuden oder in Büro- und Verwaltungsgebäuden praktisch nicht vor. Sie haben den Nachteil, dass ihre sicherheitstechnische Ausrüstung umfangreicher als die der Warmwassersysteme ist.

Dampfheizungen (Grundprinzip vgl. Abb. 6.3) spielen in der Gebäudebeheizung heutzutage keine Rolle mehr, obwohl sie entwicklungsgeschichtlich am Anfang der Zentralheizungsgeschichte stehen. Heute werden neue Anlagen de facto nicht mehr gebaut. Das liegt hauptsächlich an den hohen Wärmeverlusten solcher Systeme, da die Temperaturen in den Rohren über 100 °C liegen. Eine gleitende, der Außentemperatur angepasste Fahrweise der Heizung, wie sie heute üblich ist, kann nicht realisiert werden.

Die Luftheizung verkörpert die älteste Bauform einer Gebäudezentralheizung. Bereits im antiken Griechenland wurde das später von den Römern übernommene Prinzip der Hypokaustenheizung (Hypokaustum – griechisch: Brand von unten) genutzt. Bei heutigen Luftheizungen wird Luft über einen im Wärmeerzeuger angebrachten Wärmeübertrager erwärmt und strömt dann in der Regel aufgrund der Thermik den Räumen zu. Luftzentralheizungen werden heute mitunter in Einfamilienhäusern verwendet (Grundprinzip vgl. Abb. 6.4). Der relativ einfachen Bauform und

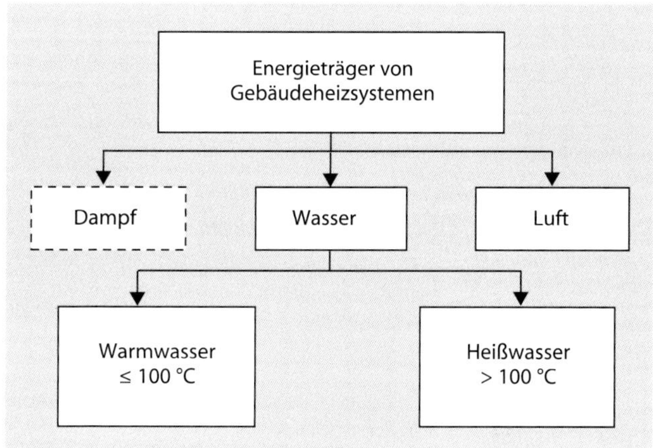

Abb. 6.1: Energieträger von Gebäudeheizsystemen

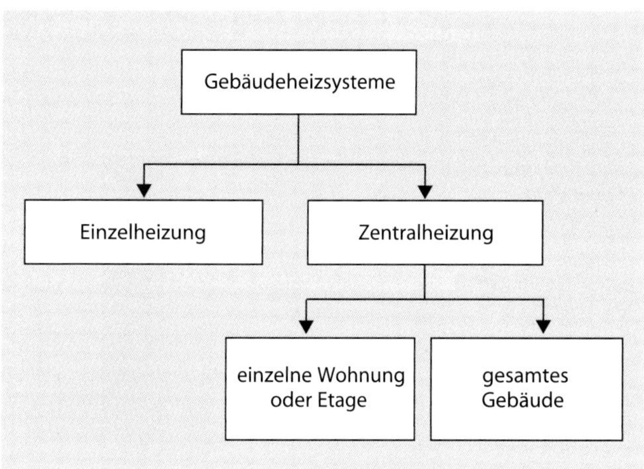

Abb. 6.2: Zentrale und dezentrale Heizsysteme

Betriebsweise steht der Nachteil der verstärkten Schallübertragung durch das Luftkanalsystem gegenüber.

Weiterhin können die Gebäudeheizungen nach dem Grad der Zentralisierung klassifiziert werden (vgl. auch Abb. 6.2):

- Zentralheizungen, bei denen ein komplettes Gebäude mithilfe eines oder mehrerer Wärmeerzeuger über ein mehr oder weniger komplexes Wärmeträgernetz versorgt wird
- Etagenheizungen, bei denen eine Etage eines Gebäudes oder eine einzelne Wohnung durch eine Zentralheizung versorgt wird, demzufolge gibt es in diesem Fall pro Haus mehrere Zentralheizungen
- Einzelheizungen, d. h. ein Wärmeerzeuger pro zu beheizenden Raum, z. B. Ofen, Kamin oder Gaswandheizer

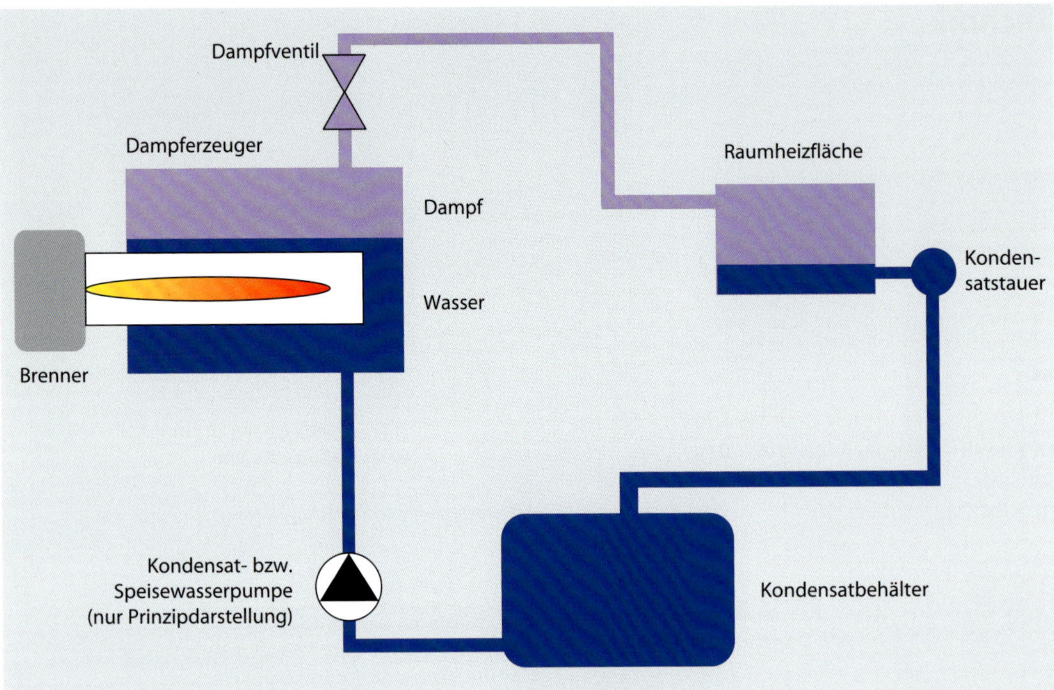

Abb. 6.3: Grundprinzip der Dampfheizung (Wasseraufbereitung nicht dargestellt)

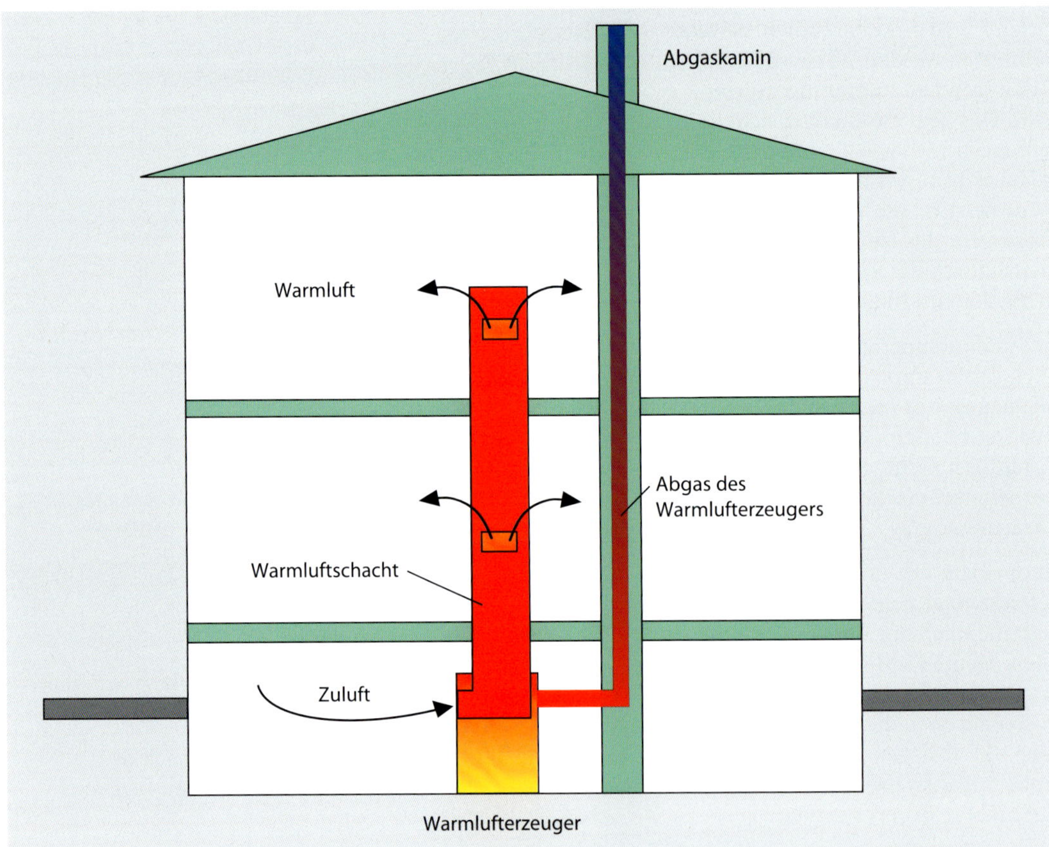

Abb. 6.4: Grundprinzip einer zentralen Luftheizung in einem Wohnhaus

Die Wärmeerzeuger können beispielsweise nach der Art des Brennstoffes bzw. der Wärmequelle unterteilt werden:

- Heizöl
- Gas
- Kohle
- Holz oder andere Biomassebrennstoffe
- Elektroenergie
- Umweltenergie

Außerdem kann die Wärmeversorgung über Fernwärme erfolgen, die dann wiederum aus den genannten Energieträgern erzeugt wird.

6.2 Gesetze und Vorschriften

An Heizungsanlagen werden in erster Linie aus Sicht des Umweltschutzes bestimmte Anforderungen gestellt (vgl. Abb. 6.5).

6.2.1 Bundesimmissionsschutzgesetz

Die Einzelheiten der Anforderungen des Bundesimmissionsschutzgesetzes werden in den nachgeordneten Bundesimmissionsschutzverordnungen geregelt. In der 1. Bundesimmissionsschutzverordnung (1. BImSchV „Kleinfeuerungsanlagenverordnung") werden Grenzwerte für die Emissionen von Heizkesseln und anderen Feuerungsanlagen festgelegt. Außerdem werden in der 1. BImschV die Abgasverluste begrenzt, was Mindestforderungen an die Energieeffizienz von Feuerungssystemen entspricht (vgl. Tabelle 6.1).

Tabelle 6.1: Festlegungen der Abgasverluste für Öl- und Gasfeuerungsanlagen nach 1. BImschV

Nennleistung (kW)	Abgasverlust (%)
4 bis 25	11
über 25 bis 50	10
über 50	9

Der Abgasverlust einer Kleinfeuerung berechnet sich nach folgender Formel:

$$q_a = \left[\frac{A}{21 - O_2^a} + B\right] \cdot (t_a - t_L) \quad \text{(Formel 6.1)}$$

mit

- q_a auf die zugeführte Wärme bezogener Abgasverlust in %
- A, B Konstanten nach 1. BImSchV, vgl. Tabelle 6.2
- O_2^a im Abgas gemessene O_2-Konzentration in Vol.-%
- t_a Temperatur des Abgases in °C
- t_L Temperatur der Umgebungsluft in °C

Tabelle 6.2: Konstanten zur Bestimmung des Abgasverlustes nach 1. BImSchV

Konstanten nach 1. BImSchV	Heizöl EL natur-belassene Pflanzenöle, Pflanzenöl-methylester	Gase der öffentlichen Gasversorgung	Kokereigas	Flüssiggas Flüssiggas-Luft-Gemische
A	0,680	0,660	0,600	0,630
B	0,007	0,009	0,011	0,008

Mithilfe des Abgasverlustes kann der Wirkungsgrad eines Kessels bestimmt werden:

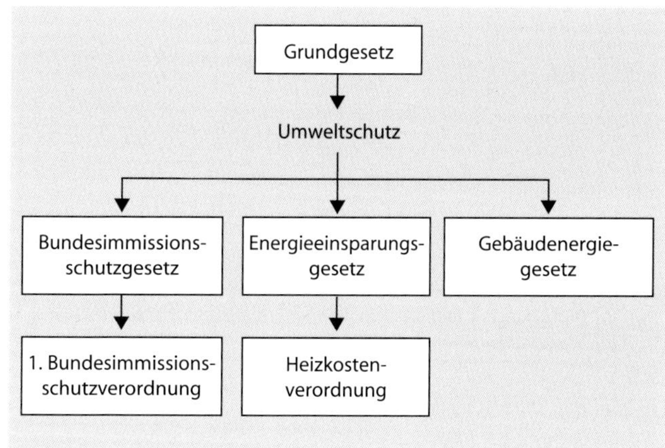

Abb. 6.5: Gesetzliche Anforderungen an Heizungsanlagen

$$\eta_K = \frac{\dot{Q}_{Nutz}}{\dot{Q}_{zu}} = 1 - \frac{\dot{Q}_a + \dot{Q}_{Str}}{\dot{Q}_{zu}} = 1 - q_a - q_{Str} \quad \text{(Formel 6.2)}$$

mit

- η_K Kesselwirkungsgrad in %
- $\dot{Q}_{Nutz}$ abgegebener Nutzwärmestrom in kW
- $\dot{Q}_{zu}$ zugeführter Wärmestrom in kW
- $\dot{Q}_a$ Wärmestrom im Abgas in kW
- $\dot{Q}_{Str}$ in den Aufstellraum abgestrahlter Wärmestrom in kW
- q_a auf die zugeführte Wärme bezogener Abgasverlust in %
- q_{Str} auf die zugeführte Wärme bezogener Abstrahlungsverlust in den Aufstellraum (0,5 bis 2 %)

Beispiel: Wirkungsgrad eines Kessels (Heizöl EL)

Für einen mit Heizöl EL betriebenen Kessel ist der Wirkungsgrad auf der Basis gemessener Werte zu bestimmen. Es ergeben sich folgende Messwerte und Berechnungsergebnisse:

Messwerte am Kessel:

Abgastemperatur t_a	151,0 °C
Umgebungstemperatur t_L	18,0 °C
Sauerstoff im Abgas O_2^a	2,8 %

Konstanten aus 1. BImSchV:

A	0,680
B	0,007

Berechnungsergebnisse:

Abstrahlungsverlust q_{Str} (aus Herstellerunterlagen)	1,0 %
Abgasverlust q_a	5,9 %
Kesselwirkungsgrad η_K	93,1 %

Eine solche Messung führt beispielsweise alljährlich der Schornsteinfegermeister am Kessel eines Einfamilienhauses durch. Dabei werden die Abgastemperatur sowie der Sauerstoffgehalt im Abgas gemessen.

6.2.2 Heizkostenverordnung

Die „Verordnung über die verbrauchsabhängige Abrechnung der Heiz- und Warmwasserkosten" (Verordnung über Heizkostenabrechnung – HeizkostenV, in der Fassung der Bekanntmachung vom 5. Oktober 2009) ist ein wesentliches Instrument zur Energieeinsparung vor allem in Wohngebäuden. Durch die verursachergerechte Zuordnung des

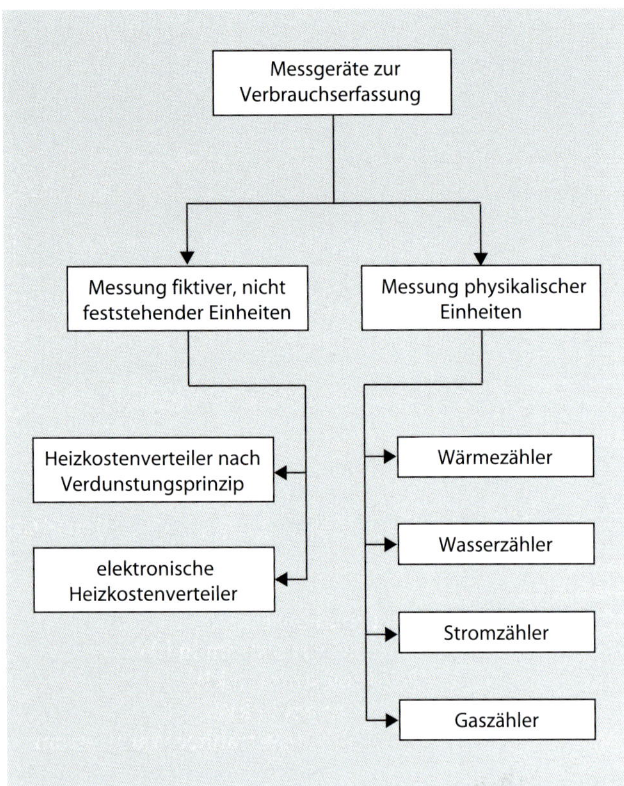

Abb. 6.6: Übersicht Verbrauchserfassungsgeräte

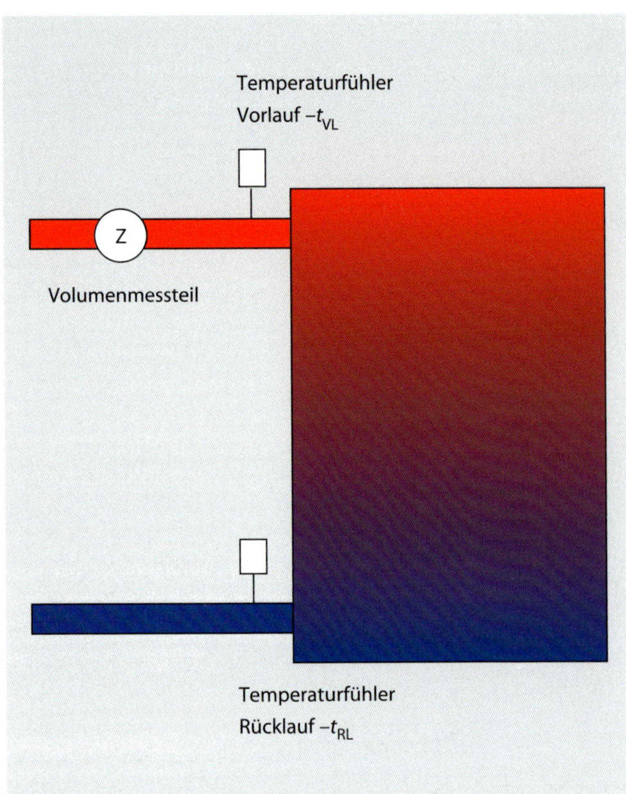

Abb. 6.7: Messung der von einem Heizkörper abgegebenen Wärme

Energieverbrauchs werden die Wohnungsnutzer zu einem sparsamen Verbrauch angehalten. Eine erhebliche Motivation stellen dabei die steigenden Energiepreise dar.

In Nichtwohngebäuden wird die Verbrauchsabrechnung selbstverständlich auch praktiziert, nur hat sie dort aufgrund der Anonymität des Nutzers im Hinblick auf einen sparsamen Umgang mit Energie einen geringeren Stellenwert. Ungeachtet dessen gibt es auch hier Bestrebungen, den Nutzer durch zusätzliche Informationen über das Verbrauchsgeschehen in seinem Arbeitsraum zu einem sparsamen Energiegebrauch anzuregen. Otto stellt eine solche Methode für die Nutzer von Büroräumen vor (vgl. Otto, 2006, S. 163).

Grundlage der Verbrauchsabrechnung ist die Verbrauchsmessung. Dazu werden die folgenden Erfassungsgeräte verwendet:

- Heizkostenverteiler nach dem Verdunstungsprinzip
- elektronische Heizkostenverteiler
- Wärmezähler
- Wasserzähler (vgl. Kapitel 8.5.1)
- Stromzähler (vgl. Kapitel 11.3.2)
- Gaszähler (vgl. Kapitel 10.2.1)

Die Geräte können in 2 Gruppen nach Abb. 6.6 unterschieden werden:

- Geräte, die eine fiktive, nicht feststehende Einheit messen
- Geräte, die eine definierte physikalische Einheit messen

Zur ersten Gruppe gehören die Heizkostenverteiler. Bei diesen Geräten wird die vom Heizkörper an den Raum abgegebene Wärmemenge durch eine Temperaturmessung bestimmt. Gemessen wird in einer fiktiven Einheit, deren Wert erst nach Ermittlung aller im Haus gemessenen Ablesewerte bestimmt werden kann. Es handelt sich um eine Verhältnismessung, d. h., es wird lediglich der Anteil der von einem Heizkörper abgegebenen Wärme im Verhältnis zur gesamten, von allen Heizkörpern im Betrachtungszeitraum abgegebenen Wärme festgestellt. Heizkostenverteiler unterliegen nicht dem Eichrecht.

Für die exakte Bestimmung der von einem Heizkörper abgegebenen Wärme müssen 3 Größen gemessen werden (vgl. Abb. 6.7):

- Heizwassermassenstrom
- Vorlauftemperatur
- Rücklauftemperatur

Praktisch würde die Messung immer über eine möglichst kurze Zeitspanne i durchgeführt und dann über alle i in einem definierten Zeitraum aufsummiert werden:

$$Q = \sum_i (m_i \cdot c_P \cdot (t_{VL} - t_{RL})_i) \qquad \text{(Formel 6.3)}$$

mit

Q	vom Heizkörper in einer definierten Zeit abgegebene Wärmemenge in kJ
m_i	Heizwassermenge in einem Zeitintervall i in kg (gemessen wird das Volumen, die Masse m ergibt sich aus Dichte ρ und Volumen V: $m = \rho \cdot V$)
c_P	spezifische Wärmekapazität des Heizwassers in kJ/(kg · K), $c_P = 4{,}2$ kJ/(kg · K)
$(t_{VL} - t_{RL})_i$	Temperaturdifferenz Vorlauf/Rücklauf im Zeitintervall i in K

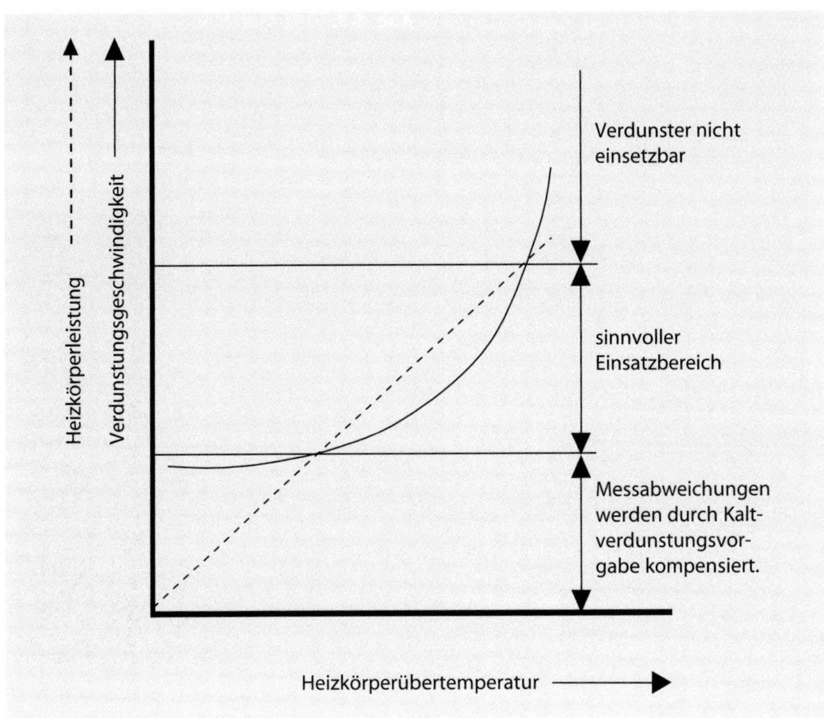

Abb. 6.8: Einsatzbereich von Heizkostenverteilern nach dem Verdunstungsprinzip

Heizkostenverteiler nach dem Verdunstungsprinzip

Verdunstungsheizkostenverteiler messen nur die Temperatur des Heizkörpers. In dem auf einem gut wärmeleitenden Unterteil angebrachten Röhrchen befindet sich eine Flüssigkeit, die sukzessive durch die Temperatureinwirkung des Heizkörpers verdunstet. Am Ende einer Abrechnungsperiode wird über eine Skala die verdunstete Flüssigkeitsmenge festgestellt. Die Spezifik des jeweiligen Heizkörpers wird über Korrekturfaktoren (bei Verwendung der Einheitsskala) bzw. mit entsprechend angepassten Skalen (Produktskala) berücksichtigt.

Nachteilig ist, dass die Kennlinie des Messgerätes nicht mit der des Verdunstungsvorgangs übereinstimmt (vgl. Abb. 6.8). Dadurch ergibt sich eine Einsatzbeschränkung bei hohen Heizkörpertemperaturen. Die Abweichung im unteren Temperaturbereich wird durch die sog. Kaltverdunstungsvorgabe kompensiert. Die Kaltverdunstung führt dazu, dass Flüssigkeit auch dann verdunstet, wenn der Heizkörper gar nicht in Betrieb ist.

Elektronische Heizkostenverteiler

Elektronische Heizkostenverteiler gibt es in 3 Ausführungen:

- mit einem Messfühler: Messung der Heizkörpertemperatur wie beim Verdunster
- mit 2 Fühlern: zusätzlich Messung der Raumtemperatur
- mit 3 Fühlern: Messung von Vor-, Rücklauf- und Raumtemperatur

Bei elektronischen Heizkostenverteilern sind die Heizkörperkennlinie und die Gerätekennlinie deckungsgleich und es kommt nicht zu den in Abb. 6.8 dargestellten Abweichungen. Insbesondere gibt es keine Kaltverdunstung, was zu einer sehr hohen Akzeptanz bei den Nutzern führt. Außerdem müssen elektronische Heizkostenverteiler nicht direkt am Heizkörper abgelesen werden, sondern können über Funk ausgelesen werden, ohne dass der Messdienst die Wohnung betreten muss.

Tabelle 6.3 stellt die Vor- und Nachteile von Heizkostenverteilern nach ihrem Funktionsprinzip gegenüber.

Tabelle 6.3: Vor- und Nachteile von Heizkostenverteilern

	Heizkostenverteiler nach dem Verdunstungsprinzip	**elektronische Heizkostenverteiler**
Vorteile	• sehr kostengünstig	• bessere Anpassung an Heizköperkennlinie • Zwischenwerte abspeicherbar • Fernauslesung möglich
Nachteile	• geringe Akzeptanz, insbesondere wegen Kaltverdunstung • keine Speicherung von Stichtagswerten • schwierige Zwischenabrechnung wegen Kaltverdunstungsvorgabe • jährlicher Ampullenwechsel erforderlich • Ablesung immer nur vor Ort	• teurer als Heizkostenverteiler nach dem Verdunstungsprinzip

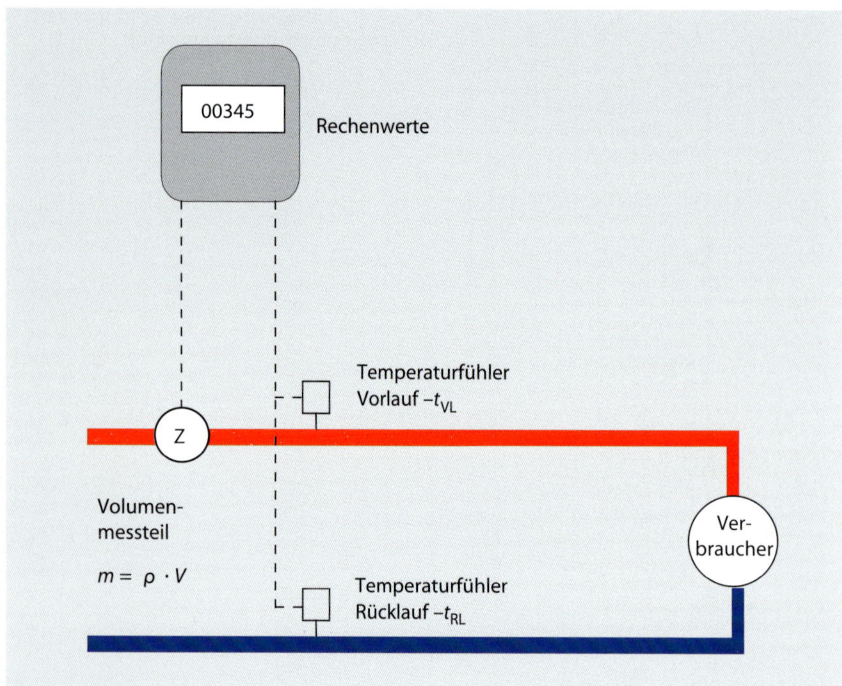

Abb. 6.9: Wärmezähler

Wärmezähler

Mithilfe von Wärmezählern kann eine bestimmte Wärmemenge, z. B. für ein Gebäude oder eine Wohnung, direkt gemessen werden. Das Messprinzip basiert auf der Formel 6.3 bzw. auf Abb. 6.9. Ein Wärmezähler besteht aus:

- Volumenmessteil,
- Vorlauftemperaturfühler,
- Rücklauftemperaturfühler,
- Rechenwerk.

Heizkostenabrechnung

Die Abrechnung der gesamten Heizkosten erfolgt nach dem Schema in Abb. 6.10. Umgelegt werden sowohl die eigentlichen Energiekosten (Brennstoffkosten) als auch die Nebenkosten für Wartung, Schornsteinfeger, die Verbrauchsabrechnung u. a. Diese Gesamtkosten werden entsprechend dem Verhältnis von Energieverbrauch für die Heizung und Energieverbrauch für die Warmwasserbereitung aufgeteilt. Der Warmwasserenergieanteil kann folgendermaßen berechnet werden:

$$B_{WW} = \frac{2{,}5 \cdot V \cdot (t_{WW} - 10\ °C)}{H_u} \qquad \text{(Formel 6.4)}$$

mit

B_{WW} Brennstoffverbrauch für Warmwasserbereitung in m³/a (Erdgas) oder in l/a (Heizöl EL), andere Brennstoffe sinngemäß
V Warmwasserverbrauch des gesamten Hauses in m³/a
t_{WW} Warmwassertemperatur in °C (ca. 45 bis 60 °C)
H_u Heizwert des Brennstoffes in kWh/m³ (Erdgas) oder in kWh/l (Heizöl EL)

Weiterhin muss die Energiemenge für die Warmwasserbereitung direkt gemessen werden. Damit können die Kosten zwischen Heizung und Warmwasser aufgeteilt werden:

$$K_{WW} = K_{Ges} \cdot \frac{B_{WW}}{B_{Ges}} \qquad \text{(Formel 6.5)}$$

mit

K_{WW} Gesamtkosten für Warmwasserbereitung in €/a
K_{Ges} Gesamtkosten für Warmwasserbereitung und Heizung in €/a
B_{Ges} gesamter Brennstoffverbrauch des Hauses in m³/a (Erdgas) oder in l/a (Heizöl EL)

Die jeweiligen Kosten für die Heizung und für das Warmwasser werden dann noch in einen Grundkostenanteil und einen Verbrauchskostenanteil aufgesplittet. Der Verbrauchskostenanteil soll nach der Heizkostenverordnung mindestens 50 % und höchstens 70 % betragen.

Beispiel: Heizkostenabrechnung

Die folgenden Aufstellungen demonstrieren das Zustandekommen der Heizkostenabrechnung für den Mieter einer Einraumwohnung.

allgemeine Angaben:

Gesamtwohnfläche	248,19 m²
Wohnfläche des Mieters	18 m²
Energieträger	Erdgas H
Heizwert	10,5 kWh/m³
verbrauchsabhängiger Anteil Heizkosten	70 %
verbrauchsabhängiger Anteil Warmwasserkosten	70 %
Warmwassertemperatur	60 °C

Brennstoff- und Nebenkosten für das gesamte Haus:

Erdgaskosten	2.287,63 €
Schornsteinfeger	48,24 €
Wartung	143,00 €
Strom Heizung	152,45 €
Abrechnungskosten	173,70 €

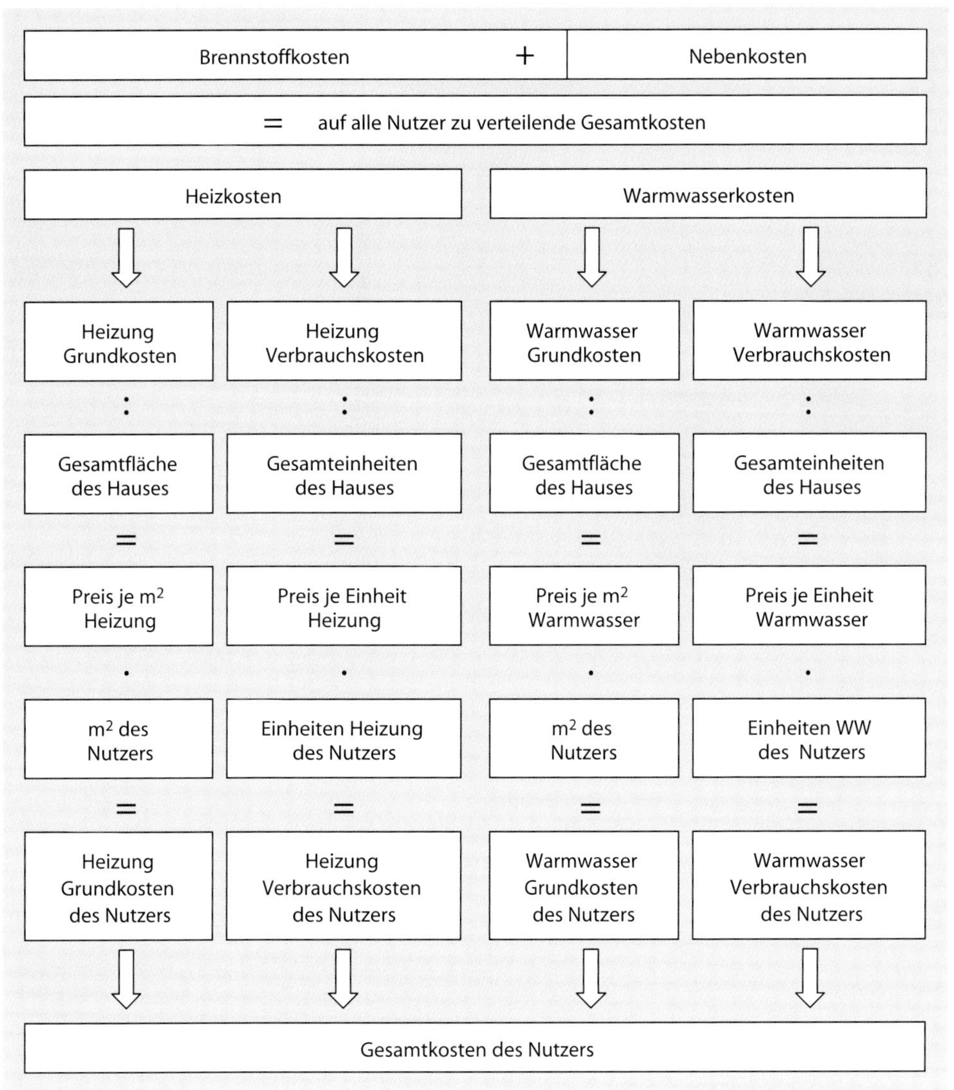

Abb. 6.10: Schema für die Heizkostenabrechnung eines Nutzers/Mieters (WW: Warmwasser)

Verbrauchswerte für das gesamte Haus:

Erdgasverbrauch (Erdgaszähler)	4.508 m³
Warmwasserverbrauch (Warmwasserzähler aller Mieter)	30,205 m³
Summe abgelesener Einheiten an den Heizkostenverteilern (VE: Verrechnungs- bzw. Ableseeinheit)	357,50 VE

Ablesewerte für den Mieter:

Ablesung Heizkostenverteiler	50,00 VE
Warmwasserzähler	1,6 m³

Unter Anwendung des Berechnungsschemas nach Abb. 6.10 errechnen sich für den Mieter die folgenden Heizkosten.

gesamtes Haus:

auf alle zu verteilende Gesamtkosten	2.805,02 €
Erdgasverbrauch für Warmwasser	359,58 m³
Abtrennung der Warmwasserkosten	223,74 €
verbleibende Kosten für Heizung	2.581,28 €

Warmwasser:

Grundkosten 30 %	67,12 €
Grundkosten pro m²	0,2704 €/m²
Verbrauchskosten 70 %	156,62 €
Verbrauchskosten pro m³	5,1852 €/m³

Heizung:

Grundkosten 30 %	774,39 €
Grundkosten pro m²	3,1201 €/m²
Verbrauchskosten 70 %	1806,90 €
Verbrauchskosten pro VE	5,0543 €/VE

Warmwasserkosten des Mieters:

Grundkosten	4,87 €
Verbrauchskosten	8,30 €

Heizungskosten des Mieters:

Grundkosten	56,16 €
Verbrauchskosten	252,72 €

Gesamtheizkosten des Mieters: 322,05 €

6.3 Pumpenwarmwasserheizungen (PWWH)

Die weitverbreitetste Form der Zentralheizung ist die Pumpenwarmwasserheizung (PWWH). Es werden geschlossene und offene Systeme unterschieden, wobei Letztere heute nicht mehr gebaut werden. Bei offenen Anlagen wurde ein offenes Ausdehnungsgefäß über dem höchsten Punkt der Anlage angeordnet. Aufgrund des offenen Gefäßes hatte das Umwälzwasser in der Anlage Kontakt mit der Luft, was zu Korrosionserscheinungen führte. Die geschlossene Pumpenwarmwasserheizung hat keine Verbindung zur At-

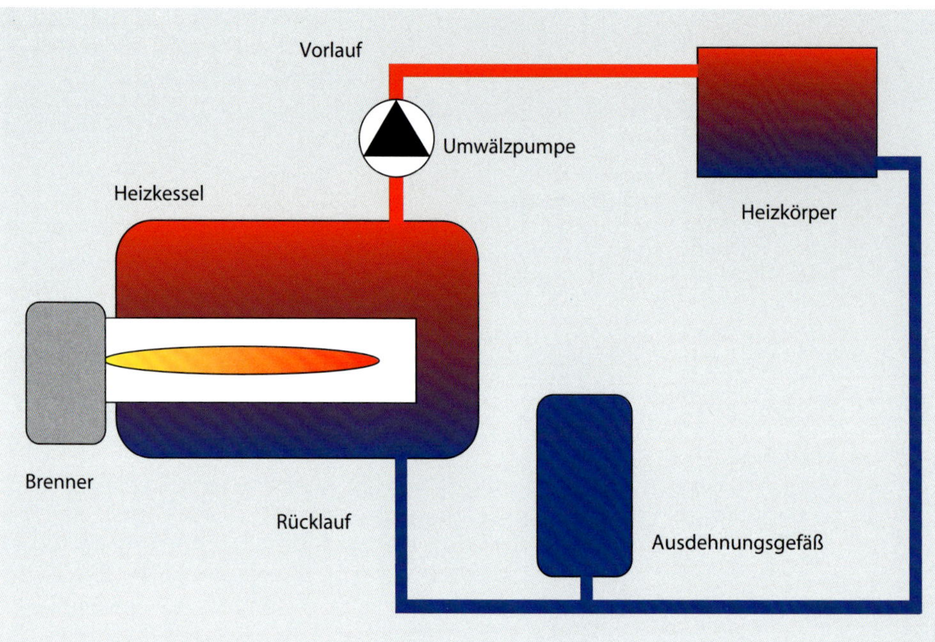

Abb. 6.11: Grundprinzip der geschlossenen Pumpenwarmwasserheizung

mosphäre, die Volumenkompensation erfolgt über ein Membran-Ausdehnungsgefäß. Im Zuge der Erwärmung dehnt sich das Umwälzwasser in der Anlage aus. Das Mehrvolumen wird in das Ausdehnungsgefäß gedrückt. Dampfheizungen benötigen kein Ausdehnungsgefäß, da der Dampferzeuger über den Druck gesteuert wird. Dabei wird der Brenner abgeschaltet, wenn der Dampfdruck einen bestimmten Grenzwert erreicht.

Im Gegensatz zum Dampfkessel in Abb. 6.3 ist der Heizkessel vollständig mit Heizwasser gefüllt. Im Heizkessel wird das Heizwasser erwärmt. Mithilfe der Pumpe wird es zu den Heizflächen gefördert, wo die Energieabgabe an den Raum erfolgt. Das abgekühlte Heizwasser strömt zum Heizkessel, wo es erneut erwärmt wird (vgl. Abb. 6.11, farblich dargestellt ist der Temperaturverlauf des Heizwassers).

Anstelle des Heizkessels in Abb. 6.11 können auch ein oder mehrere alternative Wärmeerzeuger angeordnet werden:

- BHKW-Modul
- Wärmepumpe
- Solarmodul

Die Leitungen vom Wärmeerzeuger zu den Heizflächen werden als Vorlaufleitungen (Heizungsvorlauf oder Vorlauf) bezeichnet, die Leitungen von den Heizflächen zurück zum Wärmeerzeuger als Rücklaufleitungen. Im Allgemeinen dienen die Auslegungstemperaturen in Vor- und Rücklaufleitungen zur Charakterisierung des Temperaturniveaus der Heizung. Folgende Temperaturspreizungen sind üblich, wobei theoretisch die Anlage nach jeder beliebigen Spreizung ausgelegt werden kann:

- Vorlauf/Rücklauf 90/70 °C (nur noch im Bestand)
- Vorlauf/Rücklauf 70/55 °C
- Vorlauf/Rücklauf 55/45 °C
- Vorlauf/Rücklauf 40/30 °C
- Vorlauf/Rücklauf 35/28 °C (gebräuchlich bei Fußbodenheizungen)

Die Temperaturspreizung hat Einfluss auf:

- den Volumenstrom des Umwälzwassers (Pumpenvolumenstrom),
- die Größe der Heizflächen (vgl. Kapitel 6.6.4),
- die Wärmeverluste in den Rohrleitungen, die außerhalb der thermischen Hülle des Gebäudes verlegt sind,
- die Effizienz der Wärmeerzeugung.

Der Trend geht zu Systemen mit niedrigen Temperaturen. Die Effizienz von Wärmeerzeugern steigt, wenn deren Betriebstemperatur möglichst niedrig gehalten wird. So hängt der erreichbare Brennwerteffekt bei Brennwertkesseln (vgl. Kapitel 6.4.2) wesentlich von der Kesselwassertemperatur ab. Aus diesem Grund ist es erforderlich, Brennwertkessel mit Niedrigtemperatursystemen wie z. B. Fußboden- oder Wandheizungen zu kombinieren. Gleichermaßen ist die Arbeitszahl von Wärmepumpen größer, wenn durch diese eine Fußbodenheizung versorgt wird.

Eine Pumpenwarmwasserheizung kann gemäß Abb. 6.12 entsprechend der allgemeinen Struktur gebäudetechnischer Systeme gegliedert werden (vgl. Kapitel 1.1).

6.4 Wärmeerzeugung

6.4.1 Übersicht

Obwohl Energie entsprechend dem Energieerhaltungssatz nicht erzeugt, sondern immer nur von einer Zustandsform in eine andere umgewandelt werden kann, hat sich der Begriff Wärmeerzeuger in der Praxis durchgesetzt und soll auch hier verwendet werden. Analog wird in der Klimatechnik vom Kälteerzeuger (vgl. Kapitel 7.10) gesprochen, obwohl es nach thermodynamischer Theorie den Begriff der Kälte gar nicht gibt.

Ein Wärmeerzeuger kann systemisch in 2 Komplexe strukturiert werden:

- Energieumwandlungssystem
- Wärmeträgersystem

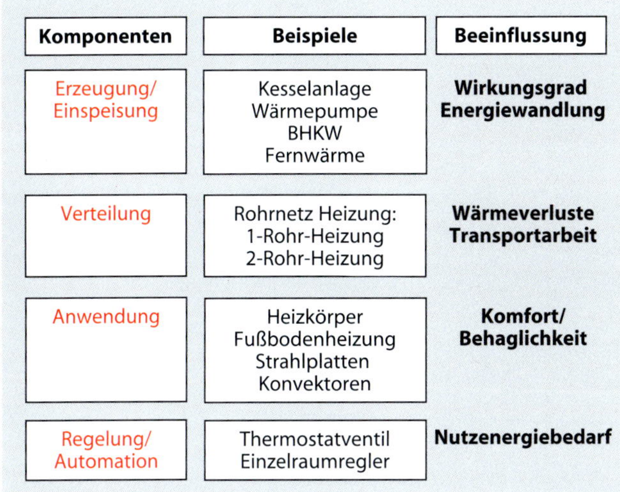

Abb. 6.12: Struktur von Heizungsanlagen

Im Energieumwandlungssystem wird Energie umgewandelt und dann im Wärmeträgersystem an den Wärmeträger des Heizsystems übergeben. Am deutlichsten wird dieses Prinzip bei einer Kesselanlage: Das Energieumwandlungssystem ist die Feuerung, in der die chemisch gebundene Energie des Brennstoffs in Form von Wärme freigesetzt wird, die wiederum anschließend an den Wärmeträger des Heizsystems (Heizwasser, Dampf oder Luft, vgl. Kapitel 6.1) übertragen wird.

Für die gebräuchlichen Gebäudewärmeerzeuger lassen sich die Energieumwandlungssysteme in die folgenden Kategorien unterteilen:

- Feuerung
- Verbrennungsmotor
- Kältemittelkreis einer Wärmepumpe

Die Wärmeträgersysteme entsprechen den oben genannten Wärmeträgern der Heizsysteme:

- Heizwasser
- Dampf
- Luft

6.4.2 Kesselanlagen

Es gibt für den Gebäudebereich 3 Kesselarten, die sich hinsichtlich ihrer energetischen Effizienz unterscheiden (vgl. auch Abb. 6.13):

- Standardkessel
- Niedertemperaturkessel
- Brennwertkessel

Der Standardkessel, der in Deutschland am Markt kaum noch vertreten ist, wird mit konstanter Kesselwassertemperatur betrieben und hat demzufolge ganzjährig einen vergleichsweise hohen Abgas- und Abstrahlverlust.

Der Niedertemperaturkessel (NT-Kessel) hingegen weist eine gleitende Kesselwassertemperatur auf. Die Kesselwassertemperatur kann im Betrieb bis zu einer vom Hersteller festgelegten unteren Temperaturgrenze abgesenkt werden. Beim NT-Kessel verlassen die Abgase den Schornstein mit einer Temperatur oberhalb des Wasserdampftaupunkts.

Das Grundprinzip des Brennwertkessels beruht auf einer Abkühlung der heißen Verbrennungsgase unter den Wasserdampftaupunkt und der damit verbundenen Ausnutzung der Kondensationswärme des bei der Verbrennungsreaktion entstehenden Wassers bzw. Wasserdampfes. Außerdem ist beim Brennwertkessel der fühlbare Wärmeverlust wegen der geringeren Abgastemperatur kleiner als beim NT-Kessel. Brennwertkessel stellen mittlerweile den Stand der Technik dar, soweit es um die Verbrennung von Gasen oder Heizöl geht, da ihre Effizienz im Allgemeinen größer bzw. ihre Brennstoffausnutzung besser ist. Aufgrund der Anforderungen des GEG muss jede Wärmeerzeugungsanlage, die mit fossilen Brennstoffen betrieben werden soll (Neubau/Sanierung), ergänzend mit einem Mindestanteil regenerativer Energieerzeugung ausgestattet sein.

Brennwertgeräte werden nicht nur für Gasfeuerungen, sondern auch für Ölfeuerungen angeboten. Der erreichbare Brennwerteffekt, d.h. die mögliche Verbesserung des Wirkungsgrades, hängt von der Menge des bei der Verbrennungsreaktion entstehenden Wassers und damit vom Brennstoff ab. Kennzeichnende Größe ist das Verhältnis vom Brennwert zum Heizwert. Der Brennwert gibt den Energiegehalt des Brennstoffes einschließlich der Verdampfungswärme an. Der Heizwert gibt den Energiegehalt an, bei dem das entstandene Wasser in dampfförmigen Zustand abgeführt wird, bei dem die Verdampfungswärme also verloren geht. In Tabelle 6.4 werden für einige typische Brennstoffe die Brennwerte und Heizwerte zusammengestellt. Es zeigt sich, dass der (theoretische) Brennwerteffekt beim Erdgas am größten und beim Heizöl am kleinsten ist.

Konstruktiv kann die Brennwertnutzung direkt im Kessel durch entsprechend ausgelegte Heizflächen oder durch einen nachgeschalteten zusätzlichen Wärmeübertrager realisiert werden. Damit können auch NT-Kessel nachgerüstet werden.

Entscheidend für die wirklich erreichbare Brennwertnutzung sind das nachgeschaltete Heizsystem bzw. dessen Betriebstemperaturen. Die Heizflächen müssen möglichst groß sein, damit der zum Kessel zurückkommende Rücklauf eine niedrige Temperatur aufweist.

Tabelle 6.4: Brennwerte und Heizwerte von typischen Brennstoffen

Energieträger	Einheit	Brennwert H_o	Heizwert H_u	Verhältnis H_o/H_u
Erdgas L	MJ/m³	35,186	31,749	1,108
Erdgas H	MJ/m³	41,215	37,213	1,108
Propan	MJ/m³	101,142	93,118	1,086
Butan	MJ/m³	134,115	123,857	1,083
Heizöl EL	MJ/kg	45,252	42,696	1,060

Das entstehende Kondensat (0,06 kg/kWh bis 0,09 kg/kWh bei Erdgas bzw. 0,03 kg/kWh bei Heizöl EL) kann bei Anlagen bis 200 kW ohne zusätzliche Neutralisation in das Ab-

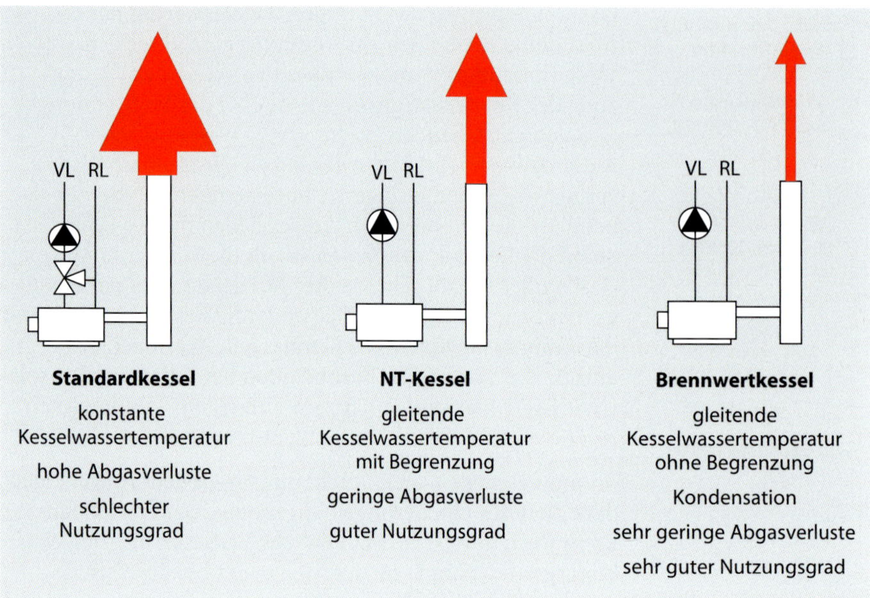

Abb. 6.13: Kesselarten für Gebäude, geordnet nach Energieeffizienz (VL: Vorlauf; RL: Rücklauf)

wasser eingeleitet werden (Abstimmung mit Abwasserzweckverband ggf. erforderlich). Bei Heizöl gilt dies für die Verwendung schwefelarmen Heizöls. Während Standardheizöl einen maximalen Schwefelgehalt von 2.000 mg/kg haben darf, liegt der Grenzwert für schwefelarmes Heizöl bei 50 mg/kg. Bei größeren Anlagen ist eine Neutralisationseinrichtung vorzusehen. Die Neutralisation erfolgt mit einem Magnesium-Hydrolyt-Granulat, das rückstandsfrei verbraucht wird und regelmäßig nachzufüllen ist.

Gasversorgungsunternehmen geben den Energiegehalt ihrer Gase immer bezogen auf den Brennwert an. Dies ist bei allen Betrachtungen zu berücksichtigen, da die Wirkungsgrade und Nutzungsgrade entlang der geltenden Normung bislang immer mit Bezug auf den Heizwert berechnet wurden. Beim Erdgaspreis bedeutet dies einen Unterschied von 10 %, wodurch die Wirtschaftlichkeit beeinflusst wird (vgl. Tabelle 6.4).

Die Wärmeerzeuger gibt es in 2 unterschiedlichen konstruktiven Ausführungen:

- Standgerät (im allgemeinen Sprachgebrauch als Kessel bezeichnet) in den Ausführungen als Gusskessel (in Gliedern oder Segmenten) oder Stahlkessel
- Therme bzw. wandhängendes Gerät (vgl. Abb. 10.24)

Hinsichtlich der Feuerungs- bzw. Brennerart sind 2 wesentliche Funktionsprinzipien zu unterscheiden (vgl. auch Abb. 6.14):

- Beim atmosphärischen Brenner wird die Verbrennungsluft durch den thermischen Auftrieb entweder innerhalb der Feuerung (Therme) oder im Schornstein (Standgeräte, z. B. Festbrennstoffkessel, meist zusätzlich mit Abgasgebläse) gefördert; es ergibt sich in der Regel ein vergleichsweise hoher Luftüberschuss, was ungünstig für den Nutzungsgrad (über das Jahr gemittelter Wirkungsgrad) ist.
- Beim Gebläsebrenner wird die Verbrennungsluft durch einen eigens dafür vorgesehenen Lüfter in den Brennraum gefördert. Diese Brenner verfügen über eine gute Regelbarkeit und müssen nur mit minimalem Luftüberschuss betrieben werden.

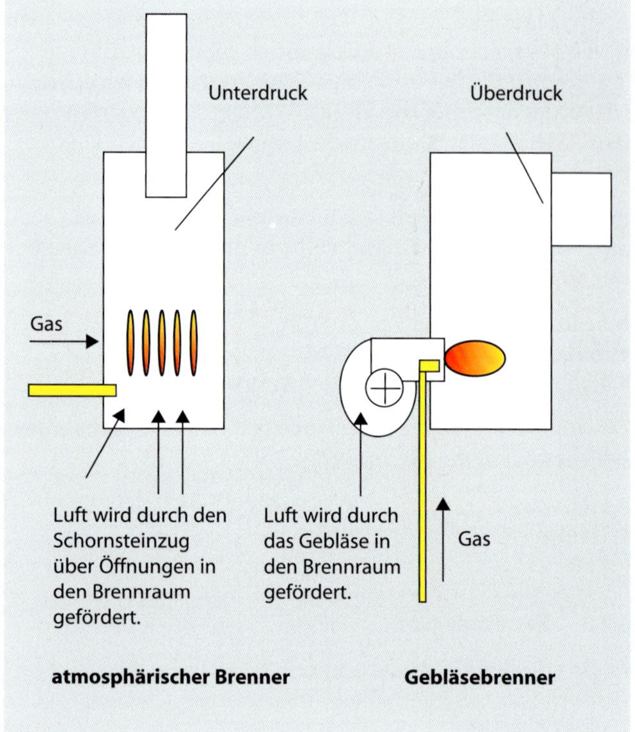

Abb. 6.14: Wärmeerzeuger mit atmosphärischem Brenner und Gebläsebrenner

Mittlerweile werden auch Thermen überwiegend mit Gebläsebrenner ausgerüstet.

Ein weiteres Unterscheidungsmerkmal von Kesseln ist die Flammengasführung im Kessel. Dadurch wird u. a. die Schadstoffemission beeinflusst. Bei Heizkesseln im Gebäudebereich spielen vor allem Kohlenmonoxid (CO) und Stickoxide (NO_x) eine Rolle. Es werden 3 Kesselarten unterschieden (vgl. Abb. 6.15):

- Einzug-Kessel
- Zweizug-Kessel
- Dreizug-Kessel

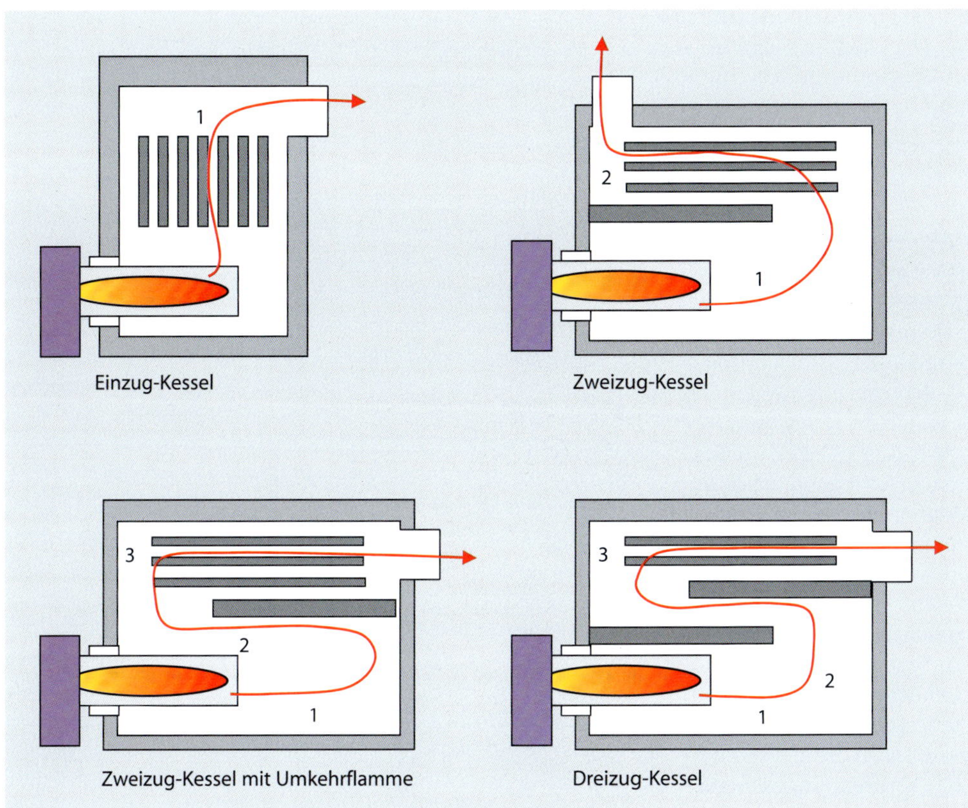

Abb. 6.15: Unterscheidung der Kessel nach der Anzahl der Rauchgaszüge (1–3)

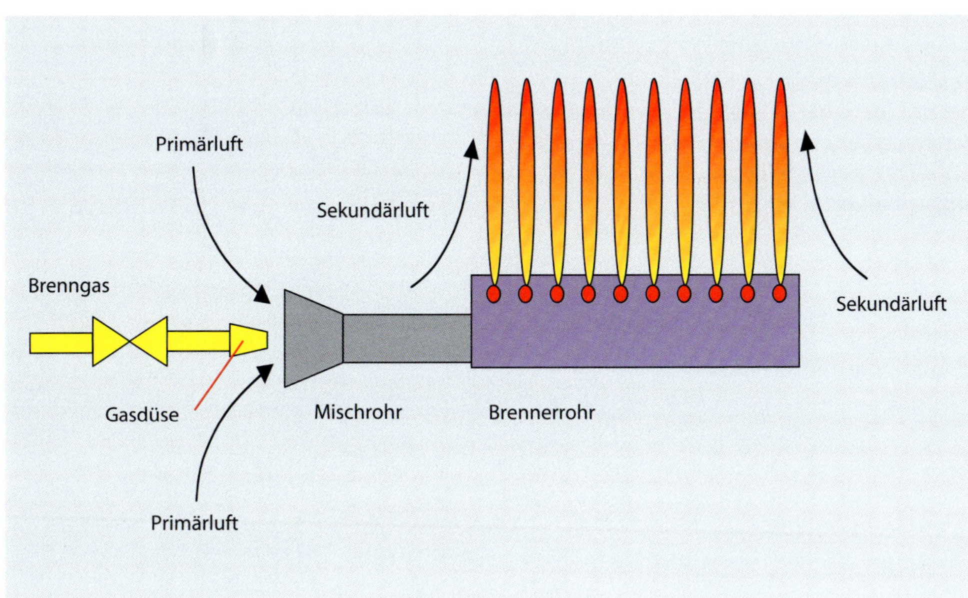

Abb. 6.16: Atmosphärischer Gasbrenner

Atmosphärische Kessel werden nach dem Einzug-Prinzip gebaut, da bei diesem Weg der Strömungswiderstand, den die Abgase überwinden müssen, am geringsten ist. Bei Feuerungen mit Gebläsebrennern können auch mehrere Rauchgaszüge überwunden werden. Zweizug-Kessel sind hinsichtlich der NO_x-Emission meistens ungünstiger einzuschätzen als Dreizug-Kessel.

Die Wärmeerzeuger werden mit den folgenden Brennstoffen betrieben:

- Erdgas, Flüssiggas
- Heizöl EL
- Biomassebrennstoff

Gaskessel

Die wichtigsten energietechnischen Kenngrößen von Brenngasen werden in Tabelle 10.1 aufgeführt. Gaskessel unterscheiden sich vom Heizölkessel lediglich durch die Verwendung eines anderen Brenners.

Atmosphärische Brenner funktionieren nach dem Injektorprinzip (vgl. Abb. 6.16). Dabei strömt das Gas mit hoher Geschwindigkeit aus einer Düse in das Mischrohr, das in der Regel strömungsgünstig als Diffusor ausgeformt wird. Der in das Mischrohr eintretende Gasstrom saugt einen Teil der Verbrennungsluft (sog. Primärluft) mit ein. Luft und Brenngas mischen sich und treten aus kleinen Öffnungen des Brennrohrs aus, wo das Gemisch elektrisch oder durch eine Zündflamme gezündet wird. Die Flamme saugt die benötigte Sekundärluft aus ihrer Umgebung an. Um die NO_x-Bildung bei der Verbrennung zu reduzieren, werden die Flammen teilweise durch Kühlstäbe gekühlt (vgl. andere Maßnahmen zur NO_x-Reduzierung: Schramek, 2011, S. 646 ff.).

Beim Gebläsebrenner wird die Verbrennungsluft über ein Gebläse zugeführt, wodurch der Verbrennungsprozess weitestgehend vom Schornsteinzug unabhängig wird. Am häufigsten werden Diffusionsbrenner eingesetzt, bei denen die Mischung von Gas und Luft unmittelbar in der Flamme erfolgt (vgl. Abb. 6.17). Zur NO_x-Reduzierung werden die Diffusionsbrenner so gebaut, dass sich im Feuerraum Rezirkulationsgebiete bilden (vgl. Abb. 6.18). Durch die Rücksaugung von Abgasen wird der Sauerstoffpartialdruck an der Flammenwurzel verringert, außerdem wird die Flamme dadurch gekühlt. Die Rückströmung wird durch Prallplatten vor der Brennermündung oder durch eine Verdrallung des Verbrennungsluftstroms erreicht. Weitere Brennerbauarten sind Vormischbrenner, bei denen Brenngas und Luft in einem Rohr vor Eintritt in den Feuerraum gemischt werden, und katalytische Brenner, bei denen das Brenngas-Luft-Gemisch über katalytisch beschichtete Materialien geleitet wird. Durch den Katalysator wird die chemische Reaktion so geändert, dass bei der Verbrennung weniger Schadstoffe freigesetzt werden.

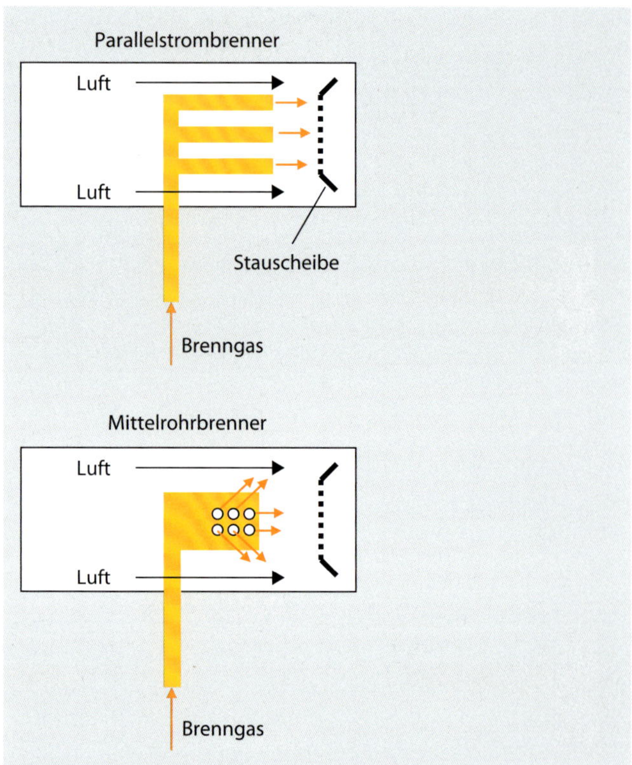

Abb. 6.17: Grundprinzip von Diffusionsbrennern

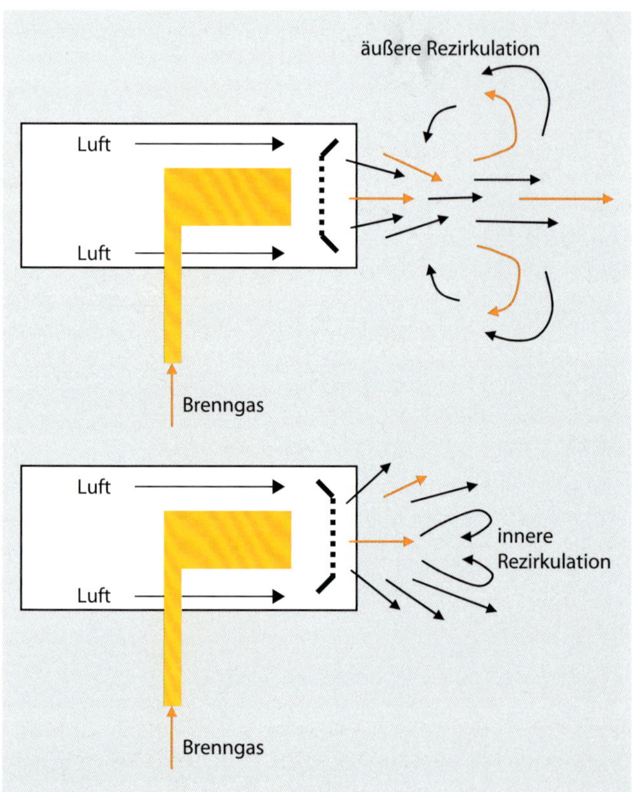

Abb. 6.18: Brenner mit Rezirkulation

Heizölkessel

Es gibt 3 verschiedene Arten von Heizöl: schweres, leichtes und extraleichtes. Nur Letzteres wird im Gebäudebereich angewendet. Die schwereren Heizöle haben nur im Industriebereich Bedeutung. Das extraleichte Heizöl wird als Heizöl EL bezeichnet, die wichtigsten Eigenschaften werden in der Tabelle 6.5 angeführt.

Tabelle 6.5: Eigenschaften von Heizöl EL

physikalische Größe	Wert
Heizwert H_u	42.600 kJ/kg
Brennwert H_o	45.252 kJ/kg
Dichte ρ bei 15 °C	0,83 bis 0,86 kg/l
Flammpunkt	> 55 °C
kinematische Viskosität ν bei 20 °C	< 6 mm²/s
Schwefelgehalt	< 0,2 Masse-%
Wassergehalt	< 0,02 Masse-%
Asche	< 0,01 Masse-%

Heizölkessel sind häufig mit Öldruckzerstäuberbrennern ausgerüstet (vgl. Abb. 6.19). Das Öl wird mit der in den Brenner integrierten Ölpumpe durch eine Düse gefördert und dabei sehr fein zerstäubt. Der Einspritzdruck liegt je nach Brennerleistung zwischen 0,5 und 20 bar und kann bei sehr großen Brennern auch 40 bar betragen. Die Tröpfchengröße beträgt 40 bis 200 µm. Die Pumpe fördert einen konstanten Ölvolumenstrom. Die Regelung erfolgt über ein Ventil, das wie ein Dreiwegeventil arbeitet: Ein Teil des Öls wird je nach erforderlicher Brennerleistung der Düse zugeführt, der übrige Teil wird in den Heizölrücklauf gepumpt. Das Öl wird im Brenner elektrisch vorgewärmt, um eine

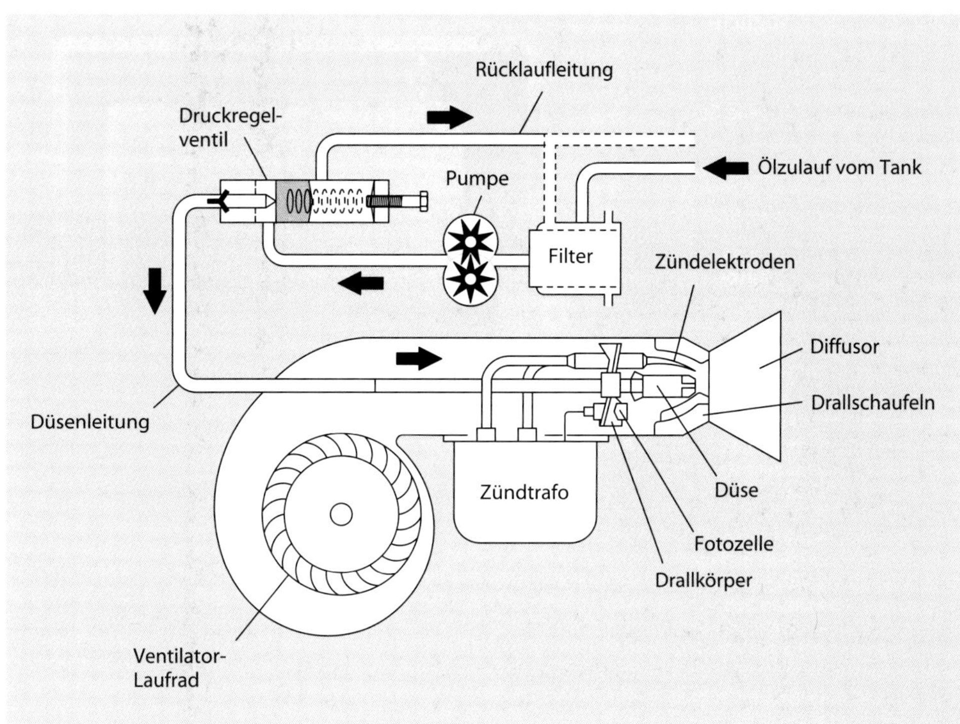

Abb. 6.19: Funktionsprinzip des Öldruckzerstäuberbrenners

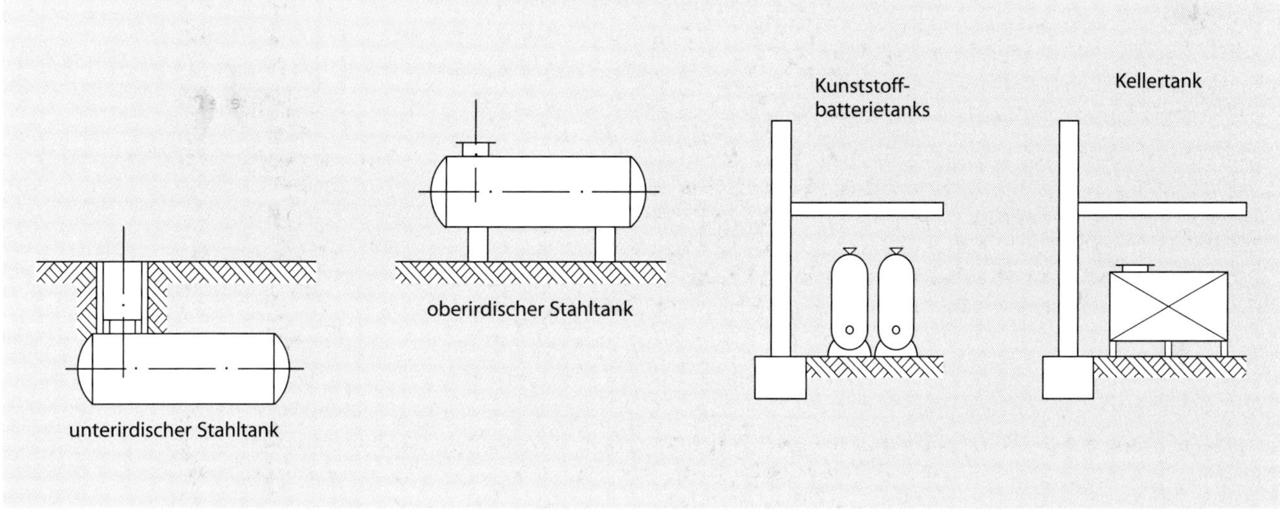

Abb. 6.20: Arten von Heizöllagertanks

gleichmäßige Viskosität und damit einen homogenen Strahl zu erreichen. Auch bei Ölbrennern wird das Prinzip der Rezirkulation zur Absenkung der Schadstoffemission angewendet.

Heizöllagerung

Die Heizöllagerung muss mit besonderer Sorgfalt erfolgen, da Heizöl als wassergefährdender Stoff eingestuft ist. Vorschriften für den Umgang und die Lagerung finden sich in folgenden Gesetzen, Verordnungen, Richtlinien und Regelwerken:

- Wasserhaushaltsgesetz (WHG)
- Muster-Feuerungsverordnung (MFeuVO)
- Landesbauordnungen (LBO)
- Verordnung über brennbare Flüssigkeiten (VbF)
- Technische Regeln für brennbare Flüssigkeiten (TRbF)
- Landesverordnungen zum Umgang mit wassergefährdenden Stoffen (VAwS)
- Landesfeuerungsverordnungen (FeuV)

Es gibt folgende Arten von Heizöllagertanks (vgl. auch Abb. 6.20):

- oberirdisch aufgestellter zylindrischer Stahltank
- unterirdischer zylindrischer Stahltank
- unterirdischer Kugeltank aus glasfaserverstärktem Kunststoff oder aus Beton
- Kunststoffbatterietanks zur oberirdischen Aufstellung in Gebäuden
- Kellertank (Vorteil: werden vor Ort gefertigt)

Heizöltanks gibt es in ein- oder in doppelwandiger Ausführung. Bei Verwendung eines einwandigen Tanks muss bauseits eine Ölauffangwanne erstellt werden. Die Wanne muss die gesamte Tankmenge aufnehmen können.

Tabelle 6.6 gibt einen Überblick über die Lagermöglichkeiten von Heizöl.

Tabelle 6.6: Lagermöglichkeiten von Heizöl (Es ist die aktuelle Gesetzgebung bzw. das jeweilige Landesbaurecht zu beachten.)

Lagerort	**zulässige Lagermenge**	
	außerhalb von Wasserschutzgebieten	**innerhalb von Wasserschutzgebieten**
allgemein	–	In der engeren Zone von Wasser- und Quellschutzgebieten ist generell keine Heizöllagerung zulässig.
allgemein	–	In der weiteren Zone ist Heizöllagerung möglich bei Einhaltung besonderer Vorschriften nach WHG.
in Wohnungen	in ortsfesten Behältern bis 100 l in Kanistern bis 40 l	in ortsfesten Behältern bis 100 l in Kanistern bis 40 l
in Räumen	5.000 l	5.000 l
in Heizöllagerräumen	100.000 l	100.000 l
oberirdisch im Freien	unbegrenzt	100.000 l
unterirdisch	unbegrenzt	10.000 bis 40.000 l je nach Bundesland

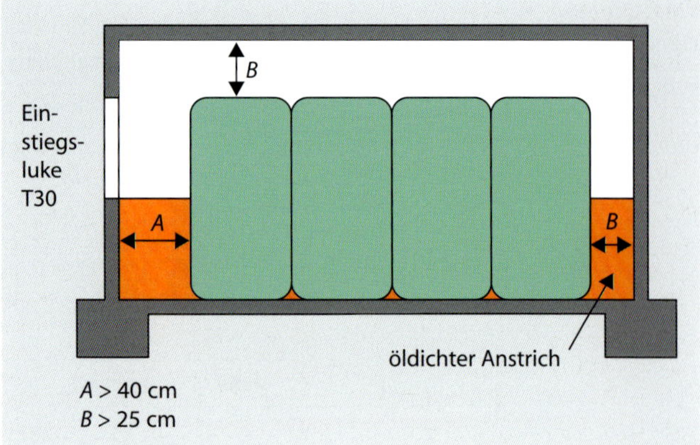

Abb. 6.21: Heizöllagerraum

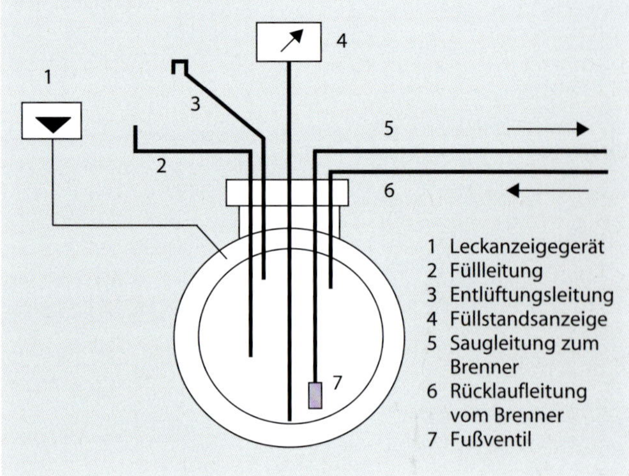

Abb. 6.22: Ausrüstung von Heizöltanks

Soll das Heizöl im Gebäude mit einer Bevorratungsmenge größer als 5.000 l gelagert werden, so ist ein speziell hergerichteter Heizöllagerraum erforderlich. An diesen werden folgende Anforderungen gestellt:

- feuerbeständige Decken und Wände (F90)
- Fußboden und Einbauten aus nicht brennbaren Materialien
- feuerhemmende Tür (T30), Schild mit Aufschrift „Heizöllager“
- mindestens eine Lüftungsöffnung nach außen, die von der Feuerwehr als Beschäumungsöffnung verwendet werden kann
- öldichte Auffangwanne, die die gesamte Lagermenge aufnehmen kann (nicht erforderlich bei doppelwandigen Tanks mit Leckanzeiger und außerhalb von Wasserschutzgebieten bis 10.000 l bei GFK-Behältern)
- keine Verbindung zur Abwasserleitung
- ausschließlich Installierung von Rohrleitungen und Kabeln, die der Funktion des Öllagerraums dienen
- zusätzliche Sicherungsmaßnahmen in hochwassergefährdeten Gebieten
- Beachtung der Maße nach Abb. 6.21

Abb. 6.22 stellt die Ausrüstung von Heizöltanks schematisch dar.

Die Bevorratungsmenge hängt einerseits von der Größe des Gebäudes und andererseits von dessen Nutzung ab. Bei kleineren Wohngebäuden (Ein- und Zweifamilienhäuser) ist es üblich, die gesamte Jahresmenge zu bevorraten. Feste Regeln für die zu bevorratende Heizölmenge gibt es nicht.

Die Jahresmenge an Heizöl wird mit der Formel 6.6 berechnet. In die Berechnung gehen als wichtigste Größe der Jahresnutzungsgrad des Wärmeerzeugers ein sowie die Heizöldichte und der Energiegehalt in Form des Heizwertes.

$$V_{\mathrm{HEL,a}} = \frac{Q_{\mathrm{Nutz,a}} \cdot 3.600}{\eta_{\mathrm{a}} \cdot H_{\mathrm{u,HEL}} \cdot \rho_{\mathrm{HEL}}} \qquad \text{(Formel 6.6)}$$

mit

$V_{\mathrm{HEL,a}}$	Jahresmenge an Heizöl in l/a
$Q_{\mathrm{Nutz,a}}$	jährliche Nutzwärmemenge in kWh/a
η_{a}	Jahresnutzungsgrad
$H_{\mathrm{u,HEL}}$	Heizwert des Heizöls nach Tabelle 6.5 in kJ/kg
ρ_{HEL}	Dichte des Heizöls nach Tabelle 6.5 in kg/l

Beispiel: jährliche Heizölmenge für ein Einfamilienhaus

Für ein Einfamilienhaus soll die jährliche Heizölmenge berechnet werden:

Wohnfläche A	150 m²
spezifischer Wärmeverbrauch q	140 kWh/(m² · a)
jährliche Nutzwärmemenge $Q_{\mathrm{Nutz,a}}$	21.000 kWh/a
Jahresnutzungsgrad η_{a}	0,92
Heizwert des Heizöls EL $H_{\mathrm{u,HEL}}$	42.600 kJ/kg
Dichte des Heizöls EL ρ_{HEL}	0,84 kg/l
Heizölmenge $V_{\mathrm{HEL,a}}$	**2.296 l/a**

Ölleitungen

Die Ölleitungen zwischen Tank und Brenner können nach 3 Systemarten verlegt werden (vgl. auch Abb. 6.23):

- Einstrangsystem (bei kleineren Anlagen bzw. generell bei Rapsölbrennern)
- Zweistrangsystem
- Ringleitungssystem (nur bei größeren Mehrkesselanlagen)

Die Ölleitungen sind aus Kupfer oder aus Stahl und werden mit öldichter Schneidring- bzw. Klemmringverbindung zusammengefügt (Klemmringverbindungen sind nur zwischen der Leitung und dem anzuschließenden Apparat möglich, nicht jedoch zur Verbindung von Rohrleitungen untereinander). Außerdem werden Schraubverbindungen (bis DN 32) und Flanschverbindungen (> DN 32) verwendet. Letztlich finden auch nicht lösbare Verbindungen Anwendung (z. B. Hartlöten, Schweißen und Pressen). Die Leitungen sind frostfrei zu verlegen. Vor dem Brenner wird ein Ölfilter angeordnet.

Biomassegefeuerte Kessel

Im Hausbereich kommen folgende Biomassebrennstoffe infrage:

- Pflanzenöl
- Holz

Pflanzenöl

Energetisch nutzbare Pflanzenöle sind in Deutschland hauptsächlich Rapsöl und Sonnenblumenöl. Die Anbaufläche für Raps beträgt in Deutschland ca. 1,3 Millionen Hetar. Pro Hektar können ca. 1.500 l Rapsöl gewonnen werden (vgl. Tabelle 6.7 zu den Eigenschaften von Rapsöl). Pflanzenöl wird im Unterschied zu Biodiesel durch kaltes Pressen der Pflanzen gewonnen. Pflanzenölgefeuerte Kessel können auch in Trinkwasserschutzgebieten aufgestellt werden, da Pflanzenöle nicht als wassergefährdend eingestuft sind.

Die Rückstände aus dem Pressvorgang können in Form von Ölpellets auch energetisch genutzt werden. Ölpellets sind zylindrische Presslinge, die aus Rückständen des Pflanzenölpressverfahrens gewonnen werden. Der Heizwert beträgt ca. 20.400 kJ/kg und liegt damit um 20 % höher als der von Holzpellets. Festigkeit und Oberflächenkonsistenz sind mit denen von Holzpellets vergleichbar.

Tabelle 6.7: Physikalische Eigenschaften von Rapsöl

physikalische Größe	Wert
Stockpunkt	–15 bis –18 °C
Dichte bei 20 °C	0,9 bis 0,92 kg/l
Heizwert	ca. 9 kWh/l
kinematische Viskosität bei 20 °C	60 bis 80 mm²/s
Flammpunkt	220 °C

Biodiesel (chemisch: Rapsmethylester) wird in Raffinerien aus Pflanzenöl hergestellt. Er wird hauptsächlich in Blockheizkraftwerken (vgl. Kapitel 6.4.3) bzw. als Fahrzeugkraftstoff verwendet.

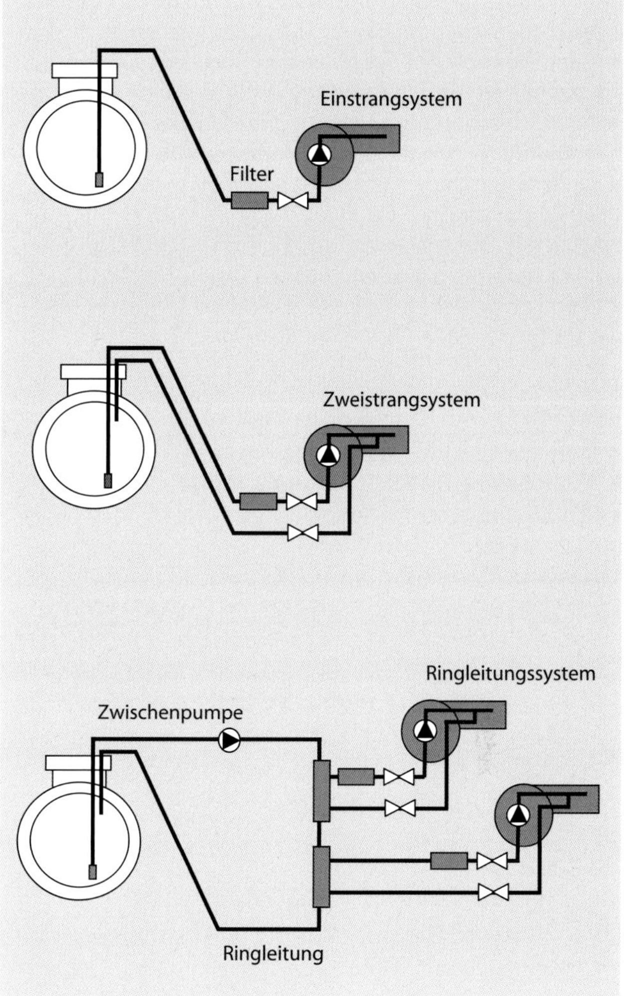

Abb. 6.23: Heizölleitungssysteme

Energetische Nutzung von Holz

Holzbrennstoffe für Kessel gibt es in 4 Arten:

- Holzpellets (zylindrische Presslinge mit ca. 6 mm Durchmesser, Länge zwischen 5 und 40 mm)
- Holzbriketts (würfelförmige, polyedrische oder zylindrische Presslinge, verschiedene Abmaße)
- Holzhackschnitzel (rechteckige Formstücke, gewonnen durch mechanische Zerkleinerung des Holzes, Länge zwischen 5 und 50 mm)
- Stückholz (geschnittenes und gespaltenes, ofenfertiges Energieholz, Durchmesser bis ca. 15 cm, Länge zwischen 20 und 100 cm)

In größeren Anlagen der Versorgungswirtschaft ist beispielsweise auch die Nutzung von Altholz verschiedener Klassifikationen wirtschaftlich interessant.

Die Nutzung von Holzpellets eignet sich durchaus für die Versorgung innerstädtischer Gebäude, da die Handhabung vergleichbar mit der eines Ölkessels ist. Durch die Pelletierung wird ein sehr homogener Brennstoff erreicht, der eine hohe Energiedichte und geringe Feuchten aufweist. Nachteilig sind die höheren Herstellkosten als bei Stückholz oder Hackschnitzeln. Holzbriketts werden oft in kleineren Gewerbebetrieben verwendet. Meistens werden die Briketts aus den Holzabfällen des jeweiligen Betriebes gewonnen. Hackschnitzel werden entweder aus Resten beim Holzeinschlag (Schlagabraum) oder aus ganzen Bäumen (Vollbaumnutzung) gewonnen. Die Hackschnitzel sind direkt nach dem Einschlag feucht (Wassergehalt $w = 45$ bis 55 %) oder sommertrocken für den Fall, dass das Holz eine entsprechende Zeit gelagert wurde ($w = 25$ bis 40 %). Stückholz muss durch Sägen und Spalten für die Verbrennung aufbereitet werden. Tabelle 6.8 bietet eine Übersicht über die Eigenschaften von Holzbrennstoffen.

Bei Holz werden verschiedene Angaben für das Volumen verwendet:

- Festmeter (fm) für Massivholz
- Raummeter (rm) für Schichtholz
- Schüttraummeter (m^3) für Hackgut

Tabelle 6.8: Eigenschaften von Holzbrennstoffen (nach Hartmann, 2003, S. 60)

Brennstoff	Menge/ Einheit	Wasser-gehalt *w* (%)	Masse (kg)	Heizwert bei *w* (kJ/kg)
Scheitholz:				
Buche, lufttrocken	1 rm[1)]	15	459	15.300
Buche, sommer-trocken	1 rm[1)]	30	557	12.100
Fichte, lufttrocken	1 rm[1)]	15	297	15.500
Fichte, sommer-trocken	1 rm[1)]	30	361	12.400
Hackschnitzel:				
Buche, trocken	1 m^3	15	271	15.300
Buche, beschränkt lagerfähig	1 m^3	30	329	12.100
Fichte, trocken	1 m^3	15	175	15.500
Fichte, beschränkt lagerfähig	1 m^3	30	237	12.400
Pellets:				
Holzpellets nach Volumen	1 m^3	8	600	17.000
Holzpellets nach Gewicht	1 t	8	1.000	17.000
Brennstoffe nach Gewicht:				
Buche, lufttrocken	1 t	15	1.000	15.300
Buche, sommer-trocken	1 t	30	1.000	12.100
Fichte, lufttrocken	1 t	15	1.000	15.500
Fichte, sommer-trocken	1 t	30	1.000	12.400

1) rm = Raummeter

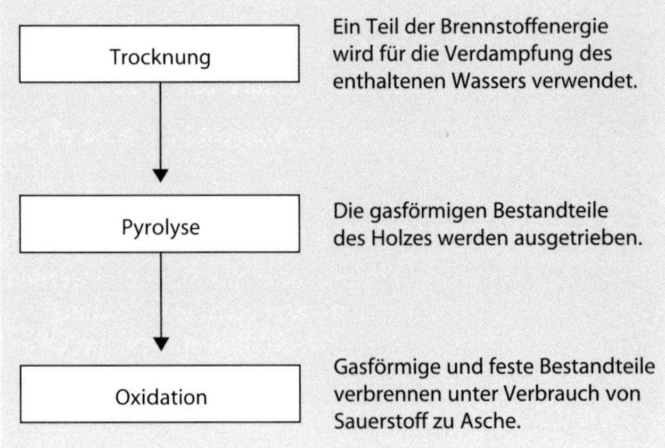

Abb. 6.24: Verbrennungsprozess von Holz

Die Umrechnung zwischen diesen Einheiten erfolgt folgendermaßen:

$$1 \text{ fm} = 1{,}43 \text{ rm} = 2{,}43 \text{ m}^3 \qquad \text{(Formel 6.7)}$$

Für handbeschickte Feuerungen (vgl. Abb. 6.25 und Abb. 6.26) gibt es 3 Grundprinzipien:

- Beim Durchbrand (klassisches Verbrennungsprinzip für Kleinfeuerungen wie offene oder geschlossen Kamine bzw. Kaminöfen) wird die Verbrennungsluft durch den Rost und das Brennholz geführt.
- Beim oberen Abbrand wird die Verbrennungsluft dem Glutbett seitlich zugeführt. Der Abbrand erfolgt gleichmäßiger als bei der Durchbrandfeuerung.
- Beim unteren Abbrand brennt der Holzstapel unten ab, wobei eine sehr gute Verbrennungsqualität erreicht wird.

In folgenden Einzelfeuerstätten kann Holz als Brennstoff verwendet werden:

- geschlossene Kamine mit einer zum Aufenthaltsraum hin angeordneten Glastür oder Glasscheibe
- Zimmeröfen (zumeist gusseiserne Feuerstätten)
- Kaminöfen (moderne Weiterentwicklung des Zimmerofens mit durch Glastür verschlossenem Feuerraum)
- Speicheröfen mit von Wänden mit großer Speichermasse umgebenem Feuerraum (klassische Kachelöfen)
- Küchenherde, mit denen gekocht und geheizt werden kann (heute eher selten in Gebrauch)

Abb. 6.24 beschreibt den Verbrennungsprozess von Holz in seinen Phasen.

In Zentralheizungen werden automatisch arbeitende Wasserkessel mit Holzfeuerungen verwendet (vgl. z. B. Abb. 6.27 und Abb. 6.28).

Der vermehrte Einsatz von Holzbrennstoffen ist nicht unproblematisch, da mit Zunahme der Holzfeuerungen auch ein Anstieg der Feinstaubemissionen zu verzeichnen ist. Daher sind mit der Novellierung der Ersten Bundesimmissionsschutzverordnung deutlich reduzierte Grenzwerte eingeführt worden, die für derartige Feuerstätten zusätzliche Maßnahmen einfordern (z. B. Feinstaubfilter).

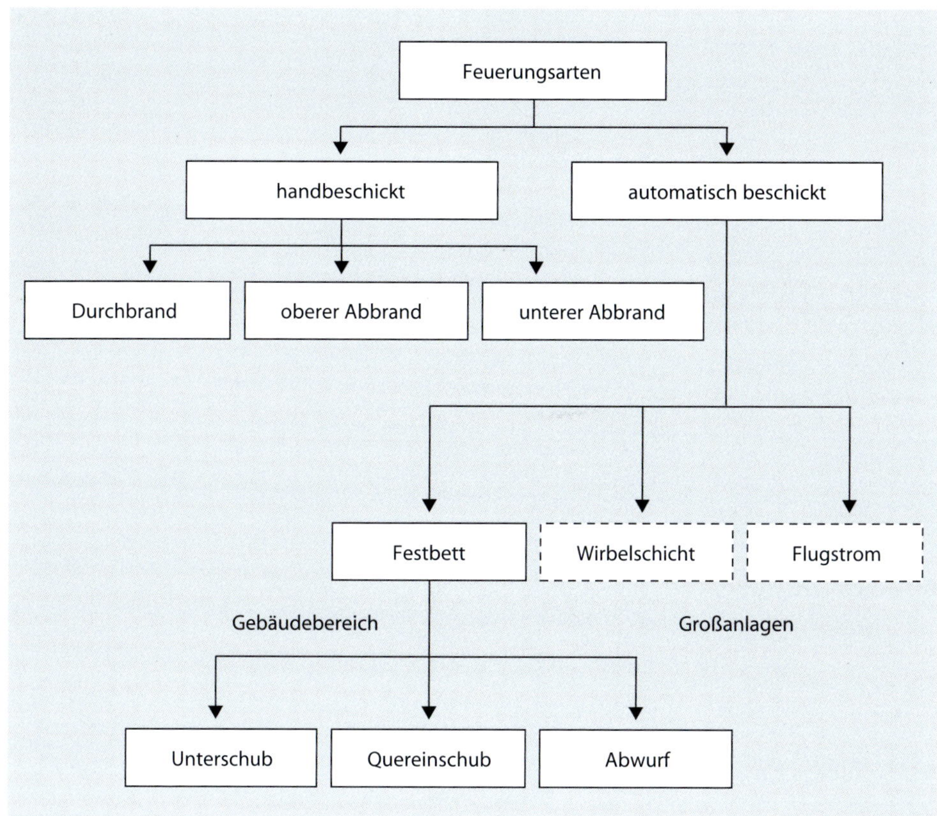

Abb. 6.25: Holzfeuerungsarten für den Gebäudebereich

Durchbrand

oberer Abbrand

unterer Abbrand

Verbrennungsluft

Abgase

Abb. 6.26: Abbrandprinzipien bei handbeschickten Holzfeuerungen

Abb. 6.27: Scheitholzkessel (links); Holzhackschnitzelkessel mit Schneckeneintrag (rechts) (Quelle: Fröling Heizkessel- und Behälterbau GmbH, Grieskirchen)

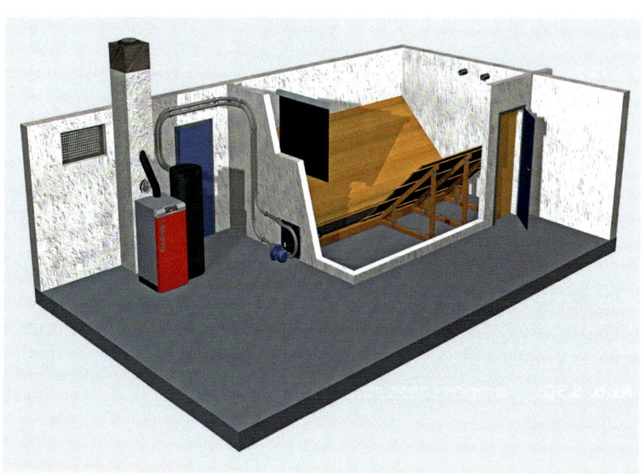

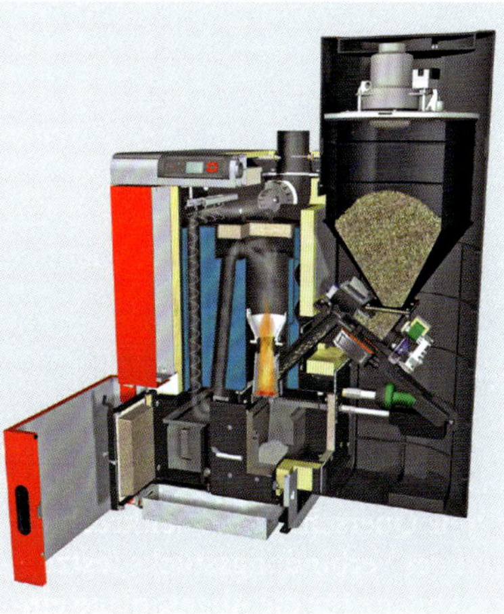

Abb. 6.28: Pelletkessel mit Schneckensaugsystem (links); Schnitt durch Pelletfeuerung (rechts) (Quelle: Fröling Heizkessel- und Behälterbau GmbH, Grieskirchen)

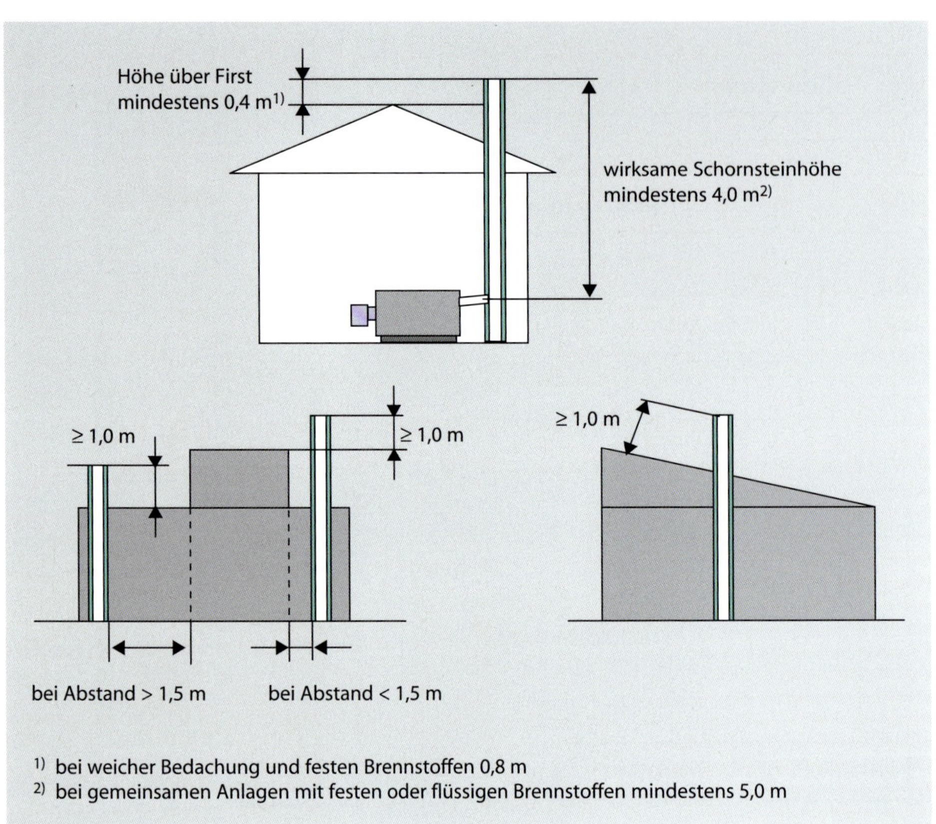

Abb. 6.29: Abgasführung über Dach

Abgasanlagen

Die Abgase der Feuerungen von Kesseln müssen sicher über Dach nach außen geleitet werden (vgl. Abb. 6.29). Die Abb. 6.30 zeigt die wichtigsten Komponenten von Abgasanlagen:

- senkrechter Teil der Abgasanlage (Schornstein oder senkrechter Teil der Abgasleitung)
- Verbindungsstück (Leitung zwischen Kessel und senkrechtem Teil)
- Nebenluftvorrichtung oder Zugbegrenzer
- Reinigungsöffnungen

Es werden entsprechend Abb. 6.31 unterschieden:

- Schornsteine und
- Abgasleitungen.

Nach der Funktionsweise wird unterschieden in:

- Unterdruckbetrieb als die herkömmliche Betriebsweise, bei der die Abgase durch die Zugwirkung aufgrund des Dichteunterschiedes zwischen den heißen Abgasen und der kälteren Umgebungsluft gefördert werden,
- Überdruckbetrieb als eine Auslegungs- und Betriebsweise für Feuerungen mit niedrigen Abgastemperaturen (Brennwertkessel), bei der die Abgase mithilfe des Brennergebläses durch die Abgasanlage gefördert werden; Überdruckanlagen müssen gasdicht sein.

Schornsteine und Unterdruckabgasleitungen

Die wirksame Höhe des senkrechten Teils der Abgasanlage (vgl. Abb. 6.29) wird durch die Gebäudeform festgelegt. Bei der Abgasanlage ist der freie Querschnitt des senkrechten Teils der Abgasanlage und des Verbindungsstücks festzulegen. Dazu wird eine Druckbilanz für die Abgasanlage einschließlich der Kesselanlage aufgestellt:

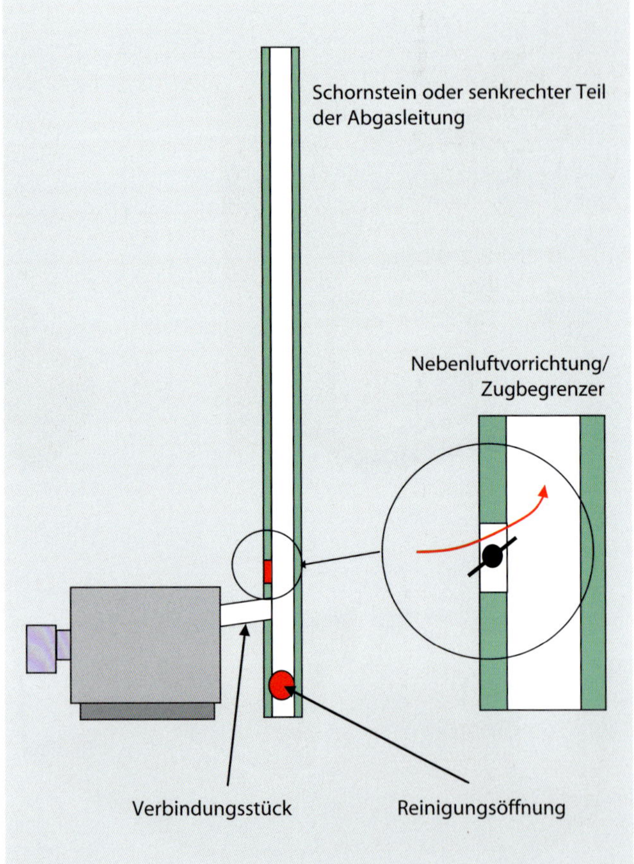

Abb. 6.30: Komponenten einer Abgasanlage

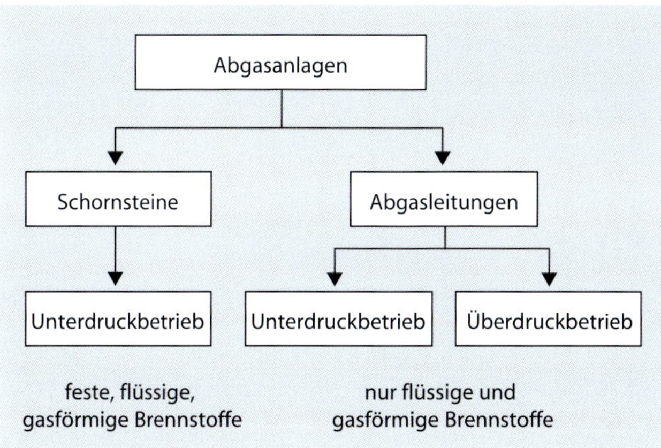

Abb. 6.31: Einteilung der Abgasanlagen

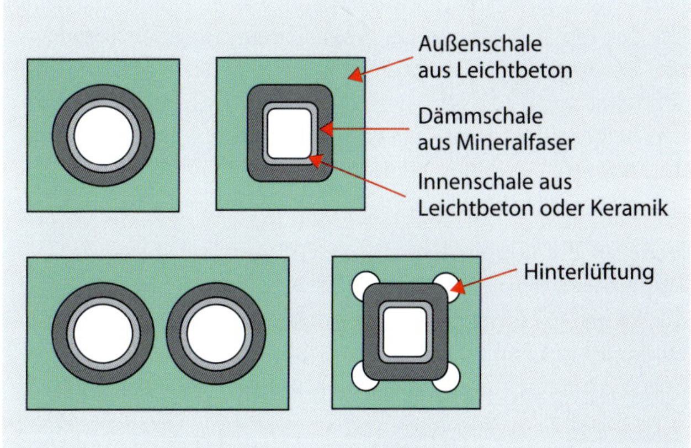

Abb. 6.32: Querschnittsformen mehrschaliger Elementschornsteine

$$p_Z = p_H - p_R - p_L \quad \text{(Formel 6.8)}$$

$$p_{Ze} = p_W + p_{FV} + p_B \quad \text{(Formel 6.9)}$$

$$p_Z \geq p_{Ze} \quad \text{(Formel 6.10)}$$

$$p_Z \geq p_B \quad \text{(Formel 6.11)}$$

mit

- p_Z nutzbarer Unterdruck an der Abgaseinführung in den senkrechten Teil der Abgasanlage
- p_H Ruhedruck – der Unterdruck an der Abgaseinführung in den senkrechten Teil der Abgasanlage, der sich bei ruhender Gassäule einstellt; wird gemeinhin als Schornsteinzug bezeichnet
- p_R Widerstandsdruck – der Druckverlust, der im senkrechten Teil der Abgasanlage bei der Durchströmung entsteht
- p_L Winddruck – der Druck, der durch ungünstige Umströmung der Abgasmündung auf die Abgasanlage einwirkt
- p_{Ze} notwendiger Unterdruck an der Abgaseinführung in den senkrechten Teil der Abgasanlage; ist zur Überwindung der Widerstände des Wärmeerzeugers, des Verbindungsstückes und der Zuluftöffnung erforderlich
- p_W Strömungswiderstand des Wärmeerzeugers; muss bei atmosphärischen Feuerungen nach Abb. 6.14 berücksichtigt werden (bei Gebläsefeuerungen ist p_W in der Schornsteinauslegung mit null anzusetzen, da dieser Widerstand durch den Brenner überwunden wird)
- p_{FV} Strömungswiderstand des Verbindungsstückes
- p_B Strömungswiderstand, der beim Ansaugen der Zuluft in den Aufstellraum entsteht

Der Zug des senkrechten Teils der Abgasanlage muss also so groß sein, dass der Strömungswiderstand des senkrechten Teils der Abgasanlage selbst sowie die Strömungswiderstände für Wärmeerzeuger, Verbindungsstück und Ansaugen der Verbrennungsluft in den Aufstellraum hinein überwunden werden.

Weiterhin muss die Temperaturbedingung eingehalten werden, d. h., die Temperatur an der Abgasmündung darf folgende Grenzwerte nicht unterschreiten:

- Abgasanlage für feuchte Betriebsweise (sog. FU-Anlagen; FU: feuchteunempfindlich): 273,15 K = 0 °C

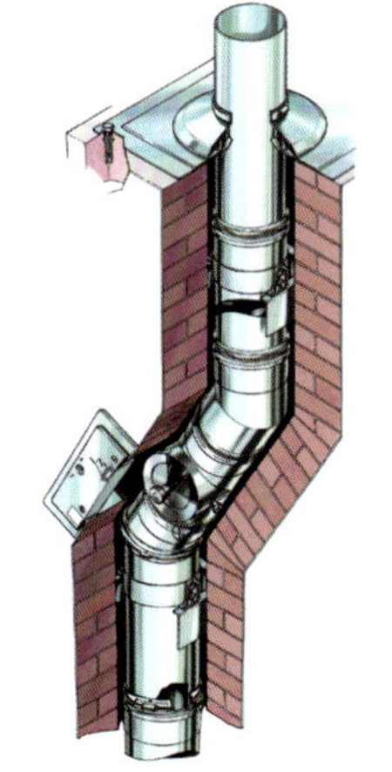

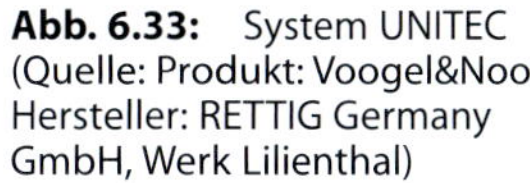

Abb. 6.33: System UNITEC (Quelle: Produkt: Voogel&Noot, Hersteller: RETTIG Germany GmbH, Werk Lilienthal)

Abb. 6.34: Wärmegedämmte UNITHERM Abgasanlage an Außenfassade (Quelle: Produkt: Voogel&Noot, Hersteller: RETTIG Germany GmbH, Werk Lilienthal)

- Abgasanlage für trockene Betriebsweise (z. B. gemauerte Schornsteine): Wasserdampftaupunkttemperatur, die vom eingesetzten Brennstoff abhängt (Kondensation und damit Durchfeuchtung bei Kühlung des Abgases unter die Taupunkttemperatur)

Schornsteine können einschalig oder mehrschalig sein, wobei beim Neubau heute in der Regel mehrschalige Schornsteine realisiert werden. Einschalige gemauerte Schornsteine aus Ziegeln müssen beim Anschluss neuer Feuerstätten meistens mit Einzugsrohren saniert werden, was wieder zu einem mehrschaligen Schornstein führt.

Mehrschalige Schornsteine (auch als Elementschornsteine bezeichnet) werden aus vorgefertigten Formstücken errichtet. Viele Systeme werden als FU-System angeboten, sind also geeignet für eine feuchte Betriebsweise. Diese Systeme sind meistens dreischalig (vgl. Abb. 6.32):

- Außenschale aus Leichtbeton
- Dämmschale aus nicht brennbaren Mineralfaserplatten
- Innenschale aus Leichtbeton oder Keramik

Abgassysteme aus Edelstahl sind in der Regel ebenfalls feuchteunempfindlich (FU-Systeme). Sie können als Einzugsrohr in gemauerten Schornsteinen verwendet (vgl. Abb. 6.33) oder an der Gebäudeaußenwand befestigt werden (vgl. Abb. 6.34).

Luft-Abgas-Systeme (LAS) bestehen aus 2 Schächten, wobei ein Zug zur Abführung der Abgase dient und der andere zur Ansaugung der Verbrennungsluft. In der Regel sind die Schächte konzentrisch zueinander angeordnet. Die an ein LAS angeschlossenen Feuerungen können somit raumluftunabhängig betrieben werden.

Frei stehende Schornsteine werden in der Regel aus vorgefertigten Elementen ausgeführt. Größere frei stehende Stahlschornsteine für Heizwerke werden von Spezialfirmen direkt projektspezifisch gebaut und errichtet. Sie werden entweder auf Konsolen an der Gebäudewand oder bei größeren Anlagen auf eigenen Fundamenten gelagert (vgl. Abb. 6.35).

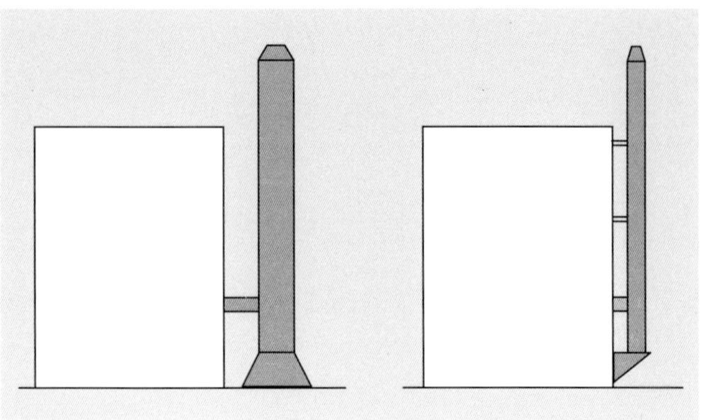

Abb. 6.35: Frei stehender bzw. an der Gebäudewand angebrachter Schornstein

Überdruckabgasleitungen

Überdruckabgasleitungen dienen der Abführung von Abgasen aus Feuerstätten mit niedrigen Abgastemperaturen. Sie können ganz oder teilweise aus Materialien hergestellt werden, die thermisch weniger beständig sind als die von Unterdruckabgasanlagen. Sie werden gasdichter ausgeführt und können somit unter Überdruck betrieben werden. Für den Anschluss an eine Überdruckabgasanlage sind solche Feuerstätten für Heizöl EL oder Gas geeignet, deren Abgastemperaturen im Abgasstutzen nicht höher sind, als es für die Abgasleitung zulässig ist.

Sicherheitstechnische Ausrüstung von Wärmeerzeugern

Für Heizkessel an geschlossenen Pumpenwarmwasserheizungen sind folgende Sicherheitseinrichtungen erforderlich (vgl. auch Abb. 6.36):

- Ausdehnungsgefäß (Membrangefäß oder Gefäß mit Fremddruckhaltung, vgl. Kapitel 6.5.4); muss über Ausdehnungsleitung mit Kappenventil (gesichert gegen unbefugtes Schließen) angeschlossen werden
- Sicherheitsventil (Membransicherheitsventil bis 2,5 bar, darüber federbelastetes Sicherheitsventil)
- Temperaturregler
- Sicherheitstemperaturbegrenzer; schaltet die Beheizung selbsttätig ab, wenn Grenzwert überschritten wird, muss durch Fachfirma entriegelt werden
- Maximaldruckbegrenzer; schaltet die Beheizung selbsttätig ab, wenn Grenzwert überschritten wird
- Minimaldruckbegrenzer; schaltet die Beheizung selbsttätig ab, wenn Grenzwert unterschritten wird
- Wassermangelsicherung; schaltet die Beheizung selbsttätig ab, wenn Grenzwert unterschritten wird

Auswahl von Kesseln und Wirtschaftlichkeit

Als Eingangsgröße für Investitionsentscheidungen mithilfe der in Kapitel 5.4 dargestellten Verfahren wird der Jahresnutzungsgrad η_a von Kesselanlagen benötigt. Dabei handelt es sich um das Verhältnis von jährlicher Nutzwärme $Q_{Nutz,a}$ zu benötigter Brennstoffenergie $Q_{Br,a}$:

$$\eta_a = \frac{Q_{Nutz,a}}{Q_{Br,a}} \qquad \text{(Formel 6.12)}$$

mit

$Q_{Nutz,a}$ Nutzwärme pro Jahr in kWh/a
$Q_{Br,a}$ Brennstoffenergie pro Jahr in kWh/a

Anhaltswerte für den Jahresnutzungsgrad (nach Schramek, 2011, S. 915):

- Brennwertkessel (Erdgas): η_a = 0,97 bis 0,99
- Brennwertkessel (Heizöl): η_a = 0,91 bis 0,93
- Niedertemperaturkessel (Erdgas): η_a = 0,92
- Niedertemperaturkessel (Heizöl): η_a = 0,90

In Wolff (vgl. Wolff, 2004) wurde der Jahresnutzungsgrad von 67 gasbefeuerten Brennwert- und Niedertemperaturkesseln messtechnisch bestimmt. Der Jahresnutzungsgrad der Brennwertanlagen lag dabei zwischen 85 und 106 % (Mittelwert 95 %) bezogen auf den Heizwert. Für die Niedertemperaturanlagen wurde ein Bereich von 74 bis 87 % (Mittelwert 83 %) festgestellt. Diese realen Werte liegen deutlich unter den üblicherweise in der Fachliteratur angegebenen.

Generell gilt bei allen Erzeugertechniken, dass die für die Wirtschaftlichkeitsbeurteilung notwendigen Jahresnutzungsgrade bzw. Arbeits- und Heizzahlen immer nur in Verbindung mit dem jeweiligen Heizsystem angegeben werden können. Das bedeutet, dass die Effizienz der Erzeugeranlage von den Temperaturverhältnissen im nachgeschalteten System abhängt. Beispielsweise wird bei einem Brennwertkessel, der an eine Heizungsanlage mit einer Spreizung Vorlauf/Rücklauf (VL/RL) von 90/70 °C angeschlossen wird, kaum der gewünschte Brennwerteffekt zu erreichen sein. Letztlich müssen bei betriebswirtschaftlichen Bewertungen auch die Mehrkosten für entsprechend vergrößerte Heizflächen einbezogen werden.

Bestimmung der Größe von Heizkesseln

Zunächst ist zwischen den folgenden physikalischen Größen zu unterscheiden:

- Wärme (Einheit **J**, kJ, kWh)
- Wärmeleistung (Einheit **W**, kW)

Die Wärme ist eine Prozessgröße und kann immer nur im Hinblick auf einen bestimmten Prozessablauf definiert werden, z. B.:

- verbrauchte Wärme in der Zeit von 8 bis 22 Uhr,
- pro Jahr verbrauchte Wärme,
- für einen Duschvorgang benötigte Wärme,
- Energieinhalt bezogen auf ein Temperaturniveau.

Die Leistung bezeichnet das Arbeits-(Wärme-)Potenzial, also die Fähigkeit, Arbeit zu verrichten bzw. Wärme abzu-

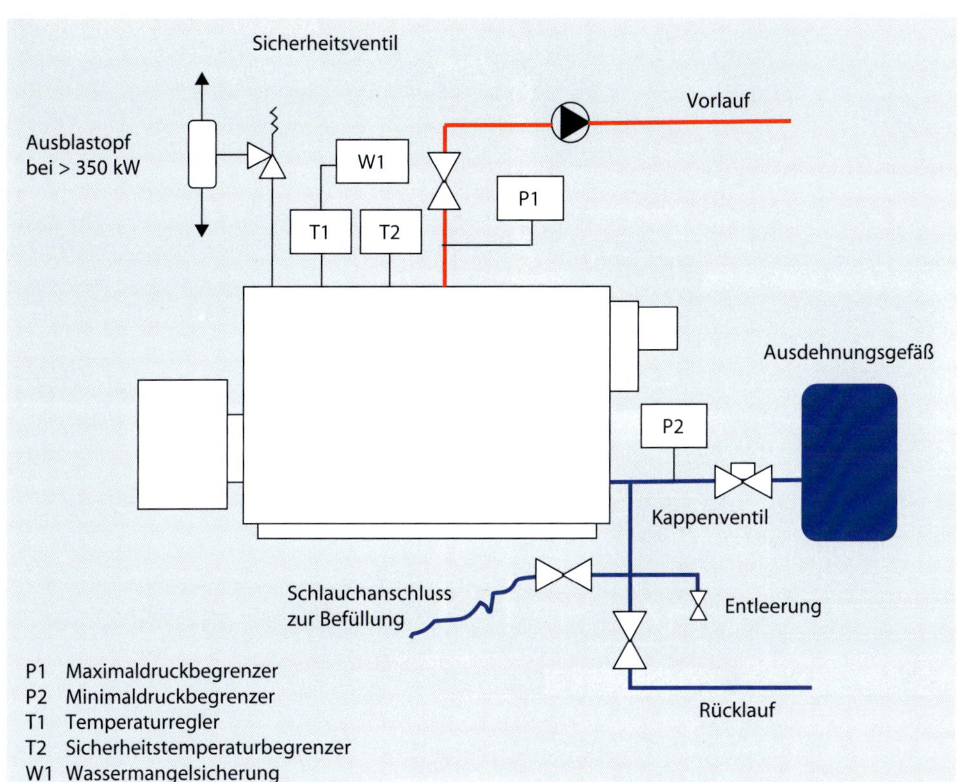

Abb. 6.36: Sicherheitstechnische Ausrüstung von Heizkesseln für gasförmige und flüssige Brennstoffe

geben. Die Größen Leistung und Wärme (Energie) stehen in einem Zusammenhang, der vereinfacht für den Fall konstanter Leistung wie folgt dargestellt werden kann:

$$Q = \dot{Q} \cdot \Delta\tau \qquad \text{(Formel 6.13)}$$

mit

Q Wärme in kWh
$\dot{Q}$ Wärmeleistung in kW
$\Delta\tau$ Zeitintervall in h

Bei der Auslegung von Heizkesseln wird von folgendem Ansatz ausgegangen:

$$\dot{Q}_K \geq \dot{Q}_{N,Geb} + \dot{Q}_{TWWB} \qquad \text{(Formel 6.14)}$$

mit

$\dot{Q}_K$ Kesselleistung in kW
$\dot{Q}_{N,Geb}$ Normheizlast des Gebäudes in kW
$\dot{Q}_{TWWB}$ Leistungsbedarf der Trinkwarmwasserbereitung in kW

Heizlastberechnung

Für die Dimensionierung der Raumheizeinrichtungen und der Wärmeerzeuger wird der maximale Leistungsbedarf bei tiefster Außentemperatur des einzelnen Raumes bzw. des gesamten Gebäudes benötigt. Dieser maximale Leistungsbedarf wird als Normheizlast bezeichnet. Sie wird für den einzelnen Raum nach folgendem Ansatz berechnet:

$$\dot{Q}_{HR} = \dot{Q}_T + \dot{Q}_L + \dot{Q}_{AH} \qquad \text{(Formel 6.15)}$$

mit

$\dot{Q}_{HR}$ Heizlast des Raumes bei definierter Raumtemperatur in W
$\dot{Q}_T$ Transmissionswärmeverlust in W
$\dot{Q}_L$ Lüftungswärmeverlust in W
$\dot{Q}_{AH}$ zusätzliche Aufheizleistung zum Ausgleich der Auswirkung des Absenkbetriebes in W

Aus der Betrachtung aller Räume kann auf die Heizlast des Gebäudes geschlossen werden. Die Heizlast des Gebäudes wird wesentlich durch die bauphysikalischen Eigenschaften der Außenbauteile (vor allem repräsentiert durch deren *U*-Werte) und den Luftwechsel bestimmt.

Bei neu zu errichtenden Ein- und Zweifamilienhäusern wird die Kesselgröße durch den Leistungsbedarf der Trinkwarmwasserbereitung dominiert. Bei größeren Gebäuden ist es umgekehrt: Hier wird die Kesselgröße durch die Heizlast bestimmt und man geht von einer sogenannten Warmwasservorrangschaltung aus. Der Leistungsbedarf für die Trinkwarmwasserbereitung wird nach Kapitel 8.6.2 ermittelt.

6.4.3 Blockheizkraftwerke (BHKW)

Kraft-Wärme-Kopplung (KWK) ist die gleichzeitige Erzeugung von elektrischer (mechanischer) und thermischer Nutzenergie aus anderen Energieformen mithilfe eines thermodynamischen Prozesses in einer Anlage. Im Gebäudebereich kommen hauptsächlich Blockheizkraftwerke (BHKW) zum Einsatz.

Bei einem BHKW (vgl. Abb. 6.37) handelt es sich um einen Verbrennungsmotor, der einen Generator zur Erzeugung von Elektroenergie antreibt. Die Abwärme des Motors aus den Kühlkreisläufen und aus dem Abgas wird zur Bereit-

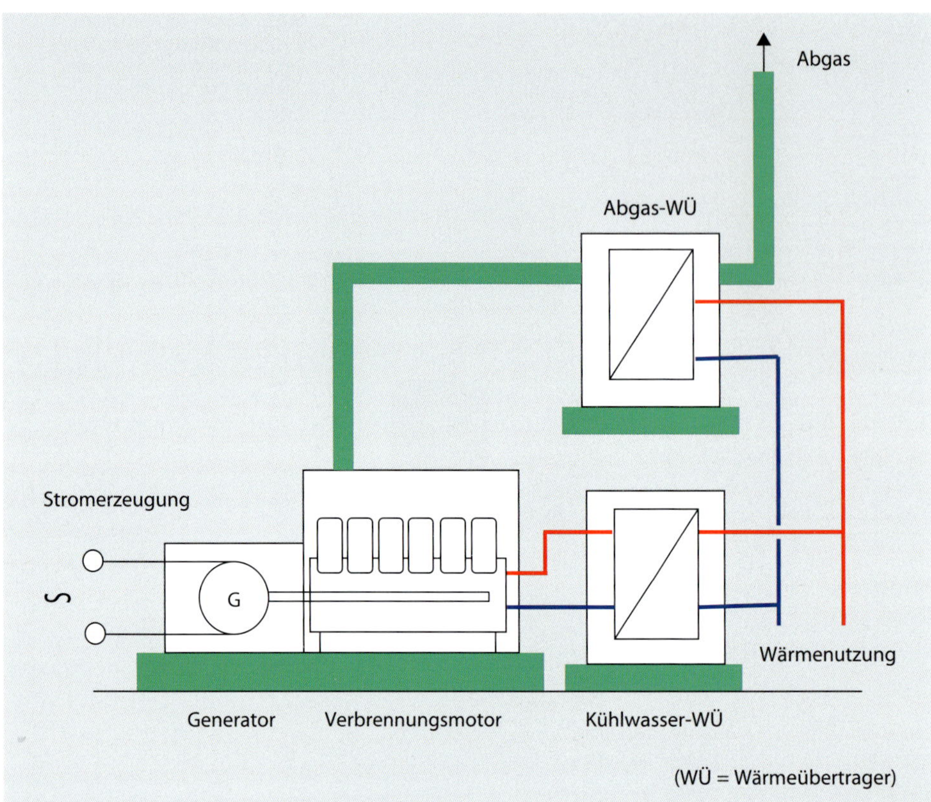

Abb. 6.37: Grundprinzip BHKW, Hydraulik schematisch (Quelle: Krimmling, 2010)

stellung von Heizwärme verwendet, welche über entsprechende Wärmeübertrager in die Heizkreisläufe des Gebäudes eingespeist wird. BHKW werden betrieben mit:

- Erdgas,
- Diesel oder
- Biodiesel bzw. Biogas (vgl. Kapitel 10.5.1).

BHKW sind heutzutage bis zu sehr kleinen Leistungen am Markt verfügbar, sodass sie auch in kleineren Wohngebäuden eingesetzt werden können. Die Abb. 6.38 verdeutlicht die kompakte Bauweise eines „Mini"-BHKW.

Am aktuellen Markt lassen sich innovative Technologien beobachten, die den gleichen Anwendungsbereich wie BHKW haben. In diesem Zusammenhang ist z. B. der Stirlingmotor zu nennen, den verschiedene Hersteller im kleinen, für Gebäude interessanten Leistungsbereich anbieten. Der Hauptvorteil des Stirlingmotors besteht in der Nutzung externer Wärmequellen. Während beim klassischen Verbrennungsmotor die Energiefreisetzung im Zylinder geschieht, arbeitet der Stirlingmotor mit Energiezufuhr von außen, wodurch Solarwärme oder andere Niedertemperaturwärme genutzt werden können.

Abb. 6.39 verdeutlicht die Funktionsweise des Stirlingmotors. Die Luft unter dem Verdrängerkolben wird erwärmt, der Verdrängerkolben bewegt sich nach oben und zeitversetzt ebenso der Arbeitskolben aufgrund des gestiegenen Druckes. Danach strömt die Luft auf die kalte Seite, der Verdrängerkolben bewegt sich nach unten. Die Luft kann zwischen Wand und Verdrängerkolben hin und her strömen. Durch die Abkühlung wird der Arbeitskolben nach unten gesaugt.

Ausgehend von wirtschaftlichen Gesichtspunkten werden bei KWK-Anlagen 3 Konzepte unterschieden:

Abb. 6.38: Blockheizkraftwerk „Dachs" (Quelle: SenerTec, Schweinfurt)

- stromgeführte Betriebsweise
- wärmegeführte Betriebsweise
- stromoptimierte Betriebsweise

Bei der stromgeführten Fahrweise wird die KWK-Anlage immer dann betrieben, wenn der Strom selbst verbraucht oder zu guten monetären Konditionen in das öffentliche Netz eingespeist werden kann. Oder die Anlage wird gefahren, um eine Spitzenlast abzudecken, die dann nicht teuer beim Versorger eingekauft werden muss. Letztlich muss beachtet werden, dass die KWK-Anlage bei der

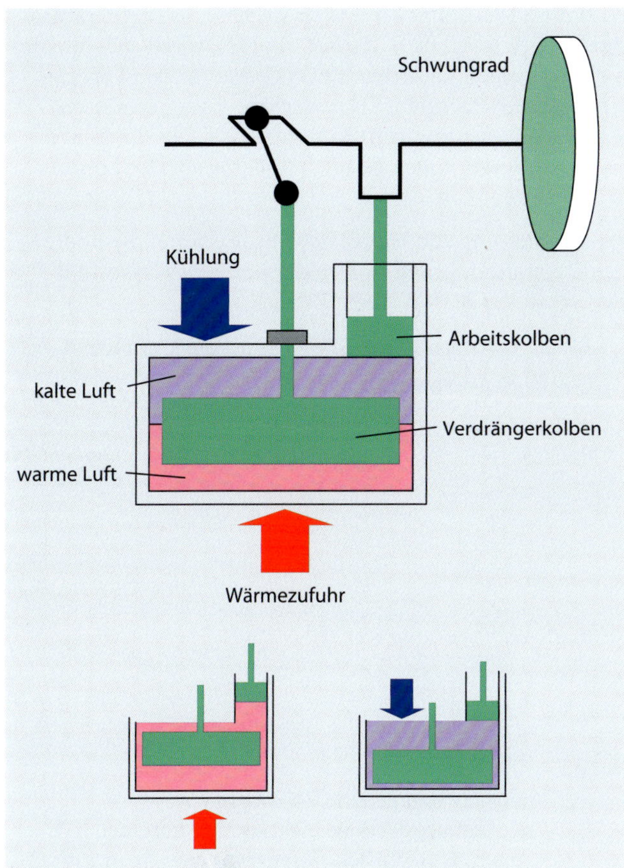

Abb. 6.39: Funktionsprinzip des Stirlingmotors

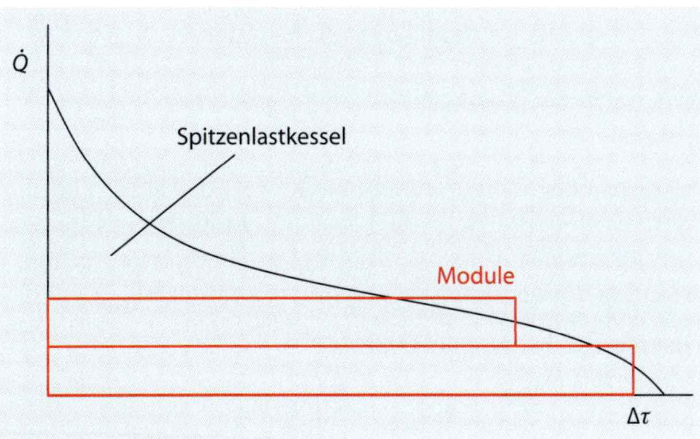

Abb. 6.40: Wärmegeführter Betrieb mit 2 BHKW-Modulen ($\dot{Q}$: Wärmeleistung; $\Delta\tau$: Häufigkeit in Stunden pro Jahr)

stromgeführten Betriebsweise auch betrieben werden muss, wenn kein Wärmebedarf besteht. Für diesen Fall muss ein Notkühler vorhanden sein, mit dem die im Überschuss erzeugte Wärme abgeführt werden kann. Eine solche Fahrweise wäre natürlich aus ökologischer Sicht kontraproduktiv, kann aber mitunter wirtschaftlich attraktiv sein.

Beim wärmegeführten Betriebskonzept, das derzeit die Standardauslegungsstrategie ist, wird die Anlage nach der Wärmegrundlast ausgelegt und betrieben. Den verbleibenden Energiebedarf muss eine Spitzenlastkesselanlage abdecken. In Abb. 6.40 wird anhand einer geordneten Jahresdauerlinie der Betrieb von 2 Modulen als wärmegeführte Anlage dargestellt. Die Gesamtfläche unter der Kurve ist die jährlich benötigte Wärme. Die rot eingeschlossenen Flä-

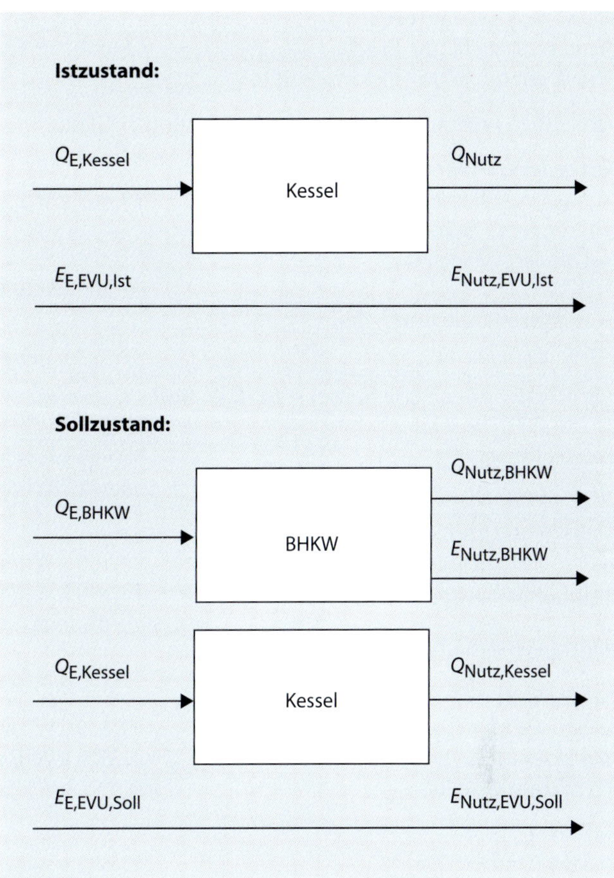

Abb. 6.41: Energiebilanzen im Ist- und Sollzustand für das Beispielunternehmen

chen sind die Energieanteile, die durch die 2 Motorenmodule abgedeckt werden. Die Differenz muss die Spitzenlastanlage übernehmen.

Ökologisch gesehen bringen BHKW gegenüber Kesselanlagen Vorteile, da die Brennstoffenergie besser ausgenutzt wird. Das soll im Folgenden an einem konkreten Beispiel verdeutlicht werden.

Einsatz eines BHKW am Beispiel eines Gewerbeunternehmens

Ein Gewerbebetrieb verwendet zur Wärmebereitstellung einen erdgasbefeuerten Kessel. Der benötigte Strom wird vom Energieversorgungsunternehmen (EVU) eingekauft. Es soll untersucht werden, welche Auswirkungen der Einsatz eines BHKW mit 12,5 kW thermischer und 5,5 kW elektrischer Leistung auf den Primärenergiebedarf des Unternehmens hat. Folgende Ausgangswerte sind gegeben (vgl. zur Verdeutlichung auch Abb. 6.41):

Istzustand – Erdgaskessel und Bezug vom EVU:	
jährliche Erdgasmenge im Istzustand (V_{Br})	10.500 m³/a
Heizwert ($H_{u,Erdgas}$)	10,42 kWh/m³
Nutzungsgrad – Kessel ($\eta_{a,Kessel}$)	0,90
Elektroenergiebezug vom EVU im Istzustand ($E_{E,EVU,Ist}$)	41.000 kWh/a
Sollzustand – Einsatz 1 BHKW-Modul zusätzlich:	
elektrische Leistung Modul (P)	5,50 kW
thermische Leistung Modul ($\dot{Q}_{th}$)	12,50 kW
elektrischer Nutzungsgrad Modul (η_{elt})	0,24
thermischer Nutzungsgrad Modul ($\eta_{Wärme}$)	0,55
Laufzeit des Moduls pro Jahr ($\Delta\tau$)	5.000,00 h/a

Primärenergiefaktoren:

Primärenergiefaktor Erdgas ($f_{P,Erdgas}$)	1,1
Primärenergiefaktor Elektroenergie ($f_{P,Elektroenergie}$)	1,8

Schließlich ergeben sich folgende Berechnungsresultate:

Nutzenergie Wärme Istzustand:	
Nutzenergie Istzustand (Q_{Nutz})	98.469 kWh/a
Nutzenergie Wärme, Soll:	
Nutzenergie durch das BHKW ($Q_{Nutz,BHKW}$)	62.500 kWh/a
Rest Nutzenergie durch den Kessel ($Q_{Nutz,Kessel}$)	35.969 kWh/a
benötigte Endenergie Kessel + BHKW, Soll:	
Erdgas BHKW ($Q_{E,BHKW}$)	113.636 kWh/a
Erdgas Kessel ($Q_{E,Kessel}$)	39.966 kWh/a
Erdgasverbrauch für die neue Variante (Q_E)	153.602 kWh/a
Elektroenergie, Soll:	
erzeugte Elektroenergie (E_{BHKW})	27.500 kWh/a
Rest Elektroenergiebezug (E_{EVU})	13.500 kWh/a

Primärenergiebilanz

Istzustand:	
Erdgas (Endenergie)	109.410 kWh/a
Elektroenergie (Endenergie)	41.000 kWh/a
Primärenergie, Ist	**194.151 kWh/a**
Soll:	
Erdgas (Endenergie)	153.602 kWh/a
Elektroenergie (Endenergie)	13.500 kWh/a
Primärenergie, Soll	**193.262 kWh/a**

Die Beispielberechnung zeigt, dass infolge der Absenkung des Primärenergiefaktors für Elektroenergie (Strommix Deutschland) von 2,4 auf 1,8 nur noch marginale Primärenergieeinsparungen möglich sind (weniger als 1 %). Das stellt jedoch im Allgemeinen die wirtschaftlichen Vorteile von KWK-Systemen nicht infrage.

Wirtschaftlichkeitsanalysen

In der Praxis ist die Entscheidung für oder gegen ein BHKW in erster Linie eine betriebswirtschaftliche Entscheidung. Solche Anlagen sind deutlich teurer als Kesselanlagen, aufgrund der gleichzeitigen Elektroenergieerzeugung ergeben sich aber deutlich geringere Betriebskosten durch den Stromerlös. Objekte, in denen der Einsatz wirtschaftlich sein kann, sind z. B. Krankenhäuser, Hallenschwimmbäder, Industrie- und Gewerbeunternehmen sowie Wärmeversorgungssysteme in der Energieversorgungswirtschaft.

Für Wirtschaftlichkeitsanalysen ist die Vergütung des erzeugten Stromes interessant. Dabei sind 2 Fälle zu unterscheiden:

- Ablösung von bisher bezogenem Strombedarf: Für diese Energiemenge kann der Preis des bisher bezogenen Stroms verwendet werden (siehe Liefervertrag für das Objekt).
- Über den Eigenbedarf hinausgehender Strom muss durch das EVU nach dem KWK-Gesetz (Gesetz für die Erhaltung, die Modernisierung und den Ausbau der Kraft-Wärme-Kopplung [Kraft-Wärme-Kopplungsgesetz], zuletzt geändert am 14. August 2020) vergütet werden.

Wird die KWK-Anlage mit Brennstoffen aus regenerativen Quellen betrieben (z. B. Rapsöl, Biogas), regelt sich die Einspeisevergütung nach dem EEG (Gesetz für den Vorrang erneuerbarer Energien – Erneuerbare-Energien-Gesetz [EEG] 2017, Fassung vom 8. August 2020). In diesem Fall liegen die Vergütungen deutlich höher als bei herkömmlichen Anlagenkonzepten.

Bei der Nutzung von Heizöl oder Erdgas kann die Energiesteuer erstattet werden, sofern der jährliche Gesamtnutzungsgrad des BHKW über 70 % lag.

Als Effizienzkriterium für BHKW wird der Gesamtnutzungsgrad $\eta_{a,Ges}$ benötigt:

$$\eta_{a,Ges} = \frac{Q_a + E_a}{Q_{a,Br}} \qquad \text{(Formel 6.16)}$$

$$\eta_{a,el} = \frac{E_a}{Q_{a,Br}}$$

$$\eta_{a,Q} = \frac{Q_a}{Q_{a,Br}}$$

$$\eta_{a,Ges} = \eta_{a,el} + \eta_{a,Q}$$

mit

Q_a jährlich abgegebene Wärme in kW
E_a jährlich abgegebene elektrische Energie in kW
$Q_{a,Br}$ zugeführte jährliche Brennstoffenergie in kW
$\eta_{a,el}$ elektrischer Nutzungsgrad
$\eta_{a,Q}$ thermischer Nutzungsgrad

Im Folgenden soll die Wirtschaftlichkeit eines BHKW an einem konkreten Beispiel bewertet werden.

Wirtschaftlichkeit eines BHKW am Beispiel eines Gewerbebetriebs

Der oben beispielhaft angeführte Einsatz des BHKW in einem Gewerbebetrieb soll jetzt wirtschaftlich mithilfe des Annuitätenverfahrens nach Kapitel 5.4.3 bewertet werden. Es sind die folgenden Ausgangswerte anzusetzen:

wirtschaftliche Ausgangswerte:

Erdgaspreis (k_{Erdgas})	0,68 €/m³
Elektroenergiepreis (k_{Elt})	0,25 €/kWh
Investition für Modul (A_0)	22.000 €
Förderung (K_F)	30 %
Faktor Instandsetzung (f_{IN})	6 % von A_0 (VDI 2067-1)
Faktor Wartung (f_W)	2 % von A_0 (VDI 2067-1)
Laufzeit (T)	15 a
Kalkulationszins (i)	5 %
KWK-Zuschlag (k_{KWK}) annuitätisch umgerechnet	0,0554 €/kWh
Energiesteuererstattung pro MWh Brennstoff ($k_{EnSt.}$)	5,5 €/MWh
Annuitätsfaktor nach F 3-5 (a)	0,0963 1/a

Es zeigt sich, dass das BHKW bei einer jährlichen Laufzeit von 5.000 Stunden wirtschaftlich ist. Mit zunehmender Laufzeit vergrößert sich die Einsparung gegenüber dem Istzustand (vgl. Abb. 6.42). Dies gilt natürlich nur für die hier dargestellte Konstellation und muss bei anderen Projekten entsprechend untersucht werden. Tabelle 6.9 hält die Berechnungsergebnisse fest.

Tabelle 6.9: Berechnungsergebnisse Annuitätenverfahren am Beispiel Gewerbebetrieb

Bezeichnung/ Berechnung	**Einheit**	**Istzustand**	**Soll-zustand**
Elektroenergiebezug vom EVU	kWh/a	41.000,00	13.500,00
Erdgasbezug	kWh/a	109.410,00	153.691,00
AN_E: Annuität der Einzahlungen	€/a	0,00	2.148,50
AN_K: kapitalgebundene Auszahlungen	€/a	0,00	1.483,67
AN_V: verbrauchsgebundene Auszahlungen	€/a	17.390,00	**13.398,93**
AN_B: betriebsgebundene Auszahlungen	€/a	0,00	1.760,00
AN_S: sonstige Auszahlungen	€/a	0,00	0,00
$AN = AN_E - (AN_K + AN_V + AN_B + AN_S)$	**€/a**	-17.390,00	**-14.454,10**

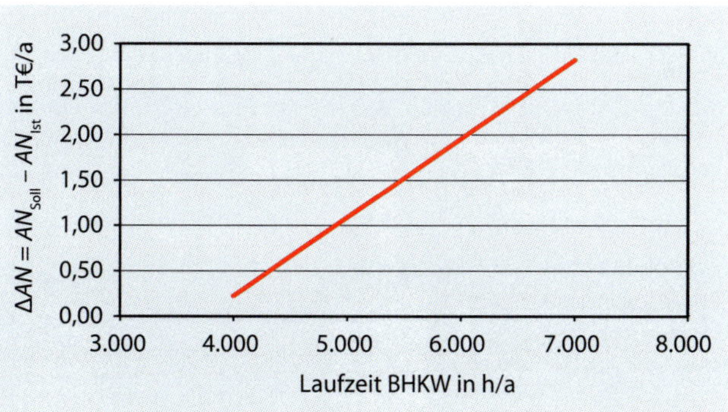

Abb. 6.42: Abhängigkeit der Wirtschaftlichkeit von der Laufzeit (am Beispiel BHKW Gewerbebetrieb); dargestellt ist die Differenz zwischen der Annuität im Sollzustand und der Annuität im Istzustand

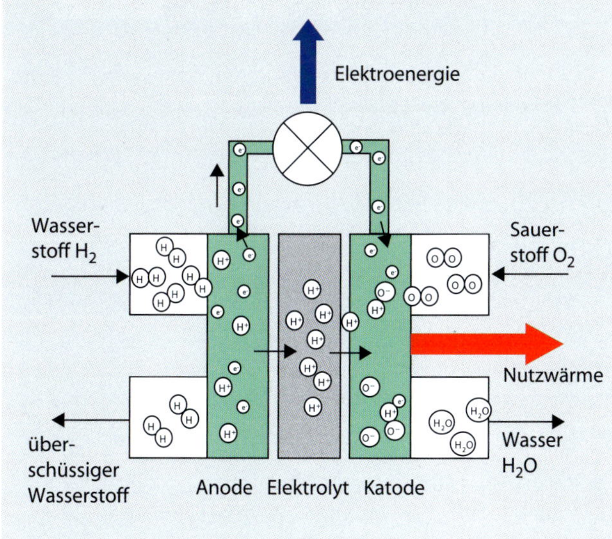

Abb. 6.43: Grundprinzip Brennstoffzelle, betrieben mit reinem Wasserstoff (Quelle: Krimmling, 2010)

6.4.4 Brennstoffzellen

Aus Sicht der Energienutzung sind BHKW und Brennstoffzellen identisch. In beiden Anlagen werden Strom und Wärme gleichzeitig erzeugt. Die Einsatzmotivation für eine Brennstoffzelle ist daher identisch mit der beim BHKW.

Brennstoffzellen stellen aufgrund der zögerlich zunehmenden Marktverbreitung und der damit einhergehenden hohen Anschaffungskosten im Gebäudebereich bisher noch keine wirtschaftliche Alternative zur konventionellen Energiebereitstellung dar. Ihr Einsatz beschränkt sich von Ausnahmen abgesehen auf Demonstrations- und Forschungsprojekte sowie erste serienreife Anwendungsfälle. Das Funktionsprinzip ist die Umkehrreaktion der Elektrolyse, wobei auf direktem Weg chemische Energie in Elektroenergie und Wärme umgewandelt wird (vgl. Abb. 6.43). Da der als Brennstoff benötigte Wasserstoff in freier Form nicht verfügbar ist, kommen wasserstoffhaltige Gase zum Einsatz. In einem vorgeschalteten Reformationsprozess muss zunächst Wasserstoff erzeugt werden.

Brennstoffzellen werden nach ihren Elektrolyten bezeichnet (vgl. Tabelle 6.10).

Tabelle 6.10: Brennstoffzellentypen (nach Schramek, 2011, S. 279)

	Alkaline Fuel Cell (AFC)	**Proton Exchange Membran Fuel Cell (PEFC)**	**Phosphoric Acid Fuel Cell (PAFC)**	**Molten Carbonate Fuel Cell (MCFC)**	**Solid Oxide Fuel Cell (SOFC)**
Elektrolyt	Kalilauge	Polymermembran	Phosphorsäure	Schmelzkarbonat	Keramik
Betriebstemperatur	60 bis 90 °C	60 bis 90 °C	180 bis 200 °C	650 °C	750 bis 1.000 °C
elektrischer Nutzungsgrad	55 bis 60 %	32 bis 42 %	37 bis 42 %	50 bis 55 %	50 bis 55 %
Gesamtnutzungsgrad	–	ca. 80 %	ca. 80 bis 90 %	ca. 90 %	ca. 90 %
Brennstoff	H_2	H_2 aus Erd-, Bio-, Kohlegas	H_2 aus Erd-, Bio-, Kohlegas	H_2, CO aus Erd-, Bio-, Kohlegas	H_2, CO aus Erd-, Bio-, Kohlegas
Anwendung	Raumfahrt, mobil	mobil, BHKW	BHKW	Kraftwerk, BHKW	Kraftwerk, BHKW
Entwicklungsstand	Raumfahrt, U-Boote, Feldtests mobil	Prototypen 2,5 kW, 2.550 kW	Kleinserie 200 kW	Demonstration 300 kW, 3 MW	Feldtests 1 kW, Demo 250 kW

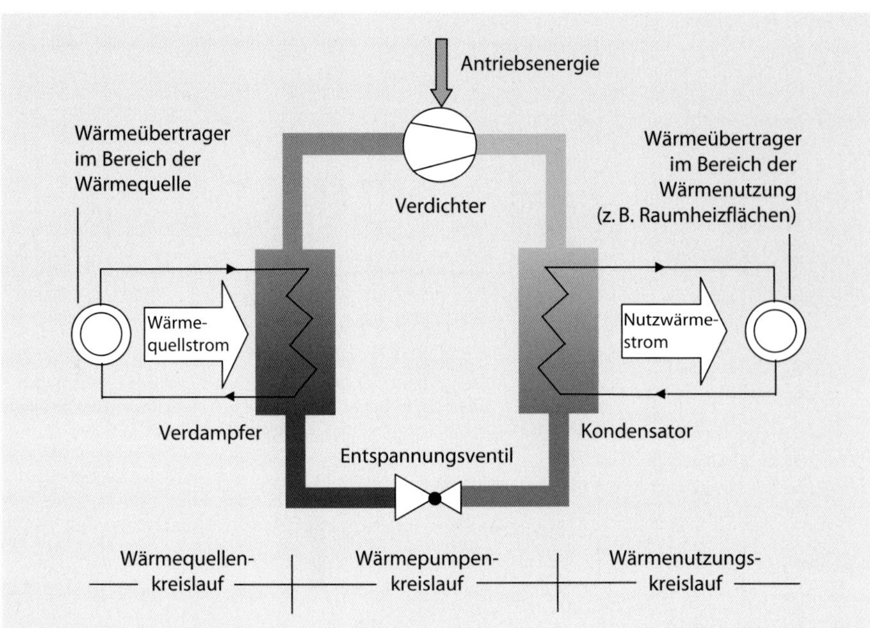

Abb. 6.44: Grundprinzip einer Wärmepumpe (Quelle: Krimmling, 2009)

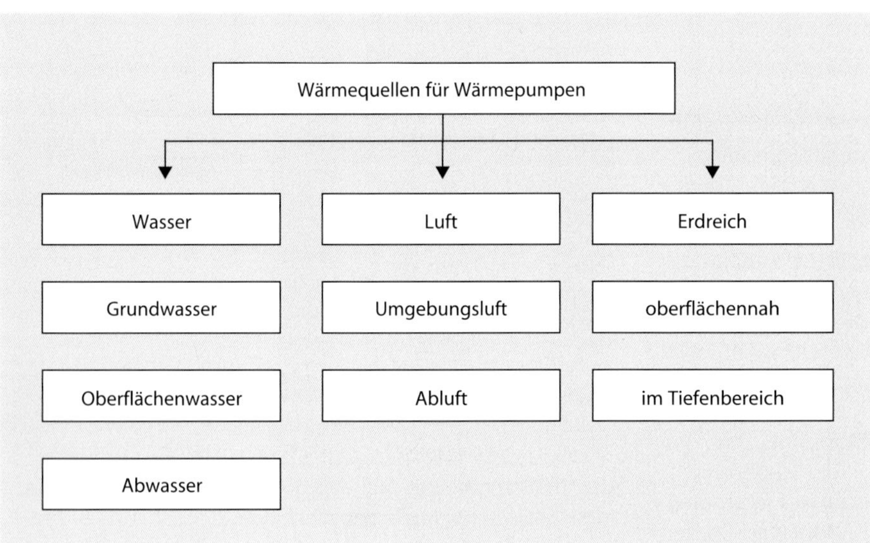

Abb. 6.45: Wärmequellen für Wärmepumpen

6.4.5 Wärmepumpen

Wärmepumpen arbeiten nach dem thermodynamischen Grundprinzip des linksläufigen Kreisprozesses. Elsner definiert einen Kreisprozess als zyklische Folge von Zustandsänderungen, um den Ausgangszustand des Arbeitsmittels wieder zu erreichen (vgl. Elsner, 1982, S. 296). Nach deren Darstellung in einem Zustandsdiagramm wird in rechtsläufige und linksläufige Kreisprozesse unterschieden.

Während beim Rechtsprozess Wärme in Arbeit umgewandelt wird, wird durch den Linksprozess innere Energie durch Arbeit auf ein höheres Temperaturniveau gehoben. Typische Rechtsprozesse sind Dampfkraftprozesse (Kraftwerk) und Prozesse in Verbrennungsmotoren. Linksprozesse liegen dem Wirkprinzip von Wärmepumpen und Kälteerzeugern zugrunde.

Bei einer Kompressionswärmepumpe läuft folgender Prozess ab (vgl. auch Abb. 6.44): Das im System befindliche Arbeitsmittel (bezeichnet als Kältemittel) nimmt im Verdampfer Umweltwärme (Wärmequellenstrom) auf. Damit dies funktioniert, muss das Arbeitsmittel bei den Temperaturen des Wärmepotenzials verdampfen. Durch den Verdampfungsprozess wird die Wärme auf das Arbeitsmittel übertragen. Der Arbeitsmitteldampf wird im Verdichter verdichtet, wobei seine Temperatur ansteigt. Benötigt werden Temperaturen, die über dem Temperaturniveau des Wärmenutzungsprozesses liegen. Im Kondensator gibt das Arbeitsmittel die aufgenommene Energie an den Wärmeträger des Nutzungsprozesses ab (Nutzwärmestrom). Im letzten Prozessschritt muss das Arbeitsmittel wieder auf den Ausgangsdruck entspannt werden, was im Drosselventil geschieht. Damit hat das Arbeitsmittel wieder den thermodynamischen Ausgangszustand und der Kreisprozess ist geschlossen.

Folgende Wärmequellen stehen zur Verfügung (vgl. Abb. 6.45):

- Wasser
- Luft/Umwelt
- Erdreich

Abb. 6.46: Verdampfer-Ventilatoreinheit in einer Luft-Wasser-Wärmepumpe (Quelle: Bosch Thermotechnik GmbH, Wetzlar)

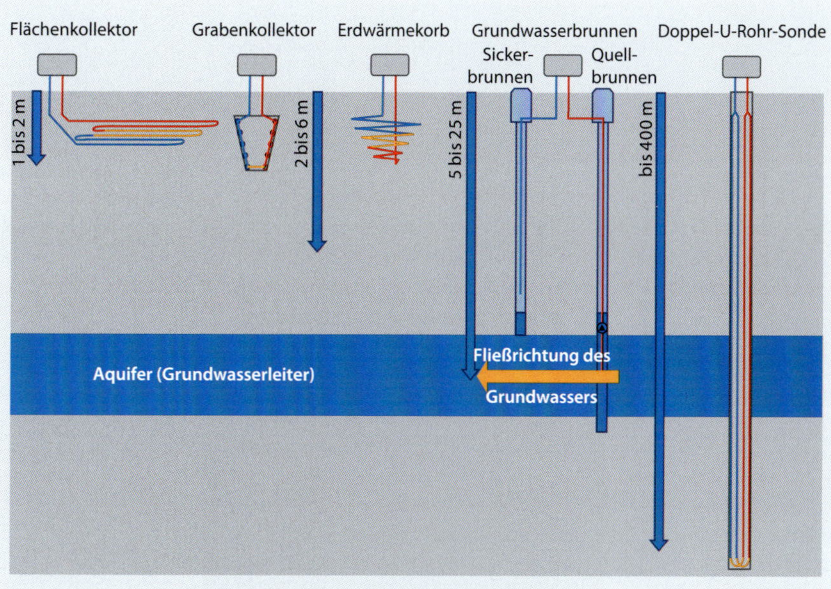

Abb. 6.47: Darstellung von technisch möglichen Prinzipien zur thermischen Erschließung des Untergrunds

Zur Erschließung bzw. Gewinnung der Umweltwärme steht mittlerweile eine Vielzahl technischer bzw. bautechnischer Lösungen bereit. Welches System zur Erschließung der Wärmequelle infrage kommt, hängt von einer großen Zahl objektspezifischer Faktoren ab und nicht zuletzt auch von der wirtschaftlichen Beurteilung. Grundsätzlich gilt: Je höher das Temperaturniveau der Wärmequelle, desto besser ist die Energieeffizienz des Wärmepumpensystems.

Am einfachsten ist die Wärmequelle Luft/Umgebungsluft zu erschließen. Im Allgemeinen ist dazu der Verdampfer der Wärmepumpe als Lamellenrohr-Wärmeübertrager ausgebildet und wird mittels eines Ventilators mit Umgebungsluft beaufschlagt (vgl. Abb. 6.46).

Zur Nutzung von oberflächennaher Geothermie (vgl. Abb. 6.47) stehen neben dem Flächenkollektor und der Doppel-U-Rohr-Sonde z. B. auch Grabenkollektoren und Spiralsondenkollektoren zur Verfügung. Entsprechende Dimensionierungsgrundlagen und Hinweise sind in den VDI-Richtlinien 4640-1:2010-06 und vor allem 4640-2:2019-06 enthalten. Sie sind unter Berücksichtigung der standortspezifischen Untergrundbedingungen unbedingt zu beachten. Doppel-U-Rohr-Sonden eignen sich auch zum Kühlen, d. h. zum Wärmeentzug aus dem Gebäude (meist durch „Natural Cooling") und zur Einlagerung im Erdreich. Dadurch wird auch die Regeneration der Sonde begünstigt. Für die Regenerationsunterstützung von erdreichgebundenen Wärmequellen stehen zudem Solarwärme auf sehr niedrigem Temperaturniveau (weniger als 30 °C) oder ggf. adäquate Abwärme zur Verfügung. Eine baukonstruktive Sonderform, die auch als Wärmequelle bzw. Wärmesenke genutzt wird, sind thermisch aktivierte Bohrpfähle, die im Allgemeinen als Gründungspfähle oder zur Baugrubenstabilisierung („verlorene Schalung") notwendig sind.

Die Nutzung von Wasser als Wärmequelle erscheint im ersten Moment sehr zweckmäßig, stellt jedoch in der Regel sehr spezielle Anforderungen an das Wärmeentzugssystem.

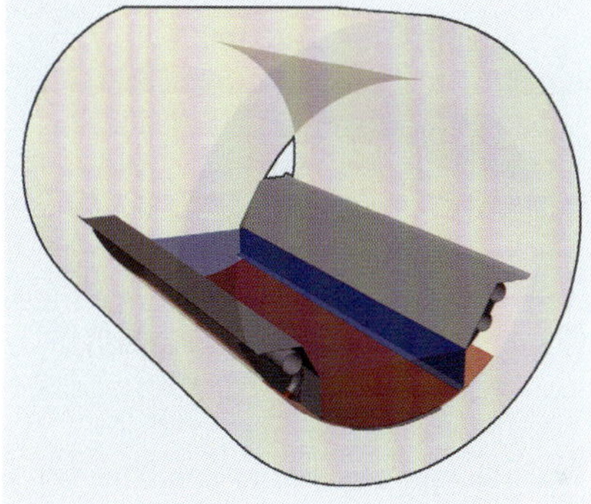

Abb. 6.48: Darstellung des Prinzips zur Auskopplung von Abwärme aus Abwasserkanälen (Quelle: KASAG Swiss AG, Langnau i. E., Schweiz)

In allen Fällen von Wassernutzung sind wasserrechtliche bzw. ökologische Belange relevant. Die Nutzung von Grundwasser (vgl. Abb. 6.47) erfordert einen Quellbrunnen mit hinreichender Ergiebigkeit (Prüfung mittels Pumpversuch nach DVGW W 111 [A], 2015) sowie einen Sickerbrunnen, über den das um maximal 4 °C abgekühlte Grundwasser wieder in den Grundwasserleiter in dessen Fließrichtung zurückgeführt werden muss. Zur Entnahme des Grundwassers ist eine für den Einsatzfall geeignete Brunnenpumpe vorzusehen. Außerdem sind die im Grundwasser gelösten Stoffe zu beherrschen (z. B. Verockerung durch Eisen- und Manganoxide).

Die Nutzung von Oberflächenwasser (Flusswasser, Seewasser, Uferfiltrat) ist grundsätzlich möglich, muss jedoch ebenfalls spezielle Randbedingungen erfüllen. Dazu gehören die Sicherstellung von Strömungsgeschwindigkeit am Wärmeübertrager, die Verschmutzungsproblematik sowie die Gewässerökologie.

Abwasser erweist sich schon lange als interessante Wärmequelle, da die durchschnittliche Abwassertemperatur 18 bis 22 °C beträgt. Um der Problematik der Verschmutzung des Wärmeentzugssystems zu begegnen, hat sich z. B. ein System herauskristallisiert (vgl. Abb. 6.48), das aber mit einem baulichen Eingriff in die Kanalisation einhergeht.

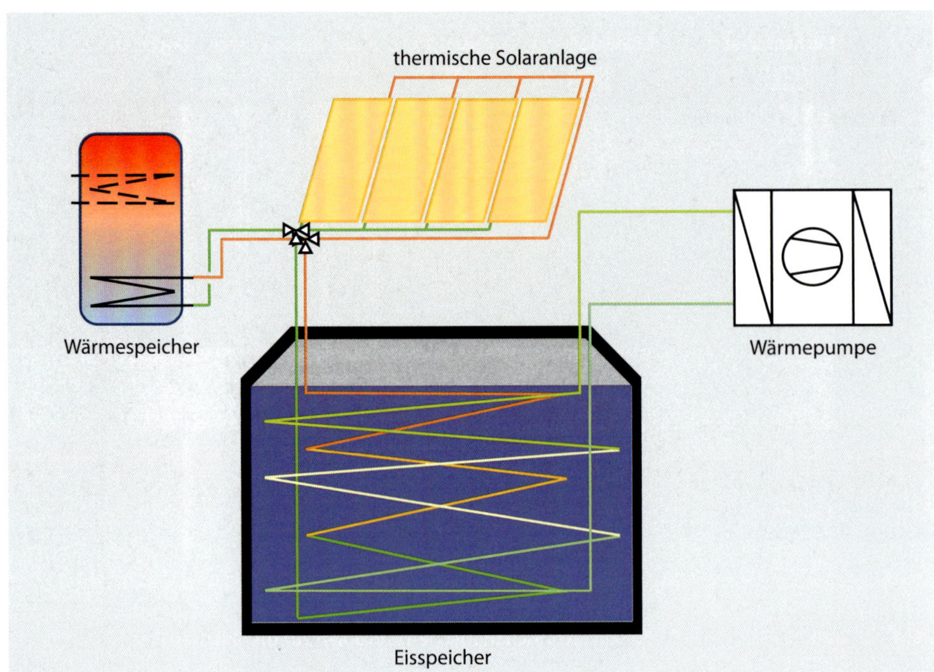

Abb. 6.49: Darstellung des Prinzips eines Eisspeichers

Eine technische Lösung zur indirekten Nutzung von Umweltenergie als Wärmequelle für Wärmepumpen stellt der Eisspeicher dar (vgl. Abb. 6.49). Dabei handelt es sich um einen mit Wasser gefüllten Behälter, der meist im Erdreich eingegraben wird. Im Behälter befinden sich 2 Rohr-Wärmeübertrager, die zum einen die Umweltenergie in den Eisspeicher eintragen und das Eis auftauen und zum anderen dem Wasser die Wärme bis zum Einfrieren entziehen, um der Wärmepumpe diese Energie zur Verfügung zu stellen. Da sie die latente Phasenwechselenergie (Schmelz-/Erstarrungsenthalpie) ausnutzen, gehören Eisspeicher zur Kategorie der Latentwärmespeicher. Das im Allgemeinen niedrige Temperaturniveau von Eisspeichern (–5 bis +15 °C) ermöglicht auch die Nutzung als Kältereservoir für Kühlzwecke.

Wärmepumpen werden derzeit hauptsächlich bei Ein- und Zweifamilienhäusern eingesetzt. Dabei dominieren bislang in Deutschland die Anlagen mit horizontalen oder vertikalen Erdsonden. Luft-Wärmepumpen können aus wirtschaftlicher Sicht jedoch eine interessante Alternative darstellen. Während deren Arbeitszahl zwar deutlich schlechter als die von Erdwärmepumpen ist, sind die Investitionskosten dafür bedeutend geringer. Außerdem gibt es folgende Vorteile (vgl. Sigloch, 2007, S. 44 bis 48):

- geräuscharmer Betrieb
- einfache Installation (wichtig vor allem in der Sanierung)
- keine besonderen Anforderungen an die Grundstücksgröße

Viele Stadtwerke und Energieversorgungsunternehmen bieten für Wärmepumpen Sondertarife für den Strombezug an. Teilweise handelt es sich um sog. abschaltbare Verträge, bei denen der Versorger berechtigt ist, zu bestimmten Zeiten (Spitzenlastzeit) die Stromversorgung zu unterbrechen. Dies ist aber völlig unproblematisch, wenn entsprechende Speicher zur Überbrückung dieser Zeiten vorgesehen sind. Das kann entweder ähnlich wie bei einer Solaranlage ein Heizwasserspeicher sein (vgl. Kapitel 6.9) oder es fungieren Bauteilmassen des Gebäudes wie etwa der Fußboden bei der Fußbodenheizung als Kurzzeitspeicher.

Im Nichtwohnungsbau kommen vor allem Grundwasser und zunehmend Erdreichwärmequellen im Tiefenbereich zur Anwendung. Der Antrieb des Verdichters kann bei der Wärmepumpe folgendermaßen erfolgen:

- mit einem Elektromotor oder
- mit einem Verbrennungsmotor (vgl. Abb. 6.50).

Tendenziell kommen auch bei geringeren Leistungen Verbrennungsmotoren zum Einsatz. Beim Verbrennungsmotor kann zusätzlich noch die Motorenabwärme wie beim BHKW genutzt werden.

Wärmepumpen werden monovalent (kein zusätzlicher Wärmeerzeuger) oder bivalent (mit zusätzlichem Wärmeerzeuger) konzipiert. Beim bivalenten Betrieb wird folgendermaßen unterschieden (vgl. auch Abb. 6.51):

- Parallelbetrieb, bei dem die Wärmepumpe die Grundlast liefert und der Kessel immer die Differenzmenge zum jeweiligen Bedarf
- Alternativbetrieb, bei dem entweder die Wärmepumpe oder der Kessel in Betrieb ist

Die energetische Effizienz eines elektrischen Wärmepumpensystems wird mithilfe der Jahresarbeitszahl $\beta_{W,a}$ beschrieben:

$$\beta_{W,a} = \frac{Q_a}{E_{el,a}} = \frac{Q_{Umwelt} + E_{el,a}}{E_{el,a}} \qquad \text{(Formel 6.17)}$$

mit

Q_a von der Wärmepumpe jährlich abgegebene Wärme in kWh
$E_{el,a}$ jährlich zugeführte Elektroenergie in kWh
Q_{Umwelt} jährlich der Umwelt entnommene Wärme in kWh

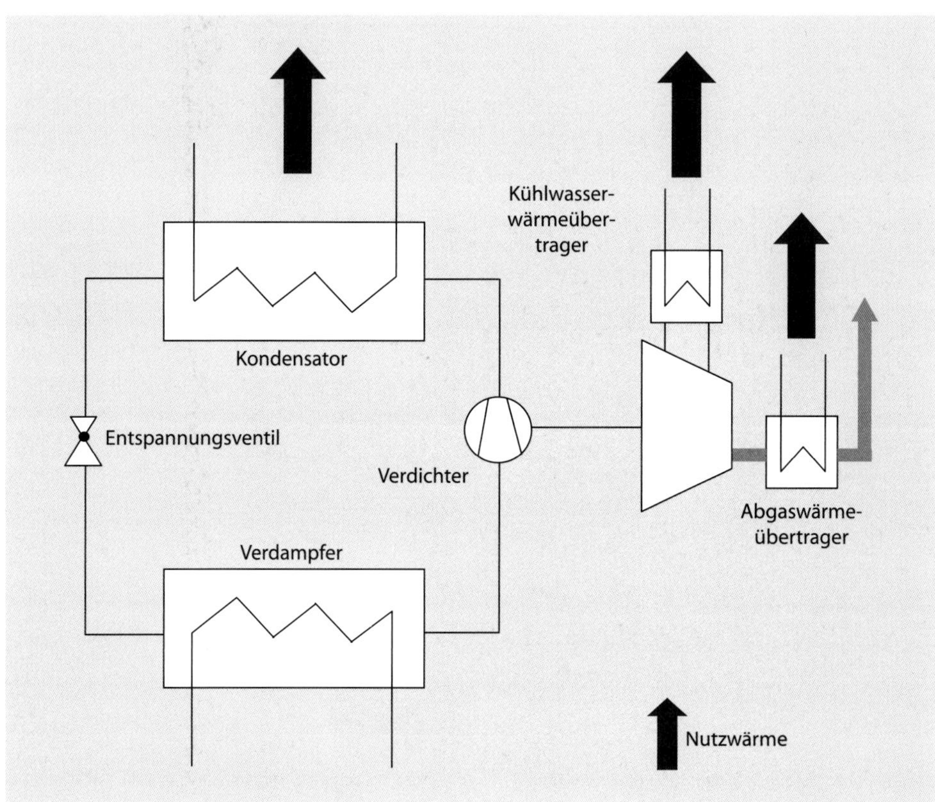

Abb. 6.50: Grundprinzip Wärmepumpe mit Verbrennungsmotor (Quelle: Krimmling, 2009)

Die Jahresarbeitszahl ist der integrale Mittelwert der realen Leistungszahl $\varepsilon_{\text{real}}$:

$$\beta_{\text{W,a}} = \frac{1}{\Delta\tau} \int_{\Delta\tau} \varepsilon_{\text{real}} \cdot \mathrm{d}\tau \qquad \text{(Formel 6.18)}$$

mit

$\varepsilon_{\text{real}}$ reale Leistungszahl zum Zeitpunkt τ

$\Delta\tau$ betrachtete Zeitspanne, in der Regel ein Jahr

Die reale Leistungszahl wird wesentlich durch die beiden Temperaturniveaus auf der kalten und der warmen Seite der Anlage beeinflusst. Demzufolge kann die Jahresarbeitszahl einer Wärmepumpenanlage nur im Zusammenhang mit dem nachgeschalteten Wärmeversorgungssystem beurteilt werden. Beim Wärmepumpensystem mit Verbrennungsmotor wird die Jahresheizzahl ζ_a verwendet:

$$\zeta_a = \frac{Q_a}{Q_{a,Br}} \qquad \text{(Formel 6.19)}$$

mit

Q_a jährlich mit der Wärmepumpe erzeugte Wärme in kWh

$Q_{a,Br}$ jährlich zugeführte Brennstoffenergie in kWh

Die Leistungszahl von Wärmepumpen reicht nicht aus, um deren Effizienz zu beurteilen. Bei der Leistungszahl handelt es sich lediglich um einen Momentanwert. Die Jahresarbeitszahl ist die über das Jahr zeitlich ermittelte Leistungszahl und unterscheidet sich demzufolge von der in Herstellerangaben enthaltenen Leistungszahl im Auslegungspunkt.

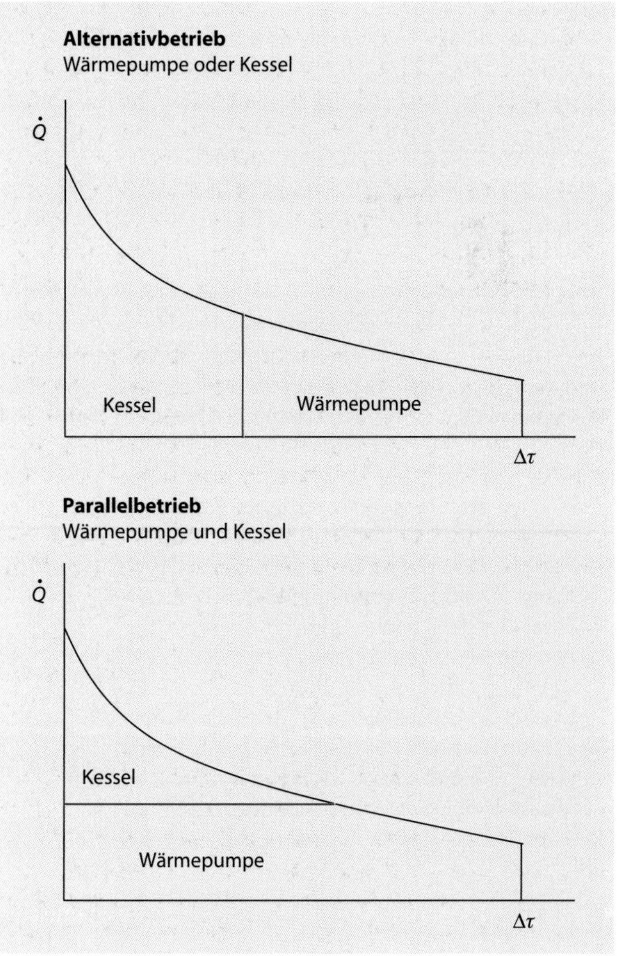

Abb. 6.51 Betriebskonzepte von Wärmepumpen ($\dot{Q}$: Wärmeleistung; $\Delta\tau$: Häufigkeit in Stunden pro Jahr)

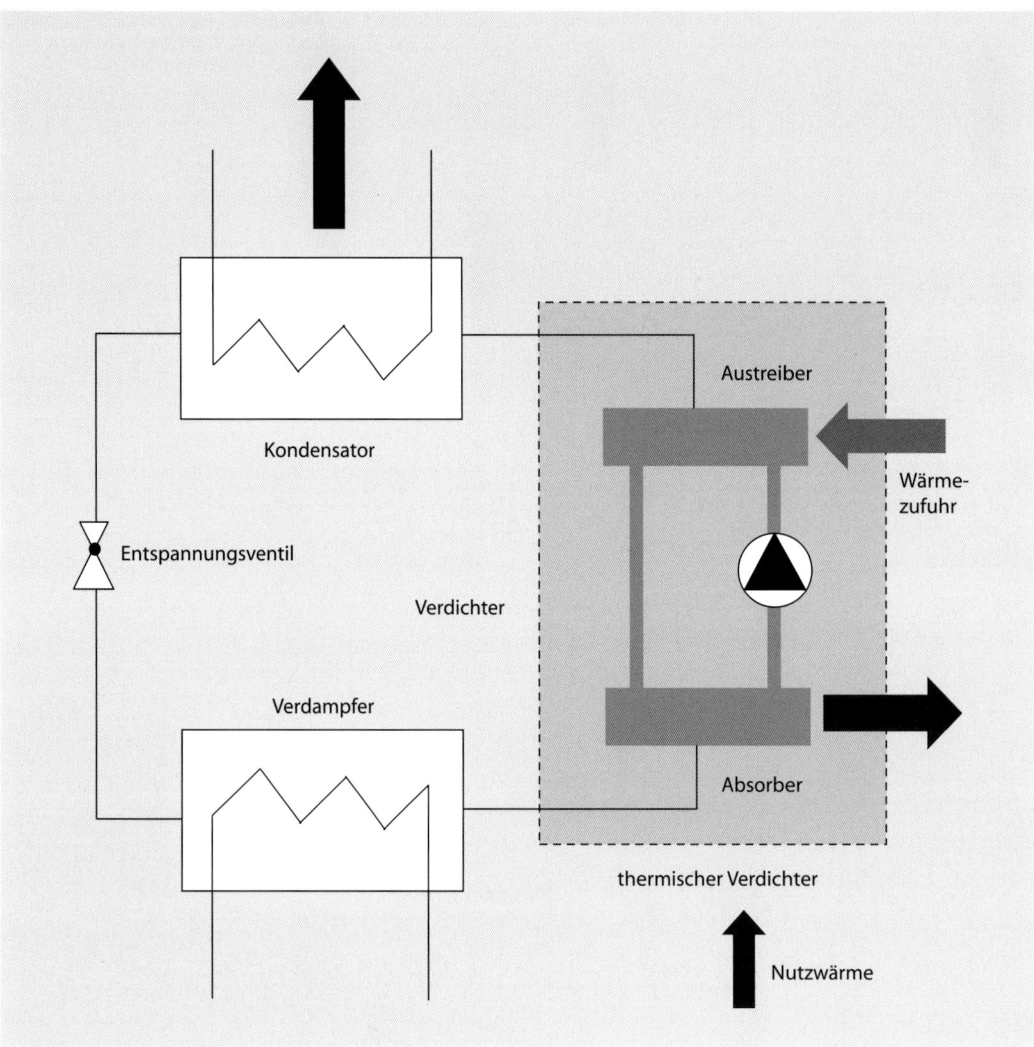

Abb. 6.52: Grundprinzip Adsorptionswärmepumpe (Quelle: Krimmling, 2009)

Während sich die elektrische Kompressionswärmepumpe und die Wärmepumpe mit Verbrennungsmotor durch den unterschiedlichen Antrieb des Verdichters (vgl. Abb. 6.44) unterscheiden, wird bei der Absorptionswärmepumpe ein völlig anderes Verdichtungsprinzip verwendet. Anstelle eines mechanischen Verdichters wird ein sog. thermischer Verdichter eingesetzt, zu dessen Antrieb nicht mehr mechanische Energie, sondern thermische Energie – also Wärme – genutzt werden kann. Abb. 6.52 verdeutlicht die Wirkungsweise. Das verdampfte Kältemittel gelangt in den Absorber, wo es in eine Lösungsflüssigkeit absorbiert wird, d. h., der Kältemitteldampf befindet sich in der Flüssigkeit in physikalischer Lösung (ungefähr vergleichbar mit der Kohlensäure im Mineralwasser). Der Lösungsflüssigkeit wird mithilfe einer kleinen Pumpe der erforderliche Druck aufgeprägt. Im Austreiber wird der Dampf (jetzt unter hohem Druck) aus der Lösungsflüssigkeit wieder ausgetrieben, wozu die bereits erwähnte Wärme verwendet wird. Das Anlagenprinzip der Absorptionswärmepumpe besitzt 2 wesentliche Vorteile gegenüber dem der (elektrischen) Kompressionswärmepumpe:

- Als Antriebsenergie wird nicht mehr thermodynamisch hochwertige Elektroenergie benötigt.
- Die Absorptionswärmepumpe arbeitet weitestgehend geräusch- und verschleißarm.

Am Markt werden derzeit vor allem Gasabsorptionswärmepumpen angeboten, bei denen die benötigte Wärme direkt aus Erdgas gewonnen wird. In der Regel handelt es sich um Kombigeräte, die aus einem Heizkessel mit Brenner und der Absorptionswärmepumpe bestehen.

Die Absorptionswärmepumpe kann mit allen Wärmequellen entsprechend Abb. 6.45 kombiniert werden. Die Abb. 6.53 zeigt eine Absorptionswärmepumpe in der Heizzentrale eines Mehrfamilienhauses. Neben der Wärmepumpe ist die Spitzenlasttherme zu sehen, die nur an wenigen Tagen im Jahr zusätzlich zur Wärmepumpe läuft (bivalentes Betriebskonzept nach Abb. 6.51).

Bei Direktverdampfersystemen entfällt der Wärmequellenkreislauf gemäß Abb. 6.44, d. h., der Verdampfer steht in unmittelbarer Verbindung mit dem Wärmequellmedium. In Abb. 6.54 ist eine solche Wärmepumpe schematisch dargestellt. Das Kältemittel ist Ammoniak, das direkt über ein Rohrleitungssystem in die Erdsonden geführt wird und dort verdampft. Der Vorteil eines solchen Systems besteht u. a. darin, dass der zusätzliche Wärmeübertrager im Bereich der Wärmequelle entfällt und dort kein Temperaturverlust stattfindet.

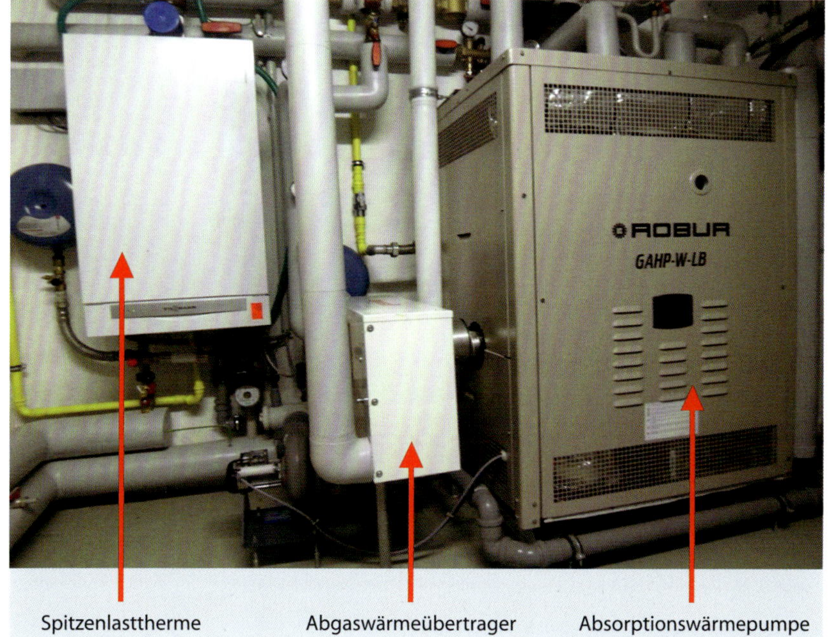

Abb. 6.53: Gasabsorptionswärmepumpe für ein Mehrfamilienhaus (Quelle: FWU Ingenieurbüro GmbH, Dresden)

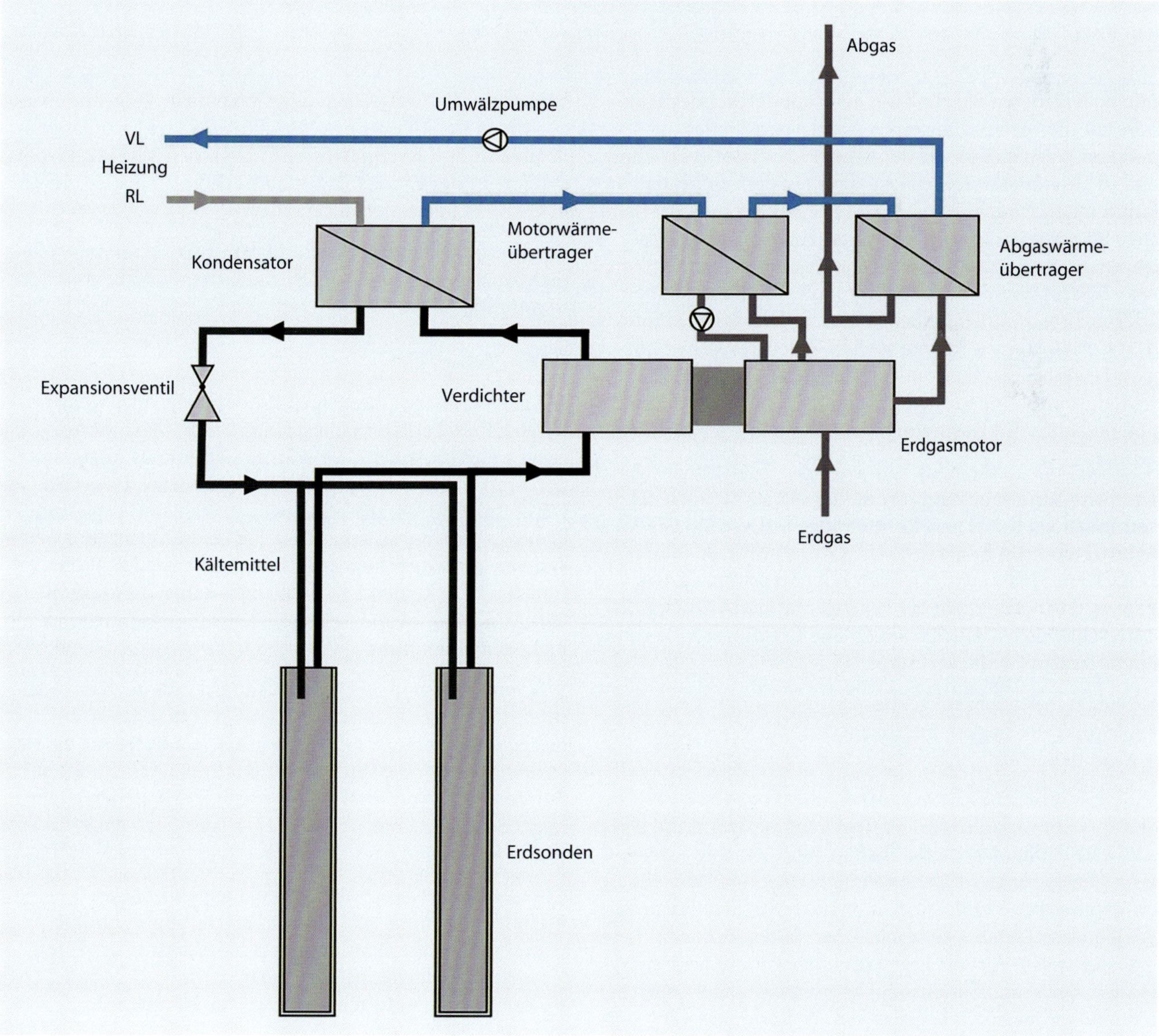

Abb. 6.54: Erdreichwärmepumpe mit Ammoniak-Direktverdampfung (VL = Vorlauf, RL = Rücklauf; Quelle: Hochschule Zittau/Görlitz)

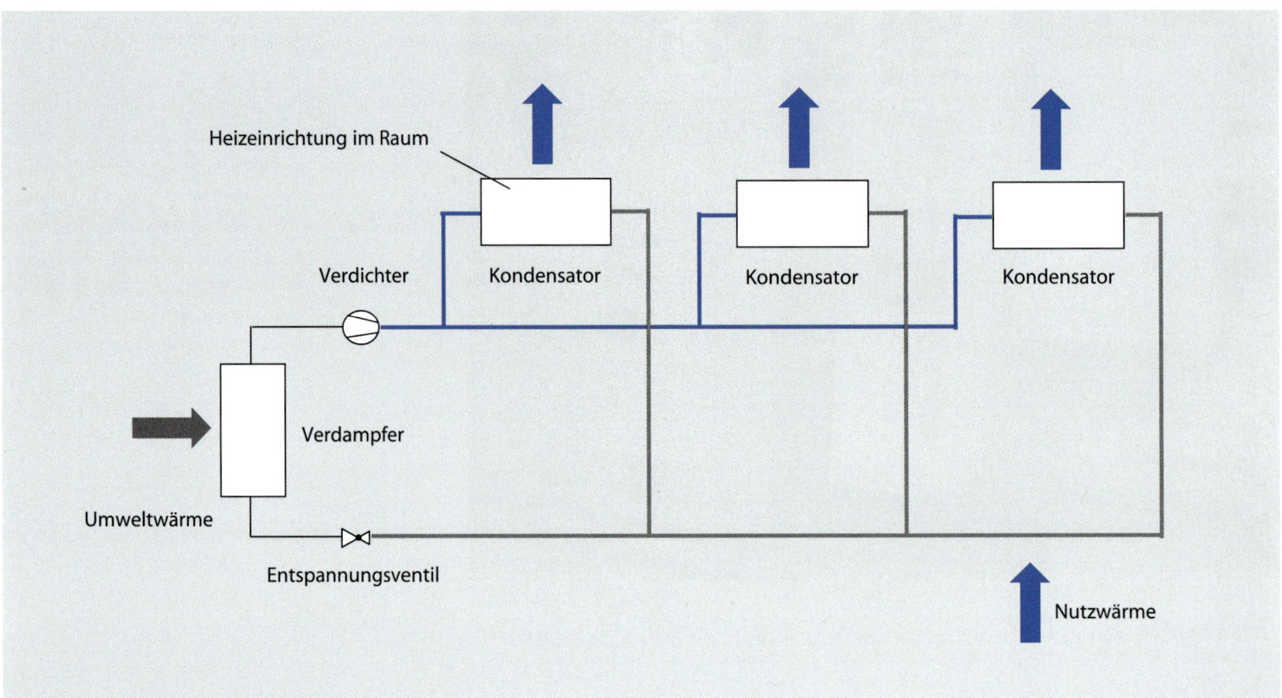

Abb. 6.55: Kältemittelsystem zur Versorgung eines Gebäudes (Quelle: Krimmling, 2009)

In einem weiteren Schritt kann auch auf der Kondensatorseite auf die Verwendung eines zweiten Kreislaufes mit separatem Wärmeträger (in der Regel Heizwasser) verzichtet und die Kondensatorheizfläche direkt in dem zu heizenden Raum untergebracht werden. Das Kältemittel fungiert dann auch als Wärmeträger im Wärmenutzungsprozess. Diese Systeme werden als Kältemittelsysteme bezeichnet (vgl. Abb. 6.55). Dabei werden mehrere Inneneinheiten mit einer oder mehreren Außeneinheiten kombiniert. Mit Kältemittelsystemen können Räume sowohl beheizt (Wärmepumpenbetrieb) als auch gekühlt (Kühlbetrieb) werden. Die Kältemittelsysteme werden mit elektrischen Wärmepumpen und auch mit Gasmotorwärmepumpen am Markt angeboten.

Der Installationsaufwand sowohl der Geräte als auch der verbindenden Kabel und Rohrleitungen ist gering. Die Kältemittelleitungen besitzen kleine Querschnitte. Als Rohrmaterial wird fast ausschließlich Kupfer verwendet. Die Bau- und Montagearten der Innengeräte sind vielfältig. In unterschiedlichen Ausführungen und Leistungsgrößen sind die folgenden Geräte verfügbar:

- Truhen- oder Schrankgeräte
- Wandgeräte, Deckenunterbaugeräte
- Kassettengeräte
- Kanaleinbaugeräte

Systeme mit variablem Kältemittelvolumenstrom sind als sog. VRF-Splitanlagen erhältlich (VRF = Variable Refrigerant Flow [variabler Kältemittelmassenstrom]). Mit leistungsgeregelten Verdichtern und elektronischen Einspritzventilen lässt sich ein lastabhängiger Kältemittelstrom realisieren. Die Vorteile liegen im niedrigeren Energieverbrauch, der Kombinationsfähigkeit verschiedener Innengeräte und der besseren Regelbarkeit. Weiterhin lässt die VRF-Technik erheblich größere Leitungslängen und Höhenunterschiede zwischen den Geräten zu. Aufgrund ihres günstigen Preis-Leistungs-Verhältnisses, der Installationsflexibilität und Energieeffizienz haben sich VRF-Multisplitsysteme in der Klimaanlagenlandschaft und insbesondere in der Gebäudesanierung etabliert.

Eine weiter gehende Darstellung von Wärmepumpensystemen zum Heizen und Kühlen von Gebäuden findet sich in Krimmling, 2009.

6.4.6 Fernwärme

In vielen größeren Städten existieren mehr oder weniger ausgedehnte Fernwärmenetze, aus denen Gebäude versorgt werden können. Die Wärme stammt aus Anlagen der Kraft-Wärme-Kopplung (Heizkraftwerke, Gas- und Dampfturbinen-Kraftwerke) oder aus reinen Heizwerken. Daneben werden tendenziell auch kleinere Versorgungssysteme unter dem Begriff Nahwärme aufgebaut. Funktionell gibt es keinen Unterschied zwischen den Begriffen Fern- und Nahwärme, selbst die Leistungsgrenzen sind nicht genau definiert.

Während in den neuen Bundesländern (wie auch in vielen osteuropäischen Ländern) ein großer Anteil der Wohnungen von ca. 32 % mit Fernwärme versorgt wird, sind es in den alten Bundesländern mit nur 9 % deutlich weniger. Für den weiteren Erhalt und Ausbau der Fernwärme gibt es folgende Argumente:

- Die Anwendung der Kraft-Wärme-Kopplung ist oftmals wirtschaftlich sinnvoller als bei kleinen Anlagen.
- Die Verbrennung schwieriger Brennstoffe wie Kohle, Restmüll, Klärschlamm oder Biomasse ist in größeren Anlagen einfacher beherrschbar.
- Die Nutzung industrieller Abwärme ist möglich.

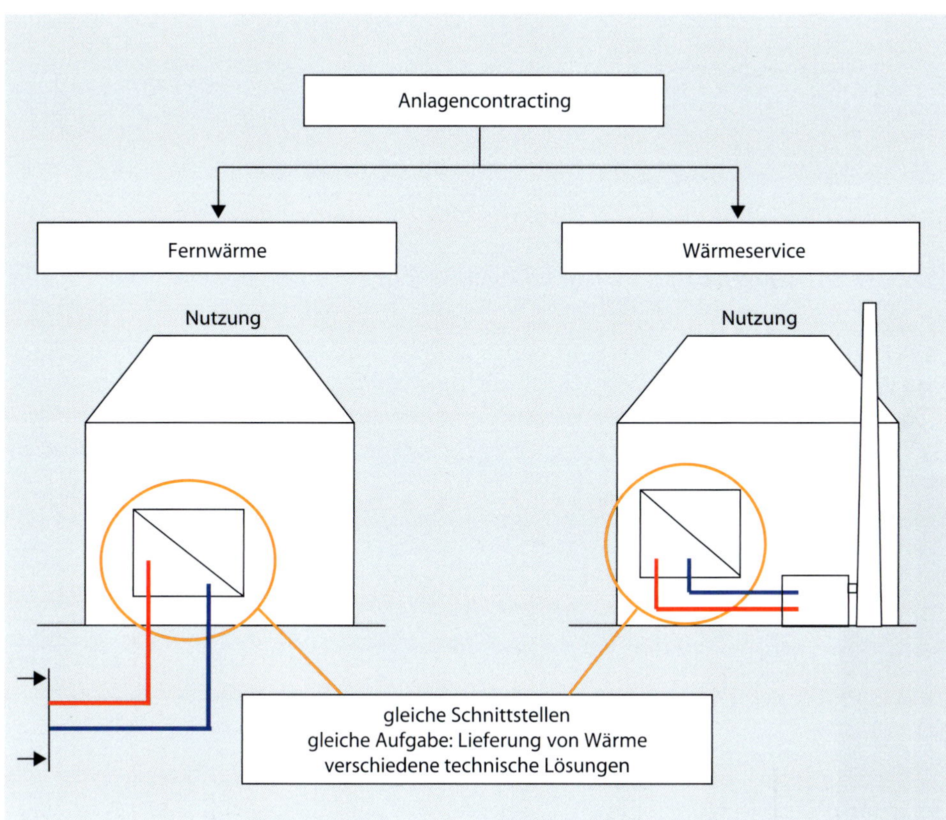

Abb. 6.56: Grundprinzip des Anlagencontractings

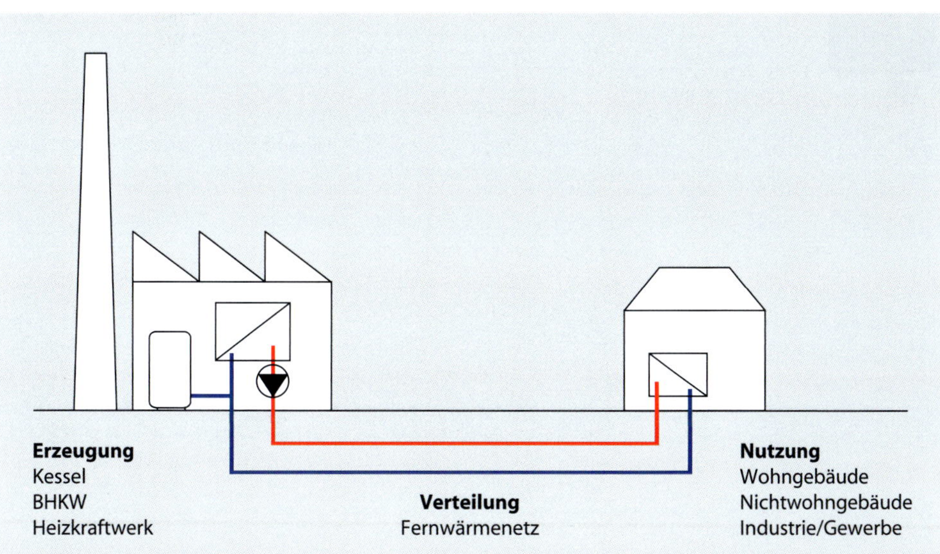

Abb. 6.57: Nah-/Fernwärme-system

Interessant ist, dass die Entwicklung der Fernwärmetechnologien zur Entstehung eines neuen Dienstleistungssektors, der Energiedienstleistungen (Contracting), führte. Das Besondere besteht darin, dass der Kunde nicht eine bestimmte Technik erwirbt, sondern die Dienstleistung Versorgung mit Wärme. Wie der Dienstleister das technisch realisiert, ist dabei für den Kunden von nachrangiger Bedeutung (vgl. Abb. 6.56). Grundsätzlich lässt sich feststellen, dass die schon lange praktizierte Fernwärmeversorgung aus betriebswirtschaftlicher Sicht direkt dem sog. Anlagencontracting entspricht.

Die zentral erzeugte Wärme wird über ein Rohrleitungsnetz, das heute zumeist unterirdisch verlegt ist, zu den Verbrauchern geleitet (vgl. Abb. 6.57). Dampfsysteme wurden mittlerweile weitestgehend durch Heißwassersysteme substituiert. Für die Netze werden Kunststoff-Mantelrohre (KMR) eingesetzt (vgl. Abb. 6.58). Beim Kunststoff-Mantelrohr wird auf das Stahlmediumrohr kraftschlüssig eine Isolierschicht (PUR-Schaum) aufgeschrumpft. Die Isolierschicht wird von einem Kunststoffrohr gegen Feuchtigkeit geschützt. Die Rohre werden in Stangen geliefert und vor Ort zusammengeschweißt. Im Bereich der Schweißnaht wird das Rohr mithilfe einer Schrumpfmanschette nachisoliert. Die Manschette wird über die beiden Enden der Rohrleitungen geschoben und der verbleibende Hohlraum wird mit Ortschaum ausgeschäumt. Für kleinere Nahwärmesys-

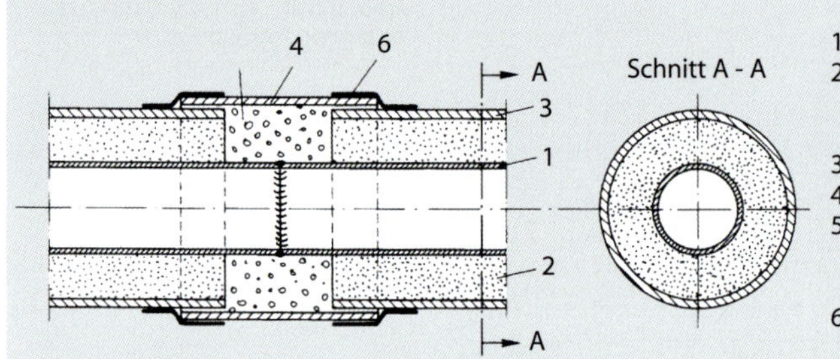

1 Stahlrohr
2 werkmäßig hergestellte Wärmedämmung aus Polyurethan-Hartschaumstoff
3 Mantelrohr aus Polyethylen
4 Muffenrohr aus Polyethylen
5 bauseits hergestellte Wärmedämmung aus Polyurethan-Hartschaumstoff
6 Schrumpfabdichtung mit wärmeaktivem Schmelzklebstoff

Abb. 6.58: Aufbau des Kunststoff-Mantelrohrs und einer Muffenverbindung (Quelle: Arbeitsgemeinschaft für Wärme- und Heizkraftwirtschaft [AGFW] e. V. bei dem VDEW, Frankfurt/Main)

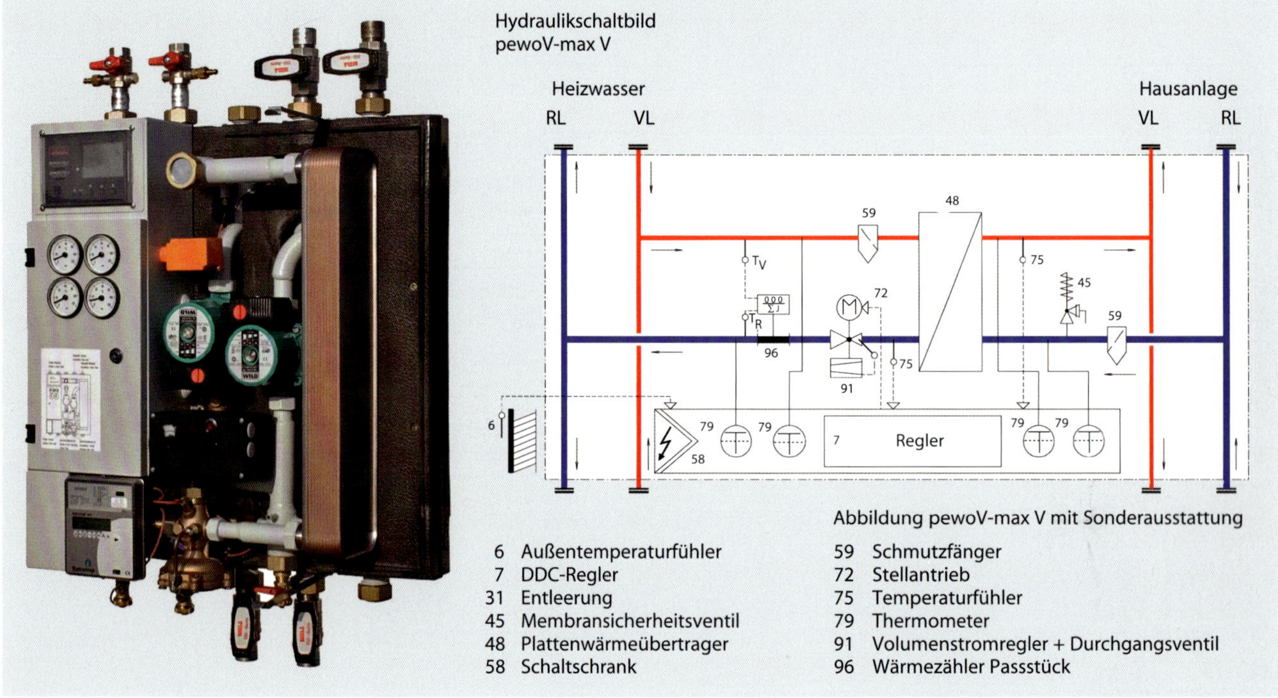

Abb. 6.59: Fernwärmekompaktstation; DDC-Regler – DDC: Direct Digital Control (Quelle: Pewo Energietechnik GmbH, Elsterheide)

teme wurden sog. Twinrohre entwickelt, bei denen 2 Leitungen jeweils für Vor- und Rücklauf in eine Isolierhülle angeordnet werden. Diese Rohre gibt es auch in flexibler Ausführung.

Der Anschluss an das Fernwärmenetz kann auf 2 prinzipiellen Wegen erfolgen:

- direkt, d. h. ohne Systemtrennung
- indirekt, d. h. Systemtrennung über einen Wärmeübertrager

Abb. 6.59 zeigt eine indirekte Fernwärmekompaktstation und ihren schematischen Aufbau.

6.5 Verteilsysteme

6.5.1 Hydraulische Schaltungen

Die einfachste hydraulische Schaltung einer Heizungsanlage mit einem Abnehmer und einer Erzeugeranlage zeigt Abb. 6.60. Der Wärmeerzeuger (Kessel, BHKW oder Wärmepumpe) ist ein Wärmeübertrager, in dem die erzeugte Wärme an den Wärmeträger des Heizungssystems (in der Regel Heizwasser) übergeben wird. Die Umwälzpumpe fördert das Heizwasser im Kreislauf. Erwärmtes Wasser wird im Vorlauf dem Abnehmer zugeführt, dort abgekühlt

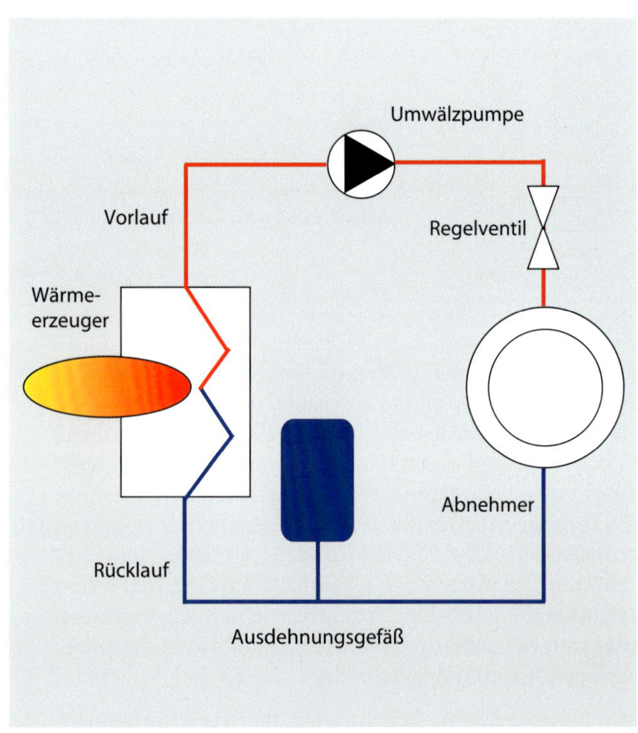

Abb. 6.60: Hydraulische Grundschaltung der Heizungstechnik

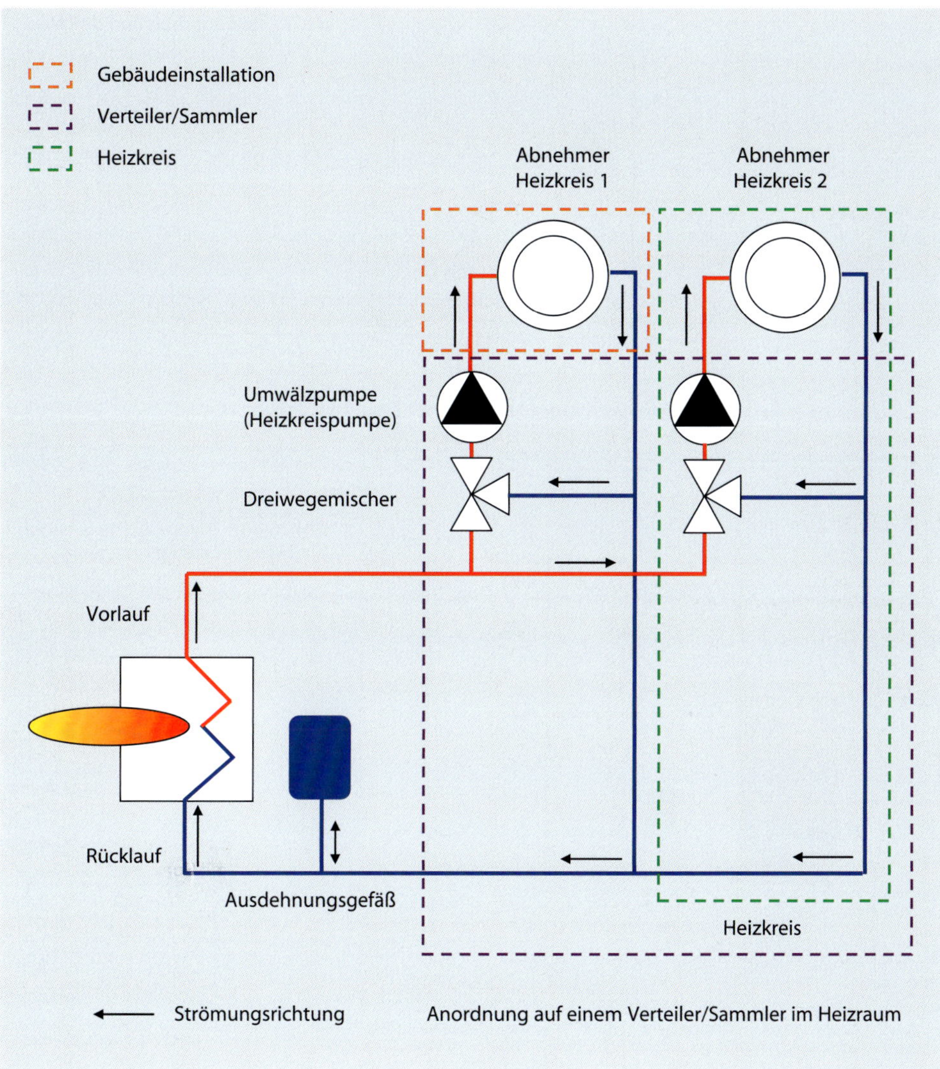

Abb. 6.61: Hydraulische Schaltung mit einem Wärmeerzeuger und mehreren Abnehmern

und gelangt über den Rücklauf wieder zum Wärmeerzeuger. Mithilfe des Regelventils kann die Umwälzmenge reduziert und damit die Heizleistung reguliert werden.

Sind mehrere Abnehmer vorhanden (ein Abnehmer umfasst eine Gruppe von Heizflächen), bietet sich eine Grundschaltung nach Abb. 6.61 an. Jeder Abnehmer wird zu einem Heizkreis zusammengefasst. Die Regeleinrichtung und die Pumpe des Heizkreises werden zusammen mit den erforderlichen Absperrarmaturen jeweils auf dem Verteiler/Sammler zusammengefasst. Verteiler/Sammler werden als sog. Kompaktverteiler vorgefertigt in einem Stück geliefert.

Der Bereich nach dem Verteiler/Sammler wird als Gebäudeinstallation bezeichnet. Für diese gibt es 2 Möglichkeiten der hydraulischen Schaltung (vgl. auch Abb. 6.62):

- Einrohrheizung: alle Heizkörper eines Heizkreises in Reihe
- Zweirohrheizung: alle Heizkörper eines Heizkreises parallel

Das Zweirohrsystem wird am häufigsten angewendet, da es sehr robust im Hinblick auf mögliche Planungs- und Abgleichsfehler in der Hydraulik ist.

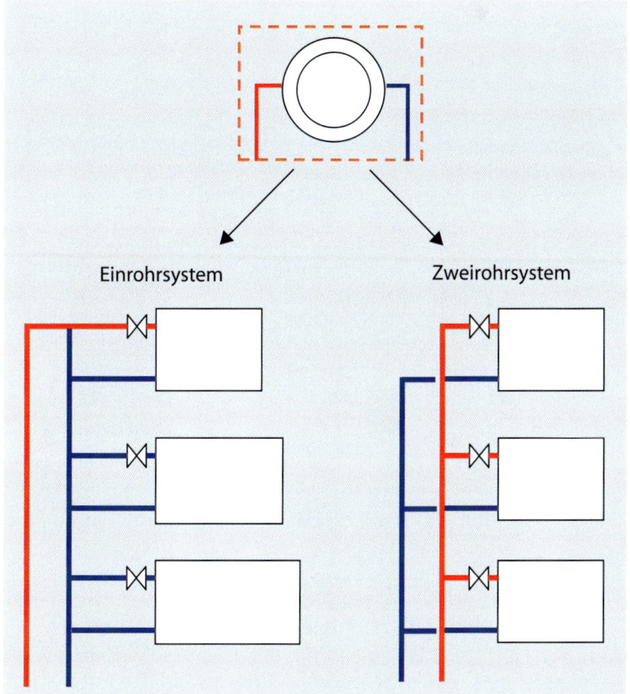

Abb. 6.62: Einrohr- und Zweirohrsystem

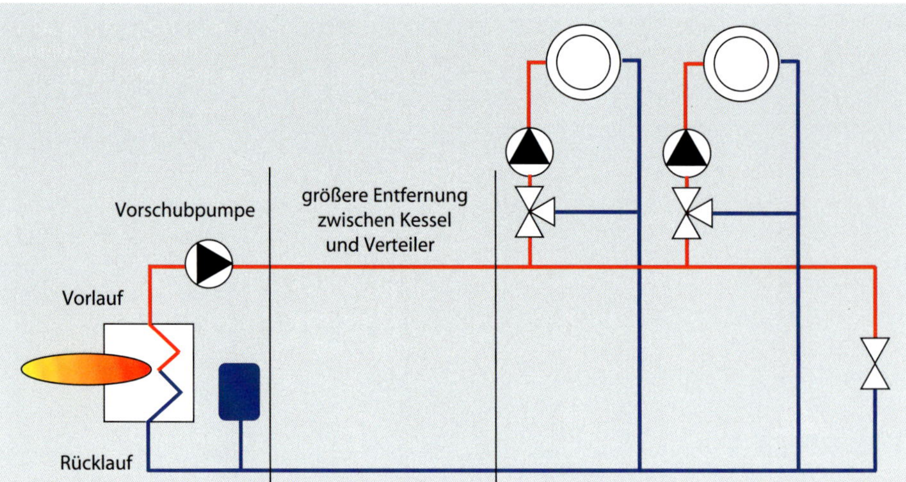

Abb. 6.63: Hydraulische Schaltung mit Vorschubpumpe und drucklosem Verteiler

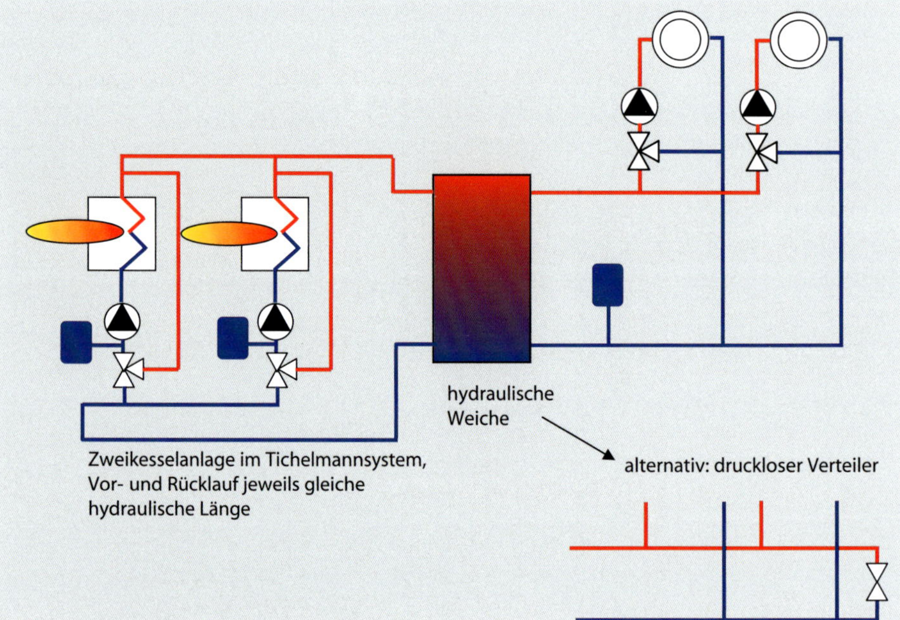

Abb. 6.64: Hydraulische Schaltung für 2 Wärmeerzeuger

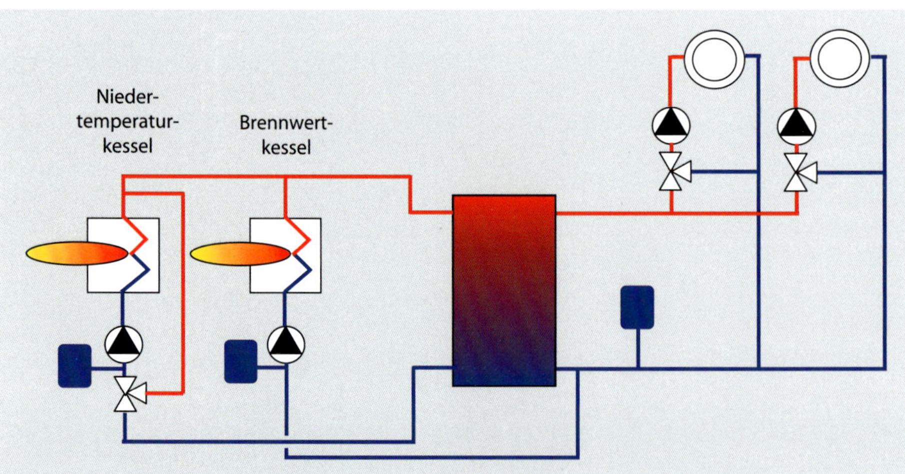

Abb. 6.65: Einbindung eines Brennwertkessels

Für den Fall, dass die Erzeugeranlage räumlich vom Verteiler getrennt aufgestellt ist, bietet sich die Schaltung nach Abb. 6.63 an. Bei 2 Wärmeerzeugern kann die Schaltung nach Abb. 6.64 verwendet werden. Die Erzeugerkreise und die Abnehmerkreise sind hydraulisch durch eine hydraulische Weiche entkoppelt. Ist einer der beiden Wärmeerzeuger ein Brennwertkessel oder ein BHKW, muss dieser rücklaufseitig vor der Weiche eingebunden werden, da es aufgrund der Vermischung in der Weiche zu einer Rücklauftemperaturanhebung kommt, was für beide Aggregate ungünstig ist. Abb. 6.65 zeigt die Einbindung eines Brennwertkessels.

In der Heizungstechnik werden die folgenden Rohrmaterialien verwendet:

- schwarzes Stahlrohr (nahtlos, geschweißt)
- Präzisionsstahlrohre
- Kupferrohre
- Kunststoffrohre
- Verbundrohre

Die Rohre werden mit den Verbindungstechnologien entsprechend Abb. 6.66 zusammengefügt.

Für den Systemaufbau der Heizungsanlage gibt es 2 Herangehensweisen:

- Vorwiegend senkrechte Verteilung: Die Heizkörper werden vorwiegend über Steigstränge angefahren und es gibt nur wenige horizontale Leitungen in den Geschossen (vgl. Abb. 6.67).
- Vorwiegend horizontale Verteilung: Die Geschosse werden einmal mit einer Steigleitung angefahren und alle Heizkörper der Etage werden horizontal angebunden (vgl. Abb. 6.68).

Die Auswahl des Systemaufbaus erfolgt nach Gesichtspunkten der Nutzung. Wenn im Gebäude nur ein Nutzer vorhanden ist, können beide Systemvarianten eingesetzt werden. Die horizontale Verteilung bietet sich beispielsweise an, wenn jede Etage durch einen separaten Nutzer belegt ist (vgl. ausführlich und mit Beispielen zu den Vorteilen des Aufbaus von nutzungsgerechten Verteilsystemen: Krimmling, 2010).

Die Heizleitungen können in folgender Weise verlegt werden:

- frei vor der Wand
- in Wandschlitzen unter Putz
- hängend an der Decke (in der Regel für die Hauptverteilung im Kellergeschoss)
- im Fußbodenaufbau
- in Schächten bzw. Kanälen

Es werden in der Gebäudeinstallation folgende Armaturen benötigt:

- Regelarmaturen (Mischer, Ventile, Thermostatventile, vgl. Kapitel 6.7)
- Absperrarmaturen (Kugelhähne, Ventile, Klappen, Schieber)
- Rückschlagarmaturen (Durchfluss nur in eine definierte Strömungsrichtung)
- Entlüftungseinrichtungen
- Schmutzfänger

Absperrarmaturen werden zum Absperren von Leitungsabschnitten bzw. Einbauteilen bei Reparatur- und Wartungsarbeiten benötigt. Außerdem dienen beispielsweise Ventile und Klappen zur Drosselung im Zusammenhang mit der Einregulierung der Heizungsanlage.

Rückschlagarmaturen erlauben den Heizwasserdurchfluss nur in einer definierten Strömungsrichtung. Sie verhindern unkontrolliertes Rückströmen.

Die Luft wird mithilfe von Entlüftungseinrichtungen, d. h. Luftabscheidern und Schwimmerentlüftern (auch als automatische Entlüfter bezeichnet), aus der Anlage abgeführt. Die Luftabscheider werden in die Vorlaufleitung am Wärmeerzeuger eingebaut. Die Schwimmerentlüfter werden

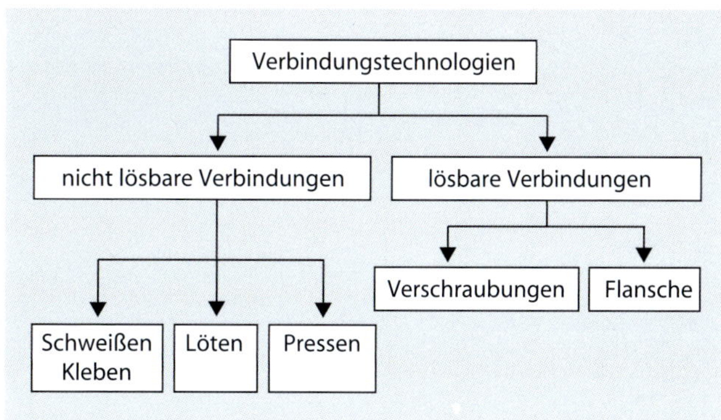

Abb. 6.66: Übersicht Verbindungstechnologien in der Heizungstechnik

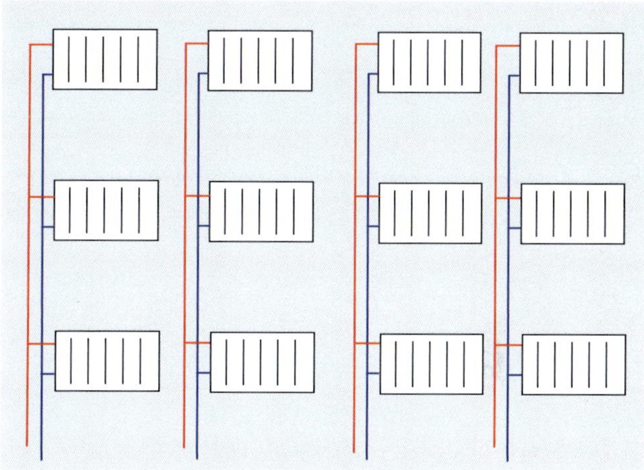

Abb. 6.67: Vorwiegend senkrechte Verteilung

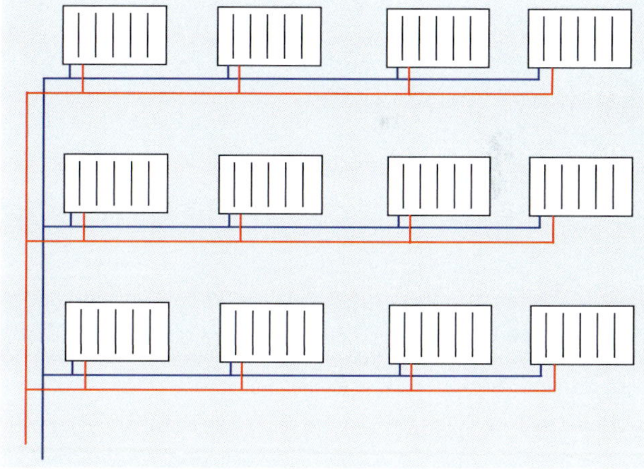

Abb. 6.68: Vorwiegend horizontale Verteilung

auf allen Hochpunkten der Anlage angeordnet, also z. B. am Ende von Steigsträngen (vgl. Abb. 6.70).

Luft- bzw. Gaseinschlüsse sind aus folgenden Gründen ungünstig für den Betrieb der Pumpenwarmwasserheizung:

- Durch die Luft, die sich in den hochgelegenen Anlagenteilen sammelt, verringert sich beispielsweise die Wärmeleistung von Heizkörpern.
- Luft- und Gasblasen verursachen störende Strömungsgeräusche im System.
- Es kommt zur Korrosion an Systemkomponenten aus metallischen Werkstoffen.

Schmutzfänger dienen zum Rückhalten mechanischer Verunreinigungen des Heizungswassers.

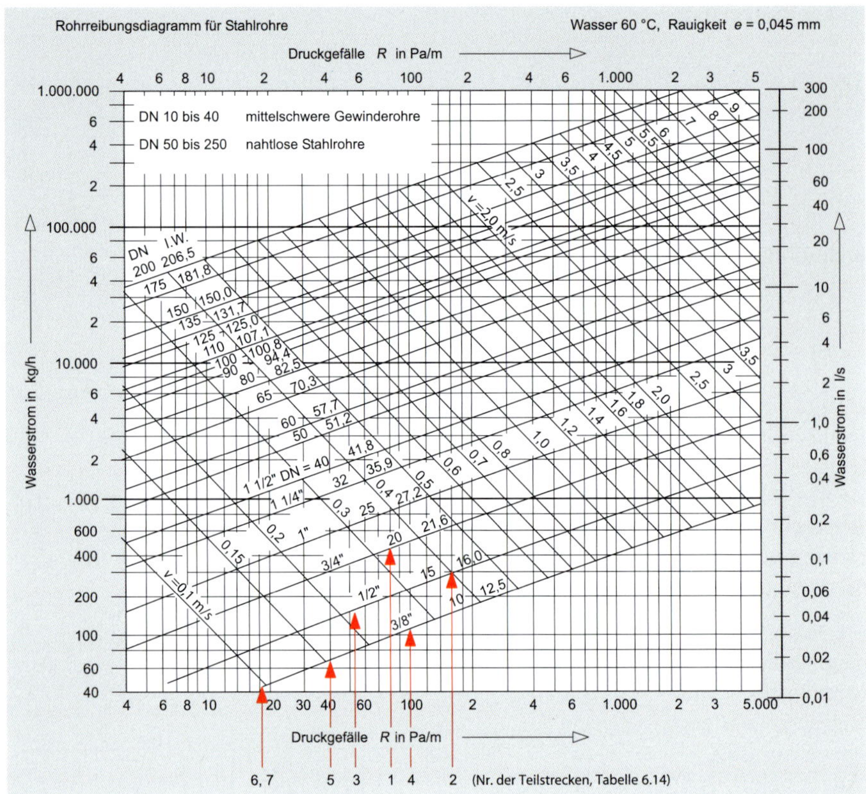

Abb. 6.69: Rohrreibungsdiagramm für Stahlrohr; l. W.: lichte Weite (Diagramm nach Schramek, 2005, Anhang)

6.5.2 Hydraulische Netzberechnung

Die Netzberechnung verfolgt 2 Ziele:

- Festlegung der Rohrdurchmesser aller Leitungen
- Bereitstellung der Auslegungsparameter für die Umwälzpumpe, d. h. des Druckverlustes des Netzes und des Volumenstroms im Nennlastfall

Festlegung der Rohrdurchmesser

Für die Festlegung der Rohrdurchmesser sind 2 Aspekte maßgeblich:

- Heizwassermassenstrom, der benötigt wird, um eine bestimmte Wärmeleistung zu übertragen
- Druckverlust der Rohrleitungen, der im Endeffekt zum Druckverlust des Netzes führt

Der Heizwassermassenstrom, der auf einer Teilstrecke fließen muss, hängt von der zu übertragenden Wärmeleistung ab, die über diesen Netzabschnitt gefördert wird:

$$\dot{m}_{TS} = \frac{\dot{Q}_{TS}}{c_p \cdot (t_{VL} - t_{RL})} \qquad \text{(Formel 6.20)}$$

mit

$\dot{m}_{TS}$ Massenstrom, der auf der Teilstrecke TS fließen muss in kg/h

$\dot{Q}_{TS}$ Wärmeleistung, die auf der Teilstrecke TS übertragen werden soll in W

c_p spezifische Wärmekapazität des Heizwassers ca.: c_p= 1,163 Wh/(kg · K)

t_{VL}, t_{RL} Vor- und Rücklauftemperatur im Auslegungsfall, vgl. Kapitel 6.3; $\Delta t = t_{VL} - t_{RL}$ in K

Die Innendurchmesser der Rohrleitungen und damit deren Nennweite werden über den Druckverlust bestimmt. Dazu muss die Druckverlustbilanz einer Teilstrecke aufgestellt werden. Dabei ist eine Teilstrecke immer ein durchgehender Rohrabschnitt, dem ein Wert für den Heizwassermassenstrom zugeordnet werden kann:

$$\Delta p_{TS} = R \cdot L_{TS} + \Delta p_{EW} \qquad \text{(Formel 6.21)}$$

mit

Δp_{TS} Druckverlust der Teilstrecke TS in Pa

Δp_{EW} Druckverlust der Einzelwiderstände auf der Teilstrecke TS in Pa

R längenspezifischer Druckverlust in Pa/m

L_{TS} gestreckte Länge der Teilstrecke in m

Der längenspezifische Druckverlust wird nach Abb. 6.69 bestimmt, er soll etwa im Bereich zwischen 100 und 200 Pa/m liegen, wobei eine Unterschreitung von 100 Pa/m für die Funktionsweise der Anlage keine Einschränkung bringt, sondern lediglich zu vergleichsweise großen Nennweiten führt. Auch eine Überschreitung der 200 Pa/m ist prinzipiell unproblematisch, sofern die sich ergebende Strömungsgeschwindigkeit nicht erheblich über 1 m/s liegt, was zu störenden Strömungsgeräuschen in der Anlage führen kann. Letztlich handelt es sich bei der Nennweitenfestlegung um ein klassisches Optimierungsproblem: Große Nennweiten verursachen zwar höhere Investitionskosten für die Rohrleitungen, dafür sind aber die Energiekosten für die Umwälzpumpe geringer. Bei kleinen Nennweiten ist es genau umgekehrt. Die Erfahrung hat gezeigt, dass das Optimum der Auslegung etwa innerhalb der genannten Druckverlustgrenzen von 100 und 200 Pa/m liegt.

Für die Auslegung werden sog. Druckverlustdiagramme (bzw. Software, die den Inhalt dieser Diagramme abbildet) verwendet. Ein Druckverlustdiagramm gilt immer für einen Rohrwerkstoff zusammen mit einer Medientemperatur (Mittelwert aus Vor- und Rücklauftemperatur), vgl. Abb. 6.69.

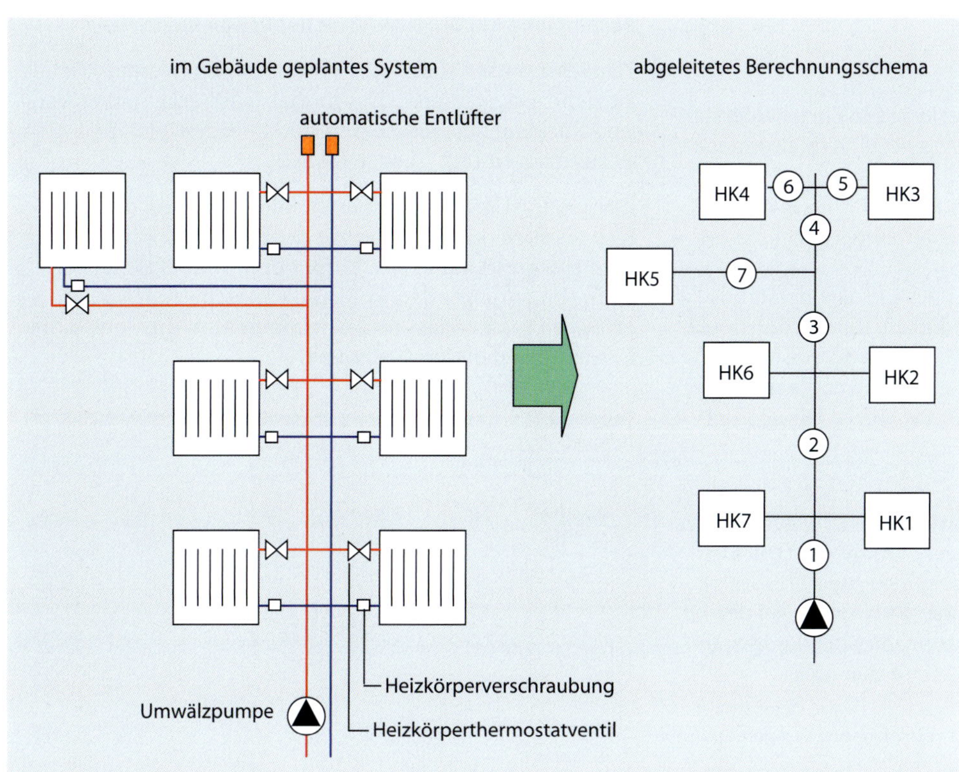

Abb. 6.70: Beispielheizungssystem und abgeleitetes Berechnungsschema (die umkreisten Ziffern bezeichnen die 7 Teilstrecken des Systems)

In den folgenden Abschnitten soll die hydraulische Netzberechnung an einem konkreten Beispiel demonstriert werden.

Bestimmung der Nennweiten für ein einfaches Heizsystem

Für das in Abb. 6.70 dargestellte einfache Heizsystem sollen die Nennweiten der Rohrleitung und die Auslegungsparameter der Umwälzpumpe bestimmt werden. Dazu muss ein Rohrleitungsschema entwickelt werden, aus dem sich ein abgeleitetes Berechnungsschema ergibt.

Im Ergebnis der Heizlastberechnung nach DIN EN 12831 wurden für das Beispielheizungssystem (vgl. Abb. 6.70) die in Tabelle 6.11 angeführten Heizkörper ausgewählt.

Tabelle 6.11: Heizkörperliste für das Beispielsystem

Heizkörper	Leistung des Heizkörpers (W)
HK1	1.400
HK2	1.600
HK3	1.500
HK4	1.100
HK5	1.000
HK6	1.600
HK7	1.800
Σ	**10.000**

Mithilfe von Abb. 6.69 können die Nennweiten gemäß Tabelle 6.12 ausgewählt werden.

Tabelle 6.12: Nennweiten (DN) für das Beispiel

t_{VL} 70 °C
t_{RL} 50 °C
t_m 60 °C
Δt 20 K
ρ 983 kg/m³

Teilstrecke	L_{TS} (m)	$\dot{Q}_{TS}$ (W)	$\dot{m}_{TS}$ (kg/h)	R_{TS} (Pa/m)	DN
7	6,0	1.000	43	16	**10**
6	2,0	1.100	47	16	**10**
5	3,5	1.500	64	40	**10**
4	0,5	2.600	112	100	**10**
3	2,2	3.600	155	55	**15**
2	2,7	6.800	292	160	**15**
1	10,0	10.000	430	80	**20**

Bereitstellung der Auslegungsparameter für die Umwälzpumpe

Es werden der Druckverlust des Netzes und der dazugehörige Volumenstrom im Nennlastfall benötigt. Die Druckverlustberechnung des Netzes im Auslegungspunkt basiert auf der Bestimmung der Druckverluste der einzelnen Teilstrecken nach Formel 6.21. Dazu muss noch der Term für die Einzelwiderstände dargestellt werden:

$$\Delta p_{\text{EW}} = \sum_i \frac{\rho}{2} \zeta_i v_i^2 + \Delta p_{\text{THV}} \qquad \text{(Formel 6.22)}$$

mit

Δp_{EW} Summe der Druckverluste für Einzelwiderstände, wie z. B. Bögen, Abzweige, Armaturen usw. in Pa

ρ Dichte des Heizwassers beim Mittelwert zwischen Vor- und Rücklauftemperatur in kg/m³ (siehe Tabelle 6.13)

ζ_i Druckverlustbeiwert des Einzelwiderstands i

v_i Strömungsgeschwindigkeit auf der Teilstrecke in m/s, wird aus Abb. 6.69 abgelesen

Δp_{THV} Druckverlust des Thermostatventils und der Fußverschraubung in Pa, sofern auf der Teilstrecke vorhanden

Mit den Formeln 6.21 und 6.22 kann der Druckverlust jeder Teilstrecke im Netz bestimmt werden. Der Druckverlust des gesamten Netzes ergibt sich aus der Summe der Druckverluste aller Teilstrecken, die zum ungünstigsten Abnehmer führen. Der ungünstigste Abnehmer ist in der Regel der am weitesten entfernte Heizkörper, wobei dies bei der hydraulischen Berechnung genau ermittelt werden muss.

Tabelle 6.13: Dichte des Wassers bei verschiedenen Temperaturen

t (°C)	ρ (kg/m³)
10	999,7
20	998,3
30	995,7
40	992,3
50	988,0
60	983,0
70	977,7
80	971,6
90	965,2

Bestimmung des Druckverlustes des Beispielheiznetzes

Zunächst muss Tabelle 6.12 vervollständigt werden. Dabei ist zu berücksichtigen, dass für die Teilstrecke immer Vor- und Rücklauf zusammen berechnet werden, also $2 \cdot L_{\text{TS}}$ anzusetzen ist (vgl. Tabelle 6.14).

Der ungünstigste Abnehmer könnte HK3, HK4 oder HK5 sein. Es wird der Druckverlust der jeweiligen Masche bis zum entsprechenden Heizkörper bestimmt (vgl. Tabelle 6.15). Im vorliegenden Fall hat die Masche zu HK3 den größten Druckverlust und bestimmt damit die notwendige Förderhöhe der Umwälzpumpe.

Tabelle 6.15: Druckverlust zum ungünstigsten Abnehmer (HK3) im Beispiel

Masche zu HK3 TS	Δp_{TS} (Pa)	Masche zu HK4 TS	Δp_{TS} (Pa)	Masche zu HK5 TS	Δp_{TS} (Pa)
1	2.242	1	2.242	1	2.242
2	1.336	2	1.336	2	1.336
3	385	3	385	3	385
4	100	4	100	7	4.222
5	4.393	6	4.092		
	8.456		**8.155**		**8.185**

Volumenstrom im Nennlastfall

Der Volumenstrom im Nennlastfall ergibt sich aus der Wärmeleistung im Nennlastfall, d. h. aus der Summe der Anschlusswerte der Heizkörper:

Tabelle 6.14: Druckverluste auf den Teilstrecken des Beispielheiznetzes

t_{VL} 70 °C
t_{RL} 50 °C
t_{m} 60 °C
Δt 20 K
ρ 983 kg/m³

Teilstrecke	L_{TS} (m)	$\dot{Q}_{\text{TS}}$ (W)	$\dot{m}_{\text{TS}}$ (kg/h)	R_{TS} (Pa/m)	DN	v_i (m/s)	Δp_{Rohr} (Pa)	$\Sigma \zeta_i$ –	$\frac{\rho}{2} v_i^2 \cdot \sum_i \zeta_i$ (Pa)	Δp_{THV} (Pa)	Δp_{TS} (Pa)
7	6,0	1.000	43	16	**10**	0,08	192	9,6	30,2	4.000	4.222
6	2,0	1.100	47	16	**10**	0,08	64	9,0	28,3	4.000	4.092
5	3,5	1.500	64	40	**10**	0,16	280	9,0	113,2	4.000	4.393
4	0,5	2.600	112	100	**10**	0,26	100	0,0	0,0	0	100
3	2,2	3.600	155	55	**15**	0,22	242	6,0	142,7	0	385
2	2,7	6.800	292	160	**15**	0,40	864	6,0	471,8	0	1.336
1	10,0	10.000	430	80	**20**	0,33	1.600	12,0	642,3	0	2.242

$$\dot{V}_N = \frac{\dot{Q}_N}{\rho \cdot c_p \cdot (t_{VL} - t_{RL})} \qquad \text{(Formel 6.23)}$$

mit

$\dot{V}_N$	Volumenstrom im Nennlastfall in m³/h
$\dot{Q}_N$	Wärmeleistung im Nennlastfall in W
ρ	Dichte des Heizwassers beim Mittelwert zwischen Vor- und Rücklauftemperatur in kg/m³ (siehe Tabelle 6.14)
c_p	spezifische Wärmekapazität des Heizwassers ca.: c_p= 1,163 Wh/(kg · K)
t_{VL}, t_{RL}	Vor- und Rücklauftemperatur im Auslegungsfall, vgl. Kapitel 6.3; $\Delta t = t_{VL} - t_{RL}$ in K

Bestimmung der Pumpenauslegungsparameter für das Beispielheiznetz

Tabelle 6.16 zeigt die für das Beispielheiznetz bestimmten Pumpenauslegungsparameter.

Tabelle 6.16: Pumpenauslegungsparameter für das Beispiel

Auslegungsparameter	Wert	Bemerkung
Δp_{Ges}	8.456 Pa	Druckverlust zu HK3
Δp_{Ges}	0,86 mWS	Umrechnung: /1.000/9,81
$\dot{V}$	0,44 m³/h	Umrechnung: 430 $\frac{kg}{h}$/983 $\frac{kg}{m^3}$

6.5.3 Umwälzpumpen

Umwälzpumpen haben die Aufgabe, das Heizungswasser im Kreislauf zu fördern. Dabei muss der Strömungswiderstand der Rohrleitungen, Apparate und Einbauteile überwunden werden. In Heizungsanlagen werden dazu Kreiselpumpen verwendet. Die Laufzeiten sind relativ hoch und liegen bei über 5.000 Stunden im Jahr.

Die strömungstechnische Charakteristik von Heizungsnetz und Pumpe wird durch deren Kennlinien in einem gemeinsamen Diagramm dargestellt (vgl. Abb. 6.71). Der Schnittpunkt von beiden Kennlinien ist der sich einstellende Arbeitspunkt. Es wird der Strömungswiderstand des gesamten Netzes beim Auslegungsvolumenstrom berechnet und damit eine geeignete Pumpe aus den Herstellerdiagrammen ausgewählt.

Eine Pumpe ist in ihrer Leistung und Baugröße festgelegt durch die folgenden beiden Auslegungsparameter:

- Volumenstrom (Förderstrom)
- Förderhöhe (Druckerhöhung, die das Medium in der Pumpe erfährt)

Da nicht für jede Netzkonstellation eine Pumpe „maßgeschneidert“ werden kann, sondern eine Pumpe aus einem vorhandenen Pumpenprogramm ausgewählt werden muss, passen Netz und Pumpe immer nur näherungsweise zusammen. Deshalb werden sog. Kennlinienfelder genutzt (vgl. Abb 6.72).

Als Netzkennlinie wird der funktionale Zusammenhang zwischen Druckverlust und Volumenstrom bezeichnet. Dem liegt die Erfahrung zugrunde, dass der Druckverlust eines Netzes steigt, wenn der Durchsatz durch das Netz erhöht wird.

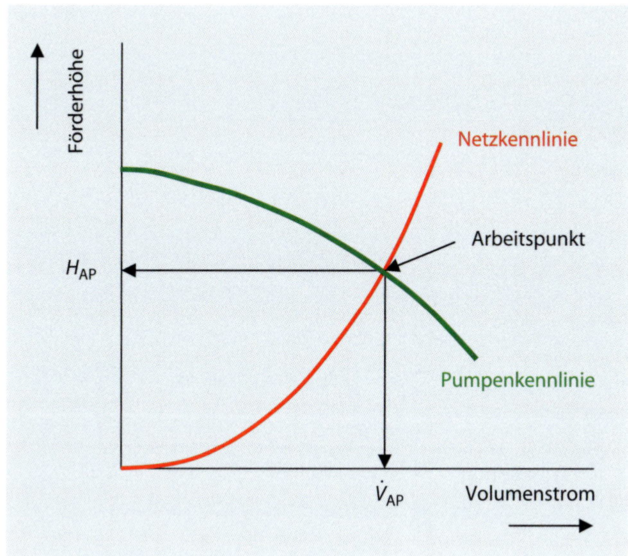

Abb. 6.71: Netz- und Pumpenkennlinie (H_{AP}: Förderhöhe im Arbeitspunkt; $\dot{V}_{AP}$: Volumenstrom im Arbeitspunkt)

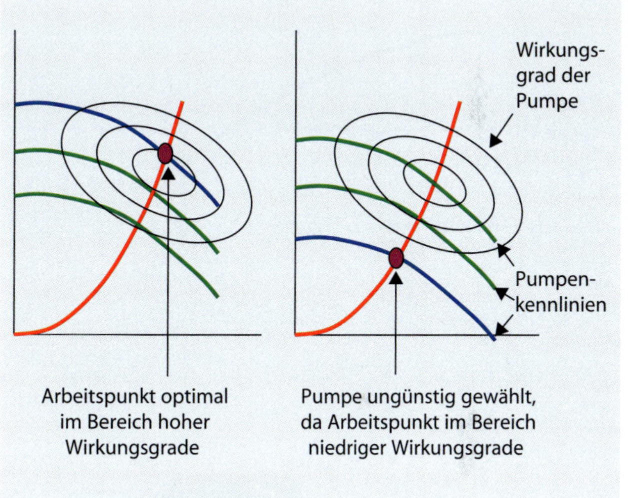

Abb. 6.72: Herangehensweise bei der Pumpenauswahl

$$\Delta p_{Netz} = A \cdot \dot{V}_{Netz}^2 \qquad \text{(Formel 6.24)}$$

mit

Δp_{Netz}	Druckverlust des Netzes bei einem bestimmten Volumenstrom $\dot{V}_{Netz}$
A	Konstante
$\dot{V}_{Netz}$	Volumenstrom, der durch das Netz gepumpt wird, z. B. in m³/h

Die Netzkennlinie wird über eine Druckverlustberechnung des gesamten Netzes im Auslegungspunkt (Nennlastfall) bestimmt. Da es sich bei der Netzkennlinie immer um eine Parabel handelt, kann diese aus einem Wertepaar ermittelt werden.

$$\frac{\Delta p_{Netz,1}}{\Delta p_{Netz,2}} = \left(\frac{\dot{V}_{Netz,1}}{\dot{V}_{Netz,2}}\right)^2 \qquad \text{(Formel 6.25)}$$

Abb. 6.73 zeigt beispielhaft die Entwicklung einer Netzkennlinie aus dem Wertepaar im Ausgangspunkt.

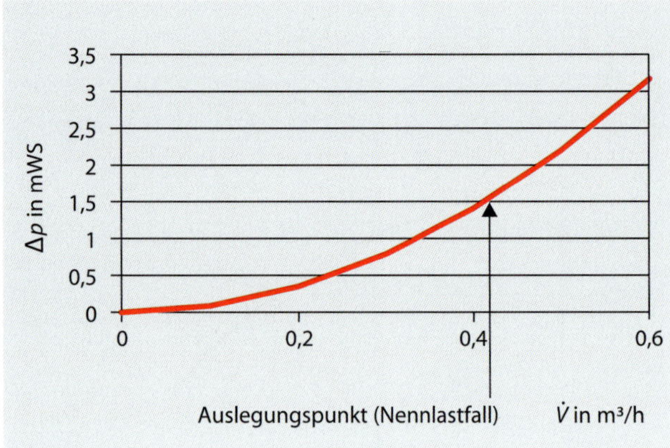

Abb. 6.73: Entwicklung einer Netzkennlinie aus dem Werkpaar im Auslegungspunkt mithilfe von Formel 6.25 (Δp: Druckdifferenz, $\dot{V}$: Volumenstrom)

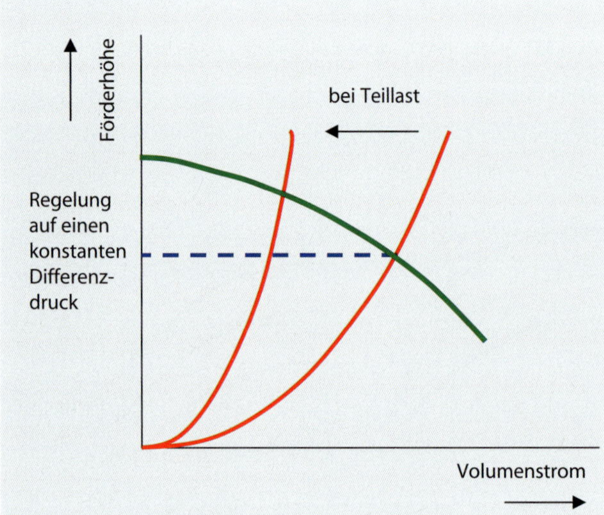

Abb. 6.74: Drehzahlregelung

Abb. 6.75: Heizungsumwälzpumpe mit volumenstromabhängiger Drehzahlregelung (Quelle: Grundfos GmbH, Erkrath)

Die Pumpe ist so auszuwählen, dass der Schnittpunkt von Netzkennlinie und Pumpenkennlinie möglichst im Bereich der hohen Pumpenwirkungsgrade liegt (vgl. Abb. 6.72).

Bei Heizungsumwälzpumpen kann die Leistung über eine Drehzahlveränderung geregelt werden. Dabei sind folgende Systeme gebräuchlich:

- diskrete Drehzahlverstellung, wählbar zwischen 3 oder 4 fest vorgegebenen Drehzahlstufen
- automatische Drehzahlverstellung (Synonym: Drehzahlregelung) in Abhängigkeit einer Regelgröße

Die zweite der beiden Varianten kann als Trend angesehen werden. Mittlerweile werden Pumpen auch sehr kleiner Leistung überwiegend mit elektronischer Drehzahlregelung verwendet. Als Regelgröße dient oftmals der Differenzdruck in der Anlage. Im Teillastbetrieb kommt es durch das Schließen der Thermostatventile zu einer Druckerhöhung im Netz, d. h., die Kennlinie wandert nach links und wird steiler (vgl. Abb. 6.74). Ohne Regelung würde der Druck ansteigen (durchgezogene grüne Linie), da die Pumpe mit gleicher Leistung gegen den erhöhten Widerstand arbeitet. Über eine Leistungsreduzierung (Verringerung der Drehzahl) kann der Druck konstant gehalten werden (gestrichelte blaue Linie). Durch die Drehzahlregelung verbraucht die Pumpe weniger Energie.

Moderne Heizungsumwälzpumpen (vgl. z. B. Abb. 6.75) sparen durch die Drehzahlregelung und eine optimierte hydraulische Gestaltung bis zu 80 % der Energie gegenüber herkömmlichen, ungeregelten Pumpen ein.

6.5.4 Ausdehnungsgefäße

Da sich das Heizwasser bei Erwärmung ausdehnt, wird eine Einrichtung zur Kompensation dieser Volumenänderung benötigt. In geschlossenen Anlagen im Gebäudebereich werden heute in der Regel Membranausdehnungsgefäße verwendet. Dabei handelt es sich um Behälter, in denen eine Gummimembran wie ein Ballon angeordnet ist. Bei Erwärmung drückt das Wasser in den Ballon, der sein Volumen vergrößert. Das bedeutet, dass das Ausdehnungsgefäß nur zum Teil ausgenutzt werden kann. Durch die Membran wird verhindert, dass das Heizwasser wie bei offenen Anlagen mit der Umgebungsluft in Berührung kommt. Dies ist ein entscheidender Ansatz, um Korrosion an metallischen Werkstoffen in der Anlage einzudämmen.

Man unterscheidet 2 Bauprinzipien:

- Gefäß mit Eigendruckaufprägung (Membranausdehnungsgefäße [MAG])
- Gefäß mit Fremddruckaufprägung

Beim Gefäß mit Eigendruckaufprägung kann nur ein Teil des Gefäßes Wasser aufnehmen (vgl. Abb. 6.76). In der Phase der Aufheizung steigt der Druck bis auf den Enddruck p_e, der unterhalb des Abblasdruckes beim Sicherheitsventil liegt. Bei Abkühlung wird das Heizwasser durch den Druck auf der Gasseite wieder in die Anlage zurückgedrückt. Eine Berechnungsformel für die Gefäßgröße ergibt sich, wenn die isotherme Zustandsänderung ($p \cdot V$ = konstant) auf der Gasseite des Gefäßes bilanziert wird:

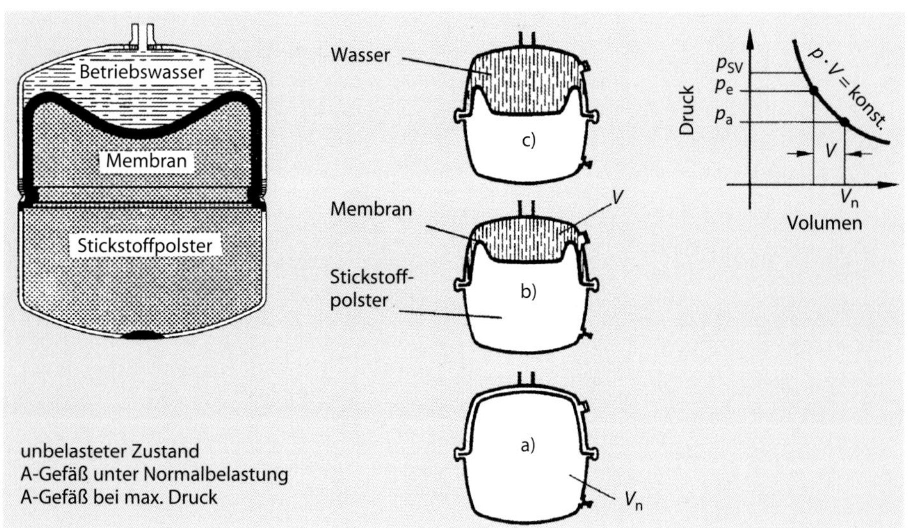

Abb. 6.76: Funktionsprinzip des Gefäßes mit Eigendruckaufprägung – Membranausdehnungsgefäße/MAG (Quelle: Schramek, 2005 [Formelzeichen siehe Erläuterung zu Formel 6.26 und 6.27])

$$V_n = (V_e + V_V) \cdot \frac{p_e + 1}{p_e - p_a} \quad \text{(Formel 6.26)}$$

$$V_e = \frac{V_{Anl} \cdot n}{100} \quad \text{(Formel 6.27)}$$

mit

- V_n Mindestvolumen des Ausdehnungsgefäßes in l (Es ist das nächstgrößere Gefäß aus dem Produktkatalog auszuwählen.)
- V_e Ausdehnungsvolumen in l
- V_V Wasservorlage in l; mindestens 0,5 % des Wasserinhalts der Anlage (Die Wasservorlage ist das Wasservolumen im kalten Zustand des Gefäßes.)
- p_e berechneter Enddruck (Überdruck), der im Betrieb nicht überschritten werden soll in bar; ergibt sich mit: $p_e = p_{SV} - 0{,}5$ bar; p_{SV}: Abblasdruck des Sicherheitsventils
- p_a Vordruck (Überdruck) in bar, ergibt sich aus statischer Höhe: $p_a = \rho \cdot g \cdot h + p_D$ mit h = statische Höhe, p_D = Dampfdruck (nur bei $t > 100$ °C)
- V_{Anl} Wasservolumen der Anlage in l, wird berechnet aus dem Innenvolumen der Rohre und Apparate
- n Temperaturausdehnungskoeffizient in % bezogen auf 10 °C Einfülltemperatur, siehe Tabelle 6.17

Tabelle 6.17: Temperaturausdehnungskoeffizient von Wasser bezogen auf 10 °C

Temperatur *t* (°C)	Temperaturausdehnungskoeffizient *n* (%)
30	0,40
40	0,75
50	1,17
60	1,67
70	2,24
80	2,86
90	3,55
100	4,31
110	5,11
120	5,99

Beispiel: Größe Membranausdehnungsgefäß für eine Heizungsanlage

Es soll die Größe des Membranausdehnungsgefäßes (MAG) für eine Heizungsanlage bestimmt werden. Im ersten Schritt wird für die Heizungsanlage der Wasserinhalt berechnet (vgl. Tabelle 6.18).

Tabelle 6.18: Wasserinhalt der Anlage

DN	Innendurchmesser (mm)	Innenvolumen (l/m)	Länge in der Anlage (m)
15	16,0	0,201	300
25	27,2	0,581	400
32	35,9	1,012	200
40	41,8	1,372	180
50	53,0	2,206	150
65	68,8	3,718	100
80	80,8	5,128	80
Summe Rohrleitungen		1.855,00 l	
Summe Heizkörper		800,00 l	
Kesselanlage		800,00 l	
Wasserinhalt der Anlage		**3.455,00 l**	

Die Anlage soll mit einer maximalen Vorlauftemperatur von 70 °C betrieben werden. Die statische Höhe beträgt 10 m und es soll ein Sicherheitsventil mit einem Abblasdruck von 2,5 bar verwendet werden. Aus den Ausgangsdaten kann das Mindestvolumen des MAG berechnet werden:

Ausgangsdaten:

V_{Anl}	3.455 l
t_{VL}	70 °C
$t_{Einfüll}$	10 °C
h	10 m
p_{SV}	2,5 bar

Abb. 6.77: Pumpengesteuerte Druckhaltestation reflex 'variomat' (Quelle: Reflex Winkelmann GmbH, Ahlen)

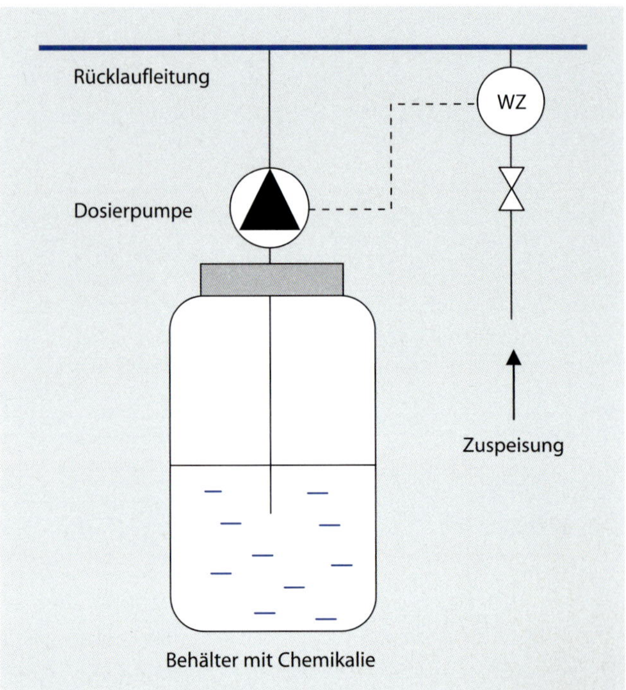

Abb. 6.78: Dosieranlage für Chemikalien zur Wasseraufbereitung (nur schematisch, Armaturen nicht dargestellt; WZ: Wasserzähler)

Berechnung:

n	2,24 %
V_e	77,39 l
V_V	17,28 l
p_e	2,0 bar
p_a	1,0 bar
$\mathbf{V_n}$	**284,01 l**

Es ergibt sich ein Mindestvolumen V_n von 284 l. Es wird das nächstgrößere Gefäß mit 300 l ausgewählt. Es können auch 2 Gefäße zu je 150 l verwendet werden.

Bei größeren Anlagen mit entsprechend größerem Wasserinhalt ergeben sich auf dem beschriebenen Weg vergleichsweise große Ausdehnungsgefäße, die kaum noch im Gebäude unterzubringen sind. Für diesen Fall können Ausdehnungsgefäße mit Fremddruckaufprägung verwendet werden (z. B. Abb. 6.77). Es gibt 2 hinsichtlich ihrer Anwendungseigenschaften gleichwertige Systeme:

- Fremddruckaufprägung auf der Gasseite (kompressorgesteuerte Gefäße)
- Fremddruckaufprägung auf der Wasserseite (Gefäß mit Druckdiktierpumpe)

6.5.5 Wasseraufbereitung

Bei Heizungsanlagen werden Korrosionsprozesse (vgl. Kapitel 8.3.4) an metallischen Werkstoffen folgendermaßen unterschieden:

- Innenkorrosion
- Außenkorrosion

Die Gefahr der Innenkorrosion verliert bei Heizungsanlagen zunehmend an Bedeutung:

- Neue Anlagen werden ausnahmslos als geschlossene Anlagen konzipiert, bei denen das Inhaltswasser keinerlei Kontakt zur Umgebungsluft und damit zum Sauerstoff hat.
- Der bei der Befüllung mit Leitungswasser enthaltene Sauerstoff bewirkt die Bildung einer Korrosionsschicht an den Oberflächen, die wie eine Schutzschicht wirkt. Nach kurzer Zeit ist kaum noch Sauerstoff im Heizungswasser enthalten.
- In der Heizungsinstallationstechnik kommen zunehmend Werkstoffe zum Einsatz, bei denen keine oder nur sehr geringe Korrosion auftritt (vor allem vermehrter Einsatz von Kunststoffrohren).

Bei größeren Anlagen werden Wasseraufbereitungsanlagen zur Dosierung von Sauerstoffbindemitteln eingesetzt. Diese Dosieranlagen bestehen aus einem Behälter, der die Chemikalie in gelöster Form enthält. Die Chemikalie wird mit einer Dosierpumpe mengenproportional zum Zuspeisewasser in die Anlage injiziert (vgl. Abb. 6.78).

6.6 Raumheizeinrichtungen

6.6.1 Übersicht

Raumheizeinrichtungen können hinsichtlich ihres bautechnischen Zusammenhangs mit dem Gebäudekörper in 2 Arten unterschieden werden:

- freie Heizflächen, landläufig als Heizkörper bezeichnet
- in den Baukörper integrierte Heizflächen, also Fußbodenheizungen und Wandflächenheizungen

Die freien Heizflächen können nach dem Konstruktionsprinzip in 4 Gruppen unterschieden werden:

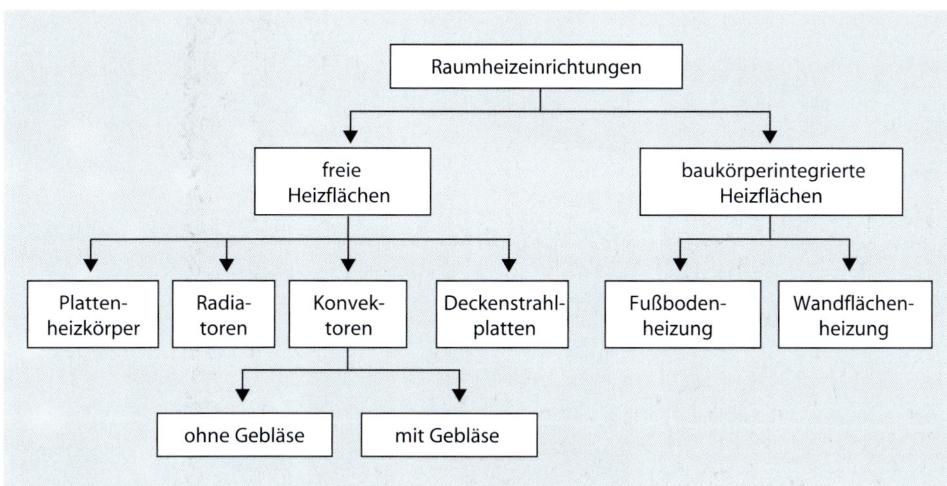

Abb. 6.79: Übersicht Raumheizeinrichtungen

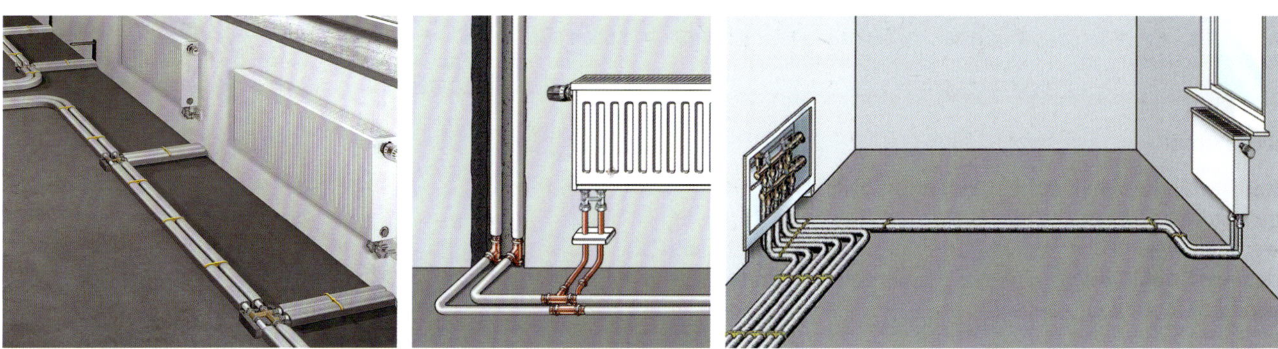

Abb. 6.80a, b und c: Stockwerksverteilleitungen im Fußbodenaufbau (Quelle: Viega GmbH & Co. KG, Attendorn)

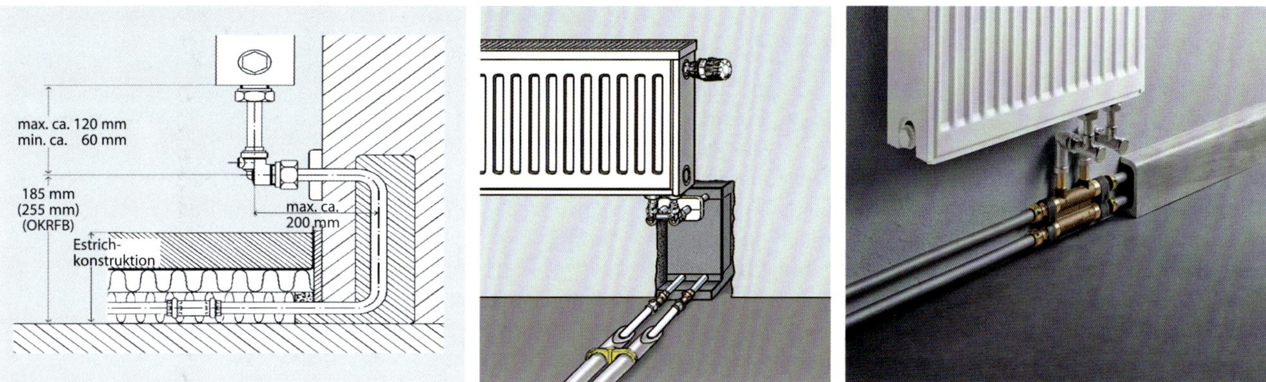

Abb. 6.81a, b und c: Anbindung eines Heizkörpers mit Heizkörperanschlussblock (Quelle: Viega GmbH & Co. KG, Attendorn)

- Plattenheizkörper, die am weitesten verbreiteten Heizkörper, die für viele Anwendungsfälle das Nutzen-Kosten-Optimum darstellen
- Radiatoren, auch als Gliederheizkörper bezeichnet
- Konvektoren oder Konvektorheizkörper
- Deckenstrahlplatten (vgl. Kapitel 6.8.2),
- sonstige Heizeinrichtungen wie z. B. Sockelheizungen u. Ä.

Abb. 6.79 zeigt eine Übersicht über die Raumheizeinrichtungen.

6.6.2 Freie Heizflächen

Plattenheizkörper (Flachheizkörper)

Plattenheizkörper gibt es in 2 Grundformen:

- aus profilierten Platten, was sozusagen die Standardausführung ist
- aus glatten Platten, auch bezeichnet als Planheizkörper, die in anspruchsvollen Designs am Markt angeboten werden

Plattenheizkörper werden ein- oder mehrlagig ausgeführt. Außerdem können zwischen den einzelnen Lagen noch zusätzliche Konvektorbleche zur Leistungserhöhung angeordnet werden.

Die Abb. 6.80a bis c zeigen beispielhaft Stockwerksverteilleitungen im Fußbodenaufbau, die Abb. 6.81a bis c illustrieren die Anbindung von Heizkörpern mit vorgefertigten Heizkörperanschlussblöcken.

Abb. 6.82: Rohrheizkörper (Badheizkörper)

Abb. 6.83: Haubenkonvektor mit natürlicher Konvektion (Quelle: Kampmann GmbH, Lingen)

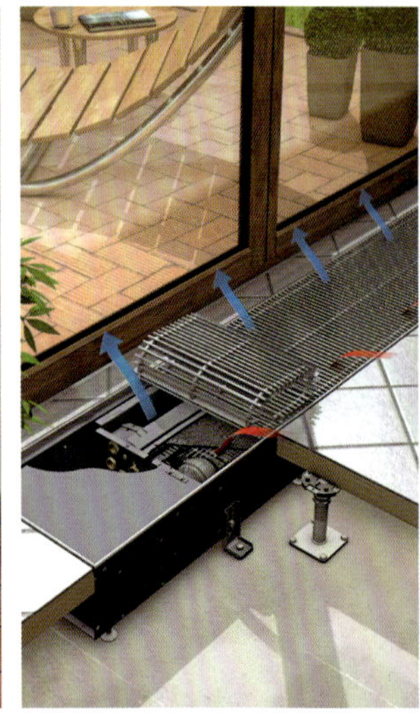

Abb. 6.84a und b: Konvektor mit natürlicher Konvektion (links); Konvektor zum Heizen/Kühlen mit Querstromgebläse (rechts) (Quelle: Kampmann GmbH, Lingen)

Radiatoren

Radiatoren bestehen aus einzelnen Gliedern, die je nach geforderter Leistung zu einem Heizkörper zusammengefügt werden. Die Glieder werden mithilfe von Nippeln miteinander verschraubt oder verpresst. Radiatoren werden aus folgenden Materialien gefertigt:

- Gusseisen (traditionelle Bauart) – sehr schwer, aber robust und langlebig
- Stahl – leichter, billiger, bruchsicherer
- Aluminium oder Kunststoff – selten (teuer)

Rohrradiatoren bestehen aus Gliedern in Rohrform. Sie werden in vielen unterschiedlichen Designs, Größen, Formen und Farben angeboten. Ein Anwendungsbereich sind Badheizkörper (auch als Handtuchradiatoren bezeichnet, vgl. z. B. Abb. 6.82). Rohrradiatoren sind im Vergleich mit Plattenheizkörpern und Konvektoren gut zu reinigen und eignen sich deshalb besonders für medizinische Einrichtungen.

Konvektoren

Konvektoren geben ihre Wärme durch Konvektion ab, d. h., es wird lokal Luft erwärmt. Die Übertragung in den Raum erfolgt überwiegend durch die thermisch bedingte Luftbewegung und kaum durch Strahlung wie bei Plattenheizkörpern und Radiatoren. Man unterscheidet zwischen natürlicher Konvektion, bei der die Luftbewegung durch die temperaturbedingten Dichteunterschiede gewissermaßen von selbst vonstatten geht (vgl. z. B. Abb. 6.83 und 6.84a), und erzwungener Konvektion, bei der die Luftbewegung durch einen Ventilator realisiert wird (vgl. z. B. Abb. 6.84b).

Konvektoren eignen sich besonders für schwierige Einbausituationen in Nischen, hinter Verkleidungen, unter Brüstungen u. Ä. Sie werden deshalb in Gaststätten, Zuschauerräumen, aber auch vor großen Glasflächen verwendet.

Die Wärmeleistung kann durch die Integration eines Gebläses vergrößert werden, was thematisch zur Bauart des Gebläsekonvektors führt. Die Leistung mit Gebläse kann ca. 1,5- bis 2,5-mal größer sein als bei einem Konvektor ohne Gebläse. Eine Sonderbauform stellen Sockelheizkörper dar, bei denen die Heizflächen im Fußbodenbereich in der Sockelleiste oder in Fußbodenkanälen angeordnet werden.

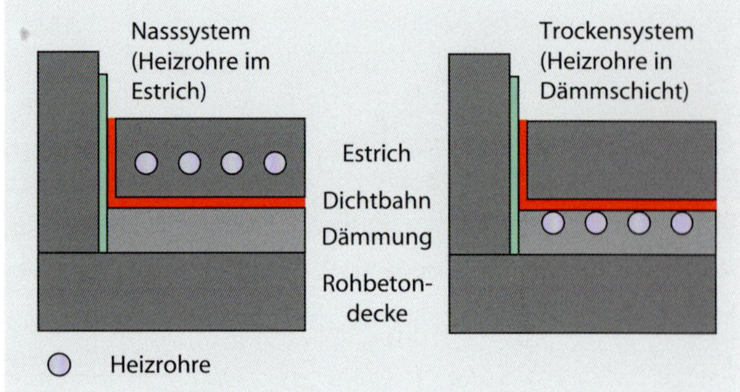

Abb. 6.85: Systeme der Fußbodenheizungen

6.6.3 Baukörperintegrierte Heizflächen

Fußbodenheizungen

Fußbodenheizungen sind insbesondere in Ein- und Zweifamilienhäusern weit verbreitet. Sie weisen hohe Behaglichkeitswerte aufgrund des vertikal gleichmäßigen Temperaturprofils auf. Allerdings sind Fußbodenheizungen aufgrund ihrer Integration in den Fußbodenaufbau thermisch sehr träge. Ein Absenkbetrieb zur Energieeinsparung kann in der Regel nicht realisiert werden.

Andererseits sind Fußbodenheizungen aufgrund der niedrigen Systemtemperaturen (z. B. Vorlauf/Rücklauf: 35/28 °C) günstig für Brennwertkessel bzw. Wärmepumpen, da deren Nutzungsgrade aufgrund der niedrigen Heizwassertemperaturen höher sind als bei klassischen Werten.

Konstruktiv gibt es 2 Systeme (vgl. auch Abb. 6.85):

- Nasssystem, bei dem die Heizrohre direkt im Estrich angeordnet sind
- Trockensystem, bei dem die Heizrohre in einer Dämmschicht zwischen Tragdecke und Estrich bzw. Fußbodenaufbau angeordnet werden

Die Rohrverlegung im Raum erfolgt in der Regel nach 2 Mustern (vgl. Abb. 6.86):

- mäanderförmig oder
- in Spiralform.

Hauptsächlich werden heute Kunststoffrohre eingesetzt. Die übertragbare Wärmeleistung hängt neben der Vorlauftemperatur auch vom Verlegeabstand ab. Je dichter die Rohre verlegt werden, umso größer ist die Wärmeleistung. Insgesamt ist die realisierbare Wärmeleistung aber durch die nach oben begrenzte Oberflächentemperatur (t_{FB}) eingeschränkt. Diese soll folgende Werte nicht überschreiten:

- $t_{FB} < 29$ °C im Daueraufenthaltsbereich
- $t_{FB} < 35$ °C in den Randzonen
- $t_{FB} < 33$ °C in Bädern

Bei üblichen Oberflächentemperaturen von ca. 27 °C liegt die übertragbare Leistung in der Größenordnung von 70 bis 80 W/m².

Die Fußbodenheizung kann im Sommer auch zur Kühlung eingesetzt werden. Allerdings ist der Wärmeübergang im Kühlfall schlechter, da die kalte Luft am Boden verbleibt. Die Rohrabstände sind dann möglichst klein zu wählen (vgl. Schramek, 2011, S. 970).

Eine Sonderform der Fußbodenheizung ist die Sportbodenheizung (vgl. z. B. Abb. 6.87). Dabei werden die Heizrohre unter einem elastischen Fußboden angeordnet.

Außerdem werden Fußbodenheizungen zur Beheizung von Hallen und Fabriken verwendet. Freiflächenheizungen dienen zur Enteisung bzw. Schneefreihaltung von Freiflächen wie Zufahrten, Rampen usw. (z. B. auch Rasenheizungen von Fußballstadien).

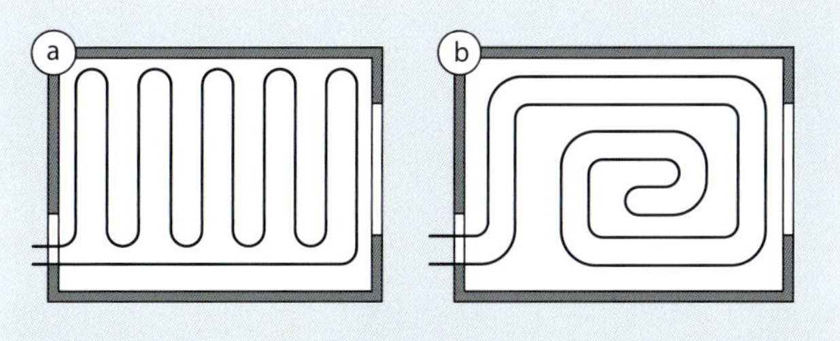

Abb. 6.86: Rohrverlegearten bei der Fußbodenheizung, (a) mäanderförmig; (b) Spiralform

Abb. 6.87: Sportbodenheizung (Quelle: FWU Ingenieurbüro GmbH, Dresden)

Wandflächenheizungen

Wandflächenheizungen werden nach dem gleichen Prinzip wie Fußbodenheizungen erstellt. Voraussetzung sind gut wärmegedämmte Wände. Es werden Kupferrohre direkt auf das Mauerwerk oder einen Putzträger aufgebracht (vgl. dazu Schillberg, 1996, S. 189 bis 191). Die Behaglichkeit kann gesteigert werden, wenn Wandheizflächen im Fassadenbereich angebracht werden. Wandheizungen können ebenfalls im Sommer zur Kühlung eingesetzt werden.

6.6.4 Energetische Aspekte

Die Raumheizeinrichtungen haben die Aufgabe, dem Raum die benötigte Nutzwärme zuzuführen, damit eine bestimmte Raumtemperatur erhalten bleibt.[1] Demzufolge hat die Größe oder Beschaffenheit der Raumheizeinrichtung im Normalfall keinen Einfluss auf den Energieverbrauch des Gebäudes.[2] Durch den Austausch alter Raumheizeinrichtungen gegen neuere wird keine Energie eingespart. Die Leistung der Raumheizeinrichtung kann, gemessen am Wärmebedarf des Raumes, zu klein oder zu groß sein. Im ersten Fall kann nicht genug Wärme in den Raum hineintransportiert und die beabsichtigte Raumtemperatur nicht erreicht werden. Ist die Heizfläche zu groß, hat das energetisch gesehen keinen Einfluss. Eine „zu große“ Heizfläche führt zu besseren Behaglichkeitswerten, da der Strahlungsanteil größer wird und die Heizfläche nur mit einer vergleichsweise geringeren Temperatur beaufschlagt werden muss.

Abb. 6.88 stellt die Energiebilanz eines Raumes schematisch dar.

Die Leistung eines Heizköpers wird mithilfe der logarithmischen Übertemperaturdifferenz ausgehend von der bekannten Leistung eines anderen Heizkörpers bestimmt:

$$\frac{\dot{Q}_1}{\dot{Q}_2} = \frac{A_1}{A_2} \cdot \left(\frac{\dfrac{t_{VL1} - t_{RL1}}{\ln\left(\dfrac{t_{VL1} - t_R}{t_{RL1} - t_R}\right)}}{\dfrac{t_{VL2} - t_{RL2}}{\ln\left(\dfrac{t_{VL2} - t_R}{t_{RL2} - t_R}\right)}} \right)^n = \frac{A_1}{A_2} \cdot \left(\frac{\Delta t_{ln1}}{\Delta t_{ln2}} \right)^n \quad \text{(Formel 6.28)}$$

mit

$\dot{Q}_1, \dot{Q}_2$ Wärmeleistung von Heizkörper 1 und 2 in W
A_1, A_2 Fläche von Heizkörper 1 und 2 in m²
t_{VL1}, t_{RL1} Vor- und Rücklauftemperatur von Heizkörper 1 in °C

[1] Bei Lüftungs- und Klimaanlagen wird ein Teil der benötigten Energie über den Luftmassenstrom zugeführt.

[2] Diese These stimmt nur sinngemäß, da Heizsysteme mit überwiegender Strahlungswärmeübertragung theoretisch mit geringeren operativen Raumtemperaturen auskommen, wodurch auch die Verluste geringer ausfallen.

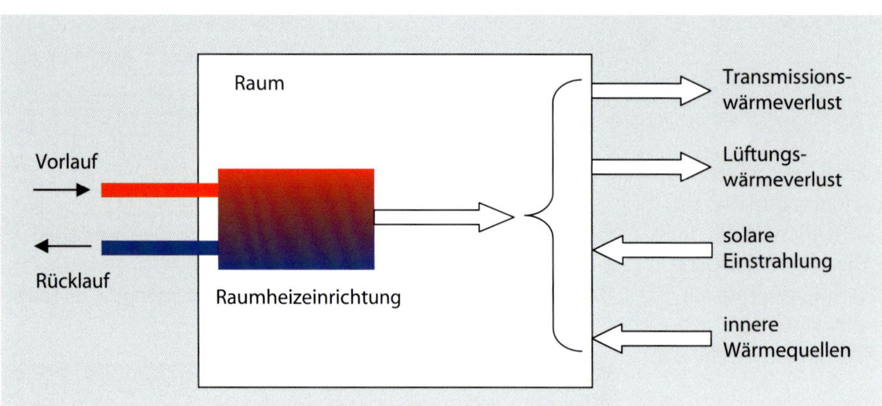

Abb. 6.88: Energiebilanz des Raumes

t_{VL2}, t_{RL2} Vor- und Rücklauftemperatur von Heizkörper 2 in in °C
t_R Raumtemperatur in °C
n Heizkörperexponent:
Fußbodenheizungen $n = 1{,}1$
Plattenheizkörper $n = 1{,}2$ bis $1{,}3$
Radiatoren $n = 1{,}3$
Konvektoren $n = 1{,}25$ bis $1{,}45$
Δt_{ln1}, Δt_{ln2} logarithmische Übertemperatur in K

Mithilfe von Formel 6.28 kann abgeschätzt werden, wie sich die Heizflächengrößen bei unterschiedlichen Auslegungsspreizungen ändern. Je geringer die Temperaturen gewählt werden, umso größer müssen die Heizflächen sein. So erfordert eine 70/55-°C-Heizung gegenüber einer früher häufig verwendeten Spreizung 90/70 °C um 54 % größere Heizflächen. Wird die Spreizung auf 60/40 °C verringert, müssen die Heizflächen rund 2,47-mal so groß sein (vgl. Tabelle 6.19).

Tabelle 6.19: Verhältnis der Heizflächengrößen bei unterschiedlichen Vorlauf-/Rücklaufspreizungen ($n = 1{,}25$)

	Variante 1	Variante 2	Variante 3
t_{VL} in °C	90	70	60
t_{RL} in °C	70	55	40
t_R in °C	20	20	20
Δt_{ln} in K	59,44	42,06	28,85
A_2/A_1 154 %			
A_3/A_1 247 %			
A_3/A_2 160 %			

Die Leistung eines Heizkörpers kann außerdem aus Vor- und Rücklauftemperatur und Massenstrom bestimmt werden:

$$\dot{Q} = \dot{m} \cdot c_p \cdot (t_{VL} - t_{RL}) \qquad \text{(Formel 6.29)}$$

mit
$\dot{Q}$ Leistung des Heizkörpers in W
$\dot{m}$ Massenstrom in kg/s
c_p spezifische Wärmekapazität mit $c_p = 4.190$ J/(kg · K)
t_{VL}, t_{RL} Vor- und Rücklauftemperatur in °C

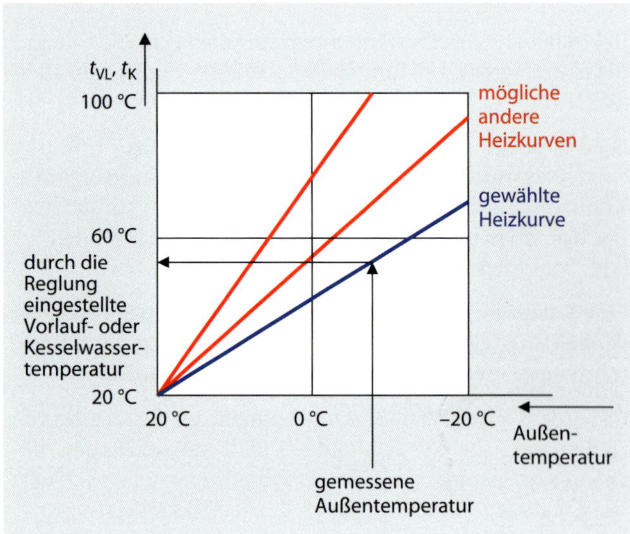

Abb. 6.89: Heizkurve

6.7 Regelung von Heizungsanlagen

Es gibt 2 regelungstechnische Schwerpunkte:

- zentrale Regelungsfunktionen im Bereich der Wärmeerzeugung
- Regelung der Raumtemperatur

Zentrale Regelungsfunktionen

Bei Heizkesseln wird die Kesseltemperatur geregelt. Dabei gibt es einen Sollwert, der entweder fest vorgegeben ist (konstante Fahrweise, heute in der Regel nur bei größeren Kesseln bzw. Großwasserraumkesseln üblich) oder in Abhängigkeit von der Außentemperatur festgelegt wird (vgl. Abb. 6.91). Liegt der Istwert unter dem Sollwert, schaltet der Brenner ein bzw. auf die nächsthöhere Stufe. Bei modulierenden Brennern kann die Leistung stetig erhöht oder verringert werden. In ähnlicher Weise wird die Vorlauftemperatur der einzelnen Heizkreise geregelt. Auch hier ergibt sich der Sollwert in Abhängigkeit von der gemessenen Außentemperatur.

Der Zusammenhang zwischen Kessel- bzw. Vorlauftemperatur und der Außentemperatur wird in der sog. Heizkurve dargestellt (vgl. Abb. 6.89).

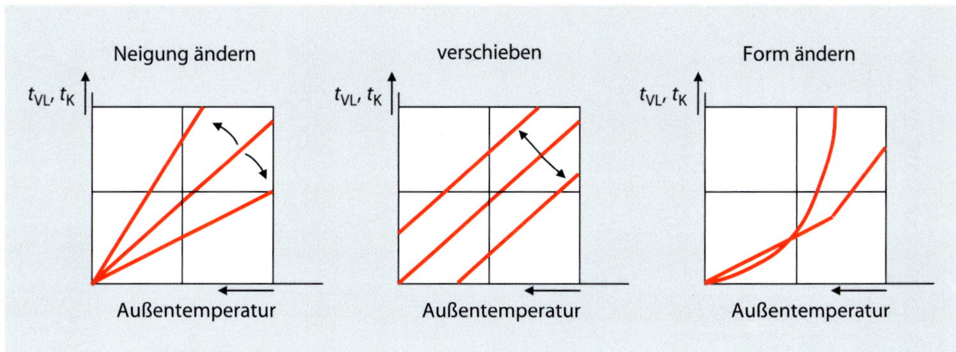

Abb. 6.90: Veränderung der Heizkurve

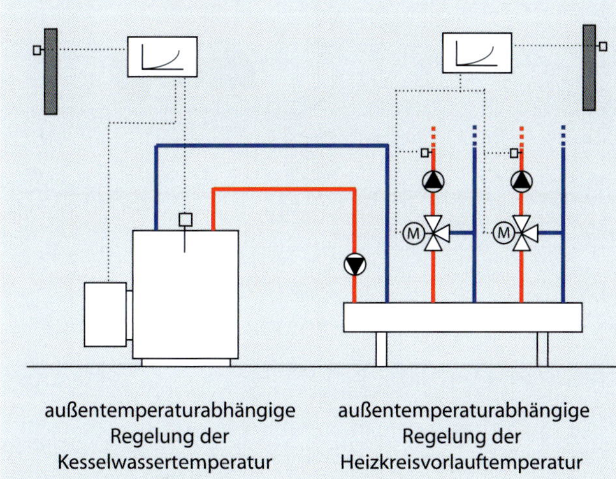

Abb. 6.91: Außentemperaturabhängige Vorlauftemperaturregelung (M = Motor)

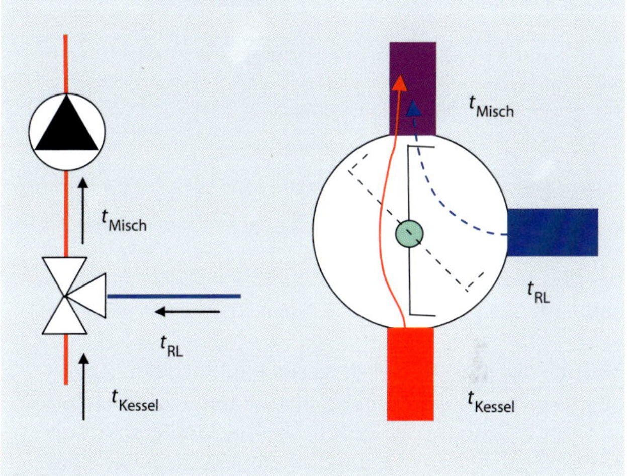

Abb. 6.92: Prinzip des Dreiwegemischers (t_{Misch}: Mischtemperatur aus t_{Kessel} und t_{RL}; RL: Rücklauf)

Die Heizkurve kann je nach Leistungsvermögen des Regelgerätes nahezu beliebig verändert werden (vgl. auch Abb. 6.90):

- Veränderung der Neigung (des Anstiegs)
- Parallelverschiebung der Heizkurve nach oben oder unten
- Veränderung der Form der Heizkurve (Krümmung, Abknicken)

Das Ziel der Änderung besteht in der generellen Absenkung der Systemtemperaturen. Gelingt es beispielsweise, über signifikante Anteile der jährlichen Betriebszeit die Kesselwassertemperatur abzusenken, so verbessert sich der Jahresnutzungsgrad.

Die Vorlauftemperaturregelung der Heizkreise wird zur Umsetzung des Absenkbetriebs verwendet. Dabei ist jedem Heizkreis auf dem Verteiler eine Regelgruppe zugeordnet, mit deren Hilfe die Vorlauftemperatur des Heizkreises geregelt wird (vgl. Abb. 6.91). In Nichtnutzungszeiten kann die Vorlauftemperatur des Heizkreises abgesenkt werden, damit es zu einer Absenkung der Raumtemperaturen und damit zur Verringerung des Energieverbrauchs kommt (entspricht Parallelverschiebung nach unten in Abb. 6.90, Mitte).

Hydraulisch wird die Vorlauftemperaturregelung mithilfe von Dreiwegemischern oder Dreiwegeventilen realisiert (vgl. Abb. 6.92). Dabei wird dem vom Kessel kommenden Vorlaufwasserstrom mit der Temperatur t_{Kessel} ggf. kaltes

Abb. 6.93: Programmierbarer Raumthermostat (Quelle: Danfoss GmbH, Offenbach)

Rücklaufwasser (t_{RL}) zugemischt, bis sich die gewünschte Mischtemperatur t_{Misch} einstellt.

Regelung der Raumtemperatur

Im Raum kann die Temperatur mit folgenden Regeleinrichtungen geregelt werden:

- mit Thermostatventilen oder
- Einzelraumregelungssystemen (ERS).

Einzelraumregelungssysteme gibt es in folgenden Strukturen:

- dezentrale Struktur, bei der direkt in den Thermostatventilkopf ein Mikroprozessor integriert ist (vgl. Abb. 6.93)
- zentrale Struktur, zumeist ausgeführt als sog. BUS-System (vgl. Abb. 6.94).

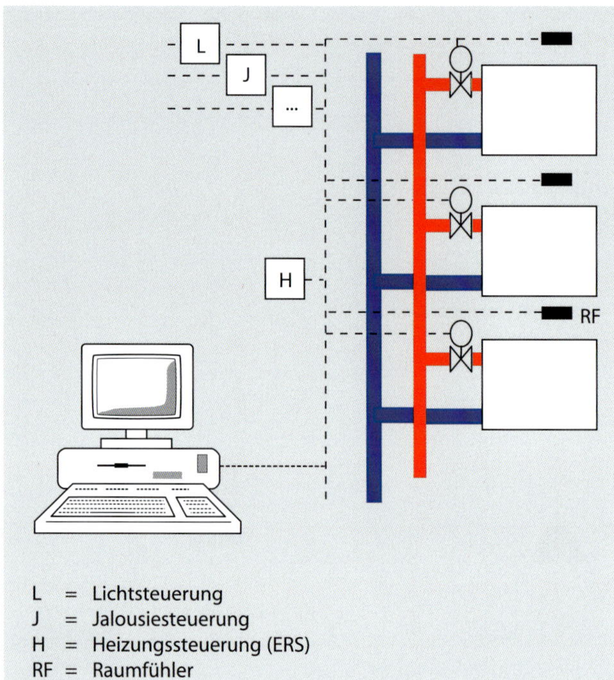

Abb. 6.94: Zentrales ERS als BUS-System (Quelle: Krimmling, 2010)

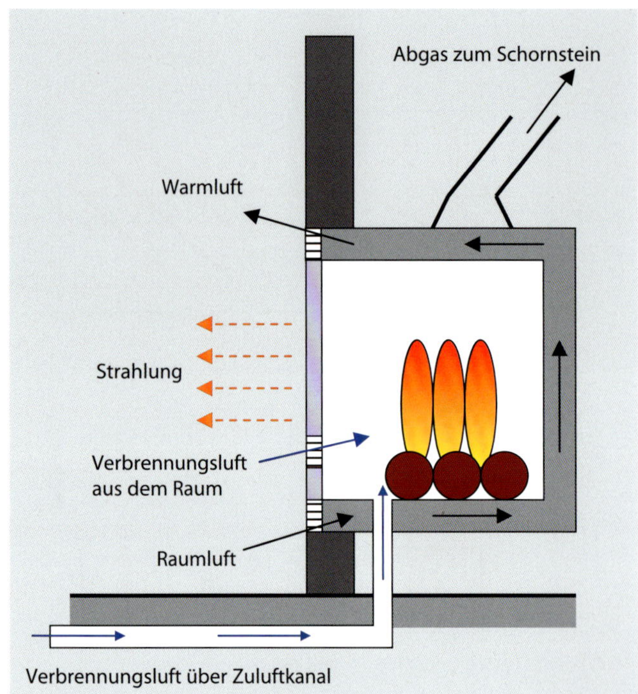

Abb. 6.95: Kamin mit vorgefertigtem Kamineinsatz (schematisch)

Mithilfe des in Abb. 6.94 dargestellten Einzelraumregelungssystems ist es möglich, jedem Raum eines Gebäudes zu jeder beliebigen Zeit eine bestimmte Solltemperatur zuzuordnen. Dadurch kann die Temperatur in Nichtnutzungszeiten raumweise abgesenkt werden. Diese Anwendung ist sinnvoll in Gebäuden mit zeitlich stark strukturierter Nutzung, wie z. B. Schulen oder Hotels. Knorr/Krimmling/Preuß stellen ein Verfahren zur Vorausberechnung der Heizenergieeinsparung durch Einzelraumregelungssysteme vor (vgl. Knorr/Krimmling/Preuß, 2005, S. 58 ff.). Die erreichbaren Einsparungen liegen im Bereich um 15 %.

6.8 Sonderformen der Gebäudeheizung

6.8.1 Einzelheizungen

Insbesondere in Ein- und Zweifamilienhäusern werden Einzelfeuerstätten als zusätzliche Heizung von Wohn- und Aufenthaltsräumen installiert. Im Geschosswohnungsbau werden außerdem Gasraumheizer verwendet (vgl. Kapitel 10.4.1).

Es gibt folgende Einzelheizungen:

- Kamine
- Kachelöfen (Speicheröfen)
- eiserne Öfen
- Warmluft-Kachelöfen
- Gasheizgeräte
- elektrische Raumheizgeräte
- ölbeheizte Öfen

Kamine haben sich aus der offenen Herdfeuerstätte entwickelt. Ursprünglich wurden gemauerte Kamine verwendet, die aber einen sehr schlechten feuerungstechnischen Wirkungsgrad haben, da die heißen Verbrennungsgase direkt in den Schornstein geleitet werden. Moderne Kamine werden mithilfe von vorgefertigten Kamineinsätzen gebaut, die mit dekorativem Mauerwerk umgeben werden. Der Vorteil besteht darin, dass die Wärmeabgabe durch Konvektion erhöht wird, was zu einer besseren Brennstoffausnutzung führt. Es können außerdem Umluftzirkulationskanäle integriert werden. Die Kamine werden heute nur noch mit verschließbaren Glastüren geliefert. Die Verbrennungsluft wird in der Regel dem Aufstellraum entnommen oder sie wird dem Kamin über Zuluftkanäle zugeleitet (vgl. Abb. 6.95).

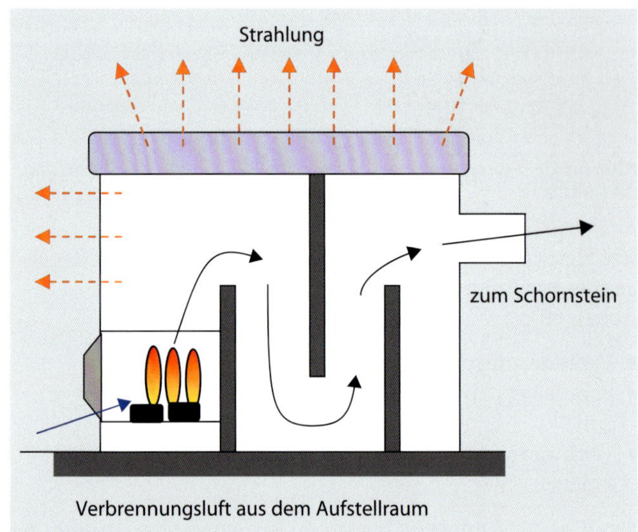

Abb. 6.96: Kachelofen (Speicherofen)

Kachelöfen (vgl. Abb. 6.96) sind Feuerstätten für feste Brennstoffe (Kohlebriketts, Holz), die geschlossen betrieben werden. Die Verbrennungsgase werden über mehrere Züge geleitet und heizen die Speichermasse des Ofens auf. Die Wärmeabgabe an den Raum erfolgt dann zeitversetzt über einen relativ langen Zeitraum.

Zu beachten ist, dass die Novellierung der Ersten Bundesimmissionsschutzverordnung bezüglich der Schadstoffgrenzwerte verschärfte Anforderungen an Feuerstätten ausweist.

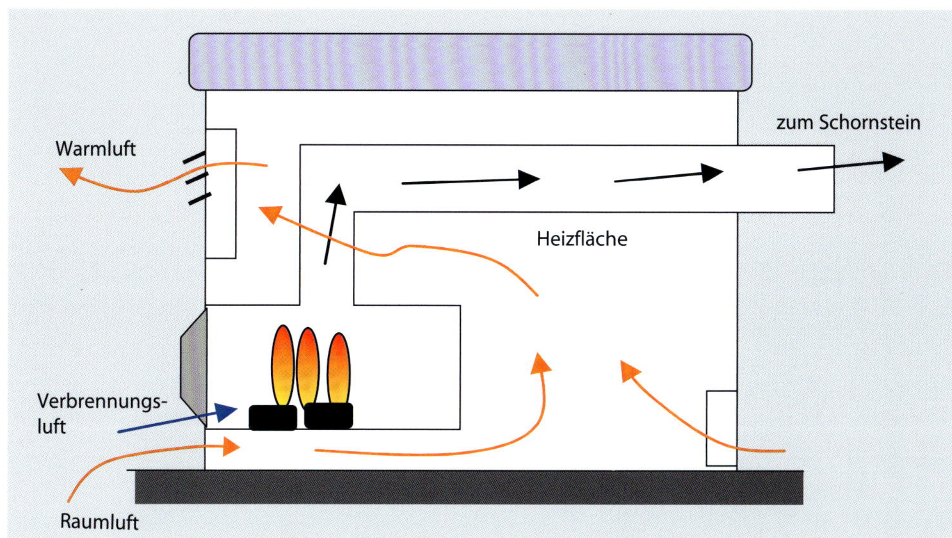

Abb. 6.97: Kachelofenluftheizung

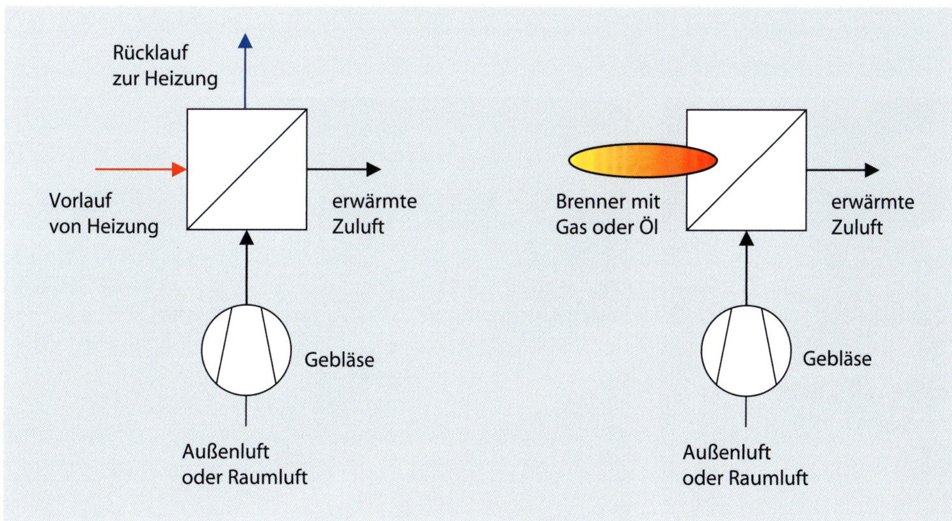

Abb. 6.98: Grundprinzip des Lufterhitzers; indirekt beheizt (links); direkt beheizt (rechts)

Deswegen müssen vor allem Einzelfeuerstätten mit Zusatzeinrichtungen (Filtern/Abscheidern) ausgerüstet werden.

Bei der Kachelofenluftheizung (vgl. Abb. 6.97) wird zwar auch das Speicherprinzip genutzt, nur dominiert hier die Wärmeabgabe durch Konvektion. Ein Vorteil besteht darin, dass der Raum schneller aufgeheizt werden kann, außerdem können mit einem Ofen mehrere Räume versorgt werden. Nachteilig ist die Schallübertragung über die Luftkanäle.

Elektrische Raumheizgeräte sollten nur in Gebäuden oder Räumen mit geringer jährlicher Nutzungszeit (Ferienhäuser) verwendet werden, da es aufgrund des hohen Primärenergieaufwandes für die Bereitstellung elektrischen Stroms ökologisch sowie kostenseitig bedenklich ist, diesen für die Raumwärmeerzeugung zu verwenden. Allerdings gewinnt die elektrische Wärmeerzeugung in letzter Zeit zunehmend an Bedeutung, da regenerativ erzeugte und zeitweise überschüssige Elektroenergie anderweitig keine sinnvolle Verwendung findet. Derartige Technologien sind unter der Bezeichnung „P2H – Power to heat" geläufig geworden.

Ölbeheizte Öfen finden kaum noch Verwendung (vgl. zum Funktionsprinzip Schramek, 2005, S. 544).

6.8.2 Hallenheizungen

Für die Beheizung von großräumigen Gebäuden wie Fabrik-, Lager- oder Bahnhofshallen werden die folgenden Systeme verwendet:

- Lufterhitzer
- Strahlplatten
- Gasstrahlungsheizungen
- Fußbodenheizungen (Industriebodenheizungen)

Die Schwierigkeit bei einem solchen Raum besteht vor allem darin, ein sinnvolles vertikales Temperaturprofil zu realisieren, bei dem zwar in der Aufenthaltszone behagliche Temperaturen herrschen, eine Überheizung des oberen Raumteils aber vermieden wird.

Lufterhitzer

Mit Lufterhitzern wird Luft erwärmt und in den Raum geblasen. Der Lufterhitzer besteht aus einem Wärmeübertrager, auf dessen einer Seite Luft eintritt und erwärmt wieder austritt. Auf der anderen Seite des Wärmeübertragers wird ein Wärmeträger (Heizwasser oder Dampf) abgekühlt (indirekte Beheizung). Außerdem gibt es direkt mit Gas oder Öl befeuerte Lufterhitzer (vgl. Abb. 6.98). Die angesaugte

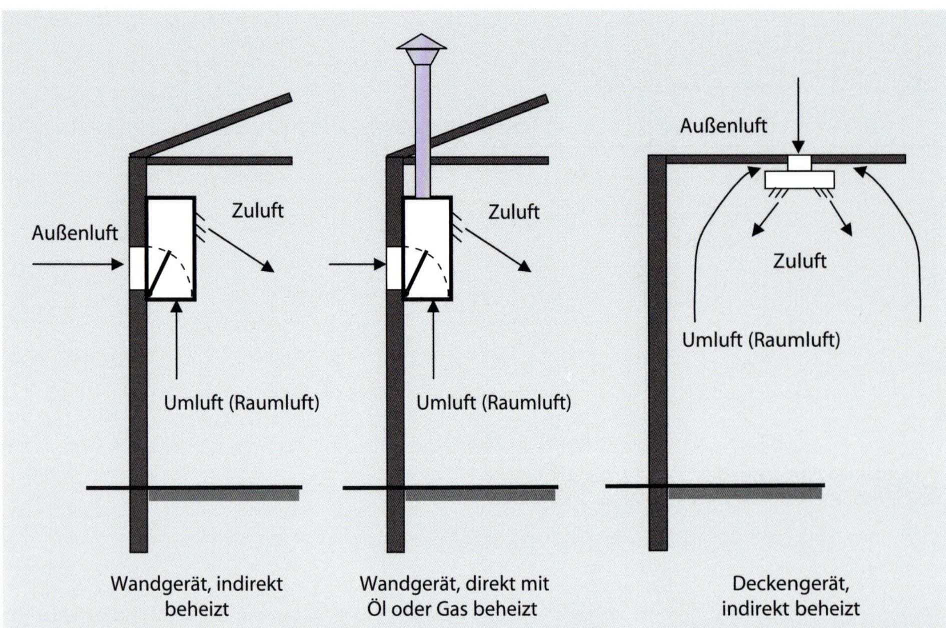

Abb. 6.99: Bauarten von Lufterhitzern

Abb. 6.100: Lufterhitzer: Wand- und Deckengerät (Quelle: Kampmann GmbH, Lingen)

Luft ist entweder Außenluft oder Raumluft. Der jeweilige Anteil kann über eine Klappensteuerung verändert werden.

Lufterhitzer gibt es als Wand- oder Deckengeräte (vgl. Abb. 6.99 und Abb. 6.100). Der Leistungsbereich pro Gerät reicht bis ca. 10.000 m³/h bzw. ca. 150 kW. Es gibt auch Geräte, über die die Raumabluft geführt wird und die mit einer Wärmerückgewinnung ausgestattet sind.

Strahlplatten

Deckenstrahlplatten funktionieren wie Plattenheizkörper, die unter der Decke waagerecht aufgehängt werden. Die Wärme wird überwiegend durch Strahlung an den Raum abgegeben (vgl. Abb. 6.101). Die Strahlungswärmeübertragung wird vom Menschen behaglicher empfunden als die Wärmeübertragung per Konvektion. Die Deckenstrahlplatten werden waagerecht unter der Decke angebracht. Sie eignen sich für Räume ab einer Höhe von ca. 3,5 bis zu

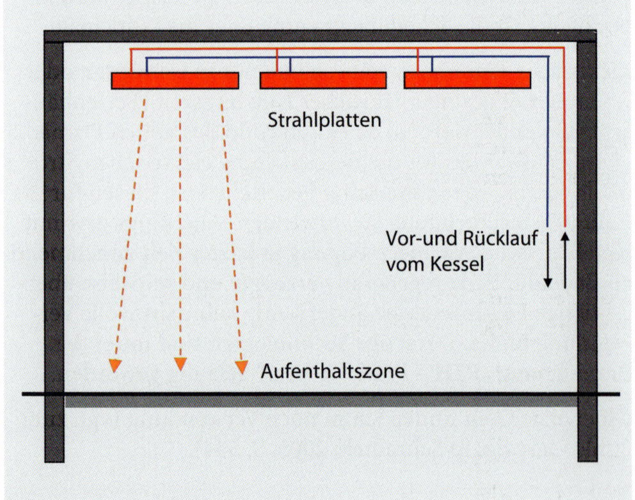

Abb. 6.101: Strahlplattenheizung

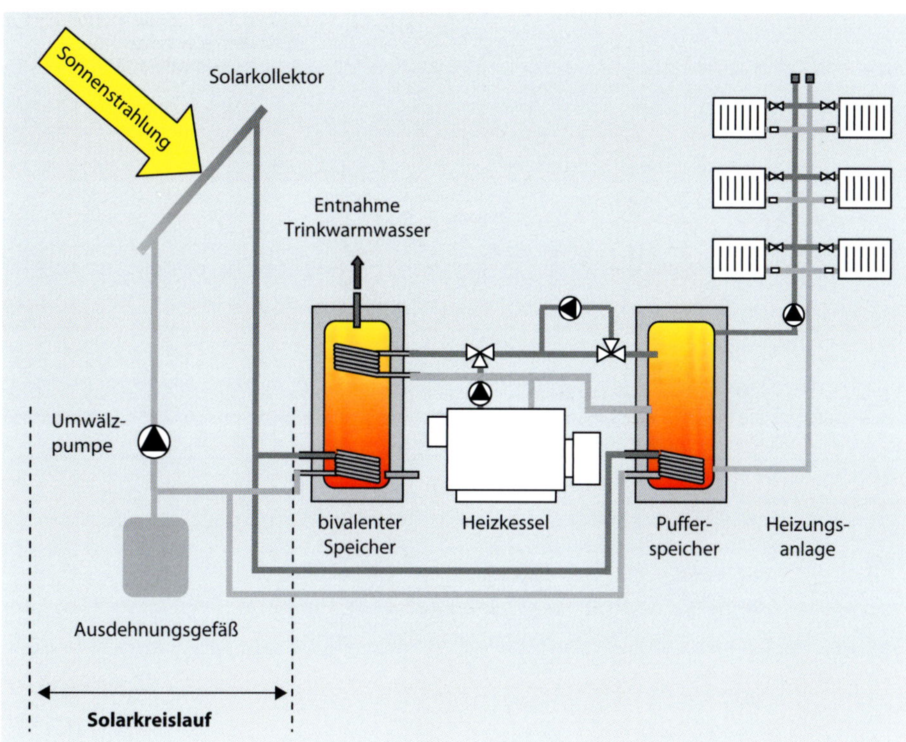

Abb. 6.102: Grundprinzip einer solarthermischen Anlage zur Warmwasserbereitung und Heizungsunterstützung (Quelle: Krimmling, 2009)

30 m (Hochregallager). Es gibt folgende Vorteile (vgl. auch Schramek, 2011, S. 1202 bis 1204):

- niedrigere Raumtemperaturen als bei Luftheizungen aufgrund des besseren Strahlungswärmeempfindens
- keine nennenswerten Luftbewegungen
- sehr gute Regelfähigkeit aufgrund des geringen Wasserinhalts im System
- Senkung des Energieverbrauchs über zonenweise Regelung bzw. Ausrichtung auf Aufenthaltszone

Strahlplattenheizungen werden mit hohen Vorlauftemperaturen (Heißwasseranlagen > 100 °C) betrieben. Es gibt aber auch Niedertemperaturanwendungen mit einem Temperaturniveau von z. B. 80/60 °C.

Gasstrahlungsheizung

Es werden nach der Strahlungstemperatur 2 Systeme unterschieden:

- Hellstrahler
- Dunkelstrahler

Beim Hellstrahler wird das Gas mit der Verbrennungsluft in einer Mischkammer gemischt und der porösen keramischen Brennerplatte zugeleitet. Es tritt durch diese aus und verbrennt in kleinen Flammen. Die Reaktion findet nicht auf der Oberfläche statt, sondern innerhalb der keramischen Schicht. Das keramische Material erwärmt sich stark und gibt die Energie durch Strahlung an den zu beheizenden Raum ab. Die Keramik glüht sichtbar in roter Farbe (Temperatur ca. 900 °C). Die Mindestaufhänghöhe beträgt 4 m.

Der Dunkelstrahler funktioniert ähnlich, nur sind die Strahlungstemperaturen viel niedriger. Die Temperatur des Strahlungskörpers liegt im Bereich zwischen 150 und 750 °C. Dunkelstrahler können im Gegensatz zu den Hellstrahlern in deutlich niedrigeren Hallen eingesetzt werden. Die Mindestaufhänghöhe beträgt 3 m.

Hellstrahler haben einen besseren Wirkungsgrad (η) als Dunkelstrahler (vgl. Steimle, 2000, S. 175):

- Hellstrahler: $\eta = 95$ %
- Dunkelstrahler: $\eta = 90$ %

6.9 Nutzung erneuerbarer Energiequellen

Die Nutzung erneuerbarer Energien im Besonderen bei Wohngebäuden hat wegen der tendenziellen Verteuerung von Erdgas, Heizöl und Elektroenergie, der Treibhausproblematik und der Anforderungen aus dem GEG 2020 eine neue Dynamik bekommen. Folgende Systeme kommen derzeit infrage:

- Heizkessel mit Biomassebrennstoffen (vgl. Kapitel 6.4.2)
- Wärmepumpenanlage zur Nutzung von Umweltenergie (vgl. Kapitel 6.4.5)
- Solarenergienutzung für Heizung und Warmwasserbereitung

Zudem spielt der Einbezug von dezentral erzeugter überschüssiger Elektroenergie, vor allem aus Fotovoltaik, in die Wärmeerzeugung eine zunehmende Rolle. Das betrifft sog. Power-to-heat- (P2H-)Lösungen (Heizstab, Wärmepumpenantrieb, Kältemaschinenantrieb) sowie auch die partielle Bereitstellung von Hilfsenergie (Pumpen, Ventilatoren, Regler). Die Anrechenbarkeit von selbst erzeugter und genutzter Elektroenergie auf die Energiebilanzierung des Gebäudes gemäß GEG 2020 begünstigt diese Entwicklung.

Mithilfe thermischer Solaranlagen wird Sonnenstrahlungsenergie in Wärme umgewandelt und an einen Wärmeträger übertragen. Im Gebäudebereich gibt es 2 Anwendungen:

- Heizungsunterstützung, indem die Solarenergie zusätzlich zu der mit einer anderen Anlage erzeugten Wärme genutzt wird (vgl. Abb. 6.102)
- Erwärmung des Trinkwassers (vgl. Abb. 6.103)

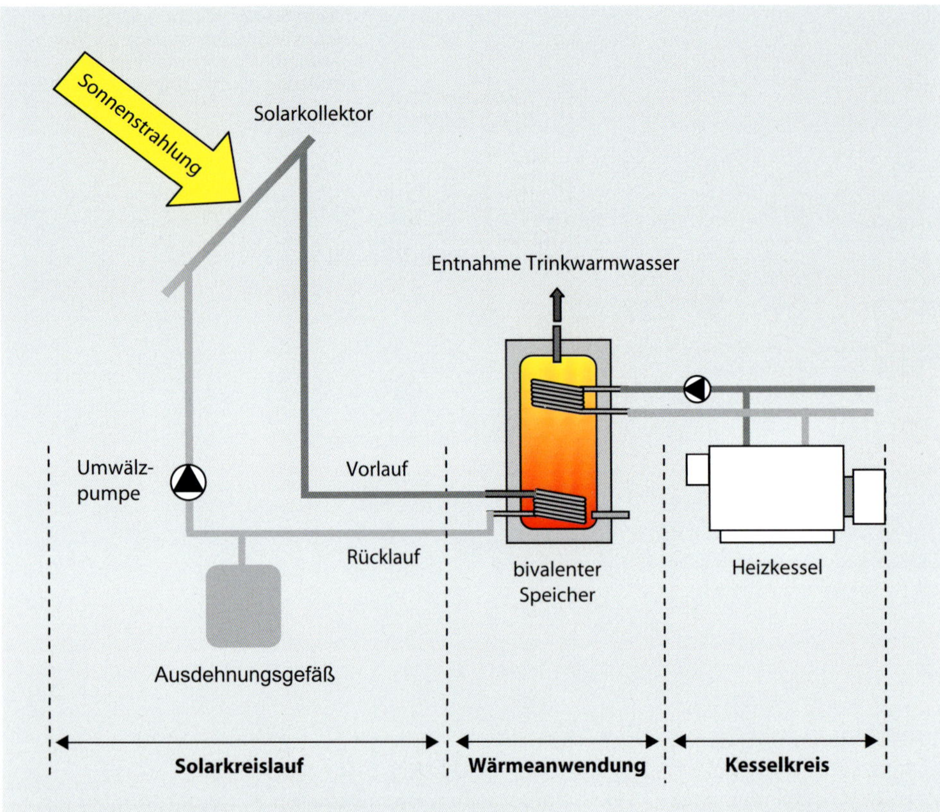

Abb. 6.103: Solaranlage nur zur Trinkwarmwasserbereitung (Quelle: Krimmling, 2009)

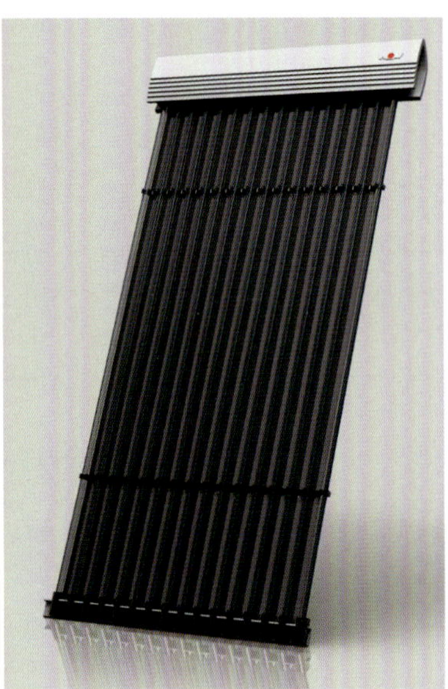

Abb. 6.104: Flachkollektor (links) und Röhrenkollektor (Quelle: Wolf GmbH, Mainburg)

In Mitteleuropa ist angesichts der jahreszeitlichen Verfügbarkeit von Solarenergie meistens die zweite Anwendung wirtschaftlich interessant, d. h. für Gebäude, die einen signifikanten Warmwasserbedarf aufweisen. Das sind z. B. Wohngebäude, Schwimmbäder, Hotels u. Ä. Bürogebäude haben in der Regel keinen signifikanten Warmwasserbedarf, weshalb dort eine thermische Solaranlage nicht sinnvoll ist. Außerdem kann Solarenergie zur Kälteerzeugung in Sorptionskältemaschinen verwendet werden (vgl. Kapitel 7.10.4).

Kollektoren

In der Praxis werden hauptsächlich 2 Kollektortypen verwendet (vgl. Abb. 6.104):

- Flachkollektoren
- Röhrenkollektoren

Flachkollektor

Der Flachkollektor ist der am häufigsten eingesetzte Kollektortyp (vgl. Abb. 6.105). Er besteht aus dem Absorber, der auf der Gehäuseunterplatte angeordnet ist. Der Absorber kann

- nicht selektiv oder
- selektiv

beschichtet sein. Bei der nicht selektiven Beschichtung wird die der Sonne zugewandten Seite einfach schwarz gestrichen. Bei einer selektiven Beschichtung (Titanoxid, Schwarznickel, Schwarzchrom) werden mit einer möglichst hohen Absorption im kurzwelligen Strahlungsbereich höhere Absorbertemperaturen erreicht. In den Absorber sind die Wärmeübertragerrohre integriert, die vom Wärmeträger durchströmt werden.

Das Gehäuse wird durch eine transparente Platte abgedeckt. Die Abdeckung muss einerseits möglichst viel Strahlungsenergie in Richtung Absorber durchlassen, andererseits muss sie aber auch die Wärmerückstrahlung vom Absorber in die Umgebung begrenzen. Sie wird zumeist aus Glas hergestellt. Um die konvektive Wärmeabgabe an die Umgebung zu begrenzen, wird das Gehäuse isoliert. Außerdem kann der Innenraum evakuiert werden, dann handelt es sich um einen Vakuum-Flachkollektor.

Röhrenkollektor

Beim Röhrenkollektor (vgl. Abb. 6.106) wird der Absorber, in den wiederum die Wärmeübertragerrohre integriert sind, in einer Glasröhre angeordnet. Meistens ist diese Röhre evakuiert (sog. Vakuum-Röhrenkollektor), um einen möglichst geringen Wärmeverlust zu gewährleisten. Der Röhrenkollektor besteht aus mehreren Einzelröhren, die in Vor- und Rücklaufsammlern zusammengefasst werden. Röhrenkollektoren liefern meistens höhere Temperaturen als Flachkollektoren.

Speicher

Bei den in Solaranlagen zum Einsatz kommenden Speichern handelt es sich um Kurzzeitspeicher, die Energie für ca. einen Tag speichern können.

Beispiel: Speicherfunktionen bei einem Einfamilienhaus

Die folgende Aufstellung zeigt für den Fall eines Einfamilienhauses mit ca. 120 m² Wohnfläche (belegt mit 4 Personen), dass der Speicher bei Betrachtung des Trinkwarmwasserbedarfs durchaus kleiner als 200 l sein könnte, bei Betrachtung der Heizungsunterstützung aber viel größer als 400 l sein müsste:

Speicherfunktion Trinkwarmwasserbereitung:

Speichertemperatur (°C)	90	80	70	60
Kaltwassertemperatur (°C)	10	10	10	10
Energiemenge bei 200 l (kWh)	18,61	16,28	13,96	11,63
Warmwassermenge bei Zapftemperatur 45 °C (l)	457,14	400,00	342,86	285,71

Bedarf von Vierpersonenhaushalt pro Tag: 4 · 40 l/d = **160 l**

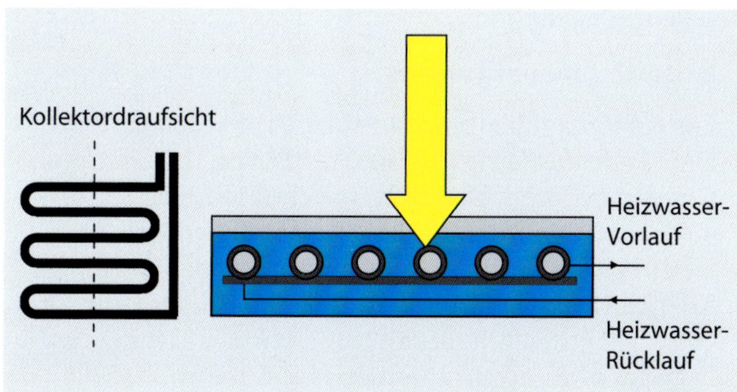

Abb. 6.105: Aufbau von Flachkollektoren (Quelle: Krimmling, 2009)

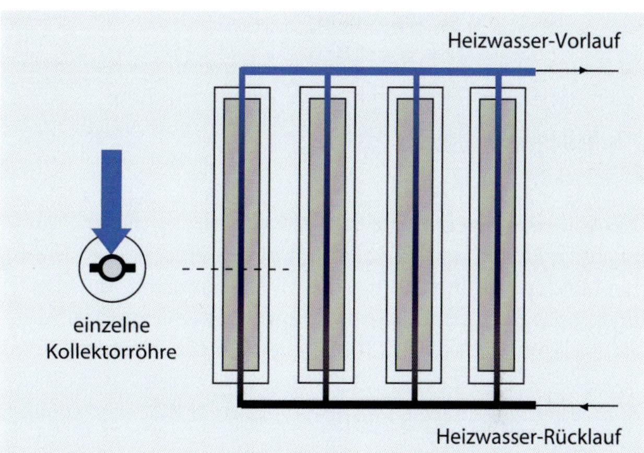

Abb. 6.106: Aufbau von Röhrenkollektoren (Quelle: Krimmling, 2009)

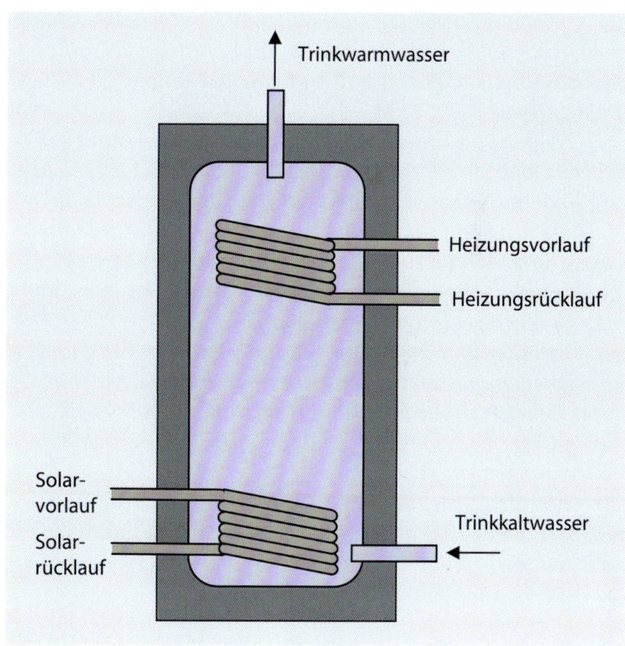

Abb. 6.107: Solarspeicher

Speicherfunktion Heizungsunterstützung:

Speichertemperatur (°C)	90	80	70	60
Rücklauftemperatur (°C)	50	50	50	50
Energiemenge bei 400 l (kWh)	18,61	13,96	9,30	4,65
Volllaststunden bei 8 kW Heizlast (Nutzfläche ca. 120 m²) (h)	2,33	1,74	1,16	0,58

Die Speicher werden üblicherweise mit einer hohen, schlanken Form ausgeführt. Der Standardspeicher hat 2 innen liegende Heizflächen (vgl. Abb. 6.107).

Anlagenauslegung

Beispiel: Einfamilienhaus

Für ein Einfamilienhaus (4 Personen) werden ca. 5 bis 8 m² Kollektorfläche (1,5 bis 2 m²/Person) bei Flachkollektoren benötigt. Der Pufferspeicher sollte ca. 200 bis 400 l Volumen haben. Soll die Anlage außerdem zur Heizungsunterstützung verwendet werden, muss die Kollektorfläche vergrößert werden. Allerdings kann ab einer bestimmten Kollektorgröße keine Erhöhung des Ertrages mehr erreicht werden (vgl. Lambrecht, 2005, S. 40 bis 43).

6.10 Heiz- und Aufstellräume

Im Baurecht wird hinsichtlich der Aufstellmöglichkeit von Feuerstätten im Gebäude unterschieden zwischen:

- Aufstellraum und
- Heizraum.

Die Anforderungen an die bauliche Gestaltung dieser Räume regeln sich nach den Vorschriften des Baurechts der einzelnen Länder. Leitlinie ist die sog. Musterbauordnung (MBO), die in § 42 Bezug auf die Aufstellung von Feuerstätten in Gebäuden nimmt (MBO 2002, zuletzt aktualisiert 2019):

„§ 42 Feuerungsanlagen, sonstige Anlagen zur Wärmeerzeugung, Brennstoffversorgung
(1) Feuerstätten und Abgasanlagen (Feuerungsanlagen) müssen betriebssicher und brandsicher sein.
(2) Feuerstätten dürfen in Räumen nur aufgestellt werden, wenn nach der Art der Feuerstätte und nach Lage, Größe, baulicher Beschaffenheit und Nutzung der Räume Gefahren nicht entstehen.
(3) Abgase von Feuerstätten sind durch Abgasleitungen, Schornsteine und Verbindungsstücke (Abgasanlagen) so abzuführen, dass keine Gefahren oder unzumutbaren Belästigungen entstehen. Abgasanlagen sind in solcher Zahl und Lage und so herzustellen, dass die Feuerstätten des Gebäudes ordnungsgemäß angeschlossen werden können. Sie müssen leicht gereinigt werden können.
(4) Behälter und Rohrleitungen für brennbare Gase und Flüssigkeiten müssen betriebssicher und brandsicher sein. Diese Behälter sowie feste Brennstoffe sind so aufzustellen oder zu lagern, dass keine Gefahren oder unzumutbaren Belästigungen entstehen.
(5) Für die Aufstellung von ortsfesten Verbrennungsmotoren, Blockheizkraftwerken, Brennstoffzellen und Verdichtern sowie die Ableitung ihrer Verbrennungsgase gelten die Absätze 1 bis 3 entsprechend.“ (Auszug)

Der Inhalt von § 42 MBO wird durch die Muster-Feuerungsverordnung (MFeuVO 2007, zuletzt aktualisiert 2017) präzisiert.

Aufstellung von Feuerstätten

Feuerstätten dürfen nicht aufgestellt werden:

- in notwendigen Treppenräumen,
- in Räumen zwischen notwendigen Treppenräumen und Ausgängen ins Freie,
- in notwendigen Fluren,
- in Garagen, ausgenommen raumluftunabhängige Feuerstätten, deren Oberflächentemperatur bei Nennlast nicht mehr als 300 °C beträgt.

Die Betriebssicherheit von raumluftabhängigen Feuerungen darf nicht durch Lüftungsanlagen beeinträchtigt werden.

Feuerstätten für Flüssiggas dürfen in Räumen, deren Fußboden an jeder Stelle mehr als 1 m unter der Geländeoberfläche liegt, nur aufgestellt werden, wenn

- die Feuerstätten eine Flammenüberwachung haben und
- sichergestellt ist, dass auch bei abgeschalteter Feuerungseinrichtung Flüssiggas aus den im Aufstellraum befindlichen Brennstoffleitungen in gefahrdrohender Menge nicht austreten kann oder über eine mechanische Lüftungsanlage sicher abgeführt wird.

Aufstellräume

In einem Raum dürfen Feuerstätten mit einer Nennleistung von insgesamt mehr als 100 kW, die gleichzeitig betrieben werden sollen, nur aufgestellt werden, wenn dieser Raum

- nicht anderweitig genutzt wird (ausgenommen Wärmepumpen, BHKW, Notstromaggregate und die Lagerung von Brennstoff),
- gegenüber anderen Räumen keine Öffnungen hat (ausgenommen Türen),
- dicht- und selbstschließende Türen hat und
- gelüftet werden kann.

Dies gilt gleichermaßen für Feuerstätten für feste Brennstoffe, wenn deren Nennleistung kleiner als 50 kW ist.

Brenner und Brennstofffördereinrichtungen der Feuerstätten für flüssige und gasförmige Brennstoffe mit einer Gesamtleistung von mehr als 100 kW müssen durch einen außerhalb des Aufstellraums angeordneten Schalter (Notschalter) jederzeit abgeschaltet werden können. Neben dem Notschalter muss ein Schild mit der Aufschrift „Notschalter-Feuerung“ vorhanden sein. Wird im Aufstellraum auch Heizöl gelagert, so muss die Heizölzufuhr von der Stelle des Notschalters aus unterbrochen werden können.

Heizräume

Allgemeine Anforderungen:

- Der Heizraum darf nicht anderweitig genutzt werden.
- Er darf keine unmittelbare Verbindung zu Aufenthaltsräumen haben (ausgenommen sind solche Räume für das Bedienungspersonal).
- Der Rauminhalt muss mindestens 8 m³ betragen.
- Die lichte Raumhöhe muss mindestens 2 m betragen.
- Die Türen müssen in Fluchtrichtung aufschlagen.
- Der Heizraum muss einen Ausgang direkt ins Freie haben oder auf einen Flur, der Anforderungen an notwendige Flure erfüllt.

Anforderung an Bauteile:

- Wände und Stützen sowie Decken über und unter dem Heizraum müssen feuerbeständig sein (F90).
- Öffnungen in Decken und Wänden müssen, soweit sie nicht unmittelbar ins Freie führen, feuerhemmend sein und selbstschließende Abschlüsse haben (T30).

Raumlüftung:
- Heizräume müssen jeweils eine obere und eine untere Öffnung ins Freie mit einem Querschnitt von mindestens 150 cm^2 oder Leitungen ins Freie mit strömungstechnisch äquivalenten Querschnitten haben.
- Lüftungsleitungen für Heizräume müssen eine Feuerwiderstandsdauer von 90 Minuten haben, soweit sie durch andere Räume führen.
- Die Lüftungsleitungen dürfen nicht mit anderen Lüftungsanlagen verbunden sein und nicht der Lüftung anderer Räume dienen.
- Lüftungsleitungen anderer Räume müssen, wenn sie durch den Heizraum führen, eine Feuerwiderstandsdauer von 90 Minuten haben. Sie dürfen keine Öffnungen haben.

Verbrennungsluftversorgung von Feuerstätten (gilt für Aufstell- und Heizräume)

Für raumluftabhängige Feuerstätten muss die Zuführung der Verbrennungsluft durch Öffnungen ins Freie gewährleistet werden. Die Öffnung muss entweder ins Freie führen oder kann bei Aufstellräumen in Räumen hergestellt werden, die lufttechnisch mit dem Aufstellraum verbunden sind und diese Öffnungen ins Freie haben.

Tabelle 6.20 führt die Vorgaben der MFeuVO zur Ausführung der Verbrennungsluftversorgung abhängig von der Leistung der Feuerstätte an.

Tabelle 6.20: Verbrennungsluftversorgung für raumluftabhängige Feuerstätten nach MFeuVO

Feuerstätte mit Leistung	Ausführung der Verbrennungsluftversorgung
< 35 kW	• eine Öffnung ins Freie (Fenster oder Tür), Rauminhalt von 4 m^3 je kW Nennleistung und • Verbrennungsluftverbund mit anderen Räumen durch Öffnungen von mindestens 150 cm^2 (Räume ohne Verbindung zum Freien sind auf den Verbrennungsluftverbund nicht anzurechnen) oder • eine Öffnung ins Freie mit einem Querschnitt von 150 cm^2 oder 2 Öffnungen mit je 75 cm^2 oder Leitungen ins Freie mit einem strömungstechnisch äquivalenten Querschnitt
35 bis 50 kW	eine Öffnung ins Freie mit einem Querschnitt von 150 cm^2 oder 2 Öffnungen mit je 75 cm^2 oder Leitungen ins Freie mit einem strömungstechnisch äquivalenten Querschnitt
> 50 kW	eine Öffnung ins Freie mit einem Querschnitt von 150 cm^2 zuzüglich 2 cm^2 je kW über 50 kW oder Leitung ins Freie mit einem strömungstechnisch äquivalenten Querschnitt

6.11 Normen- und Literaturverzeichnis

Normen

DIN EN 12831:2020-04 Heizungsanlagen in Gebäuden – Verfahren zur Berechnung der Norm-Heizlast

DIN V 18599-1:2018-09 Energetische Bewertung von Gebäuden – Berechnung des Nutz-, End- und Primärenergiebedarfs für Heizung, Kühlung, Lüftung, Trinkwarmwasser und Beleuchtung – Teil 1: Allgemeine Bilanzierungsverfahren, Begriffe, Zonierung und Bewertung der Energieträger

DIN V 18599-2:2018-09 Energetische Bewertung von Gebäuden – Berechnung des Nutz-, End- und Primärenergiebedarfs für Heizung, Kühlung, Lüftung, Trinkwarmwasser und Beleuchtung – Teil 2: Nutzenergiebedarf für Heizen und Kühlen von Gebäudezonen

DIN V 18599-3:2018-09 Energetische Bewertung von Gebäuden – Berechnung des Nutz-, End- und Primärenergiebedarfs für Heizung, Kühlung, Lüftung, Trinkwarmwasser und Beleuchtung – Teil 3: Nutzenergiebedarf für die energetische Luftaufbereitung

DIN V 18599-4:2018-09 Energetische Bewertung von Gebäuden – Berechnung des Nutz-, End- und Primärenergiebedarfs für Heizung, Kühlung, Lüftung, Trinkwarmwasser und Beleuchtung – Teil 4: Nutz- und Endenergiebedarf für Beleuchtung

DIN V 18599-5:2018-09 Energetische Bewertung von Gebäuden – Berechnung des Nutz-, End- und Primärenergiebedarfs für Heizung, Kühlung, Lüftung, Trinkwarmwasser und Beleuchtung – Teil 5: Endenergiebedarf von Heizsystemen

DIN V 18599-6:2018-09 Energetische Bewertung von Gebäuden – Berechnung des Nutz-, End- und Primärenergiebedarfs für Heizung, Kühlung, Lüftung, Trinkwarmwasser und Beleuchtung – Teil 6: Endenergiebedarf von Lüftungsanlagen, Luftheizungsanlagen und Kühlsystemen für den Wohnungsbau

DIN V 18599-7:2018-09 Energetische Bewertung von Gebäuden – Berechnung des Nutz-, End- und Primärenergiebedarfs für Heizung, Kühlung, Lüftung, Trinkwarmwasser und Beleuchtung – Teil 7: Endenergiebedarf von Raumlufttechnik- und Klimakältesystemen für den Nichtwohnungsbau

DIN V 18599-8:2018-09 Energetische Bewertung von Gebäuden – Berechnung des Nutz-, End- und Primärenergiebedarfs für Heizung, Kühlung, Lüftung, Trinkwarmwasser und Beleuchtung – Teil 8: Nutz- und Endenergiebedarf von Warmwasserbereitungssystemen

DIN V 18599-9:2018-09 Energetische Bewertung von Gebäuden – Berechnung des Nutz-, End- und Primärenergiebedarfs für Heizung, Kühlung, Lüftung, Trinkwarmwasser und Beleuchtung – Teil 9: End- und Primärenergiebedarf von stromproduzierenden Anlagen

DIN V 18599-10:2018-09 Energetische Bewertung von Gebäuden – Berechnung des Nutz-, End- und Primärenergiebedarfs für Heizung, Kühlung, Lüftung, Trinkwarmwasser und Beleuchtung – Teil 10: Nutzungsrandbedingungen, Klimadaten

DIN V 18599-11:2018-09 Energetische Bewertung von Gebäuden – Berechnung des Nutz-, End- und Primärenergiebedarfs für Heizung, Kühlung, Lüftung, Trinkwarmwasser und Beleuchtung – Teil 11: Gebäudeautomation

DIN V 18599 Beiblatt 1:2010-01 Energetische Bewertung von Gebäuden – Berechnung des Nutz-, End- und Primärenergiebedarfs für Heizung, Kühlung, Lüftung, Trinkwarmwasser und Beleuchtung – Beiblatt 1: Bedarfs-/Verbrauchsabgleich

DIN V 18599 Beiblatt 2:2012-06 Energetische Bewertung von Gebäuden – Berechnung des Nutz-, End- und Primärenergiebedarfs für Heizung, Kühlung, Lüftung, Trinkwarmwasser und Beleuchtung – Beiblatt 2: Beschreibung der Anwendung von Kennwerten aus der DIN V 18599 bei Nachweisen des Gesetzes zur Förderung Erneuerbarer Energien im Wärmebereich (EEWärmeG)

Literatur

DVGW W 111 (A). Technische Regel – Arbeitsblatt. Pumpversuche bei der Wassererschließung. Stand: März 2015 [online]. Bonn: Deutscher Verein des Gas- und Wasserfaches e. V. (DVGW), 2015. Internet: https://shop.wvgw.de/var/assets/leseprobe/509327_lp%20W%20111.pdf [Zugriff: 07.08.2021]

Elsner, N.: Grundlagen der technischen Thermodynamik. Berlin: Akademie Verlag, 1982

Hartmann, H. (Hrsg.) u. a.: Handbuch der Bioenergie-Kleinanlagen. Gülzow: Fachagentur Nachwachsende Rohstoffe e. V., 2003

Knorr, M.; Krimmling, J.; Preuß, A.: Einzelraumregelungssysteme an Schulen. In: TAB 2/2005, S. 58 bis 63

Koschack, A.: Untersuchungen zur Kopplung von erdgasbetriebenen Wärmeerzeugern mit thermischen Solarsystemen. Dissertation TU Bergakademie Freiberg, 2001

Krimmling, J.: Energieeffiziente Gebäude. 3. Aufl. Stuttgart: Fraunhofer IRB Verlag, 2010

Krimmling, J.: Erneuerbare Energien. Einsatzmöglichkeiten – Technologien – Wirtschaftlichkeit. 1. Aufl. Köln: Verlagsgesellschaft Rudolf Müller, 2009

Krimmling, J.: Facility Management – Strukturen und methodische Instrumente. 5. Aufl. Stuttgart: Fraunhofer IRB Verlag, 2017

Lambrecht, K.: Das richtige Maß. Solarthermie optimal einsetzen (1). In: GEB 11/2005, S. 40 bis 43

Otto, J.: Wissensintensives Facilty Management. Grundlagen und Anwendungen. 1. Aufl. Renningen: Expert Verlag, 2006

Schillberg, K.: Altbausanierung mit Naturbaustoffen. Arau (Schweiz): AT Verlag, 1996

Schramek, E.-R.: Taschenbuch für Heizung und Klimatechnik. 72. Aufl. München: Oldenbourg Industrieverlag, 2005

Schramek, E.-R.: Taschenbuch für Heizung und Klimatechnik. 75. Aufl. München: Oldenbourg Industrieverlag, 2011

Sigloch, U. u. a.: Leise, sparsam und planungssicher. In: HLH Bd. 58 (2007), Nr. 2, S. 44 bis 48

Steimle, F.: Handbuch haustechnische Planung. Stuttgart/Zürich: Karl Krämer Verlag, 2000

VDI 2067 Blatt 1:2012-09 Wirtschaftlichkeit gebäudetechnischer Anlagen – Grundlagen und Kostenberechnung. Düsseldorf: Verein Deutscher Ingenieure, 2012

VDI 4640 Blatt 1:2010-06 Thermische Nutzung des Untergrunds – Grundlagen, Genehmigungen, Umweltaspekte. Düsseldorf: Verein Deutscher Ingenieure, 2010

VDI 4640 Blatt 2:2019-06 Thermische Nutzung des Untergrunds – Erdgekoppelte Wärmepumpenanlagen. Düsseldorf: Verein Deutscher Ingenieure, 2019

Wolff, D. u. a.: Felduntersuchung: Betriebsverhalten von Heizungsanlagen mit Erdgas-Brennwertkesseln, DBU, AZ 14133. Wolfenbüttel, 2004

7 Lüftungs- und Klimatechnik

7.1 Systemübersicht

Anlagen für die Lüftung und Klimatisierung von Gebäuden haben 2 Hauptaufgaben:

- Sicherstellung einer definierten Luftqualität (Funktionen Lüften und Filtern)
- Sicherstellung eines bestimmten thermischen Raumklimas (Funktionen Heizen, Kühlen, Be- und Entfeuchten)

Mithilfe des Luftaustauschs (Funktion Lüften) können erreicht werden:

- die Zuführung der für Menschen erforderlichen, physiologisch notwendigen Luftmenge,
- die Abfuhr von Bausubstanz schädigenden Feuchtelasten,
- die Abfuhr von Schadstoffen (z. B. flüchtige organische Stoffe),
- die Abfuhr von Gerüchen (sog. Geruchslasten),
- Abfuhr von Feuchtelasten.

Als Maß für den Luftaustausch wird in der Praxis die Luftwechselzahl (Austausch des entsprechenden Raumvolumens innerhalb einer Stunde, Einheit 1/h) verwendet. Die Anwendung von Erfahrungswerten für Luftwechselraten muss im Einzelfall immer kritisch geprüft werden. Für die Bemessung des erforderlichen Luftvolumenstroms ist ausschließlich die beabsichtigte Zielgröße im Raum maßgeblich, z. B. eine maximale CO_2-Konzentration oder eine bestimmte Raumtemperatur, -feuchte usw.

Der Luftaustausch kann über die folgenden Lüftungsarten erfolgen (vgl. Abb. 7.1):

- freie Lüftung über Fenster, Fugen oder Lüftungsschächte
- ventilatorgestützte Lüftung mit raumlufttechnischen Anlagen (RLT-Anlagen)

Bei der freien Lüftung wird dem Raum die Luft mit den zum jeweiligen Zeitpunkt herrschenden Außenbedingungen zugeführt, was in bestimmten Fällen unzweckmäßig sein kann (z. B. kalter Lufteinfall im Winter verbunden mit entsprechenden Zugerscheinungen). Bei ventilatorgestützter Lüftung kann die Luft in gewünschtem Maße konditioniert werden. Dabei sind die folgenden thermodynamischen Zustandsänderungen möglich:

- Erwärmen
- Kühlen
- Befeuchten
- Entfeuchten

Bei der Realisierung aller 4 Funktionen wird von Klimaanlagen, dagegen bei 2 bis 3 Funktionen von Teilklimaanlagen gesprochen.

Eine weitere Kategorie von RLT-Anlagen bilden reine Umluftanlagen, die die Raumluft ohne Außenluftwechsel lediglich thermodynamisch konditionieren. Sie werden zur Abfuhr von inneren Wärme- oder Feuchtelasten verwendet.

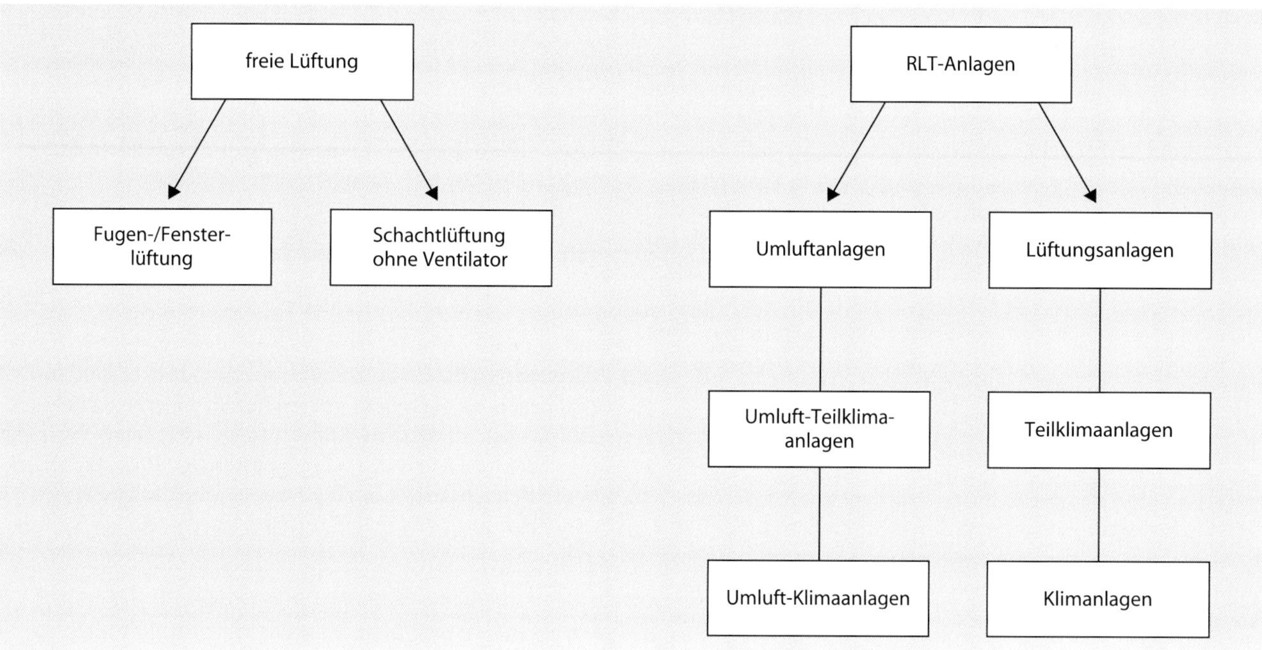

Abb. 7.1: Einordnung freie Lüftung und RLT-Anlagen

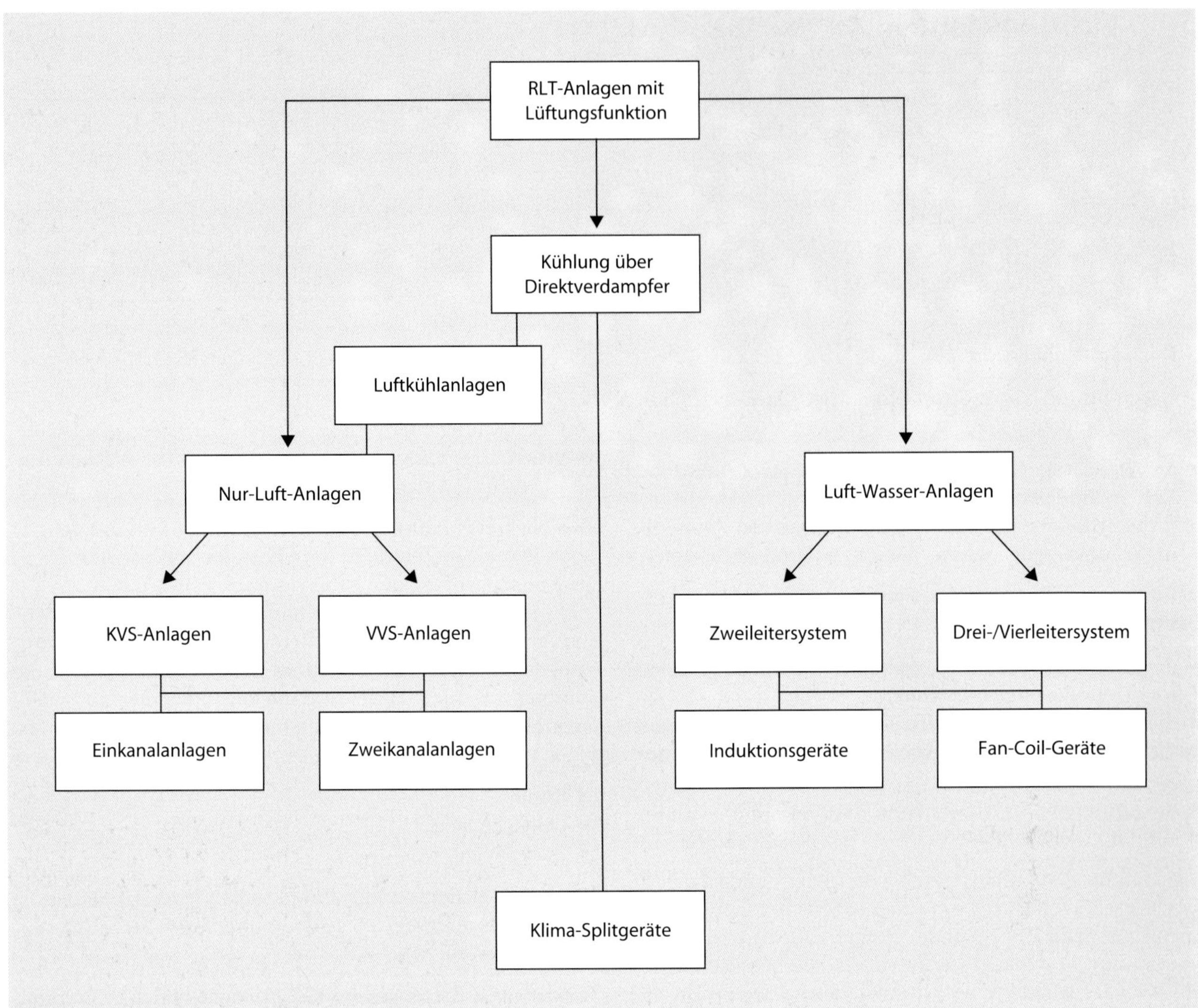

Abb 7.2: Gliederung der RLT-Anlagen mit Lüftungsfunktion (KVS-Anlagen: Anlagen mit konstantem Volumenstrom; VVS-Anlagen: Anlagen mit variablem Volumenstrom)

Die RLT-Anlagen mit Lüftungsfunktion können wiederum nach unterschiedlichen Kriterien unterteilt werden (vgl. Abb. 7.2).

Es handelt sich im Allgemeinen um zentrale Anlagen, die in Lüftungszentralen untergebracht werden. Dabei kann die Luft für die Verbraucher im Zentralgerät vollständig konditioniert und diesen in einem Nur-Luft-System zugeführt werden. Sollen unterschiedliche Raumluftzustände realisiert werden, besteht die Möglichkeit, die Zone mit höheren Parametern (Temperatur, Feuchte) entsprechend nachzukonditionieren (örtlicher Erhitzer, Kühler, Befeuchter). Dann wird von Mehrzonen-Klimaanlagen gesprochen. Eine andere, wenn auch in der Praxis selten anzutreffende Möglichkeit ist die Ausführung als Zweikanal-Klimaanlage mit einem Warmluft- und einem Kaltluftkanalsystem. Hier ist die Mischung unterschiedlicher Zulufttemperaturen in örtlichen Mischluftkästen möglich.

Bei der Anpassung des Raumklimas an die jeweiligen Erfordernisse kann entweder der Volumenstrom konstant gehalten werden und die Regelung erfolgt über die Variation der Temperatur oder der Volumenstrom wird jeweils geregelt und die Temperatur bleibt konstant. Somit kann in Anlagen mit konstantem oder variablem Volumenstrom unterschieden werden, sog. KVS- oder VVS-Anlagen.

Hinsichtlich der Auslegung des Kanalsystems und dessen Druckverluste werden Niederdruck- und Hochdruckanlagen (ND- bzw. HD-Anlagen) unterschieden.

ND-Anlagen werden mit Luftgeschwindigkeiten zwischen 3 und 8 m/s betrieben und werden für Drücke von etwa 200 bis 800 Pa ausgelegt. HD-Anlagen mit Luftgeschwindigkeiten von > 10 m/s und Druckverlusten von > 1.000 Pa werden heute im Komfortbereich weniger eingesetzt, da die Wahrscheinlichkeit von Schallproblemen hier höher ist. Es ist zu beachten, dass dem Vorteil der geringeren Kanalquerschnitte auch zusätzliche Aufwendungen für Schalldämpfer, Entspannungskästen u. a. entgegenstehen. Hinzu kommen höhere Betriebskosten für Elektroenergie infolge der höheren erforderlichen mechanischen Energie für die Ventilatoren.

Ist die individuelle Nachbehandlung der Luft in den Räumen gefordert, sind örtlich jeweils Heiz- und Kühlregister

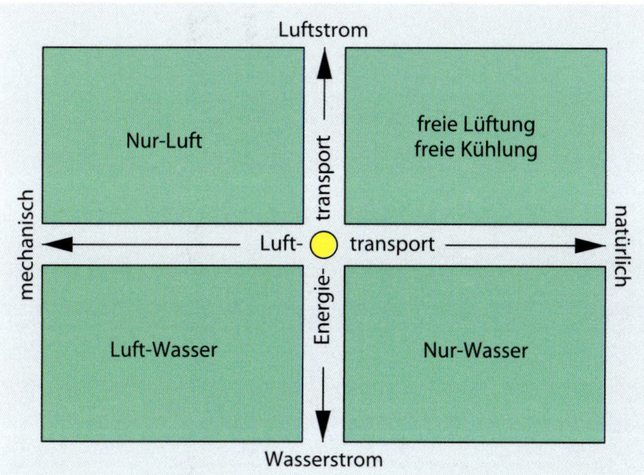

Abb. 7.3: Raumklimasysteme

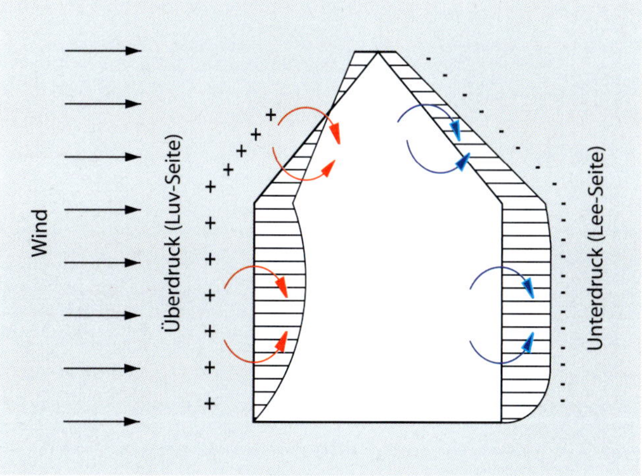

Abb. 7.4: Druckverteilung durch Wind

vorzusehen. Das heißt, es ist ein separates Heizwasser-/Kaltwassernetz erforderlich. Dann wird von Luft-Wasser-Klimaanlagen gesprochen. Hier ergeben sich weiter verzweigende Anlagencharakteristika: Die Rohrsysteme können als Vierleiter-, Dreileiter- oder Zweileitersystem ausgeführt werden. Letztere können wiederum umschaltbar oder nicht umschaltbar (Nachkonditionierung nur im Kühlfall) ausgeführt werden. Typisch ist auf jeden Fall, dass die Luft in der Klimazentrale nur eine Grundtemperierung erfährt, die Feinregelung erfolgt in den Räumen.

Das eröffnet die Möglichkeit, die Wärmeübertrager so anzuordnen und auszuführen, dass der zugeführte Primärvolumenstrom zusätzlich Raumluft ansaugt. Der Raumluftanteil in diesen sog. Induktionsanlagen kann das Mehrfache des Primärvolumenstromes betragen. Somit können relativ hohe Wärme- oder Kühllasten gedeckt werden, ohne Zentralanlagen und Kanalnetz zu belasten. Die Zuluftmenge kann auf den physiologisch notwendigen Anteil beschränkt bleiben. Wenn die Raumgeräte mit eigenem Ventilator ausgeführt werden, so werden diese als Fan-Coil-Anlagen bezeichnet.

Eine von den bisher aufgeführten Klimaanlagen mit Kaltwasserkühlung abweichende Variante ist die Wärmeabfuhr über Direktverdampfer, d. h., es wird nicht der Umweg Kältemittel-Kaltwasser-Luftkühlung gegangen, sondern das Kältemittel nimmt die abzuführende Wärme in einem Kältemittel-Luft-Wärmeübertrager direkt auf. Hier ist zwingend eine Regelung des Luftvolumenstromes notwendig, da eine Temperaturregelung auf der Kältemittelseite nur sehr eingeschränkt möglich ist. Raum- oder bereichsweise ausgeführte dezentrale Anlagen werden auch als Splitgeräte bezeichnet. Die Geräte benötigen jeweils eine Außeneinheit zur Wärmeabgabe des Verflüssigers. Industriellen Anwendungen vorbehalten bleibt die zentrale Kälteerzeugung mit Kältemittelnetz. Splitsysteme können als Single-Split-, Multisplit- oder VRF-Systeme ausgeführt werden.

Nach einem Vorschlag von Roth (vgl. Roth, 2001) werden die Teilsysteme ausschließlich nach dem Transportmechanismus von Luft und Energie unterschieden (vgl. Abb. 7.3).

Auf diese Weise lassen sich auch sog. Nur-Wasser-Systeme einordne. In Form von Kühlsegeln, aktiven Betondecken oder Fußbodenheiz- und/oder Kühlsystemen tragen sie zwar zur Temperierung der Gebäudeteile bei, sie besitzen selbst aber keine Lüftungsfunktion. In Kombination mit Lüftungssystemen können diese sog. stillen Systeme einen wichtigen Beitrag zur effektiven Raumklimatisierung leisten. In Kapitel 7.7 werden die stillen Kühlsysteme ausführlich behandelt.

7.2 Freie Lüftung

7.2.1 Fugen- und Fensterlüftung

Als freie Lüftung wird der Luftaustausch bezeichnet, der ohne Lüftungsanlagen durch den Einfluss des Windes und der Temperaturunterschiede zwischen innen und außen zustande kommt. Der Wind induziert an der angeströmten Gebäudeseite (Luv) einen Überdruck und an der abgeströmten Seite (Lee) einen Unterdruck (vgl. Abb. 7.4).

Weiterhin erzeugt der Dichteunterschied als Folge der Temperaturdifferenz zwischen Außenluft und der Temperatur im Gebäude ein vertikales Druckprofil, das proportional zur wirksamen Höhe zwischen unterster und oberster Öffnung/Leckage zunimmt (Formel 7.1).

$$\Delta p = \Delta \rho \cdot g \cdot h \qquad \text{(Formel 7.1)}$$

mit

Δp Druckdifferenz in Pa
$\Delta \rho$ Dichtedifferenz in kg/m^3
g Erdbeschleunigung (9,81 m/s^2)
h Höhe in m

Bei 30 K Temperaturunterschied ergibt sich ein Druck von 1,2 Pa/m. In Treppenhäusern, aber auch bei Gebäuden mit undichten Geschosstrennflächen können erhebliche Luftvolumenströme durch die Gebäudehülle strömen. In Gebäuden, bei denen beispielsweise aus energetischen Gründen unkontrollierte Luftströme ausgeschlossen werden sollen, müssen neben Fugen auch alle Installationsdurchführungen besonders abgedichtet werden. Bei neuen oder energetisch sanierten Gebäuden ist mit einem Fugenluftwechsel in der Größenordnung von 0,1 l/h zu rechnen. Im Allgemeinen reicht das zur Abdeckung des physiologisch notwendigen Mindestluftwechsels nicht aus und es muss zusätzlich über Fenster und Außenbauteil-Luftdurchlässe gelüftet werden.

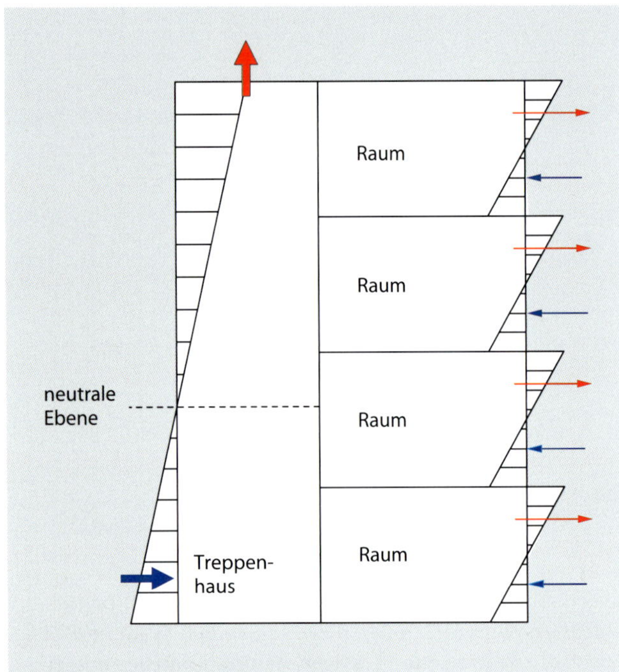

Abb. 7.5: Druckverteilung im Gebäude

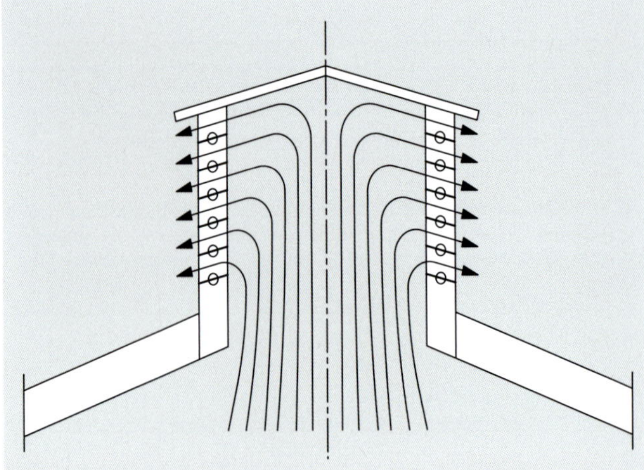

Abb. 7.6: Lüftungsaufsatz (Dachreiter)

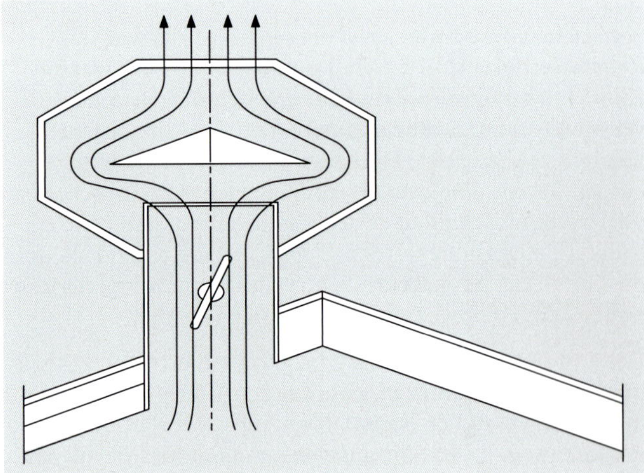

Abb. 7.7: Dachaufsatz (Deflektor)

Abb. 7.8: RWA in Stellung „Lüftung" (Quelle: FWU Ingenieurbüro GmbH, Dresden)

Die Lage der neutralen Ebene des Druckprofils hängt von der Verteilung der Undichtheiten ab (vgl. Abb. 7.5).

Als Grenzfall würde bei einem absolut dichten Gebäude mit einer oberen Öffnung die neutrale Zone bei $h = 0$ liegen. Im umgekehrten Fall, bei nur einer unteren Öffnung, läge die neutrale Zone bei $h = h_{max}$.

7.2.2 Schachtlüftung, Lüftung über Dachaufsätze und Rauch- und Wärmeabzugsanlagen

Die Schachtlüftung nutzt die zuvor beschriebenen Druckunterschiede infolge der Dichteänderung bei ausreichenden wirksamen Höhen.

Industriehallen, insbesondere bei Prozessen mit anfallenden Abwärmen, können mit Dachaufsätzen frei gelüftet werden. An den Dachhochpunkten werden Aufsätze oder kurze Schächte angebracht, in denen im Allgemeinen Regelklappen integriert sind.

Abb. 7.6 zeigt einen Lüftungsaufsatz in Form eines Dachreiters. Abb. 7.7 zeigt einen Dachaufsatz in Form eines Deflektors. Deflektorhauben werden auch bei ventilatorgestützten Abluftanlagen trotz ihrer dominanten Ansicht oft als Ausblase- bzw. Fortluftelement eingesetzt. Sie besitzen den Vorteil, nach oben auszublasen und gleichzeitig den Regeneintrag zuverlässig abzuschirmen.

Eine Sonderform der Schacht- und Dachaufsatzlüftung stellen Anlagen zum natürlichen Abzug von Rauch und Wärme dar (Rauch- und Wärmeabzugsanlagen [RWA]). Entsprechend den Landesbauordnungen sind sie z. B. für Gebäude mit mehr als 5 Vollgeschossen für innen liegende Treppenhäuser und für Treppenräume von Hochhäusern Vorschrift. Die zu öffnenden Querschnitte werden nach den Vorgaben des Brandschutzes ausgelegt. Sie werden meist in Oberlichtfenster oder Lichtkuppeln integriert. Fernauslösungen per Hand sind vorzusehen. In Treppenhäusern ist hier die Installation mindestens im Erdgeschoss (Zugangsebene) und im Dachgeschoss (oberster Treppenabsatz) vorgeschrieben. Es ist erlaubt, die RWA über einen zweiten Antrieb auch zur normalen Lüftung zu nutzen (vgl. Abb. 7.8). Zweckmäßig sind hierfür Ausführungen mit Regenautomatik.

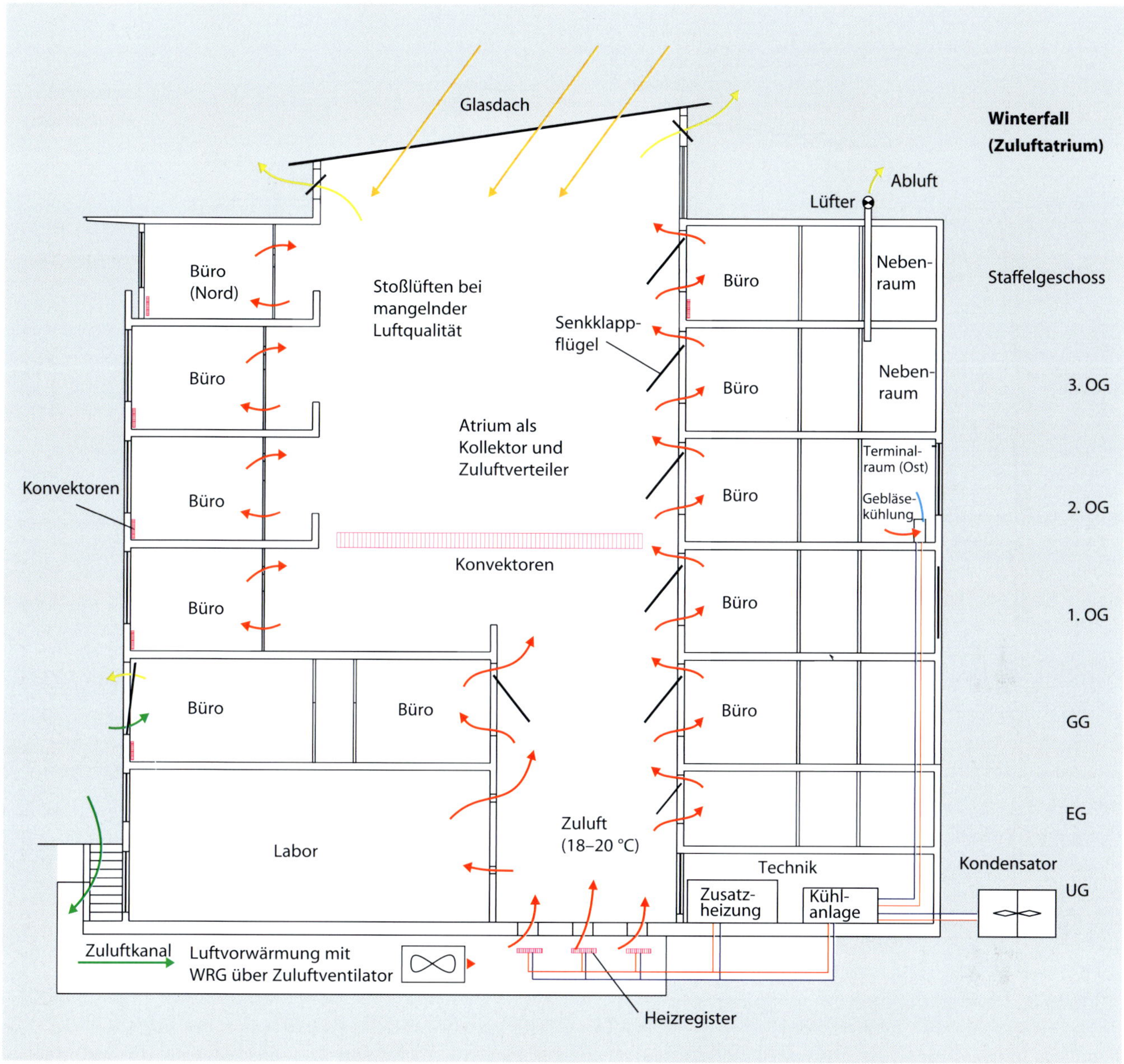

Abb. 7.9: Lüftung über Atrium im Winter (Quelle: Neubau Informationszentrum TU-Braunschweig: Einbindung des Atriums in das Energiekonzept – Winterfall)

7.2.3 Lüftung von Atrien, Hybridsysteme

Eine interessante neue Anwendung der natürlichen Lüftung sind Gebäude mit integriertem Atrium. Hier wird das hohe Druckpotenzial der gesamten Gebäudehöhe entsprechend der Formel 7.1 zur Überwindung der Druckverluste zentraler Zuluftkanäle und Wärmeübertrager zur Luftvorwärmung genutzt. Als Beispiel soll hier das Informatikzentrum der Technischen Universität Braunschweig aufgeführt werden (Institut für Gebäude- und Solartechnik, TU Braunschweig, www.igs.bau.tu-bs.de). Die Konzeption für den Winterfall zeigt Abb. 7.9.

Die Außenluft strömt über einen Luft-Erdreich-Wärmeübertrager (LEW, vgl. auch Kapitel 7.9.2) mit anschließendem Heizregister. Die erwärmte Luft gelangt über Bodenauslässe in das Kellergeschoss des Atriums, das als großer Zuluftverteiler fungiert. Die Büros zum Atrium besitzen keine Heizflächen. Sie geben ihre Abluft wieder in das Atrium ab. Die an der Außenfassade gelegenen Büros besitzen Heizflächen und können zusätzlich noch über Fenster belüftet werden. Die Abluftklappen im Dachbereich des Atriums werden nach der Luftqualität über Gassensoren gesteuert.

Im Sommerbetrieb (vgl. entsprechend Abb. 7.10) steigt die über den Zuluftkanal eingebrachte Luft durch die Schachtwirkung im Atrium nach oben, gelangt über motorisch betriebene Tür- und Fensteroberlichter in die Räume und schließlich nach draußen. Die nächtliche Querlüftung erfolgt über motorisch betriebene Tür- und Fensteroberlichter.

Im Zuluftkanal ist zur Überwindung des Druckverlustes ein Zuluftventilator installiert. Es handelt sich hier also um eine spezielle Schachtlüftung mit motorischer Unterstützung, die üblicherweise als Hybridlüftung bezeichnet wird. Dieser wird aber nur selten zugeschaltet, sodass das freie

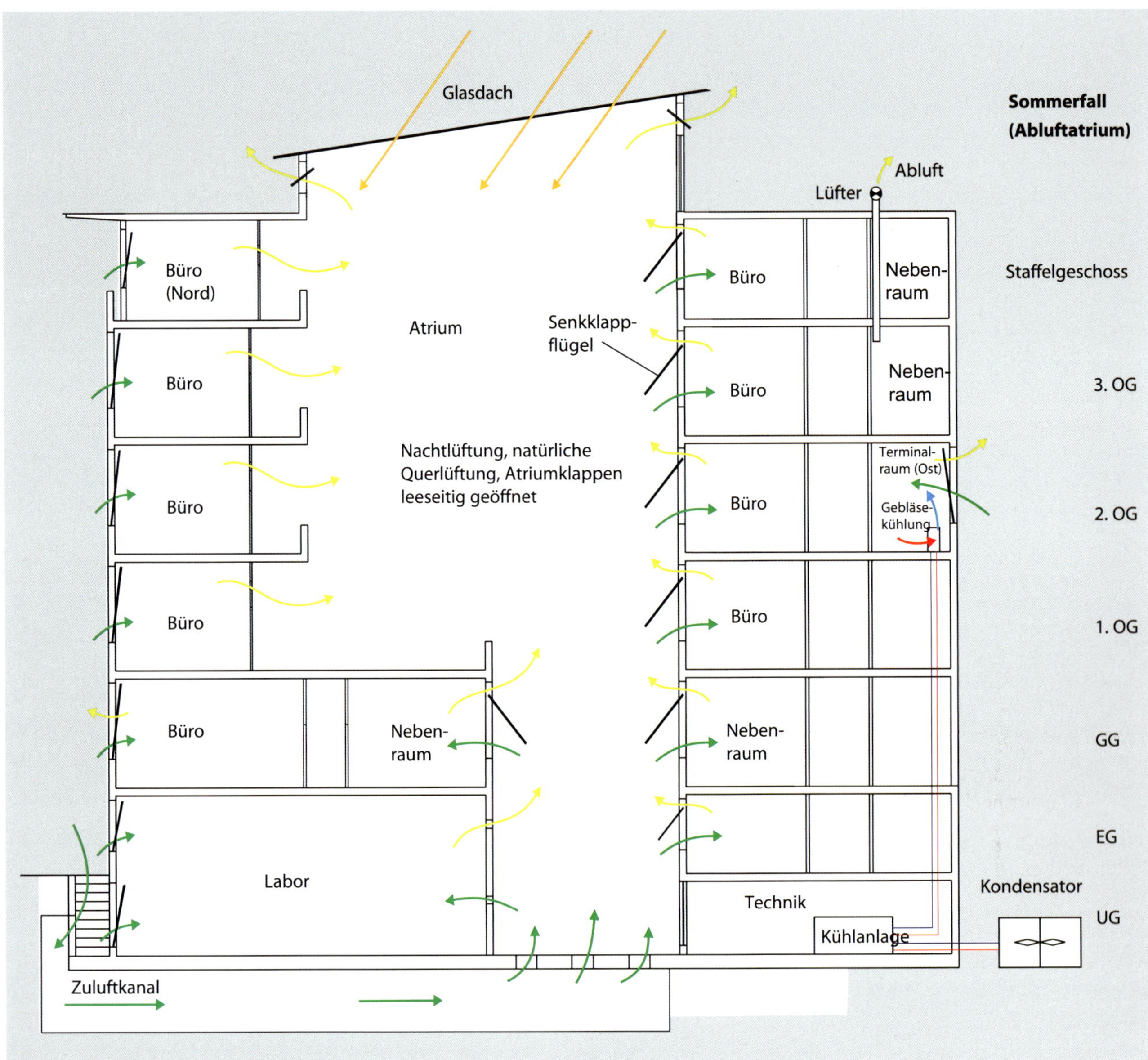

Abb. 7.10: Lüftung über Atrium im Sommer (Quelle: Neubau Informationszentrum TU-Braunschweig: Einbindung des Atriums in das Energiekonzept – Sommerfall)

Lüftungsprinzip dominiert und der erforderliche Stromverbrauch für den Lufttransport gegenüber konventionellen RLT-Anlagen deutlich reduziert ist. Die installierte Lüfterleistung liegt bei 1,3 W/m² NGF (Netto-Grundfläche), während bei neu zu errichtenden Gebäuden mit klassischen RLT-Anlagen von Leistungen in der Größenordnung von 10 bis 20 W/m² NGF auszugehen ist.

Bei Bauprojekten mit integrierten Atrien muss allerdings dem Brandschutz von Beginn an von allen Planungsbeteiligten eine besondere Aufmerksamkeit gewidmet werden. Die übliche Unterteilung in horizontale Brandabschnitte ist hier nicht möglich und es muss daher jeweils ein spezielles Brandschutzkonzept erarbeitet werden. Oft wird eine Vollsprinklerung der Gebäude erforderlich sein und die Wirksamkeit der Entrauchungssysteme ist in Simulationen nachzuweisen. Gegebenenfalls sind Sonderlösungen im baulichen und anlagentechnischen Brandschutz z. B. bei der Verglasung der Innenbereiche, der Ausführung mit Rauchschützen und der Ausführung der Lüftungsklappen und Überströmöffnungen erforderlich, die mit den zuständigen Behörden in einem möglichst frühen Planungsstadium abzustimmen sind.

Bei dem beispielhaft beschriebenen Atrium mit fassadenintegriertem System handelt es sich also um ein Hybridsystem, in dem der motorische Aufwand für den Lufttransport stark reduziert wird, das durch Komponenten der freien Lüftung ergänzt wird und das teilweise auch in der überwiegenden Betriebszeit nach dem freien Lüftungsprinzip betrieben wird.

7.3 Luftbehandlungsfunktionen und Hauptaggregate

7.3.1 Luftzustände

Außenluft und Raumluft enthalten mehr oder weniger Wasserdampf in unsichtbarer Form. Neben der Temperatur ist der Anteil des Wasserdampfes von entscheidender Bedeutung für unser Behaglichkeitsempfinden (vgl. Kapitel 1.2.1). Der maximal von trockener Luft aufnehmbare Anteil x ist vom Partialdruck p_D des Wasserdampfes im Verhältnis zum Luftdruck p_L abhängig:

$$x = \frac{\dot{m}_D}{\dot{m}_L} = \frac{p_D \cdot R_L}{p_L \cdot R_D} = 0{,}622 \cdot \frac{p_D}{p_L} \qquad \text{(Formel 7.2)}$$

mit

x Wassergehalt der Luft in g/kg, vgl. z. B. Abb. 7.12
$\dot{m}_D$ Massenstrom des Wasserdampfes in kg/s
$\dot{m}_L$ Massenstrom der trockenen Luft in kg/s
p_D Partialdruck des Wasserdampfes in bar
p_L Partialdruck der trockenen Luft in bar
R Gaskonstante in J/(kg · K); R_L = 287,1 J/(kg · K); R_D = 461,4 J/(kg · K)

Der Partialdruck p_D kann höchstens den Druck des gesättigten Wasserdampfes p_S bei der jeweiligen Temperatur annehmen.

$$p_D \leq p_S(t_L) \text{ in bar} \qquad \text{(Formel 7.3)}$$

mit

t_L Lufttemperatur in °C
p_S Druck des gesättigten Wasserdampfes in bar

Das heißt, im (theoretischen) Fall von 100 °C Lufttemperatur beträgt der Druck des gesättigten Wasserdampfes 1 bar. Im Verhältnis zum Luftdruck von 1 bar beträgt der maximale Wasserdampfanteil x = 0,622 (62,2 %).

Bei 20 °C Lufttemperatur beträgt der maximale Wasserdampfanteil 0,0146 (1,5 %) und bei einer Lufttemperatur von -20 °C nur noch 0,00064 (0,06 %), vgl. auch Abb. 7.11.

Das Verhältnis aus dem Partialdruck des Wasserdampfes und dessen Sättigungsdruck wird als relative Feuchte φ bezeichnet:

$$\varphi = \frac{p_D}{p_S} \qquad \text{(Formel 7.4)}$$

Die Werte von φ liegen zwischen 0 und 1. Gebräuchlich ist die Angabe in %, auch %rF.

Die Enthalpie h, also der Wärmeinhalt von Luft-Wasserdampf-Gemischen, ist gleich der Summe der Einzelenthalpien, die auf 1 kg trockene Luft bezogen wird:

$$h = h_L + x \cdot h_D \quad \text{in kJ/kg} \qquad \text{(Formel 7.5)}$$

mit

h_L Enthalpie der trockenen Luft in kJ/kg
h_D Enthalpie des gesättigten Wasserdampfes in kJ/kg

Zur übersichtlicheren Darstellung von Zustandsänderungen der feuchten Luft und als Hilfe für Berechnungen wurde von Mollier das *h,x*-Diagramm entwickelt (vgl. Abb. 7.12).

Folgende wesentliche Größen sind aufgetragen:

- Wasserdampfanteil x (Linien x = konstant, Isohygren), ablesbar auf der waagerechten Achse
- Temperatur t als schwach geneigte Linien t =konstant (Isothermen), auf der senkrechten Achse ablesbar
- Enthalpie h des Luft-Wasserdampf-Gemisches als von links oben nach rechts unten verlaufende Geraden (Linien h = konstant, Isenthalpen)
- relative Feuchte φ als von links unten nach rechts oben verlaufende Kurvenschar

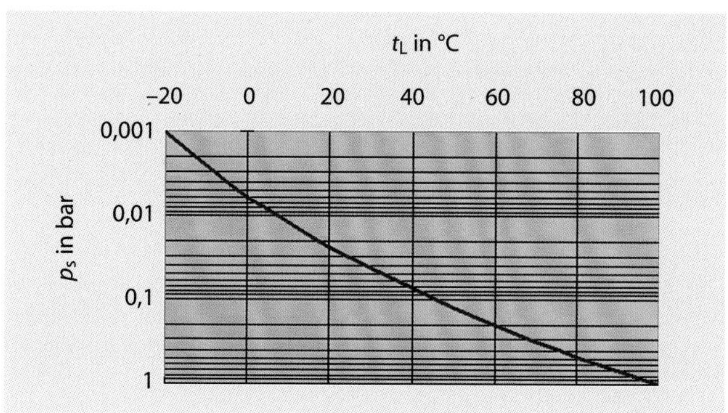

Abb. 7.11: Der Druck des gesättigten Wasserdampfes als Funktion der Lufttemperatur

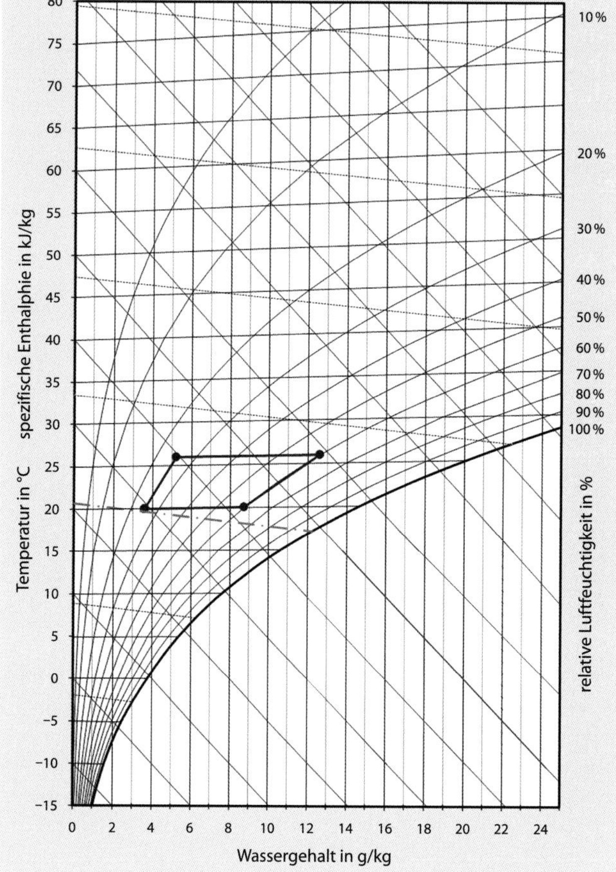

Abb. 7.12: *h,x*-Diagramm für feuchte Luft mit Darstellung des Gebiets des thermisch behaglichen Raumklimas nach DIN EN 16798-1 (Kategorie II) (Quelle: Institut für Luft- und Kältetechnik (ILK), Dresden)

Die Sättigungslinie φ = 100 % trennt den ungesättigten Bereich oberhalb der Linie vom gesättigten Bereich unterhalb der Linie, in dem Feuchtigkeit als Nebel oder Eisnebel ausfällt (Nebelgebiet).

In Abb. 7.12 ist das Gebiet des thermisch behaglichen Raumklimas nach DIN EN 16798-1 (Kategorie II) dargestellt. Der Temperaturbereich für die operative Raumtemperatur zur Auslegung von Bürogebäuden in der empfohlenen Kategorie II (normales Maß an Erwartungen) liegt im Winter zwischen 20 und 25 °C und im Sommer zwischen 23 und 26 °C. Dabei ist die operative Raumtemperatur bei Luftgeschwindigkeiten von bis zu 0,2 m/s das arithmetische Mittel zwischen der Raumlufttemperatur und der Strahlungstemperatur der umschließenden Flächen (Wän-

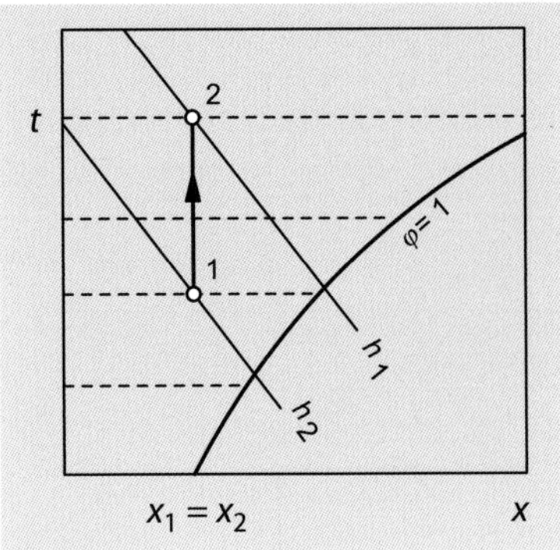

Abb. 7.13: Zustandsänderung Lufterwärmung

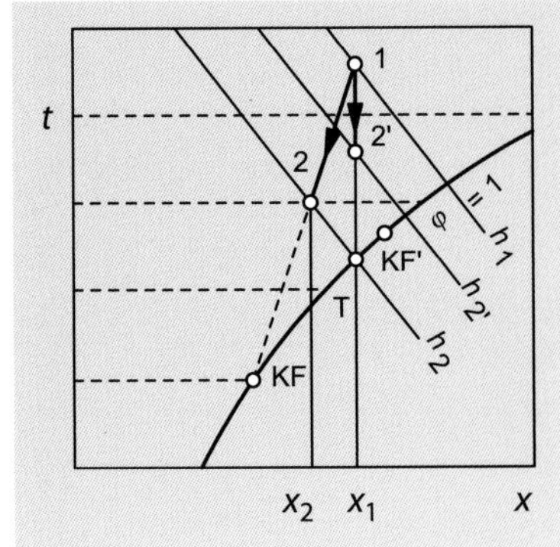

Abb. 7.14: Zustandsänderung Luftkühlung

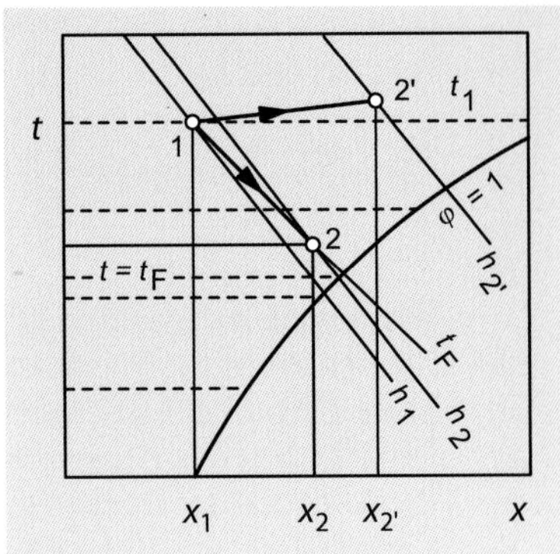

Abb. 7.15: Zustandsänderung Luftbefeuchtung

de, Fußboden, Decke usw.). Die Feuchte soll im Bereich zwischen 25 und 60 % liegen, wobei die niedrigeren Werte, d. h. trockenere Luft, im Winter und die höheren Werte, d. h. feuchtere Luft, im Sommer auftreten. Die thermische Behaglichkeit hängt neben der operativen Temperatur und der Feuchtigkeit von weiteren Größen ab (vgl. auch Kapitel 1.2.1):

- Luftgeschwindigkeit
- Aktivitätsgrad der Personen
- Wärmeleitwiderstand der Kleidung

7.3.2 Lufterwärmung

Die Zustandsänderung verläuft auf der Linie x = konstant von 1 nach 2 nach oben (vgl. Abb. 7.13). Die Temperatur erhöht sich von t_1 auf t_2. Die Enthalpie h_2 im Zustand 2 beträgt:

$$h_2 = h_1 + q_{zu} \quad \text{in kJ/kg} \qquad \text{(Formel 7.6)}$$

mit

q_{zu} zugeführte spezifische Wärmeenergie in kJ/kg

Die relative Feuchte nimmt aber ab; insbesondere im normalen Außentemperatur-/Raumtemperaturbereich ist die Änderung $\Delta\varphi/\Delta t$ hoch (vgl. Kapitel 7.3.1). Das erklärt auch die Tatsache, dass die Luft im Winter bei niedrigen Außentemperaturen, geringem Wasserdampfgehalt, aber hoher relativer Feuchte im Bereich der Sättigungslinie im Zustand 1 (z. B. –10 °C, 1,3 g/kg, 80 %rF) beim Erwärmen auf Raumtemperatur im Zustand 2 eine sehr niedrige relative Feuchte (im Beispiel bei 20 °C dann 10 %rF) annimmt. Die Luft wird als zu trocken empfunden.

7.3.3 Luftkühlung

Die Zustandsänderung der Luftkühlung verläuft vom Zustand 1 (t_1, x_1, h_1) nach unten zum Zustand 2 oder 2' (vgl. Abb. 7.14). Der Punkt 2 wird erreicht, wenn die Kühlflächentemperatur am Punkt KF unterhalb der Taupunkttemperatur am Punkt T liegt. Dabei wird die Wassermenge $\Delta x = x_2 - x_1$ an der Kühlfläche als Kondensat abgeschieden. Man spricht von der sog. nassen Kühlung.

Der Punkt 2' wird erreicht, wenn die Kühlflächentemperatur am Punkt KF' oberhalb der Taupunkttemperatur am Punkt T liegt. Hier tritt an der Kühlfläche keine Kondensation auf ($x_2 = x_1$). Es handelt sich um eine sog. trockene Kühlung. Die Enthalpie h_2 im Zustand 2 beträgt in beiden Fällen annähernd:

$$h_2 = h_1 - |q_{ab}| \quad \text{in kJ/kg} \qquad \text{(Formel 7.7)}$$

mit

q_{ab} abgeführte spezifische Wärmeenergie in kJ/kg

7.3.4 Luftbefeuchtung

Bei der Luftbefeuchtung (vgl. Abb. 7.15) führen die beiden wichtigsten technischen Verfahren zu verschiedenen Zustandsverläufen.

Sprühbefeuchtung

Unter hohem Druck wird über Düsen fein versprühtes, aufbereitetes Wasser in den Luftstrom eingebracht und dort verdunstet. Die Energie hierfür wird der Luft entnommen, wobei sich diese von t_1 auf t_2 abkühlt. Es kommt nur zu einer geringen Enthalpieerhöhung:

$$\Delta h = c_w \cdot \Delta t_w \cdot \Delta x \qquad \text{(Formel 7.8)}$$

mit

Δh Enthalpiedifferenz in kJ/kg
c_w spezifische Wärmekapazität des Wassers (4,19 kJ/kg · K)
Δt_w Temperatur des Wassers als Temperaturdifferenz gegenüber 0 °C in K
Δx Differenz der absoluten Feuchte

Diese Erhöhung rührt also von der fühlbaren Wärme des eingebrachten Wasseranteils her.

Die Feuchtkugeltemperatur t_F ist die Grenztemperatur, die sich bei maximaler Befeuchtung $x = 1$ einstellt. Sie ist die minimale Temperatur, die sich an einer von Luft umströmten feuchten Oberfläche erreichen lässt.

Abb. 7.16 zeigt den schematischen Aufbau eines Sprühbefeuchters, Abb. 7.17 gewährt einen Blick in eine Sprühkammer.

Befeuchteranlagen müssen am strömungsseitigen Ende Tropfenabscheider besitzen, um überschüssiges Wasser abzuscheiden und eine Befeuchtung der nachgeschalteten Anlagen und Kanäle zu vermeiden (vgl. Abb. 7.16). Um Keimbildungen, insbesondere von Legionellen, zu vermeiden, sind kontinuierlich Desinfektionsmittel zuzugeben oder der Wanneninhalt ist durch UV-Bestrahlung zu desinfizieren. Erforderlich ist weiterhin eine kontinuierliche Absalzung, um eine Konzentrationserhöhung von Salzen und damit die Eindickung des Inhaltswassers zu vermeiden.

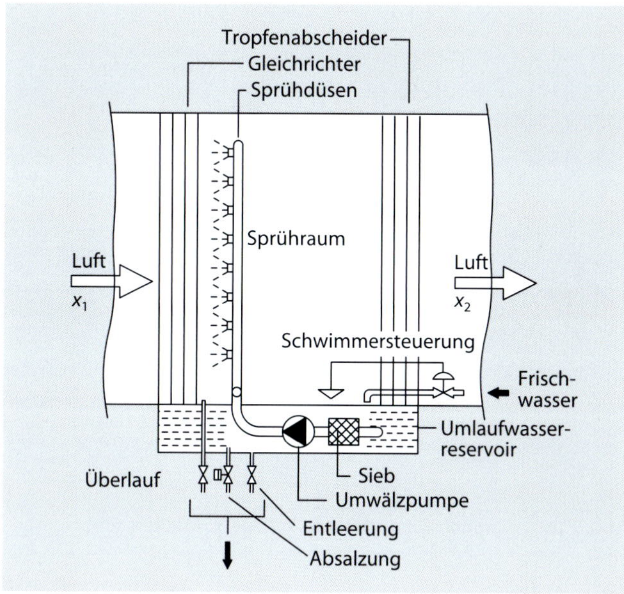

Abb. 7.16: Aufbau Sprühbefeuchter

Abb. 7.17: Blick in eine Sprühkammer (Quelle: FWU Ingenieurbüro GmbH, Dresden, Proj.-Nr. 1037/2005)

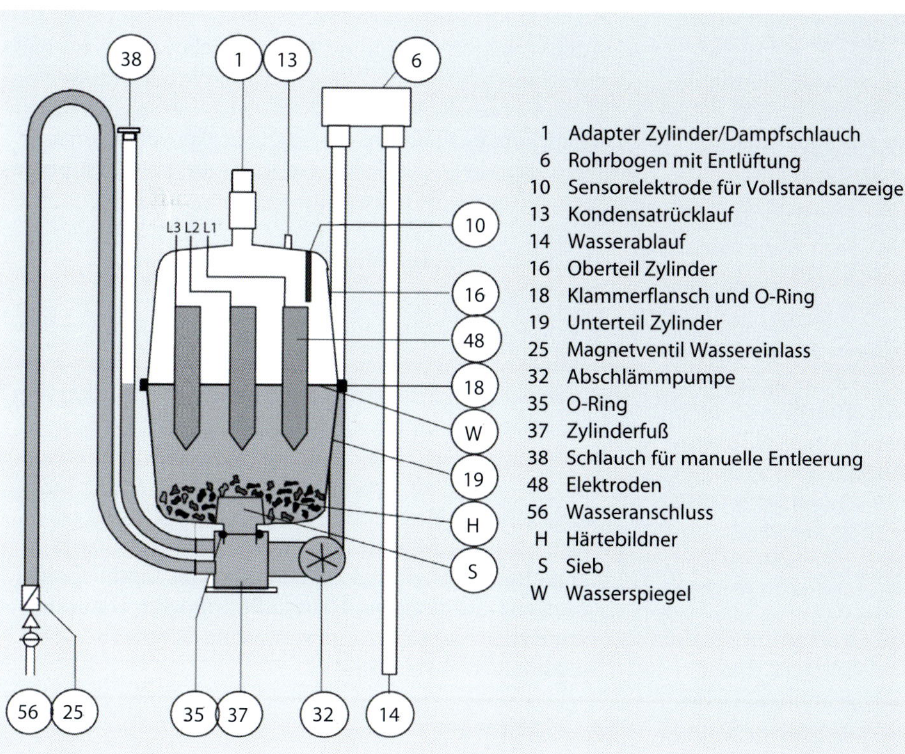

Abb. 7.18: Elektrodendampfbefeuchter (Quelle: Hygromatik – Lufttechnischer Apparatebau GmbH, Henstedt-Ulzburg; Hyline, Werksschrift)

Dampfbefeuchtung

Bei der Dampfbefeuchtung wird Dampf in den Luftstrom eingeblasen. Der Zustand verläuft von 1 nach 2' (vgl. Abb. 7.15) mit leichtem Temperaturanstieg und einer Enthalpieerhöhung gemäß der Formel 7.9.

$$\Delta h = h'' \cdot \Delta x \qquad \text{(Formel 7.9)}$$

mit

Δh Enthalpiedifferenz in kJ/kg
h'' Enthalpie des Sattdampfes in kJ/kg
Δx Differenz der absoluten Feuchte

Hierbei ist h'' die Enthalpie des zugeführten Sattdampfes.

Gegenüber der Sprühbefeuchtung ist keine Nachheizung erforderlich und der Prozess ist einfacher regelbar. Weiterhin entfällt der Aufwand für Desinfektionsmaßnahmen.

Nachteilig ist der hohe anlagentechnische Aufwand der Dampferzeugung. Zur Anwendung kommen Eigendampfluftbefeuchter und Druckdampfluftbefeuchter.

Eigendampfluftbefeuchter sind kompakte Elektrodampferzeuger, die der jeweiligen Luft- bzw. Befeuchterleistung des RLT-Gerätes angepasst sind. Hier gibt es wiederum verschiedene Bauarten bzw. Funktionsprinzipien: Der Elektrodendampfbefeuchter (vgl. Abb. 7.18) kann mit Trinkwasser betrieben werden, während der Widerstandsdampfbefeuch-

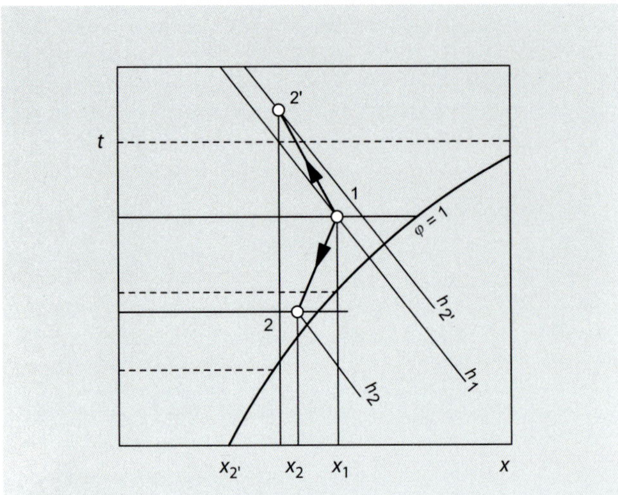

Abbildung 7.19: Luftentfeuchtung

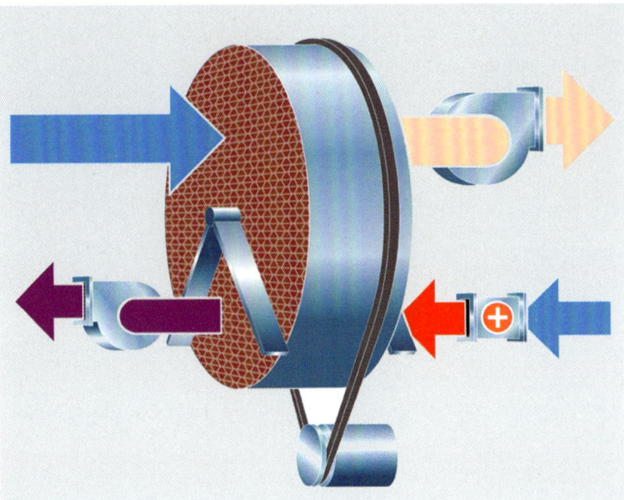

Abb. 7.20: Sorptionsluftentfeuchtung (Quelle: Munters GmbH, Hamburg)

ter enthärtetes Wasser benötigt. Letzterer ist besser regelbar. Beide Bauarten benötigen einen relativ hohen Wartungsaufwand. Elektroden und Dampfzylinder sind Verschleißteile, die gewechselt oder gereinigt werden müssen.

Druckdampfluftbefeuchter setzen eine zentrale Kesselanlage voraus und bleiben Anwendungen vorbehalten, in denen das Medium Dampf ohnehin benötigt wird oder der Befeuchtungsbedarf in großen Lüftungszentralen eine separate Anlage sinnvoll macht.

7.3.5 Luftentfeuchtung

Taupunktentfeuchtung

Die mit Abstand am häufigsten praktizierte Art ist die Luftentfeuchtung mittels Kühlung, wobei die Kühlflächentemperatur unterhalb des Taupunktes der Luft liegt (vgl. auch Kapitel 7.3.3). Da der Verlauf mit einer deutlichen Temperaturabsenkung einhergeht und im Allgemeinen auch die relative Luftfeuchte von 1 nach 2 zunimmt (vgl. Abb. 7.19), ist oft eine Nachheizung erforderlich.

Sorptionsentfeuchtung

Bei der Sorptionsentfeuchtung wird die feuchte Luft an der Oberfläche eines festen Absorbens, z. B. Silicagel, in der flüssigen Phase aufgenommen und dort gebunden. Dabei werden die Kondensationswärme des Wasserdampfes und die Bindungswärme des Absorbens frei.

$$\Delta h = |h_D + h_B| \cdot \Delta x \qquad \text{(Formel 7.10)}$$

mit

Δh Enthalpiedifferenz in kJ/kg
h_D Enthalpie des Dampfes in kJ/kg
h_B Bindungsenthalpie des Absorbens in kJ/kg
Δx Differenz der absoluten Feuchte

Die Temperatur erhöht sich vom Zustand 1 auf den Zustand 2' (vgl. Abb. 7.19). Um einen kontinuierlichen Prozess zu erhalten, muss die Feuchtigkeit am Absorbens wieder ausgetrieben werden. Dafür muss dem Absorbens die Bindungswärme wieder zugeführt werden.

Technisch lässt sich dieser Prozess in Analogie zum rekuperativen Wärmerad in einem sich kontinuierlich drehenden Sorptionsrotor realisieren (vgl. Abb. 7.20).

Da der verfahrenstechnische Aufwand relativ hoch ist, blieb das Verfahren bisher im Wesentlichen Prozessluftanwendungen vorbehalten. Bei der Forderung von sehr niedrigen Luftfeuchten bei Taupunkten ≤ 0 °C ist das Verfahren allerdings alternativlos, da sich diese Zustände durch Taupunktentfeuchtung nicht realisieren lassen.

Beispiel: Luftzuführung über Eisflächen von Sportarenen

Um Nebelbildung bei Eisportveranstaltungen auszuschließen, muss bei hohen Außenluftfeuchten und den zusätzlichen Feuchtelasten der Zuschauer die Zuluft für den Eisbereich unterhalb des Taupunktes von 0 °C getrocknet werden. Günstig auf die Betriebskosten wirkt sich aus, wenn zur Regeneration Abwärme eingesetzt werden kann (hier durch Nutzung der Verflüssigerabwärme aus der Kälteanlage für die Eisbahnkühlung). Zu realisieren ist dann lediglich noch die anschließende (trockene) Kühlung auf Raumluftparameter, wofür das Temperaturniveau von Umweltwärme (10 bis 15 °C) im Allgemeinen ausreichend ist.

7.4 Lüftungsprinzipien

Bei der Lüftung von Räumen werden grundlegende Lüftungsprinzipien unterschieden:

- Mischlüftung
- Verdrängungslüftung

Beim Mischlüftungsprinzip wird die Luft mit relativ hoher Geschwindigkeit als Zuluftstrahl zugeführt. Dabei wird Raumluft in Zuluftrichtung mitgerissen und eine Raumströmung induziert. Durch die Nachströmung von Raumluft in die Unterdruckbereiche seitlich der Zuluftelemente sorgen kräftige Sekundärströmungen für geschlossene Raumluftwalzen und tragen zur vollständigen Durchmischung bei. Dabei werden die im Raum freigesetzten Luftbeimischungen gleichmäßig verteilt. Ebenso erfolgt eine

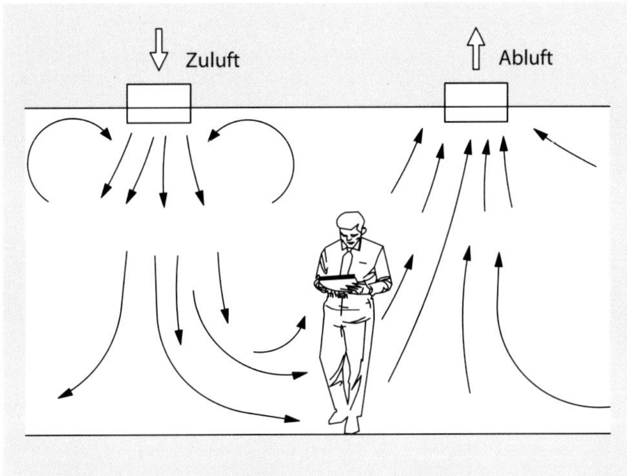

Abb. 7.21: Prinzip Mischlüftung

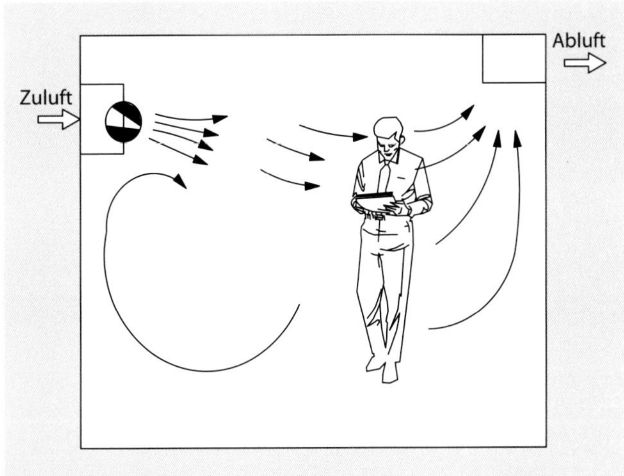

Abb. 7.22: Prinzip Strahllüftung (Sonderform der Mischlüftung)

Abbildung 7.23: Prinzip Verdrängungslüftung

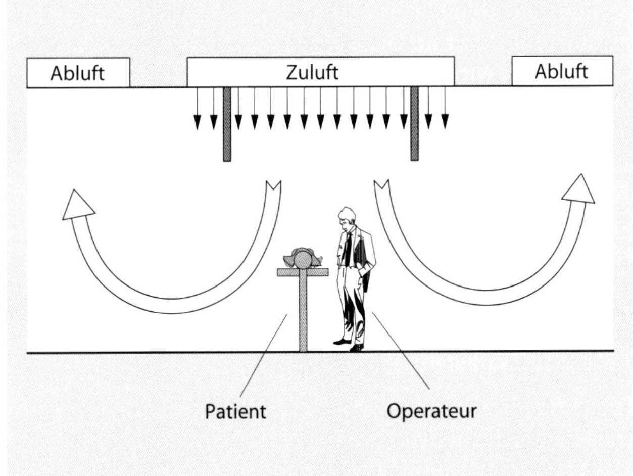

Abb. 7.24: Prinzip turbulenzarme Verdrängungsströmung

Vergleichmäßigung des Temperaturprofils. Oft werden Zuluft- und Abluftelemente im Deckenbereich vorgesehen (vgl. Abb. 7.21).

Obwohl bei der Mischlüftung die dynamischen Kräfte die bestimmenden sind, sind die thermischen Wirkungen zu beachten. Wird im Heizfall warme Luft (d. h. mit Übertemperatur gegenüber der Raumluft) insbesondere im Deckenbereich zugeführt, so muss deren kinetische Energie zusätzlich noch der thermischen Auftriebskraft entgegenwirken, um eine ausreichende Eindringtiefe zu erreichen.

Andersherum muss im Kühlfall die mit Untertemperatur zugeführte Luft möglichst seitlich oder tangential geführt werden, um die sich addierenden Komponenten, d. h. die dynamische Komponente und die thermische, nach unten gerichtet Strömungskomponente, nicht zu groß werden zu lassen. Unangenehme Zugerscheinungen und das „Durchfallen" von Kaltluftströmungen wären die Folge (vgl. auch Kapitel 7.5.3).

Die Strahllüftung (vgl. auch Abb. 7.22) als Sonderform der Mischlüftung kommt als Alternative zur weiter unten beschriebenen Quelllüftung in Sälen zur Anwendung. Die Luftgeschwindigkeit in den Düsen und deren Anstellwinkel sind durch Simulationen oder Versuche zu ermitteln, damit sich eine stabile Raumströmung ohne Zugerscheinungen einstellt.

Beim Verdrängungslüftungsprinzip wird die Luft dem Raum mit niedriger Geschwindigkeit turbulenzarm über großflächige Auslässe zugeführt. Dabei können z. B. Verdrängungsluftauslässe über den Fußboden verteilt sein oder Fußboden und Decke werden selbst als perforierte Zu- und Abluftflächen ausgeführt (industrielle Anwendungen zur Schadstoffabfuhr, Schweißstände, Oberflächenbehandlung, vgl. Abb. 7.23).

In Krankenhäusern werden im OP-Bereich heute vorwiegend sog. TAV-Decken (turbulenzarme Verdrängungsströmung) eingesetzt, mit denen sterile Bedingungen im unmittelbaren Operationsbereich erreicht werden sollen (vgl. Abb. 7.24).

Bei der Quelllüftung als Form der Verdrängungslüftung wird die Luft im Fußbodenbereich mit niedriger Geschwindigkeit zugeführt. Die Luft quillt dabei z. B. aus Wandauslässen mit einer Geschwindigkeit von 0,1 bis 0,25 m/s im Komfortbereich und legt sich als eine Art Frischluftsee an den Fußboden an. Es wird keine Vermischung mit der Raumluft angestrebt. Erst durch den Einfluss der Thermik erfolgt an den jeweiligen Wärmequellen wie Geräten und

Personen, beheizten oder strahlenden Flächen eine Strömung in vertikaler Richtung. Auch der vertikale Temperaturgradient unterscheidet sich wesentlich von dem der Mischlüftung. Ist bei der Mischlüftung die Temperatur vom Fußboden bis zur Decke im Wesentlichen gleich, so steigt sie bei der Quelllüftung exponentiell an (vgl. Abb. 7.25).

Erläuterung der Variablen:

t_{Zu} Zulufttemperatur in °C
$t_{0,1}$ Bodenlufttemperatur ca. 0,1 m über dem Fußboden in °C
$t_{1,0}$ Raumlufttemperatur ca. 1 m über dem Fußboden in °C
t_{Ab} Ablufttemperatur in °C
Δt_u Differenz Raumtemperatur – Zulufttemperatur in K

Die Raumtemperatur wird bei der Quelllüftung in einer Höhe von 1 m außerhalb der Nahzone definiert. Die Auslegung hat so zu erfolgen, dass Δt_u im Komfortbereich maximal 4 bis 5 K und im Industriebereich maximal 5 bis 7 K beträgt. Die Abluft ist infolge des stetig ansteigenden Temperaturprofils nur im Deckenbereich abführbar. Bei der Quelllüftung wird im Aufenthaltsbereich eine bessere Luftqualität als bei der Mischlüftung erzielt. Ebenso ist die thermische Behaglichkeit durch die niedrige Luftgeschwindigkeit hoch. Allerdings lassen sich aufgrund der geringen Temperaturdifferenz zwischen Raumtemperatur und Zulufttemperatur nur mittlere Kühllasten von etwa 30 bis 60 W/m² abführen.

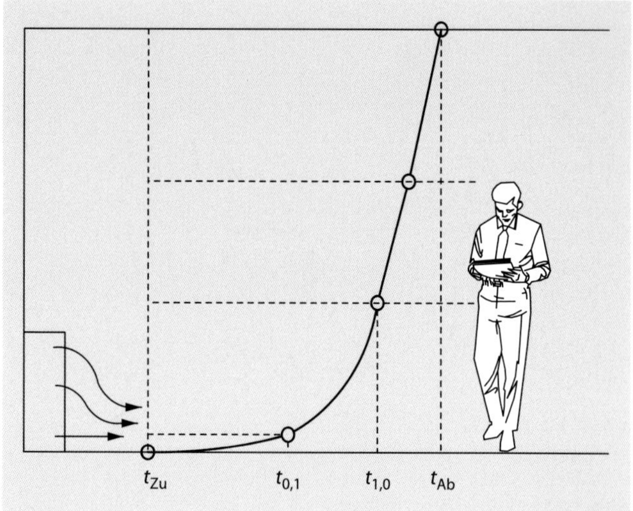

Abb. 7.25: Temperaturprofil Quelllüftung

7.5 Nur-Luft-Anlagen

7.5.1 Luftaufbereitung

Die Luftaufbereitung von Nur-Luft-Anlagen erfolgt in Zentralgeräten, die in den Lüftungszentralen installiert sind. Das Verfahrensfließbild für eine Klimaanlage mit 4 Luftbehandlungsfunktionen zeigt Abb. 7.26.

Luftfilter dienen zum einen dem Schutz der technischen Komponenten wie Wärmeübertrager und Ventilatoren vor Verschmutzung und zum anderen sind sie aus Hygienegründen in der Zuluft zu installieren. Sie werden in Grob-, Fein- und Schwebstofffilter unterschieden. In RLT-Anlagen mit normaler Luftbehandlung kommen Feinfilter zur Anwendung. Es empfiehlt sich eine zweistufige Ausführung, indem 2 Filter hintereinander geschaltet werden.

Eine Verwendung von Umluft ist nur zulässig, wenn eine Konzentrationserhöhung von Schadstoffen und Gerüchen ausgeschlossen werden kann.

Die Verwendung von Systemen mit Wärmerückgewinnung (WRG) ist heutzutage als Stand der Technik anzusehen. Die Effektivität von WRG-Systemen findet ihren Ausdruck in dem Temperaturänderungsgrad η_t (gelegentlich auch als Rückwärmzahl bezeichnet), der folgendermaßen definiert ist (gleiche Massenströme, sensible Wärme):

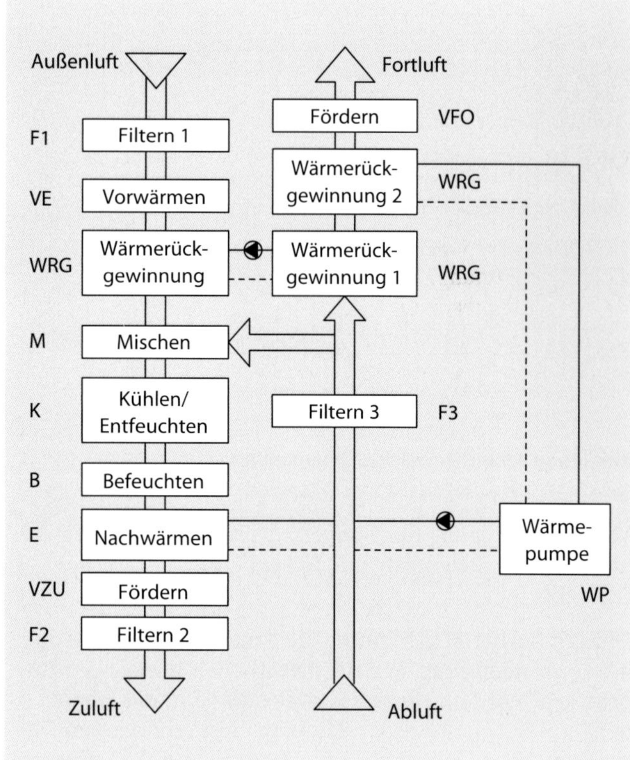

Abb. 7.26: Schema Luftbehandlungsfunktionen

$$\eta_t = \frac{t_{Zu,Ein} - t_{Zu,Aus}}{t_{Ab,Ein} - t_{Zu,Aus}} \quad \text{(Formel 7.11)}$$

mit

$t_{Zu,Ein}$ Zulufttemperatur am Eintritt in °C
$t_{Zu,Aus}$ Zulufttemperatur am Austritt in °C
$t_{Ab,Ein}$ Ablufttemperatur am Eintritt in °C
$t_{Ab,Aus}$ Ablufttemperatur am Austritt in °C

In der Regel wird vor dem WRG-Wärmeübertrager ein Vorwärmer vorgesehen, damit die übertragene Leistung bei tiefen Außentemperaturen nicht durch den Frostschutz des WRG-Systems beschränkt wird.

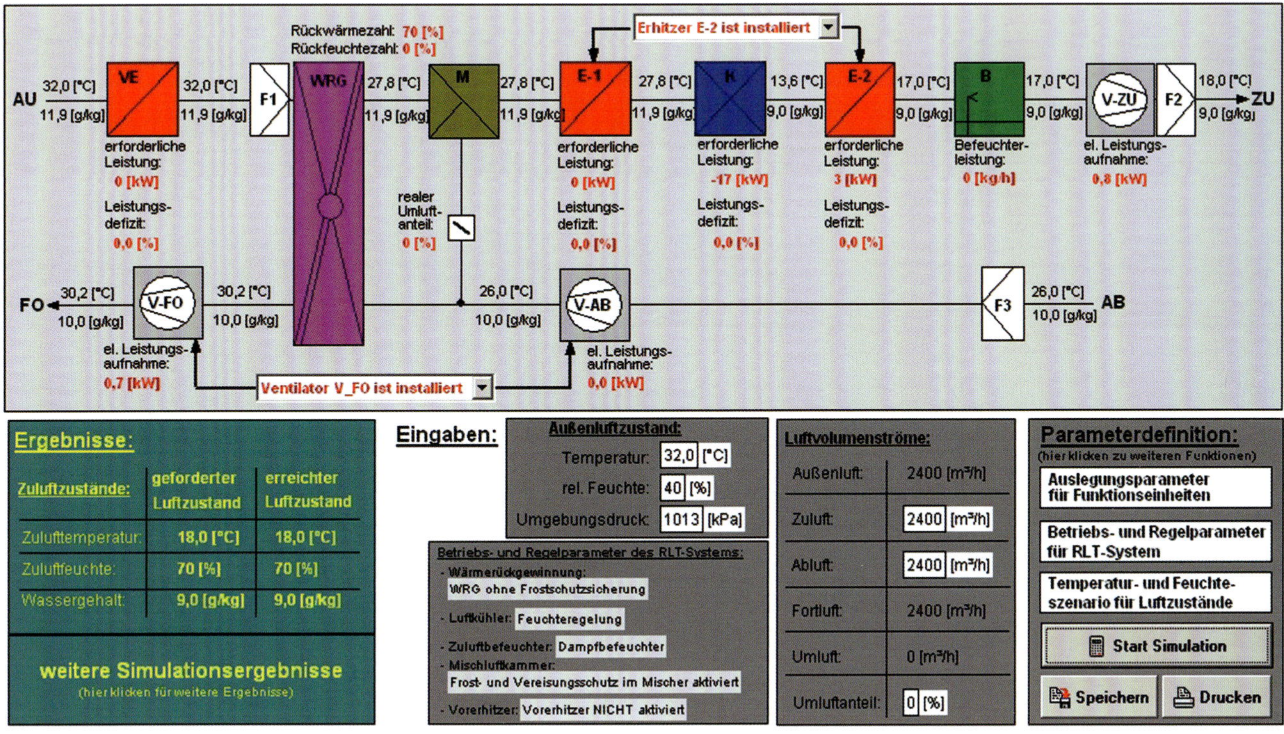

Abb 7.27: Berechnungsergebnis SIMULA-RLT Sommerfall (Quelle: Prof. Dr.-Ing. Michael Haibel, Jettingen-Scheppach)

Möglich ist auch der Einsatz einer zweiten Stufe der Wärmerückgewinnung. Dabei wird auf der Abluftseite einem kältemitteldurchströmten Verdampfer weiter Wärme entzogen und einer Wärmepumpe (vgl. hierzu Kapitel 6.4.5) zugeführt, welche die nun auf höherem Temperaturniveau vorliegende Wärme dem Nachwärmer auf der Zuluftseite zuführt. Es ist somit keine externe Wärmezufuhr nötig und es können nahezu 100 % Wärme zurückgewonnen werden. Praktikabel, d. h. wirtschaftlich sinnvoll, wird diese Technik insbesondere dann, wenn sich eine vorhandene Kälteerzeugung in der Winterzeit auf Wärmepumpenbetrieb umschalten lässt. Derartig integrierte Lösungen, die im Kompakt- und Splitgerätemarkt bereits seit einiger Zeit verfügbar sind (vgl. hierzu Kapitel 7.5.4 und 7.8.1), kommen auch bei raumlufttechnischen Zentralanlagen zunehmend zum Einsatz.

Im Folgenden soll eine komplette Klimaanlage mit getrennten Zu- und Abluftgeräten an einem konkreten Beispiel ausgelegt werden.

Beispielhafte Auslegung einer Klimaanlage mit getrennten Zu- und Abluftgeräten

Laut Aufgabenstellung ist das in den folgenden Aufstellungen beschriebene Raumklima im zu versorgenden Bereich zu gewährleisten.

Sommer:
- Außenluftparameter: 32 °C, 40 %rF (entsprechend 12,0 g/kg aF)
- Raumluftparameter: maximal 24 °C, maximal 60 %rF (entsprechend 11,4 g/kg aF)

Winter:
- Außenluftparameter: –15 °C, 80 %rF (entsprechend 0,8 g/kg aF)
- Raumluftparameter: maximal 22 °C, minimal 40 %rF

Wärme- und Kühllast wurden vorab ermittelt:
- Transmissionswärmelast nach DIN EN 12831: 17,1 kW
- Kühllast nach VDI 2078: 7,0 kW (vgl. auch Kapitel 7.10.1)

Der hygienisch erforderliche Luftwechsel beträgt 2.400 m³/h. Weiterhin ist eine innere Feuchtelast von 1,0 g/kg durch Personen zu berücksichtigen.

Bei der Auslegung der Komponenten bzw. der Ermittlung deren Leistungsparameter soll das frei erhältliche Berechnungsprogramm SIMULA-RLT behilflich sein (SIMULA-RLT, Entwicklung Prof. Dr. Michael Haibel [Biberach University of Applied Sciences] in Zusammenarbeit mit AL-KO Lufttechnik).

Es wird zunächst der Sommerfall berechnet. Die Zuluftparameter werden mit 18 °C bei maximal 70 %rF (entsprechend 9,0 g/kg aF) festgelegt und es wird eine Wärmerückgewinnung mit 70 % Temperaturänderungsgrad (Kreislaufverbund-Hochleistungssystem) gewählt. Es wird eine Anlage nach Abb. 7.27 ausgelegt. Über die WRG-Wärmeübertrager werden ca. 3 kW von der 32 °C warmen Außenluft auf die Fortluft übertragen. Um den Zuluftpunkt zu erreichen, wird zunächst auf 13,6 °C gekühlt und anschließend auf 17 °C nachgewärmt. Hierfür ist ein Luftkühler mit einer Leistung von 17 kW erforderlich. Vom Programm berücksichtigt wird die Nacherwärmung der Luft im Ventilator.

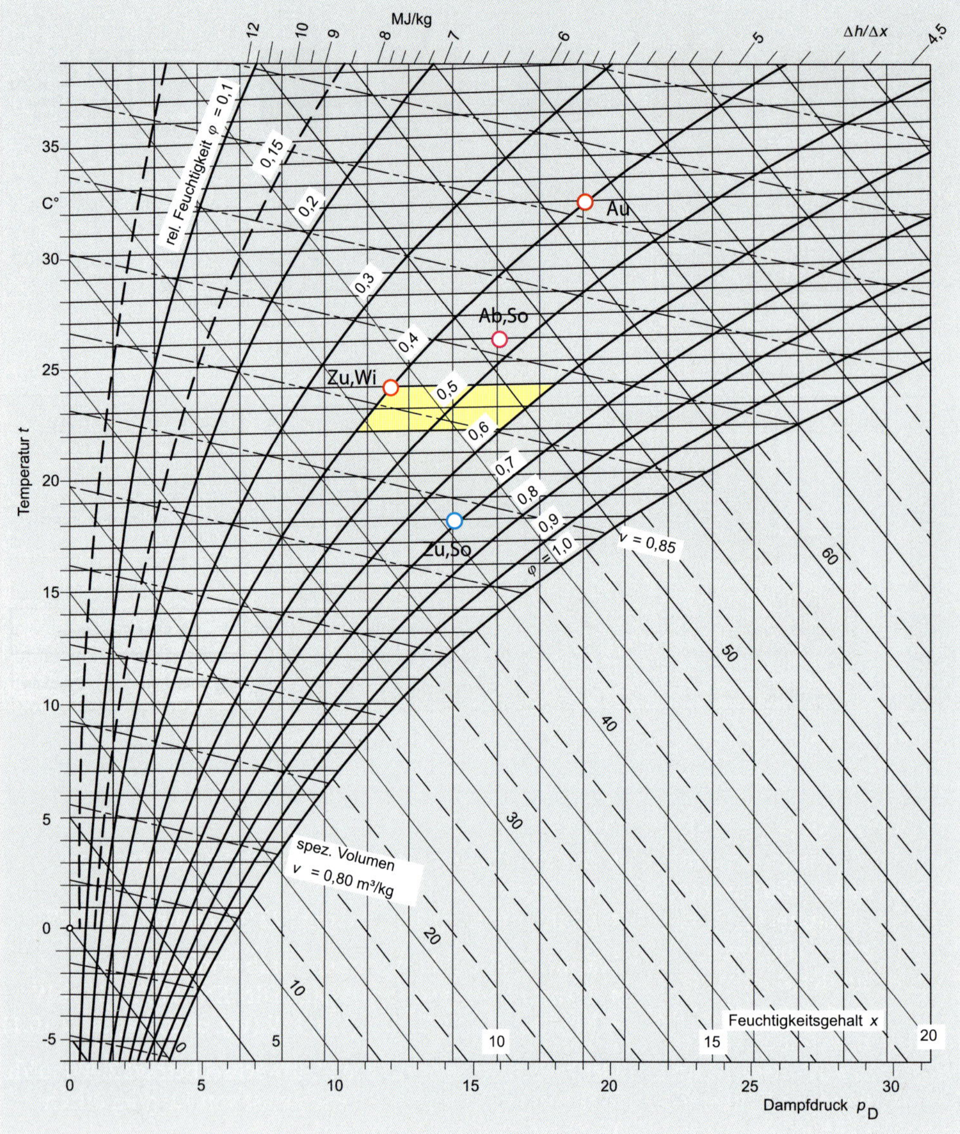

Abb. 7.28: Berechnungsergebnisse, Raumklimafenster im *h,x*-Diagramm

Im *h,x*-Diagramm (vgl. Abb. 7.28) sind das Raumklimafenster und die Luftzustände dargestellt. Es muss noch die über die Lüftungsanlage abzuführende Raumwärme überprüft werden. Das lässt sich anhand der im *h,x*-Diagramm abzulesenden Enthalpien von Zu- und Abluft leicht durchführen:

$$\dot{Q}_{Ab} = \dot{m}_L \cdot \Delta h = \dot{V}_L \cdot \rho \cdot (h_{Ab} - h_{Zu}) \qquad \text{(Formel 7.12)}$$

mit
- $\dot{Q}_{Ab}$ abgeführte Wärmemenge in kW
- $\dot{m}_L$ Massenstrom Luft in kg/s
- Δh Enthalpiedifferenz in kJ/kg
- $\dot{V}_L$ Volumenstrom Luft in m³/h
- ρ Dichte in kg/m³
- h_{Ab} Enthalpie der Abluft in kJ/kg
- h_{Zu} Enthalpie der Zuluft in kJ/kg

$$\dot{Q}_{Ab} = \frac{2.400\ \text{m}^3 \cdot h}{h \cdot 3.600\ \text{s}} \cdot 1{,}2\,\frac{\text{kg}}{\text{m}^3} \cdot (52 - 42)\,\frac{\text{kWs}}{\text{kg}} = 8{,}0\ \text{kW}$$

Somit ist die abführbare Wärmemenge größer als die Kühllast, d. h., die Anlage genügt den Anforderungen des Sommerbetriebes.

Im Winterfall werden die Zuluftparameter mit 24 °C bei mindestens 40 %rF (entsprechend 7,4 g/kg) festgelegt. Mit diesen Vorgaben wurden die Anlageparameter nach Abb. 7.29 ermittelt.

Über die WRG-Wärmeübertrager werden 19 kW von der Fortluft auf die Außenluft übertragen, die sich dabei auf 9,2 °C erwärmt. Der apparative Aufwand für einen Vorerhitzer VE lohnt sich im vorliegenden Fall nicht: Der zusätzliche Wärmeübertrager von 1 kW hätte den Temperaturänderungsgrad lediglich um 5 % verbessert. Anschließend wird die Luft auf 22,1 °C nachgewärmt. Hierfür ist ein Lufterhitzer mit einer Leistung von 10 kW erforderlich. Weiterhin wird die Leistungsgröße des Dampfbefeuchters mit 19 kg/h ermittelt.

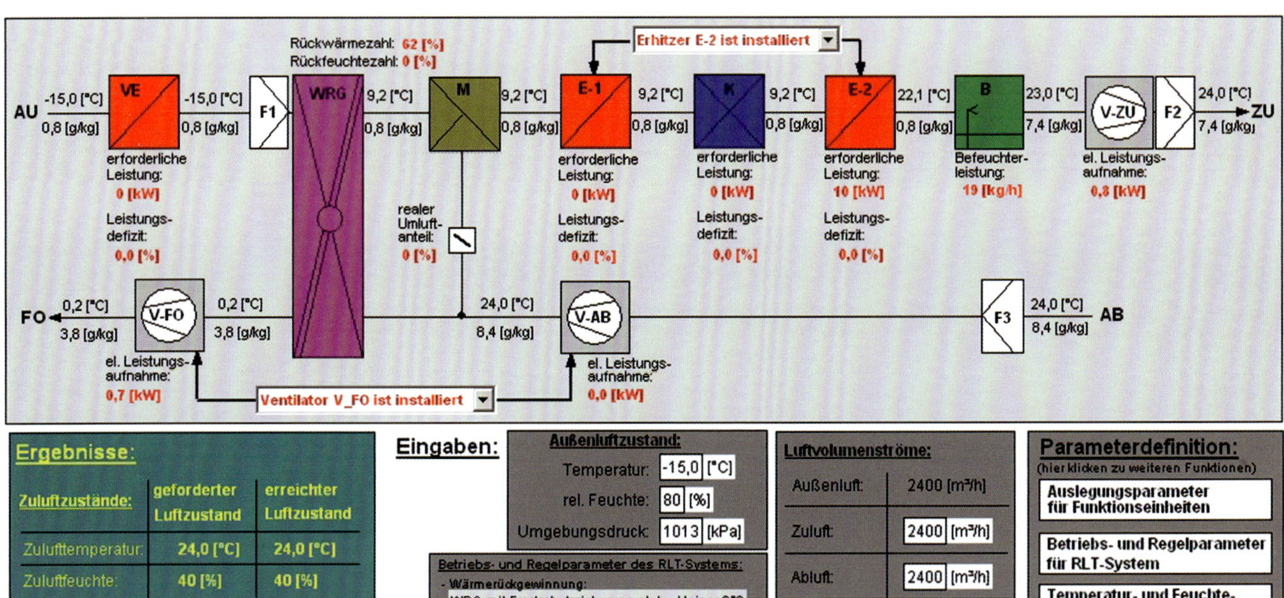

Abb. 7.29: Berechnungsergebnis SIMULA-RLT Winterfall (Quelle: Prof. Dr.-Ing. Michael Haibel, Jettingen-Scheppach)

Abb. 7.30: Abluftanlage (Quelle: FWU Ingenieurbüro GmbH, Dresden, Proj.-Nr. 1006/2004)

Abb. 7.31: Zuluftanlage (Quelle: FWU Ingenieurbüro GmbH, Dresden, Proj.-Nr. 1006/2004)

$$\dot{Q}_{Zu} = \dot{m}_L \cdot c_p \cdot \Delta t = \dot{V}_L \cdot \rho \cdot c_p \cdot \Delta t \quad \text{(Formel 7.13)}$$

mit

- $\dot{Q}_{Zu}$ zugeführte Wärmemenge in kW
- $\dot{m}_L$ Massenstrom Luft in kg/s
- c_p spezifische Wärmekapazität der Luft in kJ/(kg · K)
- Δt Temperaturdifferenz in K
- $\dot{V}_L$ Volumenstrom Luft in m³/h
- ρ Dichte in kg/m³

$$\dot{Q}_{Zu} = \frac{2.400\ \text{m}^3 \cdot h}{h \cdot 3.600\ \text{s}} \cdot 1{,}2\frac{\text{kg}}{\text{m}^3} \cdot 1{,}0\frac{\text{kJ}}{\text{kg} \cdot \text{K}} \cdot 2\ \text{K} = 1{,}6\ \text{kW}$$

Von der den Räumen zugeführten Zuluftwärme kann ein Anteil von 1,6 kW der Deckung des Transmissionswärmebedarfes angerechnet werden. Damit sind 15,5 kW des Wärmebedarfes über statische Heizflächen zu decken (vgl. hierzu Kapitel 6.6). Es ist zu beachten, dass die Gleichzeitigkeit von Heizen und Kühlen regelungstechnisch ausgeschlossen wird.

Mit den ermittelten Leistungsangaben zuzüglich der in Kapitel 7.5.2 zu ermittelnden externen Druckverluste von gesamt 300 Pa für das Kanalsystem und Luftauslässe können die Komponenten ausgelegt und die Klimaanlage dimensioniert werden. Im vorliegenden Fall wurde sich aufgrund der Platzverhältnisse für ein Zuluftgerät zur Aufstellung in der Kellerzentrale (vgl. Abb. 7.31) und für ein Abluftgerät als Dachgerät (vgl. Abb. 7.30) zur Außenaufstellung entschieden (zur Anordnung und Platzvorhaltung vgl. auch Kapitel 7.12).

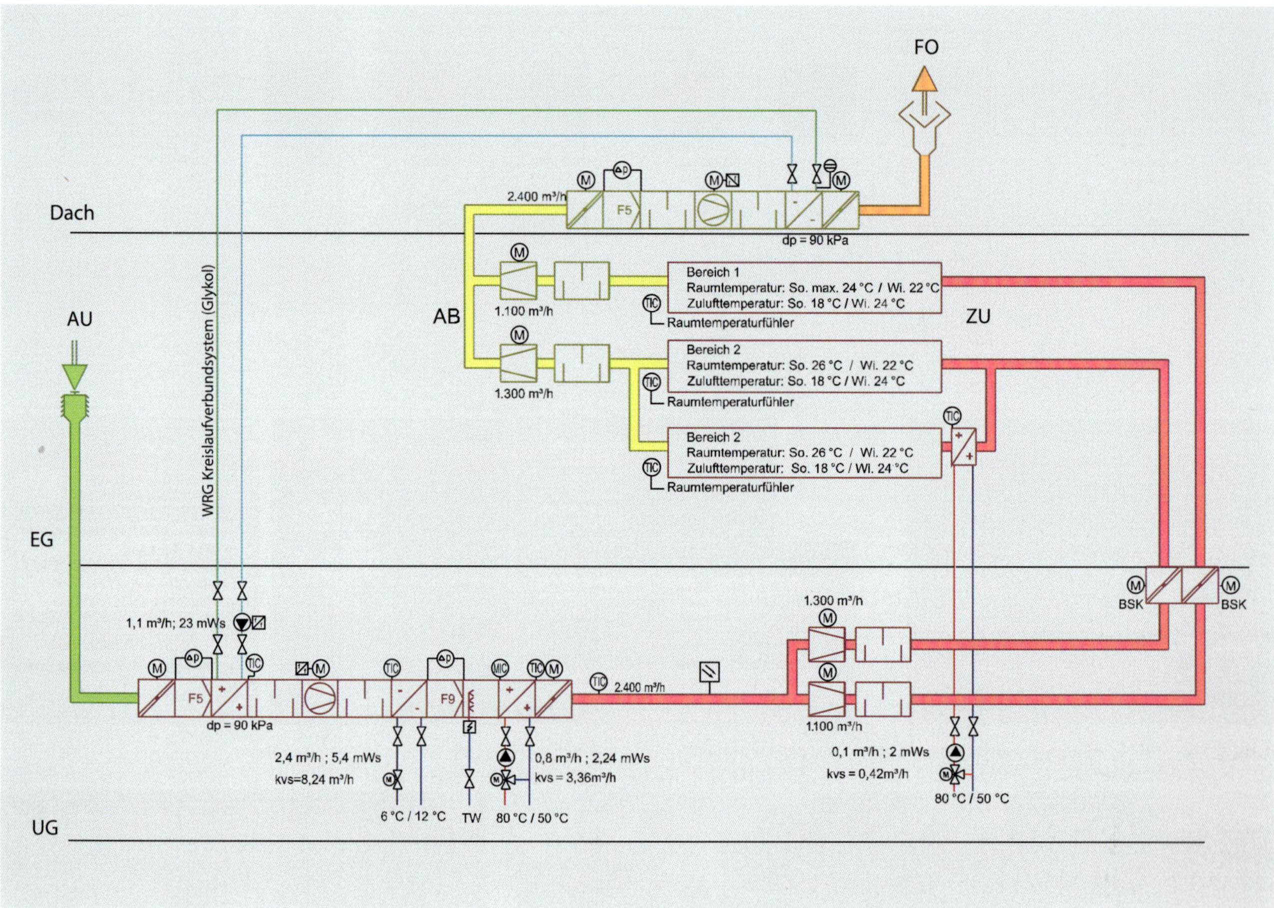

Abb. 7.32: Lüftungsschema (Quelle: FWU Ingenieurbüro GmbH, Dresden)

Das Lüftungsschema gemäß Abb. 7.32 zeigt die Einordnung der Zentralgeräte und die prinzipielle Kanalführung von der Außenluftansaugung bis zum Fortluftauslass. Unterschiedlich zu versorgende Bereiche und Räume sind mit motorischen Volumenstromreglern auf der Zu- und Abluftseite auszurüsten. Zu beachten ist hier, dass die entstehenden Drosselgeräusche bei in unmittelbarer Nähe zu den Versorgungsbereichen installierten Reglern mit Schalldämpfern zu unterdrücken sind. Ein Raum mit erhöhter Anforderung wird mit einer zusätzlichen örtlichen Heizzone als Kanallufterhitzer ausgerüstet. Das Einhalten der Brandschutzanforderungen beim Durchführen von Kanälen durch Brandwände – wie hier beim Verlassen der Zentrale – und die Ausführung mit zugelassenen Brandschutzklappen sind wichtige Sicherheitskriterien bei der Planung, Ausführung und Abnahme von lüftungstechnischen Anlagen. In einer Reihe von öffentlichen Gebäuden ist die Prüfung der Lüftungsanlagen auf brandschutzgerechte Ausführung durch einen Sachverständigen vor der Inbetriebnahme in den Landesbauordnungen vorgeschrieben (vgl. hierzu auch Kapitel 7.14).

Medienanschlüsse Lüftungszentralgerät:

- Zuluftventilator: Anschluss 400 V/1,1 kW
- Abluftventilator: Anschluss 400 V/0,75 kW
- Wärmerückgewinnung: 2 Stück Hochleistungswärmeübertrager Kreislaufverbundsystem mit Solefüllung (Glykol-Wasser-Gemisch), Anschlüsse DN 25
- Erhitzer: Lamellenrohrwärmeübertrager, Anschluss Heizungssystem 80/50 °C (konstant) über separate Heizkreispumpe und Beimischventil DN 25
- Kühler: Lamellenrohrwärmeübertrager, Anschluss Heizungssystem 6/12 °C mit Drosselventil DN 25
- Elektrodendampfbefeuchter: Anschluss 400 V/12,8 kW mit Dampfverteiler DN 25, Trinkwasseranschluss DN 12, Abwasserablauf DN 25

7.5.2 Luftkanäle

Ausführung

Luftkanäle müssen mehreren Ansprüchen genügen. Sie sollten

- hygienisch glatte und leicht zu reinigenden Oberflächen besitzen,
- in der Regel aus nicht brennbaren Baustoffen der Klasse A nach DIN 4102-4 bestehen,
- ihrer Dichtheitsklasse entsprechend luftdicht bzw. mit geringen Leckraten und
- strömungsgünstig unter Vermeidung von scharfen Kanten und engen Radien ausgeführt werden.

Lüftungskanäle werden in 2 Querschnittsformen gebaut:

- runde Querschnitte
- rechteckige Querschnitte

Aus strömungstechnischer Sicht sind runde Querschnitte aufgrund der geringeren Reibungsverluste günstiger als rechteckige Formen. Bei den rechteckigen Querschnitten hat die quadratische Form die geringeren Reibungsverluste gegenüber sehr flachen Kanälen mit einem großen Verhältnis von Breite zu Höhe. Bei allen Richtungs- und Querschnittsänderungen ist auf eine strömungsgünstige Ausführung der Formstücke zu achten. Sehr enge Umlenkungen und schroffe Übergänge sind möglichst zu vermeiden.

Für die Kanäle können die folgenden Materialien verwendet werden:

- Stahlblech
- Edelstahlblech
- Kunststoff
- Silikat- oder Faserzement

Am häufigsten werden gefalzte und sendzimirverzinkte Blechkanäle verwendet. Die Sendzimirverzinkung ist ein spezielles, nach seinem Erfinder benanntes Verfahren, bei dem sich das Blech verformen lässt, ohne dass die Verzinkung abplatzt. Bei runden Querschnitten kommen häufig Wickelfalzrohre zur Anwendung.

Tabelle 7.1: Dichtheitsklassen von Luftkanälen nach DIN EN 12237 (p_t: Gesamtdruck im Kanal in Pa)

Luftdichtheitsklasse	**Grenzwert der Leckluftrate (f_{max}) ($m^3 \cdot s^{-1} m^{-2}$)**
A	$0{,}027 \cdot p_t^{0{,}65} \cdot 10^{-3}$
B	$0{,}009 \cdot p_t^{0{,}65} \cdot 10^{-3}$
C	$0{,}003 \cdot p_t^{0{,}65} \cdot 10^{-3}$
D	$0{,}001 \cdot p_t^{0{,}65} \cdot 10^{-3}$

Bei hohen hygienischen Anforderungen, z. B. im Krankenhausbereich, werden Kanäle auch in Edelstahlblech ausgeführt. Steht die Korrosionsbeständigkeit im Vordergrund, z. B. bei Laborabluftsystemen, kommen auch Kanäle und Rohre aus Kunststoff zur Anwendung. Hier sind in der Regel erhöhte Aufwendungen beim Brandschutz erforderlich. Die Brandschutzklappen müssen dann in korrosionsgeschützter Ausführung (beschichtete Klappenblätter, Metallteile) ausgeführt werden und die Kanäle müssen in vielen Bereichen in F90-Qualität ummantelt werden (Promat oder gleichwertig).

Bei Lüftungsanlagen zur Heißentrauchung für Temperaturen von einigen Hundert bis 1.000 °C werden Lüftungskanäle auch aus Silikat- oder Faserzementmaterialien ausgeführt. Hier entfallen dann in der Regel Aufwendungen für die Kompensation der thermischen Dehnung.

Neben der optimalen strömungstechnischen Gestaltung ist die Dichtheit des Kanalsystems ein weiteres Qualitätsmerkmal. In verschiedenen Normen werden Dichtheitsklassen definiert, die sich an der Leckluftrate orientieren. Die Tabelle 7.1 zeigt die heute üblichen Luftdichtheitsklassen. Aus hygienischen Gründen und aus Gründen der Energieeinsparung ist die Ausführung in der Dichtheitsklasse C als Stand der Technik anzusehen. Die höchste Dichtheitsklasse D lässt sich durch geschweißte Ausführung, mittlerweile aber auch schon durch gefalzte Luftleitungen erreichen.

Abb. 7.33: Mineralfasermatte aus Steinwolle (Quelle: Klimarock, Deutsche Rockwool Mineralwoll GmbH & Co. OHG, Gladbeck)

Abb. 7.34: Vorisoliertes Rohrsystem 20/50 mm Mineralwolle (Quelle: Lindab GmbH, Bargteheide, Lindab Insol)

Wärme- und Kältedämmung

Luftkanäle werden im Allgemeinen mit Wärmedämmung ausgeführt. Das betrifft insbesondere Zuluftkanäle, aber auch oft Abluftkanäle, die durch unbeheizte Bereiche geführt werden und nachfolgend in die Wärmerückgewinnung eingebunden sind. Bewährt haben sich nicht brennbare Mineralfasermatten Baustoffklasse A2, insbesondere alukaschierte Steinwollmatten mit einer Wärmeleitfähigkeit von $\leq 0{,}04$ W/(m · K) und Dämmschichtdicken zwischen 20 und 60 mm (vgl. Abb. 7.33). Sie sind flexibel und lassen sich gut an Kanälen und Formstücken anbringen. Oft reicht eine Verklebung der Aluminiumkaschierung aus, insbesondere in Unterhangdecken oder Schächten. In begangenen Bereichen kann als Anstoßschutz eine Blechummantelung ausgeführt werden, beispielsweise in Zentralen bis 2 m Höhe.

Für runde Querschnitte (Wickelfalzrohr) sind auch vorisolierte Systeme und Formteile mit Innen- und Außenrohr verfügbar (vgl. Abb. 7.34).

Abb. 7.35: Kältedämmung (Quelle: ARMAFLEX® made by amacell)

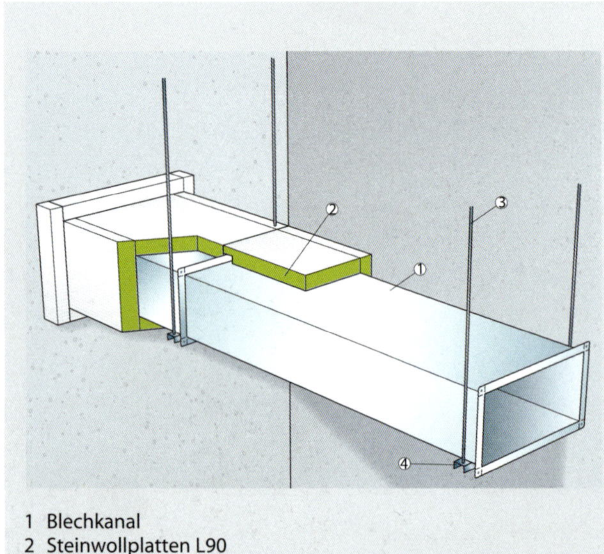

Abb. 7.36: Kombinierte Wärme- und Brandschutzummantelung; Conlit Ducotrock90 (Quelle: Deutsche Rockwool Mineralwoll GmbH & Co. OHG, Gladbeck)

Kältedämmung (vgl. z. B. Abb. 7.35) wird in der Klimatechnik bei kältemittelführenden Rohrleitungen und zur Dämmung schwitzwassergefährdeter Kanäle (also insbesondere Außenluftkanäle) eingesetzt. Hier hat sich Schaumstoff aus synthetischem, geschlossenzelligem Kautschuk mit einer Wärmeleitfähigkeit von $\leq 0{,}04$ W/(m · K) bewährt. Matten oder Schläuche mit Dämmschichtdicken zwischen 10 und 25 mm lassen sich gut zuschneiden und leicht verkleben (vgl. hierzu auch Kapitel 7.10.6).

Sind die Luftkanäle feuerwiderstandsfähig auszuführen (vgl. hierzu Kapitel 7.14), ist die Ummantelung mit Steinwollplatten mit entsprechender Bauartzulassung als Symbiose aus Wärme- und Brandschutz möglich. Mit einem Zusatz an granuliertem Magnesiumhydroxid zur Freisetzung von kristallinem Wasser im Brandfall und einer beidseitigen Kaschierung aus gitternetzverstärkter Aluminiumfolie kann die Brandschutzklasse L90 bereits mit einer 60 mm dicken Platte realisiert werden (vgl. Abb. 7.36).

Kanalführung im Gebäude

Die vertikale Kanalführung sollte in den Kernzonen des Gebäudes erfolgen, um möglichst kurze vertikale Anschlussleitungen realisieren zu können. Meist bietet sich

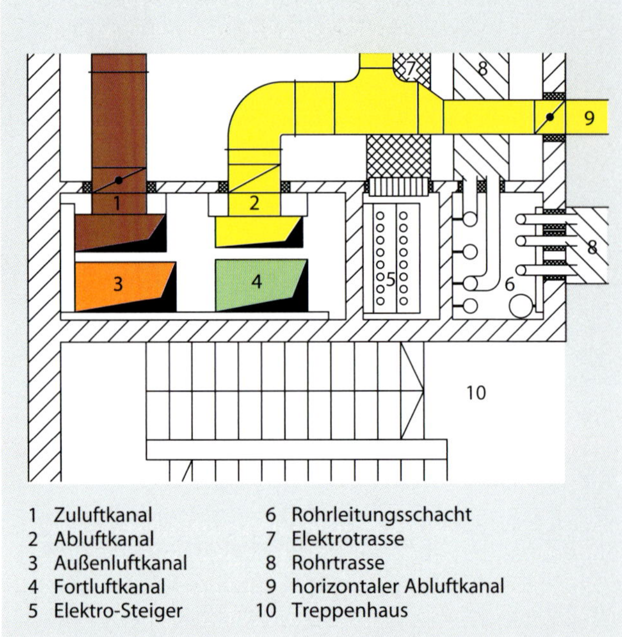

Abb. 7.37: Beispiel einer vertikalen Kanalführung

der Bereich der Treppenhäuser für vertikale Versorgungskanäle an (vgl. Abb. 7.37). Beachtet werden muss die freie Zugänglichkeit zur Medienzu- und -abführung bzw. deren Einschränkung durch Aufzüge und Treppenhaus. Es ist zweckmäßig, in einer möglichst frühen Planungsphase die Lage und Größe der Kanalführung, deren Anbindung und die Koordination mit allen anderen haustechnischen Installationen abzustimmen. Dabei sollten Festlegungen zu Trassenverläufen sowie Grundsätze zu deren Belegung und Ebenen getroffen werden.

Die horizontale Kanalführung kann grundsätzlich in folgenden Bereichen erfolgen:

- Dachtragwerk (Hallen)
- Deckenbereich/Unterhangdecke
- Brüstungsbereich
- Fußboden-/Doppelbodenbereich

Am häufigsten werden die horizontalen Luftkanäle im Deckenbereich bzw. innerhalb der Unterhangdecken geführt. Auch wenn Zuluftelemente im Wand- oder im Fußbodenbereich vorhanden sind, wird zumindest die Abluft sehr oft im Deckenbereich geführt. Bei der Belegung der Unterhangdecke geht es fast immer knapp zu. Es ist zu beachten, dass zum freien Kanalquerschnitt noch mindestens 20 bis 30 cm für Kanalrahmen, Montage, Querung von Installationen, Revisionsklappen und ggf. Einbauleuchten hinzukommen.

Absperr-/Regulierklappen

Um in Lüftungsanlagen den Volumenstrom für einzelne Bereiche und Kanäle absperren, drosseln oder regeln zu können, werden Drossel- oder Jalousieklappen eingesetzt. Eine einfache Drosselklappe zeigt Abb. 7.38.

Bei der Auslegung ist der Zusammenhang zwischen Strömungsgeschwindigkeit, Druckverlust und Strömungsrauschen zu beachten (vgl. Abb. 7.39). Es ist zu sehen, dass

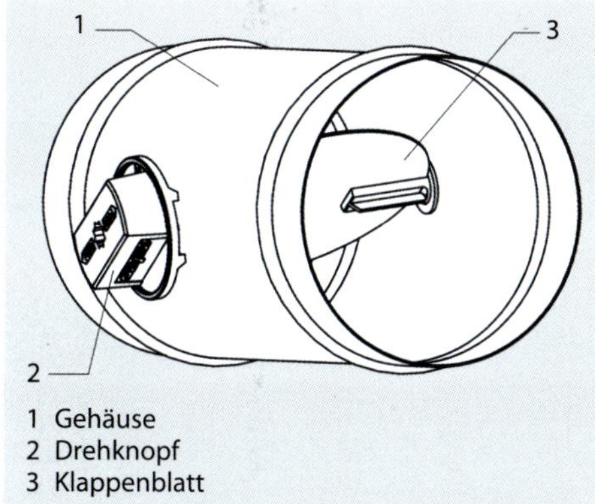

Abb. 7.38: Drosselklappe für runde Kanäle; Drosselklappe DKG (Quelle: Produktkatalog Schako, Ferdinand Schad KG, Kolbingen)

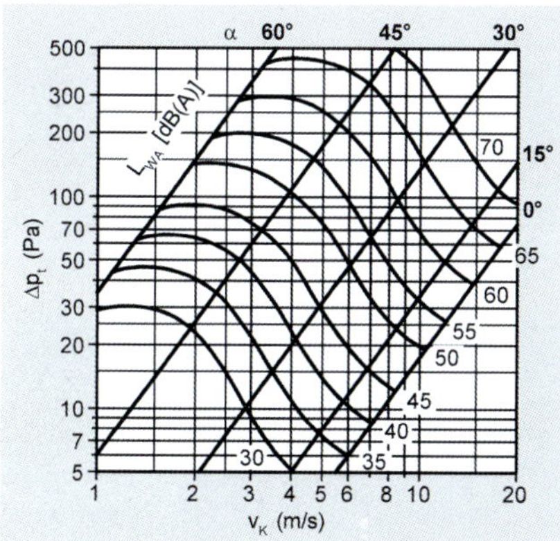

Abb. 7.39: Drosselklappe (Quelle: Produktkatalog Schako, Ferdinand Schad KG, Kolbingen)

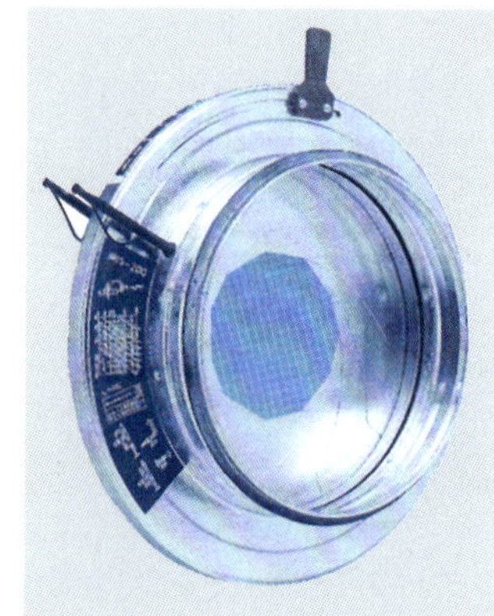

Abb. 7.40: Irisblende (Quelle: Strulik GmbH, Hünfelden; Produktdatenblatt Einstellungen und Messblenden)

bei normalen Strömungsgeschwindigkeiten v_K im Kanal zwischen 4 und 5 m/s ein hörbares Strömungsrauschen L_{WA} = 50 bis 55 dB(A) bereits bei einer Klappenstellung α um 45° eintritt.

Irisblenden (vgl. Abb. 7.40) besitzen in der Regel günstigere Schallwerte und können gleichzeitig noch zur Volumenstrommessung verwendet werden, sind aber in der Regel auch teurer.

Werden höhere schalltechnische Ansprüche gestellt, insbesondere beim Betrieb im Schließbereich, sollten optimierte Ausführungen zum Einsatz kommen (z. B. Jalousieklappen mit strömungsgünstigen Lamellen und Dichtungen auf der Lamellenlängsseite). Für das automatische Regeln von Volumenströmen sind Volumenstromregler günstiger (vgl. Kapitel 7.11).

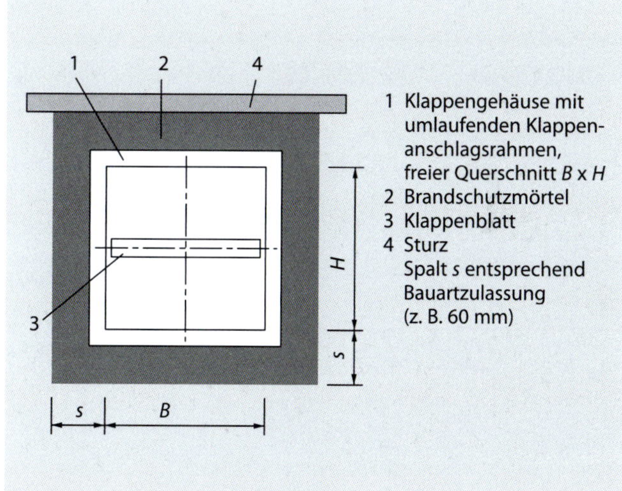

Abb. 7.41: Querschnitt einer eingebauten Brandschutzklappe

Brandschutzklappen

Brandschutzklappen (BSK) sind wichtige Bauelemente zur Sicherung des baulichen Brandschutzes von Gebäuden mit Lüftungsanlagen. Sie verhindern das Übertreten von heißen Brandgasen in andere Brandabschnitte (über Brandwände, Geschossdecken) durch automatisches Absperren. Insbesondere sind sie zur Vermeidung der Brandausbreitung in Fluchtwegen an den Durchführungen zu den entsprechenden Flurbereichen zwingend zu installieren, wenn keine anderweitigen Schutzmaßnahmen getroffen werden (vgl. Kapitel 7.14). Die Auslösetemperatur des Schmelzlotes beträgt in der Regel 72 °C. Durch den Anschluss geeigneten Zubehörs, z. B. eines Federrücklaufantriebes, ist bei vielen Typen der zusätzliche Anschluss einer Rauchauslöseeinrichtung möglich.

Den Querschnitt einer eingebauten BSK zeigt Abb. 7.41, Abb. 7.42 zeigt ein Einbaubeispiel.

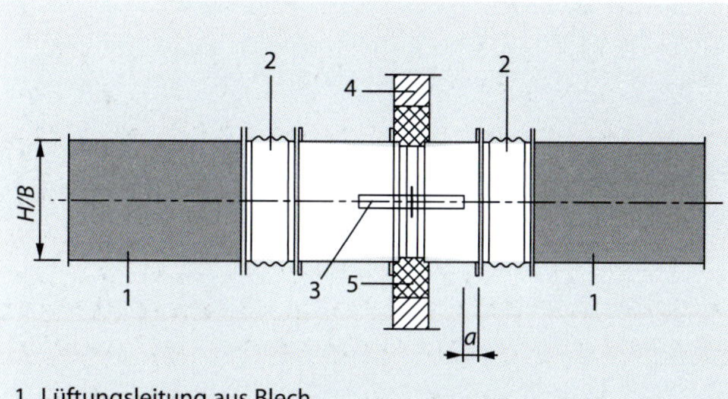

Abb. 7.42: Einbaubeispiel einer Brandschutzklappe

Beim Anschluss der BSK muss durch geeignete Maßnahmen, beispielsweise durch Einbau elastischer Stutzen mit ausreichendem flexiblem Bereich, sichergestellt sein, dass im Brandfall keine erheblichen Kräfte auf die BSK wirken, die diese aus der Wand verschieben können. BSK bedürfen der bauaufsichtlichen Zulassung und sind in der Regel wartungspflichtig. Die Angabe „ohne Auflagen zur Wartung" bei manchen BSK bezieht sich lediglich auf die Aus-

Tabelle 7.2: Druckverlustberechnung Kanalsystem

	Volumen-strom	*B*	*H*	*D* Rohr	*ε*	*d*	*v*	*L*	*Re*	*ε/d*	*λ*	*R*
	(m^3/h)	(mm)	(mm)	(mm)	(mm)	(mm)	(m/s)	(m)				(Pa/m)
Zuluftauslass 1	160			125	0,15		3,62		30.180	0,0012	0,026391	
Wickelfalz 1	160			150	0,15		2,52	4,00	25.150	0,001	0,026781	0,68
Wickelfalz 2	300			200	0,15		2,65	1,20	35.368	0,00075	0,024661	0,52
Kanal 1	500	250	150		0,15	188	3,70	2,50	46.296	0,0008	0,023731	1,04
Kanal 2	700	250	200		0,15	222	3,89	3,00	57.613	0,000675	0,022598	0,92
Kanal 3	1.020	300	200		0,15	240	4,72	3,00	75.556	0,000625	0,02158	1,20
Kanal 4	1.180	350	200		0,15	255	4,68	16,00	79.461	0,000589	0,021305	1,10
BSK	1.180	357	252		0,15	295	3,64		71.763	0,000508	0,021322	
Schalldämpfer	1.180			250	0,15		6,68		111.291	0,0006	0,02046	
Volumenstromregler	1.180			250	0,15		6,68		111.291	0,0006	0,02046	
Kanal 5	2.400	615	615		0,15	615	1,76	3,00	72.267	0,000244	0,020307	0,06
1. Abschnitt	**1.180**											

lösevorrichtung; eine Zugänglichkeit zur Reinigung und Überprüfung ist auch hier vorzusehen. Abb. 7.43 zeigt eine Brandschutzklappe, wie sie in der Praxis verwendet wird.

Bemessung von Luftkanälen

Die Bemessung der Luftkanäle erfolgt entsprechend deren pneumatischer Berechnung. Demnach ist der Druckverlust der Luftsysteme für den geplanten Volumenstrom im Auslegungspunkt zu ermitteln. Zwischen Druckverlust und Volumenstrom besteht der folgende Zusammenhang:

$$\Delta p = \left(\frac{\lambda}{d} \cdot l + \zeta \right) \cdot \frac{\rho}{2} \cdot v^2 + \Delta p_{\text{konst}} \qquad \text{(Formel 7.14)}$$

Reibungsverlust gerader Kanal ($\frac{\lambda}{d} \cdot l$) – Verlust durch Richtungs- und Querschnittsänderungen (ζ)

mit

- Δp Druckverlust des Kanalsystems in Pa
- λ Reibungszahl
- d gleichwertiger Kanaldurchmesser in m
- l Kanallänge in m
- ζ Widerstandsbeiwert
- ρ Dichte in kg/m³
- v Geschwindigkeit in m/s
- Δp_{konst} konstanter Druckverlustanteil, Druckverlust für Einbauten in Pa

Der Druckverlust setzt sich aus 3 Komponenten zusammen: aus den Reibungsverlusten an den geraden Kanalwänden, den Verlusten infolge von Richtungs- und Querschnittsänderungen und den konstanten Druckverlustanteilen (Volumenstromregler, selbstregelnde Auslässe o. Ä.). Der Verlust durch Richtungs- und Querschnittsänderungen ist neben der Geschwindigkeit von den Widerstandsbeiwerten der entsprechenden Formteile abhängig. Diese sind in Abhängigkeit von der Geometrie experimentell bestimmt und in vielen technischen Nachschlagewerken zu finden. Der Reibungsverlust des geraden Kanals (vgl. Formel 7.14) ist neben der Geschwindigkeit auch von der der Reibungszahl λ abhängig, die durch die Strömungsform (laminar oder turbulent) und die Rauigkeit der Kanalwände bestimmt wird.

$$\lambda = \left(-2 \cdot \lg \left(\frac{\varepsilon/d}{3{,}71} + \frac{2{,}51}{Re \cdot \sqrt{\lambda}} \right) \right)^{-2} \qquad \text{(Formel 7.15)}$$

mit

- ε absolute Rauigkeit in mm
- ε/d relative Rauigkeit in mm/mm
- Re Reynoldszahl

Formel 7.15 ist nur iterativ lösbar: entweder mit einem Tabellenkalkulationsprogramm oder über Diagramme, in denen für das glatte Rohr bzw. den glatten Kanal oder für eine fixe Rauigkeit der spezifische Druckverlust *R* in Pa/m als Funktion des Volumenstromes und des Rohr-/Kanalquerschnittes ablesbar ist.

Im Folgenden soll das Luftkanalsystem der beispielhaften Klimaanlage aus Kapitel 7.5.1 ausgelegt werden (vgl. Abb. 7.44).

Luftkanaldimensionierung am Beispiel einer Klimaanlage

Es wird die längste Kanalstrecke mit dem vermutlich höchsten Druckverlust ausgewählt. Das ist der Zuluftkanal beginnend am Punkt 1 und endend am Punkt 2 (vgl. Abb. 7.44).

Druckverlustanteile					
ζ	$R \cdot L$	$\zeta \cdot \rho/2\, v^2$	Δp_{konst}	$R \cdot L + \Sigma Z$	Δp_{TS}
	(Pa)	(Pa)	(Pa)	(Pa)	(Pa)
			30	30,00	30,00
1,20	2,71	4,55		7,26	37,26
0,20	0,62	0,84		1,47	38,73
0,20	2,60	1,65		4,25	42,98
0,20	2,77	1,81		4,58	47,57
0,20	3,61	2,68		6,29	53,85
7,80	17,62	102,61		120,23	174,08
3,50		27,88		27,88	201,96
			30	30,00	231,96
			40	40,00	271,96
3,80	0,18	7,08		7,27	279,23
	11 %	53 %	36 %	$\Delta p_{Ges} = 279,23$	

Abb. 7.43: Brandschutzklappe (Quelle: Strulik GmbH, Hünfelden; Produktkatalog Brandschutz I, BKS2)

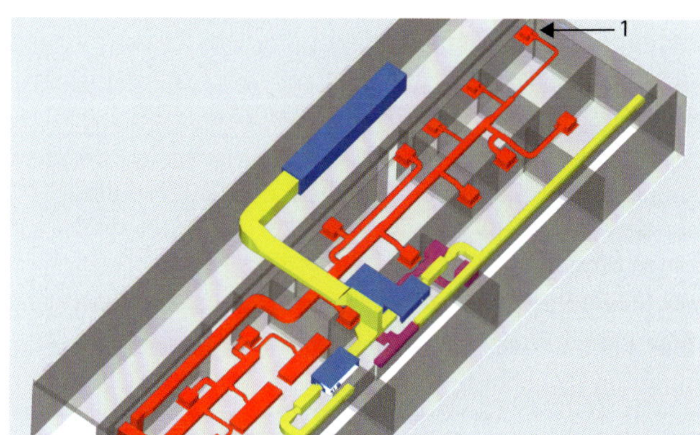

Abb. 7.44: Luftkanalführung 3D-Modell RLT-Anlage (Quelle: FWU Ingenieurbüro GmbH, Dresden)

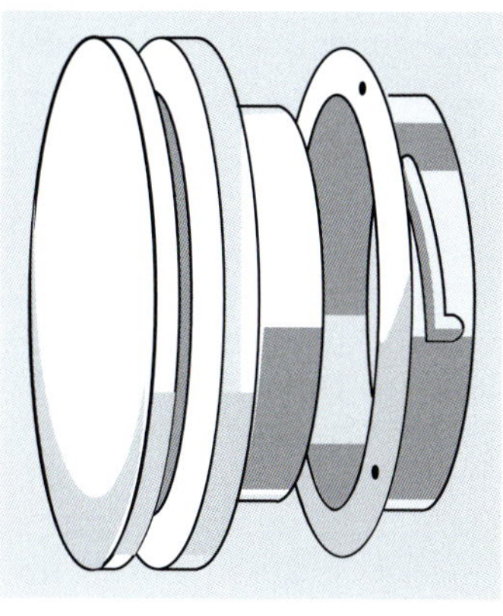

Abb. 7.45: Tellerventil für Zu- und Abluft (Quelle: Westaflexwerk GmbH, Gütersloh; Produktkatalog)

Danach werden die Abmessungen des Kanalsystems (Breite B, Höhe H, Durchmesser Rohr, Länge L) in das vorbereitete Arbeitsblatt einer Tabellenkalkulation eingetragen (vgl. Tabelle 7.2).

Für Zuluftelement, Schalldämpfer und Volumenstromregler werden die konstanten Druckverlustwerte aus den Herstellerunterlagen entnommen. Aus den technischen Daten der verwendeten Brandschutzklappe ist der entsprechende ζ-Wert zu übertragen. Nun wird die Kanalgeometrie eingegeben. Dabei sind für die wesentlichen Formstücke die ζ-Werte bereits vorgegeben und es muss lediglich deren Anzahl eingegeben werden.

Für die Volumenströme werden jeweils die kumulierten Werte eingegeben. Die entsprechenden Geschwindigkeiten in den Kanälen und bei Rechteckquerschnitten deren gleichwertige hydraulische Durchmesser sind formelseitig hinterlegt und müssen nicht eingegeben werden. Es ist zu sehen, dass R im Bereich 1 Pa/m liegt. Die Auslegung nach etwa konstanten Druckgefällen ist ein oft angewandtes Verfahren bei der Luftkanalauslegung.

In den Ergebnisspalten sind folgende Druckverluste zu entnehmen (vgl. auch Tabelle 7.2):

- für den geraden Kanal (11 % des Gesamtdruckverlustes)
- für Verluste durch Richtungs- und Querschnittsänderungen (53 % des Gesamtdruckverlustes)
- für Einbauten (36 % des Gesamtdruckverlustes)

Insgesamt ergibt sich im Beispiel ein Druckverlust von 279 Pa. Das heißt, die Zuluftanlage muss mindestens diesen externen Druckverlust überwinden können.

Es sei hier auf andere wichtige Randbedingungen wie z. B. die Einhaltung der Schallgrenzwerte hingewiesen, die Einfluss auf die Auslegung von Anlagenkomponenten (vor allem Brandschutzklappen) und anschließende Kanäle haben.

7.5.3 Luftauslässe

Wesentlichen Einfluss auf das Raumklima und auf die Behaglichkeit hat die Ausführung der Zuluftauslässe entsprechend dem Lüftungsprinzip (vgl. auch Kapitel 7.4) und deren Anordnung.

Tellerventile

Tellerventile (vgl. z. B. Abb. 7.45) werden vor allem im Sanitärbereich und in Nebenräumen zur Luftdosierung zu je 20 bis 100 m³/h pro Ventil bzw. pro WC-, Waschtisch-

oder Duschplatz benutzt. Dabei sind die Größen DN 100 und DN 125 zum Anschluss an Wickelfalz- oder Flexrohr gebräuchlich. Der Volumenstrom bzw. der jeweilige gewünschte Druckabfall lassen sich durch Drehen des konischen Ventiltellers leicht einstellen. Günstig ist, wenn sich die Ventile ohne Werkzeug zum Zweck der Reinigung z. B. über einen Bajonettverschluss öffnen lassen.

Lüftungsgitter

Lüftungsgitter sind die gebräuchlichste Form der Luftdurchlässe. Die Ausführung reicht von einfachen Loch- und Drahtgittern über Kompaktgitter mit gelenkter Luftführung bis hin zu Zuluftgittern mit automatischer Regulierung der Strahlrichtung bei wechselnder Zulufttemperatur.

Das in Abb. 7.46 dargestellte Kompaktgitter besitzt in einer Ebene verstellbare Luftlenklamellen, die die Einstellung vom geraden Strahl bis zu verschieden geformten divergenten Strahlen zulässt (vgl. Abb. 7.47).

Weitere Komfortverbesserungen können durch Lamellen in einer zweiten Ebene und Einbauten zur Volumenstromregulierung (Lochbleche, Schöpfzungen, Schlitzschieber) erreicht werden. Aber auch in ihren einfachen Bauarten werden die Lüftungsgitter insbesondere als Ablufteintritt benötigt.

Gitter zur Ansaugung von Außenluft müssen zusätzlich Abweiseinrichtungen für mitgerissene Regenwassertröpfchen besitzen. Die Einströmgeschwindigkeit sollte im Allgemeinen 2,5 m/s nicht überschreiten. Außenluftgitter (vgl. z. B. Abb. 7.48) sind in schallgedämmter Ausführung erhältlich.

Deckenschlitzauslässe

Lineare Deckenschlitzauslässe ermöglichen aufgrund der stabilen Strahlführung den Einsatz in VVS-Anlagen von 100 bis 40 %. Sie sind für Raumhöhen bis maximal 4 m geeignet. Die von unten verstellbaren Luftleitlamellen lassen die Anpassung an viele Anforderungen zu (vgl. Abb. 7.49). Die variablen Strömungsformen werden durch die wechselseitige Einstellung der Ausblaserichtung der Lamellen ermöglicht. So kann die geeignete Strahlform für den Heizfall (Stellung 1) und den Kühlfall (Stellung 3) gewählt werden. Im Kühlfall sind Zulufttemperaturen von 10 bis 12 K unter der Raumtemperatur möglich. Stellung 4 erlaubt eine maximale Induktion und damit einen äußerst raschen Abbau von Geschwindigkeits- und Temperaturprofilen. Durch den annähernd gleichen freien Strömungsquerschnitt sind Druckverlust und Schalldruckpegel praktisch nicht von der Lamellenstellung abhängig.

Eine Schnellauswahl für Lamellenstellung 4 ist Abb. 7.50 zu entnehmen. Dabei ist der Zuluftvolumenstrom $\dot{V}$ über der Raumhöhe *RH* mit dem Parameter Schlitzabstand *AB* dargestellt. Weiterhin zu entnehmen sind der Schallleistungspegel L_{WA} und der Druckverlust Δp_t.

Bei linearen Deckenschlitzauslässen sollte der spezifische Luftvolumenstrom maximal ca. 20 m³/h/m² betragen.

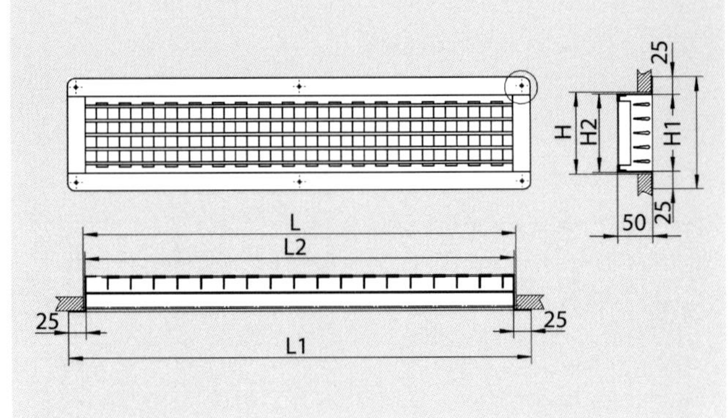

Abb. 7.46: Kompaktgitter mit verstellbaren Luftleitlamellen; Kompaktgitter KG8 (Quelle: Schako-Planungsunterlagen, Ferdinand Schad KG, Kolbingen)

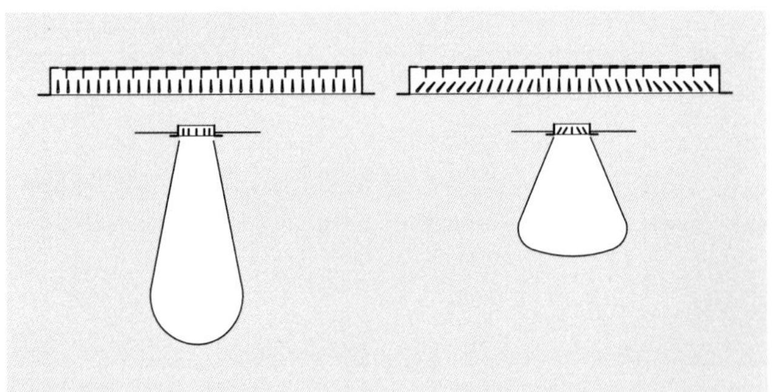

Abb. 7.47: Lamellenstellung gerade, divergent, Strömungsprofil (Quelle: Schako-Planungsunterlagen, Ferdinand Schad KG, Kolbingen)

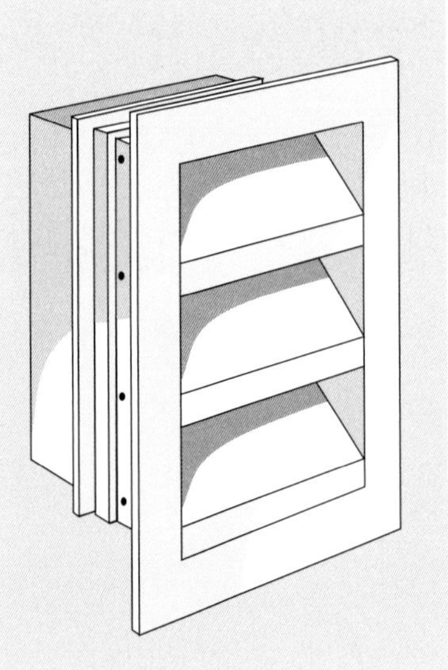

Abb. 7.48: Außenluftgitter (Quelle: Westaflexwerk GmbH, Gütersloh; Produktkatalog)

Beispiel: Schnellauswahl Deckenschlitzauslass

Nach Abb. 7.50 lässt sich bei einer Raumhöhe von 3,0 m und einem Schlitzabstand von 2,4 m pro Meter Deckenschlitz 105 m³/h Luft zuführen (1). Der Druckverlust des Auslasses beträgt dabei ca. 26 Pa (3) und der Schallleistungspegel ca. 29 dB(A) (2).

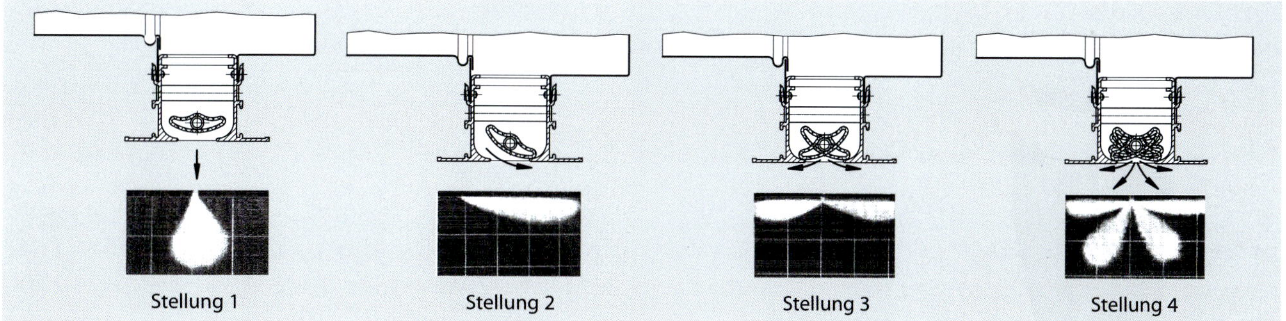

Abb. 7.49: Lamellenstellungen von Deckenschlitzauslässen; Deckenschlitzauslass DSC (Quelle: Schako-Planungsunterlagen, Ferdinand Schad KG, Kolbingen)

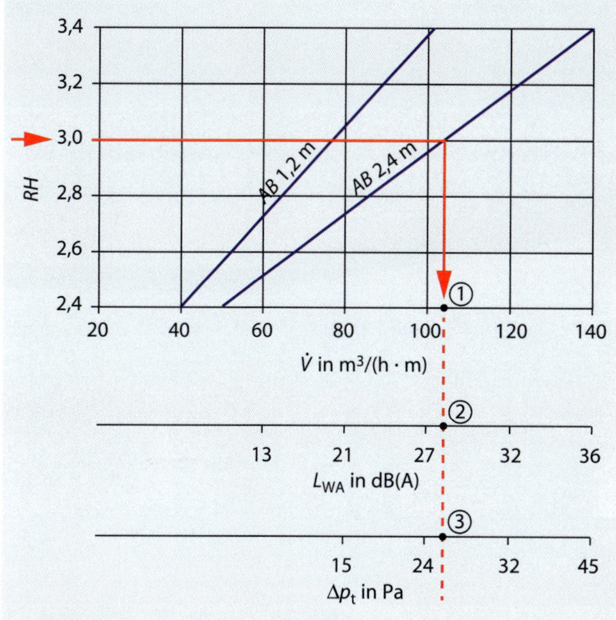

Abb. 7.50: Schnellauswahl Deckenschlitzauslass; Deckenschlitzauslass DSC nach Schako-Planungsunterlagen, Ferdinand Schad KG, Kolbingen

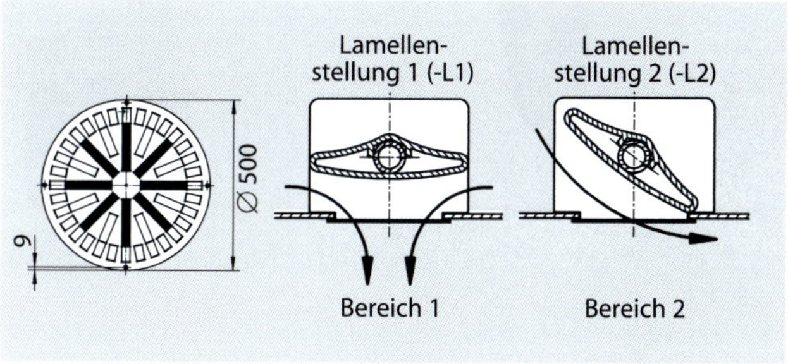

Abb. 7.51: Deckendrallauslass; Deckendrallauslass DQJ (Quelle: Schako-Planungsunterlagen, Ferdinand Schad KG, Kolbingen)

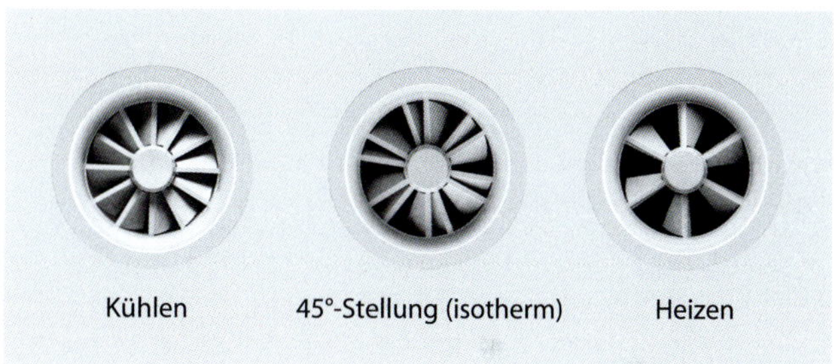

Abb. 7.52: Deckendrallauslass; Deckendrallauslass VDL (Quelle: Trox-Planungsunterlagen)

Drallauslässe

Durch die Verdrallung von Strahlen hoher Geschwindigkeit wird eine Strömung mit hohem Turbulenzgrad erzeugt. Die Drallstrahlen bewirken eine starke Induktionswirkung auf die Raumluft, sodass Strahlendgeschwindigkeit und Temperaturdifferenz sehr schnell abnehmen. Dadurch können selbst bei hohem Luftwechsel und hohen Temperaturdifferenzen (Zuluft/Raumluft) Zugerscheinungen vermieden werden. Zur Anpassung der Strahlprofile an die Klimatisierungsaufgabe und die Raumgeometrie stehen unterschiedliche Systeme zur Auswahl. Bei der Luftstrahlführung mit Lamellen kann diese von horizontal bis vertikal verstellt werden (vgl. Abb. 7.51).

Ein anderes System bedient sich verstellbarerer Leitschaufeln, mit denen die Ausblaserichtung horizontal, schräg und vertikal stufenlos eingestellt werden kann (vgl. Abb. 7.52).

Über integrierte motorische Stellantriebe können in Räumen mit wechselnden Kühl- und Heizlasten alle Betriebszustände automatisch angepasst werden. Die Temperaturdifferenz Zuluft/Raumluft kann zwischen 15 K und –10 K liegen. Die Auslässe sind insbesondere für größere Raumhöhen von > 4 bis 10 m geeignet.

Ein in der Praxis oft verwendeter Richtwert ist die Anordnung eines Deckendrallauslasses pro Quadrat Raumhöhe. Das heißt, bei einem 3 m hohen Raum sollte 1 Auslass pro ca. 9 m² Deckenfläche angeordnet werden. Bei Deckendrallauslässen sollte der spezifische Luftvolumenstrom etwa 35 m³/h/m² nicht überschreiten.

Quellluftauslässe

Die Auslässe sind entsprechend dem laminaren Lüftungsprinzip (vgl. Kapitel 7.4) im Bodenbereich des Raumes angeordnet. Neben den Auslässen für den Wandbereich sind auch Bodenauslässe gebräuchlich. In jedem Fall ist die unmittelbare Umgebung aus dem Aufenthaltsbereich auszuklammern. Bei Wandauslässen liegt das in der Größenordnung von 1 bis 2 m Abstand. Der sog. Nahbereich muss aber im Einzelfall entsprechend der Auslegung ermittelt werden. Grundsätzlich sollten vertikale Beschleunigungsstrecken umgangen werden, d. h., die Luft sollte möglichst dicht am Boden eingebracht werden. 1 bis 2 m hängend

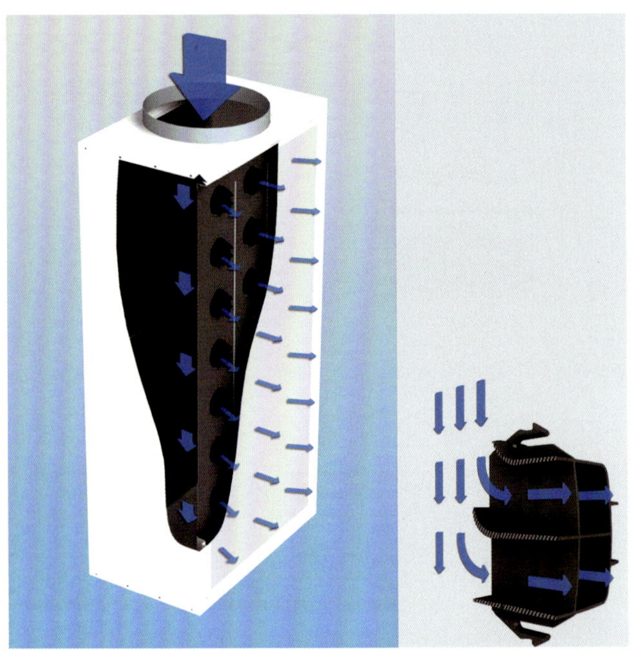

Abb. 7.53: Prinzipdarstellung Quellluftwandauslass mit Detail Auslassdüse (Repus-Auslass; Quelle: Planungsunterlagen Hesco Deutschland GmbH, Offenbach/Main)

über dem Boden angeordnete Auslässe sollten nur Industrieanwendungen vorbehalten sein. Abb. 7.53 zeigt einen Quellluftwandauslass in einer Prinzipdarstellung, Abb. 7.54 zeigt einen Quellluftwandauslass in einer Konzerthalle.

Ablufteinlässe

Von der strömungsmechanischen Seite werden an Ablufteinlässe keine besonderen Ansprüche gestellt. Oft werden einfache Luftgitter verwendet oder der verdeckt angeordnete Abluftkanal hat nur entsprechende Eintrittsöffnungen (vgl. Abb. 7.55).

Wichtig ist allerdings die geometrische Anordnung der Auslässe an sich, sodass diese zur Ausbildung der avisierten Raumluftströmung beitragen (vgl. auch Kapitel 7.4).

7.5.4 Wohnungslüftung

Nach wie vor ist bei Wohnungen, insbesondere im Bestand, die Fensterlüftung häufig anzutreffen. Wichtig ist dabei die mehrmals tägliche Stoß- bzw. Querlüftung mit voll geöffneten Fenstern durch den Nutzer. Zur Abdeckung des erforderlichen hygienischen Mindestluftwechsels (0,3- bis 0,8-fach pro Stunde) in Abhängigkeit von der Wohnungsgröße und der Nutzungsintensität ist zusätzlich der natürliche Luftwechsel über Gebäudeleckagen wie z. B. Fensterfugen ansetzbar. Bei den gelegentlich noch im Bestand anzutreffenden Kastenfenstern stellte sich ein Luftwechsel in etwa der erforderlichen Größenordnung ein. Heute übliche Fenster mit umlaufenden Lippendichtungen lassen aber meist nur einen Fugenluftwechsel in einer Größenordnung von weniger als 0,1 pro Stunde zu; Messungen dokumentieren teilweise noch niedrigere Werte (vgl. Reichel, 1998). Dieser Fugenluftwechsel reicht nicht aus, um den Feuchteschutz zu gewährleisten und die Feuchtelasten abzuführen. Die bekannten Feuchteschäden und Schimmelpilzbefall im Bereich der Altbausanierung können auch zunehmend im Neubaubereich ein Problem darstellen.

Abb. 7.54: Quellluftwandauslass in Konzerthalle (Quelle: FWU Ingenieurbüro GmbH)

Abb. 7.55: Abluftkanal hinter Schattenfuge (Quelle: FWU Ingenieurbüro GmbH)

Abb. 7.56: Verschließbare Lüftungsöffnung im Fensterrahmen

Hilfreich kann dort der Einsatz von sog. Außenbauteil-Luftdurchlässen (ALD) sein (vgl. Abb. 7.56).

Wohnraumlüftungssysteme gliedern sich in

- freie Lüftung und
- ventilatorgestützte Lüftung.

Bei der freien Lüftung unterscheidet man die Querlüftung und die Schachtlüftung. Die heute oft praktiziert Querlüf-

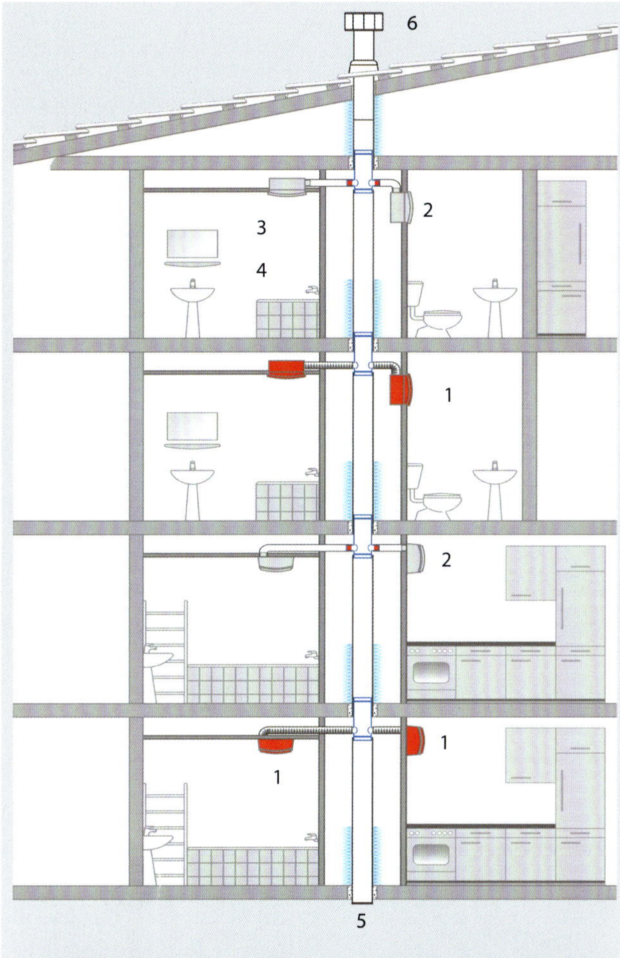

1 Einzelventilator mit integrierter Brandschutz-Absperrvorrichtung
2 Einzelventilator mit separatem Brandschutzelement
3 Schachtwand
4 Hauptleitung
5 Inspektions- und Reinigungsöffnung
6 Dachlüfter

Abb. 7.57: Abluftanlage Wohnungslüftung: Überdruckanlage mit Einzelventilatoren (Quelle: Strulik GmbH, Hünfelden)

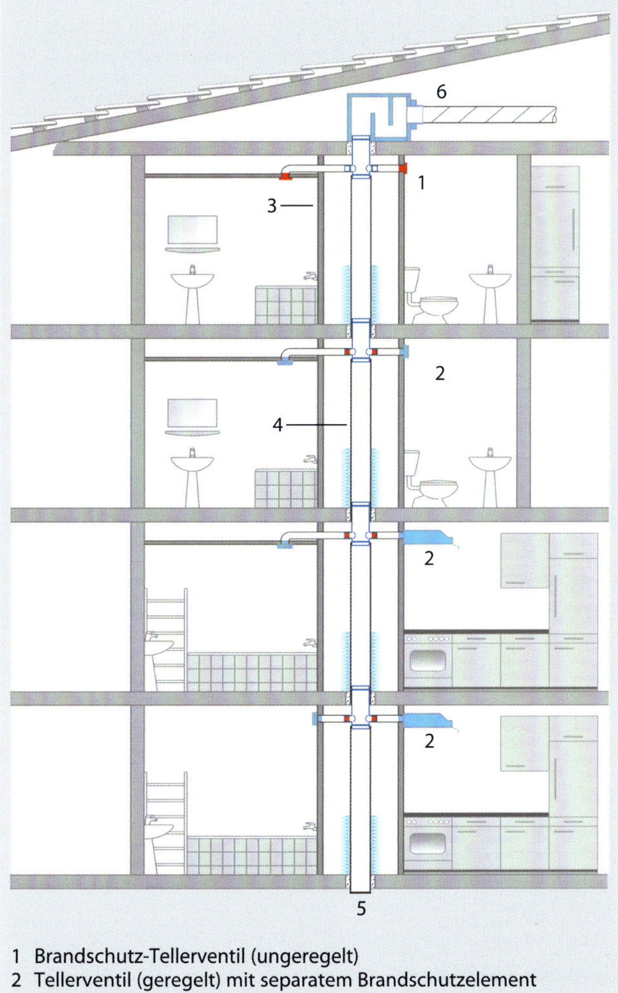

1 Brandschutz-Tellerventil (ungeregelt)
2 Tellerventil (geregelt) mit separatem Brandschutzelement
3 Schachtwand
4 Hauptleitung
5 Inspektions- und Reinigungsöffnung
6 Schallschutzkasten mit Brandschutzverkleidung, Zuführung zu zentralem Dachventilator

Abb. 7.58: Abluftanlage Wohnungslüftung: Anlage mit Zentralventilator (Quelle: Strulik GmbH, Hünfelden)

tung erfolgt über Fugenöffnungen, aber mehr noch über die schon erwähnten ALD. Bei den ventilatorgestützten Systemen verwendet man entweder nur Zuluftventilatoren oder nur Abluftventilatoren oder die Kombination von Zu- und Abluftventilatoren (vgl. auch Kapitel 2.2).

Zur Lüftung von innen liegenden Bädern und Toilettenräumen werden diese mit ventilatorgestützten Entlüftungssystemen ausgeführt. Grundsätzlich wird bei diesen Systemen zwischen Überdruckanlagen mit Einzelventilatoren und Unterdruckanlagen mit Zentralventilator unterschieden (vgl. Abb. 7.57 und Abb. 7.58).

Für festgelegte Anlagenkomponenten der dargestellten Lüftungssysteme gibt es Bauartzulassungen für den Brandschutz, die die Ausführung der Schachtwände mit normalen 12,5 mm dicken mineralischen Bauplatten und handelsüblichen Stahlblechprofilen erlauben. Die Lüftungszentralleitung ist aus verzinktem Stahlblech (Wickelfalzrohr). Diese muss mit 40 mm dicken Mineralwollerohrschalen (Schmelzpunkt ≥ 1.000 °C) versehen werden, falls im Schacht brennbare Bauteile vorhanden sind.

Betriebserfahrungen mit Einzelraumentlüftungen zeigen, dass der für die gesamte Wohnung erforderliche Luftwechsel oft nicht erreicht wird, hierfür werden folgende Gründe gesehen (vgl. Ehrenfried, 2006, S. 20 ff.):

- Über das Nachströmen der Außenluft brauchte sich der Planer bisher kaum Gedanken zu machen. Die Undichtheiten der Außenbauteile wurden hierzu generell als ausreichend betrachtet, was offenbar nicht immer der Fall ist.
- Einzelventilatoren können außerhalb der Nutzungszeit abgeschaltet werden. In der Praxis führt das zu nicht ausreichenden Betriebszeiten von 30 bis 60 Minuten am Tag und damit zu unzureichenden Luftwechseln.

Ein weiterer Aspekt der Wohnungslüftung ist der mit steigenden Wärmeschutzanforderungen an die Gebäudehülle abnehmende Transmissionswärmebedarf und damit die relative Zunahme des Lüftungswärmebedarfes. Daher werden Wohngebäude zunehmend mit kompletten Zu- und Abluftgeräten in Kompaktbauweise ausgerüstet, die mit Technik zur Wärmerückgewinnung ausgerüstet sind.

Dabei wird die gesamte Wohnung in das Lüftungskonzept einbezogen (vgl. Abb. 7.59). Die Zuluft wird in den Wohn- und Aufenthaltsräumen zugeführt und strömt dann Räumen mit niedriger werdenden Luftqualitätsanforderungen zu (z. B. Küchen und Bädern), von denen sie als Abluft wieder zum Zentralgerät gelangt. Insbesondere in hochwärmegedämmten Gebäuden können Lüftungseinheiten mit integrierter Luft-Luft-Wärmepumpe eine energieeffiziente und kostengünstige Möglichkeit unter Verzicht auf ein konventionelles Wasserheizsystem darstellen. Die verbleibende Abwärme der Fortluft nach Wärmerückgewinnung wird auf ein höheres Temperaturniveau gehoben und der Zuluft zugeführt, die bis über 30 °C erhitzt werden kann. Somit kann die Lüftungswärme einen Teil des Transmissionswärmebedarfes abdecken (vgl. auch Kapitel 6.6). Von einigen Herstellern werden auch vom Wärmepumpenbetrieb auf Kühlbetrieb umstellbare Geräte angeboten (vgl. z. B. Abb. 7.60).

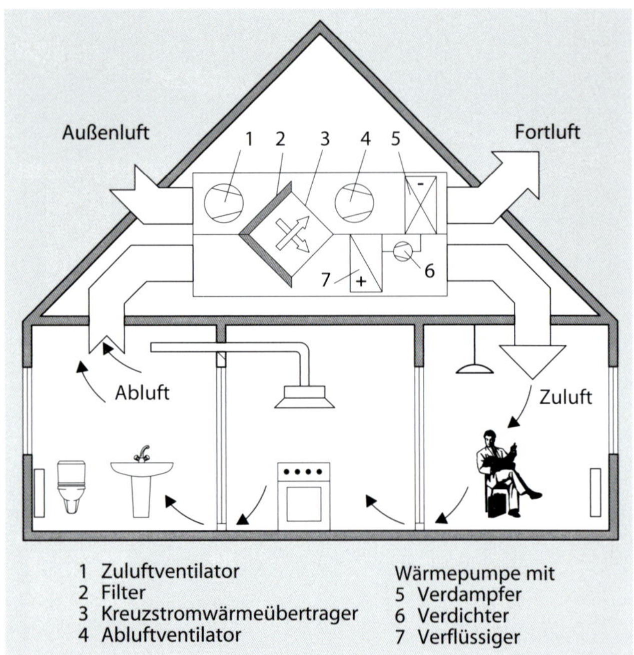

Abb. 7.59: Prinzip ventilatorgestützte Wohnungslüftung mit Luft-Luft-Wärmepumpe und Wärmeübertrager

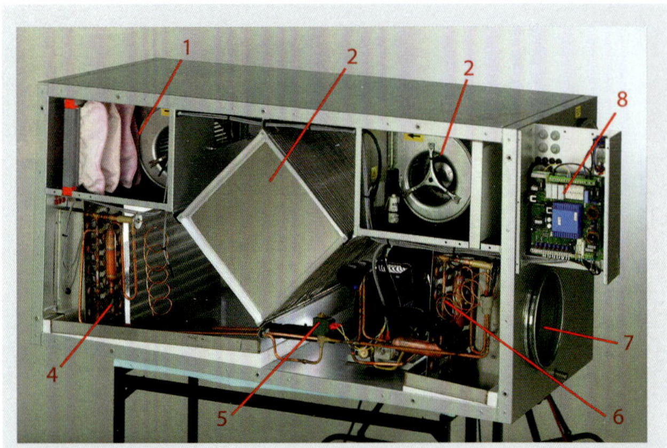

Abb. 7.60: Wohnungslüftungsgerät mit Kreuzstromwärmeübertrager, Wärmepumpe und zusätzlicher Kühlfunktion; Lüftungsgerät LL 216+ (Quelle: Alpha-InnoTec GmbH, Werksbild)

7.6 Luft-Wasser-Anlagen

7.6.1 Übersicht Wassersysteme

Luft-Wasser-Anlagen sind Systeme, bei denen die Luftkonditionierung nicht ausschließlich in der Klimazentrale erfolgt. Dabei wird ein zusätzliches Wassersystem in Analogie zur Heizungsanlage als Zwei-, Drei- oder Vierleiter-Rohrsystem installiert, das die örtlichen Wärmeübertrager der Geräte versorgt.

Zweileiter-Rohrsystem

Es handelt sich um ein kombiniertes, wechselseitig betriebenes Heizungs-/Kaltwassernetz. Das Umschalten erfolgt netzseitig in der Energiezentrale und ggf. am entsprechenden Gerät über Umschaltventil, wenn 2 getrennte Wärmeübertrager vorhanden sind. Vorteilig ist der geringere Installationsaufwand gegenüber Drei- oder Vierleiter-Rohrsystemen. Nachteilig ist die ausschließliche Nutzung von Heiz- oder Kühlfunktion im gesamten Gebäude.

Dreileiter-Rohrsystem

Bei getrennten Vorläufen wird für Heizen und Kühlen ein gemeinsamer Rücklauf genutzt. Dieses System wird heute nur noch in speziellen Fällen genutzt (zu hoher Energieverlust durch Mischung von Kalt- und Warmwasser).

Vierleiter-Rohrsystem

Die örtlichen Geräte mit Heiz- und Kühlfunktion werden über getrennte Warmwasser- und Kaltwassernetze versorgt. Die Regelung erfolgt geräteseitig meist über Regelventile bei 2 separaten Wärmeübertragern pro Gerät, sonst über Umschaltventil.

Der Vorteil besteht in einem autarken Heiz- und Kühlbetrieb beispielsweise zur Abfuhr von inneren Kühllasten. Somit können unterschiedliche Nutzer ihr Raumklima individuell wählen. Nachteilig ist ein relativ hoher Installationsaufwand.

Induktionsanlagen/Fan-Coil-Geräte

Luftseitig können die Geräte als Induktionsanlagen (vgl. Kapitel 7.6.2) oder als sog. Fan-Coil-Geräte (vgl. Kapitel 7.6.3) mit eigenem Ventilator ausgeführt werden. Gemeinsam ist beiden Gerätearten der Umstand, dass nur eine geringe Menge Primärluft über das zentrale Lüftungssystem bereitgestellt wird, die sich im Allgemeinen auf die hygienisch erforderliche Luftmenge beschränkt.

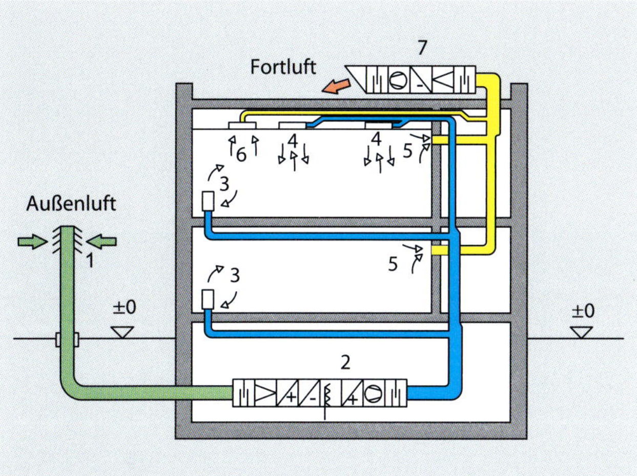

Abb. 7.61: Beispiel einer Induktionslüftungsanlage

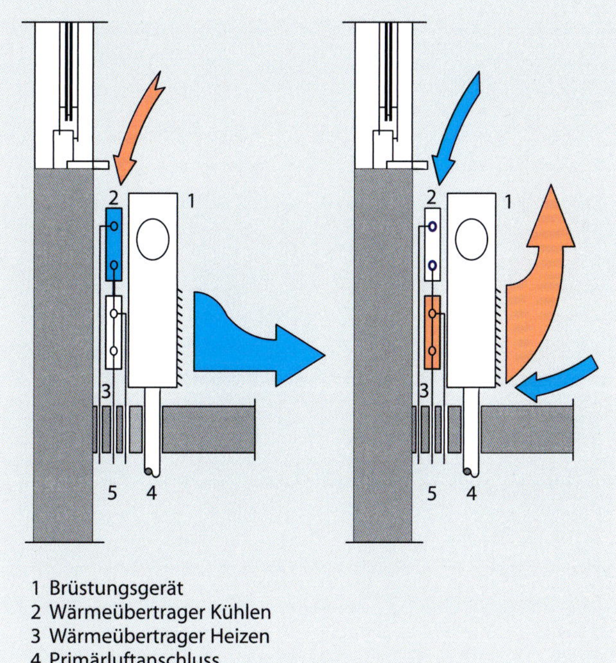

Abb. 7.62: Brüstungsgerät im Kühl- und im Heizfall

7.6.2 Induktionsanlagen

Induktionsanlagen sind durch den auf etwa 25 bis 30 % reduzierten Volumenstrom der zentralen Lüftungs- bzw. Klimaanlagen gegenüber Nur-Luft-Anlagen gekennzeichnet. Das heißt, die Querschnitte der Zentralanlagen und des Luftkanalsystems verringern sich um den Faktor 3 bis 4, die geometrischen Abmaße also um den Faktor 1,7 bis 2 (vgl. Abb. 7.61).

Nicht unerheblich ist der Druckverlust infolge der für die Induktionswirkung erforderlichen Luftgeschwindigkeit von 15 bis 25 m/s in den Düsen des Geräts. Er beträgt etwa 150 bis 400 Pa je nach Düsenart. Der Schallleistungspegel für den Auslegungsfall liegt im Bereich zwischen 30 und 40 dB(A).

Die Funktionen eines Induktionsgerätes als Wand- oder Brüstungsgerät im Kühl- und im Heizfall sind in Abb. 7.62 dargestellt.

Da sich die Geschwindigkeiten schnell abbauen, ist im Kühlfall bei Brüstungsgeräten das Quellluftprinzip realisierbar. Dabei füllt die Zuluft mit geringer Untertemperatur in laminarer Strömung den Bodenbereich. Dieser „Frischluftsee" erhält durch Wärmequellen den vertikalen Auftrieb (vgl. auch Kapitel 7.4).

Den Querschnitt durch ein Deckeninduktionsgerät zeigt Abb. 7.63. Die Primärluft 1 gelangt über seitliche Düsen in den äußeren Mischbereich. Die hohe Geschwindigkeit unmittelbar hinter den Düsen erzeugt einen Unterdruck, der ein Vielfaches an sekundärer Raumluft 2 ansaugt und den Druckverlust des Wärmeübertragers 4 überwindet. Unterhalb des Deckeninduktionsgerätes ergibt sich eine kräftige Raumluftströmung, die zugfrei auszuführen ist.

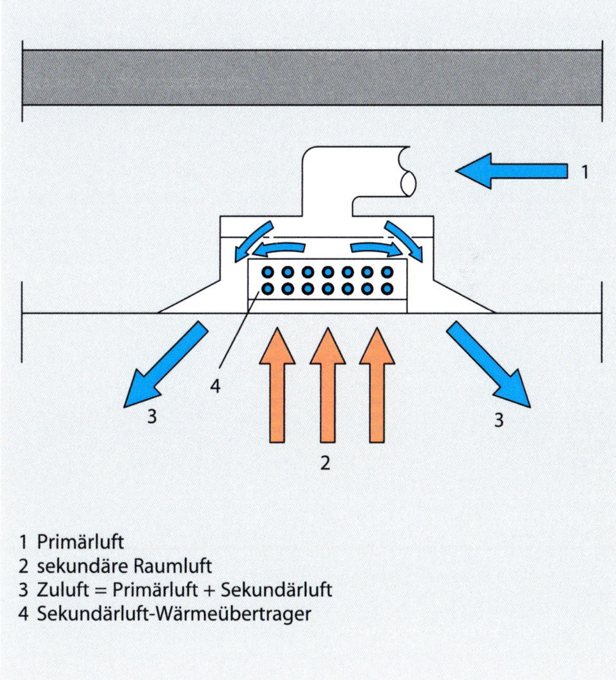

Abb. 7.63: Deckeninduktionsgerät in Zwischendeckenmontage

Die Kaltwassertemperaturen sind so auszulegen, dass Taupunktunterschreitungen in den Geräten vermieden werden. In der Regel wird die Kaltwassertemperatur ≥ 18 °C ausgelegt.

Im Folgenden soll ein konkretes Beispiel für eine Systementscheidung aus wirtschaftlicher Sicht gezeigt werden.

Wirtschaftlichkeit eines Induktionslüftungssystems

Die Frage ist, ob sich die Installation einer Luft-Wasser-Anlage mit Induktionsgeräten gegenüber einer konventionellen Luft-Luft-Anlage lohnt.

Bei einem Sanierungsvorhaben wurden im Rahmen der Entwurfsplanung die Kosten für die einzelnen Komponenten der beiden Varianten ermittelt. In Summe ergeben sich für die Luft-Wasser-Anlage trotz des kostengünstigeren Lüftungszentralgerätes infolge der Induktionsgeräte höhere Investitionskosten. Durch den geringeren Elektroenergiebedarf für die Lüftungsventilatoren (Zuluft und Abluft) und die Dampfbefeuchtung ergibt sich andererseits ein Betriebskostenvorteil. Im Anschluss sind die Ausgangswerte zusammengestellt:

Die geometrischen Gebäudedaten, Klimadaten und Leistungswerte entsprechen den Beispielen zur Lüftungsanlagenauslegung (vgl. Kapitel 7.5.1) und zur Luftkanaldimensionierung (vgl. Kapitel 7.5.2).

Projektsituation:

- vorhandenes Gebäude, vorhandene Heizungsanlage
- nur Modernisierung der Lüftungsanlage

Speziell ist auszuwählen zwischen folgenden Anlagen:

- Luft-Luft-Anlage (LLA)
- Luft-Wasser-Anlage mit Induktionsgeräten (LWA)

energietechnische Ausgangswerte:

L (Länge)	16 m	(Gebäudegeometrie Quader)
B (Breite)	30 m	
H (Höhe)	16,8 m	
U_m (mittlerer Wärmedurchgangskoeffizient)	0,65 W/(m² · K)	(vgl. Schramek, 2005, S. 1041)
Gradtagszahl	3.809 K · d/a	
Kühllast nach VDI 2078	7,0 kW	(Beispiel Anlagenauslegung)
Luftvolumenstrom LLA	2.400 m³/h	(Beispiel Anlagenauslegung)
Luftvolumenstrom LWA	1.700 m³/h	(Beispiel Anlagenauslegung)
Leistung Zu-/Abluftventilatoren LLA	2,0 kW	(elektronische Leistung, Beispiel Anlagenauslegung)
Leistung Zu-/Abluftventilatoren LWA	1,5 kW	(elektronische Leistung, Beispiel Anlagenauslegung)
Leistung Dampfbefeuchter LLA	13,0 kW	(elektronische Leistung, Beispiel Anlagenauslegung)
Leistung Dampfbefeuchter LWA	8,0 kW	(elektronische Leistung, Beispiel Anlagenauslegung)

wirtschaftliche Ausgangswerte:

i (Kalkulationszins)	0,07	(Absprache mit dem AG)
T (Nutzungsdauer)	20 Jahre	(VDI 2067-1)
Wartungskosten	0,6 T€/a	(Erfahrungswert)
Faktor IN (Instandsetzung)	0,02	(VDI 2067-1)
Elektroenergiepreis	0,28 €/kWh	(Angabe des Versorgers)
Betriebsstunden Lüftungsgerät	2.500 h/a	(Bürogebäude)
Betriebsstunden Befeuchtung	1.000 h/a	(DIN 4710)

Nach dem Annuitätenverfahren gemäß Kapitel 5.4.3 werden die in Tabelle 7.3 dargestellten Ergebnisse ermittelt.

Tabelle 7.3: Ergebnisse Wirtschaftlichkeitsuntersuchung (Beispiel)

	Einheit	LLA	LWA
Investitionskosten	€	34.000	36.000
Elektroergiebedarf	kWh/a	18.000	11.750
Elektroenergiepreis	€/kWh	0,28	0,28
AN_E (Einzahlungen)	€/a	0	0
AN_K (kapitalgebundene Auszahlungen)	€/a	3.889	4.118
AN_V (verbrauchsgebundene Auszahlungen)	€/a	5.040	3.290
AN_B (betriebsgebundene Auszahlungen)	€/a	600	600
AN_S (sonstige Auszahlungen)	€/a	0	0
***AN* Annuität**	**€/a**	**9.529**	**8.008**

Die Luft-Wasser-Anlage mit Induktionsgeräten besitzt im Vergleich zur konventionellen Luft-Luft-Anlage im vorliegenden Beispiel eine um rund 1.500 €/a niedrigere Annuität und ist daher als günstiger zu bewerten.

7.6.3 Ventilator-Konvektoren (Fan-Coil-Anlagen)

Ventilator-Konvektoren werden mit einem leise laufenden Radialventilator, einem Wärmeübertrager für den Heiz-/Kühlbetrieb und einem saugseitig angeordneten Filter betrieben und sind in schallgedämmten Gehäusen untergebracht. Es sind sowohl Konvektoren im Fensterbrüstungsbereich (vgl. Abb. 7.64) als auch Deckeneinbaugeräte (vgl. Abb. 7.65) gebräuchlich. In ihrer ursprünglichen Konzeption handelt es sich um einfach aufgebaute Geräte im Sekundärluftbetrieb, die individuell betrieben werden und die entsprechende Räume schnell aufheizen und kühlen können. Bevorzugt eingesetzt werden Ventilator-Konvektoren zur Klimatisierung von Hotelzimmern. Dabei wird die hygienisch erforderliche Zuluft entweder über eine separate Nur-Luft-Anlage oder über Fensterlüftung zugeführt.

Es sind aber auch Systeme mit integriertem Zuluftanschluss und entsprechender Klappenregelung erhältlich. Abb. 7.65 zeigt die Temperatur- und Geschwindigkeitsverteilung eines Ventilator-Konvektors, der in der Zwischendecke angebracht wurde. Das Gerät erlaubt die Zuführung entsprechend aufbereiteter Außenluft, die dem Kanal im Flurbereich entnommen wird. Durch eine optimale Strahlführung über einzeln einstellbare Düsen lassen sich nach Herstellerangaben die Anforderungen der DIN EN ISO 7730 bezüglich der Komfortbedingungen einhalten. Das Gerät besitzt einen Abwasseranschluss zur Kondensatabführung.

Heizung und Kühlung werden durch Wassersysteme in Zwei-, Drei- oder Vierleiterbauart sichergestellt (vgl. Kapitel 7.6.1).

Nachteilig gegenüber z. B. Induktionsgeräten ist der relativ hohe Wartungsaufwand für Ventilator- und Filterwechsel.

7.7 Stille Kühlsysteme (Nur-Wasser-Anlagen)

7.7.1 Optimierungsansatz

Herkömmliche Klimaanlagen – seien es nun Nur-Luft- oder Luft-Wasser-Systeme – haben bei Bauherren und Architekten häufig kein gutes Image. Es gibt eine Reihe von Negativpunkten und möglichen Problemen; im Folgenden werden die wichtigsten aufgelistet:

- Platzbedarf (Lüftungs- und Klimatechnik nehmen Platz in der Größenordnung von 10 bis 20 % des umbauten Raumes ein. Installationen in abgehangenen Decken und Doppelböden sind unumgänglich.)
- Investitionskosten (Auf die Lüftungs- und Klimatechnik entfällt oft der größte Anteil der Haustechnikkosten. Tabelle 7.4 zeigt die Größenordnungen [vgl. detaillierte Investitionskosten in Kapitel 7.15].)

Tabelle 7.4: Spezifische Kosten von Nur-Luft-Anlagen und Luft-Wasser-Anlagen

spezifische Kosten	Nur-Luft-Anlagen	Luft-Wasser-Anlagen
pro m³ bewegte Luft	10 bis 40 €/m³/h	5 bis 30 €/m³/h
pro kW zu übertragende Energie	1.000 bis 6.000 €/kW	1.500 bis 8.000 €/kW

- Betriebskosten:
  - hoher Wartungsaufwand (Filterwechsel, Verschleißteile, Reinigung von Anlagen und Kanälen, Kontrollarbeiten an Brandschutzklappen u. a.) und damit verbunden hohe Wartungskosten
  - relativ hohe Kosten für elektrische Hilfsenergie der Ventilatoren in der Größenordnung von 0,2 €/(m³ · h)/a
- mögliche Geräuschbelästigungen
- mögliche Zugerscheinungen
- mögliche Hygieneprobleme durch Bildung und Ausbreitung von gesundheitsschädlichen Mikroorganismen, insbesondere sog. Legionellen

Als Alternative wurden Flächenkühlungssysteme entwickelt, bei denen der Strahlungsenergietransport dominiert und die deshalb besonders hohe Behaglichkeitswerte ermöglichen. Werden sie als alleiniges Kühlsystem verwendet, so wird von Nur-Wasser-Anlagen gesprochen. Diese besitzen selbst keine Lüftungsfunktion. Somit müssen zur Deckung des hygienisch erforderlichen Luftwechsels separate Lüftungsanlagen eingesetzt werden.

Die Frage ist nun, welche Kühlleistungen von Flächenkühlsystemen übertragen werden können, die dem Nutzerwunsch nach akzeptablen Raumtemperaturen Rechnung tragen, dabei aber nicht zur Unterschreitung der Feuchtkugeltemperatur (vgl. Kapitel 7.3.4) an den Strahlungsoberflächen führen (Niederschlag von Tauwasser an den Kühlflächen). Oder anders formuliert: Können Flächenkühlsysteme ohne die Unterstützung von raumlufttechnischen Anlagen den Anforderungen des sommerlichen Wärmeschutzes gerecht werden? Jeschke hat die Problematik eingehend untersucht (vgl. Jeschke, 2006, S. 31 ff.). Für 3 unterschiedliche Standorte in Deutschland wurden anhand der Klimadaten aus DIN 4710 die Auswirkungen eines Kühldeckenbetriebs in einem definierten Bürogebäude mit definierter Raumnutzung ermittelt. Im Ergebnis wurde festgestellt, dass bei einem Kühlflächenbetrieb von 16/18 °C (Vorlauf-/Rücklauftemperatur des Kaltwassers) zwar 50 bis 80 W/m² Kühlleistung übertragen werden können, die Anlagen aber in Summe mehrere Tage im Jahr bei hohen Außentemperaturen und hohen relativen Feuchten zur Vermeidung von Taupunktunterschreitungen an den Kühldecken abgeschaltet werden müssen. Die erforderliche Abschaltdauer beträgt am Standort Hamburg 8 Tage, in Berlin 17 Tage und in Mannheim 28 Tage. Werden die Kühlflächen mit 19/21 °C betrieben, kann das Erreichen der Taupunkttemperatur zwar ausgeschlossen werden, die Kühlflächenleistung geht aber auf 15 bis 30 W/m² zurück. Die Folgen sind in beiden Fällen dieselben: Die im Allge-

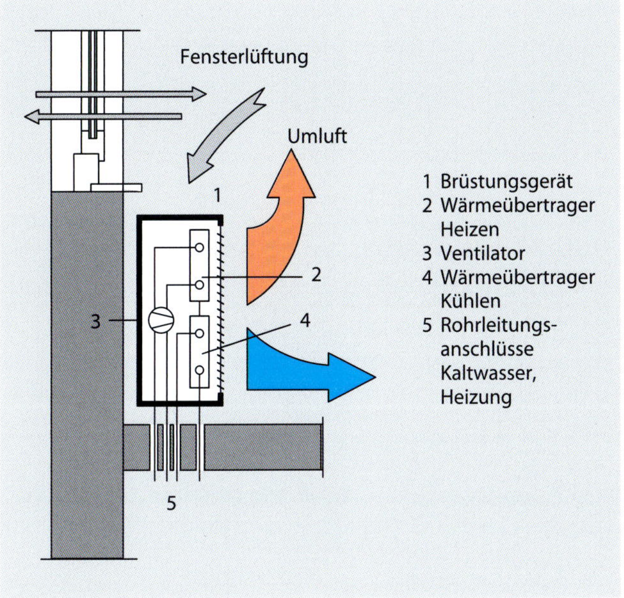

Abb. 7.64: Ventilator-Konvektor unterhalb der Fensterbrüstung

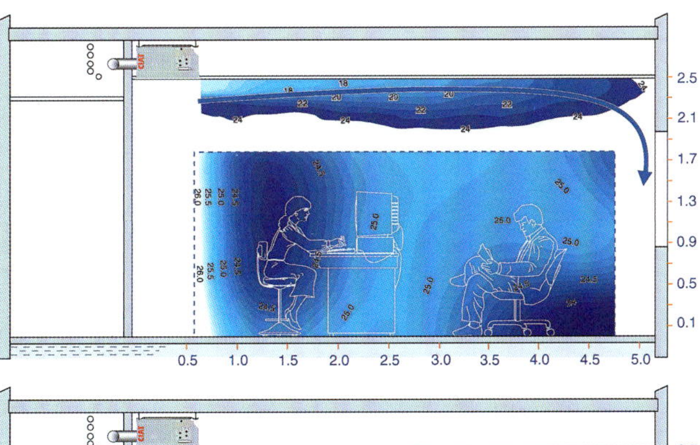

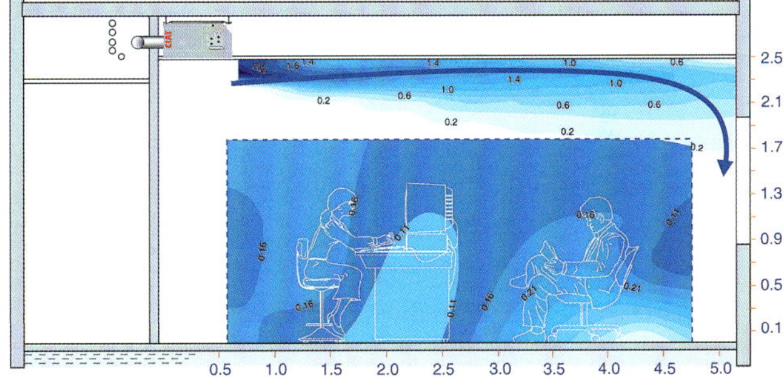

Abb. 7.65: Temperatur- und Geschwindigkeitsverteilung eines Fan-Coil-Gerätes; Kassettengerät Coadis (Quelle: CIAT Kälte- und Klimatechnik GmbH, Dortmund, Werksschrift)

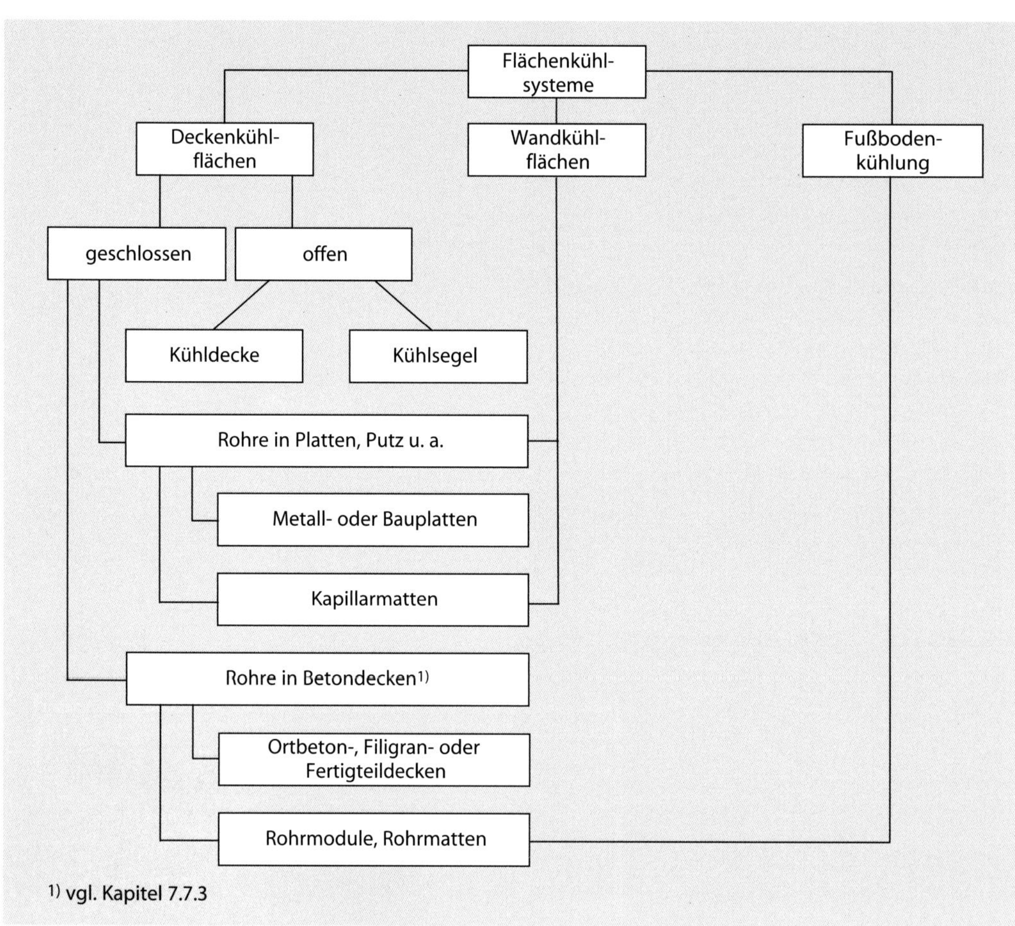

Abb. 7.66: Übersicht Flächenkühlsysteme

meinen in Deutschland angestrebte Raumtemperatur von 26 °C kann nicht eingehalten werden. Das trifft auch für Gebäude schwerer Bauart mit Lochfassaden und Verschattungsanlagen zu. Inwiefern diese Überschreitungen an wenigen Tagen im Jahr toleriert werden kann, hängt vom Bauherrn ab. Auf jeden Fall sollte hier eine projektbezogene Untersuchung bzw. Simulation eine Entscheidung unterstützen.

Soll die Raumtemperatur von 26 °C – oder darunter – auf jeden Fall eingehalten werden, so wird in der Regel eine unterstützende Luftkonditionierung erforderlich. Die Ausführung der entsprechenden Anlagentechnik kann damit im Vergleich zu Luft-Luft-Systemen meist mit deutlich geringerer Leistungsgröße erfolgen.

7.7.2 Flächenkühlung

Eine Übersicht über die Einteilung der Flächenkühlsysteme, deren Bauarten und Querverbindungen zu anderen Systemen zeigt Abb. 7.66.

Bei den Flächenkühlsystemen dominieren die Deckenkühlflächen (vgl. z. B. Abb. 7.67), während andere gekühlte Bauteile sowohl aus Gründen der niedrigeren übertragbaren flächenspezifischen Leistung als auch wegen der Einschränkung der Stellflächen für Einrichtungsgegenstände seltener realisiert werden. Geschlossene Deckenkühlflächen können Leistungen von theoretisch ca. 80 bis 100 W/m² übertragen. Die Wärme wird bis zu 70 % durch Strahlung transportiert und es können ideale behagliche Verhältnisse erreicht werden. Hinzu kommt, dass die Empfindungstemperatur gegenüber konvektivem Wärmetransport, d. h. reiner Luftkühlung, um 1 bis 2 K niedriger liegt.

Neben den bekannten Systemen mit Metallpaneel- und Kassettendecken mit verpressten Rohrschlangen und Wärmedämmung werden vermehrt auch Kapillarrohrmatten aus Kunststoff zum Einbringen in eine Putzträgerschicht oder auch fertig konfektionierte Gipsbauplatten mit integrierten Kunststoffrohrregistern eingesetzt.

Mit offenen Deckenkühlflächen können Leistungen von ca. 100 bis 130 W/m² übertragen werden. Die gegenüber geschlossenen Decken höhere Leistung rührt von dem deutlich höheren konvektiven Anteil her, der durch die zusätzliche Luftzirkulation in den oberen Zwischendeckenbereichen verursacht wird.

Eine interessante Kombination aus Kühldecke oder Kühlsegel mit einem Latentwärmespeicher auf Basis von Phase Chance Materials (PCM)[1)] stellen speziell entwickelte Sandwichelemente dar (vgl. Abb. 7.68).

1) Spezielle Paraffinwachse besitzen eine Schmelztemperatur im Bereich um die 25 °C. Das heißt, bei Wärme- oder Kälteeinwirkung nehmen sie bei steigender Temperatur Schmelzwärme auf bzw. sie geben ihre Erstarrungswärme bei sinkender Temperatur ab. Technisch ausgeführt werden die PCM hier als kleine kunststoffummantelte Paraffinwachskügelchen.

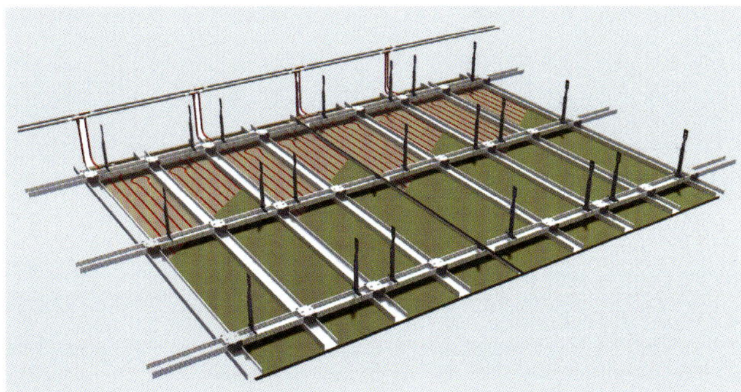

Abb. 7.67: Kühldecke als geschlossene Unterhangdecke (Quelle: Bundesverband Flächenheizungen und Flächenkühlungen e.V., Hagen)

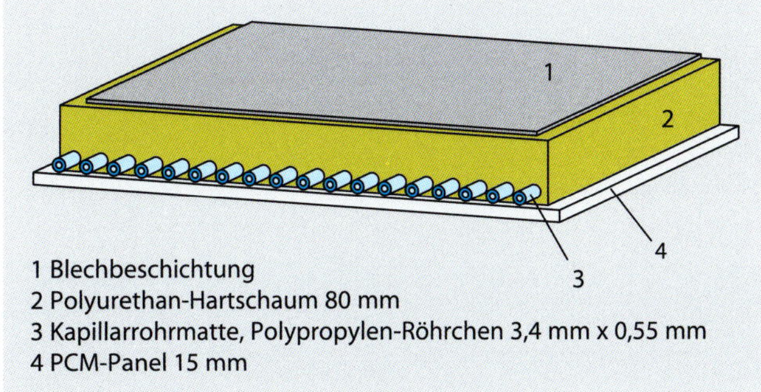

Abb. 7.68: Sandwichelement (nach ILKATHERM)

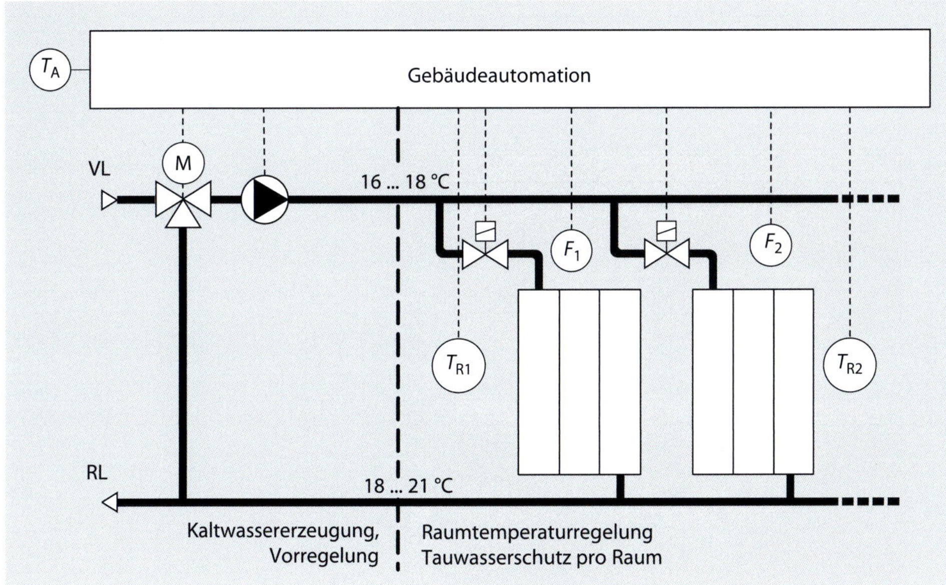

Abb. 7.69: Hydraulisches Schema der Kaltwasserversorgung von Kühldecken (F_1: Feuchtekühler; T_{R1}/T_{R2}: Raumtemperaturfühler 1/2; T_A: Außentemperatur)

In der Sommernacht geben die PCM-Paneele der Deckenelemente ihre am Tag gespeicherte Wärme ab, die beispielsweise durch freie Kühlung aus dem Gebäude transportiert wird. Gleichzeitig wird Wärme auf niedrigem Temperaturniveau (Nachtluft) gespeichert.

Am Tag wird die Wärme durch die PCM-Paneele aufgenommen, vorerst gespeichert und dann an das Kapillarrohrsystem weitergeleitet. Damit werden die Spitzenlasten zeitverzögert über das Kaltwassersystem abgeleitet. Laut Herstellerangaben kann die Schalttemperatur, d. h. die Temperatur des Phasenwechsels, wahlweise auf 23 oder 26 °C eingestellt werden. Die aktive Kühlleistung wird mit 70 W/m² bei 10 K Untertemperatur und 16 °C Kaltwassertemperatur angegeben. Die Speicherenergie beträgt 92 Wh/m² und entspricht damit der Speicherkapazität einer etwa 9 cm starken Betondecke.

Ein hydraulisches Schema der Kaltwasserversorgung von Kühldecken, Kühldeckensegmenten oder Kühlsegeln zeigt beispielhaft Abb. 7.69.

Es ist zweckmäßig, eine zentrale Vorregelung der Kaltwassertemperatur in Abhängigkeit von der Außentemperatur vorzunehmen und die Raumtemperaturen jeweils separat zu regeln. Zwingend erforderlich ist die Integration von Feuchtefühlern jeweils am Kaltwassereintritt der Deckensegmente zur Realisierung des Tauwasserschutzes. Bei Erreichen des vorgegebenen Grenzwertes schließen die Ventile der Segmente. Wie dargestellt kann die Regelung über die zentrale Gebäudeautomation oder auch über autarke Regelgeräte erfolgen.

Die Kaltwassererzeugung kann konventionell (vgl. Kapitel 7.10.3) oder auch z. B. über Erdwärmeübertrager erfolgen (vgl. Kapitel 7.9.2).

Alle Deckensysteme lassen sich natürlich auch zum Heizen verwenden. Beim Betrieb mit z. B. 36/32 °C werden Leistungen erreicht, die meist knapp unter der Kühlleistung des entsprechenden Systems bei z. B. 16/18 °C liegen.

7.7.3 Bauteilaktivierung

Bei der Bauteilaktivierung werden in der Regel mäanderförmige Rohrsysteme aus hochwertigem Kunststoff oder Verbundmaterialien in die Geschossdecken aus Beton eingebracht. Diese werden in den Sommermonaten mit Kühlwasser im Temperaturniveau 16 bis 20 °C durchflossen, sodass die Decken auf 18 bis 21 °C temperiert werden. Die Wirkungsweise soll mit Abb. 7.70 demonstriert werden.

Tagsüber werden die auftretenden Wärmelasten im Beton gespeichert. In der Nacht wird dieser Effekt unterbrochen

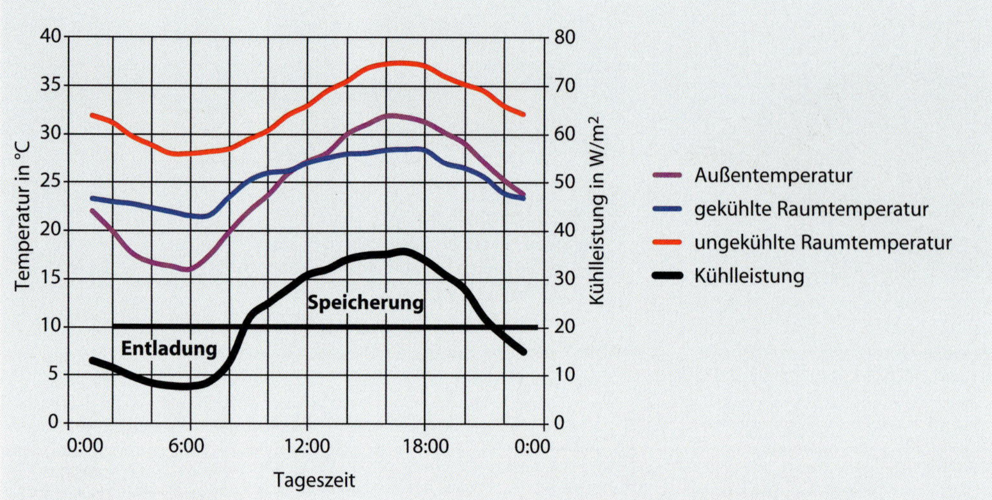

Abb. 7.70: Beispielhafte Temperatur- und Kühlleistungsverläufe mit und ohne Bauteilaktivierung

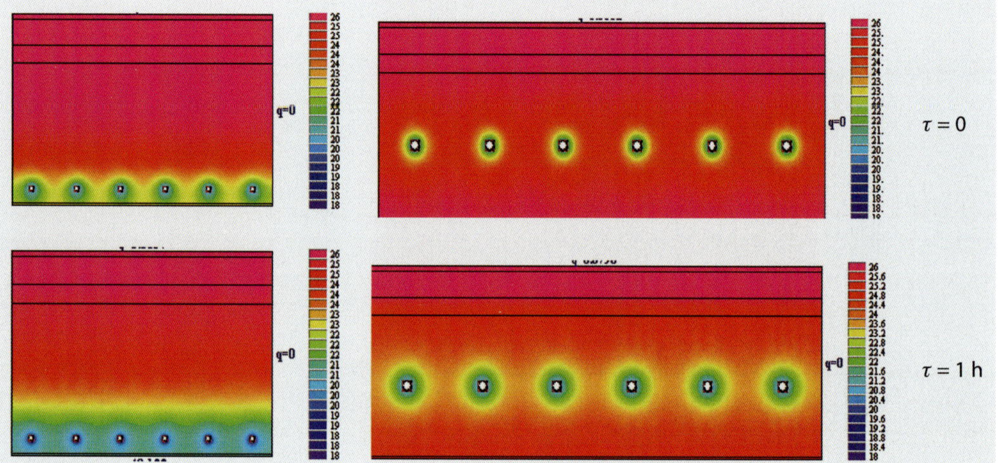

Abbildung 7.71: Temperaturverteilung im Deckenquerschnitt, Berechnungsergebnis (Quelle: Holmer Deecke/Uponor)

und der Beton gibt seine Speicherwärme unter Temperaturabsenkung an das Kühlwasser ab. Damit kann im nachfolgenden Tageszyklus erneut Wärme unter Absenkung der Raumtemperatur gespeichert werden. Das Rohrsystem ist auch tagsüber durchströmt und führt kontinuierlich die Spitzenlast ab. Der Wärmetransport funktioniert auch hier – in Analogie zur geschlossenen Kühldecke – überwiegend über Strahlungsaustausch. Die Tauwasserproblematik ist hier ebenso zu beachten (vgl. Kapitel 7.7.2). In der Praxis lassen sich meist nur Leistungen von ≤ 40 W/m² erzielen. Zur sicheren Einhaltung einer maximalen Raumtemperatur von z. B. 26 °C ist das System allein nicht geeignet. Hinzu kommt, dass die Bauteilaktivierung eine hohe Trägheit aufweist und zur individuellen Raumtemperaturregelung nicht geeignet ist.

Es liegt daher nahe, in geeigneten Bereichen eine Zweiflächenaktivierung durchzuführen. Das heißt, in Bereichen mit höheren Anforderungen bezüglich des Aufenthaltes von Personen oder in Bereichen mit erhöhtem Wärmeeintrag, also beispielsweise im Fensterbereich, wird eine oberflächennahe Rohrebene mit höherer Kühlleistung und schnellerer Regelfähigkeit installiert und betrieben.

Das Ergebnis eines Berechnungsmodells zeigt Abb. 7.71: Ausgehend von einer Lastsituation mit analogen Startbedingungen beim Zeitpunkt $\tau = 0$ ist die Änderung der Temperaturverteilung nach $\tau = 1$ h zu erkennen. Während sich bei der konventionellen, etwa deckenmittig verlegten Rohrebene an der Deckenunterkante die Temperatur nur etwa 1 K geändert hat, ist sie bei der deckennahen Rohrebene bereits um ca. 3 K gesunken. Es lassen sich in Analogie zu geschlossenen Deckensystemen Leistungen von etwa 70 W/m² übertragen. Ein Nachteil muss dabei aber in Kauf genommen werden: Die deckennahe Variante benötigt wesentlich länger, um den gesamten Deckenquerschnitt zu aktivieren. Somit sollte die jeweilige Lastsituation im Einzelfall für alle Bereiche sorgfältig ermittelt werden und ein sinnvoller planerischer Kompromiss gefunden werden.

7.8 Dezentrale Systeme

7.8.1 Splitanlagen

Bei einer Kombination aus einem oder mehreren Innenumluftgeräten mit Kältemitteldirektverdampfer sowie einer Außeneinheit mit Kältemittelverdichter und luftgekühltem Verflüssiger wird von sog. Splitanlagen oder Luft-Kältemittelsystemen gesprochen (vgl. Abb. 7.72). Auf die Kälteerzeugung als Kreisprozess wird in Kapitel 7.10.2 detailliert eingegangen.

Der Installationsaufwand sowohl der Geräte als auch der verbindenden Kabel und Rohrleitungen ist gering. Die Käl-

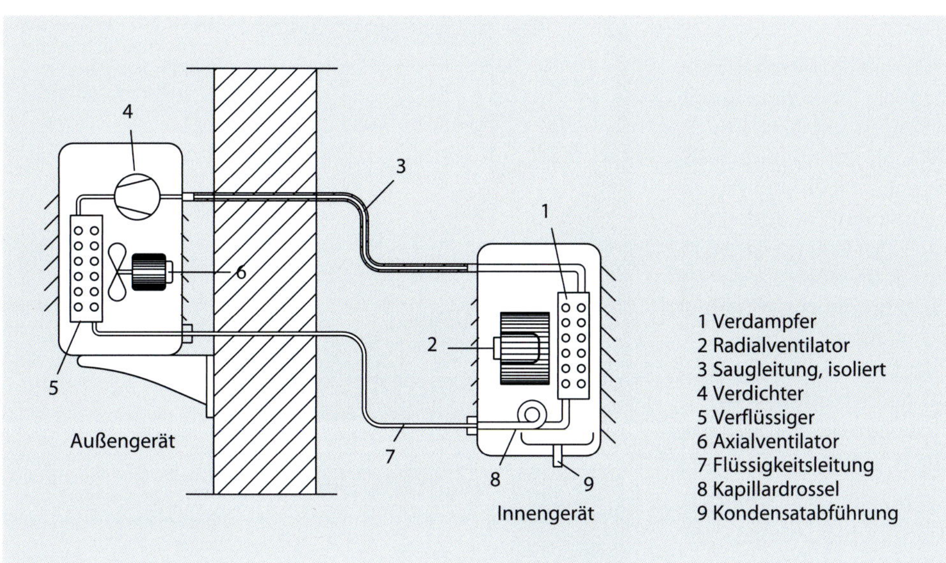

Abb. 7.72: Splitanlage, prinzipieller Aufbau (nach Ihle, 2006)

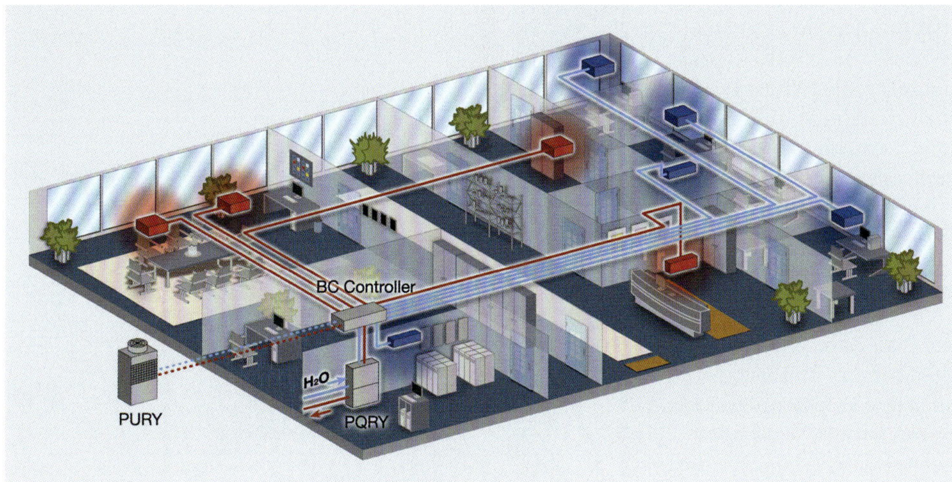

Abb. 7.73: 2-Leitersystem City Multi VRF-Serie zum gleichzeitgen Kühlen und Heizen (Quelle: MitsubishiElectric Europa B.V.)

temittelleitungen besitzen kleine Querschnitte. Im Allgemeinen sollte die einfache Leitungslänge nicht mehr als 50 m betragen. Als Rohrmaterial wird fast ausschließlich Kupfer verwendet, die Saugleitung ist zu isolieren bzw. es ist entsprechend vorisoliertes und diffusionsdicht verschlossenes Material einzusetzen. Die Außeneinheit sollte in der Regel maximal etwa 30 cm über dem Innengerät bzw. den Innengeräten installiert werden.

Die Bau- und Montagearten der Innengeräte sind vielfältig. Es sind in unterschiedlichen Ausführungen und Leistungsgrößen die folgenden Geräte verfügbar:

- Truhen- oder Schrankgeräte
- Wandgeräte, Deckenunterbaugeräte
- Kassettengeräte
- Kanaleinbaugeräte

Die meisten Geräte lassen sich von Kühl- auf Heizbetrieb umschalten. Die Anlage wird dann als Wärmepumpe betrieben. Hierbei wird mithilfe eines speziellen Vierwege-Umschaltventils die Betriebsrichtung des Verdichters getauscht und die Funktionen von Verdampfer und Verflüssiger wechseln: Der Verdichter saugt dann das durch die Außenluft verdampfte Kältemittel an und fördert es zum Verflüssiger des Innengerätes, wo es seine Verdampfungswärme auf Raumtemperaturniveau abgibt. Allerdings muss die Verreifung des Verdampfers im Außengerät unterhalb 0 °C durch kurzzeitiges, zyklisches Umschalten auf Kühlbetrieb beseitigt werden.

Direktverdampfungssysteme mit variablem Kältemittelvolumenstrom sind als sog. VRF-Splitanlagen (Variable Refrigant Flow = variabler Kältemittelmassenstrom) erhältlich. Mit leistungsgeregelten Verdichtern und elektronischen Einspritzventilen lässt sich ein lastabhängiger Kältemittelstrom realisieren. Die Vorteile liegen im niedrigeren Energieverbrauch, der Kombinationsfähigkeit verschiedener Innengeräte und der guten Regelbarkeit. Es lassen sich beispielsweise auch Direktverdampferkühlflächen von separaten Lüftungs- und Klimaanlagen versorgen. Weiterhin lässt die VRF-Technik erheblich größere Leitungslängen und Höhenunterschiede zwischen den Geräten zu.

Aufgrund ihres günstigen Preis-Leistungs-Verhältnisses, der Installationsflexibilität und Energieeffizienz haben sich VRF-Multisplitsysteme in der Klimaanlagenlandschaft etabliert, insbesondere bei der Gebäudesanierung.

Abb. 7.73 zeigt ein Zweileiter-VRF-System für gleichzeitigen Kühl- und Heizbetrieb.

7.8.2 Türluftschleiergeräte

Das Öffnen großer Eingangstüren zu Läden, Geschäften oder Einkaufszentren bringt bei großen Temperaturunterschieden zwischen Innen- und Außenluft seit jeher Probleme mit sich. Insbesondere im Winter strömt ohne technische Maßnahmen die warme Innenluft über den oberen Türbereich nach außen und kalte Außenluft im Bodenbereich in die Innenräume (vgl. Abb. 7.74). Unterstützt wird diese Ausgleichsströmung noch durch die Thermik der Schachtströmung, wenn sich die Innenräume über mehrere Etagen erstrecken, wie z. B. in Warenhäusern. Hinzu kommt, dass offene Türen als verkaufsförderndes Element und zur Vergrößerung der Einkaufsflächen mittlerweile zum Standard gehören und somit auch in der kalten Jahreszeit vom Handel gefordert werden.

Um die unangenehmen Zugerscheinungen und Kaltlufteinbrüche zu vermeiden, kommen Türluftschleiergeräte zum Einsatz. Wie Abb. 7.75 zeigt, wird ein Warmluftstrom erzeugt, der von oben über die gesamte Türbreite mit hohem Impuls eingeblasen wird. Dabei strömt dem Gerät warme Raumluft aus dem Deckenbereich als Sekundärluft zu und schirmt den Luftaustausch im oberen Türbereich vollständig ab. Im unteren Bereich wird ein Anteil Außenluft induziert und auf eine einzustellende Mischtemperatur von 20 bis 25 °C erwärmt. Dieser Anteil sollte mit bilanziert werden und zur Deckung des hygienisch notwendigen Luftwechsels dienen. Die über das Türluftschleiergerät zugeführte Wärmemenge wird zu 70 bis 80 % als Nutzwärmmenge in das Gebäude abgegeben.

Neu entwickelte zweistufige Geräte (vgl. Abb. 7.76) besitzen eine höhere Effizienz und benötigen für die Türabschirmung eine um etwa ein Drittel geringere Wärmemenge. Die Geräte erzeugen 2 unterschiedlich temperierte Volumenströme, die als Vor- und Hauptschleier ausgebildet werden. Wie Messungen zeigten, ist das vor allem auf die turbulenzarme Strahlausbreitung zurückzuführen, die im Vergleich zu einstufigen Geräten einen besser gebündelten und gleichmäßigeren Luftstrom ermöglicht (vgl. zu den Messungen: Kohle, 2004, S. 24 ff.).

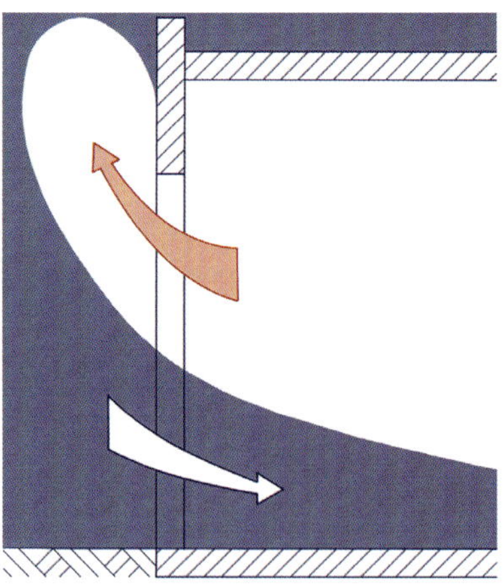

Abb. 7.74: Kaltlufteinbruch ohne technische Maßnahmen (Quelle: Kampmann GmbH Lingen)

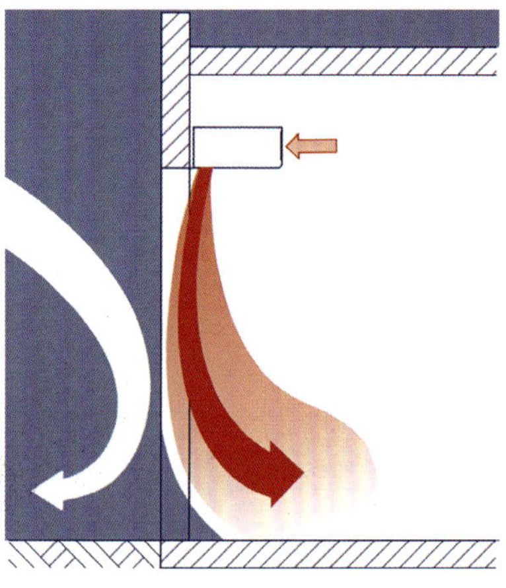

Abb. 7.75: Abschirmung mit Türluftschleieranlage (Quelle: Kampmann GmbH Lingen)

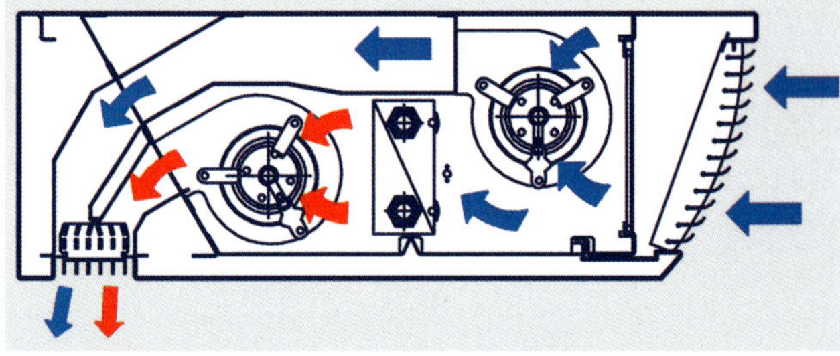

Abb. 7.76: Zweistufiges Türluftschleiergerät (Werksbild; Quelle: Kampmann GmbH, Lingen)

7.9 Sonderformen

7.9.1 Passive Kühlung

Zunehmend stellt sich vor dem Hintergrund der Diskussionen um Klimawandel und Dekarbonisierung der Energieversorgung die Frage, ob neu errichtete Büro- und Geschäftsgebäude in jedem Fall aktiv klimatisiert werden müssen oder ob stattdessen mithilfe einer sog. passiven Kühlung die geforderten Raumparameter im Sommerfall eingehalten werden können.

Zunächst sollen hier die Transportmechanismen der äußeren und inneren Wärmeströme erläutert werden, um so Ansatzpunkte zur Senkung der Raumtemperaturen aufzuzeigen.

Die Wärmeströme an einem Sommertag (vgl. Abb. 7.77), die von außen in das Gebäude gelangen, sind:

- die Strahlungswärme $\dot{Q}_{S,0}$, die durch eine Doppelfassade bzw. einen äußeren Strahlungsschutz auf den Wert $\dot{Q}_S$ gemindert wird,
- die unterschiedlichen Transmissionswärmeströme $\dot{Q}_T$, die bei den Außenbauteilen zum einen von der Lufttemperatur, wesentlich aber auch von dem Strahlungswärmeanteil der Außenflächen und damit von deren Reflexionsvermögen abhängen,
- der Lüftungswärmestrom $\dot{Q}_L$, der eine Funktion der Lufttemperatur und des Luftwechsels ist.

Hinzu kommen die inneren Wärmeströme:

- $\dot{Q}_i$ infolge von Personen, Beleuchtung und Computersystemen
- Speicherwärmestrom $\dot{Q}_{Sp}$, der die thermisch aktivierbaren Bauteile, insbesondere Geschossdecken, erwärmt

Energetisch günstig wirken sich eine gute Wärmedämmung mit entsprechend niedrigen U-Werten für Außenwände von unter 0,25 W/(m²·K), ein gutes Reflexionsvermögen der Außenhaut, ein wirksamer Sonnenschutz und eine hohe Luftdichtheit der Gebäudehülle aus. Wesentlichen Einfluss

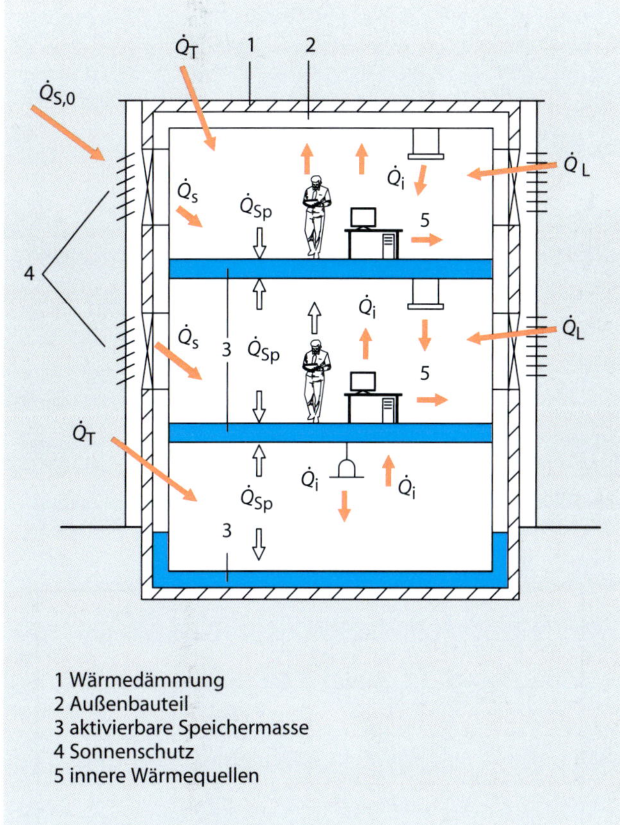

Abb. 7.77: Wärmeströme am Sommertag

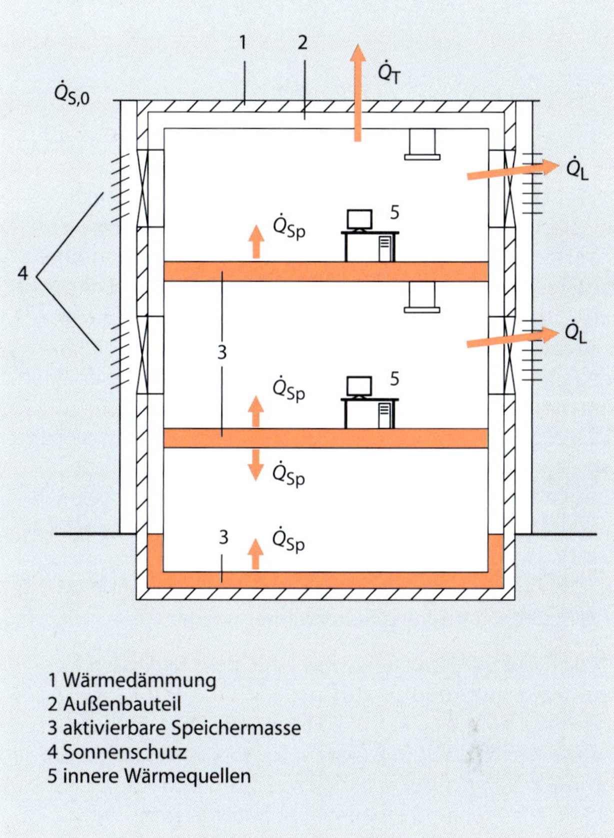

Abb. 7.78: Wärmeströme in der Sommernacht

hat eine große thermisch aktivierbare Speichermasse. Zu beachten ist, dass im Bereich der thermisch aktivierten Bauteile auf Vorsatzschalen und insbesondere auf Abhangdecken verzichtet werden muss.

Des Weiteren gilt es, die inneren Wärmeströme zu minimieren. Das betrifft zum einen die Beleuchtung. Moderne Beleuchtungssysteme sollten für Lichtausbeuten von 100 bis 200 Lumen/Watt konzipiert werden (z. B. LED), sodass die elektrische Leistung für Beleuchtung auf ≤ 10 W/m² bei Beleuchtungsstärken von 500 lux beschränkt bleibt. Hohen Einfluss auf den tatsächlichen Energieeintrag pro Zeiteinheit haben dabei der Tageslichtquotient und der Tageslichtanteil, die der Architekt beim Gebäudeentwurf aktiv beeinflussen kann.

Wesentlichen Anteil hat die Abwärme von Computersystemen, d. h. von Rechnern, Servern und Bildschirmen. Höhere Prozessorleistung führte in der Vergangenheit meist zwangsläufig auch zu höherem Stromverbrauch und damit zur Erhöhung der an den Raum abgegebenen Abwärme. Die Entwicklung von energiesparenden Schaltkreisen und Prozessoren sowie von Netzteilen mit höheren Wirkungsgraden wirkt dem entgegen. Arbeitsplatzrechner sollten eine Verlustleistung von ≤ 200 W und Bildschirme von ≤ 30 W (LCD) besitzen. Für Serveranwendungen sind auch wassergekühlte Prozessoren in Entwicklung. Dabei wird die Abwärme direkt an einen Kühl- oder Kältekreislauf abgegeben. Da in diesem Fall nicht mehr die Raumluft thermisch belastet wird, kann diese Technologie den Aufwand zur Klimatisierung großer Serverräume enorm verringern.

Der Luftwechsel bei hohen Außentemperaturen $t_A > t_R$ (Außentemperatur größer als Raumtemperatur) sollte minimal sein und auf den hygienisch notwendigen Mindestluftwechsel beschränkt werden.

Die wesentlichen Wärmeströme in einer Sommernacht (vgl. Abb. 7.78), die übertragen werden, sind:

- der Speicherwärmestrom $\dot{Q}_{Sp}$, der nun von den thermisch aktivierten Bauteilen abgegeben wird,
- die unterschiedlichen Transmissionswärmen $\dot{Q}_T$, die nun umgekehrt von den Bauteilen nach außen gelangen,
- der Lüftungswärmestrom $\dot{Q}_L$, der eine Funktion der Temperaturdifferenz Luft innen – Luft außen und des Luftwechsels ist.

Die Wärmezufuhr und die Wärmeabfuhr des Gebäudes werden gepuffert über dessen thermische Speicherfähigkeit, d. h., die Wärme wird zeitlich verzögert aufgenommen und abgegeben. Ist die Speicherwirkung erschöpft, reicht die Nachtzeit nicht mehr zur Entladung bzw. ist am Tag keine Wärmeaufnahme mehr möglich, so steigen die Raumtemperaturen während einer längeren Hitzeperiode an.

Freie Nachtlüftung

Auf jeden Fall sollte die Möglichkeit der natürlichen Abkühlung in der Sommernacht durch sog. freie Nachtlüftung genutzt werden. Hierbei ist lediglich regelungstechnisch zu veranlassen, dass in einem Zeitfenster bei $t_A < t_R$ die Lüftungsanlage ohne aktive Kühlung mit möglichst hohem Luftwechsel betrieben wird. Zu beachten sind darüber hinaus immer Aspekte des Witterungs- und Einbruchschutzes.

7.9.2 Luft-Erdwärme-Übertrager

Um die inneren Wärmelasten und die Spitzen der äußeren Wärmeeinträge abzuführen, kann eine Lüftung mit Erdwärmeübertrager installiert werden. Dabei wird die angesaugte warme Außenluft über einen Luft-Erdwärme-Übertrager (E-WÜT) abgekühlt und anschließend über eine Lüftungsanlage konditioniert und im Gebäude verteilt. Der Luft-Erdwärme-Übertrager kann aus innenbeschichteten Faserzementrohren (Durchmesser 1.000 mm) als Einzelrohr oder aus Rohrregistern (Durchmesser 300 bis 800 mm) aus Kunststoff (PVC-C oder PE) bestehen, die im Allgemeinen in Tiefen zwischen 1,5 und 4,5 m angeordnet werden. Die Angaben über die zu erzielenden Kühlleistungen liegen zwischen 60 bis 125 W/m² Bodenfläche bzw. 220 bis 360 W/m Rohr (vgl. L-EWT Verbundprojekt, 2005). Diese Werte können aber nicht ohne Weiteres verallgemeinert werden. Insbesondere große Systeme müssen diesbezüglich numerisch berechnet werden.

Abb. 7.79 zeigt eine Versuchsanlage des Deutschen Zentrums für Luft- und Raumfahrt e. V. DLR (DLR-Versuchsanlage in Köln, vgl. L-EWT Verbundprojekt, 2005, Planungsleitfaden Teil 2, S. 52 ff.). In Abb. 7.80 und 7.81 sind für diese Versuchsanlage die erreichten Lufttemperaturen in einer frühen und einer späten Sommerperiode als Funktion der Bodentemperaturen mit einem Luftvolumenstrom von 3.600 m³/h dargestellt.

In Abbildung 7.82 ist die Konditionierung des Gebäudeklimas durch Luft-Erdwärme-Übertrager und eine zusätzliche Bauteilaktivierung ohne aktive Kälteerzeugung dargestellt. Die passive Energie zum Kühlen kann über Wasser-Sole-Erdwärmesonden eingebunden werden und dient beispielsweise im Winter als Wärmequelle für eine Wärmepumpe. Sinnvoll kann auch ein Ventilator-Wärme-Übertrager als Dachgerät eingebunden werden. Dieser kann in der Nacht die in den Bauteilen gespeicherte Wärme abgeben. Denkbar ist die Installation eines zusätzlichen Wärmeübertragers zum Anschluss an einen aktiven Kühlmittelkreis zur Spitzenlastabdeckung bei extremen Außentemperaturen. Die dann ohnehin vorhandene Außeneinheit zur Abfuhr der Verflüssigerwärme kann dann zur oben beschriebenen freien Nachtkühlung verwendet werden.

Im Winter (vgl. Abb. 7.83) dient der E-WÜT zur Luftvorwärmung der Außenluft um 5 bis 10 K. Das DLR gibt einen Mittelwert von 6 K über die Heizperiode an (vgl. L-EWT Verbundprojekt, 2005, Planungsleitfaden Teil 2, S. 75). Ganz ohne Unterstützung von aktiven Wärmequellen funktioniert dies nicht, zumal zur Erhaltung der Funktionsfähigkeit des Wärmerückgewinnungssystems ohnehin dessen Frostschutz gewährleistet werden muss. Das heißt, vor Eintritt in die WRG muss die Luft nach dem E-WÜT auf 1 bis 2 K über 0 °C vorgewärmt werden. In den meisten Fällen ist eine weitere Nachwärmung nach WRG erforderlich, die aber bei Rückwärmzahlen der WRG von ≥ 0,7 dann moderat ausfallen kann.

Abb. 7.79: Luft-Erdwärme-Übertrager der Lufthansa-LSG-Catering-Produktionshalle am Köln-Bonner Flughafen (Quelle: DLR, Köln 2005)

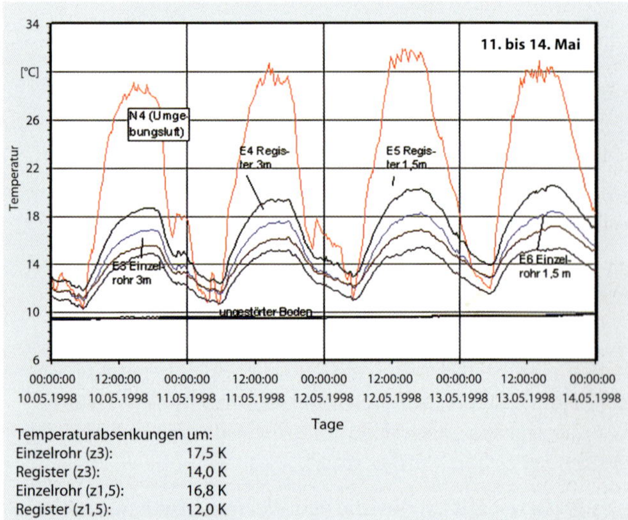

Abb. 7.80: Luftkühlung über Luft-Erdwärme-Übertrager, Messwerte Mitte Mai (Quelle: DLR, 2005; Planungsleitfaden Teil 2, Testanlagen im Verbundprojekt, Version 1.0)

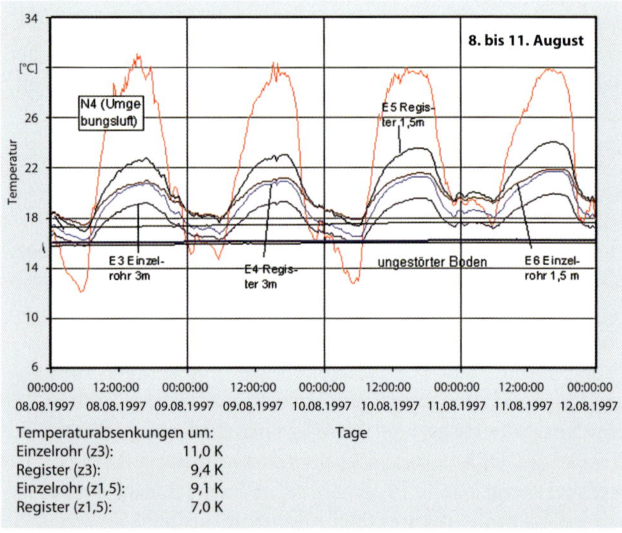

Abb. 7.81: Luftkühlung über Luft-Erdwärme-Übertrager, Messwerte Mitte August (Quelle: DLR, 2005; Planungsleitfaden Teil 2, Testanlagen im Verbundprojekt, Version 1.0)

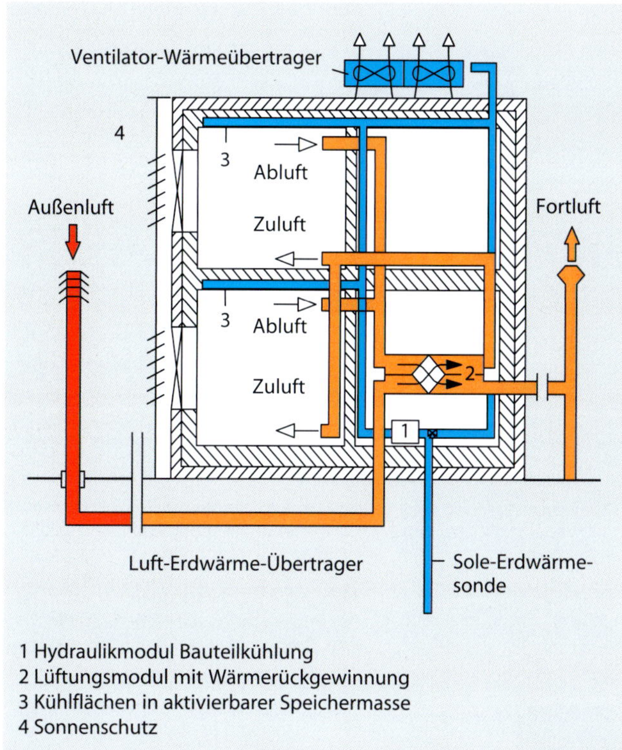

Abb. 7.82: E-WÜT und Bauteilaktivierung im Sommer

Ventilator-Wärmeübertrager
4
3
Abluft
Zuluft
3
Abluft
Zuluft
2
1
Außenluft
Fortluft
Luft-Erdwärme-Übertrager
Sole-Erdwärme-
sonde

1 Hydraulikmodul Bauteilkühlung
2 Lüftungsmodul mit Wärmerückgewinnung
3 Kühlflächen in aktivierbarer Speichermasse
4 Sonnenschutz

Abb. 7.83: E-WÜT zur Luftvorwärmung im Winter

Abb. 7.84: Schotterspeicher im Bau: Einbringung des Schottermaterials (Quelle: Prof. Reichel, M.; Dresden, Lichtenau)

7.9.3 Schotterspeicher

Eine besonders innovative Form des Erdwärmeübertragers wurde von Reichel in Form eines sog. Schotterspeichers entwickelt und in die Praxis eingeführt (vgl. Reichel, 2012). Dazu wird Gesteinsschotter in eine quaderförmige Ausschachtung im Umfeld des Gebäudes oder unter dem Gebäude eingebracht (vgl. Abb. 7.84 und 7.85). Die Zuluft des Gebäudes wird durch diese Gesteinsschüttung angesaugt.

Im Sommer gibt die sehr warme Außenluft ihre Wärme an den Schotter ab und tritt entsprechend gekühlt ins Gebäude ein (vgl. Abb. 7.86). In der Nacht wird der Schotterspeicher regeneriert (vgl. Abb. 7.87). Dabei wird kalte Nachtluft durch die Schüttung geleitet, die die tagsüber eingespeicherte Wärme wieder abführt. Im Winter wird mit dem Schotterspeicher ein gewisser Vorwärmeffekt der angesaugten Zuluft erreicht.

Abb. 7.85: Schotterspeicher im Bau: Luftverteilungssystem (Quelle: Prof. Reichel, M.; Dresden, Lichtenau)

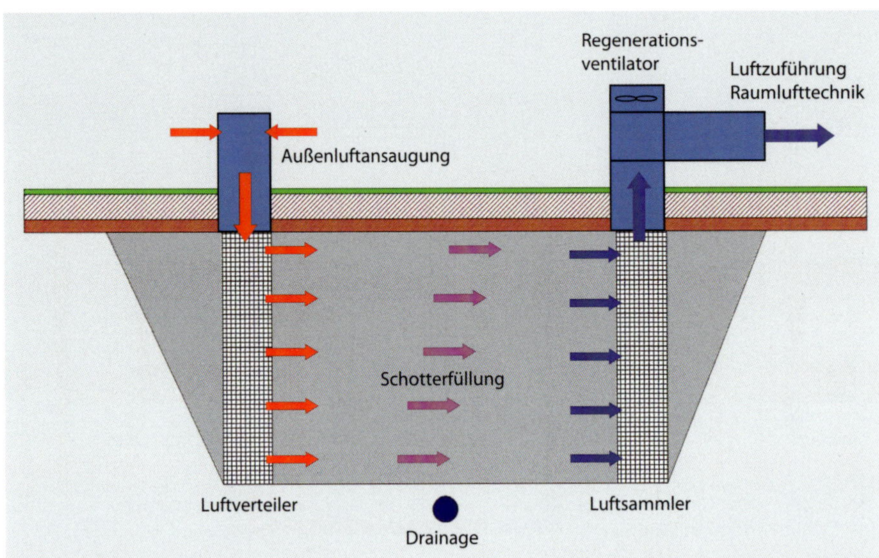

Abb. 7.86: Schotterspeichers während des sommerlichen Kühlbetriebes (Quelle: Prof. Reichel, M.; Dresden, Lichtenau)

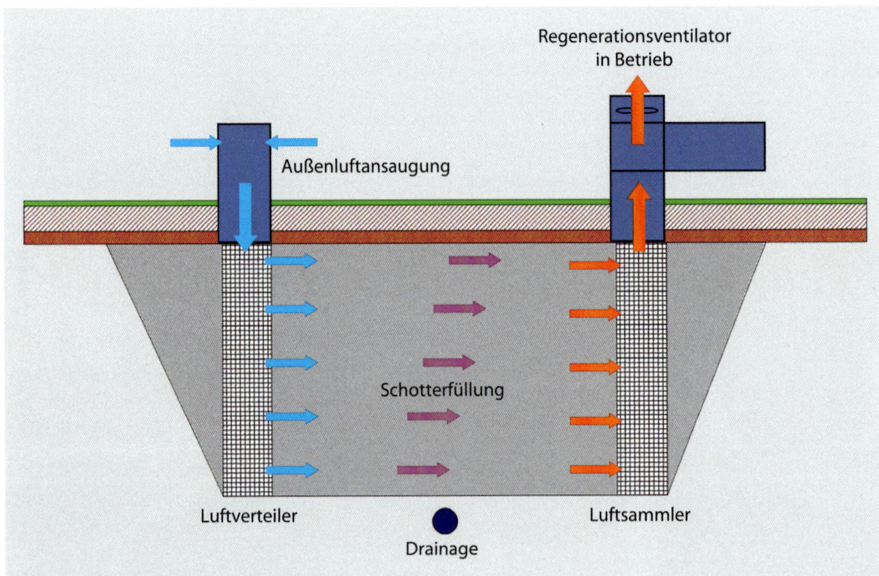

Abb. 7.87: Schotterspeicher während des Regenerationsbetriebes (Quelle: Prof. Reichel, M.; Dresden, Lichtenau)

Durch den sehr guten Wärmeübergang im Schotterspeicher lässt sich die Luft im Heizfall um ca. 12 K (z. B. von –15 auf –3 °C) erwärmen und im Kühlfall um ca. 10 K (z. B. von 35 auf ca. 25 °C) abkühlen. Wie Abb. 7.88 zeigt, deckt der Schotterspeicher selbst bei einem extremen Sommertag den Großteil des Kältebedarfs. Somit lassen sich im Sommer annehmbare Zulufttemperaturen ohne eine zusätzliche Kälteerzeugung erreichen.

7.9.4 Adiabate Kühlung

Eine weitere Möglichkeit, Luft ohne den Einsatz von Zusatzenergie Wärme zu entziehen, ist die Verdunstungskühlung. Beim Einsprühen und Verdunsten von Wasser in den Luftstrom erfolgt eine adiabate, d. h. unter gleichbleibender Enthalpie (Wärmeinhalt) verlaufende Zustandsänderung (vgl. Kapitel 7.3.4). Bei einer Realisierung im Zuluftvolumenstrom würde dieser gleichzeitig befeuchtet. Das ist in der Klimatechnik zumeist unzweckmäßig, da die Luft im Sommer ohnehin einen hohen Feuchtegehalt aufweist und somit zusätzliche Feuchtelasten eingebracht würden.

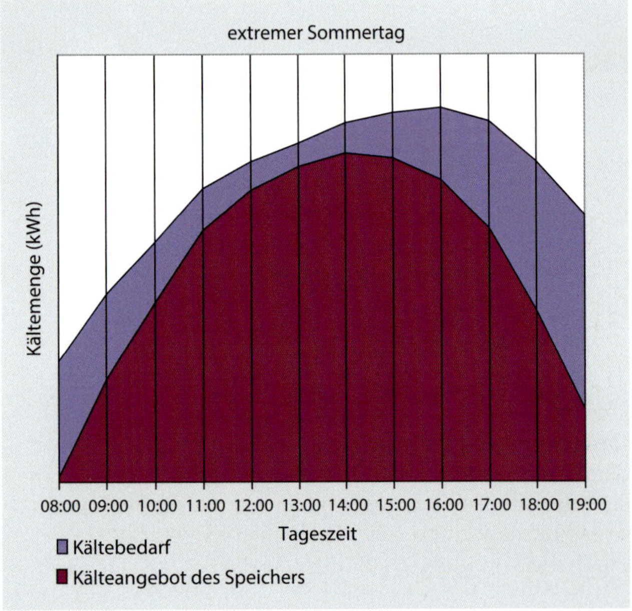

Abb. 7.88: Beispielhafter Vergleich von Kältebedarf und Kälteangebot eines Schotterspeichers (Quelle: Reichel, 2012)

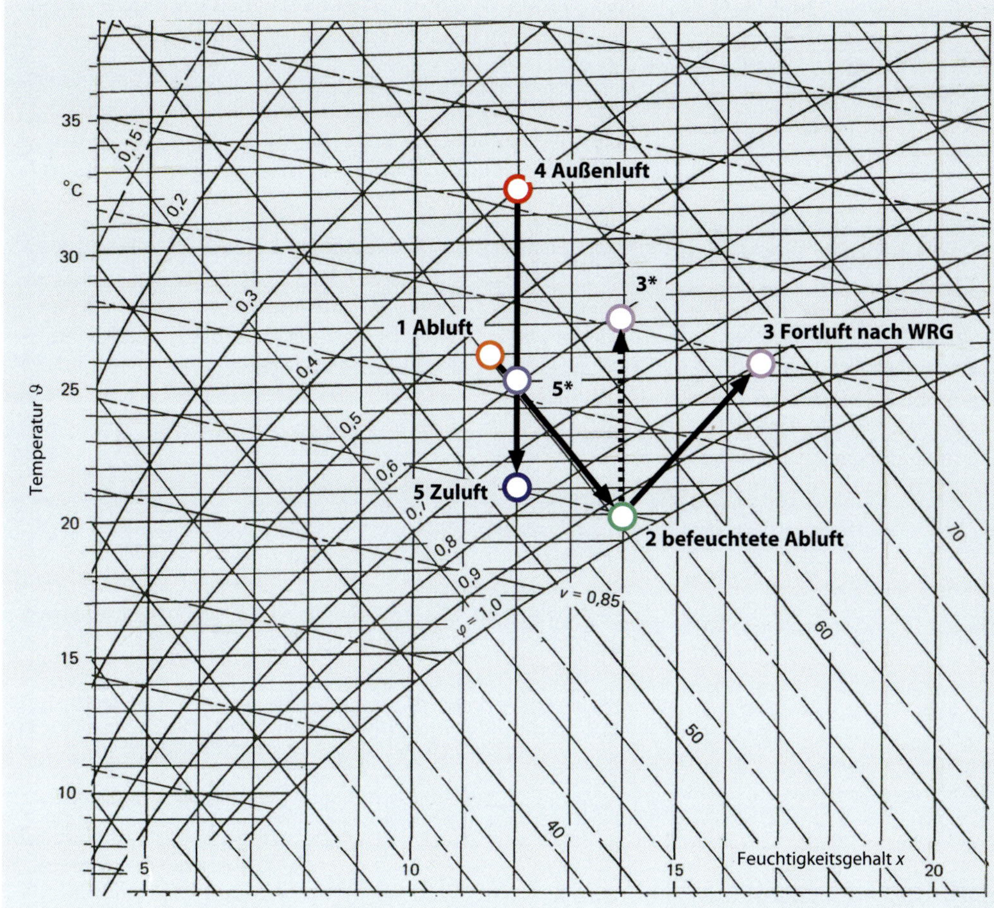

Abb. 7.89: Verlauf der adiabaten Kühlung im *h,x*-Diagramm

Besser ist die Befeuchtung des Abluftvolumenstromes vor Eintritt in die Wärmerückgewinnung (vgl. Abb. 7.90 und Zustandsverlauf im *h,x*-Diagramm gemäß Abb. 7.89).

Beispiel: Auslegungsfall Sommer

Für den Auslegungsfall im Sommer (Außenluft mit 32 °C bei 40 %rF) werden die folgenden Prozessparameter erreicht (vgl. Abb. 7.89): Die Abluft 1 mit 26 °C wird bis kurz vor Sättigungszustand auf φ = 95 %rF befeuchtet und dabei auf 19 °C abgekühlt (Punkt 2). Im Wärmeübertrager der Wärmrückgewinnung (WRG) wird die Außenluft 4 mit 32 °C/40 %rF auf 25 °C (Punkt 5*) abgekühlt unter Erwärmung der Fortluft auf 27 °C (Punkt 3*).

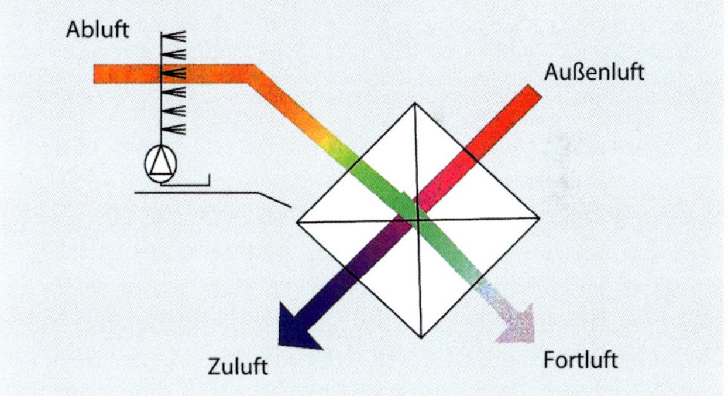

Abb. 7.90: Adiabate Kühlung durch Befeuchtung vor WRG (Quelle: Käbe, 2006)

Eine weitere Verbesserung der Effizienz der adiabaten Kühlung wird erreicht, wenn beide Prozesse – Kühlung und Wärmerückgewinnung – nicht hintereinander, sondern gleichzeitig durchgeführt werden. Die Menerga Apparatebau GmbH hat hierfür einen speziellen zweistufigen Wärmeübertrager aus Polypropylen entwickelt (vgl. Käbe, 2006). Dabei wird einerseits der Wärmeübergang an den befeuchteten Wärmeübertragerflächen verbessert und andererseits gestattet die Konstruktionsweise in der ersten Stufe eine übersättigte Befeuchtung (vgl. Abb. 7.91). Die Technik ist kompakt in das Klimagerät integriert und auch mit einer zusätzlichen Kompressionskältemaschine verfügbar.

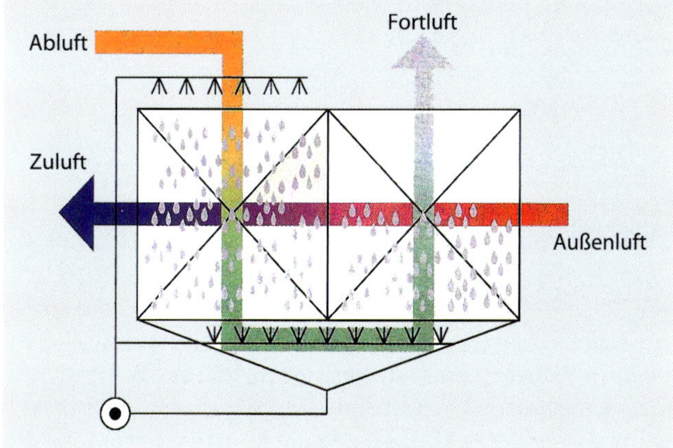

Abb. 7.91: Adiabate Kühlung durch Befeuchtung in der WRG (Quelle: Käbe, 2006)

Allerdings ist die Leistungsfähigkeit der adiabaten Kühlung begrenzt: In der Regel kann die Außenluft um etwa 6 K, bei beschriebener modifizierter Ausführung um etwa 10 K abgekühlt werden. Entfeuchtet wird die Außenluft in keinem Fall.

Kombiniert mit bauseitigen und technischen Maßnahmen zur Verringerung der Wärmeeinträge in das Gebäude (vgl. Kapitel 7.9.1) und ggf. in Kombination mit anderen Maßnahmen (vgl. Kapitel 7.9.2) ist die adiabate Kühlung ein probates Mittel zur Senkung der Energiekosten von Klimasystemen.

7.10 Kälteerzeugung

7.10.1 Kühllastberechnung

Die Kühllastberechnung zur Dimensionierung der Kälteversorgungsanlage erfolgt in Analogie zur Heizlastberechnung bei Wärmeversorgungsanlagen (vgl. Kapitel 6.4.2). Genau wie die Heizlastberechnung wird auch die Kühllastberechnung raumweise durchgeführt. Für den einzelnen Raum wird von folgendem Ansatz ausgegangen:

$$\dot{Q}_{KR} = \dot{Q}_A + \dot{Q}_I \qquad \text{(Formel 7.16)}$$

mit

$\dot{Q}_{KR}$ Kühllast des Raumes bei vorgegebener Raumtemperatur und -feuchte in W
$\dot{Q}_A$ äußere Lasten in W
$\dot{Q}_I$ innere Lasten in W

Äußere Lasten sind:

- solare Gewinne durch transparente Bauteile,
- Wärmedurchgang durch Außenbauteile (Wände, Fenster, Dächer),
- Lüftungswärmegewinne.

Innere Lasten ergeben sich durch die Wärmeabgabe:

- von Personen,
- der Beleuchtungsanlage,
- von Geräten (PC, Drucker, Haushaltgeräte u. Ä.) und Maschinen.

Die Berechnung nach Formel 7.16 muss zu verschiedenen Tages- und Jahreszeiten durchgeführt werden. Der sich letztlich ergebende Maximalwert ist die Kühllast des Raumes. Aus der Betrachtung aller Räume kann auf die Kühllast des Gebäudes geschlossen werden. Die Berechnung ist aufwendig und komplex, da neben den genannten Größen die Speicherfähigkeit des Gebäudes, das Betriebsregime und spezielle thermodynamische Aspekte zu berücksichtigen sind. Sie wird mithilfe spezieller Software durchgeführt.

Die Kühllast kann abgeführt werden:

- durch gekühlte Zuluft,
- über Kühlflächen im Raum (aktivierte Bauteile, Kühldecken, Kühlsegel, Kühlflächen in Geräten).

Die Kühllastberechnung ist die Voraussetzung sowohl für die Dimensionierung der einzelnen Raumkühleinrichtungen als auch für die Dimensionierung der Kälteerzeuger.

7.10.2 Die Kälteerzeugung als Kreisprozess

Die Kälteerzeugung erfolgt in einem linksläufigen Kreisprozess. Während beim Rechtsprozess Wärme in Arbeit umgewandelt wird, wird beim Linksprozess innere Energie durch Arbeit auf ein höheres Temperaturniveau gehoben. Nach dem Prinzip des Linksprozesses funktionieren sowohl Wärmepumpen als auch Kälteerzeuger. Beide unterscheiden sich im Wesentlichen nur bezüglich der Temperaturniveaus der Wärmeaufnahme und Wärmeabgabe.

Eine Kompressionskälteanlage ist als Prinzipschaltbild in Abb. 7.92 dargestellt. In Verbindung mit den *T,s*- und log *p,h*-Zustandsdiagramm[2] in Abb. 7.93 soll deren Arbeitsweise anhand des sog. Vergleichsprozesses erläutert werden (vgl. auch die Erläuterungen in Tabelle 7.5).

Die Kompressionskälteanlage besteht aus 4 Hauptaggregaten: Verdichter, Kondensator (auch Verflüssiger), Expansionsventil (auch Drosselventil) und Verdampfer. Das im System befindliche Arbeitsmittel (bezeichnet als Kältemittel) ist eine leicht siedende Flüssigkeit.

Tabelle 7.5: Physikalische Vorgänge im Kreisprozess

Zustandsverlauf im Kreisprozess	physikalische Vorgänge
1–2	Wird der Verdichter in Betrieb genommen, so saugt er Kältemitteldampf aus dem Verdampfer an und verdichtet diesen vom Verdampferdruck p_0 auf den Kondensatordruck p_C. Die Temperatur steigt von T_1 auf T_2 an, wobei T_2 über der Kondensatortemperatur T_C im überhitzten Bereich liegt. Es wird die Arbeit $w = h_2 - h_1$ zugeführt (isentrope Zustandsänderung).
2–3	Abgabe der Wärme im Kondensator (Verflüssiger) an das Kühlmedium Wasser oder Luft: Das Kältemittel kondensiert und liegt im Zustand 3 als Flüssigkeit vor. Die Wärme wird im Allgemeinen über Rückkühlwerke, in der Klimatechnik meist über trockene Dachkühler an die Umgebung abgegeben. Soll die Abwärme genutzt werden, kann die Heizfläche zur Abführung der Überhitzungswärme auf höherem Temperaturniveau separat ausgeführt werden (Enthitzer). Insgesamt wird die Wärme $q_C = h_3 - h_2$ abgeführt (isobare Zustandsänderung).
3–4	Beim Durchströmen des Expansionsventils erfolgt eine isentrope Entspannung des Kältemittels und die Temperatur fällt von T_3 auf T_4 ab. Das ist der technisch gewünschte Abkühlvorgang. Das Kältemittel wird dabei schon teilweise verdampft. Der Druck sinkt vom Kondensatordruck p_C auf den Verdampferdruck p_0.
4–1	Bei der isobaren und isothermen Verdampfung wird über den Wärmeübertrager Verdampfer die Wärme $q_0 = h_4 - h_1$ übertragen. Sie wird dem Nutzmedium Luft oder Wasser/Sole entzogen und kühlt dieses ab. An Punkt 1 ist das Kältemittel wieder vollständig verdampft. Damit hat das Arbeitsmittel wieder den thermodynamischen Ausgangszustand erreicht und der Kreisprozess ist geschlossen.

Die realen Vorgänge weichen teilweise vom beschriebenen Vergleichsprozess ab und sind auch vom Kältemittel abhängig.[3]

---

[2] In der Kältetechnik ist das Druck-Enthalpie-Diagramm besser geeignet als das Temperatur-Entropie-Diagramm: Die Wärmemengen und die Verdichterarbeit sind als Strecke direkt ablesbar. Die logarithmische Teilung der Druckskala stellt den interessierenden niedrigen Druckbereich besser dar und gleiche Druckverhältnisse werden als gleiche Strecken dargestellt.

[3] So werden meist die Punkte 1 und 3 auf der Sättigungslinie in der Praxis nicht erreicht, d. h., die Verdampfung geht bei 1 nach rechts bis in den überhitzten Bereich hinein und die Kondensation führt bei 3 nach links zur Kondensatunterkühlung. Die Zustandsänderung 3–4 verläuft im log *p,h*-Diagramm senkrecht nach unten, d. h., sie verläuft nahezu als Isenthalpe.

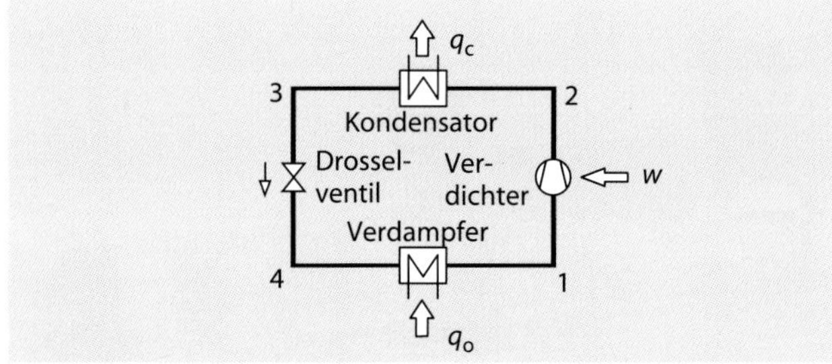

Abb. 7.92: Grundprinzip Kompressionskälteanlage

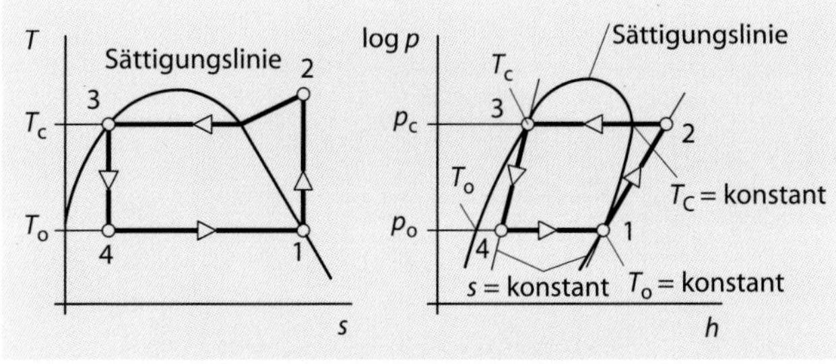

Abb. 7.93: Der Kältekompressionsprozess (Vergleichsprozess) im *T,s*- und im log *p,h*-Diagramm

Tabelle 7.6: Gebräuchliche Kältemittel in der Klimatechnik

	R134a	R404a	R407c	R507
Temperaturbereich	Klima- und Normalkühlbereich, Wasser bis 4 °C Sole bis –10 °C	Klima- und Normalkühlbereich, Wasser bis 6 °C, Glykol bis -5 °C, Anwendung im Tiefkühlbereich		
Normalsiedepunkt	–26,3 °C	–46,5 °C	–43,7 °C	–46,5 °C
Druck bei 0 °C (p_0)	293 kPa	601 kPa	460 kPa	620 kPa
Druck bei 40 °C (p_C)	1.017 kPa	1.829 kPa	1.740 kPa	1.861 kPa
p_C/p_0	3,5	3,0	3,1	3,0
Einsatz	mittlere bis große Kaltwassersätze	mittlere Kaltwassersätze, luftgekühlte Flüssigkeitskühler 2 bis 600 kW, vielseitiger Einsatz auch in Splitgeräten und im Gewerbekältebereich		

Die Leistungsfähigkeit einer Kompressionskälteanlage wird mithilfe der Leistungszahl *EER* (Energy Efficiency Ratio) beschrieben:

$$EER = \frac{\dot{Q}_0}{P} \quad \text{(Formel 7.17)}$$

mit

$\dot{Q}_0$ dem Kühlmedium im Verdampfer entzogene Wärmeleistung in kW

P zugeführte elektrische Leistung in kW

Das Spektrum der Leistungszahlen im Klimabereich reicht von etwa 3,0 bis 6,0 und ist abhängig von der Verdichterbauart und deren Leistungsgröße, den Verdampfungs- und Kondensationstemperaturen sowie der Verdichterlast.

Wird mit einer Wärme-Kälte-Kopplung zusätzlich die Abwärme des Kälteprozesses genutzt, kann für die Leistungszahl EER_{ges} geschrieben werden:

$$EER_{ges} = \frac{\dot{Q}_0 + \dot{Q}_{W,Nutz}}{P} \quad \text{(Formel 7.18)}$$

mit

$\dot{Q}_{W,Nutz}$ genutzte Abwärmeleistung in kW

Die maximale Abwärmeleistung der Anlage $\dot{Q}_W$ beträgt:

$$\dot{Q}_{W,Nutz} = \dot{Q}_C \quad \text{in kW} \quad \text{(Formel 7.19)}$$

mit

$\dot{Q}_C$ dem Heizmedium im Kondensator zugeführte Wärmeleistung in kW

Analog zur Formel 7.17 kann auch eine Arbeitszahl *SEER* (Seasonal Energy Efficiency Ratio) für die Kälteanlage definiert werden:

$$SEER = \frac{Q_{0,a}}{E_{el,a}} \quad \text{(Formel 7.20)}$$

mit

$Q_{0,a}$ dem Kühlmedium jährlich entzogene Energie in kW

$E_{el,a}$ jährlich zugeführte Elektroenergie in kW

Die Kältemittel werden durch ein vorangestelltes R (Refrigerant) mit einer folgenden dreistelligen Nummer bezeichnet, nach der der Kältefachmann für konventionelle Kohlenwasserstoff-Kältemittel die Zahl der Kohlenstoff-, Wasserstoff- und Fluoratome entnehmen kann. Die in der Klimatechnik heute noch gebräuchlichsten Kältemittel sind in Tabelle 7.6 aufgeführt. Bedingt durch die sog. F-Gasverordnung, die den Einsatz von Kältemitteln mit geringem Treibhauspotenzial (GWP) zum Ziel hat, kommen zunehmend natürliche Kältemittel (z. B. CO_2 und Propan) und synthetische Kältemittel ohne Fluoratome (z. B. R1234yf und R1234ze) zum Einsatz.

7.10.3 Kompressionskältemaschinen

Kälteanlagen mit mechanischen Verdichtern werden als Kompressionskältemaschinen bezeichnet.

Kolbenverdichter

Die Verdichtung beim Kolbenverdichter erfolgt durch einen im Zylinder laufenden Kolben mit Öffnungs- und Schließventilen analog zur Verbrennungsmotorentechnik. Es wird unterschieden zwischen offenen, halbhermetischen und hermetischen Verdichtern, die sich durch die Lage des Antriebsmotors bzw. die Kombination von Verdichter und Antriebsmotor unterscheiden. Kolbenverdichter werden in der Klimatechnik im Leistungsbereich zwischen 10 und 80 kW hauptsächlich als gekapselte hermetische Verdichter

Abb. 7.94: Halbhermetischer Kolbenverdichter (Quelle: Bitzer Kühlmaschinenbau GmbH, Sindelfingen; technische Dokumentation KP-104-2, September 2012)

Abb. 7.95: Halbhermetischer Schraubenverdichter (Quelle: Bitzer Kühlmaschinenbau GmbH, Sindelfingen; technische Dokumentation SP-171-2, Februar 2012)

eingesetzt und im Bereich von 30 bis 600 kW als halbhermetische Verdichter (vgl. z. B. Abb. 7.94) ausgeführt. Offene Verdichter werden im Wesentlichen im höheren Leistungsbereich und bei Einsatz des Kältemittels Ammoniak verwendet und sind für Klimakälteanwendungen nicht typisch. Zu beachten ist dabei, dass die Motorabwärme vollständig an die Umgebung abgegeben wird und somit bei der Auslegung der Zentralenbelüftung zu berücksichtigen ist. Die Leistungsregelung von Kolbenverdichtern erfolgt im Wesentlichen über

- die Änderung des Kältemittelstromes durch Drehzahlregelung des Verdichters oder Zylinderabschaltung oder
- die Änderung des Ansaugzustandes durch Saugdruckregelung.

Schraubenverdichter

In einem Schraubenverdichter befinden sich 2 schraubenförmige Rotoren, die sich ähnlich schrägverzahnter Stirnradgetriebe abwälzen. Die Zahnradlücken verringern sich von der Eintritts- zur Austrittsseite und verdichten damit das dampfförmige Kältemittel. In den Zahneingriff der Rotoren wird Öl zur besseren Abdichtung eingespritzt. Das Öl wird dabei in einem im Verdichtergehäuse integrierten Abscheider separiert und ggf. gekühlt, bevor es erneut eingespritzt wird. Schraubenverdichter gehören zu den Rotationsverdichtern, arbeiten aber auch wie die Kolbenverdichter nach dem Verdrängungsprinzip. Gegenüber Kolbenverdichtern haben Schaubenverdichter ein gutes Teillastverhalten, d. h., die Leistung ist stufenlos über Steuerschieber bis etwa auf 20 % regelbar. Abb. 7.95 zeigt einen halbhermetischen Schraubenverdichter.

Turboverdichter

Der Turboverdichter ist eine Strömungsmaschine, in der der Kältemitteldampf dem Laufrad über ein Leitrad zugeführt und dort beschleunigt wird. Die Kombination Leitrad-Laufrad (Stufe) wird bei mehrstufigen Anlagen entsprechend mehrfach hintereinander auf einen Rotor ausgeführt. In der Kältetechnik werden fast ausschließlich Radialverdichter verwendet, in denen der Dampf das Laufrad radial verlässt, d. h. senkrecht zur Rotorachse.

Die Leistungsregelung des Turboverdichters ist folgendermaßen möglich:

- Drehzahlregelung (Motor mit Frequenzumformer)
- Vordrallregelung (Verstellung der Leitschaufeln)
- Bypassregelung (Rückführung eines Teils des Heißgases)

In der Praxis werden oft mehrere Regelungsarten kombiniert, um günstigere Arbeitscharakteristiken zu erreichen oder um instationäre Strömungszustände (Pumpgrenze) sicher auszuschließen. Turboverdichter erzielen im Teillastbereich hervorragende Leistungszahlen, die deutlich über dem Volllastwert liegen.

Waren Turboverdichter in der Klimatechnik bisher dem hohen Leistungsbereich vorbehalten, sind jetzt Anlagen mit Leistungen ab 300 kW Kälteleistung verfügbar. Abb. 7.96 zeigt einen modernen ölfreien Turboverdichter mit Magnetlagerung. Infolge der berührungslosen Lager lässt sich ein relativ leiser und fast vibrationsfreier Betrieb realisieren.

Tabelle 7.7 gibt einen Überblick über Kompressionskälteerzeuger in der Gebäudeklimatisierung.

Weitere Kompressionskälteerzeuger

Auch andere Arten von Kompressionskälteerzeugern spielen in der Gebäudeklimatisierung eine zunehmend wichtigere Rolle. Während Rollkolbenverdichter und Scroll-(Spiral-)Verdichter in der Vergangenheit eher auf kleine und kleinste Leistungen für Anwendungen in der Fahrzeugkühlung und im Haushaltsbereich beschränkt waren, sind seit geraumer Zeit weiterentwickelte und leistungsstärkere Geräte am Markt, die sich insbesondere im Bereich Direktverdampfung etabliert haben.

Drehkolbenverdichter

Beim Drehkolbenverdichter rotiert ein zylindrischer Kolben um eine exzentrisch gelagerte Achse. Die über den Querschnitt angeordneten, sich selbstständig abdichtenden Schieber bilden die Verdichtungszellen. Der Drehkolbenverdichter ist für niedrige Druckverhältnisse geeignet.

Rollkolbenverdichter

Das Arbeitsprinzip ist ähnlich wie beim Drehkolbenverdichter. Die Abdichtung erfolgt durch an der Gehäusewand angeordnete Trennschieber. Zur Anwendung kommen Rollkolbenverdichter in hermetischen Kapselverdichtern kleiner Leistung, z. B. in Splitanlagen.

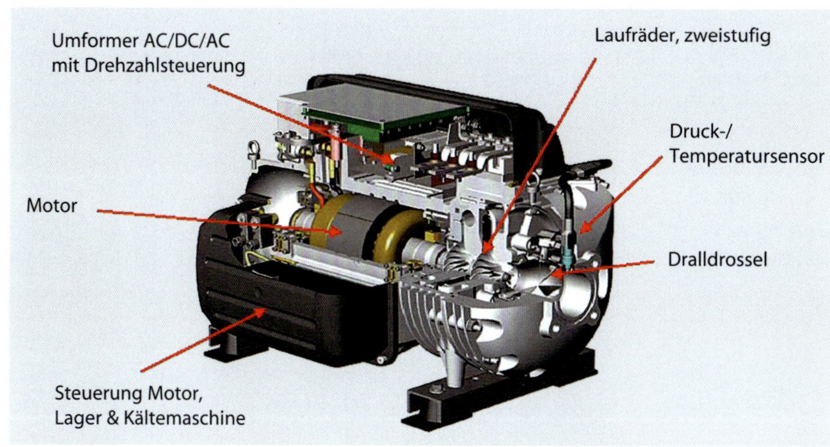

Abb. 7.96: Zweistufiger Turboverdichter Axima-Quantum (Quelle: Axima Refrigeration GmbH, Lindau)

Tabelle 7.7: Kompressionskälteerzeuger in der Gebäudeklimatisierung – Einsatzgebiete und Eigenschaften

	Kolbenverdichter	**Schraubenverdichter**	**Turboverdichter**
Kälteleistungsbereich in der Klimatechnik	5 bis 1.000 kW	80 bis 5.000 kW	300 bis > 10.000 kW
Bereich Leistungszahl[1]	3 bis 6	4 bis 6	5 bis > 8
Druckverhältnis einstufig	8 bis 10	25 bis 30	3,5 bis 4
Regelbarkeit/Teillastverhalten	in Stufen begrenzt	stufenlos unbegrenzt, praktisch von 20 bis 100 %	stufenlos, durch Pumpgrenze begrenzt
Ölförderung	ja	ja	nein
Verschleiß des Verdichterelements	ja	sehr gering	sehr gering
Empfindlichkeit gegen Flüssigkeit	ja	nein	wenig
Sonstiges	günstige Investitionskosten, Schwingungsentkopplung vom Baukörper erforderlich	relativ geringer Wartungsaufwand	geringer Wartungsaufwand, insbesondere bei ölfreien Systemen

[1] Die Leistungszahl ist neben dem Arbeitsprinzip und der Leistungsgröße auch vom Kältemittel und entsprechend Kapitel 7.10.2 vor allem von den Temperaturniveaus der Wärmezu- und -abfuhr abhängig. Die Zahlen gelten also nur der Orientierung unter typischen Einsatzbedingungen.

Scroll-(Spiral-)Verdichter

Hier sind es 2 exzentrisch rotierende Scheiben mit Spiralrippen, die den dazwischenliegenden Arbeitsraum zyklisch verengen.

7.10.4 Sorptionskältemaschinen

Der mechanische Verdichter der Kältemaschine kann durch sog. thermische Verdichter ersetzt werden, was auf 2 weitere Konstruktionsprinzipien von Kältemaschinen führt:

- Absorptionsmaschinen
- Adsorptionsmaschinen

Somit kann hier für die benötigte Verdichtungsenergie Wärme anstelle von Elektro- bzw. mechanischer Energie eingesetzt werden. Möglich ist die Nutzung von Solarenergie, Fernwärme oder von Abwärmepotenzialen.

Absorptionsmaschinen

Bei der Absorptionsmaschine (vgl. Abb. 7.97) wird das Kältemittel im Absorber vor der Verdichtung in ein Lösungsmittel (Flüssigkeit) aufgelöst. Die im Absorber mit Kälte-

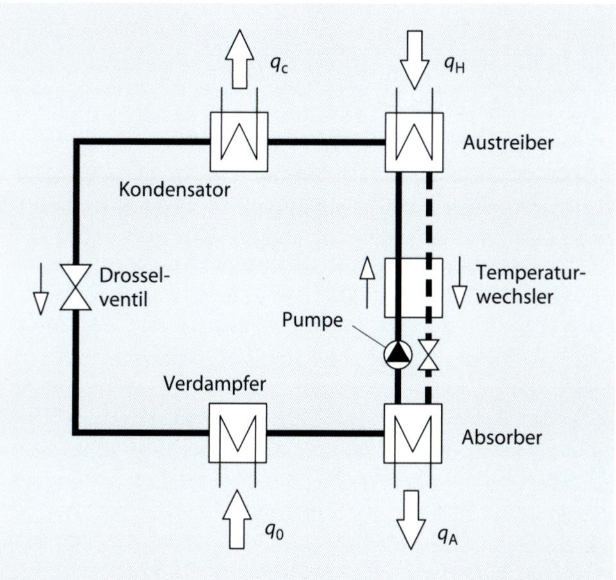

Abb. 7.97: Grundprinzip Absorptionskältemaschine (q_C: im Kondensator abgegebene Wärme; q_0: im Verdampfer aufgenommene Wärme; q_H: im Austreiber erforderliche Heizwärme; q_A: im Absorber abzuführende Wärme)

mittel angereicherte Lösung wird dann durch eine Pumpe auf einen höheren Verflüssigungsdruck gebracht. Im Austreiber wird mittels Wärmezufuhr das Kältemittel wieder ausgetrieben. Von hier strömt die Lösung über ein Drosselorgan wieder in den Absorber zurück und wird dort gekühlt, um dann erneut angereichert zu werden. Kältemittelseitig verläuft der Prozess weiter wie beim Kompressionsprozess, also Wärmeabgabe im Kondensator, Drosselung, Verdampfung mit Wärmeentzug des zu kühlenden Mediums und Rückführung des Kältemitteldampfes zum Absorber.

Bei indirekt beheizten Systemen wird Heizwasser im Temperaturbereich von etwa 90 bis 130 °C oder Heizdampf mit 0,2 bis 1,0 bar benötigt.

Für das Pumpen des flüssigen Lösungsmittels ist nur sehr wenig mechanische Energie erforderlich.

Die Leistungsfähigkeit der Absorptionskälteanlage wird ebenfalls durch das Verhältnis Nutzen zu Aufwand gebildet, hier aber als sog. Wärmeverhältnis ς_K bezeichnet:

$$\varsigma_K = \frac{\dot{Q}_0}{\dot{Q}_H} \qquad \text{(Formel 7.21)}$$

mit
$\dot{Q}_0$ dem Kühlmedium entzogene Wärmeleistung in kW
$\dot{Q}_H$ Heizleistung in kW

Bei in der Klimatechnik üblichen Anlagen mit Wasser-Lithiumbromid als Lösungsmittel werden Werte zwischen 0,6 bis 0,75 erreicht.

Bei einem energetischen Vergleich zwischen Absorptions- und Kompressionsprozess beschreibt der folgende Quotient das Verhältnis zwischen der zugeführten Energie Heizungswärme der Absorptionsanlage und der elektrische Energie der Kompressionsanlage:

$$\frac{EER}{\varsigma_K} = \frac{\dot{Q}_H}{P} \qquad \text{(Formel 7.22)}$$

mit
EER Leistungszahl
P zugeführte elektrische Leistung in kW

Werden hierfür Werte im mittleren Leistungsbereich angesetzt, so beträgt das Verhältnis z. B. 5 kW : 0,7 kW = 7,1. Das heißt für dieses Beispiel, dass die Kosten für den Energiebezug bei gleicher erzeugter Kälteenergie für die Absorptionsmaschine erst ab einem Energiepreisverhältnis $k_{kWhel}/k_{kWhth} > 7{,}1$ (k_{kWhel}: Kosten für eine Kilowattstunde elektrisch; k_{kWhth}: Kosten für eine Kilowattstunde thermisch) günstiger sind als für die Kompressionsmaschine. Da außerdem der elektrische Energiebedarf für Rückkühlwerke und Kühlwasserpumpen gegenüber Kompressionsanlagen höher ist, wird die wirtschaftliche Anwendung von Absorptionskälteerzeugern vorrangig bei der Abwärmenutzung, bei der Nutzbarkeit von Fernwärme bei verfügbarem günstigem Sommertarif oder bei Anwendungen mit Kraft-Wärme-Kälte-Kopplung (KWKK) liegen.

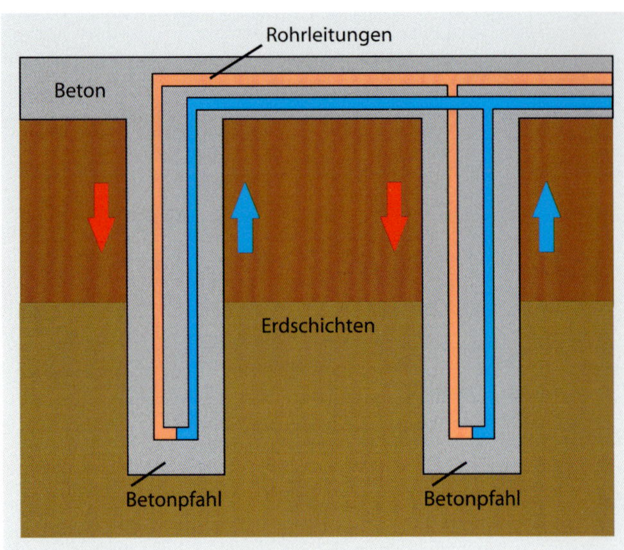

Abb. 7.98: Kühlung durch Betonbohrpfähle

Adsorptionsmaschinen

Bei der Adsorptionsmaschine wird das verdampfte Kältemittel durch Adsorption an der Oberfläche eines festen Stoffes (z. B. Silikagel) angelagert. Das erfolgt im Adsorber, er muss dabei gekühlt werden. Später muss das Kältemittel durch Desorbtion und Wärmezufuhr dort wieder ausgetrieben werden, bevor es in den Kondensator gelangt. Somit arbeitet die Adsorptionsmaschine mit zyklischer Umschaltung auf der Kältemittel- und auf der Kühl- und Heißwasserseite. Ansonsten sind keine weiteren bewegten Teile erforderlich. Die quasistationäre Betriebsweise macht allerdings auf der Kaltwasserseite eine Pufferung erforderlich. Vorteilhaft ist das niedrige erforderliche Temperaturniveau der Wärmezufuhr. Es wird Warmwasser im Bereich von 60 bis 90 °C benötigt. Somit kann auch Abwärme, Solarwärme und sonstige verfügbare Niedertemperaturwärme zur Kälteerzeugung genutzt werden. Nachteilig sind die hohen Investitionskosten für diese Anlagentechnik.

7.10.5 Kälteerzeugung mit natürlichen Prozessen

Die Kälteerzeugung kann mit folgenden natürlichen Prozessen realisiert werden:

- natürliche Kälteerzeugung durch Brunnen- oder Grundwasserkühlung
- Verdunstungskühlung (adiabate Kühlung, vgl. Kapitel 7.9.4)
- natürliche Kälteerzeugung durch direkte Wärmeabfuhr im Erdreich,
  - indem im Sommer kalte Luft über im Erdreich verlegte Rohre angesaugt wird (Luft-Erdwärme-Übertrager, vgl. Kapitel 7.9.2) oder
  - indem wasserdurchflossene Wärmeübertrager direkt im Erdreich oder in Betonbohrpfählen installiert werden (vgl. Abb. 7.98)[4)].

[4)] Ein derartiges Verfahren zur Erzeugung von Klimakälte wurde z. B. in der Norddeutschen Landesbank Hannover realisiert. Das Kaltwasser wird hier mithilfe von 122 wasserdurchflossenen Rohren, die in bis zu 30 m tiefen Betonbohrpfählen integriert wurden, gewonnen (vgl. NORD/LB, 2001, S. 13).

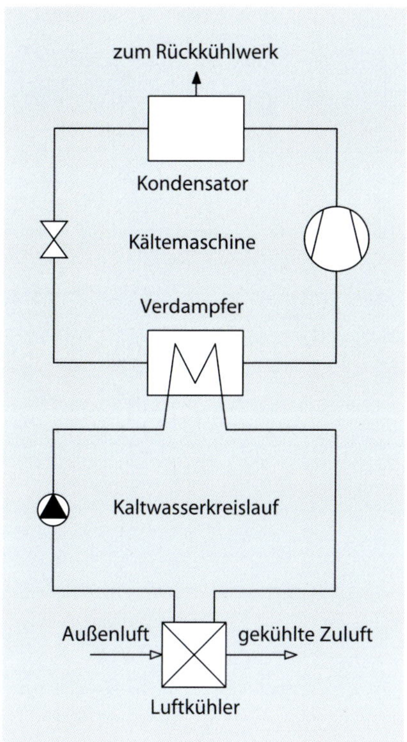

Abb. 7.99: Kaltwasserkreislauf

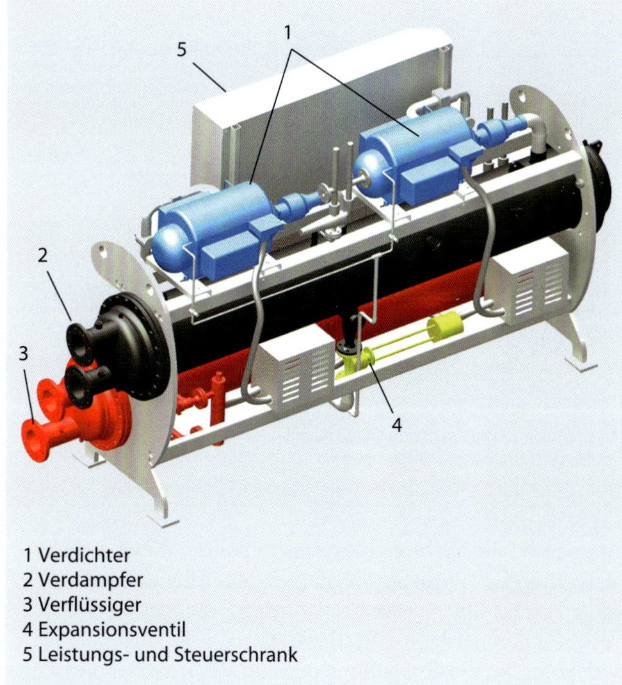

Abb. 7.100: Aufbau eines Kaltwassererzeugers; Quantum X060-P2C-LL (Quelle: Axima Refrigeration GmbH, Lindau)

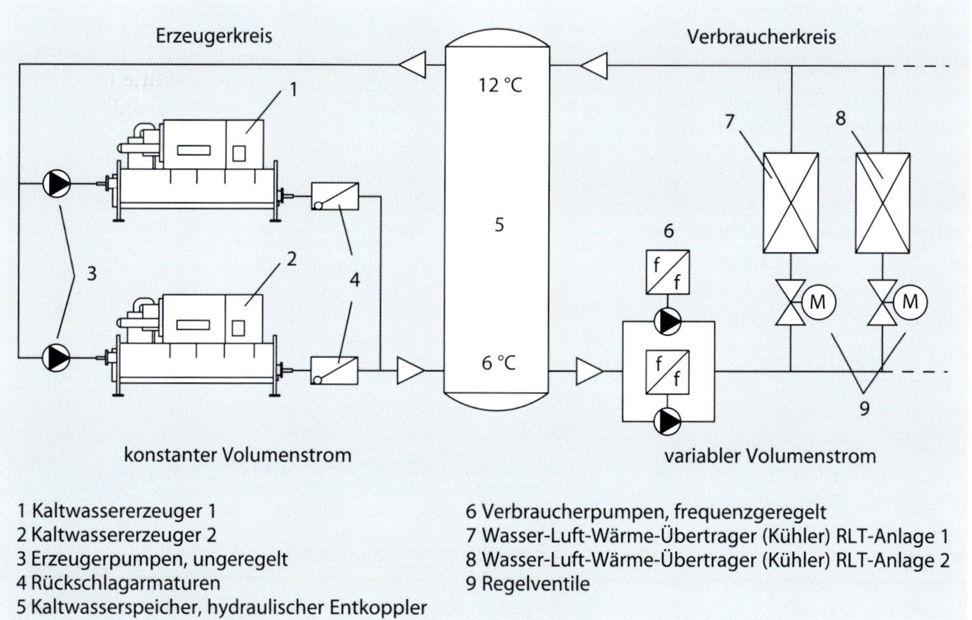

Abb. 7.101: Kaltwassersystem mit konstantem Volumenstrom auf der Erzeugerseite

Auf die Bedeutung von Bauteilspeichermassen als passive Kühlung wurde bereits hingewiesen. Generell sollte geprüft werden, ob auch auf Kälteerzeugung verzichtet werden kann. Dazu sind die Gegebenheiten des Baukörpers auszunutzen oder natürliche Prozesse einzubeziehen.

7.10.6 Wasserkühlanlagen

Am häufigsten erfolgt die Kälteauskopplung und Verteilung über Kaltwassersysteme im Temperaturbereich 6/12 °C.

In diesem Fall gibt es einen separaten Kaltwasserkreislauf zwischen dem Verdampfer der Kältemaschine und dem zu kühlenden Medium, beispielsweise der zu kühlenden Zuluft im RLT-Gerät (vgl. Abb. 7.99 und Abb. 7.106).

Ähnlich wie in der Heizungstechnik gibt es verschiedene Möglichkeiten, die Hydraulik des Kaltwassersystems auf der Erzeugerseite und auf der Verbraucherseite zu gestalten. Abb. 7.100 zeigt den Aufbau eines Kaltwassererzeugers.

Abb. 7.101 zeigt die vollständige hydraulische Entkopplung über einen Kaltwasserspeicher. Die Erzeuger werden über ungeregelte Pumpen mit konstanten Volumenströmen betrieben. Auf der Verbraucherseite wird der Volumenstrom vor den jeweiligen Abnehmern nach deren Anforderung

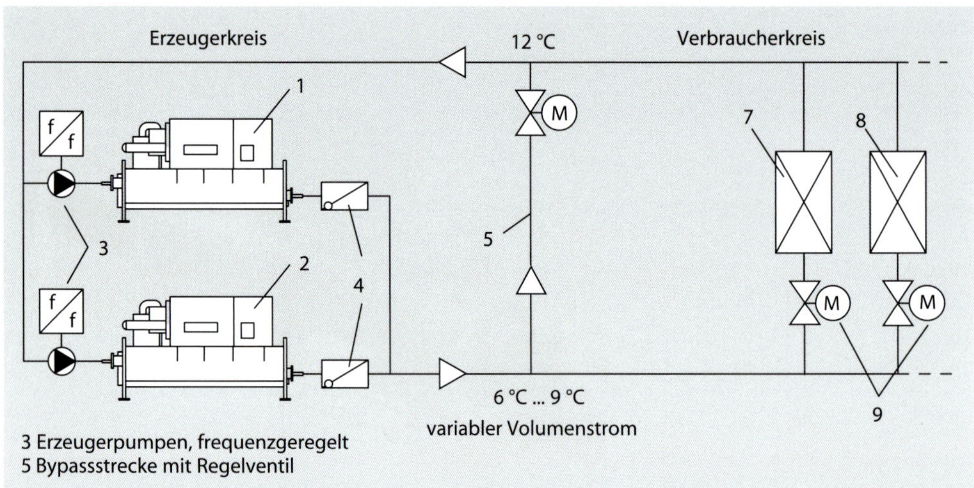

Abb. 7.102 Kaltwassersystem mit variablem Volumenstrom auf der Erzeugerseite (1, 2, 4 und 6 bis 9 wie in Abb. 7.102)

gedrosselt. Die Verbraucherpumpen sollten dabei zweckmäßigerweise frequenzgeregelt werden. Eine andere Möglichkeit zeigt Abb. 7.102. Hier werden Erzeugerkreis und Verbraucherkreis gemeinsam mit variablem Volumenstrom betrieben. Es werden keine separaten Verbraucherpumpen benötigt und der Speicher kann durch einen Bypass mit Regelventil zur Einhaltung des Mindestdurchflusses ersetzt werden. Ein weiterer Vorteil ist eine ggf. geringfügig höhere Leistungszahl im Teillastbereich. Als Nachteil ist der höhere erforderliche Abgleichungsaufwand zwischen Erzeugung und Verbrauchern bezüglich Hydraulik und Anlagenregelung zu benennen. Wird die Regelstrategie nicht exakt abgestimmt, kann es in der Praxis zu Anlagenausfällen und eingeschränkter Leistungsverfügbarkeit kommen.

Wasserkühlsätze mit luftgekühlten Verflüssigern werden als Kompaktgeräte zur Dachaufstellung in der Klimatechnik häufig eingesetzt (vgl. z. B. Abb. 7.104). Wird die Kälte auch in der Übergangszeit und insbesondere im Winter benötigt, lohnt sich im Allgemeinen die Ausführung mit einem zusätzlichen Luftkühler zum Betrieb in sog. freier Kühlung (vgl. Abb. 7.103). Durch die serielle Schaltung ist der gleichzeitige Betrieb von freier Kühlung und Kältemaschine einfach zu realisieren. Besonders effektiv ist der Serienbetrieb bei Kälteverbrauchern mit höherem Temperaturniveau (z. B. 12/18 °C), sodass die vorgeschaltete freie Kühlung einen größeren Anteil der Jahreskälteenergie abdecken kann.

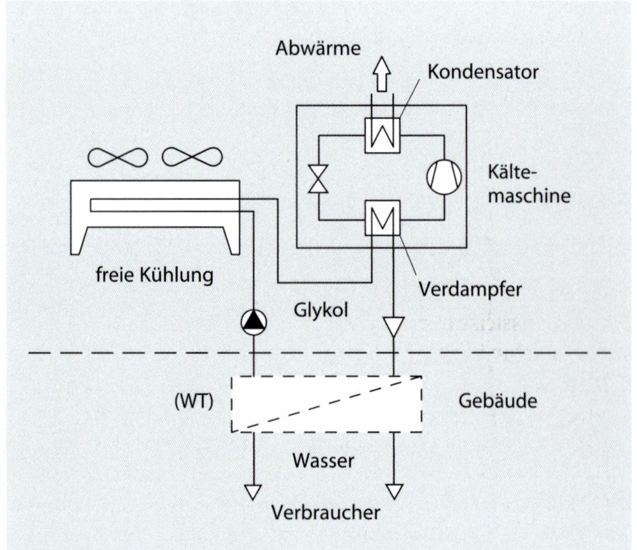

Abb. 7.103: Schema Kältemaschine mit freiem Kühlbetrieb (WT: Wärmeübertrager)

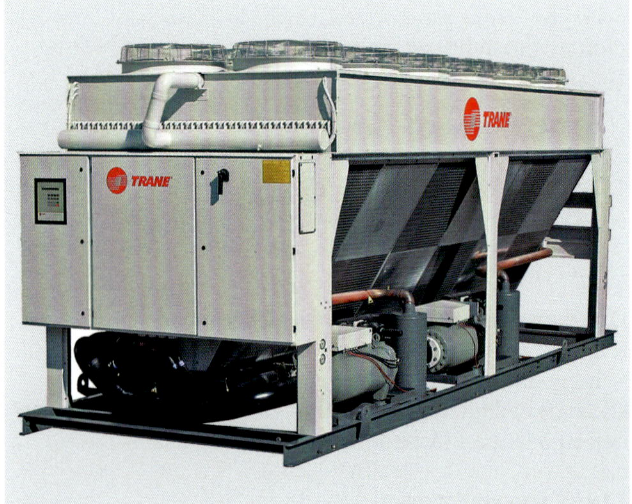

Abb. 7.104: Kompaktes Dachgerät mit integriertem freiem Kühler (Quelle: Trane Deutschland GmbH, Duisburg; Werksbild Trane, Serie RTAD)

Wasseraufbereitung, Entgasung

Bei geschlossenen Kaltwassersystemen ist die Aufbereitung des Füll- und Ergänzungswassers von untergeordneter Bedeutung. Nur bei Karbonathärten über 10 °dH und Gesamthärten über 20 °dH sollte das Wasser enthärtet werden. Wenn in größeren gebäudetechnischen Anlagen ohnehin eine Wasseraufbereitung für das Heizungssystem vorhanden ist, sollte diese zweckmäßigerweise auch für das Kaltwassersystem genutzt werden.

Sinnvoll ist die Dosierung eines Korrosionsschutzinhibitors zur Ausbildung einer korrosionshemmenden Schutzschicht innerhalb der wasserberührenden Innenflächen des Systems. Bei Anlagen mit großem Wasserinhalt und weitverzweigten Rohrsystemen ist der Einsatz einer Vakuum-Sprührohrentgasung zur Abscheidung von Gasen aus dem Kreislaufwasser sinnvoll.

Eisspeicher

Es liegt nahe, den ungleichmäßigen Kältebedarf in der Klimatechnik zwischen Tag und Nacht mit Speichern auszugleichen. Die Speicherung der sensiblen Flüssigkeitswärme stößt schnell an ihre Grenzen. Bei den geringen Temperaturspreizungen zwischen Vor- und Rücklauf können praktisch nur Pufferzeiten im Minutenbereich bis maximal etwa 30 Minuten realisiert werden. Wird dagegen die wesentlich höhere latente Wärme beim Gefrieren bzw. Tauen von Wasser ausgenutzt, so werden praktikable Speichergrößen von etwa 0,024 bis 0,028 m³/kWh für modular aufgebaute Standardspeicher (Calpex) erreicht. Die Auslegung erfolgt in der Regel für die Abdeckung eines Spitzenlastanteiles von 30 bis 40 % und einer Ladezeit in der Größenordnung von 8 Stunden.

Die Entscheidung für den Einsatz einer Eisspeicheranlage ist eine rein wirtschaftliche. Den Mehraufwendungen von etwa 300 bis 450 €/kW gegenüber Kaltwassererzeugern von etwa 150 bis 250 €/kW stehen günstigere Betriebskosten gegenüber. Eine Senkung der Betriebskosten lässt sich insbesondere beim Bezug von Elektroenergie erreichen. Dabei ergeben sich folgende Ansätze für Einsparungen:

- reduzierter Arbeitspreis infolge von Verschiebung des Energiebezuges vom HT (Hochtarif) am Tag zum günstigeren NT (Niedertarif) nachts
- reduzierter Leistungspreis infolge geringerer elektrischer Anschlussleistung
- Vergleichmäßigung des Strombezugsprofils (Rabattmöglichkeit)
- Einsparung von Leistungsbezug aus dem SV-Netz (SV: Sicherheitsstromversorgung) bei geforderter Versorgungssicherheit bei Stromausfall (Krankenhäuser, Kühlung EDV-Anlagen)

Ein Nachteil der Eisspeicherung muss allerdings auch wirtschaftlich kalkuliert werden: Der Ladebetrieb erfolgt mit Sole bei –3 bis –8 °C (niedrigere Werte bei Ausführung als Zwischenkreis mit zusätzlichem Wärmeübertrager). Das heißt, der Kreisprozess erfolgt hier mit niedrigeren Temperaturen gegenüber der normalen Kaltwasserfahrweise bei etwa 6 °C und damit mit einer niedrigeren Leistungszahl.

Die Verteilung im Gebäude erfolgt in Analogie zur Wärmeversorgung. Durch die gegenüber der Wärmeversorgung deutlich geringere Temperaturspreizung des Kaltwassernetzes sind die erforderlichen Wasservolumenströme bezogen auf die zu übertragende Leistung höher und führen zu entsprechend großen Rohrdimensionen.

Das kaltwasserführende Rohrsystem muss mit einer schwitzwasserdichten Kälteisolation versehen werden. Diese ist praktisch nur durch geschlossenzellige Kunststoffschläuche oder -matten zu erreichen (schwarze Kältedämmung). Für die Rohrleitungshalterungen sind spezielle Kälteschellen zu verwenden. Abb. 7.105 zeigt die Ausführung der Kältedämmung im Bereich Rohrbefestigung.

Es sind auch selbstklebende Matten und Schläuche verfügbar. Da es sich um Material der Baustoffklasse B1 (schwer entflammbar) handelt, sind die Belange des Brandschutzes besonders zu beachten (vgl. auch Kapitel 7.14).

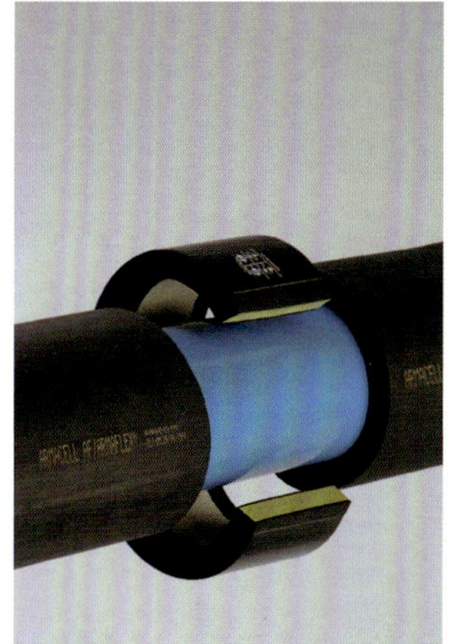

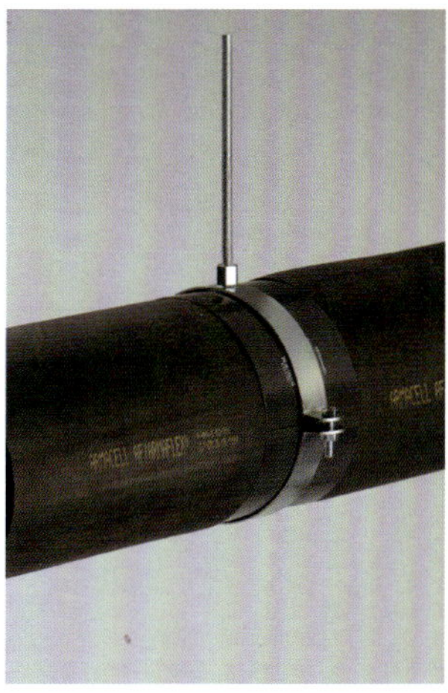

Abb. 7.105: Ausführung der Kälteisolierung im Bereich Rohrbefestigung; Armafix, Rohrträger Kälte- und Klimadämmung (Quelle: Armacell GmbH)

7.10.7 Luftkühlanlagen

Luftkühlanlagen benötigen ähnlich wie mobile Klimasysteme oder Splitanlagen keine zwischengeschaltete Kaltwassererzeugung und -verteilung. Die Kühlenergie wird über Direktverdampfer unmittelbar an die Zuluft oder Umluft übertragen. Kompakte Zwischendecken- und/oder Dachklimageräte sind eine zweckmäßige Lösung für frei stehende Gebäude, wie beispielsweise Supermärkte, Tankstellen und Schnellrestaurants oder gewerblich genutzte Hallen und technische Anlagen.

Als Beispiel soll hier ein Dachklimagerät des Herstellers Johnson Controls Systems GmbH (ehemals: York) aufgeführt werden. Die dem Gerät zuströmende Rückluft wird gemeinsam mit einem Anteil Außenluft gefiltert, anschließend gekühlt und den zu kühlenden Räumen wieder als Zuluft (eigentlich: Mischluft) zugeführt. Die Rückluft/Außenluft dient gleichzeitig zur Abfuhr der Verflüssigerabwärme über die Verflüssigerlüfter. Eine freie Kühlung ist nicht vorgesehen. Die Abmessungen betragen 4,5 m × 2,2 m × 1,8 m (Länge × Breite × Höhe), das Gewicht beträgt 2,0/2,3 t. Es können Zuluftvolumenströme 21.000/25.000 m³/h mit unterschiedlichen Pressungen (250/400/450 Pa) realisiert werden. Beim Kältemittelverdichter handelt es sich um einen hermetisch gekapselten Scroll-Verdichter, der einen geräuscharmen Betrieb gewährleistet.

Vorteile:

- einfaches und kostengünstiges Kühlgerät
- mit Außenluftzumischung

Nachteile:

- keine freie Gestaltung von Anlagenkomponenten (fixe Gerätekonfiguration)
- keine variable Umluft
- keine freie Kühlung

7.10.8 Rückkühlwerke

Im Kältekreisprozess wird die im Verdampfer aufgenommene Wärmenergie im Verflüssiger ausgekoppelt (vgl. Kapitel 7.10.2). Um diese auch kontinuierlich an die Umgebung abgeben zu können, sind Rückkühlwerke erforderlich, die im Freien aufgestellt werden müssen. Oft werden sie auf dem Gebäudedach untergebracht. Dabei sind Randbedingungen bezüglich der Anlagengeometrie und des Gewichts, der Wärme- und ggf. Dunstabführung sowie der Schallemission zu berücksichtigen.

Zwischen dem Verflüssiger der Kältemaschine und dem Rückkühlwerk muss ein separater Wasserkreislauf eingerichtet werden (vgl. Abb. 7.106).

Für das Rückkühlwerk selbst werden 3 verschiedene Ausführungen unterschieden:

- Trocken- oder Luftkühler (vgl. Abb. 7.107),
- Nass- oder Dunstkühler (vgl. Abb. 7.108),
- Hybridkühler (vgl. Abb. 7.109).

Glykol-Luftkühler stellen in der Klimatechnik die am häufigsten anzutreffende Ausführung zur Abführung von Abwärme dar. Die Bezeichnung leitet sich von dem im Rückkühlkreislauf als Frostschutzmittel verwendeten Glykol ab. Sie sind einfach ausgeführt, benötigen außer der Stromversorgung der Ventilatoren keine weiteren Medien und Verbrauchsstoffe und sind verglichen mit Nass- oder Hybridkühlern relativ wartungsarm. Insbesondere Anlagen flacher Bauart mit Horizontallüftern (sog. Tischkühler) lassen sich im Dachbereich meist problemlos integrieren. Ungünstig ist der relativ hohe Elektroenergieverbrauch (vgl. Tabelle 7.8).

Die Anwendung von Nass-/Dunstkühlern beruht auf der hohen Verdampfungswärme des Wassers. Um 1 kWh Wärme abzuführen, müssen rund 1,4 l Wasser verdampft bzw. verdunstet werden. Dafür ist ein separater offener Kühlwasserkreis mit Wärmeübertrager und Kühlwasserpumpen erforderlich. Im Kühler selbst wird das Wasser über Düsen fein versprüht über Füllkörper geleitet. Die Luft wird im Gegenstrom durch die Schüttung geführt, an deren großer Oberfläche die Tröpfchen verdunsten. Dabei wird eine niedrige Rückkühltemperatur erreicht, die unter der jeweiligen Außentemperatur liegen kann. Das wirkt sich auch positiv auf den Kälteprozess aus: Die Leistungszahl steigt und es wird elektrische Verdichterarbeit eingespart. Die praktisch erforderliche Nachspeisemenge in den Kühlwasserkreislauf ist deutlich höher als der oben genannte theoretische Wert: Durch die ständige Verdunstung werden die Salze im Kühlkreislauf aufkonzentriert und es muss daher ein Teilstrom kontinuierlich abgesalzt werden. Hinzu kommt noch ein Anteil Schwaden- und Spritzwasserverlust, sodass insgesamt von einem Wasserbedarf von etwa 3 l/(h · kW_k)[5] auszugehen ist. Weiterhin ist die Dosierung von Bioziden zur Verhinderung des ungehemmten Wachstums von Algen und sonstigen Mikroorganismen erforderlich. Zur Verhinderung des Einfrierens im Winter bei abgeschalteten Anlagen sind diese mit Frostschutzheizungen und/oder mit Systemen zur vollständigen Entleerung auszurüsten.

Daher werden Nass- oder Dunstkühler in der Regel nur zur Abführung von großen Wärmemengen eingesetzt, wo die Ausführung durch Trockenkühler zu unpraktikablen Anlagengrößen führen würde und gleichzeitig die Schwadenbildung akzeptabel ist.

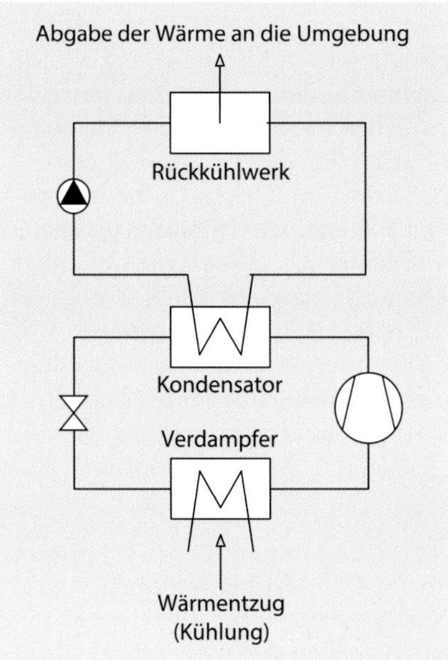

Abb. 7.106: Anbindung des Rückkühlwerks an die Kältemaschine

Abb. 7.107: Glykol-Luftkühler (Quelle: Hans Günter GmbH; Gylkol Rückkühler Axial, Baureihe GFH, Doppelblockrückkühler, Baureihe GFD, Planungsordner)

Tabelle 7.8 zeigt technische Daten verschiedener Rückkühlsysteme im Vergleich.

Tabelle 7.8: Vergleich der technischen Daten verschiedener Rückkühlsysteme

Parameter	Einheit	Trockenkühler	Nasskühler	Hybridkühler
spezielle Kühlleistung bei 45/40/20 °C[1)]	kW_k/m^2	20 bis 45	ca. 250 (70)[2)]	ca. 70 (35)[2)]
spezieller Stromverbrauch	kW_{el}/kW_k	0,1	< 0,01	ca. 0,03
spezieller Wasserverbrauch	l/(h · kW_k)	–	ca. 2,5 bis 3,5	ca. 1 bis 1,5
spezielles Gewicht	kg/kW_k	3 bis 4	ca. 1,5 (4,3)[2]	ca. 4,5 (9,2)[2)]
Schalldruck in 3 m Entfernung	dB(A)	60 bis 65	ca. 65	ca. 70

[1)] Vorlauftemperatur/Rücklauftemperatur/Feuchtkugeltemperatur (Definition vgl. Kapitel 7.3.4)
[2)] bezogen auf 36/31/20 °C

[5)] kW_k: hier als kW Kälteleistung verwendet (keine allgemeingültige Abkürzung)

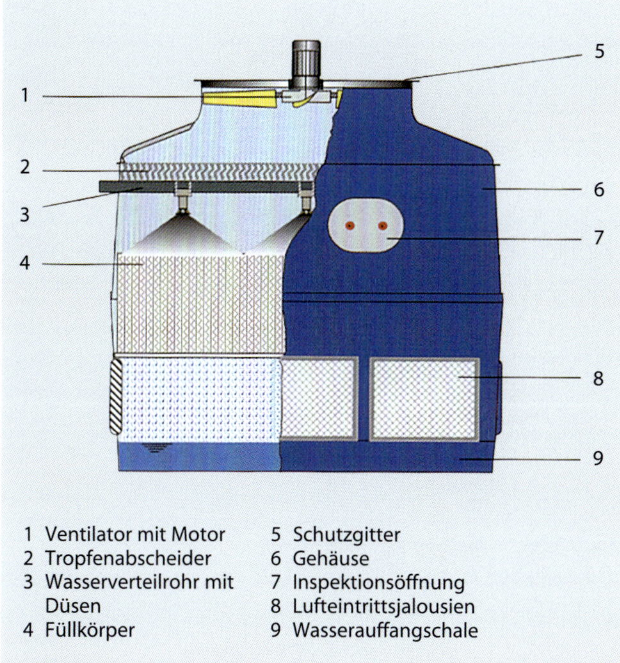

Abb. 7.108: Aufbau eines Nasskühlturms (Quelle: Axima Refrigeration GmbH; Kühlturm Typ EWK, Planungsunterlagen)

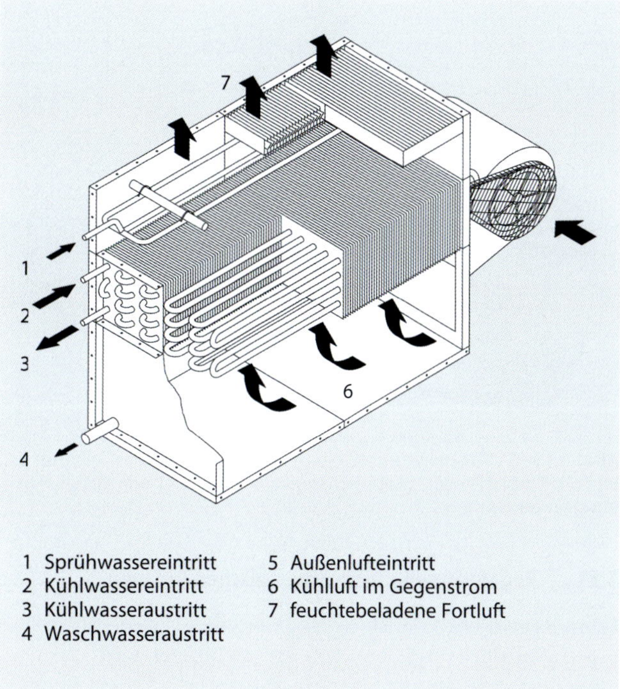

Abb. 7.109: Hybridkühler; Hybridkühler Baureihe HK, Planungsunterlagen (Quelle: E. W. Gohl GmbH)

Im Bestreben, die genannten Nachteile zu vermeiden und die Vorteile der effektiven Nasskühlung nicht aufgeben zu müssen, ist die Hybridkühlung entwickelt worden. Es handelt sich um ein geschlossenes System, in dem das Primärkühlwasser den Lamellenwärmeübertrager durchströmt. Die der jeweiligen Kühllast entsprechende Verdunstungsmenge wird als salzfreies Sprühwasser auf die Wärmeübertrager dosiert. Das heißt, es wird nur so viel Wasser zugeführt, wie verdunstet werden kann. Damit entstehen auch keine Kühlturmschwaden. Bei Temperaturen unterhalb ca. 15 °C ist überhaupt kein Sprühwasser zur Wärmeabfuhr mehr erforderlich. Eine Wascheinrichtung zur periodischen Reinigung der Wärmeübertrager verhindert die Ablagerung von Schmutz und Mineralien. Als Nachteile sind der hohe anlagentechnische Aufwand inklusive Sprühwasseraufbereitung und damit die hohen Anschaffungskosten aufzuführen.

Aufbereitung Kühlwasser

Für offene Kühlkreisläufe ist einerseits die Verdunstungsmenge und andererseits die durch die Eindickung des Umlaufwassers erforderliche Absalzmenge auszugleichen. Im Allgemeinen wird als Zusatzwasser enthärtetes Wasser zugeführt, wobei die Aufbereitung meist durch Entkarbonisierung erfolgt, mit der die schädliche Karbonathärte aus dem Rohwasser entfernt wird. Es ist die Dosierung von Bioziden zur Begrenzung der Konzentration von Algen und anderen organischen Materialien erforderlich. Zweckmäßig ist außerdem die Dosierung von Resthärtestabilisatoren und Korrosionsschutzmitteln.

Weiterhin ist eine Teilstromfiltration des intensiv mit der Luft kontaktierten Kühlwassers erforderlich. Hierdurch können sich ansammelnde Partikel (Pollen, Blätter, Staub und organische Substanzen) ausgefiltert werden. Hierfür wurden vollautomatisch mit Druckluft rückspülbare Scheibenfilter entwickelt, die ohne Filterkerzen wartungsarm arbeiten (vgl. Abb. 7.110). Die Teilstrommenge richtet sich nach dem Schmutzeintrag und der Eindickrate und liegt in der Größenordnung von 20 %.

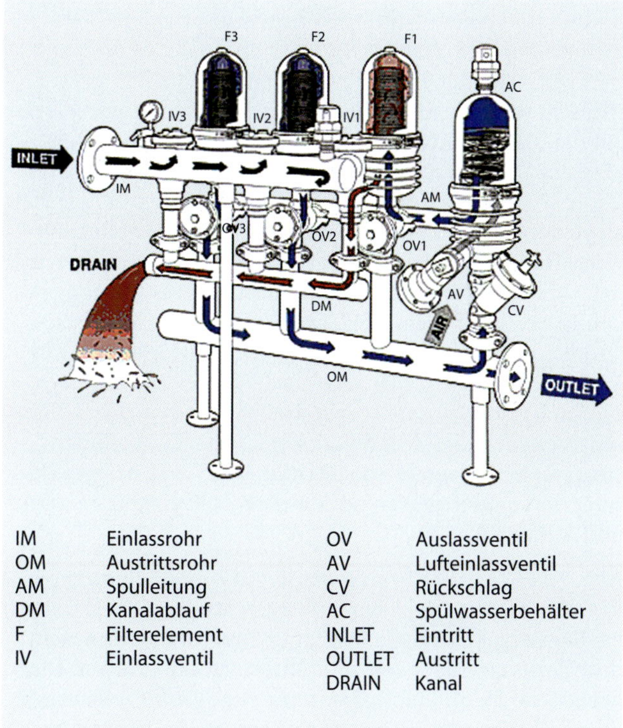

Abb. 7.110: Funktionsbild Berkal Disk-Filter Typ AAF 2/3 (Quelle: ELGA Berkefeld GmbH; Berkal Rückspülfiltersysteme)

Für die Sprühwasseraufbereitung von Hybridkühlern sind in der Regel Umkehrosmoseanlagen erforderlich.

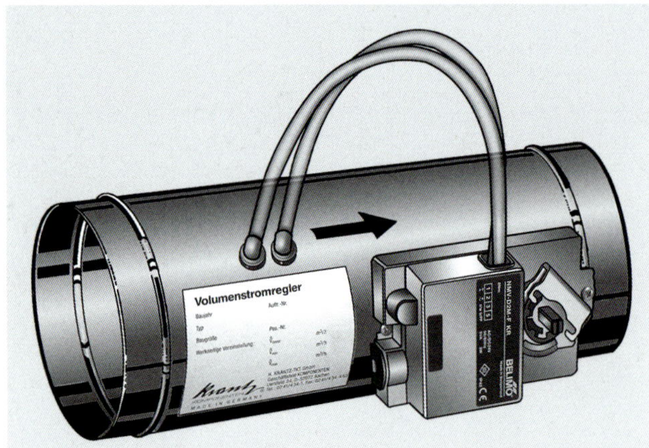

Abb. 7.111: Volumenstromregler (Quelle: M + W Zander Gebäudetechnik GmbH; Dresden, Geschäftsbereich Krantz-Komponenten, Planungsunterlagen)

7.11 Regelung von raumlufttechnischen Anlagen

Beim Regeln wird die zu regelnde Größe permanent mit einem Sollwert verglichen. Bei Abweichungen wird das Stellglied so verändert, dass Messwert und Sollwert übereinstimmen. Einige wichtige lüftungstechnische Regelungen sollen im Folgenden erläutert werden.

Abb. 7.112 zeigt einen vereinfacht dargestellten Regelkreis Raumluft in einem Lüftungssystem mit variablem Volumenstrom (VVS-System). Er ist erforderlich, wenn im jeweiligen Raum eine individuelle Raumluftqualität gewünscht wird. Regelorgane sind die Volumenstromregler auf der Zu- und Abluftseite mit Motorantrieb und einer Messeinrichtung zur Ermittlung des Volumenstromes. Im Raum werden die Raumlufttemperatur und der CO_2-Gehalt als Kriterium der Luftqualität gemessen. Werden die Sollwerte für Temperatur oder CO_2-Gehalt nicht erreicht, wird der Volumenstrom stetig erhöht, bis Übereinstimmung mit den Istwerten erreicht wird. Dabei werden die Volumenströme der Zu- und Abluft angeglichen. Die Messung des Volumenstromes ist hier vereinfacht dargestellt; die Ermittlung erfolgt aus einer mittelwertbildenden Druckdifferenzmessung über dem Kanalquerschnitt. Ein Volumenstromregler für runde Kanäle ist in Abb. 7.111 dargestellt. Integriert sind Regelklappe, Messkreuz, Regler, Transmitter und Stellantrieb.

Abb. 7.113 zeigt das Prinzip des Regelkreises Zulufttemperatur, der praktisch in jedem Lüftungszentralgerät Bestandteil ist. Regelorgane sind die Regelarmaturen der Medien Kalt- und Heizungswasser von Luftkühler bzw. Lufterhitzer. Die gemessene Zulufttemperatur ist die Regelgröße, welche mit dem Sollwert verglichen wird und eine stetige Verstellung der jeweiligen Regelarmatur bewirkt. Die Außenlufttemperatur ist zusätzlich aufgeschaltet, um das Kühlen ab einer bestimmten Außentemperatur auszuschließen.

Abb. 7.114 zeigt die vereinfachte Darstellung der Volumenstromregelung eines Lüftungszentralgerätes mit einer Mischluftregelung. Regelorgan der Mischluftregelung ist die Mischluftregelklappe. Ist die Ablufttemperatur im Sommerberieb (Kühlen) niedriger als die Außenlufttemperatur, öffnet die Mischluftklappe stetig bis zu einem eingestellten Mindestaußenluftstrom. Reicht dieser nicht aus und die

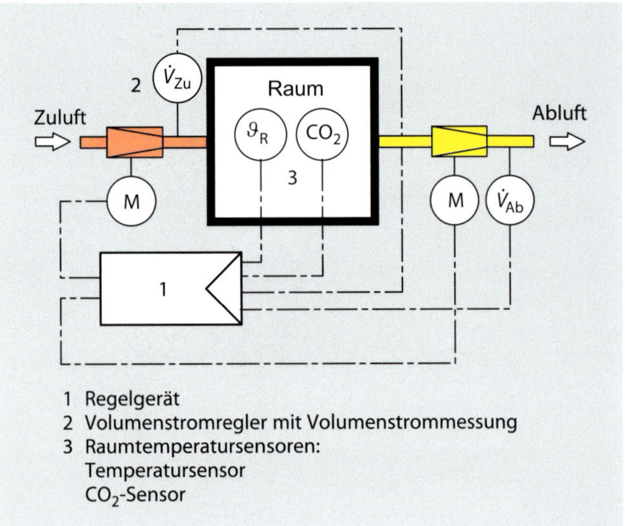

Abb. 7.112: Regelkreis Raumluft

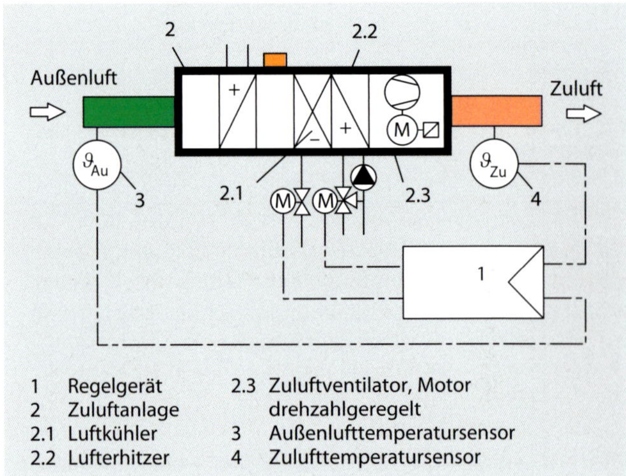

Abb. 7.113: Regelkreis Zulufttemperatur RLT-Zentralgerät

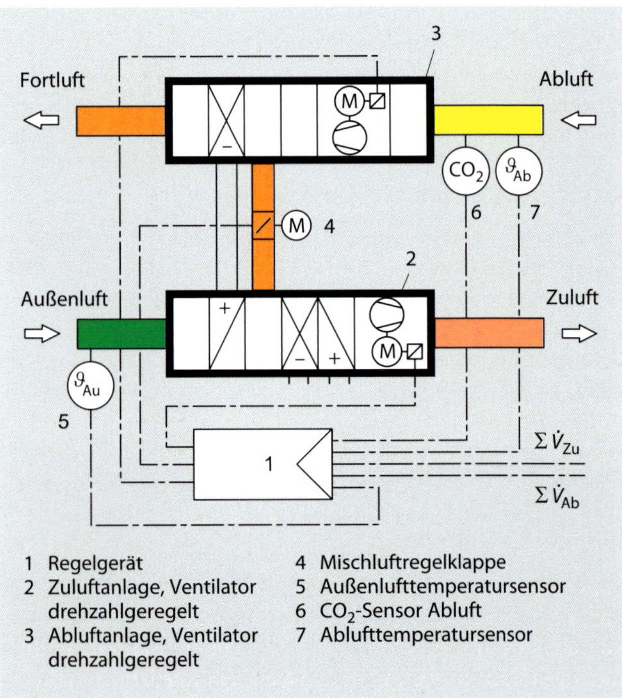

Abb. 7.114: Regelkreis Volumenströme RLT-Zentralgerät

Luftqualität verschlechtert sich bzw. der zulässige CO_2-Wert wird überschritten, wird der Mindestaußenluftstrom nach oben verschoben. Im Winterbetrieb (Heizen) entfällt das Temperaturkriterium zum Öffnen der Mischluftklappe. Misch- oder Umluftbetrieb ist insbesondere dann energetisch von Vorteil, wenn hohe innere Wärmelasten abgeführt werden müssen oder wenn befeuchtet werden muss. Die summierten Zuluft- und Abluftvolumenströme aus den Raumluftregelkreisen können zur Ansteuerung der Frequenzumformer für die Drehzahlregelung der Ventilatoren genutzt werden. Mit VVS-Systemen lässt sich eine energieoptimale Fahrweise realisieren, die die Betriebskosten minimiert.

7.12 Technikzentralen – Anordnung und Platzbedarf

Technikzentralen haben einen nicht unerheblichen Platzbedarf, der in der Planungsphase von vornherein möglichst genau zu kalkulieren ist. Die Lage der Technikzentrale hat wiederum Einfluss auf die Anordnung und auf die Ausführung der entsprechenden Versorgungskanäle und Schächte. Die in Abb. 7.115, Abb. 7.116 und Abb. 7.117 dargestellten Anordnungen sind die wichtigsten.

Tabelle 7.9 stellt Vor- und Nachteile der verschiedenen Zentralenanordnungen gegenüber.

Tabelle 7.9: Anordnung der Technikzentralen

Zentralen-anordnung	Vorteile	Nachteile
Keller-zentrale	• kurze Leitungswege Medien • gute Installationsmöglichkeiten • Schalldämmmaßnahmen gut durchführbar • WRG-Prinzip flexibel	• relativ große Schachtquerschnitte • Abluftbauwerk Niveau Außenanlagen erforderlich
Dach-zentrale	• keine umbauten Technikflächen in Nutzflächenqualität erforderlich • Brandschutzaufwand relativ gering • WRG-Prinzip flexibel	• Dachaufbauten müssen in die Außenansicht integrierbar sein • relativ große Schachtquerschnitte • höherer technischer Aufwand für Geräte-/Kanal/-Leitungsqualität Außenaufstellung • Bypassströmung Außenluft-Fortluft möglich • erhöhter anlagentechnischer Aufwand Schalldämmmaßnahmen
Keller-/Dach-zentrale	• kleine Schachtquerschnitte • gute Installationsmöglichkeiten • Schalldämmmaßnahmen gut durchführbar	• WRG nur als KVS[1] möglich • lange Versorgungsleitungen

[1] Kreislaufverbundsystem

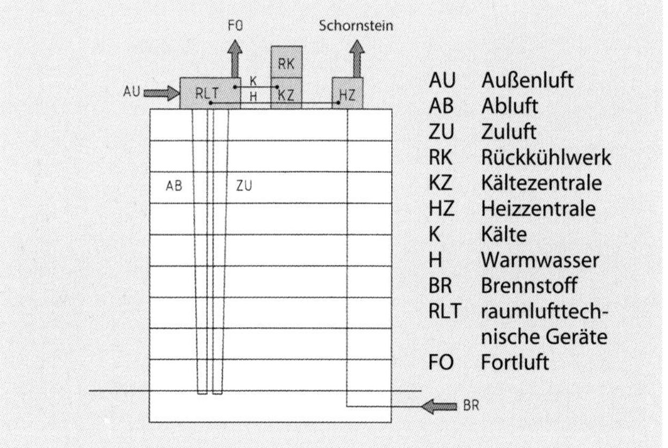

Abb. 7.115: Dachzentrale

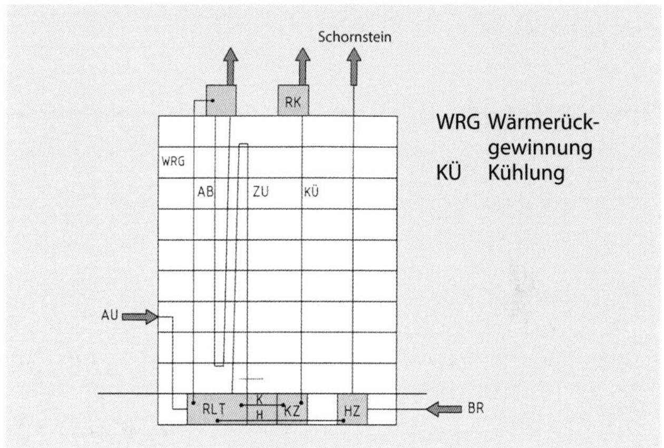

Abb. 7.116: Keller-/Dachzentrale

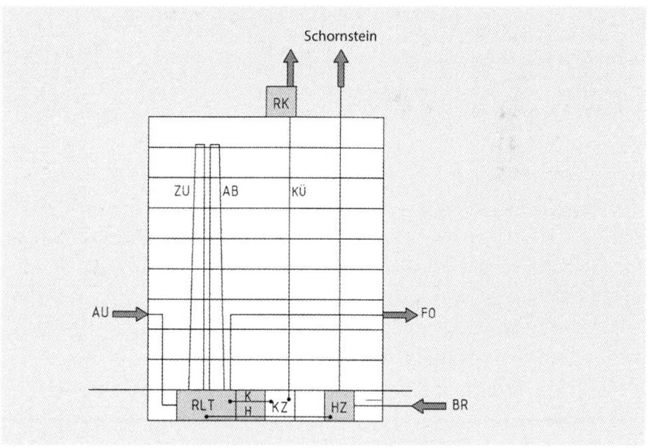

Abb. 7.117: Kellerzentrale

Grundsätzlich hat die Kombination aus Keller- und Dachzentrale wichtige Vorteile und nur wenige, nicht allzu schwerwiegende Nachteile und ist damit im Allgemeinen zu empfehlen, zumal die Wärmerückgewinnung mit Hochleistungskreislaufverbundsystem nur vergleichsweise geringe Nachteile gegenüber direkten Luft-Luft-WRG-Systemen hat. Durch die optimale Gestaltung des Luftkanalsystems infolge der gegenläufigen Querschnittsverläufe von Zuluft und Abluft minimiert sich hier auch der Brandschutzaufwand in den Etagen.

Als Nächstes stellt sich die Frage nach dem Platzbedarf der Technikzentrale.

Lüftungszentralen

Ausgehend vom Standardfall einer Zu- und Abluftanlage mit Erhitzer, Kühler, WRG, zweifachen Filtern, zweifachen Schalldämpfern, zweifachen Anströmkammern und Mischkammer wurden die erforderlichen Abmaße einer Lüftungszentrale für Anlagengrößen von 5.000, 10.000, 20.000 und 50.000 m³/h abgeschätzt. In Abb. 7.118 wird der spezifische Platzbedarf in m³ Zentralenraum pro Anlagenvolumenstrom in m³/h gemeinsam mit Werten ausgeführter Projekte (FWU) dargestellt.

Wie zu sehen ist, gibt es keine eindeutigen Abhängigkeiten. Im Anlagenbereich zwischen 5.000 und 20.000 m³/h kann in erster Näherung von erforderlichen 0,03 m³/m³/h ausgegangen werden. Außerhalb dieses Bereichs ergibt sich Folgendes:

- kleinere Anlagen: 0,03 bis 0,04 m³/m³/h
- größere Anlagen: 0,02 bis 0,03 m³/m³/h

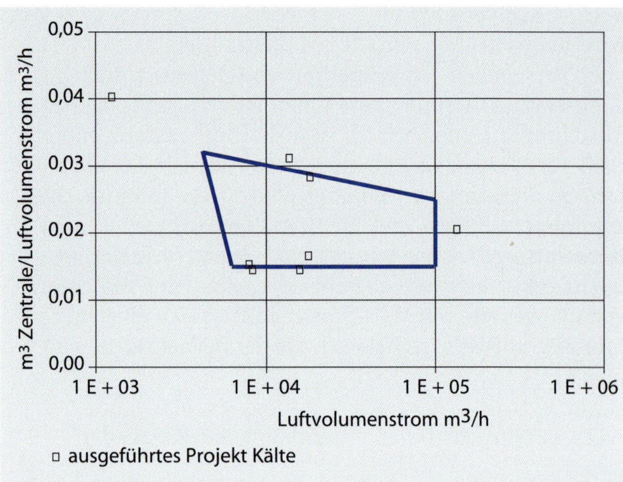

Abb. 7.118: Erforderliche Größe für Luftzentralen (Werte nach FWU Ingenieurbüro GmbH)

Kälte- und Heizzentralen

Es wird empfohlen, für Kälteanlagen der Leistungsklasse bis 100 kW mindestens 1,2 m³ Zentrale pro kW Kälteleistung und für Kälteanlagen der Leistungsklasse 100 bis 1.000 kW mindestens 1,0 m³ Zentrale pro kW Kälteleistung vorzusehen (vgl. Abb. 7.119). Insbesondere der Kaltwasserteil erfordert infolge der geringen Grädigkeit und der damit verbundenen hohen spezifischen Volumenströme einen höheren Platzbedarf. Auch der apparatetechnische Aufwand für Wärmerückgewinnung aus dem Rückkühlsystem ist bezüglich des Platzbedarfes ausreichend zu kalkulieren.

Der Vollständigkeit halber ist in Abb. 7.119 auch der erforderliche Platzbedarf für Heizzentralen dargestellt. Es sei darauf verwiesen, dass es sich bei den angegebenen Werten um Startwerte zur orientierenden Ermittlung zu Projektbeginn handelt, die dann durch konkrete Planungsergebnisse zu ersetzen sind.

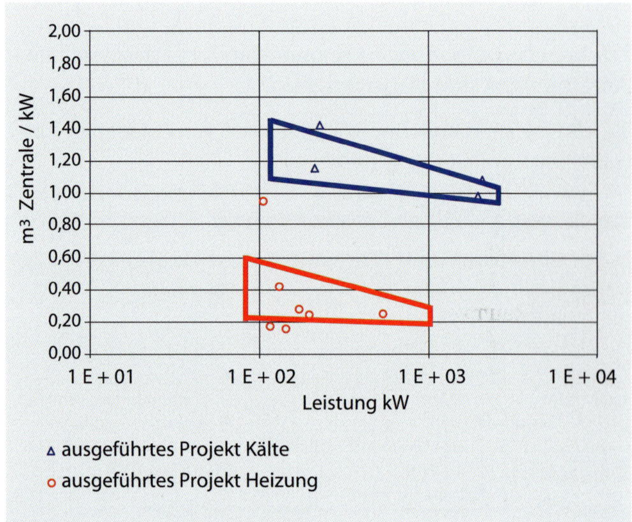

Abb. 7.119: Erforderliche Größe für Kälte- und Heizzentralen (Werte nach FWU Ingenieurbüro GmbH)

Lüftung der Zentralen

Technikzentralen bedürfen einer Lüftungsmöglichkeit, die insbesondere zur Abfuhr der anfallenden Abwärme benötigt wird. In Kältezentralen mit Kompressionskältemaschinen ist im Allgemeinen ein Abwärmeanteil von 10 bis 20 % der eingesetzten elektrischen Verdichter- und Pumpenarbeit abzuführen. Da die unterschiedlichen Bauarten auch recht unterschiedliche Wärmeanteile an die Raumluft abgeben, ist Abb. 7.120 als grobe Orientierung für den erforderlichen Lüftungsvolumenstrom in Kältezentralen zu verwenden.

Der Lüftungsvolumenstrom zur Wärmeabfuhr kann gesenkt werden, wenn im Hochsommer über Umluft gekühlt wird.

Weiterhin ist die Belüftung der Kältezentralen auch aus Gründen des Arbeitschutzes erforderlich. Die Deutsche Gesetzliche Unfallversicherung DGUV verweist in der DGUV-Regel 100-500 „Betreiben von Arbeitsmitteln" (2021) im Kapitel 2.35 „Betreiben von Kälteanlagen, Wärmepumpen und Kühleinrichtungen" in diesem Zusammenhang auf die Einhaltung des MAK-Wertes (maximale Arbeitsplatzkonzentration, aktuelle Bezeichnung: Arbeitsplatzgrenzwert [AGW]) für CO_2 von 5000 ppm.

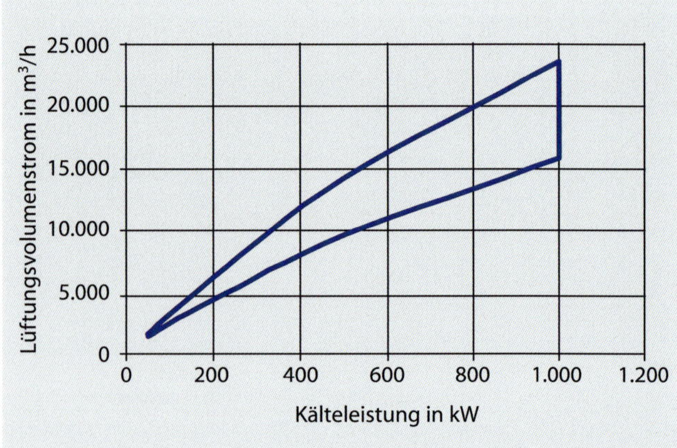

Abb. 7.120: Erforderlicher Lüftungsvolumenstrom in Kältezentralen

7.13 Schallschutz

Von Lüftungsanlagen, insbesondere von deren Ventilatoren und Anlagen zur Kälteerzeugung und deren Nebenanlagen, wie z. B. Rückkühler, gehen Schallemissionen aus. Diese sind auf das erlaubte Maß – innerhalb und außerhalb der Gebäude – zu begrenzen.

Der von den Anlagen ausgehende Schall (Anlagenschall) wird entsprechend deren technischen Daten als Schallleistungspegel L_w angegeben. Tritt der Schall an einer Mündung in einen Raum (z. B. Luftauslass) oder in die freie Umgebung (Dachventilator), so breitet er sich als hörbarer und messbarer Schalldruck aus. Dabei stehen Schallleistungspegel L_w und Schalldruckpegel L_p in folgendem Verhältnis:

$$L_p = L_w + 10 \cdot \lg \left(\underbrace{\frac{Q}{4 \cdot \pi \cdot r^2}}_{\text{Anteil Direktfeld}} + \underbrace{\frac{4}{A}}_{\text{Anteil Diffusfeld}} \right) \quad \text{(Formel 7.23)}$$

mit
- L_p Schalldruckpegel im Abstand r in dB
- L_w Schallleistungspegel der Schallquelle in dB
- Q Abstrahlungsfaktor für verschiedene Lagen der Schallquelle (vgl. Abb. 7.121)
- r Abstand zur Schallquelle in m
- A äquivalente Schallabsorptionsfläche mit

  $A = 0{,}163 \cdot \frac{V}{T}$ (vgl. Behrens, 2006, S. 16 ff.)
- V Raumvolumen in m³
- T Nachhallzeit in s

Ebenso wie der Anlagenschall verhält sich auch der Eigenschall nach Formel 7.23. Beide Schallarten sind gemeinsam zu kalkulieren. Das Prinzip soll anhand eines vereinfachten Beispiels erläutert werden. Bei der Vorgehensweise kann man sich an Behrens orientieren (vgl. Behrens, 2006, S. 16 ff.).

Beispiel: Berechnung Schallleistungspegel

Ein Büroraum von 30 m² mit einer Raumhöhe von 3,0 m und einer Nachhallzeit von 0,5 s wird mit einer Schlitzauslassschiene entsprechend Kapitel 7.5.3 (Abb. 7.50) mit einem Eigenschall-Schallleistungspegel von 29 dB(A) ausgerüstet. Für den Raum zugelassen ist ein Gesamtschallpegel von maximal 35 dB(A). Wie groß ist der maximal zulässige vom Lüftungssystem über den Lüftungsauslass in den Raum eintragbare Schallleistungspegel?

Lösung:

$$L_{p,E} = L_{w,E} + 10 \cdot \lg \left(\frac{2}{4 \cdot \pi \cdot 1{,}2^2} + \frac{4 \cdot 0{,}5}{0{,}163 \cdot 3 \cdot 30} \right)$$

29 dB(A) –6 dB(A) = 23 dB(A)

Der Eigenschalldruckpegel des Deckenauslasses in $r = 1{,}2$ m Abstand beträgt 23 dB(A). Dieser Wert muss vom maximal zulässigen Gesamtschalldruckpegel logarithmisch abgezogen werden. Es ergibt sich der maximal zulässige Schalldruckpegel für den Anlagenschall:

$$L_{p,A} = 10 \cdot \lg \left(10^{\frac{L_{p,max}}{10}} - 10^{\frac{L_{p,E}}{10}} \right) = 35 \text{ dB(A)}$$

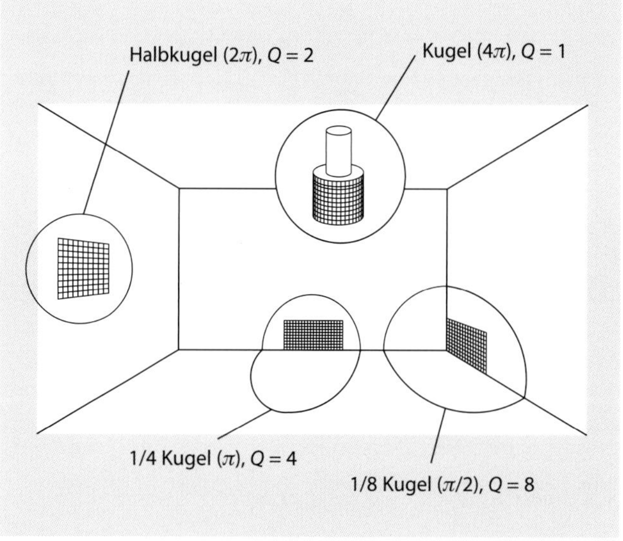

Abb. 7.121: Abstrahlungsfaktor für verschiedene Lagen der Schallquelle

Das heißt, der Eigenschallpegel ist hier so gering, dass er den zulässigen Anlagenschalldruckpegel nur in der Nachkommastelle vermindert.

Jetzt ist der entsprechende Schallleistungspegel der Komponente Anlagenschall aus der umgestellten Formel 7.23 zu ermittelten. Es ergibt sich:

$$L_{w,A} = L_{p,A} - 10 \cdot \lg \left(\frac{2}{4 \cdot \pi \cdot 1{,}2^2} + \frac{4 \cdot 0{,}5}{0{,}163 \cdot 3 \cdot 30} \right)$$

35 dB(A) + 6 dB(A) = 41 dB(A)

Das heißt, der maximal zulässige, vom Lüftungssystem über die Lüftungsschlitzauslassschiene in den Raum eintragbare Schalleistungspegel beträgt 41 dB(A). Sind die Dämpfung des Kanalsystems und das Schallleistungsspektrum des Ventilators bekannt, kann der erforderliche Schalldämpfer im Oktavband ausgelegt werden. Die schalltechnische Berechnung des gesamten Kanalsystems ist sehr aufwendig und sollte insbesondere bei umfangreichen Systemen mittels Berechnungsprogrammen erfolgen.

Geräuschminderung

Es sollen folgende Grundsätze zur Vermeidung von Strömungsgeräuschen gelten:

- Strömungsgeräusche erst gar nicht entstehen zu lassen bzw. diese schon durch geeignete Maßnahmen an der Geräuschquelle zu minimieren, z. B. durch Einsatz geräuscharmer Ventilatoren; möglichst Verzicht auf Axialventilatoren und Läufer mit rückwärts gekrümmten Laufschaufeln; Betrieb nahe des optimalen Betriebspunktes
- Schalldämpfungsmaßnahmen möglichst am Ort der Entstehung, also unmittelbar vor und nach Ventilatoren; Dämpfung von Ventilatorkammern und anderen Lüftungsbauteilen mit äußeren Dämmschichten auf der Kanaloberfläche

Abb. 7.122: Kulissenschalldämpfer (Quelle: Wildeboer Bauteile GmbH; SKB Schalldämpfer, Produktkatalog)

Abb. 7.123: Flexibler Rohrschalldämpfer (Quelle: Berliner Luft Technik GmbH; Produktkatalog, Register 6 Schalldämmsysteme)

Abb. 7.124: Schwingungsdämpfer; Avibratoren, Rundelemente, Kautschukplatte (Quelle: G+H Schallschutz GmbH; Produktinformationen Schallschutz)

- Anlagen inklusive nachgeschalteten Kanalsystems, Luftverteilung und Auslässen möglichst mit niedrigen Strömungsgeschwindigkeiten, d. h. mit niedrigem Differenzdruck betreiben
- Vermeidung von Querschnittsverengungen, beispielsweise durch in den Luftvolumenstrom hineinragende Klappenblätter (Brandschutzklappen) o. Ä.
- Vermeidung von scharfen Ecken und Kanten in den Kanälen; Einsatz von Bögen mit genormten Radien
- Einsatz und Betrieb von Drosselorganen entsprechend ihrem Verwendungszweck; Einsatz von dicht schließenden Absperrklappen

Schalldämpfer

Die in der Lüftungstechnik am häufigsten eingesetzten Schalldämpfer arbeiten überwiegend nach dem Absorptionsprinzip. Dabei ist hier wiederum für viele Fälle die effektivste und oft eingesetzte Bauform die des Kulissenschalldämpfers (vgl. Abb. 7.122). Bei Rohrschalldämpfern (vgl. Abb. 7.123) wird hingegen versucht - zumindest in kleineren Nennweiten - ohne Einbauten auszukommen. Charakteristische Größe des Schalldämpfers ist das Einfügungsdämpfungsmaß, das je Oktavfrequenz ermittelt und den Herstellerprospekten zu entnehmen ist. Im oberen Frequenzbereich > 500 Hz ist die Dämpfung meist ausreichend hoch. Für die Dämpfung der niederen Frequenzen (125 und 250 Hz) ist der Aufwand ungleich höher. Eine spezielle Anwendung für den höherfrequenten Bereich sind die sog. Telefonieschalldämpfer, die die Übertragung insbesondere im Frequenzbereich der Sprache verhindern sollen. Beispiele sind etagen- oder bereichsübergreifende WC-Lüftungen oder die lüftungstechnische Versorgung von nebeneinanderliegenden Konferenzräumen. Telefonieschalldämpfer funktionieren gleichfalls nach dem Absorptionsprinzip.

Körperschalldämpfung und Schwingungsisolierung

Neben den rein strömungsinduzierten Geräuschen gehen von den Elementen einer Lüftungszentrale auch Schwingungen aus, die durch die Bauteile und den angrenzenden Baukörper weitergegeben werden. Auch hier gilt: Schwingungen sind möglichst dicht an den Schwingungserregern zu dämpfen. Der Grundrahmen mit den Einheiten Ventilator-Motor oder Verdichter-Motor (Kältekompressoren) ist über Schwingungsdämpfer vom Baukörper zu entkoppeln (vgl. Abb. 7.124).

Zur Vermeidung der Übertragung von tieffrequentem Körperschall kommen Matten oder flexible Platten mit niedrigerer Eigenfrequenz zur Anwendung. Hierfür eignen sich möglichst weiche Materialien wie profilierte Gummimatten oder Mineralwollematten. Luftkanalanschlüsse sind über flexible Segeltuchstutzen von den Lüftungsanlagen zu entkoppeln.

7.14 Spezielle Brandschutzaspekte in der Lüftungstechnik

7.14.1 Anforderungen

Lüftungsanlagen haben in mehrfacher Hinsicht Bedeutung für den Brandschutz im Gebäude. Bei deren Planung und Gestaltung muss Folgendes beachtet werden:

- Durch die Komponenten der Lüftungsanlage sollte es nicht zu einer Erhöhung der Brandlasten kommen. Dies wird über die Forderung erreicht, dass Lüftungsanlagen aus nicht brennbaren Materialien bestehen sollen.
- Die Durchdringung von Lüftungskanälen durch Wände und Decken beeinträchtigt deren brandschutztechnische Eigenschaften. An die konstruktive Ausführung der Rohr- und Kanaldurchführungen werden deshalb besondere Anforderungen gestellt, indem beispielsweise Brandschotten zum Einsatz kommen.
- Wenn die Kanäle der Lüftungsanlagen Brandabschnitte durchdringen, müssen Brandschutzklappen eingebaut werden. Diese verhindern die Ausbreitung von Feuer und Rauch über die Brandabschnitte hinaus. Im Normalfall ist die Klappe geöffnet, im Brandfall schließt sie automatisch.

Außerdem gibt es spezielle Lüftungsanlagen, deren Aufgabe in der Rauchableitung im Brandfall besteht. Diese Anlagen werden als maschinelle Entrauchungsanlagen bezeichnet (vgl. Kapitel 7.14.2).

Spezielle Hinweise zur brandschutzgerechten Gestaltung von Lüftungsanlagen sind in folgenden Regelwerken zu finden:

- Musterbauordnung (MBO 2012)
- Muster-Lüftungsanlagen-Richtlinie (M-LüAR 2015)
- Bauordnungen der Länder

7.14.2 Maschinelle Entrauchungsanlagen

Anlagen zur Ableitung von Rauch haben die Aufgabe, im Brandfall Rauch abzuleiten. Sie tragen dazu bei, dass

- sich Menschen in Sicherheit bringen können,
- es Rettungskräften ermöglicht wird, Menschen und Sachwerte zu retten und den Brand bekämpfen zu können,
- Brandfolgeschäden und die Gefahr von Verpuffungen infolge unverbrannter Gase minimiert werden.

Es wird wie folgt unterschieden:

- natürliche Rauchabzugsanlagen (NRA, gebräuchlicher: RWA – Rauch-Wärme-Abzugsanlagen, vgl. Kapitel 7.2.2)
- maschinelle Rauchabzugsanlagen (MRA)
- Rauchschutzdruckanlagen (RDA)

Maschinelle Rauchabzugsanlagen werden in Industrie- und Sonderbauten eingesetzt und dienen der Aufrechterhaltung einer raucharmen Schicht im unterem Raumbereich bis 2,5 m Höhe mit Temperaturen < 50 °C während einer Dauer von mindestens 30 Minuten nach Brandauftritt. Das Prinzip einer Entrauchungsanlage mit zentralem Brandgasventilator auf dem Dach ist in Abb. 7.125 dargestellt.

Die Klappen öffnen automatisch bei Rauchdetektion durch die zugeordneten Rauchmelder oder durch Betätigung der Handsteuereinrichtung. Alle nicht zum entrauchenden Bereich gehörigen Klappen werden automatisch geschlossen.

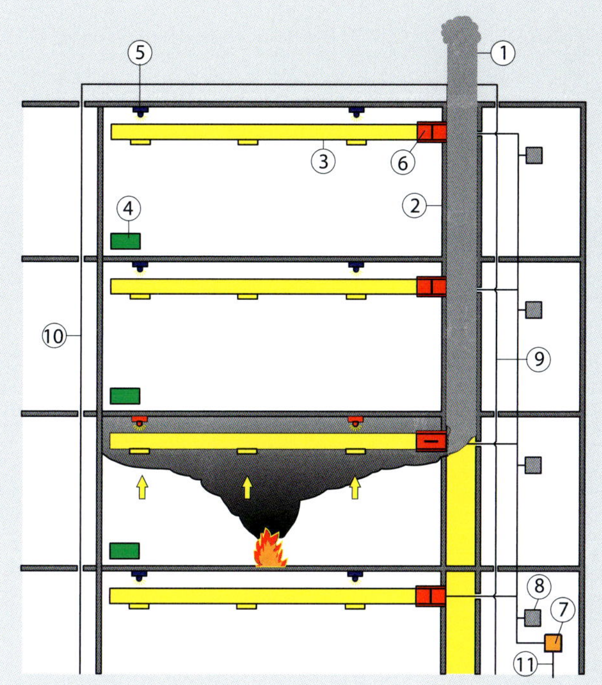

1 Brandgasventilator
2 Entrauchungskanal
3 Entrauchungsleitung
4 Nachströmung
5 Rauchmelder nach DIN EN 54-7, DIN VDE 0833-2 (Anordnung, Anzahl)
6 Entrauchungsklappe mit redundanter Stromversorgung
7 Controller
8 Handsteuereinrichtung
9 elektrische Stromversorgung
10 unabhängige Stromversorgung
11 Visualisierung/Bediendisplay, Anbindung an Gebäudeleittechnik (GLT)

Abb. 7.125: Prinzip maschinelle Rauchabzugsanlagen

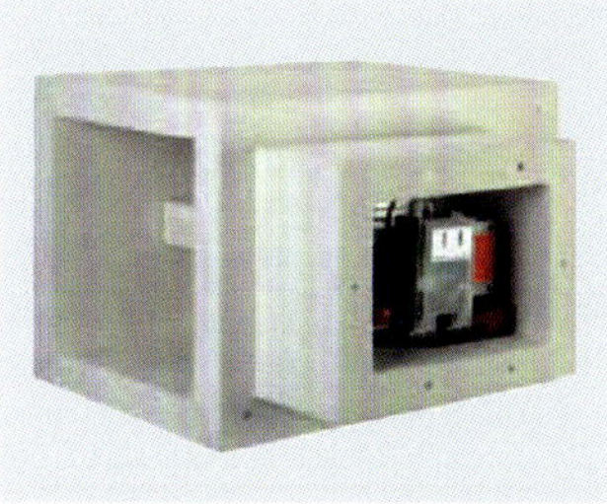

Abb. 7.126: Entrauchungsklappe EK-02 (Quelle: Gebrüder Trox GmbH, Krefeld; Produktinformation PI/4/24/D/1)

Bei Stromausfall wird die zum Öffnen und Schließen erforderliche Energie von der Batterieeinheit geliefert. Entrauchungsklappen benötigen eine bauaufsichtliche Zulassung. Abb. 7.126 zeigt eine Ausführung, die für den kombinierten Entrauchungs- und Entlüftungsbetrieb zugelassen ist. Gehäuse, Absperrklappenblatt und Motorkapselung sind aus Silikatmaterial (Feuerwiderstandsklasse EK90).

Rauchschutzdruckanlagen (RDA) dienen der Rauchfreihaltung von Flucht- und Rettungswegen, insbesondere von notwendigen Treppenräumen in Gebäuden mit Versammlungsstätten, Einkaufszentren und sonstigen Gebäuden, in denen sich viele Menschen aufhalten. Die Überdruckfahrweise stellt sicher, dass aus Brandräumen kein Rauch gelangen kann. Der Überdruckventilator muss den Brandraum-

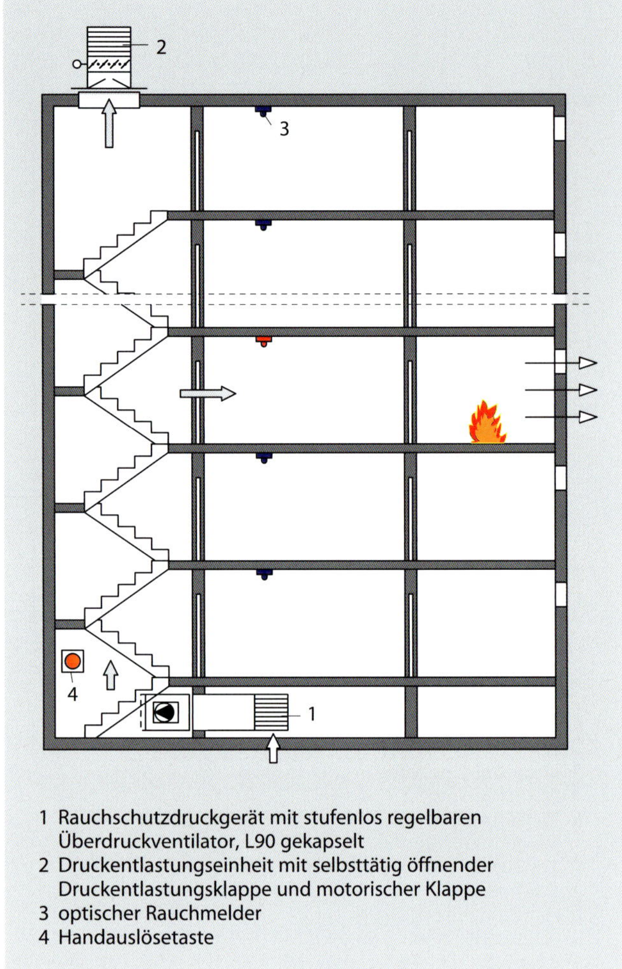

Abb. 7.127: Rauchschutzdruckanlage, Beispiel mit selbsttätig regelnder Abströmeinheit

Abb. 7.128: Rauchschutzdruckgerät und Abströmeinheit (Quelle: Alfred Eichelberger GmbH & Co. KG, Berlin; Produktkatalog Rauchschutzdruckanlagen)

überdruck an der Tür ausgleichen und bei deren Öffnung den Druck schnell nachregulieren. In der Regel werden die Anlagen im Bereich +20 bis +40 Pa Überdruck ausgelegt. Im Brandfall darf die Druckdifferenz an den angrenzenden Türen 50 Pa nicht überschreiten, um deren Öffenbarkeit zu gewährleisten. In Abb. 7.127 ist eine RDA mit selbsttätig regelnder Abströmeinheit dargestellt, Abb. 7.128 zeigt Beispielgeräte aus der Praxis.

Die Ansteuerung der Anlage erfolgt über Rauchmelder außerhalb des Treppenraumes oder über Handauslösung. Bei Auslösung wird die motorische Klappe der Druckentlastungseinheit geöffnet und ggf. offene Fenster im Treppenhausbereich werden automatisch geschlossen. Danach geht der Überdruckventilator in Betrieb. Nach Druckaufbau öffnet die selbsttätige Druckentlastungsklappe und das Treppenhaus wird von unten nach oben mit rauchfreier Luft durchströmt. Öffnet sich eine Tür und die Abströmung kann über die Nutzungseinheit erfolgen, schließt die Druckentlastungsklappe und der Luftvolumenstrom steht der horizontalen Durchströmung durch die offene Tür zur Verfügung.

7.14.3 Entlüftung und Entrauchung von Tiefgaragen

Entsprechend der Garagenverordnung der jeweiligen Landesbauverordnung müssen geschlossene Mittel- und Großgaragen mit Anlagen zur mechanischen Lüftung ausgerüstet werden. In der Regel wird ein Volumenstrom von 12 $m^3/(h \cdot m^2)$ gefordert.

Ausnahmen werden bei geringem Zu- und Abgangsverkehr wie etwa bei Wohnungsgaragen gemacht. Hier genügt bei Einhaltung einiger Bedingungen die freie Lüftung durch Öffnungen.

In der Richtlinie VDI 2053 ist eine Methode zur Bestimmung des Außenluftbedarfes zur Abfuhr der Kfz-bedingten Emissionen bzw. zur Einhaltung der Lufthygiene enthalten. Auch der Schutz der Anwohner wird berücksichtigt. Vor allem bodennahe Garagenportale und Nachströmöffnungen als Emissionsquellen sind nicht in Nähe von Fenstern, Balkonen und Spielplätzen oder ähnlichen Bereichen zu positionieren.

In Tiefgaragen kann es durch die hohen Brandlasten zur schnellen Ausbreitung von Bränden mit großen und giftigen Rauchmengen kommen. Bei der mechanischen Lüftung wird von der Anlagentechnik die sichere, mindestens einstündige Funktion als Entrauchungsanlage für eine Temperatur von 300 °C vorgeschrieben. Weiterhin sind die Festlegungen zur Ausführung mit Anlagen zur automatischen Brandbekämpfung (vgl. Kapitel 8.10.3), zur Beleuchtung und für Brandmeldeanlagen (vgl. Kapitel 12.8.1) zu berücksichtigen. Großgaragen müssen in der Regel mit CO-Überwachungsanlagen zur Messung, Steuerung und Warnung ausgerüstet werden.

In Analogie zum Tunnelbau können zur Lüftung und Rauchabfuhr deckeninstallierte Strahllüftersysteme – sog. Jet-Ventilatoren – eingesetzt werden. Sie erreichen ihre Wirkung durch den großen Impuls der ausströmenden Luft bei Geschwindigkeiten um 20 m/s. Auf diese Weise wird eine hohe Induktion erreicht und es kommt zur Ansaugung und Bewegung von Sekundärluft mit einem Vielfachen des Hauptluftstromes.

Die Jet-Ventilatoren verteilen und transportieren die Luft effizient im gesamten Parkdeck vom Punkt der Luftzufuhr zum Punkt des Luftabzugs. Die Funktion der sonst üblicherweise erforderlichen Luftkanäle wird von den Jet-Ventilatoren und den von ihnen erzeugten Luftströmungen übernommen. Das System ist damit platzsparend, zumal die Jet-Ventilatoren grundsätzlich zwischen Unterzügen montiert werden können, wenn gewisse Mindestabstände eingehalten werden (vgl. Abb. 7.129).

Im normalen Tagesbetrieb werden die Ventilatoren mit niedriger Drehzahl entsprechend der Anforderung der CO-Anlage betrieben. Hier lassen sich im Allgemeinen Schalldruckpegel von ≤ 50 dB(A) erreichen. Die Abb. 7.130 zeigt einen in der Praxis eingesetzten Jet-Ventilator.

Für die Wirksamkeit des Systems sind folgende Parameter wichtig:

- Anordnung und Ausrichtung der Jet-Ventilatoren
- Platzierung der Nachströmöffnungen und des Abluftschachtes

Die Planung erfolgt in der Regel anhand einer Strömungssimulation im physikalischen Modell, bei der das sich einstellende Strömungsbild mithilfe von eingeblasenem Rauch visualisiert wird (vgl. Abb 7.131). Im Modell können die einzelnen Parameter bis zum Erreichen der optimalen Lösung variiert werden.

7.15 Kosten raumlufttechnischer Anlagen

Bei den nachfolgend aufgeführten Kosten für raumlufttechnische Anlagen handelt es sich um festgestellte Baukosten oder um detaillierte, mengenbezogene Kostenermittlungen im Rahmen der Planung, die statistisch ausgewertet (FWU Ingenieurbüro GmbH) und mit einem Teuerungszuschlag von 2 %/Jahr aktualisiert wurden. Sie entsprechen der Kostengruppe 430 der DIN 276 und beinhalten die aufgeführten Gebäudearten und Anlagenarten. In den Tabellen 7.10 und 7.11 sind jeweils die Werte Minimum, Durchschnitt und Maximum untereinander angegeben. Die Klammerwerte geben die Zahl der jeweils ausgewerteten Gebäude und Anlagen sowie die Zahl der Gebäude mit Klimaanlagen an.

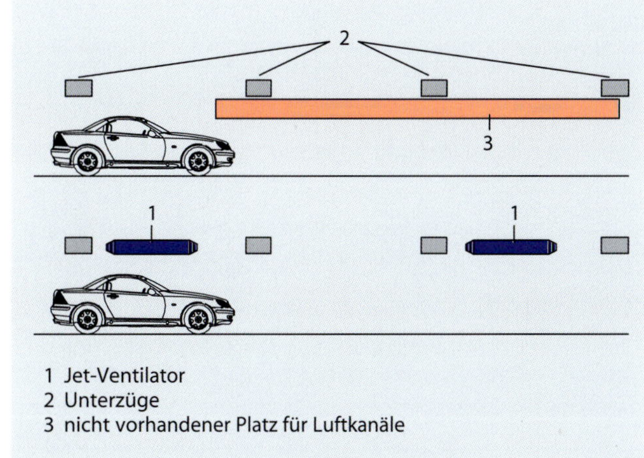

Abb. 7.129: Anordnungsbeispiel Jet-Ventilatoren

Abb. 7.130: Jet-Ventilator (Quelle: Nicotra Gebhardt GmbH, Waldenburg)

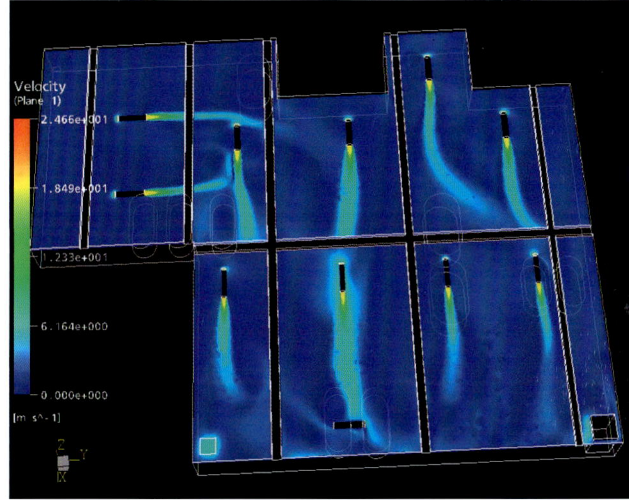

Abb. 7.131: Strömungsvisualisierung am Modell einer Tiefgarage (Quelle: Nicotra Gebhardt GmbH, Waldenburg, Werksbild)

Tabelle 7.10: Spezifische Kosten von RLT-Anlagen in verschiedenen Gebäudearten

Gebäudeart	BGF1)	spezifische Kosten		
	(m²)	(€/m²)	(€/[m³/h])2)	(€/kW)3)
Büro-/Geschäftshäuser (23, 11)	2.200 18.300 42.900	7 62 162	4 9 38	1.200 2.500 7.800
Wohn-/Geschäftshäuser (18, 7)	2.500 10.000 28.300	3 39 120	1 8 12	1.200 2.200 3.800
Hotels (3, 3)	2.300 11.800 28.500	56 81 94	7 10 17	1.800 4.300 7.000
Heime (15, 0)	1.100 5.600 8.700	4 29 51	5 9 16	– – –
Schulen/Hochschulen (8, 6)	600 12.900 37.800	4 90 272	4 13 30	1.700 4.900 11.440
medizinische Einrichtungen (4, 4)	260 12.400 33.600	8 303 495	12 34 57	2.100 2.700 3.400
Wohnhäuser (25, 1)	1.100 5.100 23.000	1 8 22	4 7 13	– 640 –

1) Brutto-Grundfläche
2) € pro Luftvolumenstrom der Anlagen
3) € pro Kälteleistung der Klimaanlagen

Tabelle 7.11: Spezifische Kosten von verschiedenen RLT-Anlagen

Gebäude mit	spezifische Kosten	
	(€/[m³/h])1)	(€/kW)2)
Luft-Luft-Anlagen mit 1–2 Luftbehandlungsfunktionen (46, 9)	1 9 30	1.200 2.700 4.200
Luft-Luft-Anlagen mit 3–4 Luftbehandlungsfunktionen (38, 30)	4 13 57	1.200 3.300 11.400
Luft-Wasser-Anlagen mit 1–2 Luftbehandlungsfunktionen (3, 3)	5 9 12	1.600 3.000 4.900
Luft-Wasser-Anlagen mit 3–4 Luftbehandlungsfunktionen (8, 8)	7 21 44	1.800 4.600 14.000
Wasser-Wasser-Anlagen: ● Kühldecken (1) ● Betonkernaktivierung (1)		 4.300 2.300

1) € pro Luftvolumenstrom der Anlagen
2) € pro Kälteleistung der Klimaanlagen

Wie zu sehen ist, differieren die Werte innerhalb der Gebäude- und Anlagengruppen relativ stark. Zum einen sind dafür die projektspezifischen, sehr unterschiedlichen Anforderungen an den Komfort für die einzelnen Bereiche und Nutzflächen verantwortlich. Zum anderen haben auch die Gebäude- und Anlagengrößen die bekannten Auswirkungen auf die spezifischen Kosten.

Für einen ersten orientierenden Kostenüberschlag können bei Luft-Luft-Anlagen etwa 10 bis 30 €/(m³/h) und bei Luft-Wasser-Anlagen etwa 3.000 bis 6.500 €/kW für mittlere Anforderungen angenommen werden. Für einfache Abluftanlagen im Wohnbereich mit freier Zuluftströmung (Badlüftung) können hier 5 bis 9 €/(m³/h) angesetzt werden.

Alle genannten Kostenansätze sind mit relativ hoher Unsicherheit behaftet und mit entsprechender Vorsicht zu verwenden. Sie sind in einer möglichst frühen Projektphase durch belastbarere Werte auf der Basis von detaillierten Kostenermittlungen zu ersetzen.

7.16 Normen- und Literaturverzeichnis

Normen

DIN EN 54-7:2018-10 Brandmeldeanlagen – Teil 7: Rauchmelder – Punktförmige Melder nach dem Streulicht-, Durchlicht- oder Ionisationsprinzip

DIN 276:2018-12 Kosten im Bauwesen

DIN VDE 0833-2:2017-10 Gefahrenmeldeanlagen für Brand, Einbruch und Überfall – Teil 2: Festlegungen für Brandmeldeanlagen

DIN 4102-4:2016-05 Brandverhalten von Baustoffen und Bauteilen; Zusammenstellung und Anwendung klassifizierter Baustoffe, Bauteile und Sonderbauteile

DIN 4710:2003-01 Statistiken meteorologischer Daten zur Berechnung des Energiebedarfs von heiz- und raumlufttechnischen Anlagen in Deutschland

DIN EN ISO 7730:2006-05 Ergonomie der thermischen Umgebung – Analytische Bestimmung und Interpretation der thermischen Behaglichkeit durch Berechnung des PMV- und des PPD-Indexes und Kriterien der lokalen thermischen Behaglichkeit (ISO 7730:2005)

DIN EN 12237:2003-07 Lüftung von Gebäuden – Luftleitungen – Festigkeit und Dichtheit von Luftleitungen mit rundem Querschnitt aus Blech

DIN EN 12831-1:2017-09 Energetische Bewertung von Gebäuden – Verfahren zur Berechnung der Norm-Heizlast – Teil 1: Raumheizlast

DIN EN 16798-1:2015-07 Gesamtenergieeffizienz von Gebäuden – Teil 1: Eingangsparameter für das Innenraumklima zur Auslegung und Bewertung der Energieeffizienz von Gebäuden bezüglich Raumluftqualität, Temperatur, Licht und Akustik; – Module M1–6

Literatur

Behrens, J.: Schalldämpferauswahl für Lüftungsanlagen. In: IKZ FACHPLANER 7/2006, S. 16 bis 21

Deecke, H.: Betonflächen schnell aktiviert. In: HLH Bd. 57 (2006), Nr. 8, S. 20 bis 22

DGUV-Regel 100-500. Betreiben von Arbeitsmitteln. Stand: Mai 2021. Berlin: Deutsche Gesetzliche Unfallversicherung (DGUV), 2021

Ehrenfried, H.: Entwurf DIN 1946-6: Feuchte und Schimmelpilz ein Ende setzen. In: IKZ FACHPLANER 11/2006, S. 20 bis 24

Ihle, C.: Klimatechnik mit Kältetechnik. 4. Aufl. Neuwied: Werner Verlag, 2006 (Schriftenreihe „Der Heizungsingenieur" Bd. 4)

Jeschke, T.: Luftqualität: Kann bei Flächenheiz- und Kühlsystemen auf Raumlufttechnik verzichtet werden? In: HLH Bd. 57 (2006), Nr. 5, S. 31 bis 36

Käbe, M.: Verdunstungskühlung: Kühlen ohne Strom, Grundlagen – Funktionsweise – Planungshinweise. In: IKZ FACHPLANER 8/9/2006, S. 26 bis 29

Kohle, M.: Türluftschleier-Geräte im Test: Der Zug bleibt draußen. In: HLH Bd. 55 (2004), Nr. 7, S. 24 bis 29

Luft-Wärmetauscher L-EWT, Testanlagen im Verbundprojekt. Hrsg.: DLR – Deutsches Zentrum für Luft- und Raumfahrt e. V., Institut für Technische Thermodynamik/Solarforschung, August 2005

NORD/LB – Das Konzept der Transparenz und Natürlichkeit. Teil 1 – Gebäudetechnik. In: HOT & COOL Magazin für Architektur – Technik – Sport 4/2001, S. 12 bis 13

Reichel, D.: Kritische Anmerkungen zur Zuluftversorgung von Etagenwohnungen. In: TAB – Technik am Bau 12/1998, S. 53 bis 58

Reichel, M.: Energieeffiziente Luftkühlung und Luftvorwärmung durch Schotterspeicher. In: Krimmling, J.; Landgraf, B: Tagungsband 5. Energietechnisches Symposium. Energiespeicher für Nichtwohngebäude. Stuttgart: Steinbeis-Edition, 2012, S. 39 bis 51

Roth, H.-W.: Neue Wege der Raumklimatechnik in Bürogebäuden. In: Intelligente Architektur 2003-01/02

Schramek, E.-R.: Taschenbuch für Heizung und Klimatechnik. 72. Aufl. München: Oldenbourg Industrieverlag, 2005

VDI 2053 Blatt 1:2014-12 Raumlufttechnik – Garagen-Entlüftung. Düsseldorf: Verein Deutscher Ingenieure, 2014

VDI 2067 Blatt 1:2012-09 Wirtschaftlichkeit gebäudetechnischer Anlagen – Grundlagen und Kostenberechnung. Düsseldorf: Verein Deutscher Ingenieure, 2012

VDI 2078:2015-06 Berechnung der thermischen Lasten und Raumtemperaturen. Düsseldorf: Verein Deutscher Ingenieure, 2015

8 Wasser- und Sanitärtechnik

8.1 Wassergewinnung und Wasserarten

Grundlage der Wassergewinnung ist der immerwährende Kreislauf des Wassers in der Natur (vgl. Abb. 8.1). Dabei verdunstet Wasser über großen Wasseroberflächen wie Meeren und Seen sowie auf den Blattoberflächen von Pflanzen. Der durch Luftmassen aufgenommene Wasserdampf wird über weite Strecken transportiert. Bei der Abkühlung der Luftmassen kommt es zur Kondensation des Wasserdampfes und das Wasser gelangt in Form von Regen, Schnee oder Hagel wieder zur Erdoberfläche. Dort verdunstet das Wasser, versickert in das Grundwasser oder wird in bodennahen Schichten von Pflanzen aufgenommen.

Das für die Wasserversorgung verwendete Wasser wird aus folgenden Quellen entnommen (vgl. auch Abb. 8.2):

- Grundwasser, bei dem das Wasser mithilfe von Brunnen gewonnen wird
- Oberflächenwasser, bei dem das Wasser aus Seen, Talsperren oder Flüssen abgezogen wird

Tabelle 8.1 gibt einen Überblick über die Anteile der verschiedenen Wassergewinnungsarten an der gesamten Wassergewinnung in Deutschland.

Tabelle 8.1: Anteile der Wassergewinnung in Deutschland (Datenquelle: Wasserförderung nach Wasserarten, 2018)

Art der Wassergewinnung	Menge (Mio. m^3/a)	Anteil (%)
Quellwasser	379	7,9
Grundwasser	2.943	61,3
Flusswasser	58	1,2
See- und Talsperrenwasser	590	12,3
Uferfiltrate	384	8,0
angereichertes Grundwasser	446	9,3
Summe	**4.801**	**100,0**

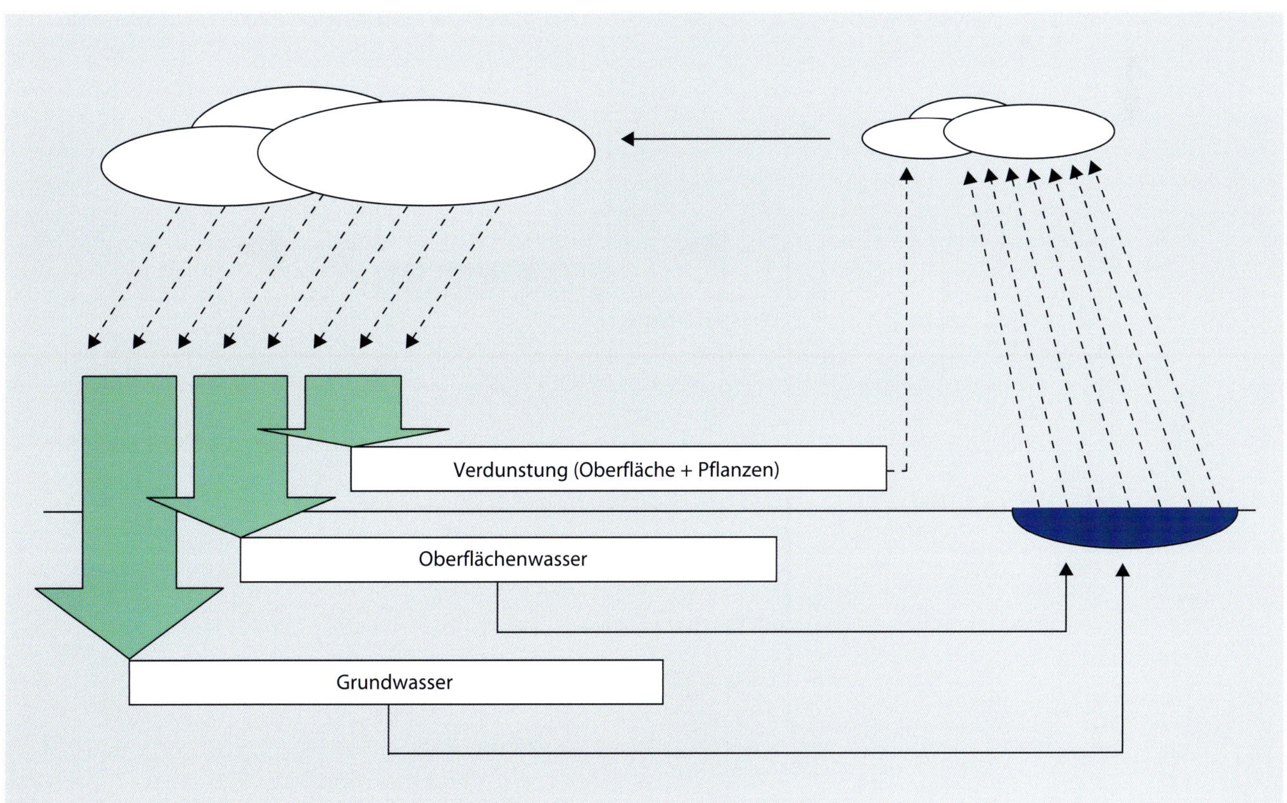

Abb. 8.1: Der Wasserkreislauf der Erde

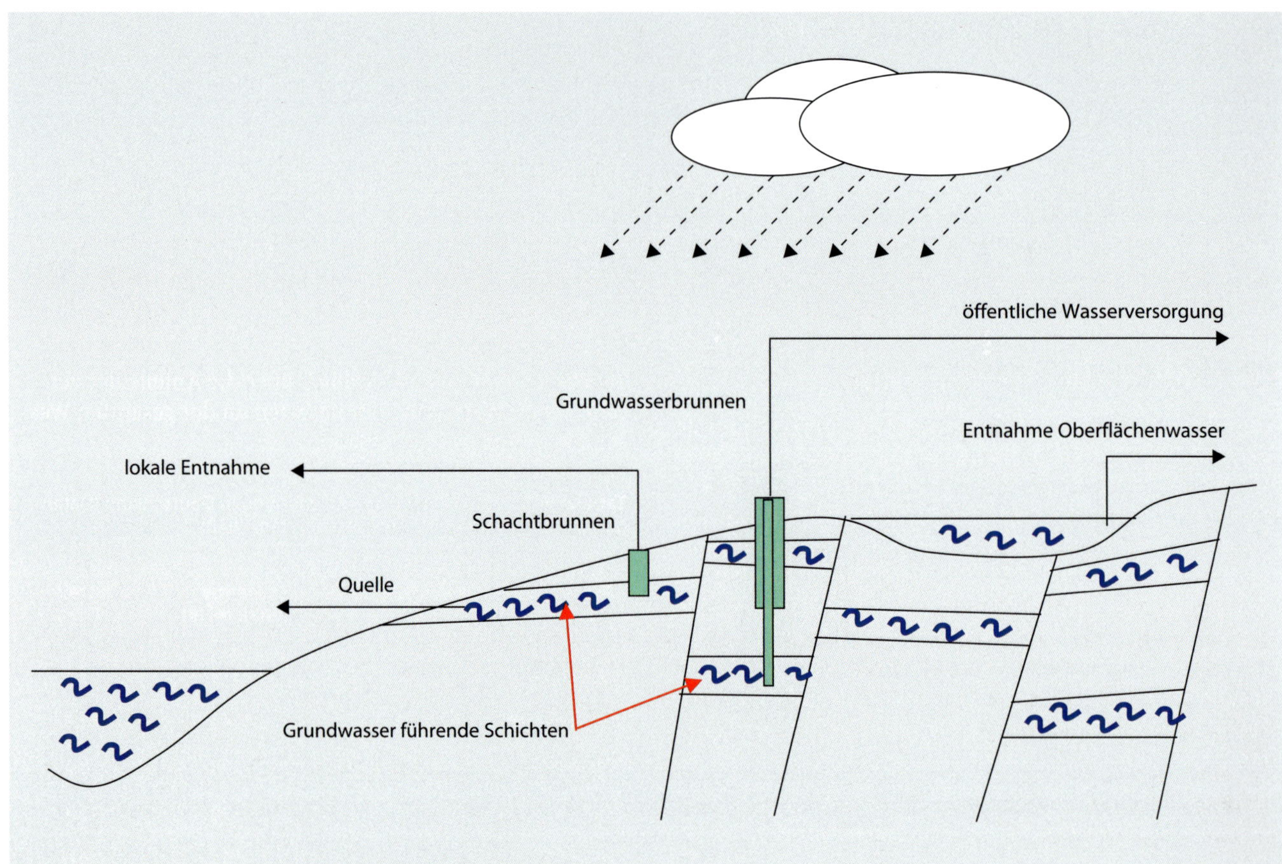

Abb. 8.2: Quellen der Wassergewinnung in Deutschland

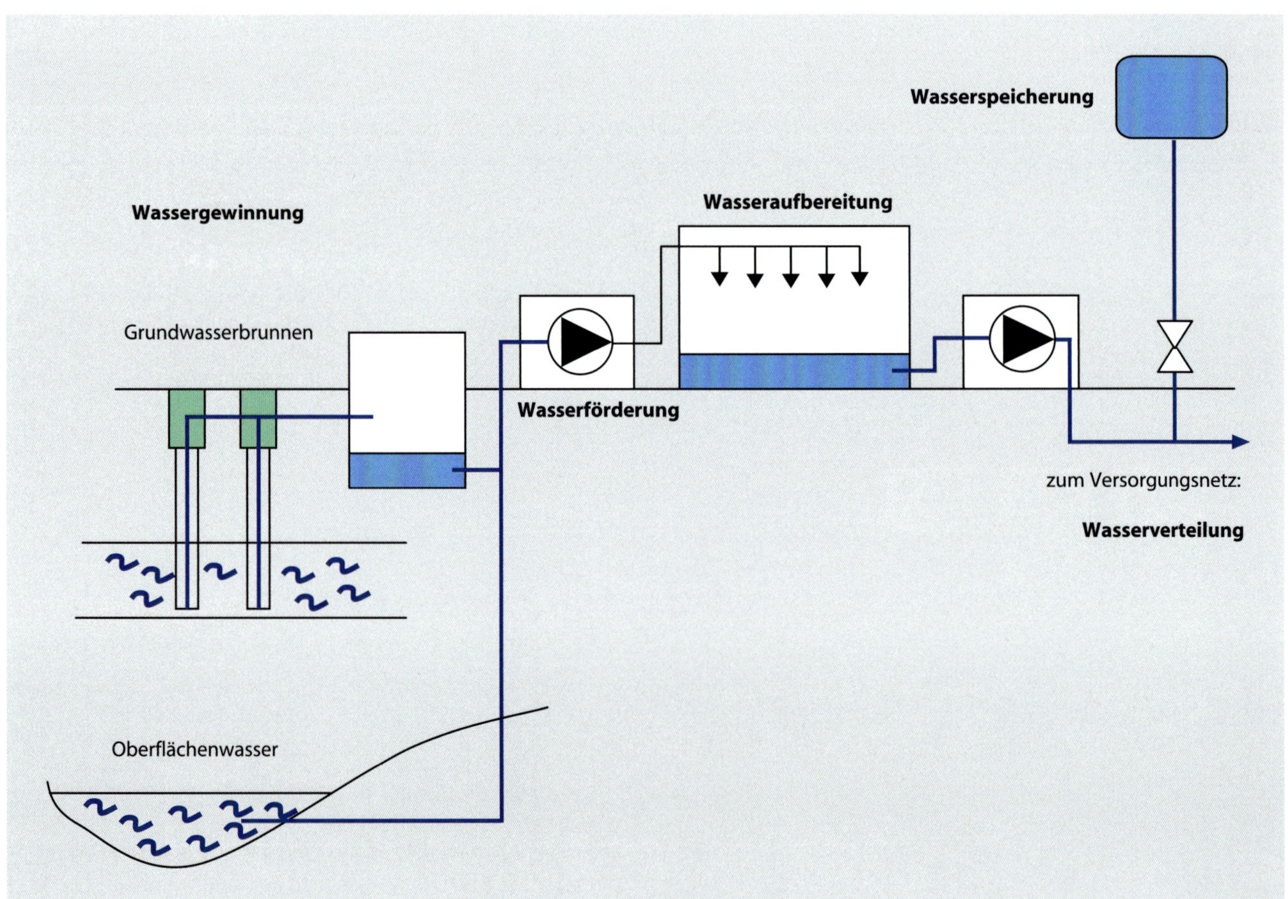

Abb. 8.3: Prozessstufen der Wassergewinnung, -förderung und -aufbereitung

Das System der öffentlichen Wasserversorgung umfasst folgende Stufen (vgl. auch Abb. 8.3):

- Wassergewinnung
- Wasserförderung
- Wasseraufbereitung
- Wasserspeicherung
- Wasserverteilung
- Übergabe an die Wasserverbraucher

Tabelle 8.2 stellt die Definitionen verschiedener Wasserarten zusammen.

Tabelle 8.2: Definition der Wasserarten

Wasserart	Definition
Trinkwasser	Wasser, das als Lebensmittel für den menschlichen Verzehr bestimmt ist, sowie Wasser, das für andere besondere hygienische Sorgfalt erfordernde Zwecke bestimmt ist
Betriebswasser	Wasser, das für industrielle, gewerbliche oder landwirtschaftliche Zwecke genutzt wird und keine Trinkwasserqualität hat
Regenwasser (Niederschlagswasser)	Wasser aus natürlichem Niederschlag, das nicht durch Gebrauch verunreinigt wurde
Abwasser	Sammelbegriff für Wasser, das durch Gebrauch verändert ist, und jedes Wasser, das in die häusliche Entwässerungsanlage (vgl. Kapitel 9) fließt
Grauwasser	fäkalienfreies Abwasser
Schwarzwasser	fäkalienhaltiges Abwasser
häusliches Abwasser	Abwasser aus Küchen, Waschküchen, Badezimmern, Toiletten u. Ä.
industrielles Abwasser	Abwasser, das nach industriellem oder gewerblichen Verbrauch verunreinigt ist, einschließlich Kühlwasser
Schmutzwasser	alternativer Begriff für häusliches Abwasser
Grundwasser	unterirdisches Wasser, das die Hohlräume der Erde zusammenhängend ausfüllt und dessen Bewegung ausschließlich oder nahezu ausschließlich von der Schwerkraft und den durch die Bewegung selbst ausgelösten Reibungskräften bestimmt wird
Oberflächenwasser	Wasser aus Flüssen, Seen, Talsperren: Dieses Wasser enthält mechanische, mitunter auch chemische oder bakterielle Verunreinigungen und muss vor Gebrauch aufbereitet werden.

8.2 Wasserbedarf

Der Wasserbedarf kann mithilfe von 2 Größen charakterisiert werden:

- Jährlicher Wasserverbrauch(-bedarf) pro Kopf, pro Bett, pro Essen usw., je nach Nutzungsart des Gebäudes in l/a: Diese Werte sind äquivalent zur Größe Jahresenergiebedarf und werden für Wirtschaftlichkeitsvergleiche benötigt, bei denen die Jahreswasserkosten eine Rolle spielen. Beispielsweise kann die Tabelle 8.3 für eine Analyse der Wirtschaftlichkeit einer Regenwassernutzungsanlage verwendet werden.
- Bestimmter Nennvolumenstrom der Armatur oder des Prozesses in l/s oder l/h: Dieser Wert ist äquivalent zur Größe Heizlast (vgl. Kapitel 6.4.2) bzw. Kühllast (vgl. Kapitel 7.10.1).

Tabelle 8.3: Durchschnittlicher Wasserverbrauch von Haushalten und Kleingewerbe in Deutschland (Datenquelle: Wasserförderung nach Wasserarten, 2018)

Prozess	Verbrauch in l/(Personen · Tag)	Anteil am Gesamtverbrauch in %
Trinken und Kochen	5	4
Körperpflege	8	6
Baden und Duschen	37	30
Geschirrspülen	7	6
Wohnungsreinigung	3	2
Wäschewaschen	15	12
Toilettenspülung	34	27
Kleingewerbeanteil	11	9
Gartenbewässerung	5	4
Summe	**125**	**100**

Tabelle 8.4 zeigt den durchschnittlichen täglichen Wasserverbrauch für verschiedene Gebäudetypen auf.

Tabelle 8.4: Durchschnittlicher täglicher Wasserverbrauch für verschiedene Gebäudetypen (Werte nach Schulz, 1998)

Gebäudetyp	Einheit	Gesamtwasserbedarf in l/(Tag · Einheit)	Kaltwasserbedarf in l/(Tag · Einheit)	Warmwasserbedarf in l/(Tag · Einheit)
Hotels	Bett	60 bis 350	20 bis 200	40 bis 150
Krankenhäuser	Bett	250 bis 620	200 bis 470	50 bis 150
Altenheime	Person	100 bis 150	70 bis 90	30 bis 60
Schulen	Person	5 bis 10	5 bis 10	–
Bürogebäude	Person	25 bis 35	15 bis 20	10 bis 15

8.3 Eigenschaften des Trinkwassers

8.3.1 Lebensmittelspezifische Eigenschaften und Hygiene

In DIN 2000 werden u. a. folgende Anforderungen an das Trinkwasser gestellt:

- frei von Krankheitserregern, Keimen u. a. gesundheitsschädigenden Eigenschaften
- appetitlich und zum Genuss anregend
- farblos, klar, geruchlos, geschmacklich einwandfrei
- Temperatur zwischen 5 und 15 °C
- soll in ausreichender Menge und mit genügend Druck zur Verfügung stehen

Ausgehend von dem Umstand, dass es sich beim Trinkwasser um ein Lebensmittel handelt, ergeben sich sehr hohe Anforderungen an die Einhaltung von hygienischen Mindeststandards bei Trinkwasserinstallationen in Gebäuden. Die Forderungen umfassen sowohl die Gestaltung und Planung der Systeme als auch deren Betrieb und Instandhaltung.

Bei der Gestaltung und Planung ist vor allem darauf zu achten, dass nirgendwo im System stagnierendes Wasser auftritt. Das wird erreicht, indem das Netz so aufgebaut wird, dass möglichst alle Netzabschnitte regelmäßig durchströmt werden. Lange Stichleitungen zu selten genutzten Abnehmern sind möglichst zu vermeiden. Es werden heute zunehmend Ringleitungssysteme konzipiert; in Netzabschnitten mit geringem Durchsatz sind Spülstationen vorzusehen, die einen Mindestdurchsatz gewährleisten. Neue Dimensionierungsverfahren zielen stringent auf möglichst geringe Durchmesser für Trinkwasserleitungen ab. Vorsorgliche Überdimensionierungen dürfen nicht praktiziert werden.

Trinkwassersysteme sind während des Betriebs regelmäßig zu inspizieren. Die Trinkwasserverordnung (TrinkwV) schreibt beispielsweise vor, dass in Gebäuden mit Großanlagen der Warmwasserbereitung (Speichervolumen > 400 l oder Leitungsvolumen zwischen Warmwasserbereiter und Abnehmer > 3 l) und in Gebäuden, in denen Trinkwasser gewerblich abgegeben wird (Kindergärten, Mietwohnungen), alle 3 Jahre eine Untersuchung des Systems auf möglichen Legionellenbefall erfolgen muss. Nicht genutzte Trinkwasseranlagen sind außer Betrieb zu nehmen und zu entleeren. Bei Warmwasseranlagen ist auf die Einhaltung der Mindesttemperatur zu achten (vgl. Kapitel 8.6.3).

8.3.2 Physikalische Eigenschaften

Wasser ist eine der stabilsten chemischen Verbindungen auf der Erde. Es kommt als einziger Stoff in allen 3 Zustandsformen vor: dampfförmig, flüssig und fest. Die einzelnen Aggregatzustände treten bei folgenden Temperaturen jeweils bei einem Umgebungsdruck von 1 bar auf:

- Wasser gefriert bei 0 °C und dehnt sich dabei um ca. 1/10 seines Volumens aus.
- Wasser siedet bei 100 °C und beginnt zu verdampfen.
- Wasser hat bei 4 °C seine größte Dichte:
  $\rho_{4°C} = 999{,}97\ \text{kg/m}^3$.
  Diese Erscheinung wird als Anomalie des Wassers bezeichnet.

Bei den in Trinkwasserinstallationen vorkommenden Drücken kann Wasser mit hinreichender Genauigkeit als inkompressibel angesehen werden, d. h., sein Volumen ändert sich in diesem Bereich nicht infolge der Druckeinwirkung. Die Volumenänderung des Wassers in Abhängigkeit der Temperatur ist jedoch auch bei Trinkwasserinstallationen zu beachten. Die Dichte wird bei der Auslegung von Kaltwassersystemen mit 1.000 kg/m³ angesetzt. Bei Warmwassersystemen kann Tabelle 6.15 verwendet werden.

8.3.3 Chemische Eigenschaften

Wasser kommt in chemisch reiner Form praktisch nicht vor. Auf dem Weg von der Gewinnung über die Trinkwasseraufbereitung bis hin zum Verbraucher kommt es mit vielen Stoffen und Materialien in Berührung. Im Endeffekt entsteht eine kompliziert zusammengesetzte chemische Substanz, die landläufig als Wasser bezeichnet wird. Deren korrosive Eigenschaften sowie deren Neigung zur Steinbildung beeinflussen wesentlich die Gestaltung von Trinkwassersystemen für den Fall, dass metallische Werkstoffe eingesetzt werden.

Die Wasserhärte ist eine Eigenschaft, die im Zusammenhang mit den im Wasser gelösten Erdalkaliverbindungen steht (im Wesentlichen Kalzium- und Magnesiumionen). Wasser mit großer Wasserhärte tendiert bei Erwärmung zur Steinbildung, außerdem werden bei Waschprozessen deutlich mehr Reinigungsmittel benötigt als bei weichem Wasser. Weiches Wasser besitzt dagegen eine erhöhte Neigung zu Korrosion bei Kontakt mit metallischen Werkstoffen.

Die Härteeigenschaften des Wassers werden heute mit der Größe „Summe Erdalkalien" in mol/m³ angegeben. Ursprünglich wurde der Härtegrad definiert, der aber in der Praxis nach wie vor verwendet wird. Nach dem Härtegrad (°dH: Grad deutscher Härte mit 1 °dH = 0,1786 mol/m³ Summe Erdalkalien) kann das Wasser in 4 Klassen unterteilt werden:

- weich — unter 1,3 mol/m³: < 7°dH
- mittelhart — 1,3 bis 2,5 mol/m³: 7 bis 14 °dH
- hart — 2,5 bis 3,8 mol/m³: 14 bis 21 °dH
- sehr hart — über 3,8 mol/m³: > 21 °dH

Bei sehr hartem Wasser muss mit einem Mehrverbrauch an Waschmitteln sowie Kalkablagerungen im System gerechnet werden. Dagegen ist sehr weiches Wasser aggressiv und verhindert die Schutzschichtbildung, wodurch es zu intensiverer Korrosionsneigung kommt.

Die Auswirkungen der Wasserhärte, insbesondere die Neigung zur Steinbildung, hängt vom Verlauf der Wassertemperatur ab. Mit steigender Wassertemperatur wird im Wasser gelöste Kohlensäure ausgetrieben. Damit verschiebt sich das sog. Kalk-Kohlensäure-Gleichgewicht. Bei Wasser mit hoher Härte, d. h. hohem Gehalt an Kalk, ist die Kohlensäure gebunden. Dieses Wasser ist weniger aggressiv. Dagegen enthält weiches Wasser keinen Kalk, der die Kohlensäure binden kann, und ist aufgrund der freien Kohlensäure aggressiv. Es bedarf somit weiterer Parameter, die insbesondere den Kohlensäuregehalt des Wassers beschreiben. Dazu werden die Säure- und die Basekapazität sowie der pH-Wert verwendet.

8.3.4 Korrosivität

Korrosivität ist eine Eigenschaft des Wassers, die sich ausschließlich bei Kontakt des Wassers mit einem bestimmten Werkstoff äußert. Durch die Korrosivität wird die Förderung von Korrosionsprozessen beschrieben. Die Korrosivität kann also immer nur hinsichtlich eines bestimmten Werkstoffes und außerdem nur in Abhängigkeit von bestimmten Betriebsbedingungen beschrieben werden.

Während bei geschlossenen Heizungsanlagen, wie sie heute üblich sind, die Korrosion nach der Bildung einer Schutzschicht aus den Korrosionsprodukten innerhalb kurzer Zeit vollkommen zum Erliegen kommt und somit die Korrosivität des Wassers ohne Belang ist, spielt bei Trinkwasseranlagen die Korrosivität aufgrund des ständigen Sauerstoffeintrags bei Verwendung metallischer Werkstoffe eine wichtige Rolle. Unproblemtisch sind in dieser Hinsicht Kunststoffrohre.

Die Korrosivität des Wassers in Trinkwassersystemen wird beeinflusst durch:

- die Sauerstoffkonzentration, wobei bei luftgesättigten Wässern die O_2-Konzentrationen in der Größenordnung von 10 mg/l liegen,
- die Konzentrationen und Konzentrationsverhältnisse bestimmter Anionen: Chlorid-, Sulfat-, Nitrat- und Hydrogenkarbonationen,
- den pH-Wert bzw. durch die Konzentration von Kohlensäure.

Unter Korrosion wird eine chemische Reaktion verstanden, bei der ein Metall mit seiner Umgebung reagiert. Durch diese Reaktion kommt es zur Veränderung der Eigenschaften des Metalls. Das wiederum kann zu einer Beeinträchtigung der Funktion des Metalls oder des Systems, zu dem das Metall gehört, führen.

Die Korrosionsreaktion kann am anschaulichsten am Beispiel der Korrosion von Eisen dargestellt werden. Es läuft folgende summarische Reaktion ab:

$$Fe + H_2O + 1/2\ O_2 \rightarrow Fe(OH)_2$$

Dabei sind 2 Teilreaktionen maßgeblich:

$Fe \rightarrow Fe^{2+} + 2\ e^-$ anodische Teilreaktion (Oxidation)

$1/2\ O_2 + H_2O + 2\ e^- \rightarrow 2\ OH^-$ kathodische Teilreaktion (Reduktion)

Laufen beide Teilreaktionen an einem Ort ab, so wird dies Flächenkorrosion genannt. Wenn beide Teilreaktionen örtlich getrennt stattfinden, so handelt es sich um ungleichmäßige Korrosion. Die örtliche Trennung ist möglich, wenn

- Oberflächenbereiche mit unterschiedlichem Elektrodenpotenzial vorliegen,
- die Oberflächenbereiche über einen metallischen Leiter und außerdem
- über einen Elektrolyten (Ionenleiter) elektrisch leitend miteinander verbunden sind.

Die örtlich getrennt verlaufenden Korrosionsreaktionen können durch die Modellvorstellung eines galvanischen Elements erklärt werden (vgl. Abb. 8.4). Die Grundvoraussetzung für die Bildung eines galvanischen Elements ist das Vorhandensein von unterschiedlichen Elektrodenpotenzialen.

Das Elektrodenpotenzial ist der Ausdruck dafür, in welcher Menge Ionen in den Elektrolyt übergehen. Die Ionen gehen in Lösung, d. h., das Material löst sich langsam auf. Es bleiben überzählige Elektronen zurück, die durch ihren Überschuss ein negatives Potenzial bilden. In der elektrochemischen Spannungsreihe der Metalle sind diese nach ihrem Elektrodenpotenzial geordnet (vgl. Tabelle 8.5). Je geringer das Elektrodenpotenzial des Werkstoffes ist, umso größer ist seine Neigung, sich aufzulösen. Beispielsweise hat Zink ein geringeres Potenzial als Kupfer, d. h., bei Kombination beider Metalle in einem galvanischen Element würde sich

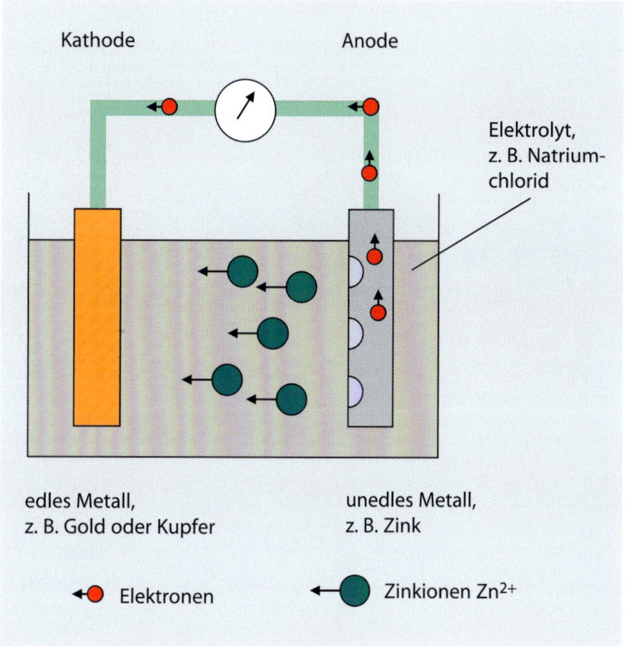

Abb. 8.4: Galvanisches Element

das Zink auflösen. Dieser Fall kann praktisch relevant sein, wenn z. B. in einer vorhandenen Trinkwasserinstallation aus verzinktem Stahl nachträglich eine Kupferzirkulationsleitung eingebaut werden würde, was auf jeden Fall zu vermeiden ist.

Tabelle 8.5: Elektrodenpotenziale von Metallen

Metall	Elektrodenpotenzial (V)	
Gold	1,42	↑ edel
Platin	1,20	
Silber	0,80	
Kupfer	0,34	
Wasserstoff	**0,00**	
Zinn	–0,14	↓ unedel
Eisen	–0,44	
Chrom	–0,71	
Zink	–0,76	

Die unterschiedlichen Elektrodenpotenziale können sich durch die Ablagerung von Schlamm, Metallpartikeln u. Ä. bilden. Durch die lokale Abdeckung der Rohrinnenwand oder durch die Beschädigung einer bereits gebildeten Schutzschicht kommt es zur Ausbildung unterschiedlicher Potenziale (vgl. Abb. 8.5). Der abgedeckte Bereich kann nicht vom Sauerstoff erreicht werden, während die umliegenden Bereiche gleichmäßig korrodieren. Der abgedeckte Bereich wird in der Folge unedler. Damit sind alle 3 Voraussetzungen eines galvanischen Elements vorhanden:

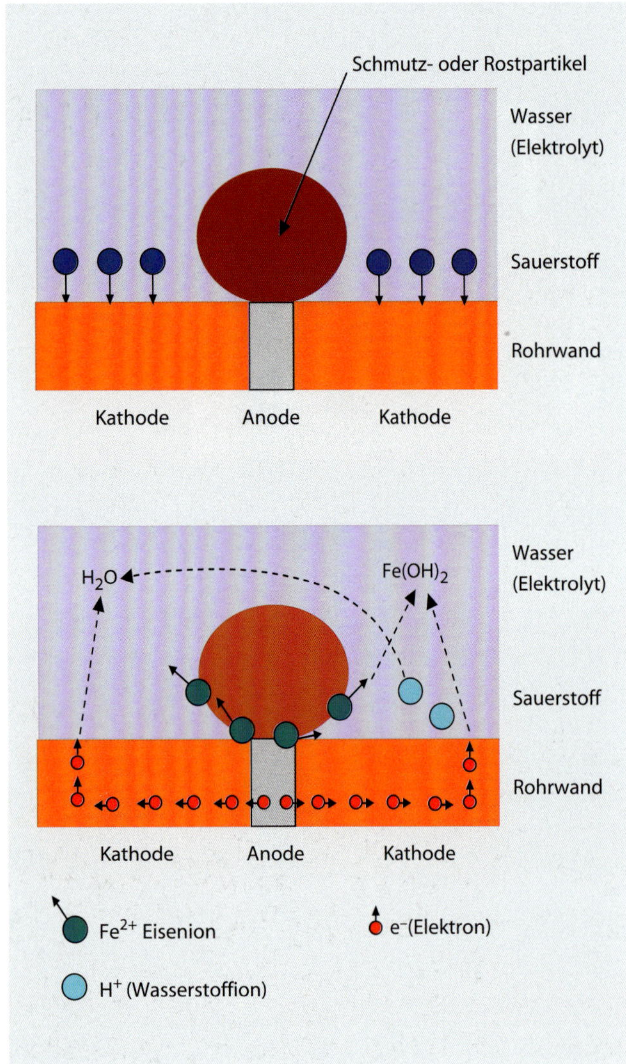

Abb. 8.5: Lochfraß durch Belüftungselemente bei Anwesenheit von freiem Sauerstoff im Wasser

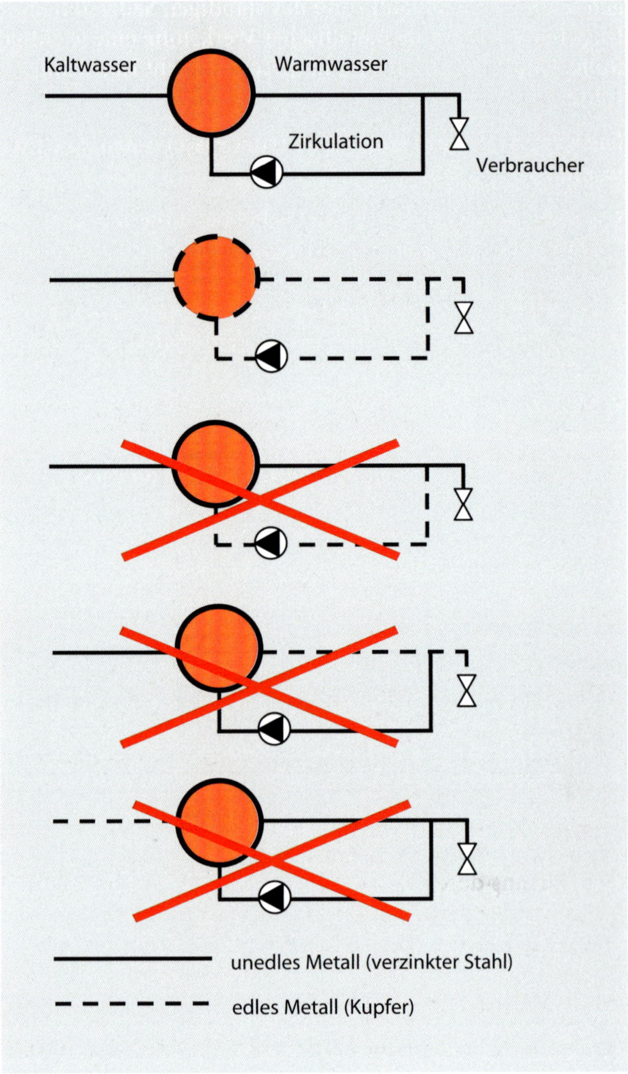

Abb. 8.6: Umsetzung der Fließregel

- Es gibt Oberflächenbereiche mit unterschiedlichen Elektrodenpotenzialen.
- Die Oberflächenbereiche sind über einen metallischen Leiter (Rohrwand) miteinander verbunden.
- Es ist ein Elektrolyt vorhanden, und zwar das Wasser mit entsprechend gelösten Salzen (vgl. Kapitel 8.3.3).

Die unedle Stelle löst sich auf und es kommt zum Materialdurchbruch.

Mischinstallationen

Bei Mischinstallationen ist die Spannungsreihe zu beachten. Edleres Metall darf in Fließrichtung immer nur nach unedlerem Metall eingebaut werden (vgl. dazu die Tabelle 8.5). Zur Verhinderung von kupferinduziertem Lochfraß dürfen Bauteile und Apparate mit größeren wasserberührten Flächen aus Kupfer, Kupferlegierungen, verzinntem Kupfer und Kupferloten in Fließrichtung nicht vor solchen aus verzinkten Eisenwerkstoffen angeordnet werden, da sie Kupferionen an das Wasser abgeben. Abb. 8.6 zeigt die Umsetzung der Fließregel.

8.3.5 Neigung zur Steinbildung

Unter Steinbildung wird die Ablagerung von Kalk in Wasserleitungen und Geräten verstanden. Durch die Ablagerungen kommt es

- zur Querschnittsverengung in Rohrleitungen bis hin zur vollständigen Verstopfung,
- zur Behinderung des Wärmeübergangs in Wärmeübertragern und Warmwasserbereitern.

Die Steinbildung wird durch folgende Faktoren beeinflusst:

- Wasserhärte (Gehalt an Kalzium und Magnesium)
- Wassertemperatur (bedingt den Gehalt an freier Kohlensäure)
- Fließgeschwindigkeit

Mit steigender Wassertemperatur wird die im Wasser gelöste Kohlensäure ausgetrieben. Damit verschiebt sich das sog. Kalk-Kohlensäure-Gleichgewicht. Der jetzt überschüssige Kalk lagert sich an Oberflächen im System an und bildet dort harte, ständig wachsende Ansätze (vgl. Abb. 8.7). Im Extremfall können beispielsweise Rohrleitungen vollständig zugesetzt werden (vgl. Abb. 8.8).

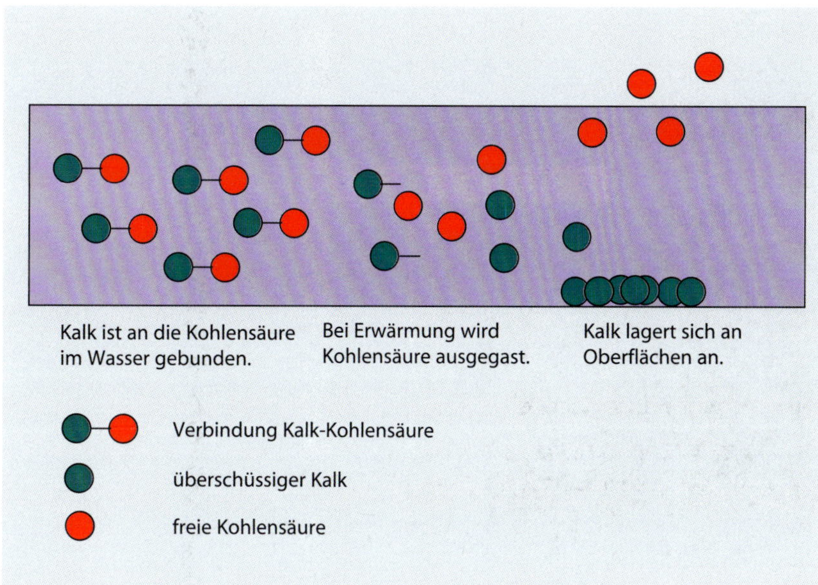

Abb. 8.7: Bildung von Kalkablagerungen bei der Wassererwärmung

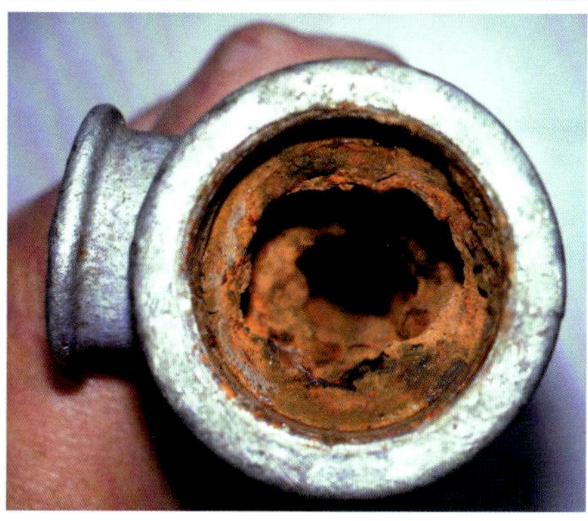

Abb. 8.8: Beispiel für Kalkablagerungen in einer Rohrleitung

Folgende Maßnahmen können gegen die Steinbildung unternommen werden:

- Reduzierung der Wassertemperatur < 60 °C (aber Beachtung der technischen Regel DVGW W 551)
- Phosphatdosierung (hält die Kalzium- und Magnesiumionen in Lösung [nur bei Temperaturen < 60 °C])
- Enthärtung durch Ionenaustausch (Austausch von Kalzium- und Magnesiumionen durch Natriumionen [bis hin zur Vollentsalzung bei Dampferzeugern])

8.4 Systemübersicht

Es werden die folgenden Systeme der Wasserversorgung unterschieden:

- Trinkwasserversorgung aus dem öffentlichen Netz
- Eigenwasserversorgung (Dabei handelt es sich um Versorgungslösungen, die nur in Ausnahmefällen durch die entsprechenden Genehmigungsbehörden gestattet werden, wenn beispielsweise der Anschluss an die öffentliche Versorgung gar nicht oder nur mit unverhältnismäßig hohem Aufwand möglich ist.)
- Betriebswasserversorgung (Hierbei handelt es sich um die Versorgung von Industrie- und Gewerbebetrieben mit Wasser, das nicht die strengen Anforderungen an das Trinkwasser erfüllen muss; eine Betriebswasserversorgung ist aus wirtschaftlichen Gründen für Großwasserverbraucher wie z. B. Textilunternehmen, Kraftwerke, Gärtnereien interessant.)
- Regen- und Grauwassernutzungsanlagen, bei denen ein Teil des normalerweise in Gebäuden verwendeten Trinkwassers durch Regenwasser oder gering verschmutztes Abwasser substituiert wird

Die Trinkwasserversorgung gehört zu den Basissystemen, die in fast jedem Gebäude, das dem Aufenthalt von Menschen dient, vorhanden sind. Die Struktur des allgemeinen haustechnischen Systems aus Kapitel 1.1 lässt sich auch auf die Trinkwasserversorgung übertragen (vgl. Abb. 8.9).

Abb. 8.9: Struktur des Systems der Trinkwasserversorgung in Gebäuden

An die Gestaltung des Trinkwassersystems werden gegenüber anderen haustechnischen Systemen erhöhte Anforderungen im Bereich der Hygiene gestellt. Das hat im Allgemeinen 2 Gründe:

- Klassifizierung des Trinkwassers als Lebensmittel, an das entsprechende Anforderungen laut TrinkwV bzw. gemäß DIN 2000 gestellt werden
- Möglichkeit der Übertragung von Krankheitserregern über das Trinkwassersystem (Hier ist das Hauptaugenmerk auf die Warmwasserbereitung und das Warmwasserverteilungssystem einschließlich der Zirkulationsleitungen zu legen.)

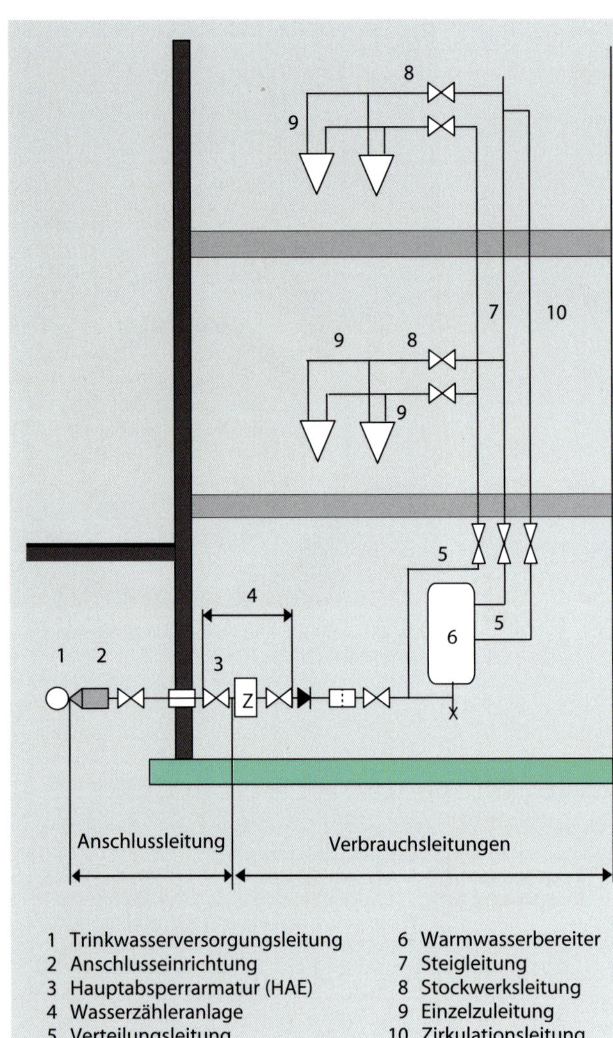

Abb. 8.10: Bezeichnung der Leitungsteile einer Trinkwasseranlage

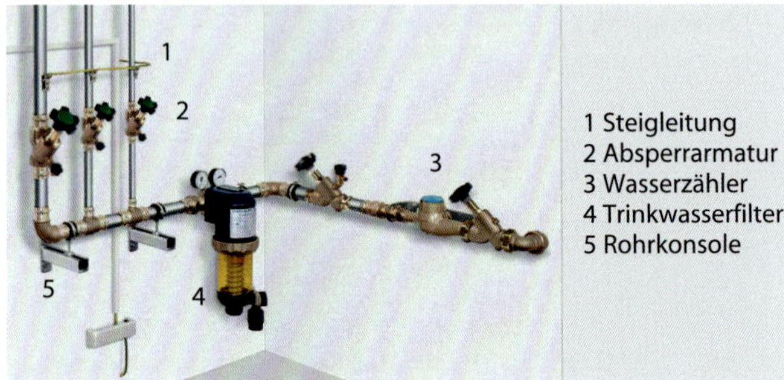

Abb. 8.11: Beispiel für Trinkwasserinstallation (Quelle: Viega GmbH & Co. KG, Attendorn)

Die Abb. 8.10 und 8.11 zeigen beispielhafte Trinkwasserinstallationen.

8.5 Einspeisung und Wasseraufbereitung

8.5.1 Hausanschluss

Jedes Grundstück erhält auf Antrag beim zuständigen Wasserversorgungsunternehmen einen eigenen Trinkwasseranschluss (vgl. Abb. 8.12). Bei Bedarf können auch mehrere Anschlüsse gelegt werden. Die Anschlussleitung wird meistens aus PE-Rohr hergestellt. Sie ist in frostfreier Tiefe zu verlegen.

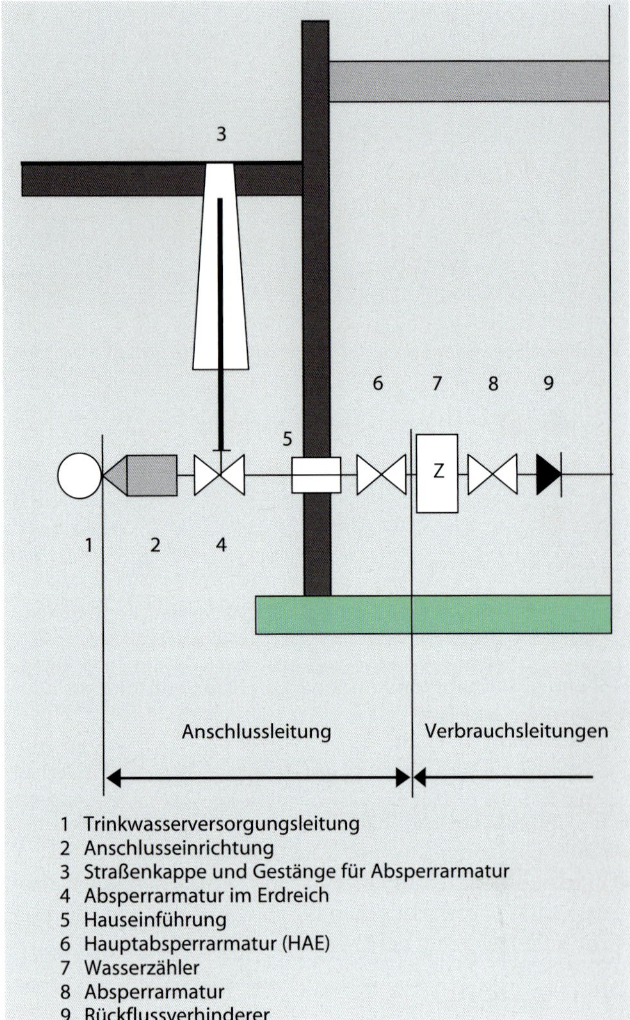

Abb. 8.12: Hausanschluss

Das Rohr wird über eine Hauseinführung nach innen gebracht. Die Hauseinführung ist ein Schutzrohr mit entsprechender elastischer Abdichtung für eine Stahl-Trinkwasserleitung, ein Futterrohr bei einer PE-Trinkwasserleitung oder eine System-Rohrdurchführung (z. B. Fabrikat Doyma) in druckwasserfester Ausführung (vgl. Abb. 8.13).

Nach Möglichkeit unmittelbar hinter der Wand ist die Hauptabsperrarmatur (HAE) anzuordnen und danach die Wasserzähleranlage (vgl. Abb. 8.14). Lage und Einbau des Zählers müssen den Herstellervorgaben entsprechen und dürfen später nicht verändert werden. Der Zähler muss in einen frostfreien Raum oder Schacht eingebaut werden.

8.5.2 Wasseraufbereitung

Das Trinkwasser der öffentlichen Versorgung entspricht definierten Anforderungen und muss demzufolge aus hygienischer Sicht nicht weiterbehandelt werden. Ungeachtet dessen ist es aus verschiedenen Gründen mitunter erforderlich, das gelieferte Trinkwasser weiterzubehandeln. Dabei geht es um folgende Prozesse:

- mechanische Reinigung mit Filtern
- Dosierung von Chemikalien
- Enthärtung
- UV-Entkeimung

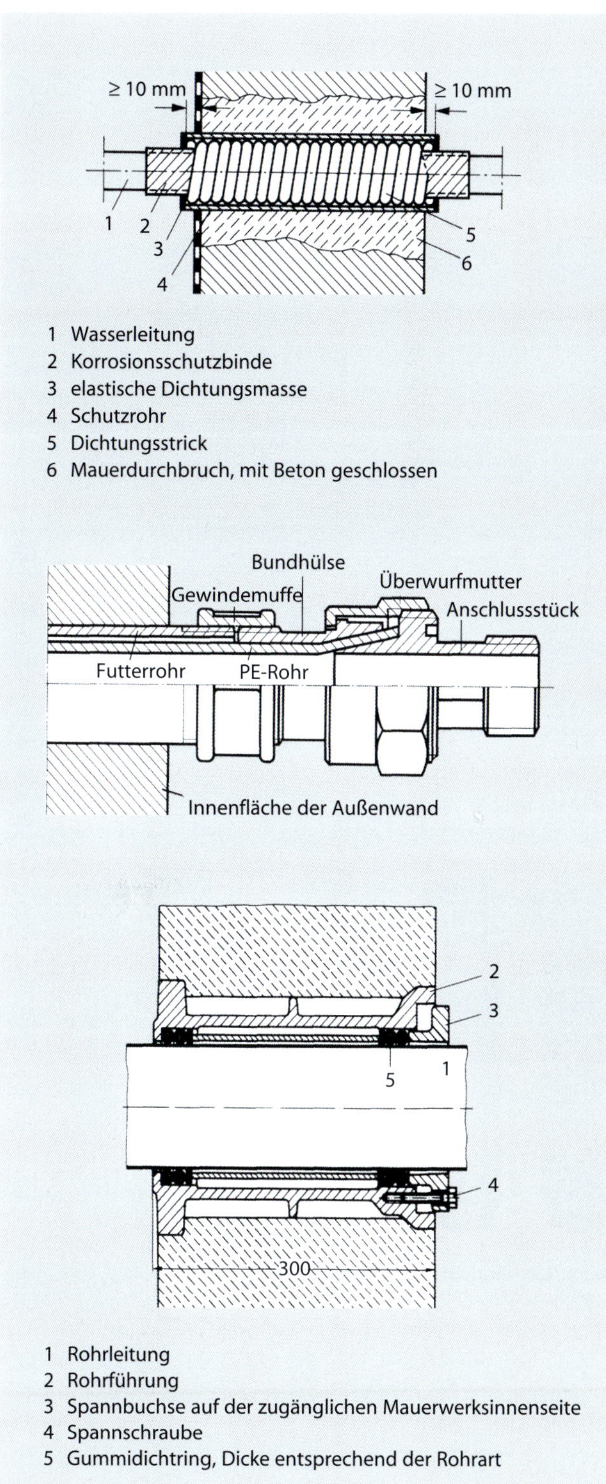

Abb. 8.13: Hauseinführungen (Quelle: Laasch, 2005, S. 88)

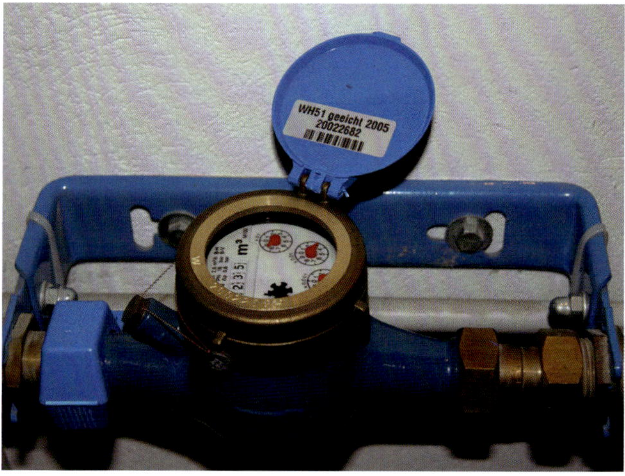

Abb. 8.14: Hauswasserzähler

Abb. 8.15: Rückspülbarer Filter für ein Einfamilienhaus

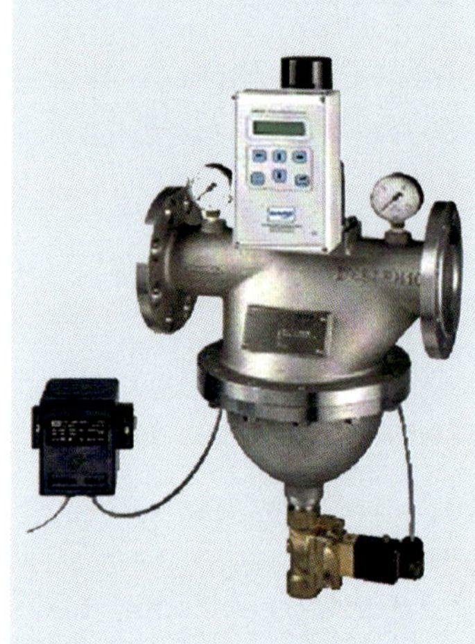

Abb. 8.16: Rückspülbarer Filter mit automatischer Ansteuerung (Quelle: ELGA Berkefeld GmbH, Celle)

Mechanische Filter

Unmittelbar hinter der Wasserzähleranlage ist ein mechnischer Filter vorzusehen. Filter müssen in Systeme aus metallischen Leitungen eingebaut werden, um Korrosion durch Lokalelementbildung (vgl. Kapitel 8.3.4) bzw. Erosionserscheinungen zu vermeiden. Auch für Kunststoffleitungen werden Filter empfohlen, da auch hier metallene Armaturen und Verbindungsstücke verwendet werden.

Wichtig ist die regelmäßige Reinigung der Filter. Dies geschieht zum einen durch das Wechseln der Filterkartuschen. Zum anderen können rückspülbare Filter (vgl. Abb. 8.15) eingesetzt werden, bei denen der Filterwechsel entfällt. Hier wird der Filter durch eine Umkehr der Strömungsrichtung gereinigt, die durch einen Handeingriff vorgenommen werden kann. Rückspülbare Filter gibt es bereits für den Einfamilienhausbetrieb. Für größere Anlagen kann der Reinigungszyklus automatisch gesteuert werden, indem der Druck vor und hinter dem Filter überwacht wird (vgl. Abb. 8.16). Die Messwerte der Drücke können beispielsweise auf eine zentrale Leitwarte aufgeschaltet werden, von wo aus der Filterwechsel oder die Rückspülung dann veranlasst werden kann.

Dosierung von Chemikalien

Die Dosierung von Chemikalien kann bei bestimmten Wasserqualitäten erforderlich sein; sie ist allerdings bei Trinkwasser nicht unproblematisch. Die Nutzer einer Trinkwasseranlage im Gebäude müssen über die Dosierung von Chemikalien informiert werden.

Abb. 8.17: Dosieranlage (Quelle: ELGA Berkefeld GmbH, Celle)

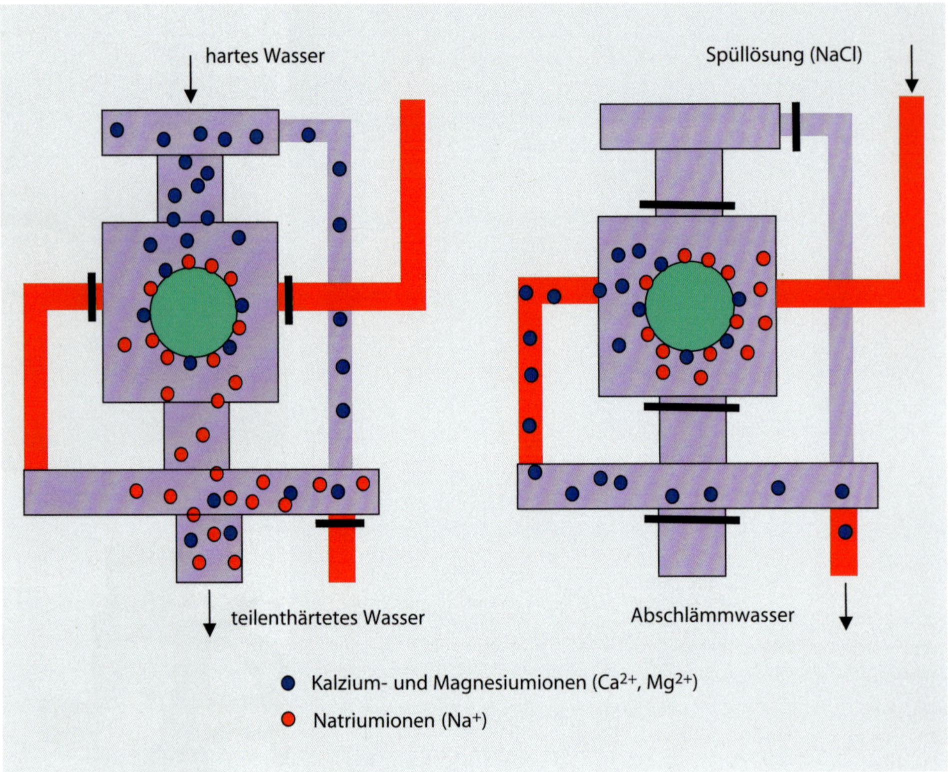

Abb. 8.18: Prinzipschema einer Enthärtungsanlage

Folgende Dosierungen sind möglich:

- Phosphatdosierung (P_2O_5):
  - verhindert Kalkschichtbildung
  - Einbau bei Neuanlagen erst nach Schutzschichtbildung
  - in Schwimmbädern aufgrund möglicher Keimbildung nicht zulässig
- Silikatdosierung (SiO_2):
  - bei sehr weichem Wasser zur Verhinderung von Korrosion
  - Bildung einer Schutzschicht

Die Dosierung der Chemikalien erfolgt mithilfe mengenproportional arbeitender Dosieranlagen, wobei die Chemikalien in flüssiger Form zugegeben werden (vgl. auch Abb. 6.78). Die Dosiergeräte sind so einzubinden, dass bei allen Betriebszuständen das Rückfließen in die Trinkwasserleitung verhindert wird. Dazu werden Rohrtrenner nach Kapitel 8.8.2 eingesetzt. Abb. 8.17 zeigt eine in der Praxis verwendete Dosieranlage.

Enthärtung

Das Grundprinzip einer Enthärtungsanlage (vgl. Abb. 8.19) besteht im Austausch der Kalzium- bzw. Magnesiumionen durch Natriumionen. Dazu wird ein Granulat mit hohem Natriumionengehalt umspült. Nach einiger Zeit ist das Granulat erschöpft und muss mithilfe von Natriumchlorid (NaCl) regeneriert werden (vgl. zum Prinzip einer Enthärtungsanlage Abb. 8.18).

Die durch den Ionenaustausch steigende Natriumkonzentration im Trinkwasser kann problematisch hinsichtlich der Keimbildung sein, insbesondere bei längeren Entnahmepausen. Der hauptsächliche Einsatz von Enthärtungsanlagen liegt bei:

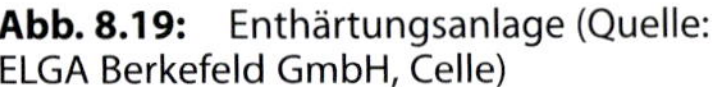

Abb. 8.19: Enthärtungsanlage (Quelle: ELGA Berkefeld GmbH, Celle)

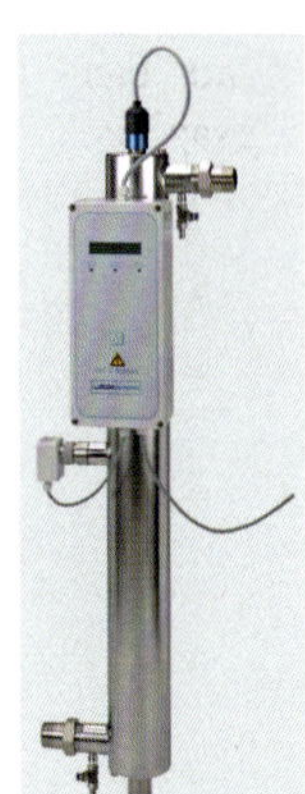

Abb. 8.20: UV-Entkeimungsgerät (Quelle: ELGA Berkefeld GmbH, Celle)

- Geschirrspülern,
- Waschautomaten,
- Heizungsanlagen,
- Schwimmbäder.

UV-Entkeimung

Mithilfe von UV-Strahlen werden Bakterien im Wasser abgetötet. Die Entkeimung erfolgt während des Durchströmens mit sofortiger Wirkung. Sie hat aber im Gegensatz zur Chlorung keine anhaltende Wirkung. Der Einsatz erfolgt bei der Wasserzuspeisung von Schwimmbecken und der Wasserversorgung von Hallenbädern. Abb. 8.20 zeigt ein in der Praxis verwendetes UV-Entkeimungsgerät.

8.5.3 Druckerhöhung

Das Trinkwasser wird normalerweise durch den Druck in der Trinkwasserversorgungsleitung bis zum Verbraucher gefördert. Damit am ungünstigsten Abnehmer noch genügend Wasser fließt, muss der minimale Versorgungsdruck in der Trinkwasserversorgungsleitung einen Mindestwert $p_{\text{min,V,erf}}$ aufweisen:

$$p_{\text{min,V,erf}} \geq \left[\Delta p_{\text{geo}} + p_{\text{min,Fl}} + \sum (l \cdot R + Z) + \Delta p_{\text{WZ}} + \sum \Delta p_{\text{App}}\right] \quad \text{(Formel 8.1)}$$

mit

$p_{\text{min,V,erf}}$	minimaler Druck in der Trinkwasserversorgungsleitung in bar
Δp_{geo}	Druckverlust aus geodätischem Höhenunterschied ($= \rho \cdot g \cdot h_{\text{geo}}$) in bar
$p_{\text{min,Fl}}$	Mindestfließdruck an der hydraulisch ungünstigsten, meist höchstgelegenen Entnahmestelle (ungünstigster Abnehmer) in bar
l	Rohrleitungslänge der Teilstrecke in m
R	spezifischer Druckverlust in bar/m
Z	Druckverlust der Formstücke in bar
$\sum (l \cdot R + Z)$	Summe der Reibungsdruckverluste bis zum ungünstigsten Abnehmer in bar
Δp_{WZ}	Druckverlust für den Wasserzähler in bar
$\sum \Delta p_{\text{App}}$	Summe der Druckverluste für Apparate (z. B. Wasseraufbereitung) in bar

Bei nicht ausreichendem Versorgungsdruck ist eine Druckerhöhungsanlage (DEA) einzubauen (vgl. Abb. 8.21). Dies ist bei Hochhäusern oder bei großen Gebäudekomplexen (z. B. Krankenhaus) erforderlich. Außerdem kann für die Feuerlöschanlage eine Druckerhöhungsanlage notwendig sein.

Beispiel: DEA für ein Hochhaus

Für ein Hochhaus mit 15 Geschossen soll geprüft werden, ob eine DEA erforderlich ist:

Anzahl Geschosse	15
Geschosshöhe	3 m
Länge ungünstiger Strang	70 m
Reibungsdruckgefälle nach Tabelle 8.7	15 mbar/m
$\mathbf{p_{\text{min,V}}}$	**4 bar**
Δp_{WZ}	0,173 bar
Δp_{Filter}	0,058 bar
$p_{\text{min,FL}}$	1 bar
Reibungsdruckverluste	1,050 bar
geodätischer Druckverlust	4,415 bar
erforderlicher minimaler Druck $\mathbf{p_{\text{min,V,erf}}}$	**6,696 bar**

Hier ist eine DEA notwendig, weil der erforderliche Druck $p_{\text{min,V,erf}}$ größer ist als der Druck $p_{\text{min,V}}$, den das Wasserversorgungsunternehmen in der Trinkwasserversorgungsleitung zur Verfügung stellen kann.

Druckzonen im Gebäude

Wenn eine DEA im Gebäude eingesetzt werden muss, ist es sinnvoll, Druckzonen einzurichten, d. h. Bereiche mit unterschiedlichem Druckniveau. Dabei gibt es folgende Bereichsarten (vgl. auch Abb. 8.22):

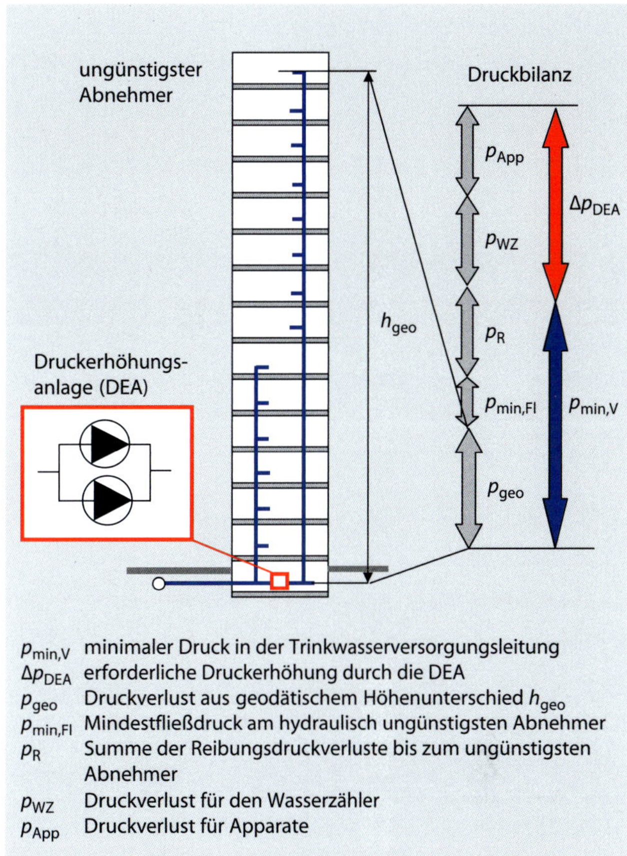

Abb. 8.21: Druckerhöhungsanlage in einem Hochhaus

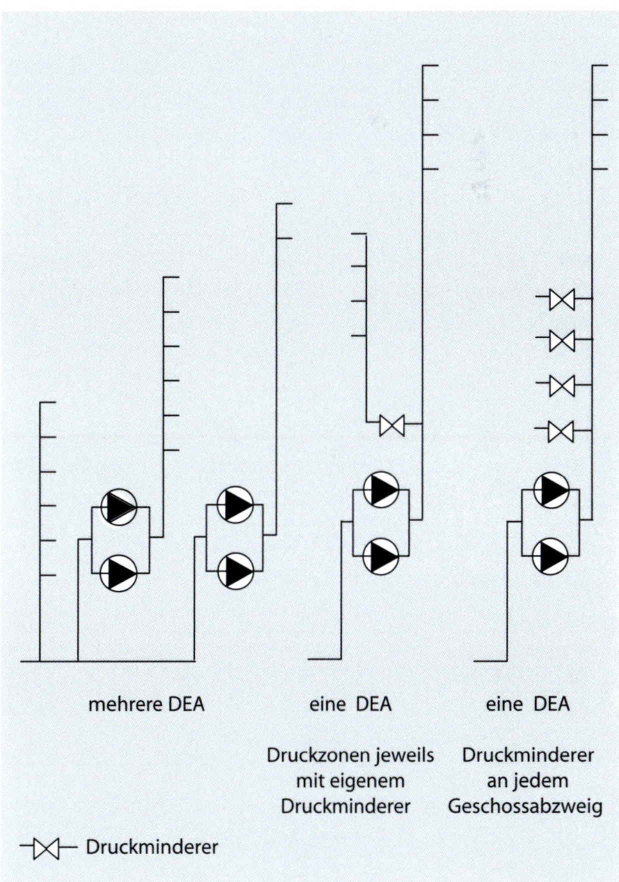

Abb. 8.22: Druckzonen im Gebäude

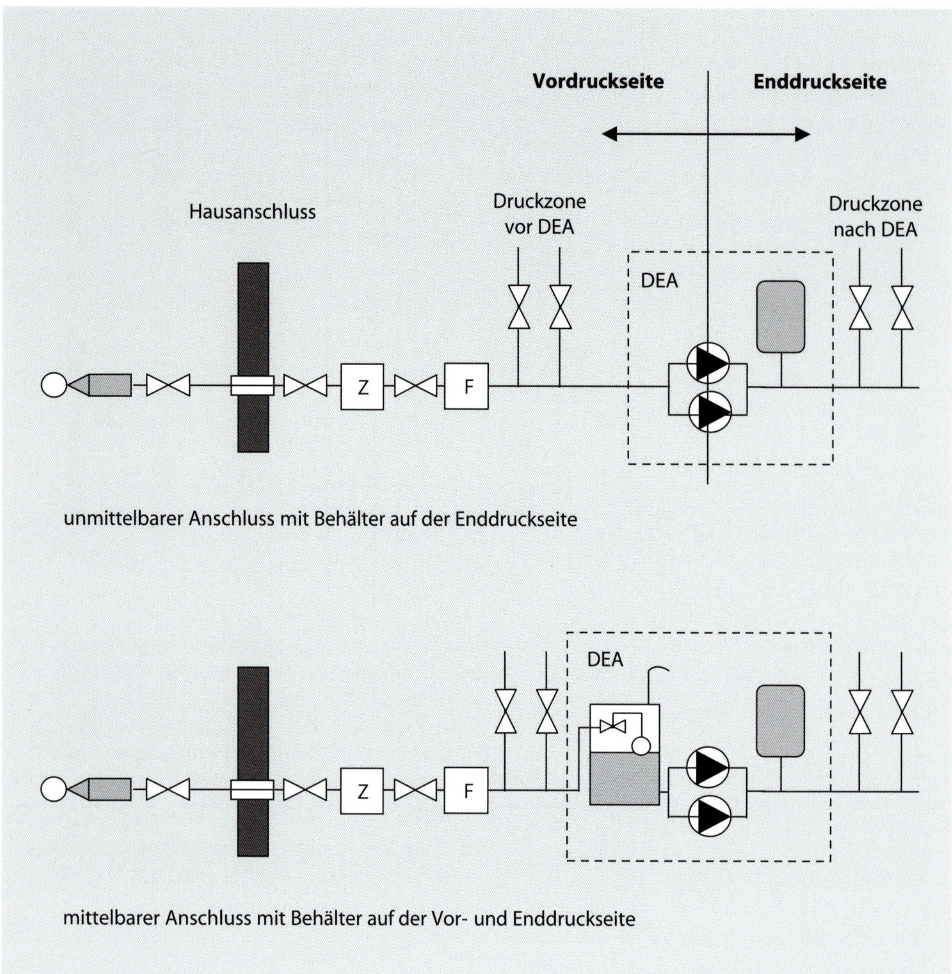

Abb. 8.23: Grundkonfigurationen einer Druckerhöhungsanlage

- Bereiche des Gebäudes, für die der vorhandene Druck in der Versorgungsleitung ausreicht und die demzufolge nicht an die Druckerhöhung angeschlossen werden müssen
- Bereiche, die durch die DEA versorgt werden, bei denen aber der sich einstellende Druck direkt am Abnehmer über dem zulässigen Druck von 5 bar liegt (müssen durch Druckminderer geschützt werden)
- Bereiche, die durch die DEA versorgt werden und bei denen der sich einstellende Druck direkt am Abnehmer unter dem zulässigen Druck von 5 bar liegt

Aufbau von Druckerhöhungsanlagen

Bei einer DEA handelt es sich um ein System, das aus folgenden Hauptkomponenten besteht:

- eine oder mehrere Druckerhöhungspumpen (DEA immer mit mindestens 2 Pumpen, vgl. z. B. Abb. 8.24)
- Behälter auf der Vordruck- und/oder Nachdruckseite
- Sicherheitsarmaturen, insbesondere Druckminderer
- Regel- und Steuerungsanlage

Die Behälter auf der Vordruck- bzw. Nachdruckseite sind optional vorzusehen. Abb. 8.23 zeigt übliche Anlagenkonfigurationen. Es wird außerdem zwischen unmittelbarem und mittelbarem Anschluss unterschieden.

Abb. 8.24: Druckerhöhungsanlage als Mehrpumpenanlage mit Drehzahlregelung für alle Pumpen (Quelle: Grundfos GmbH, Erkrath)

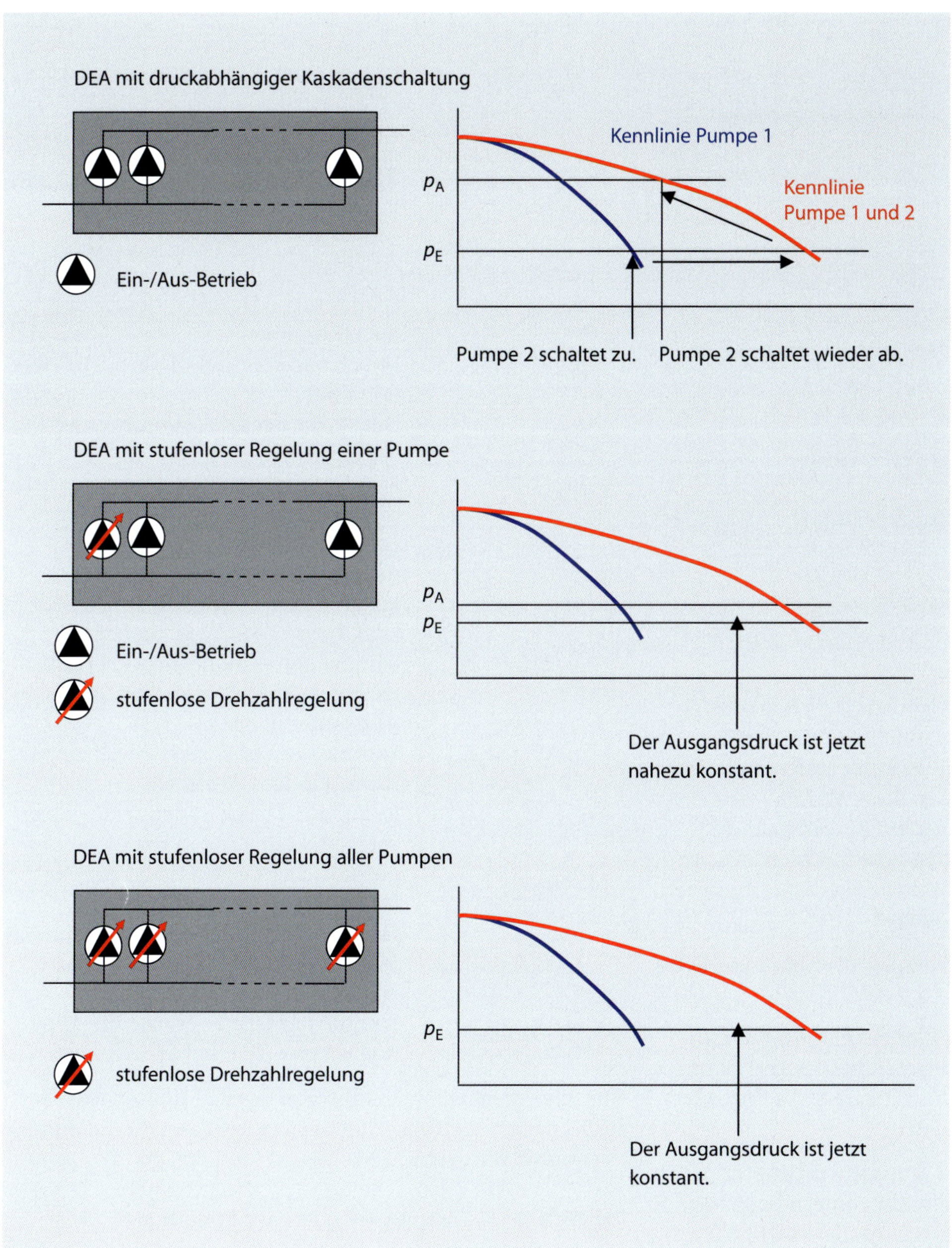

Abb. 8.25: Regelung von Druckerhöhungsanlagen (p_E: Einschaltdruck; p_A: Ausschaltdruck)

Der unmittelbare Anschluss ist aus hygienischen Gründen dem mittelbaren vorzuziehen. Der mittelbare Anschluss ist erforderlich, wenn

- durch die maximale Entnahme der DEA der Versorgungsdruck an der ungünstigsten Stelle benachbarter Anlagen unterschritten wird,
- Trinkwasserleitungen der öffentlichen Versorgung und Leitungen der Eigenwasserversorgung zusammengeführt werden sollen oder
- Kontakte des Trinkwassers mit anderen Stoffen auftreten können.

Regelung von Druckerhöhungsanlagen

Die Notwendigkeit der einzelnen Behälter ist immer im Zusammenhang mit der Art der Drehzahlregelung bei der Pumpenanlage zu sehen. Es gibt 3 Regelungskonzepte (vgl. Planungshinweise zum Gewerk Druckerhöhung, 2000; vgl. auch Abb. 8.25):

- druckabhängige Kaskadenschaltung
- stufenlose Drehzahlregelung einer Pumpe
- stufenlose Drehzahlregelung aller Pumpen

Bei der druckabhängigen Kaskadenschaltung werden die einzelnen Pumpen druckabhängig zu- und abgeschaltet. Dadurch kann es zu Druckschwankungen auf der Enddruckseite kommen, die durch das Gefäß auf der Enddruckseite abgefangen werden. Außerdem ist bei Vordruckschwankungen im Versorgungsnetz auf der Vordruckseite ein Behälter oder alternativ ein Druckminderer erforderlich.

Komfortabler sind Druckerhöhungsanlagen, bei denen eine Pumpe stufenlos geregelt wird und die anderen Pumpen ungeregelt zu- und abgeschaltet werden. Auf diese Weise

Tabelle 8.6: Empirische Konstanten zur Bestimmung des Spitzenvolumenstroms nach DIN 1988-300

Gebäudetyp	empirische Konstanten		
	a	*b*	*c*
Wohngebäude	1,48	0,19	0,94
Bettenhaus im Krankenhaus	0,75	0,44	0,18
Hotel	0,70	0,48	0,13
Schule	0,91	0,31	0,38
Verwaltungsgebäude	0,91	0,31	0,38
Einrichtungen für betreutes Wohnen, Seniorenheim	1,48	0,19	0,94
Pflegeheim	1,40	0,14	0,92

können Vordruckschwankungen gut ausgeglichen werden, wodurch die Druckdämpfungsmaßnahmen auf der Vordruckseite entfallen können. Bei DEA mit stufenloser Drehzahlregelung aller Pumpen können diese Maßnahmen entfallen. Es ist zu beachten, dass hier ein Behälter auf der Nachdruckseite das Regelverhalten verschlechtern würde.

Bemessung von Druckerhöhungsanlagen

Für die Bemessung einer Pumpenanlage werden 2 Größen benötigt:

- zu fördernder Volumenstrom, Einheiten: m³/h oder l/h
- für den Volumenstrom zu realisierende Druckerhöhung, auch bezeichnet als Förderhöhe, Einheiten: Pa, bar oder mWS (mWS: Meter Wassersäule)

Der Volumenstrom kann aus der Summe der benötigten Volumenströme bei den einzelnen Abnehmern berechnet werden, wobei davon ausgegangen wird, dass nicht alle Abnehmer gleichzeitig Wasser entnehmen werden. Für eine genaue Berechnung sind die an den Netzabschnitt der DEA angeschlossenen Verbraucher (auch als Zapf- oder Entnahmestelle bezeichnet) zu berücksichtigen.

Der von der Druckerhöhung zu fördernde Volumenstrom ergibt sich unter Beachtung der verminderten Gleichzeitigkeit:

$$\dot{V}_S = a \cdot \left[\sum \dot{V}_R\right]^b - c \qquad \text{(Formel 8.2)}$$

mit

$\sum \dot{V}_R$ Summe der Entnahmevolumenströme der Abnehmer in l/s

$\dot{V}_S$ Spitzendurchfluss, entspricht hier dem Volumenstrom der DEA in l/s

a, b, c empirische Konstanten, vgl. Tabelle 8.6

Der erforderliche Förderdruck der DEA bemisst sich nach der Differenz von dem Betriebsüberdruck nach DEA p_{nach} und dem Betriebsüberdruck vor DEA p_{vor}:

$$\Delta p_{DEA} = p_{nach} - p_{vor} \qquad \text{(Formel 8.3)}$$

$$p_{nach} = p_{min,Fl} + \Delta p_{geo,nach} + \sum_{i,j} (L_i R_i + Z_j)_{nach} + \sum_m \Delta p_{App,m,nach} \qquad \text{(Formel 8.4)}$$

$$p_{vor} = p_{min,vor} - (\Delta p_{geo,vor} + \Delta p_{WZ} + \sum_{i,j} (L_i R_i + Z_j)_{vor} + \sum_m \Delta p_{App,m,vor}) \qquad \text{(Formel 8.5)}$$

mit

Δp_{DEA} erforderliche Druckerhöhung durch die DEA in bar

p_{nach} Druck nach der DEA (Nachdruckseite) in bar

p_{vor} Druck vor der DEA (Vordruckseite) in bar

$p_{min,Fl}$ Mindestfließdruck an der hydraulisch ungünstigsten, meist höchstgelegenen Entnahmestelle (ungünstigster Abnehmer) in bar

$\Delta p_{geo,nach}$ geodätischer Druckverlust nach der DEA ($= \rho \cdot g \cdot h_{geo,nach}$) in bar

$\sum_{i,j} (L_i R_i + Z_j)_{nach}$ Summe der Reibungsdruckverluste nach der DEA bis zum ungünstigsten Abnehmer in bar

$\sum_m \Delta p_{App,m,nach}$ Summe der Druckverluste für Apparate nach der DEA in bar

$p_{min,vor}$ minimaler Druck in der Trinkwasserversorgungsleitung in bar

$\Delta p_{geo,vor}$ geodätischer Druckverlust vor der DEA ($= \rho \cdot g \cdot h_{geo,vor}$) in bar

Δp_{WZ} Druckverlust des Wasserzählers in bar

$\sum_{i,j} (L_i R_i + Z_j)_{vor}$ Summe der Reibungsdruckverluste vor der DEA in bar

$\sum_m \Delta p_{App,m,vor}$ Summe der Druckverluste für Apparate vor der DEA in bar

Für überschlägige Berechnungen des Reibungsdruckverlustes nach der Druckerhöhungsanlage kann die Tabelle 8.7 verwendet werden:

Tabelle 8.7: Orientierungswerte für das mittlere Druckgefälle

Rohrleitungslänge zwischen DEA und ungünstigstem Verbraucher $\Sigma\, l_{nach}$ (m)	mittleres Druckgefälle $\frac{\Delta p}{l} = \frac{(l \cdot R + Z)_{nach}}{\Sigma\, l_{nach}}$ (mbar/m)
≤ 30	20
> 30 ≤ 80	15
> 80	10

Beispiel: Auslegungsparameter DEA

Für ein Hochhaus mit 100 Wohnungen in 15 Stockwerken sollen die Auslegungsparameter für die DEA bestimmt werden. Der Spitzenvolumenstrom nach Formel 8.2 wurde mithilfe eines Näherungsansatzes für Wohnungen bestimmt. Es wurde der Summendurchfluss von $\sum \dot{V}_R = 4{,}5$ l/s je Wohnung angesetzt.

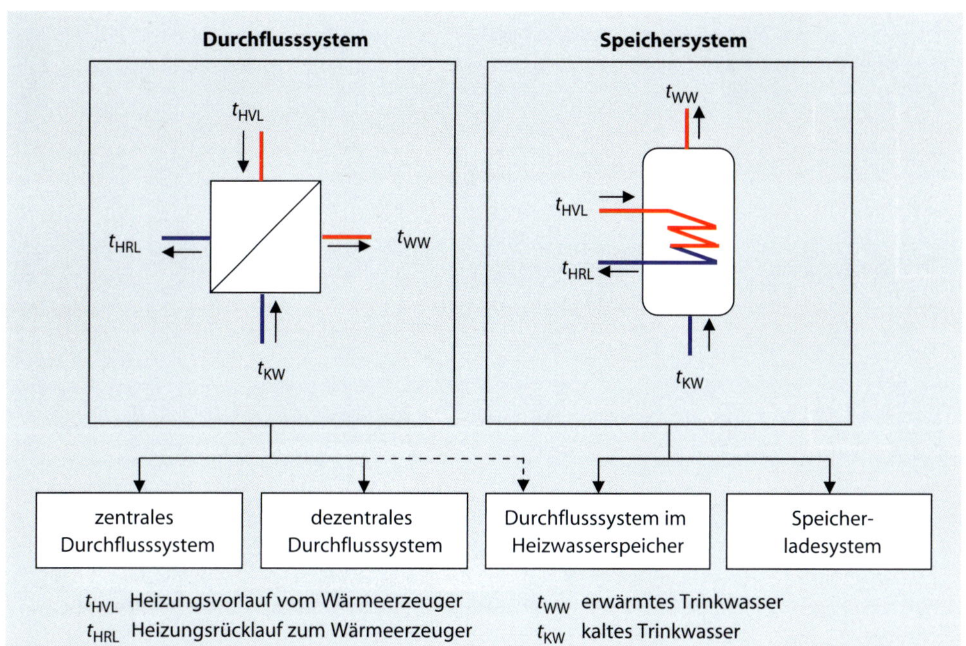

Abb. 8.26: Grundprinzip von Durchfluss- und Speichersystemen

Ermittlung des Druckes vor DEA: Formel 8.5

$p_{\text{min,V}}$	4 bar
$\Delta p_{\text{geo,vor}}$	0 bar
Δp_{WZ}	0,1730 bar
$\sum_m \Delta p_{\text{App,m,vor}}$	0,0580 bar
$\sum_{i,j} (L_i R_i + Z_j)_{\text{vor}}$	0,10 bar
p_{vor}	3,669 bar

Ermittlung des Druckes nach DEA:

Stockwerke	15
H_{Stw}	3 m
ρ_{H2O}	1.000 kg/³
L (Länge Leitung zu ungünstigstem Abnehmer)	70 m
g	9,81 m/s²
R nach Tabelle 8.7	15 mbar/m

Formel 8.4:

$\Delta p_{\text{geo,nach}}$	4,41 bar
$p_{\text{min,Fl}}$	1,00 bar
$\sum_m \Delta p_{\text{App,m,nach}}$	0 bar
$\sum_{i,j} (L_i R_i + Z_j)_{\text{nach}}$	1,05 bar
p_{nach}	6,46 bar

Förderhöhe DEA mit Formel 8.3:

Δp_{DEA}	2,79 bar
H_{DEA}	28 mWS

Volumenstrom DEA mit 4,5 l/s je Wohnung:

Anzahl Wohnungen	100
Volumenstrom	16,1 m³/h

Es muss eine DEA ausgewählt werden, die bei einem Volumenstrom von 16,1 m³/h mindestens 2,79 bar (bzw. 28 mWS) Druckerhöhung bringt.

8.6 Warmwasserbereitung

8.6.1 Systemübersicht

Die Systeme der Warmwasserbereitung können nach Wirkprinzip, Beheizungsart und Energieträger zugeordnet werden.

Unterscheidung nach dem Wirkprinzip

Nach dem Wirkprinzip werden unterschieden das Durchflusssystem, das Speichersystem und die Kombination beider Systeme, das Speicherladesystem. Abb. 8.26 zeigt das Grundprinzip von Durchfluss- und Speichersystemen.

Durchflusssystem

Beim Durchflusssystem wird unmittelbar das zum Verbraucher fließende Warmwasser erwärmt. Im einfachsten Fall geschieht das mithilfe eines Wärmeübertragers, der auf der Primärseite mit dem Heizenergieträger und auf der Sekundärseite mit Trinkwasser beaufschlagt wird. Immer wenn erwärmtes Trinkwasser benötigt wird, muss auf der Primärseite geheizt werden. Bei einer anderen Form des Durchflusssystems, die z. B. bei solaren Warmwasserbereitungssystemen angewendet wird, ist der Wärmeübertrager in einem Heizwasserspeicher angeordnet. Der Wärmeübertrager des Durchflusssystems kann zentral oder, was in der Regel sinnvoller ist, direkt im Bereich der Warmwasserzapfstellen angeordnet werden (Wohnungswärmezentrum).

Speicher- und Speicherladesystem

Beim Speichersystem wird in einem Behälter erwärmtes Trinkwasser gespeichert und kann bei vorliegendem Bedarf entnommen werden. Es handelt sich um einen Energiespeicher, in dem die für die Erwärmung des Trinkwassers benötigte Wärmeenergie gespeichert wird. Warmwasserentnahme und Erwärmung des Trinkwassers können zeitversetzt stattfinden. Für den Trinkwasserspeicher wird

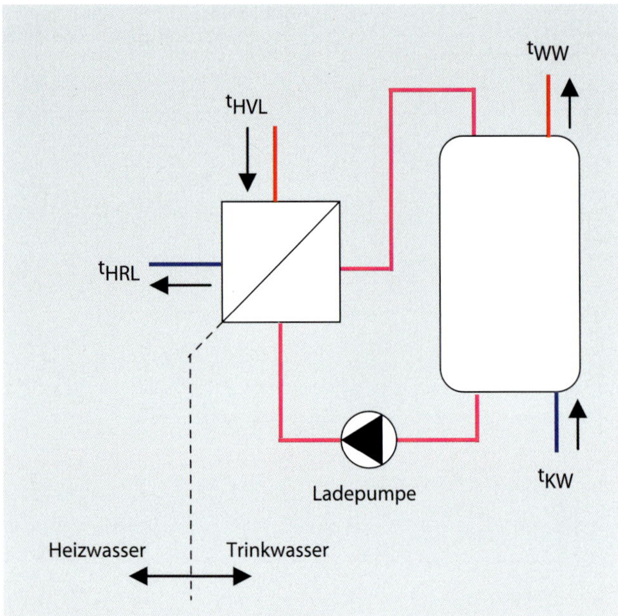

Abb. 8.27: Speicherladesystem

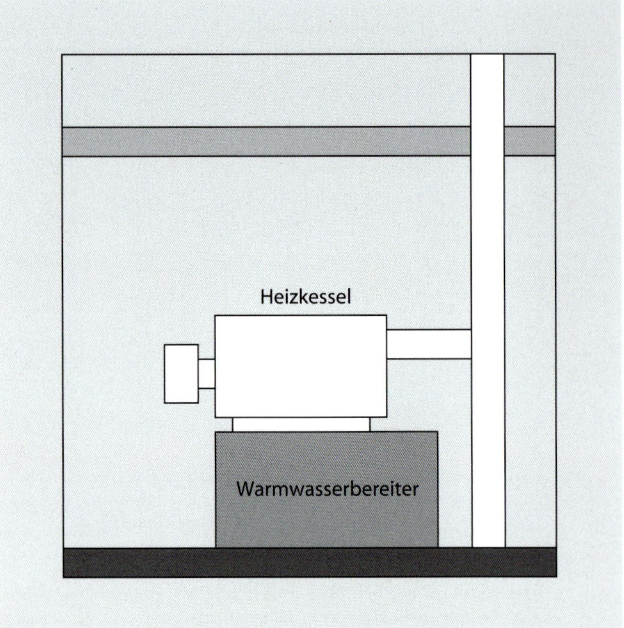

Abb. 8.28: Liegender Speicher unter einem Heizkessel

ebenfalls ein Wärmeübertrager benötigt. Dieser kann im Behälter angeordnet sein, was der häufigere Fall ist. Der Wärmeübertrager wird dann als innen liegende Heizfläche bezeichnet. Befindet sich der Wärmeübertrager außerhalb des Speichers, wird von einem sog. Speicherladesystem gesprochen, das eine Kombination aus Durchflusssystem und Speichersystem darstellt (vgl. Abb. 8.27). Beim Speicherladesystem wird der Speicher mit gleichmäßiger Temperaturschichtung von oben nach unten geladen. Der Speicher des Speicherladesystems muss bei Wohngebäuden eine geringere Größe haben als beim reinen Speichersystem. Das Speicherladesystem wird häufig in fernwärmeversorgten Wohnungen verwendet. Es ist außerdem sinnvoll bei Heizsystemen mit Brennwertkessel oder Wärmepumpe, weil die Rücklauftemperatur auf der Heizwasserseite des Wärmeübertragers vergleichsweise niedrig ist.

Das Speichersystem ist vor allem im Gebäudebestand am häufigsten anzutreffen. Die Speicher gibt es in liegender und stehender Form. Liegende Speicher werden im Einfamilienhaus unter dem Heizkessel angeordnet (vgl. Abb. 8.28).

Bei größeren Anlagen werden in der Regel stehende Speicher verwendet. Die Speicher können einzeln oder als Speicherbatterie eingesetzt werden, wobei sie in Reihe oder parallel geschaltet werden können. Die Reihenschaltung kann sinnvoll sein, um Niedertemperaturwärme einzubinden bzw. den Heizungsrücklauf stark abzukühlen (vgl. Abb. 8.29).

Die Warmwasserspeicher werden aus Stahl oder Edelstahl gefertigt. Zum Korrosionsschutz von Stahlspeichern werden Beschichtungen aus Emaille oder Kunststoff verwendet. Außerdem kommen sog. Opferanoden zum Einsatz. Diese funktionieren nach dem Prinzip des galvanischen Elements (vgl. Abb. 8.4). Die Opferanode ist aus dem unedleren Metall und wird mit der Zeit zerstört. Dadurch wird die Speicherwand vor Korrosion geschützt. Die Opferanode muss regelmäßig erneuert werden. Abb. 8.30 zeigt das Prinzip einer Opferanode in einem Warmwasserspeicher.

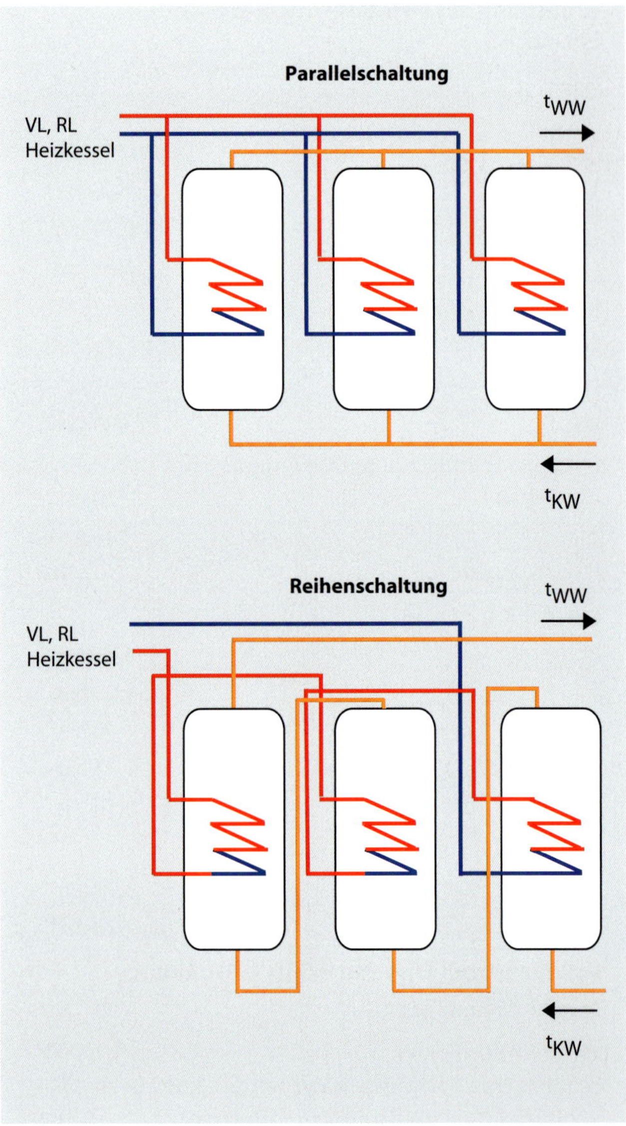

Abb. 8.29: Parallel- und Reihenschaltung von Speicherbatterien

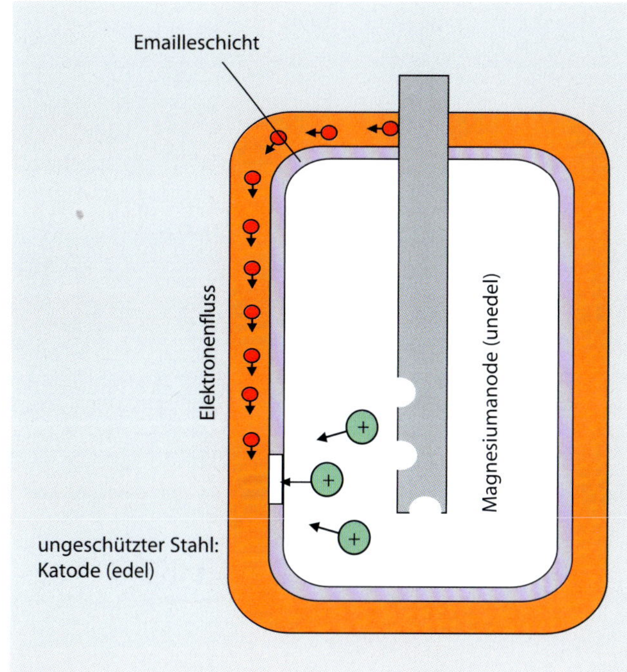

Abb. 8.30: Opferanode in einem Warmwasserspeicher

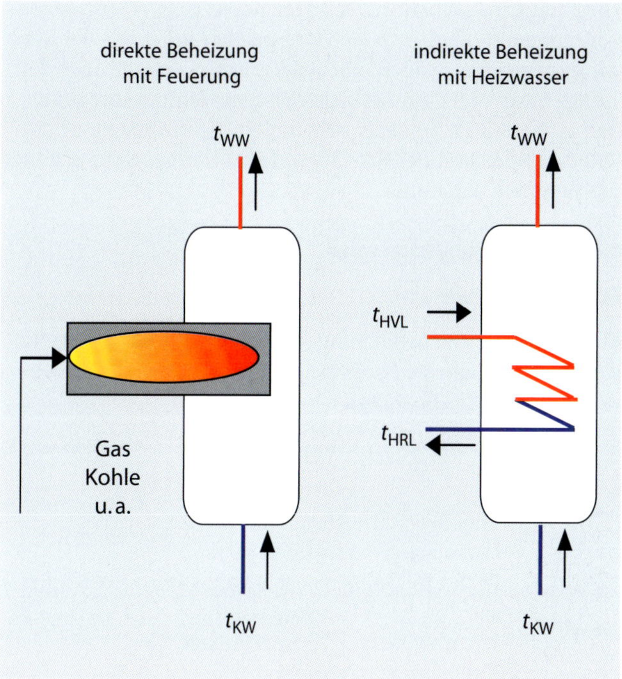

Abb. 8.31: Direkt und indirekt beheizter Speicher

Beheizungsart

Hinsichtlich der Beheizungsart wird folgendermaßen unterschieden (vgl. Abb. 8.31):

- direkte Beheizung (unmittelbare Beheizung)
- indirekte Beheizung (mittelbare Beheizung)

Bei der direkten Beheizung wird die Primärseite des jeweiligen Wärmeübertragers bzw. Speichers unmittelbar mit den heißen Rauchgasen einer Feuerung beaufschlagt. Beispiele sind der Gasdurchlauferhitzer (vgl. Abb. 10.21) oder der Gaswarmwasservorratsheizer (vgl. Abb. 10.22). Bei indirekt beheizten Warmwasserbereitern wird die Primärseite des Wärmeübertragers mit Heizwasser (vgl. Abb. 8.31) oder Dampf beaufschlagt. Mit Dampf versorgte Systeme sind heute nicht mehr üblich.

Energieträger

Die Warmwasserbereitung erfolgt mithilfe folgender Energieträger:

- Heizwasser (Fernwärme, Kesselanlage, BHKW oder Wärmepumpe)
- Gas (Erdgas oder Flüssiggas)
- Elektroenergie

Die Beheizung mit Elektroenergie ist nur bei geringem Bedarf energetisch sinnvoll. Aufgrund des sehr hohen Primärenergiefaktors von 1,8 wird unnötig viel fossile Energie verbraucht. Elektronisch geregelte Elektrodurchlauferhitzer werden als Untertischgeräte in Teeküchen und Toiletten von Bürogebäuden eingesetzt. Bei ihnen kann man die Temperatur stufenlos einstellen. Analog gibt es kleine Elektrospeichergräte mit einem Speichervolumen von 5, 10 oder 15 l. Größere elektrisch betriebene Warmwasserspeicher gibt es bis zu 150 l Inhalt. Sie werden als Wandgerät verwendet. Standgeräte gibt es bis 1.000 l Größe.

1 Sicherheitsventil
2 T-Stück
3 Absperreinrichtung
4 Manometeranschlussstutzen
5 Rückflussverhinderer
6 Entleerung
7 Druckminderer
8 Absperreinrichtung
9 Warmwasserabgang
10 Anschluss Zirkulation

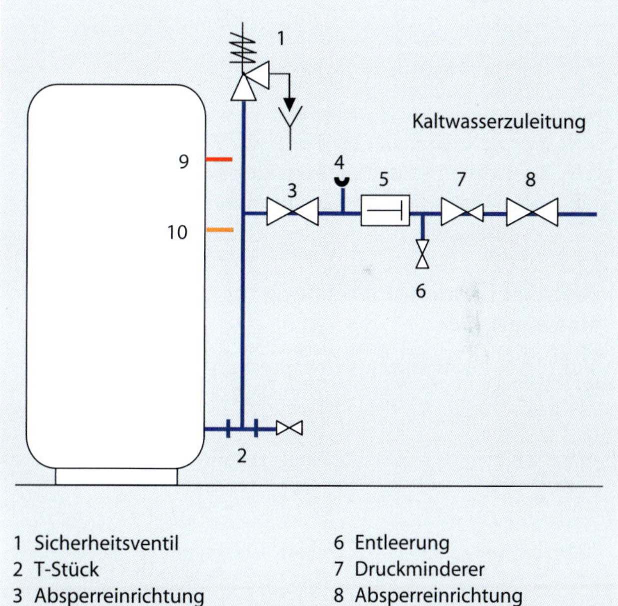

Abb. 8.32: Ausrüstung des Warmwasserbereiters auf der Trinkwasserseite

Sicherheitstechnische Ausrüstung von Warmwasserbereitern

Auf der Trinkwasserseite muss der Warmwasserbereiter entsprechend der Abb. 8.32 ausgerüstet werden.

Die Zusammenschaltung von Heizkessel und Warmwasserbereiter zeigt die Abb. 8.33. Der Speicher wird mit der Speicherladepumpe geladen. Die Ansteuerung erfolgt über den Temperaturfühler. Sinkt die gemessene Temperatur unter den eingestellten Sollwert, so schaltet die Pumpe zu und lädt den Speicher. Bei Erreichen der Solltemperatur schaltet die Pumpe wieder aus.

8.6.2 Auslegungsstrategien

Durchflusssysteme

Die benötigte Wärmeleistung am Wärmeübertrager ergibt sich aus der Zapfrate (Volumenstrom) und der Zapftemperatur (vgl. auch Abb. 8.34):

$$\dot{Q}_{h,WWB} = \dot{V}_{WW} \cdot \rho \cdot c_p \cdot (t_{WW} - t_{KW}) \qquad \text{(Formel 8.6)}$$

mit
$\dot{Q}_{h,WWB}$ Warmwasserleistung in kW
$\dot{V}_{WW}$ Warmwasserzapfrate in m³/s
ρ Dichte des Wassers (näherungsweise 1.000 kg/m³)
c_p spezifische Wärmekapazität c_p= 4,19 kJ/(kg · K)
t_{WW} Warmwasserzapftemperatur in °C
t_{KW} Kaltwasserzapftemperatur in °C

Mit der Formel 8.6 kann beispielsweise die erforderliche Leistung für einen elektrischen oder gasbetriebenen Durchflusswarmwasserbereiter bestimmt werden:

$$P_{WWB} = \frac{\dot{Q}_{h,WWB}}{\eta_{WWB}} \qquad \text{(Formel 8.7)}$$

mit
P_{WWB} erforderliche Leistung in kW
$\dot{Q}_{h,WWB}$ Warmwasserleistung nach Formel 8.6 in kW
η_{WWB} Wirkungsgrad des Durchflusswarmwasserbereiters

Beispiel: Leistungsberechnung für Durchflusswarmwasserbereiter

Für einen Durchflusswarmwasserbereiter soll die Leistung berechnet werden (vgl. Tabelle 8.8).

Tabelle 8.8: Leistung von Durchflusswarmwasserbereitern (Durchlauferhitzer)

Berechnungsgröße	Einheit	Gasdurchlauferhitzer	elektrischer Durchlauferhitzer
Durchlaufwassermenge	l/min	11	6
Durchlaufwassermenge	m³/s	0,000183	0,000100
Dichte	kg/m³	1.000	1.000
spezifische Wärmekapazität	kJ/(kg · K)	4,19	4,19
Warmwassertemperatur t_{WW}	°C	40	40
Kaltwassertemperatur t_{KW}	°C	10	10
Wirkungsgrad des Durchflusswarmwasserbereiters η_{WWB}	–	0,95	0,99
erforderliche Leistung P_{WWB}	kW	24,21	12,70

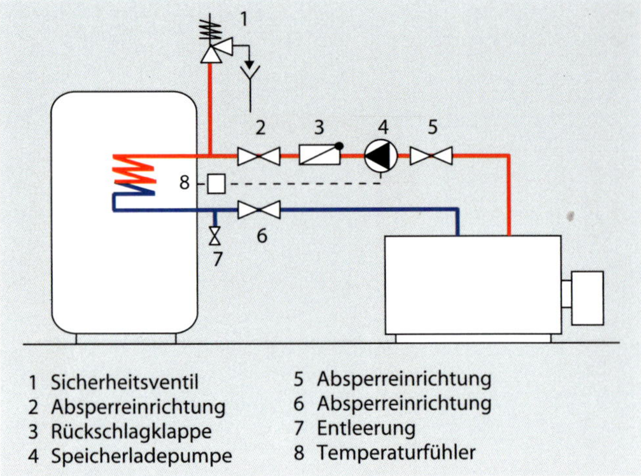

Abb. 8.33: Heizwasserseitiger Anschluss eines Warmwasserbereiters nach DIN 4753-1

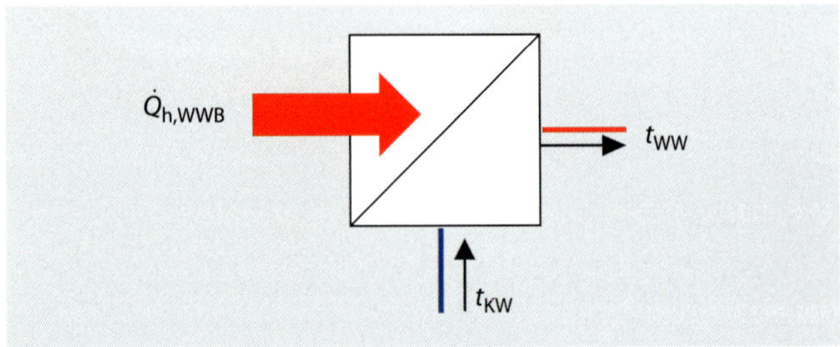

Abb. 8.34: Berechnung Durchflusssystem

Für den Gasdurchlauferhitzer muss also eine Gasanschlussleistung von 24 kW vorgesehen werden, was einem Gasvolumenstrom für Erdgas H von ca. 39 l/min entspricht (vgl. Tabelle 10.1: H_u = 37.213 kJ/m³).

Speichersysteme

Im Warmwasser wird Energie gespeichert, die beim Zapfvorgang entnommen werden kann. Zusätzlich wird Energie über die Speicherheizfläche zugeführt. Mit dem Speicher wird demzufolge kurzzeitig ein Spitzenbedarf abgedeckt. Die in einer Wassermenge mit einer bestimmten Temperatur enthaltene Energie wird folgendermaßen berechnet:

$$Q_{WW} = \rho \cdot V_{WW} \cdot c_p \cdot (t_{WW} - t_{KW}) \qquad \text{(Formel 8.8)}$$

mit
Q_{WW} Energieinhalt für das Volumen V_{WW} in kJ (Umrechnung in kWh: 1 kWh = 3.600 kJ)
ρ Dichte: 1.000 kg/m³
c_p spezifische Wärmekapazität c_p= 4,19 kJ/(kg · K)
t_{WW} Warmwasserzapftemperatur in °C
t_{KW} Kaltwasserzapftemperatur in °C

Außerdem wird noch die Zeit benötigt, die erforderlich ist, um das Wasservolumen V_{WW} auf die gewünschte Temperatur aufzuheizen:

$$\tau_{WW} = \frac{Q_{WW}}{\dot{Q}_{h,WW}} \qquad \text{(Formel 8.9)}$$

mit
τ_{WW} Aufheizzeit in s
Q_{WW} Energieinhalt für das Volumen V_{WW} in kJ
$\dot{Q}_{h,WW}$ für die Warmwasserbereitung zur Verfügung stehende Leistung in kW

Die Größe eines Speichers kann mithilfe der erforderlichen Speicherenergie berechnet werden:

$$V_{Speicher} = \frac{Q_{Speicher}}{\rho \cdot c_p \cdot (t_{Speicher} - t_{KW})} \cdot b \qquad \text{(Formel 8.10)}$$

mit

$V_{Speicher}$ Volumen des Speichers in m³ (Umrechnung in l: 1 m³ = 1.000 l)
$Q_{Speicher}$ Energieinhalt des Speichers in kJ (Umrechnung in kWh: 1 kWh = 3.600 kJ)
ρ Dichte: 1.000 kg/m³
c_p spezifische Wärmekapazität c_p= 4,19 kJ/(kg · K)
t_{WW} Warmwasserzapftemperatur °C
t_{KW} Kaltwasserzapftemperatur °C
b Totraumfaktor: Der Speicher muss größer dimensioniert werden, da er praktisch nicht vollständig ausgenutzt werden kann:
b = 1,2 bis 1,3 für liegende Speicher
b = 1,1 bis 1,2 für stehende Speicher

Die Zusammenhänge sollen im folgenden Abschnitt an einem konkreten Beispiel verdeutlicht werden.

Speichergröße für ein beispielhaftes Einfamilienhaus

In einem Einfamilienhaus soll eine Wanne der Größe 150 l mit 40 °C warmem Wasser befüllt werden. Der Energieinhalt der Wanne ist folgender:

ρ	1.000 kg/m³
V_{WW}	150 l
c_p	4,19 kJ/(kg · K)
t_{WW}	40 °C
t_{KW}	10 °C
Q_{WW}	18.855 kJ
Q_{WW}	**5,238 kWh**

Die Füllzeit für die Wanne beträgt 10 Minuten. In dieser Zeit steht vom Heizkessel eine Heizleistung für die Warmwasserbereitung $\dot{Q}_{h,WW}$ von 14 kW zur Verfügung. Das bedeutet, der Kessel kann folgende Energiemenge bereitstellen:

$\dot{Q}_{h,WW}$	14 kW
τ_{WW}	10 min
τ_{WW}	600 s
Q_{WW}	8.400 kJ
Q_{WW}	**2,333 kWh**

Die Differenz zwischen benötigter Wärme von 5,238 kWh und zur Verfügung stehender Wärme von 2,333 kWh muss im Speicher bevorratet werden. Damit ergibt sich bei einer angenommenen Speichertemperatur von 60 °C ein Volumen für den Warmwasserspeicher von ca. 60 l:

$Q_{Speicher}$	2,905 kWh
$t_{Speicher}$	60 °C
t_{KW}	10 °C
b	1,2
$V_{Speicher}$	0,060 m³
$V_{Speicher}$	**60 l**

Die Zusammenhänge können gemäß Abb. 8.35 in einem sog. Wärmeschaubild zusammengestellt werden.

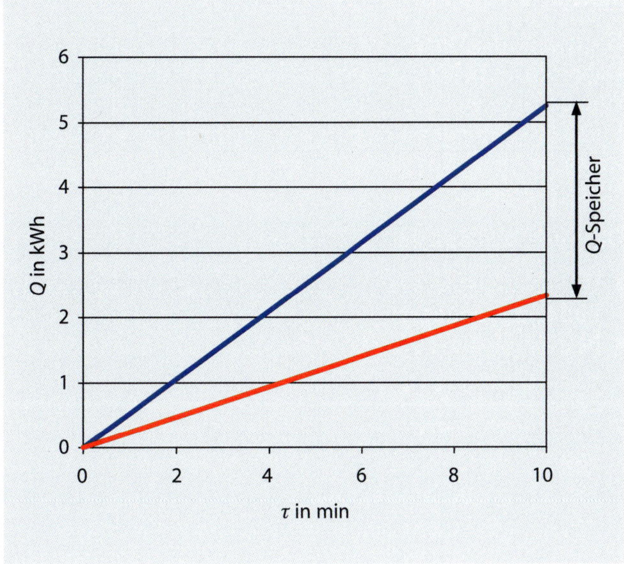

Abb. 8.35: Wärmeschaubild für die Befüllung einer Wanne

In der Praxis würde der Speicher aus Komfortgründen deutlich größer ausgelegt werden, etwa für 2 oder mehr Wannenbäder. Aus der nachfolgenden Aufstellung geht hervor, dass für 2 Wannenbäder ein Speichervolumen von 200 l benötigt würde. Die Warmwasserspeicher in Einfamilienhäusern liegen heute in der Größenordnung von 150 bis 200 l.

benötigtes Speichervolumen bei Komplettbevorratung:

Anzahl Wannenbäder	2
$Q_{Speicher}$	10,476 kWh
$t_{Speicher}$	60 °C
t_{KW}	10 °C
b	1,2
$V_{Speicher}$	0,216 m³
$V_{Speicher}$	**216 l**

Speicherwarmwasserbereiter werden in der Praxis mithilfe folgender Verfahren ausgelegt:

- Auslegung nach Wärmeschaubild (vgl. Abb. 8.35): Allerdings besteht in der Praxis häufig das Problem, dass nicht genügend Informationen zum Verbrauchsverhalten in einem bestimmten Gebäude zur Verfügung stehen.
- Auslegung nach dem Spitzenbedarf: Das heißt, der gesamte Spitzenbedarf wird bevorratet, wie z. B. in der voangegangenen Aufstellung für 2 Wannenbäder. Diese Strategie wird z. B. für Sportlerheime oder andere Gebäude verwendet, wo ein bestimmter Warmwasserbedarf in einem definierten Zeitfenster benötigt wird. Der Bedarf dieses Zeitfensters wird dann bevorratet.
- Auslegung nach der Dauerleistung des Speichers: Dieses Verfahren wird für Einrichtungen mit hoher Warmwasserdauerleistung verwendet, z. B. für öffentliche Hallenschwimmbäder oder Lebensmittel verarbeitende Betriebe. Der Speicher dient dann zum Abfangen von Verbrauchsspitzen. Ausgelegt wird er aber nach der Heizflächengröße.
- Für Wohngebäude wird das Verfahren nach DIN 4708-2 verwendet.

Auslegungsverfahren nach DIN 4708-2

Grundlage des Verfahrens ist die sog. Einheitswohnung. Dabei wird der Warmwasserbedarf eines Gebäudes durch eine Bedarfskennzahl *N* bezeichnet, die von der Anzahl der Einheitswohnungen abhängt. Die Leistungszahl des Warmwasserbereiters N_L muss dann mindestens der Bedarfszahl *N* entsprechen.

Das Verfahren besteht aus 2 Schritten:

- Umrechnung der realen Wohnungsanzahl auf die Anzahl Einheitswohnungen
- Bestimmung des Warmwasserbedarfes *N*

$$N = \frac{\sum(n \cdot p \cdot v \cdot w_v)}{(p \cdot w_v)_{EW}} \quad \text{(Formel 8.11)}$$

mit

N	Bedarfskennzahl
N_L	Leistungszahl des Warmwasserbereiters (muss den Herstellerunterlagen entnommen werden)
n	Wohnungsanzahl
p	Belegungszahl
v	Zapfstellenzahl
w_v	Zapfstellenbedarf in Wh
$(p \cdot w_v)_{EW}$	= 3,5 · 5.820 Wh: Werte für die Einheitswohnung

Beispiel: Bestimmung der Leistungszahl *N*

Für ein Gebäude mit 20 Wohnungen soll die Leistungszahl *N* bestimmt werden (vgl. Tabellen 8.9 und 8.10).

Tabelle 8.9: Ausgangswerte Beispiel

Wohnungstyp	Anzahl	Ausstattung
1 (Einraumwohnung)	5	normal
2 (Zweiraumwohnung)	5	normal
3 (Dreiraumwohnung)	10	normal

Es muss also aus einem Herstellerkatalog ein Warmwasserbereiter mit einer Leistungszahl von mehr als 13,43 ausgewählt werden.

Tabelle 8.10: Berechnungsergebnis Beispiel nach DIN 4708-2

Wohnungstypnummer	Raumzahl	Anzahl Wohnungen	Belegungszahl		Zapfstellen	Energiebedarf		
		n	p	$n \cdot p$	v	w_V	$v \cdot w_v$	$n \cdot p \cdot v \cdot w_v$
1	1	5	2,00	10	1	5.820	5.820	58.200 Wh
2	2	5	2,00	10	1	5.820	5.820	58.200 Wh
3	3	10	2,70	27	1	5.820	5.820	157.140 Wh
							Summe:	273.540 Wh
							Bedarfskennzahl:	**N = 13,43**

$$N = \frac{273.540\ \text{Wh}}{3{,}5 \cdot 5.820\ \text{Wh}} = 13{,}43$$

8.6.3 Temperaturhaltesysteme

Unter einem Temperaturhaltesystem ist eine Einrichtung zu verstehen, die die Wärmeverluste der Warmwasserleitungen im Gebäude kompensiert. Die Auswahl und Bemessung des Temperaturhaltesystems hat große Auswirkungen auf:

- den Komfort, da durch ein sinnvoll ausgelegtes Temperaturhaltesystem an der Zapfstelle sofort warmes Wasser zur Verfügung steht,
- den Wasserverbrauch, da der Nutzer nicht erst kaltes Wasser ablaufen lassen muss,
- die hygienischen Verhältnisse im gesamten Warmwassersystem, da durch die Aufrechterhaltung einer Mindesttemperatur das Legionellenwachstum verhindert werden kann.

Es gibt 2 Ausführungen (vgl. auch Abb. 8.36):

- Zirkulationssystem mit 2 Unterarten:
  - Zirkulationsleitung parallel zur Warmwasserleitung
  - Inlinesystem, bei dem die Zirkulationsleitung als konzentrisches Rohr in der Warmwasserleitung angeordnet wird
- elektrische Begleitheizung

Das Zirkulationssystem wird am häufigsten angewendet, wobei hier die einfache Ausführung mit parallel zur Warmwasserleitung verlaufender Zirkulationsleitung wiederum am meisten verwendet wird. Verschiedene Firmen bieten das Inlinesystem mit innen liegender Zirkulationsleitung an (vgl. z. B. Abb. 8.37).

Zur Einstellung der durch die Auslegung festgelegten Volumenströme werden Zirkulationsregulierventile benötigt. Manuelle Regulierventile werden einmalig auf den entsprechenden Volumenstrom fest eingestellt. Besser sind thermische Regulierventile, die jederzeit den Volumenstrom so einstellen, dass die geforderte Haltetemperatur erreicht wird (vgl. Abb. 8.38). Zur thermischen Desinfektion werden Trinkwarmwassersysteme komplett auf eine Temperatur von über 70 °C hochgeheizt. Für diesen Fall haben die thermischen Zirkulationsregulierventile ein zusätzliches Öffnungsfenster.

Die Gestaltung des Zirkulationssystems muss vor allem im Zusammenhang mit der Vermeidung von Legionellen im

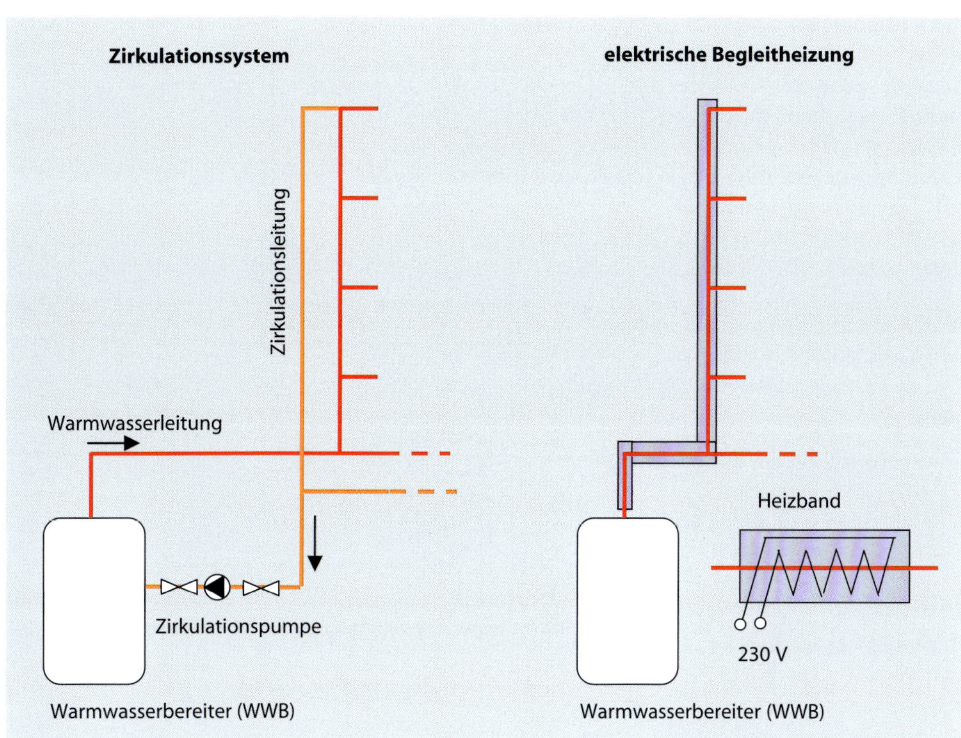

Abb. 8.36: Grundtypen von Temperaturhaltesystemen

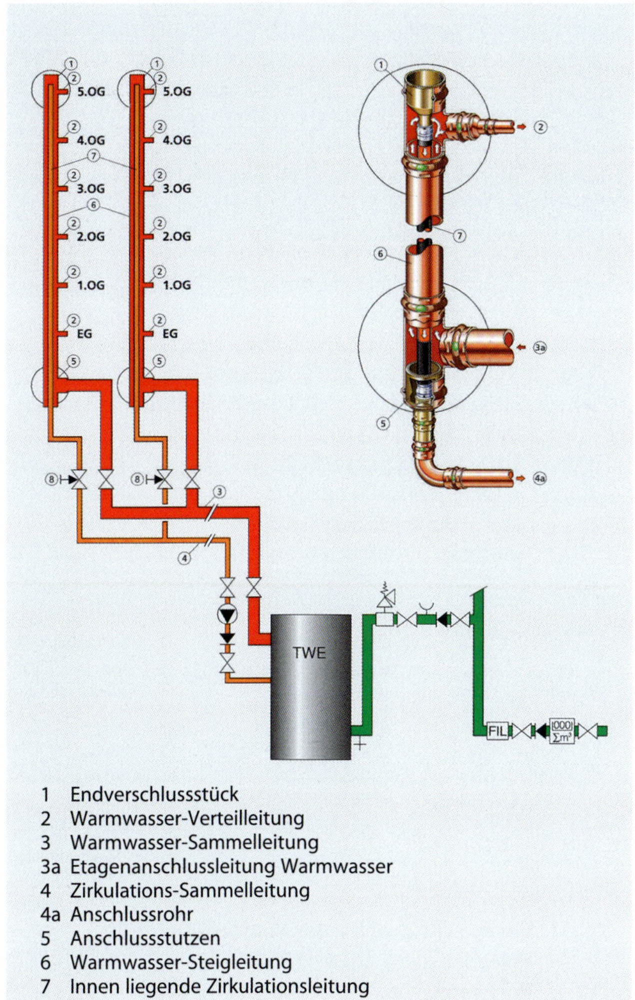

Abb. 8.37: Innen liegende Zirkulationsleitung (Quelle: Viega GmbH & Co. KG, Attendorn)

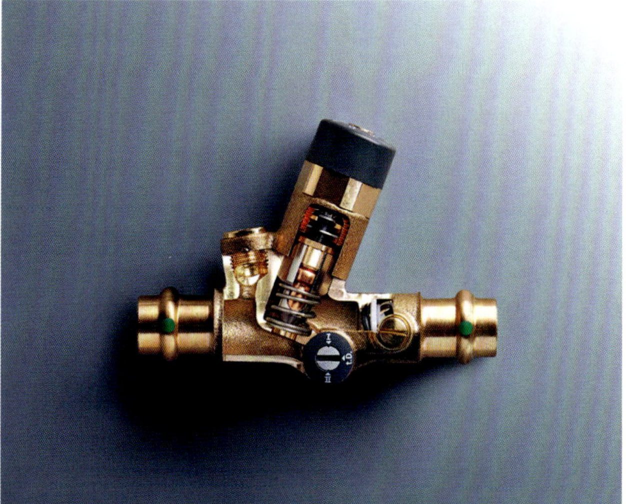

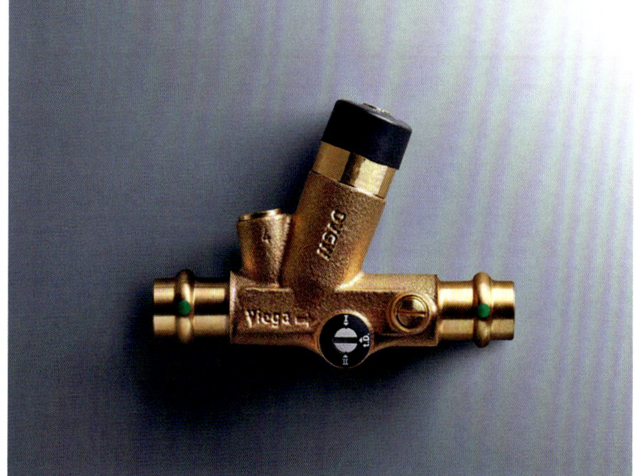

Abb. 8.38: Thermostatisches Zirkulationsregulierventil (Quelle: Viega GmbH & Co. KG, Attendorn)

Trinkwassersystem gesehen werden. Legionellen sind Bakterien, die die gefürchtete Legionärskrankheit auslösen können. Dabei handelt es sich um eine einer schweren Lungenentzündung gleichenden Krankheit, die durchaus tödlich verlaufen kann. Die Vermeidung von Legionellen gelingt in erster Linie durch die Aufrechterhaltung eines ausreichenden Wasserumlaufs in allen Anlagenteilen und die Sicherung einer Mindesttemperatur. Zusätzlich kann in bestimmten Zeitabschnitten eine thermische Desinfektion vorgenommen werden, indem das gesamte Netz auf über 70 °C hochgeheizt wird. Dazu werden u. a. die thermischen Regulierventile benötigt (vgl. Hartmann, 2006, S. 54 bis 57).

Bemessung von Zirkulationssystemen

Die Auslegung eines Zirkulationssystems erfolgt so, dass auf jedem Teilstrang ein ausreichender Volumenstrom fließt, um die Temperaturgrenze einzuhalten (vgl. die technische Regel DVGW W 553 und DIN 1988-300).

Es gelten folgende Bedingungen (vgl. auch Abb. 8.39):

- Austrittstemperatur am WWB mindestens 60 °C
- Temperaturabsenkung im gesamten Leitungssystem maximal 5 K

Im Arbeitsblatt DVGW W 553 werden 3 Verfahren angeführt:

- Kurzverfahren (gilt für Einfamilienhäuser unter bestimmten Bedingungen)
- vereinfachtes Verfahren (Wärmeverluste der Leitungen werden pauschal erfasst; Druckverlust der Einzelwiderstände wird durch pauschalen Zuschlag erfasst)
- ausführliches Verfahren (genaue Erfassung der Wärme- und Druckverluste, nur mit entsprechender Software realisierbar)

Beim vereinfachten Verfahren werden pauschale längenspezifische Wärmeverluste angesetzt:

- frei verlegte Leitungen im Keller: $q_{W,K} = 11$ W/m
- Leitungen im Montageschacht verlegt: $q_{W,S} = 7$ W/m

Der erforderliche Volumenstrom ergibt sich unter der Maßgabe, dass der Temperaturabfall eine bestimmte Grenze nicht überschreitet:

$$\dot{V}_P = \frac{\sum (l_{W,K} \cdot \dot{q}_{W,K} + l_{W,S} \cdot \dot{q}_{W,S})}{\rho \cdot c_p \cdot \Delta t_W} = \frac{\sum \dot{Q}_W}{\rho \cdot c_p \cdot \Delta t_W} \quad \text{(Formel 8.12)}$$

mit

$\dot{V}_P$ Volumenstrom der Pumpe in l/s
$\dot{q}_{W,K}$ längenspezifischer Wärmeverlust für kellerverlegte Leitungen $\dot{q}_{W,K} = 11$ W/m
$\dot{q}_{W,S}$ längenspezifischer Wärmeverlust für Leitungen im Schacht verlegt $\dot{q}_{W,S} = 7$ W/m
$l_{W,K}$ Länge der Leitungen im Keller in m
$l_{W,S}$ Länge der Leitungen im Schacht in m
ρ Dichte in kg/m³ mit $\rho = 1.000$ kg/m³
c_p spezifische Wärmekapazität; $c_p = 4{,}19$ kJ/(kg · K)
Δt_W zulässiger Temperaturabfall in K; $\Delta t_W = 2$ bis 2,5 K
$\sum \dot{Q}_W$ Summe der Wärmeverluste im System in W

Für eine einzelne Teilstrecke wird der Volumenstrom analog berechnet:

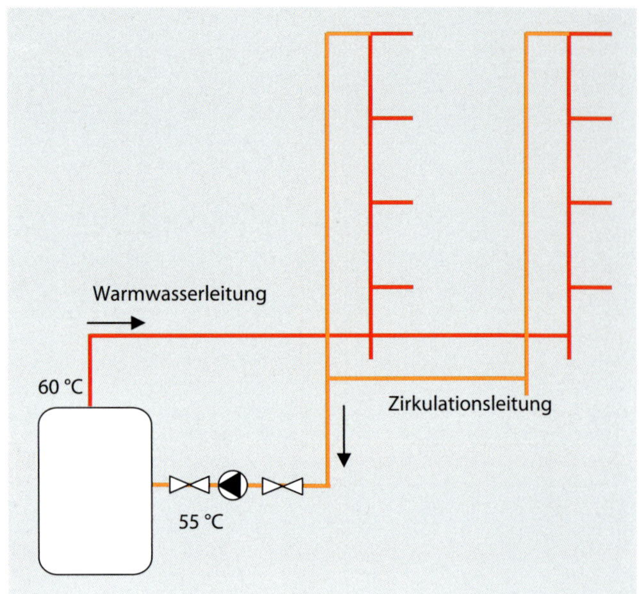

Abb. 8.39: Temperaturanforderungen nach DVGW Arbeitsblatt W 551

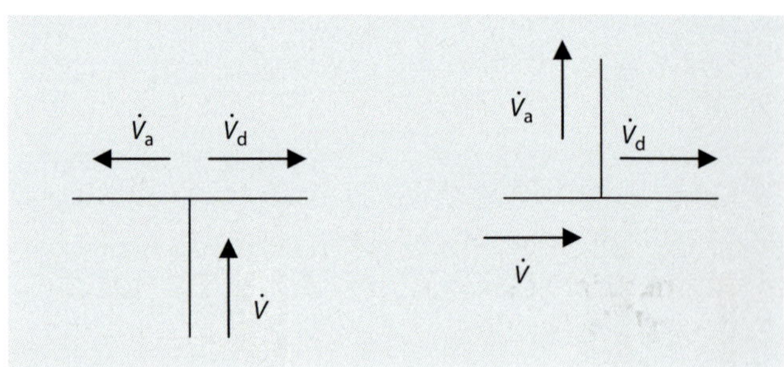

Abb. 8.40: Bezeichnungen an einer Verzweigung ($\dot{V}_a$: Volumenstrom im Abzweig; $\dot{V}_d$: Volumenstrom im Durchgang)

$$\dot{V}_{TS} = \frac{l_{TS} \cdot \dot{q}_{W,i,TS}}{\rho \cdot c_p \cdot \Delta t_W} \quad \text{(Formel 8.13)}$$

mit

$\dot{V}_{TS}$ Volumenstrom der Teilstrecke in l/s
$\dot{q}_{W,i,TS}$ längenspezifischer Wärmeverlust der Teilstrecke in W/m
l_{TS} Länge der Teilstrecke in m
ρ Dichte $\rho = 1.000$ kg/m³
c_p spezifische Wärmekapazität; $c_p = 4{,}19$ kJ/(kg · K)
Δt_W zulässiger Temperaturabfall in K, $\Delta t_W = 2$ bis 2,5 K

Die Teilvolumenströme an Abzweigungen berechnen sich gemäß Abb. 8.40 wie folgt:

$$\dot{V}_a = \dot{V} \cdot \frac{\dot{Q}_a}{\dot{Q}_a + \dot{Q}_d} \quad \text{(Formel 8.14)}$$

$$\dot{V}_d = \dot{V} \cdot \frac{\dot{Q}_d}{\dot{Q}_a + \dot{Q}_d} \text{ oder:} \quad \text{(Formel 8.15)}$$

$$\dot{V}_d = \dot{V} - \dot{V}_a \quad \text{(Formel 8.16)}$$

mit

$\dot{V}$ Volumenstrom vor der Verzweigung in l/s
$\dot{V}_a$ Volumenstrom im Abzweig in l/s
$\dot{V}_d$ Volumenstrom im Durchgang in l/s
$\dot{Q}_a$ Wärmeverluste für den Abzweig in W
$\dot{Q}_d$ Wärmeverluste für den Durchgang in W

Tabelle 8.11: Ergebnisse für die Teilstrecken des Beispielsystems (Maße für Kupferleitungen; d_a: Außendurchmesser; s: Rohrwanddicke)

Ausgangswerte

$\dot{q}_{W,K}$	11	W/m
$\dot{q}_{W,S}$	7	W/m
Δt	2	K
c_P	4,19	kJ/(kg · K)
ρ	1.000	kg/m³ Kupferleitungen

	L (m)	$\dot{Q}_W$ (W)	$\dot{V}$ (l/s)	d_a (mm)	s (mm)	v (m/s)	R (λ = 0,03) (mbar/m)
V_1 (Keller)	12	132	0,076	18	1	0,378	1,3395
V_2 (Keller)	8	88	0,051	15	1	0,384	1,7014
V_3 (Keller)	10	110	0,037	12	1	0,471	3,3276
V_4 (Keller)	9	99	0,025	12	1	0,318	1,5169
S_1 (Schacht)	10	70	0,025	12	1	0,318	1,5169
S_2 (Schacht)	10	70	0,014	12	1	0,178	0,4753
S_3 (Schacht)	10	70	0,037	12	1	0,471	3,3276
	Σ $\dot{Q}_W$	**639 W**					

Die Auswahl der Rohrdurchmesser erfolgt für einen Geschwindigkeitsbereich von 0,2 bis 0,5 m/s. Nach DVGW W 553 ist die Geschwindigkeit auf 1 m/s begrenzt. Die Druckverluste im Zirkulationssystem werden wie folgt bestimmt (vgl. Kapitel 8.7.3):

$$\Delta p_P = \sum (l \cdot R + Z) + \sum \Delta p_{RV} + \Delta p_{TH} + \Delta p_D + \Delta p_{App} \qquad \text{(Formel 8.17)}$$

mit

$\sum (l \cdot R + Z)$ Summe der Rohrreibungsverluste und der Einzelverluste in mbar (vgl. Kapitel 8.7.3)

Δp_{RV} Druckverluste in Rückflussverhinderern in mbar

Δp_{TH} Druckverlust im vollständig geöffnetem Zirkulationsregulierventil des ungünstigsten Zirkulationskreises in mbar

Δp_D Drosselverlust im Zirkulationsregulierventil in mbar

Δp_{App} Druckverlust in Apparaten in mbar

Im Folgenden soll an einem konkreten Beispiel die Auslegung eines einfachen Zirkulationssystems demonstriert werden.

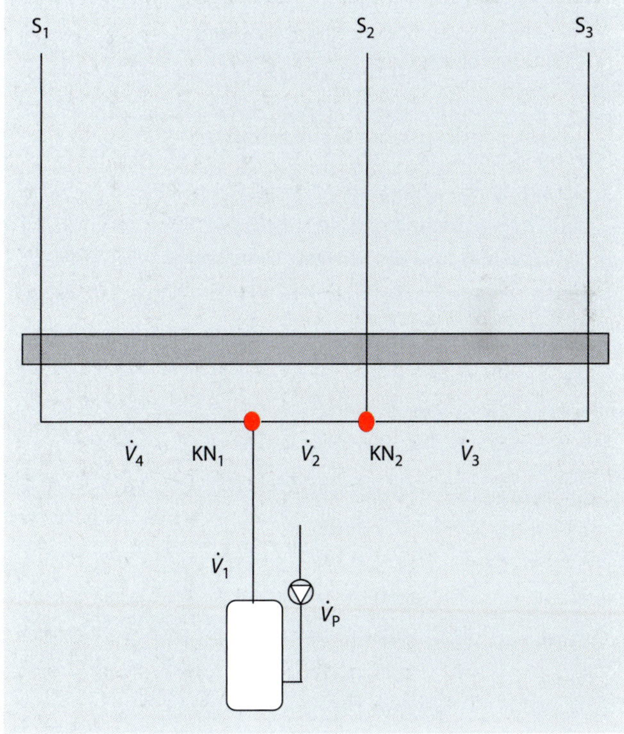

Abb. 8.41: Berechnungsschema für das Beispielsystem (nur Warmwasserleitung dargestellt; S_1 bis S_3: Stränge 1 bis 3; $\dot{V}_1$ bis $\dot{V}_4$: Volumenströme auf den Teilstrecken 1-4; KN_1, KN_2: Knotenpunkt 1 bzw. Knotenpunkt 2)

Beispielhafte Auslegung eines einfachen Zirkulationssystems

Für ein Wohngebäude ist das Zirkulationssystem auszulegen. Im ersten Schritt wurde das Warmwasserleitungssystem entsprechend der Abb. 8.41 festgelegt. Die Zirkulationsleitungen verlaufen parallel zur Warmwasserleitung.

Entsprechend dem vereinfachten Verfahren nach DVGW W 553 wurden die spezifischen Wärmeverluste pauschal vorgegeben. Damit wurden für jede Teilstrecke der Wärmeverlust und der dazugehörige Volumenstrom auf der Teilstrecke bestimmt (Tabelle 8.11). Im ersten Schritt wurden die Wärmeverluste bestimmt und in die Spalte $\dot{Q}_W$ eingetragen. Mit dem Gesamtwärmeverlust kann der erforderliche Volumenstrom für die Pumpe bestimmt werden ($\dot{V}_1 = \dot{V}_P$). Dieser muss dann an den Knoten KN_1 und KN_2 aufgeteilt werden. Damit stehen alle Volumenströme auf den Teilstrecken fest und es können die Rohre ausgewählt werden. Es wurde Kupfer verwendet, die Geschwindigkeit sollte unter 0,5 m/s liegen.

Die Aufteilung des Volumenstroms auf die einzelnen Teilstrecken erfolgte im Verhältnis der Wärmeverluste (vgl. Abb. 8.42).

Der spezifische Druckverlust auf den Teilstrecken wurde vereinfachend mit festem Druckverlustbeiwert λ berechnet:

$$R_{TS} = \lambda \cdot \frac{\rho}{2 \cdot d_{i,TS}} \cdot v_{TS}^2 \qquad \text{(Formel 8.18)}$$

$$\dot{V}_{TS} = \frac{4 \cdot \dot{V}_{TS}}{\pi \cdot d_{i,TS}^2} \qquad \text{(Formel 8.19)}$$

mit

R_{TS} spezifischer Druckverlust in mbar/m

λ Druckverlustbeiwert (vereinfachend $\lambda = 0{,}03$; gilt nur hier)

v_{TS} Strömungsgeschwindigkeit auf der Teilstrecke in m/s

$\dot{V}_{TS}$ Volumenstrom im Abzweig in l/s

$d_{i,TS}$ Innendurchmesser des gewählten Rohres auf der Teilstrecke in mm

Der Druckverlust des gesamten Systems ergibt sich aus dem Druckverlust für die ungünstigste Masche, in diesem Fall auf dem Weg über S_3. Dabei sind die Druckverluste für die Warmwasserleitung und für die Zirkulationsleitung zu berechnen. Damit können die Auslegungsparameter der Zirkulationspumpe einfach bestimmt werden (vgl. Berechnungsschema gemäß Abb. 8.43).

Im Beispiel soll die stark vereinfachende Annahme gelten, dass die Druckverluste in der Warmwasserleitung gleich denen in der Zirkulationsleitung sind. Damit kann der Druckverlust der ungünstigsten Masche bestimmt werden (vgl. die folgende Aufstellung). Für den Druckverlust der Einzelverluste Z und die übrigen Druckverluste für Apparate und Armaturen wurde pauschal ein Zuschlag von 30 % auf den Rohrreibungsverlust angesetzt.

Druckverlust zum S_3:

$\Delta p(S_3)$	66,55	mbar
$\Delta p(\dot{V}_3)$	66,55	mbar
$\Delta p(\dot{V}_2)$	27,22	mbar
$\Delta p(\dot{V}_1)$	32,15	mbar
Δp gerades Rohr	192,50	mbar
Zuschlag	30,00	%
Δp_{Pumpe}	250,20	mbar
Δp_{Pumpe}	**2,50**	**mWS**
V_P	**273,60**	**l/h**

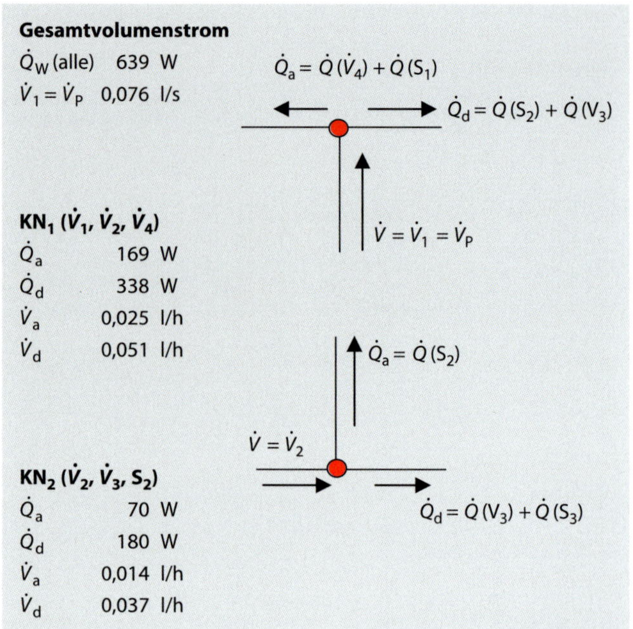

Abb. 8.42: Aufteilung des Volumenstroms auf die Teilstrecken des Beispielsystems

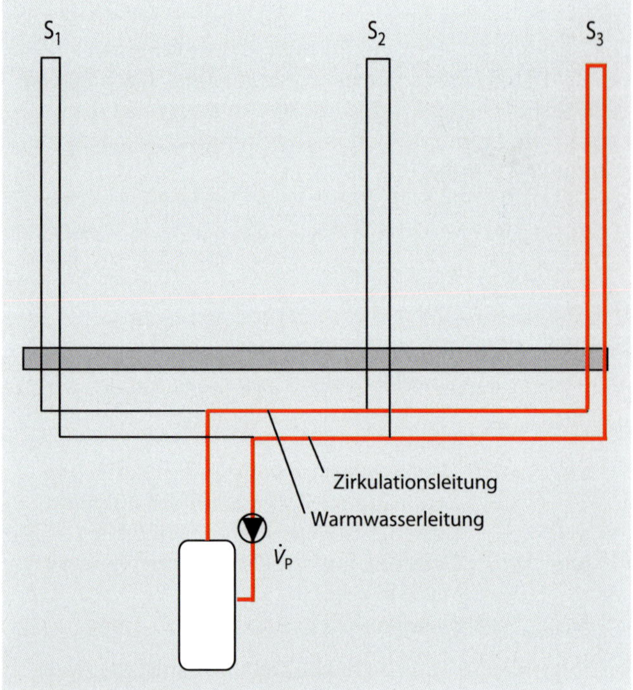

Abb. 8.43: Berechnungsschema für Druckverlustberechnung

Abb. 8.44: Formstück für Trinkwasserleitung, Ausführung in Kupfer, Rotguß, Edelstahl, von links nach rechts; (Quelle: Viega GmbH & Co. KG, Attendorn)

8.7 Trinkwasserverteilung

8.7.1 Rohrleitungen

Für die Trinkwasserinstallation in Gebäuden werden heute nachfolgende Werkstoffe eingesetzt:

- verzinkte Stahlrohre
- Rohre aus nicht rostendem Stahl (vgl. Abb. 8.44)
- Kupferrohre (vgl. Abb. 8.44) bzw. innen verzinnte Kupferrohre
- Kunststoffrohre (PVC, PE, PP, PB)

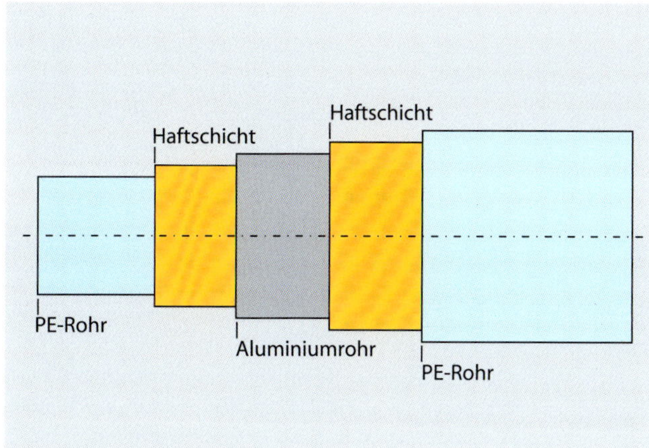

Abb. 8.45: Aufbau eines Verbundrohres

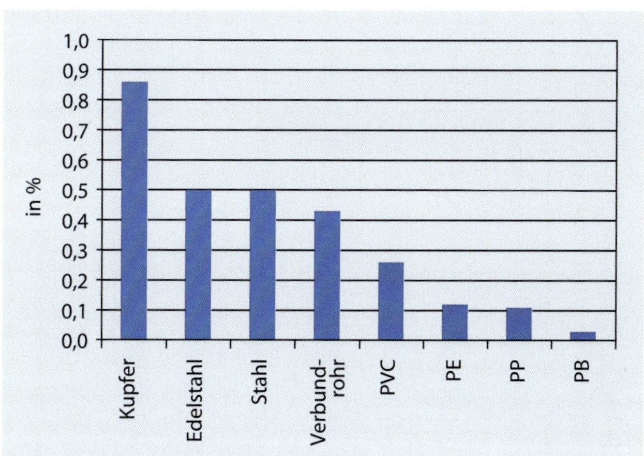

Abb. 8.46: Verbreitung von Rohrwerkstoffen in der Hausinstallation

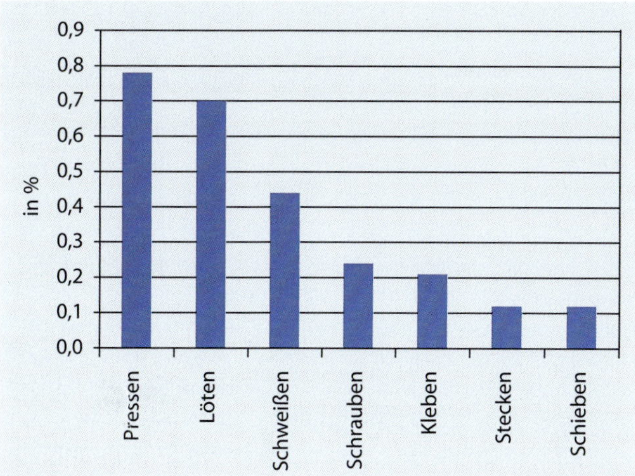

Abb. 8.47: Verbreitung von Verbindungstechnologien in der Hausinstallation

Abb: 8.48: Herstellen einer Pressverbindung (Quelle: Viega GmbG & Co. KG, Attendorn)

- Verbundrohrsysteme (vgl. Abb. 8.45)
- duktile Gussrohre

Folgende Verbindungstechnologien werden bei Trinkwasserrohren verwendet:

- nicht lösbare Gewindeverbindung (Verwendung bei verzinkten Stahlrohren, vgl. Abb. 8.50)
- lösbare Rohrgewindeverbindungen (vgl. Abb. 8.51 und 8.52)
- Pressverbindungen (Die Presskraft wirkt auf die Rohroberfläche, sie verhindert durch Reibung ein Ausgleiten des Rohres; die Presskraft wird mit einem Spezialwerkzeug aufgebracht [vgl. Abb. 8.48], es werden zwangsundichte Pressfittings verwendet, damit nicht gepresste Rohrverbindungen beim Abdrücken durch Leckage angezeigt werden [vgl. Abb. 8.49].)
- Klemmverbindungen – Spezialform der Pressverbindung
- Lötverbindungen (hauptsächlich bei Kupfer, vgl. Abb. 8.53),
- Klebeverbindungen (Anwendung bei PVC)
- Schweißverbindungen (Anwendung bei PE-Rohren, vgl. Abb. 8.54)

Die Abb. 8.46 zeigt die Verbreitung von Rohrwerkstoffen und Abb. 8.47 die Verbreitung von Verbindungstechnologien in der Hausinstallation (Werte nach Vom Charakter zum Rohrleitungssystem, 2005, S. 38 f.).

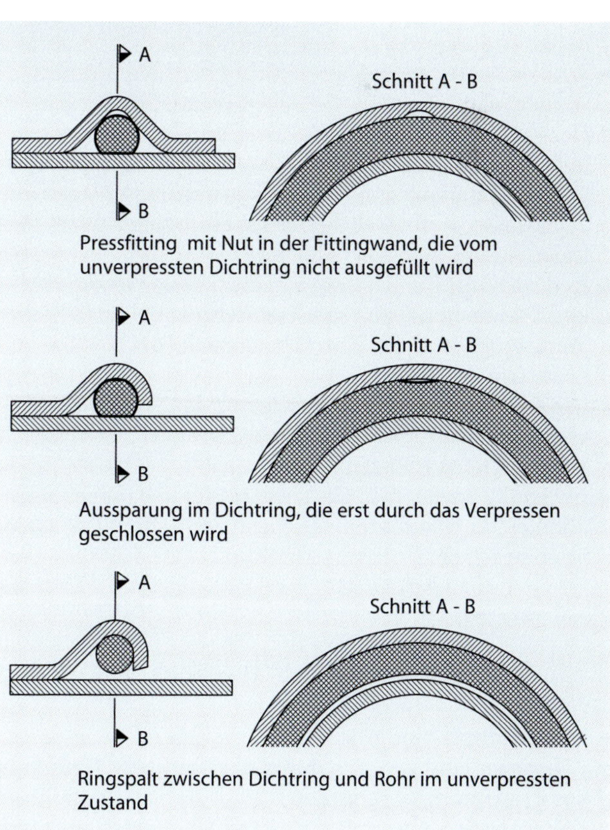

Abb. 8.49: Aussparung und Ringspalt in unverpresstem Zustand bei zwangsundichten Pressfittings

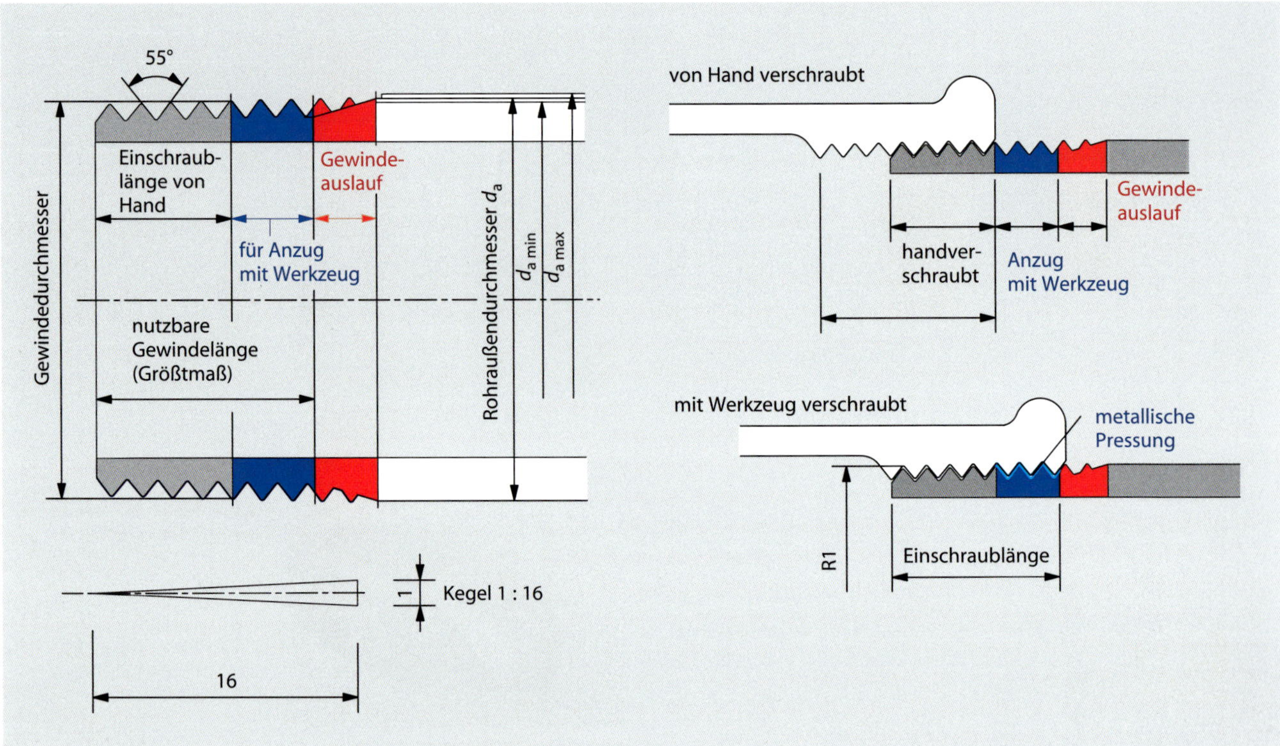

Abb. 8.50: Nicht lösbare Gewindeverbindung (R 1:Radius 1)

8.7.2 Gestaltungsaspekte bei Trinkwassersystemen

Hygienische Aspekte

Aus Sicht der Hygiene ist auf Folgendes zu achten:

- Eine Mindesttemperatur von 55 °C ist dauerhaft einzuhalten (vgl. Abb. 8.39).
- Trinkwasserleitungen dürfen nicht überdimensioniert werden, damit hohe Verweilzeiten vermieden werden.
- Der Kontakt von Nichttrinkwasser mit der Trinkwasserinstallation ist in jedem Fall zu vermeiden. Beispielsweise darf die Befüllung von Regenwassernutzungsanlagen mit Trinkwasser (erforderliche Nachspeisung) nur über einen freien Auslauf erfolgen (Abb. 8.59).
- Es dürfen nur für Trinkwasser zertifizierte Werkstoffe und Dichtmaterialien eingesetzt werden. Bei metallischen Werkstoffen ist deren Korrosivität nach DIN 50930-6 zu bewerten.
- Die Dichtheits- und Druckprobe für das Trinkwassersystem darf nur über einen für Trinkwasser zugelassenen Hausanschluss erfolgen.
- Im Trinkwassersystem sind regelmäßig Instandhaltungsarbeiten durchzuführen, die Richtlinie VDI/DVGW 6023 ist zu beachten.

Planungsregeln

Bei der Planung von Trinkwasserleitungen ist Folgendes sicherzustellen:

- Alle Leitungen sind frostsicher zu verlegen.
- Kaltwasserleitungen sind durch Abstände bzw. Dämmung vor Erwärmung zu schützen.
- Kaltwasserleitungen müssen wegen möglicher Tauwasserbildung unter anderen Leitungen verlegt werden.

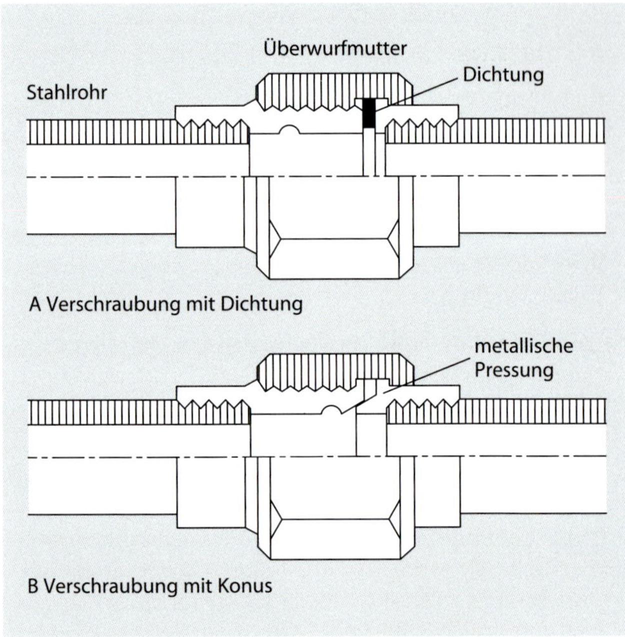

Abb. 8.51: Verschraubung (lösbare Gewindeverbindung)

- Steigleitungen sollen einzeln absperrbar und am Fußpunkt entleerbar ausgeführt werden.
- Stockwerksleitungen zur Versorgung von Etagen bzw. abgeschlossener Wohnungen müssen einzeln absperrbar sein.
- Leitungen, die wenig genutzt werden oder die der Frostgefahr ausgesetzt sind, sollten beschriftet werden, sie müssen absperrbar und entleerbar sein.
- Mit Ausnahme fest angeschlossener Haushaltgeräte und Feuerlöscheinrichtungen ist unter jeder Entnahmestelle ein Ablauf erforderlich.

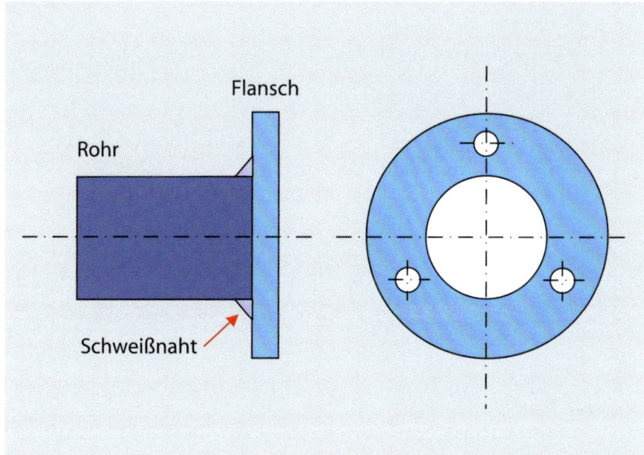

Abb 8.52: Flanschverbindung (lösbare Gewindeverbindung)

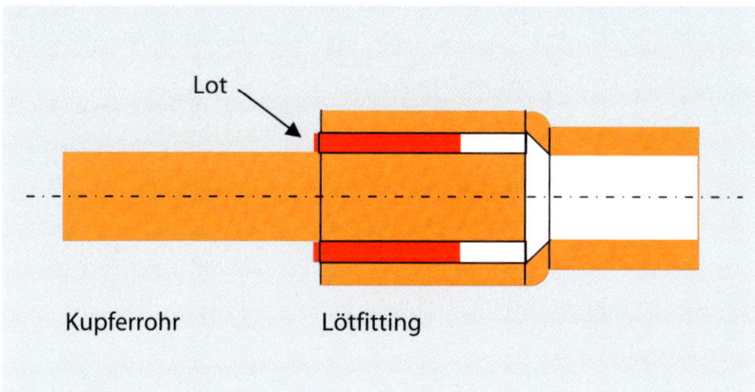

Abb. 8.53: Lötverbindung

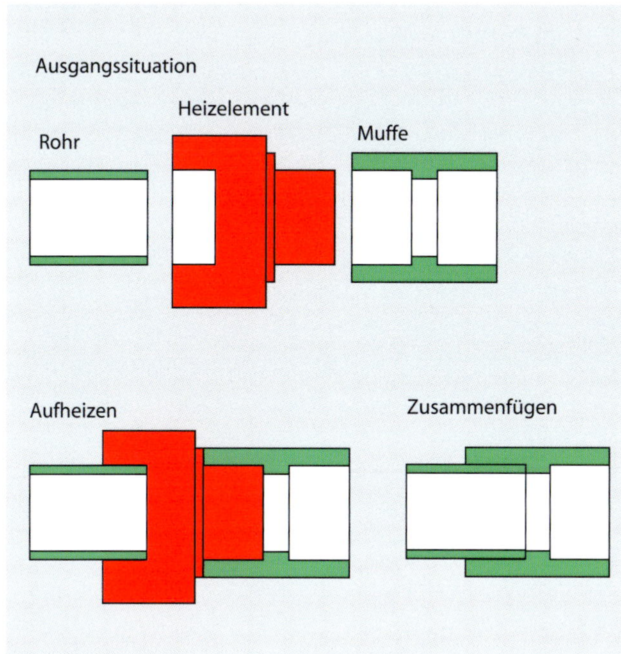

Abb. 8.54: Schweißverbindungen für Kunststoffrohre

Vorwandinstallation

Die Trinkwasserleitungen wie auch die Abwasserleitungen werden oftmals innerhalb einer sog. Vorwandinstallation verlegt. Dabei handelt es sich um ein Ständersystem, das mit Trockenbauplatten beplankt und dann mit Fliesen versehen werden kann. Die komplette Rohrinstallation bleibt hinter der Wand verborgen (vgl. Abb. 8.55a und b).

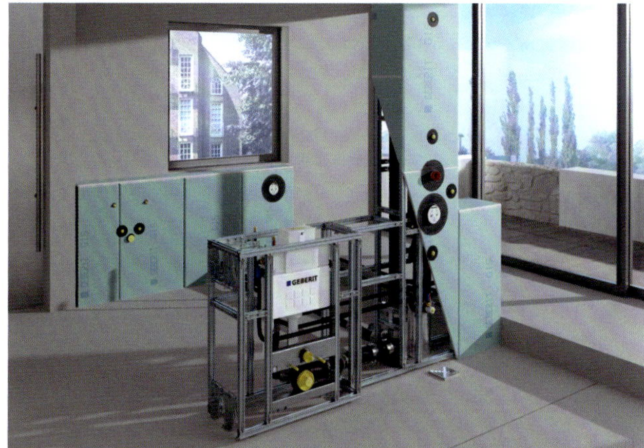

Abb. 8.55a und b: Vorwandinstallation in einem Badezimmer (Quelle: Geberit Vertriebs GmbH, Pfullendorf)

8.7.3 Bemessung der Trinkwasserleitungen

Die Bemessung von Trinkwasserleitungen in Gebäuden (Kaltwasser-, Warmwasser- und Zirkulationsleitungen) muss zwingend nach DIN 1988-300 durchgeführt werden. Dabei folgt die Durchmesserfestlegung dem Leitgedanken, mit möglichst geringen Durchmessern eine signifikante Durchströmung aller Leitungen zu erreichen. Nachfolgend wird das Grundprinzip der Auslegung dargestellt. Viele weitere wichtige Einzelheiten werden konkret in der Norm benannt und sind dort nachzuschlagen.

Für die Dimensionierung, d. h. die Festlegung der Durchmesser, werden 2 Größen benötigt:

- Volumenstrom auf der Teilstrecke
- Druckverlust der Teilstrecke

Der Volumenstrom auf der Teilstrecke hängt von der Anzahl der angeschlossenen Entnahmestellen ab. Zunächst werden die Berechnungsdurchflüsse entsprechend der Nutzungsarmatur bestimmt und dann mithilfe der Beziehung Formel 8.2 der Spitzendurchfluss, d. h. der um einen Gleichzeitigkeitsfaktor verringerte Summendurchfluss.

$$\Delta p_{TS} = R \cdot l_{TS} + Z \quad \text{(Formel 8.20)}$$

mit

Δp_{TS} Druckverlust auf der Teilstrecke in Pa
R längenspezifischer Druckverlust in Pa/m
l_{TS} Länge der Teilstrecke in m
Z Einzeldruckverluste in Pa

Der längenspezifische Druckverlust R kann Herstellerunterlagen oder der Spezialliteratur entnommen werden. Ein Beispiel für Kupferrohrleitungen zeigt die Tabelle 8.12.

Tabelle 8.12: Längenspezifischer Druckverlust für Kaltwasser – Kupferrohre (d_i: Innendurchmesser des Rohres)

$\dot{V}_S$ in l/s	d_i = 16 mm R in mbar/m	d_i = 20 mm R in mbar/m	d_i = 25 mm R in mbar/m	d_i = 32 mm R in mbar/m	d_i = 39 mm R in mbar/m
0,5	45,7	15,7	5,4	1,7	0,6
1,0	157,4	53,9	18,5	5,7	2,2
1,5		111,4	38,1	11,7	4,6
2,5			95,4	29,1	11,3
3,2				45,3	17,5

Für die Einzelverluste Z wird die Geschwindigkeit auf der Teilstrecke benötigt:

$$Z = \frac{\rho}{2} \cdot v_{TS}^2 \cdot \Sigma\,\zeta \qquad \text{(Formel 8.21)}$$

$$\dot{V}_{TS} = \frac{4 \cdot \dot{V}_{TS}}{\pi \cdot d_{i,TS}^2} \qquad \text{(Formel 8.22)}$$

mit

Z Druckverlust der Einbauteile in Pa

ρ Dichte in kg/m³

v_{TS} Geschwindigkeit auf der Teilstrecke in m/s

$\Sigma\,\zeta$ Summe der Druckverlustbeiwerte auf der Teilstrecke

$\dot{V}_{TS}$ Volumenstrom auf der Teilstrecke = Spitzendurchfluss in m³/s

$d_{i,TS}$ Innendurchmesser des Rohres der Teilstrecke in m

Für das Gesamtsystem muss eine Druckverlustbilanz zum ungünstigsten Abnehmer aufgestellt werden:

$$\Delta p_{ges} = \sum_i (R \cdot l + Z)_i + \sum_j \Delta p_{App,j} + \Delta p_{WZ} + \Delta p_{geo} + p_{min,Fl} \qquad \text{(Formel 8.23)}$$

mit

Δp_{ges} Gesamtdruckverlust der Trinkwasserinstallation in Pa (muss kleiner sein als der in Versorgungsleitung oder nach der DEA zur Verfügung stehende Druck)

$\sum_i (R \cdot l + Z)_i$ Summe der Rohrreibungsverluste in Pa

$\sum_j \Delta p_{App,j}$ Summe der Druckverluste für Apparate in Pa

Δp_{WZ} Druckverlust des Wasserzählers in Pa

Δp_{geo} geodätischer Druckverlust in Pa ($\Delta p_{geo} = \rho \cdot g \cdot h_{geo}$)

$p_{min,Fl}$ Mindestfließdruck am ungünstigsten Abnehmer in Pa

Im Folgenden soll an einem konkreten Beispiel die Dimensionierung eines einfachen Kaltwassersystems demonstriert werden.

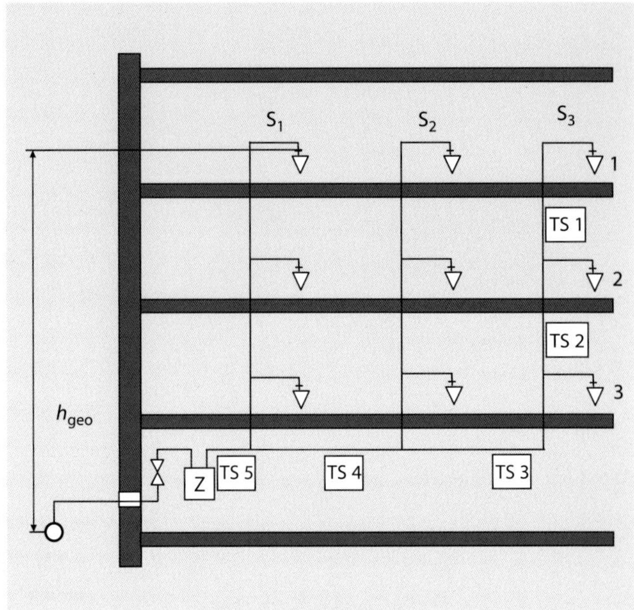

Abb. 8.56: Berechnungsschema des Beispiels (S_1 bis S_3: Stränge 1 bis 3; Z: Zähler; TS 1 bis TS 5: Teilstrecken 1 bis 5)

Beispielhafte Dimensionierung eines einfachen Kaltwassersystems in einem Gebäude

Die Trinkwasserinstallation eines Gebäudeteils einer Schule soll dimensioniert werden (vgl. Berechnungsschema in Abb. 8.56). Pro Abnehmer soll ein Auslaufventil in der Nennweite DN 20 eingebaut werden. Die Installation soll in Kupfer ausgeführt werden.

Die folgenden Aufstellungen geben einen Überblick über die Ausgangsdaten und die Abnehmer, Tabelle 8.13 listet Summen- und angenommene Spitzendurchflüsse auf. Die Spitzendurchflüsse wurden im Beispiel nicht nach Formel 8.2 bestimmt, sondern aus Gründen der Anschaulichkeit größer als üblich gewählt. Das Beispiel soll vor allem den prinzipiellen Auslegungsansatz verdeutlichen und wurde deshalb sehr einfach konfiguriert. In der Praxis würde es viel mehr Auslaufarmaturen geben, deren detaillierte Berücksichtigung auch hinsichtlich ihrer gleichzeitigen Benutzung aber den Rahmen hier sprengen würde. Die Berechnungsergebnisse für die Teilstrecken werden schließlich in Tabelle 8.14 dargestellt.

Ausgangsdaten:

ρ 1.000,0 kg/m³

$p_{min,Fl}$ 0,5 bar

h_{geo} 8,0 m

Δp_{WZ} 0,2 bar

$\Delta p_{HAE+Filter}$ 0,1 bar (entspricht $\sum_j \Delta p_{App,j}$)

Abnehmer (Auslaufventil):

$\dot{V}_{R,1}$ 0,5 l/s

$\dot{V}_{R,2}$ 0,5 l/s

$\dot{V}_{R,3}$ 0,5 l/s

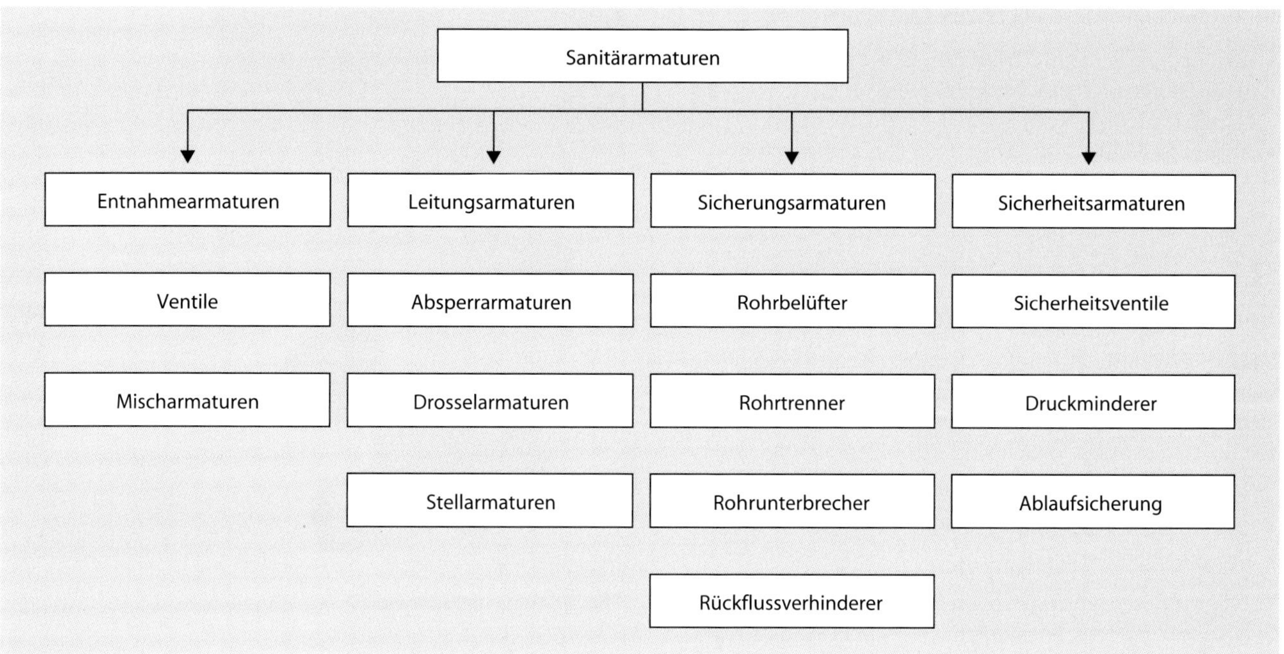

Abb. 8.57: Armaturen in Trinkwassersystemen (in Anlehnung an Firmenschrift der AQUA Butzke-Werke AG „Planung von öffentlichen und gewerblichen Sanitäranlagen")

Tabelle 8.13: Summen- und angenommener Spitzendurchfluss

Teilstrecke (TS)	$\dot{V}_R$ (l/s)	$\dot{V}_S$ (l/s)
TS 1	0,5	0,5
TS 2	1,0	1,0
TS 3	1,5	1,5
TS 4	3,0	2,5
TS 5	4,5	3,2

Prüfung der Gesamtdruckbilanz:

Druckverlust des geraden Rohres $\sum$ (R · l)	0,635 bar
Druckverlust der Einbauteile $\sum$ Z	0,621 bar
Druckverlust HAE + Filter ΔpHAE+Filter	0,100 bar
Druckverlust WZ ΔpWZ	0,200 bar
geodätischer Druckverlust Δpgeo	0,785 bar
Mindestfließdruck pmin,Fl	0,500 bar
Druckverlust der TW-Installation	2,841 bar
vorhandener Druck in Trinkwasserversorgungsleitung pmin,v	3,000 bar

Der Druckverlust der Trinkwasserinstallation (2,841 bar) ist kleiner als der zur Verfügung stehende Druck (3,0 bar) in der Versorgungsleitung, d. h. die Durchmesser wurden ausreichend dimensioniert.

8.8 Armaturen in Trinkwassersystemen

8.8.1 Absperrarmaturen

Abb. 8.57 zeigt eine Übersicht der Armaturen in Trinkwassersystemen.

Tabelle 8.14: Berechnungsergebnisse für die Teilstrecken TS (Formelzeichen siehe Formeln 8.21, 8.22 und 8.23)

TS	$\dot{V}_{TS}$ (l/s)	l (m)	d_a (mm)	s (mm)	$d_{i,TS}$ (mm)	v_{TS} (m/s)	R (mbar/m)	R (Pa/m)	$R \cdot l$ (Pa)	$\Sigma\zeta$	Z (Pa)
1	0,5	2	18	1,0	16	2,49	45,7	4.570	9.140	10,7	33.085
2	1,0	3	22	1,0	20	3,15	53,9	5.390	16.170	0,3	1.490
3	1,5	3	28	1,5	25	3,05	38,1	3.810	11.430	1,0	4.663
4	2,5	8	35	1,5	32	3,12	29,1	2.910	23.280	0,3	1.460
5	3,2	2	42	1,5	39	2,67	17,5	1.750	3.500	6,0	21.449
								Σ (*R* · *l*)	**63.520**	**Σ *Z***	**62.147**

Es werden folgende Absperrarmaturen eingesetzt:

- Absperrventile: zum Absperren, z. B. am Fußpunkt jedes Steigstrangs und zum Einregulieren, oft als Schrägsitzventile (vgl. Abb. 8.58)
- Absperrschieber: zum Absperren von Leitungen
- Absperrhähne: für Entleerungen und zum Anschluss von Objekten an die Trinkwasserleitung

8.8.2 Sicherheitsarmaturen und -einrichtungen

Sicherheitseinrichtungen gegen Drucküberschreitungen

Sicherheitsventile öffnen bei zu hohem Druck und schließen, wenn der Druck in der Anlage den Einstellwert unterschreitet. Die Hauptanwendungsgebiete für Sicherheitsventile im Trinkwasserbereich sind die folgenden (vgl. auch Kapitel 6.4.2):

- geschlossene Warmwasserbereiter (WWB)
- Druckbehälter von DEA

Druckminderer reduzieren den Eingangsdruck und halten den Ausgangsdruck konstant. Sie verschließen den Fließweg bei zu hohem Druck und öffnen bei Druckabfall. Druckminderer werden nach dem Wasserzähler zum Schutz der Installationsanlage eingebaut oder vor Druckzonen entsprechend Abb. 8.22.

Sicherheitseinrichtungen gegen Rückfließen

Generell muss das Rückfließen von Trinkwasser in das öffentliche Leitungsnetz verhindert werden. Verunreinigungen durch rückfließendes Trinkwasser sind möglich:

- infolge von geodätischen Höhenunterschieden bei Entnahmestellen,
- durch Rückdrücken infolge von Überdruck eines Apparates,
- durch Rücksaugen infolge von Leitungsbruch oder bei der Entleerung von Leitungsanlagen.

Es gibt folgende Einrichtungen:

- freier Auslauf (vgl. Abb. 8.59)
- Rohrunterbrecher
- Rohrtrenner
- Rückflussverhinderer
- Rohrbelüfter

8.8.3 Entnahmearmaturen

Abb. 8.60 zeigt eine Übersicht über die Steuerungsarten für Entnahmearmaturen.

Entnahmearmaturen geben den Wasserausfluss an einem Sanitärobjekt frei. Sie werden unterschieden z. B. nach der Art der Anbringung in Standmodelle oder Wandmodelle oder nach der Art der Betätigung in manuelle, teilautomatische oder vollautomatische Betätigung.

Bei Sanitärobjekten mit gleichzeitiger Warm- und Kaltwasserentnahme werden Mischbatterien verwendet. Diese gibt es in folgenden Ausführungen (vgl. auch Abb. 8.61):

- Zweigriffmischbatterien
- Eingriffmischbatterien (Einhebelmischbatterien)
- Thermostatmischbatterien (Einstellung einer Grenztemperatur möglich)

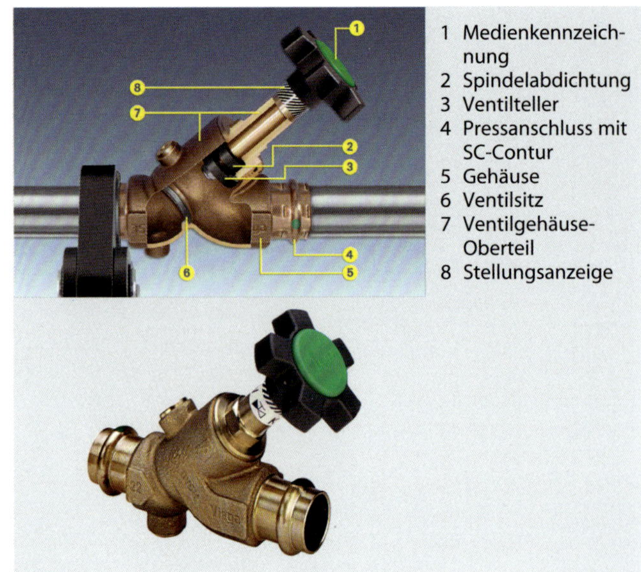

Abb. 8.58: Schrägsitzventil (Quelle: Viega GmbH & Co. KG, Attendorn)

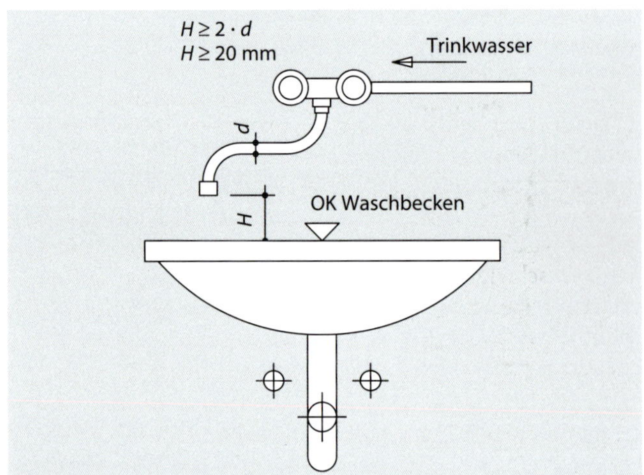

Abb. 8.59: Freier Auslauf

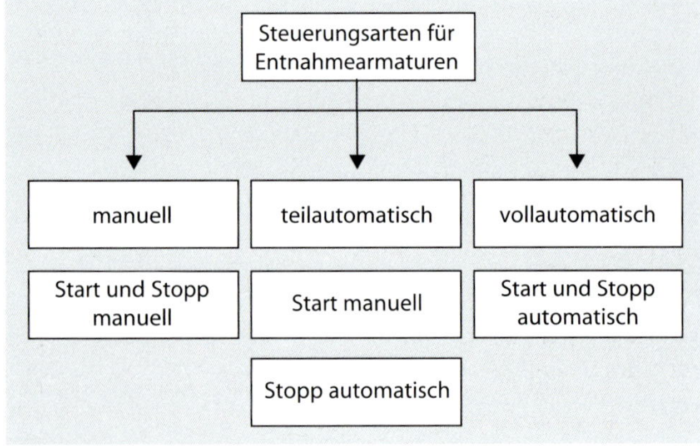

Abb. 8.60: Steuerungsarten für Entnahmearmaturen

8.9 Regenwassernutzung

Aus verschiedenen Gründen entwickelt sich Trinkwasser auch in Deutschland zu einem zunehmend knapper werdenden Gut, was sich nicht zuletzt an den steigenden Trinkwasserpreisen ablesen lässt. Aus Sicht der Allgemeinheit ist es also erstrebenswert, mit Trinkwasser möglichst sparsam umzugehen. Allerdings müssen auch die Interessen der

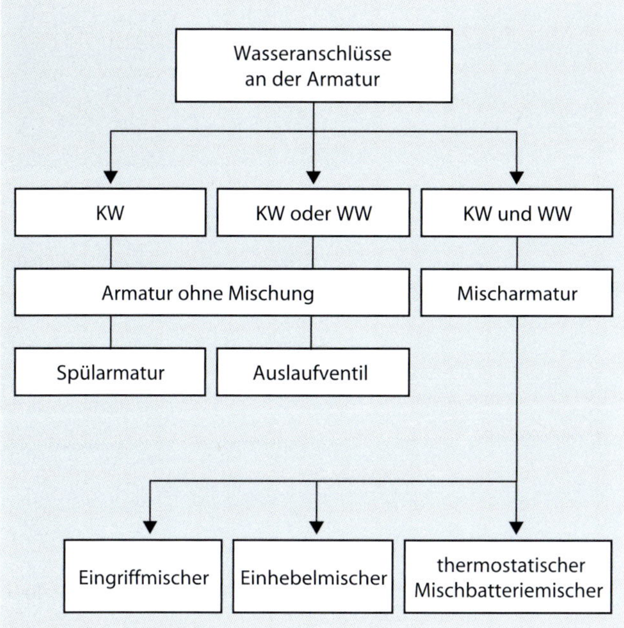

Abb. 8.61: Armaturen zur Mischung von Kalt- und Warmwasser (KW: Kaltwasser; WW: Warmwasser)

Wasserversorgungsunternehmen berücksichtigt werden, deren Erträge sich mit zurückgehender Abnahme aufgrund von Einsparungen durch die Trinkwasserverbraucher logischerweise auch verringern. Daraus ergeben sich signifikante wirtschaftliche Probleme, da es bei geringeren Einnahmen schwierig ist, die hohen Investitionen in die erforderliche Anlagentechnik für Gewinnung, Förderung, Aufbereitung, Speicherung und Verteilung in ausreichendem Maße zu refinanzieren.

Für den Gebäudeeigentümer steht die Frage im Mittelpunkt, wie viel Trinkwasser durch Regenwasser substituiert werden kann und welche Trinkwasserbezugskosten sich dadurch einsparen lassen.

8.9.1 Systemübersicht

Die einfachste Art der Regenwassernutzung ist eine Tonne, die unter dem Auslauf der Dachentwässerung eines Gebäudes aufgestellt wird (vgl. Abb. 8.62). Das so gesammelte Regenwasser wird dann im Allgemeinen zur Gartenbewässerung verwendet. Entsprechende Tonnen bzw. Tanks aus Kunststoff können heute in jedem Baumarkt gekauft werden. Ein solcher Regenwasserspeicher sollte zweckmäßigerweise mit einem Überlauf ausgestattet sein, durch den das Überlaufwasser gezielt der Regenentwässerung zugeführt werden kann, was Schäden am Gebäude verhindert.

Regenwassernutzungsanlagen für Gebäude lassen sich in 2 Grundarten systematisieren:

- Schwerkraftsystem (vgl. Abb. 8.63)
- Pumpensystem (vgl. Abb. 8.64)

Das Schwerkraftsystem ist dort sinnvoll, wo der Auffangbehälter oberhalb der Abnehmer angeordnet werden kann und das Regenwasser aufgrund der geodätischen Höhendifferenz den Verbrauchern ohne zusätzliche Pumpenergie zufließt. Das kann z. B. bei Hanggrundstücken der Fall

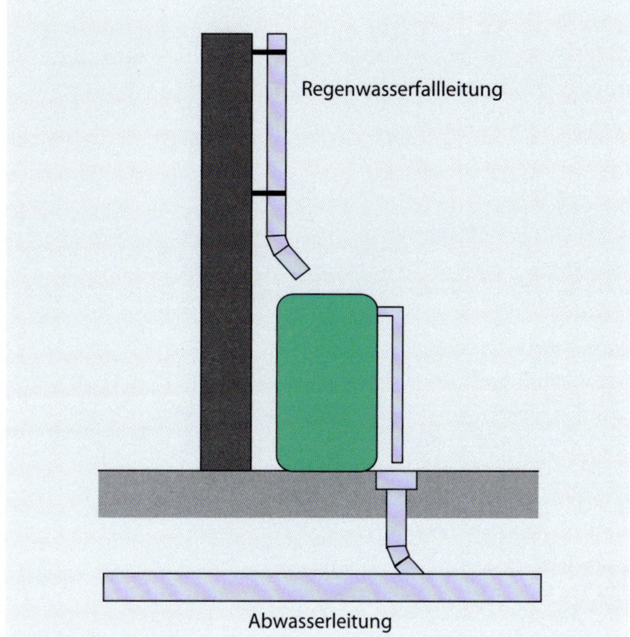

Abb. 8.62: Regentonne als einfachste Regenwassernutzungsanlage

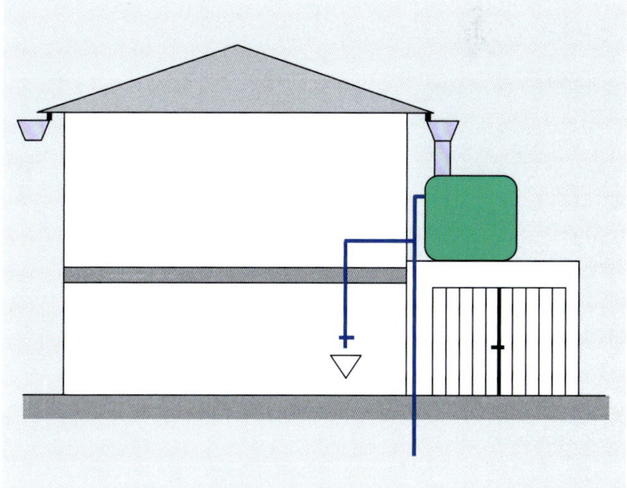

Abb. 8.63: Schwerkraftsystem

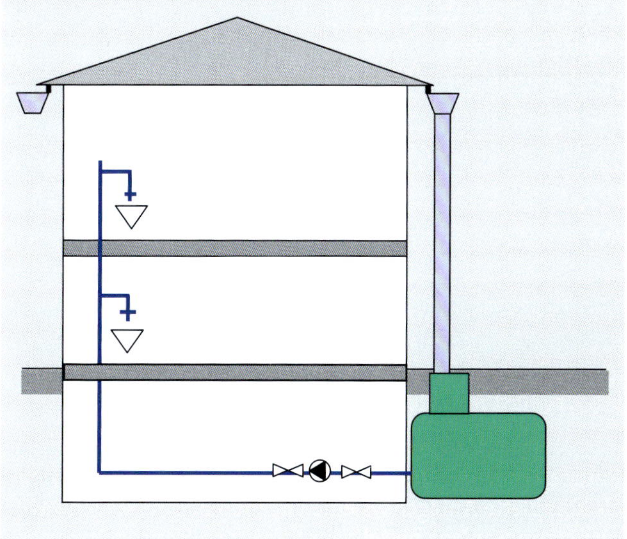

Abb. 8.64: Pumpensystem

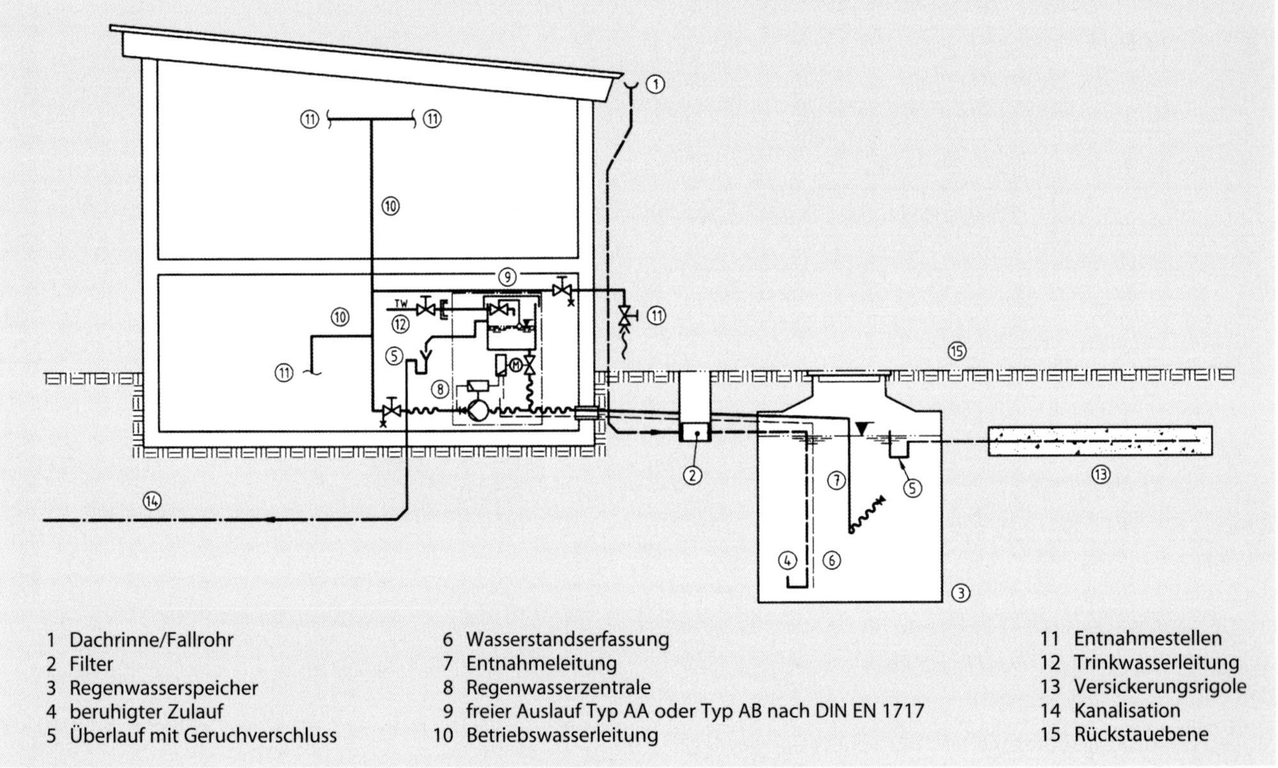

Abb. 8.65: Regenwassernutzungsanlage mit Erdspeicher (Quelle: DIN 1989-1:2002-04, Bild 5)

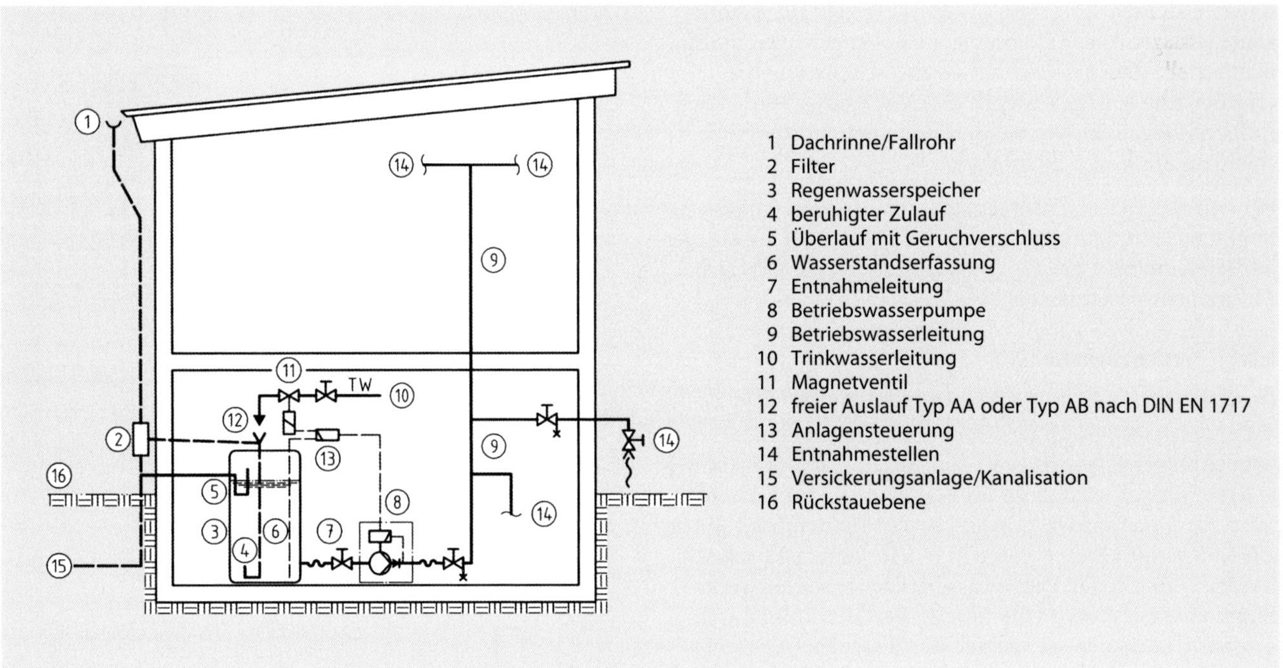

Abb. 8.66: Regenwassernutzungsanlage mit Kellerspeicher (Quelle: DIN 1989-1:2002-04, Bild 6)

sein, oder wenn der Behälter auf einem Nebengelass wie der Garage angeordnet wird (in diesem Fall müssen allerdings die zusätzlichen Aufwendungen aufgrund der erhöhten Dachlast beachtet werden).

Die meisten der am Markt angebotenen Systeme sind reine Pumpensysteme. Diese werden von verschiedenen Firmen als komplette Anlagensysteme angeboten. Eine Regenwassernutzungsanlage besteht aus folgenden Hauptkomponenten (vgl. Abb. 8.65 und Abb. 8.66):

- Regenwasserauffangfläche
- Regenwassersammelleitung
- Regenwasserfilter
- Regenwasserspeicher einschließlich Überlauf und Nachspeisung
- Betriebswasserpumpwerk einschließlich Steuerung
- Betriebswassernetz

Das Regenwasser wird zum einen von den Dachflächen des Gebäudes und zum anderen von geeigneten befestigten

Grundstücksflächen aufgefangen, gefiltert und einem oder mehreren Speichern zugeleitet. Der Regenwasserspeicher hat 2 Aufgaben:

- Sammeln und Bevorraten des Regenwassers
- Reinigen des Regenwassers durch Sedimentation von Feststoffen (vgl. Abb. 8.67)

Durch die Sedimentation werden gleichzeitig Keime und Schwermetalle mit abgelagert.

Der Speicher kann im oder außerhalb des Gebäudes angeordnet werden. Innerhalb des Gebäudes werden zumeist Kunststofftanks verwendet, die im Kellerbereich aufgestellt werden können. Außerhalb von Gebäuden kommen Behälter aus folgenden Materialien zum Einsatz:

- Beton
- Kunststoff
- Stahl

Der Behälter muss durch einen Überlauf gesichert sein. Außerdem wird eine Nachspeiseeinrichtung benötigt, mit deren Hilfe bei fehlendem Regenwasser über eine Niveausteuerung die entsprechende Menge Trinkwasser nachgespeist werden kann.

Abb. 8.68 zeigt einen Regenwassertank mit Zu- und Abläufen bzw. -leitungen.

Beim Betriebswasserpumpwerk handelt es sich im Grunde um eine Druckerhöhungsanlage entsprechend Kapitel 8.5.3. Diese Anlagen werden betriebsfertig inklusive Steuerung als spezielle Regenwasserpumpwerke am Markt angeboten.

Das Betriebswassernetz, in dem das gesammelte Regenwasser den Verbrauchern zugeführt wird, muss vollständig vom Trinkwassernetz getrennt sein. Entsprechend § 13 Abs. 3 TrinkwV muss die Anlage den zuständigen Genehmigungsbehörden angezeigt werden. Das Betriebswasserleitungssystem ist eindeutig und dauerhaft als solches beispielsweise mit dem Schriftzug „Kein Trinkwasser“ zu kennzeichnen, ebenso die Entnahmestellen. Die Gesamtanlage ist an zentraler Stelle als Regenwassernutzungsanlage mit folgender Aufschrift zu bezeichnen: „Achtung! In diesem Gebäude ist eine Regenwasseranlage installiert. Querverbindungen ausschließen.“

8.9.2 Bemessung

Die Bemessung einer Regenwassernutzungsanlage erfolgt nach DIN 1989-1. In der Norm werden 3 Verfahren angeführt:

- verkürztes Verfahren
- vereinfachtes Verfahren
- differenziertes Verfahren

Verkürztes Verfahren

Nach dem verkürzten Verfahren, das für Ein- und Zweifamilienhäuser angewendet werden kann, sollten folgende spezifische Planungsansätze für die Speichergröße verwendet werden:

- 25 bis 50 l/m² für die Auffangfläche (außer Grünflächen) bzw.
- 800 bis 1.000 l/Person in Abhängigkeit von der Anzahl der Bewohner.

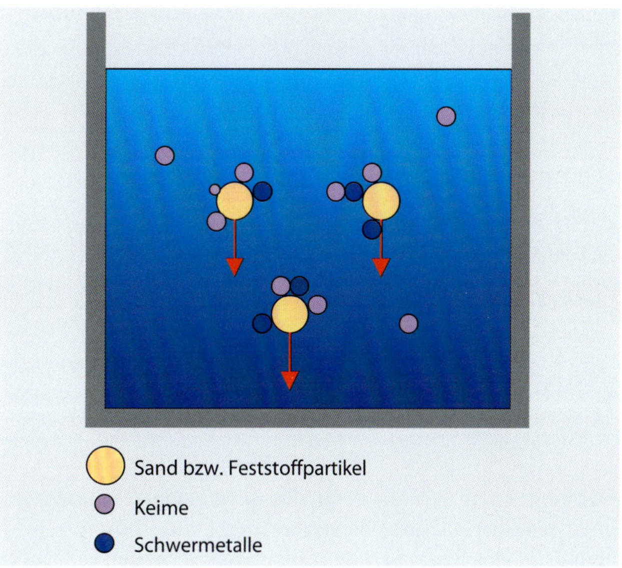

Abb. 8.67: Vorgang der Sedimentation in einem Regenwasserbehälter

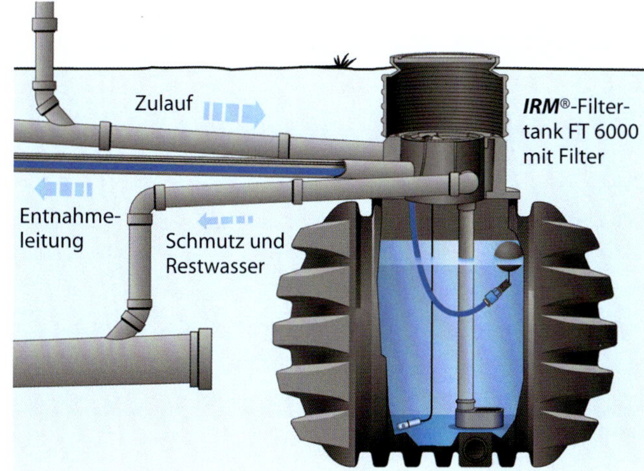

Abb. 8.68: Regenwassertank (Quelle: Dehoust GmbH, Leimen)

Für ein übliches Einfamilienhaus, das mit 3 bis 4 Personen bewohnt wird, ergibt sich auf diesem Weg ein Nutzvolumen für den Speicher von ca. 4 m³. Das Nennvolumen des Speichers muss in Abhängigkeit von der Bauart größer gewählt werden, da aufgrund der Reinigung durch Sedimentation der Behälter nicht vollständig entleert werden kann.

Vereinfachtes Verfahren

Das vereinfachte Verfahren geht von den jährlichen Niederschlagshöhen für den konkreten Standort aus. Diese sind jeweils vom Deutschen Wetterdienst zu erfragen. In Abhängigkeit von der Größe und der Art der Auffangfläche kann der jährliche Ertragswert berechnet werden:

$$E_R = A_A \cdot e \cdot h_N \cdot \eta \qquad \text{(Formel 8.24)}$$

mit

E_R Regenwasserertrag in l/a
A_A Größe der Auffangfläche in m²
e Ertragsbeiwert entsprechend DIN 1989-1, Tabelle 3 (vgl. Tabelle 8.15)
h_N jährliche Niederschlagsmenge in l/(m² · a), wobei 1 mm/(m² · a) = 1 l/(m² · a)
η hydraulischer Filterwirkungsgrad 1, nach DIN 1989-1, in der Regel $\eta = 0{,}9$

Tabelle 8.15: Ertragsbeiwerte für Auffangflächen nach DIN 1989-1, Tabelle 3

Beschaffenheit	Ertragsbeiwert
geneigtes Hartdach	0,8
Flachdach unbekiest	0,8
Flachdach bekiest	0,6
Gründach intensiv	0,3
Gründach extensiv	0,5
Pflasterfläche/Verbundpflasterfläche	0,5
Asphaltbelag	0,8

Der berechnete Wert E_R zeigt also an, wie viel Regenwasser im konkreten Fall aufgefangen werden kann. Dem gegenüber steht der Bedarf an Betriebswasser, d. h. der Teil des Trinkwasserbedarfs, der durch Regenwasser ersetzt werden kann:

$$BW_a = P_d \cdot n \cdot 365 + A_{Bew} \cdot BS_a \quad \text{(Formel 8.25)}$$

mit
BW_a Betriebswasserjahresbedarf in l/a
P_d personenbezogener Tagesbedarf in l/(Personen · Tag)
n Anzahl der Personen
A_{Bew} Bewässerungsflächen in m²
BS_a spezifischer Jahresbedarf in l/(m² · a)

Tabelle 8.16 zeigt die Ermittlung des jährlichen Betriebswasserbedarfs für ausgewählte Verbraucher.

Tabelle 8.16: Ermittlung des jährlichen Betriebswasserbedarfes nach DIN 1989-1

Verbraucher	personenbezogener Tagesbedarf	spezifischer Jahresbedarf
Toilette im Haushalt	24 l/(Personen · Tag)	–
Toilette im Bürobereich	12 l/(Personen · Tag)	–
Toilette in Schulen	6 l/(Personen · Tag)	–
Gartenbewässerung	–	60 l/(m² · a)

Der ermittelte Betriebswasserbedarf wird mit dem Regenwasserertrag verglichen. Es wird der kleinere Wert von beiden verwendet. Von diesem Wert werden 6 % als das Nutzvolumen des Regenwassertanks angenommen:

$$V_n = 0{,}06 \cdot \text{Minimum von } (BW_a \text{ oder } E_R) \quad \text{(Formel 8.26)}$$

mit
V_n Nutzvolumen in l

Differenziertes Verfahren

Das differenzierte Verfahren ist für die Bemessung von größeren Anlagen in Industrie- und Gewerbeunternehmen zu verwenden. Dabei sind auf der Basis von Simulationsrechnungen zum Regenwasserangebot und der Betriebswassernutzung Optimierungsrechnungen zur Speicherdimensionierung durchzuführen.

Beispiel: Bemessung eines Regenwasserspeichers und Bewertung der Wirtschaftlichkeit

Für ein Einfamilienhaus soll die Größe des Regenwasserspeichers bestimmt werden (vgl. folgende Aufstellungen). Außerdem ist die Wirtschaftlichkeit der Regenwassernutzungsanlage zu bewerten.

jährlicher Regenwasserertrag:

Dachfläche (geneigtes Hartdach)	195 m²
Ertragsbeiwert	0,8
befestigte Zufahrt (Pflasterfläche)	60 m²
Ertragsbeiwert	0,5
h_N	650 l/(m² · a)
η	0,9
E_R	108.810 l/a

jährlicher Betriebswasserbedarf:

Personen	3
personenbezogener Tagesbedarf	24 l/(Personen · Tag)
Nutzgartenfläche	500 m²
spezifischer Bedarf für Gartenbewässerung	60 l/(m² · a)
BW_a	56.280 l/a

Speichergröße:

Nutzvolumen V_n	3.376,8 l
gewähltes Nennvolumen	**3.500 l**

Außerdem soll geklärt werden, ob die Regenwassernutzungsanlage in diesem Fall wirtschaftlich ist. Dies soll mithilfe des Annuitätenverfahrens aus Kapitel 5.4.3 untersucht werden. Als eingesparte Wassermenge wurde der Betriebswasserbedarf BW_a entsprechend der Formel 8.25 angesetzt, d. h. für das Beispiel: $BW_a = 56.280$ l/a.

Investitionskosten:

Behälter 3.600 l	3.000,00 €
Hauswasserwerk	700,00 €
Verrohrung	500,00 €
Sonstiges 10 %	420,00 €
Summe	**4.620,00 €**
eingesparte Wassermenge	56,28 m³/a
Wasser- und Abwassergebühr	5 €/m³

Annuität der Einzahlungen (eingesparte Gebühren) AN_E:	**281,40 €/a**
Annuität der Auszahlungen:	
Kalkulationszins i	5 %
Laufzeit T	20 Jahre
Annuitätsfaktor a	0,0802
kapitalgebundene Auszahlungen AN_K	370,52 €/a
verbrauchsgebundene Auszahlungen (Energie) AN_V	25,00 €/a
betriebsgebundene Auszahlungen (Instandhaltung) AN_B	142,40 €/a
sonstige Auszahlungen AN_S	0,00 €/a
$AN = AN_E - (AN_K + AN_V + AN_B + AN_S)$	**–256,52 €/a**

Die Rechnung zeigt, dass eine solche Anlage mit den vorliegenden Ausgangsbedingungen nicht wirtschaftlich ist.

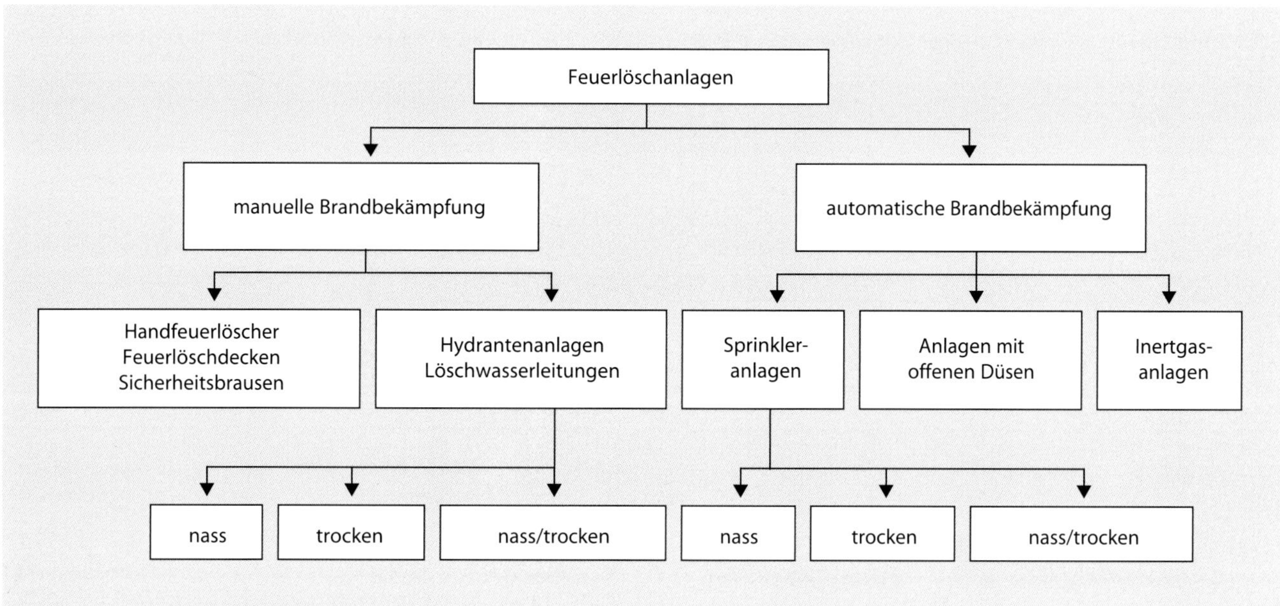

Abb. 8.69: Systemübersicht Feuerlöschanlagen

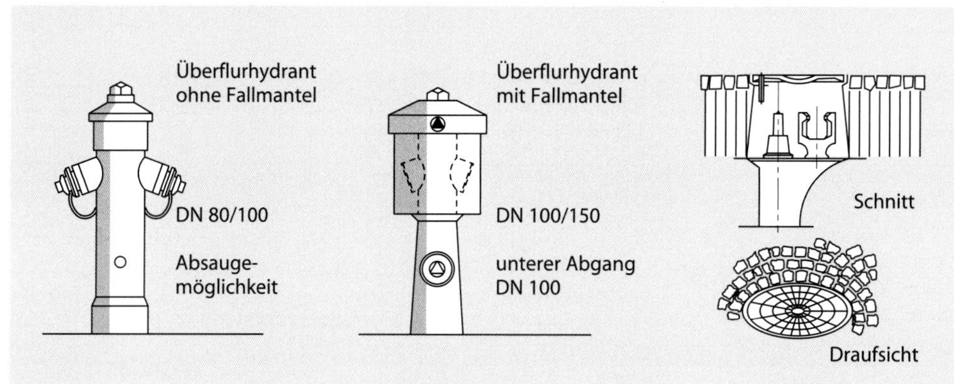

Abb. 8.70: Unterflur- und Überflurhydranten

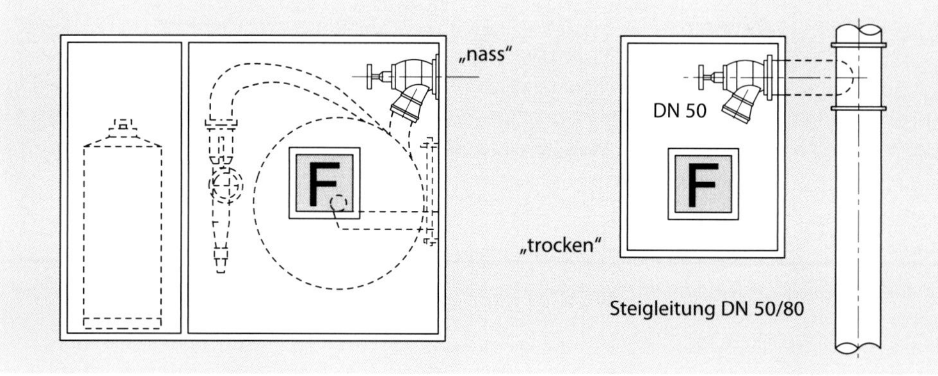

Abb. 8.71: Wandhydrant

8.10 Feuerlöschanlagen

8.10.1 Systemübersicht

Die Feuerlöschanlagen sind Einrichtungen des vorbeugenden Brandschutzes. Sie dienen

- der Rettung und dem Schutz von Personen,
- der Verhinderung der Brandausbreitung.

Abb. 8.69 zeigt eine Systemübersicht der Feuerlöschanlagen.

8.10.2 Hydrantenanlagen und Löschwasserleitungen

Die Hydrantenanlagen sind Löschwasserentnahmestellen zur Brandbekämpfung auf Grundstücken und in Gebäuden. Sie umfassen 3 Komponenten:

- Ausrüstung zur Brandbekämpfung: Kupplungen, Schläuche, Strahlrohre
- Hydranten:
  - Unterflurhydranten und Überflurhydranten außerhalb von Gebäuden (vgl. Abb. 8.70)
  - Wandhydranten im Gebäude (vgl. Abb. 8.71)
- Löschwasserleitungssystem im Gebäude

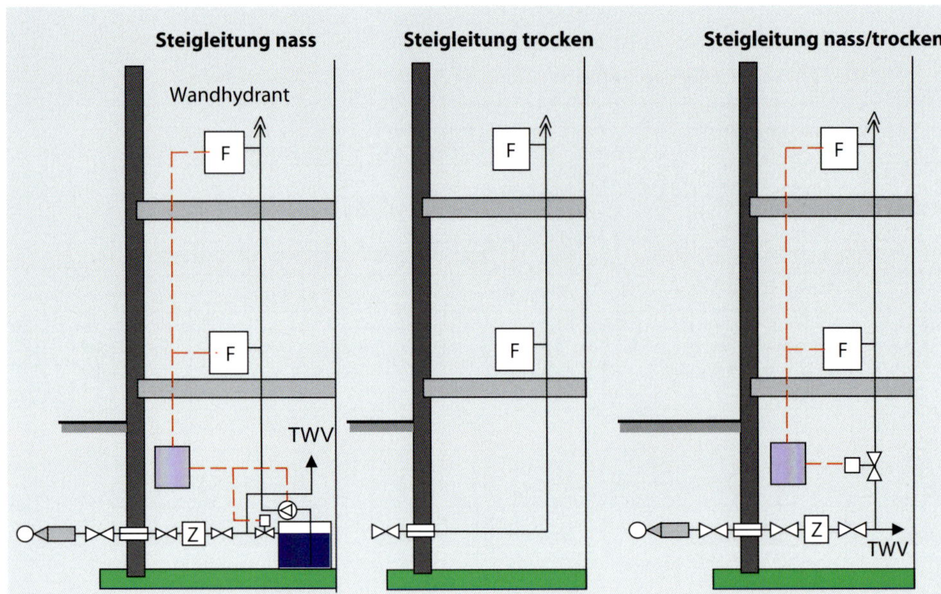

Abb. 8.72: Übersicht Löschwasserleitungssysteme (Z: Zähler; F: Wandhydrant nach Abb. 8.71; TWV: Trinkwasserversorgung)

Es gibt 3 grundlegende Löschwasserleitungssysteme (vgl. auch Abb. 8.72):

- Nass-Löschwasserleitungen (Steigleitung nass): Hier steht das gesamte Leitungssystem unter Druck, d. h., die Leitungen sind bis zu den Entnahmestellen im Gebäude gefüllt (Vorteil: sofortige Brandbekämpfung noch vor Eintreffen der Feuerwehr möglich; Nachteil: Verlegung nur im frostfreien Bereich möglich). Infolge der verschärften Hygieneanforderungen an Trinkwasserversorgungssysteme durch die Trinkwasserverordnung 2012 und die DIN-Normen DIN 1988-600 und DIN 14462 sind Nass-Löschwasserleitungen nur noch als mittelbare Systeme zulässig, d. h., das Löschwasser darf nicht mehr direkt aus dem Trinkwasserversorgungssystem abgezweigt werden.
- Trocken-Löschwasserleitungen (Steigleitung trocken): Hier ist das Leitungsnetz nicht gefüllt. Im Brandfall schließt die Feuerwehr ihre Löschpumpe an die Armatur vor der Löschwasserleitung und bekämpft mit Wasser aus einem externen Löschwasserreservoir (Vorteil: günstige Verlegung auch in ungeschützten Bereichen; Nachteil: Brandbekämpfung erst mit Eintreffen der Feuerwehr möglich, diese speist das Löschwasser in das System ein).
- Nass-Trocken-Löschwasserleitungen: Im Normalfall ist das System nicht mit Wasser gefüllt, jedoch mit dem Trinkwassernetz verbunden. Im Brandfall wird durch Fernbetätigung entsprechender Armaturen im Wandhydranten das System mit Wasser gefüllt (dadurch Kombination der Vorteile der vorgenannten Systeme). Der direkte bzw. unmittelbare Anschluss an das Trinkwasserversorgungssystem ist nur möglich, wenn die maximale Löschwassermenge nicht größer als der TW-Spitzenvolumenstrom ist.

8.10.3 Anlagen zur automatischen Brandbekämpfung

Bei Anlagen zur automatischen Brandbekämpfung handelt es sich um folgende Anlagen (vgl. auch Abb. 8.69):

- Sprinkleranlagen
- Anlagen mit offenen Düsen
- Inertgasanlagen

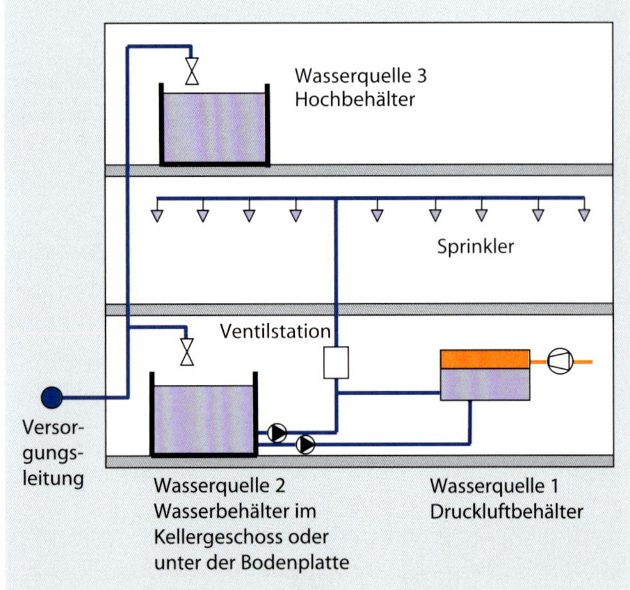

Abb. 8.73: Funktionsschema einer Nass-Sprinkleranlage

Sprinkleranlagen sind selbsttätig wirkende, ständig betriebsbereite Feuerlöscheinrichtungen, die über ein Netz fest verlegter Rohrleitungen zu schützende Gefahrenbereiche unmittelbar mit Löschwasser versorgen. Es gibt 4 Hauptkomponenten:

- Sprinkler: Wasserdüsen, die durch thermische Auslösung aktiviert, d. h. geöffnet werden (vgl. Abb. 8.74: Der Glasfass-Sprinkler ist durch ein Glasfässchen verschlossen, das beim Erhitzen platzt und den Wasserfluss freigibt; der Schmelzlot-Sprinkler ist durch einen Werkstoff verschlossen, der im Brandfall schmilzt und den Wasserfluss freigibt.)
- Rohrleitungssystem
- Wasserversorgung, die mehrere voneinander unabhängige Wasserquellen umfassen muss (In der Regel sind 2 Wasserquellen gefordert: eine selbsttätig wirkende [z. B. der Druckluftwasserbehälter in Abb. 8.73] und eine uner-

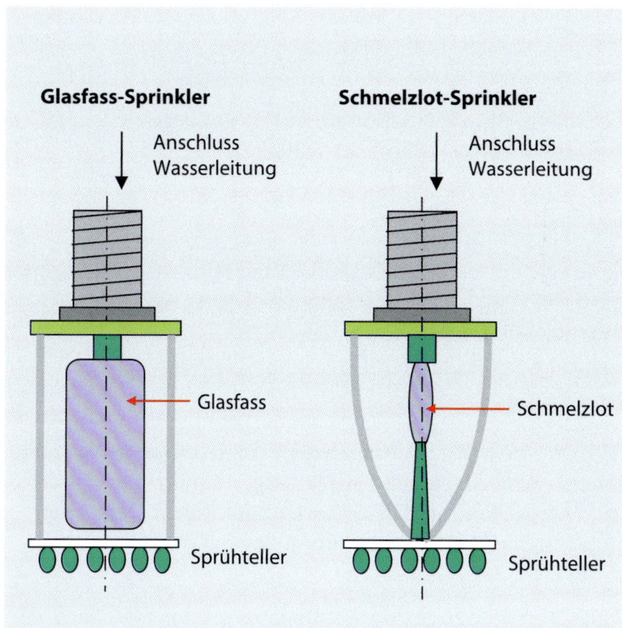

Abb. 8.74: Glasfass- und Schmelzlot-Sprinkler

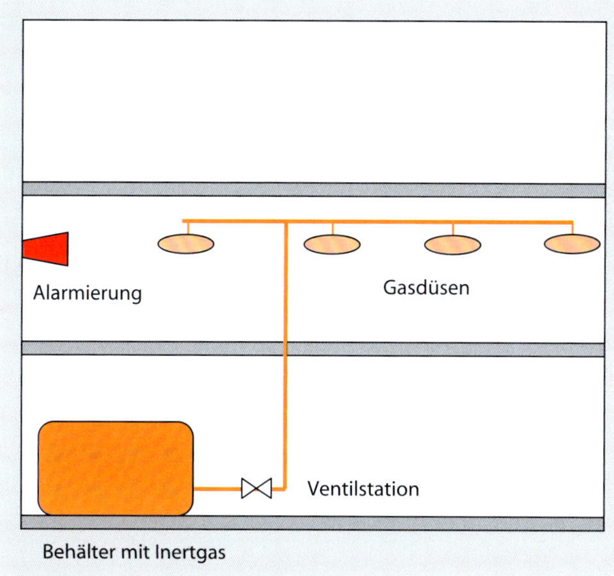

Abb. 8.75: Inertgaslöschanlage

schöpfliche Wasserquelle [z. B. einer der beiden aus dem öffentlichen Netz gespeisten Wasserbehälter]; der Wasseranschluss wird im Regelfall mittelbar ausgeführt [vgl. Kapitel 8.5.3].)
- Energieversorgung zum Antrieb der Sprinklerpumpen, die analog mehrere voneinander unabhängige Energiequellen umfasst

Sprinkleranlagen werden analog zu den Löschwasserleitungen in 3 verschiedene Anlagentypen eingeteilt:

- Nass-Anlagen (System immer mit Wasser gefüllt, dadurch Verlegung nur im frostfreien Bereich [vgl. Abb. 8.73])
- Trocken-Anlagen (System mit Druckluft gefüllt, im Brandfall löst der Sprinkler aus und es strömt Löschwasser nach)
- Nass-Trocken-Anlagen, auch bezeichnet als Tandemanlagen, Kombination der vorgenannten Anlagen

Außerdem gibt es bei den Trocken-Anlagen noch die Modifikation der Trocken-Schnellanlage. Dabei handelt es sich um eine Trocken-Anlage, bei der das Öffnen der Alarmventilstation durch eine Brandmeldeanlage ausgelöst wird.

Sprühwasserlöschanlagen sind vergleichbar mit Sprinkleranlagen, allerdings gibt es hier keine Sprinkler, sondern direkt offene Düsen. Demzufolge ist das System nicht mit Wasser gefüllt. Im Brandfall wird der gesamte durch die Anlage bestrichene Bereich mit Wasser besprüht. Diese Anlagen werden dort angewendet, wo mit einer schnellen Brandausbreitung zu rechnen ist, beispielsweise in den Bühnenbereichen von Theatergebäuden. Eine Sonderform sind Wasserschleieranlagen, die den Bühnenbereich gegenüber dem Zuschauerraum durch einen Wasserschleier abschirmen.

Die Inertgasanlagen werden dort eingesetzt, wo durch den Löschwassereinsatz ein unverhältnismäßig hoher Schaden angerichtet werden würde, z. B. in

- Museen, Galerien,
- Rechenzentren,
- Schaltanlagen.

Als Inertgas (nicht brennbares Gas) werden CO_2, Stickstoff und Edelgase eingesetzt. Die Anlagen setzen sich aus folgenden Komponenten zusammen (vgl. auch Abb. 8.75):

- Düsen
- Rohrleitungssystem
- Inertgasbehälter bzw. Inertgaserzeugung
- Verdampfer/Behälterheizung
- Druckminderer
- Einrichtungen zur Detektion von Gefahrkenngrößen Alarmierung, Überwachung der Inertgas- oder Sauerstoffkonzentration, Ansteuerung und Auslösung

Bei einer CO_2-Anlage wird das CO_2 in flüssiger Form gelagert und geht beim Ausströmen aus dem Behälter in den gasförmigen Zustand über. Wichtig ist bei diesen Anlagen ein entsprechendes Alarmierungssystem, da CO_2 schwerer als Luft ist und sich demzufolge in tief liegenden Zonen anreichern kann, wodurch Erstickungsgefahr besteht.

8.11 Normen- und Literaturverzeichnis

Normen

DIN EN 1717:2011-08 Schutz des Trinkwassers vor Verunreinigungen in Trinkwasser-Installationen und allgemeine Anforderungen an Sicherungseinrichtungen zur Verhütung von Trinkwasserverunreinigungen durch Rückfließen; Deutsche Fassung EN 1717:2000; Technische Regel des DVGW

DIN 1988-300:2012-05 Technische Regeln für Trinkwasser-Installationen – Teil 300: Ermittlung der Rohrdurchmesser; Technische Regel des DVGW

DIN 1988-600:2010-12 Technische Regeln für Trinkwasser-Installationen – Teil 600: Trinkwasser-Installationen in Verbindung mit Feuerlösch- und Brandschutzanlagen; Technische Regel des DVGW

DIN 1989-1:2002-04 Regenwassernutzungsanlagen – Teil 1: Planung, Ausführung, Betrieb und Wartung

DIN 2000:2017-02 Zentrale Trinkwasserversorgung – Leitsätze für Anforderungen an Trinkwasser, Planung, Bau, Betrieb und Instandhaltung der Versorgungsanlagen – Technische Regel des DVGW

DIN 4708-2:1994-04 Zentrale Wassererwärmungsanlagen; Regeln zur Ermittlung des Wärmebedarfs zur Erwärmung von Trinkwasser in Wohngebäuden

DIN 4753-1:2019-05 Trinkwassererwärmer, Trinkwassererwärmungsanlagen und Speicher-Trinkwassererwärmer – Teil 1: Behälter mit einem Volumen über 1000 l

DIN 50930-6:2013-10 Korrosion der Metalle – Korrosion metallischer Werkstoffe im Innern von Rohrleitungen, Behältern und Apparaten bei Korrosionsbelastung durch Wässer – Teil 6: Beeinflussung der Trinkwasserbeschaffenheit

DIN 14462:2012-09 Löschwassereinrichtungen – Planung, Einbau, Betrieb und Instandhaltung von Wandhydrantenanlagen sowie Anlagen mit Über- und Unterflurhydranten

Literatur

DVGW W 551:2004-04 Trinkwassererwärmungs- und Trinkwasserleitungsanlagen; Technische Maßnahmen zur Verminderung des Legionellenwachstums; Planung, Errichtung, Betrieb und Sanierung von Trinkwasser-Installationen. Bonn: Deutscher Verein des Gas- und Wasserfaches e. V., 2004

DVGW W 553:1998-12 Bemessung von Zirkulationssystemen in zentralen Trinkwassererwärmungsanlagen. Bonn: Deutscher Verein des Gas- und Wasserfaches e. V., 1998

Hartmann, M.: Zirkulation im Fokus der Legionellenprophylaxe. In: TGA Fachplaner 7/2006, S. 54 bis 57

Laasch, E.; Laasch, T.: Haustechnik. 11. Aufl. Wiesbaden: B. G. Teubner, 2005

Planungshinweise zum Gewerk Druckerhöhung. Planungshinweise. Hrsg.: Kirchhofer-Boden-Systme AG (KBS). Pregnitz, 2000

Schulz, K.: Sanitäre Haustechnik. 3. Aufl. Düsseldorf: Werner Verlag, 1998

VDI/DVGW 6023:2013-04 Hygiene in Trinkwasser-Installationen – Anforderungen an Planung, Ausführung, Betrieb und Instandhaltung. Düsseldorf/Bonn: Verein Deutscher Ingenieure und Deutscher Verein des Gas- und Wasserfaches e. V., 2013

Vom Charakter zum Rohrleitungssystem. In: TGA Fachplaner 10/2005, S. 38 bis 39

Wasserförderung nach Wasserarten. Stand: Dezember 2018 [online]. Berlin: Bundesverband der Energie- und Wasserwirtschaft e. V. (BDEW), 2018. Internet: https://www.bdew.de/service/daten-und-grafiken/wasserfoerderung-nach-wasserarten/ [Zugriff: 10.08.2021]

9 Abwassertechnik

9.1 Systemübersicht

Bei Gebäuden fallen 2 Arten von Abwässern an (vgl. die Definitionen in Kapitel 8.1):

- Regenwasser
- Schmutzwasser

Das Regenwasser fällt auf den Dachflächen des Gebäudes sowie den befestigten Flächen des Grundstückes an. Es wird

- entweder auf dem Grundstück versickert bzw. in Auffangbecken zurückgehalten, wo es verdunstet, oder
- der öffentlichen Kanalisation zugeleitet.

Das Schmutzwasser fällt in den Wasser verbrauchenden Einrichtungen im Gebäude an:

- in Sanitärobjekten (Waschbecken, Wannen, Duschen, Urinale)
- an Auslaufarmaturen
- in Apparaten (Küchentechnik, Waschmaschinen usw.)

Das Schmutzwasser muss vollständig der öffentlichen Kanalisation zugeleitet werden. In Ausnahmefällen kann das Wasser in dezentralen Aufbereitungsanlagen geklärt und anschließend versickert werden.

Die derzeitige Normung für die Abwasserableitung im Gebäude und auf dem Grundstück gliedert sich in 2 Bereiche entsprechend der Abb. 9.1. Dabei ist die Situation insofern kompliziert, als dass zwar mit den europäischen Normen DIN EN 12056-1 bis 5 (vgl. auch Tabelle 9.1) und DIN EN 752-2 Werke den Stand der Technik von Abwassersystemen in Europa beschreiben, die ursprüngliche Normenreihe DIN 1986 „Entwässerungsanlagen für Gebäude und Grundstücke" in Deutschland aber über diesen Stand hinausging. Aus diesem Grund wurde die DIN 1986-100 als Ergänzungsnorm zu den beiden oben genannten Normen gefasst (vgl. auch Abb. 9.2). Das bedeutet, dass im Planungs- und Bauprozess alle 3 Normen beachtet werden müssen, was das Vorgehen mitunter komplizierter gestaltet.

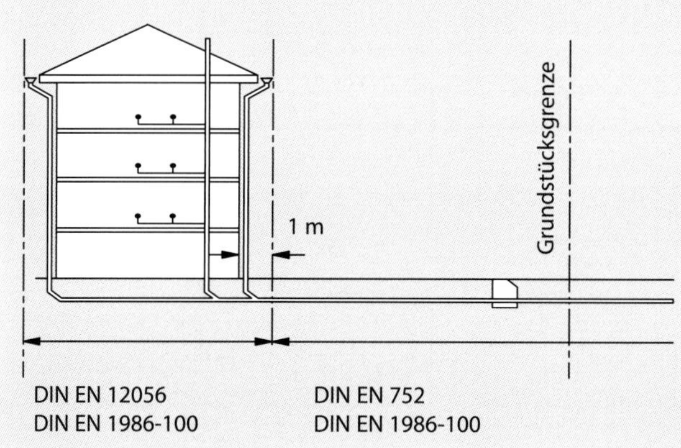

Abb. 9.1: Geltungsbereiche von Normen

Tabelle 9.1: Begriffserläuterungen nach DIN EN 12056-1:2001-01

Begriff	Erläuterung
Rückstauebene	die höchste Ebene, bis zu der das Wasser in einer Entwässerungsanlage ansteigen kann
Anschlussleitung	Entwässerungsrohr, das Entwässerungsgegenstände mit einer Fall- oder Grundleitung verbindet
Grundleitung	Entwässerungsleitung, die innerhalb eines Gebäudes oder in der Erde unter den Fundamenten verlegt ist und an die Schmutzwasserfallleitungen oder Entwässerungsgegenstände direkt im Kellerbereich angeschlossen ist
Fallleitung	senkrechte Leitung, die Abwasser abführt
häusliche Entwässerungsgegenstände	fest installierte Entwässerungsgegenstände, die mit Wasser versorgt werden und zum Reinigen oder Waschen dienen (z. B. Badewanne, Dusche, Waschbecken, Klosett usw.)
gewerbliche Entwässerungsgegenstände	spezielle Entwässerungsgegenstände, die in gewerblich genutzten Küchen, Waschräumen, Laboratorien, Krankenhäusern, Hotels, Schwimmbädern usw. gebraucht werden
Bodenablauf	Entwässerungsgegenstand, der zum Auffangen von Wasser vom Boden entweder durch Roste/Siebe oder von Rohren, die direkt mit dem Körper des Bodenablaufs verbunden sind, vorgesehen ist; kann auch einen Geruchsverschluss haben
Geruchsverschluss	eine Einrichtung, die den Austritt von Kanalgasen am Ablauf durch einen Wasserverschluss verhindert
Lüftungsrohr	Rohr, das die Druckschwankungen innerhalb einer Entwässerungsanlage begrenzt
Hauptlüftung	Verlängerung einer senkrechten Schmutzwasserfallleitung, deren Ende zur Atmosphäre hin offen ist, oberhalb der letzten Anschlussleitung bzw. oberhalb des letzten Anschlusses (vgl. zu Lüftungssystemen Kapitel 9.5.5)

Auch die Abwasseranlagen lassen sich entsprechend der allgemeinen Struktur gebäudetechnischer Systeme nach Kapitel 1.1 strukturieren, wobei hier ein sozusagen um 180° gedrehter Aufbau entsprechend der Strömungsrichtung des Abwassers gewählt wurde. Wie aus der Abb. 9.3 deutlich wird, sind die Beeinflussungsmöglichkeiten von Nutzungs-

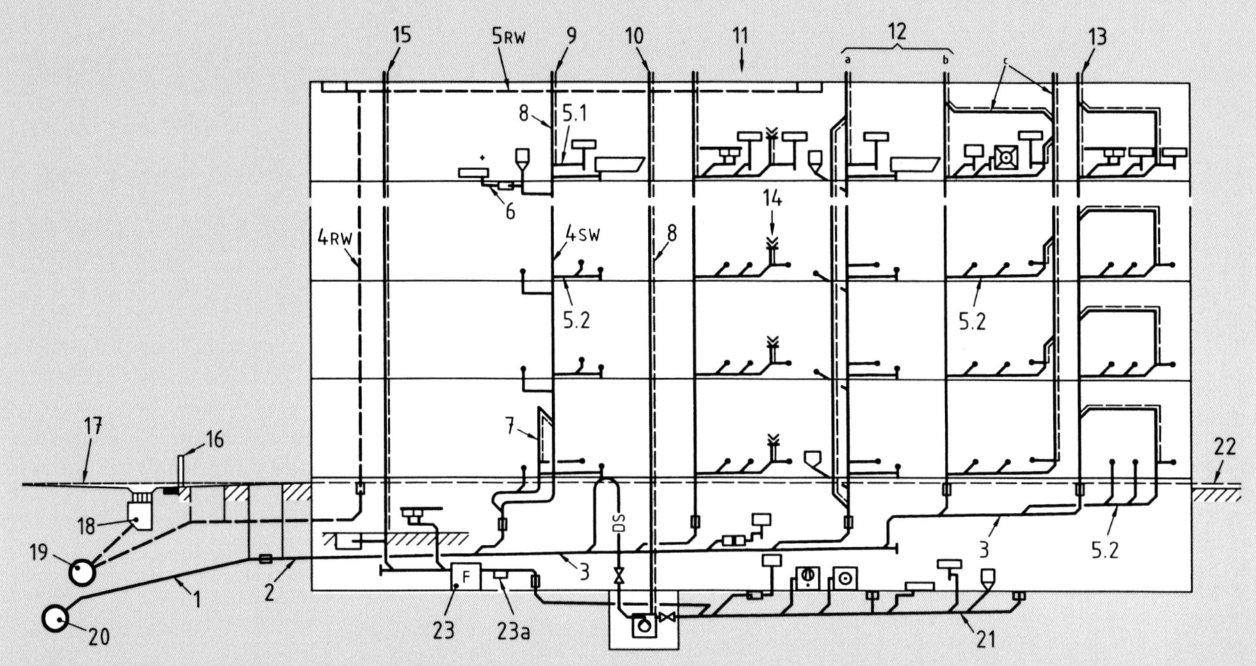

1 Anschlusskanal
2 Grundleitung
3 Sammelleitung
4 Fallleitung
5 Anschlussleitung
5.1 Einzelanschlussleitung
5.2 Sammelanschlussleitung
6 Verbindungsleitung
7 Umgehungsleitung
8 Lüftungsleitung
9 Hauptlüftung
10 Lüftung der Fäkalienhebeanlage
11 Hauptlüftung mit Beispiel Lüftungsventil
12 Nebenlüftung a) direkt, b) indirekt, c) wahlweise
13 Umlüftung
14 Belüftungsventil (Beispiel)
15 Lüftung der Fettabscheideranlage
16 Grundstücksgrenze
17 Straßenoberkante
18 Straßenablauf
19 Regenwasserkanal
20 Schmutzwasserkanal
21 Sammelanschlussleitung als Grundleitung verlegt
22 Beispiel für Rückstauebene
23 Fettabscheider mit Entleer- und Spül- sowie Probenahmeeinrichtung
23a Probenahmeeinrichtung

Die Leitungsbezeichnungen können jeweils mit dem Zusatz Schmutzwasser (SW) oder Regenwasser (RW) ergänzt werden, wie in dem Beispiel teilweise ausgeführt.

Abb. 9.2: Abwassertechnische Begriffe (Quelle: DIN 1986-100:2016-12, Bild 2)

kosten durch die planerische Gestaltung im Vergleich zu den anderen Gewerken relativ gering. Im Regenwasserbereich können die Gebühren beispielsweise durch Anlagen zur Versickerung bzw. Rückhaltung beeinflusst werden. Auf den Schmutzwasseranfall kann aber nur auf der Trinkwasserseite Einfluss genommen werden, indem beispielsweise Wasser sparende Armaturen eingesetzt werden. Im Endeffekt zeichnet sich ein wirtschaftliches Abwassersystem vor allem durch günstige Investitionskosten aus, ein Optimierungsansatz wie beispielsweise in der Heizungstechnik (teurere Erzeugeranlage, aber niedrige Energiekosten) erscheint hier nicht als sinnvoll.

Die Nutzungsqualität wird durch die Gestaltung des Abwassersystems im engeren Sinne kaum beeinflusst (eine normgerechte Ausführung unterstellt). Lediglich durch die Anordnung von Sanitärobjekten in ausreichender Anzahl und Verfügbarkeit wird Einfluss auf die Nutzungsqualität genommen.

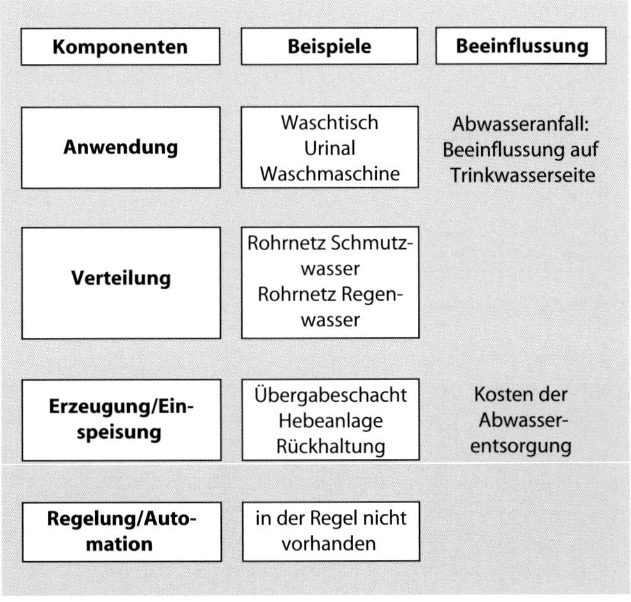

Abb. 9.3: Grundstruktur von Abwassersystemen (vgl. Abb. 1.2)

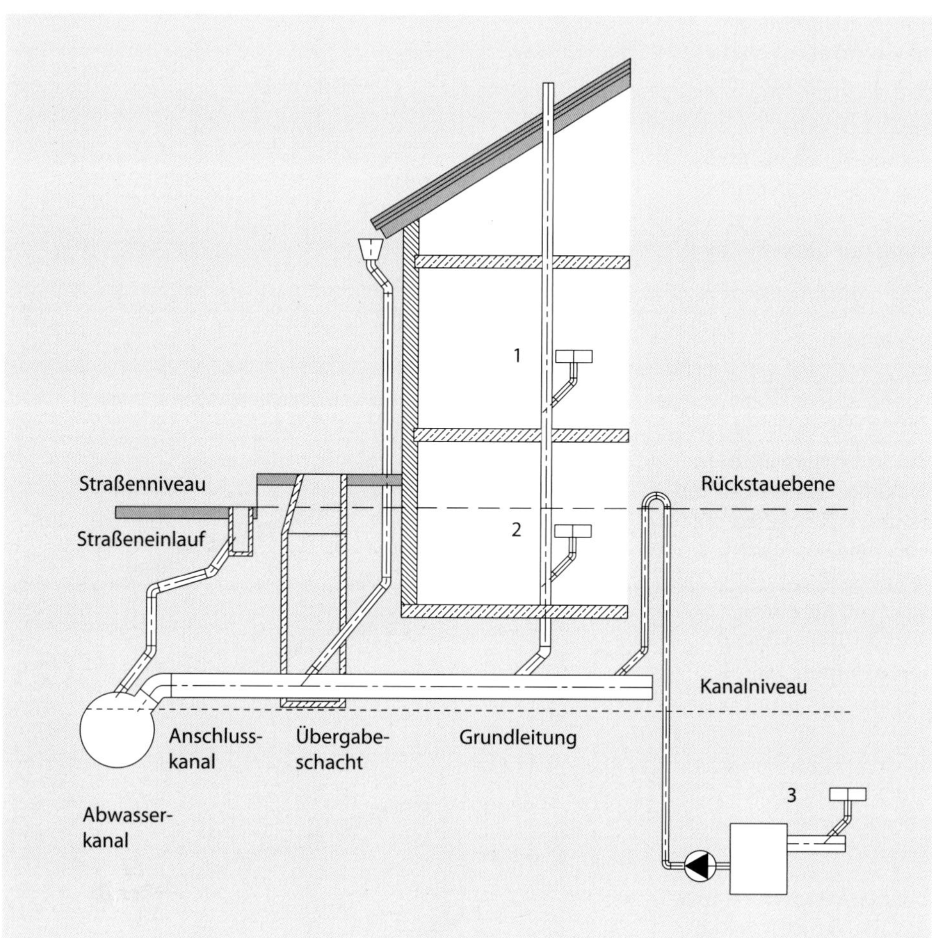

Abb. 9.4: Lage von Einläufen (1: oberhalb der Rückstauebene und oberhalb des Kanalniveaus; 2: unterhalb der Rückstauebene, aber oberhalb des Kanalniveaus; 3: unterhalb der Rückstauebene und unterhalb des Kanalniveaus)

9.2 Entwässerung tief liegender Abwassereinleitstellen (Rückstauproblematik)

Im Normalfall fließt das anfallende Abwasser aufgrund des Höhenunterschieds dem öffentlichen Kanal zu (Freispiegelentwässerung). Das bedeutet, alle Einleitstellen, an denen das Abwasser anfällt, müssen über dem Höhenniveau des Abwasserkanals liegen. Das lässt sich nicht in jedem Fall praktisch realisieren, sondern es treten bezogen auf einen konkreten Einlauf folgende 3 Fälle auf (vgl. Abb. 9.4):

- Der Einlauf liegt oberhalb des Kanalniveaus und oberhalb der Rückstauebene.
- Der Einlauf liegt oberhalb des Kanalniveaus, aber unterhalb der Rückstauebene.
- Der Einlauf liegt unterhalb des Kanalniveaus und damit auch unterhalb der Rückstauebene.

Rückstau bedeutet, dass das Abwasser seine Strömungsrichtung umkehrt, zurückfließt und im ungünstigsten Fall aus dem Entwässerungsgegenstand wieder austritt. Das kann beispielsweise passieren, wenn sich das Wasser bei einem starken Regen oberhalb der Straße aufstaut (vgl. Abb. 9.5). Das Abwassersystem funktioniert dann wie ein System kommunizierender, mit Wasser gefüllter Röhren. In diesen steht das Wasser jeweils gleich hoch, sodass es an dem unter der Rückstauebene liegenden Entwässerungsgegenstand herausgedrückt werden würde.

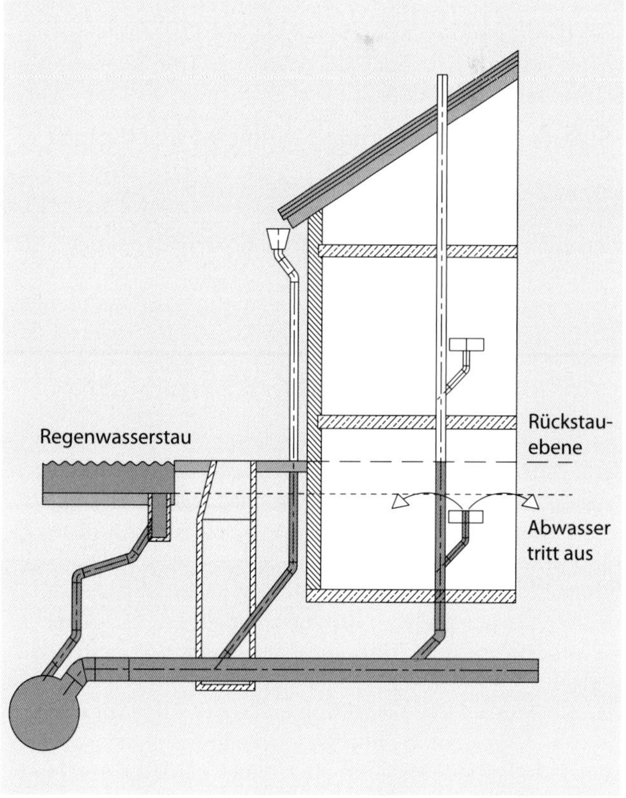

Abb. 9.5: Ausbildung eines Rückstaus bei Regenwasserstau auf der Straße

Die Gefahr des Rückstaus kann mit folgenden Einrichtungen je nach Abwasserbeschaffenheit (fäkalienbehaftetes Abwasser oder fäkalienfreies Abwasser) unterbunden werden (vgl. dazu Kapitel 9.5.2):

- Rückstauverschlüsse, d. h. Einrichtungen, die bei Strömungsumkehr die Abwasserleitung selbsttätig verschließen
- Abwasserhebeanlagen in Verbindung mit über die Rückstauebene reichenden Rohrschleifen

9.3 Berechnung von Abwasserströmungen

In der Strömungstechnik werden 2 Typen von Rohrströmungen unterschieden (vgl. auch Abb. 9.6):

- Bei der Druckrohrströmung ist das Rohr vollgefüllt und die Strömung wird durch das Druckpotenzial einer Pumpe oder eines geodätischen Höhenunterschieds so aufgebaut, dass das Rohr gegenüber dem Umgebungsdruck unter Druck steht; eine solche Strömungsform findet sich in der Pumpenwarmwasserheizung (vgl. Kapitel 6.5.2), in den Luftkanälen der Lüftungs- und Klimaanlagen (vgl. Kapitel 7.5.2), in der Trinkwasserleitung (vgl. Kapitel 8.7.3) und in der Gas- oder Druckluftleitung (vgl. Kapitel 10.3.5).
- Bei der offenen Gerinneströmung ist das das Druckpotenzial so niedrig, dass das Rohr nicht unter Druck steht; diese Strömungsform entspricht der Strömung in einem offenen Kanal bzw. Gerinne.

Beide Strömungsformen können in einer Rohrleitung ineinander überführt werden, indem das Druckpotenzial immer mehr gesteigert wird. Bei geringem Potenzial ist das Rohr teilgefüllt, d. h. offen (Strömungsform 1 in Abb. 9.7). Wird das Zulaufniveau erhöht, nimmt die Füllung bis zur Vollfüllung zu (Strömungsform 2 in Abb. 9.7). Eine noch weiter gehende Erhöhung führt zur Druckrohrströmung (Strömungsform 3 in Abb. 9.7).

Die Strömungsformen 1 und 2 in Abb. 9.7 sind dadurch gekennzeichnet, dass das Rohrsohlengefälle $J = \frac{H_1}{L'}$ gleich dem Gefälle der Energielinie $I_E = \frac{h_r}{L'}$ ist. Bei der Strömungsform 3, der Druckrohrströmung, ist das Gefälle der Energielinie größer als das der Rohrsohle. Die Strömungsformen 1 und 2 werden auch als Freispiegelentwässerung bezeichnet, die Strömungsform 3 als Druckrohrströmung.

Eine Unterscheidung der Strömungsformen ist erforderlich, weil die Gleichungen für die hydraulische Berechnung (Bestimmung von Druckverlusten) unterschiedlich sind. Während die Druckrohrströmung nach den üblichen Beziehungen für turbulente Rohrströmungen behandelt wird, müssen für den anderen Fall die Beziehungen für offene Gerinneströmungen hinzugezogen werden. Dabei stellt die vollgefüllte Leitung den Grenzfall zur Druckrohrströmung dar. Eine universelle Gleichung, mit deren Hilfe für alle in der Abwassertechnik üblichen Querschnittsformen die Geschwindigkeit der Strömung berechnet werden kann, lautet folgendermaßen:

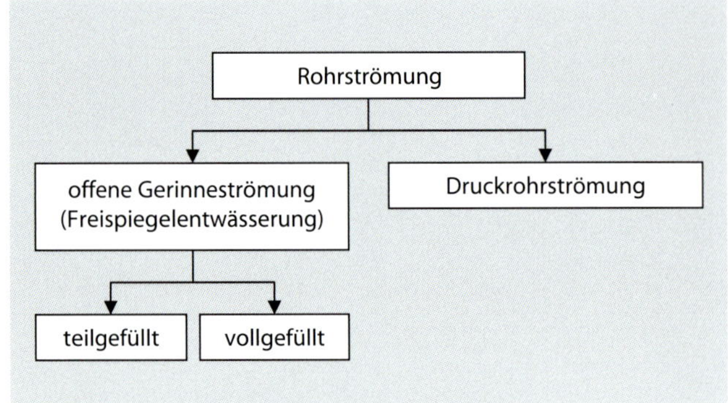

Abb. 9.6: Strömungsformen von Rohrströmungen

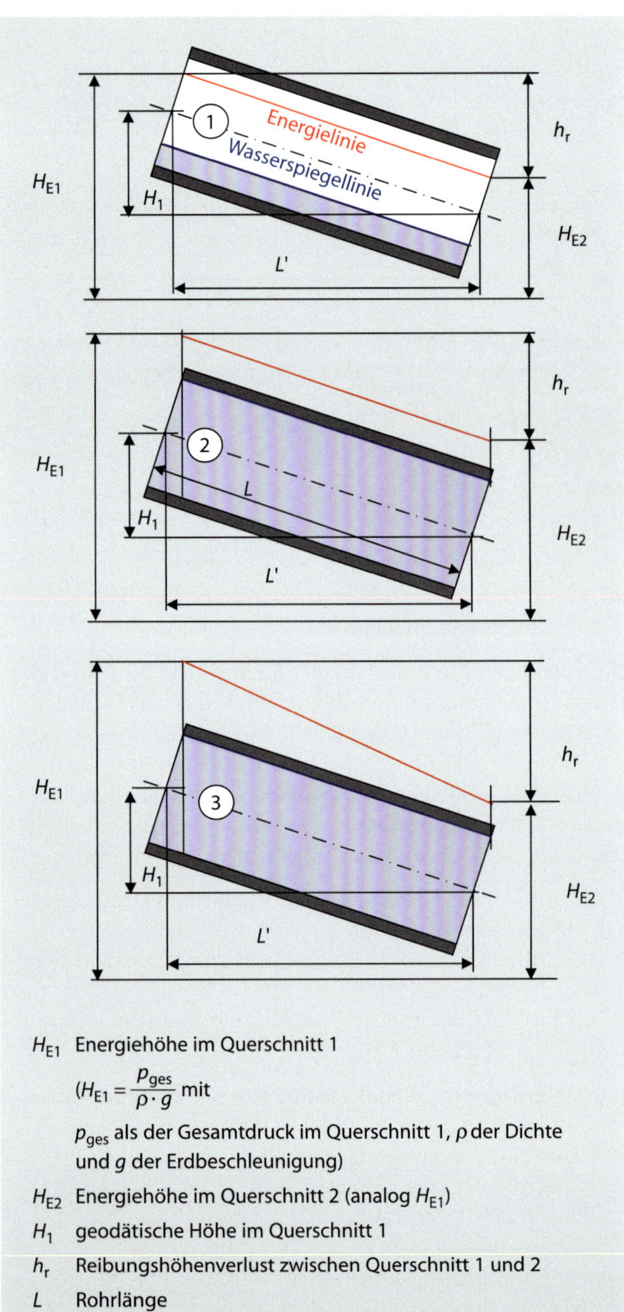

Abb. 9.7: Strömungsformen von Abwasserströmungen (1: drucklose Strömung, teilgefüllt; 2: drucklose Strömung, vollgefüllt; 3: Druckströmung)

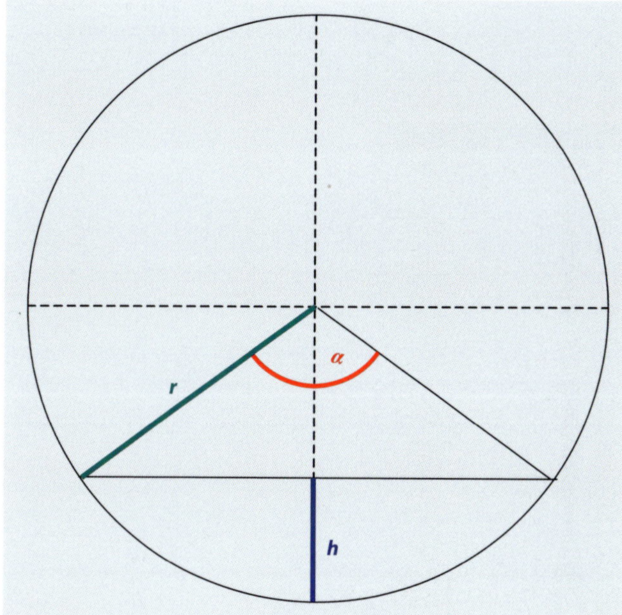

Abb. 9.8: Geometrie am teilgefüllten Rohr

$$v = -2{,}0 \cdot \lg\left(\frac{f_g \cdot \nu}{d_{hy} \cdot \sqrt{2 \cdot g \cdot d_{hy} \cdot J}} + \frac{k}{d_{hy} \cdot f_r}\right) \cdot \sqrt{2 \cdot g \cdot d_{hy} \cdot J} \quad \text{(Formel 9.1)}$$

mit

- v Strömungsgeschwindigkeit in m/s
- f_g Formbeiwert mit $f_g = 2{,}51$ für kreisrunde Rohre
- ν kinematische Zähigkeit in m²/s
- d_{hy} hydraulischer Durchmesser in m mit $d_{hy} = \frac{A_{Ström}}{4 \cdot l_u}$,
  $A_{Ström}$ Querschnittsfläche der Strömung in m² und l_u benetzter Umfang in m
- g Erdbeschleunigung mit $g = 9{,}81$ m/s²
- J Rohrsohlengefälle
- k Rauigkeit in m
- f_r Formbeiwert mit $f_r = 3{,}71$ für kreisrunde Rohre

Für die im Gebäude üblichen kreisrunden Profile kann mit $f_g = 2{,}51$ und $f_r = 3{,}71$ geschrieben werden:

$$v = -2{,}0 \cdot \lg\left(\frac{2{,}51 \cdot \nu}{d_{hy} \cdot \sqrt{2 \cdot g \cdot d_{hy} \cdot J}} + \frac{k}{3{,}71 \cdot d_{hy}}\right) \cdot \sqrt{2 \cdot g \cdot d_{hy} \cdot J} \quad \text{in m/s} \quad \text{(Formel 9.2)}$$

Der Volumenstrom $\dot{V}$, der durch ein Abwasserrohr geleitet werden kann,[1] wird mithilfe der Querschnittsfläche der Strömung entsprechend Abb. 9.8 berechnet:

$$\dot{V} = v \cdot A_{Ström} \quad \text{in l/s} \quad \text{(Formel 9.3)}$$

mit

- v Strömungsgeschwindigkeit in m/s
- $A_{Ström}$ zugehörige Querschnittsfläche der Strömung in m²

Im Folgenden soll eine universelle Berechnungsformel für die Querschnittsfläche abgeleitet werden, mit deren Hilfe jeder beliebige Füllungsgrad der Leitung abgebildet werden kann. Allgemein wird der Füllungsgrad einer Leitung durch das Verhältnis von Füllstand zu Durchmesser (als *h*/*d*-Verhältnis) nach Abb. 9.8 charakterisiert.

Weiter zusammengefasst ergibt sich schließlich die benötigte Berechnungsformel:

$$A_{Ström} = \frac{d^2}{4} \cdot \left(\frac{\alpha}{2} - \sin\left(\frac{\alpha}{2}\right) \cdot \cos\left(\frac{\alpha}{2}\right)\right) \quad \text{(Formel 9.4)}$$

$$\alpha = 2 \cdot \arccos\left(1 - 2 \cdot \frac{h}{d}\right) \quad \text{(Formel 9.5)}$$

mit

- $A_{Ström}$ Querschnittsfläche der Strömung in m²
- d Durchmesser des Rohre in m
- α sich in Abhängigkeit der Höhe des Wasserstandes ergebender Segmentwinkel
- h Füllhöhe in m

Für die Berechnung werden noch folgende Beziehungen benötigt:

$$r_{hy} = \frac{A_{Ström}}{l_u} \text{ bzw. } d_{hy} = \frac{4 \cdot A_{Ström}}{l_u} \text{ bzw. } d_{hy} = 4 \cdot r_{hy} \quad \text{(Formel 9.6)}$$

$$l_u = \frac{d}{2} \cdot \alpha \quad \text{(Formel 9.7)}$$

mit

- r_{hy} hydraulischer Radius in m
- d_{hy} hydraulischer Durchmesser in m
- $A_{Ström}$ Querschnittsfläche der Strömung in m²
- l_u benetzter Umfang in m

Mithilfe der Formeln 9.2 bis 9.7 kann der Abwasserabfluss einer Leitung berechnet werden, was am folgenden Beispiel verdeutlicht werden soll.

Beispiel: Berechnung Abwasserabfluss einer liegenden Leitung

Der Abwasserabfluss einer liegenden Leitung soll mit folgenden Ausgangsdaten berechnet werden:

Geometrie:

d	0,1840 m
h/d	0,5000
h	0,0920 m
α (Bogenmaß)	3,1416
α (Grad)	180,00°
$A_{Ström}$	0,0133 m²
l_u	0,2890 m
r_{hy}	0,0460 m
d_{hy}	0,1840 m

Rauigkeit + Gefälle + Zähigkeit:

k	0,001 m
J	0,01
ν	$1{,}31 \cdot 10^{-6}$ m²/s

Ergebnis (vgl. auch Tabelle 9.12**):**

v	1,07 m/s
$\dot{V}$	14,18 l/s

[1] Dieser Volumenstrom wird in der Abwassertechnik als Regenwasser- oder Schmutzwasserabfluss bezeichnet.

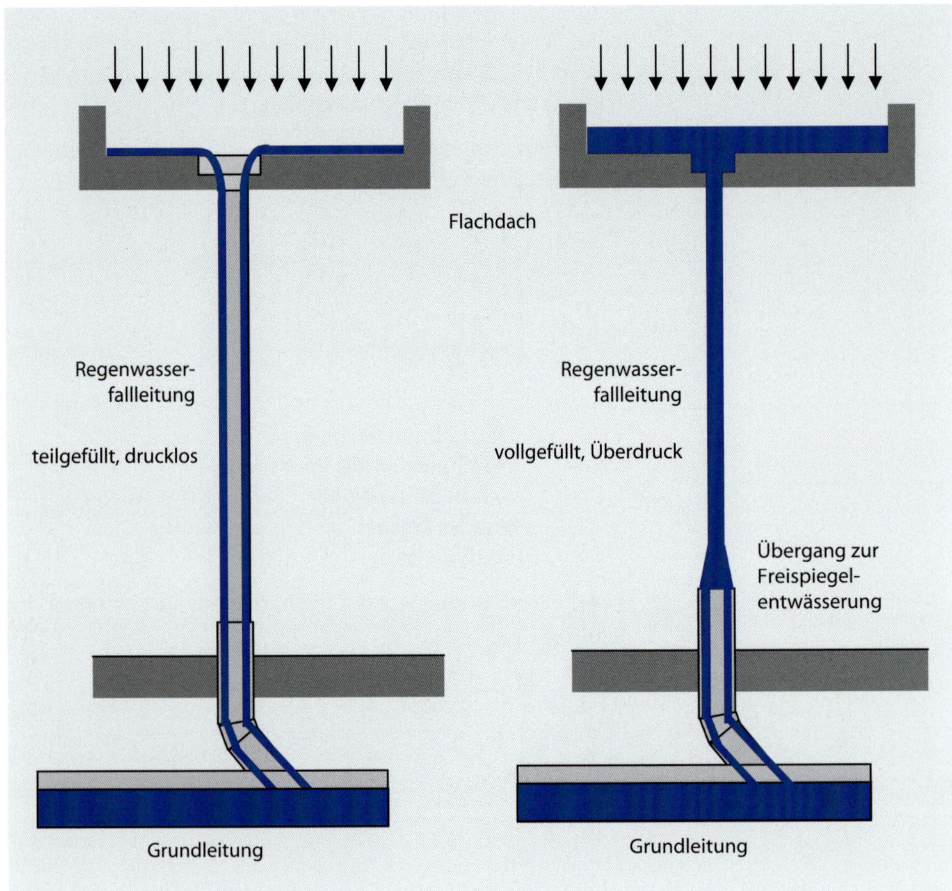

Abb. 9.10: Freispiegel- und Druckrohrentwässerung von Flachdächern

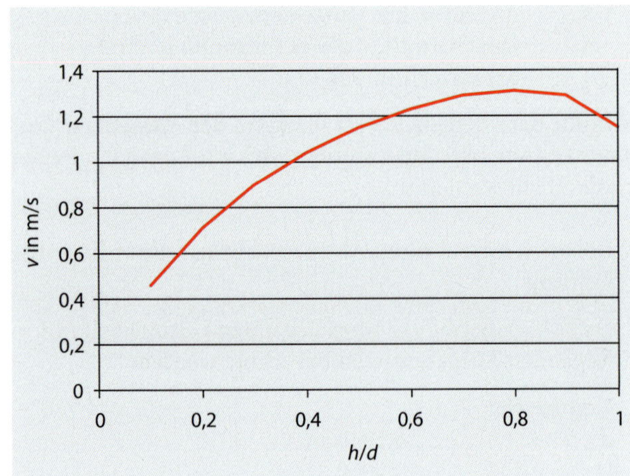

Abb. 9.9: Zusammenhang zwischen Füllungsgrad (*h/d*) und sich ergebender Strömungsgeschwindigkeit für eine Abwasserleitung

Wird die Berechnung für mehrere verschiedene h/d durchgeführt, so führt das zu dem in Abb. 9.9 dargestellten Zusammenhang zwischen dem Füllungsgrad der Leitung (h/d) und der sich einstellenden Strömungsgeschwindigkeit. Es ist zu erkennen, dass sich die größte Strömungsgeschwindigkeit nicht bei Vollfüllung, sondern etwa bei $h/d = 0{,}7$ bis 0,8 einstellt. Demzufolge werden Grundleitungen z. B. für einen Füllgrad von $h/d = 0{,}7$ bemessen (vgl. Kapitel 9.4.4 und 9.5.7).

9.4 Regenwassersysteme

9.4.1 Anordnung und Funktionsprinzip

Das Regenwassersystem in einem Gebäude lässt sich in folgende Anlagenteile untergliedern:

- zu entwässernde Grundstücks- oder Dachflächen
- Dachrinnen und Abläufe, an denen die auf der zu entwässernden Fläche anfallenden Regenwässer zusammengeführt werden
- Einzelanschlussleitungen
- Sammelanschlussleitungen
- Fallleitungen
- Sammel- oder Grundleitungen

Die Regenwassersysteme von Gebäuden lassen sich in 2 strömungstechnische Systeme unterscheiden (vgl. auch Abb. 9.10):

- Entwässerung mit einem Freispiegelsystem
- Entwässerung mit einem Druckrohrsystem

Die Entwässerung mit dem Druckrohrsystem wird vor allem für größere Flachdächer angewendet, die Entwässerung mit dem Freispiegelsystem ist die traditionelle und am häufigsten verwendete Methode. Der Vorteil der Druckrohrentwässerung besteht in erster Linie in geringeren Rohrnennweiten, wodurch sich die Kosten reduzieren lassen.

9.4.2 Dachrinnen und Abläufe

Geneigte Dächer werden mithilfe von Dachrinnen entwässert. Folgende Materialen werden verwendet:

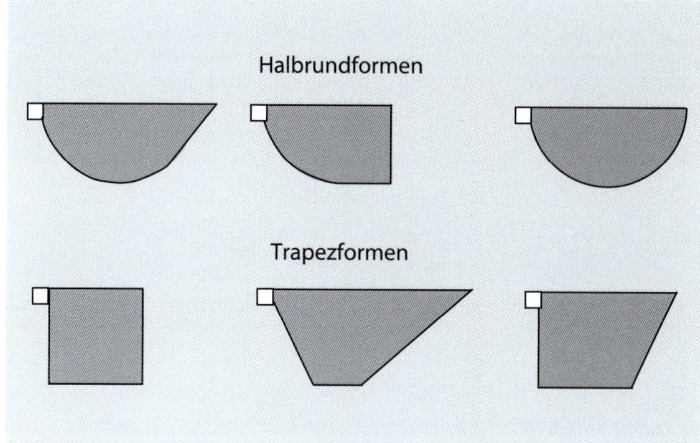

Abb. 9.11: Typische Dachrinnenquerschnittsformen nach DIN 12056-3

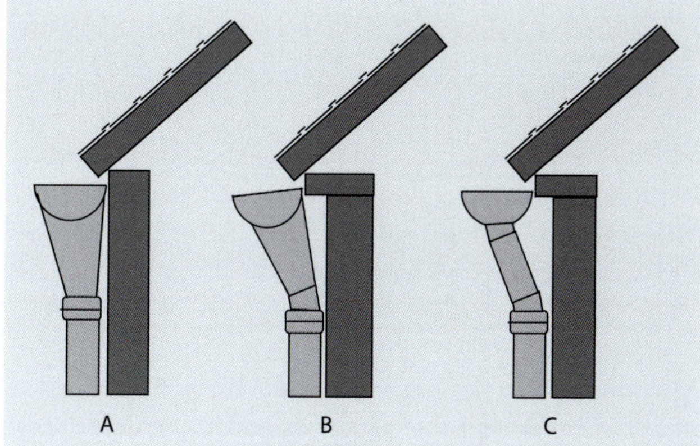

Abb. 9.13: Übergang Dachrinnenablauf zum Fallrohr

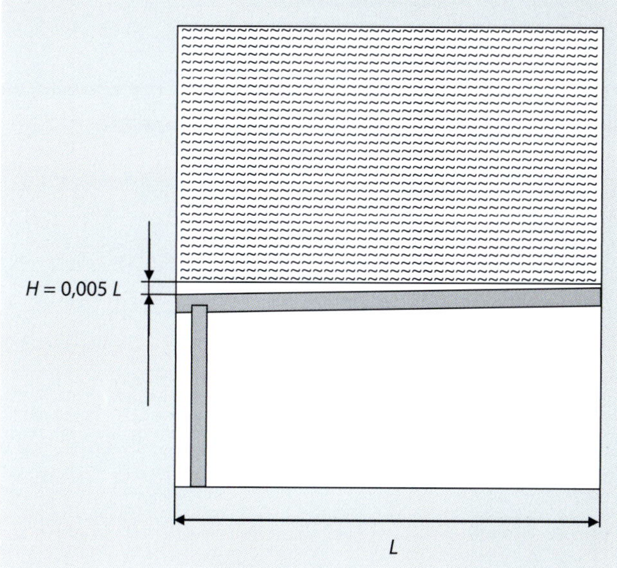

Abb. 9.12: Gefälle von Dachrinnen

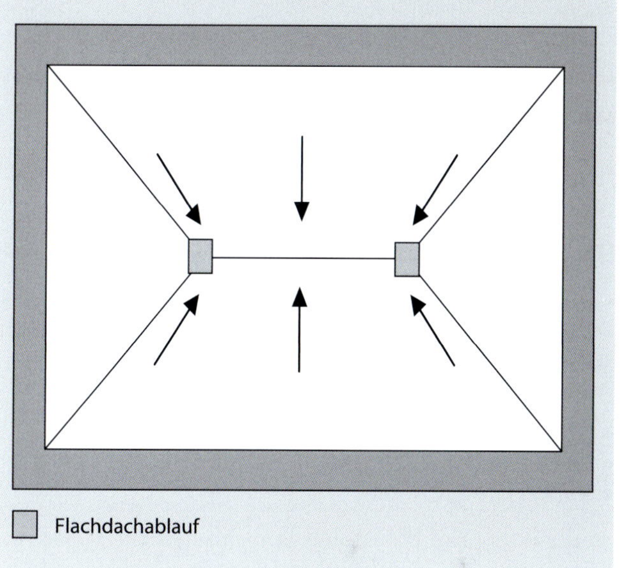

Abb. 9.14: Entwässerung eines Flachdachs

- Stahlblech
- Kupferblech
- Aluminiumblech

Die Querschnitte gibt es in halbrunder und trapezförmiger Form (vgl. Abb. 9.11). Die Dachrinnen werden mit einem Gefälle von 0,5 % zum Dachrinnenablauf hin verlegt (vgl. Abb. 9.12).

Der Übergang vom Dachrinnenablauf zum Regenwasserfallrohr wird mit folgenden Verbindungselementen realisiert (vgl. Abb. 9.13):

- A: konischer Stutzen
- B: konischer Stutzen mit einem 45°-Bogen
- C: Rohrübergang mit 2 45°-Bögen

Dachrinnen werden meistens mit außen liegenden Fallleitungen verbunden.

Bei einem Flachdach müssen immer mindestens 2 Abläufe vorhanden sein (vgl. Abb. 9.14). Ein Ablauf kann als Sicherheitsüberlauf ausgeführt werden. Das Flachdach sollte mit leichtem Gefälle zu den Abläufen hin gebaut werden (ca. 5 %). Den prinzipiellen Aufbau eines Flachdachablaufs zeigt Abb. 9.15. Die Abläufe von Balkonen und Terrassen

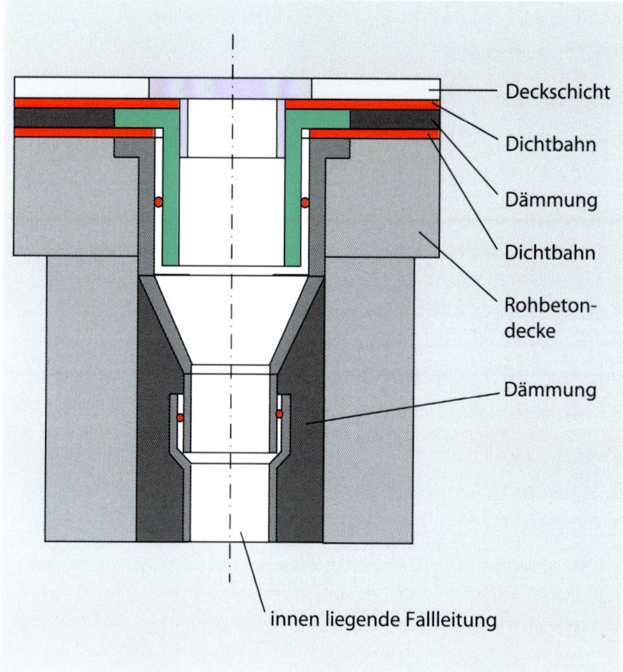

Abb. 9.15: Aufbau eines Flachdachablaufs (schematisch)

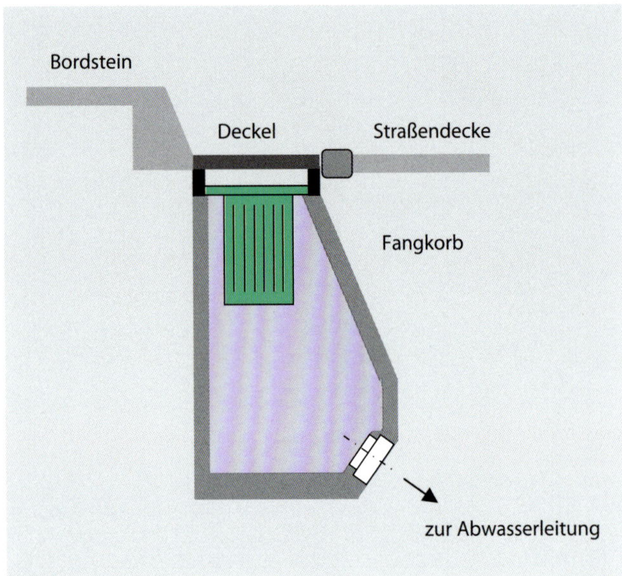

Abb. 9.16: Straßenablauf (schematisch)

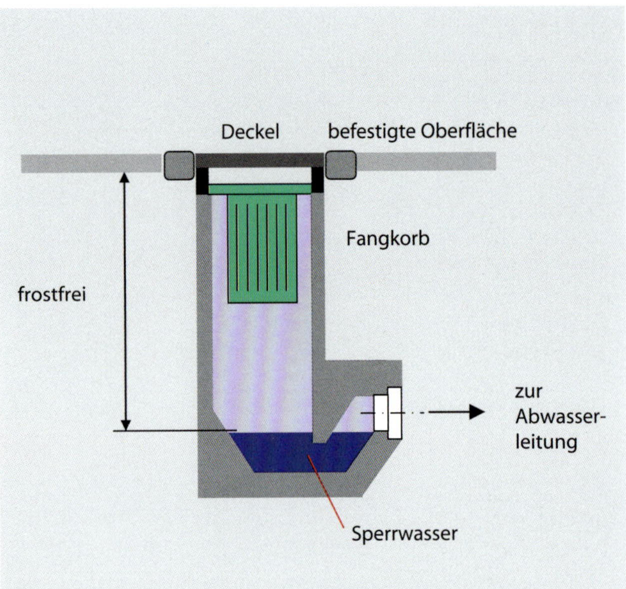

Abb. 9.17: Hofablauf mit Geruchsverschluss (schematisch)

sind ähnlich aufgebaut, nur sind sie meist flacher ausgebildet und haben einen seitlichen Ablauf.

Das auf Flachdächern anfallende Regenwasser wird oft über innen liegende Fallleitungen abgeleitet.

Das auf befestigten Flächen im Grundstück anfallende Regenwasser wird über folgende Abläufe in die Regenwasserleitungen abgeleitet:

- Straßenabläufe (vgl. Abb. 9.16)
- Hofabläufe (vgl. Abb. 9.17)
- Entwässerungsrinnen

Straßen- und Hofabläufe sind ähnlich aufgebaut, Hofabläufe werden in vielen Fällen mit Geruchsverschluss angefertigt. Beide haben einen herausnehmbaren Fangkorb, in dem Laub und Grobschmutz zurückgehalten werden.

9.4.3 Leitungen

Fallleitungen

Außen liegende Fallrohre können aus folgenden Materialien gearbeitet werden:

- Blechrohre aus Zink, Kupfer, Aluminium (nicht für innen liegende Fallleitungen)
- Gussrohre ohne Muffe (bezeichnet als SML-Rohre)
- Stahlrohre und Edelstahlrohre
- PE-Rohre (Rohre aus Polyethylen)

Für innen liegende Fallrohre werden zusätzlich nachfolgende Materialien verwendet:

- Glasrohr
- PP-Rohr (Rohr aus Polypropylen, auch als PP-HT-Rohr bezeichnet)

Da Regenwasserleitungen im Gegensatz zu Schmutzwasserleitungen nicht zusätzlich belüftet werden, müssen sie zur Vermeidung des Auseinandergleitens entsprechend befestigt werden. Gegebenenfalls sind druckfeste Rohre und Verbindungen zu verwenden. Die Fallleitungen werden

Abb. 9.18: Standrohr mit Revisionsöffnung

mithilfe von Schlagschellen oder Rohrschellen mit Gewindemuffe an der Wand befestigt.

Die Fallleitung mündet in das Standrohr, das direkt in die Grundleitung führt. Standrohre sind robust auszuführen (Guss- oder Stahlrohr), um mechanische Beschädigungen zu verhindern. In das Standrohr wird in der Regel die Revisionsöffnung integriert (vgl. Abb. 9.18) bzw. der Übergang vom Fallrohr zum Standrohr bietet die Möglichkeit der Revision.

Grundleitungen

Für die Grundleitungen werden folgende Materialien verwendet:

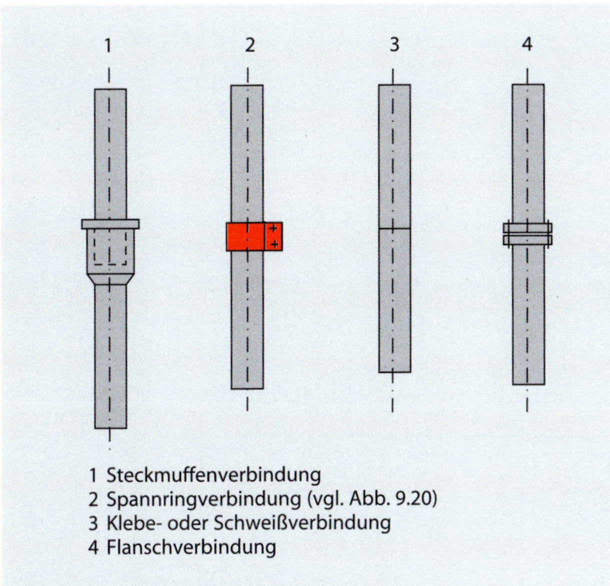

Abb. 9.19: Verbindungstechnologien für Abwasserrohre

Abb. 9.20: Spannringverbindung

- PVC-U-Rohre, auch bezeichnet als KG-Rohre, Farbe Orangebraun RAL 8023 (bis DN 500)
- PE-Rohre
- Gussrohre (innen und außen beschichtet)
- Steinzeugrohre
- Betonrohre (ab DN 300)

Verbindungsarten

Für Regenwasserleitungen gibt es folgende Verbindungstechnologien (vgl. auch Abb. 9.19):

- Steckmuffenverbindung
- Spannringverbindung (vgl. Abb. 9.20)
- Klebe- oder Schweißverbindung
- Flanschverbindung

9.4.4 Bemessung von Freispiegelsystemen

Bestimmung des Regenwasserabflusses

Der Regenwasserabfluss von einer bestimmten Fläche berechnet sich nach DIN 1986-100 wie folgt:

$$\dot{V}_{RW} = r_{(D,T)} \cdot C \cdot A \cdot \frac{1}{10.000} \qquad \text{(Formel 9.8)}$$

mit

$\dot{V}_{RW}$ Regenwasserabfluss (Regenwasservolumenstrom) von einer zu entwässernden Fläche in l/s

A wirksame Fläche in m² (bei Dächern die in die Ebene projizierte Dachfläche)

$r_{(D,T)}$ Regenspende in l/(s · ha); D: maßgebende Regendauer, T: Jährlichkeit

C dimensionsloser Abflussbeiwert (vgl. Tabelle 9.2)

Tabelle 9.2: Abflussbeiwerte nach DIN 1986-100

Nr.	Art der Flächen	Abfluss-beiwert C
1	wasserundurchlässige Flächen:	
	Dachflächen	1,0
	Betonflächen	1,0
	Rampen	1,0
	befestigte Flächen mit Fugendichtung	1,0
	Schwarzdecken (Asphalt)	1,0
	Pflaster mit Fugenverguss	1,0
	Kiesdächer	0,5
	begrünte Dachflächen:	
	für Intensivbegrünungen	0,3
	für Extensivbegrünungen > 10 cm Aufbaudicke	0,3
	für Extensivbegrünungen < 10 cm Aufbaudicke	0,5
2	teildurchlässige und schwach ableitende Flächen:	
	Betonsteinpflaster, Flächen mit Platten jeweils in Sand oder Schlacke verlegt	0,7
	Flächen mit Pflaster (Fugenanteil > 15 %)	0,6
	wassergebundene Flächen	0,5
	Kinderspielplätze mit Teilbefestigungen	0,3
3	wasserdurchlässige Flächen	0,0

Die Berechnungsregenspende ist der DIN 1986-100 (Anhang A) zu entnehmen. Dabei ist für Grundstücksflächen der Wert $r_{5,2}$ zu verwenden, d. h., für einen sog. 5-Minuten-Regen, der mit dieser Intensität alle 2 Jahre auftritt. Für die Regenentwässerung von Dächern und Grundstücksflächen unterhalb der Rückstauebene ist die Bemessungsregenspende $r_{5,5}$ anzuwenden. Bei der Bemessung von Fall- und Sammelleitungen sowie von Notentwässerungen sind gemäß DIN 1986-100, Anhang A, höhere Regenspenden zu verwenden.

Beispiel: Bestimmung Regenwasservolumenstrom

Für ein Grundstück in Dresden soll der Regenwasservolumenstrom bestimmt werden:

	wirksame Fläche A	**C**
Dachflächen	3.381 m²	1,00
Grünflächen (durchlässig)	1.037 m²	0,00
gepflasterte Hofflächen	4.382 m²	0,60
Regenspende	242 l/(s · ha) für Dresden	
Volumenstrom Regenwasser	**145,5 l/s**	

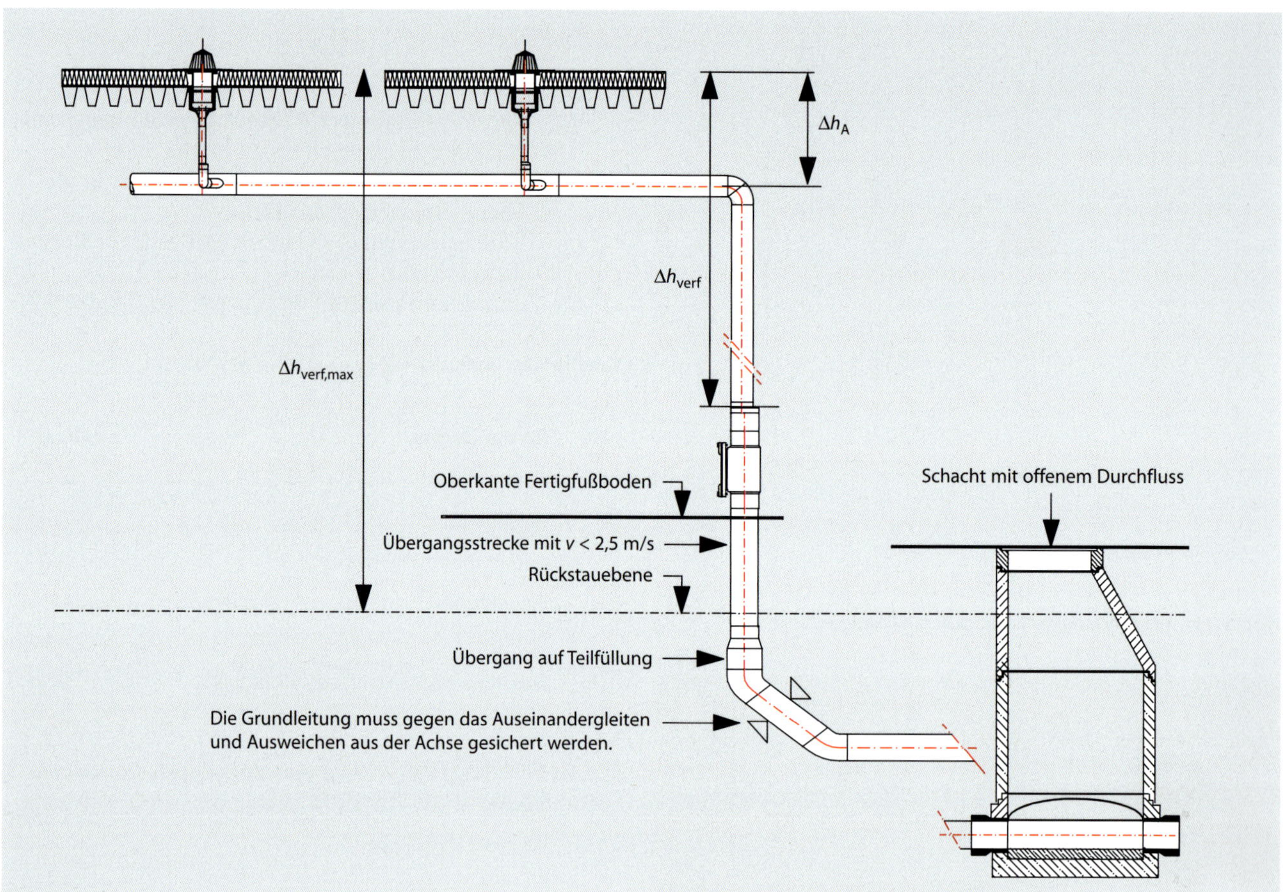

Abb. 9.21: Dachentwässerung im Druckrohrsystem; Δh_{verf}: verfügbare Höhendifferenz (vgl. Formel 9.13); $\Delta h_{verf,max}$: maximal verfügbare Höhendifferenz

Dach- bzw. Rinnenabläufe

Das Abflussvermögen einer vorgehängten Dachrinne hängt von deren Querschnittsfläche ab:

$$\dot{V}_L = 0{,}9 \cdot \dot{V}_N \cdot F_L \quad \text{(Formel 9.9)}$$

$$\dot{V}_N = 2{,}78 \cdot 10^{-5} \cdot A_W^{1{,}25} \text{ für halbrunden Querschnitt} \quad \text{(Formel 9.10)}$$

$$\dot{V}_N = 3{,}48 \cdot 10^{-5} \cdot A_W^{1{,}25} \text{ für rechteckigen Querschnitt} \quad \text{(Formel 9.11)}$$

mit

$\dot{V}_L$ Abflussvermögen einer Dachrinne in l/s

$\dot{V}_N$ Nennabflussvermögen einer Dachrinne in l/s entweder vom Hersteller vorgegeben oder berechnet nach Formel 9.10 oder 9.11

F_L Dachrinnenabflussbeiwert für Dachrinnen, deren Länge größer als die fünfzigfache Sollwassertiefe der Dachrinne ist (vgl. Tabelle 6 der DIN EN 12056-3, bei $L/W < 50$ ist $F_L = 1{,}0$ mit L als Dachrinnenlänge und W als Sollwassertiefe [Überlaufhöhe])

A_W Querschnittsfläche der Dachrinne in mm²

Beispiel: Berechnung Abflussvermögen

Berechnung des Abflussvermögens einer Dachrinne mit halbrundem Querschnitt (d = 127 mm) und einer Länge von 3 m:

d	127 mm
A_W	6.333,84 mm²
$\dot{V}_N$	1,57 l/s
L	3 m
L/W (= L/d)	47,24
F_L	1
$\dot{V}_L$	**1,41 l/s**

Mit der gewählten Dachrinne können ca. 1,4 l/s Regenwasser abgeleitet werden, das Gefälle kann kleiner als 3 mm/m sein.

Die Anzahl der Dach- bzw. Rinnenabläufe n_{DA} ergibt sich folgendermaßen:

$$n_{DA} = \frac{\dot{V}_{RW}}{\dot{V}_{DA}} \quad \text{(Formel 9.12)}$$

mit

$\dot{V}_{RW}$ Regenwasservolumenstrom (Regenwasserabfluss) von einer zu entwässernden Dachfläche oder Teildachfläche in l/s

$\dot{V}_{DA}$ Abflussvermögen des Dach- oder Rinnenablaufs in l/s (Herstellerangabe; wird durch Messungen festgestellt)

Bemessung von Leitungen

Fallleitungen:

- Nennweite wie Dachablauf oder größer
- Füllungsgrad $h/d \leq 0{,}33$

Sammel- und Grundleitungen:

- innerhalb des Gebäudes $h/d \leq 0{,}7$ und $J \geq 0{,}5$ cm/m
- außerhalb von Gebäuden:
  - $h/d \leq 0{,}7$
  - $v_{max} = 2{,}5$ m/s
  - $v_{min} = 0{,}7$ m/s
  - $J \geq 1/\text{DN}$

9.4.5 Bemessung von Druckrohrsystemen

Ein Druckrohrsystem (vgl. Abb. 9.10 und 9.21) wird nach DIN 1986-100 mithilfe der Bernoulli-Gleichung berechnet. Dabei werden sog. Fließwege (Stromfäden) betrachtet. Ein Fließweg beginnt immer in der Wasserlinie über dem Dachablauf und endet beim Übergang in die teilgefüllt betriebene Entwässerungsanlage in oder oberhalb der Rückstauebene. Der verfügbare Druck berechnet sich wie folgt:

$$\Delta p = \Delta h_{verf} \cdot \rho \cdot g \qquad \text{(Formel 9.13)}$$

mit

Δp verfügbare Druckdifferenz für einen Fließweg in Pa
Δh_{verf} verfügbare Höhendifferenz zwischen dem Dacheinlauf und dem Übergang zur Freispiegelentwässerung in m
ρ Dichte des Wassers ($\rho = 1.000$ kg/m^3)
g Erdbeschleunigung ($g = 9{,}81$ m/s^2)

Das Berechnungsziel besteht darin, die Reibungsdruckverluste möglichst so einzustellen, dass genau der verfügbare Druck verbraucht wird:

$$\Delta p = \Delta h_{verf} \cdot \rho \cdot g = \sum (l \cdot R + Z) \qquad \text{(Formel 9.14)}$$

mit

Δp verfügbare Druckdifferenz für einen Fließweg in Pa
Δh_{verf} verfügbare Höhendifferenz zwischen dem Dacheinlauf und dem Übergang zur Freispiegelentwässerung in m
ρ Dichte des Wassers ($\rho = 1.000$ kg/m^3)
g Erdbeschleunigung ($g = 9{,}81$ m/s^2)
l Länge einer Teilstrecke mit jeweils gleichem Volumenstrom entlang des Fließweges in m
R spezifischer Druckverlust für die Teilstrecke [Pa/m]
Z Einzeldruckverluste auf der Teilstrecke für Formstücke in Pa/m

Keinesfalls dürfen die Leitungen zu groß bemessen sein, da sich sonst keine Druckströmung ausbilden kann.

9.5 Schmutzwassersysteme

9.5.1 Anordnung und Funktionsprinzip

Das Schmutzwassersystem in einem Gebäude lässt sich entlang des Strömungsweges des Abwassers in folgende Anlagenteile untergliedern (vgl. auch die Erläuterungen in Tabelle 9.3 und die Darstellung in Abb. 9.22):

- Entwässerungsgegenstände
- Einzelanschlussleitungen
- Sammelanschlussleitungen
- Fallleitungen
- Lüftungsleitungen
- Sammelleitungen
- Grundleitungen

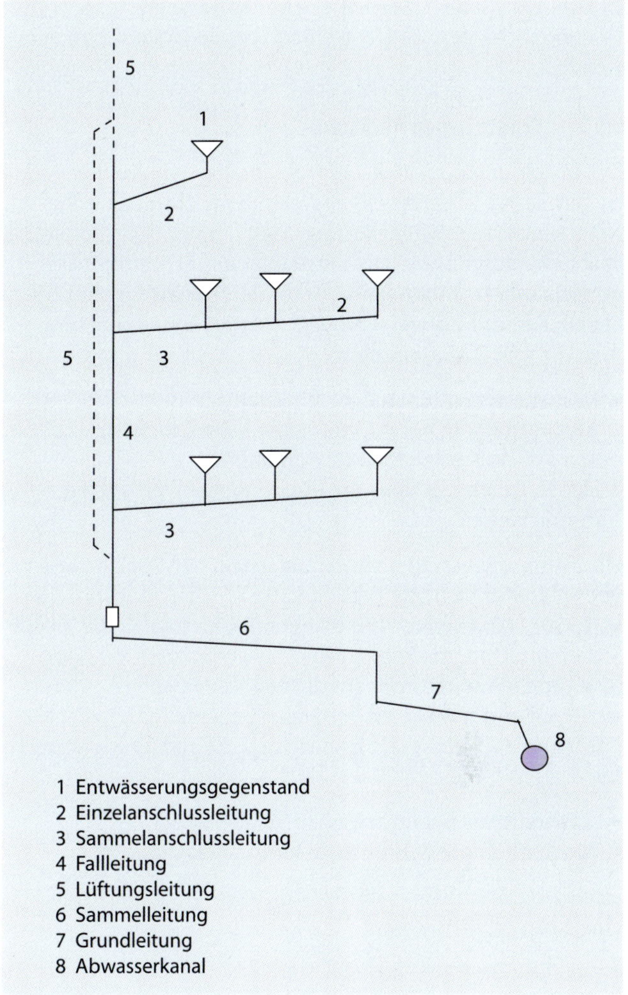

Abb. 9.22: Schmutzwassersystem im Gebäude

Tabelle 9.3: Erläuterungen zu den Leitungsabschnitten eines Schmutzwassersystems

Leitungsabschnitt	Erläuterung
Einzelanschlussleitung	Leitung, die einen einzelnen Entwässerungsgegenstand mit einer Sammelleitung oder einer Fallleitung verbindet
Sammelanschlussleitung	Sammelleitung, in die die Einzelanschlussleitungen verschiedener Entwässerungsgegenstände münden
Fallleitung	senkrechter Teil der Abwasserleitungen
Lüftungsleitung	Leitung, die zur Be- und Entlüftung von Schmutzwassersystemen benötigt wird (vgl. Kapitel 9.5.5)
Sammelleitung	frei liegende Leitung, die das Abwasser von Fallleitungen oder Sammelanschlussleitungen aufnimmt
Grundleitung	Entwässerungsleitung unterhalb der Fundamentplatte oder im Erdreich verlegt, die das Abwasser von Fallleitungen oder direkt angeschlossenen Entwässerungsgegenständen aufnimmt

In DIN EN 12056-2 werden 4 Schmutzwassersysteme (I bis IV) unterschieden. In Deutschland ist das System I zu verwenden.

9.5.2 Schutz gegen Rückstau

Die Beachtung der Rückstauproblematik (vgl. Kapitel 9.2) ist gerade bei Schmutzwassersystemen wichtig, da es bei Nichtbeachtung von Sicherungsmaßnahmen zu erheblichen Sachbeschädigungen durch auslaufendes Schmutzwasser im Gebäude kommen kann. Besonders gefährdet sind Ablaufstellen und Entwässerungsgegenstände in Kellerräumen. Es gibt 2 Maßnahmen:

- Rückstauverschlüsse, d. h. automatisch funktionierende Armaturen, die bei Strömungsumkehr selbsttätig schließen (Wirkung wie Rückschlagklappe)
- Hebeanlagen mit über die Rückstauebene geführten Rohrschleifen

Die Trennung von Elementen unterhalb der Rückstauebene über eine Rohrschleife (vgl. Abb. 9.25 [10] und Abb. 9.26 [4]) vom restlichen System bringt im Rückstaufall die größte Sicherheit. Dagegen können Rückstauarmaturen versagen bzw. durch Fremdkörper am dichten Schließen gehindert werden. Bei der Auswahl der Sicherungsmaßnahme ist außerdem die Abwasserart zu beachten. Es gibt Einrichtungen für

- fäkalienfreies Schmutzwasser (Grauwasser),
- fäkalienhaltiges Schmutzwasser (Schwarzwasser).

Nach DIN EN 12056-4 dürfen Rückstauverschlüsse nur eingesetzt werden, wenn

- Gefälle zum Kanal besteht,
- die Räume von untergeordneter Nutzung sind,
- der Benutzerkreis klein ist und ein WC oberhalb der Rückstauebene zur Verfügung steht sowie
- bei Rückstau auf die Benutzung der Ablaufstelle verzichtet werden kann.

Rückstauverschlüsse für fäkalienfreies Abwasser (vgl. Abb. 9.23) werden z. B. zur Sicherung von Kellerabläufen verwendet. Rückstausicherungen müssen einen von Hand zu betätigenden Verschluss und mindestens einen weiteren Verschluss (sog. Betriebsverschluss) haben, der selbsttätig bei Rückstau schließt. Prinzipiell sollte aber überlegt werden, ob auf Kellerabläufe verzichtet wird.

Rückstauverschlüsse für fäkalienhaltige Abwässer werden nur in Ein- oder Zweifamilienhäusern eingesetzt. Voraussetzung ist, dass mindestens ein WC oberhalb der Rückstauebene vorhanden ist, da während des Rückstaus die am Rückstauverschluss angeschlossenen Entwässerungsgegenstände nicht benutzt werden können. Die Rückstauverschlüsse für fäkalienhaltiges Abwasser benötigen einen Elektroanschluss. Der Rückstau wird über einen Sensor erkannt, worauf über die Steuereinheit ein motorisches Ventil geschlossen wird. Bei Auflösung des Rückstaus gibt der Verschluss den Abfluss automatisch frei. Bei Stromausfall bleibt die Funktionsfähigkeit durch Batterien über eine gewisse Zeit erhalten. Die Entwässerungsgegenstände oberhalb der Rückstauebene müssen in Strömungsrichtung hinter dem Rückstauverschluss eingebunden werden (vgl. Abb. 9.24).

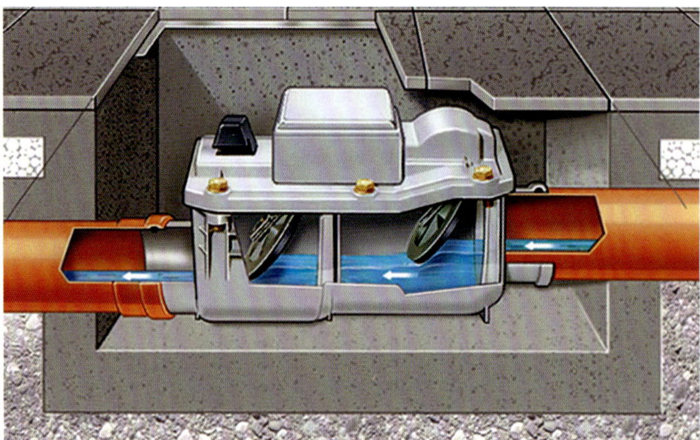

Abb. 9.23: Rückstauverschluss (Quelle: Viega GmbH & Co. KG, Attendorn)

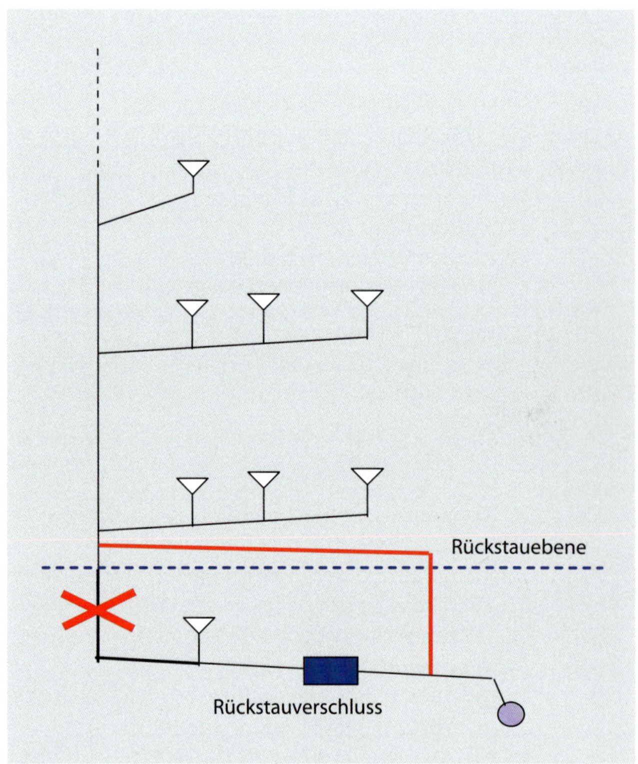

Abb. 9.24: Einbindung der hoch gelegenen Entwässerungsgegenstände in Strömungsrichtung hinter dem Rückstauverschluss

Eine Hebeanlage wird immer in Verbindung mit einer Rohrschleife, die über die Rückstauebene geführt wird, ausgeführt. Dadurch ergibt sich ein weitreichenderer Schutz gegen Rückstau als bei Rückstauverschlüssen. Hebeanlagen gibt es ebenfalls in unterschiedlicher Ausführung für:

- fäkalienhaltiges Abwasser (vgl. auch Abb. 9.25),
- fäkalienfreies Abwasser (vgl. auch Abb. 9.26).

Die Druckleitung der Hebeanlage muss immer in eine belüftete Grund- oder Sammelleitung, darf jedoch niemals in eine Fallleitung eingebunden werden.

Die Abb. 9.27 zeigt den Pumpensumpf für den Einbau einer Kleinhebeanlage, die in einem Einfamilienhaus eingesetzt werden kann, bei größeren Gebäuden werden die Hebeanlagen als Doppelanlagen angesetzt (vgl. Abb. 9.28).

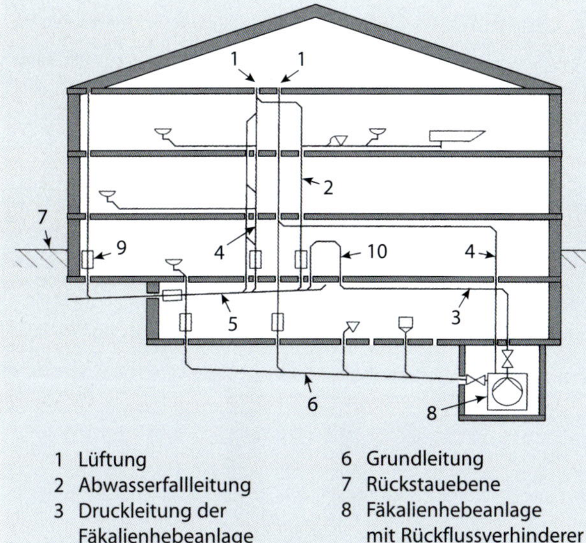

Abb. 9.25: Einbindung einer Fäkalienhebeanlage nach DIN 12056-4:2001-01

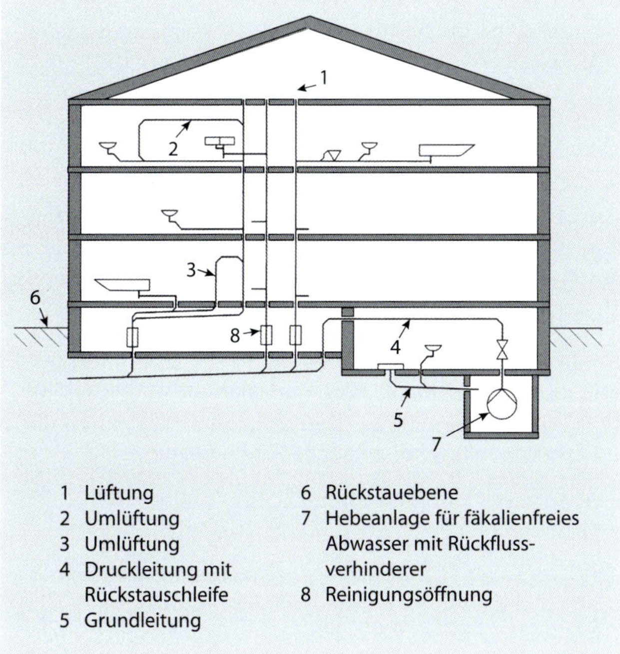

Abb. 9.26: Einbindung einer Hebeanlage für fäkalienfreies Abwasser nach DIN 12056-4:2001-01

Abb. 9.27: Pumpensumpf für den Einbau einer Kleinhebeanlage zur Entwässerung unterhalb der Rückstauebene – wird in den Fußboden einbetoniert (Quelle: Grundfos GmbH, Erkrath)

Abb. 9.28: Abwasseranlage als Doppelanlage (Quelle: Grundfos GmbH, Erkrath)

9.5.3 Entwässerungsgegenstände

Als Entwässerungsgegenstände werden die fest installierten Objekte bezeichnet, die mit Wasser versorgt werden und zum Reinigen oder Waschen dienen. Dazu zählen Sanitärobjekte wie Badewannen, Waschtische, Urinale, Toilettenbecken, Spültische und Ausgussbecken. Außerdem sind spezielle Sanitärapparate wie Waschmaschinen, Geschirrspülmaschinen, gewerbliche Kücheneinrichtungen und Laboreinrichtungen zu entwässern. Die dritte Gruppe der Entwässerungsgegenstände sind Bodenabläufe (vgl. z. B. Abb. 9.30).

Entwässerungsgegenstände müssen über einen Geruchsverschluss an das Schmutzwassersystem angeschlossen werden (vgl. Abb. 9.29). Der Geruchsverschluss verhindert durch das Sperrwasser den Austritt von Kanalgasen am Auslauf des Entwässerungsgegenstandes. Die Sperrwasserhöhe muss mindestens 50 mm betragen (nach DIN EN 12056-2).

Zu den Bodenabläufen zählen

- Deckenabläufe,
- Badabläufe,
- Kellerabläufe,
- Dachabläufe einschließlich Balkon- und Terrassenabläufen.

Decken-, Bad- und Kellerabläufe müssen einen Geruchsverschluss haben, da sie an das Schmutzwassersystem angeschlossen werden. Allgemein zugängliche Sanitärräume in Hotels, öffentlichen Gebäuden, Gaststätten, Schulen, Sportstätten usw. sind mit Bodeneinläufen auszustatten. In Wohnbereichen sind Bodenabläufe nicht unbedingt erforderlich, nach DIN EN 12056-2, muss jedoch unter jeder Zapfstelle im Gebäude eine Ablaufstelle vorhanden sein.

9.5.4 Leitungen

Materialien

Abwasserleitungen müssen beständig sein gegen Abwasser und daraus entstehende Gase und Dämpfe. Außerdem müssen sie in bestimmten Grenzen temperaturbeständig sein. Im Hausbereich gelten folgende Forderungen:

- Anschluss-, Fall- und Sammelleitungen bis 95 °C
- Grundleitungen bis 45 °C (kurzzeitig höhere Spitzen)

Abwasser- und Lüftungsleitungen müssen bis zu einem inneren und äußeren Druck von 0,5 bar dicht sein. Die Druckleitungen von Hebeanlagen müssen für einen höheren Druck geeignet sein.

Es werden folgende Materialien für das Schmutzwassersystem verwendet:

- Muffenlose Rohre aus Gusseisen (Bezeichnung: SML-Rohre) sind nicht brennbar. Allgemein werden die Forderungen des Brandschutzes durch die Metalleigenschaften ohne zusätzliche Maßnahmen erfüllt. Die Verbindung erfolgt durch kraftschlüssige Krallenverbindungen, durch Spannringe und Schellen.
- Kunststoffrohre aus Polypropylen (PP): Diese Rohre sind schwer entflammbar und heißwasserbeständig. Die Verbindung erfolgt überwiegend durch Steckmuffen.
- Kunststoffrohre aus Polyethylen (PE): Diese Rohre sind ebenfalls schwer entflammbar und heißwasserbeständig. Die Verbindung erfolgt überwiegend durch Stumpfschweißen.
- Kunststoffrohre aus PVC-U (wurden früher als PVC-hart-Rohre bezeichnet): Sie sind grau gefärbt. Für Grundleitungen gibt es genormte orangebraune Rohre, die in der Fachsprache KG-Rohre genannt werden.
- Kunststoffrohre aus PVC-C sind heißwasserbeständige Rohre, die als HT-Rohre bezeichnet werden (HT: High Temperature).
- Faserzementrohre mit und ohne Muffe: Dieser Werkstoff ist für alle Abwässer geeignet. Die Rohre haben ein vergleichsweise geringes Gewicht.

Außerdem werden bei besonderen Anforderungen im medizinischen oder industriellen Bereich Edelstahlrohre verwendet. Für die Ableitung von Kondensaten aus Feuerungsanlagen werden gelegentlich Glasrohre verwendet.

Anordnung

Abwasserleitungen können folgendermaßen verlegt werden:

- frei vor einer Wand oder unter der Decke hängend
- in horizontalen oder vertikalen Schlitzen
- in Installationsschächten
- unter der Bodenplatte oder im Erdreich

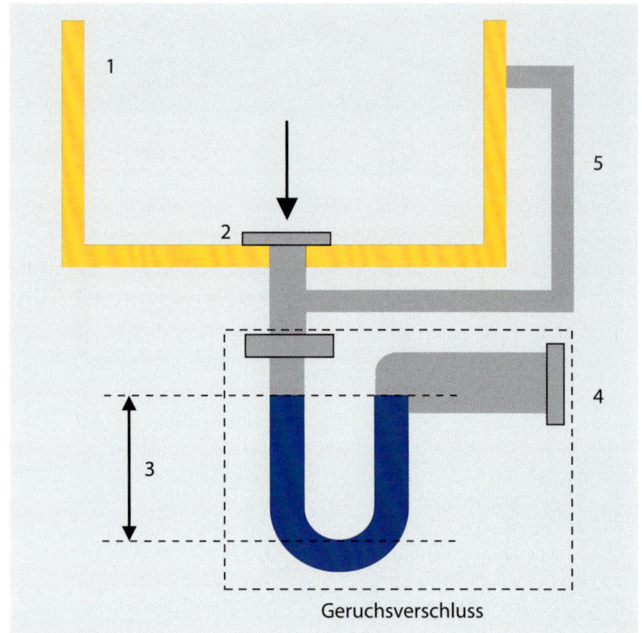

Abb. 9.29: Geruchsverschluss (schematisch; 1: Abflussbecken (Entwässerungsgegenstand; 2: Abfluss; 3: Sperrwasserhöhe; 4: Anschluss an Abwasserleitung; 5: Überlauf)

Abb. 9.30a, b und c: Bodenabläufe (Quelle: Viega GmbH & Co. KG, Attendorn)

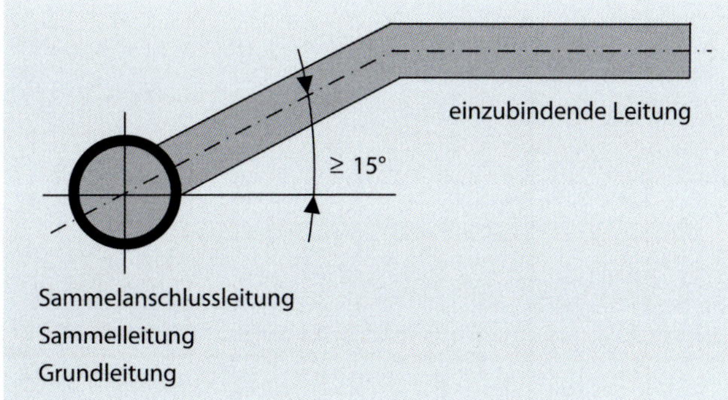

Abb. 9.31: Einbindung von Leitungen nicht unter 15°

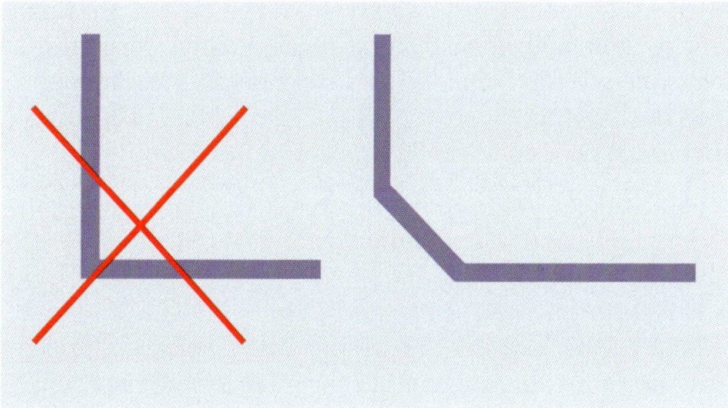

Abb. 9.32: 90°-Umlenkung in einer Grund- oder Sammelleitung

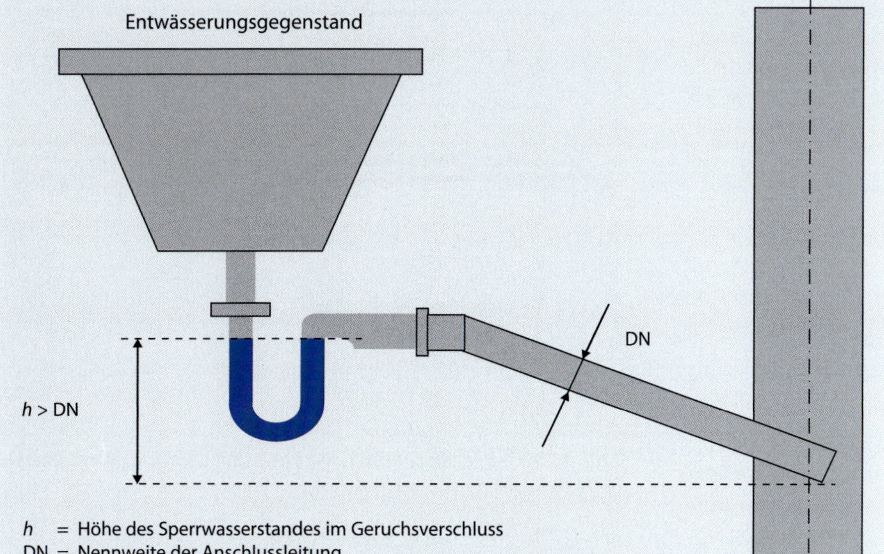

Abb. 9.33: Einbindung in eine Fallleitung

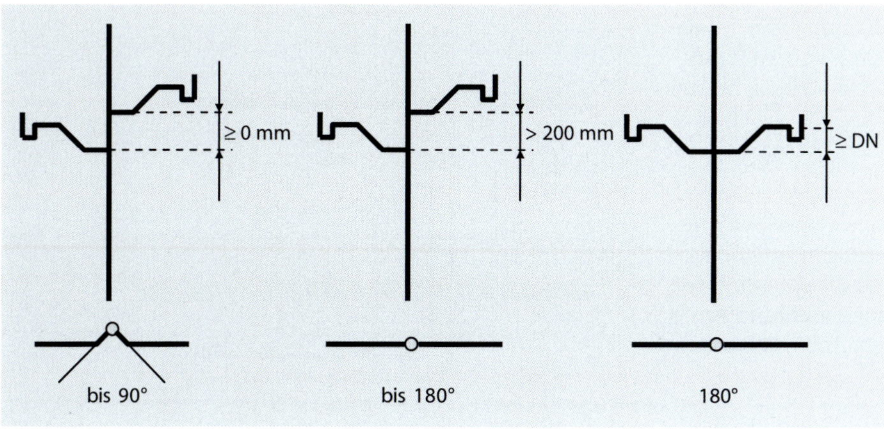

Abb. 9.34: Abzweige in Fallleitungen

Bei der Leitungsverlegung sollte auf Folgendes geachtet werden:

- Anschlusseinbindung nicht unter 15° (vgl. Abb. 9.31)
- Richtungsänderungen in Grund- und Sammelleitungen nur mit Bögen ≤ 45° (vgl. Abb. 9.32)
- Abzweige in Grund- und Sammelleitungen nur ≤ 45°
- in liegenden Leitungen keine Doppelabzweige
- keine Reduzierung der Nennweite von Abwasserleitungen in Fließrichtung
- bei der Einbindung von Klosettbecken, Bade- oder Duschwannen sowie Badabläufen: Höhe des Wasserspiegels im Geruchsverschluss um den Betrag der Anschlussnennweite über der Sohle der Anschlussleitung am Fallleitungsabzweig (vgl. Abb. 9.33)
- Verlegung von benachbarten Anschlussleitungen so, dass Fremdeinspülungen vermieden werden (vgl. Abb. 9.34)

Schmutzwasserfallleitungen sind ohne Nennweitenänderung möglichst geradlinig durch alle Geschosse bis über

Dach zu führen. Benachbarte Wohnungen dürfen nur dann an eine gemeinsame Fallleitung angeschlossen werden, wenn die erforderlichen Schall- und Brandschutzmaßnahmen durchgeführt wurden. Bei erforderlichen Fallleitungsverziehungen sind folgende Aspekte zu beachten:

- Fallleitungen unter 10 m (maximal 3 Geschosse): Einbindung in Grund- oder Sammelleitung ist mit einem Bogen von 88° möglich.
- Fallleitungen zwischen 10 und 22 m (4 bis 8 Geschosse): Bis 2 m oberhalb der Verziehung dürfen keine Leitungen in die Fallleitung eingebunden werden. Eine Umgehungsleitung ist nicht erforderlich, wenn 1 m hinter dem zulaufseitigen Bogen und 1 m vor dem ablaufseitigen Bogen der Verziehung keine Leitungen eingebunden werden (vgl. Abb. 9.35, ansonsten Umgehungsleitung nach Abb. 9.36).
- Fallleitungen über 22 m (mehr als 8 Geschosse): Eine Umgehungsleitung muss generell vorgesehen werden, ebenso beim Übergang in eine liegende Leitung (Sammel- oder Grundleitung). Wenn die Verziehung kleiner als 2 m ist, gilt die Ausführung nach Abb. 9.36, ansonsten nach Abb. 9.37.

9.5.5 Lüftungssysteme

Es kommen die folgenden Lüftungssysteme zur Anwendung:

- Entwässerungsanlage mit Hauptlüftung
- Entwässerungsanlage mit Nebenlüftung
- unbelüftete Anschlussleitungen
- belüftete Anschlussleitungen

Als Hauptlüftung gilt die über Dach geführte Fallleitung. Grundsätzlich ist jede Fallleitung über Dach zu führen (nach DIN 1986-100). Grund- und Sammelleitungen in Anlagen ohne Fallleitungen sind mit mindestens einer über Dach führenden Lüftungsleitung zu versehen.

Als Nebenlüftung wird eine parallel zur Fallleitung geführte Lüftungsleitung verstanden. Beim Vorhandensein der zusätzlichen Lüftungsleitung kann die Fallleitung höher belastet werden. Die Nebenlüftungsleitung kann entweder aus der Fallleitung abgezweigt werden (vgl. Darstellung in Abb. 9.38) oder vom Ende einer Sammelleitung über Dach geführt werden (vgl. Abb. 9.40). In letzterem Fall wird sie als indirekte Nebenlüftung bezeichnet.

Ab einer bestimmten Leitungslänge und ab einer bestimmten Anzahl von Leitungsbögen (Umlenkungen) müssen Anschlussleitungen belüftet werden (vgl. Tabelle 9.6, Tabelle 9.7 und Tabelle 9.9). Die Belüftung der Anschlussleitung erfolgt über eine Umlüftungsleitung (vgl. Abb. 9.39) oder mithilfe eines Belüftungsventils.

Der Einsatz von Belüftungsventilen ist nicht unumstritten. Nach DIN 1986-100 ist Folgendes zu beachten:

- Belüftungsventile können bei Systemen mit Hauptlüftung als Ersatz für eine Umlüftung oder eine indirekte Nebenlüftung eingesetzt werden.
- Bei Ein- und Zweifamilienhäusern dürfen Belüftungsventile anstelle von Hauptlüftungsleitungen eingesetzt werden, wenn mindestens eine Fallleitung über Dach geführt wird.
- In rückstaugefährdeten Bereichen dürfen keine Belüftungsventile eingesetzt werden.
- Es dürfen nur Belüftungsventile nach DIN EN 12380 verwendet werden.

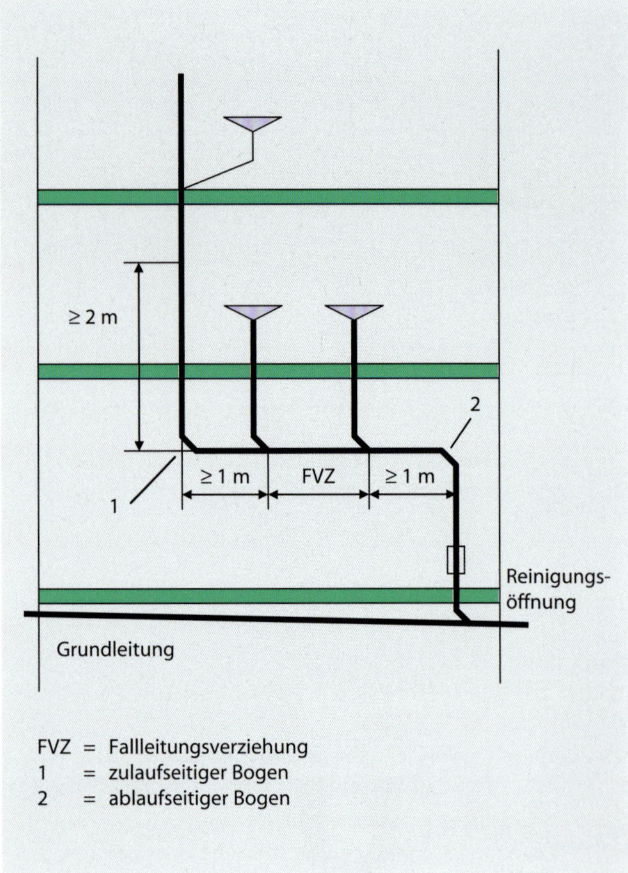

Abb. 9.35: Fallleitungsverziehung ohne Umgehung (gesamte Verziehung ist größer als 2 m: [1 m + FVZ + 1 m] > 2 m)

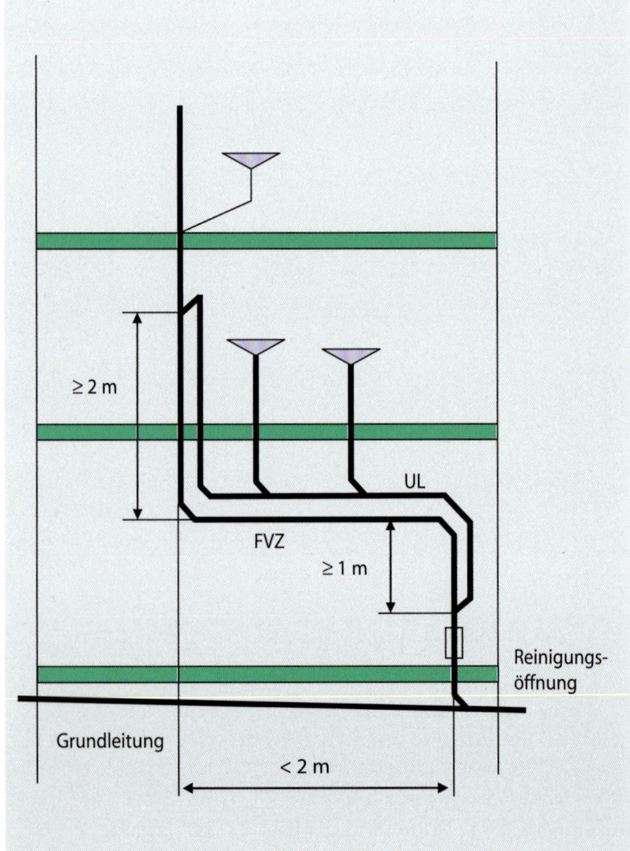

Abb. 9.36: Fallleitungsverziehung (FVZ) mit Umgehungsleitung (UL)

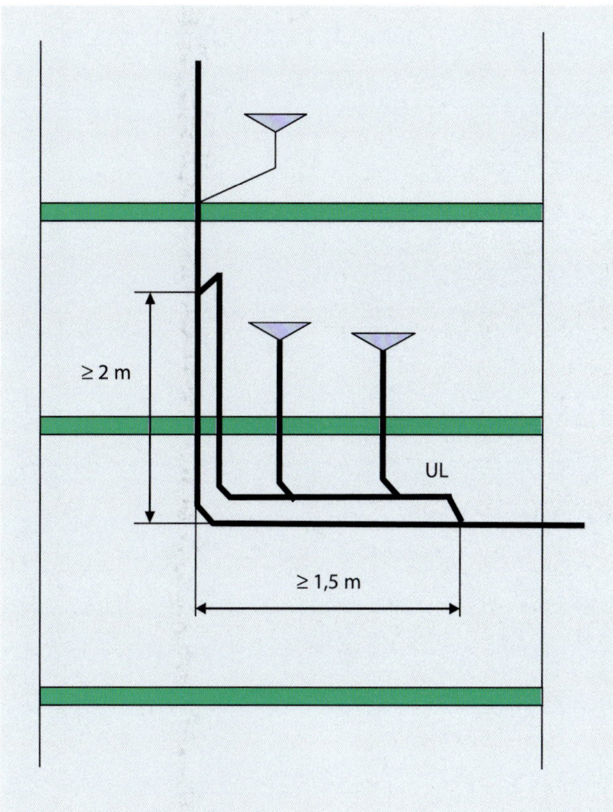

Abb. 9.37: Fallleitungsverziehung ≥ 2 m mit Umgehungsleitung oder Umgehungsleitung für den Übergang einer Fallleitung in eine Sammel- oder Grundleitung (UL: Umgehungsleitung)

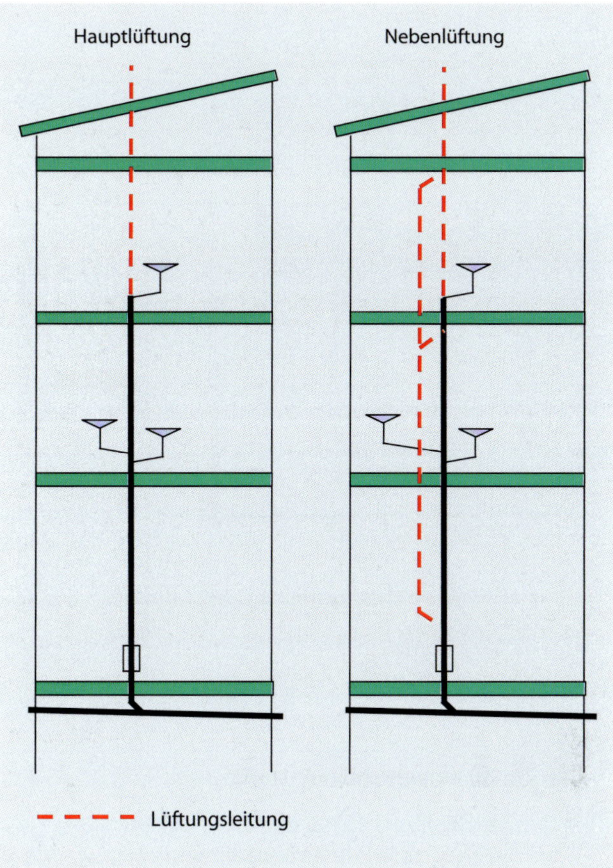

Abb. 9.38: Grundprinzip der Haupt- und Nebenlüftung

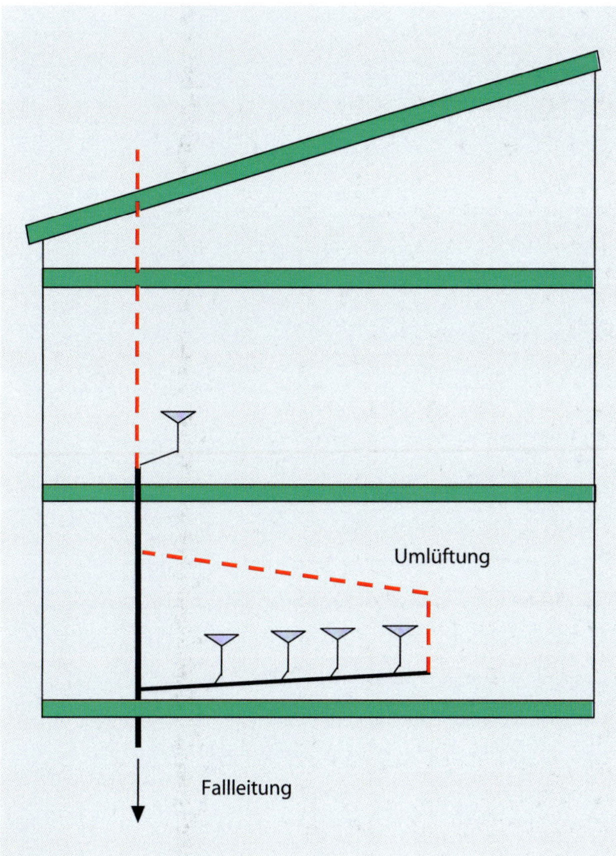

Abb. 9.39: Grundprinzip der Umlüftung

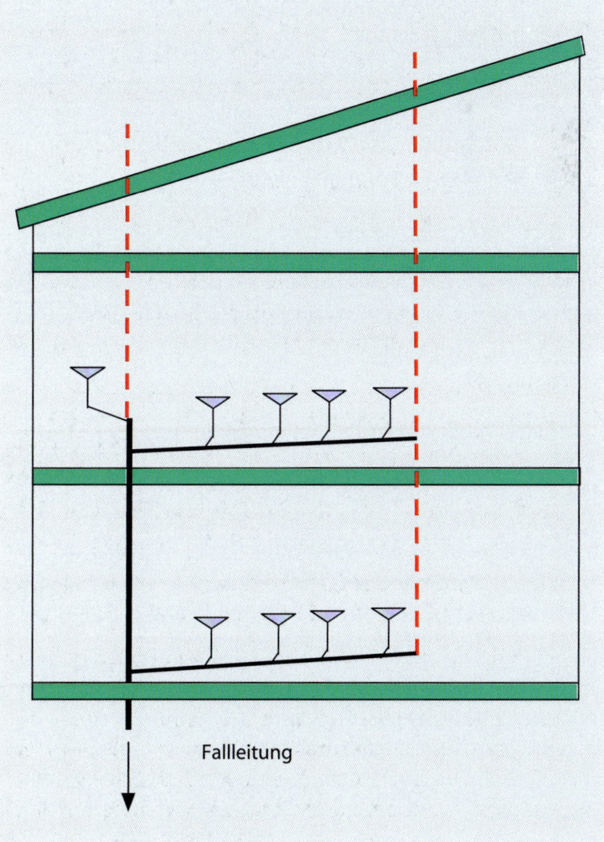

Abb. 9.40: Indirekte Nebenlüftung

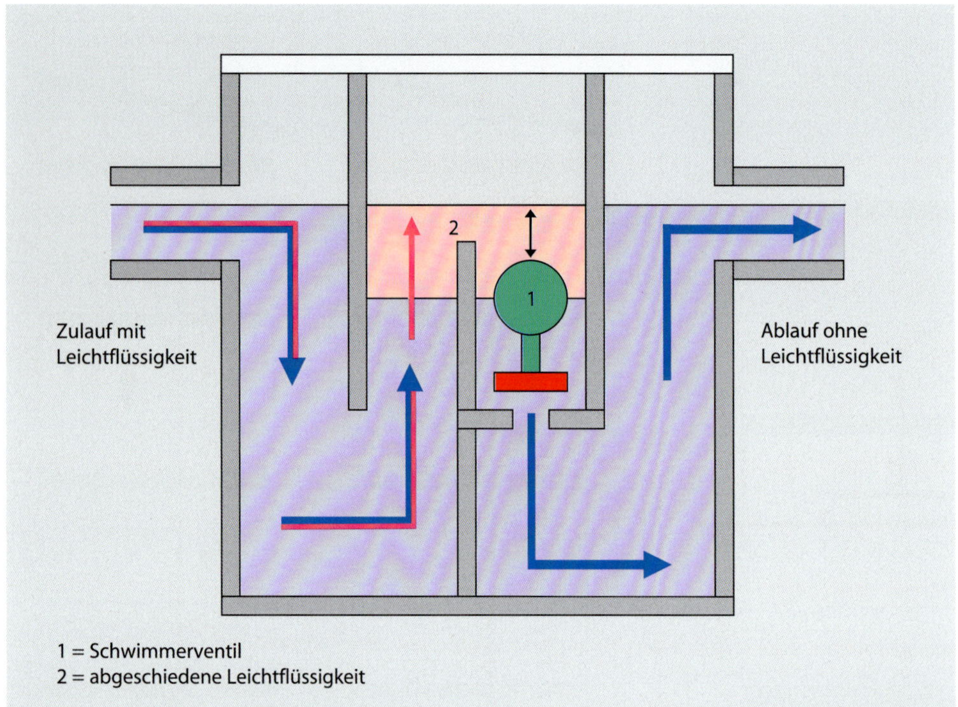

Abb. 9.41: Benzinabscheider (Leichtflüssigkeitsabscheider)

9.5.6 Rückhaltung schädlicher Stoffe

In die öffentliche Kanalisation darf nur Abwasser eingeleitet werden, das nicht mit Stoffen verunreinigt ist, deren Abbau schlecht oder nur mit großem Aufwand bewerkstelligt werden kann. Dazu zählen u. a.

- Leichtflüssigkeiten (Benzin, Diesel, Heizöl, Schmieröle, Lösungsmittel),
- Fette,
- Stärke.

Diese Stoffe sind durch entsprechende Maßnahmen zurückzuhalten und separat zu entsorgen.

Leichtflüssigkeitsabscheider

Zu den Leichtflüssigkeitsabscheidern gehören

- Benzinabscheider (vgl. Abb. 9.41),
- Koaleszenzabscheider,
- Heizölsperren.

Benzinabscheider müssen dort eingebaut werden, wo Fahrzeuge gewerblich gewaschen, betankt oder gewartet werden, d. h. in Waschanlagen, Tankstellen und Reparaturwerkstätten. Im Benzinabscheider sammelt sich die Leichtflüssigkeit an der Wasseroberfläche. Bei steigendem Leichtflüssigkeitsstand sinkt der Wasserspiegel, bis ein Schwimmerventil den Ablauf zusperrt. Dann muss die angesammelte Leichtflüssigkeit entfernt werden.

Ein Koaleszenzabscheider ist in der Lage, auch fein dispergierte Leichtflüssigkeitströpfchen, wie sie bei Hochdruckreinigungsprozessen entstehen, abzuscheiden. Er funktioniert ähnlich wie der Benzinabscheider in Abb. 9.41, nur dass vor dem Schwimmerventil noch entsprechende Filter eingebaut sind, an denen sich die Kleinsttröpfchen sammeln, zu größeren Tropfen vereinigen und dadurch dann nach oben steigen. Im Allgemeinen wird ein Koaleszenzabscheider zusätzlich hinter einem Benzinabscheider eingebaut (vgl. Abb. 9.42).

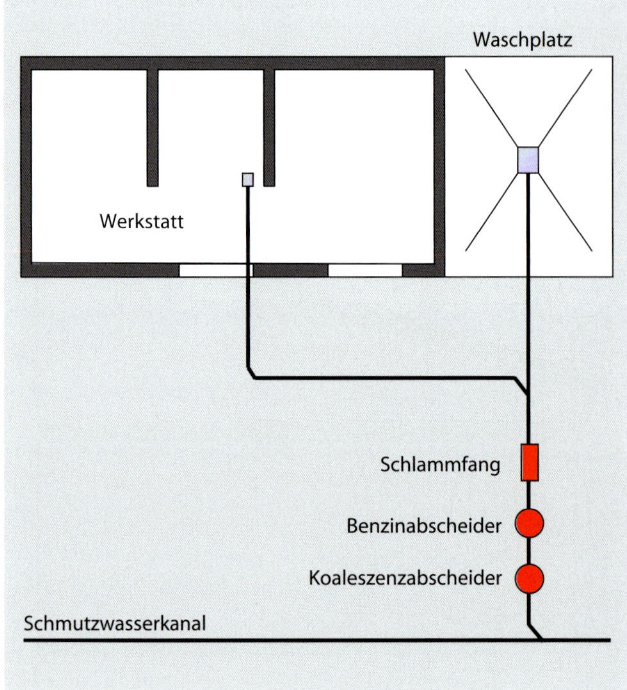

Abb. 9.42: Entwässerungsplan für eine Autowerkstatt

Heizölsperren sind dort einzubauen, wo im Havariefall mit dem Abfließen von Heizöl gerechnet werden muss (Öllagerräume, Heizräume, Aufstellräume von Kesselanlagen). Sie funktionieren ähnlich wie der Benzinabscheider. Heizölsperren werden in einen Bodenablauf integriert und können bis ca. 5 l Heizöl aufnehmen.

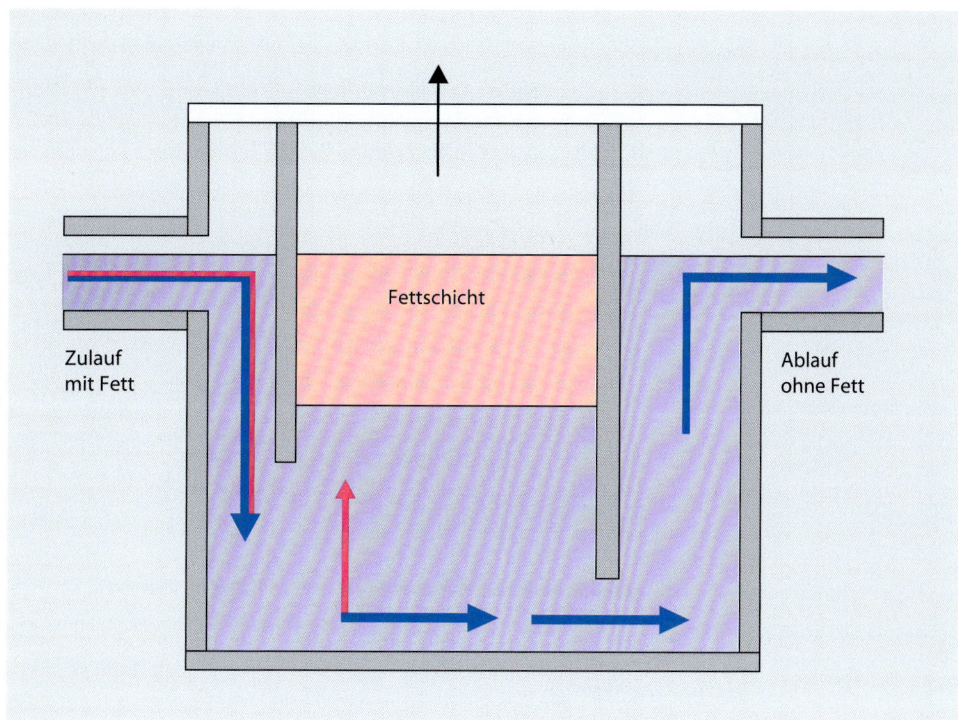

Abb. 9.43: Grundprinzip des Fettabscheiders

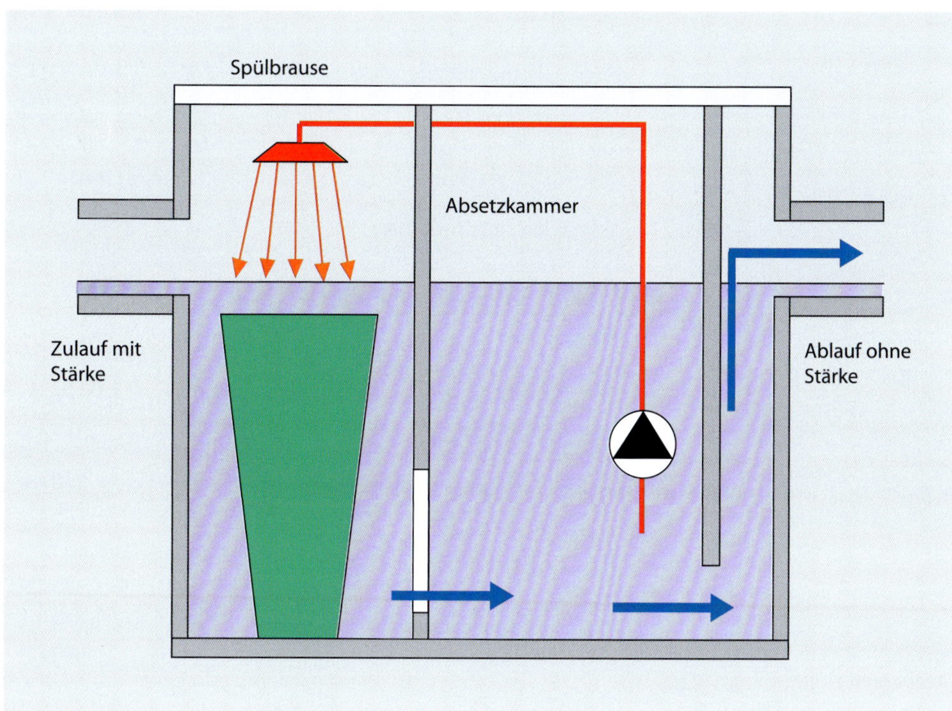

Abb. 9.44: Grundprinzip des Stärkeabscheiders

Fettabscheider

Fettabscheider werden in Gaststätten, Großküchen und Lebensmittel verarbeitenden Betrieben (Schlachthöfe, Fleischereien, Tierkörperverwertungsanlagen) gebraucht. Es handelt sich um einen Behälter, in dem sich an der Wasseroberfläche das Fett ansammelt und periodisch entfernt werden muss. Vor dem Fettabscheider ist immer ein Schlammfang anzuordnen. Abb. 9.43 zeigt das Grundprinzip des Fettabscheiders.

Stärkeabscheider

Stärkeabscheider werden in Großküchen bzw. in Betrieben mit Kartoffelverarbeitung gebraucht. Der Stärkeabscheider besteht im Wesentlichen aus 2 Kammern (vgl. Abb. 9.44). In der ersten Kammer wird der sich durch die Stärke bildende Schaum mithilfe von Düsen niedergeschlagen. Dadurch sinkt die Stärke nieder und kann über eine Auffangvorrichtung entsorgt werden.

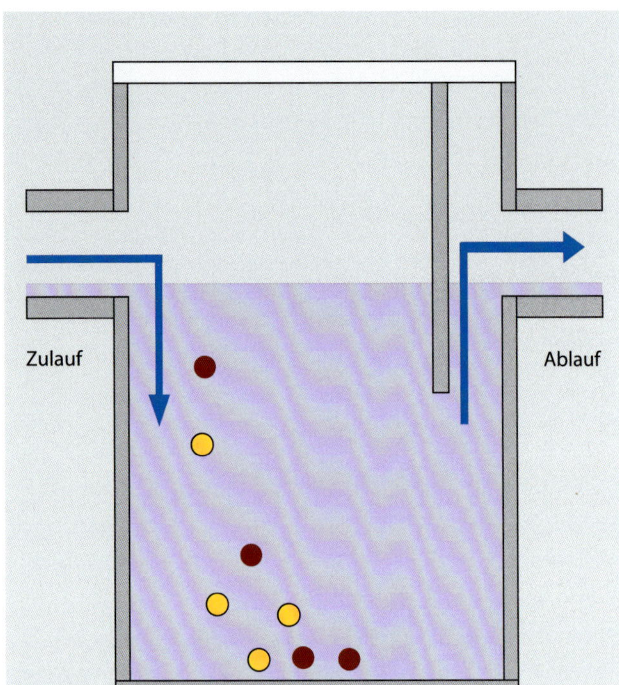

Abb. 9.45: Grundprinzip des Schlammfangs

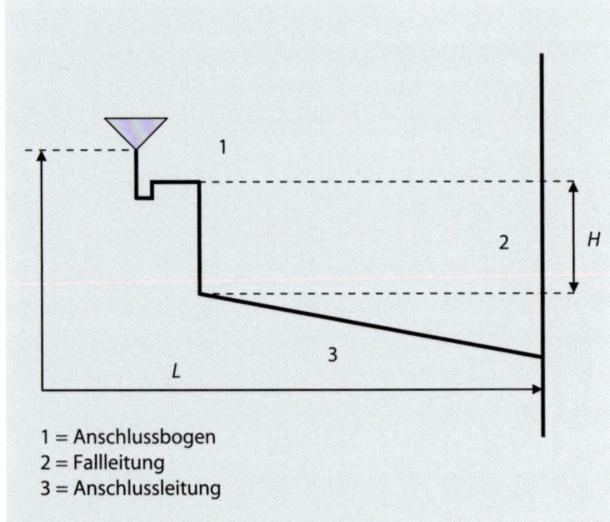

Abb. 9.46: Einzelanschlussleitung

Schlammfänge

Schlammfänge werden in der Regel den Abscheidern vorgeschaltet, um Sinkstoffe aus dem Abwasser zu entfernen. Ein Schlammfang ist ein großer Behälter, in den im Abwasser enthaltene Schwebeteilchen aufgrund der geringen Strömungsgeschwindigkeit zu Boden sinken und von dort entfernt werden können (vgl. Abb. 9.45).

9.5.7 Bemessung Schmutzwassersysteme

Für die Bemessung der Schmutzwasserleitungen wird der abzuleitende Schmutzwasserabfluss benötigt. Der Schmutzwasserabfluss üblicher Entwässerungsgegenstände in Gebäuden berechnet sich in Abhängigkeit der jeweiligen Anschlusswerte, wobei auch hier davon ausgegangen wird, dass nicht alle Entwässerungsgegenstände gleichzeitig in das Abwasserrohr einleiten:

$$\dot{V}_{SW} = K \cdot \sqrt{\sum (DU)} \qquad \text{(Formel 9.15)}$$

mit
$\dot{V}_{SW}$ Schmutzwasserabfluss in l/s
K Abflusskennzahl, vgl. Tabelle 9.4
DU Anschlusswerte in l/s, vgl. Tabelle 9.5

Tabelle 9.4: Abflusskennzahlen *K* nach DIN EN 12056-2

Gebäudeart	***K***
unregelmäßige Benutzung (Wohnungen, Pensionen, Büros)	0,5
regelmäßige Benutzung (Krankenhäuser, Schulen, Restaurants, Hotels)	0,7
häufige Benutzung (öffentliche Toiletten, Duschen)	1,0
spezielle Benutzung (Labors)	1,2

Tabelle 9.5: Anschlusswerte nach DIN 1986-100, Tabelle 4

Entwässerungsgegenstand	**Anschlusswert *DU* in l/s**	**Durchmesser der Einzelanschlussleitung**
Waschbecken, Bidet	0,5	DN 40
Dusche ohne Stöpsel	0,6	DN 50
Dusche mit Stöpsel	0,8	DN 50
Einzelurinal mit Spülkasten	0,8	DN 50
Einzelurinal mit Druckspüler	0,5	DN 50
Badewanne	0,8	DN 50
Küchenspüle	0,8	DN 50
Geschirrspüler	0,8	DN 50
Waschmaschine bis 6 kg	0,8	DN 50
Waschmaschine bis 12 kg	1,5	DN 56/60
WC mit 6,0 Liter Spülkasten/Druckspüler	1,8	DN 80/90
WC mit 9,0 Liter Spülkasten/Druckspüler	2,0	DN 100
Bodenablauf DN 50	0,8	DN 50
Bodenablauf DN 70	1,5	DN 70
Bodenablauf DN 100	2,0	DN 100

Einzelanschlussleitungen

Die Nennweite der Einzelanschlussleitungen, mit denen die Entwässerungsgegenständen an eine Sammel- oder Fallleitung angeschlossen werden, kann aus der Tabelle 9.5 entnommen werden. Für Einzelanschlussleitungen gibt es bestimmte Einsatzgrenzen, je nachdem ob diese unbelüftet oder belüftet sind (vgl. Tabelle 9.6 und Abb. 9.46).

Tabelle 9.6: Einsatzgrenzen von Einzelanschlussleitungen nach DIN EN 12056-2, Tabelle 5 und Tabelle 8

	unbelüftet	belüftet
maximale Rohrlänge *L*	4,0 m	10,0 m
maximale Anzahl von 90°-Bögen	3	keine Begrenzung
maximale Absturzhöhe *H*	1,0 m	3,0 m
Mindestgefälle	1 %	0,5 %

Sammelanschlussleitungen

Unbelüftete Sammelanschlussleitungen werden nach Tabelle 9.7 bemessen. Bei belüfteten Sammelanschlussleitungen kann Tabelle 9.8 verwendet werden.

Tabelle 9.7: Bemessung von unbelüfteten Sammelanschlussleitungen nach DIN 1986-100, Tabelle 7

Nennweite DN	Mindestinnendurchmesser $d_{i,min}$ (mm)	Abflusskennzahl $K = 0{,}5$ ΣDU (l/s)	Abflusskennzahl $K = 0{,}7$ ΣDU (l/s)	Abflusskennzahl $K = 1{,}0$ ΣDU (l/s)	maximale Rohrlänge *L* (m)
50	44	1,0	1,0	0,8	4,0
56/60	49/56	2,0	2,0	1,0	4,0
70[1)]	68	9,0	4,6	2,2	4,0
80	75	13,0[2)]	8,0[2)]	4,0	10,0
90	79	13,0[2)]	10,0[2)]	5,0	10,0
100	96	16,0	12,0	6,4	10,0

1) keine Klosetts
2) maximal 2 Klosetts

Tabelle 9.8: Bemessung von belüfteten Sammelanschlussleitungen nach Pistohl, 2007, S. C56

Nennweite DN	Mindestinnendurchmesser $d_{i,min}$ (mm)	Abflusskennzahl $K = 0{,}5$ ΣDU (l/s)	Abflusskennzahl $K = 0{,}7$ ΣDU (l/s)	Abflusskennzahl $K = 1{,}0$ ΣDU (l/s)	maximale Rohrlänge *L* (m)
50	44	3,0	2,0	1,0	10,0
56/60	49/56	5,0	4,6	2,2	10,0
70	68	13,0	10,0	5,0	10,0
80	75	16,0	13,0	9,0	10,0
90	79	20,0	16,0	11,0	10,0
100	96	25,0	20,0	14,0	10,0

Abb. 9.47 zeigt den schematischen Aufbau von Sammelanschlussleitungen.

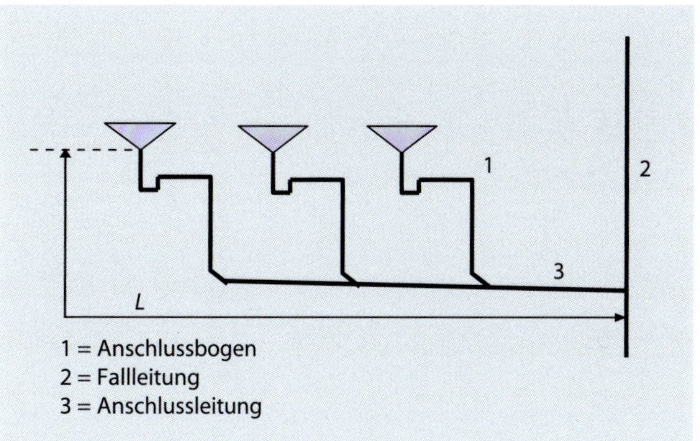

Abb. 9.47: Sammelanschlussleitungen

Die Einsatzgrenzen von Sammelanschlussleitungen sind Tabelle 9.9 zu entnehmen.

Tabelle 9.9: Einsatzgrenzen von Sammelanschlussleitungen nach DIN EN 12056-2, Tabelle 5 und Tabelle 8

	unbelüftet	belüftet
maximale Summe der Anschlusswerte	$\Sigma DU < 16$ l/s	keine Begrenzung
maximale Rohrlänge *L*:		
DN 50 bis DN 70	4,0 m	10,0 m
DN 70 bis DN 100	10,0 m	10,0 m
maximale Anzahl von 90°-Bögen	3	keine Begrenzung
maximale Absturzhöhe *H*	1,0 m	3,0 m
Mindestgefälle	1 %	0,5 %

Fallleitungen

Fallleitungen sind ohne Änderung der Nennweite möglichst geradlinig durch die Geschosse bis über Dach zu führen. Die erforderliche Nennweite ergibt sich nach den Tabellen 9.10 und 9.11.

Tabelle 9.10: Zulässiger Schmutzwasserabfluss von Fallleitungen mit Hauptlüftung nach DIN EN 12056-2, Tabelle 11

DN	maximaler Schmutzwasserabfluss $\dot{V}_{SW}$ in l/s	
	Abzweige	Abzweige mit Innenradius
60	0,5	0,7
70	1,5	2,0
80	2,0	2,6
90	2,7	3,5
100[1)]	4,0	5,2
125	5,8	7,6
150	9,5	12,4
200	16,0	21,0

1) Mindestnennweite beim Anschluss von Klosetts

Tabelle 9.11: Zulässiger Schmutzwasserabfluss von Fallleitungen mit Nebenlüftung nach DIN EN 12056-2, Tabelle 12

Fallleitung	Nebenlüftung	maximaler Schmutzwasserabfluss $\dot{V}_{SW}$ in l/s	
DN	DN	Abzweige	Abzweige mit Innenradius
60	50	0,7	0,9
70	50	2,0	2,6
80	50	2,6	3,4
90	50	3,5	4,6
100[1)]	50	5,6	7,3
125	70	12,4	10,0
150	80	14,1	18,3
200	100	21,0	27,3

1) Mindestnennweite beim Anschluss von Klosetts

Die DIN 1986-100 sieht bei Verwendung von WCs mit Spülkästen 4 bis 6 l eine Erleichterung dahingehend vor, dass die Mindestnennweite der Fallleitung nur DN 80 zu betragen braucht.

Sammelleitungen

Die Dimension einer Sammelleitung kann mithilfe der Formeln 9.2 bis 9.7 bestimmt werden. Dabei sind folgende Eingangsparameter zu verwenden:

- Mindestgefälle $J = 0{,}5$ cm/m
- zulässiger Füllungsgrad $h/d = 0{,}5$
- Mindestfließgeschwindigkeit $v = 0{,}5$ m/s

Alternativ kann die Nennweite aus der Tabelle 9.12 abgelesen werden.

Grundleitungen

Grundleitungen werden ebenfalls mit der universellen Berechnungsgleichung nach White-Colebrook berechnet (Formeln 9.2 bis 9.7). Dabei sind innerhalb des Gebäudes folgende Parameter anzusetzen:

Tabelle 9.12: Abflussvermögen $\dot{V}$ von Entwässerungsleitungen nach DIN 1986-100, Tabelle A3, für $h/d = 0{,}5$ (nur Auszug; v: Fließgeschwindigkeit), Kennzeichnung: Beispiel in Kapitel 9.3

Gefälle	DN 70		DN 80		DN 90		DN 100		DN 125		DN 150		DN 200	
J	$\dot{V}$	v	$\dot{V}$	v	$\dot{V}$	v	$\dot{V}$	v	$\dot{V}$	v	$\dot{V}$	v	$\dot{V}$	v
(cm/m)	(l/s)	(m/s)	(l/s)	(m/s)	(l/s)	(m/s)	(l/s)	(m/s)	(l/s)	(m/s)	(l/s)	(m/s)	(l/s)	(m/s)
0,20													6,3	0,5
0,30											4,2	0,5	7,7	0,6
0,40									2,4	0,5	4,8	0,5	8,9	0,7
0,50							1,8	0,5	2,7	0,5	5,4	0,6	10,0	0,8
0,60					1,1	0,5	1,9	0,5	3,0	0,6	5,9	0,7	11,0	0,8
0,70	0,8	0,5	1,1	0,5	1,2	0,5	2,1	0,6	3,2	0,6	6,4	0,8	11,8	0,9
0,80	0,9	0,5	1,1	0,5	1,3	0,5	2,2	0,6	3,5	0,7	6,8	0,8	12,7	1,0
0,90	0,9	0,5	1,2	0,6	1,4	0,6	2,4	0,7	3,7	0,7	7,3	0,9	13,4	1,0
1,00	1,0	0,5	1,3	0,6	1,5	0,6	2,5	0,7	3,9	0,8	7,7	0,9	14,2	1,1
1,10	1,0	0,6	1,4	0,6	1,6	0,6	2,6	0,7	4,1	0,8	8,0	1,0	14,9	1,1
1,20	1,1	0,6	1,4	0,6	1,6	0,7	2,7	0,8	4,2	0,8	8,4	1,0	15,5	1,2
1,30	1,1	0,6	1,5	0,7	1,7	0,7	2,9	0,8	4,4	0,9	8,7	1,0	16,2	1,2
1,40	1,2	0,6	1,5	0,7	1,8	0,7	3,0	0,8	4,6	0,9	9,1	1,1	16,8	1,3
1,50	1,2	0,7	1,6	0,7	1,8	0,7	3,1	0,8	4,7	0,9	9,4	1,1	17,4	1,3
2,00	1,4	0,8	1,8	0,8	2,1	0,9	3,5	1,0	5,5	1,1	10,9	1,3	20,1	1,5
2,50	1,6	0,9	2,0	0,9	2,4	1,0	4,0	1,1	6,1	1,2	12,2	1,5	22,5	1,7
3,00	1,7	1,0	2,2	1,0	2,6	1,1	4,4	1,2	6,7	1,3	13,3	1,6	24,7	1,9
3,50	1,9	1,0	2,4	1,1	2,8	1,1	4,7	1,3	7,3	1,5	14,4	1,7	26,6	2,0
4,00	2,0	1,1	2,6	1,2	3,0	1,2	5,0	1,4	7,8	1,6	15,4	1,8	28,5	2,1
4,50	2,1	1,2	2,8	1,2	3,2	1,3	5,3	1,5	8,3	1,6	16,3	2,0	30,2	2,3
5,00	2,2	1,2	2,9	1,3	3,3	1,4	5,6	1,6	8,7	1,7	17,2	2,1	31,9	2,4

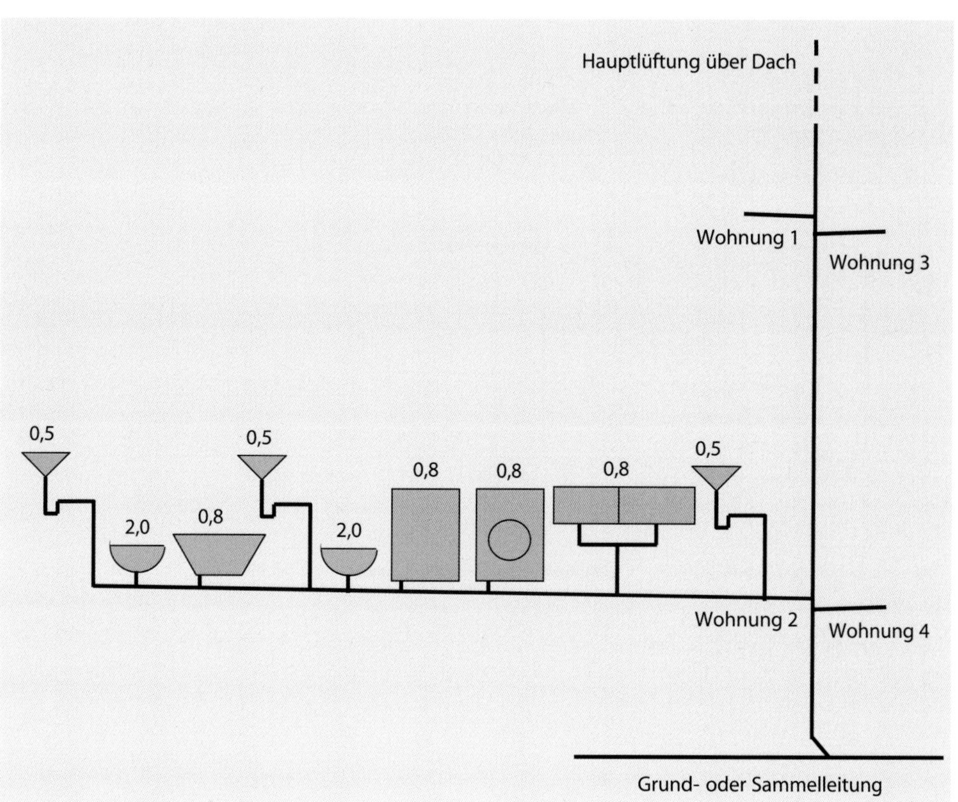

Abb. 9.48: Entwässerungsschema für das beispielhafte Wohngebäude

- Mindestgefälle $J = 0{,}5$ cm/m
- zulässiger Füllungsgrad $h/d = 0{,}5$
- Mindestfließgeschwindigkeit $v = 0{,}5$ m/s

Außerhalb von Gebäuden können folgende Parameter verwendet werden (vgl. Tabelle 9.12):

- Mindestgefälle $J = 1 : \mathrm{DN}$
- zulässiger Füllungsgrad $h/d = 0{,}7$
- Mindestfließgeschwindigkeit $v = 0{,}7$ m/s
- Höchstgeschwindigkeit $v = 2{,}5$ m/s

Beispiel: Bemessung der Schmutzwasserleitungen

Ein Wohngebäude hat 4 Wohnungen mit je 9 Entwässerungsgegenständen. Es handelt sich um ein System mit Hauptlüftung sowie unbelüfteten Sammelanschlussleitungen (vgl. Abb. 9.48). Für das Wohngebäude soll die Bemessung der Schmutzwasserleitungen vorgenommen werden.

In der folgenden Aufstellung sind Ausgangswerte und Berechnungsergebnisse abzulesen.

Anzahl der Wohnungen	4
Abflusskennzahl K	0,5

Ausstattung je Wohnung:

Entwässerungsgegenstand	Anzahl	Anschlusswert *DU*
WC mit Spülkasten (6 l)	2	2,0 l/s
Waschtisch	3	0,5 l/s
Badewanne	1	0,8 l/s
Waschmaschine	1	0,8 l/s
Geschirrspüler	1	0,8 l/s
Küchenspüle	1	0,8 l/s
Σ *DU* pro Wohnung		**8,7 l/s**
Σ *DU* pro Haus		**34,8 l/s**

Schmutzwasserabfluss pro Wohnung	1,47 l/s
Schmutzwasserabfluss pro Haus	2,95 l/s
Sammelanschlussleitung (unbelüftet)	DN 80 (vgl. Tabelle 9.7)
Fallleitung mit Hauptlüftung (Abzweige mit Innenradius)	DN 100 (vgl. Tabelle 9.10, Mindestnennweite)
Grund- oder Sammelleitung innerhalb des Gebäudes, $J = 0{,}5$ cm/m	DN 150 (vgl. Tabelle 9.12)

9.6 Anschluss an die öffentliche Abwasserentsorgung

Das im Gebäude anfallende Abwasser wird ganz oder teilweise in die öffentliche Kanalisation eingeleitet. Die öffentlichen Abwassersysteme in Städten und Gemeinden arbeiten nach 2 Verfahren:

- Trennverfahren: Führung von Regenwasser und Schmutzwasser in getrennten Kanälen:
  - Vorteil: geringerer Aufbereitungsaufwand, keine Rückstaugefahr
  - Nachteil: kostenintensiv, da 2 parallele Leitungen geführt werden müssen
- Mischverfahren: Ableitung von Regenwasser und Schmutzwasser in einem Kanal:
  - Vorteil: kostengünstiger
  - Nachteil: Rückstaugefahr in Gebäuden und Grundstücken bei starken Niederschlägen

Innerhalb des Grundstückes ist immer das Trennverfahren anzuwenden. Entsprechend Abb. 9.49 gibt es 3 Möglichkeiten, das Entwässerungssystem des Gebäudes an die öffentliche Kanalisation anzuschließen:

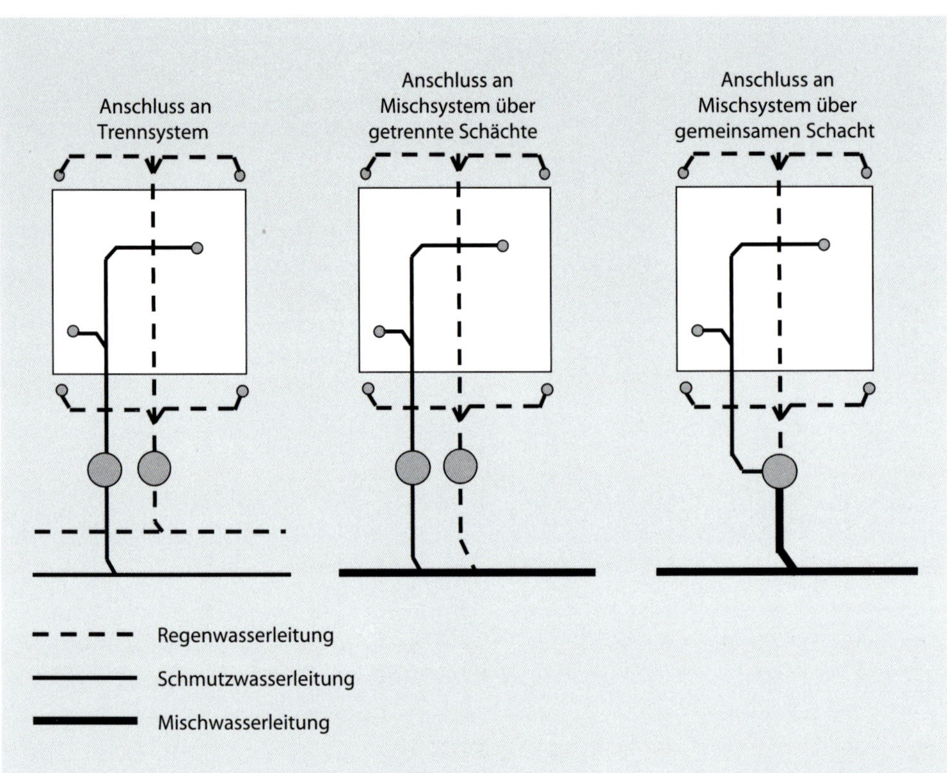

Abb. 9.49: Anschlussarten an die öffentliche Kanalisation

- Anschluss im Trennsystem (Die Schmutzwasserleitung wird in einen separaten Schacht eingeleitet und von dort über den Anschlusskanal an den Schmutzwasserkanal angeschlossen und die Regenwasserleitung in analoger Weise direkt an den Regenwasserkanal.)
- getrennte Einleitung von Regen- und Schmutzwasser jeweils über separate Anschlusskanäle in den öffentlichen Mischwasserkanal
- Vereinigung von Regenwasser- und Schmutzwassergrundleitung auf dem Grundstück (gemeinsamer Schacht)

Der Anschlusskanal bzw. die Anschlusskanäle werden immer mit möglichst konstantem Gefälle zum öffentlichen Kanal hin verlegt. Das Gefälle ist mit dem zuständigen Abwasserzweckverband abzustimmen. Bei der Überwindung größerer Höhenunterschiede sind entsprechende Bauwerke vorzusehen.

Liegt das Gebäudeentwässerungssystem unterhalb des öffentlichen Kanals bzw. ist das Gefälle zum Kanal hin nicht für die Ableitung des Abwassers ausreichend, muss das Grundstück über eine Druckkanalisation entwässert werden. Dabei wird die Grundleitung als Druckleitung ausgeführt und mit Steigung zum Übergabeschacht (Druckausgleichsschacht) geführt. Das Abwasser muss mithilfe einer Pumpe in den Schacht gepumpt werden. Vom Schacht fließt das Abwasser per Gefälle frei in den öffentlichen Kanal (vgl. Abb. 9.50).

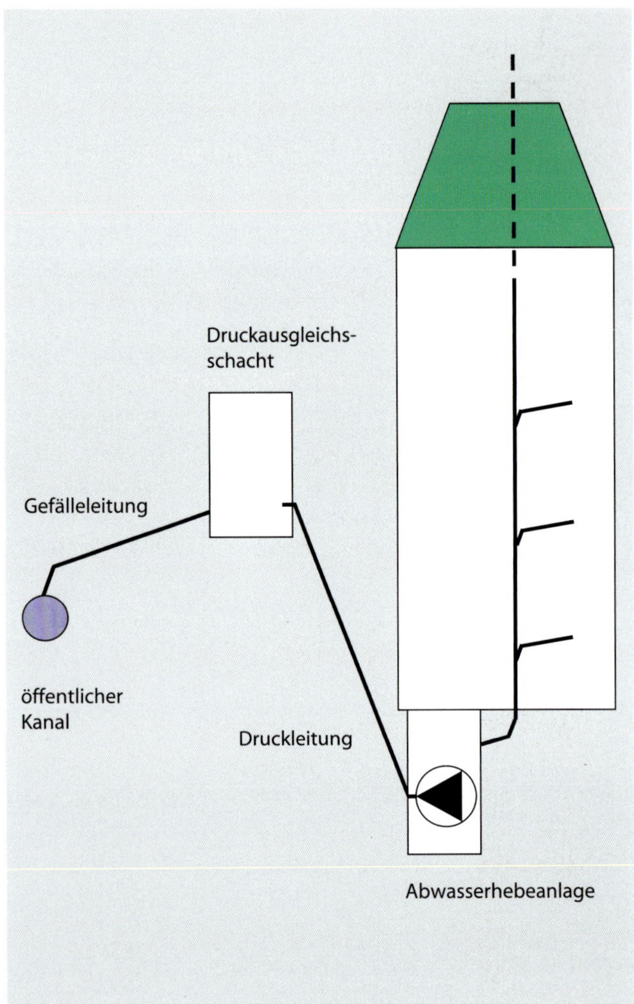

Abb. 9.50: Prinzipskizze Druckkanalisation

9.7 Abwasseraufbereitung

Bei der Abwasseraufbereitung wird folgendermaßen unterschieden:

- Abwasseraufbereitung in Kleinkläranlagen (dezentral)
- Abwasseraufbereitung in großen, zumeist kommunalen Kläranlagen (zentral)

Ungefähr 90 % der Haushalte in Deutschland sind an zentrale Kläranlagen angeschlossen. In städtischen Siedlungsgebieten mit hohen Anschlussdichten ist diese Form der Abwasseraufbereitung sinnvoll, da die Anlagen einen hohen Aufbereitungsgrad erreichen.

In ländlichen Gebieten kann aus wirtschaftlichen Gründen der Einsatz einer dezentralen Kleinkläranlage sinnvoll sein. Allerdings sind diese Anlagen genehmigungspflichtig und es empfiehlt sich, vor Baubeginn das Projekt mit den zuständigen Bau- und Wasserbehörden abzustimmen. Einer Kleinkläranlage können maximal 8 m^3 häusliches Abwasser pro Tag zufließen bzw. der anzuschließende Einwohnerwert (EW) darf die Zahl 50 nicht überschreiten. Bei Wohnungen sind für jede Wohneinheit mit einer Fläche > 35 m^2 mindestens 4 Personen und bei Wohneinheiten < 35 m^2 2 Personen anzusetzen.

Konkret werden Kleinkläranlagen nach dem Einwohnerwert EW bemessen (EW = Einwohnerzahl EZ + Einwohnergleichwert EWG).

Die Einwohnergleichwerte können nach DIN 4261-1 bzw. nach der Tabelle 9.13 festgelegt werden.

Tabelle 9.13: Einwohnergleichwerte für verschiedene Gebäudearten

Gebäudeart	Einwohnergleichwert (EWG)
Wohngebäude[1]	EW = EZ bei Wohnungen < 60 m^2, EZ ist mindestens 2 bei Wohnungen > 60 m^2, EZ ist mindestens 4
Bürohäuser ohne Küchenbetrieb[2]	3 Betriebsangehörige = 1 EWG
Beherbergungsstätten[2]	1 Bett = 1 EWG bis 3 EWG je nach Ausstattung
Camping- und Zeltplätze[2]	2 Personen = 1 EWG
Gaststätten ohne Küchenbetrieb[2]	3 Plätze = 1 EWG
Gaststätten mit Küchenbetrieb und höchstens dreimaliger Ausnutzung eines Sitzplatzes in 24 Stunden[2]	1 Platz = 1 EWG
Gaststätten: je weiterer dreimaliger Ausnutzung in 24 Stunden[2]	Zuschlag je EWG
Gartenlokale ohne Küchenbetrieb[2]	10 Plätze = 1 EWG
Vereinshäuser ohne Küchenbetrieb[2]	5 Benutzer = 1 EWG
Sportplätze ohne Gaststätten- und Vereinshaus[2]	30 Besucherplätze = 1 EWG
Fabriken und Werkstätten ohne Küchenbetrieb[2]	2 Betriebsangehörige = 1 EWG

1) Werte nach DIN 4261-1
2) Die angegebenen Werte sind Orientierungswerte. Im Projektfall müssen die Einwohnergleichwerte entsprechend den konkreten Bedingungen bestimmt werden.

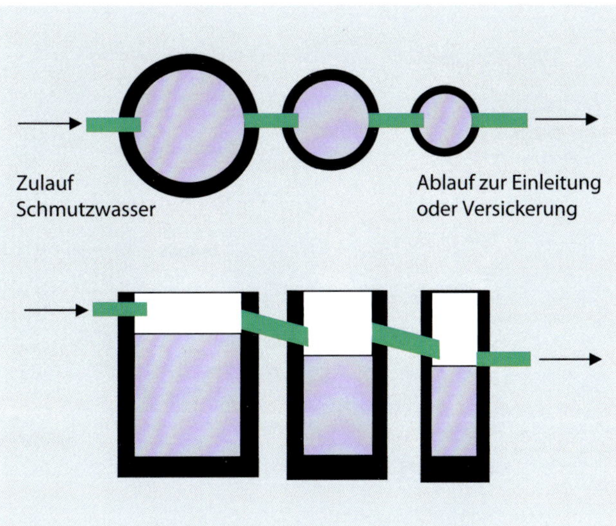

Abb. 9.51: Grundprinzip einer Mehrkammerabsetzgrube

In einer Kleinkläranlage durchläuft das Schmutzwasser die folgenden Reinigungsstufen:

- mechanische Reinigung in Mehrkammerabsetzgruben; Funktionsweise ähnlich wie ein Schlammfang (vgl. Abb. 9.45), nur dass Schmutzwasser durch mehrere hintereinandergeschaltete Gruben geleitet wird
- biologische Reinigung, wobei das Wasser durch Filterflächen geleitet oder über großen Oberflächen verrieselt wird (wird so lange wiederholt, bis das Wasser biologisch inaktiv ist)
- Abwassereinleitung entweder in ein Oberflächengewässer oder Versickerung im Untergrund

Eine Mehrkammerabsetzgrube dient zur mechanischen Reinigung (vgl. Abb. 9.51). Sie kann entweder als Provisorium bis zur Realisierung eines Anschlusses an das Kanalnetz oder als Vorstufe für eine biologische Reinigungsanlage eingesetzt werden.

Werden die Absetzgruben entsprechend groß ausgeführt, fungieren sie als Mehrkammerausfaulgruben. Aufgrund der längeren Verweildauer bauen sich große Teile der organischen Verschmutzungen ab. Der Nachteil solcher Ausfaulgruben ist die mangelnde Belüftung, was die Reinigungseffektivität beeinträchtigt.

Biologische Reinigungsanlagen gibt es in folgenden Ausführungen (vgl. auch Pistohl, 2007, S. C18–C26):

- Filtergräben, bei denen das vorgeklärte Wasser durch eine Filterschicht geleitet und danach aufgefangen und abgeleitet wird
- Sandfilterschächte, die ähnlich funktionieren und bei denen das Wasser durch mehrere übereinanderliegende Schichten geleitet wird
- Bodenkörperfilteranlagen; gleiches Prinzip wie Sandfilterschächte
- Tropfkörperanlagen, in denen das Wasser über großen Oberflächen verrieselt wird, wodurch Sauerstoff ungehindert zutreten kann
- Tauchkörperanlagen mit einem Rotationskörper aus mehreren Zellen, der sich im zu reinigenden Wasser dreht

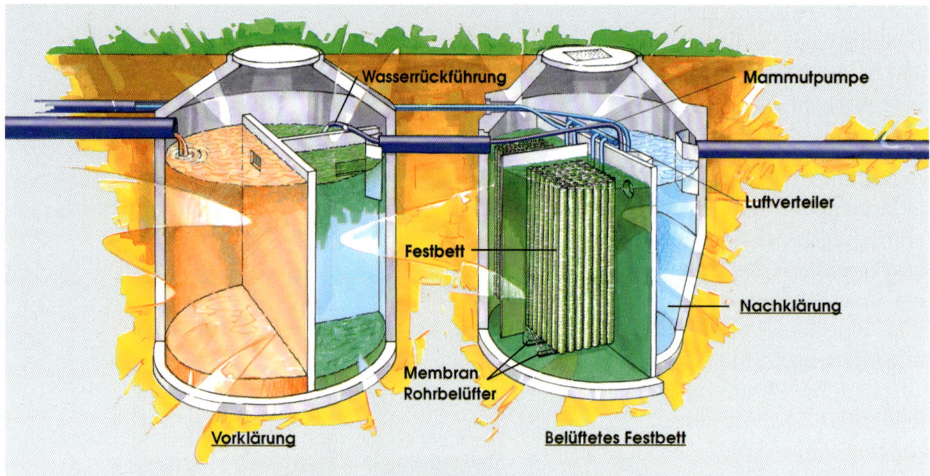

Abb. 9.52: Beispiel für eine Kleinkläranlage; Festbettanlage (Quelle: Lausitzer Klärtechnik GmbH, Luckau-Duben)

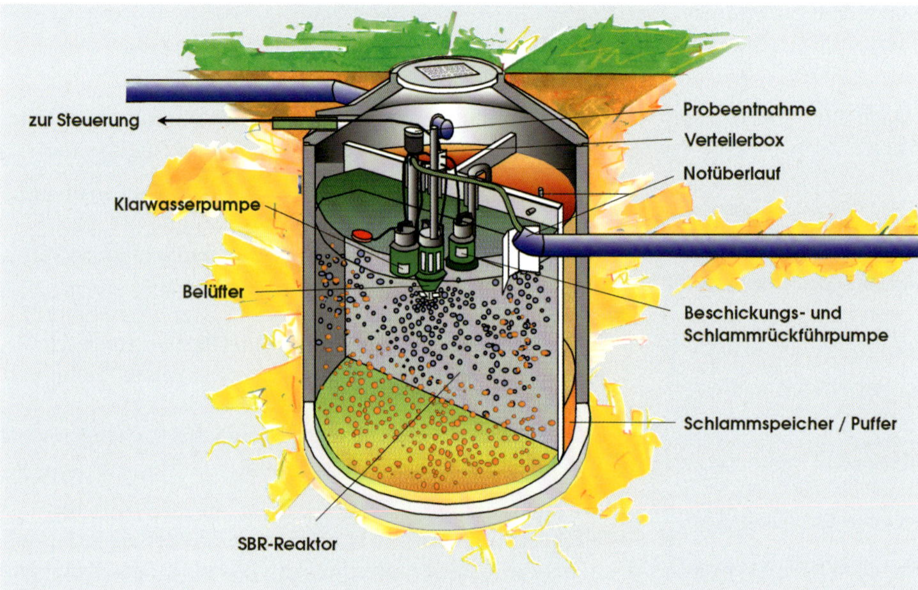

Abb. 9.53: Beispiel für eine Kleinkläranlage; SBR-Anlage (Quelle: Lausitzer Klärtechnik GmbH, Luckau-Duben)

- Belebungsanlagen, bei denen der Schlamm permanent mechanisch umgewälzt und aufgewirbelt wird,
- Festbettanlagen, bei denen Wasser durch Kunststoffröhren geleitet wird, an denen Mikroorganismen ideale Lebensbedingungen finden (vgl. Abb. 9.52)
- Pflanzenklärsysteme
- SBR-Systeme, bei denen die normalerweise hintereinander in verschiedenen Behältern ablaufenden Prozesse Vorklärung, biologische Reinigung und Nachklärung in einem Behälter ablaufen (vgl. Abb. 9.53)

Versickerung des Abwassers von Kleinkläranlagen

Das gereinigte Abwasser kann auf 2 Arten versickert werden:

- Untergrundverrieselung (vgl. Abb. 9.54)
- Filtergrabenverrieselung (vgl. Abb. 9.55)

Versickerung von Niederschlagswasser

Niederschlagswasser kann nach dem Arbeitsblatt DWA-A 138 mit folgenden technischen Lösungen versickert werden:

- Flächenversickerung
- Muldenversickerung
- Mulden-Rigolen-Element (vgl. Abb. 9.56)
- Rigolen- und Rohr-Rigolen-Element (vgl. Abb. 9.57)
- Versickerungsschacht (vgl. Abb. 9.58)
- Versickerungsbecken
- Mulden-Rigolen-System (vgl. Abb. 9.59)

Bei der Flächenversickerung wird das Wasser über durchlässigen Flächen (z. B. Rasen) im Untergrund versickert. Bei der Muldenversickerung wird das Wasser kurzzeitig in einer Mulde gesammelt und sickert dann direkt in den Untergrund.

Beim Mulden-Rigolen-Element wird unter der Mulde zusätzlich eine Rigole angeordnet. Eine Rigole ist eine Kiespackung aus grobem, gewaschenem Kies.

Ein Versickerungsschacht besteht aus Betonringen, die in den Boden eingebracht wurden. Das Wasser wird zunächst in einem Filtersack zurückgehalten und dringt langsam durch diesen in die darunterliegende Filterschicht. Ein Becken funktioniert ähnlich, nur ist es entsprechend größer als der Schacht.

Das Mulden-Rigolen-System ist quasi eine Kombination aus Mulden-Rigolen-Element und Rohr-Rigolen-Element.

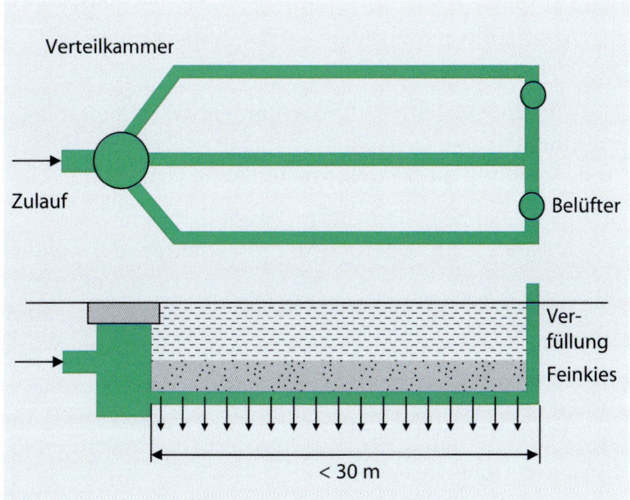

Abb. 9.54: Untergrundverrieselung (Anwendung bei ausreichend wasserdurchlässigem Untergrund: zwischen $5 \cdot 10^{-7}$ m/s und $5 \cdot 10^{-3}$ m/s)

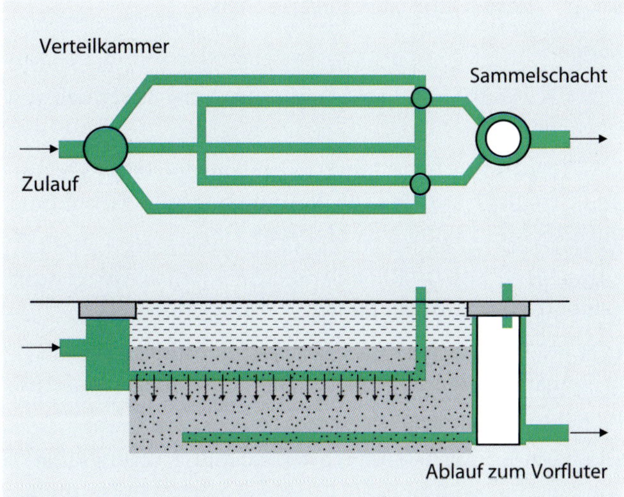

Abb. 9.55: Filtergrabenverrieselung (Anwendung bei wasserundurchlässigem Untergrund mit einer Durchlässigkeit < $5 \cdot 10^{-7}$ m/s)

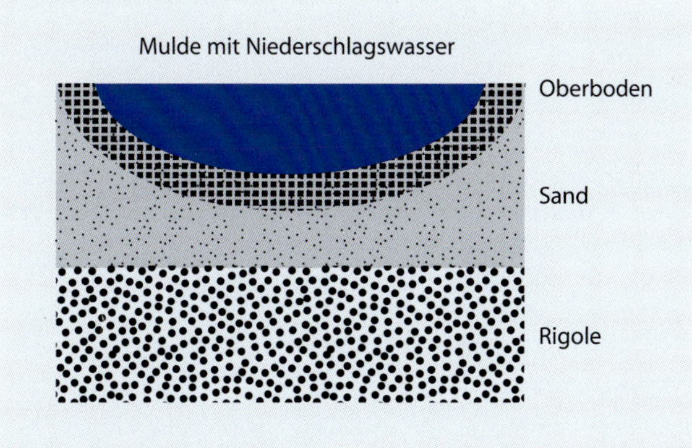

Abb. 9.56: Mulden-Rigolen-Element

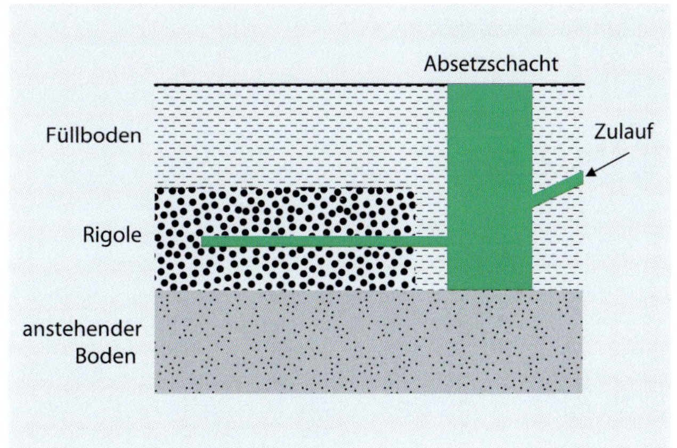

Abb. 9.57: Rohr-Rigolen-Element

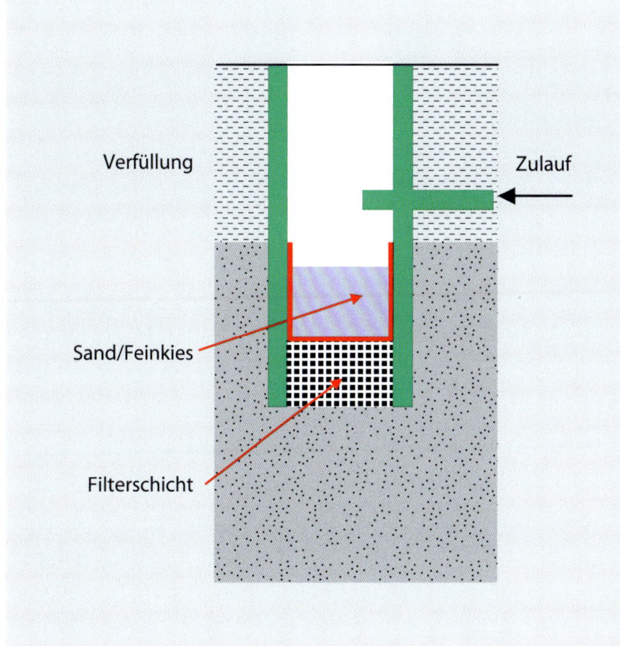

Abb. 9.58: Versickerungsschacht

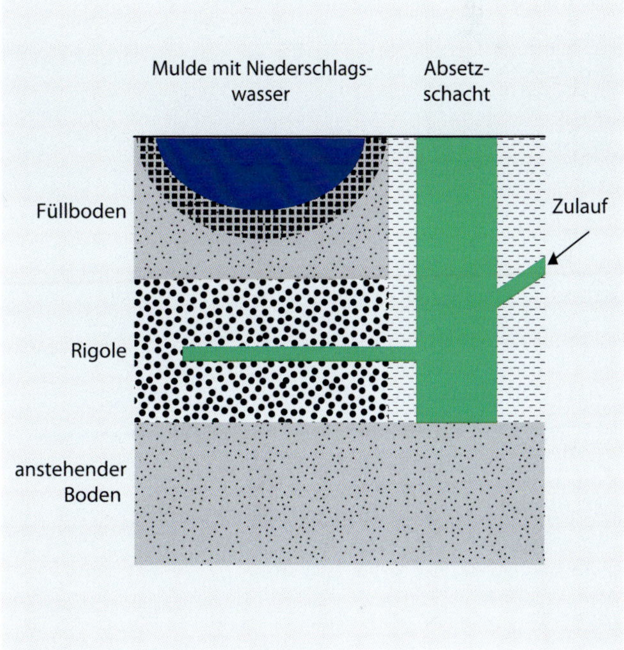

Abb. 9.59: Mulden-Rigolen-System

9.8 Normen- und Literaturverzeichnis

Normen

DIN EN 752:2017-07 Entwässerungssysteme außerhalb von Gebäuden

DIN 1986-100:2016-12 Entwässerungsanlagen für Gebäude und Grundstücke - Teil 100: Bestimmungen in Verbindung mit DIN EN 752 und DIN EN 12056

DIN 4261-1:2010-10 Kleinkläranlagen - Teil 1: Anlagen zur Schmutzwasservorbehandlung

DIN EN 12056-1:2001-01 Schwerkraftentwässerungsanlagen innerhalb von Gebäuden - Teil 1: Allgemeine und Ausführungsanforderungen

DIN EN 12056-2:2001-01 Schwerkraftentwässerungsanlagen innerhalb von Gebäuden - Teil 2: Schmutzwasseranlagen, Planung und Berechnung

DIN EN 12056-3:2001-01 Schwerkraftentwässerungsanlagen innerhalb von Gebäuden - Teil 3: Dachentwässerung, Planung und Bemessung

DIN EN 12056-4:2001-01 Schwerkraftentwässerungsanlagen innerhalb von Gebäuden - Teil 4: Abwasserhebeanlagen; Planung und Bemessung

DIN EN 12056-5:2001-01 Schwerkraftentwässerungsanlagen innerhalb von Gebäuden - Teil 5: Installation und Prüfung, Anleitung für Betrieb, Wartung und Gebrauch

DIN EN 12380:2003-03 Belüftungsventile für Entwässerungssysteme - Anforderungen, Prüfverfahren und Konformitätsbewertung

Literatur

DWA-A 138:2005-04 Planung, Bau und Betrieb von Anlagen zur Versickerung von Niederschlagswasser. Hennef: Deutsche Vereinigung für Wasserwirtschaft, Abwasser und Abfall e. V., 2005

Pistohl, W.: Handbuch der Gebäudetechnik. Band 1. 5. Aufl. Düsseldorf: Werner Verlag, 2007

10 Gastechnik

10.1 Brenngase und ihre Eigenschaften

In Gebäuden werden 2 Kategorien von Gasen verwendet:

- Brenngase zur Energiegewinnung
- technische Gase (vgl. Kapitel 10.5.2 zu Druckluft, Kapitel 10.5.3 zu medizinischen Gasen)

In Gebäuden, die zum Aufenthalt von Menschen dienen, werden Brenngase im Allgemeinen zu folgenden Zwecken verwendet:

- Heizung
- Warmwasserbereitung
- Kochen
- Prozesswärmeerzeugung
- Stromerzeugung in Anlagen der Kraft-Wärme-Kopplung (KWK vgl. Kapitel 6.4.3)

Dabei kommen hauptsächlich folgende Brenngase (Eigenschaften gemäß Tabelle 10.1) zur Anwendung (vgl. zu Biogas Kapitel 10.5.1):

- Erdgas
- Flüssiggas

Tabelle 10.1: Eigenschaften von Brenngasen (Werte nach Cerbe, 2004, S. 36 f., sowie DIN EN ISO 6976:2016-12)

Brenngas	Brennwert im Normzustand (kJ/m³)	Heizwert im Normzustand (kJ/m³)	Dichte im Normzustand (kg/m³)	kinematische Viskosität bei 20 °C (m²/s)	spezifische Gaskonstante (J/(kg • K))
Erdgas H	41.215	37.213	0,783	$14{,}9\ 10^{-6}$	475,33
Erdgas L	35.186	31.749	0,829	$15{,}7\ 10^{-6}$	448,66
Propan	100.830	92.831	2,010	$4{,}4\ 10^{-6}$	188,56
Butan	132.874	122.712	2,709	$3{,}0\ 10^{-6}$	143,05

Flüssiggas (meistens Propan, vgl. Kapitel 10.2.2) ist ein Brenngas, das unter Umgebungsbedingungen gasförmig ist, jedoch mit vergleichsweise geringem Druck verflüssigt werden kann. Im flüssigen Zustand ist das Volumen viel kleiner als im gasförmigen Zustand (vgl. Abb. 10.1). Deshalb können vergleichsweise große Energiemengen sehr effizient transportiert werden.

Das in Deutschland verwendete Flüssiggas besteht entweder aus reinem Propan (C_3H_8) oder ist ein Gemisch aus Propan und Butan (C_4H_{10}). Diese beiden Gase können durch Abspaltung aus Erdölgasen und Erdöl gewonnen werden. Sie fallen aber auch bei der Rohölverarbeitung in Raffinerien an.

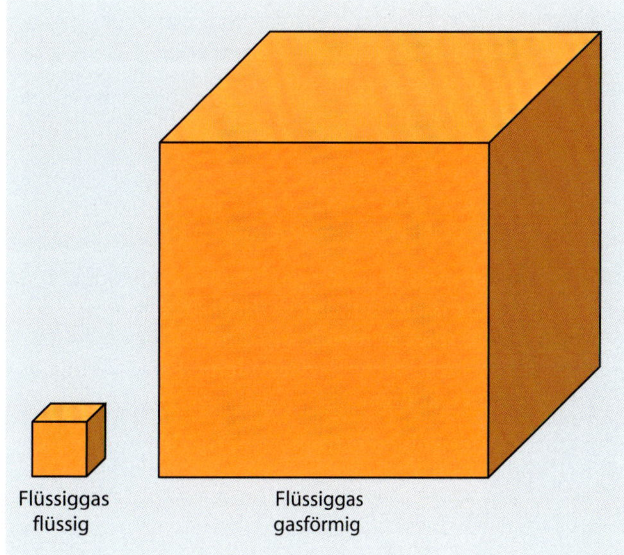

Abb. 10.1: Volumenverhältnis flüssig/gasförmig; Flüssiggas bei gleicher Energiemenge (Volumenverhältnis: 585/2,01 = 291)

In der öffentlichen Gasversorgung müssen die Möglichkeiten der Erzeugung und der Verwendung von Gasen aufeinander abgestimmt sein. Deshalb wurden im Arbeitsblatt DVGW G 260 Anforderungen an Brenngase festgelegt und diese in Gasfamilien eingeteilt (vgl. Tabelle 10.2).

Tabelle 10.2: Einteilung der Brenngase nach DVGW G 260

Gasfamilie	Hauptbestandteil	Gruppe
2	Methan	L: Erdgas L H: Erdgas H und deren Austauschgase
3	Propan Butan	1: Propan 2: Propan-Butan-Gemische

Der Transport und die Anwendung von Gasen lassen sich als thermodynamisches System auffassen. Ein solches System unterliegt sog. Zustandsänderungen. Der jeweilige Zustand wird durch Zustandsgrößen eindeutig beschrieben. Prozessgrößen wie Wärme und Arbeit beschreiben deren Veränderungen zwischen verschiedenen Zuständen. Die wichtigsten Zustandsgrößen sind die folgenden:

- Volumen V – Einheit m³
- Druck p – Einheit Pa (bar)
- Temperatur T – Einheit K (°C)

Die Umrechnung zwischen verschiedenen Gaszuständen kann in guter Näherung mithilfe der Gleichung des idealen Gases durchgeführt werden:

$$p \cdot V = m \cdot R \cdot T \qquad \text{(Formel 10.1)}$$

mit

p Druck in Pa oder bar (Absolutdruck mit $p = p_{atm} + p_{ü}$; p_{atm} = atmosphärischer Bezugsdruck; $p_{ü}$ = gemessener Überdruck)
V Volumen in m³
m Masse in kg
R spezifische Gaskonstante des Gases in J/(kg · K)
T Temperatur in K (Kelvintemperatur: $T = 273{,}15 + t$ mit t als der Celsiustemperatur)

In der Praxis werden Beziehungen benötigt, mit deren Hilfe vom sog. Normzustand auf den Betriebszustand und umgekehrt umgerechnet werden kann, um beispielsweise den Energiegehalt eines gelieferten Gasvolumenstroms eindeutig bestimmen zu können.

Umrechnung des Volumenstroms vom Betriebszustand in den Normzustand:

$$V_n = V_B \cdot \frac{(p_B - \varphi \cdot p_s) \cdot T_n}{p_n \cdot T_B} \qquad \text{(Formel 10.2)}$$

Umrechnung des Volumenstroms vom Normzustand in den Betriebszustand:

$$V_B = V_n \cdot \frac{p_n \cdot T_B}{(p_B - \varphi \cdot p_s) \cdot T_n} \qquad \text{(Formel 10.3)}$$

mit

V_n Volumen im Normzustand in m³
V_B Volumen im Betriebszustand in m³
p_B gemessener Druck im Betriebszustand in bar
φ relative Luftfeuchte in %
p_s Sättigungsdruck des Wasserdampfes bei der Temperatur im Betriebszustand, zu entnehmen aus der Wasserdampftafel (vgl. Abb. 7.11) in bar
T_n Temperatur im Normzustand $T_n = 273{,}15$ K
p_n Druck im Normzustand $p_n = 1{,}01325$ bar
T_B Temperatur im Betriebszustand in K

Beispiel: Berechnung der gelieferten Energiemenge

Ein Gasversorgungsunternehmen will die dem Kunden pro Jahr gelieferte Energiemenge abrechnen. Dazu ist es erforderlich, dass die gemessene Gasmenge in den Normzustand umgerechnet wird, um dann den Energieinhalt bestimmen zu können. Das Normvolumen wird mit der Formel 10.2 berechnet. Damit ergibt sich die gelieferte Energiemenge:

$$Q_a = V_n \cdot H_{i,n} \qquad \text{(Formel 10.4)}$$

mit

Q_a pro Jahr gelieferte Energiemenge in kWh/a
V_n Volumen im Normzustand in m³
$H_{i,n}$ Heizwert des Erdgases im Normzustand in kWh/m³

Die folgenden Aufstellungen zeigen die Messgrößen, die theoretischen Größen sowie die Berechnungsergebnisse unter Verwendung der Formel 10.2.

Messgrößen an der Übergabestelle:

gemessener Überdruck $p_{ü}$	5 bar (ü)
Gastemperatur t_B	10 °C
Gasfeuchte φ	20 %
atmosphärischer Bezugsdruck p_{atm}	0,98 bar (abs)
gemessenes Gasvolumen V_B	12.532,25 m³

theoretische Größen:

Normdruck p_n	1,01325 bar (abs)
Normtemperatur T_n	273,15 K
Sättigungsdruck p_s bei T_B	0,01228 bar (ü)
Heizwert Erdgas H $H_{i,n}$	10,337 kWh/m³

Berechnungsergebnisse:

Normvolumen V_n	71.321,40 m³
gelieferte Energiemenge Q_a	737.249,30 kWh

In der Gastechnik werden folgende 3 Druckbereiche unterschieden:

- Niederdruck ND: $p_{ü}$ bis 0,1 bar (ü)
- Mitteldruck MD: $p_{ü}$ ab 0,1 bar (ü) bis 1 bar (ü)
- Hochdruck HD: $p_{ü}$ ab 1 bar (ü)

Dabei ist $p_{ü}$ der Überdruck gegenüber dem Atmosphärendruck.

10.2 Gasbereitstellung

10.2.1 Erdgas

Erdgas wird im Netz der öffentlichen Gasversorgung, das in den meisten Städten sowie in vielen ländlichen Bereichen vorhanden ist, bereitgestellt. Das System der öffentlichen Gasversorgung besteht aus mehreren Hauptkomponenten nach Abb. 10.2.

Das Erdgas, das in der Lagerstätte unter großem Druck steht (ca. 350 bar), wird über die eingebrachte Bohrung aus der Lagerstätte entnommen und muss dann entsprechend aufbereitet werden. Von den Lagerstätten wird das Erdgas mithilfe von Verdichtern über große Transportleitungen in die entsprechenden Versorgungsnetze gefördert. Die Transport- und Verteilungsnetze sind in unterschiedliche Druckstufen unterteilt; der Übergang zur nächstniedrigeren Druckstufe erfolgt mithilfe von Gasdruckregelstationen.

Hausanschluss

Der Hausanschluss umfasst folgende Komponenten (vgl. auch Abb. 10.3):

- Abgang von der öffentlichen Versorgungsleitung
- Hausanschlussleitung
- Hauptabsperreinrichtung (HAE)

Das Erdgas wird in der Versorgungsleitung mit einem bestimmten Druck bereitgestellt, aufgrund dessen das Gas durch die Hausanlage gefördert wird. Zusätzliche Druckerhöhungseinrichtungen sind in der Gasanwendungstechnik nicht üblich.

Die Versorgungsleitungen außerhalb des Gebäudes werden in der Regel im Erdreich verlegt. Am häufigsten werden

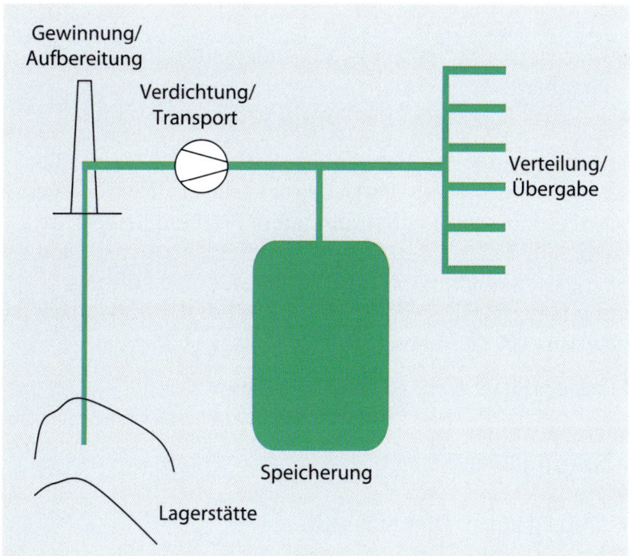

Abb. 10.2: Grundprinzip der öffentlichen Gasversorgung

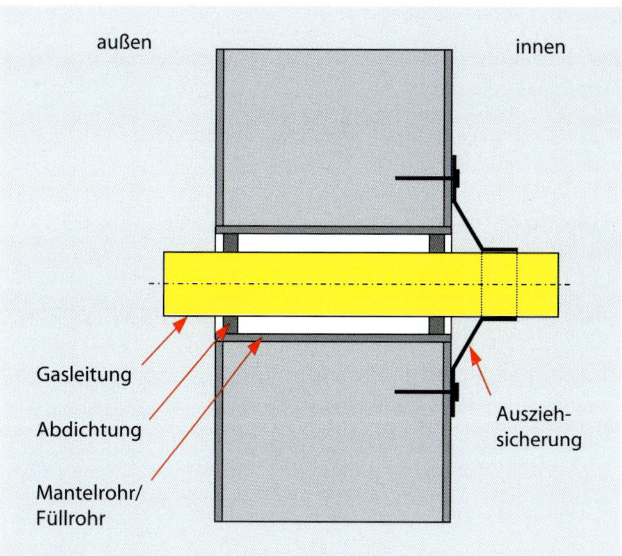

Abb. 10.4: Hauseinführung einer Gasleitung

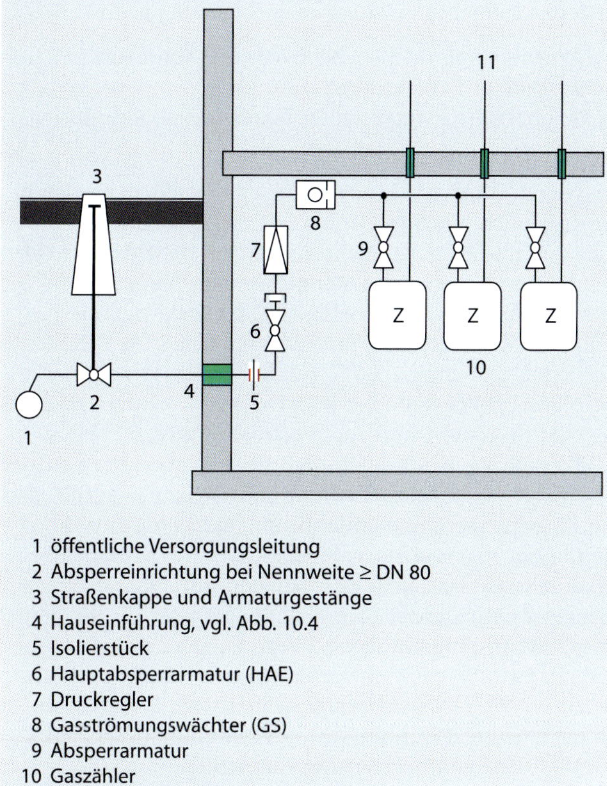

Abb. 10.3: Hausanschluss

PE-Rohre aufgrund ihrer Vorteile gegenüber Stahlrohren (korrosionsbeständig, leicht, flexibel) eingesetzt. Die Dimensionierung des Hausanschlusses wird durch das Gasversorgungsunternehmen vorgenommen. Die Erdgasleitung ist nach Möglichkeit direkt in den Hausanschlussraum (vgl. Kapitel 3.3) des Gebäudes zu führen. Die Durchführung durch die Gebäudeaußenwand ist gegen Gas- und Wassereintritt dauerhaft abzudichten. Bewährt hat sich die Durchführung in Mantelrohren (vgl. Abb. 10.4). Auf das Mantelrohr kann bei Kernbohrungen durch Beton verzichtet werden. Gasleitungen dürfen gemeinsam mit Wasserleitungen und Kabeln in das Haus geführt werden. In diesem Fall sind vorgefertigte „Mehrspartendurchführungen" zu verwenden.

Die Hauseinführung ist gegen Ausziehen zu sichern. Unmittelbar nach dem Eintritt in das Gebäude ist eine Hauptabsperreinrichtung (HAE) anzuordnen.

Der Gasverbrauch in Gebäuden wird mithilfe von Balgengaszählern gemessen. Der Balgengaszähler weist 2 Messkammern auf, die wechselseitig beaufschlagt werden. Die Anzahl der beaufschlagten und wieder geleerten Messkammern wird auf ein Zählwerk übertragen und ist proportional dem Gasverbrauch in einem bestimmten Zeitraum. In der Regel ist der Gaszähler Eigentum des Gasversorgungsunternehmens.

10.2.2 Flüssiggas

Für Flüssiggasanlagen, die aus Flaschen oder ortsfesten Behältern ohne Verdampfer versorgt werden, wird in Deutschland nur Flüssiggas mit einem Propananteil von mindestens 95 % verwendet. In industriellen und gewerblichen Flüssiggasanlagen mit Verdampfern werden auch Butan bzw. Mischungen aus Butan und Propan verwendet.

Die Dichte der verwendeten Flüssiggase ist im Umgebungszustand größer als die der Luft (vgl. Tabelle 10.3). Deshalb ist im Umgang mit Flüssiggasen besondere Vorsicht geboten. Entweichendes Gas sammelt sich in tiefer gelegenen Gebäudebereichen und kann dort explosionsfähige Mischungen bilden. Ein Flüssiggas-Luft-Gemisch ist ab einem Flüssiggasanteil von ca. 2 % explosionsfähig.

Tabelle 10.3: Relative Dichte von Propan und Butan

Gasart	relative Dichte $d = \frac{\rho_{Gas}}{\rho_{Luft}}$
Propan	1,55
Butan	2,09

Lagerung von Flüssiggas

Zur Anwendung in Industrie, Gewerbe und Hauhalt wird Flüssiggas gelagert

- in Flaschen (vgl. auch Tabelle 10.4) und/oder
- in ortsfesten Behältern.

Tabelle 10.4: Technische Parameter typischer, handelsüblicher Flüssiggasflaschen aus Stahl

Parameter	5 kg	11 kg	33 kg
Rauminhalt in l	12,3	27,2	79,0
Außendurchmesser in mm	229,0	300,0	318,0
Gesamthöhe in mm	505,0	600,0	1.300,0
Leergewicht in kg	6,2	12,0	35,0
Nettogewicht der Füllung Propan in kg	5,1	11,4	33,1
Energieinhalt bei Füllung mit Propan in kWh	66,0	146,0	425,0
Gesamtgewicht bei Füllung mit Propan in kg	11,3	23,4	68,1

Flüssiggasflaschen und Flüssiggasbehälter dürfen nur bis maximal 85 % des Volumens gefüllt werden. Die Füllmenge wird in kg angegeben. Sie dient zur Unterscheidung der unterschiedlichen Flaschen- und Behältergrößen.

Anforderungen an die Lagerung von Flüssiggas sind in den Feuerungsverordnungen der Länder und in der DVFG-TRF 2021 beschrieben. Demnach darf Flüssiggas je Gebäude oder Brandabschnitt in Behältern mit einem Füllgewicht von mehr als 16 kg nur in besonderen Räumen (Brennstofflagerräume) gelagert werden. Das Fassungsvermögen der Behälter darf 6.500 l pro Lagerraum und 30.000 l pro Gebäude oder Brandabschnitt nicht überschreiten. An Brennstofflagerräume werden u. a. folgende Anforderungen gestellt:

- ständig wirksame Lüftung
- keine Öffnungen zu anderen Räumen, ausgenommen Öffnungen für Türen, und keine offenen Schächte oder Kanäle
- Tür, die unmittelbar ins Freie führt und die in Fluchtrichtung (nach außen) zu öffnen ist
- Lage des Fußbodens nicht allseitig unter der Geländeoberfläche
- keine Öffnungen im Fußboden
- Feuerwiderstandsfähigkeit der brandschutztechnisch relevanten Bauteile in der Widerstandsklasse feuerbeständig
- Aufschrift „Flüssiggaslagerung" an allen Zugängen
- alle elektrischen Anlagen müssen für explosionsgefährdete Räume geeignet sein

In Wohnungen dürfen Flüssiggasflaschen nur bei Beachtung folgender Aspekte gelagert werden:

- Füllgewicht pro Flasche maximal 16 kg
- höchstens eine Flasche je Wohnung
- Fußboden allseitig oberhalb der Geländeoberfläche
- Fußböden ohne Öffnungen und höchstens mit Abläufen mit Flüssigkeitsverschluss
- höchstens eine weitere Flasche angeschlossen (z. B. Küchenherd)
- je Raum höchstens eine Flüssiggasflasche vorhanden

Mitunter werden größere Flüssiggasflaschen in Flaschenschränken außerhalb des Gebäudes gelagert. Der Flaschenschrank muss aus nicht brennbarem Material hergestellt werden und gegen den Zugriff Unbefugter gesichert sein. Er muss im oberen und unteren Bereich eine Lüftungsöffnung in der Größe von mindestens 1/100 der Bodenfläche bzw. von 100 cm^2 haben (vgl. Abb. 10.5).

Flüssiggas darf nicht gelagert werden in

- Treppenhäusern,
- Schlafräumen,
- Fluren,
- Durchgängen, Durchfahrten,
- Notausgängen, Rettungswegen.

Die Lagerung größerer Mengen im Freien, wie sie beispielsweise für eine Zentralheizung benötigt werden, erfolgt in ortsfesten Behältern. Dafür gibt es folgende Ausführungen:

- oberirdisch aufgestellter Behälter (vgl. Abb. 10.6),
- erdgedeckter Behälter (vgl. Abb. 10.7),
- halb oberirdisch aufgestellter Behälter (vgl. Abb. 10.8).

Behälter mit Füllmengen ab 3 t bedürfen einer Genehmigung nach der 4. BImSchV. Eine Genehmigungspflicht besteht in der Regel nicht für Behälter bis zu 2,9 t. Das Aufteilen einer höheren Füllmenge auf mehrere kleinere Behälter entbindet von der Genehmigungspflicht nur im Ausnahmefall. Die oberirdischen Behälter werden aus Stahl gefertigt und haben einen Schutzanstrich in Weiß oder Hellgrün. Behälter dürfen nur zu maximal 85 % gefüllt werden. Der Entnahmevolumenstrom sinkt bei Füllgraden von weniger als 25 % stark ab. Insgesamt sind daher oftmals nur ca. 60 % des Behältervolumens für die Entnahme verfügbar. Die Behälter sind waagerecht und standsicher aufzustellen. Geeignet sind u. a. bauseits gefertigte Bodenplatten aus Beton entsprechend Abb. 10.6 (vgl. auch Tabelle 10.5). Die Betonplatte soll die Projektionsfläche des Behälters allseitig um 25 cm überragen. Möglich ist auch eine Bodenplatte, die die Behälterfüße allseitig um 15 cm überragt. Die Differenzfläche ist dann mithilfe von Gehwegplatten zu befestigen. Alternativ zur gegossenen Betonplatte können auch Fertigbetonplatten eingesetzt werden. In Überschwemmungsgebieten ist eine Aufschwimmsicherung vorzusehen.

Schutzbereiche

Bei der Aufstellung von Flüssiggasbehältern und Flüssiggasflaschen sind folgende Schutzbereiche zu beachten:

- Schutzzonen, die aus Explosionsschutzgründen temporär oder ständig zündquellenfrei zu halten sind
- Schutzbereiche, in denen keine Öffnungen vorhanden sein dürfen, über die eventuell austretendes Flüssiggas in andere Bereiche abströmen kann (z. B. Lüftungsöffnungen)
- Abstände zu Wärmequellen (z. B. Heizflächen, Feuerstätten, Heizgeräten), um eine Erwärmung des Flüssiggases auf mehr als 40 °C zu vermeiden
- brandlastfreie Bereiche zum Schutz des Lagerbehälters vor Bränden

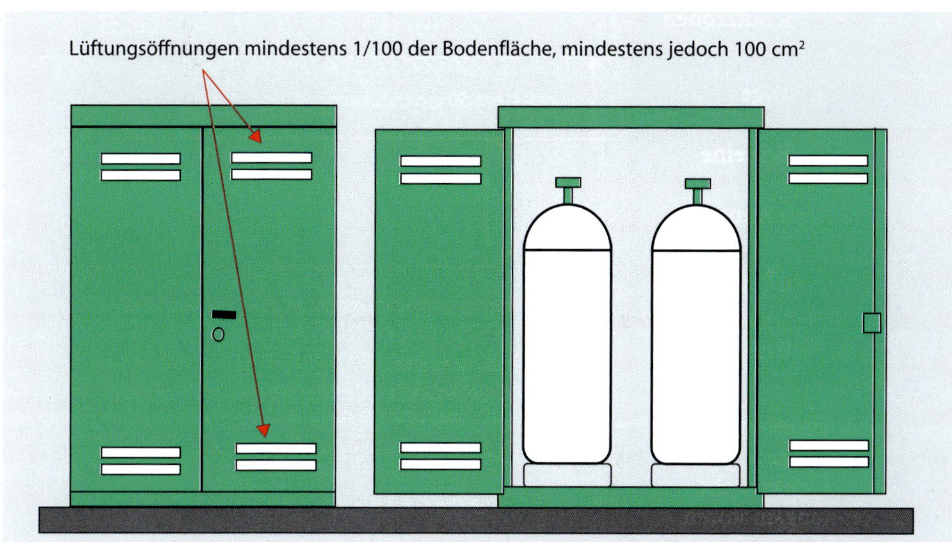

Abb. 10.5: Flaschenschrank

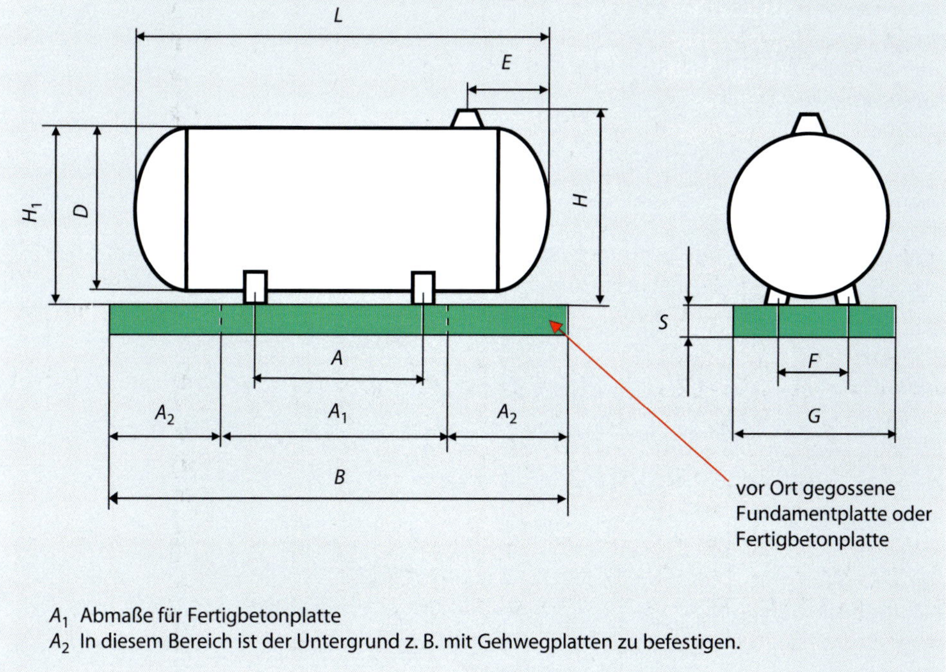

Abb. 10.6: Oberirdischer Flüssiggasbehälter (Aufstellung im Freien)

Tabelle 10.5: Orientierungswerte für oberirdisch aufgestellte Flüssiggasbehälter

Parameter	Behältergröße Innenvolumen		
	2.700 l	**4.850 l**	**6.400 l**
maximale Füllmenge in kg	1.200	2.100	2.900
maximale Füllmenge in l	2.430	4.120	5.440
Leergewicht in kg	640	1.050	1.170
Länge *L* in mm	2.460	4.255	5.800
Durchmesser *D* in mm	1.250	1.250	1.250
Höhe *H* in mm	1.600	1.600	1.600
Höhe H_1 in mm	1.400	1.400	1.400
Abstand *E* in mm	810	810	810

Parameter	Behältergröße Innenvolumen		
	2.700 l	**4.850 l**	**6.400 l**
Länge Fundamentplatte *B* in m	3,00	4,80	6,00
Breite Fundamentplatte *G* in m	1,40	1,40	1,40
Stärke der Betonplatte *S* in m	0,20	0,20	0,20
Fußabstand *A* in m	1,60	2,00	3,50
Fußabstand *F* in m	0,95	0,95	0,95
Fertigbetonplatte A_1	Fußüberstand 15 cm	Fußüberstand 15 cm	Fußüberstand 15 cm

Im Regelwerk zum Explosionsschutz werden 3 Schutzzonen unterschieden (vgl. Richtlinie 1999/92/EG):

- Zone 0: Eine explosible Atmosphäre ist über lange Zeiträume oder häufig vorhanden.
- Zone 1: Im Normalbetrieb kann sich gelegentlich eine explosible Atmosphäre bilden.
- Zone 2: Im Normalbetrieb tritt eine explosible Atmosphäre nicht oder nur kurzzeitig auf.

Gasaustritt, der zu explosiblen Atmosphären führen kann, ist an den Entnahme- und Bedienarmaturen möglich. Bei Flüssiggaslagerbehältern sind vor allem das Füllen sowie Wartungs- und Reparaturarbeiten relevant.

Innerhalb der Zonen dürfen sich keine Zündquellen und keine Öffnungen, durch die das Gas in das Gebäude gelangen könnte, befinden. Zündquellen sind z. B. elektrische Schaltanlagen, Wärmequellen und Verbrennungsmotoren. Elektrische Geräte dürfen innerhalb der Schutzzonen nur betrieben werden, wenn die im Technischen Regelwerk beschriebenen Anforderungen an die Explosionssicherheit erfüllt sind. Weiterhin ist es untersagt, in den explosionsgefährdeten Bereichen brennbare oder explosionsfähige Stoffe zu lagern. Die grundsätzlichen Abmessungen der Explosionsschutzzonen sind in den Technischen Regeln Flüssiggas 2021 (DVFG-TRF 2021) geregelt.

Flüssiggasflaschen mit geschlossenem Flaschenabsperrventil gelten als technisch dicht. Die Dichtheit des geschlossenen Flaschenabsperrventils kann z. B. mit schaumbildenden Mitteln festgestellt werden. Ist die Dichtheit nachgewiesen, ist nach DVFG-TRF 2021 bei der Lagerung von Flüssiggasflaschen ein explosionsgefährdeter Bereich nicht zu befürchten, eine Explosionsschutzzone muss nicht festgelegt werden.

Bei angeschlossenen Flüssiggasflaschen gilt das nicht. DVFG-TRF 2021 legt fest, dass beim Aufstellen einer Einzelflasche keine Explosionsschutzzone besteht, wenn der Druckregler unmittelbar am Flaschenventil angeschlossen ist. Bei Mehrflaschenanlagen ist im Freien im Nahbereich der Flaschen (Abstand 1 m) eine Zone 2 auszuweisen. Bei Flaschenschränken im Freien beträgt der Abstand für die Zone 2 0,5 m (vgl. Abb. 10.9). Bei der Aufstellung einer Anlage mit mehreren Flaschen in Räumen gilt für den gesamten Raum die Schutzzone 1.

Die nach DVFG-TRF 2021 erforderlichen Explosionsschutzzonen für Behälteranlagen verdeutlichen Abb. 10.10 bis 10.12. Die Zone 1 ist bei frei aufgestellten Behältern nur bei häufigem Befüllen (ab zwölfmal pro Jahr) auszuweisen. Die Zone 2 kann nach dem Befüllen und nach dem Nachweis der Dichtheit aller Anschlüsse wieder befahren werden (vgl. Tabelle 10.6). Auch andere Arbeiten (Rasenmähen, Heckeschneiden) sind dann wieder möglich (vgl. DVFG-TRF 2021). Explosionsgefährdete Bereiche können durch bauliche Maßnahmen verkleinert werden (vgl. Abb. 10.13). Die Abtrennungen dürfen keine Öffnungen haben, müssen gasdicht sein und sollten aus nicht brennbaren Materialien bestehen. Einschränkungen der Schutzzonen dürfen nicht zu einer Verminderung der natürlichen Belüftung des Behälters führen. Sie sind daher nur an höchstens 2 Seiten zulässig.

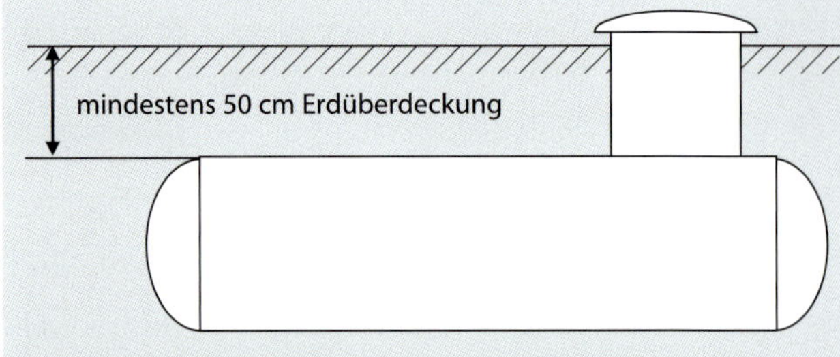

Abb. 10.7: Erdgedeckter Flüssiggasbehälter

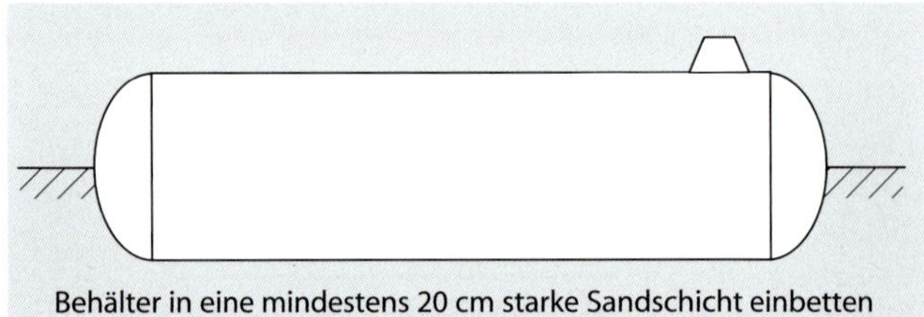

Abb. 10.8: Halb oberirdischer Flüssiggasbehälter

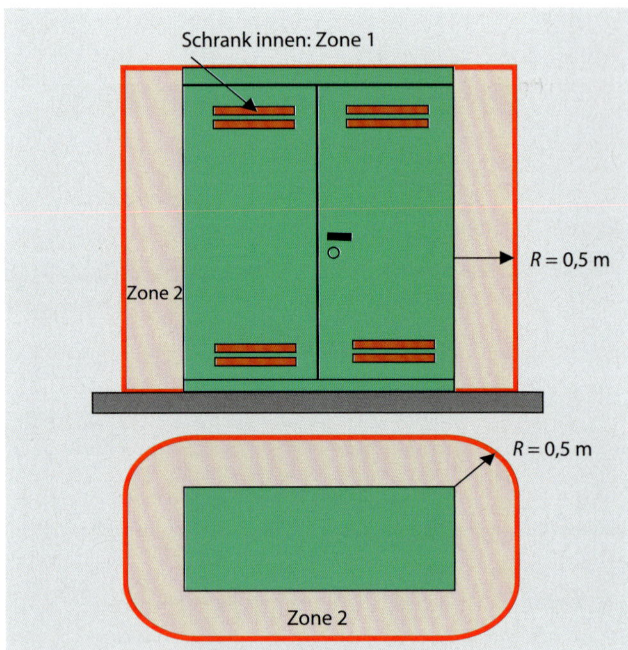

Abb. 10.9: Schutzbereich bei im Freien aufgestellten Flaschenschränken

Tabelle 10.6: Schutzzonenmaße für Flüssiggastanks nach DVFG-TRF 2021 (vgl. R_1 und R_2 in Abb. 10.10 bis 10.12)

Tanks	Zone 1	Zone 2
oberirdischer und halb oberirdischer Tank	R_1 = 1,0 m[1)]	R_2 = 3,0 m
erdgedeckter Tank	–	R_2 = 3,0 m (um den Dom)

1) nur bei häufigem Befüllen, sonst Zone 2

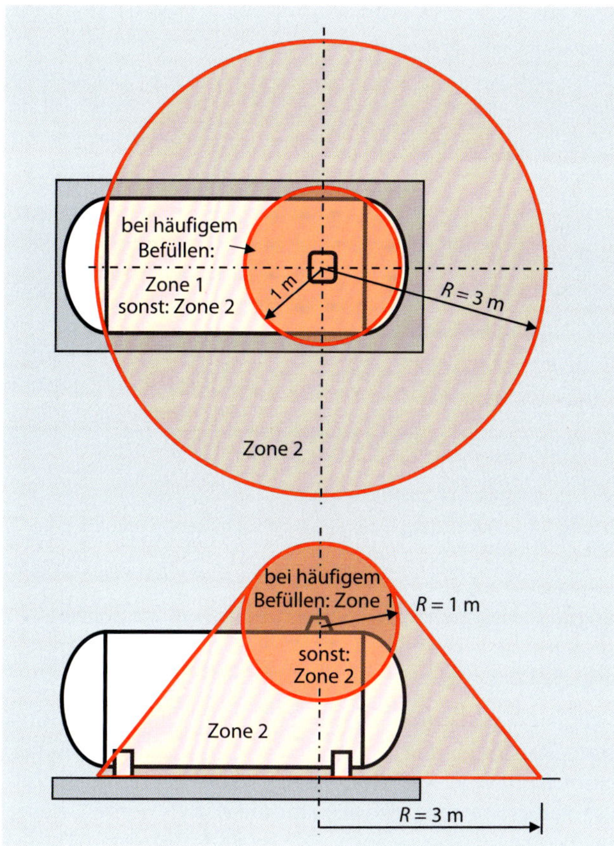

Abb. 10.10: Schutzbereiche bei oberirdisch aufgestellten Flüssiggasbehältern (vgl. Tabelle 10.6)

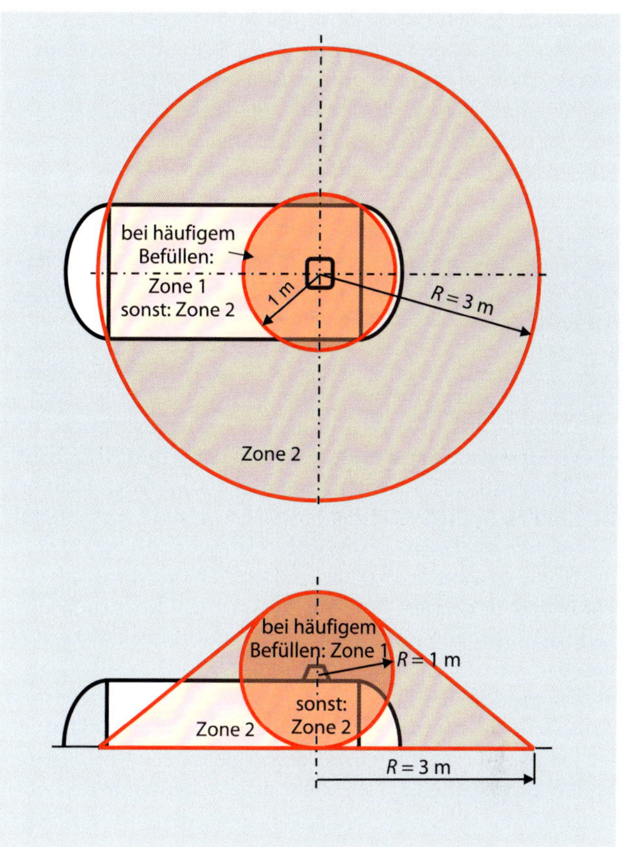

Abb. 10.11: Schutzbereiche bei halb oberirdisch aufgestellten Flüssiggasbehältern (vgl. Tabelle 10.6)

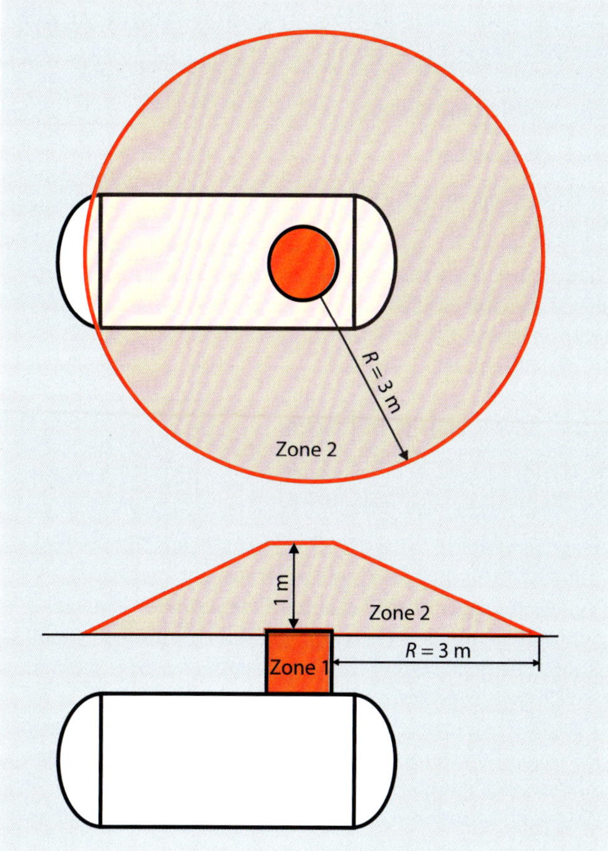

Abb. 10.12: Schutzbereiche bei erdgedeckten Flüssiggasbehältern (vgl. Tabelle 10.6)

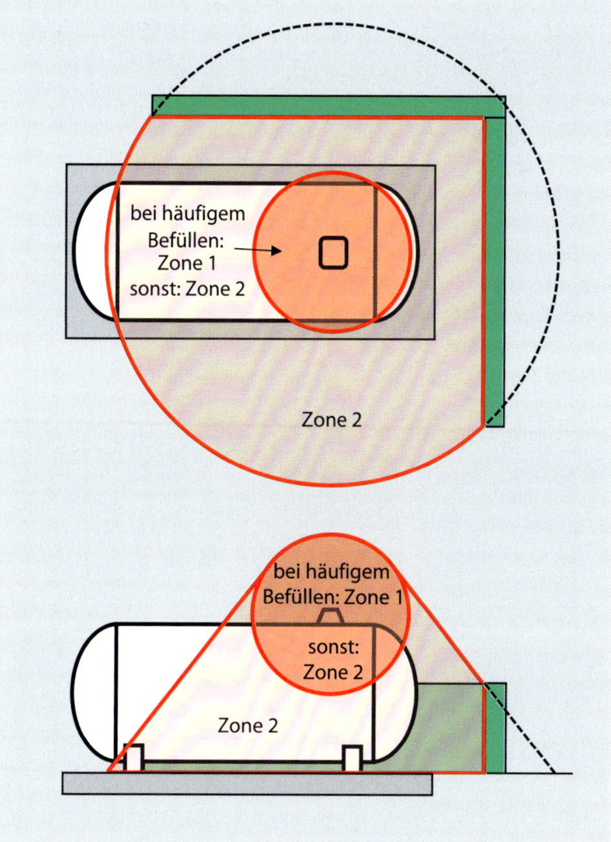

Abb. 10.13: Einschränkung der Schutzbereiche

Zusätzlich zu den Explosionsschutzzonen sind Bereiche festgelegt, in denen Öffnungen im Boden wie z. B. offene Kanaleinläufe, Luftansaugöffnungen oder offene Schächte nicht vorhanden sein dürfen oder in denen diese Öffnungen beim Befüllen der Behälter abgedeckt werden müssen, um ein Eindringen von Flüssiggas in die Kanalisation zu verhindern. Diese Bereiche sind zum Teil weiter gefasst als die Explosionsschutzzonen. Ein solcher Bereich kann bei abschüssigem Gelände bis zu 8 m um den Behälter herum umfassen. Einzelheiten sind in den DVFG-TRF 2021 dargestellt.

Der Druck in Flüssiggasbehältern steigt mit zunehmender Temperatur stark an (vgl. Tabelle 10.7). In der Regel sind die Flaschendruckregler auf maximale Eingangsdrücke von 16 bar Überdruck ausgelegt. Auch Behälter und Armaturen sind hinsichtlich der Druckbelastbarkeit begrenzt. Behälter sind mit Sicherheitsventilen auszurüsten, die bei zu hohem Überdruck abblasen. In der Regel beträgt der Ansprechdruck dieser Ventile 15,6 bar. Um eine Überlastung des Flaschendruckreglers bzw. ein Ansprechen des Sicherheitsventils zu vermeiden, muss die Temperatur der Flüssiggasflasche bzw. des Flüssiggaslagerbehälters auf ca. 40 °C begrenzt werden. Bei Flüssiggasflaschen, die in Innenräumen aufgestellt werden, müssen daher Abstände zu Wärmequellen zwingend eingehalten werden (vgl. Tabelle 10.8). Im Freien aufgestellte Lagerbehälter erhalten einen hellen Anstrich.

Tabelle 10.7: Überdruck in Flüssiggasbehältern in Abhängigkeit von der Temperatur (vgl. DVFG-TRF 2021, Anhang G)

Temperatur (°C)	Überdruck (bar)
–20	1,4
0	3,7
20	7,4
40	12,8
60	19,9

Tabelle 10.8: Abstandsmaße für Flüssiggasflaschen zur Vermeidung einer Erwärmung auf über 40 °C entsprechend DVFG-TRF 2021

Mindestabstände	Heizgeräte Feuerstätten	Heizkörper	Gasherde u. Ä.
Mindestabstände ohne Strahlungsschutzblech	0,70 m	0,50 m[1]	0,30 m
Mindestabstände mit Strahlungsschutzblech	0,30 m	0,10 m	0,10 m

[1] Bei Vorlauftemperaturen < 60 °C genügen 10 cm.

Einer kritischen Erwärmung von Flüssiggasbehältern durch Brandeinwirkungen wird durch Abstände zu brennbaren Bauteilen (Schuppen, Holzhäusern u. a.) entgegengewirkt. Die Abstände sind von der Ausdehnung der Brandlast abhängig. Sie können durch Schutzwände und Strahlungsschutzbleche vermindert werden (Einzelheiten s. DVFG-TRF 2021).

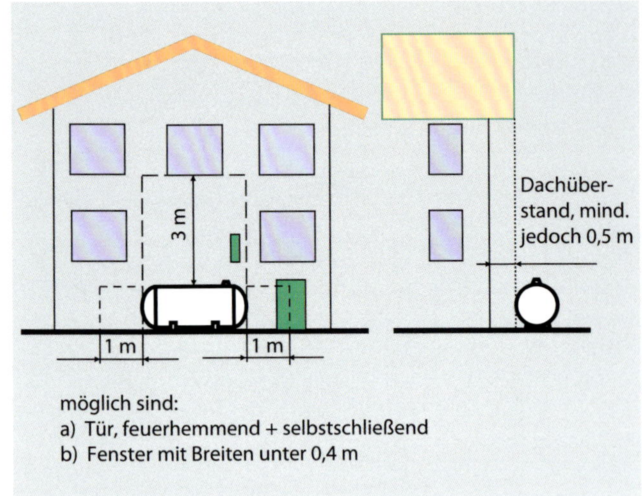

Abb. 10.14: Aufstellung eines Flüssiggasbehälters in unmittelbarer Nähe eines Gebäudes

Bestehen die Außenwände eines Gebäudes aus nicht brennbaren Baustoffen und sind diese Außenwände im Brandfall ausreichend feuerwiderstandsfähig, dann können Flüssiggasbehälter auch in Gebäudenähe aufgestellt werden. Bei einem Abstand von weniger als 3 m sind Mindestabstände zu Öffnungen entsprechend Abb. 10.14 einzuhalten (vgl. DVFG-TRF 2021). Eine unmittelbare Aufstellung an der Gebäudewand ist nicht möglich, da ein Mindestabstand für Wartung, Bedienung und Inspektion von in der Regel mindestens 0,5 m einzuhalten ist.

10.3 Gasleitungsanlage

10.3.1 Materialien

Für Gasleitungen in Gebäuden werden die folgenden Materialien verwendet:

- Stahlrohre (Gewinderohre, Rohre aus nicht rostendem Stahl, flexible Wellrohrleitungen, Präzisionsstahlrohre)
- Kupferrohre
- Mehrschichtverbundrohre

10.3.2 Anordnung der Leitungen

Die Gasleitungen im Gebäude werden folgenden Kategorien zugeordnet (vgl. Abb. 10.15):

- Hausanschlussleitung (HAL): Leitung zwischen Versorgungsleitung und Hauptabsperrarmatur im Gebäude
- Verteilungsleitungen: Leitungen, die von der Hausanschlussleitung zu mehreren Gaszählern führen
- Steigleitungen: senkrechte Leitungen, die die einzelnen Geschosse anfahren
- Verbrauchsleitungen: Leitungen, die von den Verbrauchsleitungen abzweigen und über einen Gaszähler zu den Abzweigleitungen führen
- Abzweigleitungen: Leitungen zwischen der Verbrauchsleitung und der Geräteanschlussarmatur
- Geräteanschlussleitung: Leitung zwischen der Geräteanschlussarmatur und dem Gasgerät

Detaillierte Ausführungen zur Ausführung von Leitungsanlagen enthalten für Erdgas die Technischen Regeln Gasinstallation (DVGW G 600:2018). Für Flüssiggas sind die DVFG-TRF 2021 relevant. Demnach können Gasleitungen folgendermaßen verlegt werden (vgl. Abb. 10.16):

- frei liegend vor der Wand
- unter Putz ohne Hohlraum (nur Betriebsüberdrücke bis 100 mbar)
- im Kanal oder Schacht

Gasleitungen dürfen nicht im Estrich verlegt werden. Die folgenden Verlegearten im Fußboden sind zulässig:

- auf der Rohdecke, innerhalb einer Ausgleichsschicht oder innerhalb der Trittschalldämmung
- teilweise in einer Aussparung in der Rohdecke und teilweise in der Ausgleichsschicht oder Trittschalldämmung
- vollständig innerhalb einer Aussparung in der Rohdecke

Die Befestigungshilfsmittel für Gasleitungen müssen aus nicht brennbaren Baustoffen bestehen. Präzisionsstahlrohre müssen in jedem Fall mit einem Korrosionsschutzanstrich versehen werden. Alle anderen Rohrleitungen benötigen bei freier Verlegung in trockenen Räumen keinen Korrosionsschutz. Bei der Verlegung unter Putz sowie bei der Rohrführung in Nassräumen und feuchten Räumen ist ein geeigneter Korrosionsschutz vorzusehen. Besondere Korrosionsschutzmaßnahmen sind bei Stahlrohren notwendig, die unter gipshaltigen Putzen verlegt sind.

In Fußböden angeordnete Leitungen erfordern unabhängig von der Materialwahl einen Korrosionsschutz wie erdverlegte Außenleitungen. Alternativ ist eine Verlegung in einem durchgehenden, korrosionsbeständigen Mantelrohr möglich (s. DVGW G 600:2018, S. 72).

10.3.3 Verbindungstechnologien

In der Gastechnik werden folgende Verbindungen unterschieden:

- unlösbare Verbindungen
- lösbare Verbindungen

Als unlösbare Verbindungen werden bei Gasleitungen hauptsächlich das Schweißen, das Hartlöten sowie Pressverbindungen angewendet. Lösbare Verbindungen werden mithilfe von Verschraubungen oder Flanschen hergestellt. Außerdem können Mehrschichtverbundrohre mithilfe von speziellen Klemmverbindungen zusammengefügt werden.

10.3.4 Armaturen und Sicherheitseinrichtungen

Armaturen

Absperreinrichtungen sind an den folgenden Stellen des Leitungsnetzes einzubauen:

- als HAE unmittelbar nach der Hauseinführung
- bei mehreren Gebäuden an einem Netzanschluss vor jeder Gebäudeinstallation
- bei Außenleitungen zwischen Gebäuden vor der Aus- und nach der Einführung der Leitung
- vor jedem Gaszähler
- vor jedem Gasgerät
- bei Bedarf in jeder technologisch bedingten Abzweigung

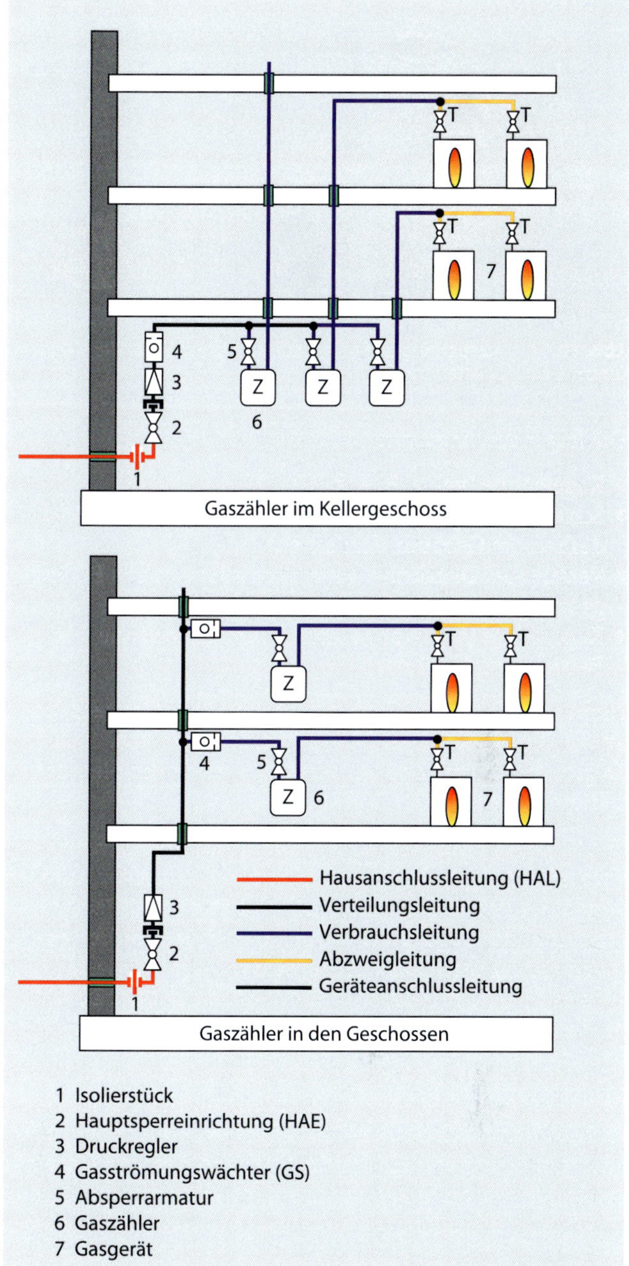

Abb. 10.15: Netzkonfigurationen und Anlagenteile im Gebäude

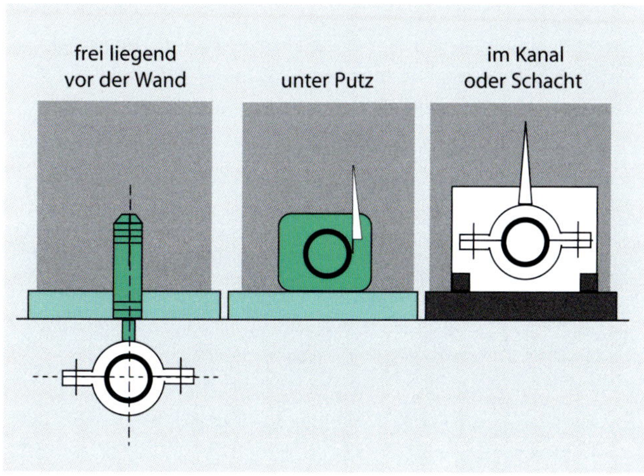

Abb. 10.16: Ausführungsbeispiele zur Leitungsverlegung

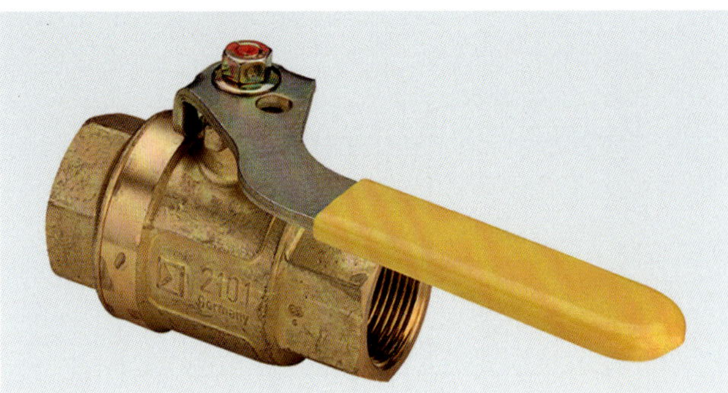

Abb. 10.17: Absperrkugelhahn in Durchgangsform (Quelle: Viega GmbH & Co. KG, Attendorn)

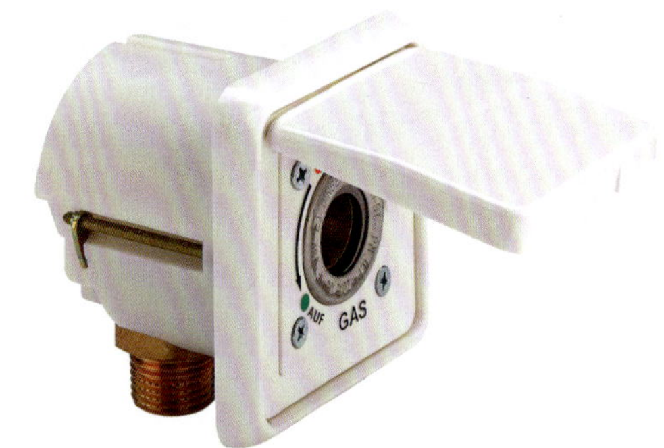

Abb. 10.18: Gassteckdose zum Anschluss nicht ortsgebundener Gasgeräte (Quelle: Viega GmbH & Co. KG, Attendorn)

Die folgenden Armaturen kommen zum Einsatz:

- Kugelhähne (vgl. z. B. Abb. 10.17)
- Schieber (für große Nennweiten, bei großen Drücken, deshalb im Gebäude eher selten)
- Ventile (bei Drücken < 4 bar, zum Absperren in Flüssiggasanlagen, bei Regelstrecken von Gasbrennern)
- Kegelhähne (sog. Konushähne oder Kükenhähne, bis Betriebsdruck < 1 bar)

Nicht ortsgebundene Gasgeräte können über Gassteckdosen an die Gasleitung angeschlossen werden (vgl. Abb. 10.18). Es gibt Unterputz- und Aufputzdosen sowie flexible Gasanschlussleitungen.

Die Gasanlage des Hauses ist bei durchgehenden metallischen Leitungen durch ein Isolierstück (1 in Abb. 10.15) vom öffentlichen Gasnetz elektrisch zu trennen. Dadurch wird die Übertragung von Fehlerströmen auf die Versorgungsleitung verhindert. Außerdem müssen die Gasleitungen wie alle metallischen Rohrsysteme des Gebäudes an den Potenzialausgleich angeschlossen werden.

Im Ergebnis von Korrosionsprozessen in Gasanlagen bilden sich Feststoffpartikel, die den Betrieb von Gasdruckreglern, Armaturen und Brennern stören können. Ob es notwendig ist, unmittelbar vor den Gasdruckreglern oder vor Gasgeräten Filter anzuordnen, hängt von der Fahrweise und dem Zustand des Versorgungsnetzes ab. Die örtlichen Gegebenheiten sind beim Netzbetreiber zu erfragen. Bei modernen Gasnetzen ist der Einbau von Filtern oftmals entbehrlich.

Sicherheitseinrichtungen

Generell wird zwischen aktiven und passiven Sicherheitsmaßnahmen unterschieden (vgl. Tabelle 10.9), wobei den aktiven Maßnahmen der Vorrang einzuräumen ist.

Tabelle 10.9: Schutzmaßnahmen bei Gasanlagen

aktive Maßnahmen	passive Maßnahmen
Einsatz von: • Gasdruckreglern • Gasströmungswächtern • Sicherheitsabblaseinrichtungen (Pressure Relieve Valve [PRV]) • Sicherheitsabsperreinrichtungen (Over Pressure Relieve Valve [OPSO])	Anordnung der Gasanlage in nicht allgemein zugänglichen Räumen Vermeidung von Leitungsenden und Auslässen Verwendung von: • Sicherheitsstopfen • Sicherheitskappen • Kapselungen • Spezialschrauben für Flansche • Gewindeklebstoff

Gasanlagen (Leitungen, Armaturen, Geräte) müssen im Innenbereich einer Temperatur bis 650 °C mindestens 30 Minuten lang widerstehen. Diese Eigenschaft wird als Hochtemperaturbeständigkeit bezeichnet. Sind Anlagenteile nicht ausreichend hochtemperaturbeständig, ist eine zusätzliche Absicherung z. B. mit einer thermisch auslösenden Absperreinrichtung (TAE) notwendig.

Beispielsweise wird vor jedem Gasanwendungsgerät eine Anschlussarmatur mit einer integrierten TAE benötigt. Die TAE sperrt den Gasdurchfluss automatisch ab, wenn die Temperatur im Bereich der Armatur den Wert 100 °C überschreitet. Nach der Auslösung muss die Armatur ersetzt werden. Der Dichtkegel ist mit einer Feder vorgespannt und wird durch ein Schmelzlot in seiner Position gehalten (vgl. Abb. 10.19). Bei mehr als 96 °C Umgebungstemperatur schmilzt das Lot, der Ventilkegel löst sich und verschließt das Ventil.

Gasdruckregler werden in Installationen bei hohen und/oder schwankenden Eingangsdrücken verwendet. Sie sorgen für einen gleichmäßigen Druck hinter dem Regler. Sie werden verwendet

- als zentrale Druckregler im Bereich der Hauseinführung,
- als Druckregler vor Gaszählern,
- als Druckregler vor Gasanwendungsgeräten.

Gasströmungswächter sperren die Gasleitung ab, wenn der Volumenstrom einen bestimmten Grenzwert überschreitet.

Für Flüssiggasanlagen werden 2 weitere Sicherheitseinrichtungen benötigt:

- Sicherheitsabblaseinrichtung (PRV): Armatur, die bei unzulässig hohen Betriebsdrücken im zu schützenden System Gas entweichen lässt
- Sicherheitsabsperrventil (OPSO): Ventil, das den Gasdurchfluss sofort unterbricht, wenn der Betriebsdruck im zu schützenden System einen Grenzwert übersteigt

Verschiedene Hersteller bieten passive Schutzeinrichtungen für Gasarmaturen an. Diese dienen der Manipulationsabwehr, indem der Zugang zur Armatur oder deren Betätigung erschwert wird (vgl. Tabelle 10.9).

10.3.5 Bestimmung der Leitungsdurchmesser

Die Nennweiten des Gasnetzes im Gebäude müssen so festgelegt werden, dass der verfügbare Druck hinter dem Gasdruckregelgerät ausreicht, um an den Gasgeräten einen ausreichenden Geräteanschlussdruck bereitzustellen. Aus-

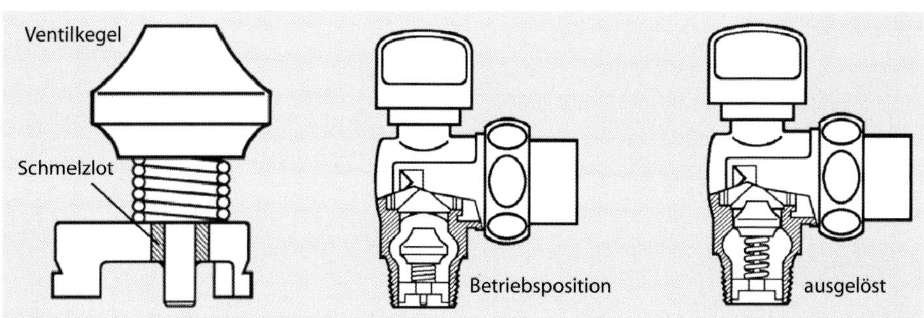

Abb. 10.19: Thermisch auslösende Absperreinrichtung (Quelle: Viega GmbH & Co. KG, Attendorn)

gangspunkt für die Rohrleitungsdimensionierung ist der Gasvolumenstrom, der in den einzelnen Rohrabschnitten zu transportieren ist. Der Gasvolumenstrom ergibt sich aus den Nennbelastungen der angeschlossenen Gasgeräte und dem Heizwert des Brenngases. Die Nennbelastung ist vom Hersteller anzugeben. Sie bezieht sich auf die Energie, die dem Gasgerät mit dem Gasstrom zugeführt wird.

Es ist seit 2008 üblich, bei Rohrleitungsbemessungen für Erdgas mit einem Heizwert von 8,6 kWh/m³ zu rechnen. Dieser Bemessungsheizwert ist oftmals deutlich geringer als der Heizwert des tatsächlich verwendeten Gases. Es ergeben sich großzügig bemessene Gasinstallationen, die auch ausreichend leistungsfähig sind, wenn sich die Gasbeschaffenheit in der Zukunft durch Zumischung von Biogas oder Wasserstoff ändern sollte.

Wird durch einen Leitungsabschnitt nur Gas für ein Gasgerät transportiert (z. B. Abzweigleitung), dann ist die für die Bemessung relevante Belastung mit der Nennbelastung des angeschlossenen Gerätes identisch. Strömt Gas für mehrere Gasgeräte über einen Leitungsabschnitt, dann ist die Gleichzeitigkeit des Gerätebetriebs zu berücksichtigen. Oftmals wird dann vereinfachend angenommen, dass das Gerät mit der größten Nennbelastung in Volllast betrieben wird. Für die übrigen Geräte wird rechnerisch die Hälfte der Nennbelastungen berücksichtigt.

Der am Gasgerät zur Verfügung stehende Druck ergibt sich aus folgender Druckbilanz:

$$p_{\text{min,Gerät}} = p_{\text{min,RG}} - \sum_i \Delta p_R - \sum_j \Delta p_E - \Delta p_H - \Delta p_{GS} - \Delta p_{ZG} - \Delta p_{GA} \quad \text{(Formel 10.5)}$$

mit

$p_{\text{min,Gerät}}$ Mindestanschlussdruck am Gasanwendungsgerät in Pa

$p_{\text{min,RG}}$ minimaler Druck hinter dem Gasdruckregelgerät in Pa

$\sum_i \Delta p_R$ Summe der Druckverluste der geraden Rohrabschnitte und der Formstücke in Pa

$\sum_j \Delta p_E$ Summe der Druckverluste für zusätzliche Einbauteile, Armaturen usw. in Pa

Δp_H geodätischer Druck in Pa

Δp_{GS} Druckverlust des Gasströmungswächters in Pa

Δp_{ZG} Druckverlust der Zählergruppe (Gaszähler einschließlich Absperrarmatur und Anschlusswinkel) in Pa

Δp_{GA} Druckverlust der Geräteanschlussarmatur in Pa

Bei Niederdruckanlagen im häuslichen Bereich muss bei der Verwendung von Erdgas am Gasgerät ein Mindestanschlussdruck von 20 mbar sichergestellt werden. Das wird erreicht, wenn der Druckverlust zwischen dem Gasdruckregelgerät und dem Ausgang der Geräteanschlussarmatur nicht größer als 300 Pa (= 3 mbar) ist. Damit ergibt sich als Dimensionierungsgleichung für den jeweiligen Strang:

$$\sum_i \Delta p_R + \sum_j \Delta p_E + \Delta p_H + \Delta p_{GS} + \Delta p_{ZG} + \Delta p_{GA} = \Delta p_{\text{Strang}} \leq 300 \text{ Pa} \quad \text{(Formel 10.6)}$$

Der Druckverlust von 90 °-Bögen und von Abzweigen an T-Stücken wird durch einen Zuschlag zur Rohrleitungslänge berücksichtigt. Der Druckverlust für das gerade Rohr und die zugehörigen Formstücke wird folgendermaßen berechnet:

$$\sum_i \Delta p_R = \sum_i (R_i \cdot (l_F + l_E)) \quad \text{(Formel 10.7)}$$

mit

R_i längenspezifischer Druckverlust der Teilstrecke i in Pa/m

l_F gestreckte Länge der Teilstrecke (Fließweglänge) in m

l_E Längenzuschlag für Winkel und T-Stück-Abzweige in m

Der geodätische Druckverlust ergibt sich aufgrund des Dichteunterschiedes zwischen dem strömenden Gas und der Umgebungsluft. Es sind 2 Fälle zu unterscheiden:

- Erdgas mit einer Dichte kleiner als Luft: Δp_H wird negativ.
- Flüssiggas mit einer Dichte größer als Luft: Δp_H wird positiv.

Bei Erdgas ergibt der geodätische Druckverlust wegen der geringeren Dichte von Erdgas gegenüber Luft einen Druckgewinn, der für Leitungsdrücke bis 100 mbar überschlägig mit folgender Formel berechnet werden kann:

$$\Delta p_H = -4 \cdot H \quad \text{in Pa} \quad \text{(Formel 10.8)}$$

mit

H Höhenunterschied in m

Die Berechnung erfolgt strangweise. Der Druckverlust zum ungünstigsten Gasgerät ist maßgeblich für den Gesamtdruckverlust. Die Berechnung soll im Folgenden an einem einfachen Beispiel demonstriert werden.

Dimensionierung des Gasinstallationsschemas in einem beispielhaften Wohngebäude

Das Gasinstallationsschema in einem Wohngebäude entsprechend Abb. 10.20 soll dimensioniert werden.

Es sind 2 Gasgeräte zu versorgen:

- Gasgerät 1: Kombiwasserheizer (KWH), d. h. eine Gastherme (vgl. Abb. 10.24)
- Gasgerät 2: Gasherd (H)

Folgende Ausgangswerte wurden zusammengestellt:

Gasgerät 1:
Kombiwasserheizer (KWH)

Nennbelastung	18 kW
Geräteanschlussarmatur	15 E (Eckform DN 15)
Druckverlust Δp_{GA}	45 Pa

Gasgerät 2:
Gasherd (H)

Nennbelastung	9 kW
Geräteanschlussarmatur	GSD (Gassteckdose)
Druckverlust Δp_{GA}	55 Pa

Gasströmungswächter:
Typ GS 4K

Δp_{GS}	20 Pa

Gaszähler:
Typ G 2,5

Δp_{ZG}	70 Pa

Im ersten Schritt werden die Druckverluste auf den 3 Teilstrecken ermittelt:

Teilstrecke 1:

Verlauf	P1 bis P2
Spitzenbelastung auf der Teilstrecke	23 kW
Außendurchmesser gewählt	22 mm
spezifischer Druckverlust *R*	5 Pa/m
Fließweglänge der Teilstrecke l_F	5,8 m
Längenzuschlag l_E für 2 90°-Winkel	0,6 m
Berechnungslänge der Teilstrecke l_R	6 m[1]
geodätische Höhe der Teilstrecke *H*	1 m[1]
Druckverlust Gasströmungswächter	20 Pa
Druckverlust Gaszähler	70 Pa
Druckgewinn durch geodätische Höhe	–4 Pa
Druckverlust Rohrleitung und Einbauteile	30 Pa
Gesamtdruckverlust Teilstrecke 1 $\Delta p_{TS,1}$	**116 Pa**

Teilstrecke 2:

Verlauf	P2 bis P3
geodätische Höhe der Teilstrecke *H*	4 m[1]
Spitzenbelastung auf der Teilstrecke	18 kW
Außendurchmesser gewählt	18 mm
spezifischer Druckverlust *R*	9 Pa/m
Fließweglänge der Teilstrecke l_F	11,7 m
Längenzuschlag l_E für einen T-Abzweig und 4 90°-Winkel	1,9 m
Berechnungslänge der Teilstrecke l_R	14 m[1]
Druckverlust Geräteanschlussarmatur	45 Pa
Druckgewinn durch geodätische Höhe	–16 Pa
Druckverlust Rohrleitung und Einbauteile	126 Pa
Gesamtdruckverlust Teilstrecke 2 $\Delta p_{TS,2}$	**155 Pa**

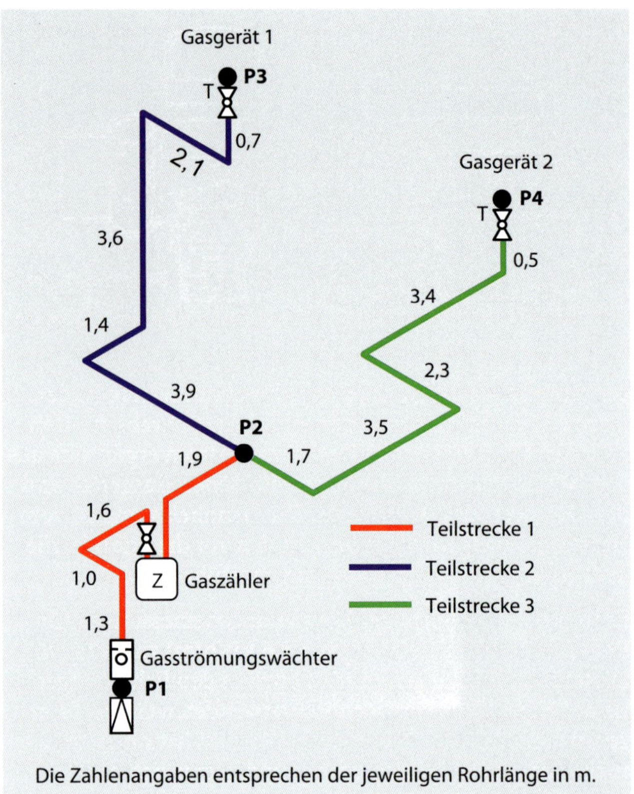

Abb. 10.20: Gasinstallationsschema in einem Wohngebäude

Teilstrecke 3:

Verlauf	P2 bis P4
Spitzenbelastung auf der Teilstrecke	9 kW
Außendurchmesser gewählt	15 mm
spezifischer Druckverlust *R*	7 Pa/m
Fließweglänge der Teilstrecke l_F	11,4 m
Längenzuschlag l_E für einen T-Abzweig und 4 90°-Winkel	1,9 m
Berechnungslänge der Teilstrecke l_R	13 m[1]
geodätische Höhe der Teilstrecke *H*	1 m[1]
Druckverlust Gassteckdose	55 Pa
Druckgewinn durch geodätische Höhe	–4 Pa
Druckverlust Rohrleitung und Einbauteile	91 Pa
Gesamtdruckverlust Teilstrecke 3 $\Delta p_{TS,3}$	**142 Pa**

Mithilfe der Druckverluste für die Teilstrecken kann jetzt der Druckverlust für jeden der beiden Stränge berechnet werden:

Druckverlust für Strang 1 bis Gasgerät 1:

Gesamtdruckverlust Teilstrecke 1	116 Pa
Gesamtdruckverlust Teilstrecke 2	155 Pa
Summe	**271 Pa**

Druckverlust für Strang 2 bis Gasgerät 2:

Gesamtdruckverlust Teilstrecke 1	116 Pa
Gesamtdruckverlust Teilstrecke 3	142 Pa
Summe	**258 Pa**

Es zeigt sich, dass der Druckverlust des Stranges 1 zum Gasgerät 1 am größten und damit maßgeblich für den Gesamtdruckverlust der Installation ist. Da die Forderung

[1] Es genügt, mit ganzzahlig gerundeten Werten zu rechnen.

nach einem Druckverlust ≤ 300 Pa eingehalten wurde, können die ermittelten Durchmesser verwendet werden.

10.4 Gasanwendungen

10.4.1 Klassifizierung von Gasgeräten

Tabelle 10.10 listet die Haupteinsatzbereiche von Gasgeräten auf, Tabelle 10.11 beschreibt typische Gasgeräte in Gebäuden und Haushalten.

Tabelle 10.10: Haupteinsatzbereiche von Gasgeräten

Einsatzbereich	Gasgeräte
Gebäude, Haushalt	Herd, Backofen, Grillgerät, Campingkocher
	Heizkessel, Raumheizer, Warmlufterzeuger, Heizstrahler
	Gasmotorwärmepumpe, Absorptionswärmepumpe
	Blockheizkraftwerk, Brennstoffzelle
	Durchlaufwasserheizer, Vorratswasserheizer
	Kombikessel, Kombiwasserheizer
	Absorptionskältemaschine
	Gasleuchten
	Waschmaschine, Trockner
Industrie und Gewerbe	Gasstrahlungsheizung (vgl. Kapitel 6.8.2)
	Gewächshausbeheizung
	Großküchengeräte
	Backöfen
	Waschmaschinen, Wäschemangel, Trockner
	Schmelz- und Brennöfen
	Glühöfen
	Brennschneiden, Schweißen, Löten, Härten u. Ä.
	Räucheranlagen für Fleisch und Fisch

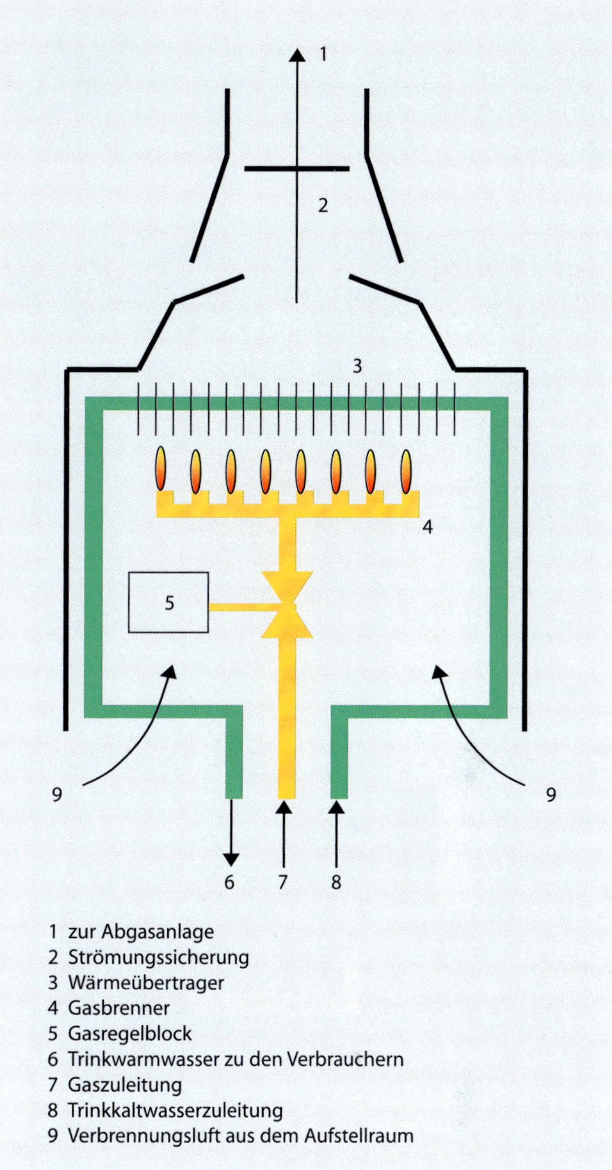

Abb: 10:21: Gas-Durchlaufwasserheizer (auch: Gas-Durchlauferhitzer)

Tabelle 10.11: Typische Gasgeräte in Gebäuden und Haushalten

Bezeichnung	Beschreibung
Gasherd	Gasherde mit 3 oder 4 Kochbrennern, außerdem Herde mit gasbeheizter Glaskeramik – sog. Ceran-Kochfelder (Gasgeräteart A)
Gas-Durchlaufwasserheizer	Dabei handelt es sich um Geräte, in denen Trinkwasser im Durchlaufprinzip erwärmt wird (vgl. Abb. 10.21 bzw. Kapitel 8.6.1). Sie werden in Deutschland nahezu ausschließlich als Geräte der Art B oder C installiert.
Gas-Vorratswasserheizer	Diese Geräte haben einen Trinkwasserspeicher, der durch einen Brenner direkt befeuert wird (vgl. Abb. 10.22). Gas-Vorratswasserheizer sind in der Regel mit einem atmosphärischen Gasbrenner als Gasgerät der Art B ausgeführt. Zunehmend werden auch Geräte der Art C eingesetzt.
Gas-Raumheizer	Bei diesen Geraten wird nicht Wasser, sondern Luft als Wärmeträger verwendet. Zu dieser Gruppe gehören Gasaußenwandheizer (vgl. Abb. 10.23), Warmlufterzeuger, die z. B. als Baustellenheizung eingesetzt werden, und Gasstrahler (vgl. Kapitel 6.8.2).
Gas-Heizkessel	Gas-Heizkessel sind Geräte, mit denen Heizungswasser erwärmt wird (vgl. Abb. 10.24; ausführlich vgl. Kapitel 6.4.2). Wandhängende Geräte werden oft als Gasthermen, manchmal als Umlauf-Wasserheizer bezeichnet. Mit einem Gas-Heizkessel kann eine Pumpenwarmwasserheizung (vgl. Kapitel 6.3) und/oder ein Trinkwassererwärmer versorgt werden. Gas-Heizkessel gibt es im kleinen Leistungsbereich nur noch als Brennwertgeräte (vgl. Kapitel 6.4.2). Gas-Heizkessel werden sowohl für den raumluftabhängigen Betrieb (Geräteart B) als auch für den raumluftunabhängigen Betrieb (Geräteart C) angeboten.
Gas-Kombiwasserheizer	Grundprinzip wie Gas-Heizkessel, jedoch mit einem im Gerät integrierten zweiten Wärmeübertrager für die Trinkwassererwärmung im Durchlaufprinzip

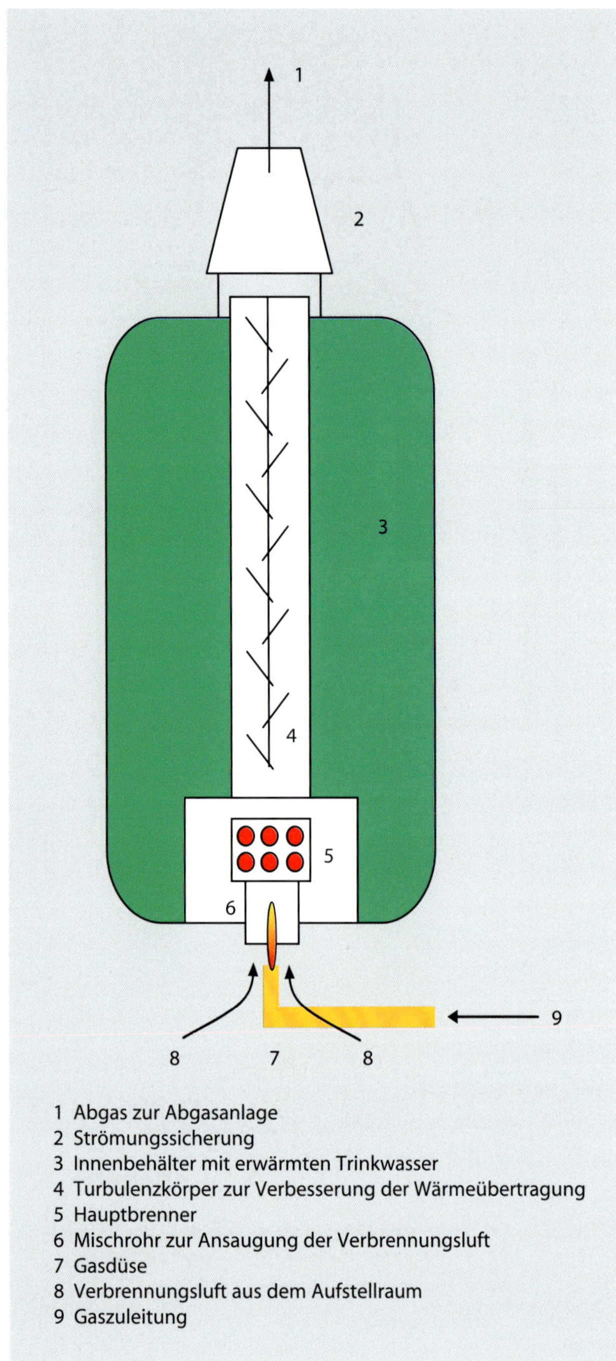

Abb. 10.22: Gas-Vorratswasserheizer

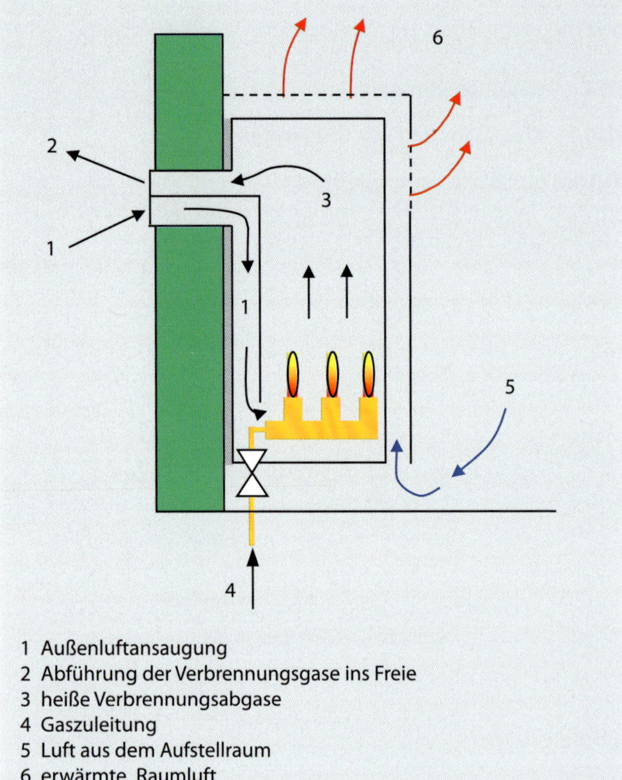

Abb. 10.23: Gas-Raumheizer (Außenwandheizer)

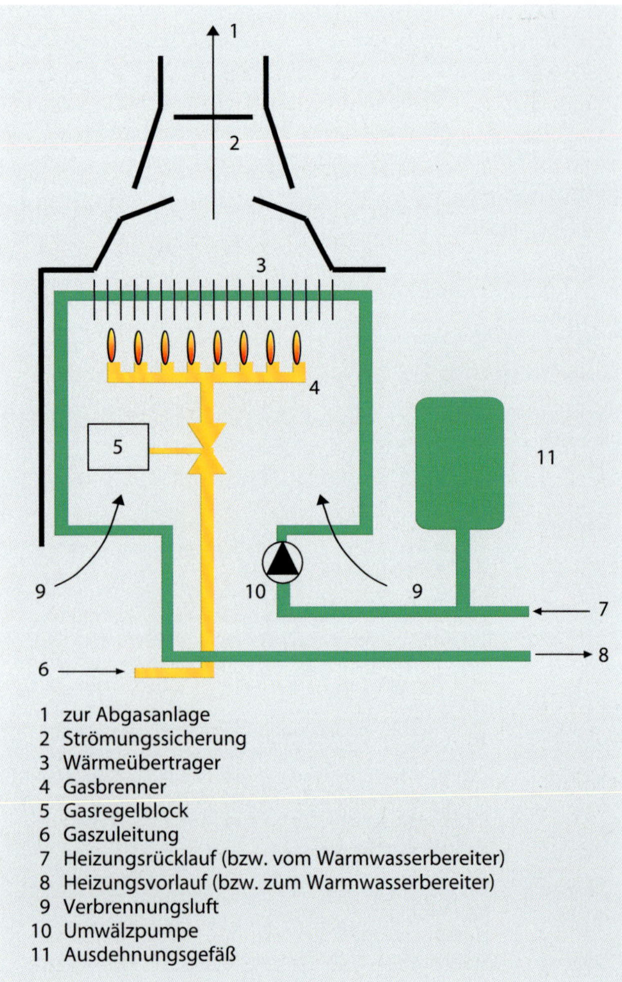

Abb. 10.24: Gas-Umlaufwasserheizer, in der Regel als Gastherme bezeichnet. Das Gerät entspricht dem Gas-Kombiwasserheizer, wenn ein zweiter Wärmeübertrager für die Warmwasserbereitung vorhanden ist.

Gasfeuerungsanlagen

Gasgeräte werden in erster Linie aus feuerungstechnischer Sicht klassifiziert. Dabei spielen 2 Aspekte eine Rolle (vgl. auch Tabelle 10.12):

- Zuführung der Verbrennungsluft
- Art der Abführung der Abgase

Tabelle 10.12: Einteilung der Gasgeräte

Geräteart	Verbrennungsluftzuführung	Abgasanlage
A (vgl. Abb. 10.25)	aus dem Aufstellungsraum	keine, Abgase werden in den Raum eingeleitet
B (vgl. Abb. 10.26)	aus dem Aufstellungsraum	Abgasanlage vorhanden, Abgase werden außerhalb des Gebäudes abgeleitet
C (vgl. Abb. 10.27)	Die Verbrennungsluft wird über ein gesondertes System dem Gerät zugeleitet (raumluftunabhängige Gasgeräte).	Abgasanlage vorhanden, Abgase werden außerhalb des Gebäudes abgeleitet

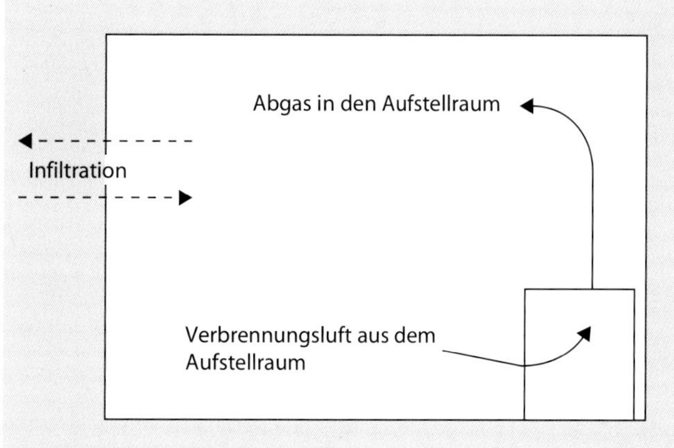

Abb. 10.25: Gasgerät der Art A

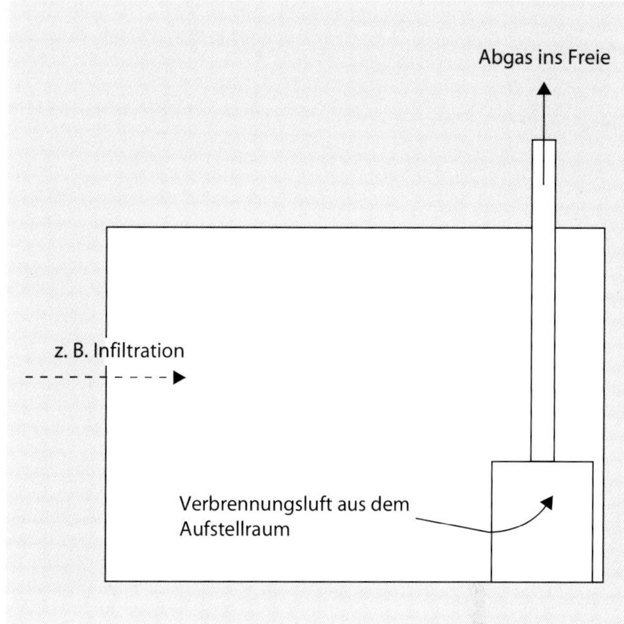

Abb. 10.26: Gasgerät der Art B

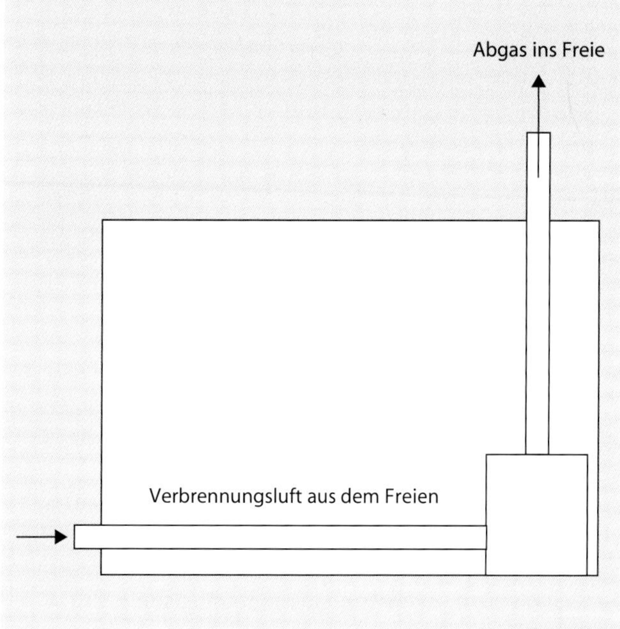

Abb. 10.27: Gasgerät der Art C

Die Feuerungsverordnung erlaubt eine Klassifizierung als raumluftunabhängige Feuerstätte (Art C) nur, wenn die Verbrennungsluft ausschließlich aus dem Freien zugeführt wird. Das ist nur möglich, wenn sowohl Gasgerät als auch Verbrennungsluftführung ausreichend dicht gegenüber dem Aufstellraum sind. Die Gasgeräte werden weiterhin in unterschiedliche Typen im Zusammenhang mit konstruktiven Details der Luftzu- und Abgasabführung unterteilt.

Strömungssicherung

Gasgeräte der Art B mit atmosphärischen Brennern ohne Hilfsgebläse müssen mit einer Strömungssicherung ausgestattet sein. Diese hat dafür zu sorgen, dass im Fall eines Rückstromes in der nachfolgenden Abgasanlage die Abgase kurzzeitig in den Aufstellraum austreten können. Dieser Fall kann z. B. während des Anfahrprozesses auftreten, wenn sich in der Abgasanlage noch kein ausreichender thermischer Unterdruck ausgebildet hat. Außerdem wirkt die Strömungssicherung wie ein Zugbegrenzer, indem sie bei starkem Schornsteinzug zusätzliche Luft aus dem Aufstellraum in die Abgasanlage leitet (vgl. Abb. 10.28).

10.4.2 Aufstellung von Gasgeräten

Bei der Aufstellung von Feuerstätten wird aus baurechtlicher Sicht zwischen 3 Aufstellungsmöglichkeiten mit jeweils unterschiedlichen bautechnischen Anforderungen unterschieden:

- Heizraum mit höheren Anforderungen an die Feuerwiderstandsfähigkeit der Bauteile (Decken, Wände, Stützen feuerbeständig, Tür feuerhemmend und in Fluchtrichtung aufschlagend usw. (vgl. Kapitel 6.10).
- Aufstellraum mit geringeren bautechnischen Anforderungen. Außerdem darf der Aufstellraum nicht anderweitig genutzt werden (notwendig bei Feuerstätten mit einer Gesamtnennwärmeleistung von mehr als 100 kW).

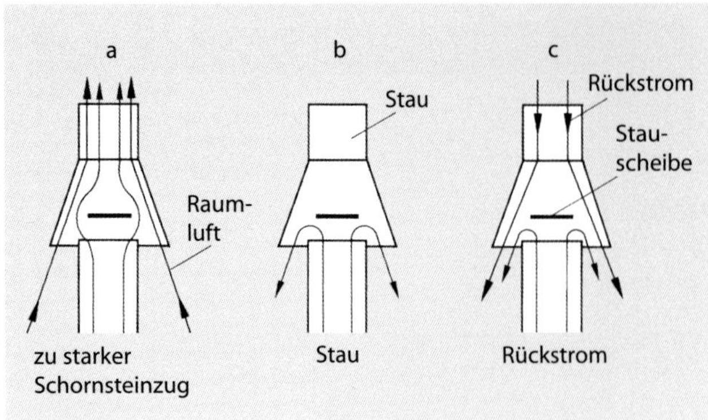

Abb. 10.28: Prinzip der Strömungssicherung (Quelle: Cerbe, G.: Grundlagen der Gastechnik. Hanser Verlag, München 2008, S. 345)

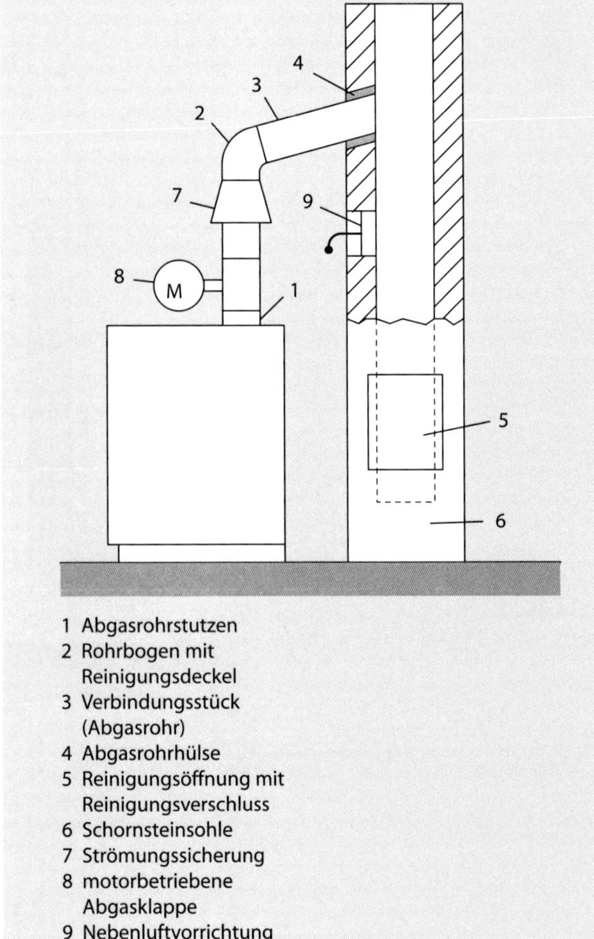

Abb. 10.29: Anschluss einer Gasfeuerstätte an einen Schornstein nach Junginger, 1996

- Aufstellraum ohne zusätzliche Anforderungen an den baulichen Brandschutz. Dieser Raum darf auch anderweitig genutzt werden (z. B. als Küche, Bad, Wohnungsflur).

Prinzipiell können Gasgeräte in Gebäuden in Aufstellräumen aufgestellt werden. Heizräume sind nur erforderlich, wenn gemeinsam mit der Gasfeuerstätte Festbrennstoff-Feuerstätten aufgestellt sind, deren Nennleistung 50 kW übersteigt.

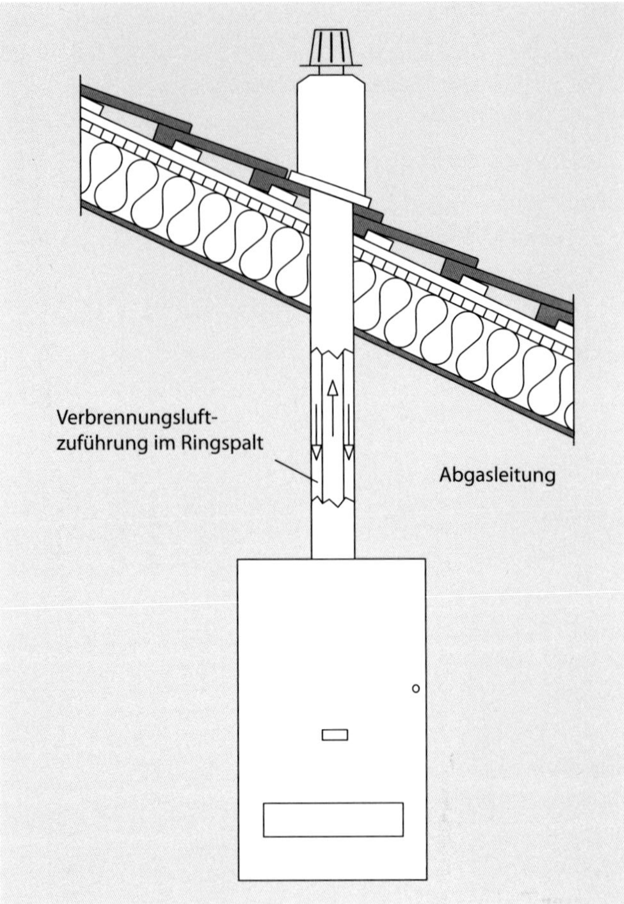

Abb. 10.30: Anschluss einer Gasfeuerstätte an eine Abgasleitung in einem hinterlüfteten Verbrennungsluftzuführungsrohr nach Junginger, 1996, S. 150

10.4.3 Verbrennungsluftzufuhr

Wie bei jeder Feuerungsanlage muss auch der Gasfeuerstätte ausreichend Verbrennungsluft zugeführt werden. Dabei gibt es 2 Arten der Luftzufuhr:

- Entnahme aus dem Aufstellungsraum, wobei die Verbrennungsluft über Undichtheiten der Gebäudehülle, geeignete Öffnungen bzw. entsprechende Luftleitungen oder -schächte nachströmen muss (raumluftabhängige Gasgeräte)
- Zuführung der Luft direkt aus dem Freien über eine separate Zuluftführung für raumluftunabhängige Gasgeräte (z. B. über Luft-Abgas-Systeme [LAS]; vgl. Kapitel 10.4.4).

10.4.4 Abgasführung

Für die Gasgeräte der Art B und C wird eine Abgasanlage benötigt. Diese besteht entweder aus einem Verbindungsstück und einem senkrechten Teil (vgl. Abb. 10.29) oder aus einer Abgasleitung, ggf. mit zugehörigem hinterlüftetem Schacht (vgl. Abb. 10.30).

Außerdem wird folgendermaßen unterschieden:

- Anschluss des Gerätes an eine eigene Abgasanlage (Einfachbelegung)
- Anschluss mehrerer Gasgeräte an eine gemeinsame Abgasanlage (Mehrfachbelegung)
- Anschluss an eine gemischt belegte Abgasanlage
- Abgasführung über eine geeignete Abluftanlage

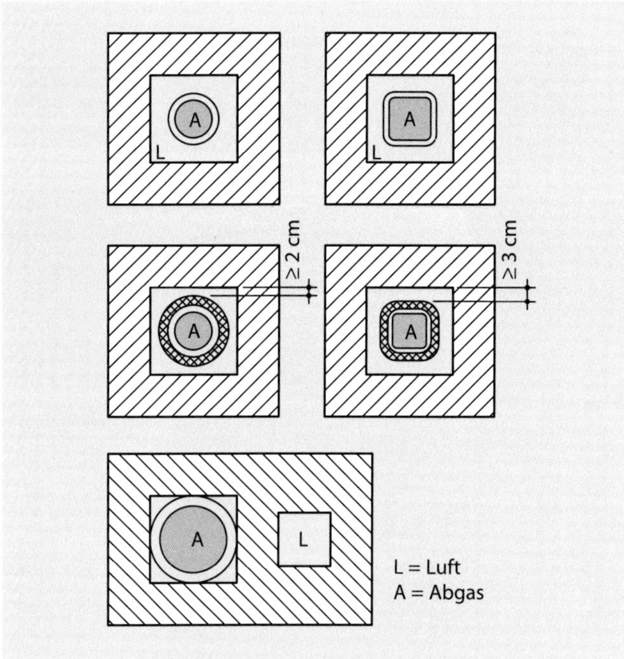

Abb. 10.31: Ausführungsbeispiele für Querschnittsbelegungen von Luft-Abgas-Systemen

Abgasführung bei raumluftunabhängigen Feuerstätten

Raumluftunabhängige Feuerstätten entnehmen die benötigte Verbrennungsluft nicht dem Aufstellungsraum, sondern beziehen diese ausschließlich aus dem Freien. Im einfachsten Fall wird bei einem Gas-Außenwandheizer (vgl. Abb. 10.23) die Verbrennungsluft über ein Rohr von außen angesaugt. Bei Luft-Abgas-Systemen (LAS, vgl. Abb. 10.32) wird die Verbrennungsluft über die Abgasanlage angesaugt. Luft- und Abgasführung sind in einem gemeinsamen Schacht entsprechend Abb. 10.31 angeordnet.

10.5 Sonderanlagen

10.5.1 Schwach- und Biogasanlagen

Kohlenstoffhaltige Gase, die zur energetischen Nutzung geeignet sind, können auf 2 Wegen aus kohlenstoffhaltigen Rohstoffen wie z. B. Holz, Energiepflanzen, Gülle, Mist oder Abfall gewonnen werden (vgl. auch Abb. 10.33):

- Gewinnung durch thermische Vergasung (Entstehung von Schwachgasen)
- Gewinnung durch Vergärung (Entstehung von Biogasen)

Die erzeugten Schwach- und Biogase können direkt vor Ort in Kesselanlagen oder Blockheizkraftwerken verwendet werden. Außerdem wird die Einspeisung in das Erdgasnetz praktiziert. Dazu müssen die Gase jedoch entsprechend aufbereitet werden.

Schwachgas

Die Verbrennung von Holzgas ist ein bereits im vorigen Jahrhundert entwickeltes Prinzip, das im Zeitraum von 1930 bis ca. 1950 zum Antrieb von Fahrzeugen genutzt wurde. Die Gaserzeugung kann durch Entgasung oder Vergasung realisiert werden. Bei der Entgasung wird Holz unter Sauerstoffabschluss erwärmt. Durch die Erwärmung werden die flüchtigen Bestandteile des Holzes freigesetzt.

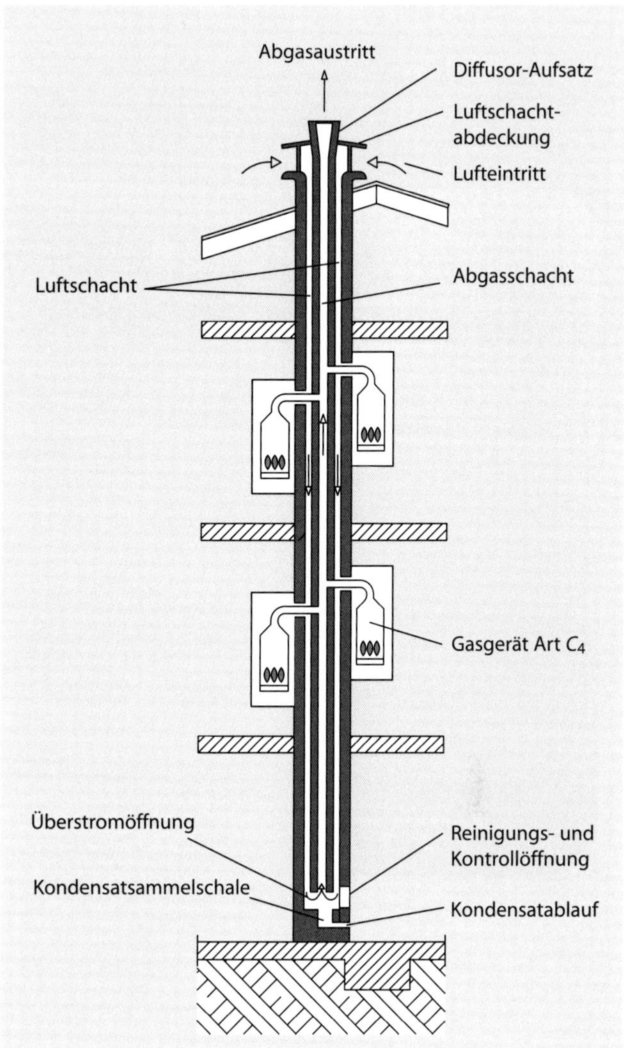

Abb. 10.32: Luft-Abgas-System (LAS)

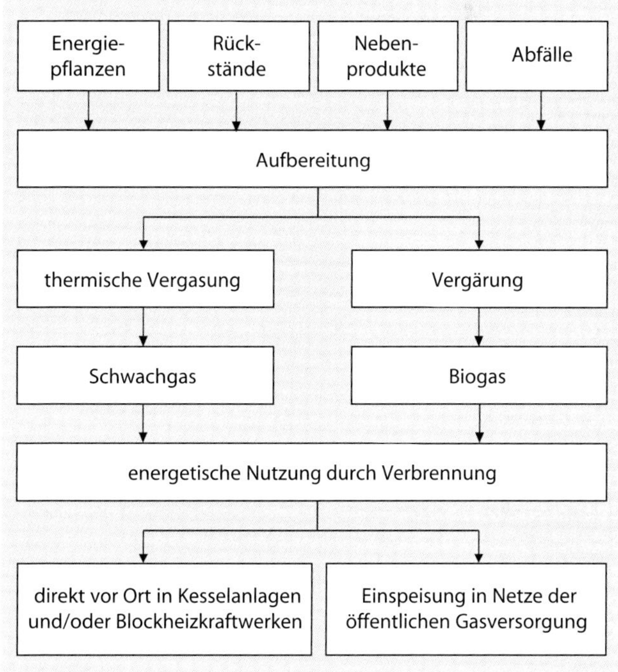

Abb. 10.33: Gewinnung und Nutzung von Schwach- und Biogasanlagen

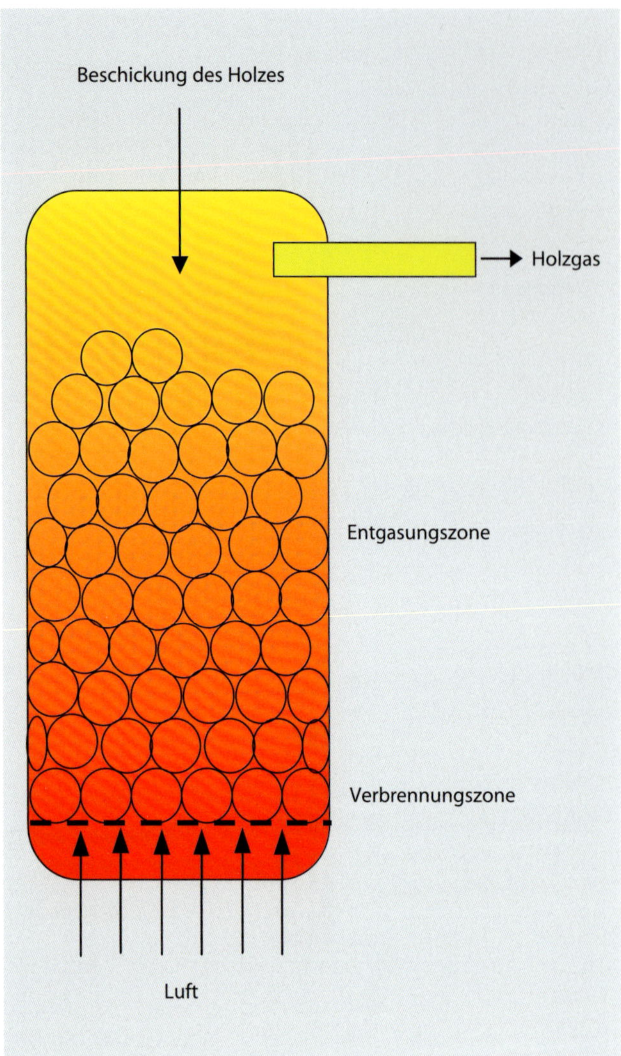

Abb. 10.34: Prinzip des Festbettvergasers

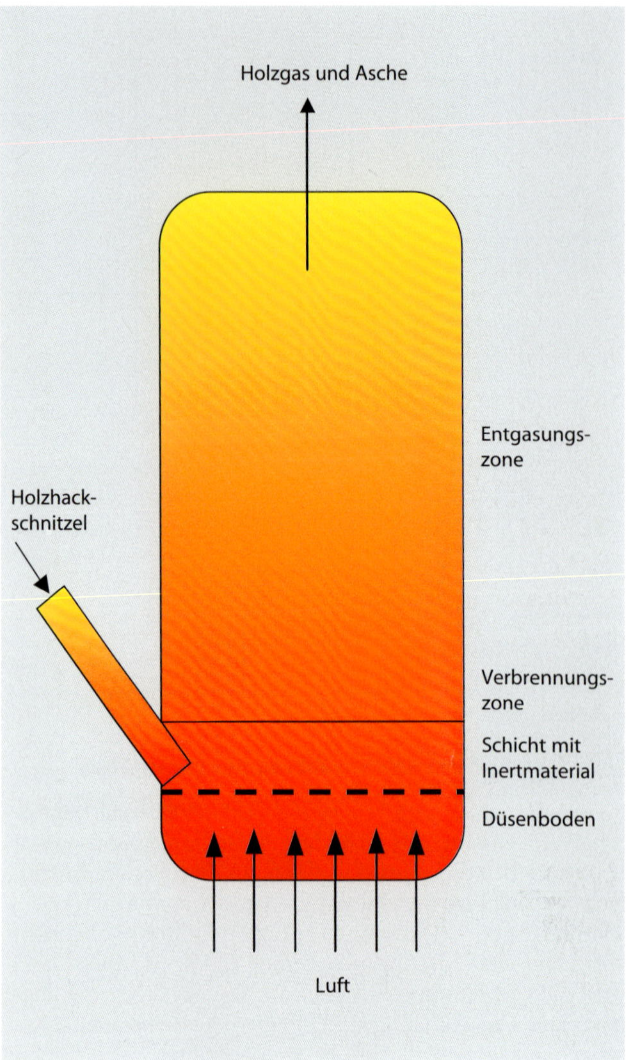

Abb. 10.35: Prinzip des Wirbelschichtvergasers

Sowohl das Gas als auch der feste Rückstand können energetisch genutzt werden. Bei der Vergasung wird das Holz unter Sauerstoffmangel verbrannt, wobei das dabei entstehende Gas zur weiteren energetischen Nutzung abgeführt wird. Dieser Prozess wird als thermische Vergasung bezeichnet und ist das heute übliche Verfahren zur Gewinnung von Holzgas.

Die thermische Vergasung erfolgt in Festbett- oder Wirbelschichtvergasern. Bei Festbettvergasern liegt Holz aufgeschichtet auf einem Rost, der von unten mit Luft durchströmt wird. Das Holz verbrennt schichtweise von unten nach oben. Aufgrund von Sauerstoffmangel verschwelt das Holz unter Freisetzung des Holzgases. Im oberen Bereich des Reaktors wird das Holzgas abgezogen (vgl. Abb. 10.34). Bei der Wirbelschichtvergasung (vgl. Abb. 10.35) liegt das Holz nicht fest aufgeschichtet, sondern wird durch die über einen Düsenboden eingeblasene Luft quasi in der Schwebe gehalten. Wirbelschichtreaktoren werden bei größeren Leistungen eingesetzt (vgl. für weitere Informationen zum Stand der Technik bei der Holzvergasung z. B. Kaltschmidt, 2016, S. 1067 ff.).

Das durch die thermische Vergasung entstehende Gas wird als Schwachgas bezeichnet. Die Heizwerte liegen in der Größenordnung zwischen 2 bis 6 MJ/m³. Problematisch für die Nutzung ist neben dem geringen Heizwert vor allem die Verschmutzung des Gases durch Feststoffpartikel sowie durch Schwefelwasserstoff und höhere Kohlenwasserstoffe, die bei der Verbrennung zu Teeren werden und das Abgas entsprechend verunreinigen.

Biogas

Biogas wird durch Vergärung von Biomasse gewonnen. Ausgangsstoffe für die Biogasgewinnung können sein

- Energiepflanzen (z. B. Mais),
- Ernterückstände (z. B. Stroh),
- Nebenprodukte der Tierproduktion (Gülle und Mist),
- biomassehaltige Abfallstoffe (z. B. Klärschlamm, Speisereste).

Neben den eigentlichen Biogasen wird noch Deponie- und Klärgas gewonnen, wobei die beim Abbau des Klärschlamms bzw. der organischen Substanzen auf Mülldeponien entstehenden Gase gesammelt und abgezogen werden. Die Deponiegasnutzung wird künftig keine Rolle mehr spielen, da die Deponierung organischer Abfälle von der Gesetzgebung eingeschränkt wurde. Klärgas wird in der Regel vor Ort in der Kläranlage zur Stromerzeugung in Blockheizkraftwerken verwendet, wodurch ein signifikanter

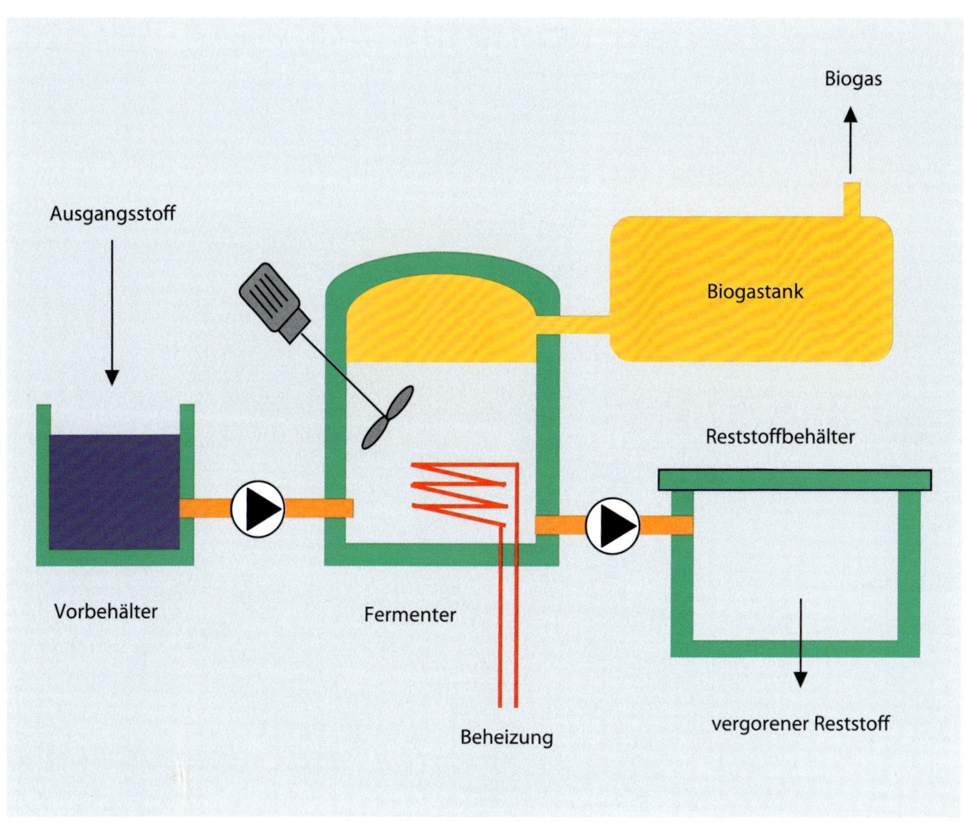

Abb. 10.36: Prinzip einer Biogasanlage

Anteil des Strom- und Wärmebedarfs einer Kläranlage gedeckt werden kann.

Zunehmende Bedeutung gewinnt jedoch die Biogaserzeugung bzw. -nutzung. Die Biogaserzeugung kann direkt beim landwirtschaftlichen Betrieb vor Ort oder in größeren zentralen Anlagen durchgeführt werden. Dabei ist das Verfahrensgrundprinzip (vgl. Abb. 10.36) ähnlich (vgl. z. B. Biogashandbuch Bayern, 2007, Kap. 1, sowie Kaltschmidt, 2016, S. 1635 ff.):

- Sammlung vergärbarer Ausgangsstoffe
- Vergärung im Fermentierbehälter
- Sammlung des Biogases
- Sammlung des vergorenen Reststoffes

In Tabelle 10.13 werden die Bestandteile von Biogas und ihr jeweiliger Anteil aufgelistet.

Tabelle 10.13: Zusammensetzung von Biogas (Werte aus Kaltschmidt, 2016, S. 1723)

Bestandteil	**Vol.-%**
Methan CH_4	45 bis 65
Kohlendioxid CO_2	35 bis 55
Wasserdampf H_2O	2 bis 7
Stickstoff N_2	0 bis 5
Sauerstoff O_2	0 bis 3
Schwefelwasserstoff H_2S	in Spuren
Ammoniak NH_3	in Spuren
Wasserstoff H_2	0 bis 1

10.5.2 Druckluft

Anwendungsbereiche

Druckluft wird in Industrie und Gewerbe für die folgenden Prozesse benötigt:

- Spannen und Klemmen (Fixierung von Werkstücken in Maschinen)
- Transport (Beförderung von Schüttgut durch Rohre)
- pneumatische Antriebe (Druckluftmaschinen, z. B. Drucklufthammer)
- Spritzen (Oberflächenbehandlung, Vernebeln von Flüssigkeit)
- Formgebung von Kunststoffteilen (Herstellung von Kunststoffflaschen in der Getränkeindustrie)
- Reinigungsprozesse (Handdüsen)
- Prüfen (Zählen von Gegenständen, Sortieren u. Ä.)
- Steuern und Regeln (Druckschalter, Wegventile)

In der Medizin wird Druckluft z. B. für Antriebe von Zahnarztbohrern, für Beatmungsgeräte und zur Narkosegasabsaugung genutzt.

Verfahren der Drucklufterzeugung

Druckluft wird mithilfe von Kompressoren bzw. Verdichtern[1] erzeugt. Abb. 10.37 gibt einen Überblick über die gängigen Maschinen, Abb. 10.38 zeigt einen Kolbenverdichter, Abb. 10.39 zeigt einen Vielzellen- und einen Schraubenverdichter.

[1] Die Begriffe Kompressor und Verdichter werden in der Praxis synonym verwendet. Hier erfolgt eine Konzentration auf den Begriff Verdichter.

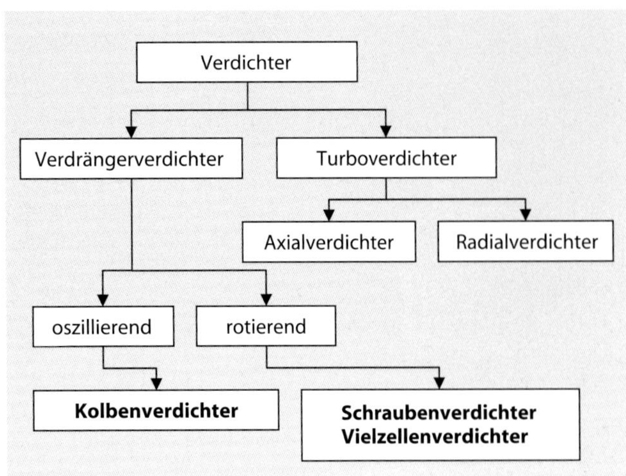

Abb. 10.37: Bauarten von Verdichtern

Berechnung der benötigten Antriebsleistung

Für die benötigte Verdichterleistung ergibt sich bei einstufiger Verdichtung:

$$P_{1-2} = \frac{\kappa}{\kappa - 1} \dot{m}_L \cdot R \cdot T_1 \cdot \left[\left(\frac{p_2}{p_1} \right)^{\frac{\kappa - 1}{\kappa}} - 1 \right] \quad \text{(Formel 10.9)}$$

mit

- P_{1-2} Verdichterleistung in W
- κ Isentropenexponent mit $\kappa = 1{,}4$
- $\dot{m}_L$ Luftmassenstrom in kg/s
- R Gaskonstante der Luft mit $R = 287{,}1$ J/(kg · K)
- T_1 absolute Temperatur der unverdichteten Luft in K (Celsiustemperatur + 273,15 K)
- p_2 Absolutdruck der Luft nach der Verdichtung in Pa oder bar
- p_1 Absolutdruck der Luft vor der Verdichtung in Pa oder bar

Für die zweistufige Verdichtung mit optimalem Druckverhältnis ergibt sich (nach Elsner, 1993, S. 335):

$$P_{1-2} = 2 \cdot \frac{\kappa}{\kappa - 1} \dot{m}_L \cdot R \cdot T_1 \cdot \left[\left(\frac{p_2}{p_1} \right)^{\frac{\kappa - 1}{2\kappa}} - 1 \right] \quad \text{(Formel 10.10)}$$

Die Leistung am Antriebsmotor (in der Regel Elektromotor) muss entsprechend höher sein:

$$P_{Motor} = \frac{P_{1-2}}{\eta_{Motor}} \quad \text{(Formel 10.11)}$$

mit

- P_{Motor} Antriebsleistung des Elektromotors in W
- η_{Motor} Wirkungsgrad des Motors

Bei der Verdichtung erfährt die Luft eine Temperaturerhöhung:

einstufig: $$\frac{T_1}{T_2} = \left(\frac{p_1}{p_2} \right)^{\frac{\kappa - 1}{\kappa}} \quad \text{(Formel 10.12)}$$

zweistufig: $$\frac{T_1}{T_2} = \left(\frac{p_1}{p_2} \right)^{\frac{\kappa - 1}{2 \cdot \kappa}} \quad \text{(Formel 10.13)}$$

mit

- T_1 absolute Temperatur der unverdichteten Luft in K (Celsiustemperatur + 273,15 K)
- T_2 absolute Temperatur der verdichteten Luft in K (Celsiustemperatur + 273,15 K)

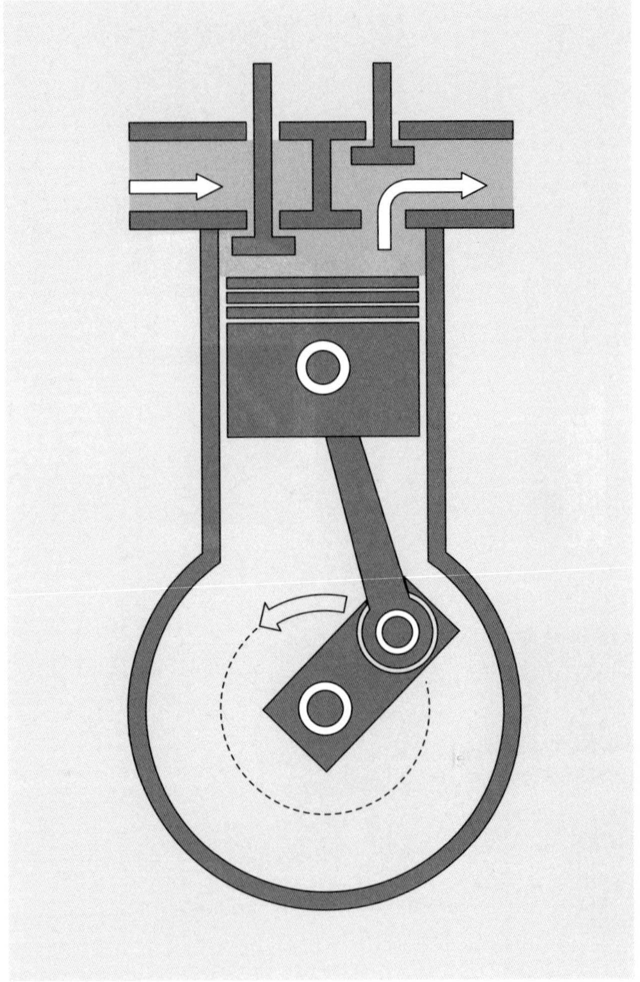

Abb. 10.38: Kolbenverdichter

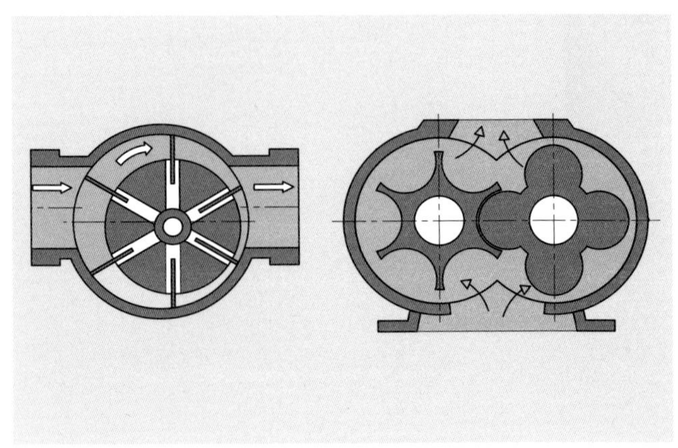

Abb. 10.39: Vielzellen- und Schraubenverdichter

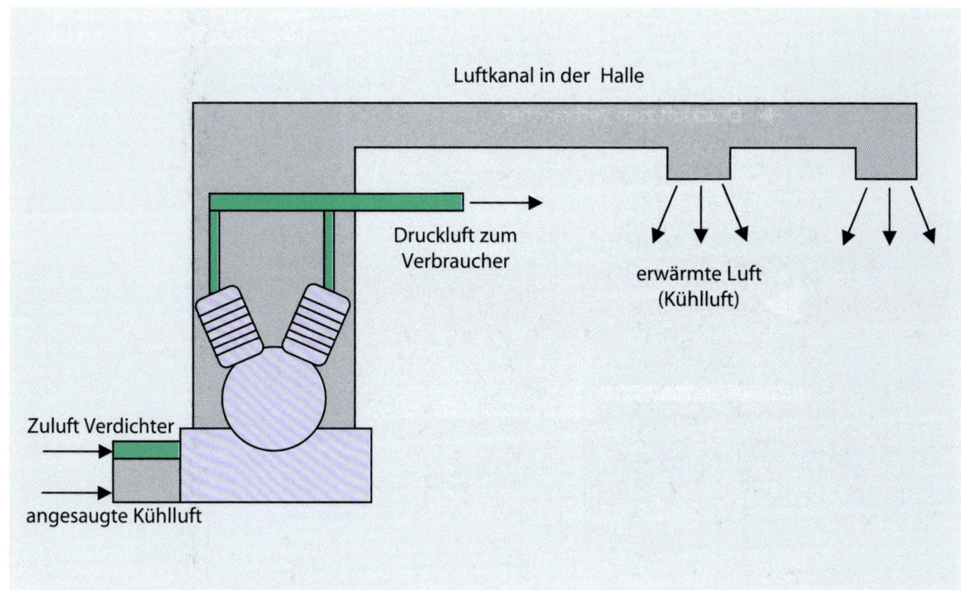

Abb. 10.40: Nutzung der Verdichterabwärme zur Hallenheizung

Beispiel: Berechnung von Leistungsbedarf und Temperaturerhöhung bei Verdichtern

Für einen gegebenen Luftmassenstrom sind der Leistungsbedarf und die Temperaturerhöhung bei einem einstufigen und einem zweistufigen Verdichter zu berechnen:

Verdichtung von Luft:

$\dot{V}_L$	600 m³/h
ρ_L	1,2 kg/m³
$\dot{m}_L$	0,2 kg/s
p_1	1 bar
p_2	12 bar
T_1	300 K
R	0,2871 kJ/(kg · K)
κ	1,4

einstufige Verdichtung:

$P_{1\text{-}2,\text{ein}}$	62,3 kW
$T_{2,\text{ein}}$	610,2 K

zweistufige Verdichtung:

$P_{1\text{-}2,\text{zwei}}$	51,4 kW
$T_{2,\text{zwei}}$	427,8 K

Es zeigt sich, dass eine zweistufige Verdichtung mit optimal gewähltem Druckstufenverhältnis weniger Energie braucht als die einstufige Verdichtung. Allerdings sind zweistufige Verdichter entsprechend teurer. Außerdem wird deutlich, dass sich die Luft durch die Verdichtung deutlich erwärmt.

Wärmerückgewinnung

Die bei der Drucklufterzeugung dem Antriebsmotor zugeführte Energie wird letztlich vollständig in Wärme umgewandelt. Davon verbleiben ca. 4 % in der Druckluft und 1 bis 2 % werden an die Umgebung abgestrahlt. Der Rest muss durch die Motorkühlung abgeführt werden und kann theoretisch genutzt werden. Die Wärme kann auf 2 Wegen verwendet werden:

- Verdichterkühlung mithilfe von Luft, Nutzung der erwärmten Luft beispielsweise zur Hallenbeheizung (vgl. Abb. 10.40),
- Verdichterkühlung mithilfe von Wasser, wobei das Wasser durch einen Wärmeübertrager im Ölkreislauf erhitzt wird – Einspeisung des erzeugten Warmwassers in das Heizungssystem (vgl. Abb. 10.41).

Konfiguration von Druckluftanlagen

Abb. 10.42 zeigt schematisch den allgemeinen Aufbau eines Druckluftsystems.

Der Druckluftbehälter dient zur Glättung von Verbrauchsspitzen und verhindert das ständige Takten der Verdichteranlage. Außerdem muss die Druckluft aufbereitet werden. Dazu werden ggf. Trockner, Feststofffilter und Ölabscheider benötigt.

Druckluftnetze

Folgende Werkstoffe werden eingesetzt:

- Stahlrohre (schwarz oder verzinkt)
- Kupferrohre
- Kunststoffrohre

Die Fließgeschwindigkeiten in Verteilnetzen soll 10 m/s nicht überschreiten. Mithilfe der Kontinuitätsgleichung kann der Durchmesser bei gegebenem Volumenstrom im Betriebszustand festgelegt werden:

$$d = \sqrt{\frac{4 \cdot \dot{V}_L}{v \cdot \pi}} \qquad \text{(Formel 10.14)}$$

mit

d Innendurchmesser der Leitung in m
$\dot{V}_L$ Volumenstrom in m³/s
v Strömungsgeschwindigkeit in m/s; hier ca. 10 m/s

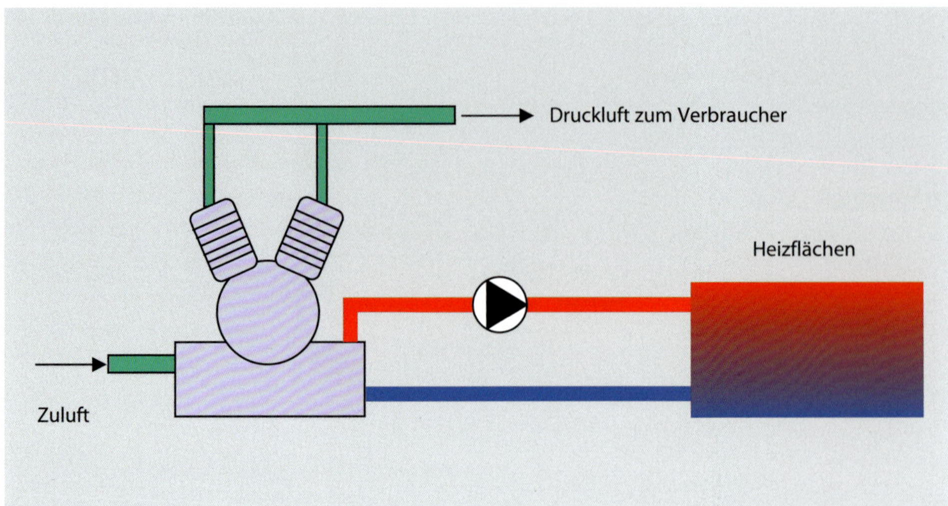

Abb. 10.41: Einbindung der Verdichterabwärme in das Heizsystem

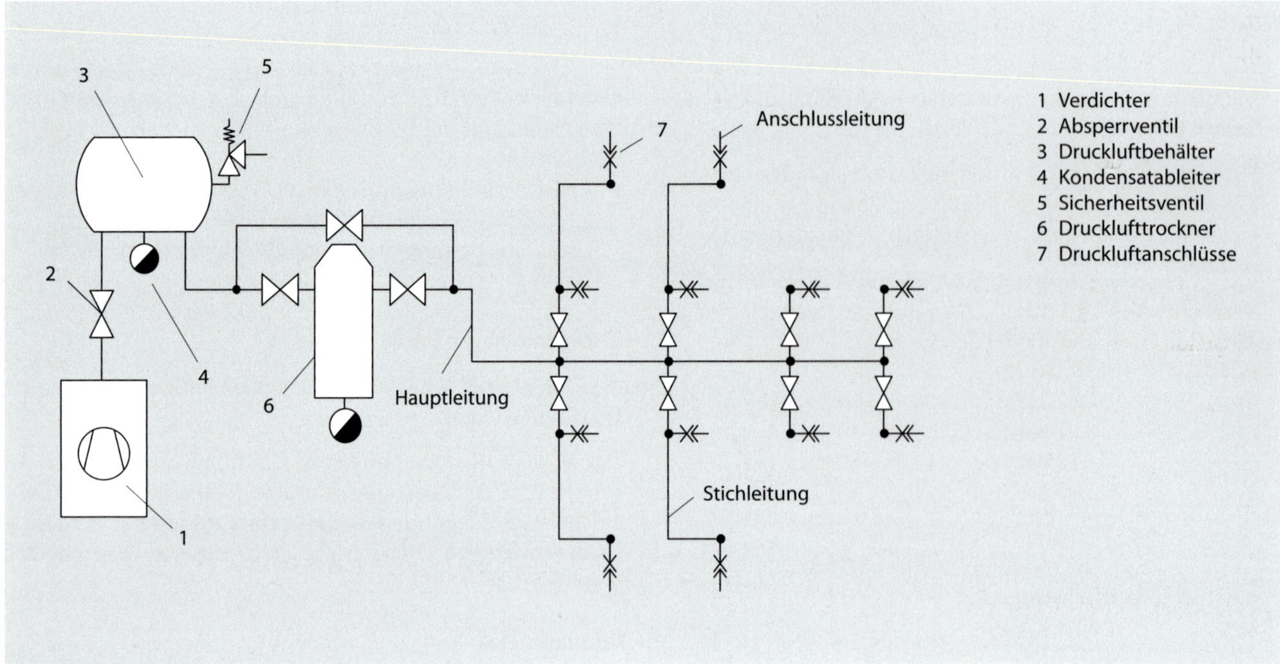

Abb. 10.42: Allgemeiner Aufbau eines Druckluftsystems

Beispiel: Auslegung Hauptleitung für Druckluftnetz

Für ein Druckluftnetz in einer Werkstatt soll die Hauptleitung nach dem Kompressor ausgelegt werden:

$\dot{V}_L$	300 m³/h
$\dot{V}_L$	0,083 m³/s
v	10 m/s
d	0,1030 m
d	103,0 mm
$\boldsymbol{d_{\text{gewählt}}}$	**105,3 mm (DN 100)**

Für die genaue Auslegung muss allerdings eine Netzberechnung einschließlich einer Bestimmung der Druckverluste analog zu Kapitel 7.5.2 oder Kapitel 8.7.3 durchgeführt werden.

Abnehmeranlagen

Häufig werden Ausblaspistolen für Reinigungszwecke benutzt. Die Geräte haben einfache zylindrische Düsen. Deren Druckluftbedarf hängt vom Druckniveau und vom Düsendurchmesser ab. Bei gegebenem Druck in der Druckluftleitung ergibt sich der Volumenstrom aus der Düse folgendermaßen:

$$\dot{V}_L = \sqrt{\frac{2 \cdot \Delta p \cdot 100.000}{\rho}} \cdot \frac{\pi \cdot \left(\frac{d}{1.000}\right)^2}{4} \cdot 1.000 \cdot 60 \quad \text{(Formel 10.15)}$$

mit

$\dot{V}_L$ Luftmassenstrom an der Düse in l/min

Δp Druckdifferenz, d. h. Überdruck in der Druckluftleitung in bar

ρ Dichte der Luft in kg/m³

d Innendurchmesser der Düse in mm

Tabelle 10.14: Druckluftbedarf $\dot{V}_L$ zylindrischer Düsen (ρ = 1,2 kg/m³; Düsenbeiwert vernachlässigt; in der Regel sind die genauen Herstellerangaben zu verwenden)

d in mm	$\dot{V}_L$ in l/min						
	bei Δp 2 bar	bei Δp 3 bar	bei Δp 4 bar	bei Δp 5 bar	bei Δp 6 bar	bei Δp 7 bar	bei Δp 8 bar
0,50	6,80	8,33	9,62	10,75	11,78	12,72	13,60
1,00	27,21	33,32	38,48	43,02	47,12	50,90	54,41
1,50	61,22	74,97	86,57	96,79	106,03	114,52	122,43
2,00	108,83	133,29	153,91	172,07	188,50	203,60	217,66
2,50	170,04	208,26	240,48	268,86	294,52	318,12	340,09
3,00	244,86	299,89	346,29	387,16	424,12	458,10	489,73

Beispiel: Berechnung Druckluftbedarf für zylindrische Düsen

Mithilfe der Formel 10.15 wurde der Druckluftbedarf für zylindrische Düsen beispielhaft berechnet. Die Ergebnisse sind in der Tabelle 10.14 dargestellt.

Bei der Bestimmung des gesamten Druckluftbedarfs, nach dem die Verdichteranlage auszulegen ist, wird davon ausgegangen, dass nicht immer alle Abnehmer gleichzeitig in Betrieb sind. Der Gesamtbedarf ergibt sich mithilfe entsprechender Gleichzeitigkeitsfaktoren:

$$\dot{V}_{VD} = f \cdot \sum \dot{V}_L \quad \text{(Formel 10.16)}$$

mit

$\dot{V}_{VD}$ Volumenstrom, der durch den Verdichter bereitzustellen ist in m³/h

$\sum \dot{V}_L$ Summe der Anschlusswerte in m³/h

f Gleichzeitigkeitsfaktor nach Tabelle 10.15

Tabelle 10.15: Gleichzeitigkeitsfaktoren (Werte aus: SI-Handbuch, 2015, S. 6)

Anzahl der Verbraucher	Gleichzeitigkeitsfaktor *f*
1	1,00
2	0,94
3	0,89
4	0,86
5	0,83
6	0,80
7	0,77
8	0,75
9	0,73
10	0,71

10.5.3 Medizinische Gase

In medizinischen Einrichtungen werden neben Druckluft und Vakuum noch folgende medizinische Gase benötigt:

- Sauerstoff
- Lachgas (N_2O)
- Kohlensäure (CO_2)
- Stickstoff
- Argon, Carbogen, Wasserstoff u. a.

Für jedes einzelne Gas ist entsprechend Abb. 10.43 jeweils ein eigenes Versorgungssystem vorzusehen, das aus folgenden Komponenten besteht:

- Zentralstation (Vorratslager)
- Leitungsnetz
- Entnahmestellen

Die Druckluftanlage wurde bereits in Kapitel 10.5.2 beschrieben. Im Krankenhaus sind gegenüber Industrieanlagen nur die Reinheitsanforderungen höher. Die Druckluft muss wasser- und ölfrei sein.

Eine Vakuumanlage gleicht im Wesentlichen einer Drucklufterzeugungsanlage, nur wird hier die Luft aus dem Netz und damit aus den Abnehmeranlagen permanent abgesaugt, wodurch sich im Netz ein Unterdruck ergibt. Die abgesaugte Luft wird ins Freie geblasen.

Sauerstoff wird je nach Abnahmemenge in 3 verschiedenen Lagerarten bevorratet:

- Sauerstoffflaschenbatterien: ein- oder zweireihige Aufreihung von Druckgasflaschen, die in 2 Gruppen angeschlossen sind und wechselseitig geleert bzw. gefüllt werden können (vgl. Abb. 10.44)
- Sauerstoffflaschen-Bündelbatterien, bei denen mehrere Sauerstoffflaschen zu einem Bündel zusammengeschlossen werden (vgl. Abb. 10.45)
- Sauerstofftankanlagen, die zur Bevorratung großer Mengen geeignet sind (Hier wird der Sauerstoff in flüssiger Form gelagert; um ausreichende Entnahmeleistungen realisieren zu können, wird der flüssige Sauerstoff mit einem Wärmeübertrager erwärmt und verdampft [vgl. Abb. 10.46].)

Lachgas-, Kohlensäure und alle anderen genannten Gase werden ebenfalls in Druckgasflaschen gelagert (vgl. zu Ein-

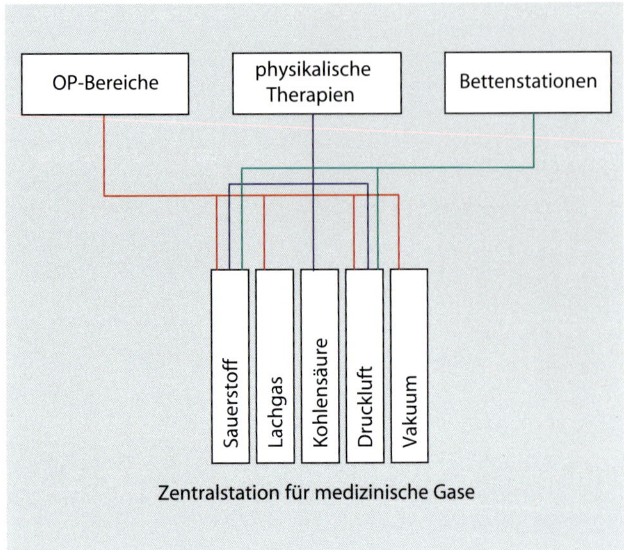

Abb. 10.43: Anwendung medizinischer Gase im Krankenhaus

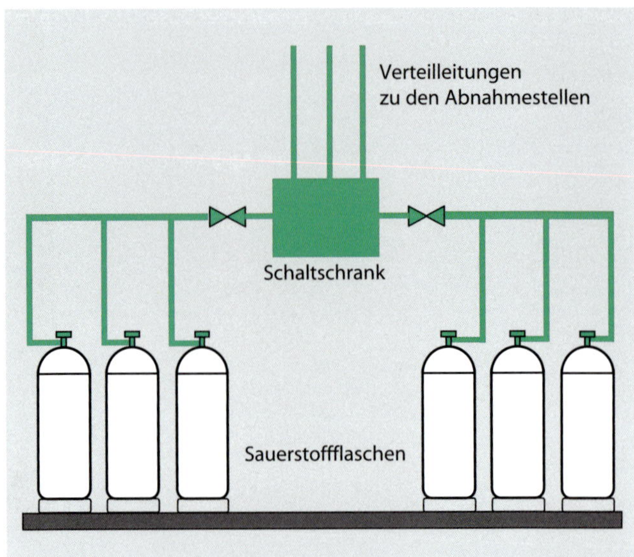

Abb. 10.44: Sauerstoffflaschenbatterie

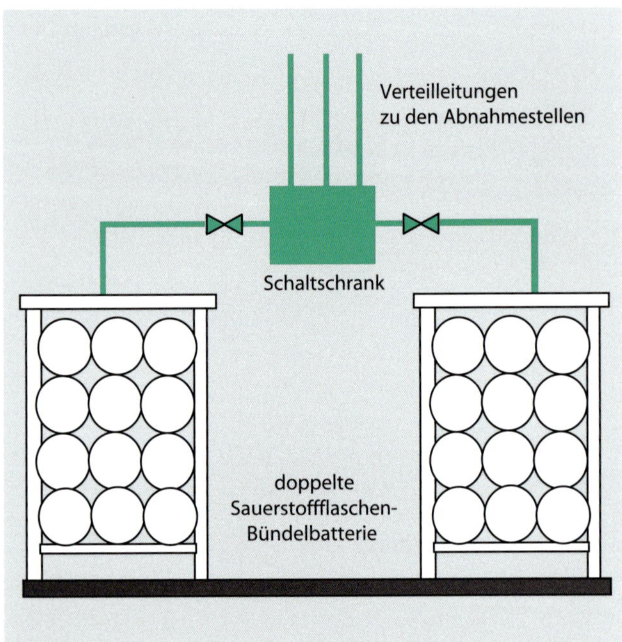

Abb. 10.45: Sauerstoffflaschen-Bündelbatterie

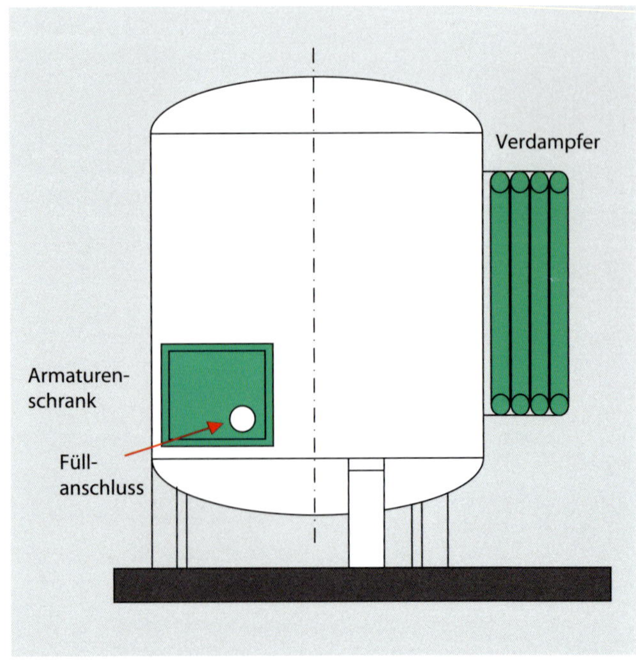

Abb. 10.46: Sauerstofftank zur Lagerung von flüssigem Sauerstoff

zelheiten der Planung entsprechender Versorgungsstationen für medizinische Gase z. B. Feurich, 2011, S. 12–296).

10.6 Normen- und Literaturverzeichnis

Normen

DIN EN ISO 6976:2016-12 Erdgas – Berechnung von Brenn- und Heizwert, Dichte, relativer Dichte und Wobbeindex aus der Zusammensetzung

Literatur

Biogashandbuch Bayern – Materialband. Hrsg.: Bayerisches Landesamt für Umwelt. Kapitel 1. München/Augsburg, Stand 2007

Cerbe, G.: Grundlagen der Gastechnik. München: Carl Hanser Verlag, 2008

DVFG-TRF 2021 Technische Regeln Flüssiggas 2021. Berlin: Deutscher Verband Flüssiggas e. V., 2021

DVGW G 260:2013-03 Gasbeschaffenheit. Bonn: Deutscher Verein des Gas- und Wasserfaches e. V., 2013

DVGW G 600:2018-09 Technische Regel für Gasinstallationen. Bonn: Deutscher Verein des Gas- und Wasserfaches e. V., 2018

Elsner, N.; Dittmann, A.: Grundlagen der technischen Thermodynamik. Band 1: Energielehre und Stoffverhalten. 8. Aufl. Berlin: Akademie Verlag, 1993

Feurich, H.; Kühl, L.: Sanitärtechnik. Band 2. 10. Aufl. Düsseldorf: Krammer Verlag, 2011

Junginger, C. (ProTech Energiesysteme GmbH): Flüssiggashandbuch. Installation von Flüssiggasanlagen nach den

Technischen Regeln Flüssiggas TRF 1996. Herausgegeben vom Deutschen Verband Flüssiggas e. V. DVFG. München: Marketing und Wirtschaft, 1996

Kaltschmidt et al.: Energie aus Biomasse. Grundlagen, Technik, Verfahren. 3. Aufl. Berlin/Heidelberg: Verlag Springer Vieweg, 2016

Muster-Feuerungsverordnung (MFeuV). Stand: September 2007, geändert durch Beschluss der Fachkommission Bauaufsicht vom 28.01.2016 und 27.09.2017

Richtlinie 1999/92/EG des Europäischen Parlaments und des Rates vom 16.12.1999 über Mindestvorschriften zur Verbesserung des Gesundheitsschutzes und der Sicherheit der Arbeitnehmer, die durch explosionsfähige Atmosphären gefährdet werden können

SI-Handbuch. Hrsg.: Vereinigung Schweizerischer Sanitär- und Heizungsfachleute (VSSH). Version 03.08.2015

11 Elektrotechnik

11.1 Systemübersicht

Elektroenergietechnik innerhalb der Gebäude und zur Versorgung derselben wird im allgemeinen Sprachgebrauch als Stromversorgung und Elektroinstallation bezeichnet. Die dazu erforderlichen Elektroanlagen innerhalb von Gebäuden sind als fest installierte Netze einzuordnen, an die Verbraucher flexibel angeschlossen werden. Neben den Anschlussstellen für nicht zur Installation gehörende Verbraucher (Schnittstelle Steckdose und Anschlussdose) sind fest installierte Verbraucher, in erster Linie Leuchten, Bestandteil der Gebäudeanlage. Beleuchtungsanlagen werden speziell in Kapitel 13 behandelt.

Ausgehend von der Zuführung der elektrischen Energie bis zum Verbraucher gliedert sich die Struktur der Gebäude-Starkstromanlage im Wesentlichen nach Abb. 11.1.

Dabei ist es möglich, dass die Einspeisung aus dem öffentlichen Energieversorgungsnetz über Niederspannung oder Mittelspannung (in seltenen Fällen auch Hochspannung) erfolgt. In den letzteren Fällen sind Transformatoren mit Schaltanlagen zu errichten.

Allen Gebäudetypen ist gemein, dass unter üblichen Nutzungsbedingungen

- Endverbraucher entsprechend ihrem Leistungsbedarf zu versorgen sind,
- die elektrische Gebäudeeinspeisung unter Berücksichtigung des Energiebezuges zu organisieren ist,
- ein störungsfrei funktionierendes, fest installiertes Verteilnetz innerhalb des Gebäudes zu errichten ist,
- die Sicherheit innerhalb der Elektroanlage selbst sowie die Sicherheit bei deren Benutzung zu gewährleisten ist,
- die Elektroanlage und das Gebäude selbst gegenüber ungewollten Außeneinwirkungen zu schützen sind.

Von einer installierten Elektroanlage wird darüber hinaus heute eine möglichst hohe Verwendungsflexibilität erwartet. Ebenso bestehen Ansprüche an ein ansprechendes Design im Nutzungsbereich und nicht zuletzt an eine zuverlässige Funktionalität unter Einbeziehung des Schutzes gegen

- gefährliche Körperdurchströmung,
- Brandgefahren,
- unzulässige Erwärmungen,
- unzulässig hohe elektromagnetische Felder (EMV),
- unzulässig hohe Spannungs- und Stromspitzen bzw. Berührungsspannung (vgl. zu den Schutzmaßnahmen Kapitel 11.4).

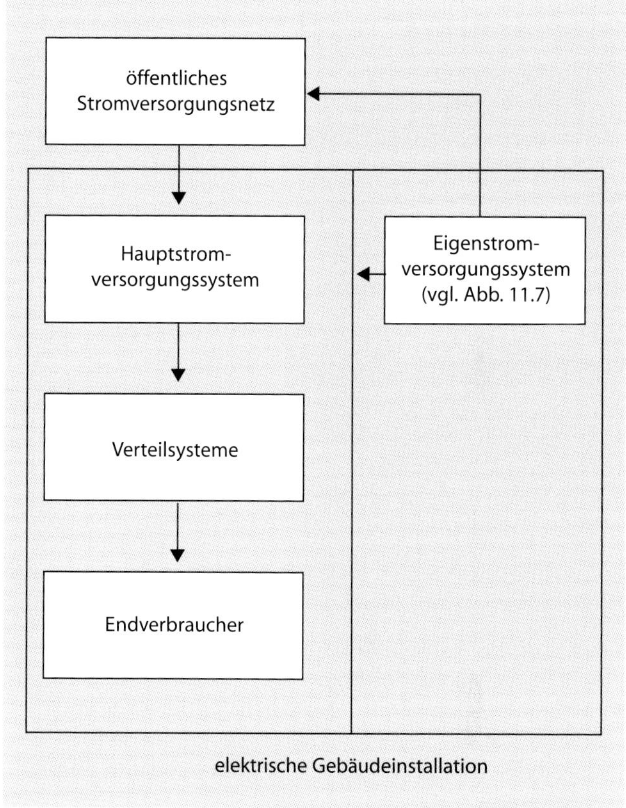

Abb. 11.1: Systemstruktur der elektrischen Gebäudeversorgung

Gemäß den oben genannten Hauptaufgaben werden deshalb die Gebäudeinstallationsanlagen unterteilt in

- Hauptstromversorgungssystem (inklusive Transformatorstationen),
- Verteilsystem (inklusive Kabel- und Leitungsanlagen),
- Endverbraucher,
- Sonderanlagen (z. B. Blitzschutzsysteme).

Die im deutschsprachigen Raum im Gebäude vorkommenden Starkstromnetze werden vor allem mit Wechselspannung 230 V sowie 400 V (Drehstrom) sowie für Notstromzwecke auch mit Gleichspannung (220 V, teilweise 110 V und 42 V) betrieben.

Das Hauptstromversorgungssystem umfasst

- Hausanschluss- und Hauptverteileranlagen, Hauptleitungen,
- ggf. Hoch- bzw. Mittelspannungsschaltanlagen,
- ggf. Transformatoren,
- Niederspannungsschaltanlagen (bei großen Anlagen).

Eigenstromversorgungssysteme sind

- Batterieanlagen[1],
- mechanische Stromerzeugungsanlagen mit Schaltanlage.

Eigenstromversorgungssysteme umfassen Erzeuger und Speicher elektrischer Energie und werden unterschieden nach ihrem Einsatzzweck (vgl. Abb. 11.7).

Verteilsysteme der Gebäudeinstallation sind Starkstromverteiler selbst (auch Verteilungen genannt) sowie die dazwischenliegenden verbindenden Kabel- und Leitungsanlagen. Verteilsysteme sind den Hauptstromversorgungsanlagen nachgeordnet.

Starkstromverteiler des Verteilsystems im Gebäude:

- Zwischenverteiler:
  - Zählerverteileranlagen
  - Lastschwerpunktverteiler in großen Gebäuden
  - sonstige Unterverteiler
- Endstromkreisverteiler:
  - Wohnungsverteiler
  - Gewerbebereichsverteiler
  - Technikverteiler bzw. Sonderverteiler

Kabel- und Leitungsanlagen in Gebäuden sind wie folgt zu unterscheiden:

- Steige- und Verteilleitungen
- Zuleitungen für Technikverbraucher und -verteiler
- Endstromkreisleitungen
- Anschlussleitungen von Geräten, Maschinen und flexiblen Anlagen

Endverbraucher werden über sog. Endstromkreise versorgt. Diese setzen sich aus folgenden Komponenten zusammen:

- Schalter, Steckdosen, Anschlussdosen
- Leuchten (vgl. Kapitel 13)
- direkt angeschlossene Verbraucher, Antriebe wie z. B. Sonnenschutz, Gebäude-Elektronikkomponenten, haustechnische Anlagenteile wie z. B. Lüfter, sonstige Sonderanlagen usw.
- feste Einbauten der Gebäudeausstattung

Die meisten Endverbraucher werden über Steckdosen und Anschlussdosen versorgt und liegen nicht direkt im Verantwortungsbereich der elektrischen Gebäudeausrüstung. Sie gehören zur Ausstattung des Gebäudes, sind jedoch bezüglich Schutzmaßnahmen und Leistungsbilanz zu berücksichtigen.

Feste Einbauten von Gebäudeausstattungen sind beispielsweise Küchentechnik, Haustechnik, Aufzüge, Laboranlagen, Ladenausstattungen, Medizintechnik, spezielle Möbeleinbauten o. Ä. Auch hier sind als Schnittstellen zum Gebäude selbst wieder Steckdosen und Anschlussdosen zu definieren.

[1] Der Begriff Batterieanlagen ist als fachumgangssprachlich üblicher Oberbegriff für im Gebäude verwendete große chemische Energiespeicher zu verstehen und wird hier auch so verwendet. Generell handelt es sich jedoch um wiederaufladbare Akkumulatoren, auch Sekundärbatterien genannt. Nicht wiederaufladbare Primärbatterien haben in der Gebäudetechnik dagegen keine Bedeutung, nur innerhalb eingesetzter elektronischer Geräte.

11.2 Bereitstellung der elektrischen Energie

11.2.1 Bezug elektrischer Energie

In den meisten Fällen wird elektrische Energie nicht im Gebäude selbst erzeugt, sondern über das öffentliche Stromversorgungsnetz eingespeist. Eine grobe Übersicht über die Versorgungsnetzstruktur ist aus Abb. 11.2 zu ersehen.

Elektroenergie wird zum größten Teil durch Umwandlung über die Zwischenstufe der mechanischen Energie mittels Generatoren in Kraftwerken erzeugt. Diese mechanische Energie (gleichbleibende Drehbewegung) wird auf unterschiedliche Weise erzeugt:

- über Dampf- und Gasturbinen (Kohle, Öl und Gas, Kernenergie)
- über Motoren (Gas, Öl)

Historisch gesehen wurde zunächst gegen Ende des 19. Jahrhunderts versucht, den Bedarf an elektrischem Strom über kleine Insellösungen mit Gleichstrom zu versorgen. Besonders hervorgetan hat sich dabei der Erfinder der Glühlampe, Thomas Alva Edison. Sehr bald setzte sich jedoch das von Westinghouse und Tesla bevorzugte Wechselstromsystem bzw. sehr schnell auch das Drehstromsystem in den USA durch, da hiermit die Übertragung von elektrischer Energie über größere Entfernungen möglich war und entsprechende Netze aufgebaut werden konnten. In Europa gab es eine relativ parallele Entwicklung, allerdings unter Herausbildung unterschiedlicher elektrischer Spannungsebenen. So hatten z. B. Frankreich und Deutschland noch bis in die zweite Hälfte des 20. Jahrhunderts hinein leicht unterschiedliche Normspannungen etwa im Niederspannungsbereich (240 bzw. 220 V). 1951 wurde in Westeuropa zum Zweck eines frequenzsynchronen Verbundnetzes die Union für die Koordinierung der Erzeugung und des Transports elektrischer Energie (UCPTE) gegründet und 1999 in die UCTE unter Einschluss der östlichen Nachbarn erweitert. Zwischen bestimmten Ländern, wie z. B. in Skandinavien, wurden Hochspannungsgleichstromübertragungen (HGÜ) geschaffen, weswegen hier keine Frequenzsynchronisation erforderlich ist und die Einspeisung über Umformer geschieht.

In den letzten Jahrzehnten hat die Stromerzeugung aus regenerativen Energiequellen eine ständig wachsende Bedeutung erfahren. Die Umwandlung in elektrische Energie geschieht dabei auf verschiedene Art und Weise, in erster Linie jedoch ebenfalls über die Zwischenstufe der mechanischen Energie:

- Verbrennung und Vergasung von pflanzlichen Energieträgern
- Nutzung der Geothermie
- Windkraft
- Wasserkraft

Elektrische Energie kann jedoch auch direkt erzeugt werden wie folgt:

- Nutzung der Sonnenenergie über Fotovoltaik
- Verwertung von Wasserstoff in einer Brennstoffzelle

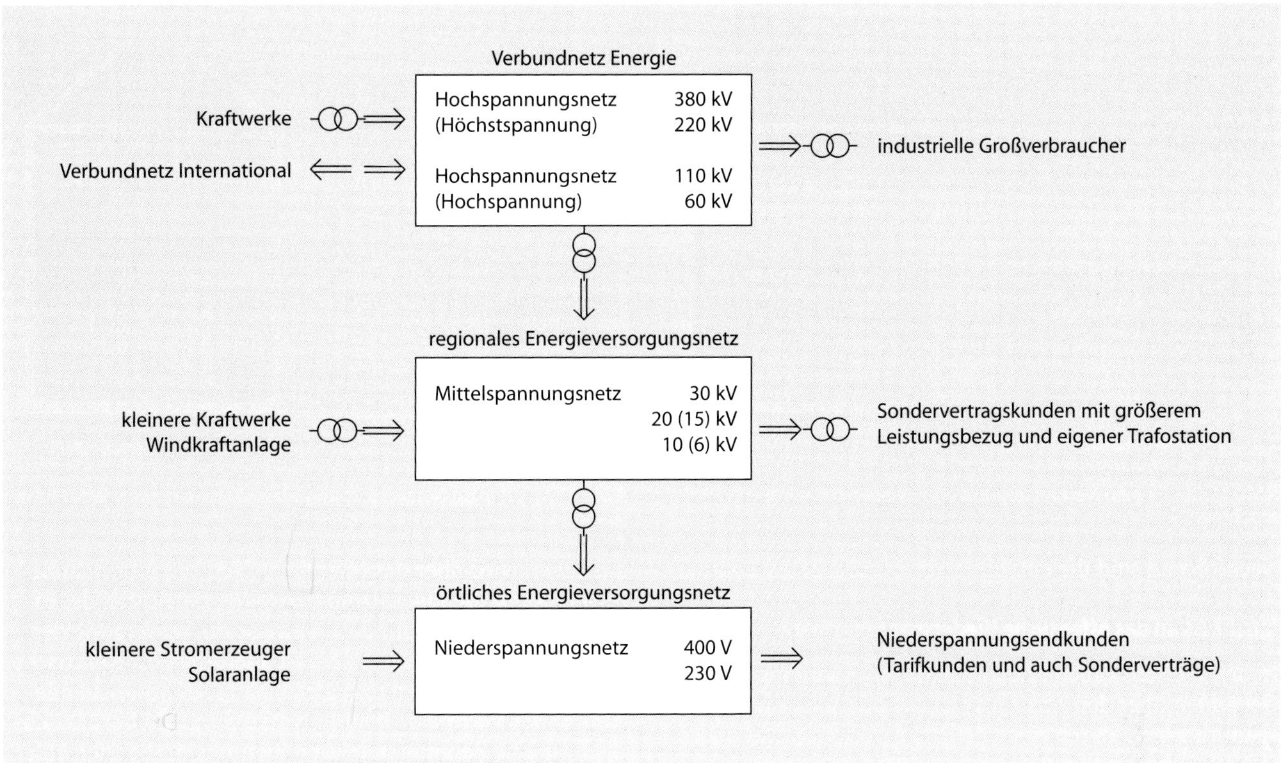

Abb. 11.2: Struktur der Stromversorgungsnetze in Deutschland

Bei Letzterem ist allerdings zu beachten, dass Wasserstoff nicht primär verfügbar ist, sondern dieser erst über andere energetische Prozesse gewonnen werden muss.

Vom Großkraftwerk (Generator: Mittelspannung) wird der Strom unmittelbar in das Hochspannungsnetz eingespeist. Die Hochspannungsnetze haben je nach Übertragungslänge Spannungsebenen von 380 kV, 220 kV und 110 kV. Letztere werden auch innerhalb von Großstädten verwendet. Höhere Spannungsebenen über 380 kV kommen seltener und in Deutschland gar nicht vor. In der Bundesrepublik sind folgende typische Stromversorgungsnetze anzutreffen:

- Maschen- bzw. Ringnetze:
  - Netze mit 380/220 kV, ca. 40.000 km, 96 % Freileitung
  - Netze mit 110/(50)/(60) kV, ca. 75.000 km, 96 % Freileitung
  - Netze mit (35)/30/20/(15)/10/(6) kV, ca. 500.000 km, 65 % Kabel
- Strahlennetze, auch in Baumstruktur:
  - Niederspannungsnetze (unter 1 kV), ca. 1 Mio. km, über 80 % Kabel

Generell gilt Folgendes: Je länger die Leitungslänge ist, desto höher muss die Spannungsebene sein. Als grobe Faustregel kann gesagt werden, dass etwa 1 kV einen Kilometer optimal überbrückt.

Das Verbundnetz der Bundesrepublik ist als Maschennetz mit vielen Einspeiseknoten ausgeführt. Die Hochspannungsebenen werden nur in Ausnahmefällen direkt zu Abnehmern geführt, in diesem Fall Großindustrieanlagen. Die Anlagen selbst sind zu groß und der Aufwand an Isolation und Schutztechnik ist zu hoch, um die Versorgung über diese Spannungsebenen bis zum Normalverbraucher zu führen.

Deshalb wird stufenweise umgespannt auf niedrigere Spannungsebenen. Die Verteilung der größeren Leistungen in den Städten und über mittelgroße Entfernungen auf dem Land geschieht auf der sog. Mittelspannungsebene. Mittelspannungen sind 30 kV, 20 kV (15 kV) und 10 kV (6 kV), wobei die Klammerwerte für ältere und inzwischen umgestellte Spannungsebenen stehen. 60 und 20 kV werden auf dem Land verwendet, da hier größere Strecken zu überbrücken sind, mit 10 kV werden heute üblicherweise die Ortsnetze versorgt. Erst kurz vor dem Verbraucher, im Bereich innerhalb des letzten Kilometers vor den Endverbrauchern, wird auf Niederspannung umgeformt.

In Europa wurde im Zuge der Harmonisierung die Niederspannungsebene einheitlich umgestellt auf 400 V (früher 380 V) Drehstrom bzw. 230 V (früher 220 V) Wechselstrom.

Es werden folgende Versorgungs- und Betriebsarten für Gebäude unterschieden:

- Anschluss an öffentliches Stromversorgungsnetz Niederspannung (unter 1.000 V)
- Anschluss an öffentliches Stromversorgungsnetz Mittelspannung (über 1.000 V)
- Notstromversorgung (Eigenversorgung nur bei Ausfall der allgemeinen Stromversorgung)
- Netzparallelbetrieb mit Eigenerzeugung und Überschusseinspeisung
- Netzparallelbetrieb mit Eigenerzeugung und vollständiger Einspeisung

Außerdem gibt es noch die Eigenversorgung im Inselbetrieb, die innerhalb Europas aber kaum vorkommt.

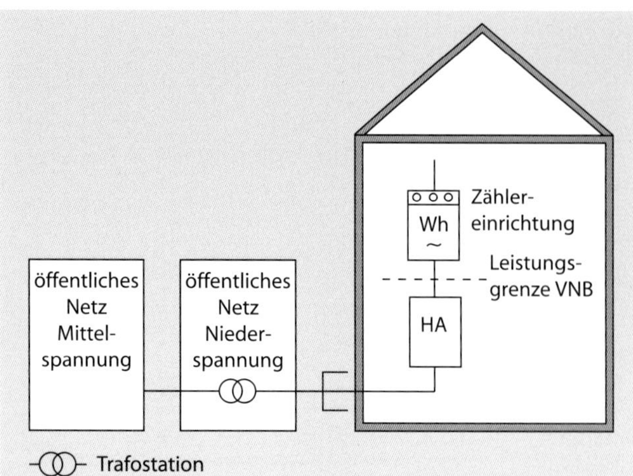

Abb. 11.3: Prinzip Netzversorgung über Niederspannung (HA: Hausanschluss)

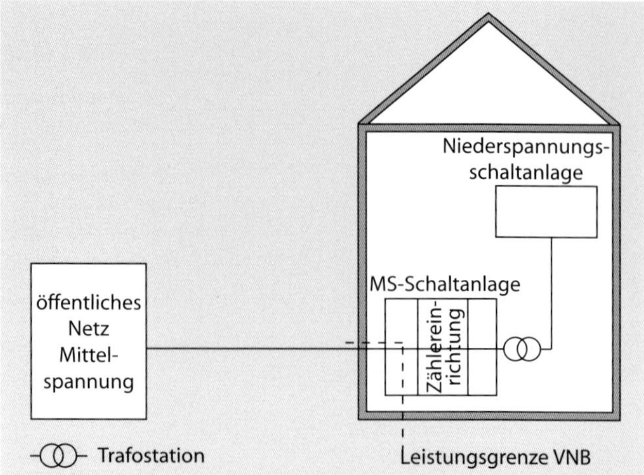

Abb. 11.4: Prinzip Netzversorgung über Mittelspannung (MS: Mittelspannung)

Nachfolgend sind die einzelnen Versorgungsarten erläutert.

Anschluss an das öffentliche Niederspannungsnetz

In den meisten Fällen erfolgt die Stromversorgung von Gebäuden über den Anschluss an das öffentliche Niederspannungsnetz durch einen örtlichen Verteilnetzbetreiber (VNB). Schnittstelle ist dabei der Hausanschluss (HA) als Übergabepunkt der Versorgung (vgl. Abb. 11.3). Es besteht jedoch auch die Möglichkeit, über die Zwischenstufe einer nicht öffentlichen Versorgung (Gelände mit mehreren Gebäuden und einem vertraglichen Nutzer, z. B. Krankenhaus) oder eines Privatnetzes (z. B. Kleingartenanlage) das Niederspannungsnetz bis zum Gebäude zu führen. Innerhalb sehr großer Gebäude mit vielen unterschiedlichen Endabnehmerparteien kann es auch erforderlich sein, die vorgelagerte Transformatorstation des VNB mit im Gebäude unterzubringen. Dafür werden Dienstbarkeiten mit dem Gebäudeeigentümer vertraglich vereinbart, die Station gehört jedoch nach wie vor zum VNB. Der Zähler selbst gehört prinzipiell dem VNB, auch wenn die Anlagenschnittstelle bereits nach dem Hausanschluss liegt.

Anschluss an das öffentliche Mittelspannungsnetz

Der Anschluss an ein Mittelspannungsnetz erfolgt für sog. Sondervertragskunden, d. h. Einzelanschlussnehmer mit höherem Leistungsbedarf und demzufolge mit Sonderkonditionen. Der Gebäudeeigentümer stellt auch die Trafostation und trägt die Verlustleistung des Transformators (vgl. Abb. 11.4). Zu beachten ist, dass elektrische Energie gemäß Anschlussbedingungen der Versorgungsunternehmen nicht weiterverkauft werden darf, d. h., es muss tatsächlich nur ein einziger Endnutzer sein. Ab welcher Größe eine Mittelspannungsversorgung erfolgt, hängt von dem Energiebedarf des Kunden ab.

Netzparallelbetrieb mit Eigenerzeugung und Überschusseinspeisung

Der kombinierte Betrieb eines Stromerzeugers mit dem Elektronetz des Gebäudes und/oder des öffentlichen Netzes wird als Netzeinspeisung bezeichnet und ist an die notwendige Synchronisation gekoppelt (vgl. Abb. 11.5). Im Gebäudebereich werden derzeit häufig Blockheizkraftwerke (BHKW) eingesetzt (vgl. Kapitel 6.4.3). Die Versorgungssicherheit wird über das öffentliche Netz garantiert, andererseits kann die Eigenstromerzeugung bei Ausfall des öffentlichen Netzes zumindest teilweise die Versorgung des Gebäudes übernehmen. Dabei ist allerdings auf elektrische Überlastung zu achten und gleichzeitig auf ausreichende Abfuhr der Wärme, z. B. über Notkühlung. Zu berücksichtigen ist eine Zählung in beiden Richtungen (Sonderzähler oder 2 leistungsrichtungsgebundene Zähler).

Netzparallelbetrieb mit Eigenerzeugung und vollständiger Einspeisung

Im Gegensatz zum Inselbetrieb bzw. Netzparallelbetrieb mit Überschusseinspeisung erfolgt die Stromversorgung hier nicht zur Bedarfsdeckung des Gebäudes selbst. Die erzeugte elektrische Energie beispielsweise einer Solarstromanlage (Fotovoltaik), die auf der Grundlage des Gesetzes für den Vorrang Erneuerbarer Energien (EEG) errichtet wurde, wird in dieser Betriebsweise direkt in das VNB-Netz eingespeist. Dies ist so lange sinnvoll, wie die Rückvergütung höher ist als der Preis für Strombezug. Es ist zu erwarten, dass diese Versorgungsvariante künftig eher weniger praktiziert wird.

11.2.2 Baustromversorgung

Der Baustromanschluss erfolgt auf Antrag direkt vom Energieversorger und dient der provisorischen Versorgung der Geräte und Anlagen der Baueinrichtungen und Maschinen zum Zwecke der Errichtung des Gebäudes. Unzulässig ist der Anschluss an bestehende Gebäudeinstallationen, auch an denen der Nachbargebäude. Baustrom ist separat abzurechnen und in der Regel teurer als eine Normalversorgung.

Die Abb. 11.6 stellt einen möglichen Aufbau eines Baustromverteilers dar. Links oben ist der Zähler, rechts daneben der Fehlerstromschutzschalter dargestellt. Weiterhin sind Sicherungen, Leitungsschutzschalter und Steckdosenabgänge angedeutet.

Die Verkabelung der Baustromeinrichtungen erfolgt mit flexiblen Leitungen, die vor Beschädigung zu schützen sind. Es sind zugelassene Baustromverteiler zu verwenden, wobei die Absicherung auf jeden Fall über Fehlerstromschutzschalter erfolgt. Es ist eine regelmäßige Überprüfung der Auslö-

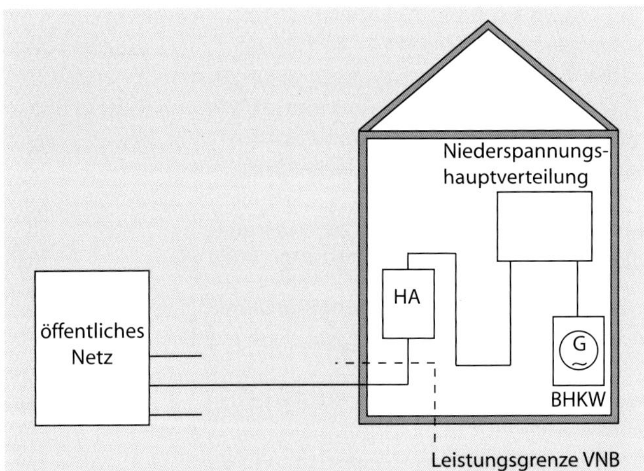

Abb. 11.5: Prinzipbeispiel Netzparallelbetrieb mit Eigenerzeugung und Überschusseinspeisung (HA: Hausanschluss; BHKW: Blockheizkraftwerk)

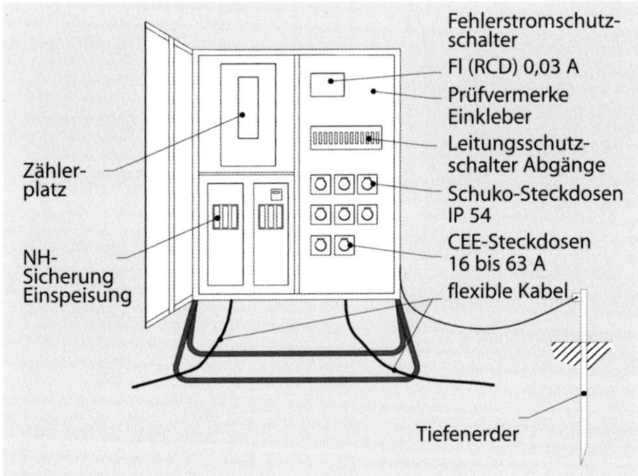

Abb. 11.6: Baustromverteilung (NH-Sicherung: Niederspannungs-hochleistungssicherung)

sefähigkeit sicherzustellen und der Verteiler insgesamt wöchentlich zu prüfen.

11.2.3 Eigenstromversorgung

Die Eigenstromerzeugung kann aus Gründen der Notstromversorgung für den Fall des Ausfalls der öffentlichen Versorgung bzw. von Teilen des allgemeinen Stromversorgungsnetzes des Gebäudes oder aus Gründen der beabsichtigten eigenen Stromerzeugung zur wirtschaftlichen Nutzung erfolgen. Letzteres ist im Zusammenhang mit einer Netzeinspeisung in das eigene Gebäudenetz bzw. auch in das öffentliche Netz verbunden, während mit Notstromversorgung nur wichtige Teile des eigenen Netzes eingespeist werden (vgl. Abb. 11.7).

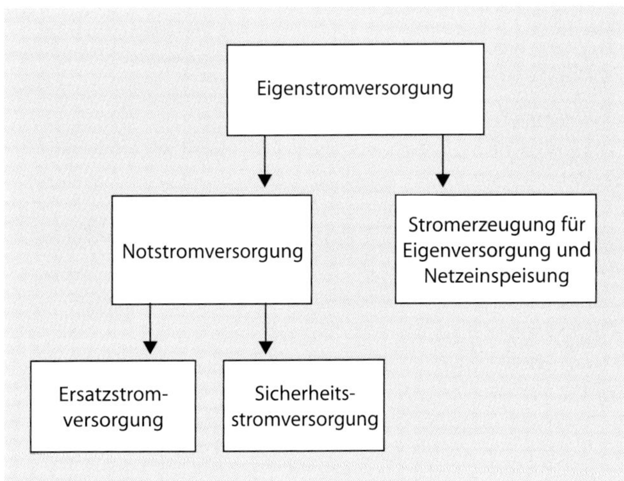

Abb. 11.7: Gliederung Eigenstromversorgung

Notstromversorgung

Bei der Unterscheidung der Versorgungsarten der Notstromversorgung ist davon auszugehen, dass die Sicherheitsstromversorgung baurechtlichen Gründen (Schutz von Leib und Leben) und die Ersatzstromversorgung besonderen zusätzlichen Anforderungen an die Versorgungssicherheit zuzuordnen ist.

Bei der Notstromversorgung wird folgendermaßen unterschieden:

- Ersatzstromversorgung zur befristeten Herstellung von Teilen der Stromversorgung für betriebsbedingte Zwecke bei Ausfall der allgemeinen Stromversorgung
- Sicherheitsstromversorgung mit Stromquellen wie Dieselaggregaten oder Batterieanlagen

Dabei ist es wichtig, ob unterbrechungsfrei weiterzuversorgen ist bzw. wie lang die Unterbrechung sein darf (vgl. Abb. 11.8). Die unterbrechungsfreie Stromversorgung (USV) dient weniger der Sicherstellung der baurechtlichen Vorgaben und mehr der Betriebssicherheit von Anlagen (z. B. Elektronik).

Für die Ersatzstromversorgung von EDV-Zentren werden auch Brennstoffzellen eingesetzt. In Kombination mit einer Batterieanlage (zur Anlaufüberbrückung) wird eine unterbrechungsfreie Versorgung mit hoher Redundanz und Leistungsfähigkeit erreicht. Damit besteht für bestimmte Anwendungen die Möglichkeit der Verdrängung von Dieselaggregaten.

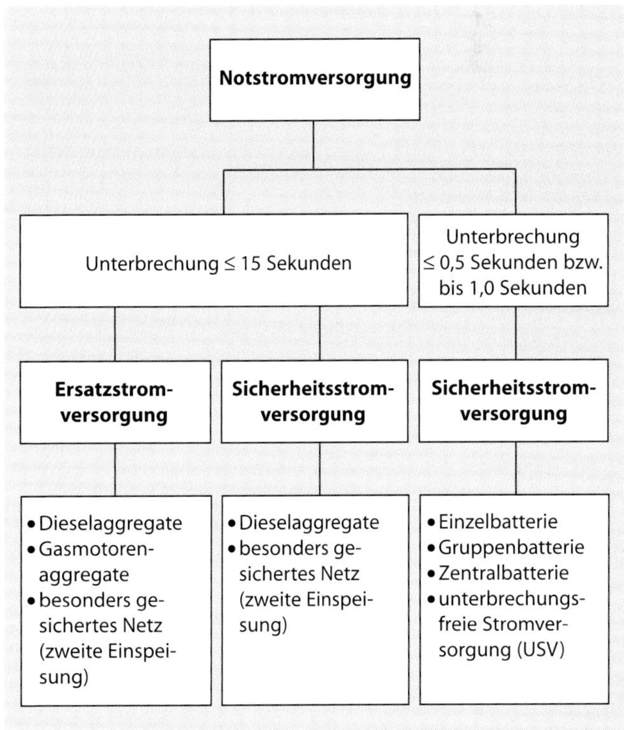

Abb. 11.8: Gliederung Notstromversorgung

Die folgenden Teilgruppen sind aus der Sicht der Versorgungssicherheit zu bilden und bei der Errichtung der Netze von Anfang an zu berücksichtigen:

- nicht ersatzstromberechtigte Verbraucher (allgemeine Stromversorgung)
- ersatzstromberechtigte Verbraucher nicht sicherheitsrelevanter Versorgung
- sicherheitsstromberechtigte Verbraucher, Verfügbarkeit innerhalb 15 s
- sicherheitsstromberechtigte Verbraucher, Verfügbarkeit innerhalb 1,0 s
- sicherheitsstromberechtigte Verbraucher, Verfügbarkeit innerhalb 0,5 s
- ersatzstromberechtigte Verbraucher ohne stromlose Zeit (unterbrechungsfrei).

Die Art der Versorgung ist einzelnen Verbrauchergruppen in Tabelle 11.1 zugeordnet.

Tabelle 11.1: Aufstellung möglicher Verbraucherzuordnungen zu Arten der Stromversorgung

Art der Versorgung	Verbraucher
nicht ersatzstromberechtigte Verbraucher (allgemeine Stromversorgung)	• allgemeine Beleuchtung • allgemeine Steckdosen • z. B. Heizungspumpen, Hebeanlagen, Lüftungsventilatoren
ersatzstromberechtigte Verbraucher nicht sicherheitsrelevanter Versorgung	• Verbraucher in Rechenzentren, z. B. Server, PCs in Kombination mit unterbrechungsfreier Stromversorgung • nicht sicherheitsrelevante Notbeleuchtung, z. B. in Hotels oder öffentlichen Gebäuden
sicherheitsstromberechtigte Verbraucher, Verfügbarkeit innerhalb 15 bzw. 1 s	• Sicherheitsbeleuchtung in Arbeitsstätten, Beherbergungsstätten, Hochhäusern, Schulen • Wasserdruckerhöhungsanlagen, maschinelle Entrauchungsanlagen, Feuerlöschanlagen • Personenaufzüge mit Brandfallsteuerung, Feuerwehraufzüge, Bettenaufzüge in Krankenhäusern
sicherheitsstromberechtigte Verbraucher, Verfügbarkeit innerhalb 0,5 s	• Sicherheitsbeleuchtung an Arbeitsplätzen mit besonderer Gefährdung
ersatzstromberechtigte Verbraucher ohne stromlose Zeit (unterbrechungsfrei)	• Verbraucher in Rechenzentren, z. B. Server, PCs • Gefahrenmeldeanlagen, RWA-Anlagen • weitere besondere Anwendungen (Militär usw.)

Die Entscheidung, ob Netzersatzaggregate oder Batterieanlagen aufgestellt werden, hängt von der erforderlichen Kapazität bzw. der maximalen Abnahmeleistung ab. Für Sicherheitsbeleuchtung oder Alarmierungseinrichtungen genügt die Batterieanlage. Für technisch aktiven Brandschutz wie Sprinkleranlagen, Entrauchungsventilatoren oder Feuerwehraufzüge werden Netzersatzaggregate eingesetzt. In großen Gebäudekomplexen gibt es ganze vom Energieversorger bereitgestellte unabhängige Netze, die eine Notversorgung bei Ausfall des Hauptnetzes ermöglichen.

Außerdem kann der Energieversorger eine weitere unabhängige Einspeisung zur Verfügung stellen, die die Aufgaben der Ersatzstromversorgung bei Ausfall der ersten Versorgungseinspeisung übernimmt. Inwieweit diese Einspeisung auch für Notstromzwecke ausreicht, bedarf einer baurechtlichen Einzelfallentscheidung.

Stromerzeugung für Eigenstromversorgung und Netzeinspeisung

Mit dieser Art von Versorgungseinrichtungen sind Anlagen gemeint, die zur Eigenerzeugung von elektrischer Energie dienen, nicht aber allein für die Notstromversorgung des Hauses zur Verfügung stehen sollen. Sie sind damit Teil der allgemeinen Stromversorgung und zur eigenen Bedarfsdeckung oder/und zur Einspeisung in das öffentliche Versorgungsnetz gedacht. Infrage kommen dafür prinzipiell alle nachfolgend aufgeführten Anlagen der Eigenstromerzeugung (ohne die Batterieanlagen).

Zu erwähnen ist, dass trotz der in Abb. 11.7 dargestellten Systematisierung die Stromerzeuger für Notstrom unter bestimmten Voraussetzungen auch gleichzeitig Stromerzeuger für Netzeinspeisung sein können (z. B. BHKW). In diesem Fall sind die technischen und rechtlichen Voraussetzungen für die erforderliche Verfügbarkeit der Notstromversorgung zusätzlich zu schaffen.

Für die Netzeinspeisung ist die Zählung der Energie in Leistungsflussrichtung erforderlich. Das bedeutet in der Regel den Einsatz eines zweiten Zählers oder eines Zweirichtungszählers. Nur Anlagen, die selbst keinen eigenen Strombedarf aus dem öffentlichen Netz (z. B. für Anlaufzwecke) haben und nur für die Einspeisung ins öffentliche Netz gedacht sind (z. B. Fotovoltaik), benötigen im Sonderfall, jedoch in Abstimmung mit dem VNB keinen Zähler für Strombezug.

11.2.4 Anlagentechnik für die Eigenstromversorgung

Folgende Anlagentechnik zur Stromerzeugung wird in Gebäuden verwendet:

- unterbrechungsfreie Stromversorgungsanlage
- Netzersatzaggregat
- BHKW (vgl. Kapitel 6.4.3)
- Windkraftanlage
- Fotovoltaikanlage
- Brennstoffzellentechnik

Unterbrechungsfreie Stromversorgungsanlagen

Unterbrechungsfreie Stromversorgungsanlagen (USV-Anlagen) sind Anlagen, die die Weiterversorgung bei Ausfall der allgemeinen Stromversorgung für einen kurzen Zeitraum so überbrücken, dass die elektrischen Parameter unterbrechungsfrei aufrechterhalten werden. Danach greift entweder die Wiederversorgung aus dem allgemeinen Netz oder dem Notstromnetz oder die Verbraucher werden inzwischen definiert abgeschaltet. Unterschieden werden

- statische USV-Anlagen (Batterieanlagen, neuerdings auch in Kombination mit Brennstoffzelle),
- dynamische USV-Anlagen (rotierende Anlagen kombiniert mit Batterie/Schwungrad).

Abb. 11.9: Netzersatzaggregat (Quelle: AKO GmbH, Gernsheim)

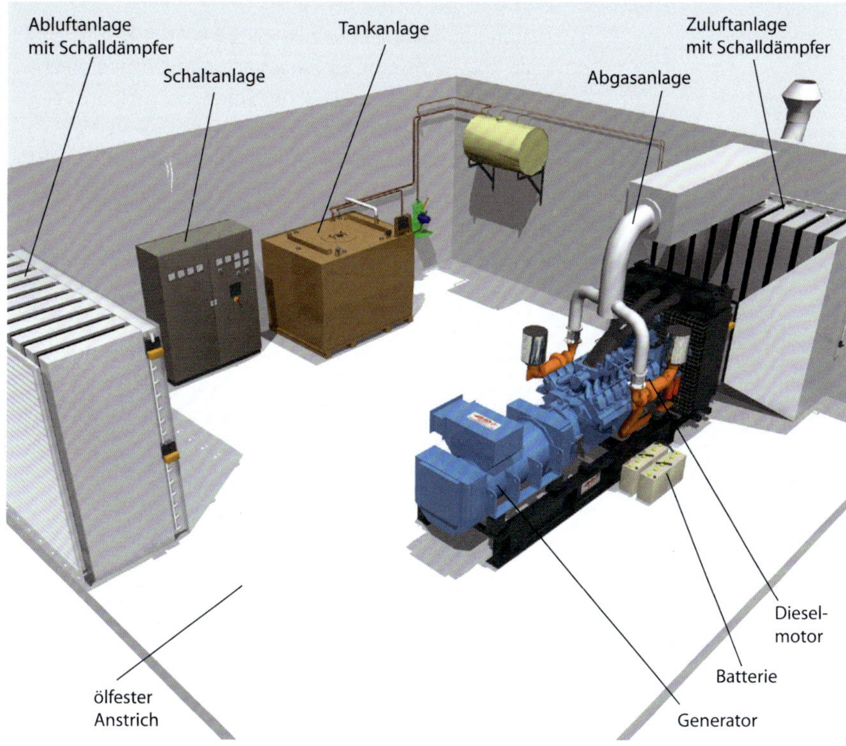

Abb. 11.10: Aufbau Netzersatzanlage (Quelle: AKO GmbH, Gernsheim)

Letztere sind rotierende elektrische Maschinen (bedarfsweise mit Diesel angetrieben) mit Schwungrad mit oder ohne Batterieunterstützung.

Statische USV-Anlagen werden unterschieden in Online-USV-Anlagen (ständige Zwischenpufferung über Batterie, keine Unterbrechung) und Offline-USV-Anlagen, die eine sehr geringe Umschaltzeit unter 10 ms haben, wodurch die meisten Verbraucher ohne Funktionsstörung weiterbetrieben werden können.

Angewandt werden diese vor allem zur Absicherung von EDV-Anlagen oder sonstigen wichtigen elektronischen Komponenten der Gebäudetechnik (z. B. Sicherheitstechnik). Sie werden demnach in erster Linie nicht als Notstromversorgungsanlagen eingesetzt, sondern zusätzlich in Ergänzung der allgemeinen Stromversorgung. Dagegen haben Gefahrenmeldeanlagen als spezielle Anwendung eine eigene Batteriepufferung in unterbrechungsfreier Fahrweise; diese funktionieren für den benötigten Meldezeitraum auch ohne externe Stromversorgung und dienen auch für Sicherheitszwecke.

Netzersatzaggregate

Es werden nur aus der Sicht der Laufdauer und Einschaltverfügbarkeit Netzersatzaggregate für Sicherheitsstromversorgungen (auch Notstromaggregate genannt) und Netzersatzaggregate für sonstige Zwecke unterschieden. Sonstige Zwecke in diesem Zusammenhang sind vor allem Ausfallüberbrückungen der allgemeinen Stromversorgung aus betrieblichen Gründen. Stromerzeuger dieser Gattungen sind Generatoren, die durch Hubkolben-Verbrennungsmotoren angetrieben werden. In erster Linie wird Dieselkraftstoff, in größeren Anlagen auch Gas eingesetzt. Diese traditionelle Form des Ersatzstromerzeugers kommt in Gebäuden am häufigsten vor. Abb. 11.9 zeigt ein Beispiel, der prinzipielle Aufbau ist in Abb. 11.10 illustriert.

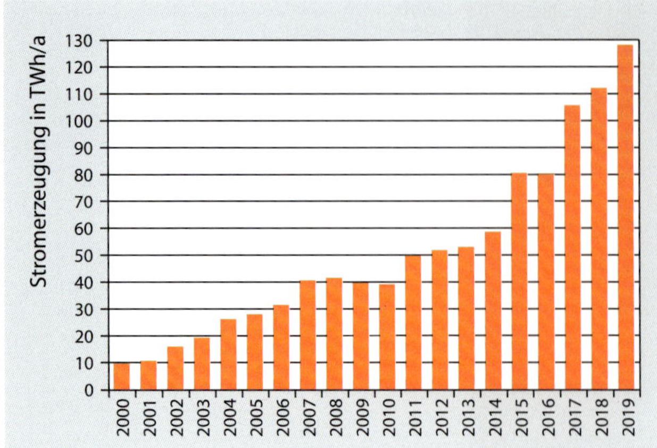

Abb. 11.11: Stromerzeugung durch Windkraftanlagen in Deutschland (Datenquelle: Breitkopf, 2020)

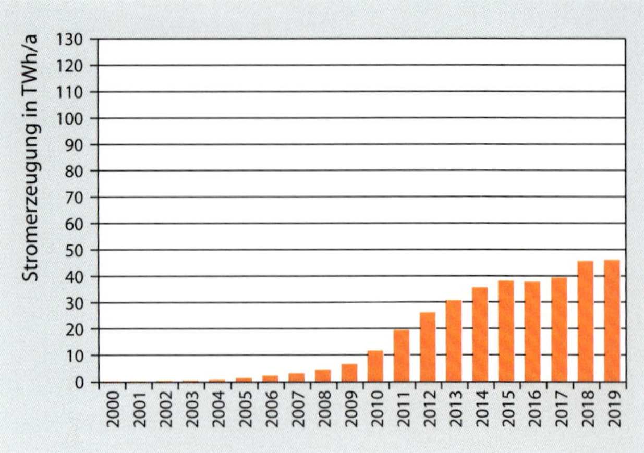

Abb. 11.12: Stromerzeugung durch Fotovoltaikanlagen in Deutschland (Datenquelle: Breitkopf, 2020)

Vorteile:

- schnelle Verfügbarkeit einer hohen elektrischen Leistung mit unmittelbar angepasster Spannung, Frequenz und Netzart (auch nach längerem Stillstand)
- relativ einfache und gesicherte Technik
- Verträglichkeit höherer Anlaufströme z. B. bei Aufzugsmotoren oder Sprinklerpumpen

Nachteile:

- Einsatz von begrenzt verfügbaren Primärenergieträgern
- Ausstoß von Schadstoffen und CO_2 im Betrieb
- großes Gewicht und entsprechender Platzbedarf, Raumgestaltung ölsicher, Brandschutz
- Abgasabführung und Verbrennungsluftzuführung erforderlich
- hoher Lärmpegel im Betriebsfall
- notwendige Abführung der Abwärme

Einsatzgebiete:

- in Krankenhäusern und Rechenzentren in Kombination mit einer USV-Anlage zur unterbrechungsfreien Stromversorgung
- in öffentlichen Gebäuden zum Schutz von Menschenleben, für die Versorgung sicherheitsrelevanter Verbraucher (z. B. Sicherheitsbeleuchtung, maschinelle Entrauchungsanlagen, Feuerwehraufzüge, Sprinkleranlagen)
- in gewerblich genutzten Gebäuden zur Sicherung der Produktionsfähigkeit über einen begrenzten Zeitraum

Windkraftanlagen

Windkraftanlagen steuern derzeit den größten Beitrag der erneuerbaren Energien zur Stromerzeugung in Deutschland bei (etwa 8 % der Bruttostromerzeugung; erneuerbare Energien insgesamt etwa 22 % [2012; vgl. Fahl/Blesl/Thöne, 2013]). Der Ausbau hat sich in letzter Zeit etwas verlangsamt (vgl. Abb. 11.11), da die ertragreichsten Standorte im Inland bereits erschlossen und die Offshore-Projekte bislang aus verschiedenen Gründen noch nicht ausreichend vorangetrieben worden sind.

Windkraftanlagen sind derzeit hauptsächlich außerhalb von Gebäuden bzw. Bebauungsgebieten zu finden. Allerdings gibt es einen Trend zu gebäudeintegrierten Windkraftanlagen, die allerdings im sehr kleinen Leistungsbereich angesiedelt sind. Der Trend wird dadurch befördert, dass der im Gebäude selbst verwendete Strom höher vergütet wird als der ins Netz eingespeiste, für den die Vergütung nach dem EEG gilt. Interessant sind hier vor allem Stadtrandgebiete, d. h. Gewerbe- und Handelszonen.

Sehr gut für Windkraftanlagen geeignet sind Standorte mit Jahresmittelwerten der Windgeschwindigkeit in 10 m Höhe von > 4 m/s. Diese Bedingungen bieten

- der Offshore-Bereich, d. h. Standorte auf dem offenen Meer,
- die Küstenlandschaft,
- Mittel- und Hochgebirgslagen.

Fotovoltaik

Die Fotovoltaik hatte in den letzten Jahren die größten Zuwachsraten im Vergleich mit den übrigen Technologien der Stromerzeugung aus erneuerbaren Energiequellen (vgl. Abb. 11.12). Mittlerweile beträgt ihr Anteil an der Stromerzeugung ca. 5 %. Der Zuwachs ist in erster Linie auf die attraktive Einspeisevergütung des EEG zurückzuführen. Dennoch muss festgestellt werden, dass die Einspeisevergütung mit den Novellierungen des Gesetzes konsequent abgesenkt worden ist.

Bei der Fotovoltaik wird solare Strahlungsenergie direkt in elektrische Energie umgewandelt. Die Umwandlung basiert auf dem fotovoltaischen Effekt, bei dem in Halbleitermaterialien ein lichtinduzierter Spannungsaufbau erfolgt. Die Halbleitersolarzelle besteht aus einer mit lichtempfindlichem Material überzogenen p-Schicht und einer n-Schicht (vgl. Abb. 11.13). Das auf die n-Schicht auftreffende Sonnenlicht setzt positive Ladungsträger frei, die in Richtung p-Schicht wandern. Im Gegenzug diffundieren negative Ladungsträger zur n-Schicht. Beide Schichten sind in der Zelle voneinander abgegrenzt. An der Grenzschicht bildet sich ein elektrisches Feld. Außerhalb sind beide Schichten über einen elektrischen Leiter bzw. Verbrauchswiderstand verbunden, wodurch es zum Stromfluss kommt. Der erzeugte Gleichstrom ist proportional zur Lichteinstrahlung. Es werden verschiedene Halbleitermaterialien verwendet, vorrangig Silizium. Folgende Arten von Solarzellen werden unterschieden (vgl. Abb. 11.14):

- Zellen mit monokristalliner Struktur (einheitlich orientierte Silizium-Kristalle)
- Zellen mit polykristalliner Struktur (viele Silizium-Kristalle mit unterschiedlicher Struktur)
- Dünnschicht-Zellen, die aus amorphem Silizium oder anderen Materialien hergestellt werden (Dicke im Mikrometerbereich)

Die monokristallinen Zellen sind am teuersten, haben aber den besten Wirkungsgrad, die Dünnschicht-Zellen haben einen viel schlechteren Wirkungsgrad, sind aber perspektivisch gesehen preiswerter.

Für die Fotovoltaik kann etwa von einem mittleren Strahlungsangebot von ca. 1.175 kWh/($m^2 \cdot a$) ausgegangen werden (vgl. Tabelle 11.2), was mit einem Gesamtsystemwirkungsgrad von ca. 0,15 zu durchschnittlich 100 kWh/($m^2 \cdot a$) Stromertrag führt. Die mittlere bezogene Leistung liegt damit bei 20 W/m^2. Unter günstigen Bedingungen können aus einem Solarpanel 135 W/m^2 gewonnen werden (planparallel, keine atmosphärische Trübung, keine Wolken). Das Verhältnis von Spitzen- zu Durchschnittsleistung liegt also bei 6,75.

Tabelle 11.2: Solarstrahlungsangebot für eine nach Süden ausgerichtete Fläche mit einer Neigung von 30° für die 15 Klimaregionen Deutschlands (Werte nach DIN V 4108-6)

Klimaregion	**Solarstrahlungsangebot für Januar bis Dezember (kWh/m²)**
1	1.171
2	1.057
3	1.180
4	1.130
5	1.127
6	1.092
7	1.043
8	1.148
9	1.228
10	1.153
11	1.203
12	1.170
13	1.261
14	1.266
15	1.395
Mittelwert	1.175

Das grundsätzliche Konzept einer Fotovoltaikanlage lässt sich mit Abb. 11.13 beschreiben. Die einzelne Solarzelle liefert eine Spannung von ca. 0,5 bis 1 V. In der Praxis werden mehrere Solarzellen zu einem Solarmodul zusammengefasst (vgl. Abb. 11.15):

- durch Reihenschaltung, wodurch die Spannung erhöht wird
- durch Parallelschaltung, wodurch der Stromfluss erhöht wird

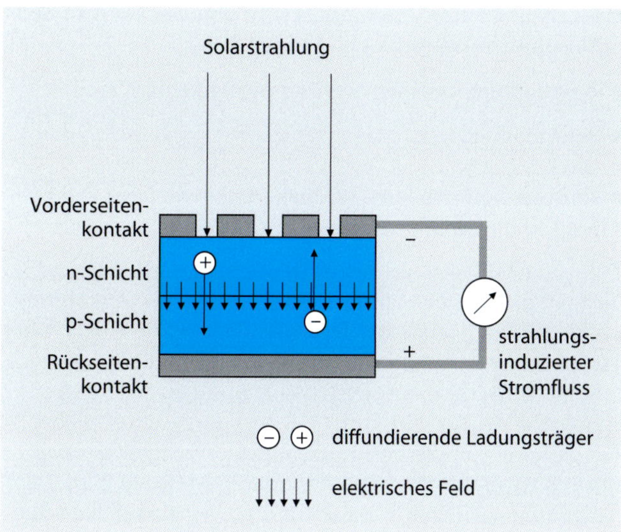

Abb. 11.13: Grundprinzip der fotovoltaischen Stromerzeugung (Quelle: Krimmling, 2009)

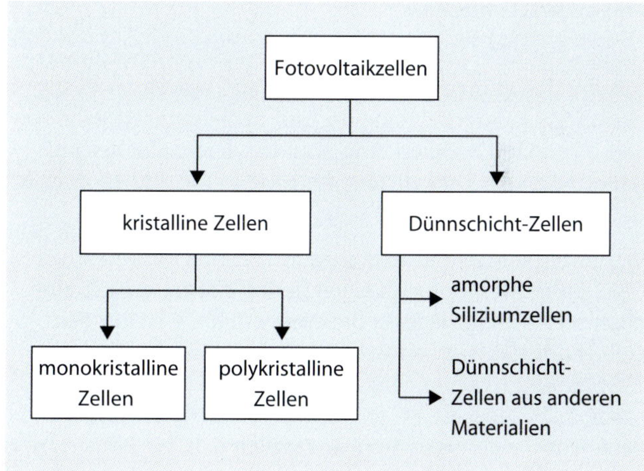

Abb. 11.14: Zellarten (Quelle: Krimmling, 2009)

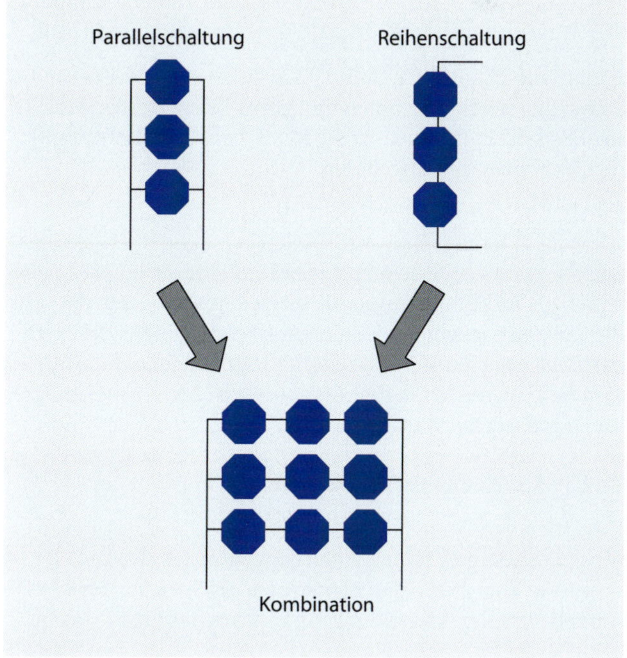

Abb. 11.15: Verschaltung von Solarzellen zu Solarmodulen (Quelle: Krimmling, 2009)

Die Leistung eines Solarmoduls wird üblicherweise als Spitzenleistung in Wattpeak (W_P) angegeben.

Die Hauptkomponenten einer Fotovoltaikanlage sind

- Solarmodule,
- Wechselrichter,
- sonstige Komponenten (Zähler, Verteileranlage, Verkabelung, Ständersysteme).

Fotovoltaikanlagen werden in Deutschland überwiegend im Netzparallelbetrieb realisiert. Dabei erfolgt die Versorgung des Gebäudes primär aus dem öffentlichen Stromnetz. Der Strom der Fotovoltaikanlage wird abzüglich des momentanen Eigenverbrauchs im Gebäude in dieses Netz eingespeist. Die Anlage wird mit 3 Zählern ausgestattet, wobei der gesamte von der Fotovoltaikanlage erzeugte Strom gemessen wird. Auf der Grundlage dieser Messung wird die Vergütung nach dem EEG bestimmt. Die prinzipielle Schaltung für eine typische Anlage auf einem Einfamilienhaus zeigt Abb. 11.16.

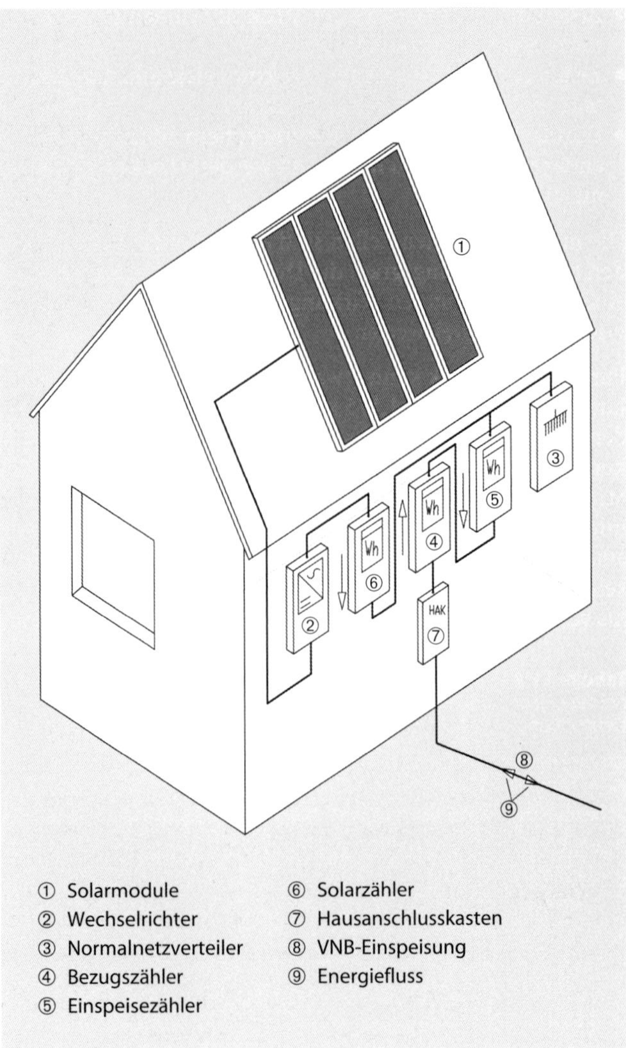

Abb. 11.16: Fotovoltaikanlage im Netzparallelbetrieb

Brennstoffzellentechnik

Generell wird in Brennstoffzellen Wasserstoff kontinuierlich durch Zuführung von reinem oder Luftsauerstoff an der Anode katalytisch oxidiert und dabei unter Abgabe von Elektronen in Protonen umgewandelt. Diese chemische Reaktion ist die Umkehrung der Elektrolyse und exotherm, d. h., es wird zusätzlich Wärme frei.

Wirkungsprinzip und Arten sind in Kapitel 6.4.4 beschrieben. Während Brennstoffzellen in der Wärmetechnik eine noch sehr untergeordnete Bedeutung haben, ist auf dem Gebiet der elektrischen Gebäudetechnik eine beginnende Anwendung zu verzeichnen. Insbesondere die Arten PEM sowie PAFC und MCFC sind in der Gebäudetechnik relevant, wobei sich PEM-Brennstoffzellen z. B. für Notstromsysteme eignen.

Eine Brennstoffzelle liefert ca. 0,5 bis 1 V Gleichspannung, abhängig von der Art der Brennstoffzelle und der Temperatur. Aufgrund dieses niedrigen Wertes werden Brennstoffzellen zu Stapeln zusammengefasst.

Es werden bereits unterbrechungsfreie Stromversorgungen auf Basis einer Brennstoffzelle in 19-Zoll-Einschubtechnik für Rechenzentren angeboten.

Im Hinblick auf den Einsatz ist zu vermerken, dass bestimmte Arten der Brennstoffzellen mit zunehmender Entwicklung ein geringeres Volumen und eine geringere Masse haben als Akkumulatoren mit vergleichbarer Kapazität. Für die Zuverlässigkeit einer Brennstoffzellenanlage gibt es bisher zwar nur wenige Langzeiterkenntnisse, jedoch lassen diese auf ausreichend gute Ergebnisse hoffen, insbesondere im Gegensatz zur Batterietechnik.

11.2.5 Speicherung von Elektroenergie

Elektroenergie lässt sich nicht direkt speichern, sondern muss in andere Energieformen umgewandelt werden. Folgende Energieformen eignen sich als Speicher für die schnelle Wiederverwendung als Elektroenergie:

- mechanische Energie (Wasserkraft in Pumpspeicherwerken, Schwungmassen-Rotationsspeicher)
- chemische Energie in Form von Ladungstrennungen (Batterien und Akkumulatoren)
- chemische Energie in Form von Brennstoff (Wasserstoff)

Noch unbedeutend und daher nur am Rand erwähnt ist die Speicherung über Wärme, da die Systeme zur Wiedergewinnung von Strom aus Niedertemperaturwärme noch in Entwicklung stehen.

Die Speicherung elektrischer Energie erfolgt vordergründig zu folgenden Zwecken:

- zum Ausgleich von Spitzenlasten,
- zur Notstromversorgung,
- zur Versorgung von relativ kleinen Verbrauchern im mobilen Bereich (mobile Telefone) oder in Kleinstgeräten mit sehr geringem Energiebedarf (Spielzeug, Uhren usw.).

Pumpspeicherwerke (vgl. Abb. 11.17) werden im Rahmen der Energieversorgungsnetze verwendet und haben keine Bedeutung für die Gebäudetechnik. Das Funktionsprinzip besteht in der Überwindung eines Höhenunterschiedes durch Pumpen in der verbrauchsarmen Zeit unter Verwendung von temporärer Überschussenergie aus dem Netz und Wiedereinspeisung zu Spitzenlastzeiten durch Nutzung der Wasserkraft über den Generator.

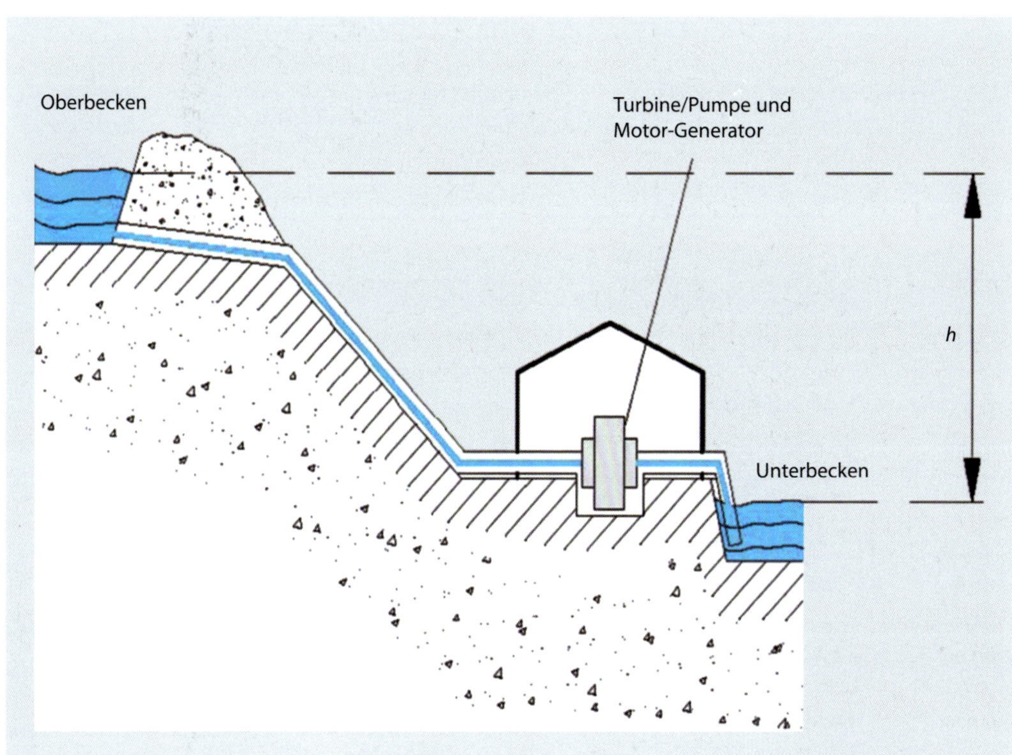

Abb. 11.17: Prinzipskizze Pumpspeicherwerk (*h*: Höhenunterschied)

Rotierende Schwungmassespeicher (vgl. Abb. 11.18) werden für größere Notstromversorgungen spezieller Gebäude errichtet (große Anlagen der Informationstechnik), bei denen eine gute Verfügbarkeit und Zuverlässigkeit erwartet werden. Sie sind meist als dynamische USV-Anlagen in Kombination mit einem Dieselaggregat ausgeführt. Die verfügbare Energie der Schwungmasse überbrückt die Anlaufzeit des Netzersatzaggregates.

Abb. 11.18: Rotationsspeicher, Kurzzeitüberbrückung durch Ausnutzung der Energie der Schwungmasse (Quelle: Kinetischer Energiespeicher der Fa. Piller Power Systems GmbH, Osterode)

Batterieanlagen (vgl. Abb. 11.19) werden in erster Linie zur Sicherheitsstromversorgung von Gebäuden mit geringer Umschaltzeit aus dem Netz der allgemeinen Stromversorgung heraus und vor allem für die Versorgung von Verbrauchern der Sicherheitsbeleuchtung eingesetzt. Letztlich ist die Speicherfähigkeit gegenüber dem Bedarf im Gebäude generell sehr gering und die Langzeitzuverlässigkeit als technisches Hauptproblem der Batterieanlagen noch nicht umfassend gelöst.

Abb. 11.19: Darstellung Batterieanlagen (Quelle: Hoppecke Batterien GmbH & Co. KG, Brilon, www.hoppecke.de)

Des Weiteren haben sich elektrische Stromspeicher (Akkumulatoren) etabliert, mit denen in kleinskaligem Maßstab Elektroenergie in Haushalten gespeichert werden kann, um die lokale und fluktuierende Erzeugung von Solarstrom an den stetigen Verbrauch im Haushalt anzupassen. Am weitesten sind Lithium-Ionen- und Lithium-Polymer-Akkus verbreitet, mit denen 0,15 bis 0,20 kWh/kg erreicht werden. Bei einem angenommenen Energiebedarf eines Haushalts von 2.000 kWh/a und einer Vollversorgung des Bedarfs aus erneuerbaren Energien gilt bei einer unterstellten Dunkelflaute von 48 Stunden (trat zwischen 1995 und 2005 zweimal im Jahr auf) ein rechnerischer Bedarf von 11 kWh als ausreichend. Konsequenterweise werden die Energiespeicher in diesem Speicherungsbereich angeboten (vgl. Abb. 11.20) und kosten ca. 400 €/kWh.

Abb. 11.20: 10,56 kWh-Energiespeicher an 8,48 kWp-PV-Generator

Technische Daten			
Module	*Heckert NeMo 60 P 265Wp*	Gesamtleistung PV	*8,48 kWp*
WR/Speicher	*E3/DC S10 BLACKLINE E AI*	Leistung AC	*12,00 kW*
Notstrom	*3-phasig*	Leistung Notstrom	*3,00 kW*
Nettospeicherkapazität	*10,56 kWh*	Systemgarantie	*10 Jahre*

Modulfelder		
Modulfeldbezeichnung	*Südostdach*	*Nordwestdach*
Modulneigung	*45°*	*45°*
Südabweichung	*-60°*	*120°*
Abweichung Ausrichtung	*12%*	*36%*
Abweichung Verschattung	*0%*	*0%*
Leistung	*4,24 kWp*	*4,24 kWp*

Ertragsprognose			
Regionaler Solarenergieertrag	*934 kWh/kWp*	Aktueller Nettobezugspreis	*25,21 ct/kWh*
Gemittelte Abweichung	*24%*	Nettosolarvergütung	*12,30 ct/kWh*
Spezifischer Solarenergieertrag	*712 kWh/kWp*	Bezugspreiserhöhung	*6,0 %/a*
Solarenergieertrag AC	*5556 kWh/a*	mögliche SAB-Förderung	*4.820 €*
Überschusseinspeisung	*1724 kWh/a*	Systemkosten	*16.160 €*
Eigenverbrauch	*3833 kWh/a*	Refinanzierungsdauer	*ca.10 Jahre*
Netzbezug	*1168 kWh/a*	Eigenverbrauchsquote	*69%*
Gesamtverbrauch	*5000 kWh/a*	Autarkiequote	*77%*

Abb. 11.21: Technische Daten einer Fotovoltaikanlage (Schuch, 2017, S. 3)

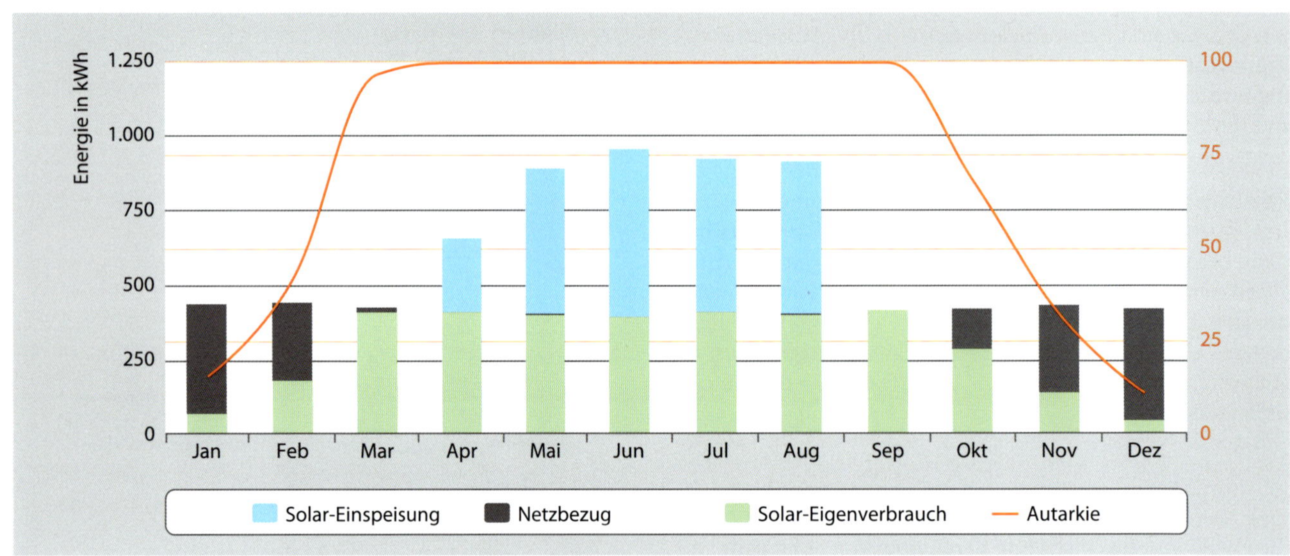

Abb. 11.22: Jahresgang der Nutzung der verschiedenen Energiequellen (Schuch, 2017, S. 4)

Am Beispiel einer Fotovoltaikanlage mit Energiespeicher (vgl. Abb. 11.21) kann das Zusammenspiel des Speichers mit der Erzeugung erneuerbarer Energie und dem Verbrauch gezeigt werden (vgl. Abb. 11.22).

11.3 Gebäudeinstallation

Die Gebäudeinstallation umfasst entsprechend Abb. 11.1 die Anlagentechnik für die Hauptstromversorgung, die Eigenstromversorgung, die Verteilsysteme und die Endverbrauchersysteme. Sonderanlagen werden in Kapitel 11.4 beschrieben.

11.3.1 Transformatorstation

Bei einem hohen Leistungsbedarf im Gebäude ist die Errichtung einer Transformatorstation im Bereich des Gebäudes selbst zu berücksichtigen. Wie in Kapitel 11.2.1 ausführlich beschrieben, ist die Ortsnetzstation des VNB, die im Gebäude bzw. Gelände unterzubringen ist, von der kun-

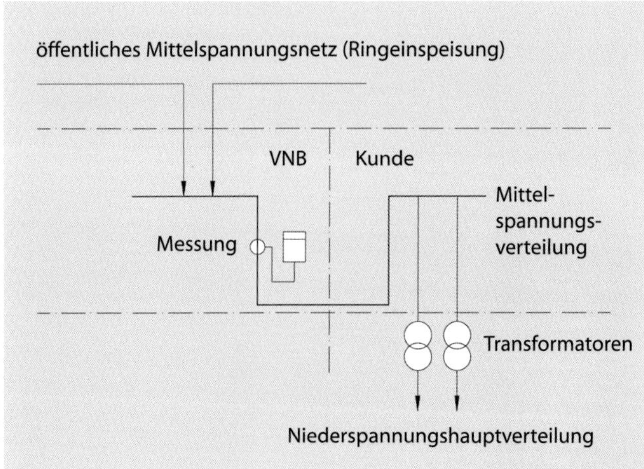

Abb. 11.23: Prinzip Mittelspannungseinspeisung Sondervertragskunde

deneigenen Station zu unterscheiden. Die Anforderungen an die Aufstellung sind ähnlich, jedoch sind die Schnittstellen der Übergabe und die hoheitliche Verantwortung klar zu unterscheiden.

Ortsnetzstationen

Ortsnetzstationen der VNB finden Anwendung, wenn es mehrere leistungsstarke Abnehmer im Gebäude gibt und eine kundeneigene Station vom Abnehmer nicht gewünscht wird. Dabei stellt der Gebäudeeigentümer die Räumlichkeiten oder das Grundstück zur Verfügung, sofern die Station nicht außerhalb bereits existiert oder neu angeordnet werden kann. Über Dienstbarkeiten werden Zugang, Nutzung und Verantwortlichkeiten geregelt. Nach Möglichkeit sollte ein separater Zugang von außen geschaffen werden, zumindest aber muss dem VNB der Zutritt ungehindert gewährt werden.

Die Lage auf dem Gelände oder im Gebäude sollte nach außen und gegen das öffentliche Straßenland gerichtet sein. Generell erfolgt die Mittelspannungseinspeisung auf dem kürzesten Weg von der Straße bzw. dem Gehweg aus. Diese Leitungen sind vom VNB zumeist als Ring angeordnet, damit aus Gründen der Versorgungssicherheit die Versorgung im Fehler- oder Wartungsfall auch von der anderen Seite erfolgen kann, d. h., pro Einspeisung sind 2 Mittelspannungskabelsysteme in das Haus zu führen. Die Trassen dürfen im Gebäude nicht zugänglich sein, sie sind vor mechanischer Beschädigung zu schützen und die Brandlast der VNB-Trassen ist gegenüber weiteren Räumen des Gebäudes abzuschotten.

Kundeneigene Transformatorstation

Die kundeneigene Station wird aus wirtschaftlichen Erwägungen in größeren Gebäuden und bei nur einem Hauptabnehmer errichtet, da der Strombezug aus dem Mittelspannungsnetz günstiger ist.

Auch diese Station kann als kompakter, frei stehender Baukörper auf dem Gelände oder aber im Gebäude errichtet werden. In einigen Fällen ist auch eine reine Mittelspannungsübergabestation als Übergabepunkt zum VNB sinnvoll, um die Transformatoren selbst in der Nähe des Lastschwerpunktes positionieren zu können.

Bei der Innenraumaufstellung sind folgende Hauptkomponenten zu berücksichtigen (vgl. Abb. 11.23):

- Übergabe aus dem Mittelspannungsnetz
- Messung VNB
- Mittelspannungsverteilung für Einzeltransformatoren
- Transformatoren inklusive Schutz
- Übergabe an die Niederspannungshauptverteilung

Die Anlagen bestehen aus mehreren Feldern, die die Leistungsgrenze zum Versorger beinhalten. Es gibt aber mindestens 1 Mittelspannungseinspeisefeld, in der Regel aber 2, das Übergabe- und Messfeld sowie die Abgangsfelder zu den jeweiligen Transformatoren. Reserven werden als nicht belegte Abgangsfelder bzw. mindestens als Ausbauplatz im Schaltanlagenraum vorgesehen.

Die Schaltanlagenräume sind so zu errichten, dass Kabel problemlos zwischen den Feldern und zu den weiteren Anlagenkomponenten gezogen werden können. Hier ist nicht nur der Querschnitt, sondern vor allem der maximale Biegeradius zu beachten. Für Mittelspannungsanlagen genügen meistens lichte Höhen von Kabelböden von mindestens 1 m. Kabelböden werden über Doppelboden oder feste Kriechkeller realisiert.

Die Anordnung der Mittelspannungsanlage erfolgt getrennt von der Niederspannungsanlage. Die Transformatoren sind ebenfalls getrennt, in Ausnahmefällen gemeinsam mit der Mittelspannungsanlage räumlich anzuordnen. In Abb. 11.24 und 11.25 werden mögliche räumliche Aufteilungen dargestellt.

Aufstellräume für Transformatoren

Die Aufstellräume für Transformatoren und zugehörige Schaltanlagen sind wie folgt zu gestalten:

Mindestraumabmessungen

- Länge = Transformatorenlänge + 2 × 80 cm
- Breite = Transformatorenbreite + 2 × 80 cm

Die Raumhöhe ergibt sich über die Berechnungshöhe *H* entsprechend Abb. 11.25. Die Abmessungen gebräuchlicher Transformatoren sind in Tabelle 11.3 angegeben.

Tabelle 11.3: Wichtige Transformatorendaten gängiger Typen (Zusammenstellung verschiedener Herstellerquellen)

Trafo-leistung (kVA)	Trafo-art	Abmessungen (m) *L*	*B*	*H*	Gewicht (kg)	Verluste bei I_n und U_n (W)
400	Epoxid	1,54	0,82	1,48	1.950	5.450
	Öl	1,65	0,90	1,90	1.300	6.930
630	Epoxid	1,62	0,84	1,64	2.600	7.900
	Öl	1,80	0,93	1,94	2.300	9.700
1.000	Epoxid	1,80	0,99	1,92	3.700	12.100
	Öl	2,02	1,10	2,40	2.600	14.700
1.600	Epoxid	1,93	1,04	2,20	5.600	13.400
	Öl	2,20	1,40	2,60	3.600	22.600

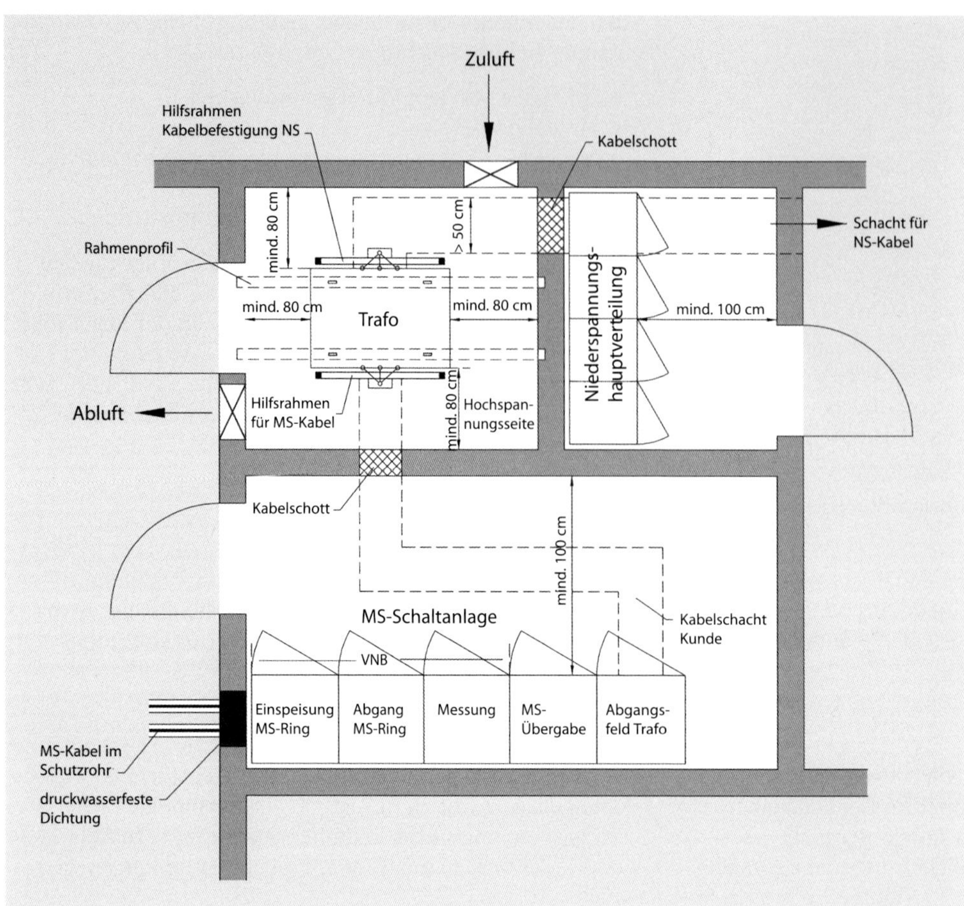

Abb. 11.24: Beispielanordnung Transformatorstation, Mittel- und Niederspannungsschaltanlagen (Maße für Umgang Transformator sind als Empfehlung zu sehen; MS: Mittelspannung; NS: Niederspannung)

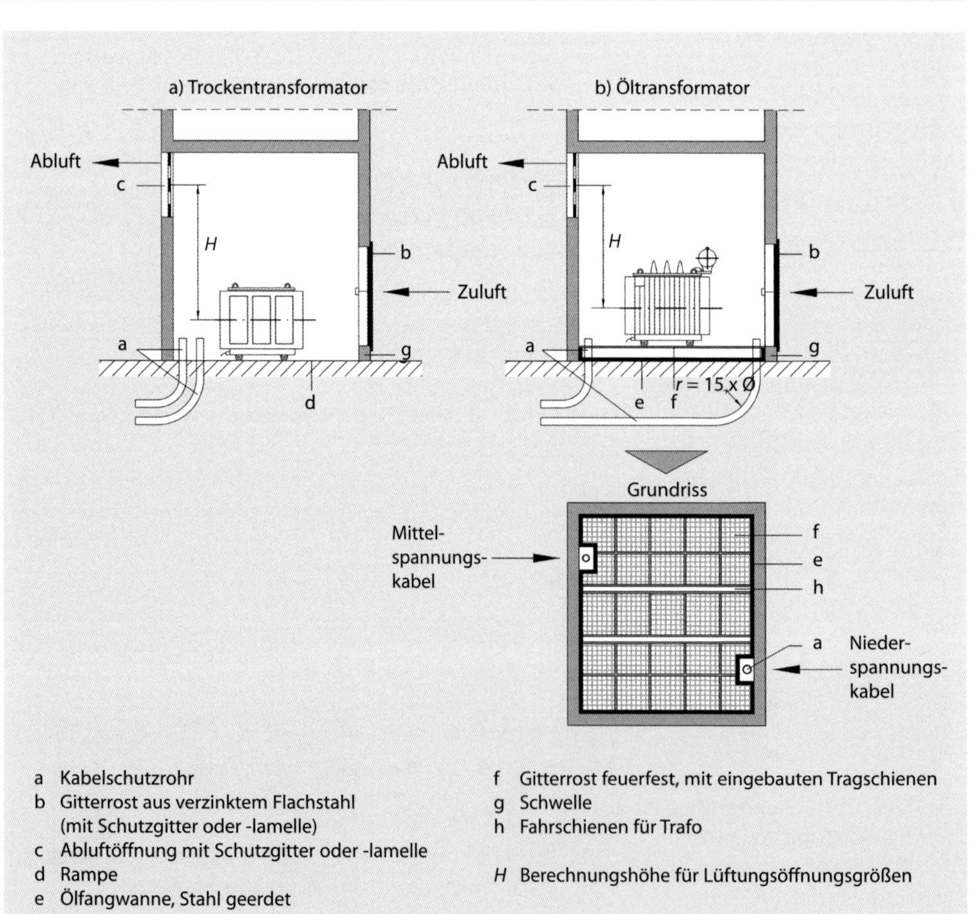

Abb. 11.25: Aufstellbedingungen von Transformatoren

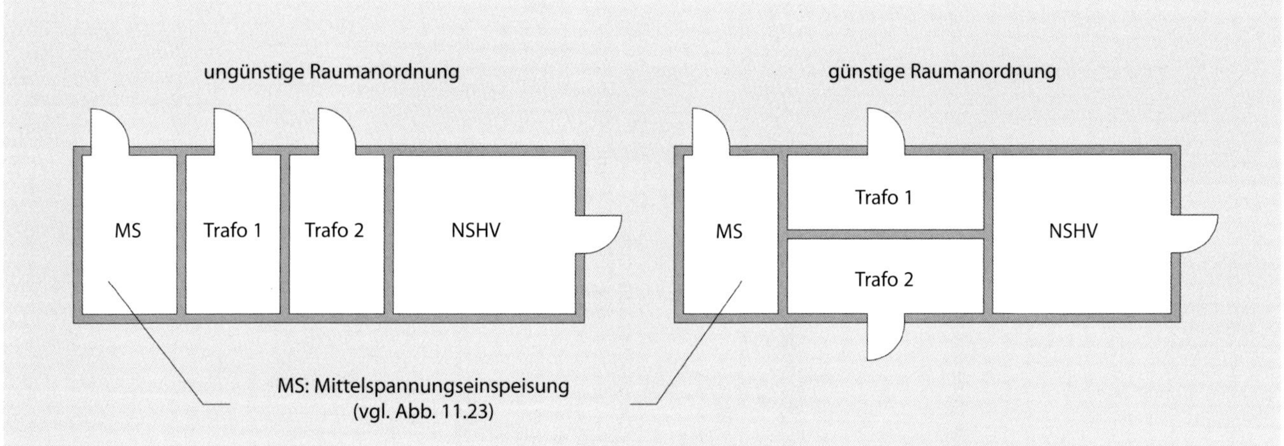

Abb. 11.26: Raumanordnung Trafostation und zugehörige Schaltanlagen (NSHV: Niederspannungshauptverteilung)

Raumtür

- in Fluchtrichtung aufschlagend
- Türbreite = Trafobreite + 20 cm + Türzargenmaß
- Türhöhe = Trafohöhe + 20 cm
- in das Gebäudeinnere führend in F30-Ausführung
- Erdungsanschlussmöglichkeit
- Schloss mit Panikverriegelung innen
- außen mit Hochspannungswarnschild

Raumstandort

- grund- und hochwasserfrei
- sonnenabgewandt

Brandschutzanforderung

Die Aufstellräume sind entsprechend EltBauVO brandschutztechnisch als elektrische Betriebsräume einzustufen.

Lüftungsöffnungen

- Be- und Entlüftung des Trafoaufstellraumes zur Abführung der Trafoverlustleistung
- Zuluftöffnung im unteren Bereich des Transformators, Abluftöffnung gegenüberliegend unterhalb der Raumdecke
- bevorzugt natürliche Entlüftung (mechanische Entlüftung wird notwendig, wenn die bauliche Begrenzung der Größe der Lüftungsöffnung eine natürliche Entlüftung nicht zulässt bzw. die [Wärme-]Verlustleistung nicht mehr abgeführt werden kann)
- Beachtung der Querschnittsreduktionen der Öffnungen durch Tierschutz- und Wettergitter

Anordnung der Aufstellräume

Die Raumanordnung ist wegen der notwendigen Kabelverbindungen zwischen Mittelspannungseinspeisung, Transformatoren und Niederspannungshauptverteilung von wesentlicher Bedeutung.

Architekt und Fachplaner müssen die räumliche Anordnung von Transformatoren und Schaltanlagen gemeinsam optimieren (vgl. Abb. 11.26).

Geräuschentwicklung und elektromagnetische Felder

Es ist mit Geräuschentstehungen unter Last zu rechnen, die beim Raumnutzungskonzept sowie dessen baulicher Gestaltung zu berücksichtigen sind.

Die starke Entwicklung von elektromagnetischen Feldern ist zu beachten. Dies kann sich insbesondere auf empfindliche elektronische bzw. medizinische Geräte auswirken. Solche Geräte sollten sich nicht in der Nähe von Trafoaufstellorten befinden, ansonsten muss eine Abschirmung des Raumes erfolgen.

11.3.2 Hauptstromversorgungssystem

Das Hauptstromversorgungssystem eines Gebäudes umfasst mindestens folgende Komponenten:

- Hausanschluss (HA) mit Anschluss der Leitung des Energieversorgers
- Hauptverteiler (HV), auch in Kombination mit Hausanschluss möglich (HA-HV-Kombination)
- Hauptleitung/-en (Kabel vom HA zum Zähler)
- ggf. Zählerverteilung/-en (ZV)

Hausanschluss und Hauseinführung

Der Hausanschluss ist die definierte Übergabestelle der Stromversorgung vom VNB bzw. vom vorgeordneten Versorgungssystem. Schnittstelle ist die Abgangsklemme des Hausanschlusskastens. Für die Einführung in das Gebäude hat der Gebäudeeigentümer in der Regel die entsprechende Einführung gemäß den örtlichen Bedingungen zu stellen (vgl. Hauseinführungsbeispiel in Abb. 11.28).

Für die Errichtung und den Betrieb des Hausanschlusskastens (HAK) inklusive der Gebäudeanschlussleitung ist der Energieversorger verantwortlich, für den mechanischen Schutz und sorgsamen Umgang der Hausbesitzer bzw. Nutzer. Der HA ist in der Regel dreiphasig aufgebaut und beinhaltet je Phase eine Hausanschlusssicherung, die die Anschlussleistung auf ein maximales Maß begrenzt und auch die unmittelbar folgende Leitung bis zum Hauptverteiler schützt. Diese Sicherungen sind Eigentum des Energieversorgers und daher dem Hausbesitzer oder Nutzer einschließlich deren beauftragter Elektrofirma nicht zugänglich. Der HAK ist gegen unbefugte Benutzung verplombt.

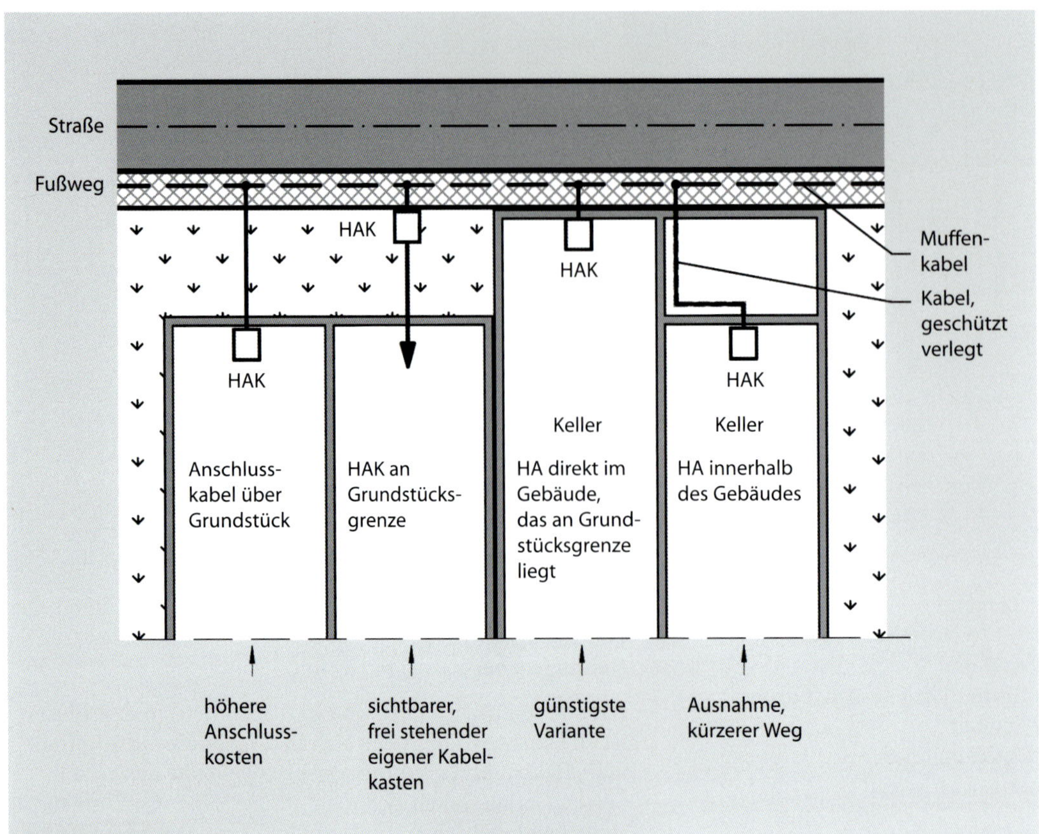

Abb. 11.27: Beispiele Lage der Hausanschlüsse (Leistungsgrenze VNB; HA: Hausanschluss, HAK: Hausanschlusskasten)

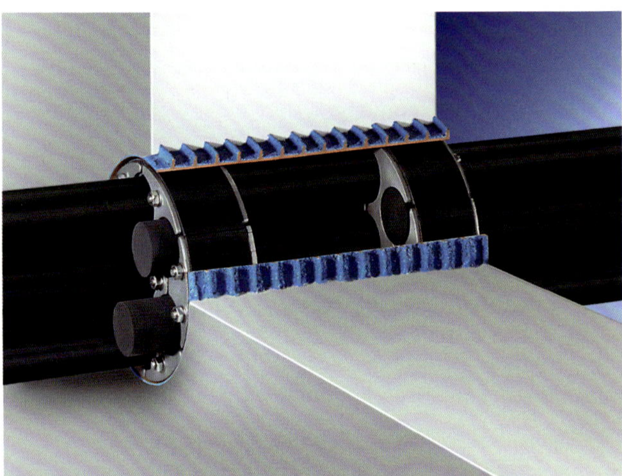

Abb. 11.28: Kabeleinführung, Dichtung gegen drückendes Wasser (Quelle: Hauff-Technik GmbH & Co. KG, Herbrechtingen, www.hauff-technik.de)

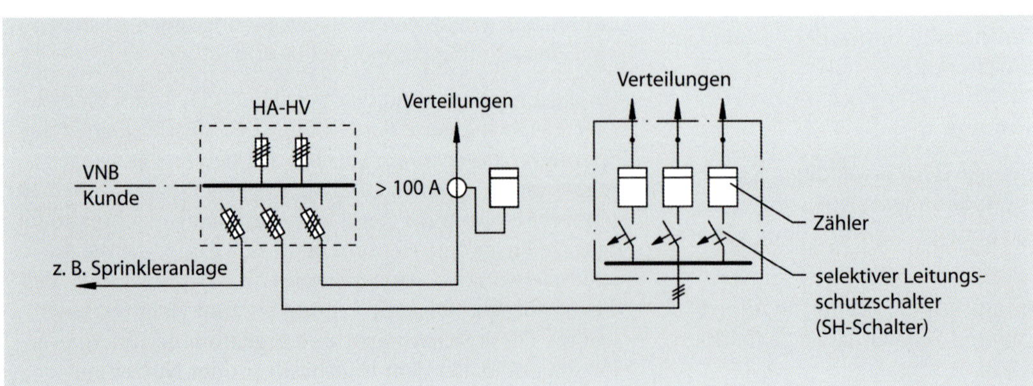

Abb. 11.29: Übersicht Hausanschluss-Hauptverteiler-Kombination (HA-HV) mit Abgängen (Wandlerzählung, Zählerverteilung, Sprinklerschaltung)

Der Hausanschluss eines Gebäudes wird vom VNB entsprechend dem überschlägig ermittelten Leistungsbedarfs erstellt. Meistens erfolgt der Anschluss durch ein Kabel von einer Muffe aus dem Niederspannungsversorgungskabel auf der Straße bzw. dem Gehweg. Die Abb. 11.27 stellt 4 verschiedene Varianten des Hausanschlusses dar.

Hausanschlüsse werden in vorbestimmten Größen in Abhängigkeit der Sicherungsabstufung zur Verfügung gestellt. Üblich sind heute folgende HA-Größen mit den zugehörigen Anschlussleistungen (Klammereintragung weist auf Dreiphasendrehstromnetz hin):

- (3 ×) 250 A – 173 kVA (ggf. mehrfach)
- (3 ×) 100 A – 69 kVA

Die HA-Sicherungen begrenzen nicht nur die Anschlussleistung des Gebäudes, sondern dienen auch dem Schutz vor Überlastung des Hausanschlusskabels (Überstromschutz).

Eine übliche Variante des Hausanschlusses ist die Kombination mit dem nachfolgenden Hauptverteiler (vgl. Abb. 11.29). In diesem Fall wird vor allem Platz und die Hauptleitung zwischen den beiden Verteilern eingespart. Grundsätzlich ist die Errichtung dieser Kombination Aufgabe des ausführenden Elektrikers der Gebäudeanlage unter Beachtung der Anschlussbedingungen des VNB. Diese Hausanschluss-Hauptverteiler-Kombination ist so beschaffen, dass maximal nur die Sicherungen des Hauptverteilers durch die Elektriker des Gebäudeeigentümers wechselbar sind.

Die Kundenstruktur der Versorgungsunternehmen ist in Tabelle 11.4 dargestellt.

Tabelle 11.4: Kundenstruktur

Tarifkunden	Sondervertragskunden
• Kunden mit durchschnittlichem Energieverbrauch, entsprechend den Vorgaben der unterschiedlichen VNB, in der Regel unter 100.000 kWh/a; Bereitstellung der Energie aus dem Niederspannungsnetz • Kunden ohne besondere Anforderungen an die Versorgungssicherheit	• Kunden mit hohem Energieverbrauch, entsprechend den Vorgaben der unterschiedlichen VNB, in der Regel ab 100.000 kWh/a; Bereitstellung der Energie aus dem Nieder- und Mittelspannungsnetz • Kunden mit besonderen Anforderungen an die Versorgungssicherheit

Über die Errichtung einer eigenen Trafostation können Kunden mit einem hohen Verbrauch und hoher Anschlussleistung einen günstigeren Tarif erzielen. Diese Investition amortisiert sich aufgrund der geringeren Bezugskosten in der Regel innerhalb kurzer Zeit.

Hauptleitungen

Als Hauptleitung wird das Kabel vom Hausanschluss über den Hauptverteiler bis zum Zähler bezeichnet. Abb. 11.30 zeigt das Grundprinzip eines Hausanschlusses mit separatem Hausanschlusskasten (HAK) und Zählerverteilung. Die Hauptverteilung, die üblicherweise zwischen HAK und Zählerverteilung platziert wäre, entfällt hier, da es sich um eine kleine Anlage handelt.

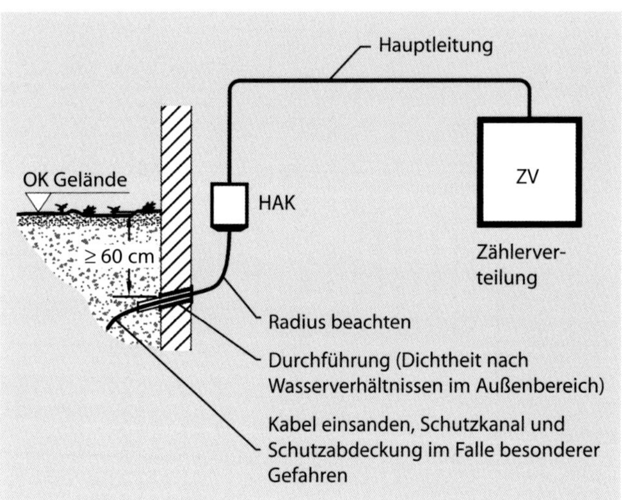

Abb. 11.30: Prinzip Hausanschlusskasten (HAK) vor Hauptleitung und Hauptverteiler (HV)

Hauptleitungen sind generell Drehstromkabel:

- mehradrig von 35 bis 185 mm² Cu
- einadrig (bis 300 mm² Cu) bzw.
- als Schienensystem (bis 600 mm² Cu oder Al) bei größeren Leistungen

Hauptleitungen werden vor allem auf Putz verlegt und beanspruchen aufgrund ihrer Größe und entsprechend notwendiger Biegeradien viel Platz, was bei der Raumplanung zu berücksichtigen ist.

Bei einer zentralen Messung innerhalb von Gebäuden aufgrund einer verbraucherrechtlich einzelnen Nutzung (z. B. im Hotel) gibt es in der Regel andere Anordnungen mit eigener Trafostation. Das nachfolgende Verteilnetz beinhaltet dann keine weiteren Zählerverteilungen.

Dezentral angeordnete Zähler pro Etage im Treppenhaus kommen im Altbestand vor und haben daher nur noch Bedeutung im Zusammenhang mit Teilsanierungen. Diese Anordnung ist zwar sparsam im Umgang mit Leitungsmaterial, hat aber auch grundlegende Nachteile:

- Die Brandlast im Treppenhaus ist hoch. Nach aktuellen Leitungsanlagenrichtlinien ist eine Abschottung erforderlich.
- Die zentrale Ablesung durch den VNB ist nicht gegeben, damit ergibt sich ein höherer Ableseaufwand.
- Die Ausfallsicherheit (Selektivität) ist geringer als bei sternförmiger Versorgung.

Nicht zu verwechseln ist diese Anordnung mit einer dezentralen Aufteilung von Zählergruppen z. B. innerhalb von Hochhäusern, wenngleich sie elektrotechnisch ähnlich zu bewerten ist. Die Variante der dezentralen Zähleranordnung trägt der oben beschriebenen Kostenoptimierung einer Versorgungsstruktur über weitere Netze Rechnung. Die Versorgung erfolgt entweder sternförmig oder über Durchschleifsysteme, wie z. B. Stromschienen.

Hauptverteilung

Die Hauptverteilung des Gebäudes ordnet sich entsprechend Abb. 11.29 nach dem Hausanschluss und der dort abgehenden Hauptleitung als Verteiler für die nachfol-

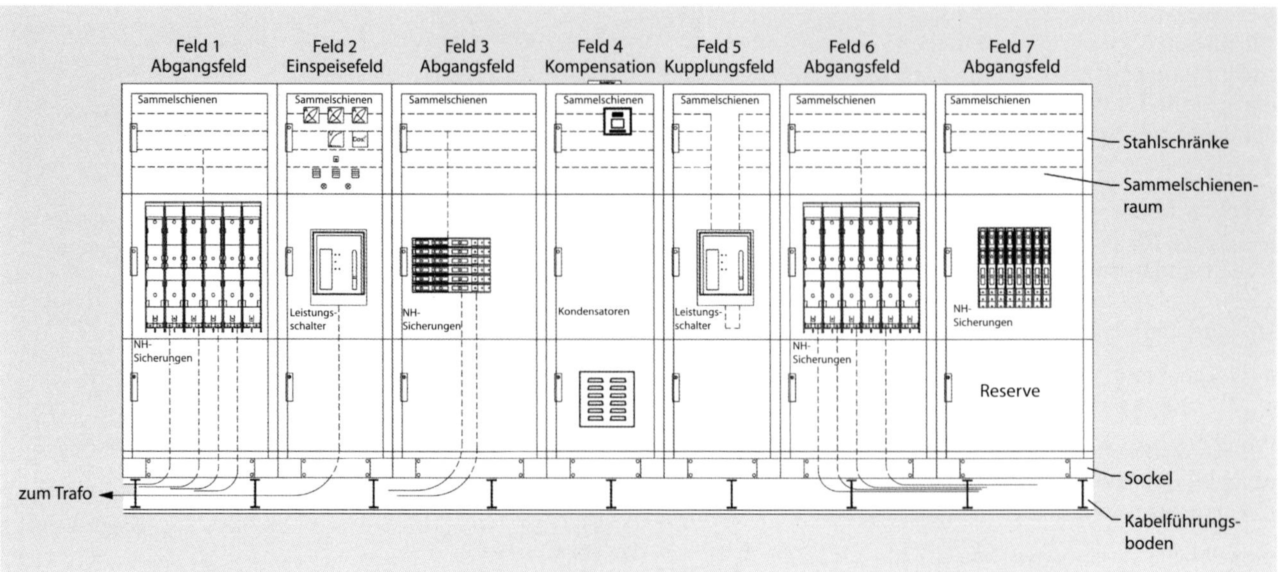

Abb. 11.31: Aufbauansicht Niederspannungsschaltanlage (NH-Sicherungen: Niederspannungshochleistungssicherungen)

genden Zählerverteilungen ein. Wie oben beschrieben ist die Kombination mit dem Hausanschluss eine platzsparende Variante, was allerdings die gleichzeitige und nicht unabhängige Errichtung beider Komponenten voraussetzt.

Hauptverteiler werden in der Regel als wandhängende Isolierstoffverteiler (bzw. -kombinationen, auch auf Gestell) ausgeführt. Die inneren Verbindungen sind durch Stromschienen realisiert. Dem relativ geringen Platzbedarf der Verteilung selbst ist zusätzlich ein erheblicher Platzbedarf an Wandfläche für die Kabelverlegung zuzurechnen, da die Kabel große Biegeradien haben.

Eine Sonderform der Hauptverteilung ist die Niederspannungshauptverteilung (NSHV) in Schrankbauweise als Niederspannungsschaltanlage (vgl. beispielhaft Abb. 11.31). Diese Form der Hauptverteilung wird bei Vorhandensein mindestens eines der folgenden Kriterien gewählt:

- Berücksichtigung von Leistungsschaltern, z. B. infolge einer Transformatoranbindung oder für Kuppelschaltungen
- hohe Anzahl an Abgängen, z. B. bei Großabnehmern (Zählung mittelspannungsseitig)
- hohe Gesamtleistung des Hausanschlusses bei über 750 A (3 × 250 A) Drehstrom

Zusätzlich ist bei größeren Anlagen zu prüfen, ob eine Blindleistungskompensation erforderlich ist, die ggf. auch in die NSHV integriert werden kann.

Blindleistungskompensationsanlage

Die Entstehung von sog. Blindleistung resultiert aus den Grundeigenschaften des Wechselstroms. Blindleistung entsteht abhängig von der Struktur der Elektroanlage, d. h. abhängig von Verbrauchern und Kabelanlagen. Der Wesenszug der Blindleistung ist, dass Spannung und Strom um 90 ° gegeneinander verschoben sind und so keine Wirkleistung produziert werden kann.

Prinzipiell haben die elektrotechnischen Komponenten, durch die der Wechselstrom fließt, mehr oder weniger induktive bzw. kapazitive Eigenschaften, d. h., der Widerstand hat nicht nur rein ohmschen Charakter, sondern es entsteht ein sog. Blindwiderstand. Dieser entsteht durch ständige sinusförmige Änderung elektrischer Felder einerseits (kapazitive Eigenschaften) und Magnetfelder andererseits (induktive Eigenschaften). Dadurch wird das System quasi kurzzeitig mit Energie aufgeladen, die nachfolgend wieder zurückgeliefert wird. Dieser Effekt bewirkt eine Zeitverschiebung zwischen Strom und Spannung. Bei vorwiegend induktiver Last eilt der Strom der Spannung nach (LUI), bei vorwiegend kapazitiver Last (entsteht z. B. in mehradrigen Kabeln) eilt der Strom der Spannung voraus (CIU).

Da kapazitive und induktive Ströme entgegenlaufen, können sich durch Zuschaltung der jeweiligen Verbrauchertypen die Wirkungen gegenseitig aufheben. Dies wird als Blindleistungskompensation bezeichnet. Der Winkel der Verschiebung zwischen Wirk- und Blindanteil ist maßgebend für die Bewertung der Blindleistung über einen sog. Leistungsfaktor als Kosinus dieses Winkels.

Blindleistung liefert keine Wirkarbeit, belastet aber das Netz. Daher ist die Blindleistung so weit zu reduzieren, dass ein Leistungsfaktor von mindestens $\cos \varphi \geq 0{,}9$ ($\varphi \leq 26\ °$) entsteht.

Die Wirkleistung in Wechselstromsystemen ist folgendermaßen zu beschreiben:

$$P = U \cdot I \cdot \cos \varphi \qquad \text{(Formel 11.1)}$$

mit

P Wirkleistung in kW
U Spannung in V
I Strom in A
$\cos \varphi$ Leistungsfaktor

Für die Blindleistung gilt:

$$Q = U \cdot I \cdot \sin \varphi \qquad \text{(Formel 11.2)}$$

mit

Q Blindleistung in kVar
$\sin \varphi$ Blindfaktor

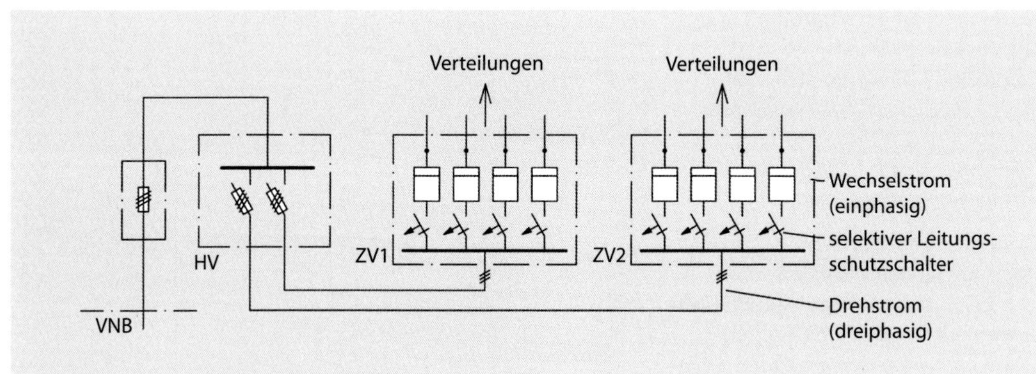

Abb. 11.32: Übersichtsschaltplan Prinzip Zählerverteilungen (HAK: Hausanschlusskasten; HV: Hauptverteiler; ZV1/ZV2: Zählerverteiler 1 bzw. Zählerverteiler 2)

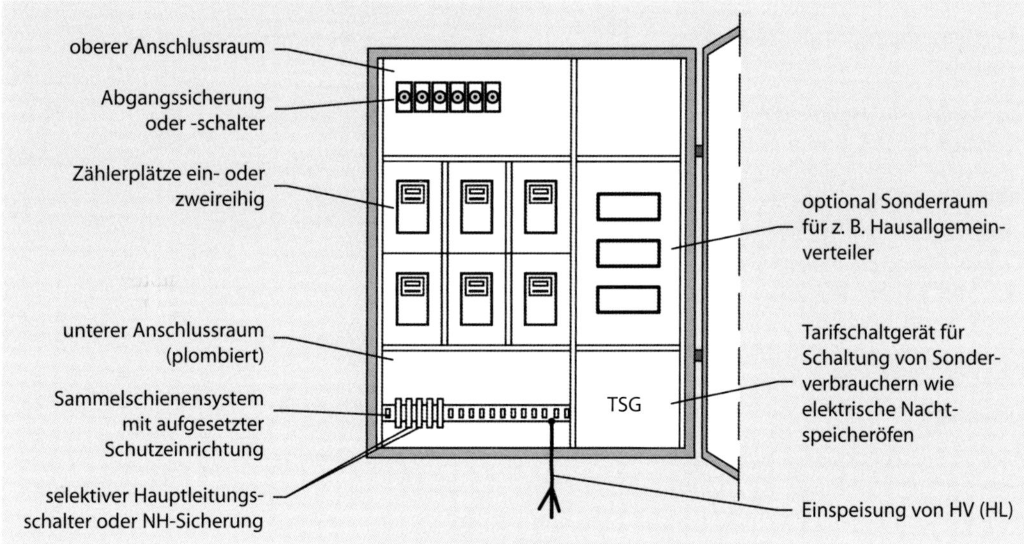

Abb. 11.33: Aufbau Zählerverteilung mit modularem Raster für 5 Mieter und Haus allgemein (HV: Hauptverteiler; HL: Hauptleitung; NH-Sicherung: Niederspannungshochleistungssicherung)

Blindleistungskompensationsanlagen messen den Leistungsfaktor, der innerhalb von Gebäuden überwiegend induktiv vorkommt, und regeln ihn automatisch durch Zuschaltung von rein kapazitiven Lasten (Kondensatoren).

Zählerverteilungen

Die Zählerverteilungen beinhalten die Messeinrichtungen des VNB und sind nach der Hauptleitung bzw. soweit vorhanden nach der Hauptverteilung angeordnet (vgl. Abb. 11.29 und 11.30). Von hier aus werden die einzelnen Endkunden des VNB direkt versorgt. Neben den Endkunden gibt es auch allgemeine Verbrauchergruppen, die den übergreifenden Funktionen des Gebäudes, nicht aber einzelnen Mietern zuzuordnen sind und einen separaten Zähler erhalten. Dieser Verbrauch wird anteilig auf die Mieter umgelegt. Zu nennen sind z. B. die Treppenhausbeleuchtung oder die Heizungsstation.

In der Zählerverteilung sind außerdem die Sicherheitseinrichtungen untergebracht. Heute werden im unteren Anschlussraum vorrangig selektive Hauptleitungsschutzschalter (SLS-Schalter) statt Sicherungen verwendet. SLS-Schalter sind Leitungsschutzschalter, die verzögert abschalten, um ein vorzeitiges Auslösen vor Abschaltung nachgeordneter Sicherungen zu verhindern. Sie werden im unteren Anschlussraum der Zählerverteilung in Leistungsflussrichtung vor dem Zähler untergebracht (vgl. zur Anordnung Abb. 11.32).

Der untere Anschlussraum wird vom VNB verplombt, der obere ist durch die Elektrofachfirma des Gebäudeeigentümers/Nutzers zugänglich. Der obere Anschlussraum über dem Zähler wird vor allem für den Einbau des Hauptschalters für Unterverteiler bzw. Abgangssicherungen und Klemmen verwendet. Nicht unüblich in Wohngebäuden ist die zusätzliche Anordnung eines weiteren Leitungsschutzschalters im oberen Anschlussbereich für die Einspeisung des Mieterkellers. Dieser Abgang ist sinnvoll, da sonst eine Leitung für den Keller aus dem jeweiligen Wohnungsverteiler zurück in den Keller verlegt werden müsste (vgl. Aufbaubeispiel Zählerverteiler in Abb. 11.33).

Sonderformen des Zählerverteilers sind der Einzelzähler für nur einzelne Niederspannungskunden oder der Zähler für Sondervertragskunden, der die Elektroenergie auf der Mittelspannungsseite misst.

Freileitungsanschluss

Erfolgt der Hausanschluss über eine Freileitung, so wird die Stromversorgung des Gebäudes in dessen oberen Bereich, meist im Dachgeschoss isoliert eingeführt und von da aus im Gebäude weiter verteilt. Der Freileitungsanschluss hatte bis zur ersten Hälfte des 20. Jahrhunderts eine größere Bedeutung als der Kabelanschluss. Heute wird in Europa, insbesondere in Deutschland, der Kabelanschluss bevorzugt und der Freileitungsanschluss nur noch in Ausnahmefällen neu errichtet. Die Verteilnetzbetreiber haben mittlerweile die meisten bestehenden Hausanschlüsse auf Kabelanschluss umgestellt. Die heute gebräuchlichste Variante ist in Abb. 11.34 dargestellt. Auf diese Weise wird eine spätere komplette Kabelversorgung vorgehalten.

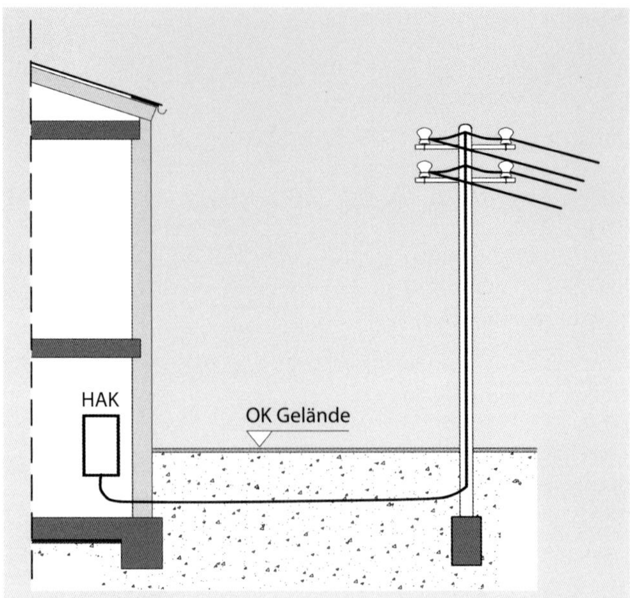

Abb. 11.34: Freileitungsanschlussprinzip über Erdkabel (HAK: Hausanschlusskasten)

Unterbringung von Hauptstromversorgungssystemen

Hauptstromversorgungssysteme einfacher Wohn-, Büro- und Geschäftshäuser werden in Hausanschlussräumen untergebracht (vgl. Abb. 11.35). Damit wird in Mehrfamilienhäusern oder Häusern mit mehreren geschäftlichen Nutzern eine eindeutige Konzentration der zentralen Anlagen erreicht. Soweit möglich, kann auch die Zählerverteilung dort angeordnet werden. Wasser führende Leitungen in unmittelbarer Nähe (vor allem oberhalb) der elektrischen Anlagen sind zu vermeiden.

In Gebäuden mit nur 1 oder auch 2 Nutzungseinheiten wie z. B. in Einfamilienhäusern kann der HA-Raum entfallen. In diesem Fall werden Hausanschluss und Zähler in dafür geeigneten Räumen (Hauswirtschaftsraum, Keller, Treppenhaus) oder Außennischen angeordnet, Hausanschlüsse können auch in einer Hausanschlusssäule abseits vom Gebäude errichtet werden (vgl. Abb. 11.36). Die Zählerverteilungen innerhalb der Gebäude enthalten dann meist auch die Endstromkreisverteiler.

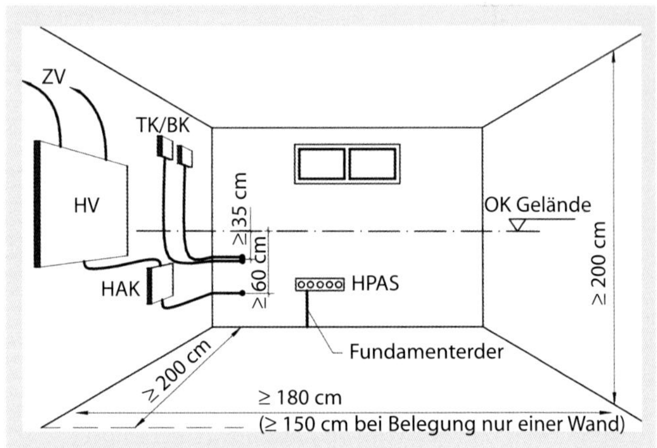

Abb. 11.35: Hausanschlussraum Elektroseite; Tiefe der Bedienfläche vor Anschluss- und Betriebseinrichtungen: mindestens 1,20 m; Mindestdurchgangshöhe unter Leibung und Trassen: 1,80 m (HV: Hauptverteiler; HAK: Hausanschlusskasten; ZV: Zähler; TK/BK: Anschlüsse Telekommunikation/Breitbandkommunikation; HPAS: Hauptpotenzialausgleichschiene)

11.3.3 Sicherheitsstromversorgung

Neben der Hauptstromversorgung benötigen manche Gebäude eine zusätzliche Sicherheitsstromversorgung. Diese versorgt z. B. die Sicherheitsbeleuchtung von Fluchtwegen.

Für die Sicherheitsbeleuchtung müssen die dazu vorgesehenen Leuchten je nach Art der baulichen Anlage innerhalb von 1 bzw. 15 Sekunden und an besonders gefährdeten Arbeitsplätzen innerhalb von 0,5 Sekunden nach Ausfall der allgemeinen Stromversorgung versorgt werden (vgl. auch Abb. 11.8 und Tabelle 11.1). Die Versorgungsdauer beträgt mindestens 1 Stunde und abhängig vom Gebäudetyp und der Schaltungsart bis zu 8 Stunden. Diese Versorgung wird mithilfe von Batterieanlagen realisiert.

Batterieanlagen sind in Räumen mit folgenden Anforderungen unterzubringen:

- Die Räume sind belüftbar zu gestalten, da mit aggressiven Dämpfen zu rechnen ist.
- Die Räume sind trocken, kühl, jedoch frostfrei zu halten.
- Die Aufstellflächen sind mit säurefesten Anstrichen oder entsprechenden Sicherheitsbehältern zu versehen.

Eine Alternative bildet der Einsatz von dezentralen Batterien, beispielsweise direkt in den Leuchten.

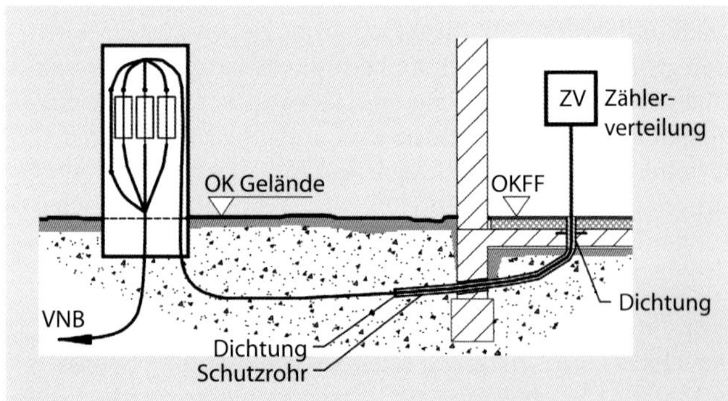

Abb. 11.36: Hausanschluss über frei stehende HA-Säule in Hauswirtschaftsraum eines Einfamilienhauses ohne Keller (OKFF: Oberkante Fertigfußboden)

Entsprechend der Leitungsanlagenrichtlinie (LAR) müssen alle Verteiler der Sicherheitsstromversorgung – wie in Abb. 11.37 und Abb. 11.38 dargestellt – von den Verteilern der allgemeinen Stromversorgung in Funktionserhalt getrennt werden (vgl. zum Begriff Funktionserhalt Kapitel 11.5).

Sicherheitsstromversorgungen in Gebäuden werden ausgehend von der Quelle und unter Berücksichtigung der sicherheitsrelevanten Vorschriften, d. h. Brandschutz und

Ausfallschutz, geplant und errichtet. Die Versorgung der Sicherheitsleuchten pro Brandabschnitt erfolgt bis zum Brandabschnitt selbst (bzw. bis zur ersten Leuchte oder Klemmstelle innerhalb dieses Abschnittes) über Kabel mit Funktionserhalt, um Brandeinflüsse für den Fall der bestimmungsgemäßen Anwendung auszuschließen (vgl. Abb. 11.39). Funktionserhalt bedeutet, dass das Kabel im Brandfall für eine definierte Zeitspanne in Funktion bleiben muss, was durch entsprechende brandschutztechnische Isolationen erreicht wird. Jeder Abschnitt erhält mindestens 2 unabhängige Stromkreise.

Grundlage der Dimensionierung der Batterieanlagen zur Sicherheitsbeleuchtung ist die Planung von Anzahl und Positionierung der Sicherheitsleuchten. Dazu sind die entsprechenden Beleuchtungsberechnungen zum Nachweis der Beleuchtungsstärke (vgl. Kapitel 13.11) im Fluchtweg durchzuführen.

Nach der Positionierung der Sicherheitsleuchten sind folgende Punkte bei der Dimensionierung der Anlagen zu beachten:

- In Räumen und Rettungswegen mit mehr als einer Leuchte der Sicherheitsbeleuchtung sind diese abwechselnd auf mindestens 2 voneinander unabhängige Stromkreise zu verteilen.
- An einen Endstromkreis der Sicherheitsbeleuchtung dürfen nicht mehr als 12 Leuchten angeschlossen werden.
- Endstromkreise dürfen hinsichtlich der angeschlossenen Verbraucher höchstens mit 6 A belastet werden. Sie sind mit Überstromschutzeinrichtungen für 10 A Nennstrom auszustatten.

Bei der notwendigen Errichtung von Zwischenverteilern für Zwecke der Sicherheitsstromversorgung ist auf die brandschutztechnische Trennung vom System der allgemeinen Stromversorgung zu achten, um einem gleichzeitigen Ausfall entgegenzuwirken.

11.3.4 Ladeinfrastuktur

Für die Versorgung von Elektrofahrzeugen mit elektrischer Energie aus dem Wechselstromnetz stehen verschiedene Möglichkeiten zur Verfügung (vgl. Abb. 11.40):

- Beim Laden mit Wechselstrom (AC-Laden) wird die elektrische Energie aus dem Wechselstromnetz unter Verwendung von einer oder 3 Phasen zunächst in das Fahrzeug übertragen. Das im Fahrzeug eingebaute Ladegerät übernimmt die Gleichrichtung und steuert das Laden der Batterie. Die Energieübertragung zwischen dem Wechselstromnetz und dem Elektrofahrzeug kann kabelgebunden oder kabellos, z. B. induktiv (siehe unten), erfolgen. In den meisten Fällen wird das Fahrzeug über eine geeignete Stromversorgungseinrichtung, z. B. eine AC-Ladestation oder AC-Wallbox, mit dem Wechselstromnetz verbunden.
- Das Laden mit Gleichstrom (DC-Laden) benötigt eine Verbindung des Fahrzeugs mit der Ladestation über ein Ladekabel, wobei das Ladegerät in der Ladestation integriert ist. Die Steuerung des Ladens erfolgt über eine spezielle Kommunikationsschnittstelle zwischen Fahrzeug und Ladestation.
- Üblich ist derzeit das leitungsgebundene Laden, auch „konduktives Laden" genannt. Beim induktiven Laden erfolgt die Energieübertragung mithilfe des Transformatorprinzips. Diese Technologie befindet sich für Elektrofahrzeuge aktuell noch in der Entwicklung und Standardisierung. Aus diesem Grund ist sie kommerziell noch nicht großflächig verfügbar.
- Beim Batteriewechsel wird die entladene Batterie aus dem Elektrofahrzeug entfernt und durch eine geladene Batterie ersetzt. Diese Möglichkeit der Energieversorgung spielt aktuell jedoch keine nennenswerte Rolle für die Energieversorgung von Elektrofahrzeugen (Pkw), sondern wird insbesondere für Pedelecs, E-Bikes und ähnliche Fahrzeuge eingesetzt. Dafür gibt es derzeit noch keine einheitlichen Standards.

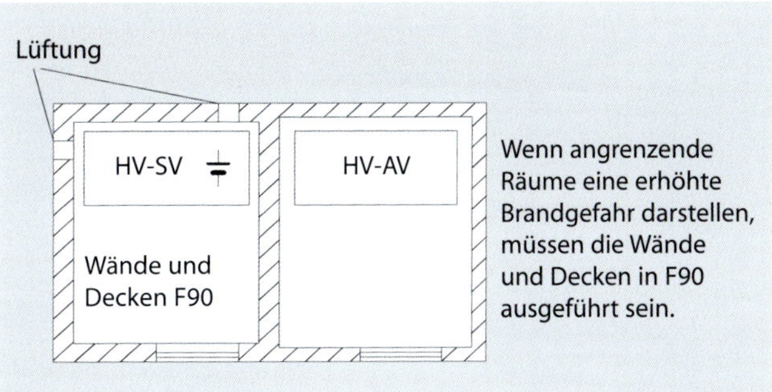

Abb. 11.37: Unterbringung Batterieanlagen für Sicherheitszwecke, Möglichkeit 1 (HV-SV: Hauptverteiler Sicherheitsstromversorgung; HV-AV: Hauptverteiler allgemeine Stromversorgung)

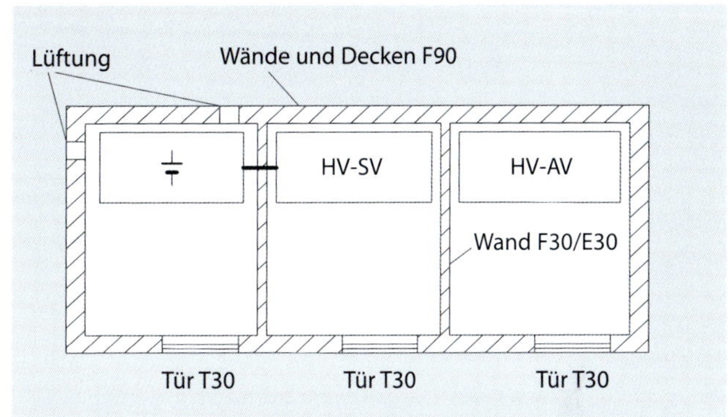

Abb. 11.38: Unterbringung Batterieanlagen für Sicherheitszwecke, Möglichkeit 2 (HV-SV: Hauptverteiler Sicherheitsstromversorgung; HV-AV: Hauptverteiler allgemeine Stromversorgung)

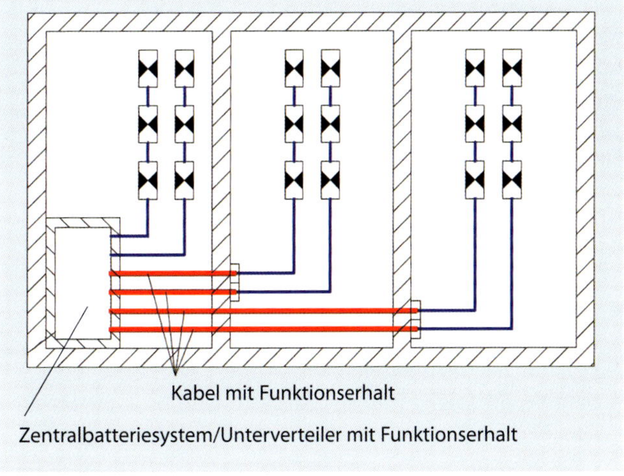

Abb. 11.39: Sicherheitsstromversorgung verschiedener Brandabschnitte

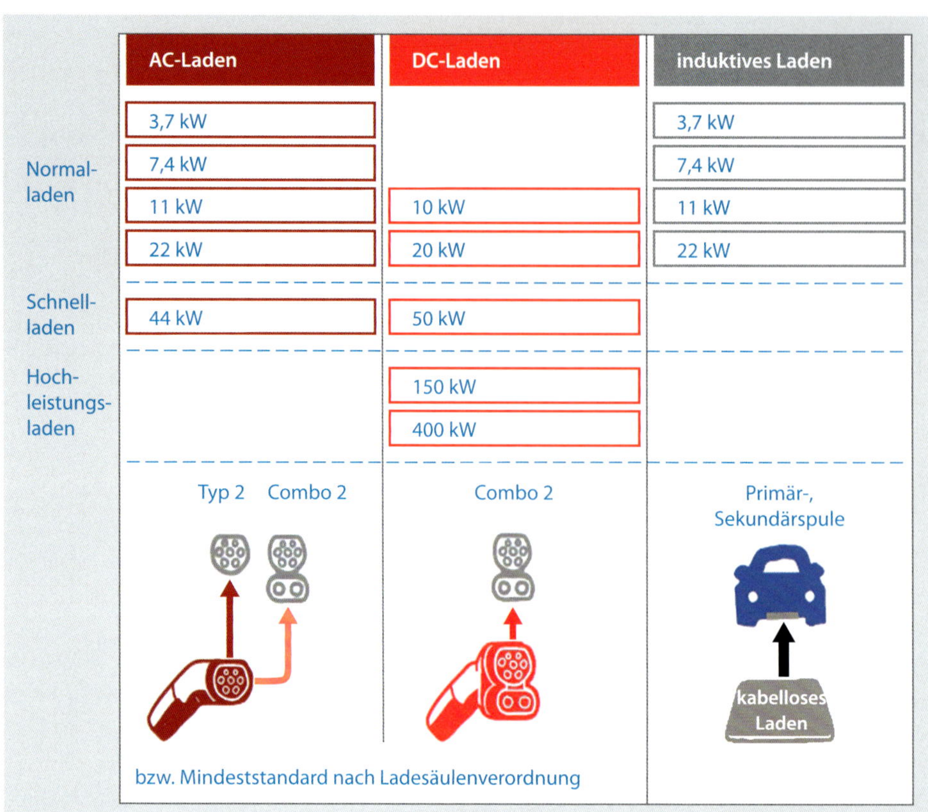

Abb. 11.40: Übersicht Ladeleistung (Der Technische Leitfaden – Ladeinfrastruktur Elektromobilität, 2020, S. 8)

Normalladen und Schnelladen

Alle Ladevorgänge mit einer Ladeleistung von bis zu 22 kW werden als Normalladen klassifiziert, Ladevorgänge mit höheren Leistungen werden als Schnellladen bezeichnet (vgl. dazu Abb. 11.40).

Ladebetriebsarten

Das kabelgebundene Laden von Elektrofahrzeugen (inklusive Pedelecs, E-Bikes usw.) kann in unterschiedlichen Ladebetriebsarten erfolgen:

- Ladebetriebsart 1 (Mode 1): Dabei handelt es sich um Laden mit Wechselstrom an einer üblichen Haushaltssteckdose („Schutzkontaktsteckdose") oder einer ein- bzw. dreiphasigen Industriesteckdose (z. B. „CEE-Steckdose") ohne Kommunikation zwischen Fahrzeug und Infrastruktur.
- Ladebetriebsart 2 (Mode 2): Im Unterschied zur Ladebetriebsart 1 befindet sich in dem Ladekabel des Fahrzeugs bei der Ladebetriebsart 2 eine Steuer- und Schutzeinrichtung (In Cable Control and Protection Device [IC-CPD]). Sie übernimmt den Schutz vor elektrischem Schlag bei Isolationsfehlern für den Fall, dass der Kunde sein Fahrzeug an eine Steckdose anschließt, die bei der Errichtung nicht für das Laden von Elektrofahrzeugen vorgesehen war.
- Ladebetriebsart 3 (Mode 3): Die Ladebetriebsart 3 wird für das ein- bzw. dreiphasige Laden mit Wechselstrom bei fest installierten Ladestationen genutzt. Die Sicherheitsfunktionalität inklusive Fehlerstromschutzeinrichtung ist in der Gesamtinstallation integriert, sodass auf der Infrastrukturseite nur eine Ladekabel mit zweckgebundenem Stecker notwendig ist.
- Ladebetriebsart 4 (Mode 4): Diese Ladebetriebsart ist für das Laden mit Gleichstrom (DC-Laden) an fest installierten Ladestationen vorgesehen. Das Ladekabel ist dabei immer fest an den Ladestationen angeschlossen.

Combined Charging System

Die Schnittstelle zwischen Fahrzeug und Ladepunkt ist ein entscheidendes Kriterium für eine sichere und komfortable Nutzung der Ladeinfrastruktur. Heute bietet der Markt bereits viele verschiedene Ladestecker und Kupplungsvarianten für die zuvor beschriebenen Ladebetriebsarten. Da diese jedoch untereinander zum Teil inkompatibel sind, gab es in den letzten Jahren Bemühungen seitens Industrie, Normungsorganisationen, Verbänden und Politik, einen europäischen Standard mit internationalem Potenzial zu erarbeiten.

Das Combined Charging System (CCS) (vgl. Abb. 11.41) ist ein offenes, universelles Ladesystem für Elektrofahrzeuge, das auf den internationalen Standards der IEC 61851-1, IEC 61851-23, Annex CC und IEC 61851-24 für die Ladeeinrichtung beruht und auf den Standards für Ladesteckverbinder nach IEC 62196 (nur Konfiguration EE und EF) aufbaut. Der fahrzeugseitige CCS-Anschluss vereint dreiphasiges Wechselstromladen (maximal 44 kW) mit der Möglichkeit zum schnellen Gleichstromladen in einem einzigen System. Je nach Fahrzeugausstattung und Ladeeinrichtung können Ladeströme bis zu $I_L = 400$ A realisiert werden.

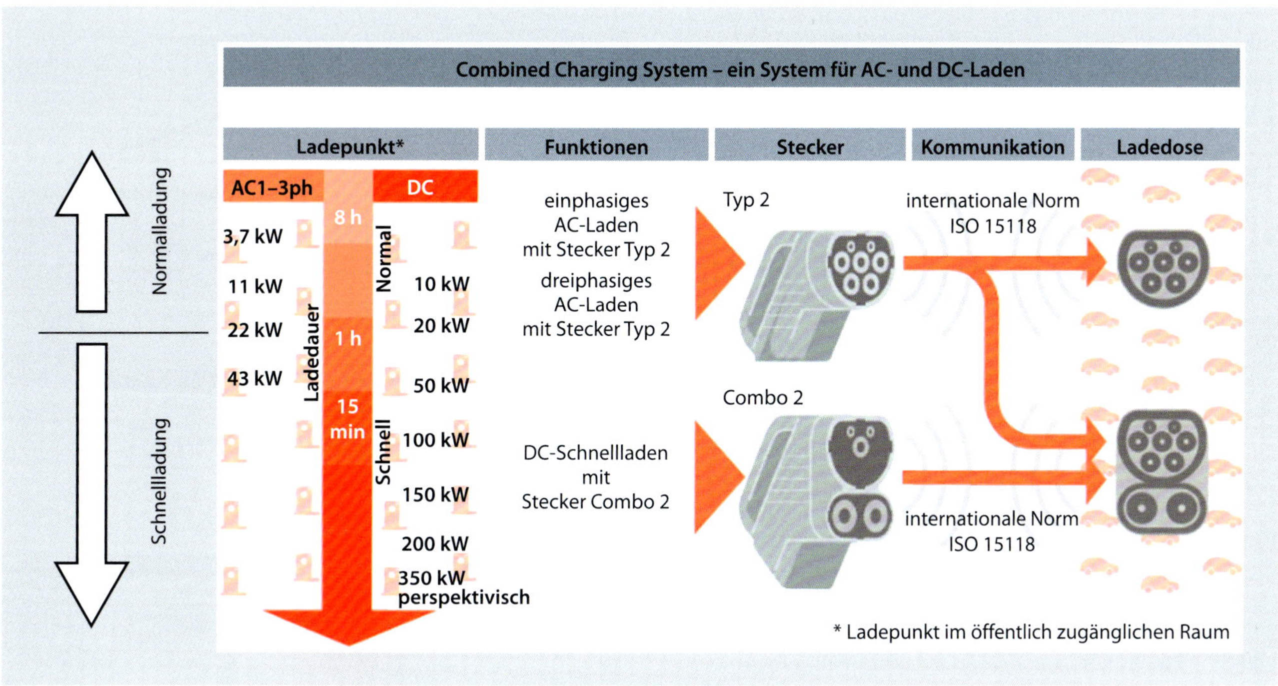

Abb: 11.41: CCS (Fortschrittsbericht 2014 – Bilanz der Marktvorbereitung, 2014, S. 27)

Tabelle 11.5: ADAC-Empfehlungen zum Leitungsquerschnitt (Elektromobilität – Informationen der ADAC Fahrzeugtechnik, 2017, S. 8)

Spannung (V)	Stromstärke (A)	Netz	maximale Leistung (kW)	Leiterquerschnitt (mm^2)	
				empfohlen	mindestens
230	10	einphasig	2,3	**6,0**	2,5
230	16	einphasig	3,7	**6,0**	2,5
230	32	einphasig	7,4	**10,0**	4,0
400	16	dreiphasig	11,0	**6,0**	2,5
400	32	dreiphasig	22,0	**10,0**	4,0

Laden im privaten Bereich

Im Hinblick auf zukünftig größere Batteriekapazitäten sollte die Hausinstallation auf eine 11 oder 22 kW-Ladestation mit einer Betriebsspannung von $U_B = 400$ V und zulässigen Leiterströmen von $I_L = 16$ A ($P_L = 11$ kW) bzw. $I_L = 32$ A ($P_L = 22$ kW) ausgelegt werden. Zur Minimierung von Leitungsverlusten beim Laden und um für zukünftige höhere Ladeleistungen gerüstet zu sein, sollte der Kabelquerschnitt für die Zuleitung größer dimensioniert werden (vgl. Tabelle 11.5).

Für jeden Ladepunkt ist ein eigener Endstromkreis mit einer separaten Absicherung und Fehlerstromschutzeinrichtung gefordert. Sofern kein Lastmanagement vorhanden ist, ist ein Gleichzeitigkeitsfaktor von 1 anzunehmen. Sollte keine Fehlerstromschutzeinrichtung auf Seiten der Ladeinfrastruktur installiert sein, muss diese nachgerüstet werden. Dabei ist zu beachten, dass sie für das Laden von Elektrofahrzeugen geeignet sein muss.

Idealerweise sollte eine Ladestation im privaten Bereich als Wallbox ausgeführt werden und mindestens folgende Features enthalten (Elektromobilität – Informationen der ADAC Fahrzeugtechnik, 2017):

- 11/22 kW-Ladeleistung (400 V, 16/32 A)
- einphasige und dreiphasige Lademöglichkeit
- Ladesteckdose Typ 2, dreiphasig (kein festes Ladekabel)
- Schlüsselschalter für eine Zugangsbeschränkung (falls für Dritte zugänglich)

Wallbox-Fehlerstromschutzschalter (FI-Schutzschalter, RCD)

Für jeden Anschlusspunkt (Steckdose/Wallbox) ist nach DIN VDE 0100-722 eine eigene Fehlerstromschutzeinrichtung (FI-Schutzschalter bzw. RCD-Typ A) mit einem Bemessungsfehlerstrom $I_{\Delta n} \leq 30$ mA zu installieren. Zusätzlich ist ein Schutz gegen das Auftreten von glatten Gleichfehlerströmen (DC-Fehlerschutz) > 6 mA bei der Wallboxinstallation vorzusehen.

Die Wahl des notwendigen Fehlerstromschutzschalters ist abhängig von den bereits integrierten Schutzeinrichtungen der Ladestation:

- Verfügt die Wallbox bereits über eine integrierte Gleichstrom- (DC-)Fehlerüberwachung, ist in der Unterverteilung bzw. im Zählerschrank nur die Installation eines günstigen (Preis ca. 30 €) FI-Schalters Typ A nötig.
- Ist die Gleichstromüberwachung jedoch nicht in der Wallbox integriert, muss diese durch einen FI-Schalter Typ A-EV oder Typ B in der Unterverteilung realisiert werden.

Da ein FI-Schalter mit DC-Fehlerschutz recht teuer in der Anschaffung ist, sollte man schon beim Kauf der Wallbox darauf achten, dass die Ladestation bereits über einen integrierten DC-Fehlerschutz verfügt.

11.3.5 Struktur der Elektroenergieerschließung

Die Struktur der Erschließung eines Gebäudes hängt von der Lage der Nutzungseinheiten in Bezug auf die Gebäudestruktur selbst ab. Bei flachen Gebäuden mit nur einer oder 2 Etagen und horizontaler Ausbreitung der Nutzungseinheiten wird ein horizontales Verteilsystem aufgebaut, bei Geschosstypen ein vertikales (vgl. Abb. 11.42). Unter Umständen und bei ausgedehnten Gebäudekomplexen ist eine Kombination von beidem erforderlich (vgl. Abb. 11.43), wobei üblicherweise zuerst horizontal und dann vertikal verteilt wird. In diesem Fall sind Leitungswege zu optimieren, was zu weiteren Unterverteilungen vor den Endstromkreisverteilern führen kann. Aus Sicht der Selektivität (vgl. Kapitel 11.3.7 zur Selektivität) sind zwar möglichst wenige Zwischenverteiler anzuordnen. Allerdings kann dies die mehrfache parallele Führung von Zuleitungen vermeiden. Weiterhin können durch Unterverteiler verminderte Gleichzeitigkeiten ausgenutzt werden, was sich positiv auf die Leitungsdimensionierung auswirkt.

Prinzipiell besteht das Ziel, die Unterverteilung für die jeweiligen Endstromkreise von der Hauptverteilung des Gebäudes möglichst direkt zu versorgen. Dabei werden die Verteilungen für Endstromkreise so angeordnet, dass die Leitungen zu Steckdosen, Direktverbrauchern oder Leuchten auf kürzestem Wege verlegt werden können. Hier entsteht der größte Aufwand an Verkabelung. Andererseits sind möglichst komplexe Nutzungseinheiten zu bilden, die jeweils einen einzigen Unterverteilungsschrank haben. Gegebenenfalls ist auch hier eine Trennung in mehrere Bereiche erforderlich, besonders bei großen und getrennten Flächen oder aus Gründen der Flexibilität.

Bei größeren Gebäuden, insbesondere im öffentlichen und Gewerbebereich und in der Industrie, ist es oft erforderlich, zunächst sog. Lastschwerpunkte zu bilden und damit weitere Zwischenverteiler (Haupt- und Unterverteilungen) einzugliedern.

Für die Zuleitung von Verteilern aus dem Hauptstromsystem sind Kabel und Leitungen mit Querschnitten > 6 mm² zu verwenden, die zum einen einfach einen großen Außendurchmesser haben und zum anderen wesentlich größere Biegeradien als Endstromkreisinstallationskabel. Damit verbunden sind auch ein erhebliches Eigengewicht und eine nicht zu vernachlässigende Brandlast. Aufgrund der Trennung der Gebäude in Brandabschnitte und Fluchtwege

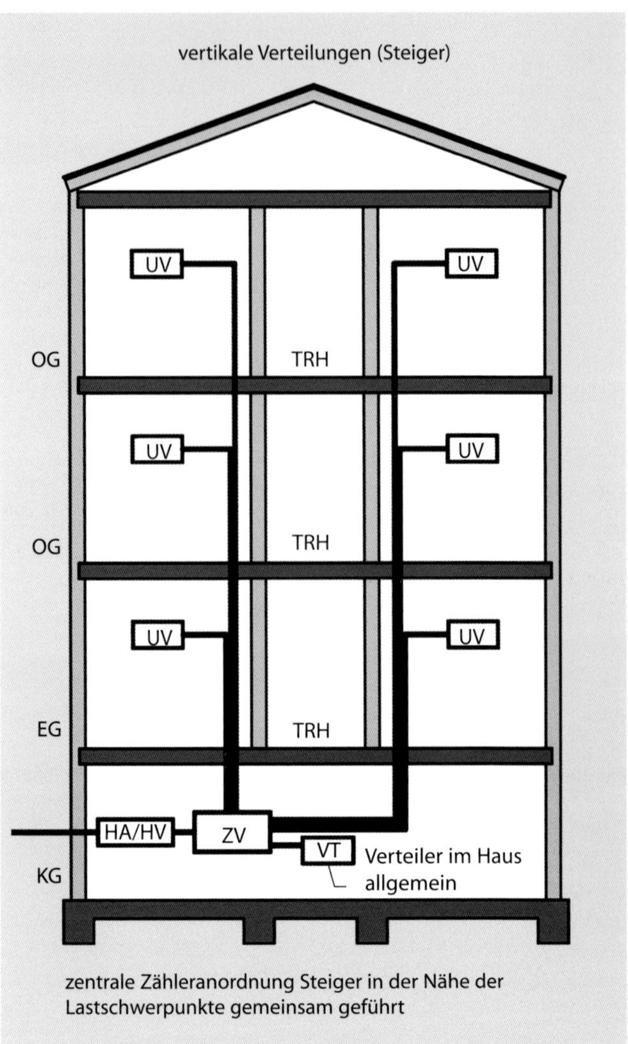

Abb. 11.42: Prinzip einer sternförmigen vertikalen Verteilung in Gebäuden (ZV: Zählerverteiler; UV: Unterverteiler; HA/HV: Hausanschluss/Hauptverteiler; TRH: Treppenhaus)

müssen diese Leitungen entweder durch Schächte und/oder mit Brandschutzdurchführungen durch die Trennwände der abgetrennten Nutzungsbereiche geführt werden. Sehr wichtig ist, dass jene Kabel und Leitungen, die Fluchtwege kreuzen und nicht unmittelbar für die Versorgung dieser Räume zuständig sind, brandschutztechnisch gegenüber diesen Fluchtwegen komplett abzuschotten sind (vgl. Abb. 11.44). Diese Anforderung ergibt sich aus der aktuellen Leitungsanlagenrichtlinie des jeweiligen Bundeslandes (LAR), jeweils eingeführt nach Muster-Leitungsanlagen-Richtlinie (MLAR).

Eine weitere Anforderung an die Verteilleitungen und deren Trassierung ist die entsprechende Übersichtlichkeit und Nachvollziehbarkeit. Dabei ist auch zu beachten, dass es zumeist unvermeidlich ist, Steigeleitungen und auch horizontale Verteilleitungen durch unterschiedliche Nutzungsbereiche zu führen, was eine spätere Revision erschwert. In Wohngebäuden stellt das meistens kein Problem dar, da die Elektroleitungen sehr lange Zeiträume ohne Revision verbleiben können. Im Gewerbebau ist eher von änderbarer Nutzung auszugehen, d. h. von unterschiedlichem und auch individuellem Leistungsbedarf, wodurch Leitungen auch einmal getauscht oder ergänzt werden müssen.

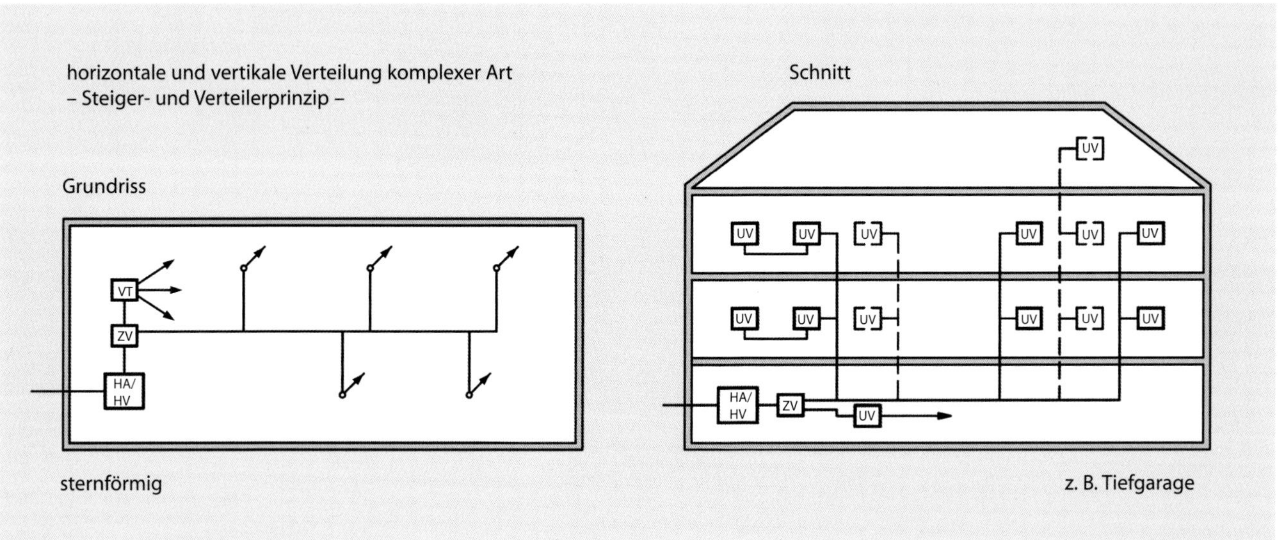

Abb. 11.43: Trassierung – vertikale Verteilung in horizontaler Kombination (ZV: Zählerverteiler; UV: Unterverteiler; HA/HV: Hausanschluss/Hauptverteiler; VT: Verteiler Haus allgemein)

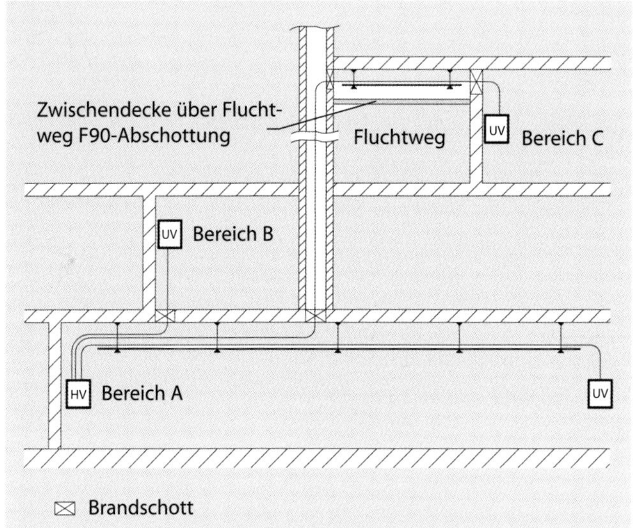

Abb. 11.44: Verteilprinzipien in Gebäuden unter Beachtung des Brandschutzes (HV: Hauptverteiler; UV: Unterverteiler)

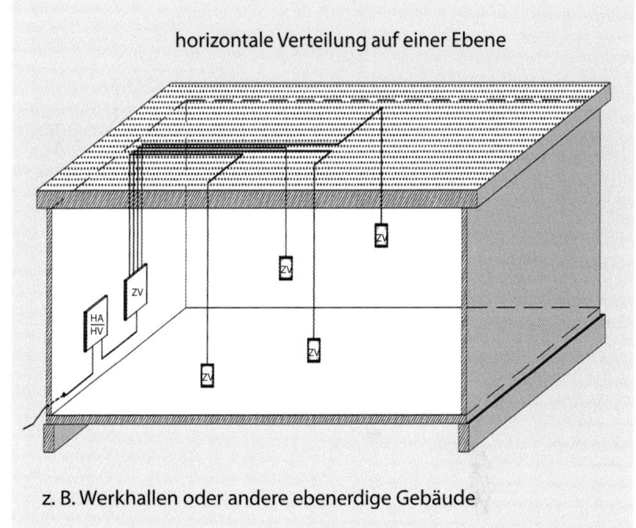

Abb. 11.45: Verteilsystem in einer Werkhalle (ZV: Zwischenverteiler)

In Fabrikhallen oder anderen horizontal orientierten Gebäudetypen wird meist im Deckenbereich oder in Fußbodenkanälen verteilt (vgl. Abb. 11.45).

Vom letzten Verteiler abgehende Kabel und Leitungen zu den Endverbrauchern bzw. Steckdosen werden als Endstromkreise bezeichnet. Solange Kabel nicht in Außenbereichen verlegt werden, sind hier in der Regel Mantelleitungen zu verwenden.

11.3.6 Kabel- und Leitungsanlagen

Begrifflich ist zwischen Kabel und Leitung zu unterscheiden, wobei die Differenzierung in der Praxis eher unscharf realisiert wird. Bei einem Kabel handelt es sich um einen elektrischen Leiter, der hauptsächlich für den Außenbereich bzw. für Großanlagen vorgesehen ist. Insbesondere der äußere Mantel von Kabeln ist so gestaltet, dass die erschwerten Bedingungen im Außenbereich die Funktion des Leiters auch langfristig nicht beeinträchtigen. Leitungen werden im Innenbereich des Gebäudes verwendet.

Ein Kabel bzw. eine Leitung ist aus folgenden 3 Grundelementen aufgebaut:

- metallischer Leiter (zur Erfüllung der eigentlichen Funktion)
- Aderisolierung (vorrangig als Schutz vor elektrischem Schlag und vor Überspannungen)
- äußerer Mantel (vorrangig für den Schutz vor mechanischen Beschädigungen)

Der Anschluss von Kabeln und Leitungen erfolgt so, dass diese komplett in Verteilergehäuse, Dosen oder Geräte eingeführt werden. Innerhalb des dadurch mechanisch geschützten Bereiches kann der äußere Mantel entfernt werden. Die innere Isolation wird nur unmittelbar an der Klemmstelle abisoliert, um weitestgehende Kurzschluss- und Berührungssicherheit zu erreichen.

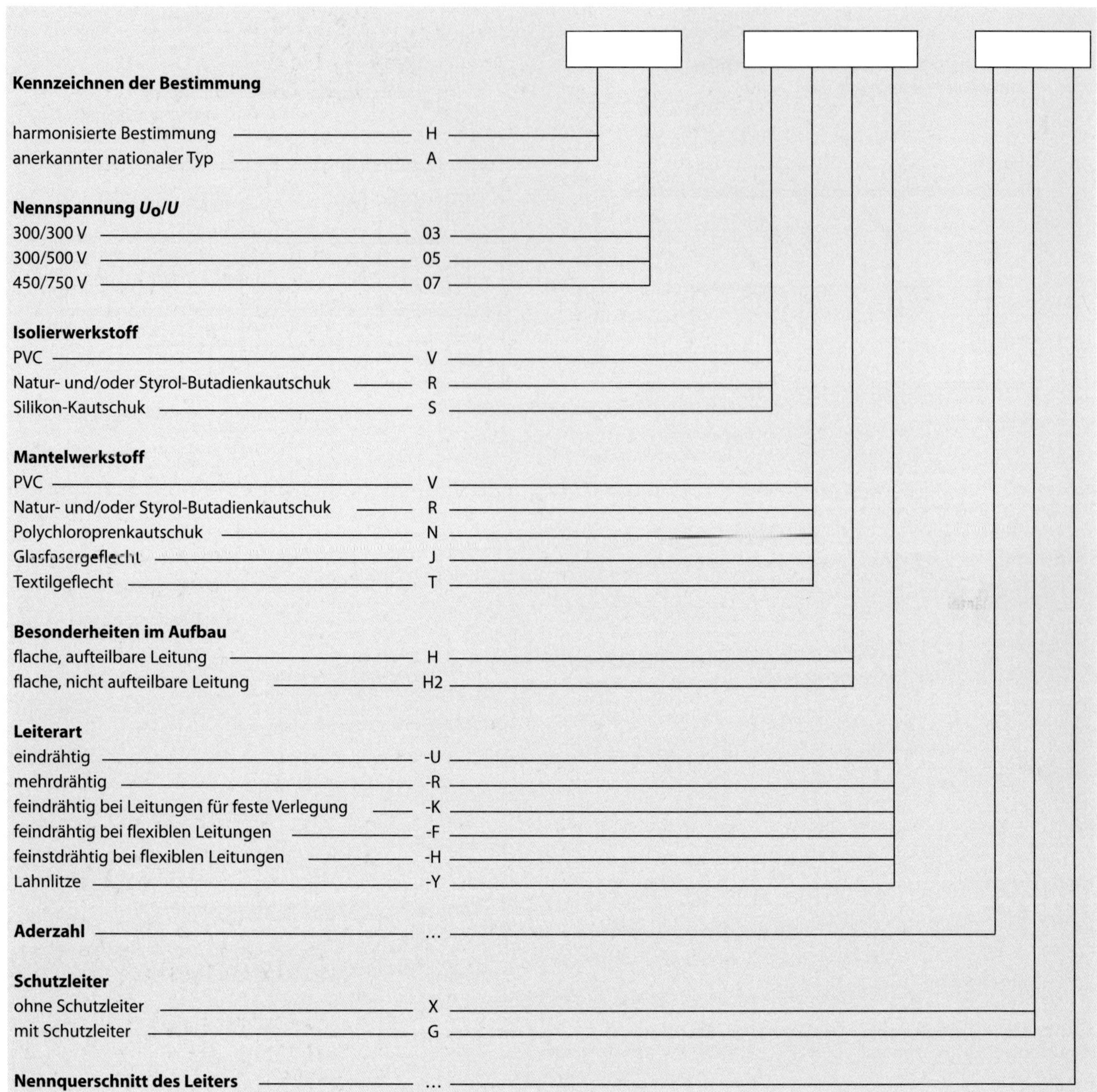

Abb. 11.46: Harmonisierte Codierung der Leitungsbezeichnung; Beispiel: Eine flexible Gummischlauchleitung wird mit H 05 RR-F5G2, 5 bezeichnet: H – harmonisierte Bestimmung; 05 – 300/500 V; R – Isolierwerkstoff Kautschuk; R – Mantelwerkstoff Kautschuk; F – feindrähtig; 5 – Aderzahl; G – mit Schutzleiter; 2,5 – Leiterquerschnitt

Der jeweilige Aufbau konkreter Kabel und Leitungen wird durch entsprechende Codierung beschrieben. Dabei handelt es sich um Nummer- und Buchstabenkombinationen entsprechend Abb. 11.46 bzw. Tabelle 11.6. In Deutschland werden Kabel und Leitungen nach den Vorgaben der Tabelle 11.6 bezeichnet.

Ein Aluminiumkabel mit PVC-Umhüllung wird demnach als NAYY bezeichnet:

- N: allgemein für Kabel
- A: für das Material des Leiters, in diesem Fall Aluminium
- Y: für die Aderisolierung, in diesem Fall PVC
- Y: für den äußeren Mantel, in diesem Fall PVC

Eine Kupferleitung mit PVC-Umhüllung wird entsprechend als NYM bezeichnet:

- N: allgemein für Leitung
- Y: für die Isolierung, in diesem Fall PVC
- M: für den Leitungstyp, in diesem Fall die Mantelleitung

Das Material der Leitung wird im Gegensatz zu den Kabeln nicht extra spezifiziert, da Leitungen generell nur in Kupfer ausgeführt werden.

Typische in Gebäuden verlegte Kabel und Leitungen sind in Tabelle 11.7 dargestellt.

Tabelle 11.6: Übliche Kabelbezeichnungen in Deutschland; Beispiel: Ein PVC-isoliertes Erdkabel wird mit NAYY-J bezeichnet: N – Normtyp; A – Aluminium; Y – Isolierung PVC; Y – Mantel PVC; J – mit Schutzleiter (grün/gelbe Ader)

Kategorie		Spezifikation	Kurzzeichen
Kabel	Normtyp		N
	Leiter	Kupfer	kein Zeichen
		Aluminium	A
	Isolierung	PVC	Y
		vernetztes PE	2X
		vernetztes halogenfreies Polymer	HX
	konzentrische Leiter aus Kupfer		C/CW (wellenförmig)
	Schirm aus Kupfer		S/SE (Einzelader)
	Metall-mantel	Blei	K
		Aluminium	KL/KLD
	Bewehrung	Stahlband	B
		Stahlflachdraht	F
		Stahlrunddraht	R
		Stahlbandgegenwendel	GB
	Schutzhül-len/Mäntel	PVC	Y
		PE	2Y
		Al-Band-/PE-Schichten-mantel	(Fl)2Y
		halogenfreies Polymer	H/HX (vernetzt)
	Kabel ohne konzentri-schen Leiter	mit grün-gelber Ader	-J
		ohne grün-gelber Ader	-O

Kategorie		Spezifikation	Kurzzeichen
Lei-tung	Normtyp		N
	Material für Isolierhüllen und Mäntel	Gummi	G
		PVC	Y
		halogenfreies Polymer	H
		vernetztes Polymer	HX
	Leitungstyp	Aderleitung	A
		Mantelleitung	M
		Gummischlauchleitung	H
		Flachleitung	F
		Steuerleitung	S
	Abschirmung		C
	besondere Eigenschaf-ten	schwere Ausführung	S
		leichte Ausführung	L
		ölbeständig	ö/Ö
		flammwidrig	u/U
		mit grün-gelber Ader	-J
		ohne grün-gelber Ader	-O

Tabelle 11.7: Kabel-/Leitungstypen (Quelle: Helukabel GmbH, Hemmingen; Typ PVC NYIF: Elektroversand Schmidt, Rabel)

Anwendung	Bild	Typ PVC	Typ halogenfrei	Typ Funktions-erhalt
unter Putz, in Hohlräumen, auf Trassensystemen		NYM		
			NHXMH	
				(N)HXH
im Außenbereich und für starke Querschnitte		NYY		
			N2XH	
				(N)HXH
starke Querschnitte und entsprechende Aderanzahl		NYCWY		H
			N2XCH	
				(N)HXCH
zur Verlegung in oder unter Putz in trockenen Räumen; zulässig in Bade- und Duschräumen außerhalb des Schutzbereiches; nicht zulässig in Holzhäusern bzw. auf brennbaren Materialien oder Hohlräumen		NYIF		
PVC-Schlauchleitung für den Anschluss von Elektrogeräten, bei mittlerer Beanspruchung, in trockenen, feuchten und nassen Räumen		H05VV-F		
Gummischlauchleitung zum Anschluss von schweren Geräten und Motoren in landwirtschaftlichen und gewerblichen Betriebsstätten sowie auf Baustellen, in trockenen, feuchten und nassen Räumen		H05RN-F		

Bei der Verlegung von Kabeln und Leitungen ist stets der minimale Biegeradius zu beachten (vgl. Tabelle 11.8). Dieser gibt z. B. vorrangig vor, wie hoch ein Kabelkeller unterhalb einer Schaltanlage sein muss, damit die Zuleitungen und Abgangsleitungen von der Trasse bis zum Schaltfeld hochgeführt werden können.

Tabelle 11.8: Anhaltswerte für Biegeradien von Kabeln und Leitungen

innerer Biegeradius für Leitungen in fester Verlegung für Leitungsdurchmesser *D* (mm)				Biegeradien von MS-Kabeln
$D \leq 8$	$8 < D \leq 12$	$12 < D \leq 20$	$D > 20$	
$4 \cdot D$	$5 \cdot D$	$6 \cdot D$	$6 \cdot D$	$15 \cdot D$

11.3.7 Dimensionierung von Kabeln und Leitungen

An dieser Stelle soll die Vorgehensweise bei der Dimensionierung von Kabeln und Leitungen skizziert werden. Ausgangspunkt ist dabei die Aufstellung einer Leistungsbilanz für die jeweils zu versorgenden Endverbraucher. Darauf aufbauend wird der erforderliche Querschnitt in Abhängigkeit von der Länge des Kabels bzw. der Leitung bestimmt.

Dabei sind 3 Bedingungen einzuhalten:

- Beherrschung der Erwärmung
- Beherrschung des Spannungsfalls
- Beherrschung der Abschaltbedingung

Erstellung der Leistungsbilanz

Bereits in der Vorplanung für eine Baumaßnahme der Elektroinstallation ist der Bedarf an elektrischer Energie bzw. die Leistung der Verbraucher einzuschätzen. Diese Einschätzung bildet die Grundlage für das Versorgungskonzept. Die Planung der Anlage erfolgt prinzipiell ausgehend vom Bedarf, wobei bei häufig anzutreffenden Typen von Verbrauchseinheiten (z. B. Wohnungen) Erfahrungswerte angesetzt werden können (Beispiele vgl. Tabelle 11.9). Im Gewerbebau ist eine detaillierte Erfassung der elektrischen Leistung unumgänglich. Werden Erfahrungswerte verwendet, so berücksichtigen diese nicht die individuelle Situation, die allein schon von der Gebäudestruktur oder -gestaltung und nicht nur von Größe und Nutzungsart abhängen kann.

Tabelle 11.9: Durchschnittliche Leistungsaufnahmen

Verbrauchseinheit	mittlerer Leistungswert	hoher Leistungswert
Wohnung	3,0–9,0 kW	20 kW
Büro-Computer-Arbeitsplatz ohne Beleuchtung	0,3–0,5 kW	1,0 kW
Beleuchtung		
Büro inklusive Nebenräume ohne Tiefgarage	15 W/m²	20 W/m²
Tiefgarage	5 W/m²	5 W/m²
Flur, Treppenhaus	10 W/m²	15 W/m²
Ladenfläche Supermarkt	10 W/m²	20 W/m²
Ladenfläche hochwertige Verkaufsausstellung	30 W/m²	60 W/m²

Tabelle 11.10: Anschlusswerte von Endinstallationsgeräten mit Leitungsbemessung

Einzelverbraucher	Einzelleistung	Stromart	Strom (A)	Kabel- bzw. Leitungstyp (mm²)
Steckdosen	1 bis 3 kW	Wechselstrom	10 bis 16	3 × 1,5 bis 2,5
Steckdosen	10 bis 40 kW	Drehstrom	16 bis 63	2,5 bis 16
Leuchten	18 bis 58 W	Wechselstrom/Drehstrom symmetrisch aufgeteilt	10 bis 16[1)]	3/5 × 1,5 bis 2,5
Festanschluss Herd	8 bis 10 kW	Drehstrom	16	5 × 2,5

[1)] Bei Leuchten mit elektronischen Vorschaltgeräten bestimmt mitunter die vom Hersteller angegebene zulässige Anzahl der Vorschaltgeräte von Leuchten die Wahl der Absicherung und damit auch des Kabelquerschnittes.

Typische Anschlusswerte sind aus Tabelle 11.10 ersichtlich.

Die Zusammenfassung in Verteilern und Unterverteilern bedingt wiederum einen Gleichzeitigkeitsfaktor, der die rechnerische Summe der Einzelverbraucher reduziert. Sein Wert liegt zwischen 0 und 1 bzw. zwischen 0 und 100 % und er ist als Faktor auf die Summenwerte der installierten Leistungen anzusetzen.

Zwischen installierter Leistung eines Gebäudes (Summe aller maximalen Einzelanschlusswerte) und dem Anschlusswert des Hausanschlusses liegen bei Berücksichtigung der verminderten Gleichzeitigkeit große Unterschiede. Typisch für den Gleichzeitigkeitsfaktor sind Werte zwischen 0,1 und 0,8 je nach Anwendungsfall. Zur groben Einschätzung sollten die gleichzeitig eingeschalteten Verbraucher ermittelt werden, wie z. B. in Bürogebäuden die Beleuchtung, die Lüftungsanlage mit Kältemaschine und die Computer als Maximalfall am Spätsommernachmittag.

Beispiel: Leistungsbilanz für ein Bürogebäude

Ein Beispiel für die Ermittlung der Leistungsbilanz eines Versorgungsabschnitts geht aus Tabelle 11.11 hervor. Dabei werden die installierten Leistungswerte der Einzelverbraucher mit deren Gleichzeitigkeitsfaktoren zusammengestellt. Unter Beachtung des Leistungsfaktors und der Aufteilung auf die Phasen (Wechselstromverbraucher im Drehstromsystem) werden die Gesamtleistung und die Gesamtleistung bei verminderter Gleichzeitigkeit ermittelt. Diese wäre dann maßgeblich für die zu installierende Leistung des Versorgungsabschnitts.

Tabelle 11.11: Beispielrechnung Leistungsbilanz

Ort	Verbraucher	Phase	Menge	installierte Wirkleistung		GLZ	cos φ	Scheinleistung-total	Scheinleistung je Phase		
				einzeln (kW)	Summe (kW)			(kVA)	(kVA)	(kVA)	(kVA)
Büro 1	Beleuchtung	L1	10	0,06	0,6	0,9	0,8	0,68	0,68		
Büro 2	Beleuchtung	L2	8	0,06	0,48	0,9	0,8	0,54		0,54	
Büro 1	Steckdosen	L3	10	0,1	1	1	1	1,00			1,00
Büro 2	Steckdosen	L1	5	0,1	0,5	1	1	0,50	0,50		
Büro 1	Computer	L2	2	0,5	1	1	0,6	1,67		1,67	
Büro 2	Computer	L3	1	0,5	0,5	1	0,6	0,83			0,83
Werkstatt	Beleuchtung	L1–L3	30	0,06	1,8	0,9	0,8	2,03	0,68	0,68	0,68
Werkstatt	Maschine 1	L1–L3	1	5	5	1	0,7	7,14	2,38	2,38	2,38
Werkstatt	Maschine 2	L1–L3	1	15	15	1	0,7	21,43	7,14	7,14	7,14
Werkstatt	Maschine 3	L1–L3	1	20	20	1	0,7	28,57	9,52	9,52	9,52
Gesamtleistung:								**64,38**	**20,90**	**21,93**	**21,56**
Gesamtleistung bei verminderter Gleichzeitigkeit:								**38,63**			

GLZ = Faktor für verminderte Gleichzeitigkeit
cos φ = Leistungsfaktor
L1 bis L3 = Leitungen 1 bis 3

Tabelle 11.12: Grundsätzliche Einflussfaktoren für Bestimmung der Leitungsquerschnitte (x: Einflussfaktor; –: kein Einflussfaktor)

Auswahlkriterium	Länge	Leitermaterial	Betriebsstrom	Sicherung oder LS-Schalter Bemessungsstrom	Typ	vorgeschaltetes Netz	Verlegeart	Häufung	Umgebungstemperatur	Anwendung des Stromkreises
Mindestquerschnitt	–	x	–	–	–	–	–	–	–	x
Spannungsfall	x	x	x	x	–	–	–	–	–	–
Schutz beim indirekten Berühren	x	x	–	x	x	x	–	–	–	–
Strombelastbarkeit	–	x	x	–	–	–	x	x	x	–
Überlastschutz	–	x	x	x	x	–	x	x	x	–
Kurzschlussschutz	x	x	–	x	x	x	–	–	–	–

LS-Schalter = Leitungsschutzschalter

Allerdings können aus der Leistungsbilanz noch nicht unmittelbar Schlussfolgerungen für die Dimensionierung der Kabel und Leitungen, Schutzeinrichtungen und Sammelschienen gezogen werden. Diese ergeben sich vielmehr unter Berücksichtigung weiterer Kriterien, die in Tabelle 11.12 zusammengefasst sind.

Die Strombelastbarkeit von Kabeln und Leitungen ergibt sich prinzipiell aus der Art des Leitermaterials, der Länge des verwendeten Leiters und der Temperatur, wie die folgenden Formeln verdeutlichen. Der Spannungsfall über den Leiter ist abhängig vom elektrischen Widerstand. Die Größe des elektrischen Widerstandes eines Leiters bestimmt sich in erster Linie aus dem Material und der Länge des widerstandsbehafteten Leiters:

$$R_{20°C} = \rho \cdot \frac{l}{A}$$ (Formel 11.3)

mit
$R_{20°C}$ elektrischer Widerstand in Ω
ρ spezifischer Widerstand bei 20 °C in Ω · mm²/m
A Querschnittsfläche des Leiters in mm²
l Länge des Leiters in m

Der ermittelte Widerstand ist in Abhängigkeit der Umgebungstemperatur zu korrigieren:

$$R_\vartheta = R_{20°C} \cdot \alpha \cdot (1 - (\vartheta - 20\ °C))$$ (Formel 11.4)

mit
R_ϑ temperaturkorrigierter elektrischer Widerstand in Ω
α Temperaturbeiwert des elektrischen Widerstands
ϑ Umgebungstemperatur des Materials in °C
$R_{20°C}$ Widerstand bei 20 °C in Ω

Im Folgenden soll die Grundstrategie für die Festlegung der Querschnitte beschrieben werden.

Spannungsfall

Das Kabel wird nach dem Spannungsfall (auch Spannungsabfall genannt, ist in Analogie zum Druckverlust in einer Wasserleitung zu sehen) in Abhängigkeit von der prognostizierten Leistungsabnahme ausgewählt.

Der Spannungsfall ist lastabhängig, muss also unter Annahme der zu erwartenden maximalen Belastung ermittelt werden. In Wohnungen ist vom Nennstrom der vorgeschalteten Überstromschutzeinrichtung auszugehen. Je höher die Last ist, desto stärker ist der Spannungsfall. Die Temperatur als weiterer Einflussfaktor wird auf 30 °C im Mittel angesetzt, im Einzelfall können höhere Umgebungstemperaturen zu erwarten sein. Dies wird mithilfe der Temperaturkoeffizienten in der Formel 11.4 berücksichtigt. Weiterhin ist das Netz unter Beachtung der Verzweigungen zu berechnen, also stufenweise über die Verteiler bis zum Verbraucher. Nicht zu vernachlässigen ist die notwendige Reserve für die Leitung von der Steckdose bis zum Verbraucher selbst.

Vom Hausanschluss bis zur Messeinrichtung sind die Grenzwerte nach Tabelle 11.13 einzuhalten.

Tabelle 11.13: Zulässiger Spannungsfall von Hauptleitungen

Leistungsbedarf (kVA)	zulässiger maximaler Spannungsfall (%)
bis 100	0,50
über 100 bis 250	1,00
über 250 bis 400	1,25
über 400	1,50

Der Einfachheit halber werden – insbesondere für Wohnungen – Grenzwerte für Leitungslängen bezogen auf Querschnitte und Überstromschutzeinrichtung verwendet. Hierbei ist zu beachten, dass in Gleich- und Wechselstromnetzen wegen der Hin- und Rückleitung zur Berechnung die zweifache Kabellänge eingesetzt werden muss. In Drehstromnetzen trifft dies nicht zu (im Nullleiter fließt bei gleichmäßiger Belastung kein Strom) – hier ist nur die einfache Kabellänge zu berücksichtigen (vgl. Tabelle 11.14).

Bei einfach strukturierten Gebäuden ist es ratsam, mit einem maximal auftretenden Spannungsfall von 3,5 bis 3,7 % ausgehend vom Hausanschluss zu rechnen. Ferner sind höhere Werte bei Motoren und Sonderanlagen zulässig, wobei die ordnungsgemäße Funktion zu gewährleisten ist.

Tabelle 11.14: Beispiele für Anwendungen von Kabeln und Leitungen

	Querschnittleitungen (mm²)	Spannungsfall pro A und m (mV)	Absicherung bei Verlegung in wärmegedämmter Wand (A)	maximale Kabellänge bei 3 % Spannungsabfall (m)
Wechselstrom, Hin- und Rückleitung berücksichtigen	3 × 1,5	11,9	10	29
	3 × 2,5	7,1	10	48
	3 × 2,5	7,1	16	30
	3 × 4	4,5	25	31
	3 × 6	3,0	25	46
Drehstrom (mit Sternpunkt), bei gleichmäßiger Belastung aller Leiter nur die einfache Kabellänge berücksichtigen	5 × 2,5	7,1	16	60
	5 × 4	4,5	20	77
	5 × 6	3,0	25	93
	5 × 10	1,8	35	110
	5 × 16	1,1	50	124

Tabelle 11.15: Berechnungsbeispiel für die Dimensionierung eines Endstromkreisverteilers

Ort	Verbraucher	Phase	Absicherung (A)	Kabellänge (m)	zulässiger Spannungsabfall (%)	berechneter Kabelquerschnitt (mm^2)	minimaler Kabelquerschnitt nach DIN VDE 0298-4 (mm^2)	gewählter Kabelquerschnitt (mm^2)	realer Spannungsabfall (%)
Büro 1	Beleuchtung	L1	10	15	2,5	0,93	1,5	1,5	1,55
Büro 2	Beleuchtung	L2	10	20	2,5	1,24	1,5	1,5	2,06
Büro 1	Steckdosen	L3	16	15	2,5	1,49	2,5	2,5	1,49
Büro 2	Steckdosen	L1	16	25	2,5	2,48	2,5	2,5	2,48
Büro 1	Computer	L2	16	20	2,5	1,98	2,5	2,5	1,98
Büro 2	Computer	L3	16	25	2,5	2,48	2,5	2,5	2,48
Werkstatt	Beleuchtung	L1–L3	10	60	2,5	1,86	2,5	2,5	1,86
Werkstatt	Maschine 1	L1–L3	16	50	2,5	2,48	2,5	2,5	2,48
Werkstatt	Maschine 2	L1–L3	35	65	2,5	7,04	4,0	10,0	1,76
Werkstatt	Maschine 3	L1–L3	50	40	2,5	6,19	10,0	10,0	1,55
Hauptleitung		L1–L3	100	40	1,0	30,96	35,0	35,0	0,88
maximaler Spannungsfall im ungünstigsten Fall (Einspeisung plus Maschine 1)									**3,36**

L1 bis L3 = Leitungen 1 bis 3

Die Ermittlung des Spannungsfalls ist für die jeweils ungünstigsten Strompfade vorzunehmen, also für die, bei denen der höchste Spannungsfall zu erwarten ist. Das gilt für alle Verzweigungen, damit auch die jeweiligen Einspeisekabel dimensioniert werden können. Bei Endstromkreisen dagegen wird aufgrund der Einfachheit der längste Weg herausgesucht.

Die Berechnung erfolgt nach folgenden Formeln:

Gleichstrom: $$\Delta U = 2\frac{\rho l}{A} I_N \quad \text{(Formel 11.5)}$$

Wechselstrom: $$\Delta U = 2\frac{\rho l}{A} I_N \cos\varphi \quad \text{(Formel 11.6)}$$

Drehstrom: $$\Delta U = \sqrt{3}\frac{\rho l}{A} I_N \cos\varphi \quad \text{(Formel 11.7)}$$

mit

- ΔU Spannungsabfall in V, hier mit 230 V Leiter-Erde-Spannung und 400 V Leiter-Leiter-Spannung definiert
- l Länge des Leiters in m
- ρ spezifischer Widerstand des Leitermaterials (hier Cu: 0,0178 $\Omega\ mm^2/m$)
- I Stromstärke Gleichstrom in A
- I_N Effektivstrom in A, üblicherweise der Strom der begrenzenden Überstromschutzeinrichtung
- A Querschnitt des Leiters in mm^2

Ein Leitungsnetz wird üblicherweise in mehreren Stufen berechnet, wobei zwangsläufig vor Beginn der Berechnung bestimmt werden muss, in welchen Installationsabschnitten bestimmte Spannungsabfälle auftreten dürfen, um den zulässigen Gesamtspannungsabfall nicht zu überschreiten.

Beispiel: Berechnung maximaler Spannungsfall

Der zulässige Gesamtspannungsabfall für das Netz liegt bei 4 %, für die Endstromkreise wurde ein zulässiger Spannungsabfall von 2,5 % und für die Hauptleitung 1 % festgelegt. Wie in der Berechnung gemäß Tabelle 11.15 zu erkennen ist, liegt der größte zu erwartende Spannungsabfall bei 3,36 %, d. h., die Forderung ist erfüllt.

Selektivität und Redundanz

Als Selektivität wird das Vermögen bezeichnet, elektrische Kurzschlüsse mit der nächstgelegenen Schutzeinrichtung (Sicherungen, Leistungs- und Leitungsschutzschaltern) abzuschalten. Als Redundanz wird das Vermögen bezeichnet, elektrische Kurzschlüsse in vorgelagerten Schutzeinrichtungen (in der Regel zeitverzögert) abzuschalten, wenn nachgelagerte Schutzeinrichtungen diese Aufgabe nicht erfüllen (Schutz- oder Schaltversager). Die Methodik ist also an eine Leistungsflussrichtung gebunden (vgl. beispielhaften Strompfad in Abb. 11.47 mit 3 Schutzeinrichtungen). Damit wird ein unkoordinierter Ausfall von größeren Bereichen bzw. des gesamten Gebäudes vermieden. Als Faustregel kann definiert werden, dass der Nennstrom der jeweiligen vorgelagerten Sicherung mindestens das 1,6-Fache der nachgeordneten beträgt bzw. dass mindestens eine Sicherungsstufe dazwischenliegt. Im Zweifelsfall werden so-

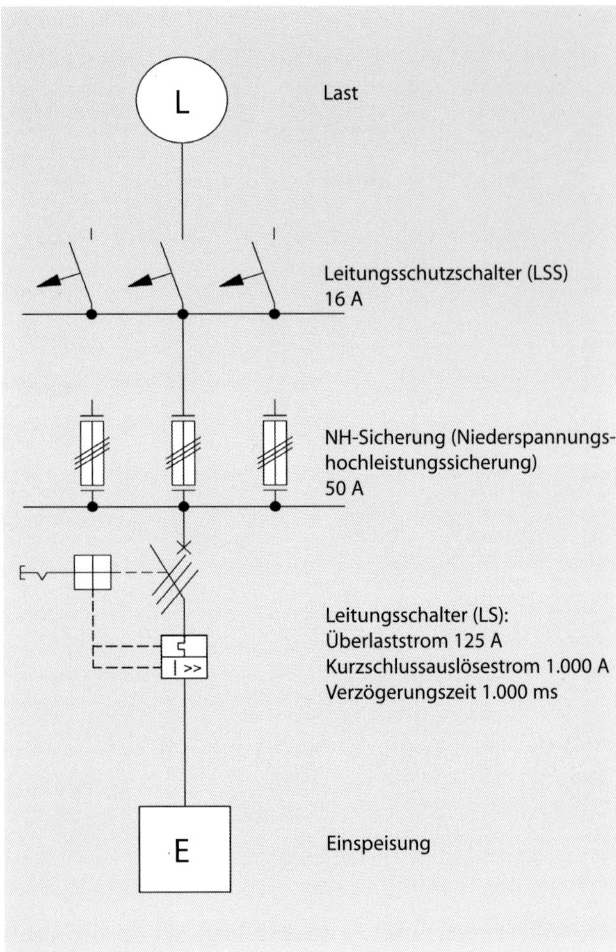

Abb. 11.47: Übersichtsplan eines Strompfades mit Schutzeinrichtungen

genannte Strom-Zeit-Diagramme erstellt, in denen sich die Kennlinien weder berühren noch schneiden dürfen (vgl. Abb. 11.48).

Die Betrachtung des Kurzschlussfalles kann in den meisten Fällen als unproblematisch bezeichnet werden, da die Dimensionierung nach dem Spannungsabfall das in der Regel härtere Kriterium darstellt. Eine Überprüfung des Kurzschlussstromes ist jedoch vorzunehmen. Dessen niedrigster Wert ist als Mindestauslösekriterium und sein höchster Wert als Bemessungskriterium zu verwenden.

Besonders bei Objekten größerer Ausdehnung kann es dazu kommen, dass die Kurzschlussströme nahe der Haupteinspeisung deutlich größer sind als die in abgelegenen Bereichen.

Die Bemessung, vor allem die notwendige Selektivität, zwingt oft zu Einzelanschlüssen schon von der Hauptverteilung aus. Das Streben nach Wirtschaftlichkeit aber verlangt nach Zwischenverteilern in Lastschwerpunkten unter Nutzung der verminderten Gleichzeitigkeit (vgl. Kapitel 11.3.5). Letztlich ist die Struktur der Versorgung unter diesem Spannungsbogen zu optimieren.

Die Selektivität wird mithilfe von Strom-Zeit-Kennlinien der Überstromschutzeinrichtungen beurteilt. Zur Auswahl der Schutzeinrichtungen werden deren Strom-Zeit-Kurven gemeinsam in ein Kennlinienfeld eingetragen. Die Streubereiche sollten sich nicht berühren bzw. dürfen sich nicht überdecken. In diesem Fall ist Selektivität gegeben. Schneiden die Kurzschlussströme am jeweiligen Ort beide Kennlinien der dort installierten Schutzeinrichtungen, ist auch die Redundanz gegeben. In Abb. 11.48 wird die Anwendung von Strom-Zeit-Kennlinien zur Auswahl der Schutzeinrichtung demonstriert. Die Konfliktpunkte bezeichnen jeweils die kritischen Bereiche.

Im Normalfall werden elektrische Netze innerhalb von Gebäuden als Strahlennetze ausgebildet (vgl. Prinzip in Abb. 11.49). Ring- bzw. Maschennetze sind aus Selektivitätsgründen schwerer zu beherrschen und daher in Niederspannungsnetzen unüblich.

Die Netze werden in Gebäuden übersichtlich durch einfache Pfade bis zur nächsten Verteilung und von dort zu den einzelnen Endstromkreisen mit jeweils separater Absicherung aufgebaut. Neben der Selektivität ist stets die jeweilige Gesamtbelastung zu beachten.

11.3.8 Endverbraucherinstallation

Als Endverbraucher werden Geräte und Maschinen bezeichnet, in denen der elektrische Strom in Nutzenergie umgewandelt wird. Die Endverbraucherinstallation betrifft die Installation bis zum Übergabepunkt des Verbrauchers selbst. Dies ist entweder die Steckdose oder der feste Anschlusspunkt des Verbrauchers. Die letzte Strecke der Verkabelung bis dahin wird Endstromkreis genannt.

Endstromkreise werden sternförmig vorgesehen, wobei Steckdosengruppen und Beleuchtungsgruppen zusammenfassbar sind. Es sollten nach Möglichkeit jedoch nicht mehr als 6 Doppelsteckdosen gemeinsam versorgt werden.

Neben der raumweisen Installation pro Endstromkreis in Wohnungen setzt sich mehr und mehr die getrennte Installation zwischen Beleuchtungsstromkreisen und den übrigen Verbraucheranschlüssen durch. Vorteil ist neben dem möglichen Einsatz unterschiedlicher Leitungsquerschnitte auch die Sicherheit gegen Beleuchtungsausfall pro Raum bei ausgelöster Sicherung bzw. ausgelöstem Leitungsschutzschalter. Diese Installationsart der Stromkreise in der Wohnung ist kaum teurer als die raumweise Installation.

Ab 3 Schaltstellen wird heute vorrangig die Tasterschaltung über Stromstoßschalter verwendet. Diese ist in Starkstromausführung oder mittels Kleinspannung ausführbar. Ansonsten werden möglichst einfache Aus- und Wechselschaltungen, in Ausnahmefällen (bei 3 und mehr Schaltstellen) auch Kreuzschaltungen verwendet. Diese klassische Schaltungsart ist in Abb. 11.50 dargestellt.

Im Gewerbebereich wird zur Erlangung einer möglichst hohen Symmetrie (Gleichbelastung der 3 Phasen) der Verteiler in Drehstromausführung bevorzugt. In Wohnungen wird zwar vorausschauend in vielen Versorgungsgebieten die Einspeiseleitung als Drehstromkabel zugeführt, in den Wohnungsverteilern aber sind in der Regel nur Wechselstromkomponenten montiert.

Separat zu versorgende Verbraucher sind solche mit zu erwartenden höheren Abnahmeleistungen bzw. Anlaufströmen, wie Waschmaschinen, Trockner, Herde und Warmwasserbereiter. Ebenfalls separiert werden sollten Geschirrspülautomaten, Kühlschränke und Mikrowellen (vgl. Abb. 11.51).

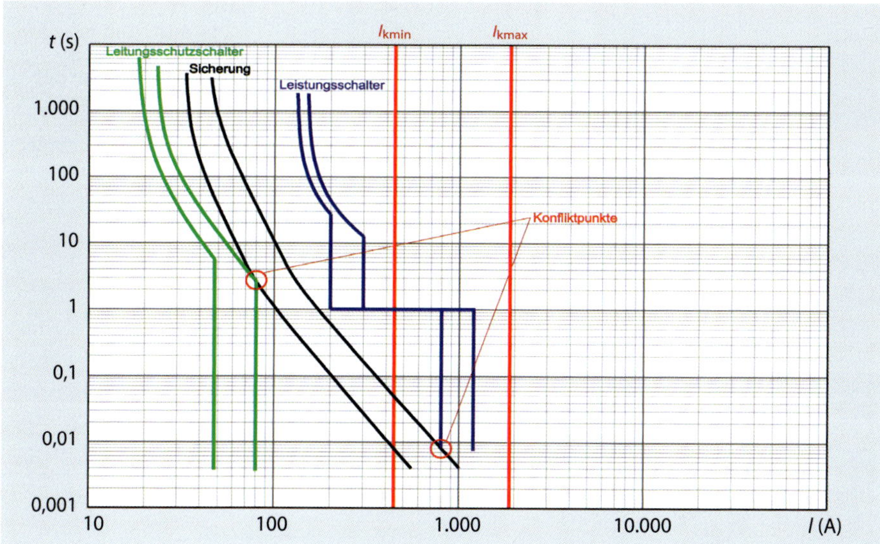

Abb. 11.48: Strom-Zeit-Kennlinie von Schutzeinrichtungen gemäß Strompfadbeispiel (t: Zeit; I: Strom; I_{kmin}: minimaler Kurzschlussstrom; I_{kmax}: maximaler Kurzschlussstrom)

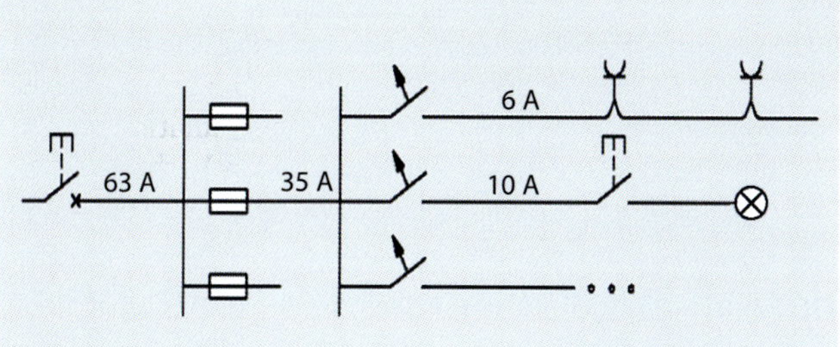

Abb. 11.49: Strahlennetz

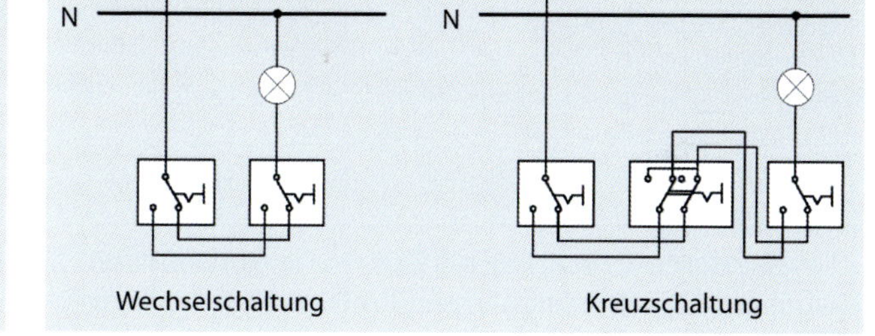

Abb. 11.50: Schaltungsbeispiele Wechsel- und Kreuzschaltung (N: Neutralleiter)

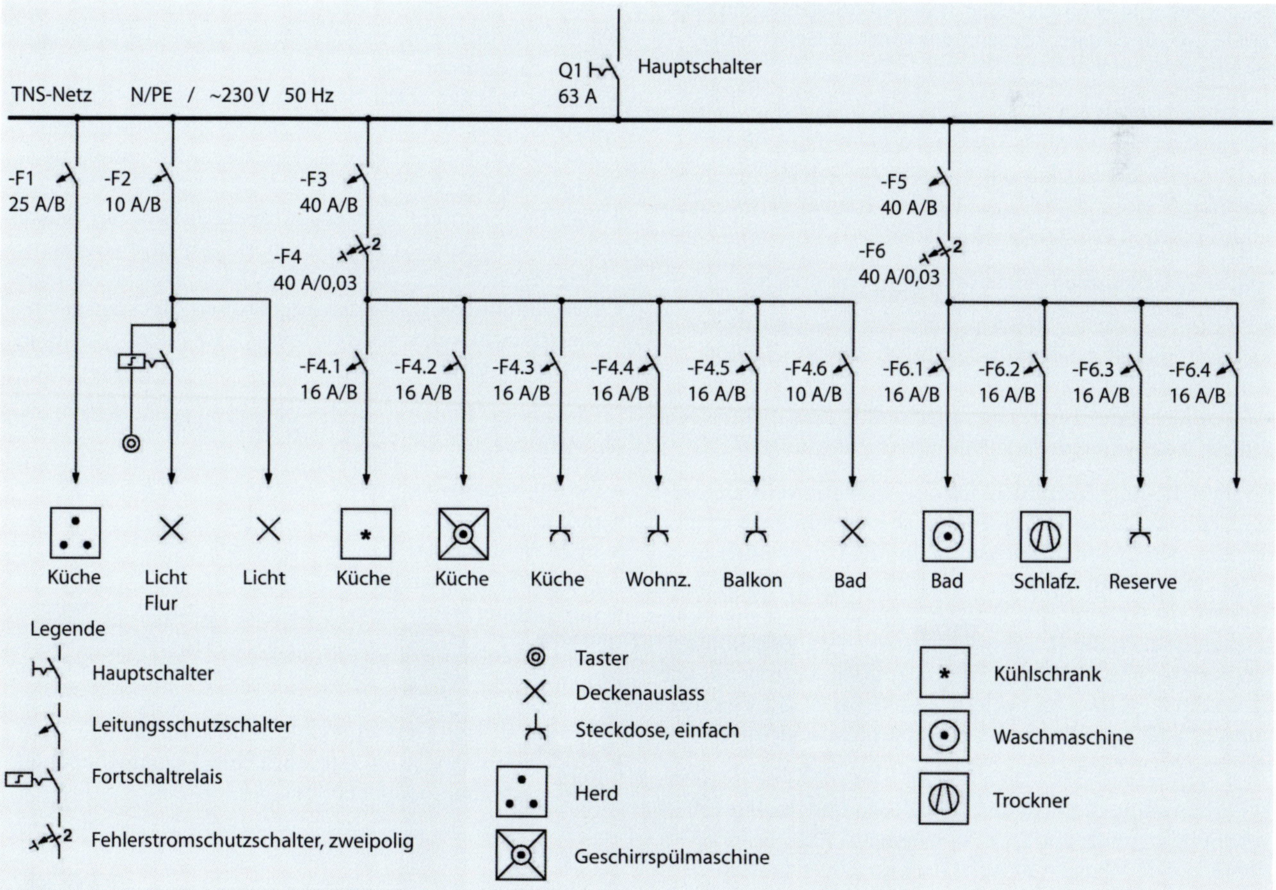

Abb. 11.51: Übersichtsschaltplan Wohnungsverteiler

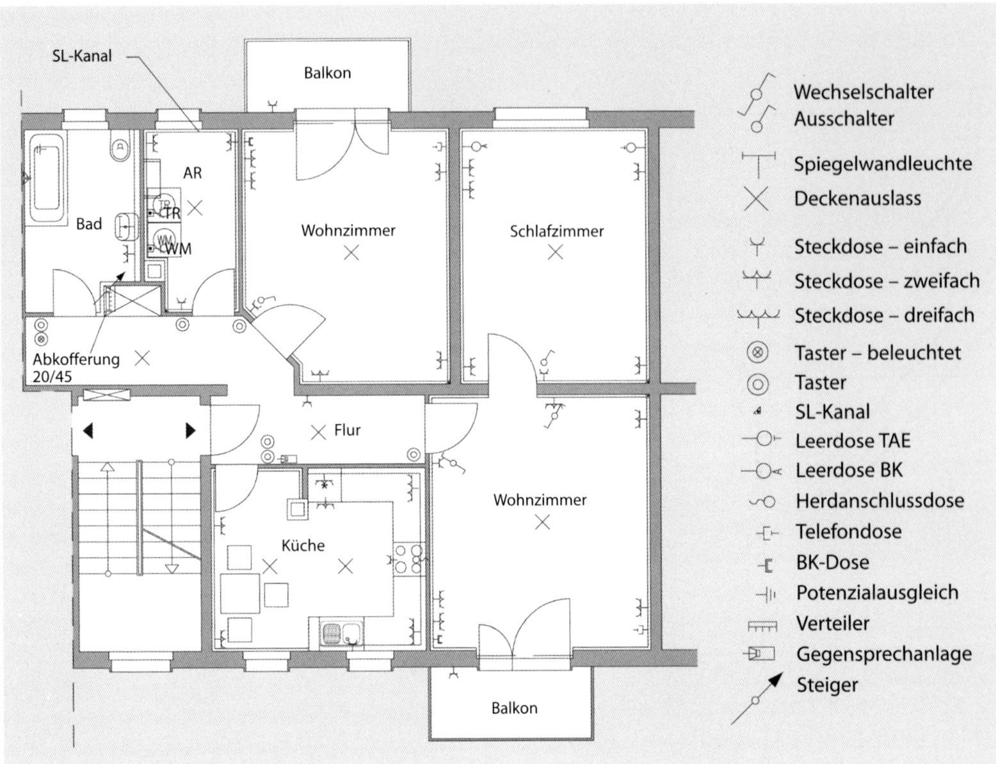

Abb. 11.52: Installationsplan (Grundriss) einer Wohnung (SL-Kanal: Sockelleistenkanal; TAE: Telekommunikationsanschlusseinheit; BK: Breitbandkommunikation; AR: Arbeitsraum; TR: Trockner; WM: Waschmaschine)

Alle Steckdosenstromkreise bis 20 A im Gebäudeinneren sind über RCD (Residual Current Protective Device, technisch Begriff für FI-Schalter) mit einem Fehler-Abschaltstrom von maximal 0,03 A (30 mA) zu führen, was gerade im Wohnungsbau den Stand der Technik darstellt (vgl. zu RCD Kapitel 11.4.1). Bislang galt diese Vorkehrung im Gebäude nur für Badsteckdosen oder sonstige Gefahrenbereiche.

Im Außenbereich gilt dieser zusätzliche RCD-Schutz generell für Stromkreise ohne Festanschlüsse bis 32 A, d. h. nicht nur für die Steckdosen, sondern für den gesamten Stromkreis, der für den Anschluss von tragbaren bzw. ortsveränderlichen Geräten bestimmt ist.

Folgende Ausnahmen gelten für den Innenbereich:

- Steckdosen, die für den Anschluss nur eines bestimmten elektrischen Betriebsmittels/(Einzel-)Verbrauchers errichtet werden
- Steckdosen, die durch Elektrofachkräfte oder elektrotechnisch unterwiesene Personen überwacht werden

Da diese Bedingungen nicht immer eindeutig verifizierbar sind, sollten die meisten Stromkreise bzw. durchaus auch die kompletten Nutzungsbereiche mit RCD zusätzlich zu den Leitungsschutzschaltern und Sicherungen abgesichert werden. Im Bad und in sonstigen besonderen Gefahrenbereichen ist auch die Integration von Leuchten- oder anderen Festanschlüssen in den Fehlerstromschutz sinnvoll. Um zu verhindern, dass im Fehlerfall ein Großteil der Elektroanlage ausfällt, sind mehrere Fehlerstromschutzeinrichtungen vorzusehen.

Die Anordnung der Schalter, Steckdosen und Auslässe in Wohnungsgrundrissen ist beispielhaft aus Abb. 11.52 ersichtlich. Die Menge und Ausstattung ergibt sich nach DIN 18015-2 im Mindeststandard. In der Praxis wird allerdings oft eine darüber hinausgehende Ausstattung realisiert (vgl. beispielhaft die Tabellen 11.16 und 11.17). Als Orientierung kann die Richtlinie RAL-RG 678 dienen.

Allgemein sind folgende Installationshinweise zu beachten:

- Jedem Raumzugang und jedem Bettplatz ist eine Schaltstelle zuzuordnen.
- Den Bettplätzen sowie den Arbeitsplätzen von Küche und Hausarbeitsräumen zugeordnete Steckdosen sind als Zweifachsteckdosen vorzusehen, sie zählen jeweils als eine Steckdose.
- Den Telefonanschlüssen zugeordnete Steckdosen sind als Zweifachsteckdosen vorzusehen, sie zählen jeweils als eine Steckdose.
- Den Antennenanschlüssen zugeordnete Steckdosen sind als Dreifachsteckdosen vorzusehen, sie zählen jeweils als eine Steckdose.

Leitungen für Endstromkreise werden in gebündelter Form über entsprechende Trassen verlegt:

- im Fußbodenaufbau
- in Wänden
- in Zwischendecken
- in Installationskanälen
- in Brüstungskanälen

Es werden folgende Endverbraucherinstallationen in der Gebäudetechnik unterschieden:

- Festinstallation (fest angeschlossene Verbraucher)
- Steckdoseninstallation (steckerfertige Verbraucher angeschlossen über flexible Leitungen)

Tabelle 11.16: Orientierende Ausstattungswerte für Wohnungen in Anlehnung an RAL-RG 678

Raumart		raumbezogene Anzahl					
		*1)		**		***	
		Steckdosen	Beleuchtung	Steckdosen	Beleuchtung	Steckdosen	Beleuchtung
Wohn- und Schlafraum	bis 20 m²	4	2	8	2	10	3
	über 20 m²	5	3	11	3	13	4
Kochnische		3	1	4	2	4	2
Küche		5	2	10	3	12	3
Hausarbeitsraum		3	1	8	2	10	3
Bad		2	2	4	3	5	3
WC		1	1	2	1	2	2
Flur	Länge über 3 m	1	2	3	2	4	2
	Länge bis 3 m	1	1	2	2	3	2
Freisitz		1	1	2	2	3	2
Abstellraum		1	1	2	1	2	1
Keller/Bodenraum		1	1	2	1	2	1
Hobbyraum		3	1	6	2	8	2

1) entspricht Mindestausstattung nach DIN 18015-2
* Ausstattungskategorie

Tabelle 11.17: Orientierende Ausstattungswerte für Wohnungen in Anlehnung an RAL-RG 678

Anlagenart	Ausstattung (ein Anschluss pro Verbraucher)		
	*1)	**	***
Gerätestromkreise	Elektroherd Geschirrspülmaschine Waschmaschine Mikrowellengerät Wäschetrockner Bügelstation Warmwassergerät Heizgerät	Elektroherd, Backofen Dampfgarer Geschirrspülmaschine Waschmaschine Mikrowellengerät Wäschetrockner Bügelstation Warmwassergerät Whirlpool Heizgerät	Elektroherd, Backofen Geschirrspülmaschine Waschmaschine Mikrowellengerät Wäschetrockner Bügelstation Warmwassergerät Dampfgarer Heizgerät Whirlpool Saunaheizgerät
Stromkreisverteiler	in Mehrraumwohnungen mindestens vierreihig in Einraumwohnungen mindestens dreireihig		
Gebäudekommunikation	Klingel Türöffner Gegensprechanlage	Klingel Türöffner Gegensprechanlage mit mehreren Wohnungssprechstellen	Klingel Türöffner Gegensprechanlage mit mehreren Wohnungssprechstellen Videoanlage Gefahrenmeldeanlage

1) entspricht Mindestausstattung nach DIN 18015-2
* Ausstattungskategorie

Festinstallation

Für den Betrieb des Gebäudes selbst sind die folgenden Verbraucher erforderlich und anzuschließen:

- fest installierte Beleuchtungsanlagen
- Lüftungsanlagen, Klimatechnik, Entrauchungstechnik
- Pumpen, Sprinkleranlagen, sonstige Anlagentechnik
- Parksysteme, Aufzugs- und Förderanlagen
- Gebäudeautomation bzw. autarke Regelgeräte
- Gefahrenmeldeanlagen (Brandmeldung, Einbruchmeldung)
- Fernmeldeanlagen und Datentechnik
- Eigenversorgungsanlagen (Netzersatz- oder Batterieanlagen)
- Küchentechnik, Labortechnik und weitere Sonderanlagen

Steckdoseninstallation

Die Gebäudeinstallation ist so aufgebaut, dass eine möglichst hohe Flexibilität der Nutzung erreicht wird. Alle kleineren Verbraucher bis jeweils 2 kW werden an Wechselstromsteckdosen angeschlossen. Diese Steckdosen sind örtlich nach Nutzerangaben zu planen.

Folgende Unterscheidungen sind bei Installationsgeräten zu beachten:

- Aufputzprogramm Feuchtraum außen (Schutzgrad IP 44, 54 oder 67, vgl. Kapitel 11.4.1)
- Aufputzprogramm Innenraum (IP 20)
- Unterputzprogramm (IP 20, Mauerwerk oder Hohlwand)
- Möbeleinbauprogramm

Schalter

Bei Schaltern hat sich die Betätigung über großzügige Flächen (Wippschalter) durchgesetzt. Es gibt weiterhin noch Kippschalter. Taster unterbrechen den Stromkreis nicht direkt, sondern über einen in der Verteilung angeordneten Stromstoßschalter. Damit besteht die Möglichkeit, über Kleinspannung geringere Querschnitte für die Taster zu verlegen, was je nach Bauart der Gebäude Verlegevorteile mit sich bringt. Taster werden vor allem dann eingesetzt, wenn es mehrere Schaltstellen in der Nutzungseinheit gibt. Serien- oder Doppelwechselschalter betätigen 2 Strompfade, wobei diese über den gleichen Stromkreis abzusichern sind. Es gibt weitere Sonderformen von Schaltern wie Schlüsselschalter, Bewegungsschalter usw. Kombinationen mit Steckdosen werden ebenfalls verwendet, wobei der gleiche Stromkreis für Licht und Steckdose genutzt wird.

Für die stufenlose Dimmung der Beleuchtung gibt es verschiedene Systeme. Die elektronische Dimmung kann in der Leuchte selbst, im Verteiler oder in der Schalterdose angeordnet sein. Dimmer in der Schalterdose sind meist mit einem Drehregler ausgestattet. Für Dimmgeräte im Verteiler oder in den Leuchten selbst ist oft ein Taster erforderlich, der den Impuls für die Steuerung gibt, womit die Installation wieder auf einen einfachen und flexiblen Standard zurückgeführt wird.

Elektronische Sensoren sind Bauelemente, die schrittweise auch im Installationsbereich Einzug finden. Die Tastung erfolgt mit Mikroschaltern oder auch berührungslos. Nicht zuletzt über die Kombination mit Bussystemen ist es mit elektronischen Geräten möglich, sehr viele Funktionen bis hin zu Rückmeldungen und Anzeigen in einer klassischen Schaltstelle unterzubringen.

Installationsbussysteme und elektronische Steuerungen

Während aus Gründen der Zuverlässigkeit, sowie aus Kostengründen im Wohnungs- und einfachen Gewerbebau an der klassischen Installation über mechanische Schalter ungebrochen festgehalten wird, stehen für gehobene Ansprüche weitere Optionen zur Verfügung, wie z. B.

- Fernschaltmöglichkeiten,
- automatisierte Schaltmöglichkeiten (z. B. Schaltung nach Zeit),
- Dimmung,
- Messung und Regelung,
- Schalten nach einzelnen Schwellwerten,
- Verknüpfung mit der übrigen Gebäudeautomation.

Es stehen heute viele Möglichkeiten zur Verfügung, als die bekanntesten sind die folgenden zu nennen:

- vorwiegend vollelektronische Einzelkomponenten wie Zeitschaltuhren usw.
- modular verknüpfbare Teilautomatisationskomponenten (z. B. Logikbausteine)
- speicherprogrammierbare Steuerungen (SPS), insbesondere Klein-SPS für Gebäude (vgl. Kapitel 12)
- Installationsbussysteme (vgl. Kapitel 12)

Das Grundprinzip aller Systeme besteht in der Trennung der Arbeitsstrompfade von Steuerfunktionen, die in mehr oder weniger komplexe elektronische Komponenten verlagert werden. Dadurch ergeben sich weitreichende Möglichkeiten über die Grundfunktionen (Ein- und Ausschaltung des Lichtes) hinaus. In Kapitel 12 wird näher auf diese Systeme eingegangen.

Installation in Wohnräumen

Installationszonen für Wohngebäude sind in DIN 18015-3 vorgesehen. Durch konsequente Verlegung von Kabeln und Leitungen, die nicht sichtbar sind, innerhalb dieser Zonen soll verhindert werden, dass z. B. durch Bohrungen und Nägel für die Anbringung von Ausstattungsgegenständen usw. Leitungen verletzt werden. Dazu muss die Leitungsführung konsequent senkrecht bzw. waagerecht innerhalb dieser Zonen erfolgen. Leitungswege in senkrechten Wänden dürfen nicht abgekürzt werden. Das Prinzip der Installationszonen ist auch im Fußbodenbereich umzusetzen.

In Küchen sind Einbaulagen und spezielle Installationsbereiche zu beachten, wie beispielhaft in Abb. 11.53 erkennbar ist. Günstig ist die Vorbereitung einer Trockenbauinstallationswand, was unter Vorhaltung ausreichender Kabellängen eine gewisse Flexibilität bringt. Besonders hinzuweisen ist auf die Anordnung der Steckdosen für Geschirrspüler und Waschmaschinen, die im Bereich der Spüle (hinten offen) am besten zugänglich sind.

In Installationen werden heute separate Verbindungsdosen weitestgehend aus Ansichtsgründen vermieden. Die notwendigen Klemmverbindungen von Leitungen werden er-

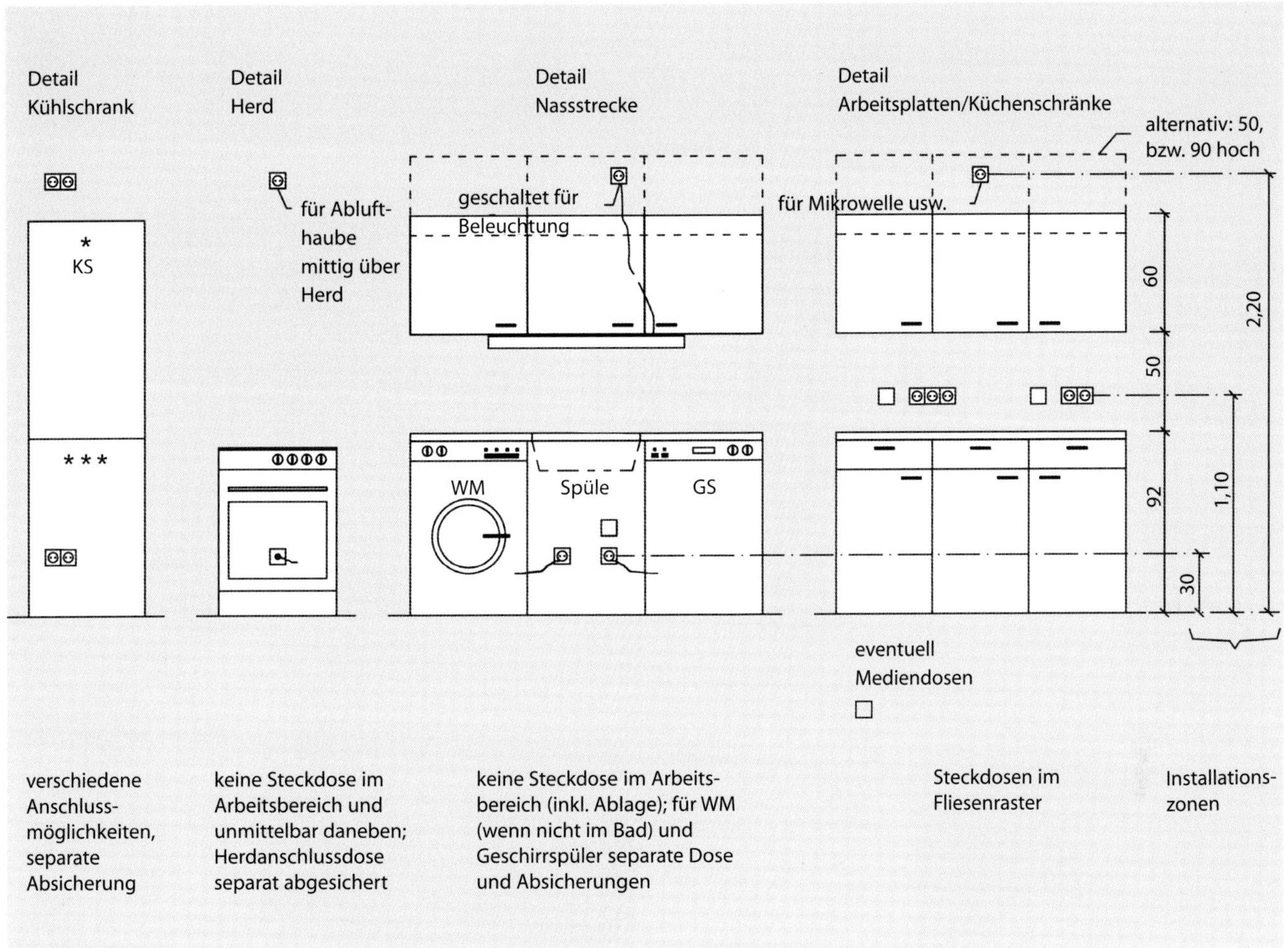

Abb. 11.53: Wandabwicklung Elektroinstallation Küche mit Installationsbereichen (KS: Kühlschrank; WM: Waschmaschine; GS: Geschirrspüler)

satzweise innerhalb der Schalterdosen bzw. im Durchschleifverfahren an Steckdosen und Leuchten vorgenommen. Heute üblich und im Sinne einer dauerhaften Haltbarkeit und Isolation bewährt sind Steckklemmverbindungen, deren wirksamer Kontakt durch dauerhaften Federdruck keine Nachstellung erfordert.

Installation in Gewerberäumen

In Gewerbenutzungseinheiten ist der Bedarf planerisch abzustimmen, es gibt keine übergreifende Ausstattungsnorm.

In Läden und Kaufhäusern liegt der Schwerpunkt auf der Beleuchtung, dabei insbesondere der Beleuchtung von Objekten der Ausstellung und in Schaufenstern. Weiterhin sind Kühlgeräte anzuschließen und vorgegebene Ausstellungsmöbel mit Steckdosen zu versehen. Da diese Installationen sehr speziell auf die Branche bzw. sogar den einzelnen Laden selbst ausgerichtet ist, sind an dieser Stelle keine allgemeingültigen Vorgaben zu nennen. Ist in der Bauphase der Gebäudehülle der Ladenmieter noch nicht bekannt, wird in der Regel eine Grundausstattung bezüglich Hauptanschluss mit Unterverteilung und Sicherheitsbeleuchtung/-einrichtungen vorgesehen. Alles Weitere ist dem Ausbau vorbehalten.

Allgemein werden Büroausstattungen nach Arbeitsplätzen definiert. Für den Starkstrom ergibt sich der Bedarf nach anzuschließenden Verbrauchern pro Arbeitsplatz und zusätzlich pro Arbeitsraum z. B. wie folgt:

- mindestens 2 Steckdosen für Computer
- mindestens 2 weitere Steckdosen für allgemeine Verbraucher wie Tischleuchte, Kleingeräte usw.

Die Erfahrung zeigt, dass weitere Steckdosen für Kleinstgeräte (Mobiltelefon, Pocket-PC, diverse Ladegeräte usw.) vorgesehen werden sollten.

Für die Arbeitsräume sind unabhängig vom Arbeitsplatz noch weitere Steckdosen für Peripheriegeräte vorzusehen. Dies betrifft Drucker, Kopierer und Faxgeräte.

Die Arbeitsplatzanbindung selbst erfolgt (vgl. auch die Beispiele in den Abb. 11.54 bis 11.58):

- über Fußbodensteckdosen, wodurch die Raumtiefe gut nutzbar ist,
- über Brüstungskanäle,
- über klassische Wandsteckdosen bzw. Sockelleistenkanäle,
- über Installationssäulen mit Verkabelung von der Decke.

Bei der Anwendung von aus dem Raum verlaufenden Kanalsystemen besteht die Gefahr der Schallübertragung in Nachbarräume. Im Bereich der Wandübergänge – wenn nicht ohnehin Brandschutz erforderlich ist – oder an anderen sinnvollen Stellen sind daher Schalldämmeinsätze zu berücksichtigen.

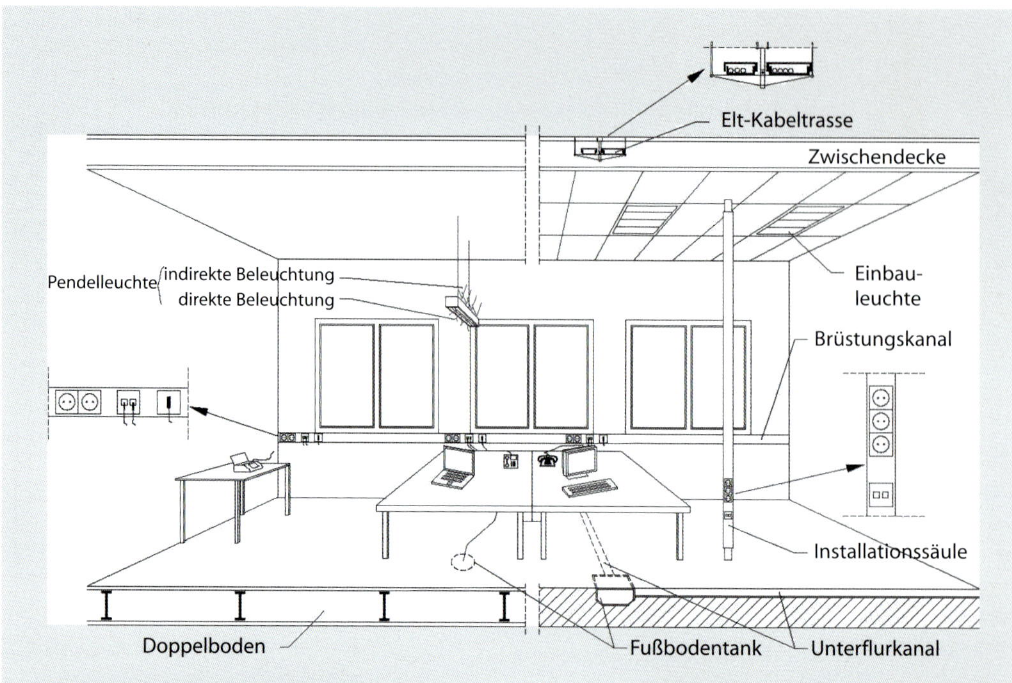

Abb. 11.54: Alternative Verlegesysteme in einem Büroraum mit 2 Arbeitsplätzen

Abb. 11.55: Estrichüberdecktes Kanalsystem mit Bodentank/Zugdose (Quelle: Obo Bettermann GmbH & Co. KG, Menden)

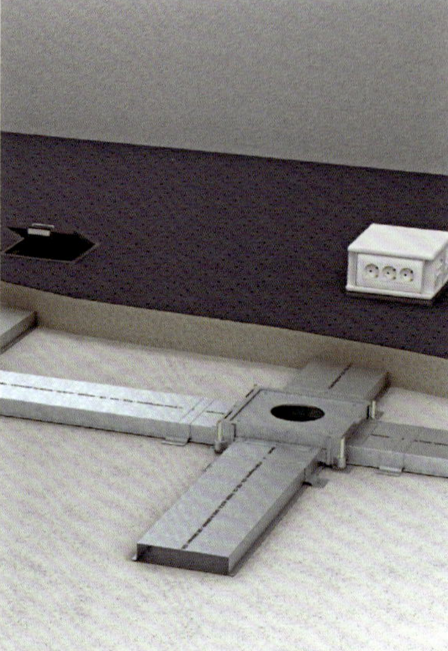

Abb. 11.56: Estrichüberdecktes Kanalsystem mit aufgesetzter Steckdoseneinheit bei geringem Bodenaufbau (Quelle: Obo Bettermann GmbH & Co. KG, Menden)

Die Verlegung der Kabel und Leitungen bei der Zuführung im Untergeschoss zu den Verteilerbereichen oder in Technik- und Lagerräumen erfolgt am effizientesten über offene Trassensysteme (vgl. Abb. 11.59).

11.3.9 Ausbauflexibilität

Die baulichen Anforderungen für eine anzustrebende Flexibilität sind die folgenden:

- Umordnung von Nutzungsbereichen, insbesondere anteilige Größenveränderungen (Verschiebung von Wänden, Zusammenfassungen, Trennungen usw.)
- grundlegend Änderung der Nutzungsart (Wohnungen, Büro, Ladengeschäft, Sonstiges)
- Veränderung der Miet- und Besitzverhältnisse und damit einhergehende verschiedenartige Zusammenfassung (hierbei ist vor allem der sehr große Unterschied zwischen einem Hauptnutzer und verschiedenen kleineren Nutzungseinheiten zu sehen, der gravierende Änderungen im Gebäude nach sich zieht)

Reine Wohngebäude sind zwar am wenigsten flexibel, jedoch auch am langfristigsten als solche im Bestand zu bewerten.

Folgende grundlegende Problemfelder bestehen aus Sicht der Elektrotechnik:

- Die Struktur der elektrotechnischen Versorgung im Gebäude ist nach Errichtung in der Regel fest vorgegeben, eine Umorganisation zieht größeren Aufwand nach sich. Die Festlegung der Verteilerbereiche ist in vielen Fällen nur durch hohen Aufwand nachträglich änderbar.
- Kabel und Leitungen dürfen nicht oder nur unter bestimmten Umständen durch fremde Nutzungsbereiche verlaufen. Werden Wände versetzt, bedeutet das oft hö-

Abb. 11.57: Bodentank bestückt, Hohlboden/Doppelboden (Quelle: Obo Bettermann GmbH & Co. KG, Menden)

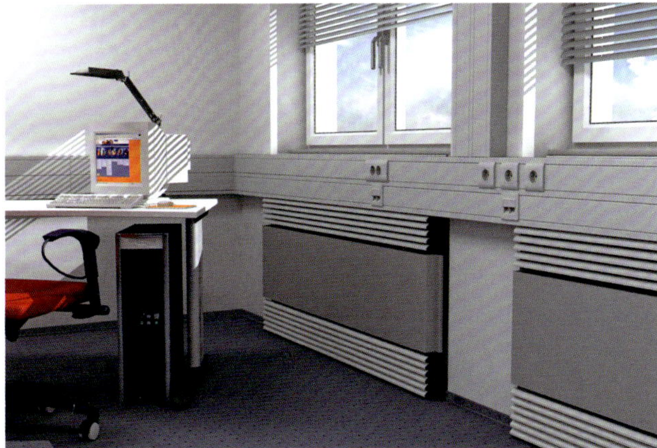

Abb. 11.58: Brüstungskanal doppelreihig mit Fensterbank und Heizungsabdeckung verbunden (Quelle: Obo Bettermann GmbH & Co. KG, Menden)

Abb. 11.59: Trassenbeispiele (auch in Zwischendecken verwendet) (Quelle: Obo Bettermann GmbH & Co. KG, Menden)

here Aufwendungen bei der Änderung und Anpassung der Elektroinstallation, außerdem können brandschutztechnische Probleme hinzukommen.

- Miet- bzw. Nutzbereiche mit separater Zählung sind schwer umzuorganisieren, da jeweils eine eigene Zuleitung vom Zähler zum Bereichsverteiler erforderlich ist. Werden Gebäude nutzungsseitig zusammengefasst oder getrennt, ist sehr oft der Übergang vom Sondervertrags- zum Tarifkunden oder umgekehrt erforderlich, was eine Totalumstellung der Hauptstromversorgung nach sich zieht.
- Nicht zuletzt ist insbesondere im Altbau die unter Putz verlegte Leitung bei Änderungen ein Problem, da sich die Verbraucheranschlüsse bei Änderungen in der Regel verschieben. Der Änderungsaufwand ist gerade bei bewohnten Gebäuden enorm bzw. nicht realisierbar.
- Notwendige Erneuerungen von Zuleitungen durch Fremdbereiche bedürfen der Ab- und Zustimmung durch Dritte, die nicht unmittelbar von der Baumaßnahme betroffen sind, bzw. bedingen baulichen Zusatzaufwand.
- Weitere Unterverteiler (z. B. Etagenverteiler) oder Klemmstellen der einzelnen gezählten Leitungen außerhalb der Nutzungsbereiche von Tarifkunden sind unzulässig und daher keine Lösung.

Folgende Lösungsansätze sind zu nennen:

- Die Nutzungsbereiche sind von Anfang an so kleinteilig zu planen, dass eine modulare Verwendung und Zusammenfassung möglich ist. Die Elektroenergieversorgung erfolgt für diese Bereiche über die Steigeleitungen vorzugsweise separat, d. h. für jeden sinnvoll abtrennbaren Bereich einzeln, aber am Zähler verbindbar. Den höheren Kosten stehen neben dem Vorteil der Flexibilität auch ein anderer Vorzug gegenüber: Die Kabellängen der Endstromkreise und auch die Bündelung der abgehenden Stromkreisleitungen reduzieren sich, wodurch der Spannungsfall und die Verlegebedingungen besser beherrscht werden können.
- Bei Wohnungen ist bei Neuerrichtungen und Sanierungen dreiphasig zu verkabeln. Dadurch reichen die Zuleitungen zumeist auch bei Erweiterungen und Zusammenfassungen und nach mehreren Jahren Weiterentwicklung der Verbraucheranschlüsse hinsichtlich ihres Querschnittes aus.
- Werden infolge Umorganisation der Nutzungs- oder Mietbereiche neue Anforderungen an unter Putz verlegte Leitungen und Auslässe gestellt, ist oft eine tiefer greifende Bearbeitung erforderlich. Gegebenenfalls kann die Installation „totgelegt" und durch z. B. Sockelleisten- und Aufputzkanalverlegungen ersetzt werden. In bestimmten Fällen ist eine Zusatzverblendung mit Trockenbau sinnvoll.
- In Gebäuden gemischter Nutzung (nicht Wohnungen) werden zunächst die sog. Kernbereiche (Treppenhaus, Hauptflure und eventuell Sanitärbereiche) erstellt und die weiteren Bereiche bis auf die zentralen Versorgungsleitungen hohl belassen, d. h. unausgebaut. Trotzdem müssen die Versorgungsleitungen bereits hingeführt sein, um die Schächte schließen zu können. Die Einteilung der Verteilerbereiche erfolgt erst, nachdem Klarheit über die Nutzung erreicht worden ist, und ist ggf. auch wieder rückbaubar. Weiterhin sind diese mittels Trockenbautech-

nik und oft auch mit Zwischendecken ausgebauten Gebäude sehr viel flexibler installierbar als Gebäude mit festen Wänden und festen Unter-Putz-Installationen.

- Eine Entscheidung für die Errichtung von frei zugänglichen Versorgungsschächten ist eine weitere Variante der Flexibilisierung (vgl. Abb. 11.60). Damit erschließt sich die Möglichkeit, die Zuleitung zu den Verteilern völlig neu zu verlegen. Die architektonische Berücksichtigung der Versorgungsschächte in unmittelbarer Nähe der Nutzungsbereiche ist in der Planung vorzusehen. Diese Schachtvariante bringt jedoch oft Brandschutzprobleme, erhöhten Platzbedarf und letztlich höhere Kosten mit sich und wird daher eher in Ausnahmefällen oder bei bestimmten Bauwerkstypen angewendet, die für häufige Nutzungsänderungen konzipiert sein müssen (z. B. Einkaufscenter).

Anforderungen in Wohngebäuden

Im Neubau wird zunächst versucht, grundsätzlich ein gewisses Maß an Flexibilität zu erreichen. Dem steht zum einen aber die notwendige Kosteneinsparung gegenüber und zum anderen ist beispielsweise darauf zu achten, dass die Wohnqualität nicht durch sichtbare Technik leidet (Revisionsklappen usw.). Innerhalb der Wohnungseinheit sind Trockenbauwände ein geeignetes Mittel für eine leichtere Veränderbarkeit, zumal die schallschutztechnischen Probleme heute ausreichend beherrscht werden. Dabei ist bei der Planung der Trockenbauwände darauf zu achten, dass diese den brand- und schallschutztechnischen Aspekten Genüge leisten. Installationsgeräte sind hier nicht nach Standard einbaubar. In der Regel müssen z. B. die Schalter und Steckdosen aufgesetzt werden und die Kabelverlegung muss nach bestimmten Regeln erfolgen. Letztlich gilt dies auch im Gewerbebau bei Trennung von Brandabschnitten. Häufig vorkommende Beispiele sind in den Abb. 11.61 bis 11.65 umrissen.

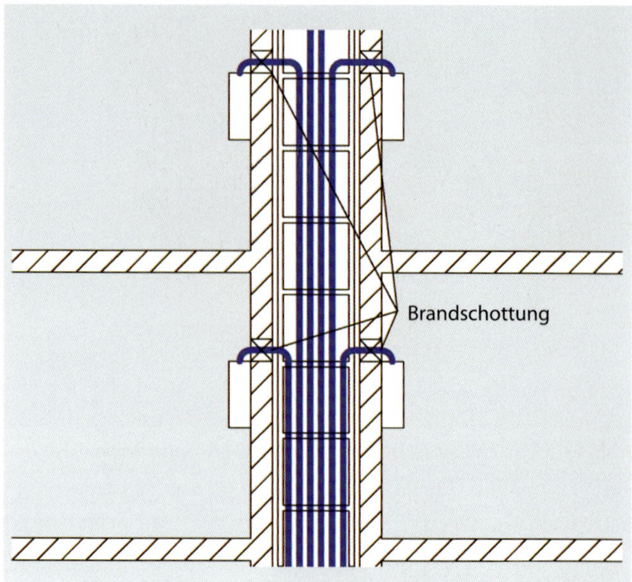

Abb. 11.60: Leitungsführung Steigeschacht

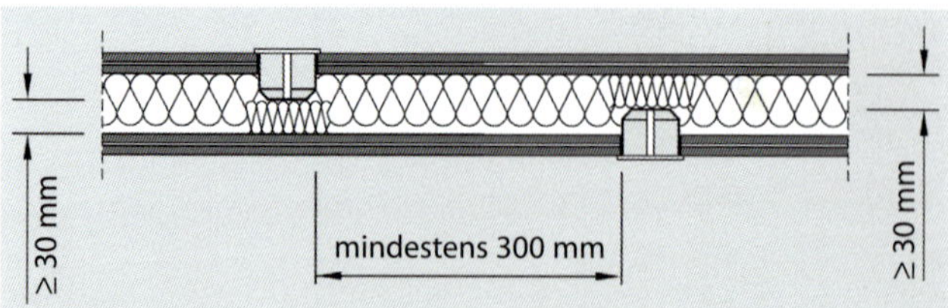

Abb. 11.61: Einbau von gegenüberliegenden Hohlwanddosen in F30-Wände

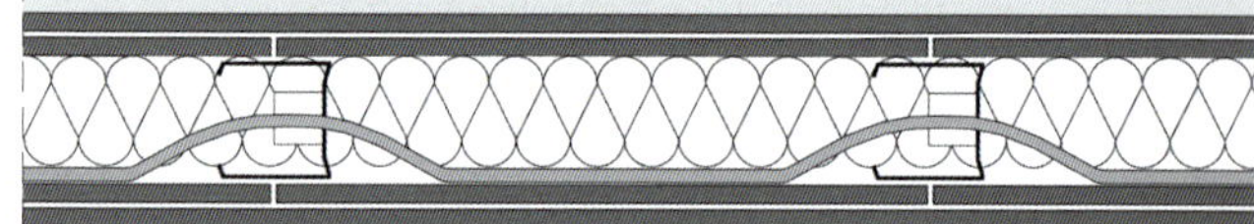

Abb. 11.62: Kabelbündel in F30-Wänden

11.3.10 Sanierung von Wohngebäuden in Platten- bzw. Betonbauweise

Sanierungen im Platten- bzw. Betonbau sind schwierig, da das Schlitzen aus statischen Gründen in der Regel nicht gestattet ist. Hier ist das Einbringen von Leitungsführungskanälen insbesondere für Zuleitungen und Schalterleitungen oft unvermeidlich. Die Ausnutzung von Trockenbauvarianten beispielsweise im Flur oder bewusst gestalterisch eingesetzte Installationsarten (Eckkanallösungen o. Ä.) können unter gestalterischen und auch unter wirtschaftlichen Gesichtspunkten zum Erfolg führen. In Bereichen von Putz-Mauerwerk ist es sinnvoll, klassisch zu schlitzen. Auch hier sind statische Aspekte, insbesondere bei Wänden zum Treppenhaus, zu berücksichtigen. Besonders Querschlitze führen zur Instabilität der Wand. Hier hilft ggf. ein Kompromiss: Die Horizontalverlegung wird über Hohldecken, durch Nutzung von Nebenräumen oder in Sockelleistenkanälen, die Anbindung der Schalter und Steckdosen in kurzen Vertikalschlitzen vorgenommen.

Da Plattenbauten unzugängliche Leitungsverlegewege aufweisen, diese Leitungen jedoch oft auszutauschen sind, ist hier die Auf-Putz-Installation unvermeidlich. Für diesen Fall gibt es spezielle Schalter- und Steckdosenprogramme, die teilweise in Verbindung mit der Schwachstrominstallation für Tastschaltungen zu geringen Aufbauhöhen führen und daher nur begrenzt stören. Die langen Wege der Steckdosenzuleitungen werden in der Regel über Sockelleistenkanäle realisiert, wodurch die Installation als solche in die Raumgestaltung integriert wird (vgl. Abb. 11.66).

Auf dem Gebiet der neuen Bundesländer wurden vor 1990 in Endstromkreisen Aluminiumleitungen verwendet. Diese wurden zudem sehr sparsam dimensioniert, d. h. nicht nach heutigen Verlegerichtlinien.

Folgende potenzielle Problemstellungen sind zu beachten (teilweise gelten nachfolgende Aspekte auch für Installationen in Altbundesländern):

- Die Altinstallationen in Bad und Dusche sowie den Außenanlagen (auch Balkone) haben teilweise noch keinen RCD (FI-Schutz).
- Die verwendete Netzart ist TN-C bis zum Verbraucher, d. h., es gibt keinen separaten und stromlosen Schutzleiter (vgl. Kapitel 11.4.1).

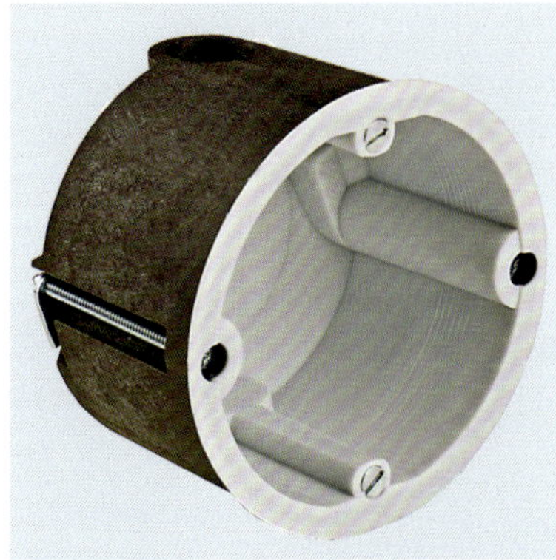

Abb. 11.63: Hohlwanddose mit Brandschutzfunktion (Quelle: Kaiser GmbH & Co. KG, Schalksmühle)

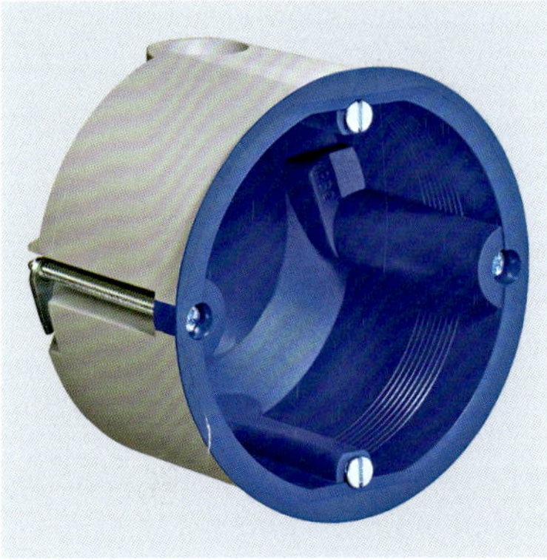

Abb. 11.64: Hohlwanddose mit Schallschutzfunktion (Quelle: Kaiser GmbH & Co. KG, Schalksmühle)

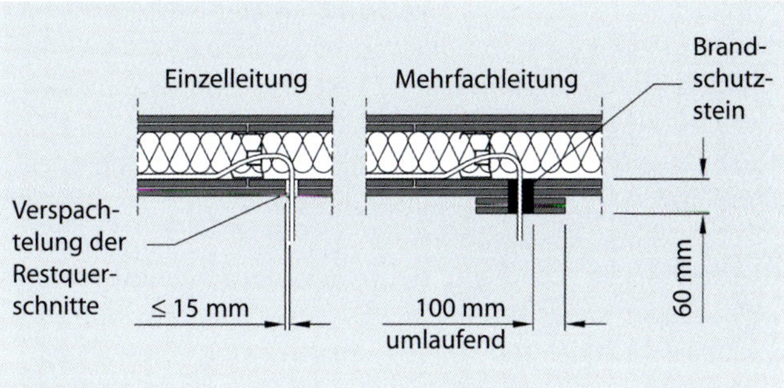

Abb. 11.65: Leitungsführung aus den Trockenbauwänden (F30)

Abb. 11.66: Beispiel Sockelleisteninstallation (Quelle: Obo Bettermann GmbH & Co. KG, Menden)

- Aluminiumleitungen unterliegen einer erhöhten Gefahr von Leitungsbrüchen, insbesondere bei Bewegungen in Form von Umklemmarbeiten usw.
- Schraub-Klemmverbindungen von Aluminiumleitungen sind regelmäßig nachzuziehen und daher zumindest einer Revision zu unterziehen.
- Als Installationsart in Betonplattenbauten wurde vorrangig die Verlegung unterhalb bzw. innerhalb des Estrichs gewählt. Es besteht eine erhöhte Gefahr der Leitungsverletzung z. B. bei Bohrarbeiten. Bei der damaligen Verlegung wurden die Zuleitungen zu den Deckenleuchten der Wohnungen über dem Rohfußboden der darüberliegenden Einheit verzogen. Die Sanierung dieser Zuleitungen ist nur mit erhöhtem Aufwand korrigierbar. Als preiswerte Alternative besteht oft nur die Möglichkeit der Installation im Aufputzkanal bis zur Deckenleuchte, was ästhetisch problematisch ist. Schlitzarbeiten in der Decke und meist auch in den Betonwänden sind aus statischen Gründen ausgeschlossen.
- Die Weiterverwendung der Bestandsleitungen NYF, NSFYY und später NIZAY (vgl. Kapitel 11.3.6) in Mischverlegung ist bei Sanierungen oft nicht möglich bzw. nach neuen Regeln nicht statthaft. Teilbeschädigungen, z. B. im Bereich von Sockelleisten oder Deckenanschlüssen, führen oft zu gravierenden generellen Entscheidungen, da der Elektrofachmann die Sicherheit nicht mehr gewährleisten kann.
- Die Verbindungen von alten Aluminiumleitungen mit neuen Komponenten sind problematisch, da z. B. Verteiler zum größten Teil für Kupferverbindungen zugelassen sind und Aluminium-/Kupfer-Klemmen eingesetzt werden müssen.

Mögliche Lösungsansätze (beispielhaft):

- Sockelleisteninstallation vollständig neu auch in Wohnzimmern
- neue Trockenbautrennwände, Kücheninstallationswand und neue Installation Küche
- Badinstallation neu
- Flurinstallation und Verteilererneuerung so gestalten, dass zumindest später eine leichte Umstellung auf TN-S erfolgen kann (vgl. Kapitel 11.4.1)
- Deckenauslässe erneuern durch zusätzliche Gipskartondecken (teuer, aber eine optisch ansprechende Form der Verlegung)

11.3.11 Kosten

Investitionskosten

Kosten unterliegen sehr starken zeitlichen und regionalen Unterschieden und Schwankungen. Unverbindliche durchschnittliche Nettokosten (ohne Mehrwertsteuer) als Beispielrichtwerte sind aus Tabelle 11.18 ersichtlich.

Tabelle 11.18: Durchschnittliche Kosten für Module der Elektroinstallation (netto)

Gebäudetyp bzw. -einheit	Kosten (€)
Wohneinheit allein, 80 m², mittlerer Standard	2.200,00 bis 4.300,00
Tiefgarage pro Stellplatz	120,00
Bürogebäude pro m²	75,00 bis 125,00
Werkstatt pro m²	50,00 bis 75,00
Geschäftshaus	150,00 bis 300,00
Hotel pro Zimmer	2.900,00 bis 4.300,00
Pflegeheimplatz pro Platz	2.600,00 bis 4.000,00
Straßenbeleuchtung je 100 m	4.500,00 bis 8.000,00

Flächenorientierte Kostenbewertungen sind von der individuellen Gebäudestruktur abhängig. Besser ist daher die Einzelermittlung anhand von feineren Kostenmodulen oder nach Einzelpositionen. Einige diesbezügliche Richtwerte unter gleichem Vorbehalt sind beispielsweise aus Tabelle 11.19 abzulesen.

Tabelle 11.19: Durchschnittliche Einzelkosten (netto)

Modul bzw. Einzelwert	Kosten (€)
Steckdose komplett montiert ohne Zuleitung	18,00
Ausschaltung 1 Leuchtenauslass, Schaltstelle inklusive Leitungsanteil vom Verteiler unter Putz	40,00
Wannenleuchte IP 54 mit Zuleitung	65,00
Lichtbandleuchte mit Tragschiene	130,00
Rasterleuchte mit Zuleitung	150,00
Festanschluss bis 10 kW	58,00
Kabelrinne mit Stiel und Ausleger	30,00 bis 40,00
Weitspannrinne mit Auflager	85,00
Steigetrasse schwere Ausführung	60,00
Unterverteiler Allgemeinstromversorgung	1.500,00 bis 3.500,00
Bodentank neunfach mit 4 Steckdosen	180,00
Transformator 630 kVA	18.000,00

Betriebskosten

Die Kosten für den Betrieb einer Elektroanlage sind für Allgemeinanlagen relativ gering und betreffen die regelmäßige Kontrolle bzw. Prüfung der Sicherheit. Bei aufwendigeren Gebäudearten ist die Wartung von Notstromanlagen, Transformatorstationen usw. mit zu berücksichtigen. Die Verbrauchskosten für Elektroenergie sind als wesentliche Betriebskosten interessant, unterliegen jedoch ständigen Änderungen, z. B. durch Wettbewerb oder staatliche Einflüsse.

11.4 Schutzmaßnahmen

11.4.1 Einsatz elektrischer Schutztechnik

Schutzaufgaben

Elektrische Energie kann bei nicht sachgerechter Anwendung erhebliche Schäden an Personen, Tieren und Sachgütern verursachen.

Folgende Schutzaufgaben sind zu erfüllen:

- Schutz gegen unzulässige Berührung von Strom führenden Teilen bezogen auf Mensch oder Tier (Schutz gegen Stromschlag)
- Schutz vor unzulässiger Erwärmung und Bränden (Kurzschluss, Überlast, Stauwärme und zu hohe Widerstandserwärmung)
- Schutz von anderen Anlagen und Geräten vor Zerstörung oder unzulässigem Einfluss, insbesondere durch Lichtbögen und Fehlspannungen (Schalter, Trenner, unzulässige Näherungen, Leitungsdefekte)
- Schutz gegen ungewollte Funktion und Bedienung oder vor ungewollter Abschaltung (Selektivität, Fehlbedienung/-funktion)
- Schutz gegen schädliche elektromagnetische Einflüsse (Überspannungsinduktion, elektromagnetische Verträglichkeit [EMV]) und vor sog. Elektrosmog (Einfluss auf Mensch)

Grundsätzlich ist sicherzustellen, dass eine unzulässige Berührung sämtlicher Strom führenden Teile einer Elektroanlage ausgeschlossen wird. Dies gilt sowohl für sog. Starkstromanlagen, also Anlagen mit Nennspannungen über 60 V, die als besonders gefährlich einzustufen sind, als grundsätzlich auch für Anlagen der sog. Schwachstromtechnik (Fernmelde- und Sicherheitstechnik), bei denen eine solche Berührung unangenehme Reaktionen hervorrufen kann oder auch nur Schäden oder Leistungsverluste bei den Komponenten selbst. Generell gilt, dass bei höherer Spannung ein größerer Isolieraufwand bzw. -abstand einzuhalten ist, da die Gefahr von Überschlägen droht.

Bei Berührung von strombehafteten Teilen können gefährliche Körperdurchströmungen auftreten, wenn folgende Voraussetzungen erfüllt sind:

- Die Nennspannung ist hoch genug, um die natürliche Isolationsfähigkeit des Körpers bzw. der Haut zu durchbrechen.
- Die Berührung erfolgt im nicht isolierten Zustand, d. h. auch ohne entsprechend schützende Kleidung.
- Der Sternpunkt ist geerdet und es erfolgt keine Schutztrennung.

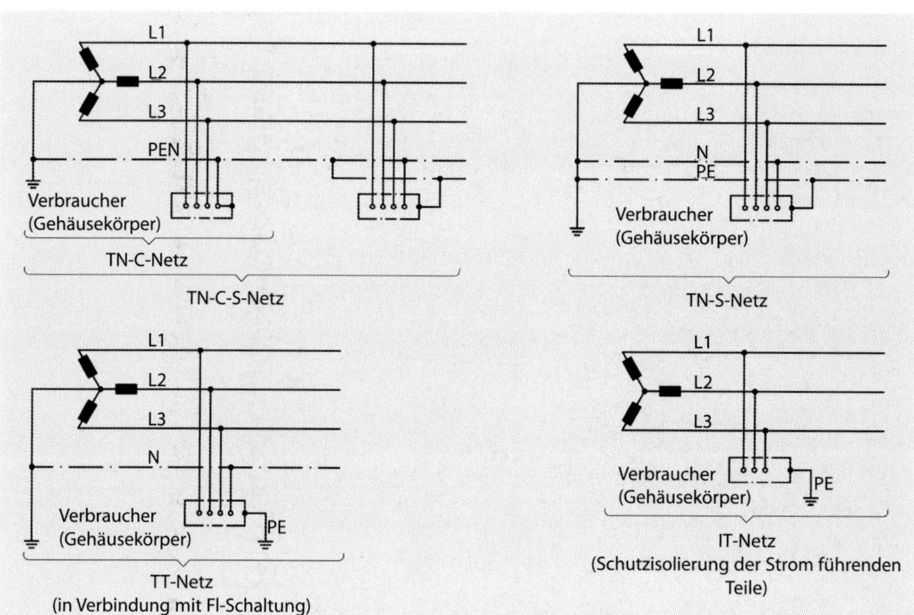

Abb. 11.67: Netzarten

Gefährlich werden Körperströme ab einer Spannung von ca. 50 V, was jedoch je nach Verfassung und Körperwiderstand des Berührenden individuell unterschiedlich betrachtet werden muss. Die Auswirkungen auf den Körper hängen von den folgenden Faktoren ab:

- Höhe der Berührungsspannung
- Stromstärke der durch den Körper fließenden Ströme
- Länge der Einwirkdauer
- aktueller Körperwiderstand (Einfluss Haut u. a.)
- Weg durch den Körper (Ein- und Austrittsstelle)
- Frequenz (Wechselstrom, Gleichstrom oder Hochfrequenz)

Netzarten

Für das Verständnis der Schutzmaßnahmen und die Art und Weise der Verteilung der elektrischen Energie im Gebäude sind grundlegende Kenntnisse über die Einstufung der Netzarten Voraussetzung.

Die Bezeichnung der Netzarten in Drehstromnetzen wird wie folgt vorgenommen:

- erster Buchstabe: Unterscheidung der Erdungsart des vorgelagerten Netzes (Trafo):
  - T-...-Netze (Netz mit festem Sternpunkt)
  - I-...-Netze (Netze ohne Sternpunkterdung)
- zweiter Buchstabe: Unterscheidung der Erdungsart an der Verbraucheranlage:
  - ...T-Netze (direkte Erdung des Schutzgehäuses)
  - ...N-Netze (Schutzgehäuse ist über Neutralleiter mit Stromquelle verbunden)

Daraus leiten sich die Netzarten ab:

- TN-...Netz (Netz mit geerdetem Sternpunkt und Verbindung des Gehäuses mit dem Neutralleiter des Netzes)
- TT-Netz (Netz mit geerdetem Sternpunkt und direkter Erdung des Gehäuses ohne Verbindung zum Sternpunkt über den Neutralleiter)
- IT-Netz (Netz ohne Sternpunkterdung, der Sternpunkt ist isoliert, die Verbrauchergehäuse sind direkt geerdet und die Isolation wird überwacht)

Für TN-...-Netze ist noch die Art der Erdung näher zu definieren. Da der Sternpunkt bei symmetrischer Belastung nicht Strom führend ist (im Drehstromsystem heben sich die Ströme und Spannungen im Sternpunkt gegenseitig auf), wird dieser als Neutralleiter bezeichnet (N). Er kann dem Erdpotenzial zugeordnet werden, wobei eine völlige Symmetrie in Verbraucheranlagen durch die Aufteilung des Drehstromsystems in einzelphasige Wechselstromsysteme nicht zu erwarten ist und damit ein Ausgleichsstrom über den Neutralleiter entsteht. Es wird angestrebt, einen Leiter mit möglichst eindeutigem Erdpotenzial für Schutzzwecke mitzuführen. Dies wird über den Schutzleiter (PE – Protection Earth) erreicht. Die Kombination aus Neutralleiter und Schutzleiter (dabei Einsparung eines Leiters) wird als Neutralleiter mit Schutzfunktion bezeichnet (PEN). In neu zu errichtenden Gebäudeanlagen ist die Separierung des Schutzleiters ab Hauptverteiler erforderlich. Leiter mit Schutzfunktion (gilt für PE und PEN) sind an der grüngelben Aderisolation zu erkennen.

Es gibt 3 wesentliche Verteilungsformen für die Verwendung PE und N:

- TN-C (C für „combiné [kombiniert]“: Vierleitersystem, der Neutralleiter ist gleichzeitig Schutzleiter)
- TN-S (S für „separé [separiert]“: Fünfleitersystem, Schutzleiter und Neutralleiter sind getrennt)
- TN-C-S (Kombination aus TN-C und TN-S, im Verlauf der Netzverteilung werden Neutralleiter und Schutzleiter getrennt)

Überwiegend ist das übergreifende Stromnetz in Deutschland und zumeist auch in Europa als TN-Netz ausgeführt. IT-Netze beschränken sich auf spezielle Anwendungen in der Industrie und im Krankenhausbereich, TT-Netze werden meist nur in Verbindung mit Fehlerstromschutzschaltern z. B. in Baustromnetzen eingesetzt, da die Auslösung der Sicherungselemente aufgrund des notwendigen niedrigen Erdungswiderstandes zu unzuverlässig ist. In einigen Gebieten gibt es in Deutschland auch noch TT-Netze.

In Abb. 11.67 sind Strukturen der Netzarten (Netzformen) prinzipiell dargestellt.

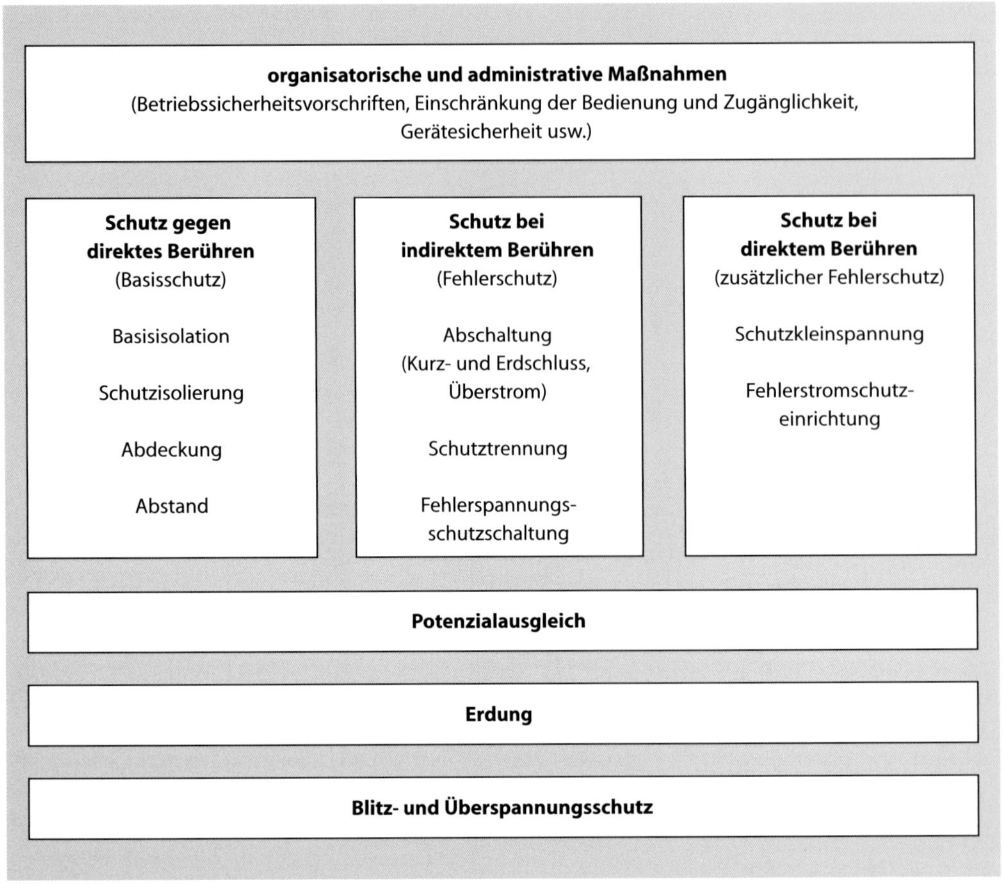

organisatorische und administrative Maßnahmen
(Betriebssicherheitsvorschriften, Einschränkung der Bedienung und Zugänglichkeit, Gerätesicherheit usw.)

Schutz gegen direktes Berühren (Basisschutz)	**Schutz bei indirektem Berühren** (Fehlerschutz)	**Schutz bei direktem Berühren** (zusätzlicher Fehlerschutz)
Basisisolation	Abschaltung (Kurz- und Erdschluss, Überstrom)	Schutzkleinspannung
Schutzisolierung	Schutztrennung	Fehlerstromschutzeinrichtung
Abdeckung	Fehlerspannungsschutzschaltung	
Abstand		

Potenzialausgleich

Erdung

Blitz- und Überspannungsschutz

Abb. 11.68: Übersicht Schutzmaßnahmen

Einstufung von Schutzmaßnahmen

Unterschieden werden technische Schutzmaßnahmen und organisatorische Maßnahmen wie Regeln und Beschriftungen, Sicherheitsvorschriften, Unterweisungen und Qualifizierungen (vgl. Abb. 11.68).

Technische Schutzmaßnahmen sind:

- Schutz gegen direktes Berühren (grundsätzlich zu gewährleisten),
- Schutz bei indirektem Berühren (Schutz im Falle auftretender Fehler),
- Schutz bei direktem Berühren (zusätzliche Maßnahmen).

Fundamental wichtig sind für die meisten Schutzmaßnahmen die erforderlichen Maßnahmen Erdung und Potenzialausgleich anzusehen, die gemeinsam mit dem Blitz- und Überspannungsschutz die Aufstellung ergänzen.

Schutz gegen direktes Berühren

Dieser Schutz ist als Basisschutz generell zu gewährleisten und bezieht sich auf

- Isolation durch Abstand oder Hindernisse (z. B. Freileitungen),
- Isolation mit Isolationsmaterialien um den Strom führenden Leiter (Hauptanwendung Kabel),
- Isolation durch Umhüllung und Abdeckung (Schaltanlagen und elektrische Maschinen).

Die Anwendung dieser Maßnahmen setzt in der Regel den störungs- und fehlerfreien Betrieb voraus. Zu beachten ist auch die fehlerfreie und bestimmungsgemäße Anwendung, z. B. im Zusammenhang mit Wasser und anderen leitfähigen Medien, die die Schutzbarriere sehr schnell durchbrechen können.

Vertiefend werden Schutzarten der Geräte nach VDE 0470-1 (DIN EN 60529) als Schutzarten durch Gehäuse (IP-Code) unterschieden, wobei die erste Ziffer den Berührungs- und Fremdkörperschutz umschreibt (vgl. Tabelle 11.20) und die zweite den Wasser- und Feuchteschutz (vgl. Tabelle 11.21): Diese beiden Ziffern werden gemeinsam verwendet.

Tabelle 11.20: IP – erste Kennziffer

erste Kennziffer	**Schutz (gegen Berühren mit ...)**	**Fremdkörpereindringschutz**
0	ungeschützt	nicht geschützt
1	Handrücken (kein Schutz gegen absichtliches Berühren)	Ø ≥ 50 mm
2	fingersicher	Ø ≥ 12,5 mm
3	Werkzeuge > 2,5 mm	Ø ≥ 2,5 mm
4	Draht > 1 mm	Ø ≥ 1 mm
5	vollständiger Berührungsschutz	staubgeschützt
6	vollständiger Berührungsschutz	staubdicht

Tabelle 11.21: IP – zweite Kennziffer

zweite Kennziffer	Schutz gegen Eindringen von ...
0	nicht geschützt
1	Tropfwasser (senkrecht fallend)
2	Tropfwasser (bis 15 °C)
3	Sprühwasser (bis 60 °C)
4	Spritzwasser
4K	Spritzwasser mit erhöhtem Druck
5	Strahlwasser
6	starkem Strahlwasser
6K	starkem Strahlwasser mit erhöhtem Druck
7	Wasser bei zeitweiligem Eintauchen
8	Wasser bei dauerndem Untertauchen
9K	Wasser bei Hochdruck-/Dampfstrahlreinigung

Beispiel: IP-Code

IP 54 bedeutet vollständiger Berührungsschutz/Staubschutz und Spritzwasserschutz, es ist davon auszugehen, dass z. B. eine Steckdose mit dieser Schutzart für eine Außenwandbefestigung geeignet ist. Das heißt jedoch nicht automatisch, dass ein Verteiler IP 54 für Dachaufstellung geeignet ist, da weitere Kriterien wie direkte Sonneneinstrahlung, Temperaturverträglichkeit sowie seitlicher Schlagwetterschutz zu beachten sind.

Schutz gegen indirektes Berühren

Der Begriff des indirekten Berührens entstammt der Logik, dass im Fehlerfall Strom führende Teile normalerweise nicht Strom führende Teile berühren und damit indirekt über das Gehäuse mit dem Menschen Kontakt haben können. Dieser Fehlerfall ist durchaus als wahrscheinlich anzusehen und daher heute in steigendem Maße mit technischen Gegenmaßnahmen bedacht.

Zunächst wird in Schutzklassen aufgeteilt:

- Schutzklasse I: Anschluss des Gehäuses an Schutzleiter
- Schutzklasse II: Schutzisolierung
- Schutzklasse III: Schutzkleinspannung

Schutzklasse I

Da schon aus Stabilitätsgründen oder auch aus Gründen der Abschirmung viele Geräte mit metallischen Gehäusen umgeben sind, ist auch mit einem Fehlerfall zu rechnen, bei dem ein Strom führender Leiter das Gehäuse berührt und damit unter Spannung setzt. Der mit dem Stromkabel mitgeführte Schutzleiter wird prinzipiell an das Gehäuse angeschlossen und stellt dann im Fehlerfall sofort eine leitfähige Brücke zur Erde her. Diese Verbindung soll einen gegen null gehenden Eigenwiderstand haben.[2)]

Die Ableitung des Stromes zur Erde hat 2 Folgen:

- Die Spannungsteilung der Strombahnen über die Erde einerseits und den menschlichen Körper mit seinem Körperwiderstand andererseits bewirkt, dass der meiste Strom nicht über den Körper, sondern über die Erde abfließt; einen Schutz bildet bereits die Isolation mit Isolationsmaterialien um den Strom führenden Leiter.
- Der Stromfluss über den Erdungsanschluss mit einem geringen Eigenwiderstand stellt quasi einen Kurzschluss (zumindest einen Überstrom) dar, der eine Überhöhung des Stromes im fehlerbehafteten Stromkreis bedingt und zur Abschaltung der zugehörigen Überstromschutzeinrichtung führt. Damit entfällt auch sofort die Strombehaftung des Gehäuses und die Wahrscheinlichkeit, dass es bis dahin zur Berührung durch den Menschen kommt, ist zumindest gering.

Die verschiedenen Arten der Verbindung der Gehäuse mit der Erde und den zugehörigen Systemen der Netzarten sind weiter oben im Unterabschnitt „Netzarten" erläutert.

Daraus abzuleiten sind grundsätzlich die bereits beschriebenen Maßnahmen zum Schutz im TN-Netz. Im TT-Netz, bei dem das leitfähige Gehäuse unabhängig von dem Erder der Stromquelle geerdet ist, ist nicht gewährleistet, dass es zur schnellen Abschaltung durch ausreichenden Stromfluss über die Erde kommt. Dementsprechend wird hier die Schutzmaßnahme der Fehlerstromschutzschaltung obligatorisch zusätzlich angewandt.

Schutzklasse II

Die Schutzisolierung stellt einen wirksamen Schutz im Fall der Berührung des (isolierten) Gehäuses durch einen Außenleiter dar. Der Mensch ist grundsätzlich durch eine zusätzliche Trennschicht von der Spannung isoliert. Eine Abschaltung wird durch die fehlende Erdung nicht unterstützt, meistens jedoch wird durch den abgetrennten Leiter die Funktion des Gerätes an sich unterbunden. Die betreffenden Geräte sind meistens Haushaltskleingeräte kleiner Leistung, z. B. Küchengeräte oder Rasierapparate, deren Isolationszerstörung ggf. auch von Laien erkennbar ist.

Schutzklasse III

Das Grundprinzip dieser Schutzklasse ist das Erlauben von maximal vertretbaren Spannungen im Fall der Berührung. Dabei wird z. B. akzeptiert, dass Klemmen und teilweise auch Stromleiter relativ frei liegen.

Bei der Schutzkleinspannung (SELV – Safety Extra Low Voltage) werden auch die Ströme durch vorangeschaltete Kleintransformatoren entsprechend begrenzt. Die Kleinspannungsquellen müssen so zuverlässig vom Starkstromnetz isoliert sein, dass Verschleppungen von Spannungen ausgeschlossen sind. Die einpolige Erdung eines Kleinspannungsleiters darf zunächst nicht geschehen, da auch die Erde ein erhebliches Potenzial bei Erdschlüssen führen kann.

Die Schutzkleinspannung wird angewandt bei Spielzeugen, verschiedenen kleinen elektronischen Geräten, Hauskommunikationsanlagen, Geräten und Maschinen in Nassbereichen oder bei medizinischen Anwendungen.

---

2) Der Anschluss einer flexiblen Stromversorgungsleitung eines ortsveränderlichen Gerätes hat sinnvollerweise so zu erfolgen, dass bei Zugbelastung am Kabel mit der Folge des Herausreißens von Leitern der Schutzleiter zuletzt getrennt wird.

Zulässig sind folgende maximale Spannungen für SELV:

- 6 V für medizinische Geräte
- 12 V für Nutzung in Nassbereichen (Badewanne und Dusche)
- 24 V für elektrisch betriebenes Spielzeug
- 50 V für sonstige Wechselspannungsverbraucher
- 120 V für Gleichspannungen

Fehlerstromschutzschaltung

Die Wirksamkeit der oben beschriebenen Schutzmaßnahmen ist begrenzt, sobald z. B. der Einsatz der elektrischen Geräte nicht bestimmungsgemäß erfolgt oder der Basisschutz nicht zur Abschaltung führt. Dies kann u. a. nicht ausgeschlossen werden, sobald Wasser mit im Spiel ist. Für solche besonders gefährdete Situationen ist ein zusätzlicher Schutz erforderlich. Generell ist der hier zu beschreibende Schutz als Zusatzmaßnahme für den Fall des Versagens der grundlegenden anderen Schutzmaßnahmen einzuordnen.

Die Fehlerstromschutzschaltung RCD (FI-Schalter) wirkt als Schutzmaßnahme bereits vor der Berührung durch den Menschen, indem schon geringe Ströme gegen Erde oder andere Fremdpotenziale abgeleitet werden. Bei der Berührung spannungsführender Teile kommt es dann zur unmittelbaren Abschaltung der Strom führenden Leiter. Entscheidend dabei ist die Zeit der Stromeinwirkung, die sich innerhalb einer sog. Verträglichkeitskurve befinden und an einem Schwellwert spätestens abschalten muss. Dabei wird im Standardfall innerhalb von 0,2 Sekunden ein maximaler Strom von 30 mA bis zur Abschaltung zugelassen. Bei der entsprechenden Wechselspannung von 230 V ist davon auszugehen, dass durchschnittlich konstituierte Menschen (ohne Herz-Kreislauf-Erkrankungen und ohne Nutzung von Schrittmachern) nicht sehr gefährlich beeinträchtigt werden. So wird z. B. das Herzkammerflimmern erst oberhalb dieses Schwellenwertes provoziert.

Andere Fehlerstromschutzschalter begrenzen den Strom auf 300 mA oder 500 mA. Der Grund dieser Anwendung ist der zusätzliche Schutz in Stromkreisen, die nicht aufgrund natürlicher Abschaltströme von Betriebsmitteln (z. B. Maschinen) abgeschaltet und zuverlässig in Betrieb gehalten werden sollen. Diese Maßnahmen werden aber durch die Durchsetzung der Abschaltung unterhalb von 30 mA verdrängt.

Das Grundprinzip der Abschaltung durch Fehlerstrom basiert auf der Differenzstromerfassung zwischen Hin- und Rückleiter, also zwischen einem Außenleiter und dem zugehörigen Neutralleiter bzw. allen Außenleitern und dem Neutralleiter. Sobald der Unterschied der Ströme den kritischen Schwellenwert übersteigt, wird abgeschaltet. Diese Differenz kann nur zustande kommen, wenn ein Teilstrom gegen Erde oder Fremdpotenziale unzulässigerweise abfließt, z. B. bei Berührung durch den Menschen. Allerdings stellt der Mensch selbst mit seinem Eigenwiderstand zunächst keinen guten Ableiter dar. Die Abschaltung erfolgt demnach auch nur, soweit ein ausreichender Kontakt gegen Erde gegeben ist, trotzdem spürt man einen entsprechenden Stromschlag, der heftige Reaktionen auslösen kann. Für die Funktion der FI-Schutzschaltung ist also eine gute Erdungs- und Potenzialausgleichsanlage mit geringem Eigenwiderstand von eminenter Bedeutung (vgl. Abb. 11.69).

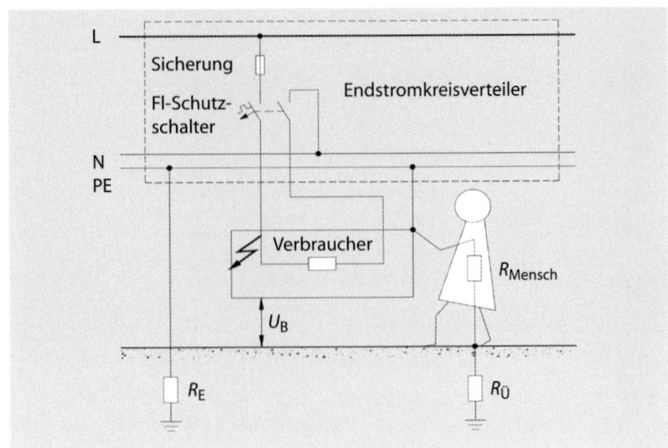

Abb. 11.69: Fehlerstromschutzschaltung (R_{Mensch}: Eigenwiderstand des Menschen; R_E: Erdwiderstand; $R_Ü$: Übergangswiderstand; U_B: Berührungsspannung)

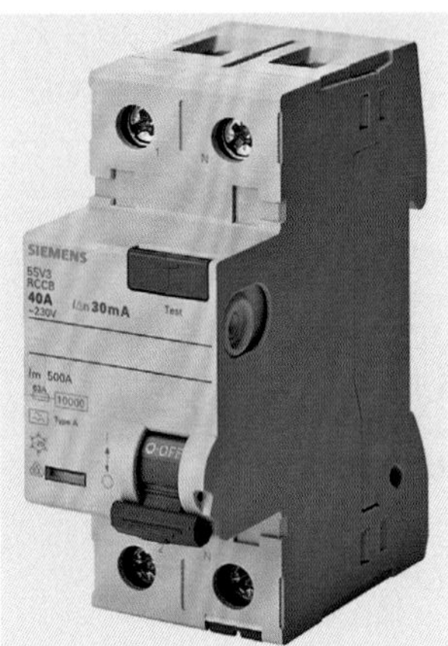

Abb. 11.70: Fehlerstromschutzschalter; RCD bzw. FI-Schutzschalter (Quelle: Siemens AG, Erlangen)

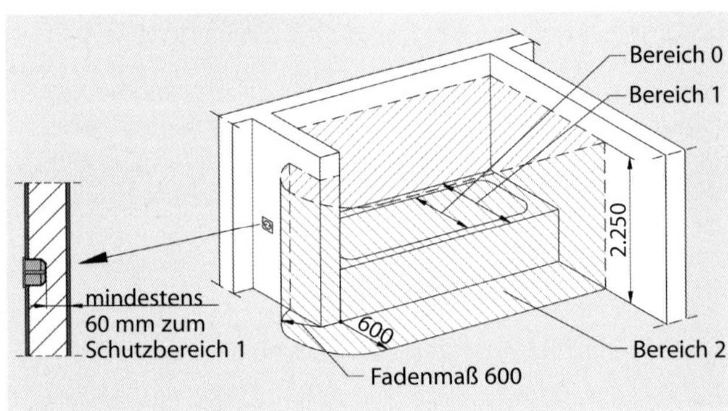

Abb. 11.71: Schutzbereiche Bad

Die Funktion der RCD ist regelmäßig zu überprüfen, d. h. manuell am Auslösetaster zu betätigen (vgl. Abb. 11.70).

Schutzbereiche in Bädern und Duschen

Trotz entsprechender technischer Schutzmaßnahmen, die inzwischen allgemein anzuwenden sind, bleiben neben Außenanlagen vor allem Räume, in denen Menschen mit elektrischen Geräten im Zusammenhang mit Wasser (vor allem in Duschen oder Bädern) in Berührung kommen können, besonders sensibel. Daher werden Bäder in Schutzbereiche eingeteilt (vgl. Abb. 11.71), in denen nur Installationen wie folgt zugelassen sind:

- Bereich 0: Installationsgeräte nicht zulässig, nur spezielle, fest angeordnete Verbraucher (SELV 12 V oder 30 V Gleichspannung, Schutzart IP X7)

- Bereich 1: Installationsgeräte nur fest zulässig (IP X4, bis 25 V Wechselspannung oder 60 V Gleichspannung), SELV-Stromquelle nicht im Bereich 0 oder 1
- Bereich 2: nur Rasiersteckdosen mit Trenntrafo

Für den gesamten Raum gilt: Alle Stromkreise sind mit mindestens einer FI-Schutzeinrichtung mit einem Bemessungsstrom $I_{DN} \leq 30$ mA zu schützen.

Abb. 11.72: NH-Sicherung (Quelle: Siemens AG, Erlangen)

Überstromschutzeinrichtungen

Überstromschutzeinrichtungen unterbrechen den Stromkreis bei Auftreten von Kurzschlüssen und Überströmen. Diese wiederum treten sehr oft nur dadurch auf, dass die oben beschriebenen Fehler bei Gehäuseberührung von Strom führenden Leitern zu Erdschlüssen führen. Weiterhin wirken Überstromschutzeinrichtungen begrenzend im Falle zu hoher Stromabnahme. Im Wesentlichen werden jedoch Kabel und Leitungen gegen Überlastung geschützt. Auch Kurzschlüsse, die infolge teilzerstörter Leitungen auftreten, werden mit diesen Schutzeinrichtungen unterbrochen. Dementsprechend muss die Belastung und Trennfähigkeit der Schutzeinrichtung ausgelegt sein.

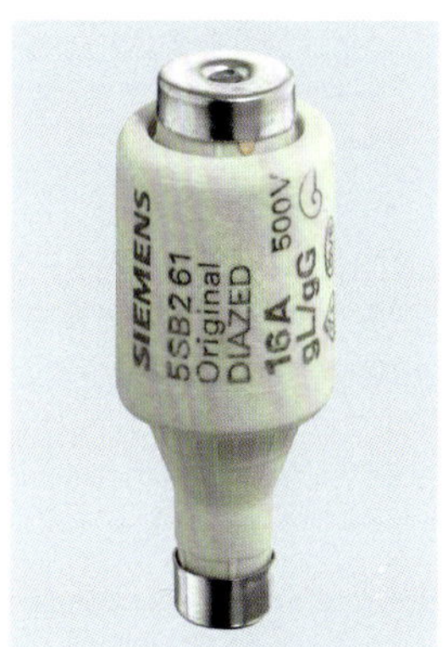

Abb. 11.73: DIAZED-Sicherung (Quelle: Siemens AG, Erlangen)

Die Überstromschutzeinrichtungen werden in folgende Gruppen unterteilt:

Abb. 11.74: NEOZED-Sicherung (Quelle: Siemens AG, Erlangen)

- Sicherungen:
  - Hochspannungshochleistungssicherungen (HH-Sicherungen) für unterschiedliche Spannungsbereiche innerhalb eines Spektrums zwischen 3 bis 36 kV (Abhängig von der Nennspannung liegen die Nennströme bei bis zu 500 A, das Abschaltvermögen beträgt je nach Hersteller bis zu 63 kA.)
  - Niederspannungshochleistungssicherungen (NH-Sicherungen, vgl. Abb. 11.72), mit Nennspannungen zwischen 400 und 1.500 V untergliedert in verschiedene Baugrößen (vgl. Tabelle 11.22)
  - Schraubsicherungen in den Bauformen DIAZED (diametral abgestufte zweiteilige Edison-Gewinde-Patrone, 2 bis 200 A) und NEOZED (D0-System, 2 bis 100 A), vgl. Abb. 11.73 und Abb. 11.74

Abb. 11.75: Feinsicherung (Quelle: Siemens AG, Erlangen)

Tabelle 11.22: NH-Sicherungsgrößen

Baugröße	Nennstrom (A)
000	6 bis 80
C00	6 bis 100
00	100 bis 160
0	25 bis 160
1	35 bis 250
2	100 bis 400
3	315 bis 630
4	500 bis 1.000
4a	500 bis 1.250

  - Feinsicherungen mit Nennstromstärken von 0,032 bis 20 A als Gerätesicherung (vgl. Abb. 11.75)
  - Flachstecksicherungen mit Nennstromstärken von 1 bis 40 A (Gerätetechnik)

- Leitungsschutzschalter (mit dreifacher Auslösung, vgl. Abb. 11.76):
  - automatische Auslösung bei Überlast durch ein Bimetall (thermisch)
  - automatische Auslösung bei Kurzschluss durch einen Elektromagneten
  - manuelle Auslösung durch einen Kippschalter
- Leistungsschalter mit Auslösung analog zum Leitungsschutzschalter, wobei die manuelle Auslösung durch eine Feder erfolgt, die entweder per Hand oder elektromotorisch gespannt wird, bei neueren Modellen Erfassung der Auslösedaten fast ausschließlich auf elektronischem Weg (vgl. Abb. 11.77 und Abb. 11.78)
- Motorschutzschalter (Auslösung entweder thermisch und magnetisch oder elektronisch mit Strommessung über Wandler und mit Temperaturmessung über Thermistoren)

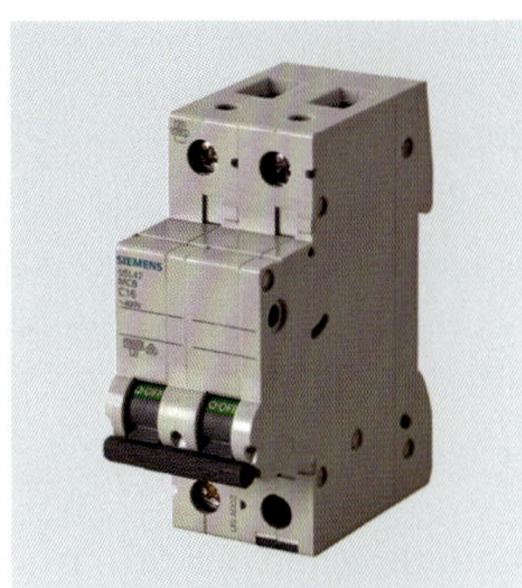

Abb. 11.76: Leitungsschutzschalter (Quelle: Siemens AG, Erlangen)

Abb. 11.77: Kompakt-Leistungsschalter (Quelle: Siemens AG, Erlangen)

Abb. 11.78: Offener Leistungsschalter (Quelle: Siemens AG, Erlangen)

Schutztrennung

Die Schutztrennung geht von einer zuverlässig isolierten Trennung des Arbeitsstromkreises vom Netz über Transformatoren aus. Angewandt wird dieses Prinzip bei Arbeitsmaschinen auf Baustellen oder Rasiersteckdosen in Hotelzimmern.

Kurzschlussschutz

In Stromkreisen wird der Strom durch den Widerstand des Gesamtsystems (Summe aller Widerstände der hintereinanderliegenden Strompfade) generell begrenzt. Fehlt die Last, d. h. der Widerstand, oder wird sie auf ein Minimum reduziert, fließt der Strom relativ ungezügelt, nur begrenzt durch die Leistung des speisenden Systems und den elektrischen Widerstand des vorgelagerten Leitungsnetzes. In diesem Fall spricht man von einem Kurzschluss. Ein Kurzschluss ist nicht beabsichtigt und entsteht durch Umgehung von Widerständen von Verbrauchern sowie Leitungswiderständen, z. B. durch Querverbindungen zwischen den Leitern eines Kabelsystems. Mit Kurzschlüssen ist generell zu rechnen und die technischen Einrichtungen sind deshalb obligatorisch auf die Beherrschung dieser Ströme auszulegen. Geschieht dies nicht, ist mit folgenden schwerwiegenden Fehlern zu rechnen:

- Instabilität und Zerstörung durch mechanische Kräfte
- thermische Zerstörung von Kabeln und sonstigen anlagentechnischen Komponenten, Brandentstehung
- stehende Lichtbögen
- Gefährdung von Personen, die dem Stromfluss durch Folgefehler ausgesetzt sind

Ersatzweise und vereinfacht kann ein Wechselstromkreis wie folgt skizziert werden (vgl. auch Abb. 11.79):

$$Z_K = Z_N + Z_L \; (+Z_{KO}) \qquad \text{(Formel 11.8)}$$

mit

Z_K Gesamtwiderstand des Kurzschlussstromkreises in Ω

Z_N Widerstand der speisenden Quelle in Ω

Z_L Widerstand des Kabel- und Leitungsnetzes (beinhaltet auch alle weiteren Übergangswiderstände)

Z_{KO} Widerstand am Kurzschlussort (wird meistens innerhalb kürzester Zeit überbrückt bzw. ist rechnerisch schwer zu fassen und ist daher in der Betrachtung in Faktorform zu übernehmen; in Abb. 11.79 nicht dargestellt) in Ω

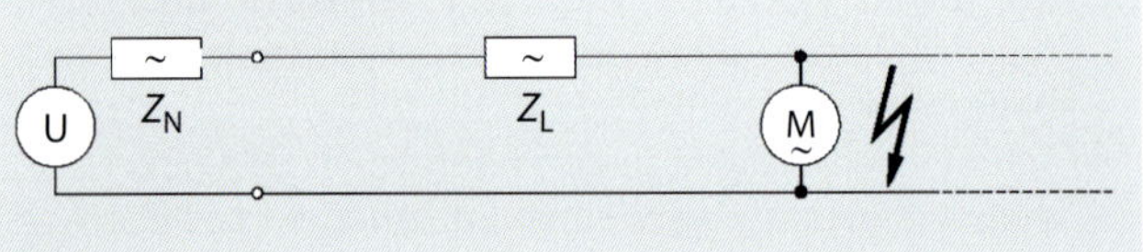

Abb. 11.79: Kurzschlussstromkreis (Wechselstrom)

Der Widerstand des Verbrauchers ist im Kurzschlussfall zu vernachlässigen, da sich der Strom den Weg des geringsten Widerstandes sucht und daher über die Kurzschlussstelle fließt. Als zusätzliche treibende Quelle kommen z. B. Asynchronmotoren hinzu, deren kinetische Energie im Augenblick des Kurzschlusses zu Strom umgewandelt wird, da der Motor kurzzeitig als Generator wirkt.

Für die Auslegung von Netzen und Schutzeinrichtungen sind 2 Fälle evident:

- maximaler (dreipoliger) Kurzschlussstrom (der Strom, dessen Wirkung beherrscht werden muss und der abzuschalten ist)
- minimaler (einpoliger) Kurzschlussstrom (begrenzter Fehlerstrom, der die Auslösung von Schutzeinrichtungen gerade noch bewirkt.

Der maximale Kurzschlussstrom legt die nötige Kurzschlussfestigkeit aller Anlagenteile fest. Das ist insbesondere die Fähigkeit des vorgelagerten Schutzgerätes, einen beim Abschalten entstehenden Lichtbogen zu löschen und damit die Unterbrechung des Stromkreises zu vollenden.

Der minimale Kurzschlussstrom muss größer als der minimale Auslösestrom des Schutzgerätes sein. Dadurch ist gewährleistet, dass die gestörte Anlage innerhalb der zugelassenen Zeit vom Netz getrennt wird (bei Endstromkreisen in TN-Netzen mit 230 V innerhalb von 0,4 Sekunden und bei 400 V innerhalb von 0,2 Sekunden; bei Hauptstromsystemen innerhalb von 5 Sekunden).

Die Energiequelle im Kurzschlussfall ist das vorgelagerte Netz. Der VNB gibt für das Netz die maximale Kurzschlussleistung vor. Dabei ist zu beachten, dass Transformatoren den Kurzschlussstrom begrenzen, d. h., entscheidend für den Kurzschlussfall auf der Niederspannungsseite ist dessen Kurzschlussspannung.

Der Schutz erfolgt durch rechtzeitige Abschaltung innerhalb der Überstromschutzeinrichtungen, die stets am Anfang der Strompfade liegen müssen, um alle Kurzschlussorte erfassen zu können. Die Abschaltung selbst geschieht über Ausnutzung der thermischen Wirkung an einer Sollbruchstelle (Sicherung) oder über elektromechanische Auslösung innerhalb einer vorgegebenen Abschaltzeit.

Schutz gegen elektromagnetische Einflüsse

Elektrischer Strom verursacht auch ungewollt elektromagnetische Felder, die Einfluss auf die Anlagentechnik und Geräte einerseits und Mensch und Tier andererseits haben. Zu unterscheiden sind

- Schutz gegen elektromagnetische Störungen,
- Schutz gegen sog. Elektrosmog.

Schutz gegen elektromagnetische Störungen ist der Schutz der Geräte und Anlagen vor ungewollten Störsignalen und Störfeldern. Ziel ist die ausreichende zuverlässige Funktion. Zu untersuchen ist die Fähigkeit der elektrischen Einrichtungen, in ihrer Umgebung zufriedenstellend zu funktionieren und selbst keine unannehmbaren Störfelder zu verursachen.

Störquellen sind beispielsweise Funken, elektromagnetische Felder, Störimpulse oder Überspannungen. Die Störungen können also durch das Netz selbst oder über Strahlung und elektromagnetische Felder übertragen werden. Die Folgen der Störungen sind vielschichtig, sehr bekannt sind z. B. die Störungen über Funkwellen in Radiogeräten.

Es gibt folgende Gegenmaßnahmen:

- Verhinderung der Störung (Behandlung der Störursachen oder Abschirmung der Störquelle)
- Erreichung einer gewissen Störfestigkeit durch z. B. Abschirmung des beeinflussten Gerätes
- größerer Abstand zu Störquelle
- weitere technische Maßnahmen zur Verbesserung des Störverhaltens

Ein wesentlicher Aspekt für die Verbesserung der elektromagnetischen Verträglichkeit ist die Vermeidung von sog. vagabundierenden Strömen, d. h. von Strömen, die direkt über das Leitersystem fließen. Gemeint ist z. B. ein über unsymmetrische Belastung des Drehstromsystems resultierender Differenzstrom im Neutralleiter, der sich auf den Schutzleiter auswirkt. Das bedeutet, dass eine EMV-gerecht (EMV = elektromagnetische Verträglichkeit) errichtete Anlage u. a. eine Trennung zwischen Neutralleiter und Schutzleiter (TN-S) ab Gebäudeeinspeisung beinhaltet.

Empfindlich sind vorrangig Gebäude und Räume der Informations- und Datentechnik.

Die Einhaltung der Voraussetzungen für den störungsfreien Betrieb wird im Gesetz über die elektromagnetische Verträglichkeit von Geräten (EMVG) und in der Europäischen EMV-Richtlinie geregelt.

Schutz gegen Elektrosmog ist der Schutz von Personen gegen eventuell schädliche Einflüsse durch elektrische Geräte und Anlagen über Störfelder und Strahlung.

Dabei wird anerkannt, dass elektromagnetische Felder Einfluss auf die inneren Prozesse im Menschen haben und z. B. eine Körpererwärmung bewirken können. Auch wenn ein Nachweis der schädigenden Wirkung noch nicht umfassend erfolgen konnte, ist vorausschauend eine elektrische Anlage so zu gestalten, dass möglichst wenige Einflüsse auf den Menschen zu erwarten sind.

11.4.2 Potenzialausgleich und Erdung

Potenzialausgleich

Bei der grundsätzlich erforderlichen Maßnahme des Potenzialausgleichs werden leitende, insbesondere metallische Teile des Gebäudes, die auch allgemein berührbar sind, miteinander verbunden. Damit wird erreicht, dass alle leitenden Konstruktionen das gleiche Potenzial aufweisen, d. h., es kann sich kein Potenzialunterschied und somit keine Spannung bzw. Entladung zwischen unterschiedlichen Metallobjekten bilden. Wichtig ist, dass diese Potenzialverbindung zur Erde geführt wird, wodurch das Potenzial null entsteht. Zu verbinden sind alle größeren metallischen Komponenten innerhalb und außerhalb eines Gebäudes, z. B.

- Wasser-, Heizungs- und Gasleitungen,
- Metallgeländer,
- Lüftungskanäle,
- Kabeltrassen,
- sonstige metallische Konstruktionen.

Anzustreben ist ein Potenzialausgleichsnetzwerk mit einer typischen Maschenweite von mindestens 5 m. Um dies zu erreichen, ist z. B. die Bewehrung alle 5 m zu verklemmen bzw. zu verschweißen und die genannten Metallkonstruktionen sind an möglichst vielen Punkten innerhalb eines Gebäudes mit dem Potenzialausgleich und der Erdung zu verbinden. Der Potenzialausgleich ist an der Hauptpotenzialausgleichsschiene (vgl. Abb. 11.80) in der Nähe des Hauptverteilers der Niederspannungsversorgung und der Erdungsanlage im Hausanschlussraum zusammenzuführen. Räume besonderer Gefährdung wie medizinisch genutzte Räume, Laborräume oder Nassbereiche mit metallischen Einrichtungen sind mit einem zusätzlichen örtlichen Potenzialausgleich zu versehen.

Die Wirksamkeit des Potenzialausgleichs ist umso größer, wie die mit dem Potenzialausgleich verbundenen Schutzleiter selbst nicht Strom führend sind. Dies ist durch die konsequente Trennung von Neutral- und Schutzleiter im TN-S-System gegeben. Im TN-C-System, bei dem der Neu-

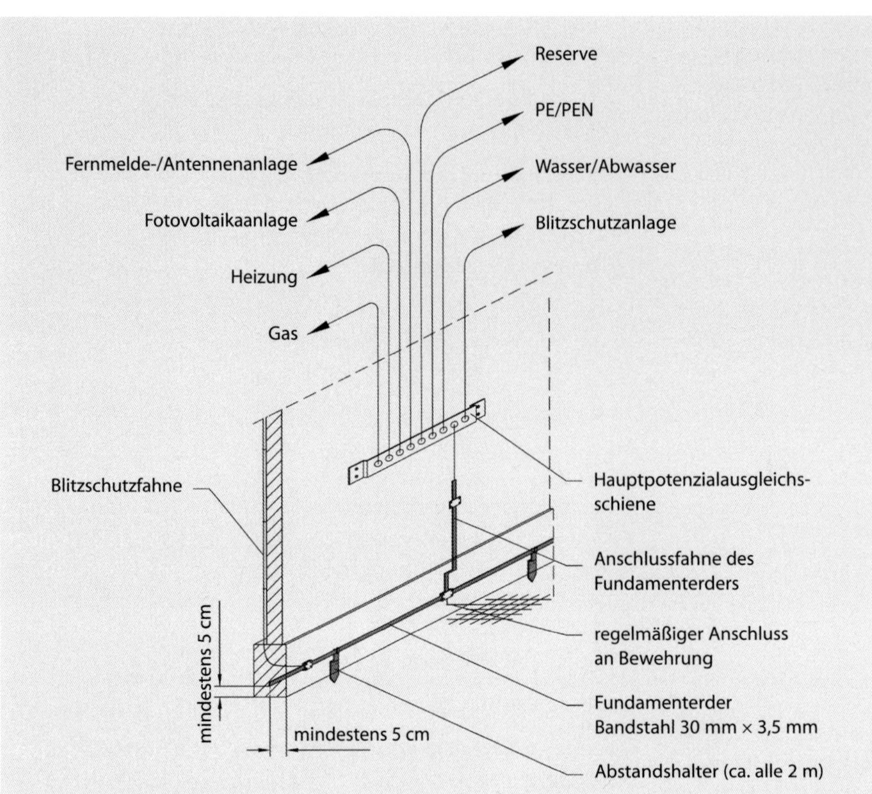

Abb. 11.80: Prinzip Hauptpotenzialausgleichsschiene

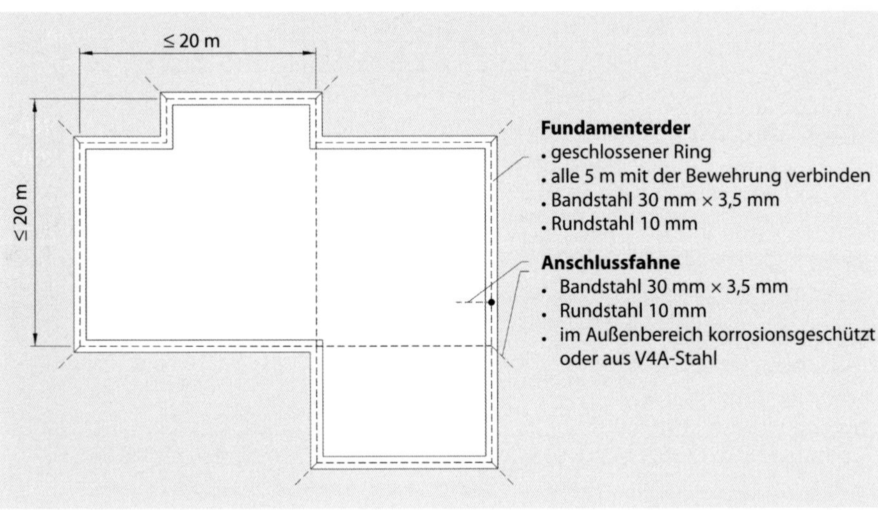

Abb. 11.81: Fundamenterdung

tralleiter auch als Schutzleiter verwendet wird, verhindert selbst der querschnittsstärkste Potenzialausgleich nicht das Auftreten von Restströmen. Die unsymmetrische Belastung der Außenleiter verursacht unerwünschte Restströme im Neutralleiter. In großen Objekten mit beispielsweise mehreren weit auseinanderliegenden Gebäuden können diese Restströme problematisch werden, da sie sich ggf. negativ auf die Schwachstrominstallationen auswirken.

Erdung

Als Erdungsanlage wird die Gesamtheit der miteinander leitend verbundenen Erder und in gleicher Weise wirkenden Metallteile wie z. B. Bewehrungen bezeichnet. Erdungsanlagen sind die Grundlage für die Wirksamkeit der meisten Schutzmaßnahmen.

Üblicherweise wird heute ein Fundamenterder verwendet. Ist dies nicht möglich, kommen alternativ Oberflächenerder (Ring- oder Strahlenerder in einer Tiefe von ca. 1 m unter der Erdoberfläche) oder parallel geschaltete Tiefenerder in Betracht (Länge der Tiefenerder üblicherweise 9 m, bei schlechten Erdübergangswiderständen aber auch deutlich länger).

Bei größeren Objekten ist der Fundamenterder maschenförmig (Maschengröße ≤ 20 m × 20 m) zu verlegen (vgl. Abb. 11.81). Des Weiteren ist der Erder mindestens alle 5 m mit der Bewehrung zu verklemmen bzw. zu verschweißen, dies gilt sowohl für Fundamenterder als auch für Ringerder. Bei Einsatz von mehreren Tiefenerdern ist zu beachten, dass diese in Erdbodennähe miteinander zu verbinden sind.

Allen Erdern gemein ist das Korrosionsproblem, insbesondere durch den elektrolytischen Effekt (vgl. Kapitel 8.3.4). Dieses ist nur durch die Isolation des Erders an Materialübergängen (z. B. Luft/Erde, Erde/Beton), die Verwendung von Trennfunkenstrecken an ebendiesen Stellen (wobei dies bei Schutz- und Betriebserdern nicht zulässig ist) oder die Verwendung von Edelstahl einzuschränken.

11.4.3 Blitz- und Überspannungsschutz

Blitzeinschläge sind mit starken Spannungen und im Entladungsfall auch mit Strömen behaftete Wettereinflüsse. Die Wirkungen von Blitzen sind elektrotechnischer Art und dementsprechend so zu behandeln. Gewitterblitze entstehen durch Aufladungsvorgänge in der Atmosphäre, wodurch ein starker Potenzialunterschied u. a. zur Erde entsteht. Durch große Verstärkung des entstehenden elektrischen Feldes an Objekten auf der Erde und in möglichst großer Nähe zu den Gewitterpotenzialen – idealerweise sind das erhöhte Objekte leitfähigen Materials – entlädt sich der Blitz im Ladungsaustausch mit dem Gegenpotenzial Erde. Dabei entstehen Spannungen von mehreren Millionen Volt, bei denen die normalerweise als Isolator wirkende Luft ionisiert wird und leitfähige Kanäle für den Transport von Ladungen entstehen. Die Entladungen geschehen bei kurzzeitigen Stromstärken mit maximalen Scheitelwerten von bis zu 100 oder sogar 200 kA. Es treten kurzzeitig Temperaturen von mehreren Tausend Grad Celsius auf.

Auswirkungen von Blitzeinschlägen:

- unmittelbare Zerstörung an Einschlagstellen infolge starker kurzzeitiger Erwärmung und mechanischer Wirkung aufgrund schlagartiger Energie- und Stoffumwandlungsprozesse
- Blitzstrom mit elektromagnetischen Auswirkungen, insbesondere auf elektrische Geräte oder auf biologische Systeme

Konkrete Schäden bei Blitzeinschlägen sind abgedeckte Dächer oder andere mechanisch zerstörte Außenanlagen, Brände durch kurzzeitig stark ansteigende Erwärmung und Funkenflug, grelle Lichtbögen mit fotochemischen Auswirkungen, Induktion von hohen Überspannungen in elektrischen Stromkreisen, elektrochemische, mechanische und Wärmeauswirkung auf Mensch und Tier mit teilweise tödlichen Folgen.

Infolge der großflächigen Wirkung des Gewittergebietes kann jedoch nicht genau bestimmt werden, wo der Blitz einschlägt, da es zu viele Einflusskomponenten gibt. Demzufolge werden Gebäude dadurch geschützt, dass die Ableitung durch Maschen und Fangstangen als Netzwerk aufgebaut wird. Die Ableitung in die Erde geschieht über entsprechende Leitungen, die in der Regel um das Gebäude herum verlegt sind.

Zu unterscheiden ist der äußere Blitzschutz vom inneren Blitzschutz und Überspannungsschutz.

Äußerer Blitzschutz

Der sog. äußere Blitzschutz sorgt für geführtes Ableiten von möglichen Blitzströmen zur Erde, wobei das Gebäude und dessen Einbauten quasi umfahren werden. Das eingesetzte Material ist ausreichend mechanisch stabil und entsprechend leitfähig, bevorzugt werden Aluminium, verzinkter Stahl oder (aus gestalterischen Gründen) Kupfer verwendet.

Bestandteile der äußeren Blitzschutzanlage:

- Fangleitungen oder Fangseile auf dem Dach (in Maschenform)
- Fangstangen als Spitzen zum Schutz von aufragenden Bauteilen
- seitliche Ableitungen, verteilt um das Gebäude mit integrierten Trennstellen im Sockelbereich
- Erdungsanlagen, ausgebildet als Fundamenterder, Ringerder oder Staberder

Bei der Planung des Blitzschutzes von Gebäuden wird zuerst die Blitzschutzklasse ermittelt (vgl. Tabellen 11.23 und 11.24).

Tabelle 11.23: Grundlagen zur Bestimmung der Blitzschutzklasse nach VDE 0185-305-2 (DIN EN 62305-2)

Beschreibung	Bemerkung, Hinweise
Gebäudenutzung	Personenanzahl, Höhe der Sachwerte
relative Lage der baulichen Anlage im natürlichen und baulichen Umfeld	Höhe der Nachbargebäude, bergiges oder flaches Gelände
Gebäudedaten	Einfangfläche des Gebäudes, Gebäudekonstruktion
Versorgungsleitungen	Einkopplung von Überspannungen
zu betrachtende Schadensarten	Tod/Verletzung, Kulturgüter, Dienstleistung, wirtschaftliche Verluste
Schadenswahrscheinlichkeit	Dichte der Erdblitze, Anzahl der zu erwartenden Einschläge

Tabelle 11.24: Blitzschutzklassen nach VDE 0185-305-3 (DIN EN 62305-3)

Blitzschutzklasse	gegebene Wirksamkeit *E* (%)	Radius der Blitzkugel (m)	Maschenweite der Fangeinrichtung
BSK I	98	20	5 m × 5 m
BSK II	95	30	10 m × 10 m
BSK III	90	45	15 m × 15 m
BSK IV	80	60	20 m × 20 m

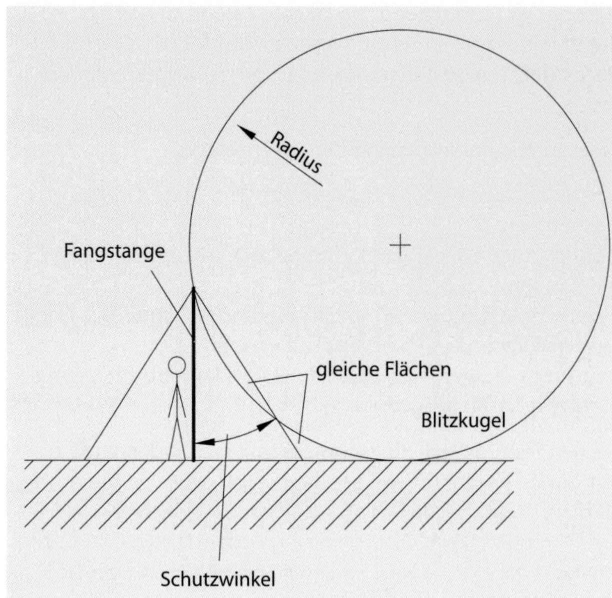

Abb. 11.82: Festlegung der Blitzschutzzone – vereinfachtes Verfahren mit Schutzwinkel und Blitzkugelverfahren

Ein genaueres Verfahren zur Bestimmung des erforderlichen Schutzvolumens ist das Blitzkugelverfahren (vgl. Abb. 11.82).

Wird das Blitzkugelverfahren auf Gebäude angewendet, so sind die Randbedingungen nach Abb. 11.83 zu beachten. Die Maschenweite der Fangeinrichtung variiert in Abhängigkeit der zuvor bestimmten Blitzschutzklasse. Oberhalb der ersten Berührung der Blitzkugel (hier: BSK I, Radius 20 m, turmartiger Gebäudeteil) ist auch an den Gebäudeseiten ein Fangmaschennetz mit der gleichen engeren Maschenweite (5 m × 5 m) wie auf dem Dach anzuordnen.

Innerer Blitzschutz und Überspannungsschutz

Die Auswirkungen von Blitzeinschlägen in die Gebäudehülle sind trotz Ausbildung äußerer Ableitungen auch im Gebäudeinneren zu begrenzen. Durch Spannungsüberschlag oder Impulsströme über elektromagnetische Felder können Spannungen im Innern eingekoppelt werden. Weiterhin können durch Blitzeinschläge über das Leitungsnetz des VNB oder ungeschützte Außenanlagen Überspannungen in ein Gebäude hineingeführt werden. Dies kann zum einen Zerstörungen an elektrischen und elektronischen Geräten und Anlagen und zum anderen Ströme an Metallteilen und Installationen nach sich ziehen. Deshalb sind folgende Maßnahmen zum inneren Blitzschutz erforderlich:

- Trennungsabstand des äußeren Blitzschutzes zu inneren Metallteilen, dabei ggf. auch Einbeziehung von Installationen und Metallteilen des Gebäudes, die über das Dach verlaufen (z. B. Klimaanlagen), oder der Fassade (Sonnenschutz). Dazu gehört auch die Koordination aller metallischen Schnittstellen der durch die Gebäudehülle verlaufenden Bauteile wie z. B. Kabeldurchführungen.
- Potenzialausgleich für alle leitenden Bauteile, insbesondere Rohrinstallationen, Metallgeländer, Elektroanlagen, Kommunikationsanlagen
- Schutz gegen elektromagnetische Blitzimpulse, d. h. Schutz elektronischer Bauteile gegen Überspannungen aus Blitzeinwirkungen

Besonders der letzte Punkt gewinnt durch die stark zunehmende Elektronisierung der Gebäude eine immer größere wirtschaftliche Bedeutung. Gleichzeitig wird der Schutz gegen Überspannungen einbezogen, die nicht aus einem Blitzschlag resultieren, sondern z. B. aus Schalthandlungen des VNB.

Zunächst werden um die gefährdeten Bereiche und Geräte Schutzzonen (Lightning Protecting Zone – LPZ 0,1, 2 usw.) gebildet, wobei die Gefährdungen schrittweise gegen den Innenbereich der Schutzzonen zu neutralisieren sind. Dabei bildet die äußere Zone LPZ 0 den Übergang zum äußeren Blitzschutz und die Trennung zu den inneren Bereichen. LPZ 1 begrenzt dann zunächst die eingekoppelten Impulsströme durch Stromaufteilung an den Zonengrenzen, das elektromagnetische Feld selbst wird durch räumliche Schirmung gedämpft. In weiteren LPZ werden die Ströme analog weiter durch Überspannungsschutzgeräte begrenzt. Letztlich besteht das Prinzip, überschüssige, aus überhöhten Impulsspannungen resultierende Ströme gegen Erde abzuleiten. Daher werden derartige elektronische Geräte auch Ventilableiter genannt. Diese Überspannungsschutzgeräte (Surge Protective Device – SPD) werden dort eingesetzt, wo unvermeidbar Versorgungsspannungen oder Signalleitungen in den Schutzbereich eingeführt werden. Die schrittweise erforderlichen Schutzsysteme werden klassischerweise auch in Grob-, Mittel- und Feinschutz eingeteilt. Nach aktueller Normung werden folgende Typen unterschieden:

- SPD Typ 1 (Blitzstrom[ventil]ableiter in Zone LPZ 1, d. h. an der Gebäudeeinspeisung, vgl. z. B. Abb. 11.84)
- SPD Typ 2 (Überspannungsableiter in Verteilungen)
- SPD Typ 3 (Überspannungsableiter an Steckdosen und Endgeräten)

Kombiableiter fassen Stufe 1 und 2 zusammen. Zu beachten ist, dass sich zwischen den einzelnen SPD entsprechende Abstände befinden und der sog. Feinschutz (SPD 3) unmittelbar vor dem Verbraucher liegt.

Die SPD werden zwischen den Außenleitern des Elektroenergiesystems und dem Neutralleiter/Schutzleiter installiert.

Der sowohl technisch richtige und sinnvolle als auch kostengünstige innere Blitzschutz eines Gebäudes erfordert eine sorgsame Planung eines Fachmannes von Anfang an. Beispiele für besonders problematische Bereiche sind die Kabeleinspeisungen von Dachlüftungsanlagen, Näherungen des äußeren Blitzschutzes mit inneren Metallkonstruktionen oder Elektroinstallationen allgemein, hier können nachträgliche Korrekturen zu sehr hohen Folgekosten führen.

Der innere Blitzschutz und Überspannungsschutz setzt den äußeren Blitzschutz voraus.

Erdungsanlage und Potenzialausgleich für den Blitzschutz

Die Wirksamkeit einer Blitzschutz- und Überspannungsschutzanlage ist natürlich auch von einer funktionierenden Erdungs- und Potenzialausgleichsanlage abhängig. Die Erdungsanlagen dienen gleichzeitig für Erdungszwecke aus elektrotechnischen Gründen und sind daher ohnehin zu fordern (vgl. Kapitel 11.4.2).

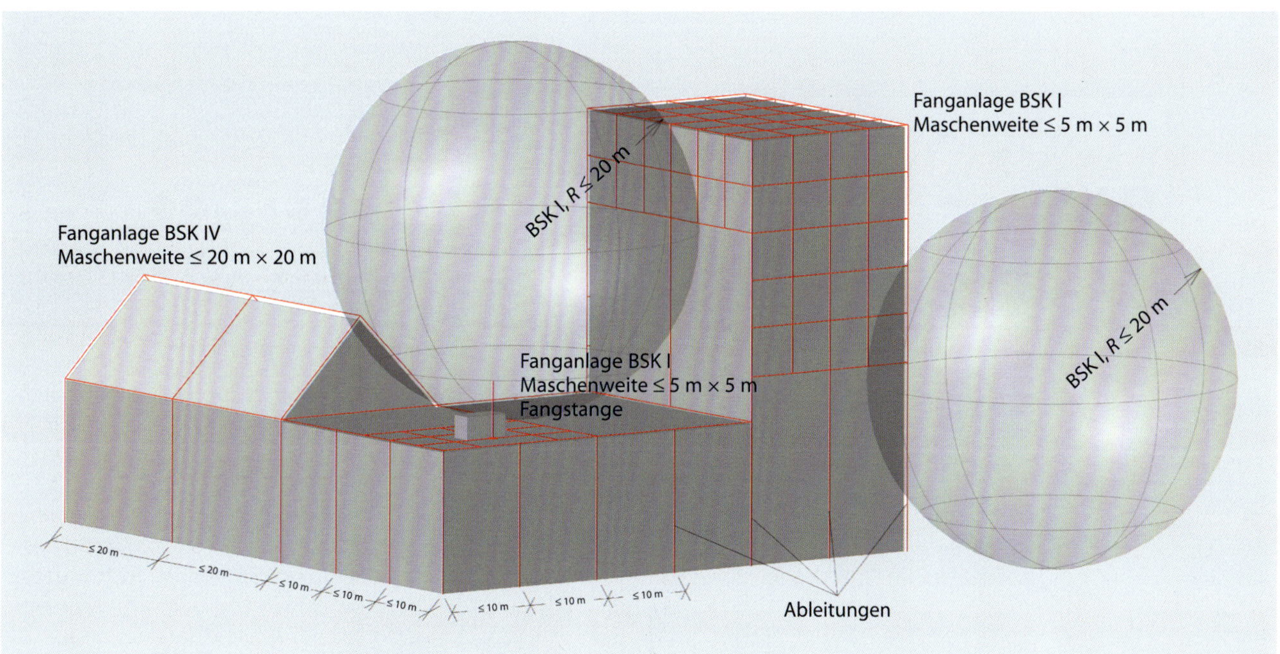

Abb. 11.83: Beispiel Gebäude-Fangeinrichtungen gemäß Blitzkugelverfahren (*R*: Radius)

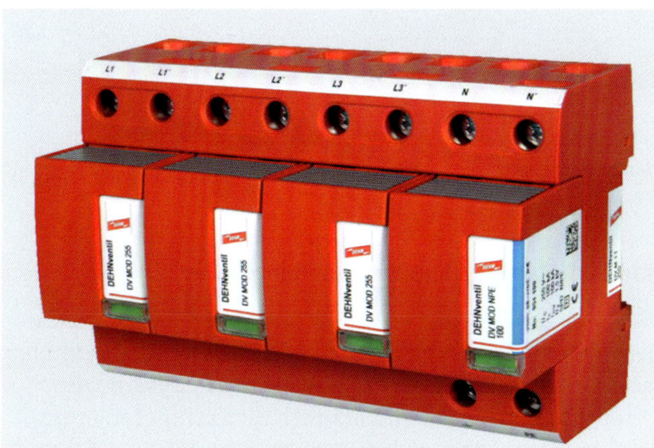

Abb. 11.84: Kombi-Ableiter auf Funkstreckenbasis (Quelle: DEHN + SÖHNE GmbH & Co. KG, Neumarkt)

11.5 Spezielle Brandschutzaspekte in der Elektrotechnik

Das Brandverhalten von Baustoffen und Bauteilen wird in der Normengruppe DIN 4102 „Brandverhalten von Baustoffen und Bauteilen" systematisiert. Das Baurecht der Länder greift darauf zurück. Danach gibt es folgende relevanten Feuerwiderstandsklassen (vgl. Tabelle 11.25).

Viele Maßnahmen des Brandschutzes, die mit elektrischen Anlagen zusammenhängen, sind zunächst aus der Sicht des hochbaulichen Brandschutzes abzuleiten. Danach sind folgende brandschutztechnischen Bedingungen in Gebäuden einzuhalten:

- Bildung von Brandabschnitten und Bereichen, die durch Wände mit Funktionserhalt von 30 bzw. 90 Minuten im Brandfall getrennt sind, um das Ausbreiten von Bränden über die Zeit von 30 bzw. 90 Minuten zu verhindern

Tabelle 11.25: Feuerwiderstandsklassen

Feuerwiderstandsklasse F (allgemein) entsprechend den Anforderungen aus DIN 4102-2	Feuerwiderstandsklasse T (Feuerschutzabschlüsse, Abschlüsse in Fahrschachtwänden und gegen Feuer) entsprechend den Anforderungen aus DIN 4102-5	Feuerwiderstandsklasse S (Kabelschottungen) entsprechend den Anforderungen aus DIN 4102-9	Feuerwiderstandsklasse I (Installationsschächte und -kanäle sowie Abschlüsse ihrer Revisionsöffnungen) entsprechend den Anforderungen aus DIN 4102-11	Feuerwiderstandsklasse E (Funktionserhalt von elektrischen Kabelanlagen) entsprechend den Anforderungen aus DIN 4102-12	Feuerwiderstandsdauer in Minuten
F30	T30	S30	I30	E30	≥ 30
F60	T60	S60	I60	E60	≥ 60
F90	T90	S90	I90	E90	≥ 90
F120	T120	S120	I120		≥ 120
F180	T180	S180			≥ 180

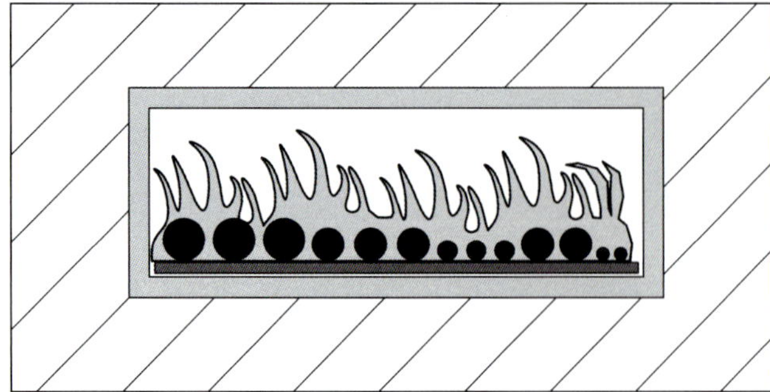

Abb. 11.85: Kabelschottung von innen (I90)

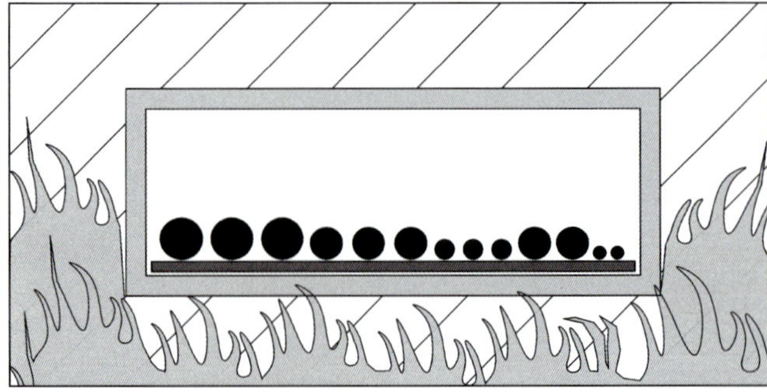

Abb. 11.86: Kabelschottung von außen (E90)

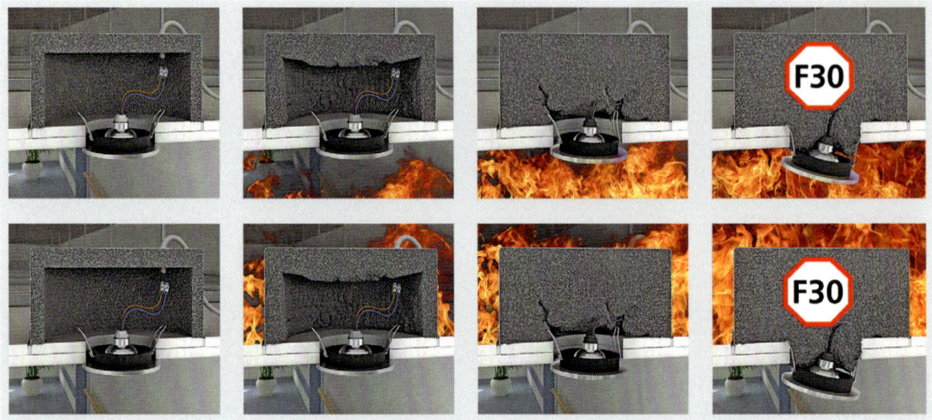

Abb. 11.87: Brandschutz bei Einbauleuchten in Zwischendecken mit Funktionserhalt (Quelle: Kaiser GmbH & Co. KG, Schalksmühle)

- Gewährleistung der Brandfreihaltung von Fluchtwegen für Menschen, die im Brandfall ins Freie bzw. in nicht betroffene Bereiche gelangen müssen
- Gewährleistung von rauchfreien Zonen für die Zeit der Flucht aus den betroffenen Bereichen

Darüber hinaus muss die Funktionalität von solchen technischen Anlagen, die dem Brandschutz (Rauchfreihaltung, Sicherheitsbeleuchtung usw.) und der Warnung von Personen oder der Alarmierung von Helfern dienen, unbedingt gewährleistet sein.

Die Schutzziele des Brandschutzes in elektrotechnischer Hinsicht sind also die folgenden:

- Vermeidung von Brandübertragung durch Kabel und Trassensysteme in Flucht- und Rettungswege oder in andere Brandabschnitte, Geschossdecken oder durch Wände mit Funktionserhalt
- Gewährleistung des Funktionserhaltes von elektrotechnischen Installationen zur Versorgung von Anlagen, die der Branderkennung, Brandbekämpfung oder Rettung bzw. Evakuierung dienen

Für die Elektrotechnik leiten sich daraus folgende Hauptaufgaben ab:

- Brandfrüherkennung und Alarmierung (vgl. Kapitel 12)
- Stromversorgung von Einrichtungen zur Brandbekämpfung, Rauchfreihaltung
- Beleuchtung der Rettungswege im Brandfall und/oder bei Ausfall der allgemeinen Stromversorgung
- Gewährleistung der Eigensicherheit der elektrischen Anlagen durch z. B. ordnungsgemäße Schutztechnik
- Reduzierung bzw. Vermeidung von Brandlasten der Elektrotechnik in Fluchtwegbereichen und Trennung der elektrischen Anlagentechnik von Rettungswegen
- Aufrechterhaltung der Trennung von Brandabschnitten durch Verschluss der Durchführungen von Kabeln in Wänden mit Funktionserhalt

Brandschottungen längs der Kabelführung

Die Längsabschottung von Elektrokabeln dient der Reduzierung bzw. Vermeidung von Brandlast für eine bestimmte garantierte Standzeit (30 bzw. 90 Minuten). Sowohl die Bauordnungen der Länder als auch die Leitungsanlagenrichtlinie (LAR) sind hier ausschlaggebend. In Flucht- und Rettungswegen sind Brandlasten weitestgehend fernzuhalten. Das bedeutet, dass innerhalb dieser besonderen Räume nur Installationen ungeschützt erfolgen sollen, die für den Bereich unmittelbar selbst erforderlich sind.

Realisiert werden die Abschottungen der fernzuhaltenden Installationen über Brandschutzkabelkanäle.

Zu unterscheiden sind folgende Schutzarten:

- Schutz von innen zur Abschottung z. B. gegenüber Fluchtwegen im Fall von Bränden der Kabel selbst (vgl. Abb. 11.85)
- Schutz von außen zur Gewährleistung der Funktionalität des Kabels bzw. der Leitung im Fall von außen einwirkenden Bränden (vgl. Abb. 11.86)
- Schutz nach beiden Seiten

Bei der großflächigen, oft nachträglichen Abschottung von Kabeln, Leitungen und sonstigen Installationen in Fluchtwegen über Installationszwischendecken mit Funktionserhalt ist die Schottung nach innen auszuführen. Einbauleuchten, -lautsprecher und sonstige Einbauten können dann – unter Beachtung der Wärmeabführung – in Einbaukästen montiert werden (vgl. Abb. 11.87).

Gleichzeitig ist die mechanische Stabilität dieser Zwischendecke im Brandfall innerhalb der Zwischendeckenhohlräume zu gewährleisten. Dies geschieht neben stabilisierenden Maßnahmen an der Decke selbst über die zuverlässige Befestigung aller Installationen innerhalb des Zwischendeckenbereichs.

Um die Tragkonstruktion eines Brandschutzkanals in Zwischendecken möglichst wenig zu belasten, sollen diese Kanäle über allen anderen Konstruktionen angebracht werden.

Um die im Normalbetrieb entstehende Wärme abzuleiten, sind in ausreichenden Abständen selbstschließende Lüftungsöffnungen vorzusehen. Wärmestaus und konzentrierte Hitzequellen, z. B. durch Leuchten verursacht, sind zu neutralisieren (Beispiellösung: vgl. Abb. 11.88).

Müssen aus baulichen Gründen, Kabel bzw. Leitungen in eigenen Kanälen mit Funktionserhalt untergebracht werden, ist auf zusätzliche Reduktionsfaktoren für die Kabelbemessung infolge der geschlossenen Bauart mit verringerter Wärmeabfuhr zu achten. Eine im Brandfall selbstständig schließende Belüftung verbessert diese Situation (vgl. Abb. 11.89).

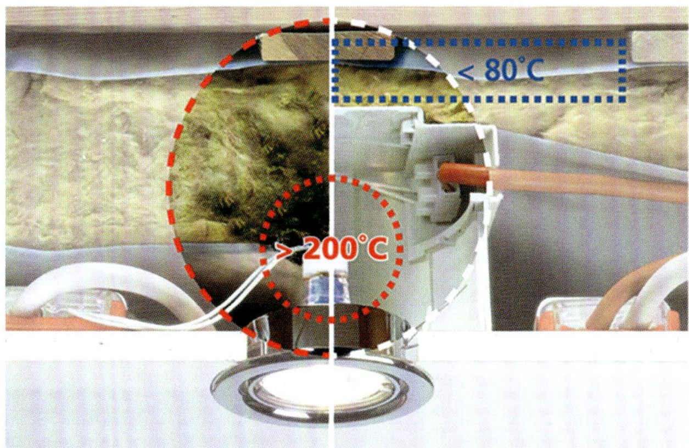

Abb. 11.88: Hitzeschutz für Leuchteneinbau (Quelle: Kaiser GmbH & Co. KG, Schalksmühle)

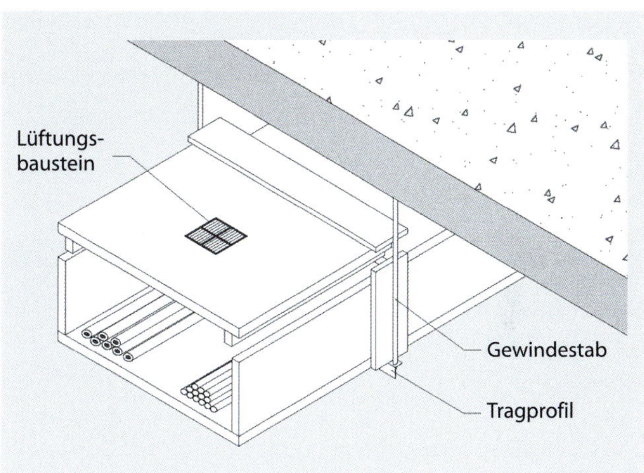

Abb. 11.89: Kabelkanal in E30-Ausführung

Brandschutzdurchführungen und Erhalt der Brandschutzfunktion von Wänden

Durchführungen durch Wände mit Brandschutzanforderungen müssen – entsprechend dem Zulassungsbescheid des Herstellers – so geschottet werden, dass Brandüberschläge innerhalb der vorgeschriebenen Funktionserhaltsdauer ausgeschlossen sind. Kabel, Leitungen und Trassen sind vor und hinter dem Schott auf ca. 20 cm Länge mit einem Brandschutzanstrich zu versehen. Bei der Durchführung von Kabelhäufungen ist gemäß Herstellerzulassung des Brandschotts eine maximale Belegungsdichte zwingend einzuhalten, Durchführungen von aneinanderliegenden Kabelbündeln sind aufzufächern. Durchführungen durch Trockenbauwände (vgl. Abb. 11.90) sind baulich so vorzubereiten, dass das Wegdrücken beim Aufquellen der Brandschutzmasse in den Dämmungsraum ausgeschlossen ist.

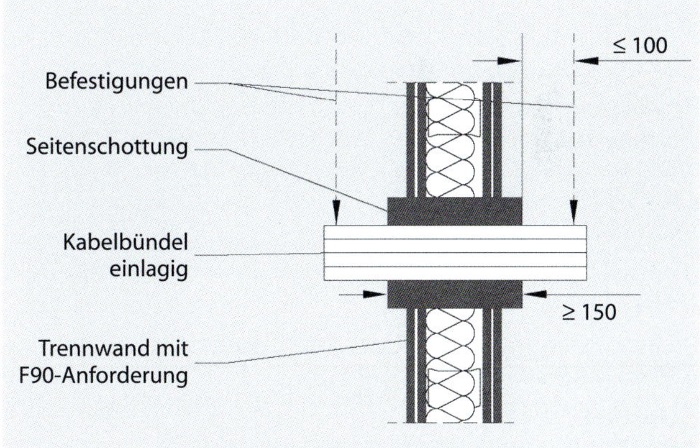

Abb. 11.90: Brandschutzdurchführungen Trockenbau

Da Brandschutz zu den zwingenden gesetzlichen Vorschriften der Länder gehört, sind die entsprechenden Maßnahmen gemäß der gültigen Bauordnung und der LAR zu planen und bei der Errichtung oder Sanierung der Gebäude einzuhalten.

Einbauten wie z. B. Schalter oder Steckdosen sollen die Brandschutzfunktion nicht schwächen, weswegen Sondermaßnahmen erforderlich sind. Abb. 11.91 zeigt ein Beispiel für Hohlraumdosen in F90-Wänden.

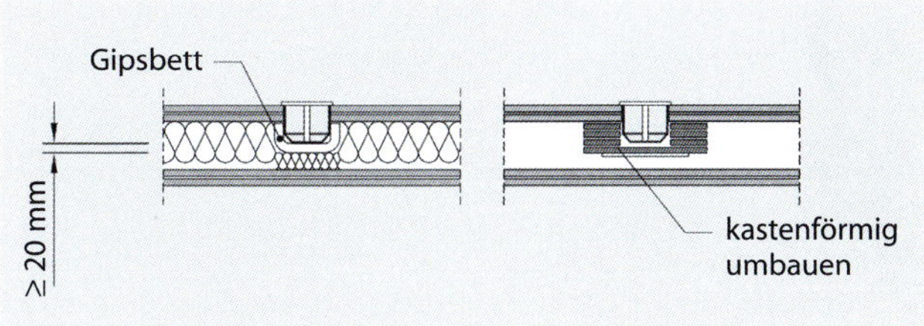

Abb. 11.91: Einbau von Hohlwanddosen in F90-Wände

Weitere Beispiele sind in Kapitel 11.3.9 beschrieben.

Brandlasten innerhalb von Wänden

Unabhängig davon, dass Fluchtwege weitestgehend brandlastfrei zu halten sind, ist die Brandlast generell in Montagewänden, die an Räume mit Schutzanforderungen grenzen (also Wände mit Funktionserhalt), zu begrenzen, um das Schutzziel der Wand einzuhalten. Dazu sind die Herstellerangaben zu beachten. Demnach wird z. B. empfohlen, in einer Installationszone nur so viel Kabel oder Leitungen zu

Tabelle 11.26: Verbrennungswärme von Kabeln und Leitungen nach VdS 2134:2010-12

Querschnitt $n \times mm^2$	Bauart/Typ der Kabel und Leitungen				
	halogenhaltig			halogenfrei	
	NYM	NYY	NYCY/NYCWY	NHXHX	NHXCHX
	Verbrennungswärme (kWh/m)				
3 × 1,5	0,44	0,75		0,78	
3 × 2,5	0,58	0,83		0,86	
3 × 4	0,72	1,08		1,00	
3 × 6	0,92	1,22		1,08	
5 × 2,5	0,75	1,08	0,97	1,14	1,03
5 × 4	1,11	1,44	1,28	1,31	1,17
5 × 6	1,28	1,64	1,44	1,47	1,31
5 × 10	1,83	2,00	1,69	1,83	1,53
5 × 16	2,31	2,39	2,08	2,17	1,89
5 × 25	3,42	3,42	2,92	3,14	2,69
4 × 35/16			2,67		3,06
4 × 50/25			3,44		4,00
4 × 70/35			4,17		4,89
4 × 95/50			5,33		6,44
4 × 120/70			5,94		7,36
4 × 150/70			7,22		8,97

verlegen, dass eine Brandlast von 7 kWh/m² nicht überschritten wird (vgl. Technik aktuell 04/06). So können in einem kritischen Bereich je m z. B. 16 Leitungen NYM 3 × 1,5 mm² mit einer Verbrennungswärme von 0,44 kWh/m verlegt werden:

$$\frac{7\ \mathrm{kWh/m^2}}{0{,}44\ \mathrm{kWh/m}} \approx 16\ \text{Leitungen} \qquad \text{(Formel 11.9)}$$

Die zur Berechnung erforderliche Verbrennungswärme ergibt sich nach Tabelle 11.26.

Brandschutz im Zusammenhang mit Verteilern

Elektroverteiler der Allgemein- und der Sicherheitsstromversorgung bilden grundsätzlich selbst Brandlasten, die von Flucht- und Rettungswegen fernzuhalten sind. Sie sind daher in Fluchtwegen in entsprechender Qualität zu schotten. Die Schottung der Verteiler der Sicherheitsstromversorgung muss außerdem die E30-Qualität erfüllen. Um diesen Aufwand zu vermeiden, sollten Elektroverteiler möglichst nicht in Fluchtwegen, sondern davon räumlich getrennt angeordnet werden.

Weiterhin zu beachten ist, dass die Anbringung von Verteilern an Wänden mit Funktionserhalt deren Brandschutzfunktion nicht schwächen darf.

11.6 Normen- und Literaturverzeichnis

Normen

DIN VDE 0100-722:2019-06 Errichten von Niederspannungsanlagen

DIN VDE 0298-4:2013-06 Verwendung von Kabeln und isolierten Leitungen für Starkstromanlagen – Teil 4: Empfohlene Werte für die Strombelastbarkeit von Kabeln und Leitungen für feste Verlegung in und an Gebäuden und von flexiblen Leitungen

DIN 4102-2:1977-09 Brandverhalten von Baustoffen und Bauteilen; Bauteile, Begriffe, Anforderungen und Prüfungen

DIN 4102-5:1977-09 Brandverhalten von Baustoffen und Bauteilen; Feuerschutzabschlüsse, Abschlüsse in Fahrschachtwänden und gegen Feuer widerstandsfähige Verglasungen, Begriffe, Anforderungen und Prüfungen

DIN 4102-9:1990-05 Brandverhalten von Baustoffen und Bauteilen; Kabelabschottungen; Begriffe, Anforderungen und Prüfungen

DIN 4102-11:1985-12 Brandverhalten von Baustoffen und Bauteilen; Rohrummantelungen, Rohrabschottungen, Installationsschächte und -kanäle sowie Abschlüsse ihrer Revisionsöffnungen; Begriffe, Anforderungen und Prüfungen

DIN 4102-12:1998-11 Brandverhalten von Baustoffen und Bauteilen – Teil 12: Funktionserhalt von elektrischen Kabelanlagen; Anforderungen und Prüfungen

DIN V 4108-6:2003-06 Wärmeschutz und Energie-Einsparung in Gebäuden – Teil 6: Berechnung des Jahresheizwärme- und des Jahresheizenergiebedarfs

DIN 18015-2:2010-11 Elektrische Anlagen in Wohngebäuden – Teil 2: Art und Umfang der Mindestausstattung

DIN 18015-3:2016-09 Elektrische Anlagen in Wohngebäuden – Teil 3: Leitungsführung und Anordnung der Betriebsmittel

DIN EN 60529; VDE 0470-1:2014-09 Schutzarten durch Gehäuse (IP-Code)

DIN EN IEC 61851-1 VDE 0122-1:2019-12 Konduktive Ladesysteme für Elektrofahrzeuge – Teil 1: Allgemeine Anforderungen

DIN EN 61851-23 VDE 0122-2-3:2018-03 Konduktive Ladesysteme für Elektrofahrzeuge – Teil 23: Gleichstromversorgungseinrichtungen für Elektrofahrzeuge

DIN EN 61851-24 VDE 0122-2-4:2014-11 Konduktive Ladesysteme für Elektrofahrzeuge – Teil 24: Digitale Kommunikation zwischen einer Gleichstromladestation für Elektrofahrzeuge und dem Elektrofahrzeug zur Steuerung des Gleichstromladevorgangs

DIN EN 62305-2; VDE 0185-305-2:2015-12 Blitzschutz – Teil 2: Risiko-Management

DIN EN 62305-3; VDE 0185-305-3:2016-04 Blitzschutz – Teil 3: Schutz von baulichen Anlagen und Personen

IEC 62196 Stecker, Steckdosen, Fahrzeugkupplungen und Fahrzeugstecker – Konduktives Laden von Elektrofahrzeugen (Normenreihe)

ISO 15118 Straßenfahrzeuge – Kommunikationsschnittstelle zwischen Fahrzeug und Ladestation (Normenreihe)

Literatur

Breitkopf, A.: Anteil der Bruttostromerzeugung aus Windkraft an der Gesamterzeugung in Deutschland in den Jahren 1998 bis 2020 [online]. Hamburg: Statista, 2020. Internet: https://de.statista.com/statistik/daten/studie/239528/umfrage/anteil-der-stromerzeugung-aus-windkraft-in-deutschland/ [Zugriff: 11.08.2021]

Breitkopf, A.: Erzeugte Strommenge durch Photovoltaik in Deutschland in den Jahren 2000 bis 2020. [online]. Hamburg: Statista, 2021. Internet: https://de.statista.com/statistik/daten/studie/13550/umfrage/stromerzeugung-durch-photovoltaik-seit-2001-in-deutschland/ [Zugriff: 11.08.2021]

Der Technische Leitfaden – Ladeinfrastruktur Elektromobilität. Version 3. Stand: Januar 2020 [online]. Bundesverband der Energie und Wasserwirtschaft e. V. Berlin / Frankfurt a. M.: (BDEW), Deutsche Kommission Elektrotechnik Elektronik Informationstechnik in DIN und VDE (DKE), Zentralverband der Deutschen Elektro- und Informationstechnischen Handwerke (ZVEH), Zentralverband Elektrotechnik- und Elektronikindustrie e. V. (ZVEI), Forum Netztechnik/Netzbetrieb im VDE (VDE FNN), 2020. Internet: https://www.vde.com/resource/blob/988408/ca81c83d2549a5e89a4f63bbd29e80c6/technischer-leitfaden-ladeinfrastruktur-elektromobilitaet---version-3-1-data.pdf [Zugriff: 27.08.2021]

Elektromobilität – Informationen der ADAC Fahrzeugtechnik. Stand: März 2017 [online]. München: ADAC e. V., 2017. Internet: https://docplayer.org/56982460-Elektromobilitaet-informationen-der-adac-fahrzeugtechnik.html [Zugriff: 27.08.2021]

Fahl, U.; Blesl, M.; Thöne, E.: Energiewirtschaftliche Gesamtsituation. In: BWK Bd. 65 (2013), Nr. 4, S. 40 bis 57

Fortschrittsbericht 2014 – Bilanz der Marktvorbereitung. Stand: Dezember 2014 [online]. Berlin: Gemeinsame Geschäftsstelle Elektromobilität der Bundesregierung (GGEMO), 2014. Internet: https://www.bmwi.de/Redaktion/DE/Publikationen/Industrie/nationale-plattform-elektromobilitaet-fortschrittsbericht-2014.pdf?__blob=publicationFile&v=6 [Zugriff: 27.08.2021]

Krimmling, J.: Erneuerbare Energien. Einsatzmöglichkeiten – Technologien – Wirtschaftlichkeit. 1. Aufl. Köln: Verlagsgesellschaft Rudolf Müller, 2009

RAL-RG 678:2010-11 Elektrische Anlagen in Wohngebäuden. Berlin: HEA – Fachgemeinschaft für effiziente Energieanwendung e. V., 2011

Schuch, D.: Vertragsangebot für Ihr schlüsselfertiges Hauskraftwerk mit PV-Generator (8,48kWp/10,56kWh). Dresden: Fachbetrieb Dipl.-Ing-Daniel Schuch, 2017

Technik aktuell 04/06 Elektrische Leitungen in Rigips Wänden. Düsseldorf: Saint-Gobain Rigips GmbH, 2006

VdS 2134:2010-12 Verbrennungswärme der Isolierstoffe von Kabeln und Leitungen. Merkblatt für die Berechnung von Brandlasten. Köln: VdS Schadenverhütung GmbH, 2010

12 Kommunikations-, Sicherheits- und Automatisationstechnik

12.1 Systemübersicht

Die signalverarbeitenden Branchen in der Gebäudetechnik unterliegen einem ständigen Wandel, was auch die Begrifflichkeiten betrifft. Im Wesentlichen wird folgendermaßen unterschieden:

- Kommunikations-, Sicherheits- und Automatisationstechnik
- Gebäudeautomation (Messen, Steuern und Regeln)

Innerhalb und zwischen diesen Hauptgruppen gibt es überschneidende Funktionen und Komponenten. Die Entwicklung tendiert in Richtung von übergreifenden integralen Systemen mit dezentralen, selbstständigen Komponenten.

Die Kommunikationsaufgaben der Fernmelde- und Informationstechnik beziehen sich auf einseitige Informationsweitergabe (z. B. Fernsehen, Mensch ist in der Regel passiv) und interaktive Kommunikation (z. B. Telefonieren, Internet), aber auch auf Vorgänge der Informationsverarbeitung bei der Erfassung von Zuständen und Weitermeldung, ggf. auch Auslösung von bestimmten Vorgängen (z. B. Brandmeldeanlagen, Zeitdienstanlagen). Weiterhin werden in diesem Zusammenhang Übertragungswege der Informationsverarbeitung behandelt (Datennetze usw.).

Unter dem Begriff der Gebäudeautomation (GA) werden alle Einrichtungen, Software und Dienstleistungen für automatische Steuerung und Regelung, Überwachung und Optimierung sowie für Bedienung und Management der technischen Gebäudeausrüstung verstanden. Im erweiterten Sinne ist auch die Gebäudeleittechnik (GLT), d. h. alle Einrichtungen, Software und Dienstleistungen für das Bedienen und Beobachten in der Gebäudetechnik, enthalten. Der Begriff gilt in erster Linie für komplexe Automationsanlagen, die im Gebäude verteilt auftreten.

Den zentral verarbeitenden Automationssystemen stehen Systeme mit verteilter Intelligenz gegenüber, die ebenfalls heute mehr und mehr regelungstechnische Aufgaben übernehmen (z. B. Einzelraumregelung der Temperatur und/oder der CO_2-Konzentration) und sich zu dezentralen Systemen der Gebäudeautomation entwickeln.

12.1.1 Fernmelde- und Informationstechnik

Zur Klassifizierung der Einzelsysteme und deren hauptsächlicher Funktion hilft die DIN 276 mit ihren Kostengruppen, deren Unterscheidungskriterien in der Baubranche zur Systematisierung der Kosten und Anlagenbeschreibungen genutzt wird. Die neuesten Entwicklungen der Einzelsysteme und Komponenten der Fernmelde- und Informationstechnik bringen aber viele Überschneidungen mit sich, da Funktionen des einen Systems mindestens teilweise bzw. im steigenden Maße auch insgesamt durch andere Systeme mit übernommen werden. In Tabelle 12.1 sind die hauptsächlich unterschiedenen Systeme angegeben.

Tabelle 12.1: Systemübersicht Fernmelde- und Informationstechnik nach DIN 276

KG	Systemeinordnung nach DIN 276	Beispiele
450	**Kommunikations-, sicherheits- und informationstechnische Anlagen**	
451	Telekommunikationsanlagen	Telefonanlagen, Videokonferenzanlagen
452	Such- und Signalanlagen	Hauskommunikationsanlagen (Klingel, Türsprech- und Bildübertragung, Türöffnung, hausinterne Kommunikation), Personenrufanlagen
453	Zeitdienstanlagen	Uhrenanlagen, Zeiterfassungsanlagen
454	Elektroakustische Anlagen	Beschallungsanlagen, Konferenz- und Dolmetscheranlagen, Gegen- und Wechselsprechanlagen
455	Audiovisuelle Medien- und Antennenanlagen	audiovisuelle Medienanlagen, Sende- und Empfangsantennenanlagen
456	Gefahrenmelde- und Alarmanlagen	Brand-, Überfall-, Einbruchmeldeanlagen, Gaswarnanlagen, Wächterkontrollanlagen, Zugangskontroll- und Raumbeobachtungsanlagen
457	Datenübertragungsnetze	Netze zur Datenübertragung (Sprache, Text, Bild)
458	Verkehrsbeeinflussungsanlagen	Verkehrssignalanlagen, elektronische Anzeigetafeln, Parkleitsysteme u. a.
459	Sonstiges	Fernwirkanlagen

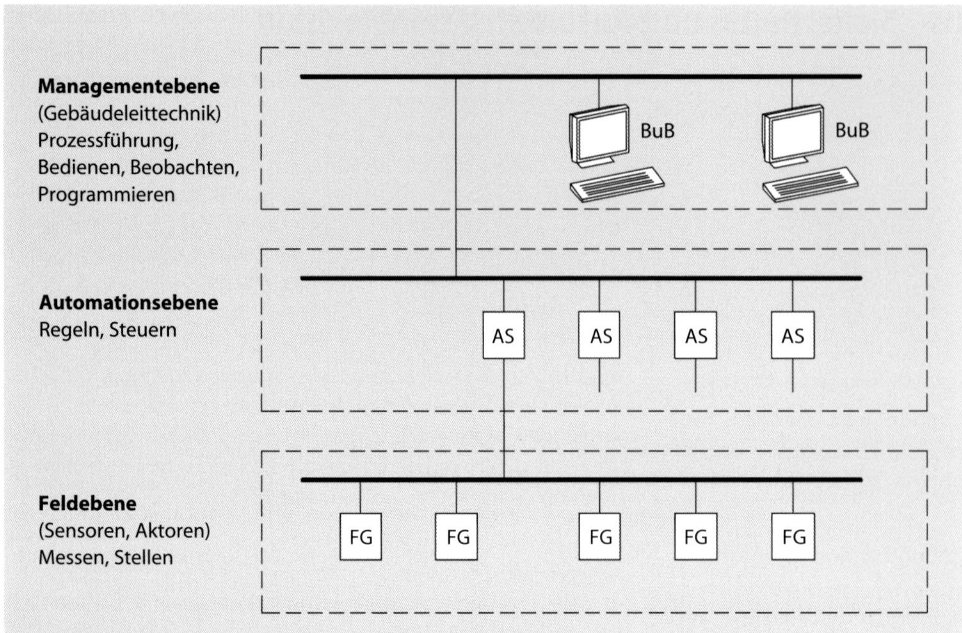

Abb. 12.1: Systemebenen der Gebäudeautomation (AS: Automationsstation; FG: Feldgerät; BuB: Bedien- und Beobachtungsplatz)

Einzelanlagen haben dabei eine teilweise nur interne Funktion wie z. B. Hauskommunikations- oder Brandmeldeanlagen, sie können aber auch mit öffentlichen Kommunikationsanlagen verbunden werden.

12.1.2 Gebäudeautomation

Die Gebäudeautomation (GA) ist in nach DIN 276 in einer eigenen Kostengruppe (KG 480) eingeordnet (vgl. Tabelle 12.2). Mit ihrer Hilfe kann der Betrieb der haustechnischen Anlagen automatisiert werden, wodurch sich die manuelle Bedienung auf den Bereich der Managementebene konzentriert. Dies ist eine wesentliche Voraussetzung für den energie- und ressourceneffizienten Einsatz aller verbrauchenden Systeme.

Die Informationsverarbeitung der GA erfolgt in 3 Ebenen (vgl. Abb. 12.1):

- Die **Managementebene** (Gebäudeleittechnik) beinhaltet die Bedien- und Beobachtungseinrichtungen (Bedienrechner und Datenbankserver) inklusive Schnittstellen und zugehöriger Software sowie die Peripheriegeräte zur Ausgabe der Informationen und Analysen. Es werden Aufgaben der Prozessführung (einschließlich der permanenten Optimierung), Überwachung bzw. Programmierung realisiert.
- Die **Automationsebene** beinhaltet die Automationsstationen (AS) der jeweiligen Informationsschwerpunkte und das Bussystem zur Datenübertragung zwischen den AS und zur Managementebene. Jede AS arbeitet unabhängig und erfüllt die Aufgaben der Regelung und Steuerung für die angeschlossenen Anlagen dieses Informationsschwerpunktes.
- Die **Feldebene** beinhaltet alle Sensoren und Aktoren, die die Aufgaben des Messens, Zählens sowie der diskreten Zustandserfassung einerseits und der Steuerung von Stellgliedern andererseits vornehmen. Diese sind mit der Automationssebene über konventionelle Verkabelung oder Feldbussysteme verbunden.

Tabelle 12.2: Systemübersicht Gebäudeautomation nach DIN 276

KG	Systemeinordnung nach DIN 276	Beispiele
480	**Gebäude- und Anlagenautomatisation**	Kosten der anlageübergreifenden Automation
481	Automationseinrichtungen	Automationsstationen, GA-Funktionen, Anwendungssoftware, Lizenzen, Feldgeräte und andere Automationseinrichtungen
482	Schaltschränke, Automatisationsschwerpunkte	Schaltschränke zur Aufnahme von Automationseinrichtungen mit Leistungs-, Steuerungs- und Sicherungsbaugruppen
483	Automatisationsmanagement	übergeordnete Einrichtungen für Gebäudeautomation und Gebäudemanagement mit Bedienstationen, Programmiereinrichtungen, Anwendungssoftware, Lizenzen, Servern, Schnittstellen
484	Kabel, Leitungen und Verlegesysteme	
485	Datenübertragungsnetze	Netze zur Datenübertragung, soweit nicht in anderen Kostengruppen erfasst
489	Sonstiges	

Komponenten der Managementebene:

- Server der Gebäudeleittechnik inklusive Netzwerkanschluss und Datensicherungssystemen (Bei kleinen Systemen ist der Server gleichzeitig Bedienrechner.)
- Bedienrechner inklusive Netzwerkanschluss, Monitor usw.
- Peripheriegeräte wie z. B. Drucker
- Software für Server und Bedienplätze
- interaktive Anlagenbilder der angeschlossenen betriebstechnischen Anlagen

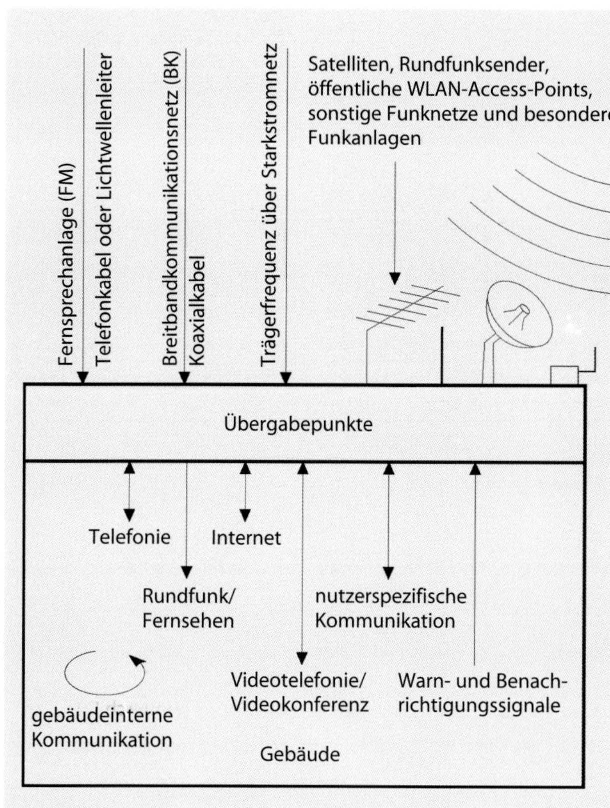

Abb. 12.2: Möglicher Informationsfluss im Zusammenhang mit Gebäuden

Komponenten der Automationssebene:

- Automationsstationen (AS) in Form von digitalen Automationsgeräten (DDC – Direct Digital Control) inklusive Busschnittstelle zur übergeordneten Ebene
- parametrierte Software
- Vor-Ort-Bedieneinrichtungen
- Ein- und Ausgabeeinheiten einschließlich der Möglichkeit der Handbedienung für den Notfall
- Nebeneinrichtungen wie Stromversorgung, Sicherheitsketten, Überspannungsschutz

Komponenten der Feldebene:

- Feldbussystem
- Fühler, Vergleichselemente
- Mess- und Zählgeräte
- Stellglieder analog, zweipunkt, dreipunkt
- Stellglieder digital modulierend
- Schaltkontakte ein- oder mehrstufig
- dezentrale Steuer- und Regelsysteme mit Anbindung an die Gebäudeautomation

Für inhaltlich abgrenzbare Bereiche werden Informationsschwerpunkte (ISP) gebildet, die eine Bündelung von Mess- und Stellgrößen, Steuer- und Regelgeräten sowie deren logische Zuordnung zu den technischen Anlagen vornehmen. Die ISP werden nahe am jeweiligen Ort der Verarbeitung in Schaltschränken angeordnet. Die betreffenden Geräte sind mit einem Feldbus verbunden, sodass ein hoher Verkabelungsaufwand vermieden wird.

12.2 Außenanbindung des Gebäudes zur Kommunikation

12.2.1 Schnittstellen

Informationen entstehen an jeder beliebigen Stelle innerhalb oder außerhalb des Gebäudes (Informationsquelle), werden verarbeitet und innerhalb oder außerhalb des Gebäudes verwertet (Informationssenke). Dies geschieht teilweise wechselseitig wie z. B. bei der Telefonie oder beim Internet, sodass Quelle und Senke (quasi) gleichzeitig auftreten. Abb. 12.2 bietet einen Überblick über die Kommunikationsschnittstellen des Gebäudes zur Außenwelt. Alle fest angeschlossenen Systeme für die Erzeugung und die Übertragung inklusive Verstärkung sowie die Ausgabe von Informationen benötigen außerdem zur Funktion elektrische Energie aus dem Starkstromnetz.

Als Schnittstellen zwischen der Außenwelt, also den öffentlichen Kommunikationsnetzen, und dem Gebäudeinneren sind die fest verkabelten Telekommunikationsanschlüsse zum öffentlichen Fernsprechnetz und zum Breitbandkommunikationsnetz vorrangig zu nennen. Die verkabelten Systeme bieten derzeit die höchste Datensicherheit.

Nicht durchgesetzt bis zum Endverbraucher hat sich bislang das auf das Starkstromnetz modulierte System der Kommunikationsübertragung (Trägerfrequenzsysteme).

Weiter zu nennen sind die Informationsübertragungen über drahtlose Systeme wie terrestrische Rundfunk- und Fernsehübertragung, Satellitensysteme, Mobilfunk und sonstige Funknetze wie z. B. „Smart Utility Networks“ (SUN), die ebenfalls in die Gebäude hineinwirken.

12.2.2 Fernsprechnetz und Internetanschluss

Das klassische Fernsprechnetz wird über ein Telefonaußenkabel angebunden. Dieser Kommunikationsweg ist nach wie vor als sehr wichtiger Informationsweg zu bezeichnen, insbesondere für Telefonie und Internetanbindung. Über Fernsprechnetze werden außerdem weitere Dienste übertragen und an den Übergabestellen des Gebäudes oder an Endgeräten ausgekoppelt. Das betrifft vor allem Internet und auch Unterhaltungsmedien.

Anschlusspunkt Leitungsnetz (Gebäudeübergabepunkt)

Die Fernsprechnetze kommen in der Regel mit Schwachstromleitungen mehrerer Aderpaare über einen Hausanschluss- bzw. Übergabepunkt in das Gebäude. Übergabepunkt kann der Anschlusspunkt Leitungsnetz (APL) oder in Ausnahmen der Hauptverteiler Telefon (HVT) sein. Die Außenkabel werden mit einer Mindestüberdeckung von 60 cm in das Gebäude unter Beachtung der spezifischen Abdichtungsanforderungen eingeführt und mittels Schrumpfmuffe abgeschlossen. Pro voraussichtlichem Teilnehmer werden in der Regel mindestens 2 Kupferdoppeladerpaare vorgehalten, letztlich ist die Anzahl jedoch bei der Realisierung des Hausanschlusspunktes abzustimmen.

Momentan werden durch die Telekommunikationsdiensteanbieter noch vorrangig folgende Nutzungsmöglichkeiten des Telefonkabelanschlusses vorgesehen:

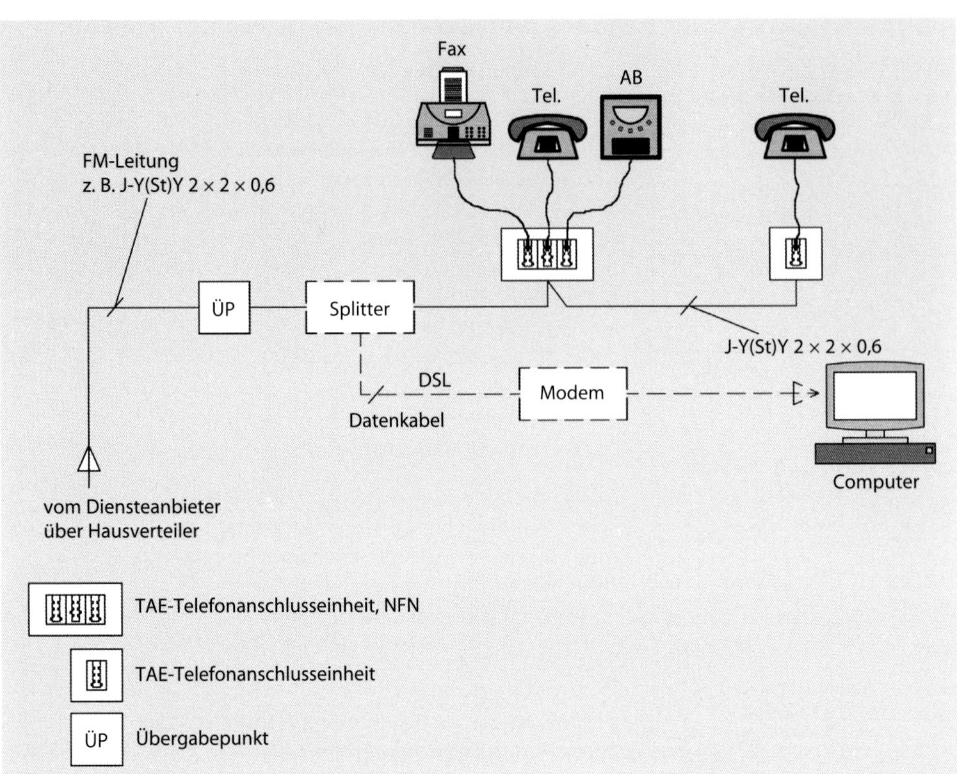

Abb. 12.3: Klassischer Telefon-Analoganschluss mit Option DSL-Auskopplung (FM-Leitung: Fernmeldeleitung)

- Analoganschluss mit/ohne DSL (vgl. Abb. 12.3)
- ISDN-Anschluss mit/ohne DSL (vgl. Abb. 12.5)
- Anschluss ausschließlich DSL

Der klassische Analoganschluss bezeichnet den einfachen Telefonanschluss über eine zweipolige Schwachstromleitung pro Teilnehmer. Dieser Anschluss war zunächst nur für die Sprachverbindung gedacht und existiert prinzipiell seit vielen Jahren unverändert. Analoge Telefonie hat sich aus Kostengründen erhalten und durch Weiterentwicklung der Endgeräte und inzwischen mitgeführter Dienste wie Rufnummernkennung und schnelles Internet auch angleichen können (vgl. Abb. 12.3).

Der ISDN-Anschluss (ISDN – Integrated Services Digital Network) stellt die digitale Form der öffentlichen Telefonübertragung in alternativer Verwendung der Telefonleitung dar. Weiterhin sind Servicedienste wie Rufumleitung, Übertragung von Anruferinformationen usw. anwendbar. Es gibt Anschlüsse pro Einzelleitung mit Zweikanalbündelung und Primärmultiplexanschlüsse, bei denen viele Kanäle über eine Leitung gebündelt werden. Der prinzipielle Anschluss von ISDN-Endgeräten an die RJ45-basierten Anschlussdosen des lokalen ISDN-Busses (S0-Bus), der ab dem NTBA lokal jeweils bis zu 12 Anschlussdosen enthalten kann, ist aus Abb. 12.4 ersichtlich.

Der ISDN-Anschluss kann zwar höhere Datenraten übertragen als der einfache Analoganschluss, für die Internetnutzung eignen sich jedoch moderne DSL-Systeme besser.

DSL (Digital Subscriber Line) ist die nächste Entwicklungsstufe und bezeichnet den mitgeführten Transferkanal für das Internet. Da die Sprachübertragung nur bis maximal 4 kHz Bandbreite benötigt wird, das Telefonkabel aber Frequenzen theoretisch entfernungsabhängig bis weit über 10 MHz übertragen kann, wird die Bandbreite der praktisch nutzbaren Übertragungsfrequenzen mittels Modem

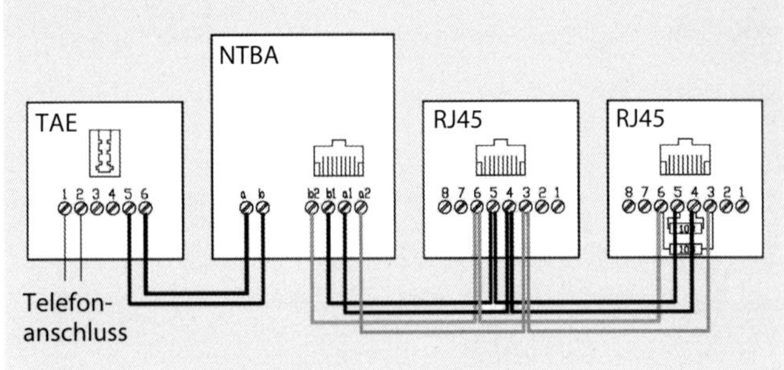

Abb. 12.4: Verkabelung ISDN-Bus zur RJ45- oder UAE-Dose (NTBA: Network Termination Basic Adaptor)

in mehrere Kanäle aufgesplittet. Ein einziges Telefonkabel kann dadurch mehrfach genutzt werden, und das inzwischen sowohl über einen Analog- (vgl. Abb. 12.3) als auch über einen ISDN-Anschluss. Die Transferrate für DSL-Leitungen beträgt heute typischerweise bei VDSL-Anschlüssen entfernungsabhängig bis zu ca. 100 MBit/s. Generell gilt: Je höher die Transferrate, desto schneller ist der Internetanschluss und auch die Übertragung nach außen.

Es ist folgendermaßen zu unterscheiden:

- S-DSL = symmetrischer DSL-Anschluss (Transferraten Download und Upload sind gleich)
- A-DSL = asymmetrischer DSL-Anschluss (Transfer Upload ist geringer als Download)

Die Asymmetrie ist insofern sinnvoll, als dass in der Regel mehr Download (z. B. Daten werden aus dem Internet gezogen) als Upload (z. B. E-Mails verschicken) verwendet wird. Die insgesamt zur Verfügung stehende genutzte Bandbreite wird damit besser ausgenutzt. Während S-DSL vor allem für Gewerbekunden interessant ist, ist das weiter verbreitete A-DSL sowohl im Gewerbe als vor allem auch im Privathaushalt vorzufinden.

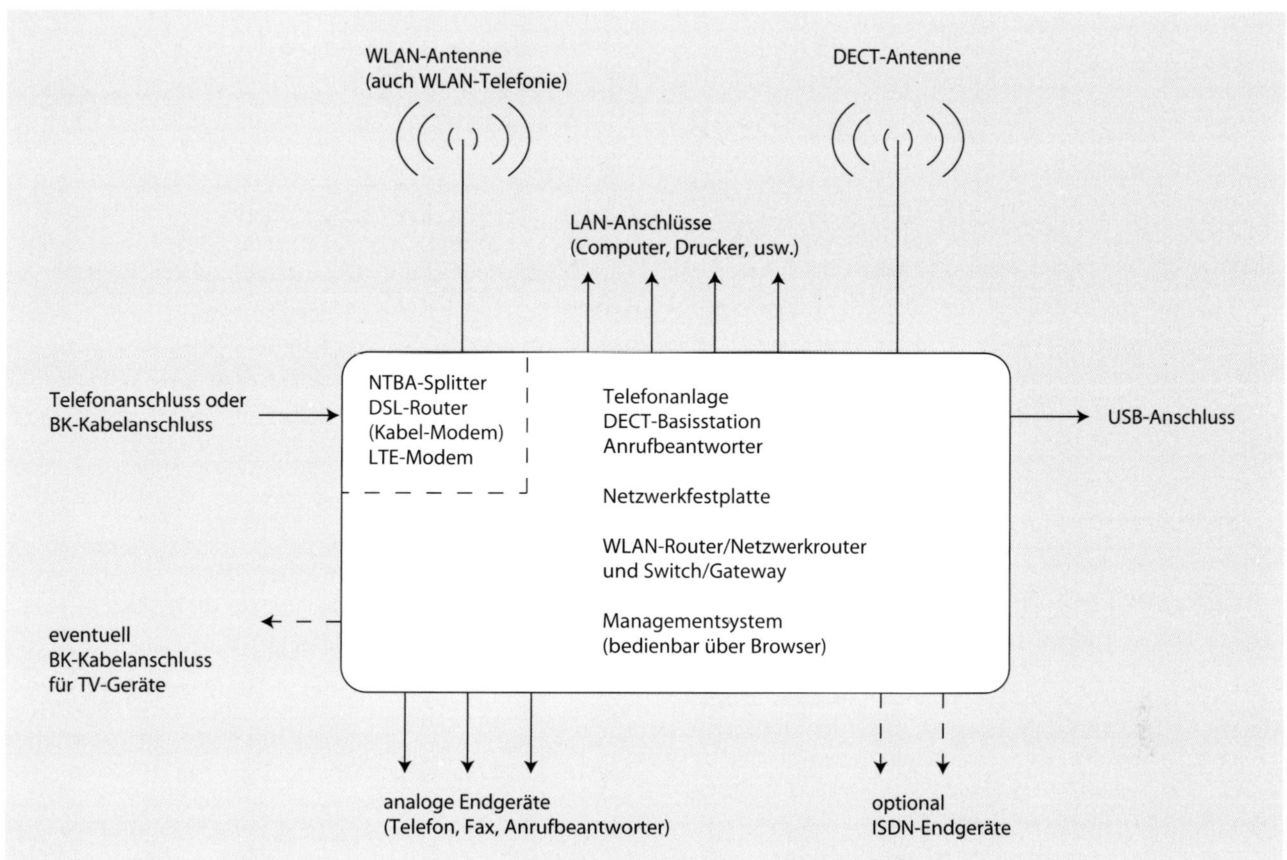

Abb. 12.5: DSL-Router mit Mehrfachfunktionen (BK: Breitbandkommunikation; LTE: Long Term Evolution [neuer Mobilfunkstandard mit 300 MBit/Sekunde]; DECT: Digital Enhanced Cordless Telecommunications [Standard für Schnurlostelefone])

In Abb. 12.5 ist schematisch ein aktuell üblicher DSL-Router dargestellt. Diese Geräte werden meist vom jeweiligen DSL-Anbieter bereitgestellt und sind mit komfortablen Mehrfachfunktionen ausgestattet, die über die Aufgabe der DSL-Schnittstelle zum öffentlichen Netz weit hinausgehen. Der Endverbraucher kann damit sehr einfach auch interne Komfortfunktionen (Telefonie, Computernetz, Musikstreaming usw.) nutzen.

Möglichkeiten der Anbindung über das Internet:

- klassisches Fernsprechnetz
- Breitbandkommunikationsnetz mit Rückkanal (BK-Netz)
- Mobilfunk (UMTS [3G], LTE [4G], 5G)
- über „Wireless local Loop" (WLL) oder öffentliches „Wireless local Area Network" (WLAN)

Während BK-Netze einer Übergabestelle in Form einer Auskopplung des Internetsignals bedürfen (diese kann auch im Endgerät sein), sind Mobilfunk-, WLL- und öffentliche WLAN-Anbindungen völlig separat und vom Gebäude unabhängig behandelbar.

Als „Voice over IP" (VoIP) wird die Übertragung von Sprache über Datenkommunikationssysteme mit dem „Internetprotokoll" (IP) bezeichnet. Auf dem IP setzen mehrere weitere standardisierte Protokolle auf, die für VoIP genutzt werden können. Für die Außenanbindung stellt es sich so dar, dass hier auch die Sprache über die DSL-Leitung mitübertragen wird. Nach diesem jüngsten Entwicklungsschritt wird die Separierung des Telefonnetzes von DSL aufgehoben und die Verbindung meist nur noch in Breitbandform für Datenübertragung genutzt. Die Sprache wird in Datenpaketen verpackt und mitübertragen, sodass vom Telekommunikationsanbieter nur noch ein komplex nutzbares Medium bezogen wird. Hinsichtlich der physikalischen Anbindung nach außen hat dies keine Bedeutung, soweit die örtlichen Verhältnisse im öffentlichen Netz darauf ausgelegt sind.

12.2.3 Unterhaltungsmedien

Rundfunk und Fernsehen sind wichtige mediale Grundelemente, die in Gebäuden, vor allem im Wohnbereich, unentbehrlich sind. Klassischerweise kann davon ausgegangen werden, dass die Kommunikation nur als Input erfolgt, also nur in einer Richtung. Davon unbeschadet sind die Übertragungswege heute oft rückkanaltauglich, wodurch diese auch für weitere Dienste wie Pay-TV, Internet oder Telefonie nutzbar sind. Rückkanaltauglichkeit bedeutet, dass der Nutzer nicht nur Unterhaltungsmedien empfangen, sondern auch in Kontakt mit dem Programmanbieter oder Dritten treten kann.

Folgende physikalische Einspeisemöglichkeiten bestehen und werden teilweise parallel genutzt:

- Breitbandkommunikationsnetz (Kabelanschluss)
- terrestrische Rundfunksysteme (alt analog, neu digital in vielen Regionen bereits umgestellt)
- Satellitenempfang über Richtspiegel
- Empfang über Fernmeldenetz (z. B. über Internet)

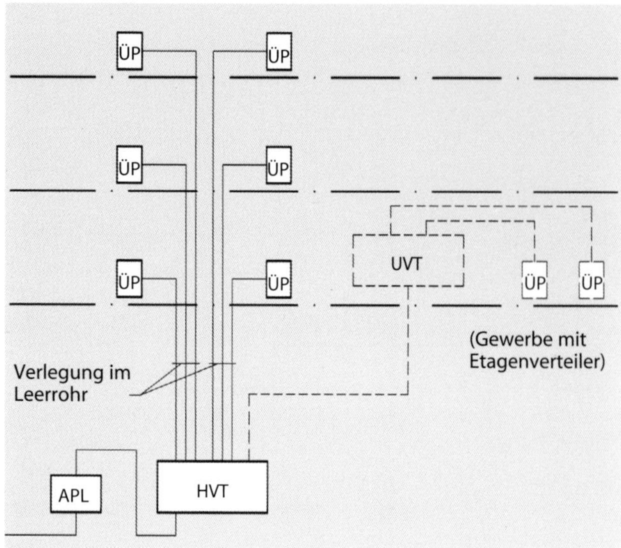

Abb. 12.6: Verteilprinzip Telefonanlage im Gebäude (HVT: Hauptverteiler Telefon; UVT: Unterverteiler Telefon; APL: Anschlusspunkt Leitungsnetz [Hausübergabepunkt]; ÜP: Übergabepunkt, z. B. TAE-Dose)

BK-Netze werden über Erdkabel angebunden. Terrestrische Rundfunkempfangsanlagen und Satelliten-Rundfunkempfangsanlagen bedürfen einer Empfangsanlage an einer zum möglichst störungsfreien Empfang der Funksignale geeigneten Stelle, meist im Bereich des Dachgeschosses.

Aufgrund der Wettbewerbsfreiheit ist es heute möglich, dass mehrere unterschiedliche Einspeisungen für Unterhaltungsmedien in einem Mietshaus zugelassen werden.

12.2.4 Nicht öffentliche Netze

Nicht öffentliche Netze für die Einspeisung von Kommunikationsmedien sind entweder nutzerspezifisch oder aufgrund einer Erschließung innerhalb eines Geländes über Privatnetze anzutreffen. Hier gelten die Bestimmungen der Anschlussanbieter nicht, für die Signalqualität und sonstige Auswirkungen ist der Betreiber dieser Anlagen selbst zuständig.

Nutzungsspezifische Anwendungen können z. B. solche von staatlichen Organen oder bestimmten Organisationen sein, wie z. B. der Richtfunk.

Privatnetze können aufgrund der wirtschaftlichen Entscheidung einer Gemeinschaft über das jeweilige Gebäude hinaus sinnvoll oder aus gewerblicher Sicht erforderlich sein. Auch hier ist es ratsam, die Strukturen innerhalb der Gebäude analog zum öffentlichen Netz aufzubauen, um technische Regeln einfach einzuhalten und einen späteren öffentlichen Anschluss zu erleichtern.

12.3 Telekommunikationsanlagen

12.3.1 Anlagen für Telefonie

Als Anlagen für Telefonie werden alle Anlagen zur Herstellung drahtgebundener und drahtloser Telefonie innerhalb des Hauses bezeichnet. Unter Berücksichtigung der Außenanbindung an das öffentliche Netz wird insgesamt von Fernsprechanlagen gesprochen. Der Begriff Telefonanlage (oder Telekommunikationsanlage – TK-Anlage) wird auch für die technische Zentrale einer Anlage für Telefonie in einem bestimmten Nutzungsbereich verwendet.

Vom Anschlusspunkt Leitungsnetz (APL) bzw. Hauptverteiler Telefon (HVT) erfolgt die Weiterverteilung zu den Nutzungseinheiten mit Innenleitungen, ggf. auch über Zwischenverteiler (vgl. Abb. 12.6). In der Struktur ist sicherzustellen, dass äußere Manipulationen nicht erfolgen können, d. h., der Zugang der Verteiler ist nur dem jeweils berechtigten Nutzer und dem externen und vertraglich gebundenen Dienstanbieter zu gestatten.

Sofern nur ein Nutzer pro Gebäude vorhanden ist, gibt es zwar in der Regel eine ähnliche Verteilstruktur, jedoch ist der Übergabepunkt zum Endnutzer am Anfang definiert (APL = ÜP, vgl. Abb. 12.6), das System ist dann offen und kann bei Bedarf am Fuß der Strangverteilung mit einer TK-Anlage erschlossen werden.

Neben den klassisch verkabelten Telefonen sind schnurlose Telefone nach dem DECT-Standard (DECT – Digital Enhanced Cordless Telecommunications) verbreitet.

Die Entwicklungstendenz geht derzeit in Richtung VoIP (vgl. Kapitel 12.2.2). Das hat Auswirkungen auf die innere Struktur der Telefon- und Datenleitungen. Durch die Verwendung von Datenleitungen muss kein Parallelsystem für Telefonie mehr aufgebaut werden. Die Grundstruktur der anwenderneutralen Verkabelung (vgl. Kapitel 12.9) ist dafür eine gute Vorbereitung. Übergangsweise sind die vorhandenen Anlagen für Telefon und Daten sowie die Verteilstrukturen ggf. weiterzunutzen. Das bedeutet unter Umständen noch eine Aufspaltung in Telefon- und Datenanwendungen unter Weiternutzung der klassischen TK-Anlage oder klassischer Endgeräte.

Die neue VoIP-fähige TK-Anlage steht als Teilnehmer im IP-Netz mit TCP/IP-Protokoll (vgl. Kapitel 12.10.4) und versorgt über dieses die Arbeitsplätze bzw. privaten Teilnehmer mit Telefonie. Diese neuen Anlagen können durch Programmierung und Parametrierung z. B. unter Nutzung der Verbindung mit dem Computersystem noch besser auf die Bedürfnisse der Anwender zugeschnitten werden, als das bei klassischen TK-Anlagen der Fall ist.

VoIP-Umsetzer oder die TK-Anlage bilden das Verbindungsmodem zur DSL-Anlage und verwalten gleichzeitig die VoIP-Endgeräte.

Neben der VoIP-Anlage als verteilende und Schnittstellenkomponente sowie den VoIP-fähigen Switchen sind die spezifischen VoIP-Endgeräte zu nennen. Dies sind frei adressierbare IP-Telefone oder auch Computer mit entsprechender Kommunikationsschnittstelle und der VoIP-Software. Nicht zu vergessen ist auch die Tatsache, dass inzwischen die Telefonie über WLAN ebenfalls möglich ist, wozu ein normaler Access Point und spezielle Endgeräte (WLAN-Telefone) benötigt werden. Generell lassen sich VoIP-TK-Anlagen für die interne Kommunikation nutzen, solange kein Außenanschluss verfügbar ist. Der Außenanschluss VoIP setzt eine gute Internetverbindung voraus und verlangt die Kenntnis über die Gebührenstruktur des Internetanbieters. Wie bei der Telefonie werden u. a. sog. Flatrates angeboten, also nutzungszeitunabhängige oder datentransferunabhängige Tarife.

VoIP ist auch auf Videotelefonie erweiterbar. Die Anwendung ist hier an erster Linie von der Software und der verfügbaren Datenübertragungsrate abhängig. Flaschenhals ist in der Regel die Upload-Transferrate des DSL-Anschlusses an das öffentliche Netz.

12.3.2 Bildtelefonie und Videokonferenzanlagen

Bildtelefonie ist eine Erweiterung der klassischen Telefonie über Mitführung von dynamischen Porträtbildern beider oder eines Anrufenden während des Telefonates. Sowohl eine Miniaturkamera als auch ein kleines Display sind direkt im Endgerät integriert. Beide Systeme (Anrufender und Angerufener) müssen über derartige Geräte verfügen und als weitere Voraussetzung ist eine ausreichende Übertragungsrate über das Netz zu nennen. Mindestbedingungen der Funktion sind Vorrang der Telefonie und die individuelle Zuschaltmöglichkeit des Bildes.

In Gebäuden werden fest drahtgebundene Bildtelefone installiert, weiterhin sind auch Handys nutzbar, soweit diese dafür vorgesehen sind und mindestens UMTS- (3G-) Empfang möglich ist

Videokonferenzen sind computergestützte audiovisuelle Telekommunikationsverfahren mit in der Regel mehr als 2 Teilnehmern an verschiedenen Orten. Es werden sog. Peer-to-Peer-Verbindungen zwischen 2 Punkten mit einfacher Technik von den Gruppenkonferenzsystemen unterschieden. Generell sind je nach Anwendung mehr oder weniger hochwertige Ein- und Ausgabegeräte mit entsprechend schneller Internetanbindung erforderlich. Bei Gruppensystemen mit mehr als 2 Teilnehmern werden die Signale der Teilnehmer innerhalb einer Multipoint Control Unit (MCU) gesammelt und verteilt. Hierbei handelt es sich um Hard-/Software, die die Signalverarbeitung mit den einzelnen Teilnehmern verwaltet. Dies kann als externer Dienst bereitgestellt werden.

Weitere Möglichkeiten der Bildtelefonie bzw. des Videokonferenzsystems bestehen in der Nutzung von VoIP (vgl. Kapitel 12.3.1), was wahrscheinlich zur breiteren Anwendung führen wird. Es gibt vielfach verbreitete herstellerspezifische Softwaresysteme im Internet dafür.

12.4 Such- und Signalanlagen

Unter Such- und Signalanlagen werden hier verstanden

- Hauskommunikationsanlagen (Klingel, Türsprech- und Bildübertragung, Türöffnung),
- Zugangssysteme,
- hausinterne Kommunikation (Haustelefon),
- Personenrufanlagen.

Hauskommunikationsanlagen sind zunächst autark, können aber auch an eine interne Kommunikationsanlage wie das Telefon angeschlossen werden. Eine Hauskommunikationsanlage besteht aus folgenden Komponenten (vgl. auch Abb. 12.7):

- Klingeltableau am Haus- oder Toreingang, ggf. mit Lautsprecher, Mikrofon und Kamera
- Zentrale
- Türöffneranlage,
- Wohnungsklingelknopf

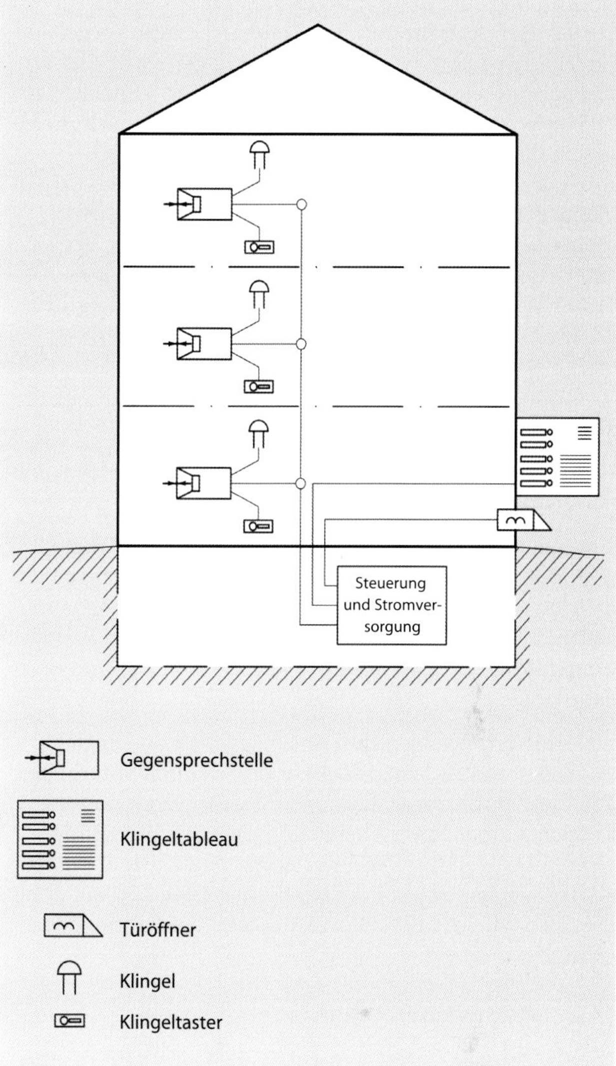

Abb. 12.7: Busverkabelte Hauskommunikationsanlage mit Frei- und Gegensprechgeräten

- Wohnungssignalanlage (Klingel, Gong)
- Sprechanlage in der Wohnung mit Türbetätigung und ggf. Monitor

Türöffneranlagen können in großen Gewerbeobjekten für ständigen Zugang z. B. über eine Regelarbeitszeit entriegelt werden.

Zugangssysteme stehen oft mit Anlagen der Einbruchmeldung, aber auch mit Zeiterfassungssystemen in Verbindung bzw. sind dort integriert. Bedeutung haben sie in größeren Objekten, wo Zutrittsberechtigungen verwaltet werden müssen. Sie können ganz oder teilweise Schlüsselsysteme ablösen. Verwendet werden vor allem folgende Systeme:

- Codekartensysteme (berührungslose Karten mit Transponder, Magnetkarten oder optische Lesekarten)
- Codeeingabesysteme (Zahlenkombination)
- Sonderschlüsselsysteme (Wirkung ähnlich wie Codekarten, Kombination mit konventioneller Schließung)
- weitere Zutrittskontrollanlagen mit Erfassung biometrischer Daten (Fingerabdruck, Gesichtsscannung usw.) für höhere Sicherheitsansprüche

Sehr wichtig sind diese Anlagen z. B. für Hotels, da ein Vorteil darin besteht, verlorene und nicht zurückgegebene Codekarten sofort zu sperren, ohne ein ganzes Schließsystem austauschen zu müssen. In zukünftigen Standards für Zugangssysteme werden die heute noch üblichen Chipkarten durch die drahtlose Ultra-Wideband- (UWB-)Kurzstreckenverbindung zwischen Türschloss und Smartphone des Nutzers ersetzt (FiRa Industrieallianz, www.firaconsortium.org/). Die Anlagen arbeiten in der Regel autark und teilweise unabhängig von der allgemeinen Stromversorgung. Eine zentrale Aufschaltung ermöglicht die Einstellung und Datenauswertung sowie Auslösung weiterer Steuervorgänge im Gebäude.

12.5 Zeitdienstanlagen

Unter Zeitdienstanlagen werden Uhren und Zeiterfassungsanlagen verstanden.

Uhrenanlagen erfassen die Zeit zentral über eine Hauptuhr und reproduzieren diese in die Nutzbereiche über eine Verkabelung. Aufgrund der preiswert am Markt verfügbaren genauen Uhren haben solche Anlagen kaum noch Bedeutung. Eingesetzt werden sie vor allem in Schulen und in Fabriken.

Zeiterfassungsanlagen sind Anlagen zur Erfassung des Zuganges und Verlassens des Gebäudes durch Mitarbeiter. Die Einzelerfassungsgeräte sind mit einer Zentrale verbunden, es gibt eine einheitliche Systemzeit. Verwendet werden heute in der Regel Kartenlesegeräte. Diese Anlagen sind oft gekoppelt mit der Zugangskontrolle und weiteren Diensten wie Arbeitszeiterfassung oder der Kantinenbuchung.

12.6 Elektroakustische Anlagen

Unter elektroakustischen Anlagen (ELA) in Gebäuden werden fest eingebaute Beschallungssysteme für folgende Zwecke verstanden:

- Durchsagen zur Alarmierung und Evakuierung
- Unterhaltung durch z. B. Musik
- Durchsagen allgemeinen Informationsinhaltes
- Konferenz- und Dolmetscherfunktionen

Weiterhin sind unter dieser Rubrik Ruf- und Sprechanlagen für den internen Gebrauch zwischen 2 entfernt liegenden Stellen innerhalb des Gebäudes mit einseitiger oder gegenseitiger Sprechweise einzuordnen. Zu nennen sind beispielsweise Patientenrufanlagen in Arztpraxen, sog. Vorzimmerruf, Rufanlagen in Handwerk und Industrie oder in Lagerbereichen. Auch der Privatbereich kann mit Rufanlagen zwischen verschiedenen Zimmern ausgestattet werden, ein Beispiel ist der Babyruf.

ELA in öffentlichen bzw. Gewerbegebäuden dürfen im kombinierten Betrieb sowohl für Sicherheitszwecke als auch für sonstige Zwecke allgemeinen Interesses eingesetzt werden. In diesem Fall haben die ELA-Anlagen den strengen Auflagen der Sicherheitstechnik zu genügen. Die gebräuchlichste sicherheitstechnische Anwendung ist die Nutzung im Zusammenhang mit einer Brandmeldeanlage. Sie ersetzt hier die einfache Alarmierung über Signalgeber (vgl. Kapitel 12.8.1). Sinnvoll ist diese Anwendung zur Vermeidung von Panik und zur Durchgabe von erweiterten Inhalten, die zur Steuerung der Evakuierung beitragen. In diesem Fall müssen die ELA-Anlagen folgenden Bedingungen genügen:

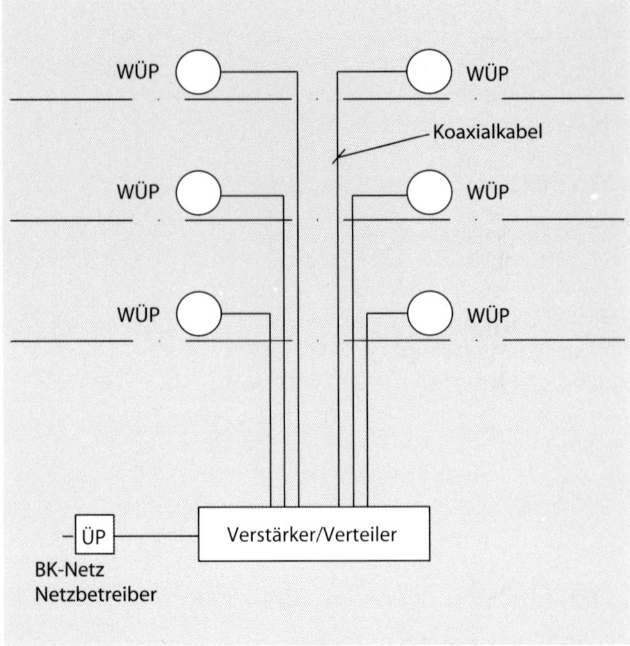

Abb. 12.8: Breitbandkommunikationsnetz (BK-Netz) im Gebäude (WÜP: Übergabedose bzw. Übergabepunkt im Endnetzbereich [hier Wohnungsübergabepunkt]; ÜP: Übergabepunkt)

- Funktionserhalt der Leitungsanlage: 30 Minuten
- keine Auswirkung von einem Fehler in einem Lautsprecher (z. B. Kurzschluss oder Kabelbruch) auf andere Lautsprecher
- Autarke Energieversorgung analog zu der Brandmeldeanlage (bis zu 60 Stunden),
- Verknüpfung mit der Brandmeldeanlage über eine definierte Schnittstelle
- Brandfallmikrofon mit überwachtem Übertragungsweg

12.7 TV-Anlagen

Breitbandkommunikationsnetze

Breitbandkommunikationsnetze (BK-Netze) stellen heute einen grundlegenden Anteil der im Gebäude vorkommenden Netze für Unterhaltungsmedien. Die Netze sind bei Mehrfamilienhäusern aus heutiger Sicht so aufgebaut, dass die Leitungen sternförmig vom Anschlusspunkt bis zum Endnutzer im Leerrohr geführt werden (vgl. Abb. 12.8). Damit ist eine hohe Flexibilität gewährleistet und es können im Gegensatz zu einer Durchschleifvariante bei Bedarf Nutzer von der Vorsorgung sehr einfach ausgeschlossen werden.

Aufgrund der zusätzlichen Nutzung für Internet sowie wegen notwendiger Mehrfachverteilung wird dazu übergegangen, nicht nur ein Endgerät im Wohnzimmer zu versorgen, sondern einen Wohnungsübergabe- und Verteilpunkt als Schnittstelle vom BK-Anbieter zum Verbraucher im Wohnungsflur zu errichten. Moderne BK-Netze sind heute rückkanaltauglich, wodurch eine Kommunikation mit dem Netzbetreiber möglich wird. So ist es z. B. möglich, den Beginn von Sendungen individuell festzulegen oder Filme beim Netzbetreiber zu be-

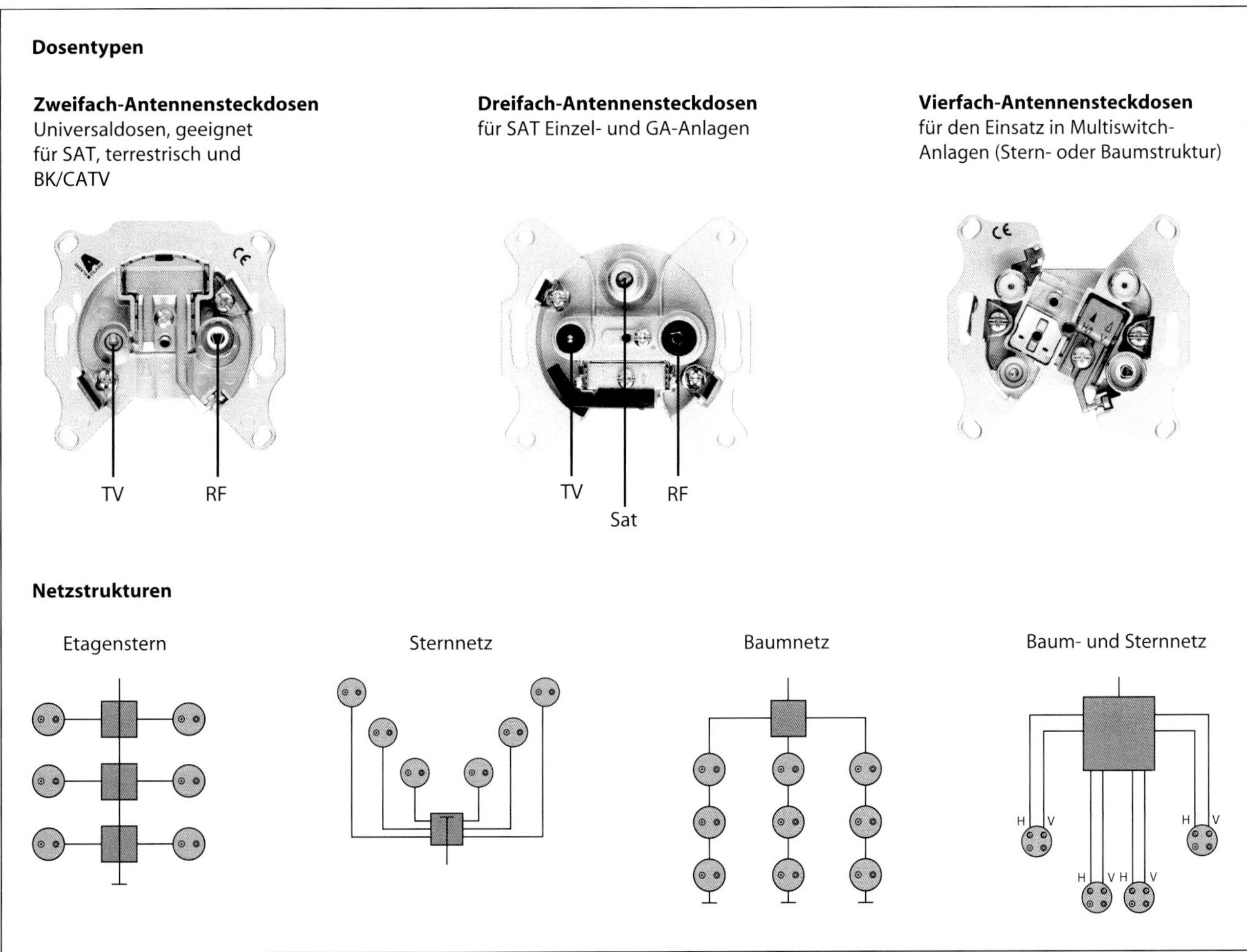

Abb. 12.9: Beispiele für Antennendosen mit verschiedenen Netzvarianten (Quelle: Triax-Hirschmann Multimedia GmbH, Pliezhausen)

stellen. Auch Telefonie und Internetzugänge werden so geschaffen. Häufig werden über die rückkanaltauglichen BK-Anlagen auch weitere Dienste (Internetzugriff, Telefonie, Premium-TV-Dienste) im Verbund angeboten.

Eine andere Variante stellt der Übergabepunkt in Form einer Anschlussdose dar.

Im Sinne einer hohen Ausbauflexibilität ist es ratsam, zumindest Leerdosen und Kabelwege ausreichend vorzuhalten. Bei schwierigen Kabelwegen hilft auch der Kompromiss, nur Kabel ohne Anschlüsse in Leerdosen vorzuverlegen.

Die Anschlussdosen für BK wie für alle anderen Antennenanlagen haben eine Steckerverbindung (TV) und eine Steckbuchse (Radio), die sich hinsichtlich der Vorfilterung unterscheiden. Die Dosen und mögliche Topologien sind in Abb. 12.9 dargestellt.

Terrestrische Antennen und Satellitenanlagen

Antennenanlagen empfangen Signale geringer Leistung. Infolge der systematischen Ablösung der terrestrischen analogen Übertragung von Rundfunk und Fernsehen sind Umsetzer (z. B. Kopfstationen) für mehrere Teilnehmer eines Gebäudes erforderlich oder es sind entsprechende Endgeräte bzw. Receiver vorzusehen. Für Satellitenanlagen sind ebenfalls zentrale Systeme sinnvoll, um einen Wildwuchs an Satellitenantennen zu vermeiden. Die Systemvarianten Antenne und Satellit können sich ergänzen und auch kombiniert werden, soweit ein Kabelsystem mit einem abgestimmten Frequenzband genutzt wird.

Grundsätzlich werden über Koaxialantennenleitungen Hochfrequenzsignale im Frequenzbereich von 5 bis 2.250 MHz übertragen. Die meisten Kabelnetzbetreiber oder Gemeinschaftsanlagen arbeiten im Bereich bis 860 MHz. Gerade Antennenleitungen von Satellitenanlagen benötigen einen höheren Frequenzbereich.

Die digitalen Empfangssysteme sind inzwischen je nach örtlicher Verfügbarkeit über alle Schnittstellen erreichbar und gliedern sich wie folgt:

- DVB-T: digitales terrestrisches Fernsehen/Radio
- DVB-S: digitales Satellitenfernsehen/-radio
- DVB-C: digitales Fernsehen/Radio über BK-Anschluss
- DAB: digitales terrestrisches Radio

Zu den Vorteilen der Empfangsqualität kommt ein vielfältigeres Angebot an Diensten und Nebenleistungen.

Bei der Montage von Antennenanlagen sind entsprechende Vorschriften und Regeln zu beachten. Bei der nicht sichtbaren Montage innerhalb des Dachbereiches ist auf die Abschirmung mit eingeschränkter Empfangsqualität zu achten, bei Montage außerhalb auf dem Dach ist die neueste Blitzschutzvorschrift, die eine separate Fangstange neben der Antenne verlangt, zu berücksichtigen.

Gemeinschaftsantennenanlagen

Gemeinschaftsantennenanlagen sind Anlagen, die ihr Signal über Antennenanlagen und/oder Satellitenempfangsanlagen erhalten, dieses verstärken und innerhalb des Gebäudes bzw. einer Liegenschaft an verschiedene Nutzer verteilen (vgl. Abb. 12.10). Sie werden aus wirtschaftlichen Überlegungen eingesetzt oder dann, wenn kein BK-Anschluss vorhanden ist.

Die Verkabelung von der Gemeinschaftsantenne bis zu den Nutzern erfolgt vorzugsweise so, dass ein späteres Umschwenken auf eine andere Signalart problemlos möglich ist, also in der Regel über einen zentralen Verteiler im Keller.

Generell ist bei der Verkabelung von Antennenanlagen auf eine ausreichende Bandbreite des Kabels, der Verteiler und der Stecker zu achten, um auch den Empfang von Satellitensignalen zu gewährleisten.

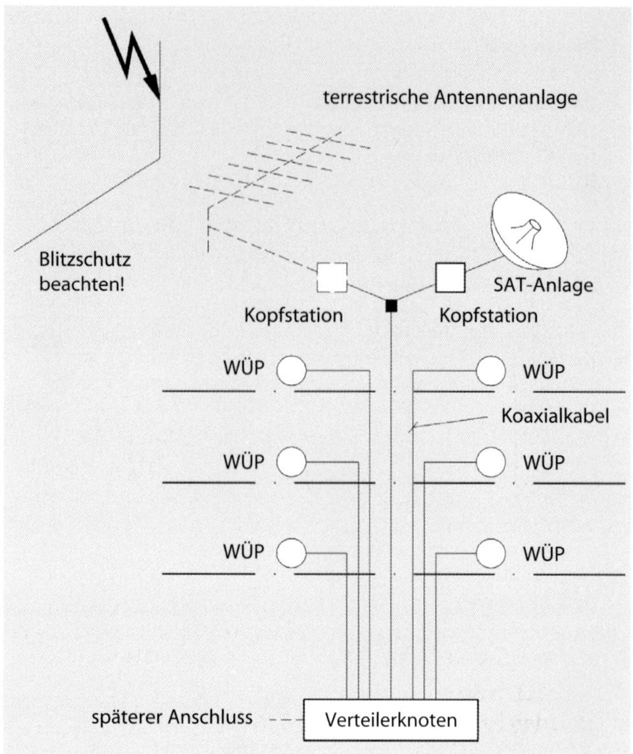

Abb. 12.10: Gemeinschaftsantennenanlage terrestisch/SAT (WÜP: Übergabedose bzw. Übergabepunkt im Endnetzbereich)

12.8 Gefahrenmelde- und Alarmanlagen

Gefahrenmelde- und Alarmanlagen werden folgendermaßen unterschieden:

- Brandmeldeanlagen (BMA)
- Einbruchmeldeanlagen (EMA) und Überfallmeldeanlagen (ÜMA)

Diese Anlagen haben hinsichtlich der Sicherheit für Menschen und des Schutzes von Sachgütern eine erhöhte Priorität. Da auch mit weiteren Gefahren zu rechnen ist, sind in dieser Rubrik ebenfalls die folgenden Anlagen einzuordnen:

- Gaswarnanlagen
- Wächterkontrollanlagen
- Zugangs- und Raumbeobachtungsanlagen

Gefahrenmeldeanlagen sind auch aus der Sicht der Versicherungen zu betrachten. Dazu hat die VdS Schadensverhütung GmbH (früher Verband der Sachversicherer) Richtlinien herausgegeben, die teilweise auch über die Forderungen der entsprechenden Normen hinausgehen.

Anlagen, die von der VdS anerkannt werden sollen, müssen diesen Richtlinien entsprechen und von anerkannten Fachfirmen errichtet werden. Der Bauherr bzw. Hausbesitzer muss vor Beginn der Baumaßnahme klären, ob die VdS-Richtlinien relevant sind, d. h., ob die entsprechenden Versicherungsbedingungen einzuhalten sind. Generell ist davon auszugehen, dass bei Einhaltung der VdS-Vorschriften ausreichend Sorgfalt auch im Sinne der entsprechenden Normen gewahrt wurde.[1)]

12.8.1 Brandmeldeanlagen

Brandmeldeanlagen (BMA) erkennen Brände in der Entstehungsphase und melden diese und/oder lösen automatisch Einrichtungen zur Brandbekämpfung aus (z. B. Löschanlagen).

Brandmelder

Für die Erkennung der Brände und Auslösung der Signale kommt eine Einteilung gemäß Tabelle 12.3 in Betracht.

Tabelle 12.3: Kategorien von Brandmeldern nach Auslöseart

Auslöseart	zugehörige Einrichtung
nicht automatische Auslösung durch den Menschen	Handfeuermelder (früher Druckknopfmelder)
Erkennung durch automatische Brandmelder je nach Einsatzart	optische Rauchmelder, Thermodifferenzial- und -maximalmelder, Mehrfachmelder, Lichtstrahlrauchmelder, Ansaugbrandmelder, linienförmige Wärmemelder, Flammenmelder, Ionisationsrauchmelder
Meldung durch automatische Auslösung von Brandbekämpfungseinrichtungen	z. B. Sprinkler (Auslösung von Sprinklern verursacht Druckabfall im Sprinklersystem)

Aus den verschiedenen Meldertypen ist zu erkennen, dass Brände erfasst werden durch Erkennen von

- Rauch (optischer Rauchmelder, Lichtstrahlrauchmelder, Ionisationsmelder, Ansaugbrandmelder),
- Wärme (Thermodifferenzial- und -maximalmelder, linienförmige Wärmemelder, auch indirekt über Sprinklerköpfe),
- offenen Flammen (Flammenmelder).

Der weitverbreitetste automatische Brandmelder ist der optische Rauchmelder. Dieser ist insbesondere für die Erkennung von Schwelbränden geeignet. Er funktioniert nach

[1)] Oft im Baumarkt verkaufte Funk- oder Einzelbatterierauchmelder entsprechen in der Regel nicht den VdS-Bestimmungen, tragen aber bei ordnungsgemäßer Funktion und sachgemäßem Einsatz zur Erhöhung der häuslichen Sicherheit im Privatbereich bei.

dem sog. Streulichtprinzip. Eine Fotodiode empfängt das Licht einer Infrarot-LED, wenn dieses Licht durch Rauchpartikel abgelenkt wird.

Lichtstrahlrauchmelder werden in hohen Räumen eingesetzt, in denen andere Typen aufgrund von Wärmepolstern in der Luft nicht mehr sicher arbeiten.

Ionisationsmelder sind nur unter strengen behördlichen Auflagen einzusetzen, da diese sehr geringe radioaktive Bestandteile enthalten.

Thermodifferenzialmelder sind darauf ausgelegt, sprunghafte Temperatursteigerungen zu erfassen.

Rauchansaugbrandmeldersysteme werden hauptsächlich in schwer zugänglichen Bereichen wie Traforäumen, Hochregallagern, Museen u. Ä. eingesetzt, um die Wartungskosten zu minimieren bzw. überhaupt eine Wartung zu ermöglichen, oder auch aus gestalterischen Gründen.

Brandmeldezentrale

Die Auswertung der Signale und Auslösung von Reaktionen erfolgt über die Brandmeldezentrale (BMZ). Bei Ausfall der zentralen Stromversorgung muss die BMZ für bis zu 60 Stunden betriebsbereit bleiben, was durch eigene Batterieanlagen unterbrechungsfrei abzusichern ist.

Folgende Reaktionen werden von der BMZ ausgelöst:

- Alarmierung im Gebäude durch eigene akustische und optische Signalanlagen oder Aufschaltung auf eine elektroakustische Anlage
- Alarmierung der Feuerwehr oder eines Servicedienstes
- Auslösung von Einrichtungen zur Brandbekämpfung (vgl. Kapitel 8.10.3), Abschaltung von Haustechnik wie z. B. Lüftung oder Auslösung von Entrauchungsanlagen (vgl. Kapitel 7.14.2)
- Auslösung der Brandfallsteuerung von Aufzugsanlagen (z. B. Evakuierungsfahrt, vgl. Kapitel 14)

Weitere Auslösungen wie Information des internen Bereitschaftsdienstes oder Aufschaltung auf die Gebäudeleittechnik sind zusätzlich durch die BMZ möglich.

Topologie und Nebeneinrichtungen

Das Gesamtsystem einer Brandmeldeanlage besteht aus der BMZ, den Meldeleitungen mit Brandmeldern, der Alarmierungseinrichtung, der Übertragungseinrichtung nach außen und weiteren Einrichtungen für die Feuerwehr.

Moderne Brandmeldeanlagen haben eine sog. Ringbustopologie. Damit ist die Signalübertragung auch bei Unterbrechung an einer Stelle der Meldeleitung gewährleistet. Das Bussystem ist so beschaffen, dass die Melder einzeln angemeldet werden und damit auch eine selektive Erkennung der Brände nach dem Brandort möglich ist (vgl. Abb. 12.11).

An den Ringbus können auch Alarmierungseinrichtungen geschaltet werden, soweit das im System vorgesehen ist. Bei Leitungen in Stichform sind Verkabelungen in Funktionserhalt erforderlich, um eine Alarmierung bei Bränden über einen bestimmten Zeitraum immer noch zu gewährleisten.

Übertragungseinrichtungen setzen einen Brandalarm über ein öffentliches Telefonnetz ab und sind durch die Feuerwehr besonders abgesichert. Die Alarmierung kann auch zentral über den direkten Feuerwehr-Druckknopfmelder erfolgen.

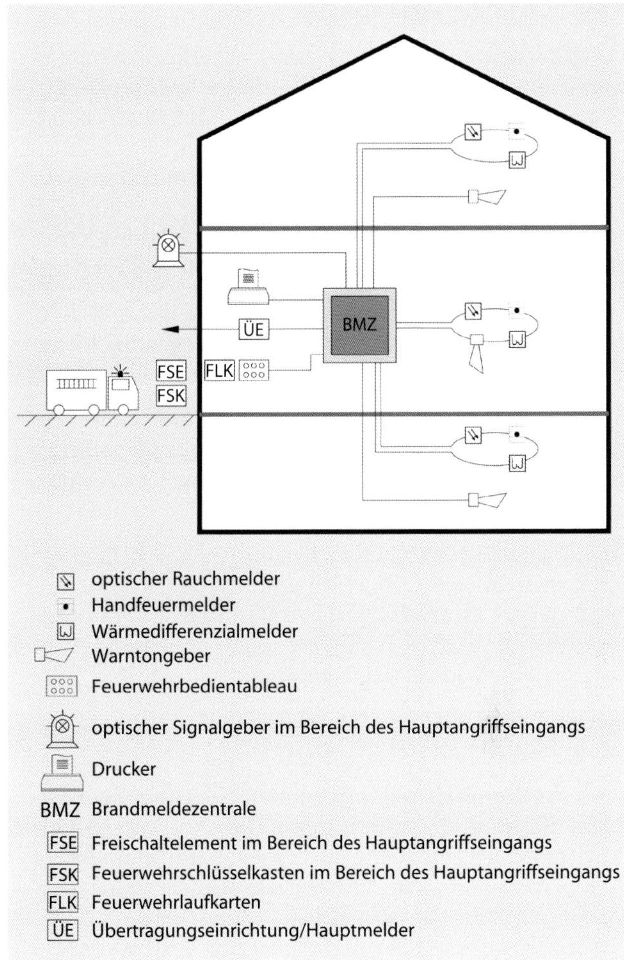

Abb. 12.11: Brandmeldeanlage in Ringbustechnik (Alarmierung teilweise separat)

Hausalarmanlagen

Hausalarmanlagen sind Brandmeldeanlagen mit zugehöriger Alarmierungseinrichtung, die nicht direkt auf die Feuerwehr aufzuschalten sind. Sie unterschieden sich u. a. entsprechend der jeweiligen Landesbauordnung durch die Färbung der Druckknopfmelder (bei Feuerwehr-Direktaufschaltung rot, bei Hausalarm meistens blau).[2] Die Alarmierung der Feuerwehr erfolgt in diesem Fall indirekt durch einfache Meldung per Telefon oder über einen Sicherheitsdienst, der ein Signal über die Übertragungseinrichtung empfangen hat und entscheiden konnte, ob ein Fehlalarm vorliegt.

Die Frage nach dem Einsatz einer BMA mit Aufschaltung auf die Feuerwehr oder einer Hausalarmanlage ergibt sich aus dem Baurecht und dem genehmigten Brandschutzkonzept des Gebäudes.

2) Weitere Druckknopfmelder mit anderer Färbung (grau, grün, orangefarben, gelb) sind nicht den Brandalarmierungen zuzuordnen. Sie lösen Reaktionen aus, die bei Bränden erforderlich sind, z. B. die Funktion der Entrauchungseinrichtungen.

Planung, Errichtung und Abnahme einer BMA

Bei Planung und Ausführung dieser sicherheitsrelevanten Anlage obliegt den Beteiligten eine hohe Verantwortung, da es um die Sicherheit von Personen und Sachgütern geht. Fehlmeldungen der BMA, insbesondere zur Feuerwehr, sind schon aus Kostengründen unbedingt zu vermeiden. Daher wird dazu übergegangen, sowohl die Errichtung als auch schon die Planung entsprechend nur zertifizierten Firmen und Personen zu überlassen.

Die DIN 14675 ordnet die Verantwortlichkeiten und die Schritte zur Planung und Ausführung der Brandmeldeanlagen.

Brandmeldeanlagen sind nach DIN 14675 zertifizierte Systeme der Hersteller und als jeweils geschlossene Einheit anzusehen. Nach Errichtung ist diese Anlage durch einen Sachverständigen abzunehmen.

Bei der Planung von Brandmeldeanlagen innerhalb der Grundrisse ist nach DIN 14675 und DIN VDE 0833-2 vorzugehen (vgl. Prinzipbeispiel in Abb. 12.12).

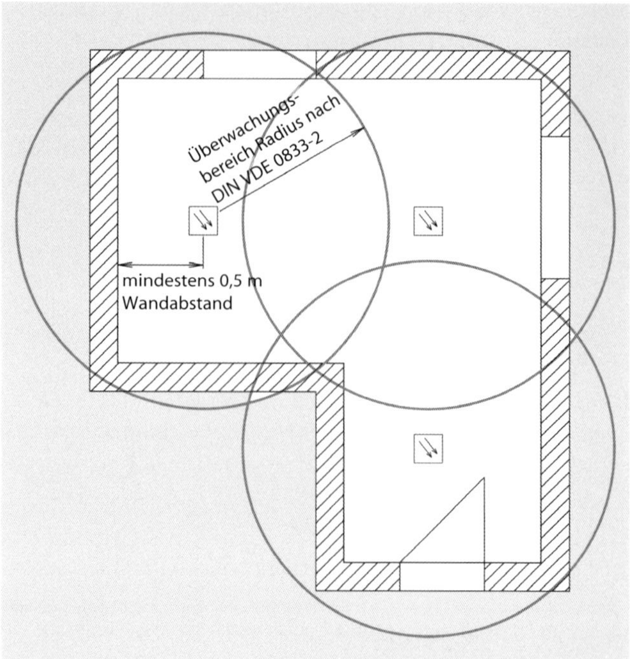

Abb. 12.12: Überwachungsbereiche von Rauchmeldern

Sonstige sicherheitsrelevante Anlagen

Weitere sicherheitsrelevante Anlagen im Zusammenhang mit Bränden:

- **Entrauchungseinrichtungen** für die Rauchfreihaltung von Flucht- und Rettungswegen: Diese autark wirkenden Systeme verfügen über eine eigene unterbrechungsfreie Notstromversorgung. Sie bestehen aus dem Klappenantrieb, der Zentrale, ggf. (je nach Landesbaurecht) dem automatischen Melder an der höchsten Stelle sowie Handmeldern auf dem zuerst erreichbaren und dem letzten Podest, bei höheren Häusern auch dem Zwischenpodest. Sie sind über zusätzliche Taster für Lüftungszwecke ebenfalls nutzbar.
- **Türfeststellanlagen** insbesondere im Bereich von Fluchtwegen an Türen, die üblicherweise offen gehalten werden sollen, im Brandfall aber die Ausbreitung von Rauch oder Feuer verhindern müssen: Diese Anlagen sorgen bei bestimmungsgemäßer Verwendung im Brand- bzw. Rauchfall für die Schließung der Tür. Diese Systeme wirken autark und unabhängig von der Brandmeldeanlage.
- **Fluchttürsteuerung** zur Ermöglichung der Flucht aus Räumen bzw. Bereichen in Nachbarbereiche, die im Normalfall nicht auf diesem Weg zugänglich sind: Durch die Blockierung der Tür ohne den Sonderfall des Brandes werden z. B. Diebstähle verhindert. Eine Störmeldung an eine geeignete Stelle hilft ebenso wie das akustische Signal bei Auslösung vor Ort gegen Missbrauch. Die Öffnung erfolgt durch manuelle Betätigung oder extern durch die BMA gesteuert.
- **Sicherheitsfunkübertragungsnetze** ermöglichen die Verständigung von Feuerwehr, Polizei und sonstigen Notfalldiensten im Gebäude. Konkret zu nennen sind BOS-Funknetze (BOS – Behörden und Organisationen für Sicherheitsaufgaben). Diese Netze realisieren den terrestrischen Empfang von Funknetzen der Sicherheitsdienste in Gebäuden im Notfall für diese relevanten Frequenzen, da im Inneren Empfangsprobleme durch Abschirmung gegeben sein können. Im gleichen Zusammenhang können auch Übertragungsnetze genannt werden, die kommerzielle öffentliche Netze (z. B. Mobilfunk) unterstützen, um Abschirmungen auszugleichen.
- **Gaswarnanlagen** warnen bei Überschreitung eines festgesetzten Grenzwertes von schädlichen Bestandteilen der Atemluft. Dadurch wird Gesundheitsschäden vorgebeugt, indem die Räume schnellstmöglich verlassen oder Gegenmaßnahmen ergriffen werden. Ein bekanntes Beispiel ist die CO-Warnanlage in geschlossenen Parkgaragen.

12.8.2 Einbruchmeldeanlagen und Überfallmeldeanlagen

Einbruchmeldeanlagen (EMA) erfassen den unzulässigen Zugang zu Gebäuden, einzelnen Räumen, Freiflächen oder Objekten und melden diesen.

Die Einteilung der EMA erfolgt nach Sicherheitsgraden gemäß Tabelle 12.4.

Tabelle 12.4: Sicherheitsgrade bzw. Klassifizierungen von Einbruchmeldeanlagen

Sicherheitsgrad	Klassifizierung nach VdS	Merkmale beispielhaft
1 – niedrige Sicherheit	keine Einstufung	Überwachung von Objekten und auf Öffnen von Räumen
2 – niedrige bis mittlere Sicherheit	A – einfacher Schutz	Einsatz in Wohnobjekten mit geringem Wertsachenanteil
3 – mittlere bis hohe Sicherheit	B – mittlerer Schutz	Einsatz in Objekten mit erhöhtem Wertsachenanteil und Schutz von Personen
4 – hohe Sicherheit	C – hoher Schutz	erhöhter Schutz für Gewerbe und öffentliche Objekte

Melder einer EMA erfassen das unbefugte Eindringen in den Sicherheitsbereich:

- Melder für punktförmige Überwachung sind Magnetkontakte für Türen und Fenster oder auch Riegelkontakte.
- Melder für Streckenüberwachung sind z. B. Lichtschranken.
- Melder für Flächenüberwachung sind Glasbruch- und Körperschallmelder, Drahtbespannungen u. a.
- Melder für Raumüberwachung sind z. B. Infrarotbewegungsmelder oder Ultraschallmelder.
- Melder zur Überwachung von Gehäusen und Durchdringungen sind z. B. Drucksensoren.

Melder können kombiniert nach mehreren Meldekriterien eingesetzt werden, um Fehlalarme zu vermeiden.

Die Scharf-/Unscharfschaltung einer Einbruchmeldeanlage erfolgt über Codeeingabe oder durch ein Blockschloss mit einem Bohr- und Ziehschutz. Die zugehörigen Auswerteeinrichtungen sind in der Einbruchmeldezentrale anzuordnen.

Generell ist auf Sabotagesicherheit durch Auslösung der Alarmierung bei unautorisierten Tätigkeiten an der Anlage zu achten. Eine Prinzipdarstellung eines einfachen zu überwachenden Bereiches mit Eintragung möglicher Melder ist in Abb. 12.13 ersichtlich.

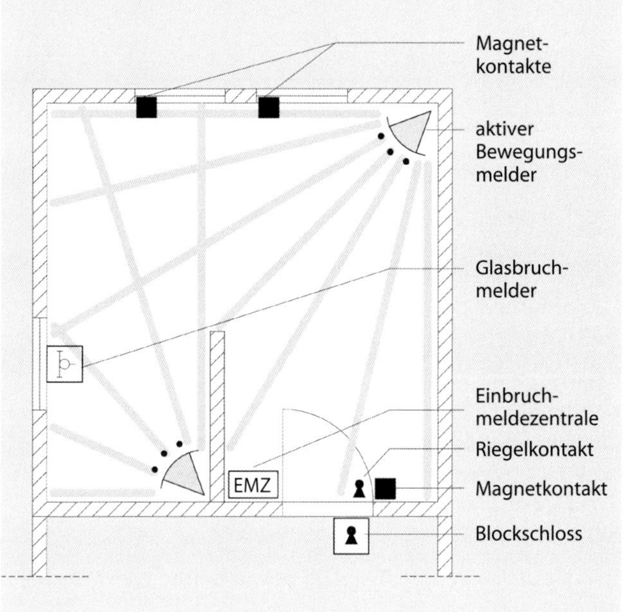

Abb. 12.13: Beispielhafte Anordnung von Meldern in einer Einbruchmeldeanlage

Die Auswertung der Signale und Auslösung von Reaktionen erfolgen über die Einbruchmeldezentrale (EMZ). Diese ist je nach Klassifizierung bei Ausfall der Stromversorgung für bis zu 120 Stunden weiterzubetreiben, was durch eigene Batterieanlagen unterbrechungsfrei abgesichert wird.

Üblicherweise werden folgende Reaktionen vonseiten der EMZ ausgelöst:

- Alarmierung im Gebäude durch eigene akustische und optische Signalanlagen
- Auslösung eines Fernsignals zur Polizei oder zu einem privaten Sicherheitsdienst
- Schaltung der Beleuchtung, insbesondere im Außenbereich von größeren Objekten
- Schaltung von Aufzeichnungsgeräten zur Beweissicherung

Auf keinen Fall dürfen Maßnahmen ausgelöst werden, die zur gesundheitlichen Gefährdung von Personen führen können, das gilt auch für die Einbrecher.

Überfallmeldeanlagen

Überfallmeldeanlagen (ÜMA) werden meistens mit Einbruchmeldeanlagen in einer Anlage vereint. Melder von Überfallmeldeanlagen dürfen für nicht berechtigte Personen nicht direkt erkennbar sein. Hauptsächlich werden Hand- oder Fußmelder und im Bereich von Kassen Geldscheinkontakte verwendet. Um die Gefährdung der betroffenen Personen zu minimieren, erfolgt die Alarmierung hier ausschließlich als sog. stummer Alarm.

Videoüberwachung

Mit Videoüberwachung werden Außenanlagen und Räume überwacht. Sie wird eingesetzt beispielsweise innerhalb von Verkaufsflächen, Ausstellungsbereichen, Parkhäusern und in der Industrie. Die Videoaufnahmen können ggf. über einen längeren Zeitraum zur Beweissicherung gespeichert werden.

Private Videoüberwachungsanlagen erfreuen sich zunehmend großer Beliebtheit. Dabei werden die Videosignale entweder nur lokal verarbeitet und gespeichert oder auch über das Internet auf privaten oder öffentlichen Servern aufgezeichnet. Die Überwachungskameras werden dazu entweder per Ethernet-Kabel, per WLAN-Funk oder direkt über Mobilfunk angeschlossen. Die Energieversorgung erfolgt dabei entweder über direkte Spannungseinspeisung per „Power over Ethernet" (PoE), über Bereitstellung einer Niederspannung als Betriebsspannung (typischerweise 12 V) oder aber über Kombinationen von Energiespeichern (Akku) und „Energy-harvesting" Elementen (z. B. Solarzellen).

Objektüberwachung

Unter Objektüberwachung wird die Überwachung von Einzelobjekten wie z. B. Wertgegenständen, Ausstellungsstücken oder Tresoren verstanden. Es gibt auch hier Meldekontakte, faseroptische Melder, kapazitive Feldüberwachung u. a.

Wächterkontrollanlagen

Befinden sich Sicherheitsdienste auf ihren Rundgängen, dokumentieren Sie ihren Kontrollgang durch Quittierung bestimmter Meldesignale im kontrollierten Abschnitt in der vorgesehenen Zeit. Bei Ausfall der Quittierung innerhalb eines längeren Zeitabschnittes muss angenommen werden, dass der Wächter ausgefallen ist, und es erfolgt ein automatisches Signal nach extern.

Verlegung von Leitungen

Die Leitungen für die vorgenannten Anlagen erhalten einen eigenen Verlegeweg, d. h. möglichst ein eigenes und unzugängliches Leerrohrsystem. Zumindest sind die Leitungen sabotagesicher zu verlegen oder entsprechend zu überwachen. Die Leitungen für Videoanlagen sind darüber hinaus abgeschirmt auszuführen. Die Topologien der Kabelnetze und Komponenten sind ähnlich denen von Brandmeldeanlagen, d. h., es gibt Ringnetzsysteme.

12.9 Übertragungsnetze

12.9.1 Allgemein verwendbare Übertragungsnetze

Von Übertragungsnetzen wird gesprochen, wenn Signale zur Übertragung von Informationen wie z. B. Daten, Sprache, Text und Bild transportiert werden, ohne den Gegenstand der Übertragung bzw. die angeschlossenen spezifischen Anlagen näher zu beschreiben.

Übertragungsnetze für Fernmeldeanlagen und informationstechnische Anlagen, aber auch für Anlagen der Gebäudeautomation können zu großen Teilen neutral geplant und übergreifend zur Verfügung gestellt werden. Werden Signale nach außen gesendet oder empfangen, sind in der Regel die öffentlichen Netze zu verwenden.

Leitungsanlagen der Übertragungsnetze umfassen folgende Kabel, Leitungen und Verbindungen:

- Koaxialkabel, für Fernseh- und Rundfunkanlagen sowie Datentechnik
- Telefonleitungen für Telefonanlagen, Signalleitungen und langsame Datenverbindungen
- Glasfaserleitungen und/oder „Plastic-over-Fibre"- (PoF-) Leitungen
- Datenkabel paarweise verdrillt (Twisted Pair, verschiedene Schirmung, z. B. Cat6 oder Cat7, für alle Medien geeignet)
- Stromleitungen oder besser noch geschirmte Stromleitungen („Power Line Communication"), insbesondere zur schnellen Internetversorgung in Bestandsbauten
- drahtlose Verbindungen, nicht für alle Übertragungen geeignet, Sicherheitsanspruch nicht unproblematisch,

Leitungssysteme, die im Gebäude neutrale Informationsübertragungswege für multimediale Nutzung zur Verfügung stellen, kommen nur als Verbindungen infrage, die allen Ansprüchen genügen, also auch den jeweils höchsten. Dementsprechend hat sich weltweit das Ethernet-System mit verwendetem Protokoll TCP/IP durchgesetzt. Der physikalische Aufbau des derzeit am meisten verwendeten Verkabelungssystems für diesen Übertragungsstandard besteht aus den sog. Westernsteckern (Block-Schnappstecker mit bis zu 8 Kontakten) bzw. -buchsen und Datenkabeln mit paarweise verdrillten Adern im Bereich der Endnutzung.

12.9.2 Strukturierte Datenverkabelung

Der Begriff anwendungsneutrale Verkabelung bezeichnet die Datenverkabelung, die neben der Übertragung von Daten auch den Transport weiterer Kommunikationsmedien zulässt (Telefonie, Fernseh- und Videobilder, Signale für Automation und sonstige Informationstechnik). Im Sprachgebrauch wird auch hier das Wort Multimediaverkabelung verwendet. Bei der Anwendung wird davon ausgegangen, dass die höchsten Anforderungen durch den Datenverkehr definiert sind und die Bandbreiten der Telefon- und Fernsehübertragung gegenüber dem anspruchsvollen Datenverkehr unproblematisch sind. Dadurch ist die Datenverkabelungsart in den meisten Anwendungsfällen tauglich.

Vorteil dieser Anwendung ist die hohe Flexibilität der Verwendbarkeit. In einem Büro bedeutet das, dass eine Anschlussdose – je nach Patchverbindung im Verteiler – wahlweise als Telefon- oder Datenanschluss genutzt werden kann.

Im Wohnbereich kann zusätzlich die Übertragung von Signalen der Antennenanlage hinzukommen. Hier ist der Einsatz von Adapterkabeln an der Anwendungsseite und von entsprechenden Verstärkern/Umsetzern an der Einspeiseseite erforderlich. Diese Systeme werden derzeit von nur wenigen Herstellern angeboten.

Anwendungsneutralität setzt die reine Kupferverbindung mittels vierpaarigem Datenkabel und Verwendung der gleichen Steckverbindungen an der Enddose sowie am Patchfeld im Verteiler voraus. Patchen bedeutet, dass zwischen den Abschlüssen der Kabel im Verteiler einerseits und einer Gegenstelle im gleichen Verteilerschrank andererseits eine flexible Verbindung mit einem kurzen Verbindungskabel gesteckt wird. Die Gegenstelle kann ein Telefon-Patchfeld sein, ein Antennenverstärker oder ein Switch des Datennetzes (vgl. Abb. 12.14).

Alle Datenverbindungskomponenten sind in Schränken mit dem einheitlichen Einschubmaß von 19 Zoll untergebracht. Insbesondere die aktiven Komponenten haben nicht zu vernachlässigende Verlustwärme. Daher sind die Räume, in denen sich Datenschränke befinden, meistens zu kühlen, da die ordnungsgemäße Funktion nur bis zu einer bestimmten Temperatur gewährleistet ist.

Die Verwendung des Datennetzes zur Signalübertragung für weitere Zwecke der Gebäudeautomation oder Informationstechnik hat eine wachsende Bedeutung. Gebäudeautomationssysteme oder Einzelsysteme wie Zugangskontrollanlagen usw. verwenden nicht nur die gleiche Kabelverbindungsart, sondern auch das Datennetz mit seinem Protokoll TCP/IP als Übertragungsbus (vgl. Kapitel 12.10.1). Dementsprechend ist auch der Datenweg als Ganzes nutzbar. Aktuell sind Nutzarten gemäß Tabelle 12.5 üblich bzw. machbar.

Tabelle 12.5: Netzarten

Teilnetzart	Nutzung
Primärnetz LWL (Lichtwellenleiter)	Datenverkehr, VoIP
Sekundärnetz LWL (Lichtwellenleiter)	Datenverkehr, VoIP
Sekundär-/Tertiärnetz Kupfer komplette Sternverteilung	Datenverkehr, VoIP, Antenne, Telefon
Tertiärnetz Kupfer	Datenverkehr, VoIP, Antenne, Telefon

Die Einschränkungen der Kupferkabel sind zu berücksichtigen. Es sind Stichlängen bis maximal 100 m zugelassen, es wird mit 90 m (+10 m für Verlegung im Datenverteiler) geplant. Die Übertragungsrate hängt vom Kabel und der Steckverbindung einerseits und von den aktiven Komponenten andererseits ab. Insgesamt können neuerdings bis 10 GBit/Sekunde übertragen werden, wobei in Abhängigkeit der möglichen Übertragungsgeschwindigkeiten hier

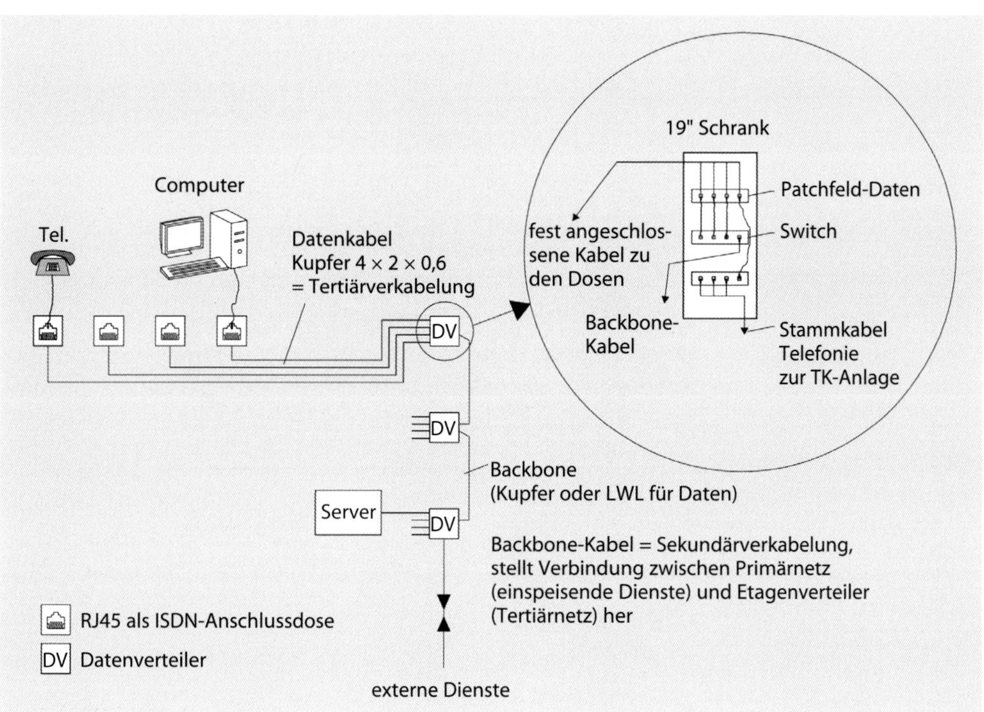

Abb. 12.14: Prinzip der klassischen strukturierten Verkabelung im Gebäude (LWL: Lichtwellenleiter)

nur kürzere Distanzen überbrückt werden können, z. B. in Serverräumen.

Wie aus Abb. 12.15 erkennbar ist, haben die Kabel nicht nur eine Schirmung um die jeweiligen verdrillten Aderpaare, sondern auch insgesamt im Mantel. Allerdings vergrößert sich dadurch der Querschnitt, die Steifheit und die Brandlasten nehmen zu.

12.9.3 Lokale Datennetze

Die Netzstruktur eines lokalen Datennetzes, also eines LAN (Local Area Network), ergibt sich nach Tabelle 12.6.

Tabelle 12.6: LAN-Netzstruktur

Strukturbereich	Einsatzgebiet	Verkabelungsart
Primärnetz (Ringtopologie)	innerhalb einer Liegenschaft (Campus) als Verbindungsverkabelung zwischen Gebäuden und zum öffentlichen Netz	Lichtwellenleiterkabel (LWL-Kabel) für hohe Übertragungsraten, weite Entfernungen und zur galvanischen Trennung
Sekundärnetz (Ring-, oder Baumtopologie)	in Gebäuden als Verbindungsverkabelung zwischen Primärnetz und Endverteilern (Etagenverteiler) sowie zwischen den Endverteilern	LWL-Kabel oder Kupferkabel
Tertiärnetz (Stichverkabelung)	Endverkabelung	Kupferkabel (anwenderneutral verwendbar), LWL für hochwertige Anwendungen

Als Backbone (englisch für Rückgrat) wird die Verbindung der Datenverteiler untereinander bezeichnet, das Backbone ist als Primär- bzw. Sekundärnetz integriert.

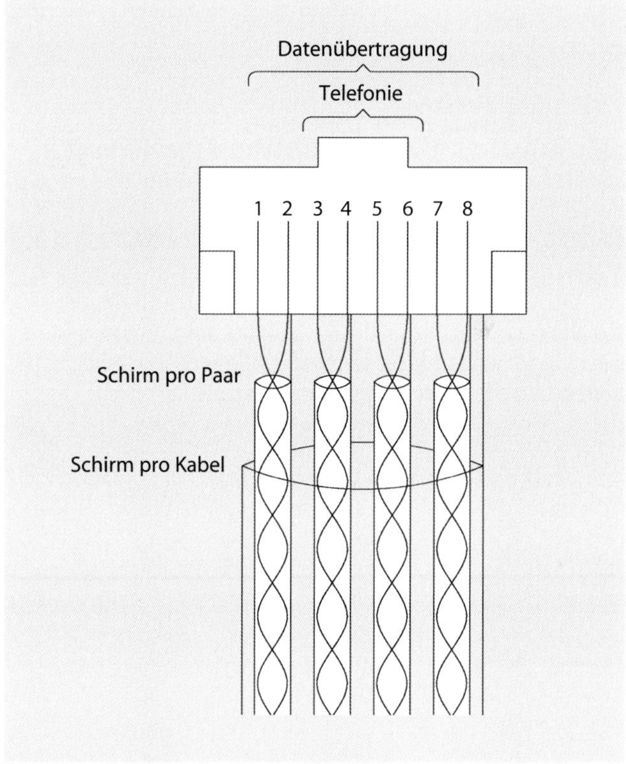

Abb. 12.15: Aufbau eines doppelt geschirmten Datenkabels mit Steckverbindung

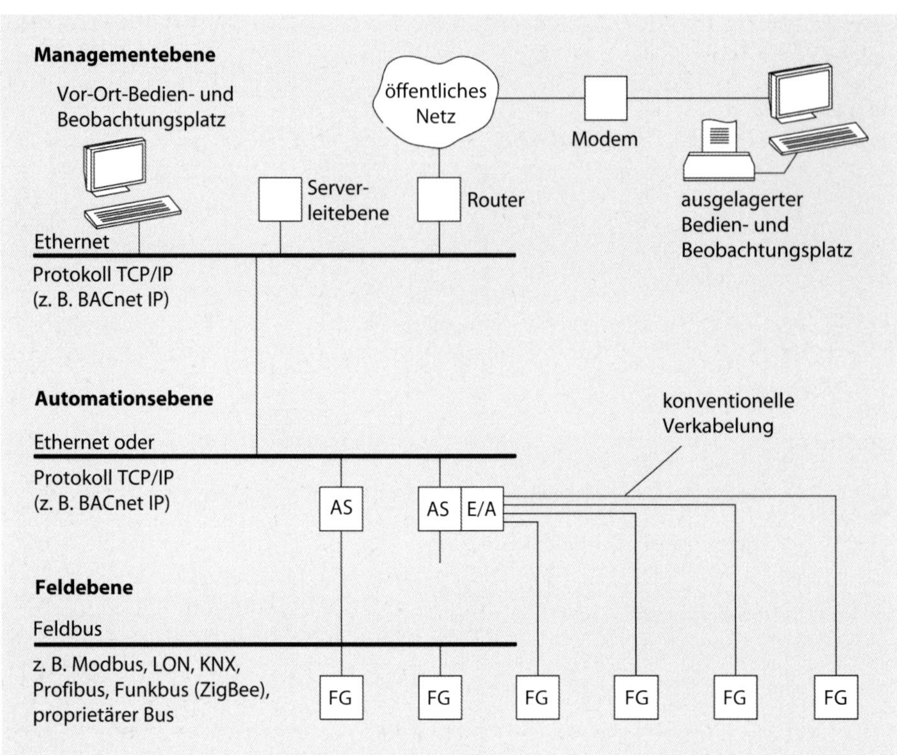

Abb. 12.16: Physikalische Grundstruktur der Gebäudeautomation (AS: Automationsstation; FG: Feldgerät; E/A: Eingangs- und Ausgangsmodul mit Handbedienmöglichkeit)

12.10 Gebäudeautomation

12.10.1 Grundstruktur

Das Zusammenwirken der Systemebenen geschieht über verschiedene Übertragungsmedien und -protokolle sowohl durch Informations- und Befehlsaustausch zwischen den Geräten der Informationsschwerpunkte als auch über die Managementebene. Ringsysteme schaffen Redundanz bei Ausfall von Einzelkabeln oder Koppelgliedern. Die prinzipielle Grundstruktur für ein Gebäudeautomationssystem unter Berücksichtigung der Systemebenen ist in Abb. 12.16 beispielhaft dargestellt (vgl. auch Abb. 12.1).

Folgende physikalische Verbindungselemente werden nach dem aktuellen Stand der Technik eingesetzt und logischen Protokollsystemen nach Tabelle 12.7 zugeordnet.

Tabelle 12.7: Verbindungselemente in Systemebenen

	Managementebene	**Automationsebene**	**Feldebene**
Verkabelung	Datenverkabelungssystem achtpolig	Datenkabel achtpolig des allgemeinen oder eigenen Datenverkabelungssystems	Fernmelde- und Starkstromleitungen für konventionelle Verkabelung, zwei- und mehrpolige Buskabel verschiedener Bauart
Technologie	Ethernet TCP oder UTP	Ethernet TCP oder UTP	z. B. RS 485, LON-Bus, KNX-Bus, Profibus, proprietäre Bussysteme, Funkbussysteme
Protokolle	z. B. BACnet IP	z. B. BACnet IP oder BACnet MS/TP	z. B. Modbus, BACnet MS/TP

12.10.2 Aufgaben und Methoden der Automationstechnik

Durch die Gebäudeautomation (GA) sind komplexe Steuer- und Optimierungsfunktionen möglich, die bei herkömmlicher Regelung nicht oder nur unzulänglich realisiert werden können. Entscheidender Ausgangspunkt ist der Raum, in dem ein der Nutzung entsprechendes Raumklima bereitgestellt werden muss.

Hauptaufgaben der GA-Technik:

- zentrale Steuerung der haustechnischen Anlagen unter Beachtung ihres Zusammenwirkens
- Generierung, Erfassung, Darstellung und Weiterleitung von Betriebs- und Störmeldungen

Dabei gibt es folgende Ziele:

- optimale Fahrweise der technischen Anlagen, d. h. Realisierung eines möglichst geringen Energieverbrauchs
- Absicherung der Behaglichkeitskriterien bzw. Raumsollwerte für die Temperatur, Feuchte, Sauerstoffkonzentration usw.
- Zurückdrängen von störenden Nutzereinflüssen
- Erhöhung der Verfügbarkeit durch schnelle Reaktion auf Störmeldungen (vgl. Krimmling, 2017)

Steuern heißt, dass eine oder mehrere Eingangsgrößen (Stellgrößen) die Ausgangsgrößen zielgerichtet beeinflussen, ohne dass es eine Rückkopplung von Signalen gibt. Die Regelung ist ein Vorgang, bei dem die Ausgangsgröße (Regelgröße) fortlaufend erfasst, mit der Führungsgröße verglichen und im Sinne einer Angleichung an die Führungsgröße durch eine Eingangsgröße (Stellgröße) beeinflusst wird. Aufgrund der Rückkopplung wird von einem geschlossenen Regelkreis gesprochen. Automationssysteme haben Steuer- und Regelungsaufgaben zu erfüllen. Steuerungen wird man in der reinen Form erfahrungsgemäß selten antreffen. Meist müssen Grenzwerte geprüft und überwacht werden, sodass die resultierenden Signale an die Steuerung zurückgemeldet werden. Die Begriffe Steuerung und Regelung werden häufig zusammengefasst und man spricht auch im weiteren Sinn von einer automatischen Steuerung des technischen Systems.

Steuer- oder Regelgeräte treten in einer Vielzahl von dezentralen Einzelsystemen, Bussystemen mit gleichberechtigten Teilnehmern oder komplexen zentralen GA-Systemen auf.

Der Kern der Regler ist durch die interne Software definiert, standardmäßig vorbereitet und wird über die Parametrierung konfiguriert sowie den Ein- und Ausgängen zugeordnet. Die Regelstrecken unterscheiden sich vor allem durch das Verhalten der Regelgröße nach Änderung der Stellgröße.

Bei der Erfassung der Ein- und Ausgangswerte sowie der notwendigen inneren Verarbeitung müssen folgende Kategorien berücksichtigt werden:

- digitale Eingänge (DI – Digital Input)
- analoge Eingänge (AI – Analog Input)
- digitale Ausgänge (DO – Digital Output)
- analoge Ausgänge (AO – Analog Output)

Diese als physikalische Datenpunkte bezeichnete Anschlusspunkte zur Eingabe und Ausgabe von physikalischen Werten aus der Automationsstation, sind z. B. eine Temperatur oder eine Ventilstellung.

Als Informationspunkt wird ein komplexer Ein- oder Ausgabepunkt für eine funktionelle Einheit bezeichnet, der ggf. aus mehreren Datenpunkten besteht. Dies ist z. B. ein Schaltbefehl mit zugehöriger Rückmeldung.

Weiterhin sind sog. virtuelle Datenpunkte für die innere Verarbeitung zu definieren, z. B. eine bestimmte Berechnung.

Virtuelle und physikalische Datenpunkte zusammen werden allgemein als Datenpunkte bezeichnet und dienen als Grobabschätzungskriterium für den Umfang einer GA-Anlage neben den inneren Verarbeitungsfunktionen.

Die Erstellungskosten werden als Mittel über die physikalischen Datenpunkte grob abgeschätzt und im Rahmen der Anlagengröße, -konfiguration und -komplexität für die meisten Fälle mit derzeit etwa 150,00 bis 500,00 € (netto) pro Datenpunkt benannt.

Als Sensoren werden in der Technik Bauteile bezeichnet, die bestimmte physikalische oder chemische Größen analog oder digital erfassen und in ein elektrisches Signal umwandeln.

Es gibt folgende Arten von Sensoren:

- Temperaturfühler
- Feuchtefühler
- Drucksensor
- Durchflusssensor
- CO_2-Sensor
- Impulszähler

Aktoren bewirken eine Aktion aufgrund elektrischer Signale. Zum Beispiel gibt es Stellglieder, die Signale einer Steuerung/Regelung in mechanische Arbeit, d. h. Bewegungen, umsetzen.

Aktoren bewirken z. B. Folgendes:

- Stellen eines Ventils
- Schalten eines Kontaktes

In Heizungsanlagen werden Wassermassenströme durch

- Ventile,
- Armaturen und
- Pumpen

verändert, während in Lüftungsanlagen die Luftvolumenströme durch

- Klappen und
- Ventilatoren

variiert werden können.

Neben den Steuerungs- und Regelungsaufgaben sind für weitere Auswertungen Größen zu erfassen, auf der Managementebene zu visualisieren und zu listen bzw. auszuwerten. Die Computer der Managementebene sind bei homogenen Systemen (nur Hersteller für das komplette System) meist in der Lage, Softwareupdates, Programmierung und Parametrierung in die Automationsstatinonen über ein herstellerspezifisches Protokoll einzuspielen. Bei heterogenen Systemen (verschiedene Hersteller) mit einem herstellerneutralen Protokoll (BACnet) ist dies nicht möglich und muss vor Ort geschehen.

12.10.3 Gebäudesystemtechnik – Bussysteme

Der Begriff der Gebäudesystemtechnik bzw. der elektrischen Systemtechnik für Heim und Gebäude (ESHG) hat sich in der Praxis etabliert und beschreibt vor allem die Verbindung von intelligenten dezentralen Automationssystemen in Wohngebäuden, aber auch darüber hinaus. Hierbei werden einheitliche Voraussetzungen für Busverbindungen definiert.

Für die Kommunikation in der Gebäudeautomation kommen sowohl drahtgebundene Bussysteme (wie z. B. KNX) als auch drahtlose Kommunikationssysteme (wie z. B. ZigBee) zum Einsatz.

Bussysteme in der Gebäudetechnik verändern die Art der Elektroinstallation durch Trennung von Aufgaben der Starkstromversorgung von denen der Schaltung, Dimmung, Steuerung und Regelung.

Beispiele für zu erfüllende Aufgaben:

- Beleuchtungssteuerung als Lichtprogramm mit Zeitschaltungen, Dimmungen, Kombinationen
- Steuerung von Sonnenschutzanlagen nach Lichteinfluss bzw. nach Schaltprogramm
- Einzelraumregelung der Raumtemperatur

Eine wichtige Absicht besteht auch darin, die Vielzahl von sog. Steuerleitungen auf eine einzige Busleitung, zu reduzieren. Bussysteme werden als Verbindungsglieder innerhalb von GA-Anlagen oder sonstigen Anlagen der Schwachstromtechnik eingesetzt.

Durch die Anwendung von Bussystemen erschließen sich Möglichkeiten einer hohen Nutzungsflexibilität. Busleitungen sind fast beliebig erweiterbar und Komponenten können leicht nachträglich integriert oder entfernt werden.

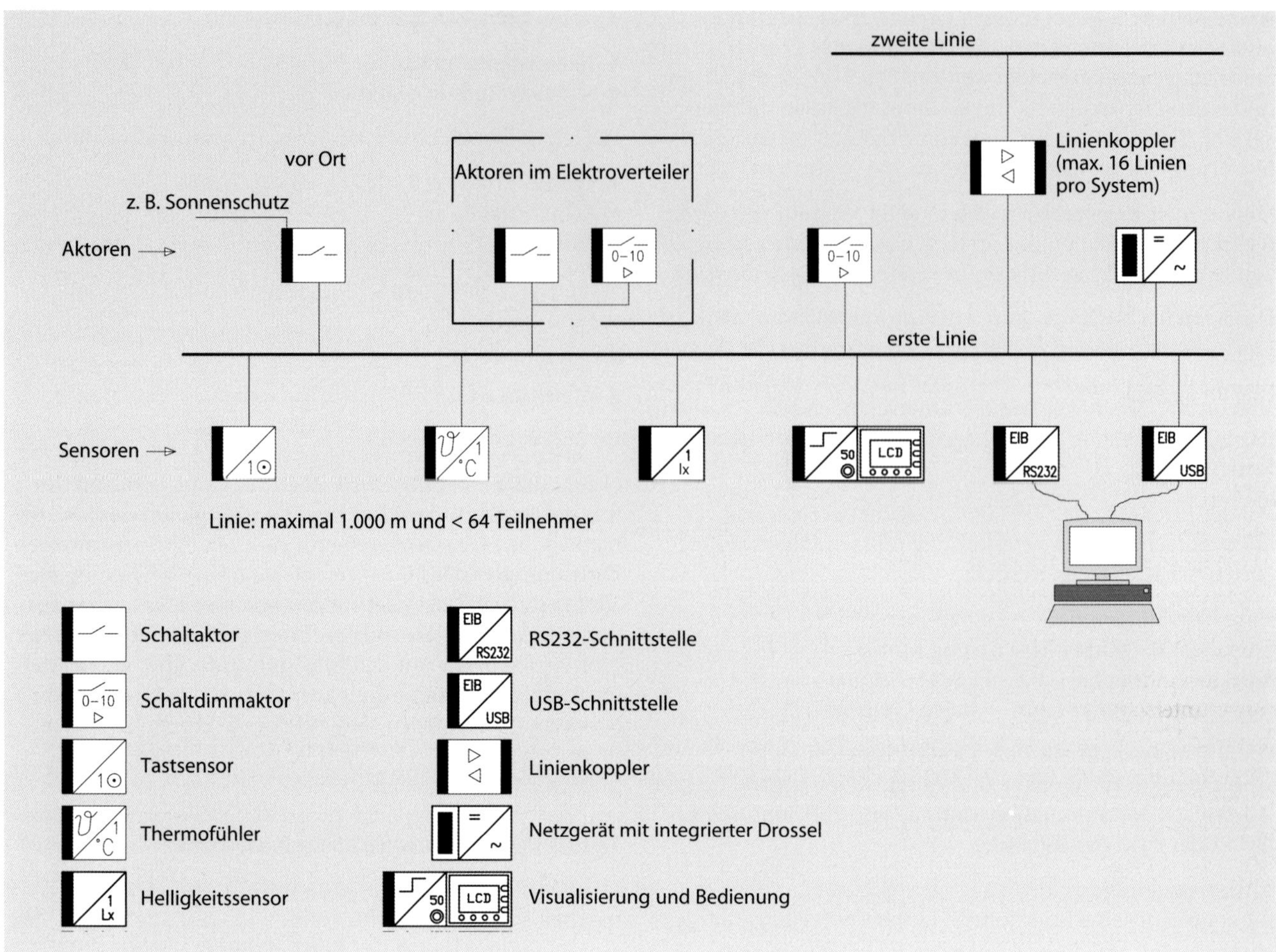

Abb. 12.17: Busstruktur im EIB-System

Dabei ist in der Regel nur die Software bzw. Softwarekonfiguration anzupassen.

Das Grundprinzip der Konfiguration eines Bussystems der Gebäudesystemtechnik ist beschreibbar mit folgenden Merkmalen:

- Bussystemspezifische Komponenten werden über eine Busleitung verbunden, d. h. über ein Schwachstromkabel in unterschiedlicher Topologie, jedoch vorzugsweise im Durchschleifverfahren.
- Komponenten sind Sensoren und Aktoren. Die Anordnung dieser Buskomponenten erfolgt dezentral im Verteiler oder direkt vor Ort an der Stelle der erforderlichen Betätigung.
- Alle Funktionen der Steuerung und Regelung sind in den zugeordneten Aktoren und Sensoren integriert, d. h. dezentral hinterlegt. Das Zufügen oder Entfernen einzelner Komponenten bzw. Funktionen ist problemlos möglich.

Im Gegensatz zu einem Bussystem stehen Systeme der zentralen Steuerung und Regelung wie die SPS (speicherprogrammierbare Steuerung) oder die klassischen Systeme der Gebäudeautomation mit zentralen Informationsschwerpunkten. Letztere werden bevorzugt für komplexere Aufgaben vorrangig in Gewerbeobjekten verwendet.

SPS ersetzen im Prinzip die Aneinanderreihung von Relais bzw. Stromstoßschaltern und elektronischen Einzelelementen zur Ansteuerung von elektrischen Verbrauchern. Bei diesem System werden Steuerleitungen zu den Sensoren geführt. Der Unterschied zur konventionellen Verkabelung liegt vor allem in der Programmierbarkeit bei einem sehr hohen Komfort.

Weiterhin sind Bussysteme zu nennen, die im Zusammenhang mit bestimmten Aufgaben der Gebäudetechnik oder der industriellen Steuerung Übertragungswege zusammenfassen, um Steuerleitungen zu ersetzen.

Im Zusammenhang mit Bussystemen ist einerseits der physikalische Aufbau zu betrachten und andererseits das standardisierte Übertragungsprotokoll, das überhaupt erst die Verständigung zwischen den einzelnen Komponenten ermöglicht.

Konnex-Bussysteme (KNX)

Der Konnex-Bus (KNX) ist ein Feldbus für die Gebäudeautomation in der Haus- und Gebäudesystemtechnik. Hier werden die Bussysteme EIB, Batibus und EHS vereint. Der Konnexstandard setzt nicht mehr nur auf die Automation in Gewerbebauten, sondern auch mehr auf die Integration von Dienstleistern und Ausstattern (Wasch- und Küchengeräte, Sicherheit, Multimedia usw.) und damit auch auf den Einsatz in Wohngebäuden. Entscheidender Vorteil ist vor allem die Verfügbarkeit standardisierter Softwaretools, die Anwendungssicherheit und Zukunftssicherheit ermöglichen. Die Interoperabilität der einzusetzenden Komponenten ermöglicht eine Kombination von zertifizierten Geräten unterschiedlicher Hersteller und die Integration in ein funktionierendes Gesamtsystem.

Als bedeutender Bestandteil ist das System des europäischen Installationsbusses (EIB) mit seiner einheitlichen Softwarelösung ETS (EIB Tool Software) zu nennen. In Linientopologie (Baumstruktur, Stern) werden gleichberechtigte Aktoren und Sensoren miteinander verkoppelt (vgl. Abb. 12.17). Es sind pro Linie maximal 64 Teilnehmer möglich und bis zu 16 Linien mittels Koppler miteinander zu einem System verbindbar.

LON-Bussysteme

Die LON-Works-Technologie (LON – Local Operating Network) ist ein ähnlich wirksames System wie EIB, das durch die Firma Echelon Corporation (USA) entwickelt wurde. Das Wirkungsprinzip ist wieder die dezentrale Automation, das System wirbt ebenfalls mit Herstellerneutralität. Die einzelnen Komponentenhersteller bedienen sich dabei eines in jeder Komponente einzusetzenden sog. Neutron-Chips, der die einheitlichen Kombinationseigenschaften fasst und mittels Software und verschiedener Ein- und Ausgänge unterschiedlichen Anwendungen anpasst. Ursprünglich wurde LON nicht nur für Gebäude, sondern auch für die Industrie konzipiert, wodurch von Anfang an größere Busgeschwindigkeiten ermöglicht wurden. Über Transceiver werden LON-Module (Knoten) miteinander verbunden. Dies geschieht mithilfe von verschiedenen physikalischen Übertragungsmedien:

- Starkstromleitung mithilfe der Trägerfrequenz
- Funknetze
- Koaxialkabel
- LWL
- Zweidrahtleitung (Twisted Pair)

Auch hier ist die Anzahl der Kombinationen begrenzt. In einem LON-Segment sind maximal 128 Knoten (also Module) einsetzbar, die Segmente werden mithilfe von Repeatern und Routern (signalumsetzende Komponenten) verbunden.

Weitere Bussysteme

Neben den beiden meistverbreitetsten Systemen EIB und LON sind vor allem das LCN- (Local Control Network) und das DALI-System (Digital Adressing Lighting Interface) als bedeutend aufzuführen.

- LCN ist für den Einsatz im Gebäude wohn- und zweckbauoptimiert und nutzt zur Datenübertragung eine freie Ader der Elektroinstallation, was den wesentlichen physikalischen Unterschied zu anderen Systemen ausmacht.
- DALI verbindet Beleuchtungselemente digital, um die Steuerung des Lichtes organisieren zu können. Die DALI-fähigen Leuchten sind adressierbar und lassen sich über dieses Bussystem dimmen und schalten. Weiterhin können komplexe Lichtsteuerungen organisiert werden, ohne dass große Mengen von Steuerkabeln bzw. Einzeleinspeisungen für die vordefinierten Leuchtengruppen verlegt werden müssen. Das System kann mit anderen Bussystemen und der übergreifenden Gebäudeautomation kombiniert werden.

12.10.4 Drahtlose Kommunikation für die Gebäudeautomation

Ergänzend zu drahtgebundenen Systemen der Feldebene in der Gebäudeautomation wie z. B. KNX und LON wurden in den letzten Jahren zunehmend auch drahtlose Kommunikationssysteme am Markt verbreitet. Diese verwenden bis auf eine Ausnahme sogenannte Industrial-scientific-and-medical-Applications- (ISM-) (Frequency bands designated for Industrial, Scientific and Medical use [ISM], 2017) oder Short-Range-Devices- (SRD-, auch SRD-ETSI-)Funkfrequenzbänder (Short Range Devices, 2021). Diese dürfen ohne spezielle Funkerlaubnis von jedem Nutzer mit beliebiger Technologie, aber unter Einhaltung bestimmter Randbedingungen (wie z. B. maximaler Sendeleistung), verwendet werden. Über diese Frequenzen, die typischerweise für Smart-Home-Systeme in Europa von 433 MHz über 868 MHz bis hin zu 2,4 GHz Anwendung finden, werden unterschiedliche Smart-Home-Protokolle wie z. B. die relativ weit verbreiteten, aber nicht kompatiblen Protokolle ZigBee (Zigbee, 2021), Z-Wave (About Z-Wave Technology, 2021) und EnOcean (Gebäudeautomation, 2021) übertragen. Die weiter oben genannte Ausnahme ist das in Europa zusätzlich verwendete DECT-ULE-Protokoll (ULE Alliance, www.ulealliance.org/), dem dort exklusiv 20 MHz Funkfrequenzbandbreite von 1.880 bis 1.900 GHz zur Verfügung steht. Unter Führung der im Jahr 2021 von ZigBee Alliance in Connectivity Standards Alliance (CSA, www.csa-iot.org/) umbenannten Standardisierungsgruppe wurde ein neuer, verschiedenste Funktechnologien übergreifender Standard namens MATTER (www.buildwithmatter.com/) entwickelt, der als gemeinsame Basis die Übertragung eines Smart-Home-Protokolls über das Internetprotokoll vorsieht. Das MATTER-Konsortium, das aus der vorherigen Initiative Connected Home over IP (CHIP) hervorging, nutzt dafür als Funktechnologien in einer ersten Version der Spezifikation das IEEE-802.15.4-basierte THREAD-Protokoll (auf dem auch ZigBee basiert) (IEEE 802.15.4-2020 IEEE, 2020; What ist THREAD?, 2021) sowie das weit verbreitete WiFi (WiFi Alliance, www.wi-fi.org/) und Bluetooth (www.bluetooth.com/). Diese sind auch in modernen Smartphones standardmäßig enthalten. Damit wird neben bisherigen hierarchischen Ansätzen der Gebäudeautomation auch eine direkte Interoperabilität des Nutzers mit einzelnen Geräten über die Feldebene möglich, ohne die Automationsebene oder Managementebene nutzen zu müssen, z. B. für die Aktivierung von Beleuchtung, Türöffnung, Beschattung usw. Das Konzept von Smart Objects/Things bzw. Connected Objects aus dem Bereich des Internet-of-Things (IoT) überlagert damit das Konzept der Gebäudeautomation und muss bei der Planung, insbesondere bei der Datensicherheit und Integrität der Kommunikation, in der Gebäudeautomation berücksichtigt werden.

12.10.5 Herstellerneutrale Systemverbindung

Die Vielfalt der konkurrierenden Systeme bringt den Nachteil mit sich, dass Erweiterungen oder Teilersatz der elektronischen Komponenten und Softwaresysteme nicht von beliebigen Herstellern möglich ist. Das heißt, es besteht das Problem der Kompatibilität, insbesondere bei öffentlichen und Großkunden. Es gibt vielfältige Bemühungen der internationalen Vereinheitlichung von Bussystemen, die möglichst beliebige Kommunikation untereinander und physikalische Passfähigkeit zum Ziel haben. Zu unterscheiden sind die physikalischen von den logischen Bestandteilen, die aufeinander abzustimmen sind, teilweise in Mehrschichtkonfiguration. Beispielhaft wird das Prinzip nachfolgend für BACnet und Ethernet erläutert.

BACnet

BACnet (Building Automation and Control Networks) bezeichnet einen herstellerneutralen Übertragungsstandard mit dem Zweck des universell anwendbaren Einsatzes in der Gebäudeautomation. Dieser Standard wird eingebettet in allgemein verwendete Übertragungsprotokolle, die den Rahmen bilden und die Möglichkeit des jeweiligen Datenübertragungssystems erschließen.

Das BACnet-Protokoll selbst wird auf der Management- und Automationsebene verwendet, mitunter auch auf der Feldebene. Es regelt den Datenaustausch durch Definition von Objekteigenschaften auf allen Ebenen.

BACnet-Dienste regeln den Datenverkehr zwischen den Automationseinrichtungen und zur Managementebene.

Bei der Definition des Protokolls wurde ein gemeinsamer Nenner entworfen, der natürlich nicht alle speziellen herstellerspezifischen Anwendungen umfasst und daher bestimmte Funktionen vernachlässigt (zentrale Einspielung von Software u. a.). Der Vorteil liegt jedoch in der Kombination von Anlagen verschiedener Hersteller, was die Voraussetzung für neutrale Ausschreibungen in Teilen und damit langfristig vorteilhaft ist.

Ethernet

Ethernet ist eine Technologie für lokale Datennetzwerke, die sich weltweit gegenüber konkurrierenden Systemen durchgesetzt hat. Definiert sind sowohl die physikalische Basis (wie Kabeltypen und Stecker) als auch die Signalisierung der Bit-Übertragungsschicht und der Logik-Rahmen in Form von Formaten der Datenpakete wie auch der verwendbaren Übertragungsprotokolle. Mit den heute zur Verfügung stehenden Datenleitungen Twisted Pair (vgl. Kapitel 12.9) und LWL sind höchste Übertragungsraten bei guter Flexibilität möglich. Ethernet verwendet das Übertragungsprotokoll TCP/IP. Dieser international übliche Standard hat inzwischen alle Bereiche der Kommunikation erfasst und erleichtert damit die flexible Kombination unterschiedlicher Komponenten verschiedener Hersteller in der Computer- und Datennetzbranche.

Dieser Übertragungsweg wird nicht nur multimedial, sondern zunehmend auch zur Signalübertragung von Automationssystemen genutzt. Der Vorteil besteht in der einheitlichen Verwendung bei einem hohen Standardisierungsgrad und sehr guter markttechnischer Durchsetzungskraft verbunden mit guten Übertragungseigenschaften. Bereits vorhandene bzw. ohnehin zu errichtende Netzwerke sind nutzbar. Dazu kommt, dass das Protokoll grundsätzlich eine gute Integration der verschiedenen Komponenten ermöglicht.

Ethernet-Systeme werden daher innerhalb der Gebäudeautomation für folgende Übertragungswege verwendet:

- Managementebene
- Automationsebene

Die Datennetze auf Ethernet-Basis sind in den meisten Zweckbauten ohnehin vorhanden und können neutral auch für Zwecke der Gebäudeautomation genutzt werden, sofern nicht hohe Sicherheitseigenschaften gefordert sind.

12.11 Sonstige schwachstromtechnische Anlagen

Der Vollständigkeit halber aufzählbar sind alle nicht in den vorangegangenen Kapiteln erfassten Schwachstromanlagen innerhalb der Gebäude. Dies betrifft beispielsweise folgende Systeme:

- Parkleitsysteme, Tor-, Schranken- und Ampelschaltungen, Parksysteme selbst
- Steuerungssysteme des Sonnenschutzes
- sonstige nutzungsspezifische Systeme

12.12 Normen- und Literaturverzeichnis

Normen

DIN 276:2018-12 Kosten im Bauwesen

DIN VDE 0833-2:2009-06 Gefahrenmeldeanlagen für Brand, Einbruch und Überfall – Teil 2: Festlegungen für Brandmeldeanlagen

DIN 14675:2012-04 Brandmeldeanlagen – Aufbau und Betrieb

DIN EN 50090-1; VDE 0829-1:2011-12 Elektrische Systemtechnik für Heim und Gebäude (ESHG) – Teil 1: Aufbau der Norm

DIN EN 50090-2-2; VDE 0829-2-2:2007-11 Elektrische Systemtechnik für Heim und Gebäude (ESHG) – Teil 2-2: Systemübersicht – Allgemeine technische Anforderungen

DIN EN 50090-3-1:1995-04 Elektrische Systemtechnik für Heim und Gebäude (ESHG) – Teil 3-1: Anwendungsaspekte; Einführung in die Anwendungsstruktur

DIN EN 50090-3-2:2004-09 Elektrische Systemtechnik für Heim und Gebäude (ESHG) – Teil 3-2: Anwendungsaspekte – Anwendungsprozess ESHG Klasse 1

DIN EN 50090-3-3:2009-09 Elektrische Systemtechnik für Heim und Gebäude (ESHG) – Teil 3-3: Anwendungsaspekte – ESHG-Interworking-Modell und übliche ESHG-Datenformate

DIN EN 50090-4-1:2004-06 Elektrische Systemtechnik für Heim und Gebäude (ESHG) – Teil 4-1: Medienunabhängige Schicht – Anwendungsschicht für ESHG Klasse 1

DIN EN 50090-4-2:2004-07 Elektrische Systemtechnik für Heim und Gebäude (ESHG) – Teil 4-2: Medienunabhängige Schicht – Transportschicht, Vermittlungsschicht und allgemeine Teile der Sicherungsschicht für ESHG Klasse 1

DIN EN 50090-4-3:2008-08 Elektrische Systemtechnik für Heim und Gebäude (ESHG) – Teil 4-3: Medienunabhängige Schicht – Kommunikation über IP (EN 13321-2:2006)

DIN EN 50090-5-1:2005-06 Elektrische Systemtechnik für Heim und Gebäude (ESHG) – Teil 5-1: Medien und medienabhängige Schichten – Signalübertragung auf elektrischen Niederspannungsnetzen für ESHG Klasse 1

DIN EN 50090-5-2:2004-09 Elektrische Systemtechnik für Heim und Gebäude (ESHG) – Teil 5-2: Medien und medienabhängige Schichten – Netzwerk basierend auf ESHG Klasse 1, Zweidrahtleitungen (Twisted Pair)

DIN EN 50090-5-3:2007-06 Elektrische Systemtechnik für Heim und Gebäude (ESHG) – Teil 5-3: Medien und medienabhängige Schichten – Signalübertragung über Funk

DIN EN 50090-7-1:2004-09 Elektrische Systemtechnik für Heim und Gebäude (ESHG) – Teil 7-1: Systemmanagement – Managementverfahren

DIN EN 50090-8; VDE 0829-8:2001-04 Elektrische Systemtechnik für Heim und Gebäude (ESHG) – Teil 8: Konformitätsbeurteilung von Produkten

DIN EN 50090-9-1; VDE 0829-9-1:2004-11 Elektrische Systemtechnik für Heim und Gebäude (ESHG) – Teil 9-1: Installationsanforderungen – Verkabelung von Zweidrahtleitungen ESHG Klasse 1

Literatur

About Z-Wave Technology. Beaverton, OR, USA: The Z Wave Alliance, 2021 [online]. Internet: https://z-wavealliance.org/about_z-wave_technology/ [Zugriff: 15.08.2021]

Bluetooth, 2021. https://www.bluetooth.com/ [Zugriff: 15.08.2021]

Connectivity Standards Alliance (CSA), 2021. https://csa-iot.org/ [Zugriff: 15.08.2021]

FiRa Consortium, 2021. https://www.firaconsortium.org/ [Zugriff: 27.08.2021]

Frequency bands designated for Industrial, Scientific and Medical use (ISM). Stand: Juni 2017. London, UK: Office of Communications (Ofcom), 2017 [online]. Internet: https://www.ofcom.org.uk/__data/assets/pdf_file/0022/103297/fat-ism-frequencies.pdf [Zugriff: 15.08.2021]

Gebäudeautomation. Oberhaching: EnOcean GmbH, 2021 [online]. Internet: https://www.enocean.com/de/anwendungen/gebaeudeautomation/ [Zugriff: 15.08.2021]

IEEE 802.15.4-2020. IEEE Standard for Low-Rate Wireless Networks. Stand: Mai 2020 [online]. Piscataway, NJ, USA: IEEE, 2020. Internet: https://standards.ieee.org/standard/802_15_4-2020.html#Standard [Zugriff: 15.08.2021]

Krimmling, J.: Facility Management – Strukturen und methodische Instrumente. 5. Aufl. Stuttgart: Fraunhofer IRB Verlag, 2017

Matter, 2021. https://buildwithmatter.com/ [Zugriff: 15.08.2021]

Short Range Devices. Stand: 2021. Valbonne, France: ETSI, 2021 [online]. Internet: https://www.etsi.org/technologies/short-range-devices [Zugriff: 15.08.2021]

ULE Alliance, 2021. https://www.ulealliance.org/ [Zugriff: 15.08. 2021]

What is THREAD? San Ramon, CA, USA: THREAD, 2021 [online]. Internet: https://www.threadgroup.org/What-is-Thread/Overview [Zugriff: 15.08.2021]

WiFi Alliance, 2021: https://www.wi-fi.org/ [Zugriff: 15.08.2021]

Zigbee. Stand: 2021. Davis, CA, USA: Connectivity Standards Alliance (CSA), 2021 [online]. Internet: https://zigbeealliance.org/solution/zigbee/ [Zugriff: 15.08.2021]

13 Beleuchtungstechnik

13.1 Systemübersicht

Die Beleuchtungstechnik ist ein Gestaltungsbereich, dessen Bedeutung zunimmt. Dafür sind folgende Gründe maßgeblich:

- Das visuelle Raumklima beeinflusst das Behaglichkeitsempfinden des Menschen signifikant. Es muss demzufolge eine Beleuchtungssituation geschaffen werden, die optimale Bedingungen für den jeweiligen Prozess bietet, der im Raum stattfindet.
- Der Anteil der Beleuchtung am Energiebedarf bzw. -verbrauch des Gebäudes hat sich aufgrund einer Reihe von Effizienzmaßnahmen im Bereich der Heizung sowie der Lüftung/Klimatisierung verhältnismäßig vergrößert. So kann bei bestimmten Gebäuden der Anteil an nichterneuerbarer Primärenergie für die Beleuchtung größer sein als derjenige für die Heizung und Lüftung/Klimatisierung. Das hängt natürlich auch mit dem derzeit vergleichsweise hohen Primärenergiefaktor für Elektroenergie zusammen.

Die Beleuchtungstechnik im Gebäude umfasst 2 Bereiche:

- Tageslichtbeleuchtung
- Kunstlichtbeleuchtung

Außerdem wird unterschieden in

- Beleuchtung von Räumen und Einrichtungen im Gebäude und
- Beleuchtung der unmittelbaren Umgebung des Gebäudes bzw. dessen äußerer Hülle.

13.2 Lichttechnische Grundgrößen

Es gibt 4 lichttechnische Grundgrößen, die für die Gestaltung einer Beleuchtungssituation maßgeblich sind (vgl. Tabelle 13.1 und Kapitel 1.2.3):

- Lichtstrom, gemessen in Lumen (lm)
- Lichtstärke, gemessen in Candela (cd)
- Leuchtdichte, gemessen in Candela je m² (cd/m²)
- Beleuchtungsstärke, gemessen in Lux (lx)

Der Lichtstrom dient der Kennzeichnung der Lichtausstrahlung einer Lampe nach allen Richtungen, und zwar unabhängig von der räumlichen Verteilung.

Die Lichtstärke (einer punktförmig gedachten Lichtquelle) gibt den Lichtstrom je Raumwinkel, in den er ausgestrahlt wird, an und charakterisiert die sog. Bündelung des Lichtstromes bei einem Scheinwerfer.

Tabelle 13.1: Lichttechnische Grundgrößen

Grundgröße	Symbol	Definition	Einheit	Kurzzeichen
Lichtstrom	Φ	$683\ \text{lm/W} \cdot \int \Phi_e(\lambda) \cdot V(\lambda) \cdot d\lambda$	Lumen	lm
Lichtstärke	I	Φ/Ω	Candela	cd = lm/sr
Leuchtdichte	L	$\Phi/(\Omega \cdot A \cdot \cos\beta)$	Candela je m²	cd/m² = lm/(m² · sr)
Beleuchtungsstärke	E	Φ/A	Lux	lx = lm/m²

$\Phi_e(\lambda)$ spektraler Strahlungsfluss
$V(\lambda)$ spektraler Hellempfindlichkeitsgrad, siehe Abb. 13.3 (grüne Kurve)
Ω Raumwinkel
λ Wellenlänge
A Fläche
β Winkel zwischen Flächennormale und Blickrichtung

Die Leuchtdichte ist der Quotient aus der Lichtstärke und der in die Ausstrahlungsrichtung (entgegen der Blickrichtung) projizierten ausstrahlenden Fläche. Da der Lichtreiz im Auge proportional der Leuchtdichte der angeblickten Fläche ist, kommt der Leuchtdichte und ihrer Verteilung in einem Raum eine zentrale Bedeutung bei der Lichtplanung zu. Sie ist die einzige lichttechnische Grundgröße, die quasi gesehen werden kann.

Die Beleuchtungsstärke ist der je Flächeneinheit einfallende Lichtstrom. Sie ist die in Normen, Verordnungen und Gesetzen festgelegte Forderungsgröße bei der künstlichen Beleuchtung von Räumen.

13.3 Grundfunktionen des Gesichtssinns

Für die Planung bzw. die Beurteilung einer Beleuchtungssituation im Raum ist ein Grundverständnis der Hauptfunktionen des menschlichen Gesichtssinns erforderlich.

Das Auge, das die physische Basis des Gesichtssinns darstellt, besteht – ingenieurtechnisch ausgedrückt – aus

- einem abbildenden Apparat,
- einer lichtempfindlichen Empfängerfläche,
- einem Informationsverarbeitungszentrum,
- den Verbindungsleitungen zwischen Empfängerfläche und Informationsverarbeitungszentrum.

Das näherungsweise runde menschliche Auge (vgl. Abb. 13.1) besteht zum größten Teil aus dem Glaskörper, einer gallertigen Masse, die beim Kind glasklar ist, sich mit zunehmendem Alter allerdings eintrübt. Der weitere abbildende Apparat besteht aus der Hornhaut, dem Kammerwasser und der Linse; auch die Linse wird mit zunehmenden Alter trüb (grauer Star). Deshalb bedürfen ältere Menschen einer möglichst blendungsarmen Beleuchtung (z. B. im Altersheim). Die Augenlinse ist umgeben von radial und ringförmig verlaufenden Muskelsträngen (sog. Ziliarkörper), mit deren Hilfe die Krümmung und damit die Brechkraft der Linse verändert werden kann.

Die Lichteintrittsöffnung vor der Linse, die Pupille, ist ein fast kreisrundes Loch in der Regenbogenhaut.

Die lichtempfindliche Empfängerfläche ist die Netzhaut. Sie enthält nicht allein die Empfängerorgane für den Lichtreiz, die für das Sehen am Tage eingesetzten Zapfen und die beim Dämmerungssehen eingesetzten Stäbchen, sondern auch ein kompliziert aufgebautes Schaltsystem, das die wahlweise Einzel- oder Zusammenschaltung von Sensorengruppen bei geringer Leuchtdichte erlaubt. Mit dem Zusammenschalten von mehreren Sensoren ist zwangsläufig eine Verringerung des Auflösungsvermögens verbunden. Deshalb verschwinden in der Dämmerung scheinbar die Details.

Beim Tagessehen arbeitet das Auge mit den farbenempfindlichen Zapfen, im Dämmerungssehen mit den nicht farbenemfindlichen, dafür aber wesentlich lichtempfindlicheren Stäbchen. Der Übergang vom Tages- zum Dämmerungssehen erfolgt nicht abrupt, sondern umfasst den Leuchtdichtebereich von ca. 0,03 cd/m^2 bis zu 30 cd/m^2.

Zapfen und Stäbchen tragen eine sich verändernde Menge von Sehstoffen (große, komplex aufgebaute Moleküle), die nach Lichtabsorption zerfallen und dabei einen komplizierten elektrischen Wechselimpuls erzeugen, der über die Nervenbahn des Sensors weitergeleitet wird. Die Nervenleitungen aller Sensoren treten schließlich am sog. blinden Fleck, der Papille, einem unterhalb und außerhalb der Sehachse liegenden, nicht sehtüchtigen Ort der Netzhaut, aus dem Augapfel aus und bilden den zentralen Sehnerv, der die dem Lichtreiz analogen elektrischen Impulse zum Sehzentrum im Gehirn leitet, wo sie zu Bildern verarbeitet und mit bekannten Bildern verglichen werden.

Die Netzhaut kleidet die ganze Innenfläche des Auges mit Ausnahme der Linse aus. Jedoch ist nur der vor der Aderhaut liegende Teil lichtempfindlich. Daraus ergibt sich – zusammen mit der Gesichtsform – das Gesichtsfeld (vgl. Abb. 13.2).

Adaption

Das Auge muss sich einem sehr großen Bereich der Leuchtdichte anpassen können. Dieser reicht von einer sehr hohen Leuchtdichte, wie sie beispielsweise die Sonnenoberfläche aufweist, bis zu sehr geringen Leuchtdichten, die beispielsweise bei einer mondbeschienen natürlichen Landschaft anzutreffen sind. Diese Anpassungsfähigkeit des Auges wird Adaption genannt. Das Auge nutzt dafür im Wesentlichen die folgenden Mechanismen:

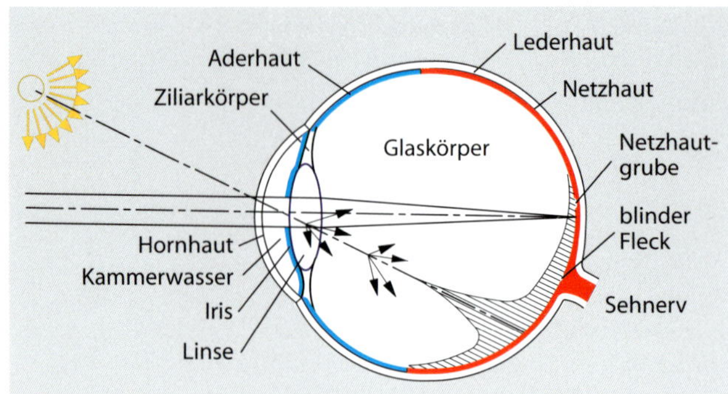

Abb. 13.1: Schnitt durch das menschliche Auge

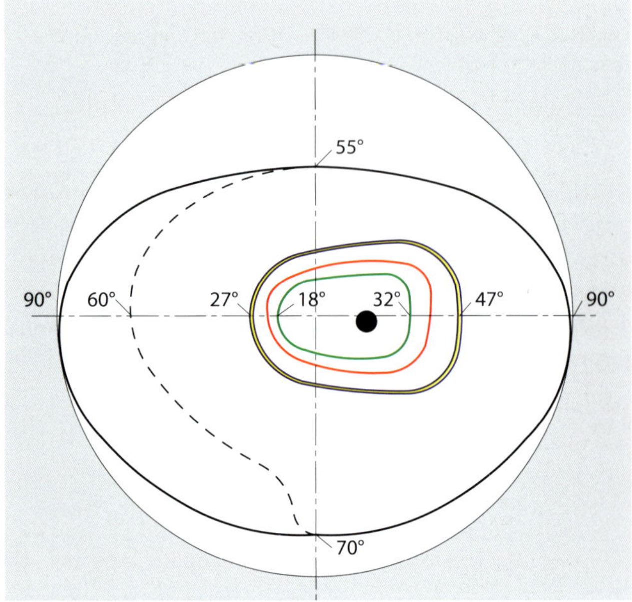

Abb. 13.2: Gesichtsfeld und Farbengesichtsfeld des rechten Auges

- Veränderung der Pupillenweite
- Wechsel zwischen Zapfensehen und Stäbchensehen
- Veränderung des Vorrates an Sehstoffen entsprechend der Netzhautbeleuchtung
- Veränderung des Schaltsystems von Sensorengruppen auf der Netzhaut

Davon wirken die Änderung der Pupillenweite generell, der Vorrat an Sehstoffmolekülen lokal, die elektrischen Schaltungen nach bisherigen Erkenntnissen teils generell, teils lokal, der Übergang vom Zapfen- zum Stäbchensehen überwiegend generell. In jedem Fall erfolgt die Adaption nicht schlagartig, sondern ist zeitlich gedehnt. Geschieht die Helladaption immerhin noch in Bruchteilen einer Sekunde, so kann die Dunkeladaption in Extremfällen – z. B. beim Wechsel aus einem hell beleuchteten Raum auf eine unbeleuchtete Außenfläche bei Neumond – Zeiten von der Größenordnung einer Stunde beanspruchen, was Gefahren impliziert (etwa im Straßenverkehr).

Das Ziel der Adaption ist die Empfindung möglichst kleiner Leuchtdichteunterschiede zwischen dem Sehobjekt und seinem Umfeld bei gegebener Umfeldleuchtdichte. Der Begriff der Unterschiedsempfindlichkeit ist definiert als das Verhältnis der Umfeldleuchtdichte zum Schwellwert des Leuchtdichteunterschiedes, das ist der von 50 % der Betrachter gerade noch empfindbare Leuchtdichteunterschied zwischen dem Sehobjekt und seinem Umfeld.

In der Praxis müssen Leuchtdichteunterschiede geschaffen werden, die deutlich über dem Schwellwert liegen, da sie von allen Betrachtern und mit großer Sicherheit empfunden werden müssen.

Es lassen sich aus diesen Zusammenhängen erste tendenzielle Anforderungen an die zum sicheren und mühelosen Sehen erforderliche Beleuchtungsstärke ableiten. Das Sehobjekt und sein Umfeld müssen umso stärker beleuchtet werden,

- je kleiner das zu erkennende Sehobjekt ist,
- je kleiner der Reflexionsgrad des Umfeldes ist (vgl. dazu Kapitel 13.10.3),
- je kleiner die Differenz der Reflexionsgrade zwischen Sehobjekt und seinem Umfeld ist,
- je geringer die Darbietungszeit der visuellen Situation (z. B. beim Sport, Straßenverkehr einerseits und beim Lesen andererseits) ist,
- je geringer der Farbunterschied zwischen Sehobjekt und seinem Umfeld ist.

Die optimale Adaption des Gesichtssinns an die Leuchtdichte des Umfeldes kann durch Blendung gestört werden. Dabei werden zunächst folgende Blendungsarten unterschieden:

- Sukzessivblendung, die durch zu schnelle zeitliche Änderungen der Leuchtdichte verursacht wird
- Absolutblendung, die generell durch zu hohe Leuchtdichten verursacht wird
- Relativblendung, bei der die örtlichen Leuchtdichteunterschiede zu groß sind

Sukzessivblendung wird vermieden, indem die unterschiedlichen Beleuchtungsstärken in schnell zu durchschreitenden Räumen einander angenähert werden. Zur Vermeidung von Absolutblendung werden beispielsweise Sonnenschutzeinrichtungen bzw. lichtstreuende Gläser eingesetzt.

Ein zentrales Problem der Beleuchtungstechnik ist die Vermeidung der Relativblendung. Sie ist nur bei konstanter Blickrichtung (Kino, Theater, Vortragsraum) oder indirekter Beleuchtung (hier aber auf Kosten der Schattigkeit) vermeidbar, im Regelfall aber wegen der wechselnden Blickrichtungen lediglich begrenzbar.

Die Relativblendung äußert sich im Auge durch vor allem an der Linse gestreutes Licht (vgl. Abb. 13.1), das sich wie ein Schleier auf der Netzhaut (sog. Schleierleuchtdichte) dem eigentlichen Bild überlagert. Dadurch entstehen 2 Effekte:

- Verringerung der relativen Kontraste des gewünschten Bildes auf der Netzhaut
- Vergrößerung der Adaption des Auges und damit die Erhöhung des Schwellwertes ΔL_{Schw}

Beide Effekte bewirken, dass kleine Leuchtdichteunterschiede nicht mehr wahrgenommen werden können.

Neben den Leuchtdichteunterschieden hängt die Blendung auch von den räumlichen Beziehungen zwischen Lichtquelle und Auge ab. Hier wird wie folgt unterschieden:

- Direktblendung (durch die Blendquelle selbst)
- Reflexionsblendung (durch das reflektierte Bild der Blendquelle auf spiegelnden oder glänzenden Oberflächen)

Bei der Direktblendung kann weiter differenziert werden:

- physiologische Blendung
- psychologische Blendung

Die physiologische Blendung beschreibt die Verringerung der Sehleistung aufgrund der Blendung. Diese Schwächung der Sehleistung ist direkt messbar. Die Stärke der physiologischen Blendung wird durch die äquivalente Schleierleuchtdichte $L_{S,ä}$ folgendermaßen ausgedrückt:

$$L_{S,ä} = \frac{E_P}{\Theta^2} \cdot c \text{ für } \Theta > 2° \qquad \text{(Formel 13.1)}$$

mit

$L_{S,ä}$ äquivalente Schleierleuchtdichte in cd/m²
E_P Pupillenbeleuchtungsstärke in lx
Θ Winkel zwischen Blickrichtung und Blendquelle
c vom Alter abhängige Konstante ≥ 9,2

Wird eine Beleuchtung lediglich als blendend empfunden, ohne dass dabei eine messbare Verringerung der Sehleistung auftritt, so handelt es sich um psychologische Blendung. Die Direktblendung durch Leuchten wird in einem zweistelligen Zahlenwert (sog. UGR-Wert) ausgedrückt:

$$\text{UGR} = 8 \cdot \log\left(\frac{0{,}25}{L_b} \cdot \sum \frac{L^2 \cdot \Omega}{p^2}\right) \qquad \text{(Formel 13.2)}$$

mit

L_b Hintergrundleuchtdichte (hinter der Leuchte) in cd/m²
L mittlere Leuchtdichte der Lichtaustrittsöffnung jeder Leuchte in Richtung des Beobachterauges in cd/m²
Ω Raumwinkel der Lichtaustrittsfläche jeder Leuchte, bezogen auf das Beobachterauge in sr
p Positionsindex für jede einzelne Leuchte, abhängig von deren räumlicher Abweichung von der Hauptblickrichtung

In hell beleuchteten Innenräumen ist in der Regel die psychologische Blendung kritisch, in schwach beleuchteten und im Straßenverkehr bei Dunkelheit die physiologische Blendung (zur Begrenzung des UGR-Wertes in bestimmten Räumen vgl. Tabelle 13.10).

Damit die Spiegelung von Leuchten auf Bildschirmen keine störende Reflexionsblendung hervorruft, muss

- entweder der Bildschirm weitgehend entspiegelt oder
- die Leuchtdichte des Bildschirmes groß sein oder
- die Leuchtdichte der Leuchten begrenzt werden.

Akkommodation und Konvergenz

Zur Anpassung an die Entfernung des Sehobjektes kann das Auge mithilfe des Ziliarkörpers die Krümmung der Linse und damit deren Brennweite ändern, was mit dem Begriff Akkommodation bezeichnet wird. Werden die Achsen beider Augen beim Betrachten naher Sehobjekte gegeneinander bewegt, wird das Konvergenz genannt. Akkommodation und Konvergenz sind miteinander gekoppelt und erfolgen grundsätzlich unwillkürlich, Abweichungen davon können nur mit willkürlicher Anstrengung der Augenmus-

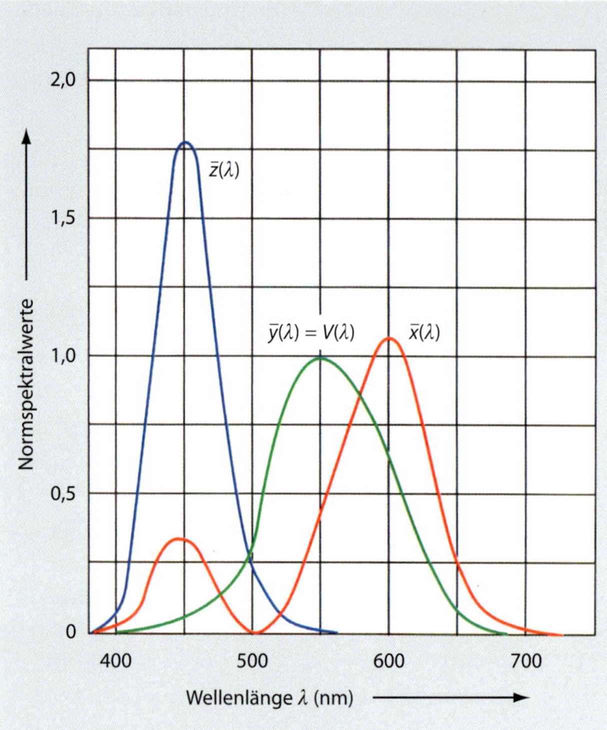

Abb. 13.3: Normspektralwertfunktionen

kulatur bewirkt werden oder ergeben sich – unwillkürlich – unter dem Einfluss von Rauschmitteln (Doppeltsehen bei Trunkenheit).

Eine besonders häufige Störung der Akkommodation und der Konvergenz entsteht beim Betrachten von Sehobjekten, die unter einer spiegelnden Fläche liegen (z. B. Aquarell unter Glas), durch die eine Lichtquelle hoher Leuchtdichte (Leuchte, Fenster) in das Gesichtsfeld gespiegelt wird. Bei Fixierung der Blickrichtung auf ein bestimmtes Sehobjekt erscheint dann das Bild der Blendquelle in den beiden Augen an unterschiedlichem Ort, was – quasi als Korrektur – zu einer Akkommodation und Konvergenz der Augen auf die (Entfernung der) Blendquellen führt. Als Folge erscheint nun aber das Sehobjekt unscharf und auf nicht korrespondierenden Netzhautstellen der beiden Augen. Dieser Fusionsstreit zwischen Sehobjekt und Blendquelle führt zu Ermüdung und Schmerzen. Zu seiner Vermeidung sind daher folgende alternative Maßnahmen zu ergreifen:

- Sehobjekte müssen hinter Glas so angeordnet werden, dass sich bei üblicher Betrachtungsrichtung keine Spiegelbilder heller Lichtquellen ergeben.
- Die Lichtquellen müssen verschattet werden.
- Die Gläser müssen entspiegelt werden.

Farbensehen und Farbanpassung

Eine bestimmte spektrale Energieverteilung der von einer Lichtquelle oder einer beleuchteten und reflektierenden Oberfläche ausgehenden Strahlung bewirkt einen bestimmten Farbreiz im Auge. Diese Aussage ist nur eindeutig, denn ein bestimmter Farbreiz lässt sich durchaus mit einer Vielzahl von spektralen Energieverteilungen der Strahlung erzeugen. Die vom Gesichtssinn empfundene Farbe schließlich ist außerdem eine Folge seiner jeweiligen Farbanpassung, deren Ursache wiederum in der vorherrschenden Lichtfarbe des betrachteten Raumes liegt.

Die Fähigkeit, unterschiedliche spektrale Energieverteilungen (im Folgenden Spektrum genannt) des sichtbaren Lichtes als Farbe zu empfinden, beruht auf 3 unterschiedlichen Absorptionsspektren der Zapfen der Netzhaut, den vorwiegend rot-empfindlichen (X), den mehr grün-empfindlichen (Y) und den mehr blau-empfindlichen (Z). Das bedeutet zunächst, dass sich der Farbreiz aus 3 Signalen zusammensetzt und auch durch 3 Maßzahlen beschrieben werden kann. Für die Berechnung hat es sich als praktikabel erwiesen, die Spektralwertfunktion „grün" derjenigen der spektralen Hellempfindlichkeitskurve $V(\lambda)$ gleichzusetzen und die übrigen entsprechend anzupassen. Das Ergebnis sind die international genormten Normspektralwertfunktionen $\bar{x}(\lambda)$, $\bar{y}(\lambda)$, $\bar{z}(\lambda)$ in Abb. 13.3.

Ein Farbreiz ergibt sich dann durch die Multiplikation des spektralen Strahlungsflusses mit der jeweiligen Normspektralwertfunktion:

$$X = \int \Phi_e(\lambda) \cdot \bar{x}(\lambda) \cdot d\lambda \quad \text{(Formel 13.3)}$$

$$Y = \int \Phi_e(\lambda) \cdot \bar{y}(\lambda) \cdot d\lambda \quad \text{(Formel 13.4)}$$

$$Z = \int \Phi_e(\lambda) \cdot \bar{z}(\lambda) \cdot d\lambda \quad \text{(Formel 13.5)}$$

mit

X, Y, Z	Farbvalenz
$\Phi_e(\lambda)$	spektraler Strahlungsfluss in W
$\bar{x}(\lambda), \bar{y}(\lambda), \bar{z}(\lambda)$	Normspektralwertfunktionen nach Abb. 13.3

Die sich ergebende Kombination X, Y, Z wird Farbvalenz genannt und beschreibt einen Farbreiz hinsichtlich seines Farbtones, seiner Sättigung und seiner Leuchtdichte vollständig. Schließlich ergeben sich durch Relativierung der Komponenten die Normfarbwertanteile x, y und z:

$$x \equiv \frac{X}{X + Y + Z} \quad \text{(Formel 13.6)}$$

$$y \equiv \frac{Y}{X + Y + Z} \quad \text{(Formel 13.7)}$$

$$z \equiv \frac{Z}{X + Y + Z} \quad \text{(Formel 13.8)}$$

Da $x + y + z = 1$ gilt, kann eine Komponente (üblicherweise z) weggelassen werden. Dann lassen sich die Spektralfarben in einem kartesischen Koordinatensystem als ebener Kurvenzug darstellen (vgl. Abb. 13.4), der Normfarbtafel (sog. Farbdreieck). Auf dem Kurvenzug liegen alle Spektralfarben. Die Verbindungsgerade zwischen dem kurzwelligen Ende (380 nm, blau) und dem langwelligen Ende (780 nm, rot) des Kurvenzuges ist die sog. Purpurgerade. Innerhalb des Farbdreiecks liegen alle realen Farbarten. In der Mitte ($y = 0{,}33$ und $x = 0{,}33$) liegt der Weißpunkt, auch Unbuntpunkt genannt. Von dort nimmt die Sättigung der Farbarten in Richtung des Spektralfarbenzuges bzw. der Purpurgeraden zu. Die Fläche enthält alle realen Farben beliebiger Sättigung, nicht aber die Helligkeit. Dazu muss bei Lichtquellen deren Leuchtdichte, bei Körperfarben der dritte Normfarbwert hinzugefügt werden.

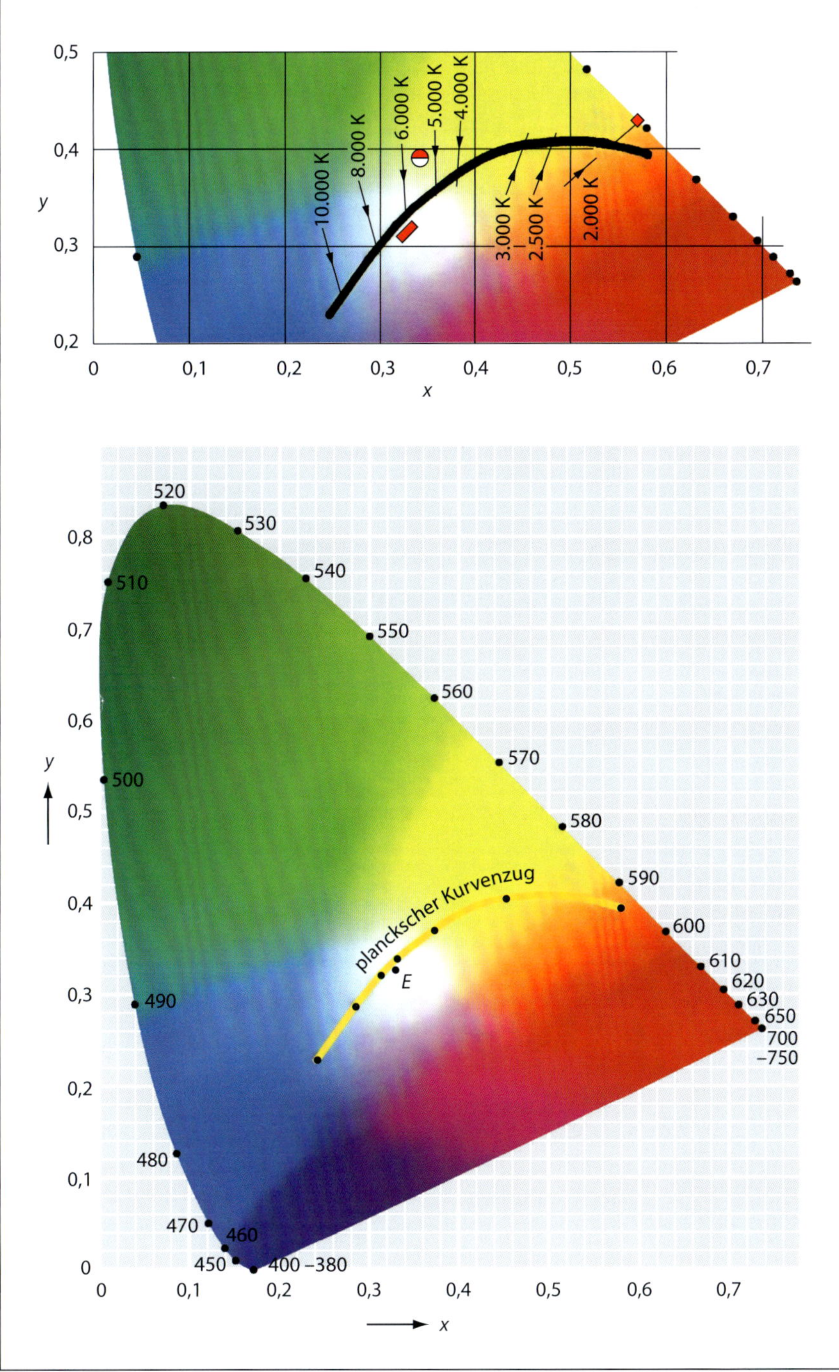

Abb. 13.4: Farbdreieck für die realen Farbarten gemäß den Formeln 13.3 bis 13.7 zusätzlich eingetragen sind der Kurvenzug des schwarzen Strahlers in Abhängigkeit von seiner Temperatur und die juddschen Geraden, die eine Zuordnung der Farbart zu einer ähnlichsten Farbtemperatur des schwarzen Strahlers gestatten (Quelle: Lange: Handbuch für Beleuchtung, Landsberg 2008; der Abdruck erfolgt mit freundlicher Genehmigung des Verlags ecomed SICHERHEIT.)

Additive Mischungen von 2 Farben haben ihren Farbort auf der geraden Verbindungslinie zwischen ihren Farbörtern; er teilt diese im umgekehrten Verhältnis ihrer Leuchtdichte. Farborte, deren Verbindungsgerade durch den Weißpunkt geht, sind Komplementärfarben; sie ergeben – im richtigen Mischungsverhältnis – die Farbe Weiß.

In Abb. 13.4 sind zusätzlich die Farborte des schwarzen oder planckschen Strahlers in Abhängigkeit von seiner Temperatur in Form eines Kurvenzuges eingetragen. Er berührt bei einer Temperatur von ca. 6.000 K (Oberfläche der Sonne) den Weißpunkt. Da sich die Lichtfarbe der meisten Temperaturstrahler (vgl. Kapitel 13.6.3) von der des schwarzen Strahlers – bei gleicher Temperatur – kaum unterscheidet (sog. graue Strahler) und auch die der für Beleuchtungszwecke gefertigten Entladungslampen sich immerhin noch in der Nähe des planckschen Kurvenzuges befinden, bietet es sich an, die Lichtfarbe einer Lampe durch die ähnlichste Farbtemperatur des schwarzen Strahlers zu beschreiben. Dabei bieten die sog. juddschen Geraden die Möglichkeit, auch etwas außerhalb des planckschen Kurvenzuges liegende Lichtfarben dessen Temperatur zuzuordnen (daher ähnlichste Farbtemperatur).

Lichtquellen mit niedrigen ähnlichsten Farbtemperaturen < 3.300 K werden als warmweiß bezeichnet, solche mit 3.300 bis 5.300 K als neutralweiß und solche mit > 5.300 K als tageslichtweiß. Auch dem natürlichen Tageslicht lässt sich eine ähnlichste Farbtemperatur zuordnen. Sie schwankt je nach Sonnenhöhe, meteorologischem Zustand des Himmels und Himmelsrichtung: Das Licht der untergehenden Sonne entspricht 4.000 K ähnlichster Farbtemperatur, das der hoch stehenden Sonne etwa 6.500 K, das des bewölkten Himmels etwa 6.800 K (vgl. Lange, 1992) und das des blauen Himmels bei hohem Sonnenstand bis zu 27.000 K (vgl. Schober, 1972).

Die Farbempfindung wird nicht nur durch den physikalisch beschreibbaren Farbreiz, sondern auch durch die Farbadaption des Gesichtssinnes beeinflusst. Die Mechanismen dazu unterliegen teilweise noch der Forschung. Immerhin können die folgenden Thesen als erwiesene Erkenntnisse angesehen werden:

- Die Farbanpassung des Gesichtssinns beruht auf der unterschiedlich einstellbaren Empfindlichkeit der vorrangig rot-, grün- bzw. blauempfindlichen Zapfen. Die Einstellung erfolgt im Wesentlichen nach der im Raum vorherrschenden Lichtart.
- Die Farbanpassung geht so weit, dass weißes Papier unter ganz unterschiedlichen Lichtfarben (z. B. unter dem grünen Licht in einem belaubten Buchenwald oder dem roten Licht einer Wachskerze) immer weiß erscheint.
- Eine rote Fläche erscheint unter rotem Glühlampenlicht nicht heller und auch nicht „röter“ als unter dem fast farbneutralen Xenon-Licht.
- Die Farbanpassung ruft andererseits eine Farbkontrastverstärkung hervor: Auf einer roten Wand erscheint eine grüne Fläche intensiver grün als neben einer grauen; ein durch rötliches Glühlampenlicht rot adaptiertes Auge wird beim Betreten eines Gartens das Grün im ersten Moment besonders stark empfinden.
- Die Farbanpassung ist gestört, wenn ein Raum durch mehrere Lichtquellen mit unterschiedlicher Lichtfarbe aus verschiedenen Richtungen beleuchtet wird, insbesondere dann, wenn plastische Objekte betrachtet werden sollen. Der häufigste Fall ist die gleichzeitige Beleuchtung eines Raumes durch Tageslicht und das Licht von Glühlampen. Deshalb sollten für die Tageslichtergänzungsbeleuchtung bzw. die Tageslichtzusatzbeleuchtung Lampen gewählt werden, deren Lichtfarbe der des mittleren Tageslichts (ähnlichste Farbtemperatur 6.500 K) entspricht.

Damit auch nach erfolgter Farbumstimmung alle Farben im Gesichtsfeld „richtig“, d. h. wie bei Tageslicht, wiedergegeben werden, muss das Spektrum des ausgestrahlten Lichtes ein möglichst großes Kontinuum und möglichst wenige Banden (vgl. Abb. 13.6 und 13.7) haben. Das bedeutet, dass die Farbwiedergabe vor allem eine Folge der Geschlossenheit des Lichtspektrums und weniger seiner Lichtfarbe ist. Bei Museen, Blumen- und Lebensmittelgeschäften und zahlreichen anderen Anwendungsfällen wird die richtige Wiedergabe der Farben der Objekte zu einer zentralen Aufgabe der Beleuchtung.

Die Farbwiedergabe des Lichtspektrums einer Lampe wird mit dem internationalen Farbwiedergabeindex R_a ausgedrückt. Sein maximaler Wert beträgt 100. Seine Einteilung erfolgt zusätzlich durch mit Zahlen und Buchstaben gekennzeichnete Farbwiedergabestufen (vgl. Tabelle 13.2). Seine Ermittlung erfolgt über den Vergleich des Farbeindrucks von 8 ausgewählten Testfarben unter der zu prüfenden Lichtquelle und unter einer vereinbarten bzw. passend gewählten Standard-Lichtquelle (z. B. Tageslicht D_{65}). Als Testfarben werden die der Oberflächen charakteristischer Objekte des täglichen Lebens gewählt, z. B. die der Haut, weil gerade die unrichtige Wiedergabe der Hautfarbe als besonders störend empfunden wird. Das bedeutet aber, dass bei Objekten, deren Farben nicht den Testfarben entsprechen (Farbmusterung, Chemielabor), die Bewertung der Farbwiedergabe nach dem internationalen Farbwiedergabeindex möglicherweise nicht befriedigt.

Tabelle 13.2: Internationaler Farbwiedergabeindex R_a und Farbwiedergabestufen für ausgewählte Lampen

Farbwiedergabestufe	Farbwiedergabeindex R_a	typische Lampen
1 A	$90 \leq R_a$	Glühlampen, Halogenglühlampen, Leuchtstofflampen „de luxe“
1 B	$80 \leq R_a \leq 89$	Dreibanden- und Kompaktleuchtstofflampen
2 A	$70 \leq R_a \leq 79$	Standardleuchtstofflampen universalweiß
2 B	$60 \leq R_a \leq 69$	Standardleuchtstofflampen hellweiß, Halogenmetalldampflampen
3	$40 \leq R_a \leq 59$	Standardleuchtstofflampen Warmton, Quecksilberdampfhochdrucklampen
4	$20 \leq R_a \leq 39$	Natriumdampfhochdrucklampen
nicht definiert	$R_a < 20$	Natriumdampfniederdrucklampen

13.4 Tageslichtnutzung

Unter Tageslicht im weiteren Sinne ist die direkte Strahlung der Sonne, die diffuse Strahlung des klaren oder bewölkten Himmels sowie die am Boden oder an Gebäuden reflektierte natürliche Strahlung zu verstehen.

Astronomische Gegebenheiten

Die astronomischen Gegebenheiten werden durch Sonnenhöhe und Azimut beschrieben. Für die Sonnenhöhe h (Winkel zwischen Sonnenstrahlung und Horizont) gilt:

$$\sin(h) = \sin\varphi \cdot \sin\delta - \cos\varphi \cdot \cos\delta \cdot \cos(\omega \cdot t) \quad \text{(Formel 13.9)}$$

mit

φ geografische Breite

δ Deklination = 23,43° · sin $\omega(t_j - 81\text{ d})$ mit Jahreszeit t_j in Tagen (d) ab 1. Januar

ω Kreisfrequenz 2π/24 h bzw. 2π/365 d

t Uhrzeit (wahre Ortszeit WOZ)

Für das Azimut a (Winkel zwischen Sonnenstrahlung und Nord) gilt:

$$\sin a = \frac{\cos\delta \cdot \sin\omega t}{\cos(h)} \quad \text{(Formel 13.10)}$$

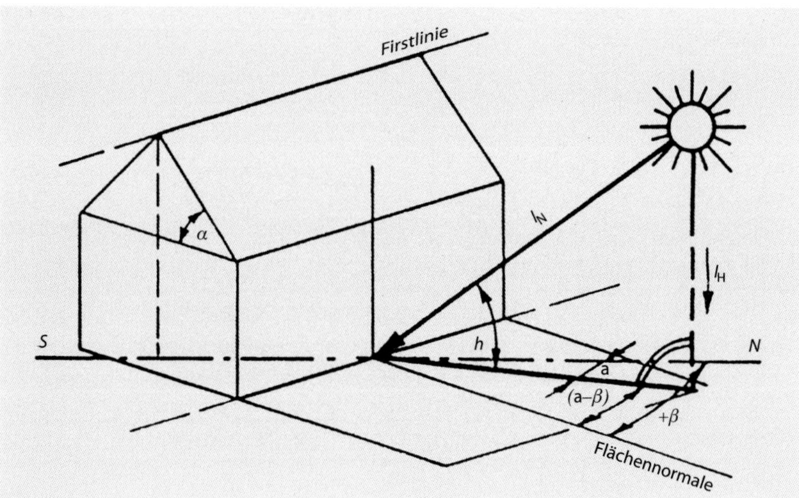

Abb. 13.5: Skizze zur Definition der Winkel der direkten Strahlung zum Gebäude (I_N: Normalstrahlung; I_H: direkte Horizontalstrahlung)

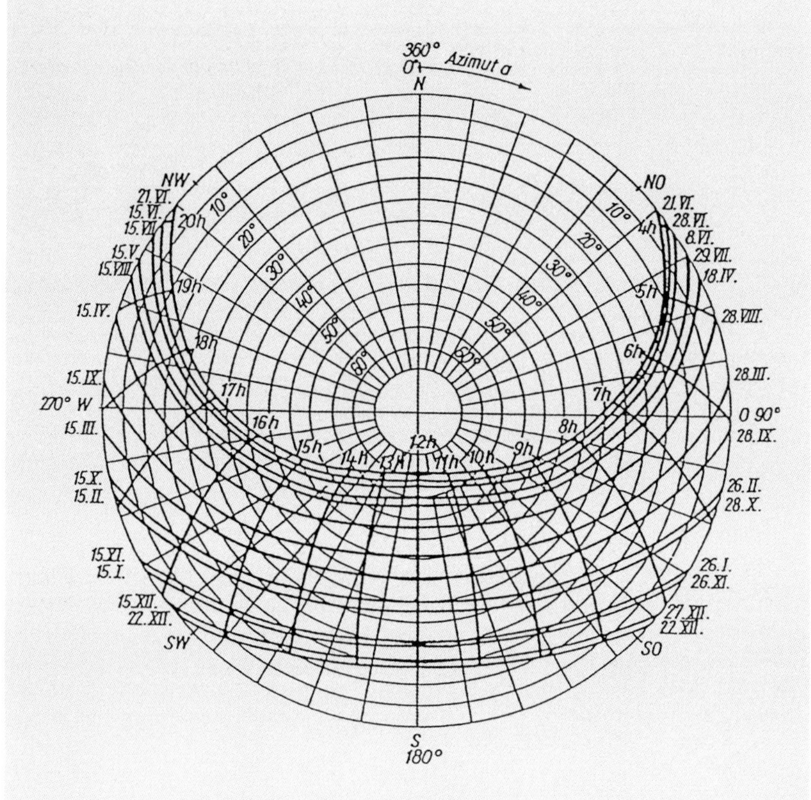

Abb. 13.6: Sonnenhöhe und Azimut für verschiedene Uhr- und Jahreszeiten in Dresden (φ = 52° nördlicher Breite)

Mit den Formeln 13.9 und 13.10 lassen sich unmittelbar die Besonnungszeiten von Fenstern von Wohnräumen (vgl. Kapitel 13.5.1) ermitteln.

Der Einfallswinkel γ (Winkel zwischen direkter Strahlung und Flächennormalen) ist:

$$\cos\gamma = \sin(h) \cdot \left[\cos\alpha + \sin\alpha \cdot \frac{\cos(a-\beta)}{\tan(h)}\right] \quad \text{(Formel 13.11)}$$

mit

α Neigung einer Fläche gegen die Horizontale

β Fassadenazimut = Winkel zwischen Nord und der Fassadennormalen

Daraus ergibt sich für die Horizontalfläche (α = 0):

$$\cos\gamma = \sin(h) \quad \text{(Formel 13.12)}$$

Für die senkrechte Wand (α = 90 °) ergibt sich:

$$\cos\gamma = \cos(h) \cdot \cos(a-\beta) \quad \text{(Formel 13.13)}$$

Abb. 13.5 zeigt die Winkelbeziehungen bei direkter Sonnenstrahlung, Abb. 13.6 Sonnenhöhe h und Azimut a in Abhängigkeit von Tageszeit und Deklination (Tag, Monat) für 52° nördlicher Breite.

Energie der direkten Sonnenstrahlung

Für die Normalstrahlung I_N (Bestrahlungsstärke einer senkrecht zur Strahlrichtung liegenden Fläche) gilt in guter Näherung:

$$I_N = I_0 \cdot \exp\left[-\frac{0{,}1 \cdot \exp(-1{,}25 \cdot 10^{-4} \cdot H) \cdot T}{\sin(h)}\right] \quad \text{(Formel 13.14)}$$

mit

I_N Normalstrahlung in W/m²
I_0 Solarkonstante = 1.350 W/m² ± 45 W/m²
H Höhe des Ortes über Meeresspiegel in m
T Trübungsfaktor mit $T \equiv \ln(I_0/I_N)/\ln(I_0/I_L)$; I_L: Normalstrahlung bei reiner und trockener Luft; näherungsweise gilt (z. B. für Potsdam): $T \approx 2\,(1 + 0{,}1x)$ mit Wasserdampfgehalt x der Luft in g/kg trockener Luft (vgl. auch Mollier-h-x-Diagramm, Kapitel 7.3.1)

Energie der diffusen Strahlung (des wolkenlosen Himmels)

Etwa ein Drittel der beim Durchgang durch die Atmosphäre extingierten Strahlung gelangt als diffuse Strahlung auf die Erde. Für eine Horizontalfläche gilt näherungsweise:

$$D_H \approx 1/3 \cdot (I_0 - I_N) \cdot \sin(h) \quad \text{(Formel 13.15)}$$

mit

D_H diffuse Strahlung des klaren Himmels auf die Horizontalfläche in W/m²

Gesamtstrahlung

Die Gesamtstrahlung $G(\alpha)$ einer beliebig geneigten Fläche ist die Summe aus direkter und diffuser Strahlung (des klaren Himmels):

$$G(\alpha) = I(\alpha) + D(\alpha) = I_N \cdot \cos\gamma(\alpha) + D(\alpha) \quad \text{in W/m}^2 \quad \text{(Formel 13.16)}$$

Die Globalstrahlung G_H ist die Gesamtstrahlung der unverschatteten Horizontalebene:

$$G_H = I_H + D_H = I_N \cdot \sin(\text{h}) + D_H \quad \text{in W/m}^2 \quad \text{(Formel 13.17)}$$

Die diffuse Bestrahlungsstärke einer um α gegen die Horizontale geneigten Fläche ist:

$$D(\alpha) = D_H \cdot \cos^2(\alpha/2) + \rho_E \cdot G_H \cdot \sin^2(\alpha/2) \quad \text{in W/m}^2 \quad \text{(Formel 13.18)}$$

mit

ρ_E Reflexionsgrad des Erdbodens (Albedo) ≈ 0,2

Mit diesem Formelsystem lässt sich die Bestrahlungsstärke an Strahlungstagen von Flächen beliebiger Neigung an jedem Ort der Erde und zu jeder Tages- und Jahreszeit berechnen, wenn der örtliche Trübungsfaktor und sein Jahresgang bekannt sind.

Tageslicht des bedeckten Himmels

Für die Tageslichtbeleuchtung von Wohn- und Arbeitsräumen ist der gleichmäßig und vollständig bedeckte Himmel der kritische Zustand. Die Leuchtdichte des vollständig bedeckten Himmels ist unabhängig von der Himmelsrichtung und nur von der Sonnenhöhe sowie vom Horizontabstand abhängig.

Für die Leuchtdichte des gleichmäßig bedeckten Himmels gilt:

$$L(\varepsilon) = \frac{L_Z}{3} \cdot (1 + 2\sin\varepsilon) \quad \text{(Formel 13.19)}$$

mit

$L(\varepsilon)$ Leuchtdichte des gleichmäßig bedeckten Himmels in cd/m²
L_Z Zenitleuchtdichte in cd/m²
ε Horizontabstand

Durch Integration von Formel 13.19 über die Halbkugel des Himmels erhält man dann eine Beziehung zwischen der wichtigen Größe der Außenbeleuchtungsstärke E_a (Beleuchtungsstärke einer nicht verschatteten und nicht verbauten Horizontalfläche) und der Zenitleuchtdichte:

$$E_a = L_Z \cdot \frac{7}{9} \cdot \pi \cdot 1\,\text{sr} \quad \text{(Formel 13.20)}$$

mit

E_a Außenbeleuchtungsstärke in lx
1 sr Raumwinkel (1 Steradiant [sr])

Die Formel 13.20 gilt genau nur bei hohem Sonnenstand und berücksichtigt nicht das verminderte Strahlungsäquivalent bei Sonnenunter- und -aufgang und auch nicht die Reflexionsstrahlung zwischen Himmel und Erde. Deshalb wurde für die praktische Berechnung der Tageslichtbeleuchtung eine statistisch gewonnene Approximationsgleichung für den Zusammenhang von Sonnenhöhe und Außenbeleuchtungsstärke vereinbart. Für den gleichmäßig bedeckten Himmel gilt:

$$E_a = 300\,\text{lx} + 21.000\,\text{lx} \cdot \sin(h) \quad \text{(Formel 13.21)}$$

Daraus ergeben sich bei gleichmäßig bedecktem Himmel Außenbeleuchtungsstärken E_a zwischen 300 lx (Sonnenauf- bzw. -untergang) und 18.500 lx (52° nördlicher Breite, 21. Juni mittags 12 Uhr). Der Tagesverlauf der Außenbeleuchtungsstärke bei bedecktem Himmel ist in Abb. 13.7 für 52° nördlicher Breite, für die Monate und wahre Ortszeit angegeben.

Für Wirtschaftlichkeitsuntersuchungen ist die statistisch mittlere Außenbeleuchtungsstärke interessant, wie sie in Abb. 13.8 dargestellt ist.

Die Beleuchtungsstärken an Tagen mit klarem Himmel lassen sich aus den oben angegebenen Beziehungen für die direkte und die diffuse Himmelsstrahlung abschätzen, indem die jeweiligen Bestrahlungsstärken mit dem fotometrischen Strahlungsäquivalent multipliziert werden. Das Strahlungsäquivalent ist das Verhältnis von Lichtstrom zu Strahlungsfluss. Dieses liegt im Bereich zwischen 95 und 130 lm/W. Der untere Wert gilt für kleine Sonnenhöhen (etwa bei Sonnenauf- und -untergang, überwiegend Rot- und Infrarotstrahlung), der obere für die diffuse Strahlung des blauen Himmels am Mittag.

Tageslichtlenkung

Durch eine effektive Tageslichtlenkung können bis zu 30 % des Gesamtenergieverbrauchs von Gebäuden eingespart werden (vgl. Köster, 2011). Das wird einerseits über die Erhöhung des Tageslichtanteils erreicht und andererseits über die Verminderung des Wärmeeintrags in das Gebäude, der sonst mithilfe von Klimaanlagen kompensiert werden müsste.

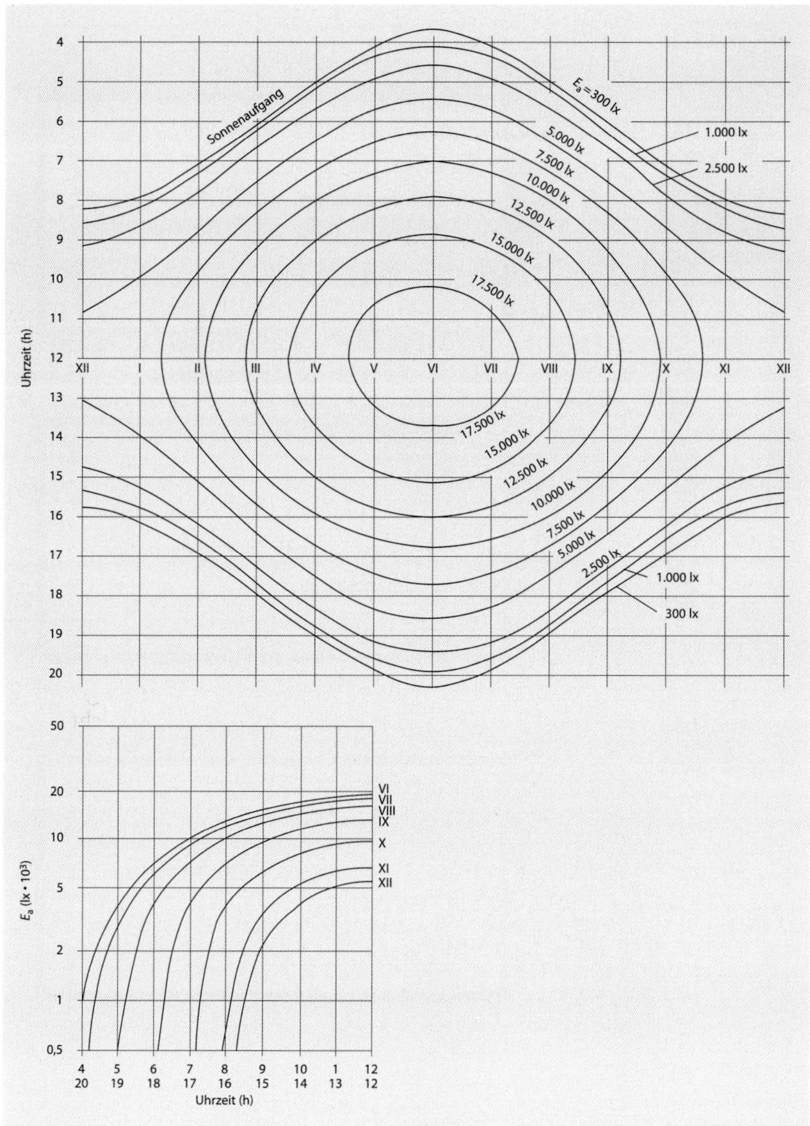

Abb. 13.7: Außenbeleuchtungsstärke bei vollständig bedecktem Himmel für 52° nördlicher Breite, Tagesgänge

Die Tageslichtlenkung verfolgt im Wesentlichen 2 Ziele:

- bessere räumliche Verteilung des durch die Fenster oder Oberlichter in den Raum eindringenden Tageslichtes mit folgenden Teilzielen:
  - gleichmäßigere Verteilung des Lichtes, um Blendung zu vermeiden
  - Konzentration des Tageslichtes auf wichtige Sehobjekte, z. B. in Museen auf deren Exponate
- zusätzliche Gewinnung von Tageslicht, das im Normalfall nicht für die Raumbeleuchtung genutzt werden kann

Letzteres wird mithilfe der folgenden, meistens relativ komplizierten und aufwendigen Einrichtungen erreicht:

- außen am Gebäude angebrachte reflektierende Flächen
- Lichtschächte mit spiegelnd reflektierenden Oberflächen, die die diffuse Strahlung in die unteren Geschosse lenken (vgl. Abb. 13.9)
- Lichtleitsysteme, mit deren Hilfe die Sonnenstrahlung konzentriert und in Gebäudebereiche geleitet wird, die ansonsten wenig Tageslichtgewinn zu verzeichnen haben

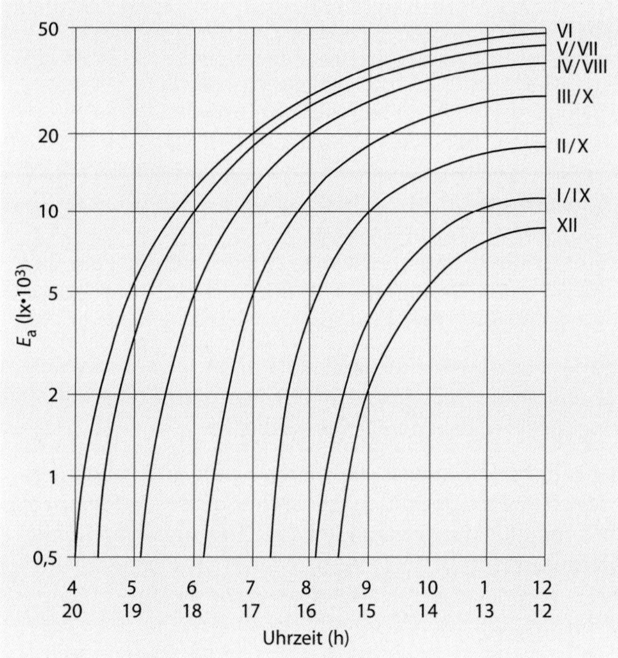

Abb. 13.8: Außenbeleuchtungsstärke bei mittlerem Himmel in Mitteleuropa (Orientierung)

Abb. 13.9: Blick in einen 14 m hohen Lichtschacht mit spiegelnd reflektierenden Oberflächen (Quelle: Renner, 2007)

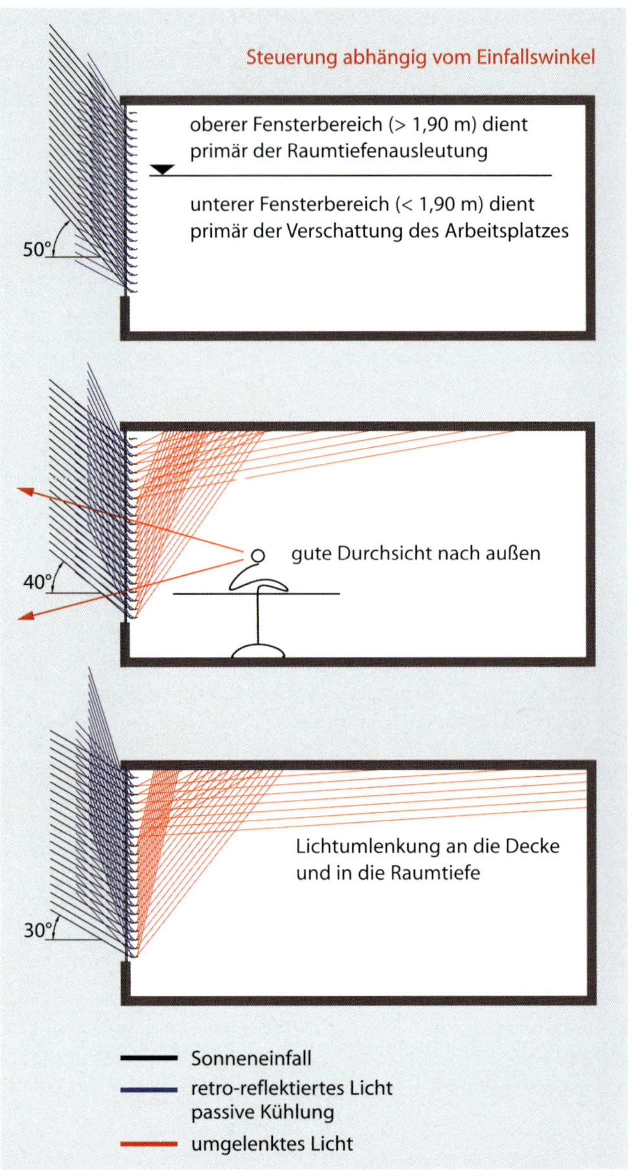

Abb. 13.10: Lichtlenkfunktionen der Fensterbereiche (Quelle: Köster, Helmut, 2004 Tageslichtdynamische Architektur-Grundlagen, Systeme, Projekte, Birkhäuser Verlag, Basel, ISBN 3-7643-6729-6, S. 99)

Das Tageslicht gelangt durch die Fenster bzw. transparente Flächen in den Raum. Dabei sind 2 Bereiche mit unterschiedlicher Lichtlenkoptik zu unterscheiden (vgl. Abb. 13.10):

- oberer Fensterbereich (oberhalb 1,90 m), durch dessen Gestaltung die Tageslichtausleuchtung in die Tiefe des Raumes erreicht werden kann
- übriger unterer Fensterbereich, über den die Verschattung der entsprechenden Arbeitsplätze realisiert wird und eine blendfreie Lichtumlenkung an die Innenraumdecke erfolgt

In der Praxis werden folgende Tageslichtlenksysteme eingesetzt:

- Jalousiesysteme mit fest stehenden Lamellen
- Jalousiesysteme mit beweglichen Lamellen
- bewegliche oder starre Prismenplatten (vgl. Abb. 13.11)
- in den Scheibenzwischenraum eingefügte spezielle Reflexionskörper
- lichtstreuende Verglasungen
- holografisch-optische Elemente, die als dünne Folie zwischen einem Verbundglas Strahlung selektiv durchlassen bzw. auf einen Reflektor leiten

Die Systeme mit fest stehenden Lamellen, deren selektive Strahlungsdurchlässigkeit auf eine bestimmte Sonnenhöhe eingestellt ist, haben folgende Nachteile:

- Bei hohem Sonnenstand wehren sie die direkte Sonnenstrahlung ab, obwohl möglicherweise die Raumtemperatur deutlich unter dem Kühllastfall liegt (z. B. an kühlen Maitagen).
- Bei niedrigem Sonnenstand lassen sie die direkte Sonnenstrahlung durch, obwohl der dadurch entstehende Wärmeeintrag zu einer Überhitzung des Raumes führen würde (z. B. Ende September).

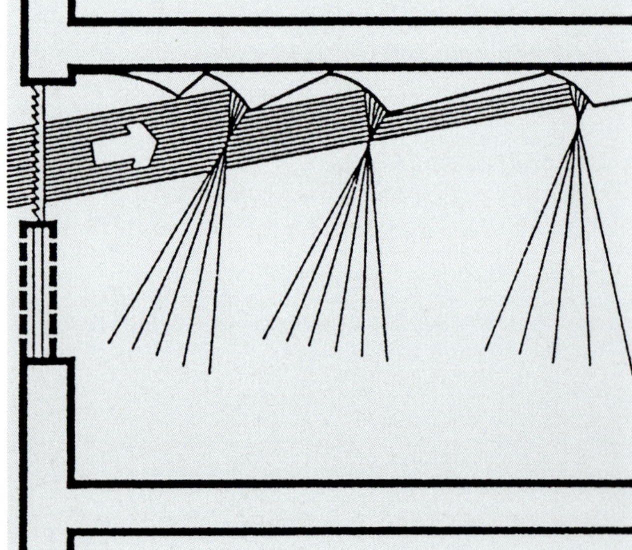

Abb. 13.11: Lichtlenkung mit Prismenplatten

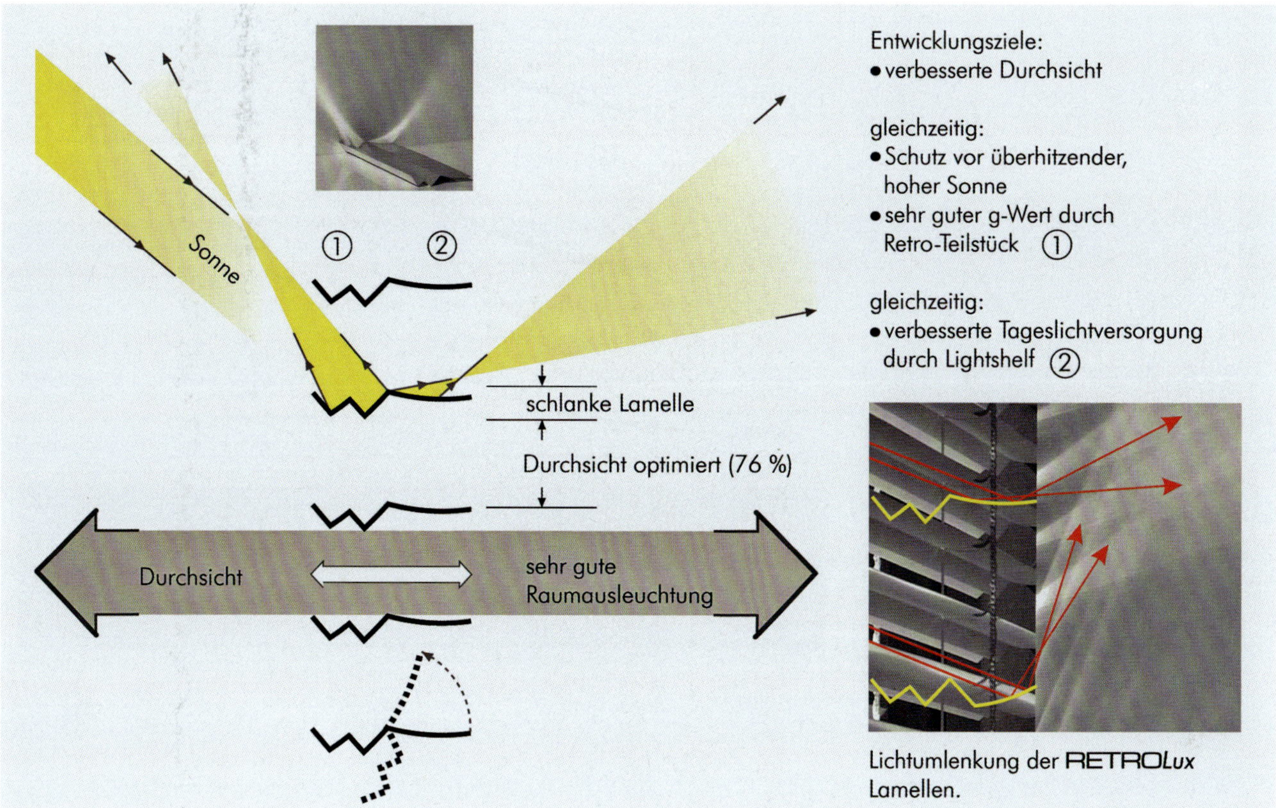

Abb. 13.12: Makrostrukturlamelle RetroLux gemäß Patenten von Dr. Helmut Köster, Frankfurt am Main (Quelle: Köster Lichtplanung)

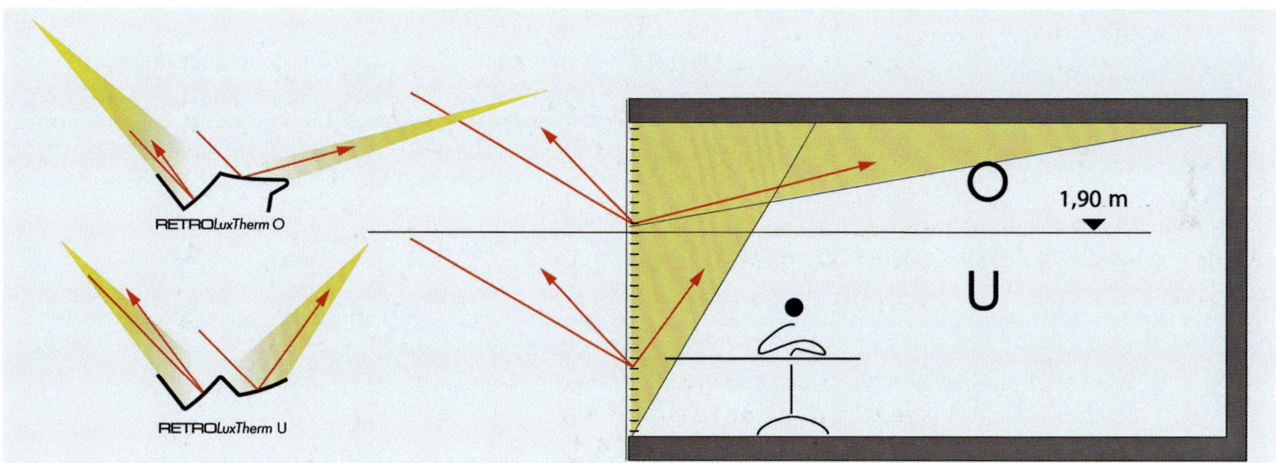

Abb. 13.13: Makrostrukturlamelle RETROLuxTherm für den Einbau in Isolierglas (Lamellenabstand 12,5 mm) gemäß Patenten von Dr. Helmut Köster mit flacher Lichteinlenkung im Oberlichtbereich und blendfreier Lichtumlenkung an die Decke im unteren Fensterbereich (Quelle: Köster Lichtplanung)

- Sie wehren auch im Winter einen erheblichen Teil des diffusen Lichtes ab und verringern so den möglichen Strahlungswärmegewinn.

Winkelselektive Tageslichtsysteme nach Entwicklungen von Dr. Helmut Köster (vgl. Köster, 2004) reagieren auf unterschiedliche Sonnenstände und gewährleisten trotz Beschattung und niedrigsten g-Werten (Energiedurchlassgrade) einen optimalen Tageslichtgewinn. Bei herkömmlichen Systemen gibt es das Problem, dass die Lamellen zur Vermeidung hoher Wärmeeinträge im Sommer zugedreht werden müssen und die Durchsicht durch die Jalousie sowie die erforderliche Tageslichtausbeute für eine natürliche Raumausleuchtung verhindert sind.

Köster hat mithilfe der neu entwickelten, makrostrukturierten Retro-Lamellen dieses Problem gelöst, indem die Lamellen (RetroLux) in 2 Funktionsbereiche mit jeweils unterschiedlicher Reflexionsrichtung gegliedert sind (vgl. Abb. 13.12 und 13.13). Er schreibt:

- *„Die erste Lamellenhälfte dient der Lichtauslenkung der hochstehenden Sommersonne und verhindert den Wärmeeintrag (passive Kühlung).*
- *Die zweite Lamellenhälfte lenkt das diffuse Himmelslicht und die flache Sonne in den Innenraum ein (passive Solararchitektur).“* (Köster, 2004)

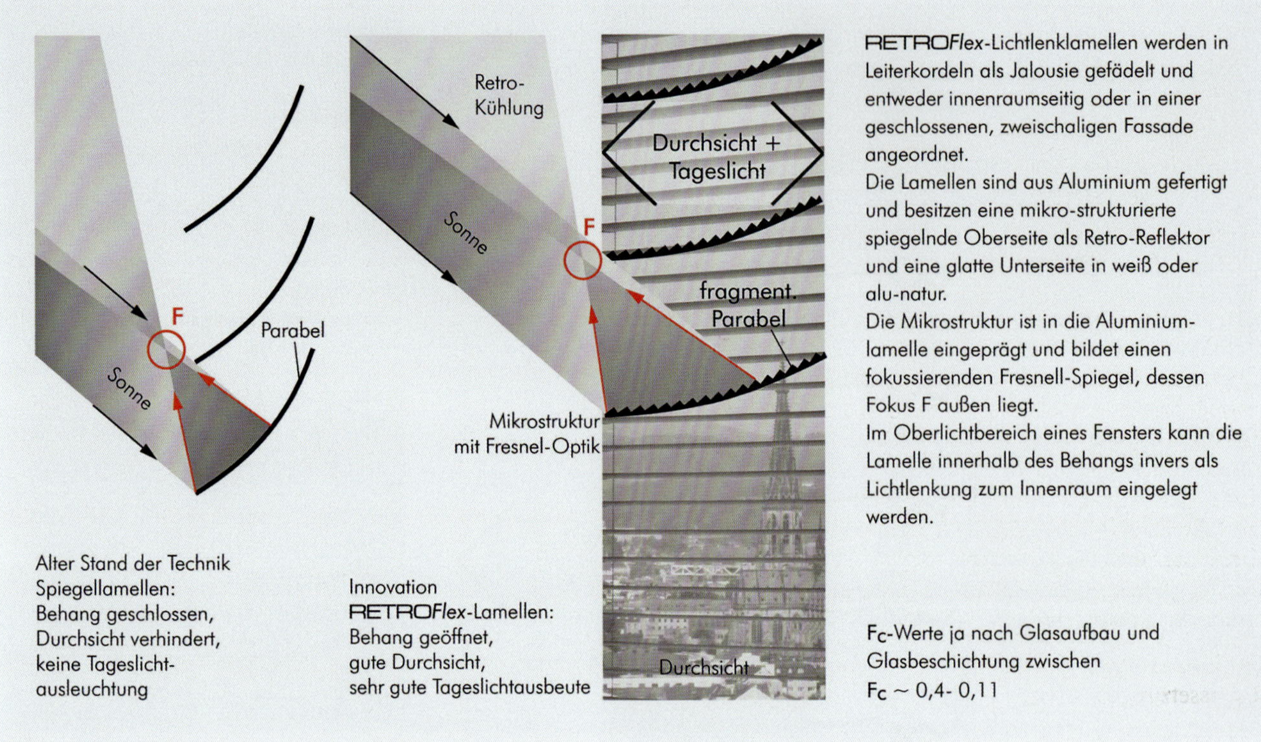

Abb. 13.14: Mikrostrukturlamelle RetroFlex gemäß Patenten von Dr. Helmut Köster, Frankfurt am Main (Quelle: Köster Lichtplanung)

Gleichzeitig bleibt der Behang geöffnet, sodass trotz Beschattung des Innenraumes eine gute Durchsicht von ca. 76 % gewährleistet ist.

Weiterhin hat Köster eine mikrostrukturierte Lamelle (Retroflex) entwickelt, in deren Oberseite ein Fresnelspiegel eingeprägt ist, der einfallende Sonnenstrahlung bei geöffneter Jalousie monoreflektiv in den Außenraum zurücklenkt. Auch diese Jalousie zeichnet sich durch eine gute Durchsicht und einen verbesserten Tageslichteintrag aus. Der Fresnelspiegel ist durch eine zweite Reflexionsstruktur überlagert, die einen kleinen Anteil der Sonneneinstrahlung an die Innenraumdecke und in die Raumtiefe umlenkt (vgl. Abb. 13.14).

Die Köster-Retro-Lamellen können z. B. sehr gut in zweischaligen, nicht hinterlüfteten Fassaden untergebracht werden. So können hochreflektierende, metallisch glänzende Oberflächen eingesetzt werden, die hinsichtlich der Tageslichtausbeute, des Wärmeschutzes und der Blendeigenschaften sehr effektiv sind. Der geschlossene Fassadenraum verhindert eine Verschmutzung der Lamelle. Eine übermäßige Aufheizung des Fassadenzwischenraums kann mithilfe einer speziellen Lamellenkontur vermieden werden (vgl. Köster, 2011).

13.5 Bemessung der Tageslichtbeleuchtung

Die Bemessung der Tageslichtbeleuchtung beinhaltet im Wesentlichen

- die Wahl von Größe und Lage der Fenster, der Oberlichter und anderer Lichtöffnungen,
- die Festlegung der visuellen und strahlungsphysikalischen Eigenschaften der Verglasungen,
- die Gestaltung der Oberflächen der Raumumschließungsflächen,
- die Bemessung von Blend- und Sonnenschutz,
- die Bemessung von Tageslichtlenkeinrichtungen,
- die Bemessung von Mess- und Regeleinrichtungen zur Anpassung der optischen Eigenschaften, des Blend- und Sonnenschutzes und der Tageslichtergänzungsbeleuchtung an das wechselnde Tageslichtdargebot bzw. -defizit.

13.5.1 Bemessungsgrundsätze

Die Bemessung der Tageslichtbeleuchtung sollte nach gesundheitlichen, sehphysiologischen, psychologischen sowie energieökonomischen Grundsätzen unter Einhaltung von gesetzlichen oder normativen Mindestforderungen erfolgen.

Die gesundheitlichen Vorteile großer Fensterflächen bestehen in der weitgehenden Verhinderung von sog. Winterdepressionen durch hohe und im Tagesverlauf lang anhaltende Beleuchtungsstärken, in der gelegentlich möglichen Entspannung des Auges durch Fernakkommodation und in der Beobachtung des Wetters bzw. der Vorbereitung auf das Wetter vor einem Ausgang.

Die psychisch positive Wirkung der Tageslichtbeleuchtung (vor allem bei Sonnenstrahlung) besteht in ihrem ständigen Wechsel bezüglich Beleuchtungsstärke, Lichtrichtung und -farbe im Raum und Außenraum ganz im Sinne eines Ermüdungen vorbeugenden Reizklimas, aber auch in der visuellen Verbindung mit dem Geschehen im Außenraum und den damit verknüpften Informationen.

Schließlich ist Tageslicht wegen seiner hervorragenden Farbwiedergabe, seiner vollkommenen Flimmerfreiheit und seiner geringen Leuchtdichte (ohne direkte Sonnenstrahlung) sehphysiologisch günstig.

Diese Gründe sprechen insgesamt für große Fensterflächen, denn die genannten Vorteile kommen umso mehr und – im Tagesverlauf – umso länger zum Tragen, je größer die Fenster sind.

Energetisch – und damit auch ökologisch – ist die Tageslichtbeleuchtung durchaus ambivalent: Sie nimmt Einfluss auf den Heizenergiebedarf, den Elektroenergiebedarf für künstliche Beleuchtung und – als Folge der von ihr übertragenen Strahlungsbelastung – auf den Energiebedarf der Klimaanlage bzw. sie führt bei überdimensionierten Fenstern erst zur Notwendigkeit der Klimatisierung. Aber auch unabhängig vom Sommerfall muss die Tageslichtbeleuchtung energetisch hinterfragt werden: Das Tageslicht ist keineswegs kostenlos, sondern wird durch einen höheren Transmissionswärmeverlust der Fenster gegenüber dem der Wände in der Heizzeit erkauft und dieser Wärmeverlust wird nur in seltenen Fällen durch den Strahlungswärmegewinn der Fenster in der Heizzeit kompensiert. Das betrifft Oberlichter und Fenster nach Südost über Süden bis Südwest ohne wesentliche Verbauung und mit einem Wärmedurchgangskoeffizienten $U \leq 1{,}5\ W/(m^2 \cdot K)$.

Eine intensive Tageslichtnutzung ist vor allem bei folgenden Voraussetzungen sinnvoll:

- großer Lichtbedarf (hohe erforderliche Beleuchtungsstärken)
- lange tägliche Nutzungszeit
- gut regelbare künstliche Beleuchtung

Für die Tageslichtbeleuchtung sind die DIN 5034 „Tageslicht in Innenräumen" und die DIN EN 17037 „Tageslicht in Gebäuden" zu beachten. Die DIN 5034 umfasst folgende Teile:

- Teil 1: Begriffe und Mindestanforderungen
- Teil 2: Grundlagen
- Teil 3: Berechnung
- Teil 5: Messung
- Teil 6: Vereinfachte Bestimmung zweckmäßiger Abmessungen von Oberlichtöffnungen in Dachflächen

Eine angemessene Tageslichtnutzung erreicht man bei Beachtung des Folgenden:

- Besonnung mindestens eines Raumes einer jeden Wohnung
- für Wohnräume, Arbeitsräume und sonstige Aufenthaltsräume: Einhaltung eines Mindestwertes des Tageslichtquotienten (vgl. Kapitel 13.5.2) an 2 Nachweisorten
- ausreichende Sichtverbindung nach außen für alle Wohnräume, Arbeitsräume und Krankenzimmer (auch für Räume in Heimen)

Als besonnt gilt ein Wohnraum, wenn seine Besonnungsdauer am 17. Januar mindestens 1 Stunde beträgt. Nachweisort ist die Mitte der Fensterbrüstung.

Der Tageslichtquotient soll in 0,85 m Höhe über dem Fußboden, in halber Raumtiefe und in 1 m Abstand von beiden Seitenwänden folgende Werte betragen:

- mindestens 0,9 % im Mittel beider Punkte
- mindestens 0,75 % an jedem der beiden Punkte
- 1 % bei Räumen mit Fenstern in 2 benachbarten Wänden

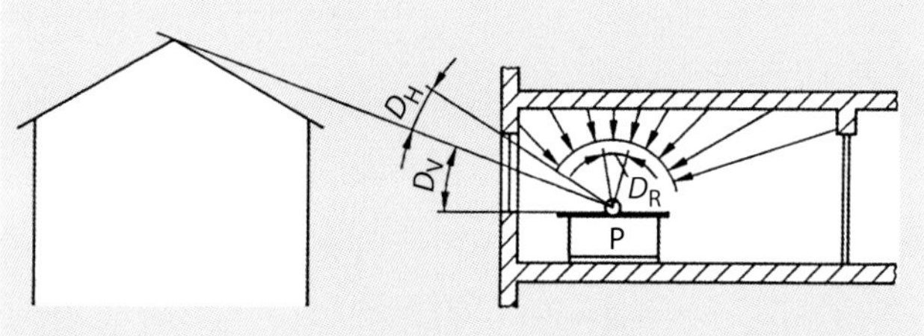

Abb. 13.15: Zu den Anteilen $D_{H,r}$ (Himmelslichtanteil, direkt vom Himmel auf den Punkt P fallendes Licht), $D_{V,r}$ (Verbauungsanteil, von der Verbauung auf P reflektierendes Licht) und $D_{R,r}$ (Innenreflexionsanteil, durch Vielfachreflexion des insgesamt in den Raum gelangenden Lichts auf P fallendes Licht) (nach DIN 5034-3:2021-08)

Eine ausreichende Sichtverbindung nach außen besteht nur, wenn folgende grundsätzliche Bedingungen erfüllt sind:

- Die Gesamtbreite der durchsichtigen Fensterteile beträgt mindestens 55 % der Breite der Fensterwand.
- Die Brüstung liegt maximal 0,9 m und die Unterkante der durchsichtigen Fensterteile maximal 0,95 m über dem Fußboden.
- Die Fensteroberkante liegt mindestens 2,2 m über dem Fußboden.

13.5.2 Berechnung des Tageslichtquotienten

Anders als bei der künstlichen elektrischen Beleuchtung, bei der nahezu jede erforderliche Beleuchtungsstärke räumlich und zeitlich praktisch konstant verwirklicht werden kann, ist bei der Tageslichtbeleuchtung ein ständiger räumlicher und zeitlicher Wechsel der Beleuchtungsstärke gegeben. Es werden daher quantitative Anforderungen nicht in Form der Beleuchtungsstärke, sondern in Form eines Relativwertes zur Außenbeleuchtungsstärke gestellt, des Tageslichtquotienten D (Daylightfaktor). Der Tageslichtquotient ist folgendermaßen definiert:

$$D = \frac{E_P}{E_a} \cdot 100\ \% \qquad \text{(Formel 13.22)}$$

mit

E_P Beleuchtungsstärke im Punkt P der Messebene, meist der in 0,85 m über dem Fußboden angenommenen horizontalen Nutzebene in lx

E_a gleichzeitige Beleuchtungsstärke einer unverbauten und unverschatteten Horizontalebene im Freien bei gleichmäßig und vollständig bedecktem Himmel in lx (vgl. dazu Kapitel 13.4)

Der Berechnungsalgorithmus erfolgt in 3 Schritten:

- Berechnung der zunächst ungeschwächt angenommenen 3 Anteile $D_{H,r}$ (Himmelslichtanteil), $D_{V,r}$ (Außenreflexionsanteil) und $D_{R,r}$ (Innenreflexionsanteil) unter der Annahme einer Rohbauöffnung noch ohne Fenster (vgl. Abb. 13.15)
- Addition der 3 Anteile
- Multiplikation der Summe mit mehreren Schwächungsfaktoren

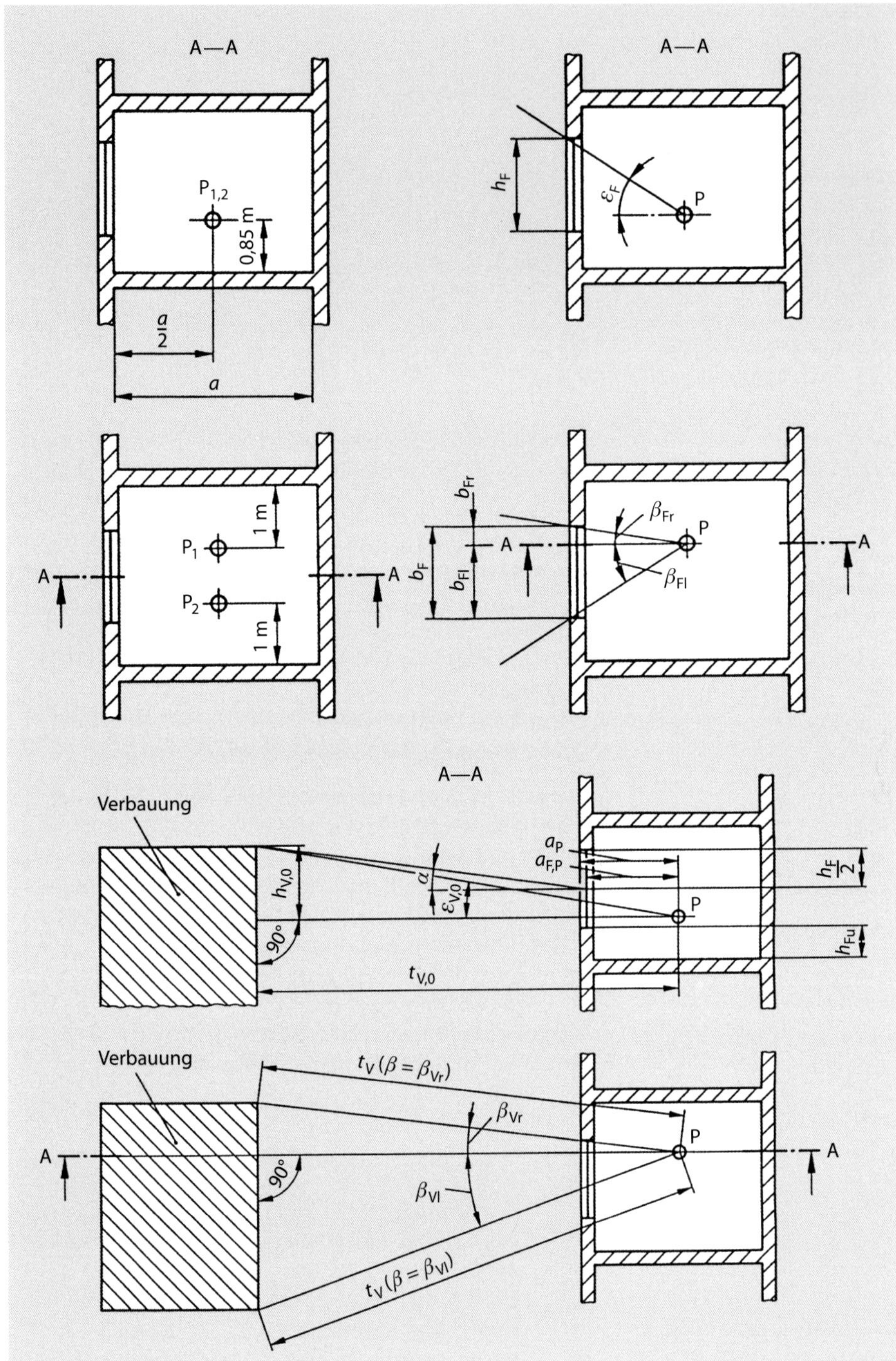

Abb. 13.16: Fenster- und Verbauungswinkel (nach DIN 5034-3:2021-08)

Abb. 13.16 zeigt Fenster- und Verbauungswinkel, die in den Formeln 13.23 und 13.24 Verwendung finden.

Zunächst gilt für den der Tageslichtquotienten:

$$D = (D_{H,r} + D_{V,r} + D_{R,r}) \cdot \tau_{D65} \cdot k_1 \cdot k_2 \cdot k_3 \cdot k_e \quad \text{(Formel 13.23)}$$

mit

- D Tageslichtquotient
- τ_{D65} Transmissionsgrad der Verglasung für senkrechten Lichteinfall für Tageslicht der Normlichtart D_{65} (vgl. dazu Tabelle 13.3)
- k_1 Glasflächenanteil der Rohbauöffnung (vgl. dazu Tabelle 13.5)
- k_2 Verminderungsfaktor für Verschmutzung der Verglasung (vgl. dazu Tabelle 13.4)
- k_3 Korrekturfaktor für nicht senkrechten Lichteinfall; bei der üblichen Doppelverglasung genügt die pauschale Annahme $k_3 = 0{,}85$ (vgl. dagegen Kapitel 13.10.4)
- k_e Verminderungsfaktor für Schachtwirkung (z. B. durch die Schächte unter Oberlichtern in einem hohen Kaltdach, bezüglich der Berechnung von k_e vgl. DIN 5034-3)
- $D_{H,r}$ Himmelslichtanteil
- $D_{V,r}$ Außenreflexionsanteil
- $D_{R,r}$ Innenreflexionsanteil

Tabelle 13.3: Transmissionsgrad von Gläsern bei senkrechtem Lichteinfall τ_{D65} und Parameter für Schrägeinfall n[1)]

Verglasung	Dicke (mm)	Glasebenenzahl	τ_{D65}	n
Silikatgläser, klar durchsichtig				
Fensterglas	2 bis 6	1	0,92	0,25
		2	0,84	0,5
		3	0,78	0,75
		4	0,72	1,0
Draht-Spiegelglas	5 bis 7	1	0,85	0,5
		2	0,72	0,75
Reflexionsglas und Fensterglas	4 bis 6	2	0,30 bis 0,45	1,0
		3	0,28 bis 0,41	1,25
Absorptionsglas und Fensterglas	2 bis 6	2	0,2 bis 0,5	0,5
		3	0,18 bis 0,45	0,75
Silikatgläser, nicht klar durchsichtig				
Rohglas, farblos	3 bis 6	1	0,85	0,5
		2	0,72	0,75
Ornamentglas	2 bis 5	1	0,50 bis 0,82	0,5
		2	0,25 bis 0,7	0,75
Drahtglas	5 bis 7	1	0,75 bis 0,85	0,5
		2	0,56 bis 0,72	1,0
Opalglas, dichttrüb + Fensterglas	3 bis 5	1	0,10 bis 0,40	0,25
		2	0,010 bis 0,36	0,5
Opalglas, schwachtrüb + Fensterglas	3 bis 5	1	0,40 bis 0,60	0,25
		2	0,36 bis 0,54	0,5
Mattglas, geätzt	2 bis 6			
matte Seite zum Licht + Fensterglas		1	0,80 bis 0,90	0,25
		2	0,72 bis 0,81	0,5
glatte Seite zum Licht + Fensterglas		1	0,60 bis 0,75	0,25
		2	0,54	0,5
U-Profilglas	4 bis 6	1	0,60 bis 0,80	0,5
		2	0,54 bis 0,72	1,0
Glasbausteine	50 bis 80	1	ca. 0,60	0,75
organische Gläser, klar durchsichtig				
Acrylglas, farblos	ca. 3	1	0,92	0,25
		2	0,84	0,5
Acrylglas, infrarot reflektierend	ca. 3	1	0,65	0,5
und Acrylglas, farblos		2	0,6	0,75
Polycarbonat, farblos[2)]	ca. 3	1	0,86	0,25
		2	0,74	0,5
organische Gläser, nicht klar durchsichtig				
Polyester, glasfaserverstärkt[2)]	ca. 3	1	0,75 bis 0,85	0,5
Acrylglas, mattweiß und Acrylglas,	ca. 3	1	0,70 bis 0,85	0,25
klar farblos (z. B. Lichtkuppeln)		2	0,65 bis 0,78	0,5

Für nicht angeführte Kombinationen der Verglasung darf gesetzt werden:

$$\tau_{D65} = \prod_{i=1}^{m} \tau_{D65,i} \quad \text{und} \quad n = \sum_{i=1}^{m} n_i$$

1) Stoffwerte, für die ein Bereich angegeben ist, gelten als Richtwerte. Es sind grundsätzlich die Angaben des Herstellers zu verwenden.

2) Der angegebene Wert τ_{D65} gilt nur für den Einbau der Verglasung. Der Transmissionsgrad verringert sich mit der Standzeit des Gebäudes je nach den Umwelteinflüssen.

Tabelle 13.4: Transmissionsgrad der Verschmutzung von Glasflächen k_2 bei einem mittleren Reinigungsintervall von 6 Monaten

Lage des Gebäudes	Verschmutzung der inneren Oberfläche der Verglasung	k_2 bei einer Neigung der Fensterfläche α_F		
		< 30°	30° bis 60°	> 60°
ländliche Gegend, Vororte ohne Industrie	gering	0,90	0,85	0,80
	stark[1)]	0,75	0,65	0,60
innerstädtisches Wohngebiet	gering	0,80	0,75	0,70
	stark[1)]	0,65	0,55	0,50
Industriegebiet	gering	0,70	0,60	0,55
	stark[1)]	0,50	0,40	0,30

[1)] Starke Verschmutzung der inneren Oberfläche der Verglasung ist bei Fensterlüftung anzunehmen, wenn dabei die innere Oberfläche nicht häufiger gereinigt wird als die äußere.

Tabelle 13.5: Glasflächenanteil k_1 von Fenstern (Richtwerte; bei Vorliegen von verbindlichen Angaben des Herstellers sind diese zu verwenden)

Fensterkonstruktion		k_1 bei einer Fensterfläche A_F				
		$\leq 0{,}5\ m^2$	$> 0{,}5\ m^2$ $\leq 1{,}0\ m^2$	$> 1{,}0\ m^2$ $\leq 2{,}0\ m^2$	$> 2{,}0\ m^2$ $\leq 5{,}0\ m^2$	$> 5{,}0\ m^2$
Holz- und Kunststofffenster, einfach oder Verbundfenster	öffenbar	0,40	0,50	0,63	0,70	0,75
	fest	0,50	0,62	0,75	0,83	0,85
Holz- und Kunststofffenster, Kastenfenster	öffenbar	0,35	0,45	0,55	0,65	0,70
Metallfenster, einfach oder Verbundfenster	öffenbar	0,50	0,60	0,67	0,73	0,77
	fest	0,60	0,70	0,82	0,88	0,90
Stahlbetonfenster	öffenbar			0,70		
	fest			0,80		
Glasbausteine	fest			0,85		
U-Profilglas, Wellpolyester und andere großflächige Verglasungen	fest				0,90	0,90
Sched- und Oberlichte aus Stahl	öffenbar				0,85	0,88
	fest				0,88	0,90
Lichtkuppeln, selbsttragend, z. B. Acryl	fest				1,0	1,0

Die Berechnung des Himmelslichtanteils $D_{H,r}$ und des Verbauungsanteils $D_{V,r}$ des Tageslichtquotienten geschieht grundsätzlich durch Raumwinkelprojektion des für den Punkt P von der Fensterfläche freigegebenen Himmelsabschnittes (bzw. Verbauungsabschnittes) bezüglich seiner Leuchtdichte und seines Horizontabstandes auf den Punkt P entsprechend Formel 13.19 in Kapitel 13.4.

Da alle Raumwinkelelemente des Himmels bzw. der Verbauung unterschiedliche Leuchtdichten haben und ihre Strahlung auf den Punkt P unter unterschiedlichen Einfallswinkeln erfolgt, ergibt sich grundsätzlich ein Doppelintegral. Für den Himmelslichtanteil und den Außenreflexionsanteil eines rechteckigen senkrechten Fensters lässt sich dieses als einfaches Integral schreiben. Für den Himmelslichtanteil gilt:

$$D_{H,r} = \frac{3}{7\pi} \cdot \int_{\beta=\beta_{Fl}}^{\beta_{Fr}} \left[\frac{2}{3} \cdot (\sin^3 \gamma_F - \sin^3 \gamma_V) + \frac{1}{2} \cdot (\sin^2 \gamma_F - \sin^2 \gamma_V) \right] \cdot d\beta \cdot 100\ \% \quad \text{(Formel 13.24)}$$

mit

$D_{H,r}$ Himmelslichtanteil

γ_F $\gamma_F = \arctan(\tan \varepsilon_F \cdot \cos \beta)$

γ_V $\gamma_V = \arctan(\tan \varepsilon_V(\beta))$

Für den Außenreflexionsanteil gilt:

$$D_{V,r} = c \cdot \frac{3}{7\pi} \cdot \int_{\beta=\beta_{Vl}}^{\beta_{Vr}} \left[\frac{2}{3} \cdot \sin^3 \gamma_V + \frac{1}{2} \cdot \sin^2 \gamma_V \right] \cdot d\beta \cdot 100\ \% \quad \text{(Formel 13.25)}$$

mit

$D_{V,r}$ Außenreflexionsanteil

c $0{,}75 \cdot \rho_V$

ρ_V Reflexionsgrad der Verbauung

γ_V $\gamma_V = \text{arc tan}(\tan \varepsilon_V(\beta))$

Der Innenreflexionsanteil des Tageslichtquotienten berechnet sich folgendermaßen:

$$D_{R,r} = \frac{\sum b_F \cdot h_F}{A_R} \cdot \frac{1}{1-\bar{\rho}} \cdot (f_o \cdot \rho_{BW} + f_u \cdot \rho_{DW}) \cdot 100\ \% \quad \text{(Formel 13.26)}$$

mit

$D_{R,r}$ Innenreflexionsanteil

b_F Breite des (einzelnen) Fensters (Rohbauöffnung) in m

h_F Höhe des Fensters in m

A_R Raumoberfläche = Summe der Raumbegrenzungsflächen in m²

$\bar{\rho}$ mittlerer Reflexionsgrad der Raumoberfläche

ρ_{BW} mittlerer Reflexionsgrad von Fußboden und Wandunterteil (vgl. auch Tabelle 13.6)

ρ_{DW} mittlerer Reflexionsgrad von Decke und Wandoberteil (vgl. auch Tabelle 13.6)

f_o Fensterfaktor, Verhältnis der durch Licht aus dem oberen Halbraum erzeugten vertikalen Beleuchtungsstärke des Fensters $E_{F,v,o}$ zu E_a, abhängig vom Verbauungswinkel α

f_u Fensterfaktor, Verhältnis der durch Licht aus dem unteren Halbraum erzeugten vertikalen Beleuchtungsstärke des Fensters $E_{F,v,u}$ zu E_a, abhängig vom Verbauungswinkel α (vgl. zu den Gleichungen für f_o und f_u DIN 5034-3)

Für die Berechnung des Tageslichtquotienten bei volumenstreuender Verglasung, aber auch für die Berechnung der täglichen und jährlichen Nutzungszeit eines Raumes bzw. einer Raumzone allein durch Tageslicht sei auf DIN 5034-3 verwiesen.

Tabelle 13.6: Reflexionsgrad ρ von Oberflächen des Innenraumes für Tageslicht bei diffusem Lichteinfall

Material	ρ
natürliche und künstliche Steine, Putzschichten, roh	
Beton, Zement- und Kalkzementmörtel	0,20 bis 0,30
Kalkmörtel aus Weißkalk	0,30 bis 0,35
Ziegel, rot	0,25
Klinker, dunkelrot bis violett	0,15 bis 0,20
Gipsputz, Stuckgips	0,75
Sandstein	0,20 bis 0,40
Granit	0,20 bis 0,25
Marmor, poliert	0,30 bis 0,70
Kalk-Zement-Steine	0,75
Hölzer und Holzdekofolien	
Ahorn, Birke geschliffen	0,6
Eiche, hell, poliert	0,25 bis 0,35
Eiche, dunkel, poliert	0,10 bis 0,15
Metalle	
blank	0,60 bis 0,75
matt	0,45 bis 0,60
Fußböden, Fußbodenbeläge, gealtert	
Holzfußboden, roh oder versiegelt, Zementestrich	0,20 bis 0,30
Holzfußboden, roh oder versiegelt, Zementestrich, stark verschmutzt	0,15 bis 0,20
Holzfußboden, hell gestrichen, sauber	0,30 bis 0,40
Platten aus natürlichen Steinen	0,15 bis 0,60
Klinkerplatten, Bodenfliesen	0,15 bis 0,40
textile Kunststoffbeläge, hell	0,30 bis 0,50
textile Kunststoffbeläge, dunkel	0,10 bis 0,30
Beschichtungen, Farbanstriche	
Email, weiß	0,65 bis 0,75
Email, weiß, aus synthetischen Harzen	0,85 bis 0,90
Ölfarbe, Alkydharzfarbe, PUR, lackiert, weiß	0,76 bis 0,85
Kalk-, Leim-, Silikatfarbe	
weiß	0,76 bis 0,85
hellgrau	0,40 bis 0,60
dunkelgrau	0,25 bis 0,35
schwarz	0,05 bis 0,10
elfenbein	0,70 bis 0,82
chromgelb, rein	0,48 bis 0,52
hellgrün	0,40 bis 0,67
dunkelgrün	0,15 bis 0,22
hellblau	0,31 bis 0,55

Tabelle 13.6: Fortsetzung

Material	ρ	
türkisblau	0,30 bis 0,50	
ultramarin	0,07 bis 0,10	
hellrot	0,32 bis 0,50	
zinnober	0,20 bis 0,25	
karmin	0,10	
verschiedene natürliche Stoffe		
Erde, feucht, kultiviert	ca. 0,07	
Gras, dunkelgrün	ca. 0,06	
Vegetation, Mittelwert	0,25	
Schnee, frisch (über 20 mm Dicke)	ca. 0,75	
Schnee, alt (über 20 mm Dicke)	ca. 0,65	
menschliche Haut, ungebräunt	ca. 0,45	
spezielle Stoffschichten für extreme Anforderungen (Messinstrumente)		
Magnesiumoxid MgO, Gelatinebindung	0,95 bis 0,98	
Samt, schwarz	0,005 bis 0,04	
Fenster[1)]		
Verglasung	**ρ bei einer Anzahl der Glasflächen von**	
	1	**2**
Silikat- oder organische Gläser, klar durchsichtig, nicht gefärbt, nicht beschichtet	0,08	0,15
Reflexionsglas plus Fensterglas	–	0,50
Absorptionsglas und Fensterglas	–	0,05
Silikat- oder organische Gläser, nicht klar durchsichtig		
Roh-, Ornament- und Drahtgläser, U-Profilglas	0,12	0,14
Trübgläser (Matt- und Opalgläser)	0,13	0,13

[1)] Die angegeben Werte gelten nur für den Glasflächenanteil k_1. Sie dürfen bei dunklen Fensterrahmen für die gesamte Fensterfläche A_F verwendet werden.

13.6 Lampen

13.6.1 Lampe, Leuchte, Raum

Eine **Lampe** ist eine zur Lichterzeugung verwendete künstliche Lichtquelle. Umgangssprachlich wird die Lampe auch als Leuchtmittel bezeichnet. Die Lichtemission von für Gebäude typischen Lampen beruht auf folgenden physikalischen Prozessen:

- Temperaturstrahlung (Glüh- und Halogenlampen)
- Gasentladung (Gasentladungslampen)
- Bestrahlung von Leuchtstoffen (Leuchtstofflampen)
- elektrische Entladung in Halbleitern (LED bzw. OLED)

Eine **Leuchte** ist die technische Einrichtung, die die Lampe, d. h. die künstliche Lichtquelle, aufnimmt. Die Leuchte kann das Licht filtern, verteilen, reflektieren oder umformen.

Die Anordnung von Leuchten mit bestimmten Lampen im Raum führt zu einer bestimmten Beleuchtungssituation, die außerdem noch von den lichttechnischen Eigenschaften der Oberflächen im Raum (Wänden, Decken, Mobiliar) abhängt (vgl. dazu Kapitel 13.10). Diese visuelle Situation kann mithilfe der Gütemerkmale der Beleuchtung nach Licht.wissen 01 (Licht.wissen 01, 2016) bewertet werden:

- Sehkomfort:
  - Helligkeitsverteilung im Raum
  - Farbwiedergabe
- Sehleistung:
  - Beleuchtungsniveau (abhängig von Beleuchtungsstärke, Leuchtdichte, Reflexionseigenschaften der beleuchteten Flächen)
  - Blendungsbegrenzung (Direktblendung, Reflexionsblendung)
- visuelles Ambiente:
  - Modelling (Verteilung von Licht und Schatten)
  - Lichtfarbe
  - Lichtrichtung

13.6.2 Energieeffizienzklassen von Lampen

Die Energieeffizienz der Lampen wird mithilfe der Lichtausbeute beschrieben. Dabei handelt es sich um den Quotienten aus Lichtstrom und elektrischer Leistung:

$$\eta_L = \frac{\phi_L}{P_L} \qquad \text{(Formel 13.27)}$$

mit

η_L Lichtausbeute der Lampe in lm/W
ϕ_L Lichtstrom der Lampe (vgl. Tabelle 13.1) in lm
P_L elektrische Leistungsaufnahme der Lampe in W

Ab 1. September 2021 müssen laut EU-Verordnung EU 2019/2015 Lampen mit einer Effizienzklasse nach Tabelle 13.7 bezeichnet werden.

Tabelle 13.7: Energieeffizienzklassen von Lampen

Energieeffizienzklasse	Lichtausbeute (lm/W)
A	$210 \le \eta_L$
B	$185 \le \eta_L < 210$
C	$160 \le \eta_L < 185$
D	$135 \le \eta_L < 160$
E	$110 \le \eta_L < 135$
F	$85 \le \eta_L < 110$
G	$\eta_L < 85$

13.6.3 Temperaturstrahler

Zu den Temperaturstrahlern gehören in der historischen Reihenfolge ihrer Nutzung durch den Menschen: Sonnenstrahlung, Holzfeuer, Kienspan, Fackel, Öllampe, Wachskerze, Petroleumlampe, Gasglühlicht, Glühlampe und Halogenglühlampe.

Davon dienen Holzfeuer und Kienspan (z. B. im Kamin), Wachskerzen und Petroleumlampen heute nur noch der –

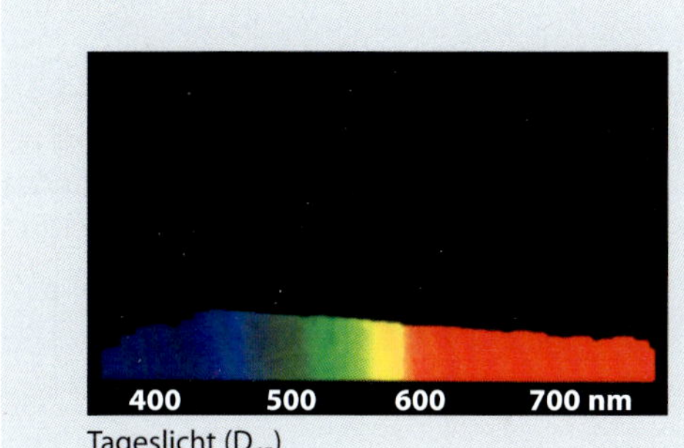

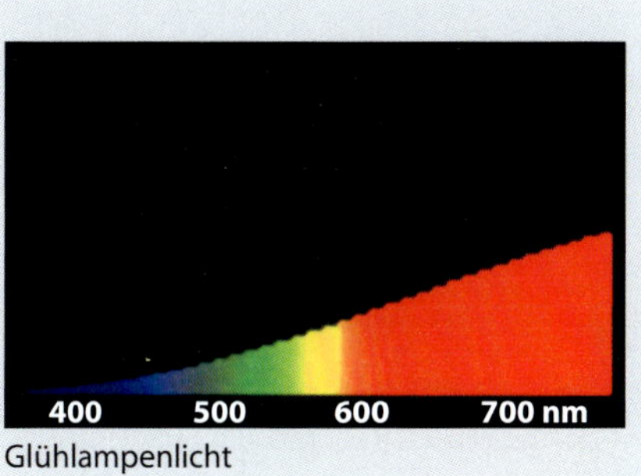

Abb. 13.17: Spektren verschiedener Temperaturstrahler, links Tageslicht (Normlichtart D_{65}), rechts Glühlampe (Quelle: Lange: Handbuch für Beleuchtung, Landsberg 2008; der Abdruck erfolgt mit freundlicher Genehmigung des Verlags ecomed SICHERHEIT.)

ästhetisch orientierten – Lichtstimmung in einem Raum, Gasglühlicht wird weitgehend nur noch in denkmalgeschützten Wohnbereichen zur Straßenbeleuchtung und auch beim Camping eingesetzt. Fackel, Öllampe und Petroleumlampe sind offenbar wegen ihrer geringen Lichtausbeute von nur etwa 0,1 bis 1,0 lm/W und der von ihnen ausgehenden Brandgefahr vom Markt fast gänzlich verschwunden.

Zur Beleuchtung von Räumen und zur visuellen Hervorhebung von speziellen Sehobjekten werden nach wie vor, wenn auch mit abnehmender Tendenz, Temperaturstrahler in der Form von Glühlampen oder Halogenglühlampen eingesetzt. Die Abb. 13.17 zeigt das Spektrum einer Glühlampe im Vergleich zu dem des natürlichen Tageslichtes.

Glühlampen bestehen aus einem Stift- oder Schraubsockel, einem mehrfach gewendelten Glühfaden aus Wolfram und einem klaren oder mattieren Glaskolben, der entweder evakuiert oder mit Edelgas (Krypton oder Argon, sehr selten Xenon) gefüllt ist.

Bei Halogenglühlampen wird dem Füllgas eine geringe Menge eines Halogens (Jod, Brom) zugegeben, mit dem sich das abdampfende Wolfram der Wendel chemisch verbindet. Das Wolframhalogenid kann sich auf der Kolbenwand nicht niederschlagen, wenn deren Temperatur über 250 °C liegt, diffundiert dann durch die Gasfüllung des Kolbens und dissoziiert in der Nähe der Wendel. Durch diesen Kreisprozess werden die Schwärzung des Kolbens und damit ein Rückgang des Lichtstromes vermieden. Die notwendige hohe Temperatur erfordert kleine Kolben aus Hart- oder Quarzglas.

Glüh- und Halogenlampen spielen für die Raumbeleuchtung nur noch eine untergeordnete Rolle, da sie teilweise nicht mehr in den Handel gebracht werden dürfen. Lediglich Halogenlampen mit G9- oder R7s-Sockel werden in Deckenstrahlern oder Schreibtischleuchten weiterhin verwendet.

13.6.4 Gasentladungslampen

Gasentladungslampen bestehen in der Regel aus einem mit einem Gas und oder Dampf gefüllten Glasgefäß, in das 2 Elektroden eingeschmolzen sind. Wird die durch ein Vorschaltgerät erzeugte hohe Zündspannung angelegt, so werden freie Ladungsträger (Elektronen, Ionen) beschleunigt. Atome, auf die sie stoßen, werden ionisiert. Das Gas wird elektrisch leitend. Es bildet sich ein Plasma. Beide Vorgänge sind für die Lichterzeugung verantwortlich.

Alle Gasentladungslampen benötigen ein auf ihre elektrischen Eigenschaften abgestimmtes Vorschaltgerät, das die notwendige hohe Zündspannung erzeugt und – nach zunehmender Ionisation des Gases – die Stromstärke begrenzt. Konventionelle Vorschaltgeräte (KVG) bestehen aus einer Drosselspule, die beim Zünden als Transformator (zusammen mit dem Zünder) und bei zunehmender Ionisation des Gases als induktiver Widerstand wirkt. Moderne elektronische Vorschaltgeräte (EVG) haben die gleichen Funktionen, üben diese aber unter geringerer Belastung der Elektroden aus, was zu deutlich längeren Lebensdauern der Lampen führt. Vorschaltgeräte können konstruktiv Bestandteil einer Lampe (z. B. Energiesparlampen = Kompaktleuchtstofflampen) sein, sie können Bestandteil einer Leuchte sein und dann ggf. auf mehrere Lampen wirken und sie können schließlich außerhalb des Raumes angeordnet werden und dann Zündung und Strombegrenzung aller Lampen im Raum bewirken. Im letzteren Fall tritt der Stromverbrauch des Vorschaltgerätes (20 bis 40 % der Systemleistung) nicht als Wärmelast des Raumes auf.

Die in einer Gasentladung angeregten Atome und Moleküle emittieren ein für das jeweilige Gas charakteristisches Linienspektrum. Bei der Hochdruckentladung werden die Linien von einem Kontinuum überlagert bzw. überdeckt. Gasentladungsspektren können auch UV-Strahlung enthalten, die sich durch Leuchtstoffe in sichtbare Strahlung überführen lässt (z. B. bei den Quecksilberdampfhoch- und -niederdrucklampen).

Die Hochdruckentladungslampen werden vorrangig im Leistungsbereich von 50 bis 1.000 W gefertigt. Sie zeichnen sich durch hohe Lichtausbeute, lange Lebensdauer, Robustheit, weitgehende Temperaturunabhängigkeit des Lichtstroms und sehr kleine Leuchtflächen aus.

Die Lichtausbeute der Natriumdampfhochdrucklampe reicht bis zu 175 lm/W. Sie wird vorrangig zur Beleuchtung von Straßen und Gleisanlagen eingesetzt. In Industriehallen hat sie sich wegen ihrer orangefarbenen Lichtfarbe noch nicht durchgesetzt. Quecksilberdampfhochdrucklampen haben einen mit Leuchtstoffen beschichteten Kolben. Sie erreichen Lichtausbeuten bis zu etwa 60 lm/W. Sie werden universell im Außen- und Innenbereich zur Beleuchtung vonVerkehrsanlagen, Industrie-, Messe- und Sporthallen eingesetzt.

Bei den Halogenmetalldampflampen werden dem Füllgas Metallhalogenide zugefügt. Dadurch wird eine bessere Farbwiedergabe erreicht. Die Lampen werden daher bevorzugt bei Räumen eingesetzt, in denen Film- und Fernsehaufnahmen gemacht werden (Sporthallen u. Ä.), sowie zur Beleuchtung von Verkaufsflächen, bei denen hohe Anforderungen an die farbechte Warenbeleuchtung bestehen.

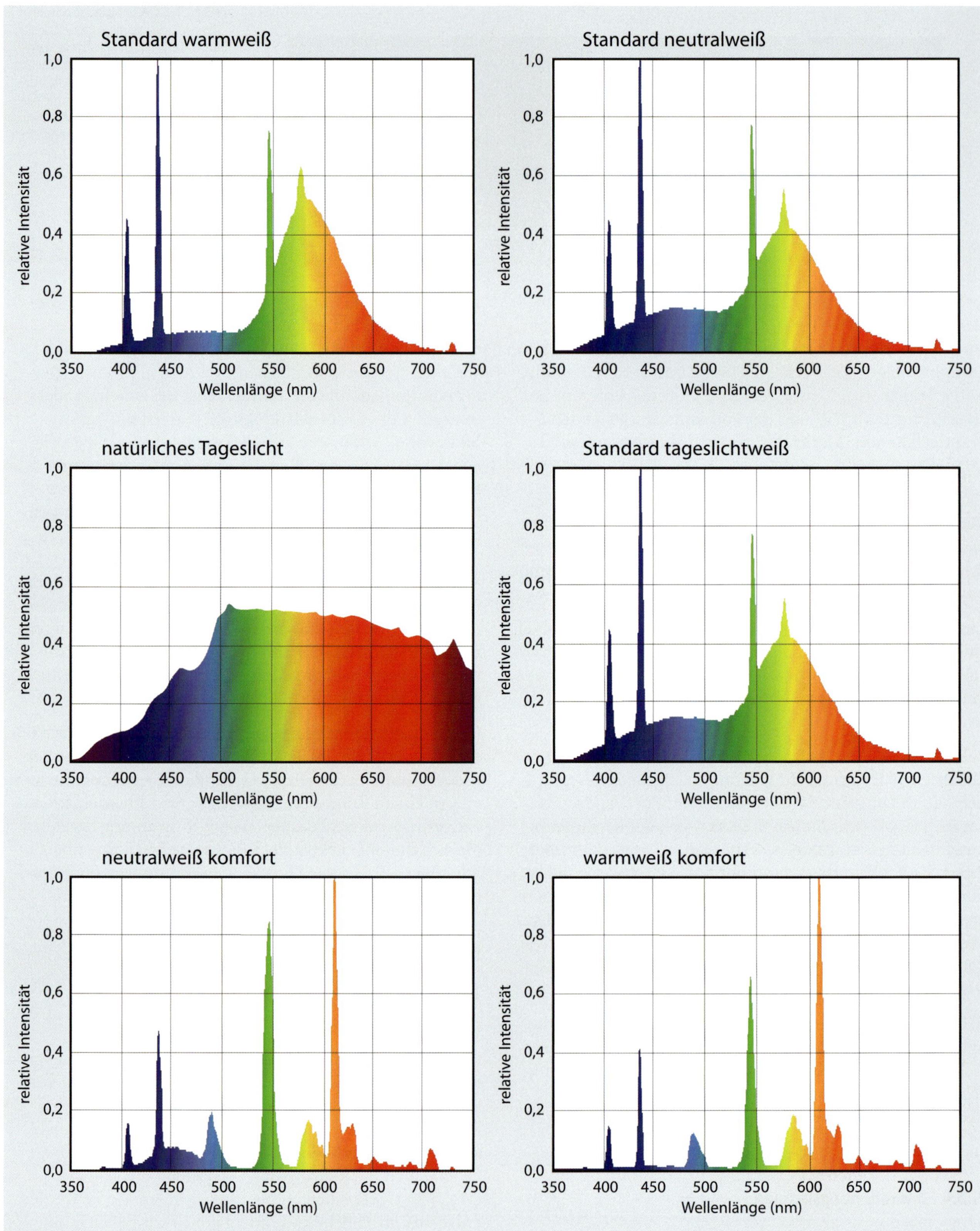

Abb. 13.18: Spektren verschiedener Leuchtstofflampen

13.6.5 Leuchtstofflampen

Die Leuchtstofflampe ist im Gebäudebereich am häufigsten anzutreffen. Infolge der Ablösung der Glühlampe steigt ihre Verbreitung insbesondere in Form kompakter Lampenkörper (sog. Energiesparlampen) weiter an.

In den Glasrohren der Leuchtstofflampe emittiert Quecksilberdampf eine im UV-Gebiet liegende Resonanzstrahlung, die durch die innen auf dem Glasrohr aufgebrachte Leuchtstoffschicht in sichtbares Licht umgewandelt wird. Durch unterschiedliche Leuchtstoffe bzw. deren Mischung lässt sich eine außerordentlich große Vielfalt von Spektren mit ver-

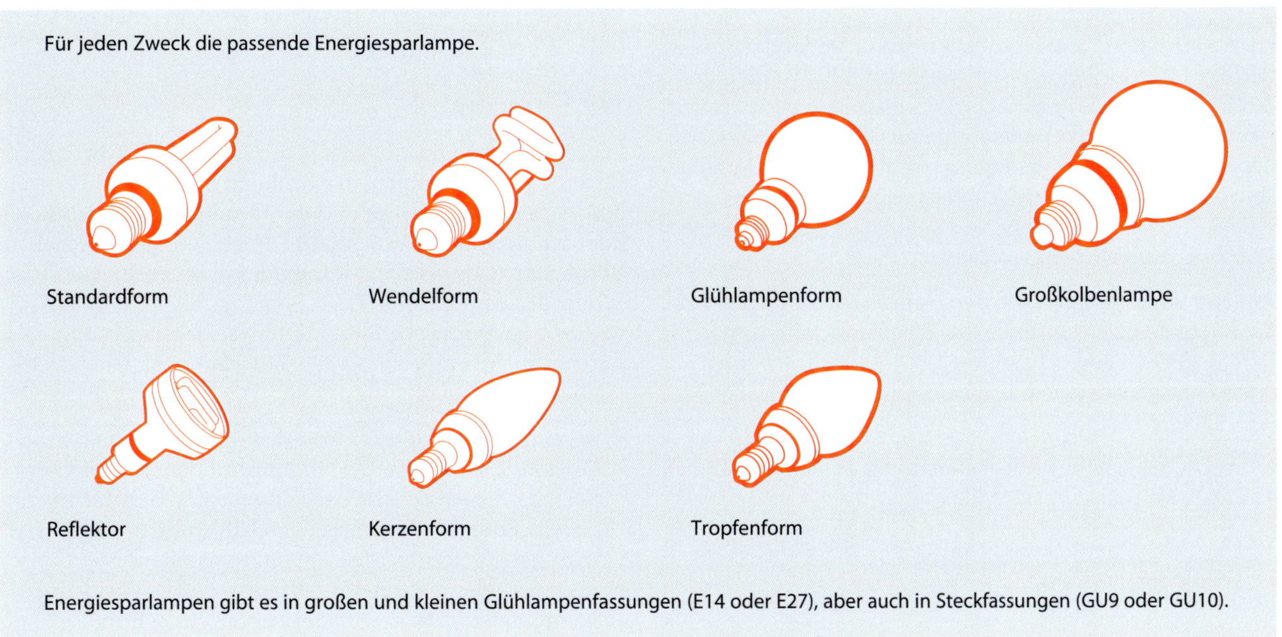

Abb. 13.19: Verschiedene Formen von Leuchtstofflampen (Quelle: Initiative EnergieEffizienz der dena, Energiespartipps für die Beleuchtung, 2012, S. 8)

schiedenen ähnlichsten Farbtemperaturen, Farbwiedergabeeigenschaften und Lichtausbeuten erzielen (vgl. Abb. 13.18). Die Lichtausbeuten liegen im Bereich von 65 lm/W (Deluxe-Reihen mit sehr guter Farbwiedergabe) bis 110 lm/W (Dreibandenleuchtstofflampe mit im Normalfall noch guter Farbwiedergabe). Die Lichtausbeute ist damit fünfmal so groß wie die der Glühlampe, teilweise sogar noch größer.

Für die Raumbeleuchtung werden Leuchtstofflampen mit Leistungen zwischen 28 und 58 W hergestellt. Wegen ihrer vergleichsweise großen Abmessungen ist die Bündelung ihres Lichtstromes nur eingeschränkt möglich. Sie sind daher für die Beleuchtung von hohen Hallen und von Räumen, in denen eine große Schattigkeit verlangt wird, nur bedingt geeignet. In allen anderen Räumen, insbesondere in niedrigen Produktionsräumen, in Büros, Unterrichtsräumen, Verkehrsflächen und auch im Wohnbereich ist die Leuchtstofflampe wohl noch lange allen anderen Lichtquellen aufgrund ihrer Wirtschaftlichkeit und ihrer Anpassungsfähigkeit an das gewünschte Spektrum der Lichtausstrahlung überlegen. Leuchtstofflampen haben eine Lebensdauer von ca. 10.000 Stunden, die bei modernen elektronischen Vorschaltgeräten (EVG) nur noch wenig von der Einschalthäufigkeit beeinflusst wird. Noch wesentlich größere Lebensdauern sind bei den modernen Leuchtstofflampen zu erwarten, bei denen die Spannung im Entladungsrohr nicht durch Elektroden, sondern durch Induktion über das Entladungsrohr umfassende Spulen erzeugt wird. Abb. 13.18 zeigt exemplarisch die Spektren verschiedener Leuchtstofflampen.

Zunehmend werden sehr kleine Leuchtstofflampen als Energiesparlampen oder Kompaktleuchtstofflampen mit sehr verschiedenen Formen der Entladungsröhren für die Beleuchtung von Wohnbereichen im Leistungsbereich zwischen 7 und 25 W angeboten. Ihre integrierten elektronischen Vorschaltgeräte sind inzwischen so verbessert, dass ein flimmerfreies Einschalten möglich ist, und ihre Lichtfarbe kann frei gewählt werden. Ihre Sockel sind denen der Glühlampen angepasst (E 27, E 14 oder Stiftsockel). Kompakte Leuchtstofflampen (vgl. Abb. 13.19) sind in den Energieeffizienzklassen A und B zu finden (vgl. Tabelle 13.7).

13.6.6 LED-Lampen

LED (Light Emitting Diodes) bestehen aus Halbleitermaterialien, die beim Stromdurchfluss Licht emittieren. Aus elektrischer Sicht bilden sie eine Diode. Der Lichtaustritt ist pro Einzelelement gerichtet. Mehrseitig abstrahlende Leuchtmittel und gestaltete Geometrien werden über eine Mehrfachanordnung der Leuchtdioden erreicht.

Mit unterschiedlichen Halbleitermaterialien und -dotierungen können alle grundlegenden Farben hergestellt werden. Mittlerweile gibt es LED mit gezielt gestalteten Lichtfarben und angepassten Leuchtmittelformen, die für den Wohnbereich, für Büros oder Hotelräume verwendet werden können. LED selbst haben bezogen auf die elektrische Leistung eine sehr hohe Lichtausbeute und geringe Wärmeverluste. Zu beachten ist aber die notwendige Kombination mit einem elektronischen Vorschaltgerät, das für Wärmeverluste sorgt, jedoch örtlich auslagerbar ist. Die Lichtausbeute von am Markt verfügbaren LED-Leuchtmitteln liegt im Bereich von 30 bis 80 lm/W (inklusive Vorschaltgerät). Sie liegen damit inzwischen im Bereich von Leuchtstofflampen, die allerdings teilweise noch höhere Lichtausbeuten aufweisen.

LED-Lampen finden zunehmend Verbreitung vor allem in Bereichen, die vormals mit Glühlampen beleuchtet wurden, da sie diese aus der Sicht verschiedener Eigenschaften (Kaltstartverhalten, Lichtfarbe) ersetzen und ergänzen können. Außerdem eignen sie sich sehr gut für Flächen- und Effektbeleuchtungen, für Notlichtsysteme und für Hinweiskennzeichnung. Inzwischen werden LED-Leuchten in fast allen Anwendungsbereichen eingesetzt – bis hin zu Außen- und Wegebeleuchtungen.

OLED sind Dünnschichtbauelemente, die aus organischen Halbleitermaterialien hergestellt werden. Dadurch können flächige Lichtquellen realisiert werden. OLED werden derzeit hauptsächlich für Bildschirme verschiedenster Art verwendet. Allerdings befindet sich diese Technologie noch in der Entwicklung und man muss abwarten, welche Möglichkeiten sich für den Gebäudebereich ergeben werden.

13.6.7 Energieeffizienz von Lampen

Anhand eines Beispiels soll der Einfluss der Lampenart auf die Energieeffizienz mithilfe des Tabellenverfahrens nach DIN V 18599-4 abgeschätzt werden. Im Beispiel werden 2 Beleuchtungsvarianten in einem Einzelbüro betrachtet (vgl. Tabelle 13.8):

- direkte Beleuchtung mit stabförmigen Leuchtstofflampen
- direkte Beleuchtung mit LED

Tabelle 13.8: Beispielhafte Berechnung der Bewertungsleistung zweier Beleuchtungsvarianten für ein Einzelbüro

Bezeichnung	**Formelzeichen**	**Einheit**	**Variante 1**	**Variante 2**
Ausgangswerte				
Raumart			Einzelbüro	Einzelbüro
Beleuchtungsstärke		lx	500	500
Raumtiefe		m	4,9	4,9
Raumbreite		m	3,2	3,2
Raumhöhe		m	2,7	2,7
Differenz Leuchtenebene zu Nutzebene		m	1,9	1,9
Lampenart			Leuchtstoff, stabförmig, EVG	LED
Beleuchtungsart im Raum			direkte Beleuchtung	direkte Beleuchtung
Berechnung				
Raumindex	k		1,02	1,02
spezifische Leistung nach Tabelle 5[1)]	$p_{Bel,lx}$	W/(m²·lx)	0,033	0,033
Faktor Raumart	k_A		0,84	0,84
Faktor Lampenart (Tabelle 6[1)])	k_L		1,00	0,49
Faktor Raumgeometrie	k_R		0,77	0,77
spezifische elektrische Bewertungsleistung	p_{Bel}	**W/m²**	**10,67**	**5,23**
Einsparung gegenüber Variante 1				**–51 %**

1) DIN V 18599-4

Das Beispiel verdeutlicht das große Effizienzpotenzial von LED.

13.7 Leuchten

Leuchten dienen der Halterung der Lampen, der Stromzuführung zu den Lampen, der Lenkung des von den Lampen emittierten Lichtstromes und der Blendungsbegrenzung, dem Schutz von Menschen und Lampen vor gefährlicher Berührung (Stromschlag, Kurzschluss), oft auch dem Schutz der Lampen vor Staub, hoher Luftfeuchte, Spritzwasser oder Wasser (z. B. bei Unterwasserbeleuchtung), seltener auch vor mechanischer Beschädigung. Die Leuchten bestehen daher:

- aus einem Grundkörper bzw. dem Leuchtengehäuse mit Kontaktklemmen zur Verbindung mit dem elektrischen Netz, ggf. unter Zwischenschaltung eines Transformators (z. B. bei den Niedervolthalogenglühlampen) oder eines Vorschaltgerätes (bei den Entladungslampen),
- aus einer oder mehreren Fassungen, die die Form einer Schraubfassung (sog. Edison-Fassung, z. B. E 14, E 27 usw. für Glühlampen, Kompaktleuchtstofflampen und Hochdruckentladungslampen), eines oder zweier Stiftsockel (Leuchtstofflampen, Kompaktleuchtstofflampen und Miniaturhalogenglühlampen) oder eines Soffittensockels (Soffittenlampen) haben können,
- in der Regel aus reflektierenden Flächen zur Lichtlenkung (z. B. aus das Licht bündelnden, verspiegelten Flächen bei Tiefstrahlern mit parabolischem Reflektor oder aus das Licht streuenden, diffus reflektierenden Flächen bei sog. Flutern),
- häufig aus diffus transmittierenden großen Abdeckungen (sog. Lampenschirm) zur Verringerung der Leuchtdichte und damit zur Blendungsbegrenzung,
- in Sonderfällen auch aus wannenförmigen Abdeckungen aus Glas oder Kunststoff mit Dichtungen, die dem Schutz der Lampen vor Staub, Feuchtigkeit oder Wasser dienen.

Leuchten unterscheiden sich funktionell vor allem

- durch ihre Lage und Montage im Raum (vgl. Abb. 13.20),
- hinsichtlich der Raumausleuchtung und der Blendungsbegrenzung durch ihre Lichtlenkung, ausgedrückt durch ihre Lichtverteilungskurve (Lichtstärkeindikatrix; vgl. Abb. 13.20),
- hinsichtlich der Lichtleistung durch die Zahl und den Lichtstrom der Lampen, mit denen sie bestückt sind,
- energieökonomisch durch den Leuchtenwirkungsgrad η_L (= Verhältnis des von der Leuchte ausgestrahlten zu dem von ihren Lampen erzeugten Lichtstrom).

13.8 Anordnung der Leuchten im Raum

Die Lichtverteilungskurve der Leuchten und ihre Lage im Raum bedingen sich teilweise gegenseitig. Ihre Kombination führt zum Begriff der Beleuchtungsmethode, die hinsichtlich des Aussehens, insbesondere der Schattenwirkung eines Raumes, aber auch bezüglich der Berechnung der Beleuchtungsstärke nach dem Lichtstromverfahren (vgl. Kapitel 13.11.4) von Bedeutung ist. Grundsätzlich wird folgendermaßen unterschieden:

- direkte Beleuchtung (Lichtstrom der Leuchten nur nach unten gerichtet)

Beleuchtungs-methode	direkt		vorwiegend direkt	gleichförmig	vorwiegend indirekt		indirekt
Lage im Raum/ Montageart	Deckeneinbau-leuchte mit Spiegelraster	Pendel-(Hänge-) Leuchte mit verspiegeltem Parabolreflek-tor, tiefstrah-lend	Deckenanbau-leuchte mit Trübglas-abdeckung	Pendelleuchte mit Trübglas-kugel oder Papierkugel (Japan-Leuchte)	Standleuchte mit nach oben gerichtetem teilverspiegel-tem Glasreflek-tor	Wandleuchte mit flachem, diffus reflektie-rendem Schirm	Wandleuchte mit nach oben gerichtetem Spiegelreflektor und Klarglasab-deckung
Schnitt – Skizze	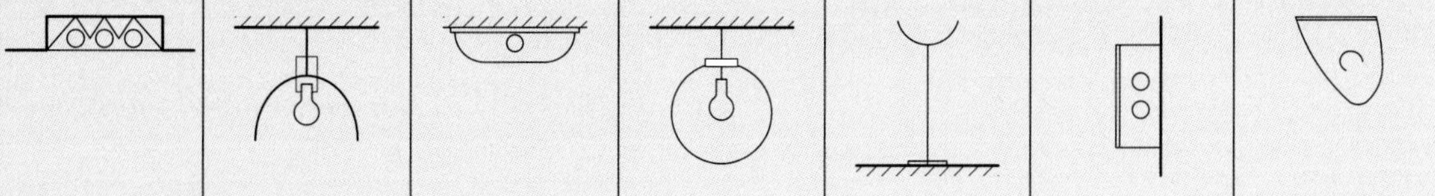						
Lichtstärke-indikatrix	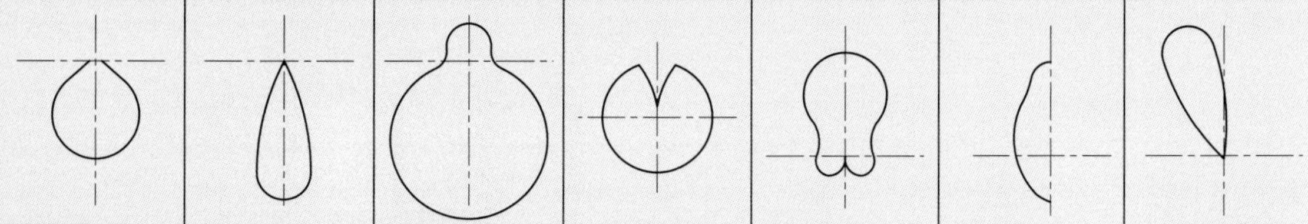						
Eigenschaften, Anwendungs-beispiele	blendungsarm, Sehobjekte meist heller als die Decke; Büros, Flure, Arztpraxen, Ausstellungs-räume	starke Eigen- und Schlag-schatten; hohe Hallen mit Kranbahn, direkte Anstrah-lung plastischer Objekte in Ausstellungen	hohe Gleich-mäßigkeit der Beleuchtungs-stärke, nicht blendungsarm; Warte- und Eingangshallen, Nachrüstung bei Beton-decken	kaum Schatten-wirkung, Blen-dung proble-matisch; nicht für Arbeits-räume, für dekorative Zwecke, bedingt in Wohnräumen	sehr schwache Schatten-wirkung; für Bearbeitung glänzender Teile, in Wohn-räumen als sog. Stimmungs-be-leuchtung beliebt	schattenarm, visuelle Beto-nung der Raumbegren-zung; nur als Zusatzbe-leuch-tung, in Gaststätten beliebt	praktisch schat-tenlos, keine Blendung, Decke heller als Sehobjekte (wie bei bedecktem Himmel); bei stark wechseln-den Blickrich-tungen (Volleyball)

Abb. 13.20: Zuordnung von Beleuchtungsmethode und funktionellen Eigenschaften der Leuchten

- vorwiegend direkte Beleuchtung (Lichtstrom der Leuchten vorrangig nach unten, teilweise auch nach oben gerichtet)
- gleichförmige Beleuchtung (Lichtstrom der Leuchten gleichmäßig in den Raum verteilt)
- vorwiegend indirekte Beleuchtung (Lichtstrom der Leuchten zum größten Teil gegen die Raumdecke und den oberen Teil der Wände gerichtet),
- indirekte Beleuchtung (Lichtstrom der Leuchten nur gegen die Decke und den oberen Teil der Wände gerichtet)

Abb. 13.20 zeigt häufige Kombinationen von Einbaulage und Beleuchtungsmethode sowie Eigenschaften und Anwendungsbeispiele. Diese Einteilung ist zunächst nur sinnvoll in Räumen, in denen die Sehobjekte waagerecht oder zumindest weitgehend in einer waagerechten Ebene angeordnet sind. Ist dies nicht der Fall (z. B. bei Gemäldegalerien), so sind die beschriebenen Eigenschaften und Einsatzbereiche analog zu interpretieren.

Direkte Beleuchtung lässt die waagerechten Sehobjekte deutlich heller erscheinen als die Wände und vor allem als die Decke des Raumes. Sie hebt die Arbeitsgegenstände visuell hervor gegenüber der Wahrnehmung der Raumumschließungsflächen, insbesondere der Decke und der Wände. Sie ist daher besonders geeignet für Arbeitsräume mit feinen Arbeiten. Direkte Beleuchtung kann – besonders bei tief strahlenden Leuchten – die plastische Wirkung räumlicher Sehobjekte verstärken. Sie ist daher auch für die Beleuchtung von Ausstellungen mit Plastiken geeignet und für bestimmte Sportstätten, in denen – bei waagerechter Blickrichtung – plastische Sehobjekte schnell und sicher erkannt werden müssen (Tischtennis, Boxring).

Vorwiegend direkte Beleuchtung lässt die Decke heller erscheinen und begünstigt allgemein die Wahrnehmung der Raumform, allerdings etwas zulasten der räumlichen Erscheinung plastischer Sehobjekte. Vorwiegend direkte Beleuchtung erzeugt in der Regel physiologische und auch psychologische Blendung (vgl. Kapitel 13.3). Sie ist daher geeignet für Warte- und Empfangshallen ohne komplizierte Sehaufgaben, bei denen aber der Raumeindruck wichtig ist. Vorwiegend direkte Beleuchtung kann durch eine große Zahl von Leuchten sehr unterschiedlicher Bauart realisiert werden. Ein besonderes Einsatzgebiet ist die Nachrüstung der Raumbeleuchtung mit Deckenanbauleuchten bei bestehenden Betondecken ohne Unterhangdecke.

Gleichförmige Beleuchtung wird am besten realisiert durch Kugelleuchten aus Trübglas oder Papier (sog. Japanleuchten). Sie hat visuell keine Vorteile gegenüber anderen Beleuchtungsmethoden, da die Leuchtdichte in Blickrichtung – selbst bei noch so großen Kugeln – stets zur Blendung und damit zur Einschränkung der Wahrnehmbarkeit der Sehobjekte führt. Dennoch ist die gleichförmige Beleuchtung durch Kugelleuchten zumindest im Wohnbereich als Stimmungsbeleuchtung beliebt. Eine besondere Form der gleichförmigen Beleuchtung stellen Kronleuchter mit vielen gleichförmig strahlenden Kerzen oder Lampen und lichtbrechenden bzw. lichtreflektierenden Glasgehängen

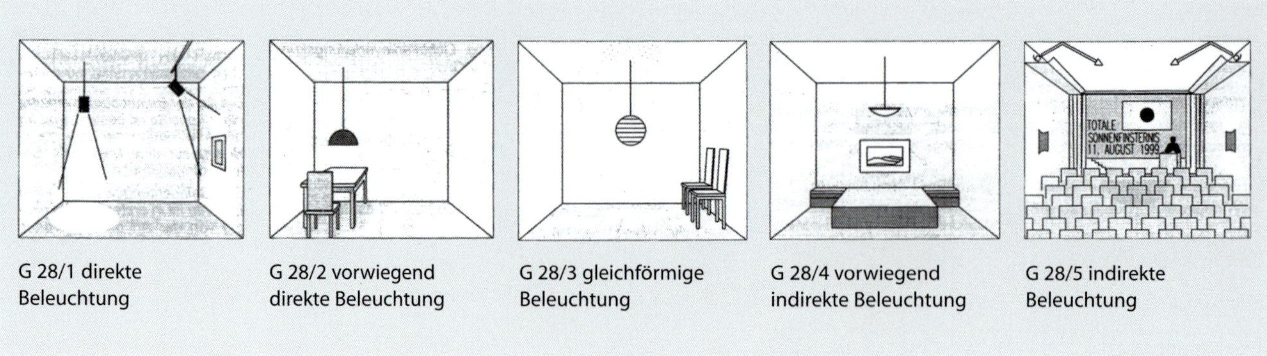

Abb. 13.21: Visuelle Wirkung verschiedener Beleuchtungsmethoden (Quelle: Pistohl/Rechenauer/Scheuerer, Handbuch der Gebäudetechnik, Band 2, 2013)

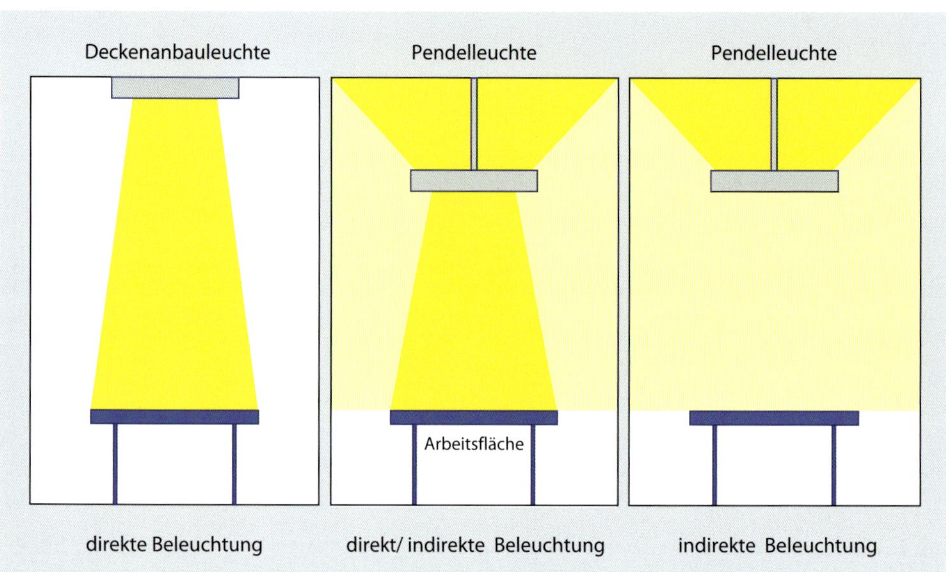

Abb. 13.22: Beleuchtungsarten im Raum

dar: Bei ihnen ist die Blendung vergleichsweise gering, da die einzelnen (realen und virtuellen) Lichtquellen großzügig im Raum verteilt sind (vgl. Formel 13.1), die Beleuchtungsstärke aber vergleichsweise groß ist. Die Folge ist der Eindruck einer festlichen Beleuchtung ohne subjektiv empfundene Blendung.

Vorwiegend indirekte Beleuchtung ist gekennzeichnet durch geringe Schattigkeit und geringe Energieeffizienz, da ein großer Teil des Lichtstromes erst nach Reflexion und Absorptionsverlust an der Decke bzw. den Wänden auf die Sehobjekte gelangt. Abgesehen von der Beliebtheit als Stimmungsbeleuchtung im Wohnbereich hat die geringe Schattigkeit 2 Vorteile: die weitgehende visuelle Unterdrückung von Gesichtsfalten beim Menschen und von Spiegelungen, z. B. bei der Bearbeitung von glänzenden Materialien (Goldschmiedewerkstatt).

Indirekte Beleuchtung ist die energetisch am wenigsten effektive Beleuchtungsmethode. Sie ist aber dann anzuwenden, wenn die nahezu vollständige Schattenlosigkeit und das Fehlen von Reflexblendung zu einer deutlichen visuellen Konzentration auf hellere Sehobjekte führt (z. B. Bildwand in Vortragssälen, durch separate Beleuchtung hervorgehobene Ausstellungsobjekte) oder wenn es nutzungsbedingt keine bevorzugte bzw. keine auszuschließende Blickrichtung gibt (z. B. Volleyball), sowie bei der Bearbeitung oder Kontrolle von glänzenden Arbeitsgegenständen (z. B. Goldschmied, weiterverarbeitende Metallindustrie). Die Beleuchtungssituation ähnelt dann der unter gleichmäßig bedecktem Himmel: Es gibt keine Absolut- oder Relativblendung, aber alle Sehobjekte erscheinen dunkler als ihr Hintergrund (Decke bzw. bedeckter Himmel). In Verbindung mit Arbeitsplatzbeleuchtung ist indirekte Allgemeinbeleuchtung visuell vorteilhaft.

Abb. 13.21 zeigt die visuelle Wirkung unterschiedlicher Beleuchtungsmethoden.

Bewertung der Energieeffizienz

Die Energieeffizienz kann mithilfe der DIN V 18599-4 bewertet werden. In der Norm wird zwischen 3 Beleuchtungsarten im Raum unterschieden (vgl. Abb. 13.22):

- direkte Beleuchtung
- direkt/indirekte Beleuchtung
- indirekte Beleuchtung

Die direkte Beleuchtung wird mithilfe von Einbau- oder Deckenanbauleuchten realisiert. Der Lichtstrom der Leuchte ist direkt auf die Arbeitsfläche gerichtet. Beim direkt/indirekten Prinzip strahlt das Licht einer Pendelleuchte zum einen direkt auf die Arbeitsfläche und zum anderen an die Decke, von wo aus es wieder in den Raum reflektiert

Tabelle 13.9: Beispielhafte Berechnung der Bewertungsleistung von direkter, direkt/indirekter und indirekter Beleuchtung für ein Einzelbüro

Bezeichnung	**Formelzeichen**	**Einheit**	**Variante 1**	**Variante 2**	**Variante 3**
Ausgangswerte					
Raumart			Einzelbüro	Einzelbüro	Einzelbüro
Beleuchtungsstärke		lx	500	500	500
Raumtiefe		m	4,9	4,9	4,9
Raumbreite		m	3,2	3,2	3,2
Raumhöhe		m	2,7	2,7	2,7
Differenz Leuchtenebene zu Nutzebene		m	1,9	1,9	1,9
Lampenart			Leuchtstoff, stabförmig, EVG	Leuchtstoff, stabförmig, EVG	Leuchtstoff, stabförmig, EVG
Beleuchtungsart im Raum			direkte Beleuchtung	direkt/indirekte Beleuchtung	indirekte Beleuchtung
Berechnung					
Raumindex	k		1,02	1,02	1,02
spezifische Leistung nach Tabelle 5[1)]	$p_{Bel,lx}$	W/(m²·lx)	0,033	0,045	0,071
Faktor Raumart	k_A		0,84	0,84	0,84
Faktor Lampenart (Tabelle 6[1)])	k_L		1,00	1,00	1,00
Faktor Raumgeometrie	k_R		0,77	0,77	0,77
spezifische elektrische Bewertungsleistung	p_{Bel}	**W/m²**	**10,67**	**14,55**	**22,96**
Erhöhung gegenüber Variante 1				**36 %**	**115 %**

1) DIN V 18599-4

wird. Dadurch erhält man eine ausgewogenere Leuchtdichteverteilung. Bei der indirekten Beleuchtung wird das Licht nur auf die Raumbegrenzungsflächen gerichtet.

Am Beispiel eines Büroraums soll der unterschiedliche Energiebedarf für diese 3 Beleuchtungsarten mithilfe des Tabellenverfahrens der Norm abgeschätzt werden. Als Maßgröße wird die spezifische elektrische Bewertungsleistung in W/m² berechnet. Wird diese Leistung mit der jährlichen Brenndauer der Beleuchtung multipliziert, ergibt sich der Energiebedarf für die Beleuchtung im Raum. Da die Brenndauer in den 3 betrachteten Varianten jeweils gleich ist, kann der Unterschied der 3 Leistungen als proportional zum Energiebedarf angesehen werden.

Es wird ein Einzelbüro betrachtet. Als Lampenart wird in allen 3 Fällen eine stabförmige Leuchtstofflampe mit elektronischem Vorschaltgerät (EVG) verwendet (vgl. Tabelle 13.9).

Aus energetischer Sicht ist die direkte Beleuchtung am günstigsten. Allerdings ist die visuelle Behaglichkeit bei der direkt/indirekten Beleuchtung aufgrund der ausgewogeneren Leuchtdichteverteilung meistens besser. Die indirekte Beleuchtung würde in einem Büro im Regelfall nicht eingesetzt werden.

Arbeitsplatzbeleuchtung

Arbeitsplätze benötigen in der Regel eine höhere Beleuchtungsstärke als Verkehrsflächen. Auch kann die zweckmäßige Lichtrichtung an Arbeitsplätzen von der gleichmäßigen an Verkehrflächen abweichen. Aus energiewirtschaftlichen und visuellen Gründen bietet sich daher grundsätzlich an, für Arbeitsflächen eine andere Beleuchtung zu wählen als für die Verkehrsflächen. Es wird daher wie folgt unterschieden:

- Allgemeinbeleuchtung
- arbeitsplatzorientierte Allgemeinbeleuchtung
- Arbeitsplatzbeleuchtung

Eine Allgemeinbeleuchtung, die mindestens den Anforderungen an Verkehrsflächen genügt und den Raum als Ganzes erscheinen lässt, ist in der Regel immer notwendig. Sie soll hinreichend gleichmäßig in der Beleuchtungsstärke sein und keine bevorzugte Lichtrichtung haben. Sind die Sehaufgaben im Raum gleich, die Blickrichtungen und die

(Arbeits-)Plätze der Nutzer wechselnd, sodass keine zusätzliche Beleuchtung der Arbeitsplätze sinnvoll ist, so ist das Beleuchtungsniveau der Allgemeinbeleuchtung den Sehanforderungen der Nutzung anzupassen (z. B. 750 lx in Lesesälen).

Vorteile der Allgemeinbeleuchtung:

- Möglichkeit zur räumlich flexiblen Nutzung des Raumes ohne Änderung der Beleuchtung
- weitgehend gleichmäßige Ausleuchtung des Raumes, die am ehesten der Empfehlung nach möglichst geringen Leuchtdichteunterschieden im Gesichtsfeld des Nutzers entgegenkommt
- Erscheinung des Raumes als einheitliches Ganzes, was auch der Kommunikation zwischen den Nutzern dient
- Freihaltung von Arbeits- und Bodenflächen von Leuchten, da diese in der Regel an der Decke montiert sind

Bestehen in einem Raum größere Bereiche mit unterschiedlichen Anforderungen an die Beleuchtung, insbesondere an Beleuchtungsstärke und Lichtrichtung, so bietet sich eine arbeitsplatzorientierte Allgemeinbeleuchtung an. Diese Beleuchtungsart hat den Vorteil, dass die Leuchten wie bei der Allgemeinbeleuchtung an der Decke angeordnet werden können, für bestimmte Nutzungsbereiche aber dennoch Beleuchtungsbedingungen geschaffen werden können, die den jeweiligen speziellen Sehaufgaben gerecht werden.

Sind die einzelnen Arbeitsplätze räumlich sehr begrenzt, sind ihre Sehbedingungen sehr unterschiedlich oder werden sie sogar zu unterschiedlichen Zeiten genutzt, so ist Arbeitsplatzbeleuchtung (Einzelplatzbeleuchtung) aus energetischen und visuellen Gründen zweckdienlich. Dabei werden bestimmte Ausschnitte der gesamten Nutzfläche des Raumes (meist Arbeitsplätze) den spezifischen Ansprüchen hinsichtlich Beleuchtungsstärke, Lichtrichtung, Lichtfarbe und Farbwiedergabe entsprechend beleuchtet. Das ist meist nicht von der Decke aus möglich, vielmehr müssen in der Regel die dafür nötigen Leuchten am Arbeitsplatz selbst installiert werden. Eine ausschließliche Arbeitsplatzbeleuchtung (ohne Allgemeinbeleuchtung des Raumes) ist unzulässig: Vor allem bei höheren Beleuchtungsstärken sollten mindestens 50 % der Nennbeleuchtungsstärke von einer Allgemeinbeleuchtung beigetragen werden.

Vorteile der Einzelplatzbeleuchtung (Arbeitsplatzbeleuchtung):

- Möglichkeit zur Erfüllung sehr spezieller Beleuchtungsanforderungen
- Möglichkeit zur Unterteilung des Raumes in mehrere visuell unterschiedliche Raumzonen, was bei stimmungsbetonten Räumen zur Erzeugung einer intimen Atmosphäre wünschenswert und bei Arbeitsräumen, in denen die ständige Kommunikation von Gruppen zumindest nicht erforderlich ist, zweckdienlich sein kann
- Möglichkeit, ohne größere Umrüstung die Beleuchtung des Arbeitsplatzes den individuellen Bedürfnissen des Nutzers oder auch veränderten Nutzungsbedingungen anzupassen
- geringerer Gesamtelektroenergiebedarf

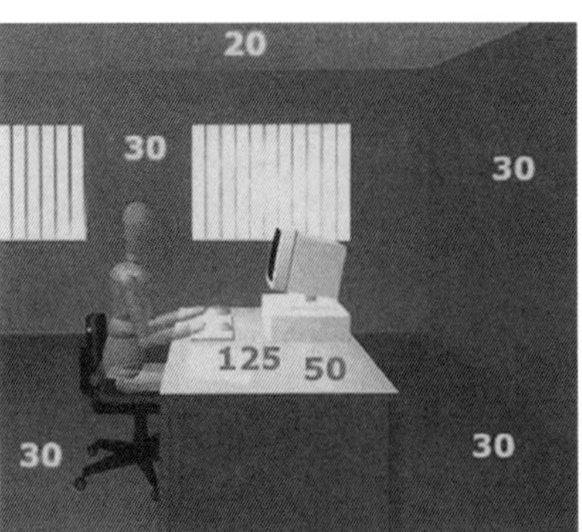

Abb. 13.23: Visuell günstige Verteilung der Leuchtdichten an einem Bildschirmarbeitsplatz (Werte in cd/m²)

Planungsanforderungen

Allgemein günstige Bedingungen bei der Beleuchtung eines Arbeitsplatzes lassen sich wie folgt einfach zusammenfassen:

- Die Beleuchtung lässt sich an das Sehvermögen des Nutzers und die Arbeitsaufgabe anpassen.
- Der Raum ist hinreichend gleichmäßig ausgeleuchtet.
- Im Blickfeld werden hohe Kontraste vermieden.
- Es existiert eine hinreichende Sichtverbindung nach außen (vgl. Kapitel 13.5.1),
- Tageslicht ist ausreichend vorhanden (vgl. Kapitel 13.5.1).
- Die Fenster sind mit verstellbaren Lichtschutzvorrichtungen ausgestattet (vgl. Kapitel 13.4).
- Decken- und Stehleuchten blenden nicht und strahlen möglichst indirekt.
- Optimal ist eine Kombination aus indirekter Allgemeinbeleuchtung und individueller Arbeitsplatzbeleuchtung.

Die Abb. 13.23 zeigt exemplarisch eine für einen Bildschirmarbeitsplatz günstige Verteilung der Leuchtdichten.

Tabelle 13.10 zeigt beispielhaft Anforderungen an die Beleuchtung mit künstlichem Licht von Arbeitsstätten in Innenräumen nach DIN EN 12464-1. Eingetragen sind in Spalte 1 der Raumtyp bzw. die Tätigkeit, in Spalte 2 der Wartungswert der mittleren Beleuchtungsstärke E_m (am Ende eines Wartungsintervalls), in Spalte 3 der zulässige UGR-Wert der psychologischen Blendung und in Spalte 4 der geforderte Farbwiedergabeindex (vgl. zu Spalte 3 und 4 auch Kapitel 13.3).

13.9 Sicherheitsbeleuchtung

Die Notwendigkeit einer Sicherheitsbeleuchtung ergibt sich aus dem jeweiligen Landesbaurecht sowie aus der Nutzungsanforderung, dass Beleuchtung auch beim Ausfall der allgemeinen Stromversorgung verfügbar sein muss. Außerdem gibt es Anforderungen aus den Arbeitsstätten-, Versammlungsstätten- und Beherbergungsrichtlinien bzw. -verordnungen. Die Aufgabe der Sicherheitsbeleuchtung besteht darin, dass bei Ausfall der Stromversorgung die Beleuchtung unverzüglich, automatisch und für einen definierten Zeitabstand zur Verfügung gestellt wird.

Die Sicherheitsbeleuchtung wird vorgesehen in Bereichen,

- die für das gefahrlose Verlassen des Gebäudes im Havarie- oder Brandfall bestimmt sind (Fluchtwegbereiche) oder
- in denen aufgrund von wichtigen Arbeitsabläufen eine funktionierende Mindestbeleuchtung beizubehalten ist.

Tabelle 13.10: Anforderungen an die Beleuchtung von Arbeitsstätten mit künstlichem Licht nach DIN EN 12464-1

Art des Raumes bzw. der Tätigkeit	E_m (lx)	UGR	R_a	Bemerkungen
Verkehrszonen				
Flure	100	28	40	
Treppen, Rolltreppen, Fahrbänder	150	25	40	
Pausen-, Sanitär- und Erste-Hilfe-Räume				
Kantinen, Teeküchen	200	22	80	
Garderoben, Waschräume, Bäder, Toiletten	200	25	80	
Räume für medizinische Betreuung	500	15	90	Farbtemperatur $T \geq 6.000$ K
Kontrollräume				
Räume für haustechnische Anlagen	200	25	60	
Lager- und Kühlräume				
Vorrats- und Lagerräume	100	25	60	200 lx, wenn dauernd besetzt
Regallager, Fahrwege ohne Personenverkehr	20	–	40	
Regallager, Fahrwege mit Personenverkehr	150	22	60	
Metallbe- und -verarbeitung				
Freiformschmieden	200	25	60	
Schweißen	300	25	60	
sehr feine Montagearbeiten	750	19	80	
Druckereien				
Papiersortierung und Handdruck	500	19	80	
Typensatz, Retusche, Lithografie	1.000	19	80	
Farbkontrolle bei Mehrfarbendruck	1.500	16	90	$T \geq 4.000$ K
Büros				
Ablegen, Kopieren, Verkehrszonen usw.	300	19	80	
Datenverarbeitung, Schreiben, Lesen	500	19	80	
technisches Zeichnen	750	16	80	
Archive	200	25	80	
Kindergärten, Spielschulen, Vorschulen				
Spielzimmer, Krippenräume, Bastelräume	300	19	80	
Ausbildungsstätten				
Unterrichtsräume in Grundschulen und weiterführenden Schulen	300	19	80	Beleuchtung sollte steuerbar sein.
Unterrichtsräume für Abendklassen und Erwachsenenbildung	500	19	80	
Hörsäle	500	19	80	
Zeichensäle	500	19	80	
Zeichensäle in Kunsthochschulen	750	19	90	
Demonstrationstisch	500	19	80	in Hörsälen 750 lx
Wandtafel	500	19	80	Reflexblendung vermeiden
Lehrwerkstätten	500	19	80	
Musikübungsräume	300	19	80	
Computerübungsräume	300	19	80	
Bibliotheken, Bücherbereich	200	19	80	
Bibliotheken, Lesebereich	500	19	80	
Sporthallen, Schwimmbäder (allgemeine Nutzung)	300	22	80	
Schulkantinen	200	22	80	
Gesundheitseinrichtungen, Mehrzweckräume				
Warteräume	200	22	80	
Flure: während des Tages	200	22	80	
Flure: während der Nacht	50	22	80	
Bettenzimmer, Allgemeinbeleuchtung	100	19	80	Beleuchtungsstärke am Boden
Bettenzimmer, Lesebeleuchtung	300	19	80	
Bettenzimmer, Untersuchung und Behandlung	1.000	19	90	
Operationsbereich				
Vorbereitungs- und Aufwachräume	500	19	90	
Operationsräume	1.000	19	90	
Operationsfeld				10.000 bis 100.000 lx
zahnärztliche Behandlungsräume				
Allgemeinbeleuchtung	500	19	90	Beleuchtung sollte blendfrei für den Patienten sein.
Patientenbereich	1.000	–	90	
in der Mundhöhle	5.000	–	90	
Weißabgleich der Zähne	5.000	–	90	$T \geq 6.000$ K
Sicherheitsbeleuchtung in Rettungswegen	im Mittel $10 \geq 1$		–	Gleichmäßigkeit $g_2 = E_{min}/E_{max} \geq 1/40$; netzunabhängiger Betrieb

Abb. 13.24: Leuchten für die Sicherheitsbeleuchtung (Quelle: CEAG Notlicht-Systeme GmbH, Soest)

Die Sicherheitsbeleuchtung muss jeweils für Mindestzeiten verfügbar sein (vgl. hierzu die Ausführungen in Kapitel 11).

Es gibt 2 Arten von Leuchten für die Sicherheitsbeleuchtung (vgl. Abb. 13.24):

- Rettungszeichenleuchten zur Anzeige der Fluchtrichtung
- Sicherheitsleuchten zur Ausleuchtung des Fluchtwegs

An die Rettungszeichenleuchten werden u. a. folgende Anforderungen gestellt:

- Nach 1 Sekunde müssen 50 % und nach 60 Sekunden 100 % der geforderten Leuchtdichte verfügbar sein.
- Die Leuchtdichte muss mindestens 2 cd/m² betragen.
- Das Verhältnis der größten zur kleinesten Leuchtdichte soll maximal 10 : 1 betragen.
- Das Verhältnis der Leuchtdichte der Kontrastfarbe (z. B. Weiß in der Abb. 13.24) zur Leuchtdichte der Sicherheitsfarbe (z. B. Grün in der Abb. 13.24) muss zwischen 5 : 1 und 15 : 1 liegen.

Die maximale Erkennungsweite für die Rettungszeichenleuchten wird mit folgender Formel berechnet:

$$L_{max} = h \cdot F \qquad \text{(Formel 13.28)}$$

mit

L_{max} maximale Erkennungsweite in m
h Höhe der Rettungszeichenleuchte in m
F Faktor für Art der Rettungszeichenleuchte (100: beleuchtetes Zeichen; 200: hinterleuchtetes Zeichen)

Außerdem sollen die Rettungszeichenleuchten nicht höher als 20° über der Horizontalen der Betrachterblickrichtung angebracht werden.

Die Sicherheitsleuchten sind an folgenden Stellen vorzusehen:

- im Bereich von Treppen, wobei jede Stufe auszuleuchten ist
- bei Niveauänderungen im Fußboden
- bei Notausgängen
- bei Richtungsänderungen
- bei Kreuzungen von Fluren und Gängen
- im Bereich von Erste-Hilfe-Stellen
- im Bereich jeder Brandbekämpfungs- und Meldeeinrichtung
- in Personenaufzugskabinen

Abb. 13.25: Flur mit eingeschalteter Sicherheitsbeleuchtung (Quelle: INOTEC Sicherheitstechnik GmbH, Ense)

Abb. 13.25 zeigt einen Flur in seiner Funktion als Rettungsweg mit der entsprechenden Sicherheitsbeleuchtung.

13.10 Leuchtdichte und Farbigkeit beleuchteter Flächen

13.10.1 Anforderungen

Das Ziel der Beleuchtungstechnik, Arbeitsgegenstände und andere wichtige Sehobjekte hinsichtlich Leuchtdichte (sowie ihrer räumlichen Verteilung) und Farbe (sowie deren räumlicher Verteilung) so erscheinen zu lassen, dass eine mühelose und auch sichere visuelle Wahrnehmung möglich ist, kann durch die Beleuchtung allein nicht erfüllt werden. Vielmehr müssen beim Planungsprozess auch die unterschiedlichen optischen Eigenschaften der beleuchteten Oberflächen berücksichtigt werden.

13.10.2 Physikalischer Ansatz

Fällt Licht auf eine Oberfläche, so wird der relative Anteil des auftreffenden Lichts ρ reflektiert (zurückgeworfen), der relative Anteil a absorbiert (in Wärme oder – bei lumines-

Reflexionsform	spiegelnd	diffus	spitz gestreut	gemischt
Leuchtdichte-indikatrix	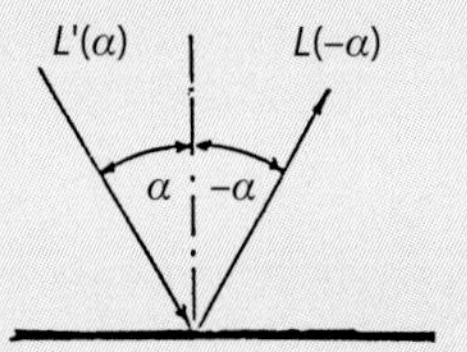 $L'(\alpha)$ $L(-\alpha)$ α $-\alpha$	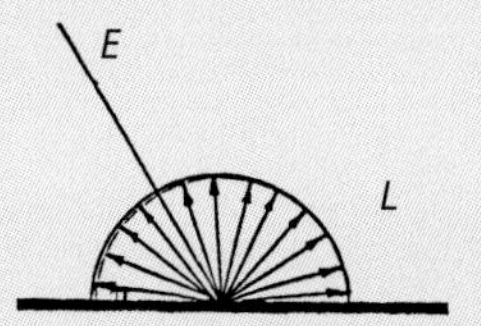 E L	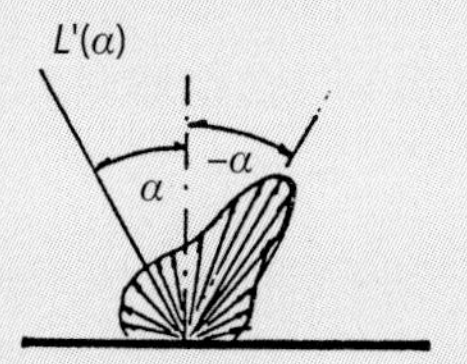 $L'(\alpha)$ α $-\alpha$	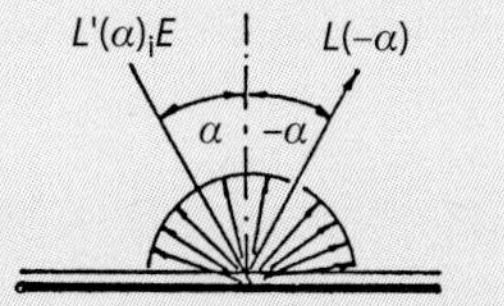 $L'(\alpha)_i E$ $L(-\alpha)$ α $-\alpha$
Leuchtdichte	$L'(-\alpha) = L'(\alpha) \cdot \rho$	$L = \frac{E \cdot \rho}{\pi}$	$L(-\alpha) < L'(\alpha) \cdot \rho$	$L(-\alpha) = L'(\alpha) \cdot \rho_{Gl} + \frac{E \cdot \rho \cdot \tau_{Gl}^2}{\pi}$
Beispiele	Spiegel, Glaskugel	Gips, Putz, mattes Papier	Seide, lasiertes Holz	Aquarell unter Glas

Abb. 13.26: Leuchtdichteindikatrix vorwiegend reflektierender Materialien (L: Leuchtdichte in cd/m²; E: Beleuchtungsstärke in lx; ρ: Reflexionsgrad; τ_{Gl}: Transmissionsgrad Glas; ρ_{Gl}: Reflexionsgrad Glas)

zierenden Stoffen – in längerwelligere Strahlung umgewandelt) und der relative Anteil τ transmittiert (durchgelassen). Wegen des Energieerhaltungssatzes gilt:

$$\rho(\lambda) + a(\lambda) + \tau(\lambda) = 1 \qquad \text{(Formel 13.29)}$$

Die Reflexionsgrade ρ, die Absorptionsgrade a und die Transmissionsgrade τ sind grundsätzlich wellenlängenabhängig. Das führt beispielsweise dazu, dass unter vorwiegend rotem Licht die Leuchtdichte einer roten Fläche größer ist als die einer blauen. Allerdings bleibt die visuelle Empfindung davon meist unberührt, da die Farbanpassung des Gesichtssinns im Tagessehen (vgl. Kapitel 13.3) den Unterschied fast gänzlich kompensiert. Ein einziger Pauschalwert setzt daher immer eine bestimmte spektrale Energieverteilung des auftreffenden Lichtes voraus. In den Tabellen 13.3 und 13.6 sind für die wichtigsten Baustoffe die Transmissionsgrade und Reflexionsgrade bei senkrecht auftreffendem Tageslicht (Normlichtart D_{65}, entspricht einer ähnlichsten Farbtemperatur von 6.500 K) angegeben.

Für das visuelle Erkennen von Gegenständen ist darüber hinaus die räumliche Leuchtdichteverteilung des reflektierten bzw. transmittierten Lichtes von ganz wesentlicher Bedeutung. Sie ist eine Folge der Lichteinfallsrichtung und der optischen Eigenschaften der Oberflächen.

13.10.3 Vorwiegend reflektierende Materialien

In Abb. 13.26 sind exemplarisch einige der häufigsten Reflexionsformen von Oberflächen undurchsichtiger Materialien dargestellt und durch Beziehungen zur Ermittlung der Leuchtdichte ergänzt. Bei spiegelnder (gerichteter) Reflexion ist die Leuchtdichte proportional der Leuchtdichte des auftreffenden Lichtes und dem Reflexionsgrad der Oberfläche. Die Richtung des reflektierten Lichtstrahles liegt spiegelbildlich zu dem des auftreffenden. Spiegelnde Reflexion tritt im Bereich von Gebäuden auf bei Wandspiegeln, Reflektoren von Leuchten, allen nicht mattierten Verglasungen, polierten Materialien (Metalle, Granit), glasierten (engobierte Ziegel) oder lackierten Materialien (Möbel). Allerdings ist bei den zuletzt genannten 2 Materialgruppen der gerichtet reflektierte Anteil klein gegenüber dem unter der Lackschicht diffus reflektierten. Spiegelnde Reflexion trägt im Allgemeinen nicht zur Verbesserung der räumlichen Wahrnehmung von Sehobjekten bei. Wo sie unvermeidlich ist (z. B. bei der Bearbeitung blanker Metallteile in einer Goldschmiedewerkstatt), sollte nur eine großflächige indirekte Beleuchtung geringer Leuchtdichte eingesetzt werden. Spiegelnde Reflexion kleiner Gegenstände (z. B. Kronleuchterprismen, Christbaumkugel) kann in Räumen ohne komplizierte Sehaufgabe den Eindruck von Festlichkeit hervorrufen.

Ein besonderes Einsatzgebiet der spiegelnden Reflexion ist der innen liegende Sonnenschutz.

Bei diffuser Reflexion ist die Leuchtdichte des reflektierten Lichtes nach allen Richtungen gleich, unabhängig von der Lichteinfallsrichtung und nur von der Beleuchtungsstärke und dem Reflexionsgrad der Oberfläche abhängig. Eine ideal diffus reflektierende Oberfläche gibt es nicht. Näherungsweise diffus reflektierende Oberflächen sind im Bauwesen jedoch in der Überzahl: Putz-, Beton-, Ziegel-, unbehandelte Holzoberflächen, Gipsplatten, nicht polierte Natursteine, Farbschichten aus Kalk-, Silikat-, Kasein-Temperafarbe, gewöhnliche, nicht vergütete Papiere. Bei ebenen Sehobjekten gelten dann für die Richtung des einfallenden Lichtes lediglich die Forderungen, dass das Sehobjekt nicht im Schatten seines Betrachters liegt und dass der mögliche Einblick in die Leuchten hinreichend begrenzt ist. Bei plastischen Sehobjekten ohne räumliche Differenzierung von Reflexionsgrad und Farbe (z. B. unbemalte Gipsplastik) muss zur Empfindung der Körperlichkeit des Sehobjektes eine Beleuchtung gewählt werden, die etwa 50 % gerichtete Strahlung enthält (z. B. Tiefstrahler oder Oberlicht). Dabei ist die günstigste Richtung immer senkrecht zur Blickrichtung und außerdem von oben nach unten.

Spitz gestreute Reflexion stellt einen Übergang zwischen spiegelnder und diffuser Reflexion dar. Die räumliche Leuchtdichteverteilung des reflektierten Lichtes ist nicht konstant und von der Richtung des einfallenden Lichtes abhängig. Nur bei diffus strahlenden und dazu großflächigen Lichtquellen (indirekte Beleuchtung) gleicht die räumliche Leuchtdichteverteilung der bei diffuser Reflexion. In allen anderen Fällen ist die Leuchtdichte des reflektierten Lichtes zwar über den gesamten Halbraum verteilt, erreicht aber ein Maximum spiegelbildlich gegenüber der Lichteinfallsrichtung. Das kann durchaus zur Verbesserung

Transmissionsform	klar durchsichtig	diffus	spitz gestreut	gemischt
Leuchtdichte-indikatrix	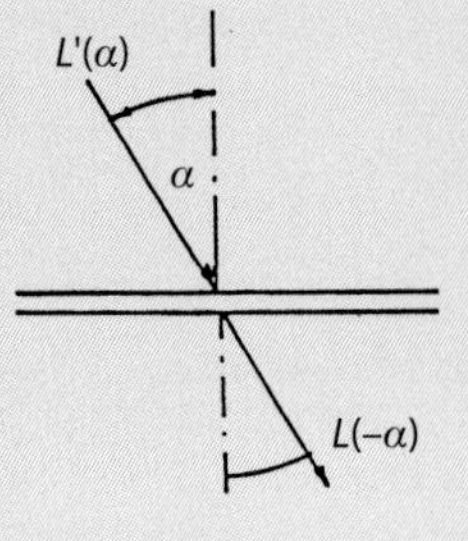 $L'(\alpha)$, α, $L(-\alpha)$	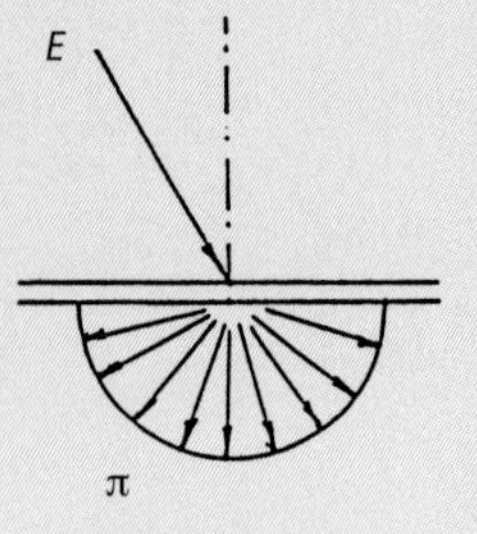 E, π	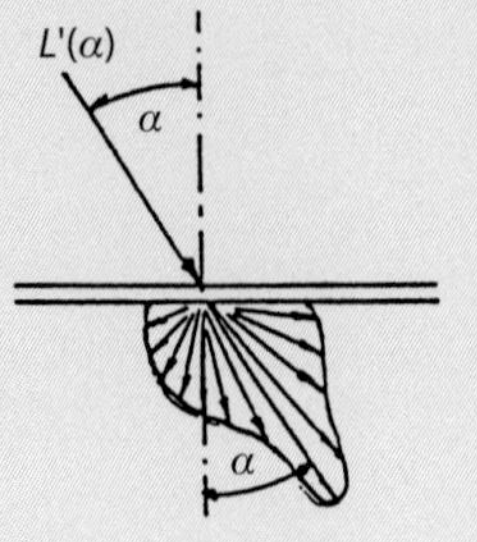 $L'(\alpha)$, α	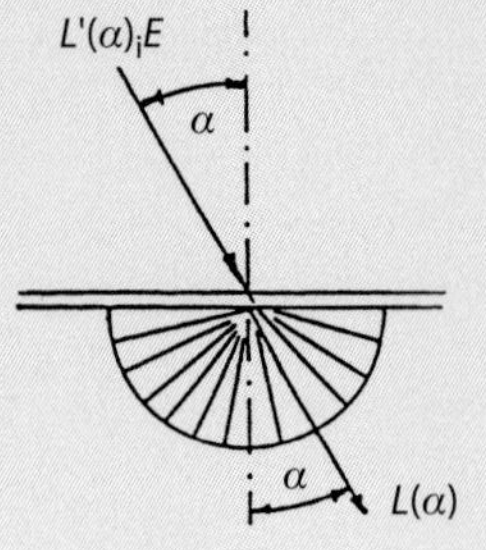 $L'(\alpha)_i E$, α, $L(\alpha)$
Leuchtdichte	$L(\alpha) = L'(\alpha) \cdot \tau$	$L = \frac{E \cdot \tau}{\pi}$ = konstant	$L(\alpha) < L'(\alpha) \cdot \tau$	$L(\alpha) = L'(\alpha) \cdot \tau_{Gl} + \frac{E \cdot \tau_d}{\pi}$
Beispiele	Klarglassscheibe, auch farbig	Trübglas, Mattglas (sandgestrahlt), Pergament	Ornamentglas, Drahtglas, Mattglas (geätzt)	Opalin, staubiges Glas (Nebel, Rauch)
Anwendung	Fenster in Wohn- und Arbeitsräumen, Aussichtsräume	lichtdurchlässiger Sichtschutz in Innenräumen, Bankschalter	lichtdurchlässiger eingeschränkter Sichtschutz, Oberlichter	Lampenschirme, repräsentative Interieurs

Abb. 13.27: Leuchtdichteindikatrix vorwiegend transmittierender Materialien (L: Leuchtdichte in cd/m^2; E: Beleuchtungsstärke in lx; ρ: Reflexionsgrad; τ: Transmissionsgrad; τ_{Gl}: Transmissionsgrad Glas; τ_d: diffuser Transmissionsgrad)

der Körperlichkeitsempfindung von Sehobjekten beitragen und außerdem deren ästhetischen Reiz erhöhen. Beispiele für spitz gestreute Reflexion sind Seidenstoffe und lasierte Holzoberflächen.

Gemischte Reflexion entsteht bei der Anordnung bzw. Betrachtung von Gegenständen hinter Klargläsern (z. B. Aquarell hinter Glas): Die Oberflächen der Glasscheibe reflektieren spiegelnd und geben damit die Leuchtdichte der Umgebung wieder, vermindert um den Reflexionsgrad (bei gewöhnlichem Glas etwa 8 %). Das Papier reflektiert aber annähernd diffus und proportional der Beleuchtungsstärke. Bei richtiger Beleuchtung ist die Leuchtdichte (des Aquarells) groß gegenüber der des Spiegelbildes, sodass dieses vom Anpassungsmechanismus des Gesichtssinnes unterdrückt wird. Kritische Verhältnisse entstehen aber, wenn in das Auge des Betrachters eine starke Lichtquelle (z. B. gegenüberliegendes Fenster, tief hängende Kugelleuchte o. Ä.) gespiegelt wird. Dann entsteht zumindest eine Störung der Betrachtung, in schweren Fällen wird die Wahrnehmung des Bildes unmöglich. Abhilfe besteht in einer anderen Anordnung des Bildes im Raum, in seiner Neigung nach vorn oder in der Verwendung entspiegelten Glases.

13.10.4 Vorwiegend transmittierende Materialien

In Abb. 13.27 sind exemplarisch die häufigsten Formen der Transmission mit Anwendungsbeispielen dargestellt sowie Gleichungen für die Leuchtdichte des transmittierten Lichtes angegeben.

Gerichtete Transmission entsteht bei klar durchsichtigen, ebenen Gläsern und Folien. Bei senkrecht auftreffendem Licht ist der austretende Strahl die geometrische Fortsetzung des auftreffenden. Bei schrägem Lichteinfall ist der austretende Strahl durch die zweimalige Brechung gegenüber dem auftreffenden parallel versetzt, was allerdings im Regelfall visuell ohne Bedeutung ist. In jedem Fall ist die Leuchtdichte des austretenden Lichtes der des auftreffenden proportional und um den Transmissionsgrad der Glasscheibe vermindert. Dieser ist allerdings richtungsabhängig und darüber hinaus von der Glassorte abhängig. Diese Winkelabhängigkeit des Transmissionsgrades lässt sich näherungsweise wie folgt beschreiben:

$$\tau(\gamma) \approx \tau_{\perp} \cdot \sin^n \gamma \quad \text{(Formel 13.30)}$$

mit

- γ Einfallswinkel
- $\tau_{\perp}$ Transmissionsgrad bei senkrechtem Lichteinfall
- $\tau(\gamma)$ Transmissionsgrad für unter dem Winkel γ einfallendes Licht
- n von der Verglasung und der Scheibenzahl abhängiger Parameter; für eine nicht bedampfte Klarglasscheibe 5 mm kann $n = 0{,}25$ gesetzt werden (vgl. dazu Tabelle 13.14).

Annähernd diffuse Transmission zeigen Trübglasscheiben, sandgestrahlte Klarglasscheiben oder Pergamentpapier. Ihre Leuchtdichte ist räumlich annähernd konstant und der Beleuchtungsstärke proportional. Sie werden dort eingesetzt, wo vollkommener Sichtschutz gewünscht wird (z. B. Toilettenfenster, Glaswände zwischen Beratungsräumen, Glasscheiben seitlich von Bankschaltern) oder auch als Blendschutz bei Leuchten, Oberlichtern und sog. Lichtdecken. Von der Betrachtungsseite beleuchtete Trübgläser wirken unangenehm kalt.

Spitz gestreute Transmission tritt bei Klargläsern mit nicht ebener Oberfläche auf. Häufig angewendet werden Ornamentglas (Klarglas mit aufgewalztem Relief), Drahtglas, Glasbausteine und geätztes Mattglas. Die Leuchtdichteverteilung ist räumlich nicht konstant, sondern folgt ungenau der des hinter dem Glas liegenden Raumes. Es besteht damit kein vollständiger Sichtschutz, Einzelheiten können jedoch nicht erkannt werden. Anwendungsfälle sind beispielsweise Duschkabinen in öffentlichen Bädern, Toiletten in Krankenhäusern, Hauseingangstüren, Oberlichte zum Blendschutz gegen direkte Sonnenstrahlung.

Gemischte Transmission tritt auf, wenn ein lichtstreuendes und ein klar durchsichtiges Material entweder hintereinander liegen (z. B. dünne Staubschicht auf Klarglas) oder miteinander vermischt sind (z. B. Trübglas mit geringer Dichte der lichtstreuenden Partikel). Dann geht ein Teil des auftreffenden Lichtes ungestreut durch und erzeugt ein – wenn auch schwaches – Bild des hinter dem Glas liegenden Raumes, ein anderer Teil wird gestreut und trägt lediglich zur (gleichmäßigen) Leuchtdichte des Glases bei. Weisen die Gegenstände im Raum sehr große Leuchtdichteunterschiede auf, so werden – als Folge der begrenzten Unterschiedsempfindlichkeit des Gesichtssinnes – nur die sehr hellen Objekte als Bild wahrgenommen, die dunkleren werden nicht erkannt. Dieser Effekt kann bei der visuellen Gütekontrolle von Materialien ausgenutzt werden, aber auch zur Erzielung reizvoller Bilder in Innenräumen: Das früher hergestellte Opalin-Glas hatte als Lampen- oder Kerzenschirm eingesetzt die Eigenschaft, nur die Glühwendel der Lampe bzw. die Flamme der Kerzen und ihre Spiegelbilder als quasi schwebende Lichter erkennen zu lassen, alles andere aber nicht.

13.11 Bemessung der Kunstlichtbeleuchtung

13.11.1 Fotometrisches Grundgesetz

Die Berechnung der Beleuchtungsstärke dient der Planung der Beleuchtungsanlage bzw. der Bemessung der Fenster eines Raumes. Die meisten eingeführten Verfahren zur Berechnung der Beleuchtungsstärke bzw. eines ihr proportionalen Wertes basieren auf dem fotometrischen Grundgesetz. Sie unterscheiden sich lediglich durch

- die mehr oder weniger genaue Erfassung oder Vernachlässigung der Reflexionsstrahlung der Raumumschließungsflächen,
- die Ausweisung der räumlichen Verteilung der Beleuchtungsstärke oder lediglich eines räumlichen Mittelwertes,
- die Möglichkeit zur direkten Bemessung der Beleuchtungsanlage.

Lediglich das in Kapitel 13.11.4 dargelegte Verfahren beruht nicht auf dem fotometrischen Grundgesetz, sondern eher auf dem Energieerhaltungssatz.

In der modernen Lichtplanung werden weitgehend Computerprogramme eingesetzt, die nach den hier dargelegten Zusammenhängen gestaltet sind.

Das fotometrische Grundgesetz lautet in allgemeiner Form:

$$d^2\Phi = \frac{dA_S \cdot \cos\beta \cdot L(\beta) \cdot dA_E \cdot \cos\gamma}{r^2} \qquad \text{(Formel 13.31)}$$

mit

$d^2\Phi$ differenzieller Lichtstrom zwischen den beiden in Abb. 13.28 dargestellten differenziellen Flächen in lm
dA_S die differenzielle lichtaussendende Fläche in m²
β Ausstrahlungswinkel, das ist der Winkel zwischen der Verbindungslinie zwischen den Flächen und der Normalen der lichtaussendenden Fläche

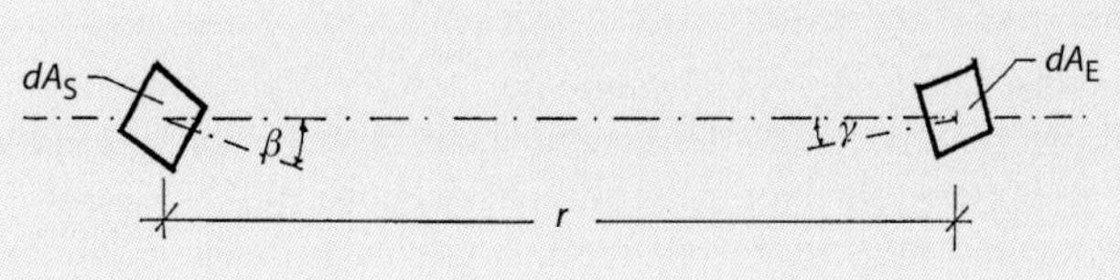

Abb. 13.28: Fotometrisches Grundgesetz, Flächen-, Winkel- und Abstandsbeziehungen

$L(\beta)$ die Leuchtdichte der lichtaussendenden Fläche in cd/m²
dA_E die differenzielle beleuchtete Fläche in m²
γ Einfallswinkel, d. h. der Winkel zwischen der Verbindungslinie und der Flächennormalen der beleuchteten Fläche
r Abstand zwischen den Flächen in m

Über Teilung des Lichtstromes durch die Empfängerfläche errechnet sich die differenzielle Beleuchtungsstärke:

$$\frac{d^2\Phi}{dA_E} \equiv dE = \frac{dA_S \cdot \cos\beta \cdot L(\beta) \cdot \cos\gamma}{r^2} \qquad \text{(Formel 13.32)}$$

mit

dE differentielle Beleuchtungsstärke in lx

In Formel 13.32 sind sowohl mit $dA_S \cdot \cos\beta / r^2 = \Omega$ der Raumwinkel Ω, mit dem die Lichtquelle die beleuchtete Fläche umgibt, als auch mit $dA_S \cdot \cos\beta \cdot L(\beta) = I(\beta)$ die Lichtstärke $I(\beta)$, mit der die lichtaussendende Fläche gegen die beleuchtete Fläche strahlt, enthalten. Die erste Tatsache wird für die Berechnungsverfahren bei der Beleuchtung durch großflächige Lichtquellen (Tageslichtbeleuchtung, Indirektbeleuchtung) genutzt, die zweite bei der Beleuchtung durch kleine, quasi punkförmige Lichtquellen (Arbeitsplatzbeleuchtung).

13.11.2 Lichtstärkemethode bei punktförmigen Lichtquellen

Ist die Ausdehnung (Durchmesser, Länge) einer Lichtquelle klein gegenüber ihrem Abstand zur von ihr beleuchteten Fläche (etwa ≤ 0,3; genauere Definition in Lange, 1992), sodass die Lichtquelle als quasi punktförmig aufgefasst werden kann, so bietet sich zur Berechnung der Beleuchtungsstärke die Lichtstärkemethode an. Es müssen dabei für den Planer die Lichtstärkeindikatrix der vorgesehenen Leuchte (vom Hersteller zu liefern; unter Umständen differenziert nach Bestückung mit unterschiedlichen Lampen und deren Einbaulage) und die geometrischen Beziehungen zwischen Leuchte und beleuchteter Fläche bekannt sein. Die Beleuchtungsstärke ist dann:

$$E = \frac{I(\beta) \cdot \cos\gamma}{r^2} \qquad \text{(Formel 13.33)}$$

mit

E Beleuchtungsstärke in lx
$I(\beta)$ Lichtstärke der Leuchte in der Ausstrahlungsrichtung β in cd
γ Einfallswinkel
r Abstand zwischen der Leuchte und dem beleuchteten Flächenelement in m

Zur Erläuterung sei auf Abb. 13.29 verwiesen.

Ist die beleuchtete Fläche eine horizontale Ebene und liegt die Symmetrieachse der Leuchte bzw. ihrer Lichtstärkeindikatrix (wie sehr häufig) senkrecht dazu, so ist $\beta = \gamma$, und mit $\cos \gamma = h/r$ und $r^2 = a^2 + h^2$ ergibt sich für die Beleuchtungsstärke:

$$E = \frac{I(\beta) \cdot h}{(a^2 + h^2)^{1,5}} \qquad \text{(Formel 13.34)}$$

mit

h Höhe der Leuchtenebene über der beleuchteten Fläche in m

a waagerechter Abstand des beleuchteten Punktes von der Leuchte in m

Ist darüber hinaus noch die Lichtstärkeindikatrix der Leuchte ein Kreis, folgt also der Beziehung $I(\beta) = I_0 \cdot \cos \beta$ (was häufig zumindest näherungsweise zutrifft bei direkt strahlenden, mattierten Reflektorleuchten und direkt strahlenden Deckeneinbauleuchten mit Trübglasabdeckung), dann gilt:

$$E = \frac{I_0 \cdot h^2}{(h^2 + a^2)^2} \qquad \text{(Formel 13.35)}$$

mit

I_0 Lichtstärke bei senkrechter Aus-/Einstrahlung in cd

Bei Formel 13.34 handelt es sich um eine Beziehung, die leicht handhabbar ist und sich besonders zur Berechnung des räumlichen Verlaufes der Beleuchtungsstärke und damit auch ihres Mittelwertes und ihrer Gleichmäßigkeit eignet.

Wird eine Fläche von mehreren Leuchten beleuchtet, so ist die sich dann ergebende Gesamtbeleuchtungsstärke gleich der Summe der von den einzelnen Leuchten erzeugten Beleuchtungsstärken.

Die Lichtstärkemethode zur Berechnung der Beleuchtungsstärke ist geeignet und vergleichsweise genau bei der Arbeitsplatzbeleuchtung. Sie berücksichtigt aber nicht die Reflexionsstrahlung der Raumumschließungsflächen.

13.11.3 Lichtstärkemethode bei linienförmigen Lichtquellen

Ist die Ausdehnung der Leuchte bzw. ihrer leuchtenden Teile im Verhältnis zu ihrer Entfernung zu dem zu beleuchtenden Punkt so groß, dass sie auch nicht mehr als quasi punktförmig angesehen werden kann, so bieten sich 2 Lösungen des Problems an:

- Die Leuchte wird virtuell in mehrere Einzelleuchten geteilt, die unterschiedliche Abstände zum zu beleuchtenden Punkt haben und deren Lichtstrahlung unter unterschiedlichen Einfallswinkeln auf die Fläche trifft.
- Die Lichtstärkeverteilung der großflächigen bzw. linienförmigen Leuchte ist räumlich konstant und mathematisch so einfach beschreibbar, dass ein entsprechendes Integral gelöst werden kann.

Angesichts der vielen Leuchten oder Decken- und Wandflächen, die bei indirekter Beleuchtung als großflächige Lichtquellen wirken und insgesamt keineswegs als quasi punktförmige Lichtquellen behandelt werden können, kann hier nur auf die Beleuchtung durch linienförmige Lichtquellen eingegangen werden.

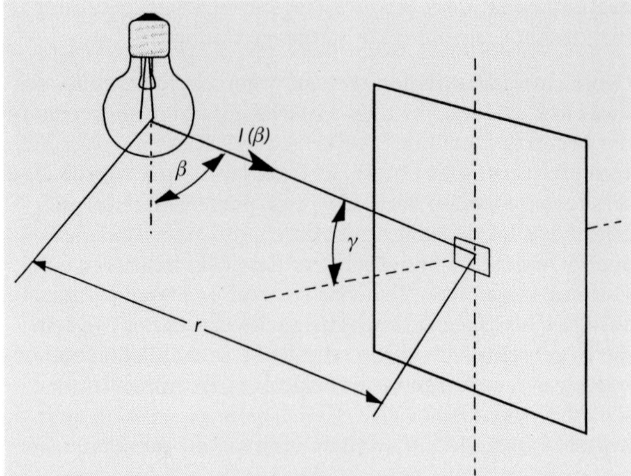

Abb. 13.29: Geometrische Beziehungen bei der Lichtstärkemethode für quasi punktförmige Lichtquellen

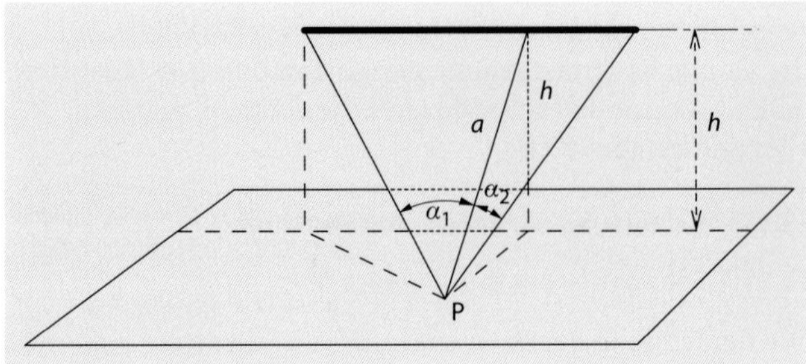

Abb. 13.30: Geometrische Beziehungen bei linienförmigen Lichtquellen (P: Punkt, für den die Beleuchtungsstärke bestimmt wird)

Wird dabei vorausgesetzt, dass die Lichtstärkeverteilung über die gesamte Länge der linienförmigen Lichtquelle konstant und darüber hinaus auch senkrecht zur Linie konstant ist, es sich also um einen leuchtenden Zylinder handelt, wie er durch aneinandergereihte, nackte Leuchtstofflampen oder auch solche mit halbrunder Abdeckwanne repräsentiert wird, so ergibt sich (vgl. Weigel, 1952):

$$E = \frac{h_L}{a^2} \cdot I_1 \cdot \left[\frac{\alpha}{2} + \frac{\sin 2\alpha}{4} \right]_{\alpha_1}^{\alpha_2} \qquad \text{(Formel 13.36)}$$

mit

E Beleuchtungsstärke in lx

I_1 Lichtstärke der Leuchte je m Länge in cd/m

h_L Höhe der Leuchte über der beleuchteten Fläche in m

a Länge des sog. Orthogonalstrahls, d. h.des senkrecht zur Leuchtenachse gemessene Abstand zwischen dieser und dem beleuchteten Punkt, in m

α_1/α_2 Winkel zwischen dem Orthogonalstrahl und den Verbindungslinien zwischen dem beleuchteten Punkt und dem Anfang bzw. Ende des Leuchtenbandes

Zur Veranschaulichung dient Abb. 13.30. Liegt der beleuchtete Punkt außerhalb des leuchtenden Rohres, so ist α_2 negativ einzuführen.

13.11.4 Wirkungsgradmethode

Zum Nachweis der erfüllten sehphysiologischen Anforderungen genügt die Angabe einer räumlich mittleren Beleuchtungsstärke, wenn nur eine Allgemeinbeleuchtung mit einem einheitlichen Beleuchtungsniveau gefordert wird und davon ausgegangen werden kann, dass die Leuchten in einer horizontalen Ebene liegen und untereinander einen gleichen und so geringen Abstand haben, dass entsprechend ihrer Lichtstärkeindikatrix eine hinreichend große Gleichmäßigkeit g1 der Beleuchtungsstärke (ausgedrückt durch $g_1 \equiv E_{min}/E_m \geq 0{,}3$) auf der Nutzebene gewährleistet ist. Diese räumlich mittlere Beleuchtungsstärke kann dann nach der wenig aufwendigen Wirkungsgradmethode ermittelt werden:

$$E_m = \frac{\Phi_{La} \cdot z_{La} \cdot \eta_L \cdot \eta_R}{A_B} \quad \text{(Formel 13.37)}$$

mit

E_m räumlich mittlere Beleuchtungsstärke in lx
Φ_{La} Lichtstrom jeder Lampe in lm
z_{La} Anzahl der installierten Lampen
η_L Leuchtenwirkungsgrad, d. h. das Verhältnis des von einer Leuchte ausgestrahlten Lichtstromes zu dem von ihren Lampen erzeugten
η_R Raumwirkungsgrad, d. h. das Verhältnis des auf die Bezugsfläche gelangenden Lichtstromes zu dem von den Leuchten ausgestrahlten
A_B zu beleuchtende Bezugsebene, in der Regel eine Horizontalfläche über dem Fußboden und von gleicher Größe wie der Fußboden in m^2

Der Lichtstrom der Lampen Φ_{La} und der Leuchtenwirkungsgrad η_L sind grundsätzlich den Angaben der Hersteller zu entnehmen. Der Raumwirkungsgrad ist dagegen außerdem von der geometrischen Form des Raumes und den Reflexionseigenschaften der Raumumschließungsflächen (Decke, Wände, Fußboden) und der Beleuchtungsmethode abhängig: Beispielsweise ist plausibel, dass der Reflexionsgrad der Decke in einem hohen, schmalen Raum mit direkter Beleuchtung (vgl. Kapitel 13.8) kaum einen Einfluss auf den Raumwirkungsgrad hat, in einem niedrigen, weit ausgedehnten Raum mit indirekter Beleuchtung aber den Raumwirkungsgrad in hohem Maße bestimmt. Wegen dieser technischen Verknüpfung des Raumwirkungsgrades mit dem Leuchtenwirkungsgrad und der Beleuchtungsmethode werden von den Leuchtenherstellern zur Anwendung der Lichtstrommethode Raumwirkungsgradtabellen für bestimmte Leuchten in bestimmter Anordnung und in Abhängigkeit von den Reflexionsgraden von Decke, Wänden und Fußboden sowie dem die geometrische Form des Raumes beleuchtungstechnisch charakterisierenden Raumindex k angegeben. Dabei gilt:

$$k = \frac{l_R \cdot b_R}{h_L \cdot (l_R + b_R)} \quad \text{(Formel 13.38)}$$

mit

k Raumindex
l_R Länge des (rechteckigen) Raumes in m
b_R Breite des Raumes in m
h_L Höhe der Leuchtenebene über der Nutz(bezugs)fläche in m

Die Tabellen 13.11, 13.12 und 13.13 zeigen exemplarisch Raumwirkungsgrade für unterschiedliche Beleuchtungsmethoden.

Tabelle 13.11: Raumwirkungsgrade bei direkter Beleuchtung (*k*: Raumindex)

direkt	**Raumwirkungsgrade (%) bei Reflexionsgrad**				
Decke **Wände** **Boden**	**0,7** **0,7** **0,5**	**0,7** **0.5** **0,2**	**0,7** **0,2** **0,2**	**0,5** **0,2** **0,1**	**0** **0** **0**
k 0,6	64	47	38	28	34
k 1,0	84	63	54	53	49
k 1,5	102	78	69	67	63
k 2,5	118	91	83	80	75
k 3,0	123	95	88	84	80

Tabelle 13.12: Raumwirkungsgrade bei direkt-indirekter Beleuchtung (*k*: Raumindex)

direkt-indirekt	**Raumwirkungsgrade (%) bei Reflexionsgrad**				
Decke **Wände** **Boden**	**0,7** **0,7** **0,5**	**0,7** **0,5** **0,2**	**0,7** **0,2** **0,2**	**0,5** **0,2** **0,1**	**0** **0** **0**
k 0,6	44	30	23	21	17
k 1,0	63	45	36	32	24
k 1,5	78	57	48	42	29
k 2,5	93	69	61	52	34
k 3,0	98	73	66	56	35

Tabelle 13.13: Raumwirkungsgrade bei indirekter Beleuchtung (*k*: Raumindex)

indirekt	**Raumwirkungsgrad (%) bei Reflexionsgrad**				
Decke **Wände** **Boden**	**0,7** **0,7** **0,5**	**0,7** **0,5** **0,2**	**0,7** **0,2** **0,2**	**0,5** **0,2** **0,1**	**0** **0** **0**
k 0,6	28	16	9	7	0
k 1,0	44	28	19	14	0
k 1,5	58	40	30	21	0
k 2,5	73	53	44	30	0
k 3,0	77	56	48	33	0

Wird in Formel 13.37 der Lampenlichtstrom Φ_{La} durch das Produkt aus der elektrischen Leistung p_e und der Lichtausbeute η_Φ ersetzt, so ergibt sich nach entsprechender Umstellung die je Fläche und Beleuchtungsstärke zu installierende elektrische Leistung:

$$p_e = \frac{1}{\eta_\Phi \cdot \eta_L \cdot \eta_R} \qquad \text{(Formel 13.39)}$$

mit

p_e zu installierende elektrische Leistung in W/(m² · lx)
η_Φ Lichtausbeute in lm/W
η_L Leuchtenwirkungsgrad, vgl. Formel 13.37
η_R Raumwirkungsgrad, vgl. Formel 13.37

Wird von direkter Beleuchtung mit Leuchtstofflampen ausgegangen, so ergeben sich je nach Raumform und Reflexionsgraden der Raumumschließungsflächen Werte im Bereich $0{,}01 \le p_e \le 0{,}05$ W/(m² · lx). Ist die tägliche Einschaltzeit Δt_b in Stunden bekannt, so ergibt sich die mittlere (Tagesmittel) Beleuchtungswärmelast folgendermaßen:

$$q_{b,m} = \frac{E_m \cdot p_e \cdot \Delta t_b}{24} \qquad \text{(Formel 13.40)}$$

mit

$q_{b,m}$ mittlere Beleuchtungswärmelast in W/m²
Δt_b tägliche Einschaltzeit in h

Beispiel: Berechnung der mittleren Beleuchtungswärmelast

Ein fensterloser Reinstraum zur Herstellung von Mikrochips soll zweischichtig genutzt (Δt_b=16 h/d) und mit E_m = 1.000 lx beleuchtet werden. Der Raum ist groß (Raumindex k = 3) und hat eine weiße Decke (Reflexionsgrad ρ_D = 0,7), helle Wände (Reflexionsgrad ρ_W = 0,5) und einen mäßig hellen Fußboden (Reflexionsgrad ρ_{Fb} = 0,2). Daraus ergibt sich zunächst ein Raumwirkungsgrad nach Tabelle 13.11 von η_R = 0,95. Es werden Spiegelrasterleuchten mit einem Leuchtenwirkungsgrad von η_L = 0,8 mit Leuchtstofflampen de luxe mit einer Lichtausbeute von 65 lm/W gewählt. Es ist damit die spezifische elektrische Leistung p_e = 1/(65 · 0,8 · 0,95) = 0,02 W/(m² · lx). Die mittlere Beleuchtungswärmelast ergibt sich zu

$$q_{b,m} = \frac{1.000 \cdot 0{,}02 \cdot 16}{24} = 13{,}3 \text{ W/m}^2.$$

13.12 Praktische Beispiele

13.12.1 Anforderungen

Die Konzeption der Beleuchtung sollte zeitlich parallel mit dem Gebäudeentwurf erfolgen. Denn Licht ist eine Grundvoraussetzung für die meisten Nutzungsprozesse, denen Räume und Bauwerke dienen, in jedem Fall aber für die visuelle Rezeption der Architektur. Die Verantwortung für die Beleuchtung liegt daher grundsätzlich beim Architekten. Das gilt uneingeschränkt für die Tageslichtbeleuchtung; bei der Planung der künstlichen Beleuchtung muss der Architekt in der Regel mit einem Elektroingenieur zusammenarbeiten, dessen spezielle Kenntnisse der künstlichen Lichtquellen und der elektrischen Installation für eine günstige Bemessung der Beleuchtungsanlage notwendig sind.

Mit der Gestaltung der Beleuchtung werden 2 Ziele verfolgt:

- die Erfassung der architektonischen Gliederung des Raumes und
- die Wahrnehmung von Sehobjekten, die für die Funktion des Raumes von Bedeutung sind.

Gerade wegen dieser Doppelfunktion kann man nicht von einer guten oder schlechten Beleuchtung eines Raumes sprechen. Man kann nur bewerten, inwieweit die Beleuchtung für die Funktion bzw. den im Raum stattfindenden Nutzungsprozess geeignet ist oder nicht.

Nutzungsprozess und visuelle Darbietung des Raumes können zu widersprüchlichen Anforderungen an die Beleuchtung führen. Die Überwindung dieser Widersprüche gehört zu den wesentlichen Aufgaben des Beleuchtungsplaners und ist meist nicht mit beleuchtungstechnischen Mitteln allein, sondern erst mit gleichzeitigem Einsatz innenarchitektonischer Gestaltungsmittel zu erreichen.

Im Allgemeinen strebt man mit der Beleuchtung eine sichere und mühelose Wahrnehmung an. In Ausnahmefällen kann auch Interesse an eingeschränkten Sehbedingungen bestehen, z. B. zugunsten einer anderen Sinneswahrnehmung (Konzertsaal) oder zur Erzeugung eines intimen oder die geistige Konzentration fördernden Raummilieus.

Die allgemeinen Anforderungen an die Beleuchtung eines Innenraumes lassen sich wie folgt zusammenfassen:

- ausreichende Beleuchtungsstärke, abhängig von Größe und Kontrast des Sehobjektes zu seinem Umfeld
- hinreichende Gleichmäßigkeit der Beleuchtungsstärke, abhängig von der Unterteilung des Raumes in Nutzungsbereiche
- möglichst geringe Direkt- und Indirekt-(Reflex-)Blendung
- sinnvolle und energieökonomische Einbeziehung und Nutzung der Tageslichtbeleuchtung in das Beleuchtungskonzept
- ausreichende Aussicht durch Fenster
- der Tageslichtnutzung angepasste Lichtfarbe
- möglichst hohe Farbwiedergabe
- angemessene Schattigkeit
- möglichst geringe Beleuchtungswärmelast
- möglichst hohes fotometrisches Strahlungsäquivalent der Lichtstrahlung

Diese Anforderungen sind prinzipiell an jede Beleuchtungsanlage zu stellen, verschieden sind jedoch ihre Wertigkeit und ihre Rangordnung je nach Nutzungsprozess und Raumform.

13.12.2 Büros

Bekanntlich existiert ein enger Zusammenhang zwischen der Bewältigung der immer anspruchsvoller werdenden Arbeitsaufgaben in Büros und der Beleuchtung. Aber nicht nur die objektiven Sehbedingungen im engeren Sinne fördern die Arbeitsleistung, wesentlich dafür ist die subjektive Akzeptanz des visuellen Ambientes einschließlich der Tageslichtbeleuchtung und der möglichst freien Aussicht aus Fenstern. Werden dabei die Personalkosten mit den Energiekosten verglichen, so wird deutlich, wo die betriebswirtschaftlichen Prioritäten bei Büros liegen: Nur solche Maßnahmen zur Einsparung von Energie zahlen sich aus, die zu keiner auch noch so kleinen Einschränkung des visuellen Komforts führen. Erst wenn das gewährleistet ist, folgen notwendige Überlegungen zur energetischen Optimierung. Die wichtigsten Anforderungen sind daher die folgenden:

- weitgehende Nutzung des Tageslichtes zur Beleuchtung bis hin zu in größerer Raumtiefe liegenden Arbeitsplätzen
- hinreichende Sichtverbindung nach außen
- Sonnen- und Blendschutz mit individueller Eingriffsmöglichkeit
- helle Raumgestaltung
- Vermeidung von Direktblendung (Sonne, Himmel, Leuchten) und Reflexblendung, insbesondere auf Bildschirmen und Hochglanzpapier

Die Fenster sollten einen möglichst niedrigen Sturz haben, um das Tageslicht tief eindringen zu lassen, und einen möglichst kleinen Rahmenanteil. Die Verglasung sollte klar durchsichtig sein und einen Lichttransmissionsgrad von mindestens 70 % haben. Der untere Rand des durchsichtigen Teiles sollte nicht höher als 95 cm über Oberfläche Fußboden liegen. Glasflächen, die unter die Arbeitsebene (85 cm über Oberfläche Fußboden) reichen, sind zwar wegen der besseren Aussicht wünschenswert. Sie tragen aber kaum noch zur Tageslichtbeleuchtung bei und vergrößern die Strahlungswärmelast.

Maßnahmen zum Sonnen- und Blendschutz sind grundsätzlich notwendig, um die sommerliche Strahlungswärmelast gering zu halten bzw. Klimatisierung zu vermeiden und um Direktblendung durch die Sonnenscheibe und den sehr hellen Sommerhimmel (Leuchtdichten bis zu 10.000 cd/m^2) sowie Indirektblendung durch deren Reflexion zu vermeiden. Es kommen aus energieökonomischer Sicht, aber auch wegen der individuell unterschiedlichen Empfindung nur flexible Systeme in näheren Betracht (vgl. dazu Kapitel 13.4). Für Büros sind innen liegende Jalousien mit oberseits verspiegelten Lamellen besonders geeignet, da sie gleichzeitig Aufgaben des Blendschutzes, des Sonnenschutzes und der Tageslichtlenkung erfüllen. Letzteres gilt insbesondere dann, wenn der Lamellenbehang eine zweigeteilte Bedienung hat, mit der sich der Lamellenanstellwinkel höhenabhängig variieren lässt. Jalousien sollten fensterweise gesteuert werden können; zumindest sollte bei Regelung eines Sonnenschutzes für die gesamte Fassade die Möglichkeit zum individuellen Eingriff bestehen oder es müssen zusätzliche, individuell steuerbare Blendschutzkonstruktionen vorgesehen werden (z. B. Rollos o. Ä.).

Die künstliche Beleuchtung muss am Arbeitsplatz eine horizontale Nennbeleuchtungsstärke von 500 lx (vgl. Tabelle 13.10) gewährleisten und sie muss sich am Tag aus energetischen, visuellen und Gründen der Wärmelast dem Tageslichtdefizit anpassen können. Weiterhin muss sie den Lichtstrom so zuführen, dass weder Direktblendung (durch Einblick in Leuchten) noch Reflexblendung (Spiegelung der Leuchten in Bildschirmen oder hochglänzendem Papier) den visuellen Komfort beeinträchtigen.

Abb. 13.31: Büro mit direkt-indirekter Allgemeinbeleuchtung durch abgependelte Leuchten für Leuchtstofflampen (Quelle: licht.de, Frankfurt/Main)

Das bedeutet, dass die Leuchten bestimmten Raumzonen, die sich vor allem durch die Entfernung vom Fenster unterscheiden, zuzuordnen sind und getrennt schaltbar sein müssen. Die Helligkeitsregelung bzw. -steuerung innerhalb einer Zone geschieht dann

- nur durch Ein- und Ausschalten,
- durch Serienschaltung (mehrere getrennt schaltbare Lampen in einer Leuchte) oder
- durch Dimmen.

Diese Anpassung geschieht bei Allgemeinbeleuchtung zentral aufgrund von Messdaten und bei Arbeitsplatzbeleuchtung durch individuellen Eingriff je nach subjektivem Empfinden, eventuell gekoppelt mit einem sog. Präsenzmelder.

Es lässt sich zeigen, dass die Anpassungsfähigkeit der künstlichen Beleuchtungsanlage an das Tageslichtdefizit besonders in Büros eine Grundvoraussetzung für die energetische Nutzung des Tageslichtes ist.

Soll die Anordnung der Arbeitsplätze veränderbar sein, ist Allgemeinbeleuchtung zu wählen und die gesamte Nutzfläche muss dann mit 500 lx beleuchtet werden. Andernfalls kann arbeitsplatzorientierte Allgemeinbeleuchtung oder – seltener – die energiesparende Arbeitsplatzbeleuchtung mit einem Allgemeinbeleuchtungsanteil für die Verkehrsflächen von 300 lx gewählt werden.

Es kommen folgende Beleuchtungsmethoden infrage:

- direkt-indirekte Beleuchtung mit Pendelleuchten (ergibt die beste Raumausleuchtung, vgl. Abb. 13.31)

Abb. 13.32: Büro mit indirekter Allgemeinbeleuchtung durch Standleuchten; blendungsfrei, aber schattenlos (Quelle: licht.de, Frankfurt/Main)

Abb. 13.33: Direkte Allgemeinbeleuchtung durch eingebaute Spiegelrasterleuchten (Quelle: licht.de, Frankfurt/Main)

- indirekte Beleuchtung jeder Art, kombiniert mit individuell einstellbarer Arbeitsplatzbeleuchtung (praktisch blendungsfrei, aber sehr schattenarm und wenig energieeffizient, vor allem bei nicht weißen Decken, vgl. Abb. 13.32)
- direkte Beleuchtung durch Spots oder Deckeneinbauleuchten mit Spiegelraster (die größte Schattigkeit, aber eine dunkle Decke, vgl. Abb. 13.33).

Die Ausstattung von Büros soll die Blendungsbegrenzung unterstützen durch matte Oberflächen aller Möbel und durch ausgewogene Kontraste zwischen den Sehaufgaben und den Möbeln (z. B. durch Vermeidung von schwarzen Schreibtischen).

13.12.3 Ausstellungen

Die wichtigsten Beleuchtungsanforderungen bei Ausstellungen bestehen in

- der visuellen Hervorhebung der Exponate,
- der Schonung wertvoller lichtempfindlicher Exponate,
- exzellenter Farbwiedergabe bei farbigen Exponaten,
- hoher Gleichmäßigkeit, wenn der ganze die Exponate enthaltende Raum überblickt werden kann oder sogar soll,
- ausreichender Schattigkeit bei plastischen Sehobjekten,
- der Vermeidung von Spiegelung von Lichtquellen in Glasabdeckungen.

Diese Anforderungen in ihrer Gesamtheit lassen sich mit Tageslicht nur bedingt, nur zeitweilig und dann auch nur mit sehr großem Aufwand für den Sonnen- und Blendschutz und die Lichtlenkung erfüllen. Dennoch sollte Tageslicht wegen seiner hervorragenden Farbwiedergabe und seines großen Strahlungsäquivalents immer auf seine Einsetzbarkeit geprüft werden (schon wegen der wohltuenden Unterbrechung des anstrengenden Rundganges durch gelegentliche Blicke aus einem Fenster).

Bei nicht lichtempfindlichen und nicht hinter Glas stehenden großen räumlichen Exponaten, um die der Betrachter herumgehen kann, bieten sich eine großzügige senkrechte Verglasung und auch Oberlicht an, Letzteres aber nur dann, wenn der Blick nicht nach oben gerichtet werden muss. Oberlichte sind generell günstig zur Betrachtung von Plastiken aus nicht lichtempfindlichen Materialien (z. B. im Pergamonmuseum in Berlin).

Zum Betrachten ebener Exponate (Bilder, Schriften) und/oder lichtempfindlicher Exponate (organische Substanzen, kapillar-poröse Stoffe) eignen sich Scheddächer mit hinreichend kleinem Öffnungswinkel und nach Norden gerichtete Fenster mit relativ kleinem Sonnenschutz. Sind das Interieur oder die Exponate besonders lichtempfindlich (z. B. beim Fasanenschlösschen in Moritzburg), so muss auch dann noch entweder die Verglasung selbst UV-beständig (absorbierend) gewählt werden oder mit einer zusätzlichen, UV-Strahlung absorbierenden Folie ergänzt werden. Oder aber es muss an Tagen mit klarem Himmel der Tageslichteinfall durch Schließen von Rollläden, Fensterläden oder Jalousien generell unterbunden werden, was zu einer erheblichen Einschränkung des visuellen Komforts bei der Betrachtung führt.

Eine visuelle Hervorhebung der Exponate kann durch darauf gezielte Innenraumgestaltung (helle Objekte vor dunkler Wand und umgekehrt, vgl. Abb. 13.34) oder durch direkte Beleuchtung des Exponates erfolgen (vgl. Abb. 13.35 und 13.36). Diese Hervorhebung äußert sich entweder durch kräftigen Leuchtdichtekontrast gegenüber dem Umfeld oder größere Plastizität. Direkte Anstrahlung ist gerade auch bei lichtempfindlichen Exponaten angebracht. Voraussetzung ist allerdings, dass der Raum bzw. seine Verkehrsflächen vergleichsweise dunkel gehalten werden können: Dann wird der Gesichtssinn niedrig adaptiert und es wird auch ein vergleichsweise schwach beleuchtetes Exponat als hell empfunden. Dieses Verfahren wird auch in Aquarien zoologischer Gärten angewandt, wenn auch aus einem anderen Grund: um das Algenwachstum zu verhindern.

Abb. 13.34: Ausstellung für moderne bildende Kunst (Quelle: licht.de, Frankfurt/Main)

Abb. 13.35: Gemäldeausstellung mit direkt angestrahlten Gemälden bei zurückhaltender Beleuchtung der Verkehrsflächen (Quelle: licht.de, Frankfurt/Main)

Abb. 13.36: Ausstellungs- und Verkaufsraum; die Allgemeinbeleuchtung ist zurückhaltend, erst die in die Vitrinen montierten Halogenlampen mit Kaltlichtreflektor bringen die direkt angestrahlten Gegenstände zum Funkeln (Quelle: licht.de, Frankfurt/Main)

Bei nicht lichtempfindlichen Exponaten kann Allgemeinbeleuchtung mit leuchtenden Decken aus Trübglas mit darüberliegenden Leuchtstofflampen der De-luxe-Reihe, mit Spiegelrasterleuchten und auch mit Decken-Halogenspots eingesetzt werden. Bei Wechselausstellungen kann eine starre Allgemeinbeleuchtung problematisch sein, je nachdem wie einschneidend die Wechsel sind. Günstiger sind dann flexible Leuchtensysteme.

13.12.4 Sporthallen und Hallenbäder

Sporthallen brauchen eine Allgemeinbeleuchtung (z. B. für Handball, Volleyball u. Ä.), in vielen Fällen zusätzlich eine auf den eigentlichen Vorgang gerichtete örtliche Beleuchtung (Boxen, Tischtennis, Fechten u. Ä.). Die empfohlenen Beleuchtungsstärken richten sich nach der Größe der Sehobjekte, der Geschwindigkeit, mit der sie sich bewegen (z. B. Tennisball bis zu 200 km/h) sowie der erforderlichen Wahrnehmungsgeschwindigkeit für die Sportler selbst und ggf. die der Zuschauer. Die empfohlenen Beleuchtungsstärken nehmen in der Reihenfolge der Nutzungskategorien (Training, Wettkampf, Wettkampf mit Fernsehaufzeichnung) stark zu und sind von der Sportart abhängig. Sie liegen zwischen 150 lx (Reitsporttraining) bzw. 200 lx für das Training der meisten Sportarten und ≥ 1.500 lx (Boxwettkampf mit Zuschauern). Die Nennbeleuchtungsstärken enthält DIN EN 12193. Bei Fernseh- und Filmaufnahmen ist zusätzlich eine Vertikalbeleuchtungsstärke zu gewährleisten, die je nach Geschwindigkeit des Sports und Aufnahmeentfernung zwischen 500 und 1.200 lx liegt.

Weitere wichtige Anforderungen:

- hohe Blendungsbegrenzung für Ballspiele und Kampfsportarten
- hohe Schattigkeit bei Ballspielen, Kampfsportarten und Gymnastik
- große Gleichmäßigkeit g der Beleuchtungsstärke bei allen Ballspielen innerhalb des Spielfeldes (Tennis: $g \geq 1 : 1{,}3$)
- Ballwurfsicherheit der Leuchten
- visuelle Hervorhebung des Spielfeldes bzw. der Wettkampfstätte gegenüber den übrigen Zonen der Sporthalle, insbesondere der Zuschauerplätze, durch deutlich höhere Beleuchtungsstärken (Verhältnis 2 : 1 bis 10 : 1)

Abb. 13.37: Standard-Sporthalle; Allgemeinbeleuchtung durch parallele Tiefstrahler mit ballwurfsicherem Raster, bestückt mit Hochdruck-Entladungslampen (Quelle: licht.de, Frankfurt/Main)

Abb. 13.38: Sporthalle für Ballspiele; das Spielfeld ist durch wesentlich höhere Beleuchtungsstärke gegenüber den Zuschauerbänken hervorgehoben (Quelle: licht.de, Frankfurt/Main)

Abb. 13.39: Schwimmhalle mit großzügiger Indirektbeleuchtung; wegen der geringen Leuchtdichte der Decke treten keine störenden Reflexbilder auf der Wasserfläche auf und der Boden des Beckens ist gut zu erkennen (Quelle: licht.de, Frankfurt/Main)

Sporthallen werden üblicherweise direkt beleuchtet: Turnhallen und niedrige Sporthallen mit Deckeneinbauleuchten oder Deckenanbauleuchten (vgl. Abb. 13.37), die mit Leuchtstofflampen (warmweiß oder neutralweiß) bestückt sind, hohe Hallen (vgl. Abb. 13.38) durch runde oder auch eckige, tief strahlende Spiegelreflektoren mit Natriumdampfhochdrucklampen oder Halogenmetalldampflampen (bei Fernsehaufnahmen nur Letztere). An die Farbwiedergabe werden bei reinen Trainingsräumen keine hohen Anforderungen gestellt, bei Hallen für Wettkämpfe sollte aber mindestens die Farbwiedergabestufe 1b, bei Fernsehaufnahmen sogar Farbwiedergabestufe 2a angestrebt werden.

Für Sportarten, bei denen jede beliebige Blickrichtung, auch die nach oben, häufig notwendig sein kann (Volleyball), ist direkte Beleuchtung problematisch. Denn der Spieler, der auch nur einen Moment in einen Tiefstrahler blicken musste, ist danach für einige Zehntelsekunden durch die nachwirkende Absolutblendung nicht einsatzfähig. Dieser Umstand wird in der Sportpraxis hingenommen, da er ja beim Wettkampf beide Parteien gleichermaßen benachteiligt. Eine interessante Alternative ist indessen die Indirektbeleuchtung. Dabei fallen alle Blendungsgefahren weg, allerdings zulasten von Schattigkeit und Plastizität. Vielmehr ergeben sich Sehverhältnisse wie im Freien bei bedecktem Himmel: Es gibt keine Blendung, aber alle Sehobjekte sind dunkler als der Himmel und erscheinen nur wenig plastisch.

Vergleichbare Verhältnisse ergeben sich in Schwimmhallen: Die spiegelnde und ständig bewegte Wasseroberfläche reflektiert die Leuchtdichte der Lichtquellen in wechselnde Richtungen, bei Direktbeleuchtung ist keine Richtung davon ausgenommen. Das stört nicht nur die Zuschauer des Schwimmwettbewerbs, sondern auch den am Beckenrand stehenden Trainer. Die Lösung des Problems besteht auch hier in Indirektbeleuchtung. Ein besonders schönes Beispiel zeigt Abb. 13.39.

Abb. 13.40: Kaufhaus; die Verkehrsflächen sind gering, aber noch hinreichend gleichmäßig durch Deckenanbauleuchten mit lichtstreuenden Abdeckungen ausgeleuchtet; warenorientierte Allgemeinbeleuchtung (Quelle: licht.de, Frankfurt/Main)

Abb. 13.41: Textilboutique mit kräftig angestrahlten Modewaren; die 16-mm-Leuchtstofflampen sind mit einem speziellen Farbfilter ausgerüstet zur besonderen Betonung ausgewählter Warenpräsentationen (Quelle: licht.de, Frankfurt/Main)

13.12.5 Verkaufsräume

In Verkaufsräumen – vom Discountermarkt für Lebensmittel bis zur Boutique für ausgefallenen Schmuck – bestimmt die visuelle Hervorhebung der angebotenen Waren die Beleuchtungskonzeption. Dafür genügt in Discountermärkten offensichtlich schon eine direkte Allgemeinbeleuchtung oder eine warentischorientierte direkte Allgemeinbeleuchtung mit einer am Warenangebot orientierten warmweißen bis neutralweißen Lichtfarbe und kräftiger Schattigkeit, die die plastische Form der Waren erkennen lässt.

In anspruchsvollen Geschäften und Einkaufszentren (Shopping-Center) wird zwischen der Beleuchtung der Verkehrsflächen und der Beleuchtung der Waren unterschieden: Die Verkehrsflächen werden direkt oder direkt-indirekt mit genügender Gleichmäßigkeit beleuchtet (vgl. Abb. 13.40) und es können dafür Leuchtstofflampen in Spiegelrasterleuchten, in abgependelten Leuchten, Spots mit Halogenglühlampen oder Energiesparlampen eingesetzt werden. Für die Beleuchtung der Waren gilt dagegen die Regel: Es ist alles erlaubt, was die Ware auffallen lässt und keine Sicherheitsbestimmungen verletzt. Günstig ist die direkte Anstrahlung der einzelnen Waren oder auch Warengruppen durch stark gebündeltes Licht aus kleinen Lichtquellen mit sehr guter Farbwiedergabe (vgl. Abb. 13.41). Am geeignetsten dafür sind Niedervolthalogenglühlampen mit Kaltlichtreflektoren, die im Schaufenster in Tischleuchten oder an der Wand und in Verkaufsräumen an Stromschienen, als Deckeneinbauspots oder frei verstellbar montiert werden können.

Tageslicht zur Beleuchtung von Verkaufsräumen ist grundsätzlich erwünscht und wird auch bei kleineren Verkaufräumen (z. B. hinter dem Schaufenster) genutzt. Einkaufszentren (Shopping-Center) werden oft in geschlossener Bauweise errichtet. Die einzelnen Läden werden durch eine zentrale Verkehrsfläche, die oft als Mall bezeichnet wird, erschlossen. Zunehmend nutzt man für die Ausleuchtung der Mall auch große Glasflächen, die in der Regel im Dachbereich angeordnet sind.

In den großen Einkaufszentren (Shopping-Center) spielt die Beleuchtung aus energetischer Sicht eine entscheidende Rolle:

- Die Beleuchtung verursacht mehr als 60 % des Elektroenergiebedarfs.
- Die Beleuchtung verursacht erhebliche innere Wärmelasten, deren Abfuhr wiederum große Energiebedarfe für die Kälteerzeugung und Lüftung zur Folge hat.

Ansatzpunkte zur energetischen Optimierung der Beleuchtung können sein:

- Verringerung der Beleuchtungsstärken, was auch zeitweise durch eine Beleuchtungssteuerung realisiert werden kann
- Einsatz von LED-Lampen auch in den Shop-Bereichen der Zentren

13.12.6 Gaststätten

Gaststätten existieren und entstehen in so unterschiedlichen Formen, dass sich nur schwer allgemeingültige Regeln für ihre Beleuchtung formulieren lassen. In jedem Fall ist Folgendes zu gewährleisten:

- sehr gute Farbwiedergabe, damit die Gesichter und Garderoben der Gäste und auch die Speisen natürlich erscheinen
- ausreichende Beleuchtungsstärke der Verkehrswege

Alle anderen Gütemerkmale der Beleuchtung treten in den Hintergrund, da nicht vorrangig gute Sehbedingungen zu erreichen sind, sondern vielmehr die Erzeugung einer vom Gastwirt bzw. dem Innenarchitekten gewollten Stimmung wesentlich für den wirtschaftlichen Erfolg der Gaststätte ist. Die möglichen Varianten sind Legion und reichen vom nüchtern beleuchteten Bistro über die Festbeleuchtung größerer Säle oder die schummerige Fischerkneipe bis zur Tanzbar mit lediglich Effektbeleuchtung.

Gute Sehbedingungen, wenn auch in nüchterner Form, zeigt Abb. 13.42: Tische und Verkehrswege werden durch Deckenanbauleuchten mit Leuchtstofflampen hell, gleichmäßig und blendungsarm beleuchtet. Die breit strahlenden Leuchten erzeugen eine hohe vertikale Beleuchtungsstärke und erleichtern so die Erkennung der Gesichter der Gegenübersitzenden. Bei dem in Abb. 13.43 gezeigten Speiseraum ist offensichtlich eine besondere Festlichkeit beabsichtigt. Sie wird erreicht durch vielfache Brechung und Reflexion des von den Lampen ausgestrahlten Lichtes an Glasstäben (sog. Kronleuchtereffekt). Dass sich gute Sehbedingungen und eine festlich-würdige Raumstimmung auch mit einfachen beleuchtungstechnischen Mitteln – allerdings bei durchdachter Innenraumgestaltung – vereinen lassen, zeigt Abb. 13.44: Die einfache Cafeteria wirkt einladend wegen der praktisch blendungsfreien Beleuchtung der Tische durch Deckeneinbauspots mit Halogenglühlampen warmweißer Lichtfarbe und die zusätzliche Anstrahlung der Säulen, die die architektonische Struktur des Raumes betont.

Abb. 13.42: Gaststätte; nüchterne, aber für gute Sehbedingungen zweckmäßige direkte, tischorientierte Allgemeinbeleuchtung durch Deckenanbauleuchten mit Leuchtstofflampen (Quelle: licht.de, Frankfurt/Main)

Abb. 13.43: Blendungsfreie, festliche Beleuchtung einer Gaststätte mithilfe des sog. Kronleuchtereffektes, der hundertfachen Reflexion und Brechung des Lichtstromes an Glasstäben oder -kristallen (Quelle: licht.de, Frankfurt/Main)

Abb. 13.44: Cafeteria; das warmweiße Licht der Deckeneinbauspots ist auf die Tische und – zur Betonung der Raumstruktur – auf die Säulen gerichtet (Quelle: licht.de, Frankfurt/Main)

13.13 Normen- und Literaturverzeichnis

Normen

DIN 5034-1:2021-08 Tageslicht in Innenräumen – Teil 1: Begriffe und Mindestanforderungen

DIN 5034-2:2021-08 Tageslicht in Innenräumen – Teil 2: Grundlagen

DIN 5034-3:2021-08 Tageslicht in Innenräumen – Teil 3: Berechnung

DIN 5034-5:2021-08 Tageslicht in Innenräumen – Teil 5: Messung

DIN 5034-6:2021-08 Tageslicht in Innenräumen – Teil 6: Vereinfachte Bestimmung zweckmäßiger Abmessungen von Oberlichtöffnungen in Dachflächen

DIN V 18599-4:2018-09 Energetische Bewertung von Gebäuden – Berechnung des Nutz-, End- und Primärenergiebedarfs für Heizung, Kühlung, Lüftung, Trinkwarmwasser und Beleuchtung – Teil 4: Nutz- und Endenergiebedarf für Beleuchtung

DIN EN 12193:2019-07 Licht und Beleuchtung – Sportstättenbeleuchtung

DIN EN 12464-1:2011-08 Licht und Beleuchtung – Beleuchtung von Arbeitsstätten – Teil 1: Arbeitsstätten in Innenräumen

DIN EN 17037:2019-03 Tageslicht in Gebäuden

Literatur

EU 2019/2015: Delegierte Verordnung (EU) 2019/2015 der Kommission vom 11.03.2019 zur Ergänzung der Verordnung (EU) 2017/1369 des Europäischen Parlaments und des Rates in Bezug auf die Energieverbrauchskennzeichnung von Lichtquellen und zur Aufhebung der Delegierten Verordnung (EU) Nr. 874/2012 der Kommission

Köster, H.: Tageslichtdynamische Architektur. Grundlagen, Systeme, Projekte. Basel: Birkhäuser Verlag, 2004

Köster, H.: Tageslichtnutzung zur Optimierung der visuellen und thermischen Behaglichkeit am Arbeitsplatz und verbesserten Wirtschaftlichkeit von Fenster und Fassade. In: Krimmling, J.; Landgraf, B: Tagungsband 4. Energietechnisches Symposium. Nachhaltige Gebäude – Herausforderungen in der Gebäudeenergietechnik. Stuttgart: Steinbeis-Edition, 2011, S. 41 bis 56

Lange, H. (Hrsg.): Handbuch Beleuchtung. 5. Aufl. Landsberg: Ecomed Fachverlag, 1992

Licht.wissen 01 [online]. Frankfurt a. M.: Fördergemeinschaft Gutes Licht, 2016. Internet: https://www.licht.de/fileadmin/Publikationen_Downloads/1603_lw01_Kuenstliches-Licht_web.pdf [Zugriff: 15.08.2021]

Pistohl, W.: Handbuch der Gebäudetechnik. Band 2. 6. Aufl. Köln: Wolters Kluwer Deutschland GmbH, 2007

Renner, E.: Tageslichtlenkung mit hochreflektierenden Lichtschachtwänden im Forschungsobjekt Bautzner Straße 11 in Zittau. Vortrag auf dem 12. Bauklimatischen Symposium der TU Dresden (29. bis 31. März 2007). Tagungsband Teil 2 (2007), S. 714 bis 723

Schober, H.: Das Sehen. Band 1. 5. Aufl. Leipzig: VEB Fachbuchverlag Leipzig, 1972

Weigel, R. G.: Grundzüge der Lichttechnik. Essen: Verlag W. Girardet, 1952

14 Transporttechnik

14.1 Systemübersicht

Nach DIN 276 werden Förderanlagen in folgende Kostengruppen (KG) unterteilt:

- KG 461: Aufzugsanlagen
- KG 462: Fahrtreppen, Fahrsteige
- KG 463: Befahranlagen
- KG 464: Transportanlagen
- KG 465: Krananlagen
- KG 466: Hydraulikanlagen
- KG 469: Förderanlagen, Sonstige (z. B. Hebebühnen)

Eine übergreifende Norm für Förderanlagen existiert nicht. In der Regel verwenden Hersteller von Förderanlagen eigene Strukturierungen und Bezeichnungen.

14.2 Aufzugsanlagen

14.2.1 Unterscheidung nach Frachtart

Aufzugsanlagen können nach Art der Fracht folgendermaßen unterschieden werden:

- Personenaufzüge
- Lastenaufzüge
- Güteraufzüge

Personenaufzüge dienen vorrangig der Beförderung von Personen. Ungeachtet dessen werden z. B. bei Umzügen auch Einrichtungsgegenstände u. Ä. transportiert. Lastenaufzüge dienen der Beförderung von Gütern, wobei Personen während des Transports anwesend sein können. Güteraufzüge sind nicht für den Transport von Personen zugelassen. Das klassische Beispiel für den Güteraufzug ist der Küchenaufzug in einer Gaststätte, mit dem Speisen transportiert werden.

Weitere Aufzugsarten für spezielle Frachten (Beispiele):

- Autoaufzüge
- Bettenaufzüge
- Rollstuhlaufzüge

Autoaufzüge finden in speziellen Parkhäusern Verwendung. Der Bettenaufzug ist aufgrund seiner Abmaße für den Patiententransport in Krankenhäusern vorgesehen. Rollstuhlaufzüge sind schachtlose Aufzüge, die hauptsächlich in öffentlichen Gebäuden zur Überwindung von Treppenabsätzen u. Ä. verwendet werden. Darüber hinaus sind sie gelegentlich im Wohnbereich zu finden.

14.2.2 Sicherheitsfunktionen

Aufzüge in Gebäuden können sicherheitstechnische Funktionen haben. Danach unterscheidet man (vgl. VDI 6017:2015-08):

- Standardaufzug
- Sicherheitsaufzug

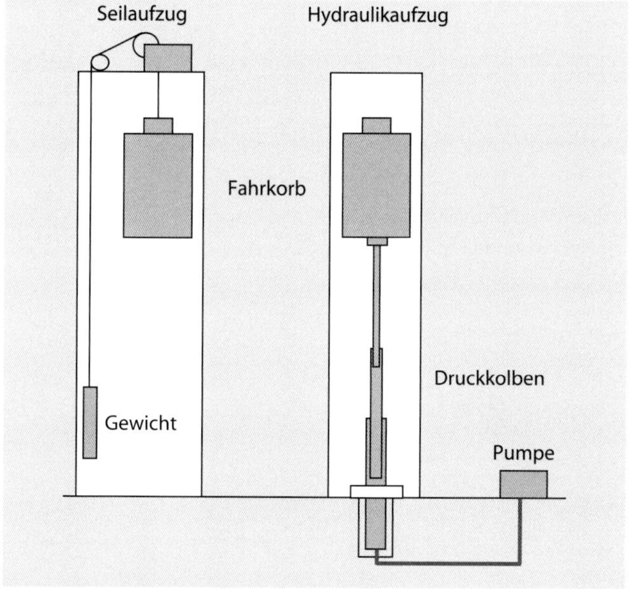

Abb. 14.1: Seilaufzug und Hydraulikaufzug

- Evakuierungsaufzug
- Feuerwehraufzug

Feuerwehraufzüge müssen entsprechend der Muster-Richtlinie über den Bau und Betrieb von Hochhäusern (Muster-Hochhaus-Richtlinie – MHHR 2008) installiert werden. Im Brandfall nutzt die Feuerwehr diese Aufzüge für den Transport von Personal und Ausrüstung in obere Etagen, die mithilfe von Feuerwehrleitern nicht erreicht werden können. Nach DIN EN 81-72 müssen folgende grundsätzliche Anforderungen erfüllt werden (vgl. den Normtext für detaillierte Anforderungen):

- Der Feuerwehraufzug ist in einem Schacht mit einem brandgeschützten Vorraum vor jeder Schachttür anzuordnen.
- Durch den Feuerwehraufzug müssen alle Stockwerke des Gebäudes bedient werden können.
- Der Aufzug muss so geplant werden, dass er im Brandfall so lange wie möglich in Betrieb bleibt. Das betrifft auch die Stromversorgung und Steuerung des Aufzuges.
- Der Aufzug und alle dazugehörigen Komponenten müssen gegen eindringendes Löschwasser geschützt sein.
- Der Aufzug muss mit einer Notklappe zur Evakuierung von eingeschlossenen Personen ausgestattet sein.

14.2.3 Funktionsprinzipien

Aufzüge werden wie folgt nach dem Funktionsprinzip unterschieden (vgl. auch Abb. 14.1):

- Seilaufzüge
- Hydraulikaufzüge

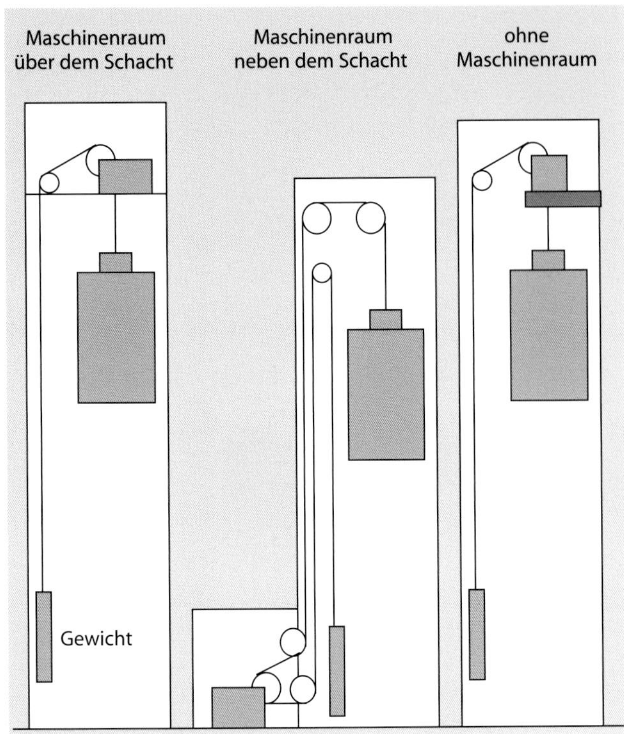

Abb. 14.2: Bauarten von Seilaufzügen

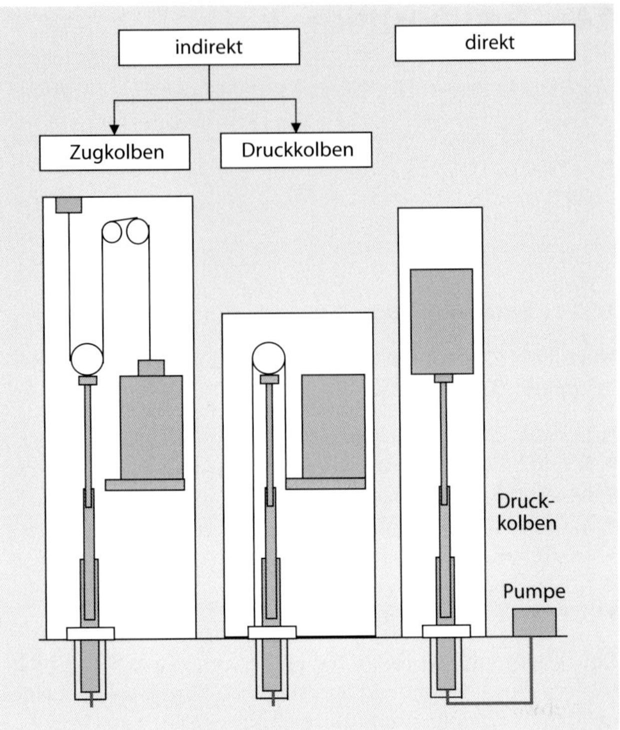

Abb. 14.3: Bauarten von Hydraulikaufzügen

Die Seilaufzüge gibt es in 3 verschiedenen Varianten (vgl. auch Abb. 14.2):

- Maschinenraum über dem Schacht
- Maschinenraum unter, neben oder hinter dem Schacht
- ohne Maschinenraum, Antrieb im Schachtkopf

Aufzüge ohne Maschinenraum (auch MRL-Aufzüge [MLR = maschinenraumlos]) gelten als eine der größten Innovationen im Aufzugsbau (vgl. Dispan, 2007). Seit der Markteinführung 1996 hat sich der Anteil von Seilaufzügen im Verhältnis zu Hydraulikaufzügen stark erhöht. MLR-Aufzüge haben kein mechanisches Getriebe; die Drehzahl wird direkt mit einem Frequenzumformer am Elektromotor gesteuert.

Die Hydraulikaufzüge werden ebenfalls in 3 Bauarten unterschieden (vgl. Abb. 14.3):

- indirekte Bauart mit Zugkolben
- indirekte Bauart mit Druckkolben
- direkte Bauart

In der Konzeptionsphase eines Gebäudes steht die Frage an, ob Seilaufzüge oder Hydraulikaufzüge eingesetzt werden sollen. Seilaufzüge sind besonders gut geeignet, wenn große Höhen überwunden werden müssen. Außerdem spricht die geringere elektrische Antriebsleistung für Seilaufzüge. Bei kurzen Wegen und hohen Lasten ist dagegen ein Hydraulikaufzug zu bevorzugen (vgl. Unger, 2013). Bei einem Hydraulikaufzug muss an die Entsorgung des Hydrauliköls bei anstehenden Ölwechseln gedacht werden; die Schachtgrube und der Maschinenraum müssen öldicht ausgeführt werden.

Außerdem wird noch zwischen

- Aufzügen und
- Liften

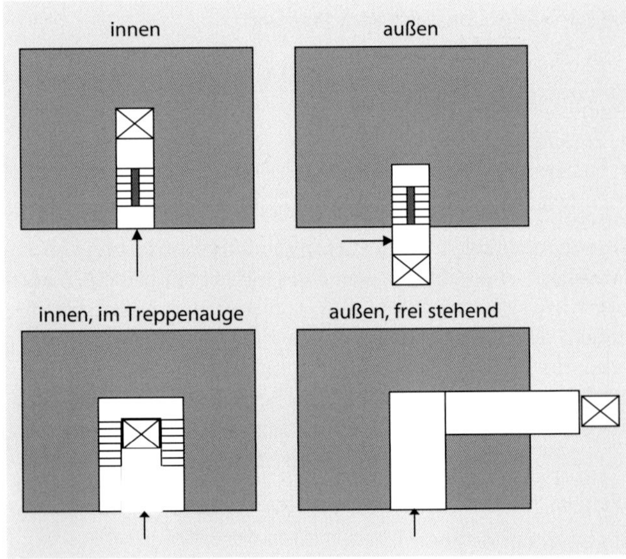

Abb. 14.4: Anordnung von Aufzügen im und am Gebäude (in Anlehnung an Pistohl, 2007)

unterschieden. Aufzüge sind dauerhaft in ein Gebäude eingebaut. Sie haben eine geschlossene Fahrkabine und werden aus dieser gesteuert. Für sie gilt die Aufzugsrichtlinie. Lifte haben in der Regel keine Aufzugskabine und werden nur mit geringer Geschwindigkeit (weniger als 0,15 m/s) bewegt. Für sie gilt die Maschinenrichtlinie.

14.2.4 Anordnung im und am Gebäude

Hinsichtlich der Anordnung des Aufzugs im oder am Gebäude kann folgendermaßen unterschieden werden (vgl. auch Abb. 14.4):

- Anordnung innen im Gebäude
- Anordnung außen am Gebäude

- Anordnung im Treppenauge
- Anordnung frei stehend innen oder außen

Der Einbau von Aufzügen und deren Betrieb in Gebäuden werden u. a. durch folgende Vorschriften geregelt:

- Musterbauordnung (MBO, jeweils neueste Fassung) bzw. die entsprechenden Landesbauordnungen (LBO, jeweils neueste Fassung)
- Muster-Hochhaus-Richtlinie (MHHR, jeweils neueste Fassung)
- Verordnung über Sicherheit und Gesundheitsschutz bei der Bereitstellung von Arbeitsmitteln und deren Benutzung bei der Arbeit, über Sicherheit beim Betrieb überwachungsbedürftiger Anlagen und über die Organisation des betrieblichen Arbeitsschutzes (Betriebssicherheitsverordnung – BetrSichV, jeweils neueste Fassung)
- Gesetz über die Bereitstellung von Produkten auf dem Markt (Produktsicherheitsgesetz – ProdSG, jeweils neueste Fassung)

14.2.5 Konstruktiver Aufbau

Ein Aufzug umfasst im Allgemeinen folgende Komponenten:

- Triebwerksraum (oder Maschinenraum)
- Antriebsaggregat
- Aufzugsschacht
- Fahrkorb
- Steuerung
- Sicherheitseinrichtungen

Triebwerksraum

Im Triebwerksraum werden das Antriebsaggregat und die Sicherheitseinrichtungen untergebracht. Am günstigsten wird er beim Seilzugaufzug über dem Aufzug angeordnet, andere Anordnungen sind möglich bis dahin, dass kein Triebwerksraum vorhanden ist (vgl. Abb. 14.2). Bei Seilaufzügen mit einer Fahrgeschwindigkeit bis 1,6 m/Sekunde und einer Tragkraft bis 1.600 kg kann auf einen gesonderten Triebwerksraum verzichtet werden. In diesem Fall wird die Antriebstechnik direkt im Schachtkopf untergebracht.

Beim Hydraulikaufzug kann der Triebwerksraum vom Aufzug räumlich getrennt untergebracht werden. Die Verbindung zwischen Hydraulikpumpe und Vorratsbehälter einerseits und dem Hubzylinder andererseits erfolgt über Öldruckleitungen (bzw. Schläuche).

Antriebsaggregat

Das Antriebsaggregat umfasst beim Seilaufzug einen Drehstrommotor mit Getriebe, Bremse, Kupplung und Treibscheibe. Beim Hydraulikaufzug handelt es sich um einen Drehstrommotor, der die Hydraulikpumpe antreibt. Diese pumpt Hydrauliköl aus einem Behälter über Druckschläuche in den Hubzylinder. Durch den Druck wird der Hubkolben angehoben und damit der Fahrkorb nach oben bewegt. Bei der Abwärtsbewegung wird das Öl über entsprechend angesteuerte Ventile in den Behälter zurückgelassen.

Aufzugsschacht

Der Aufzugsschacht wird als durchgehender Hohlraum zur Aufnahme des Fahrkorbs ausgebildet. In einem Schacht dürfen bis zu 3 Aufzüge angeordnet werden. Er besteht aus

- den Schachtwänden,
- der Schachtdecke,
- der Schachtgrube.

Die Schachtkonstruktion muss statisch so ausgebildet sein, dass sie die vom Aufzug eingeleiteten Kräfte aufnehmen kann. Die Schachtwände müssen feuerbeständig sein. Der Schacht muss zu lüften und mit Rauchabzugseinrichtungen versehen sein. Be- und Entlüftung sind nach Möglichkeit ins Freie zu ziehen. Die Schachttüren müssen so hergestellt werden, dass Feuer und Rauch nicht in andere Geschosse übertragen werden können.

Im Aufzugsschacht werden folgende Einrichtungen untergebracht:

- Führungsschienen für Fahrkorb und Gegengewichte
- Schachtleitern
- Elektrokabel
- Beleuchtung
- Schachttüren an den Haltestellen

Der Aufzugsschacht sollte bis zur untersten Ebene geführt werden, begehbare Räume unter dem Schacht sind zu vermeiden.

Fahrkorb

Der Fahrkorb dient zur Beförderung von Personen und Gütern. Er hat folgende Bestandteile:

- Fahrkorbrahmen, an dem die Verbindung zur Antriebseinrichtung angebracht ist
- Wände, Fußboden, Decke
- Fahrkorbtüren

Für Personenaufzüge (einschließlich Bettenaufzügen) sowie für Lastenaufzüge mit einer Fahrgeschwindigkeit von mehr als 1,25 m/Sekunde sind Fahrkorbtüren generell vorgeschrieben. Bei Personenaufzügen werden in der Regel horizontale Schiebetüren verwendet (einseitig öffnend oder mittig öffnend, was kürzere Öffnungs- und Schließzeiten ermöglicht). Bei Lastenaufzügen sind auch vertikale Schiebetüren möglich.

Steuerung

Die Aufzugssteuerung besteht aus den Ruf- und Anzeigeanlagen an den einzelnen Haltestellen und der zentralen Anrufverarbeitung. Moderne Aufzugssteuerungen werden als Mikroprozessorsteuerungen ausgeführt, wodurch sie sehr variabel sind. Es gibt folgende Steuerungsarten:

- Einknopfsteuerung (einfache Sammelsteuerung), bei der eingehende Kommandos in der Kabine gespeichert und in der jeweiligen Fahrtrichtung abgearbeitet werden: Diese Steuerungsart wird am häufigsten eingesetzt.
- Zweiknopfsteuerung (richtungsabhängige Steuerung), bei der der Nutzer angibt, ob er aufwärts oder abwärts fahren will: Die Aufträge werden richtungsabhängig abgearbeitet.

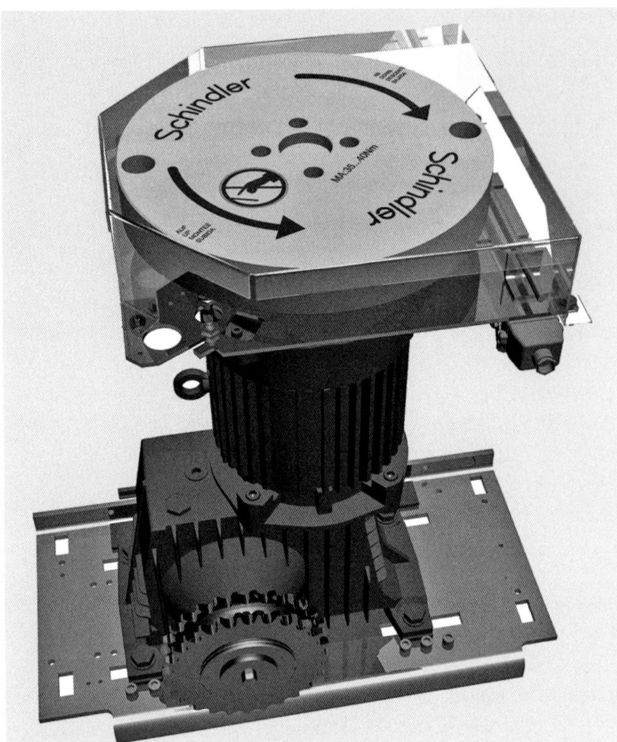

Abb. 14.5: Aufzugsbremse (Quelle: Schindler Deutschland AG & Co. KG)

- Gruppensteuerung für mehrere Aufzüge: Dabei wird der Fahrwunsch eines Nutzers immer von dem Aufzug erfüllt, der den Auftrag am schnellsten bedienen kann.

Am Markt sind außerdem neue Steuerungssysteme erhältlich, bei denen der Nutzer über eine Zehnertastatur seine Zieletage eingibt. Er erhält dann eine Information, welcher Aufzug für seine Fahrt zur Verfügung steht. Der zugewiesene Aufzug fährt dann direkt in die gewünschte Etage.

Die Steuerung wird in einem Schaltschrank untergebracht. Dieser befindet sich im Triebwerksraum, bei Aufzügen ohne Triebwerksraum wird der Schaltschrank in die Verkleidungen der Schachttüren integriert, z. B. auf der oberen Haltestelle.

Sicherheitseinrichtungen

Zu den Sicherheitseinrichtungen gehören

- Fangvorrichtungen,
- Störmeldeeinrichtungen,
- Sprechanlagen,
- Sensorleisten an den Fahrkorbtüren,
- Lichtschranken im Türrahmen,
- Bewegungsmelder in der Deckenverkleidung.

Bei Seilaufzügen wird die Fangvorrichtung mithilfe von Trommel- oder Scheibenbremsen realisiert. Bei einer Überschreitung der üblichen Fahrgeschwindigkeit werden diese sofort aktiviert (vgl. Abb. 14.5). Am unteren Ende des Schachtes sind zusätzlich Aufsetzpuffer installiert. Hydraulikaufzüge sind mit Rohrbruchsicherungen ausgerüstet. Im Falle eines Lecks im Ölsystem wird über ein Ventil der Hubzylinder geschlossen, wodurch der Aufzug zum Stehen kommt.

Brandschutz

Die DIN 4102-5 beschreibt den Aufbau von Fahrschächten. Diese müssen für einen neunzigminütigen Feuerwiderstand ausgelegt werden. Verglaste Aufzüge erfüllen die Forderung nicht und ihre Anwendung unterliegt entsprechenden Einschränkungen. Die Menge brennbarer Stoffe in Aufzugskabinen ist begrenzt (DIN 18090 und DIN 18091). Außerdem gibt es brandschutztechnische Anforderungen an die Ausbildung der Schachttüren (DIN 18090, DIN 18091 und DIN 18092).

Bei größeren Gebäuden ist der Aufzug mit einer Brandfallsteuerung auszurüsten, die im Brandfall eine Evakuierung des Aufzuges in das Erdgeschoss bewirkt.

Schallschutz

Der Betrieb von Aufzügen verursacht Luft- und Körperschall. Bei der baukonstruktiven Ausführung ist dementsprechend den geltenden Normen Rechnung zu tragen. In Wohngebäuden muss darauf geachtet werden, dass Aufzüge nicht unmittelbar an Schlafräume oder andere lärmempfindliche Bereiche angrenzen.

14.2.6 Barrierefreiheit

Eine ausführliche Beschreibung zu diesem Thema findet man im „Atlas barrierefrei bauen“, Kapitel 2 „Aufzüge“ (Metlitzky & Engelhardt, 2021).

Die Anforderungen an die Zugänglichkeit von Aufzügen für Personen mit Behinderung werden in der DIN EN 81-70 beschrieben. Die Regelungen der Norm betreffen

- eine minimale Türbreite von 800 mm bzw. für Aufzüge des Typs 2 nach Tabelle 14.1 (zu beachten ist aber DIN 18040-1, vgl. weiter unten),
- die Fahrkorbabmessungen nach Tabelle 14.1,
- die hindernisfreie Zugänglichkeit der Haltestellen,
- die Gestaltung von Bedienelementen (sog. Befehlsgeber),
- erforderliche Einrichtungen in der Fahrkabine,
- die Anhalte- und Nachreguliergenauigkeit,
- Anzeigeeinrichtungen innerhalb und außerhalb des Fahrstuhls,
- die Gestaltung der Notrufeinrichtungen.

Tabelle 14.1: Mindestabmaße von Fahrkörben nach DIN EN 81-70, Tabelle 1

Aufzugs-typ	Mindestabmessungen des Fahrkorbs	Zugänglichkeitsgrad
1	**450 kg** Fahrkorbbreite: 1.000 mm Fahrkorbtiefe: 1.250 mm	1 Rollstuhlbenutzer
2	**630 kg** Fahrkorbbreite: 1.100 mm Fahrkorbtiefe: 1.400 mm	1 Rollstuhlbenutzer mit Begleitperson
3	**1.275 kg** Fahrkorbbreite: 2.000 mm Fahrkorbtiefe: 1.400 mm	1 Rollstuhlbenutzer und weitere Personen; Wenden eines Rollstuhls ist möglich

Tabelle 14.2: Fahrkorbabmessungen nach DIN 15306, Bezeichnungen nach Abb. 14.6 und Abb. 14.7

Parameter	Nenngeschwindigkeit v_N	Tragfähigkeit			
		320 kg	450 kg	630 kg	1.000 kg
Fahrkorbhöhe h_4		2.200 mm			
Fahrkorbtür- und Schachttürenhöhe h_3		2.000 mm	2.100 mm		
Schachtgrubentiefe d_3	0,40 m/s[1]	1.400 mm			
	0,63 m/s				
	1,00 m/s				
	1,60 m/s	[2]	1.600 mm		
	2,00 m/s	[2]		1.750 mm	
	2,50 m/s	[2]		2.200 mm	
Schachtkopfhöhe h_1	0,40 m/s[1]	3.600 mm			
	0,63 m/s				
	1,00 m/s	3.700 mm			
	1,60 m/s	[2]	3.800 mm		
	2,00 m/s	[2]		4.300 mm	
	2,50 m/s	[2]		5.000 mm	

[1] nur für hydraulische Aufzüge
[2] keine Standardkonfiguration

Außerdem sind die Festlegungen der DIN 18040-1 und -2 zu beachten:

- Keine abwärtsführenden Treppen gegenüber den Aufzugstüren: Sind sie unvermeidbar, muss ihr Abstand mindestens 300 cm betragen.
- Bewegungs- und Wartefläche vor den Aufzügen mit mindestens 150 cm × 150 cm: Ein Passieren des Rollstuhls muss immer möglich sein.
- Aufzüge müssen mindestens dem Typ 2 nach Tabelle 14.1 entsprechen und die Mindestzugangsbreite zum Aufzug muss 90 cm betragen, d. h. die nationale Norm fordert eine größere Türbreite.
- Die barrierefreie Nutzbarkeit der Befehlsgeber entsprechend Anhang G der DIN EN 81-70 muss gewährleistet sein.

Bei vorhandenen Gebäuden mit Aufzugsanlagen älterer Bauart besteht die Frage, inwieweit die barrierefreie Zugänglichkeit verbessert werden kann. Antworten gibt hier die DIN EN 81-82. Dabei besteht der angestrebte Idealzustand in der Erfüllung der Forderungen nach DIN EN 81-70, was aufgrund baulicher Beschränkungen insbesondere bei der Einhaltung von Mindestabmaßen nicht immer gelingen kann. Mögliche Verbesserungsmaßnahmen werden in Anhang A der DIN EN 81-82 angeführt:

- Einbau von kraftbetätigten Türen anstelle von manuell betätigten Türen
- Einbau von Einrichtungen zur berührungslosen Türumsteuerung
- Nachrüstung von Handlauf, Klappsitz und Spiegel in der Kabine
- Erneuerung von Bedien- und Anzeigeelementen

14.2.7 Personenaufzüge

„Gebäude mit einer Höhe […] von mehr als 13 m müssen Aufzüge in ausreichender Zahl haben. Von diesen Aufzügen muss mindestens ein Aufzug Kinderwagen, Rollstühle, Krankentragen und Lasten aufnehmen können und Haltestellen in allen Geschossen haben. Dieser Aufzug muss von allen Wohnungen in dem Gebäude und von der öffentlichen Verkehrsfläche aus stufenlos erreichbar sein. […]“
(§ 39 Abs. 4 MBO)

Die Lage der Aufzüge im Gebäude sollte so geplant werden, dass sie über das Treppenhaus oder über Flure erreicht werden können. Die Zugänge zu den Aufzügen sollten nie direkt in Wohnungen oder Büros liegen.

Wohngebäude

Nach DIN 15306 gibt es 4 verschiedene Aufzugstypen:

- Tragfähigkeit 320 kg für die Benutzung durch Personen
- Tragfähigkeit 450 kg für die Benutzung durch Personen
- Tragfähigkeit 630 kg für die Benutzung auch mit Kinderwagen und Rollstühlen
- Tragfähigkeit 1.000 kg für die Benutzung auch zum Transport von Krankentragen, Möbeln und Rollstühlen

Die Tabelle 14.2 enthält die Abmessungen von Fahrkörben nach DIN 15306 und die Abb. 14.6, 14.7 und 14.8 zeigen die wichtigsten Abmessungen.

Die Aufzüge mit der Tragfähigkeit von 630 bzw. 1.000 kg können mit Rollstühlen benutzt werden.

Die Maße des Raumes vor dem Aufzug nach DIN 15306 sind folgendermaßen festgelegt:

- Einzelaufzug: Die nutzbare Mindesttiefe zwischen Schachttürwand und gegenüberliegender Wand, gemes-

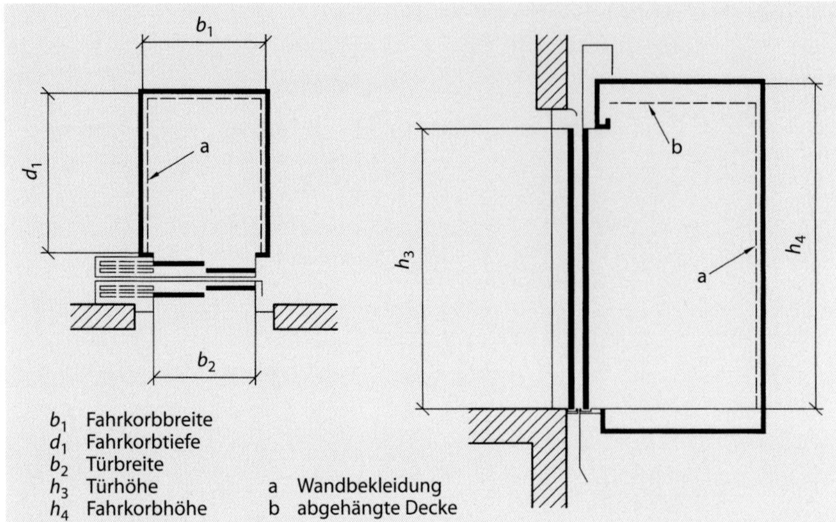

Abb. 14.6: Fahrkorb- und Türabmessungen (Quelle: DIN 15306:2002-06 „Aufzüge – Personenaufzüge für Wohngebäude – Baumaße, Fahrkorbmaße, Türmaße", S. 7, Bild 1)

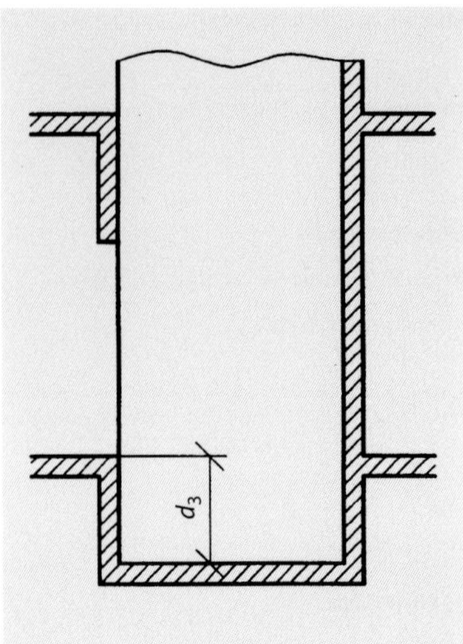

Abb. 14.7: Unterste Haltestelle eines Aufzuges (Quelle: DIN 15306:2002-06 „Aufzüge – Personenaufzüge für Wohngebäude – Baumaße, Fahrkorbmaße, Türmaße", S. 8, Bild 2)

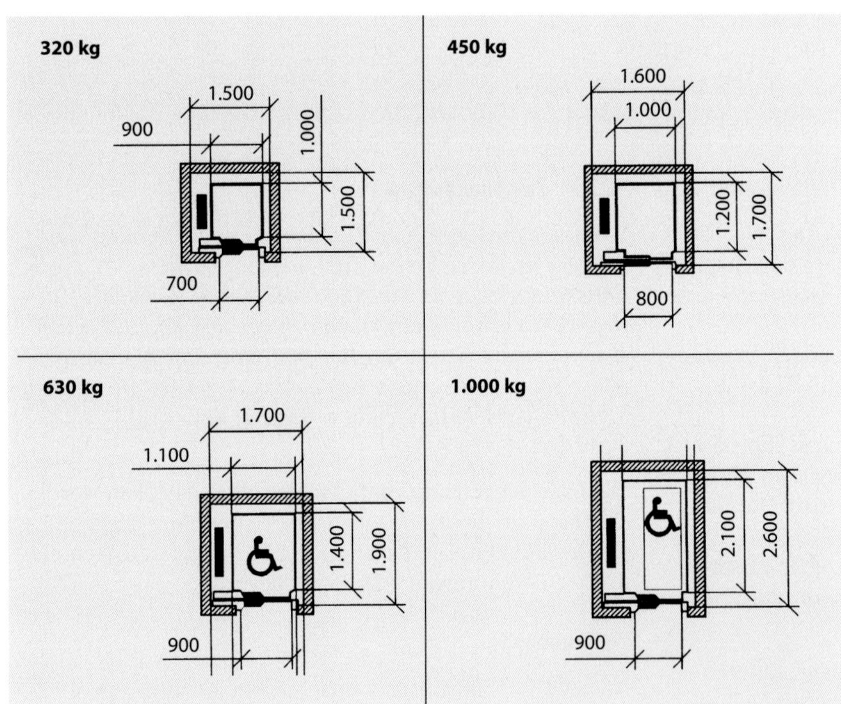

Abb. 14.8: Abmessungen in mm von Personenaufzügen (Quelle: DIN 15306:2002-06 „Aufzüge – Personenaufzüge für Wohngebäude – Baumaße, Fahrkorbmaße, Türmaße", S. 10, Bild 4)

sen in Richtung der Fahrkorbtiefe, soll gleich der Fahrkorbtiefe sein, mindestens jedoch 1.500 mm betragen. Die nutzbare Fläche soll mindestens dem Produkt aus Fahrkorbtiefe und der Schachtbreite entsprechen, mindestens jedoch 1.500 mm × 1.500 mm betragen.

- Nebeneinanderliegende Aufzüge: Die nutzbare Mindesttiefe zwischen Schachttürwand und gegenüberliegender Wand, gemessen in Richtung der Fahrkorbtiefe, soll gleich der größten Fahrkorbtiefe sein, mindestens jedoch 1.500 mm betragen. Die nutzbare Fläche soll mindestens dem Produkt aus der größten Fahrkorbtiefe und der Breite zwischen den äußeren Schachtwänden entsprechen.

Die Bestimmung der Aufzugsanzahl in einem Gebäude ist nicht genormt. Für die Planung bieten die Hersteller von Aufzügen Planungshilfen in Form von Tabellen an, ein Beispiel dafür zeigt Tabelle 14.3.

Nichtwohngebäude

In Nichtwohngebäuden wird nach DIN 15309 die Form der Nutzung wie folgt unterschieden:

- Personenaufzüge für normale Nutzung
- Personenaufzüge für intensive Nutzung

Die Tabelle 14.4 enthält die Abmessungen von Fahrkörben nach DIN 15309; die Abb. 14.9 und 14.10 zeigen die wichtigsten Abmessungen.

Die Maße des Raumes vor dem Aufzug nach DIN 15309 sind folgendermaßen festgelegt:

- Einzelaufzug: Die nutzbare Tiefe zwischen Schachttürwand und gegenüberliegender Wand, gemessen in Richtung der Fahrkorbtiefe, soll mindestens das 1,5-Fache der Fahrkorbtiefe sein. Die nutzbare Fläche soll mindestens

Tabelle 14.3: Auslegung von Aufzügen für einfache Wohngebäude nach Schindler Planungsnavigator, Edition 3.2, Stand Juli 2010, S. 19

Vollgeschosse im Gebäude	Anzahl der Aufzugsnutzer						Aufzugsgeschwindigkeit (m/s)
	< 100	< 200	< 300	< 400	< 500	< 600	
12 bis 14	C	C	C	C	D	D	1,6
10 bis 11	C	C	C	C	D	D	1,6
8 bis 9	C	C	C	C	C	–	1,0
6 bis 7	B	B	B	–	–	–	1,0
5	B	B	–	–	–	–	1,0
4	A	A	–	–	–	–	1,0
2 bis 3	A	–	–	–	–	–	1,0

A: 1 · 630 kg
B: 1 · 1.000 kg
C: 1 · 630 kg und 1 · 1.000 kg
D: 1 · 630 kg und 2 · 1.000 kg

Tabelle 14.4: Fahrkorbabmessungen nach DIN 15309, Tabelle 1, Bezeichnungen siehe Abb. 14.6 und Abb. 14.7

Parameter	Nenngeschwindigkeit v_N	normale Nutzung			intensive Nutzung			
		Tragfähigkeit						
		630 kg	800 kg	1.000 kg/ 1.275 kg	1.275 kg	1.600 kg	1.800 kg	2.000 kg
Fahrkorbhöhe h_4		2.200 mm		2.300 mm	2.400 mm			
Fahrkorbtür- und Schachttürenhöhe h_3		2.100 mm						
Schachtgrubentiefe d_3	0,63 m/s	1.400 mm			1)			
	1,00 m/s							
	1,60 m/s	1.600 mm						
	2,00 m/s	1)	1.750 mm					
	2,50 m/s	1)	2.200 mm					
	3,00 m/s	1)			3.200 mm			
	3,50 m/s				3.400 mm			
	4,00 m/s[2]				3.800 mm			
	5,00 m/s[2]				3.800 mm			
	6,00 m/s[2]				4.000 mm			
Schachtkopfhöhe h_1	0,63 m/s	3.800 mm		4.200 mm	1)			
	1,00 m/s							
	1,60 m/s	4.000 mm		4.200 mm				
	2,00 m/s	1)	4.400 mm					
	2,50 m/s	1)	5.000 mm	5.200 mm	5.500 mm			
	3,00 m/s	1)			5.500 mm			
	3,50 m/s[2]				5.700 mm			
	4,00 m/s[2]				5.700 mm			
	5,00 m/s[2]				5.700 mm			
	6,00 m/s[2]				6.200 mm			

1) keine Standardkonfiguration
2) Vorteile durch reduzierten Pufferhub

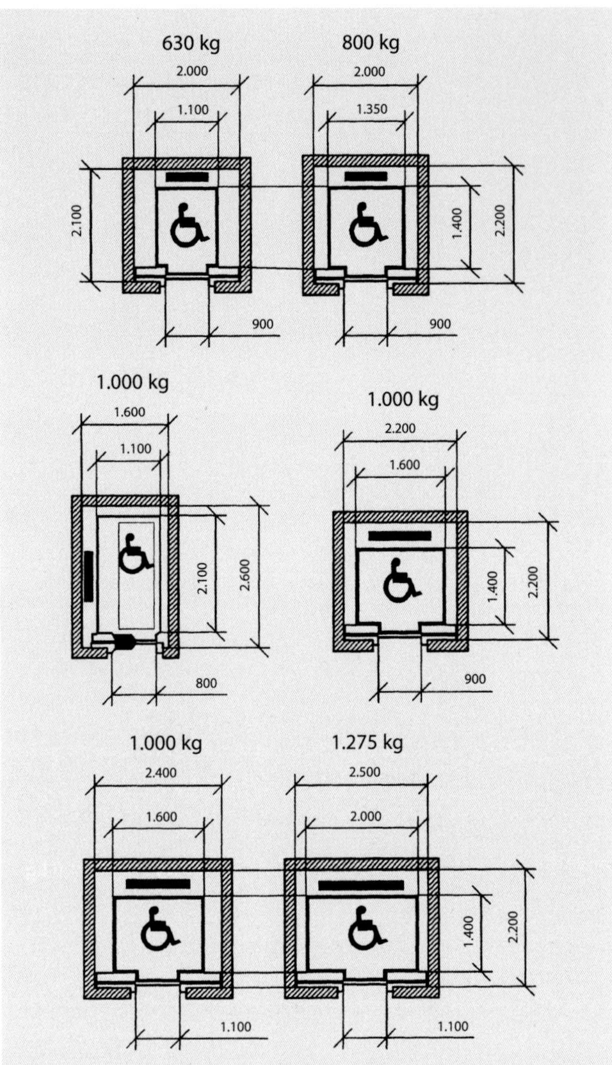

Abb. 14.9: Abmessungen in mm von Personenaufzügen für normale Nutzung (Quelle: DIN 15309:2002-12 „Aufzüge – Personenaufzüge für andere als Wohngebäude sowie Bettenaufzüge – Baumaße, Fahrkorbmaße, Türmaße", S. 12, Bild 4)

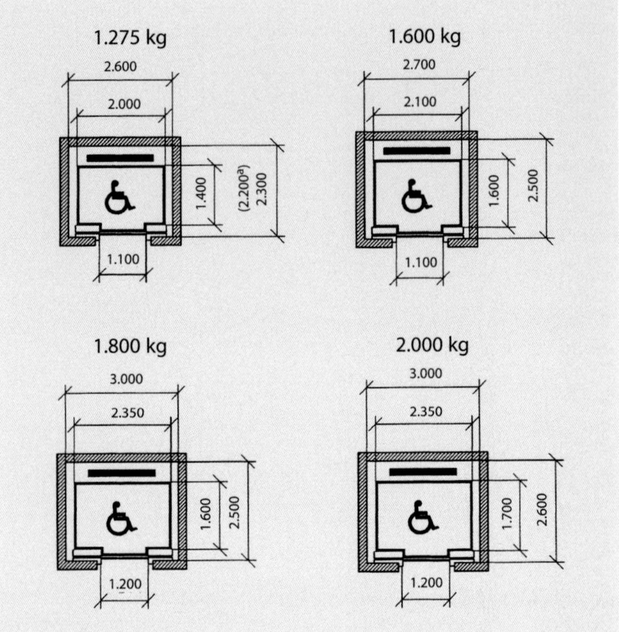

Abb. 14.10: Abmessungen in mm von Personenaufzügen für intensive Nutzung (Quelle: DIN 15309:2002-12 „Aufzüge – Personenaufzüge für andere als Wohngebäude sowie Bettenaufzüge – Baumaße, Fahrkorbmaße, Türmaße", S. 13, Bild 5)

dem Produkt aus der 1,5-fachen Fahrkorbtiefe und der Schachtbreite entsprechen.

- Nebeneinanderliegende Aufzüge: Die nutzbare Tiefe zwischen Schachttürwand und gegenüberliegender Wand, gemessen in Richtung der Fahrkorbtiefe, soll mindestens das 1,5-fache der Fahrkorbtiefe sein, mindestens jedoch 2.400 mm betragen. Die nutzbare Fläche soll mindestens dem Produkt aus der 1,5-fachen Fahrkorbtiefe und der Breite zwischen den äußeren Schachtwänden entsprechen.

Die Tabelle 14.5 verdeutlicht beispielhaft die Planungshilfe eines Aufzugsherstellers für die Auslegung von Aufzügen für Bürogebäude.

Tabelle 14.5: Auslegung von Aufzügen für Bürogebäude nach Schindler Planungsnavigator, Edition 3.2, Stand Juli 2010, S. 19

Vollgeschosse im Gebäude	**Anzahl der Aufzugsnutzer**								**Aufzugsgeschwindigkeit (m/s)**
	< 200	**< 300**	**< 400**	**< 500**	**< 600**	**< 800**	**< 1.000**	**< 1.200**	
20	–	L	M	M	N	N	P	P	3,0
18 bis 19	–	I	K	L	M	M	O	O	2,5
15 bis 17	–	I	I	L	M	M	–	–	2,5
12 bis 14	G	G	I	I	K	–	–	–	1,6
7 bis 11	F	F	H	I	K	–	–	–	1,6
5 bis 6	F	F	F	G	–	–	–	–	1,0
4	E	E	F	–	–	–	–	–	1,0
2 bis 3	E	–	–	–	–	–	–	–	1,0

E: 2 · 630 kg I: 4 · 1.000 kg N: 5 · 1.600 kg
F: 3 · 630kg K: 4 · 1.275 kg O: 6 · 1.275 kg
G: 3 · 1.000 kg L: 5 · 1.000 kg P: 6 · 1.600 kg
H: 4 · 630 kg M: 5 · 1.275 kg

Alternativ kann die Aufzugsanzahl über die sog. 5-Minuten-Förderleistung bestimmt werden. Die 5-Minuten-Förderleistung ist die Förderleistung der Aufzüge eines Gebäudes bezogen auf ein Zeitintervall von 5 Minuten. Für die üblichen Gebäudetypen gibt es Anhaltswerte für die erforderliche 5-Minuten-Förderleistung (vgl. Tabelle 14.6).

Tabelle 14.6: Erforderliche Förderleistung für verschiedene Gebäudetypen nach Pistohl, 2007

Gebäudetyp	erforderliche 5-Minuten-Förderleistung
Verwaltungsgebäude mit einheitlicher Arbeitszeit	20 bis 25 % der Gesamtbelegung
Verwaltungsgebäude mit flexibler Arbeitszeit	15 bis 25 % der Gesamtbelegung
Hotels	12 bis 15 % der Maximalbelegung
Krankenhäuser mit fester Besuchszeit	20 bis 25 % der Besucherzahl
Krankenhäuser mit freier Besuchszeit	ca. 20 % der Besucherzahl
Wohnhäuser	20 bis 25 % der Bewohner

$$F_5 = \frac{300 \cdot N_{Kab} \cdot N_{Aufz}}{t_u} \quad \text{(Formel 14.1)}$$

$$t_u = t_F + t_0 \quad \text{(Formel 14.2)}$$

mit

F_5 Förderleistung in Personen/h

N_{Kab} Personenanzahl je Kabine (Aufzug)

N_{Aufz} Anzahl der Aufzüge im Gebäude

t_u Umlaufzeit in s

t_F Fahrzeit in s

t_0 Standzeit in s

Beispiel: Bestimmung der Aufzugsanzahl

Für ein Bürogebäude mit 12 Geschossen und einer Belegung von 600 Personen ist die Aufzugsanzahl zu bestimmen. Zum Einsatz sollen Aufzüge mit einer Kabinenbelegung von 17 Personen kommen.

Im ersten Schritt ist die Umlaufzeit zu bestimmen. Diese ergibt sich unter der Annahme, dass im Füllbetrieb (morgens) der Aufzug in jeder Etage hält und von der obersten Etage ohne Halt wieder zurückfährt.

Für die Bestimmung der Aufzugsanzahl muss die Formel 14.1 nach N_{Aufz} umgestellt werden:

$$N_{Aufz} = \frac{F_5 \cdot t_u}{300 \cdot N_{Kab}}$$

Der folgenden Aufstellung können die Ausgangsdaten, die Berechnungsgrößen und als Ergebnis die schließlich gewählte Aufzugsanzahl entnommen werden.

Ausgangsdaten:

Geschossanzahl	12
Geschosshöhe	3 m
Fahrgeschwindigkeit v_N	1,6 m/s
Haltezeit pro Station	10 s
erforderliche Förderleistung F_5	20 % der Gesamtbelegung
Gesamtbelegung (Personen)	600
Kabinenbelegung N_{Kab}	17

Berechnungsgrößen:

Fahrzeit t_F	41,25 s
Haltezeit t_0	110 s
Umlaufzeit t_u	151,25 s
N_{Aufz}	3,56
Aufzüge gewählt:	**4**

Alternativ nach Tabelle 14.5 ergibt sich die Aufzugsart K, was 4 Aufzügen mit einer Transportkapazität von je 1.275 kg entsprechen würde. Mit dem üblicherweise angesetzten Personengewicht von 75 kg ergeben sich auch hier 17 Personen pro Kabine.

14.2.8 Bettenaufzüge

Bettenaufzüge werden in Krankenhäusern, Alten- und Pflegeheimen und anderen medizinischen Einrichtungen benötigt. Die Abmessungen für Bettenaufzüge werden herstellerneutral in DIN 15309 vorgegeben. Die Norm nennt 4 Arten von Bettenaufzügen:

- Tragfähigkeit 1.275 kg, Transport eines Bettes mit 900 mm × 2.000 mm
- Tragfähigkeit 1.600 kg, Transport eines Bettes mit 900 mm × 2.000 mm
- Tragfähigkeit 2.000 kg, Transport eines Bettes mit 1.000 mm × 2.300 mm
- Tragfähigkeit 2.500 kg, Transport von Betten mit 1.000 mm × 2.300 mm mit medizinischen Geräten für die Behandlung des Patienten

Die erste Aufzugsart (1.275 kg) ist vorwiegend für den Einsatz in Alten- und Pflegeheimen geeignet, die übrigen für den Einsatz in Krankenhäusern und Kliniken.

Die Abb. 14.11 illustriert die Abmessungen von Bettenaufzügen nach DIN 15309.

14.2.9 Lasten- und Güteraufzüge

Lastenaufzüge werden dort benötigt, wo innerhalb des Gebäudes schwere und sperrige Lasten transportiert werden müssen. Dies ist z. B. der Fall in

- Lagerhäusern,
- Einkaufszentren,
- Flughäfen, Bahnhöfen,
- Industriegebäuden,
- medizinischen Einrichtungen.

Lastenaufzüge werden als Hydraulik- oder Seilaufzug angeboten und verfügen bei Bedarf über deutlich höhere Tragfähigkeiten als Personenaufzüge (vgl. Tabelle 14.7).

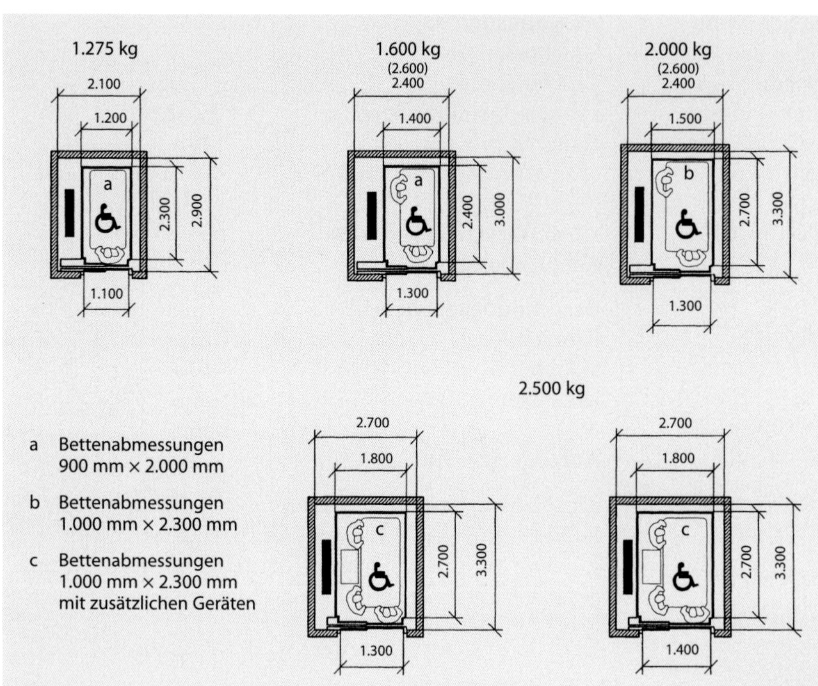

Abb. 14.11: Abmessungen in mm von Bettenaufzügen; Maße in Klammern gelten für Hydraulikaufzüge (Quelle: DIN 15309:2002-12 „Aufzüge – Personenaufzüge für andere als Wohngebäude sowie Bettenaufzüge – Baumaße, Fahrkorbmaße, Türmaße", S. 14, Bild 6)

Tabelle 14.7: Eckdaten von Lastenaufzügen eines Herstellers (nach Schindler Planungsnavigator, Edition 3.2, Stand Juli 2010, S. 53)

	Eckdaten Hydraulikaufzug	**Eckdaten Seilaufzug**
Nutzlast	1.000 bis 6.300 kg 13 bis 84 Personen	1.000 bis 4.000 kg 13 bis 53 Personen
Förderhöhe	maximal 18 m, 18 Haltestellen	maximal 65 m, 21 Haltestellen
zweiseitiger Zugang	generell möglich	generell möglich
Türbreite	800 bis 2.300 mm	800 bis 2.500 mm
Türhöhe	2.000 bis 2.500 mm	2.000 bis 2.500 mm
Antrieb	Hydraulikantrieb	Seilantrieb
Geschwindigkeit	0,15 bis 0,63 m/s	0,8 und 1,6 m/s
Ausstattung	robuste Ausstattung	robuste Ausstattung

Eine Anwendung ist der Autoaufzug, mit dem Personenkraftfahrzeuge im Gebäude transportiert werden können (vgl. Abb. 14.12).

Abb. 14.12: Autoaufzug (Quelle: Schindler Deutschland AG & Co. KG)

14.3 Fahrtreppen und Fahrsteige

Fahrtreppen werden aufgrund ihrer deutlich höheren Beförderungsleistung gegenüber Aufzügen z. B. in folgenden Gebäuden mit hohem Publikumsverkehr eingesetzt:

- Einkaufzentren, Kaufhäuser
- Flughäfen, Bahnhöfe

Sie dienen zum vertikalen Transport im Gebäude. Hinsichtlich der Anordnung im Gebäude können folgende Arten unterschieden werden (vgl. auch Abb. 14.13):

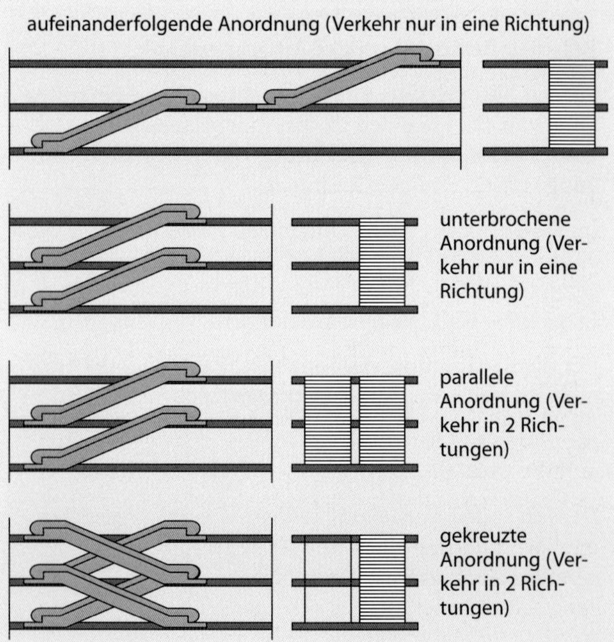

Abb. 14.13: Anordnung von Fahrtreppen im Gebäude

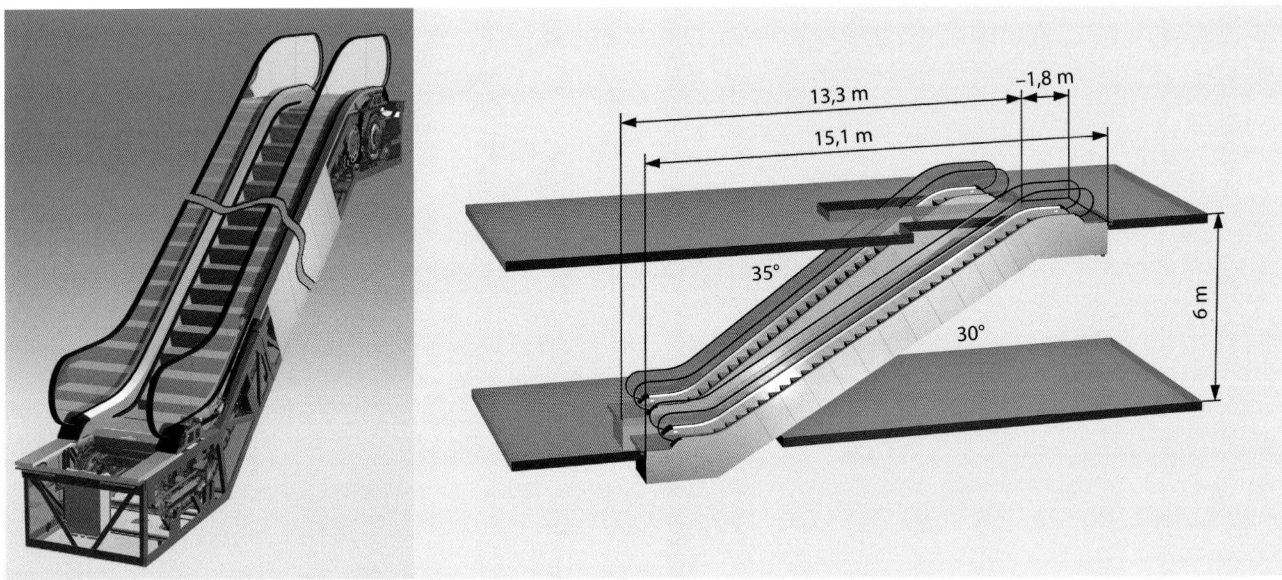

Abb. 14.14: Beispiel Fahrtreppe (Quelle: Schindler Deutschland AG & Co. KG)

- aufeinanderfolgende Anordnung
- unterbrochene Anordnung
- Parallelanordnung
- gekreuzte Anordnung

Die aufeinanderfolgende Anordnung und die unterbrochene Anordnung erlauben den Verkehr jeweils nur in einer Richtung. Die gegenläufige Richtung ist an einer anderen Stelle im Gebäude untergebracht (Fahrtreppe oder Aufzug). Diese Anordnung wird vor allem in Kaufhäusern angewendet, um die Kunden in bestimmte Richtungen der Auslagen zu lenken.

Parallele und gekreuzte Anordnungen werden bei hohen Verkehrsaufkommen eingesetzt.

International üblich werden Fahrtreppen mit 3 Neigungswinkeln angeboten:

- 35° für sehr enge Gebäude
- 30° normale Ausführung, die in den meisten Gebäuden verwendet wird
- 27,3° für weitläufige Gebäude

Zu bevorzugen ist eine Neigung von 30°.

Fahrtreppen gibt es in 3 Breiten:

- 600 mm: 1 Person
- 800 mm: 1 bis 2 Personen
- 1.000 mm: 2 Personen

Bei der Anordnung von Fahrtreppen im Gebäude ist darauf zu achten, dass diese möglichst nah beieinanderliegen. Vor der Fahrtreppe ist ein ausreichend großer Stauraum einzuplanen. Insbesondere bei Fahrtreppen für Flughäfen und Bahnhöfe ist zu beachten, dass auch das mitgeführte Gepäck entsprechenden Stauraum benötigt.

Wenn zwischen dem Handlauf der Fahrtreppe und feststehenden Gebäudeteilen ein Abstand von weniger als einem halben Meter besteht, müssen aufgrund des Einklemmrisikos geeignete Maßnahmen getroffen werden.

Die Fahrgeschwindigkeit von Fahrtreppen liegt im Allgemeinen bei 0,5 m/s. Deutlich höhere Geschwindigkeiten führen nicht unbedingt zu einer Erhöhung der Förderleistung, da die Fahrtreppen dann weniger benutzt werden. Bei großen Förderhöhen oder bei Fahrtreppen in öffentlichen Bereichen mit viel Publikumsverkehr werden Geschwindigkeiten von 0,65 bis 0,7 m/s realisiert.

Die wichtigsten Maße einer Fahrtreppe zeigt beispielhaft die Abb. 14.14, wobei die jeweiligen Maßzahlen dem konkreten Objekt anzupassen sind.

Mithilfe der Fahrgeschwindigkeit und der Personenanzahl pro Stufe (abhängig von der Breite) kann die Förderleistung berechnet werden:

$$F = \frac{N \cdot v \cdot 3.600}{d} \cdot \eta \qquad \text{(Formel 14.3)}$$

mit

F Förderleistung in Personen/h
N Personenanzahl je Stufe
v Fahrgeschwindigkeit in m/s
d Stufentiefe in m
η Ausnutzungsfaktor (η = 1 bei Belegung aller Stufen)

Beispiel: Bestimmung der Förderleistung einer Fahrtreppe

Personen pro Stufe N	2
Fahrgeschwindigkeit v	0,5 m/s
Stufentiefe d	0,4 m
Ausnutzungsgrad η	0,8
Förderleistung F	**7.200 Personen/h**

Die Fahrtreppe kann pro Stunde ca. 7.200 Personen befördern.

Fahrsteige haben keine Stufen und dienen zur Überwindung horizontaler Entfernungen in ausgedehnten Gebäuden. Sie werden vor allem in Flughäfen eingesetzt (vgl. z. B.

Abb. 14.15: Beispiel Fahrsteig (Quelle: Schindler Deutschland AG & Co. KG)

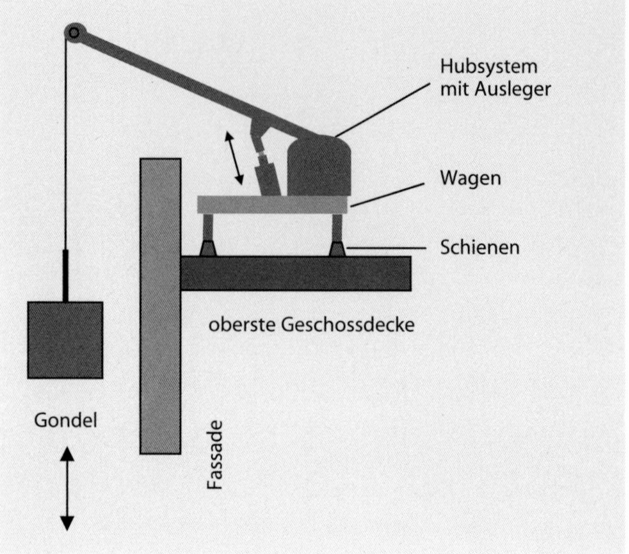

Abb. 14.16: Fassadenbefahranlage

Abb. 14.15). Fahrsteige werden in Längen bis zu ca. 40 m gebaut. Die Neigung von Fahrsteigen kann bis zu 6° betragen. Die üblichen Breiten sind 800 und 1.000 mm. In Flughäfen werden Breiten von 1.400 mm gebaut, damit ein Überholen mit Gepäck möglich ist.

Die Förderleistung kann mit der Formel 14.3 berechnet werden, wobei für die Stufentiefe *d* die Tiefe der Trittfläche (ca. 0,25 m) zu verwenden ist. Die bevorzugte Fahrgeschwindigkeit von Fahrsteigen beträgt 0,65 m/s.

14.4 Sonstige Förderanlagen

Zu den sonstigen Förderanlagen zählen

- Fassadenbefahranlagen,
- Rohrpostanlagen,
- Autoparksysteme.

Für die Durchführung von Reinigungsarbeiten werden Fassadenbefahranlagen benötigt. Diese haben 3 Hauptbestandteile (vgl. auch Abb. 14.16):

- Wagen mit Fahrwerk, der das Hubsystem aufnimmt
- Ausleger
- Gondel, die an der Fassade auf- und abfährt

Es wird wie folgt unterschieden:

- schienenlose Anlagen
- schienengebundene Anlagen

Rohrpostanlagen werden zur Beförderung von Dokumenten und Kleinmaterialien innerhalb von Gebäuden verwendet. Sie kommen z. B. in folgenden Gebäuden zum Einsatz:

- Banken, Versicherungen
- Krankenhäuser
- Laborgebäude

Das Fördergut wird in Kartuschen in mit Druckluft beaufschlagten Rohren transportiert. Die Transportgeschwindigkeit liegt im Bereich von 5 bis 10 m/s.

Eine Rohrpostanlage besteht aus folgenden Bestandteilen:

- Transportkartusche (Rohrpostbüchse)
- Rohrnetz
- Sende- und Empfangsstationen
- Weichen
- Drucklufterzeuger (vgl. Kapitel 10.5.2)
- Systemsteuerung

Durch die Anwendung von Autoparksystemen kann die Stellkapazität einer Parkfläche deutlich erhöht werden. Es gibt folgende Systeme:

- Autoaufzüge
- Doppel- und Dreifachparker
- vollautomatische Parksysteme

Durch die Verwendung von Autoaufzügen vermindert sich der Platzbedarf für die Ein- und Ausfahrtbereiche einer Tiefgarage oder eines Parkhauses. Ein Autoaufzug entspricht einem normalen Lastenaufzug. Diese Aufzüge werden meistens als Hydraulikaufzüge ausgeführt. Im Normalfall wird ein Autoaufzug mit zweiseitigem Zugang konzipiert, damit der Ein- und Ausfahrvorgang möglichst unkompliziert ist.

Doppel- und Dreifachparker sind bewegliche Regalsysteme, in die die Autos übereinander quasi eingestapelt werden. Es werden 2 Parkformen unterschieden:

- abhängiges Parken, bei dem das obere Fahrzeug nur ein- und ausfahren kann, wenn das untere Regalfach leer ist
- unabhängiges Parken, bei dem jedes Fach unabhängig von den anderen benutzt werden kann

Bei vollautomatischen Parksystemen wird das Fahrzeug auf eine Parkpalette aufgefahren und abgestellt. Das System transportiert die Palette mit dem Auto vollautomatisch zu einem freien Stellplatz (Regalfach).

14.5 Energetische Aspekte

Der Energieverbrauch von Aufzügen und Fahrtreppen ist gemessen am Gesamtverbrauch von Gebäuden vergleichsweise gering. Unger gibt den Verbrauch von Aufzügen mit

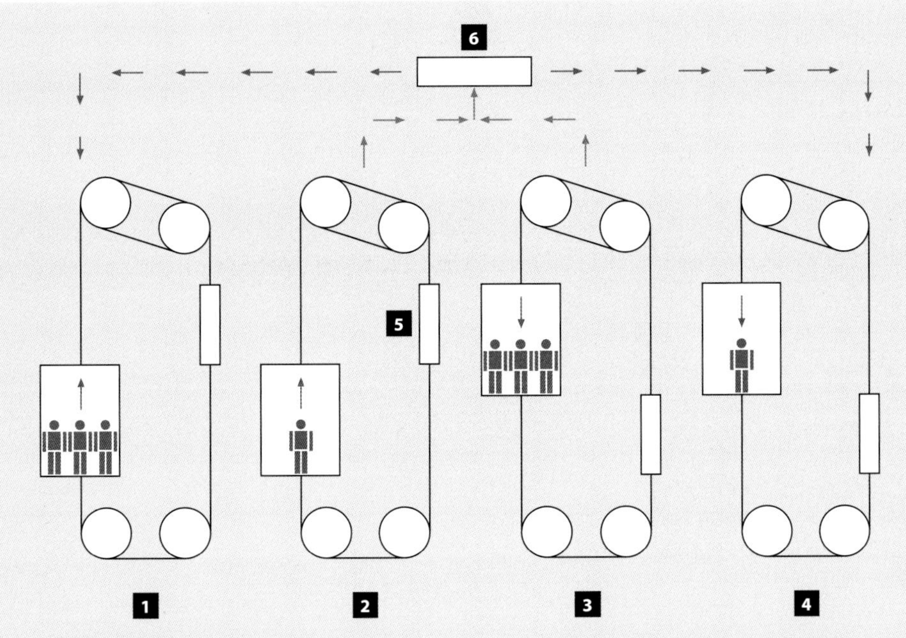

1. Die schwere Nutzlast fährt nach oben. Das Gegengewicht ist leichter als die Kabine. Es wird Strom aus dem Netz verbraucht.
2. Die leichte Nutzlast fährt nach oben. Das Gegengewicht ist schwerer als die Kabine. Es wird Strom in das Netz abgegeben.
3. Die schwere Nutzlast fährt nach unten. Das Gegengewicht ist leichter als die Kabine. Es wird Strom in das Netz abgegeben.
4. Die leichte Nutzlast fährt nach unten. Das Gegengewicht ist schwerer als die Kabine. Es wird Strom aus dem Netz verbraucht.
5. Das Gegengewicht hilft je nach Kabinenbeladung und Fahrtrichtung bei der Stromrückspeisung.
6. Der Netzumsetzer regelt den Stromfluss vom und in das Netz.

Abb. 14.17: Funktionsweise der Energierückspeisung (Quelle: Schindler Deutschland AG & Co. KG)

weniger als 5 % des Gesamtverbrauches an (vgl. Unger, 2013). Im Rahmen des Nachweisverfahrens nach GEG für Neubauten bzw. bei bestehenden Gebäuden für Energieausweise müssen Aufzüge und Fahrtreppen bislang nicht mitbilanziert werden. Ungeachtet dessen gibt es seit einiger Zeit zunehmende Bestrebungen, auch den Energieverbrauch von Aufzügen und Fahrtreppen zu reduzieren.

Aufzüge

Der Energieverbrauch eines Aufzuges setzt sich im Wesentlichen aus 3 Anteilen zusammen:

- Verbrauch während der Fahrt
- Stand-by-Verbrauch im Stillstand des Aufzuges
- Verbrauch für die Kabinenbeleuchtung

Dieser Verbrauch kann – die Kenntnis der einzelnen Größen vorausgesetzt – sehr einfach berechnet werden:

$$E_{A,a} = P_F \cdot \tau_F + P_{Sby} \cdot \tau_{Sby} + P_B \cdot \tau_B \qquad \text{(Formel 14.4)}$$

mit

- $E_{A,a}$ Gesamtenergieverbrauch des Aufzuges pro Jahr in kWh
- P_F durchschnittliche Leistung im Fahrbetrieb in kW
- τ_F jährliche Fahrzeit in h
- P_{Sby} durchschnittliche Leistung im Stand-by-Betrieb in kW
- τ_{Sby} jährliche Stand-by-Zeit in h
- P_B Leistung der Beleuchtung in kW
- τ_B jährliche Brenndauer der Beleuchtung in h

Mit Blick auf die Formel 14.4 können die Ansätze zur Energieeinsparung einfach herausgearbeitet werden:

- Reduzierung der durchschnittlichen Leistung im Fahrbetrieb durch effizientere Aufzugsmotoren und effiziente Drehzahlsteuerung
- Reduzierung der durchschnittlichen Leistung im Fahrbetrieb durch die Wahl einer geringeren Aufzugsgeschwindigkeit, was allerdings mit der erforderlichen Transportkapazität abgeglichen werden muss
- Reduzierung der jährlichen Fahrzeit durch Motivation der Nutzer, auf die Aufzugsbenutzung ggf. zu verzichten
- Reduzierung der Stand-by-Leistung und der Stand-by-Zeit durch entsprechende Steuerungen
- Reduzierung der Beleuchtungsleistung durch Verwendung energieeffizienter Aufzugsleuchten
- Reduzierung der Beleuchtungsbrenndauer durch entsprechende Steuerungssysteme (Es ist Stand der Technik, dass das Kabinenlicht während der Stillstandszeit ausgeschaltet ist. In diesem Fall ist der Energieanteil der Kabinenbeleuchtung sehr klein.)

In der VDI-Richtlinie 4707-1 wird darüber hinaus auf die Bedeutung der sog. Energierückspeisung hingewiesen. Diese lohnt sich vor allem bei Aufzügen mit hohen Antriebsleistungen, die sehr häufig genutzt werden. Die Rückspeisung funktioniert folgendermaßen (vgl. Aufzüge, die Strom produzieren, 2012): Während des Betriebs wird der Aufzug entweder beschleunigt oder abgebremst. Mithilfe eines Wechselrichters kann die beim Bremsvorgang entstehende Energie wieder in elektrische Energie umgewandelt und ins Netz eingespeist werden (vgl. Abb. 14.17). Die Energieeinsparung kann durchaus 40 % des ursprünglichen Verbrauchs betragen. Die Rückspeisung kann bei vielen Aufzügen nachgerüstet werden.

Im Rahmen der bislang einzigen größeren Studie, in der der Energieverbrauch von ca. 30 Aufzügen gemessen und bewertet wurde, konnte u. a. Folgendes festgestellt werden (vgl. Nipkow, 2005):

- Der Stand-by-Verbrauch lag je nach Gebäudeart zwischen 20 % (Besucheraufzug im Krankenhaus) und über 85 % (Wohngebäude) des Gesamtverbrauchs des Aufzuges.
- Schnelle und große Aufzüge z. B. in Büro- oder Geschäftshäusern hatten hohe Fahrleistungen im Bereich von ca. 25 kW; in Wohngebäuden lagen die Leistungen im Fahrbetrieb bei ca. 6 kW.
- Als Mittelwerte für die jährliche Fahrtenanzahl wurden für Wohngebäude ca. 50.000 Fahrten, für Bürogebäude ca. 190.000 Fahrten und für andere Nichtwohnbauten ca. 300.000 Fahrten pro Jahr gemessen.
- Die durchgeführten Wirkungsgradmessungen zeigten keine systematischen Unterschiede zwischen verschiedenen Bauformen (z. B. Seilaufzug mit Getriebe, getriebeloser Seilaufzug oder Hydraulikaufzug).

Außerdem wurde in der Studie eine Formel für die Berechnung des Energieverbrauchs für den Fahrbetrieb (erster Term in Formel 14.4) abgeleitet (vgl. Nipkow, 2005):

$$E_{F,a} = P_F \cdot \tau_F = \frac{Z_F \cdot k_1 \cdot k_2 \cdot h_{max} \cdot P_M}{v \cdot 3.600} \qquad \text{(Formel 14.5)}$$

mit

$E_{F,a}$ Energieverbrauch für den Fahrbetrieb in kWh
Z_F Anzahl der Fahrten pro Jahr
k_1 Korrekturfaktor für die Aufzugsart (vgl. Tabelle 14.8)
k_2 Korrekturfaktor für die durchschnittliche Hubhöhe: $k_2 = 1$ bei zweigeschossigen Gebäuden, ansonsten $k_2 = 0,5$
h_{max} maximale Hubhöhe zwischen unterstem und oberstem Halt in m
P_M Motorleistung gemäß Typenschild in kW
v Fahrgeschwindigkeit in m/s

Tabelle 14.8: Korrekturfaktoren für die Aufzugart nach Nipkow, 2005

Aufzugsart	Korrekturfaktor k_1
Traktionsaufzug (= Seilaufzug) und Hydraulikaufzug mit Gegengewicht	0,35
Traktionsaufzug mit rückspeisefähigem Antrieb	0,21
Hydraulikaufzug ohne Gegengewicht	0,3

Beispiel: Abschätzung des Energiebedarfs für den Aufzug eines Bürogebäudes

Anzahl Fahrten pro Jahr N_F	100.000
maximale Hubhöhe h_{max}	27,5 m
Motorleistung P_M	5,0 kW
Fahrgeschwindigkeit v	1,0 m/s
Korrekturfaktor Aufzugsart k_1	0,21
Korrekturfaktor Hubhöhe k_2	0,50
Anteil Stand-by-Betrieb und Beleuchtung (Annahme)	50 %
Energiebedarf des Aufzuges im Fahrbetrieb $E_{F,a}$	401,04 kWh
Gesamtenergiebedarf des Aufzuges $E_{A,a}$	**802,08 kWh**

Der jährliche Energiebedarf des Aufzuges wird ungefähr 800 kWh betragen.

Fahrtreppen

Der Energieverbrauch für Fahrtreppen kann analog zu Formel 14.4 abgeschätzt werden:

$$E_{A,a} = P_F \cdot \tau_F + P_{Sby} \cdot \tau_{Sby} \qquad \text{(Formel 14.6)}$$

mit

$E_{A,a}$ Gesamtenergieverbrauch der Fahrtreppe pro Jahr in kWh
P_F durchschnittliche Leistung im Betrieb in kW
τ_F jährliche Laufzeit in h
P_{Sby} durchschnittliche Leistung im Stand-by-Zustand in kW
τ_{Sby} jährliche Stand-by-Zeit in h

14.6 Normen- und Literaturverzeichnis

Normen

DIN EN 81-70:2018-07 Sicherheitsregeln für die Konstruktion und den Einbau von Aufzügen – Besondere Anwendungen für Personen- und Lastenaufzüge – Teil 70: Zugänglichkeit von Aufzügen für Personen einschließlich Personen mit Behinderungen

DIN EN 81-72:2015-06 Sicherheitsregeln für die Konstruktion und den Einbau von Aufzügen – Besondere Anwendungen für Personen- und Lastenaufzüge – Teil 72: Feuerwehraufzüge

DIN EN 81-82:2013-12 Sicherheitsregeln für die Konstruktion und den Einbau von Aufzügen – Bestehende Aufzüge – Teil 82: Regeln für die Erhöhung der Zugänglichkeit von bestehenden Aufzügen für Personen einschließlich Personen mit Behinderungen

DIN 276:2018-12 Kosten im Bauwesen

DIN 4102-5:1977-09 Brandverhalten von Baustoffen und Bauteilen; Feuerschutzabschlüsse, Abschlüsse in Fahrschachtwänden und gegen Feuer widerstandsfähige Verglasungen, Begriffe, Anforderungen und Prüfungen

DIN 15306:2002-06 Aufzüge – Personenaufzüge für Wohngebäude – Baumaße, Fahrkorbmaße, Türmaße

DIN 15309:2002-12 Aufzüge – Personenaufzüge für andere als Wohngebäude sowie Bettenaufzüge – Baumaße, Fahrkorbmaße, Türmaße

DIN 18040-1:2010-10 Barrierefreies Bauen – Planungsgrundlagen – Teil 1: Öffentlich zugängliche Gebäude

DIN 18040-2:2011-09 Barrierefreies Bauen – Planungsgrundlagen – Teil 2: Wohnungen

DIN 18090:1997-01 Aufzüge – Fahrschacht-Dreh- und -Falttüren für Fahrschächte mit Wänden der Feuerwiderstandsklasse F90

DIN 18091:1993-07 Aufzüge; Schacht-Schiebetüren für Fahrschächte mit Wänden der Feuerwiderstandklasse F90

DIN 18092:1992-04 Aufzüge; Vertikal-Schiebetüren für Kleingüteraufzüge in Fahrschächten mit Wänden der Feuerwiderstandsklasse F90

Literatur

Aufzüge, die Strom produzieren. Medienmitteilung vom 20. November 2012. Berlin: Schindler Deutschland GmbH, 2012

Dispan, J.: Aufzüge und Fahrtreppen – Branche im Wandel. Frankfurt a. M./Eschborn: IG Metall und RKW, 2007

Metlitzky, N.; Engelhardt, L. (Hrsg.): Atlas barrierefrei bauen. Köln: Verlagsgesellschaft Rudolf Müller GmbH & Co. KG, 2021

Nipkow, J.: Elektrizitätsverbrauch und Einsparpotenziale bei Aufzügen. Zürich: S.A.F.E. – Schweizerische Agentur für Energieeffizienz, 2005

Pistohl, W.: Handbuch der Gebäudetechnik. Band 1. 6. Aufl. Köln: Wolters Kluwer Deutschland GmbH, 2007

Unger, D.: Aufzüge und Fahrtreppen. Ein Anwenderhandbuch. Berlin/Heidelberg: Springer Vieweg, 2013

VDI 4707 Blatt 1:2009-03 Aufzüge – Energieeffizienz. Düsseldorf: Verein Deutscher Ingenieure, 2009

VDI 6017:2015-08 Aufzüge – Steuerungen für den Brandfall. Düsseldorf: Verein Deutscher Ingenieure, 2015

15 Anhang

15.1 Glossar wichtiger energietechnischer Begriffe

In den einschlägigen gesetzlichen Regelwerken, insbesondere in der EnEV sowie im EEWärmeG, wird eine Vielzahl sehr spezieller Begriffe aus dem Bereich der Energietechnik verwendet. Diese sollen hier kompakt erklärt werden, ggf. erfolgt der Hinweis auf weiter gehende Ausführungen im jeweiligen Buchkapitel.

Abgasanlage
allgemeine Bezeichnung für Anlagen zur Abführung von Verbrennungsprodukten (Abgasen)

Abgasanlagen mit besonderen Eigenschaften sind z. B. Schornsteine oder Luft-Abgas-Systeme.

Abluftvolumenstrom
Luft, die von einer *RLT-Anlage* aus den Räumen abgesaugt und entweder nach draußen gefördert (Fortluftvolumenstrom) oder als Umluft wieder den Räumen zugeführt wird

adiabate Kühlung
Form der passiven Kühlung, bei der Wasser in den Abluftstrom eingedüst und die dadurch entstehende Kälte an den Zuluftstrom übertragen wird. Adiabat bedeutet energiedicht, d. h. hier, es wird keine Energie für die Kälteerzeugung von außen zugeführt.

Außenluftvolumenstrom
Luft, die der *RLT-Anlage* direkt von außen zugeführt wird

In Umluftanlagen wird der Außenluftvolumenstrom mit einem Teil der Raumabluft vermischt (*Umluftvolumenstrom*), wodurch sich der energetische Aufbereitungsaufwand vermindert. Auf die Einhaltung des hygienischen Mindestluftwechsels ist zu achten.

Befeuchtung und Entfeuchtung (Luft)
sog. Luftbehandlungsfunktionen von Klimaanlagen (neben dem Heizen und Kühlen)

Vollklimaanlagen verfügen über alle 4 Luftbehandlungsfunktionen. Außerdem gibt es Teilklimaanlagen, die nur über einen Teil der Funktionen verfügen. Nach Möglichkeit sollte auf eine Be- und Entfeuchtung der Raumluft verzichtet werden, da diese Prozesse energetisch sehr aufwendig sind.

Beleuchtungsstärke
maßgebliche Größe für die Bemessung von Beleuchtungsanlagen in Räumen

Die Beleuchtungsstärke ist der auf einer Fläche auftreffende Lichtstrom. Sie wird in Lux (lx) angegeben. In Büroräumen liegt die Beleuchtungsstärke in einer Größenordnung von 300 bis 500 lx, in Verkaufsräumen kann sie deutlich höher liegen, z. B. bei 900 lx.

Brennwertkessel (BWK)
Heizkessel mit der höchsten Energieeffizienz

Der namensgebende Brennwerteffekt entsteht durch zusätzliche Ausnutzung der Verdampfungsenergie des bei der Verbrennung entstehenden Wassers. Er ist demzufolge am höchsten bei Brennstoffen mit hohem Wasserstoffgehalt (z. B. Erdgas: 94 % Methan).

Dampfversorgung (für die Luftbefeuchtung)
eine von mehreren technischen Alternativen für die Ausführung der Luftbefeuchtung in Klimaanlagen

DC-Ventilator
Ventilator, der mit einem DC-Motor angetrieben wird

Ein DC-Motor ist ein bürstenloser Gleichstrommotor (Direct Current). Er wird auch als EC-Motor (EC: electronically commutated) bezeichnet.

dezentrale Nachheizung
Nachheizung in einem Induktionsgerät oder einem klassischen Nur-Luft-System

In einer Induktionsanlage wird die Primärluft in einer zentralen *RLT-Anlage* aufbereitet (geheizt und/oder gekühlt). Diese aufbereitete Primärluft wird dem Raum über das Induktionsgerät zugeführt, wobei zusätzlich Raumluft über das Gerät mit angesaugt wird (Induktionsprinzip). Im Induktionsgerät kann dann entsprechend nachgeheizt oder nachgekühlt werden. Im Heizfall kann also von einer dezentralen Nachheizung vor Ort gesprochen werden, hier im Induktionsgerät.

Auch in einem klassischen Nur-Luft-System kann es dezentrale Nachheizer geben, wenn z. B. für eine Raumgruppe höhere Zulufttemperaturen benötigt werden als für die übrigen Räume.

direkt-indirekte Beleuchtung
Beleuchtungsanlagen, bei denen das Prinzip der direkten mit dem der indirekten Beleuchtung gekoppelt wird

Ein Beispiel sind abgehängte Leuchten, die einerseits direkt nach unten strahlen und andererseits einen Teil des Lichtes an die Decke abgeben, von wo aus es in den Raum reflektiert wird.

Druckverhältniszahl
Quotient aus Konstantdruckanteil zu Gesamtdruckanteil in einem Luftkanalnetz

Die Druckverhältniszahl wird zur Abschätzung des Energieaufwandes am Ventilator bei Kanalnetzen mit variablen Volumenstromreglern benötigt.

Eisspeicher
mit Wasser gefüllter Behälter, der durch Ausnutzung der Schmelz-/Erstarrungsenthalpie des Wassers bei Phasenwechsel (Aggregatzustandsänderung) eine höhere thermische Speicherdichte ermöglicht

elektrische Begleitheizung
zur Aufrechterhaltung eines bestimmten Temperaturniveaus in Rohrleitungen verwendete elektrische Widerstandsheizung, die um die Rohraußenfläche gelegt wird

Die elektrische Begleitheizung wird einerseits für Trinkwarmwasserleitungen zur Aufrechterhaltung einer Mindesttemperatur (55 °C) aus hygienischen Gründen (vgl. Kapitel 8.6.3) und andererseits bei Wasserleitungen in frostgefährdeten Bereichen verwendet.

elektrisches Speicherheizsystem
Nachtspeicherofen (herkömmliche Form der elektrischen Speicherheizung)

Mithilfe einer elektrischen Widerstandsheizung wird ein keramisches Speichermaterial aufgeheizt, das dann zeitversetzt die gespeicherte Wärme an den Raum abgibt. Die elektrischen Speicherheizsysteme werden mit dem zunehmenden Anteil von Strom aus erneuerbaren Energien im Versorgungsnetz neue Bedeutung erlangen.

elektronisches Vorschaltgerät (EVG)
besonders energieeffizientes Vorschaltgerät

Ein Vorschaltgerät (VG) ist ein wesentlicher Baustein einer Leuchtstofflampe oder einer Gasentladungslampe. Es sorgt für den Aufbau einer Hochspannung, durch die der in der Lampe enthaltene Leuchtstoff zum Leuchten angeregt wird. Neben den EVG gibt es konventionelle Vorschaltgeräte (KVG), bei deren Verwendung die Lampe einen höheren Energieverbrauch hat. Im Allgemeinen kann ein EVG auch nachgerüstet werden.

Endenergie
zweite Hauptkategorie der sog. Energieumwandlungskette

Die Energieumwandlungskette besteht aus 3 Stufen: *Primärenergie* – Endenergie – *Nutzenergie*. Als Endenergie werden alle gehandelten Energieträger bezeichnet, die an der Grenze des Gebäudes durch den Energieversorger zur Verfügung gestellt werden (z. B. Erdgas, Fernwärme, Elektroenergie).

Energiebedarf/-verbrauch
Kennzahlen für den energetischen Zustand eines Gebäudes

Der Energiebedarf ist die Energie, die mithilfe eines standardisierten Verfahrens und definierter Randbedingungen innerhalb eines definierten Zeitraums berechnet wurde (z. B. nach DIN 4108-6 oder nach DIN 18599). Der Energieverbrauch wird durch Verbrauchsmessungen in der Vergangenheit festgestellt. Zwischen Energiebedarf und Energieverbrauch eines Gebäudes können je nach Berechnungsverfahren signifikante Unterschiede festgestellt werden, was in der Regel auf die nicht identischen Randbedingungen beider Verfahren zurückzuführen ist. Zur Beurteilung der Energieeffizienz eines Gebäudes bzw. dessen energetischer Bauqualität ist die Bedarfsberechnung in aller Regel besser geeignet (vgl. auch die beiden Formen des Energieausweises im GEG).

Erzeugeraufwandszahl
Verhältnis von zugeführter Energie (Brennstoffenergie beim Heizkessel, Antriebsenergie des Verdichters bei der Wärmepumpe) zu bereitgestellter *Nutzenergie* eines Wärme- oder Kälteerzeugers

Die Erzeugeraufwandszahl entspricht in der Regel dem reziproken Wert des *Nutzungsgrades*. Zu beachten ist jedoch, dass es unterschiedliche Bilanzierungsgrenzen für die Erzeugeraufwandszahl und den Nutzungsgrad geben kann.

Fan Coil
Gebläsekonvektor

Mit dem Gebläsekonvektor kann die Raumluft im Umluftprinzip gekühlt oder geheizt werden (vgl. Kapitel 7.6.3).

Fernkälte
in einer zentralen Anlage erzeugte Kälte, die mithilfe von Kaltwasserleitungen in zumeist städtischen Versorgungsgebieten verteilt wird

Analog zu den weitverbreiteten Fernwärmesystemen werden heute auch zunehmend Fernkältesysteme errichtet.

freie Heizflächen
statische Heizflächen (Heizkörper und Konvektoren)

Freie Heizflächen sind nicht baukörpergebunden wie z. B. Fußboden- oder Wandflächenheizungen.

Gebläsebrenner
eine zunehmend in modernen Kesseln und Thermen verwendete, sehr effiziente Brennerbauart, bei der die benötigte Verbrennungsluft mithilfe eines Gebläses am Brenner in den Brennraum gefördert wird

Bei Kesseln älterer Bauart wurde im Gegensatz dazu ein atmosphärischer Brenner verwendet, bei dem die Luft durch den Schornsteinzug in den Brennraum gelangt.

Gruppenregelung (Zonenregelung)
spezielle Regelungsform von Heizungsanlagen, bei der eine Gruppe von Heizkörpern bzw. Räumen im Zusammenhang geregelt wird

Heizleistung
momentane Wärmeabgabe einer Heizfläche oder eines Wärmeerzeugers

Oft ist die Nennwärmeleistung gemeint, d. h. die maximal mögliche Heizleistung des Aggregats.

Heizraum
Aufstellraum für Feuerstätten mit besonderen Anforderungen an die Raumgröße, die Belüftung, die Rettungswegführung, die Nutzung und die Feuerwiderstandsfähigkeit der Baukonstruktion

Ein solcher Raum wird bei Festbrennstofffeuerstätten mit einer Nennwärmeleistung von insgesamt mehr als 50 kW benötigt.

Heizunterbrechung
Unterbrechung der Heizenergiezufuhr in der heizfreien Zeit bzw. in der Nichtnutzungszeit während des Heizbetriebs

Die Heizunterbrechung ist ein wichtiger Aspekt des energieeffizienten Betriebs von Heizungsanlagen. Alternativ kann die Energiezufuhr gedrosselt, d. h. nicht vollständig unterbrochen werden, was dann als Absenkbetrieb bezeichnet wird.

Heizwert
charakterisiert feste, flüssige und gasförmige Brennstoffe

Der Heizwert ist die Wärmemenge, die bei der vollständigen Verbrennung einer Brennstoffmenge (z. B. 1 kg, 1 l, 1 m^3) gewonnen werden kann, wenn Brennstoff und Luft vor der Verbrennung eine Temperatur von 25 °C haben und das Abgas nach der Verbrennung auf 25 °C abgekühlt wird. Der im Abgas enthaltene Wasserdampf bleibt gasförmig. Demzufolge wird die Verdampfungsenthalpie des bei der Verbrennung entstehenden Wassers nicht berücksichtigt.

Hilfsenergie
die zum Betrieb verschiedener Aggregate von Heizungs- und Klimaanlagen (z. B. Lüftungsmotor am Brenner, Umwälzpumpe, Luftventilator) benötigte elektrische Energie

Während bei Heizungsanlagen die Hilfsenergie in der Regel nur einen geringen Anteil am Gesamtenergieverbrauch ausmacht (ca. 2 bis 5 %), kann sie bei Luft-Klimaanlagen (vgl. Nur-Luft-Anlagen in Kapitel 7.5) einen deutlich höheren Anteil haben.

indirekt beheizter Speicher
Trinkwarmwasserspeicher, der entweder mit einer innen liegenden oder einer außen liegenden Heizfläche über einen hydraulischen Wärmeerzeugerkreis geladen wird

Induktionsverhältnis
Verhältnis von Sekundärluft und Primärluft bei Induktionsklimaanlagen (vgl. Kapitel 7.6.2)

ISM
Diese Abkürzung für Industrial, scientific and medical Applications steht als Synonym für lizenzfrei von jedermann nutzbare Funkfrequenzen. Diese Funkfrequenzen werden weltweit von der International Telecommunications Union (ITU) festgelegt. ISM-Band-Systeme genießen keinen administrativen Schutz vor Störungen durch andere ISM-Band-Systeme – Geräte und Systeme können sich gegenseitig stören.

Jahresarbeitszahl
andere Bezeichnung für den *Jahresnutzungsgrad*, die speziell für *Wärmepumpen* verwendet wird

Die Jahresarbeitszahl bezeichnet das Verhältnis von abgegebener nutzbarer Wärme zu der am Verdichter zugeführten *Endenergie.*

Jahresheizwärmebedarf
berechnete Nutzenergie, die für die Beheizung eines Raumes oder eines Gebäudes im Verlauf eines Jahres benötigt wird

Der Jahresheizwärmebedarf wird z. B. mit dem Monatsperiodenbilanzverfahren nach DIN 18599-2 berechnet.

Jahresnutzungsgrad
Verhältnis von abgegebener nutzbarer Wärme zur zugeführten *Energie* eines Wärmeerzeugers für den Bilanzierungszeitraum eines Jahres (Bezeichnung bei *Wärmepumpen: Jahresarbeitszahl*)

Kältebedarf
berechnete *Nutzenergie*, die für die Kühlung eines Raumes oder eines Gebäudes benötigt wird

Kältemaschine (Kälteerzeuger, Kaltwassersatz)
Gerät zur Bereitstellung der im Gebäude benötigte Kälte

Die bereitgestellte Kälte wird mithilfe der Klimaanlage im Gebäude verteilt.

Kesselwirkungsgrad
Verhältnis vom abgegebenen nutzbaren Wärmestrom zum zugeführten Energiestrom eines Wärmeerzeugers für einen festgehaltenen Zeitpunkt (Bezeichnung bei *Wärmepumpen: Leistungszahl*)

Beim Kesselwirkungsgrad handelt es sich um einen Momentanwert. Oft ist der Wirkungsgrad im Nennlastpunkt des Wärmeerzeugers gemeint. Außerdem gibt es noch Teillastwirkungsgrade, die den jeweiligen Lastzustand beschreiben. Für die Bewertung der Wirtschaftlichkeit ist der Wirkungsgrad nicht geeignet und für die Beurteilung der Energieeffizienz nur unter bestimmten Umständen.

Konstantlichtregelung (tageslichtabhängige Kunstlichtregelung)
Regelung der Beleuchtungsanlage eines Raumes in Abhängigkeit vom einfallenden Tageslicht

Die Regelung erfolgt so, dass auf den Arbeitsflächen immer eine konstante Beleuchtungsstärke herrscht.

Kühlbedarf
Der Kühlbedarf entspricht bei Gebäuden in der Regel dem *Kältebedarf.*

Leistungszahl
momentanes Verhältnis von abgegebenem Wärmestrom zu dem am Verdichter zugeführten Energiestrom bei *Wärmepumpen*

Oft ist die Nennleistungszahl gemeint, d. h. die maximal mögliche Leistungszahl der Wärmepumpe. Bei Kälteerzeugern (*Kältemaschinen*) wird die Leistungszahl analog verwendet und bezeichnet dort das momentane Verhältnis von abgegebener Kälteleitung zu geführter Verdichterleistung. Siehe auch *Wirkungsgrad* und *Kesselwirkungsgrad.*

Luft-Abgas-System (LAS)
Anlage mit zueinander parallelen Leitungen/Schächten zur Abgasab- und Verbrennungsluftzuführung

Zu einem LAS gehören neben der senkrechten Luft- und Abgasführung auch die luft- und abgasseitigen Verbindungsstücke zur Feuerstätte sowie ggf. Zubehörbauteile (Verbindungs- und Befestigungsmittel, Kondensatablauf, Regenhaube, Überströmöffnung, Reinigungsöffnung usw.).

Multisplitgerät
Splitgerät, bei dem eine Außeneinheit mit mehreren Inneneinheiten kombiniert wird

Nennleistung
maximale Wärme- oder Kälteleistung eines Wärme- oder Kälteerzeugers

Die Nennleistung ist in der Regel auf dem Typschild angegeben.

Niedertemperaturkessel
Heizkessel mit geringerer Energieeffizienz als ein *Brennwertkessel*

Der Niedertemperaturkessel wird in Abhängigkeit von der Außentemperatur mit gleitender Kesselwassertemperatur betrieben, wobei die Absenkung nach unten begrenzt ist und es nicht zur Kondensation des im Abgas enthaltenen Wasserdampfs wie beim Brennwertkessel kommt.

Nutzenergie
dritte Hauptkategorie der sog. Energieumwandlungskette

Die Energieumwandlungskette besteht aus 3 Stufen: *Primärenergie – Endenergie* – Nutzenergie. Als Nutzenergie wird bei Gebäuden die Energie bezeichnet, die zur Durchführung der beabsichtigten Prozesse benötigt wird:

- Wärme
- Licht
- mechanische Energie

Licht und mechanische Energie werden dabei nicht direkt bilanziert, sondern über den Verbrauch an Endenergie, d. h. Elektroenergie.

Nutzungsgrad
Verhältnis von abgegebener nutzbarer Wärme zu der zugeführten *Energie* eines Wärmeerzeugers für einen beliebigen Bilanzierungszeitraum (Bezeichnung bei *Wärmepumpen*: Arbeitszahl). Siehe *Jahresnutzungsgrad.*

passive Kühlung
Kühlung ohne den Einsatz von Kältemaschinen

Beispiele sind Luft-Erdwärme-Übertrager und die adiabate Kühlung. Häufig werden Kältemaschinen mit passiver Kühlung kombiniert.

Präsenzkontrolle
spezielle Form der Beleuchtungssteuerung, bei der das Licht in Abhängigkeit der Anwesenheit von Nutzern im Raum (Präsenz) ein- und abgeschaltet wird; kann sinngemäß auch auf die Steuerung der Heizungsanlage und/oder der Raumklimaanlage angewendet werden

Primärenergie
erste Hauptkategorie der sog. Energieumwandlungskette

Die Energieumwandlungskette besteht aus 3 Stufen: Primärenergie – *Endenergie – Nutzenergie.* Als Primärenergie wird die Energie in ihrer ursprünglichen Form ohne Förderung, Verteilung, Aufbereitung und Umwandlung bezeichnet. Dabei wird zwischen nicht erneuerbarer (fossiler) und erneuerbarer Primärenergie unterschieden.

Primärenergiefaktor
Verhältnis von *Primärenergie* zu *Endenergie* bei einem Energieträger

Mithilfe des Primärenergiefaktors werden alle Energieverluste bei Umwandlung und Transport von Primärenergie zu Endenergie rechnerisch berücksichtigt. Die jeweils aktuellen Primärenergiefaktoren für alle gebräuchlichen Energieträger sind im GEG bzw. in DIN 18599-1 zu finden.

Protokoll
In der Telekommunikation (vgl. Kapitel 12) ist ein Protokoll eine Vereinbarung, nach der die Verbindung, Kommunikation und Datenübertragung zwischen 2 Parteien abläuft. Kommunikationssysteme sind mithilfe von mehreren Protokollschichten (z. B. Schichten 1 bis 7 des Open-Systems-Interconnection- [OSI-]Standards) realisiert. Dabei werden für Bussysteme mindestens immer die Schicht 1 (Bitübertragungsschicht) und die Schicht 2 (Sicherungsschicht) benötigt. Die Schicht 3 (Vermittlungsschicht), zu der u. a. auch das Internetprotokoll (IP) gehört, ist für hierarchische Kommunikationssysteme erforderlich.

raumluftunabhängige Feuerstätte
Feuerstätte, die gegenüber dem Aufstellraum hohe Dichtheitsanforderungen erfüllt

Die Verbrennungsluft wird über Leitungen direkt aus dem Freien zur Feuerstätte geführt.

RLT-Anlage
raumlufttechnische Anlage; Bezeichnung der Zentrale von Nur-Luft-Klimaanlagen

Rückwärmzahl
Siehe *Wärmerückgewinnungsgrad.*

Schornstein
Abgasanlage, die einem Rußbrand standhält

Ein Schornstein wird bei Feuerstätten benötigt, in denen feste Brennstoffe verfeuert werden.

Scrollverdichter
spezielle Verdichterbauart für *Wärmepumpen* kleiner Leistung

Die Verdichtung des Kältemitteldampfes erfolgt durch einen spiralförmigen Rotor.

Splitgerät
elektrische Kompressionskältemaschine, die in eine Innen- und eine Außeneinheit aufgesplittet ist

Der Energietransport erfolgt nur über das Kältemittel ohne einen zusätzlichen Medienkreislauf. Das Splitgerät wird zur Kühlung einzelner Räume eingesetzt, vgl. auch *Multisplitgerät.*

SRD
Abkürzung für Short Range Devices. Als SRD werden Funksysteme bezeichnet, die eine geringe Wahrscheinlichkeit der Störung durch andere Funksysteme aufweisen, da üblicherweise ihre Sendeleistung und damit auch ihre Funkreichweite relativ niedrig sind. Im Allgemeinen dürfen SRD ohne besondere Lizenz bzw. Erlaubnis in bestimmten SRD-Funkfrequenzbändern betrieben werden, z. B. in Europa bei 868 MHz.

stille Kühlung
Kühlung mit Nur-Wasser-Anlagen, d. h. ohne den Einsatz von Ventilatoren. Beispiele sind Kühlsegel, Kühldecken oder thermisch aktivierte Bauteile.

Umluftheizung
Heizung, bei der Raumluft angesaugt, über einen Wärmeübertrager geleitet und wieder in den Raum geblasen wird. Es kann sich dabei um einen Lufterhitzer oder einen Gebläsekonvektor handeln.

Umluftvolumenstrom
dem *Abluftvolumenstrom* einer *RLT-Anlage* entnommener Volumenstrom, der direkt dem *Außenluftvolumenstrom* zugemischt wird

Die Umluftmenge wird über eine Umluftklappe geregelt. Bei dieser Zumischung von Abluft zur Außenluft handelt es sich um eine einfache Art der *Wärmerückgewinnung* bei Lüftungs- und Klimaanlagen.

variables Volumenstrom-System (VVS)
Luft-Klimaanlage mit variablem Volumenstrom

Bei einem VVS wird jedem Raum die benötigte Menge an aufbereiteter Zuluft zugeführt. Die Luftmenge wird hier mithilfe eines Volumenstromreglers eingestellt und die Luftmenge automatisch in Abhängigkeit von der Raumlast geregelt. Beim konstanten Volumenstrom-System (KVS) wird die Luftmenge fest eingestellt.

VRF-Systeme
VRF ist die Abkürzung für Variable Refrigerant Flow. VRF-Systeme sind eine Sonderform der Multisplitsysteme, die durch einen variablen Kältemittelstrom das gleichzeitige Heizen und Kühlen in jeweils unterschiedlichen Räumen ermöglichen.

Wärmepumpe, Absorptionsprinzip
Wärmepumpe ohne mechanischen Verdichter, bei der der Kältemitteldampf von einer Flüssigkeit absorbiert wird. Der Flüssigkeit wird anschließend ein Druck aufgeprägt, wodurch auch der absorbierte Kältemitteldampf auf einen höheren Druck gebracht wird.

Wärmepumpe, Adsorptionsprinzip
Wärmepumpe ohne mechanischen Verdichter, bei der der Kältemitteldampf von einem porösen Feststoff (z. B. Zeolith) adsorbiert wird.

Wärmepumpe, Luft-Luft
Wärmepumpe, bei der der Außenluft Wärme entzogen und an eine Luftheizung übergeben wird

Die erste Teilbezeichnung „Luft“ weist auf den Wärmequellkreis der Wärmepumpe und die zweite Teilbezeichnung „Luft“ auf den Wärmenutzungskreis hin (vgl. Abb. 6.44).

Wärmepumpe, Luft-Wasser
Wärmepumpe, bei der der Außenluft Wärme entzogen und an eine Pumpenwarmwasserheizung übergeben wird

Die erste Teilbezeichnung „Luft“ weist auf den Wärmequellkreis hin. Die zweite Teilbezeichnung „Wasser“ weist darauf hin, dass die Wärme in einen Wasserkreislauf entbunden wird (vgl. Abb. 6.44).

Wärmepumpe, mit Direktverdampfung des Kältemittels
Wärmepumpe ohne separaten Verdampfer. Das Kältemittel wird direkt in den Erdsonden verdampft.

Wärmepumpe, mit elektrisch angetriebenem Verdichter
elektrische Kompressionswärmepumpe; Grundform der Wärmepumpe

Wärmepumpen mit elektrisch angetriebenem Verdichter werden hauptsächlich bei kleineren Gebäuden wie Ein- und Zweifamilienhäusern eingesetzt.

Wärmepumpe, mit verbrennungsmotorisch angetriebenem Verdichter
Bei Wärmepumpen im mittleren und oberen Leistungsbereich kann der Verdichter mit einem Verbrennungsmotor angetrieben werden. Neben der Kondensatorwärme kann zusätzlich die Abwärme des Motors zu Heizzwecken genutzt werden. Es handelt sich quasi um eine Kopplung von Wärmepumpe und Blockheizkraftwerk (BHKW).

Wärmepumpe, reversibel
Wärmepumpe zum Heizen und Kühlen, jedoch nicht gleichzeitig

Bei einer reversiblen Wärmepumpe kann zwischen Heiz- und Kühlfunktion umgeschaltet werden, indem die Funktionen von Verdampfer und Kondensator über ein Umstellventil vertauscht werden.

Wärmepumpe, Sole-Wasser
Wärmepumpe mit Erdsonden

Im Erdsondenkreis zirkuliert mit Frostschutzmittel versetztes Wasser, das als Sole bezeichnet wird. Die zweite Teilbezeichnung „Wasser" weist darauf hin, dass die Wärme in einen Wasserkreislauf (Pumpenwarmwasserheizung) entbunden wird.

Wärmepumpe, Wasser-Wasser
Wärmepumpe, die dem Grundwasser Wärme entzieht

In einem primären Wasserkreislauf wird aus einem Brunnen Grundwasser entnommen, über den Verdampfer geleitet und anschließend über einen zweiten Brunnen wieder ins Grundwasser zurückgepumpt. Die zweite Teilbezeichnung „Wasser" weist darauf hin, dass die Wärme in einen Wasserkreislauf (Pumpenwarmwasserheizung) entbunden wird.

Wärmerückgewinnung
Rückgewinnung von Wärme aus einem *Abluftvolumenstrom*. Die zurückgewonnene Wärme wird an den *Außenluftvolumenstrom* übertragen.

Wärmerückgewinnungsgrad
prozentualer Anteil der in einem Wärmerückgewinnsystem zurückgewonnenen Wärme (vgl. *Rückwärmzahl*)

Wartungsfaktor der Beleuchtung
Faktor zur Berücksichtigung der Beleuchtungsstärkenverringerung z. B. durch Verschmutzung der Lampen im realen Betrieb

Bei der Auslegung der Lampen wird eine um den Wartungsfaktor erhöhte Beleuchtungsstärke angesetzt, sodass im verschmutzten Zustand immer noch die erforderliche Mindestbeleuchtungsstärke vorhanden ist.

Wirkungsgrad
momentanes Verhältnis von genutztem Energiestrom zu zugeführtem Energiestrom eines Energiewandlers (Wärme-/Kälteerzeuger, Motor, Pumpe usw.)

Der Wirkungsgrad eines Kessels ist beispielsweise das Verhältnis von Nutzwärmestrom zu zugeführtem Brennstoffenergiestrom zu einem bestimmten Zeitpunkt.

Wirkungsgrad, feuerungstechnisch
Wirkungsgrad mit speziellen Bilanzierungsgrenzen

Der feuerungstechnische Wirkungsgrad bezeichnet bei Kesselanlagen das Verhältnis von momentaner Feuerungsleistung zu zugeführter Brennstoffleistung und gibt Auskunft über die Effizienz des Verbrennungssystems (Brenner und Brennraum).

Witterungsbereinigung des Energieverbrauchs
Mithilfe der Witterungsbereinigung des Energieverbrauchs kann der Einfluss eines bestimmten Außentemperaturverlaufs im Prinzip neutralisiert werden, indem der Verbrauch auf einen definierten Außentemperaturverlauf umgerechnet wird. So können beispielsweise die Verbräuche von 2 Gebäuden an völlig verschiedenen Standorten mit unterschiedlichem lokalen Klima (bzw. Außentemperaturverlauf) miteinander verglichen werden, um eine Aussage zur energetischen Bauqualität beider Gebäude treffen zu können (wird bei der Erstellung von Energie-Verbrauchsausweisen angewendet).

Zirkulationssystem
Mithilfe eines Zirkulationssystems kann die Temperatur in einem Trinkwarmwassersystem auf einem bestimmten Mindestniveau gehalten werden, was insbesondere aus hygienischen Gründen erforderlich ist. Dabei wird parallel zur Warmwasserleitung eine zweite als Zirkulationsleitung bezeichnete Leitung verlegt und das Trinkwarmwasser mit der Zirkulationspumpe immer im Kreis gepumpt. Alternativ zum Zirkulationssystem kann eine *elektrische Begleitheizung* installiert werden.

Zweirohrnetz
gebräuchlichste Form der Rohrverlegung in Heizungsnetzen

Beim Zweirohrnetz werden die Heizkörper parallel geschaltet – im Gegensatz zur Einrohrheizung, bei der die Heizkörper in Reihe geschaltet werden.

15.2 Stichwortverzeichnis

A

B

C

D

E